# Automatisieren mit SPS – Theorie und Praxis

# Lizenz zum Wissen.

Sichern Sie sich umfassendes Technikwissen mit Sofortzugriff auf tausende Fachbücher und Fachzeitschriften aus den Bereichen: Automobiltechnik, Maschinenbau, Energie + Umwelt, E-Technik, Informatik + IT und Bauwesen.

Exklusiv für Leser von Springer-Fachbüchern: Testen Sie Springer für Professionals 30 Tage unverbindlich. Nutzen Sie dazu im Bestellverlauf Ihren persönlichen Aktionscode **C0005406** auf *www.springerprofessional.de/buchaktion/*

Jetzt 30 Tage testen!

Springer für Professionals.
Digitale Fachbibliothek. Themen-Scout. Knowledge-Manager.

- 🔍 Zugriff auf tausende von Fachbüchern und Fachzeitschriften
- 😊 Selektion, Komprimierung und Verknüpfung relevanter Themen durch Fachredaktionen
- 📎 Tools zur persönlichen Wissensorganisation und Vernetzung

*www.entschieden-intelligenter.de*

Springer für Professionals

 Springer

Günter Wellenreuther • Dieter Zastrow

# Automatisieren mit SPS – Theorie und Praxis

Programmieren mit STEP 7 und CoDeSys,
Entwurfsverfahren, Bausteinbibliotheken

Beispiele für Steuerungen, Regelungen,
Antriebe und Sicherheit

Kommunikation über AS-i-Bus, PROFIBUS,
PROFINET, Ethernet-TCP/IP, OPC , WLAN

6., korrigierte Auflage

Mit mehr als 865 Abbildungen, 108 Steuerungsbeispielen
und 8 Projektierungen

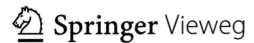

Springer Vieweg

Günter Wellenreuther
Mannheim, Deutschland

Dieter Zastrow
Ellerstadt, Deutschland

ISBN 978-3-8348-2597-1

Die Deutsche Nationalbibliothek verzeichnet diese Publikation in der Deutschen Nationalbibliografie; detaillierte bibliografische Daten sind im Internet über http://dnb.d-nb.de abrufbar.

Springer Vieweg
© Springer Fachmedien Wiesbaden 2001, 2002, 2005, 2008, 2011, 2015

Gedruckt auf säurefreiem und chlorfrei gebleichtem Papier

Springer Fachmedien Wiesbaden ist Teil der Fachverlagsgruppe Springer Science+Business Media
(www.springer.com)

# Vorwort

Die jetzt vorliegende 6. Auflage des Lehrbuchs erhielt einen neu gestalteten Umschlag ist aber sonst inhaltlich bis auf die ausgeführten Korrekturen identisch mit der 5. Auflage. Das bewehrte Lehrbuchkonzept ist durch den Buchtitel *Automatisieren mit SPS – Theorie und Praxis* kurz beschrieben:

- Automatisieren

Automatisieren im Sinne dieses Lehrbuchs bedeutet Steuern, Regeln und Überwachen von technischen Prozessen durch aufgabenspezifische Programme in Speicherprogrammierbaren Steuerungen (SPS). In Anlagen mit dezentralisierter Peripherie und verteilten Steuerungsprogrammen gehört zum Automatisieren auch noch die erforderliche Datenkommunikation über standardisierte Bussysteme wie AS-i-Bus, PROFIBUS, PROFINET und Ethernet-TCP/IP sowie der WLAN-Technologie nach IEEE 802.11.

- SPS-Technologien

Zur Ausführung von Automatisierungsfunktionen werden Speicherprogrammierbare Steuerungen eingesetzt, die es in drei Ausführungsformen gibt, nämlich als Hardware-SPS, als Slot-SPS (CPU-Karte mit Echtzeitbetriebssystem zum Einbau in einen Host-Industrie-PC) und als Soft-SPS (softwaremäßige Nachbildung der SPS-Funktionalität auf einem Industrie-PC). Im SIMATIC-System sind die Anwenderprogramme codekompatibel für alle drei SPS-Varianten, sodass es in dieser Hinsicht offen bleiben kann, welche SPS-Technologie eingesetzt wird. Ausgeführte Anwendungsbeispiele wurden bei STEP 7-Programmen mit einer SIMATIC-SPS der Serie S7-300 und bei CoDeSys-Programmen mit einer ABB-SPS der Serie AC500 getestet.

- Theorie

Unter Theorie wird in diesem Lehrbuch eine Sammlung von Entwurfsmethoden und Beschreibungsmitteln zur systematischen Lösung von Automatisierungsaufgaben verstanden, wie z. B. Tabellen, Ablauf-Funktionspläne, Graphen sowie Programmablaufpläne (PAP) und Struktogramme (STG). Zur Theorie zählen auch die wichtigen Grundsätze der Deklaration von Variablen und Datentypen und der Operationsvorrat einer SPS, der in Form eines Programmierlehrgangs für STEP 7 und CoDeSys eingeführt und in den Steuerungssprachen AWL (Anweisungsliste), FUP bzw. FBS (Funktionsbaustein-Sprache), KOP (Kontaktplan) und ST (Strukturierter Text) angewendet wird. Einen besonderen Rang nimmt die Darstellung von Ablaufsteuerungen ein. Mit einer Einführung in Zustandsgraphen werden die Prinzipien der immer aktueller werdenden grafischen Programmierung dargestellt. Zum theoretischen Rüstzeug der Automatisierungstechnik zählen die Grundlagen der Antriebs- und Regelungstechnik sowie die Analogwertverarbeitung. Wegen ihrer besonderen Bedeutung in der Praxis sind die Grundlagen der Steuerungssicherheit innerhalb eines umfassenden normenbezogenen Rahmens dargestellt.

- Praxis

Der Praxisbezug wird durch ausführlich erläuterte und vollständig gelöste Anwendungsbeispiele hergestellt, die in STEP 7 und CoDeSys ausgeführt sind. Gezeigt wird auch, wie man zu einer systematischen und kostengünstigen Programmierung unter Verwendung von standardisierten Bibliotheksbausteinen kommt, die im Programmier-Lehrgang entworfen und in Bausteinbibliotheken für STEP 7 und CoDeSys zur Verfügung gestellt werden. Die Bausteinbibliotheken und alle Programme für STEP 7 und CoDeSys sowie weitere Informationen stehen im Internet unter *http://www.automatisieren-mit-sps.de* zur Verfügung. Wegen seiner besonderen Bedeutung in der Praxis ist das Thema Steuerungssicherheit innerhalb eines umfassenden normenbezogenen Rahmens dargestellt.

Dem Springer Vieweg Verlag und allen, die durch Kritik und Verbesserungsvorschläge zur Weiterentwicklung dieses Lehrbuchs beigetragen haben, sei herzlich gedankt. Für Anregungen aus dem Leserkreis sind wir auch weiterhin immer dankbar.

Mannheim, Ellerstadt, Oktober 2014                          *Günter Wellenreuther*
                                                            *Dieter Zastrow*


*Zum Schluss sei noch auf das von den Autoren im Springer Vieweg Verlag in der 6.Auflage herausgegebene Übungsbuch „Automatisieren mit SPS – Übersichten und Übungen" hingewiesen.*

# Inhaltsverzeichnis

Vorwort ........................................................................................................... V

**I    Automatisierung, SPS, Variablen und Daten** ............................................ 1

**1    Einführung** ..................................................................................................... 1
1.1    Automatisierung ..................................................................................... 1
    1.1.1    Grundfunktionen der Automatisierung ...................................... 1
    1.1.2    SPS-Norm DIN EN 61131-3 (IEC 61131-3) ........................... 2
    1.1.3    Projektierungssysteme STEP 7 und CoDeSys .......................... 3
    1.1.4    Programmierlehrgang ................................................................ 3
    1.1.5    Beschreibungsmittel für den systematischen Steuerungsentwurf .......... 3
    1.1.6    Regelungs- und Antriebstechnik als technologische Funktionen .......... 4
    1.1.7    SPS und PC als Automatisierungsgeräte ................................... 5
1.2    Kommunikation ..................................................................................... 5
    1.2.1    Kommunikation in Automatisierungssystemen .......................... 5
    1.2.2    Bussysteme und WLAN ............................................................ 5
    1.2.3    Durchgängiger Informationsfluss .............................................. 6
    1.2.4    OPC-Technologie ...................................................................... 7
    1.2.5    Web-Technologien ..................................................................... 7
1.3    Sicherheit von Steuerungen ................................................................... 8
    1.3.1    Europäische Normung zur Steuerungssicherheit ....................... 8
    1.3.2    Programmierbare Sicherheitssteuerungen und sichere Bussysteme ...... 8

**2    Aufbau und Funktion der Automatisierungsgeräte** ............................................ 9
2.1    Verfügbare Automatisierungssysteme ..................................................... 9
    2.1.1    Hardware-SPS ........................................................................... 9
    2.1.2    PC-basierte Steuerungen ........................................................... 10
2.2    Struktur und Funktionsweise einer SPS-CPU ........................................ 11
    2.2.1    Zentraleinheit (CPU) ................................................................ 11
    2.2.2    Zyklische Programmbearbeitung ............................................... 14
2.3    Zentrale Prozessperipherie einer S7-SPS ................................................ 15
    2.3.1    Signale: Welche Signalarten in einer SPS verarbeitet werden können . 15
    2.3.2    Eingabe-/Ausgabebaugruppen: Was angeschlossen werden darf ........ 16
    2.3.3    Absolute Adressen von Eingängen und Ausgängen .................... 17

**3    Grundzüge der Programmiernorm DIN EN 61131-3** ........................................ 19
3.1    Programmiersprachen ............................................................................. 19
3.2    Programm-Organisationseinheiten .......................................................... 20
3.3    Deklaration von Programm-Organisationseinheiten ................................ 21
    3.3.1    Deklaration einer Funktion mit dem Funktionsnamen FC 1 ........ 21
    3.3.2    Deklaration eines Funktionsbausteins mit dem Namen FB 1 ...... 22

3.4     Variablen ...................................................................................... 23
    3.4.1     Übersicht ........................................................................... 23
    3.4.2     Variablen-Deklaration ...................................................... 23
        3.4.2.1     Einzelelement-Variablen ...................................... 23
        3.4.2.2     Multielement-Variablen ....................................... 25
3.5     Datentypen und Literale ............................................................... 27
    3.5.1     Standard Datentypen und Schreibweisen
        von Zahlen- und Zeitangaben ........................................... 28
    3.5.2     Abgeleitete Datentypen ..................................................... 29
3.6     Programmstrukturen und Datenaustausch zwischen Bausteinen ..... 29
    3.6.1     Lineares Programm ............................................................ 29
    3.6.2     Strukturiertes Programm .................................................... 30
    3.6.3     Aufruf und Wertübergaben zwischen Bausteinen nach IEC 61131-3 ... 31
        3.6.3.1     Aufrufhierarchie der Bausteine PRG, FB und FC ... 31
        3.6.3.2     Aufruf eines Funktionsbausteins FB in FBS (FUP) und AWL ... 31
        3.6.3.3     Aufruf einer Funktion FC in AWL ...................... 32
3.7     Programmiersysteme ..................................................................... 34
    3.7.1     Einführung in STEP 7 ....................................................... 34
        3.7.1.1     Projektstruktur mit Hardware-Projektierung ........ 34
        3.7.1.2     Bausteintypen ...................................................... 35
        3.7.1.3     Programmstrukturen und Bausteinauswahl .......... 38
        3.7.1.4     Deklarations-Schnittstelle ................................... 38
        3.7.1.5     Deklarationsbeispiel für eine Funktion FC 1 ....... 39
        3.7.1.6     Deklarationsbeispiel für einen Funktionsbaustein FB 1 ........ 40
        3.7.1.7     Parametertypen als Ergänzung zu Datentypen ...... 40
        3.7.1.8     IEC-Bibliotheken ................................................ 41
        3.7.1.9     Programmtest durch Simulation (PLCSIM) ......... 41
    3.7.2     Einführung in CoDeSys ..................................................... 42
        3.7.2.1     Projektstruktur .................................................... 42
        3.7.2.2     Bibliotheken ........................................................ 43
        3.7.2.3     Programm erstellen und Projekt generieren
            („Alles Übersetzen") ........................................... 47
        3.7.2.4     Simulation ........................................................... 48
3.8     Exkurs: Zahlendarstellung ............................................................ 49
    3.8.1     Grundlagen des Dualzahlensystems ................................... 49
    3.8.2     Zweierkomplement ............................................................ 50
    3.8.3     Zahlenformate ................................................................... 52
        3.8.3.1     Ganzzahlen (Festpunktzahlen) ............................ 52
        3.8.3.2     Gleitpunktzahlen nach IEEE ............................... 53
        3.8.3.3     BCD-Zahlen ........................................................ 54

**II   Operationsvorrat und Beschreibungsmittel für SPS-Programme** .... 58

**4     Basis-Operationen** ........................................................................... 58
4.1     Binäre Abfragen und Verknüpfungen ............................................ 58
    4.1.1     Negation ........................................................................... 58
    4.1.2     UND-Verknüpfung ............................................................ 59
    4.1.3     ODER-Verknüpfung .......................................................... 61

|  |  |  |  |
|---|---|---|---|
|  | 4.1.4 | Die Exclusiv-ODER-Verknüpfung | 62 |
|  | 4.1.5 | Negation einer Verknüpfung | 63 |
|  | 4.1.6 | Verknüpfungsergebnis VKE | 65 |
|  | 4.1.7 | Beispiele | 65 |
| 4.2 | Zusammengesetzte logische Grundverknüpfungen | | 71 |
|  | 4.2.1 | UND-vor-ODER-Verknüpfung | 71 |
|  | 4.2.2 | ODER-vor-UND-Verknüpfung | 72 |
|  | 4.2.3 | Zusammengesetzte Verknüpfungen mit Exclusiv-ODER | 73 |
|  | 4.2.4 | Zusammengesetzte Verknüpfungen mit mehreren Klammerebenen | 74 |
|  | 4.2.5 | Beispiele | 77 |
| 4.3 | Systematischer Programmentwurf mit Funktionstabellen | | 80 |
|  | 4.3.1 | Aufstellen einer Funktionstabelle | 81 |
|  | 4.3.2 | Disjunktive Normalform DNF | 82 |
|  | 4.3.3 | Konjunktive Normalform KNF | 83 |
|  | 4.3.4 | Vereinfachung von Schaltfunktionen mit algebraischen Verfahren | 84 |
|  | 4.3.5 | Vereinfachung von Schaltfunktionen mit grafischem Verfahren: KVS-Diagramm | 86 |
|  | 4.3.6 | Umsetzung in ein Steuerungsprogramm | 89 |
|  | 4.3.7 | Beispiele | 90 |
| 4.4 | Speicherfunktionen | | 94 |
|  | 4.4.1 | Entstehung des Speicherverhaltens | 94 |
|  | 4.4.2 | Speicherfunktionen in Steuerungsprogrammen | 95 |
|  |  | 4.4.2.1 Speicherfunktion mit vorrangigem Rücksetzen | 95 |
|  |  | 4.4.2.2 Speicherfunktion mit vorrangigem Setzen | 96 |
|  | 4.4.3 | Speicherfunktionen nach DIN EN 61131-3 | 97 |
|  | 4.4.4 | Speicherfunktionen in STEP 7 | 97 |
|  | 4.4.5 | Speicherfunktionen in CoDeSys | 100 |
|  | 4.4.6 | Verriegelung von Speichern | 101 |
|  |  | 4.4.6.1 Gegenseitiges Verriegeln | 101 |
|  |  | 4.4.6.2 Reihenfolgeverriegelung | 102 |
|  | 4.4.7 | Beispiele | 102 |
| 4.5 | Systematischer Programmentwurf mit RS-Tabellen | | 109 |
|  | 4.5.1 | RS-Tabelle zu Beginn der Entwurfsphase | 109 |
|  | 4.5.2 | RS-Tabelle am Ende der Entwurfsphase | 110 |
|  | 4.5.3 | Beispiele | 110 |
| 4.6 | Flankenauswertung | | 116 |
|  | 4.6.1 | Steigende (positive) Flanke | 116 |
|  | 4.6.2 | Fallende (negative) Flanke | 117 |
|  | 4.6.3 | Flankenauswertung nach DIN EN 61131-3 | 117 |
|  | 4.6.4 | Flankenauswertung in STEP 7 | 118 |
|  | 4.6.5 | Flankenauswertung in CoDeSys | 120 |
|  | 4.6.6 | Binäruntersetzer | 121 |
|  | 4.6.7 | Schaltfolgetabelle | 122 |
|  | 4.6.8 | Beispiele | 124 |
| 4.7 | Zeitgeber | | 134 |
|  | 4.7.1 | Zeitgeber nach DIN EN 61131-3 | 134 |
|  | 4.7.2 | Zeitgeber in STEP 7 | 135 |
|  |  | 4.7.2.1 STEP 7 – Zeitfunktionen | 135 |

4.7.2.2   IEC-Standard-Funktionsbausteine in STEP 7 ...................... 142
4.7.2.3   STEP 7 – Uhrzeitfunktionen ............................................... 145
4.7.3   Zeitgeber in CoDeSys ...................................................................... 147
4.7.4   Beispiele .......................................................................................... 148
4.8   Erzeugung von Taktsignalen ...................................................................... 165
4.8.1   Taktgeberprogramm ......................................................................... 165
4.8.2   Verfügbare Taktgeber in STEP 7 ..................................................... 166
4.8.2.1   Taktmerker ........................................................................ 166
4.8.2.2   Weckalarm-Organisationsbausteine ................................. 167
4.8.2.3   Taktgeberbausteine ........................................................... 167
4.8.3   Taktgeber in CoDeSys ...................................................................... 169
4.8.3.1   Funktionsbaustein „BLINK" (util.lib) ............................. 170
4.8.3.2   Selbstgeschriebene Funktionsbausteine ........................... 170
4.8.4   Beispiele .......................................................................................... 171
4.9   Zählerfunktionen ........................................................................................ 177
4.9.1   Zählerfunktionen nach DIN EN 61131-3 ........................................ 177
4.9.2   Zählerfunktionen in STEP 7 ............................................................ 178
4.9.2.1   STEP 7 – Zählerfunktionen ............................................. 178
4.9.2.2   IEC-Standard-Funktionsbausteine in STEP 7 ................... 182
4.9.3   Zähler in CoDeSys .......................................................................... 185
4.9.4   Beispiele .......................................................................................... 187

**5   Übertragungs- und Programmsteuerungs-Funktionen** ........................................... 195
5.1   Übertragungsfunktionen ............................................................................ 195
5.1.1   Übertragungsfunktionen nach DIN EN 61131-3 ............................. 195
5.1.2   Übertragungsfunktionen in STEP 7 ................................................. 196
5.1.2.1   Lade- und Transfer-Funktionen ....................................... 196
5.1.2.2   Akkumulatorfunktionen ................................................... 201
5.1.3   Übertragungsfunktionen in CoDeSys ............................................... 202
5.1.3.1   Lade- und Speicherfunktion ............................................. 202
5.1.3.2   Selektion ........................................................................... 202
5.1.4   Beispiele .......................................................................................... 203
5.2   Programmsteuerfunktionen ........................................................................ 208
5.2.1   Programmsteuerfunktionen nach DIN EN 61131-3 ......................... 208
5.2.2   Programmsteuerfunktionen in STEP 7 ............................................ 210
5.2.2.1   Unbedingte und bedingte Sprungfunktionen ..................... 210
5.2.2.2   Sprungleiste SPL ............................................................. 213
5.2.2.3   Schleifensprung LOOP .................................................... 214
5.2.2.4   Bausteinaufrufe ................................................................ 215
5.2.2.5   Baustein-Ende-Funktionen ............................................... 216
5.2.2.6   EN/ENO-Mechanismus .................................................... 217
5.2.3   Programmsteuerfunktionen in CoDeSys ........................................... 218
5.2.3.1   Unbedingte und bedingte Sprungfunktionen ..................... 218
5.2.3.2   Bausteinaufrufe ................................................................ 219
5.2.3.3   Baustein-Ende-Funktion ................................................... 220
5.2.3.4   EN/ENO-Mechanismus .................................................... 220
5.2.4   Beispiele .......................................................................................... 221

**6    Digitale Operationen** ................................................................................ 231

  6.1    Vergleichsfunktionen ...................................................................... 231
     6.1.1    Vergleichsfunktionen nach DIN EN 61131-3 ....................... 231
     6.1.2    Vergleichsfunktionen in STEP 7 ........................................... 232
     6.1.3    Vergleichsfunktionen in CoDeSys ......................................... 233
     6.1.4    Beispiele ................................................................................ 233
  6.2    Digitale Verknüpfungen ................................................................. 236
     6.2.1    Digitale Verknüpfungen nach DIN EN 61131-3 ................... 236
     6.2.2    Digitale Verknüpfungen in STEP 7 ....................................... 236
     6.2.3    Digitale Verknüpfungen in CoDeSys ..................................... 238
     6.2.4    Maskieren von Binärstellen ................................................... 239
     6.2.5    Ergänzen von Bitmustern ...................................................... 239
     6.2.6    Signalwechsel von Binärstellen erkennen ............................. 239
     6.2.7    Beispiele ................................................................................ 240
  6.3    Schiebefunktionen .......................................................................... 245
     6.3.1    Schiebefunktionen nach DIN EN 61131-3 ............................ 245
     6.3.2    Schiebefunktionen in STEP 7 ................................................ 245
        6.3.2.1    Schieben Wort oder Doppelwort ........................... 246
        6.3.2.2    Rotieren ................................................................. 247
        6.3.2.3    Schieben INTEGER .............................................. 247
     6.3.3    Schiebefunktionen in CoDeSys .............................................. 248
     6.3.4    Beispiele ................................................................................ 249
  6.4    Umwandlungsfunktionen ................................................................ 257
     6.4.1    Umwandlungsfunktionen nach DIN EN 61131-3 ................. 257
     6.4.2    Umwandlungsfunktionen in STEP 7 ...................................... 257
        6.4.2.1    Übersicht ............................................................... 258
        6.4.2.2    Umwandlung von BCD-Zahlen .............................. 258
        6.4.2.3    Umwandlung von INTEGER- und Doppelinteger-Zahlen .... 259
        6.4.2.4    Umwandlung von Gleitpunktzahlen ...................... 261
        6.4.2.5    Umwandlung durch Komplementbildung ............. 262
        6.4.2.6    Umwandlung BOOL, BYTE, WORD und DWORD .......... 264
     6.4.3    Umwandlungsfunktionen in CoDeSys .................................... 265
        6.4.3.1    Übersicht ............................................................... 265
        6.4.3.2    Umwandlung von und zu dem Datentyp BOOL .... 266
        6.4.3.3    Umwandlung zwischen ganzzahligen Datentypen ............. 266
        6.4.3.4    Umwandlung von Gleitpunktzahlen ...................... 266
        6.4.3.5    Umwandlung von TIME bzw. TIME_OF_DAY .... 267
        6.4.3.6    Umwandlung von DATE bzw. DATE_AND_TIME ......... 267
        6.4.3.7    Umwandlung von STRING ................................... 267
        6.4.3.8    TRUNC ................................................................. 267
     6.4.4    Beispiele ................................................................................ 268

**7    Beschreibungsmittel Programmablaufplan und Struktogramm** ............ 275

  7.1    Programmablaufplan ...................................................................... 276
     7.1.1    Programmkonstrukt Verarbeitung .......................................... 276
     7.1.2    Programmkonstrukt Folge ...................................................... 276
     7.1.3    Programmkonstrukt Auswahl ................................................. 276

|       | 7.1.4 | Programmkonstrukt Wiederholung ....................................................... | 277 |
|       | 7.1.5 | Kombination der Programmkonstrukte ............................................... | 278 |
| 7.2   | Struktogramm .................................................................................... | | 278 |
|       | 7.2.1 | Strukturblock Verarbeitung .............................................................. | 278 |
|       | 7.2.2 | Strukturblock Folge ......................................................................... | 278 |
|       | 7.2.3 | Strukturblock Auswahl .................................................................... | 279 |
|       | 7.2.4 | Strukturblock Wiederholung ............................................................ | 279 |
|       | 7.2.5 | Kombination der Strukturblöcke ...................................................... | 280 |
| 7.3   | Zusammenstellung der Sinnbilder für Struktogramm und Programmablaufplan .............................................................. | | 281 |
| 7.4   | AWL-Programmierung nach Vorlage von Programmablaufplan oder Struktogramm ............................................................................ | | 282 |
|       | 7.4.1 | Verarbeitung ................................................................................... | 282 |
|       | 7.4.2 | Folge ............................................................................................... | 282 |
|       | 7.4.3 | Auswahl ........................................................................................... | 283 |
|       | 7.4.4 | Wiederholung .................................................................................. | 285 |
| 7.5   | Beispiele ........................................................................................... | | 286 |

**8    Mathematische Operationen** ................................................................... 299

| 8.1   | Arithmetische Funktionen .................................................................. | | 299 |
|       | 8.1.1 | Arithmetische Funktionen nach DIN EN 61131-3 ............................. | 299 |
|       | 8.1.2 | Arithmetische Funktionen in STEP 7 ............................................... | 300 |
|       |       | 8.1.2.1 | Rechnen mit Konstanten ................................................ | 300 |
|       |       | 8.1.2.2 | Rechnen mit INTEGER-Werten ..................................... | 301 |
|       |       | 8.1.2.3 | Rechnen mit Doppelinteger-Werten ................................ | 302 |
|       |       | 8.1.2.4 | Rechnen mit Gleitpunktzahlen ....................................... | 304 |
|       | 8.1.3 | Arithmetische Funktionen in CoDeSys ............................................ | 305 |
|       |       | 8.1.3.1 | Addition ........................................................................ | 305 |
|       |       | 8.1.3.2 | Subtraktion .................................................................... | 305 |
|       |       | 8.1.3.3 | Multiplikation ................................................................ | 306 |
|       |       | 8.1.3.4 | Division ......................................................................... | 306 |
|       |       | 8.1.3.5 | Modulo Division ............................................................ | 306 |
|       | 8.1.4 | Beispiele ......................................................................................... | 307 |
| 8.2   | Nummerische Funktionen .................................................................. | | 313 |
|       | 8.2.1 | Nummerische Funktionen nach DIN EN 61131-3 ............................. | 313 |
|       | 8.2.2 | Nummerische Funktionen in STEP 7 ............................................... | 313 |
|       |       | 8.2.2.1 | Allgemeine Funktionen .................................................. | 314 |
|       |       | 8.2.2.2 | Logarithmus- und Exponential-Funktionen ..................... | 315 |
|       |       | 8.2.2.3 | Trigonometrische Funktionen ........................................ | 316 |
|       | 8.2.3 | Nummerische Funktionen in CoDeSys ............................................ | 317 |
|       |       | 8.2.3.1 | Allgemeine Funktionen .................................................. | 317 |
|       |       | 8.2.3.2 | Logarithmus- und Exponential-Funktionen ..................... | 318 |
|       |       | 8.2.3.3 | Trigonometrische Funktionen ........................................ | 319 |
|       | 8.2.4 | Beispiele ......................................................................................... | 320 |

**9    Indirekte Adressierung** ....................................................................................... 328

  9.1    Adressierungsarten in AWL ......................................................................... 328
      9.1.1    Indirekte Operanden-Adressierung in STEP 7-AWL ...................... 328
      9.1.2    Indirekte Adressierung bei Multielement-Variablen nach IEC 61131-3... 328
  9.2    Grundlagen der indirekten Adressierung in STEP 7-AWL ........................... 329
  9.3    Bereichszeiger in STEP 7 ............................................................................. 330
  9.4    Speicherindirekte Adressierung in STEP 7-AWL ........................................ 331
  9.5    Registerindirekte Adressierung in STEP 7-AWL ........................................ 333
  9.6    Beispiele ...................................................................................................... 336

**10   Programmiersprache Strukturierter Text ST (SCL)** ........................................ 350

  10.1   Bausteine in ST (SCL) ................................................................................. 350
      10.1.1   Bausteinanfang und Bausteinende ................................................... 350
      10.1.2   Deklarationsteil ............................................................................... 351
      10.1.3   Anweisungsteil ................................................................................ 351
  10.2   Ausdrücke, Operanden und Operatoren ....................................................... 352
      10.2.1   Übersicht ......................................................................................... 352
      10.2.2   Operatoren ....................................................................................... 352
      10.2.3   Operanden ........................................................................................ 353
      10.2.4   Ausdrücke ........................................................................................ 354
  10.3   Anweisungen ............................................................................................... 354
      10.3.1   Wertzuweisungen ............................................................................ 354
      10.3.2   Kontrollanweisungen ....................................................................... 355
            10.3.2.1    Übersicht ..................................................................... 355
            10.3.2.2    IF-Anweisung .............................................................. 356
            10.3.2.3    CASE-Anweisung ........................................................ 357
            10.3.2.4    FOR-Anweisung .......................................................... 357
            10.3.2.5    WHILE-Anweisung ..................................................... 358
            10.3.2.6    REPEAT-Anweisung ................................................... 358
            10.3.2.7    EXIT-Anweisung ......................................................... 359
            10.3.2.8    RETURN-Anweisung ................................................... 359
            10.3.2.9    CONTINUE-Anweisung .............................................. 359
            10.3.2.10  GOTO-Anweisung ....................................................... 360
      10.3.3   Steueranweisungen für Funktionen und Funktionsbausteine ............... 361
            10.3.3.1    Aufruf von Funktionsbausteinen .................................. 361
            10.3.3.2    Aufruf von Funktionen ................................................ 362
            10.3.3.3    Aufruf von Zählern und Zeiten .................................... 362
  10.4   Beispiele ...................................................................................................... 363

**III  Ablaufsteuerungen und Zustandsgraph** ......................................................... 378

**11   Ablauf-Funktionsplan** ....................................................................................... 378

  11.1   Konzeption und Normungsquellen ............................................................... 378
  11.2   Grafische Darstellung von Ablaufsteuerungsfunktionen .............................. 379
      11.2.1   Darstellung von Schritten ................................................................ 379
      11.2.2   Darstellung von Übergängen und Übergangsbedingungen .................. 379

11.2.3   Grundformen der Ablaufkette ........................................................... 380
11.2.4   Aktionen, Aktionsblock .................................................................. 383
11.3   Umsetzung des Ablauf-Funktionsplans mit SR-Speichern ............................ 386
11.3.1   Umsetzungsregeln ......................................................................... 386
11.3.2   Realisierung ................................................................................. 388
11.3.3   Beispiel ...................................................................................... 388
11.4   Umsetzung des Ablauf-Funktionsplans mit standardisierter Bausteinstruktur ... 392
11.4.1   Regeln für die Programmierung des Bibliotheks-Schrittketten-
bausteins FB15: KoB (Kette ohne Betriebsartenwahl) ...................... 392
11.4.2   Regeln für die Programmierung des Befehlsausgabebausteins ............ 394
11.4.3   Realisierung ................................................................................. 395
11.4.4   Beispiel ...................................................................................... 395
11.5   Ablaufsteuerungen mit wählbaren Betriebsarten ....................................... 398
11.5.1   Grundlagen ................................................................................. 398
11.5.2   Struktur ...................................................................................... 398
11.5.3   Bedien- und Anzeigefeld ................................................................ 399
11.5.4   Betriebsartenteil-Baustein (FB 24: BETR) ..................................... 402
11.5.5   Ablaufkettenbaustein (FB 25: KET_10) ......................................... 404
11.5.6   Befehlsausgabe ............................................................................ 407
11.5.7   Realisierung ................................................................................. 411
11.5.8   Beispiel ...................................................................................... 411
11.6   Komplexe Ablaufsteuerungen .............................................................. 418
11.6.1   Ablaufsteuerung mit Betriebsartenteil und Signalvorverarbeitung ....... 418
11.6.2   Ablaufsteuerungen mit korrespondierenden Ablaufketten .................. 419
11.6.3   Ablaufbeschreibung für Verknüpfungssteuerungen .......................... 420
11.6.4   Beispiele ..................................................................................... 421

12   Zustandsgraph ................................................................................... 442
12.1   Zustandsgraph-Darstellung .................................................................. 443
12.1.1   Zustände ..................................................................................... 443
12.1.2   Transitionen ................................................................................ 443
12.1.3   Aktionen ..................................................................................... 445
12.2   Umsetzung von Zustandsgraphen in ein Steuerungsprogramm ..................... 445
12.3   Zeigerprinzip bei Zustandsgraphen ....................................................... 448
12.3.1   Zeigerprinzip bei der Datenspeicherung .......................................... 449
12.3.2   Zeigerprinzip bei Speicherfunktionen ............................................. 449
12.4   Graphengruppe .................................................................................. 450
12.5   Beispiele .......................................................................................... 452

IV   Analogwertverarbeitung ............................................................... 473

13   Grundlagen der Analogwertverarbeitung .................................................. 473
13.1   Analoge Signale ................................................................................ 473
13.2   SPS-Analogbaugruppen ...................................................................... 474
13.2.1   Analoge Signale in digitale Messwerte umsetzen ............................. 474
13.2.2   Auflösung .................................................................................... 475

13.2.3 Digitalwerte in analoge Signale umsetzen .......................................... 476
13.2.4 Analogwertdarstellung in Peripherieworten ................................ 476
13.2.5 Signalarten und Messbereiche der Analogeingänge ................ 477
13.2.6 Signalarten und Messbereiche der Analogausgänge ............... 479
13.3 Anschluss von Messgebern und Lasten ....................................................... 481
13.3.1 Anschließen von Messgebern an Analogeingänge ................ 481
13.3.2 Anschließen von Lasten an Analogausgänge ........................... 484
13.4 Beispiele .......................................................................................................... 486

**14 Normierungsbausteine für Analogwertverarbeitung** .......................... 491

14.1 Messwerte einlesen und normieren ............................................................ 491
14.2 Ausgeben von normierten Analogwerten ................................................. 492
14.3 Beispiele .......................................................................................................... 494

**V Bussysteme in der Automatisierungstechnik** ................................. 505

**15 SPS- und PC-Stationen an Bussysteme anschließen** ........................... 505

15.1 Ursachen des Kommunikationsbedarfs ..................................................... 505
15.2 Kommunikationsebenen und Bussysteme ............................................... 505
15.3 Bussystemanschluss für SPS-Stationen .................................................... 507
15.3.1 Systemanschluss durch CPU mit integrierter Schnittstelle ........ 507
15.3.1.1 Für PROFIBUS DP ...................................................... 507
15.3.1.2 Für PROFINET ............................................................ 507
15.3.2 Systemanschluss mit Kommunikationsbaugruppe ................... 507
15.3.2.1 Für PROFIBUS DP ...................................................... 507
15.3.2.2 Für PROFINET, Industrial Ethernet-TCP/IP .............. 508
15.4 Bussystemanschluss für PC-Stationen ...................................................... 509
15.4.1 Standard-Netzwerkkarte .................................................................. 509
15.4.2 Für PROFIBUS DP ........................................................................... 509

**16 AS-i-Bus** ..................................................................................................... 510

16.1 Grundlagen ..................................................................................................... 510
16.1.1 AS-i-System .................................................................................. 510
16.1.2 Netzwerk-Topologie ...................................................................... 511
16.1.3 Übertragungsverfahren .................................................................. 511
16.1.4 AS-i-Leitung ................................................................................... 512
16.1.5 Zugriffssteuerung .......................................................................... 513
16.1.6 Aufbau einer AS-i-Nachricht ....................................................... 513
16.1.7 Datenfelder und Listen beim Master ............................................ 514
16.1.8 Betriebsmodi des Masters ............................................................. 515
16.1.9 Datensicherung .............................................................................. 515
16.1.10 Räumliche Netzerweiterung ......................................................... 516
16.1.11 Netzübergänge ............................................................................... 516
16.1.12 AS-i-Spezifikationen ..................................................................... 517
16.2 Projektierung eines AS-i-Bussystems ....................................................... 518
16.2.1 Übersicht ........................................................................................ 518

16.2.2  Aufgabenstellung ............................................................ 518
16.2.3  Arbeitschritt (1): Konfigurierung des AS-i-Slave-Systems ................. 519
16.2.3.1  Anlegen eines Projekts ...................................... 519
16.2.3.2  Slave-Adressierung, -Parametrierung, -Projektierung
und Funktionstest ............................................. 520
16.2.4  Arbeitschritt (2): Erstellen und Testen des Anwenderprogramms ........ 523
16.2.5  Arbeitschritt (3): Kleinprojekt ......................................... 524

**17  PROFIBUS** .............................................................................. 526

17.1  Grundlagen ....................................................................... 526
17.1.1  Systemübersicht ....................................................... 526
17.1.2  PROFIBUS DP ......................................................... 527
17.1.3  PROFIBUS PA ......................................................... 528
17.1.4  Netztopologien ....................................................... 529
17.1.4.1  Linientopologie (Bustopologie) bei elektrischer
Übertragungstechnik ........................................ 529
17.1.4.2  Punkt-zu-Punkt-Verbindung bei Lichtwellenleitern ............ 530
17.1.5  Übertragungstechnik ................................................. 531
17.1.5.1  RS 485-Standard für PROFIBUS DP ....................... 531
17.1.5.2  MBP-Standard für PROFIBUS PA ......................... 534
17.1.5.3  Lichtwellenleiter .......................................... 534
17.1.6  Buszugriffsverfahren ................................................. 535
17.1.7  Aufbau einer PROFIBUS-Nachricht ................................. 536
17.1.8  Kommunikationsmodell PROFIBUS DP ............................. 537
17.1.8.1  Zyklischer Datentransfer Master-Slave
in Leistungsstufe DP-V0 .................................... 537
17.1.8.2  Zusätzlicher azyklischer Datenverkehr Master-Slave
in Leistungsstufe DP-V1 .................................... 538
17.1.8.3  Zusätzlicher Datenquerverkehr (DX) mit I-Slaves
bei Leistungsstufe DP-V2 ................................... 539
17.2  Projektierung PROFIBUS DP ................................................... 540
17.2.1  Übersicht ............................................................. 540
17.2.2  Aufgabenstellung ..................................................... 540
17.2.3  Arbeitschritt (1): Urlöschen und Anlegen eines neuen Projektes ....... 541
17.2.4  Arbeitschritt (2): Hardware konfigurieren ........................... 541
17.2.5  Arbeitschritt (3): Software erstellen ................................. 546
17.2.6  Arbeitschritt (4): Inbetriebnahme und Test, Fehlerquellen ............ 548

**18  Ethernet-TCP/IP** ..................................................................... 549

18.1  Grundlagen ....................................................................... 549
18.1.1  Übersicht ............................................................. 549
18.1.2  Ethernet-Netzwerke ................................................... 550
18.1.2.1  Standard 10 BASE-T ....................................... 550
18.1.2.2  Fast Ethernet (100 MBit/s) ................................. 551
18.1.3  Industrielle Installation ............................................. 551
18.1.3.1  Industrial-Twisted-Pair-Leitung ITP ........................ 552
18.1.3.2  Strukturierte Verkabelung nach EN 50173 .................. 552

18.1.3.3 Sterntopologie ........................................................ 553
18.1.3.4 Linientopologie ....................................................... 554
18.1.4 Datenübertragung über Ethernet ........................................ 554
18.1.4.1 Buszugriffsverfahren ............................................. 554
18.1.4.2 Aufbau einer Ethernet-Nachricht ................................. 556
18.1.5 Internet Protokoll (IP) .................................................. 557
18.1.5.1 IP-Adressen ...................................................... 557
18.1.5.2 IP-Datenpakete ................................................... 559
18.1.5.3 Routing (Wege finden) durch das Netz ............................ 560
18.1.6 Transport-Protokolle (TCP, UDP) ........................................ 563
18.1.6.1 Verbindungsorientierter Transportdienst: TCP-Standard ...... 563
18.1.6.2 Verbindungsloser Transportdienst: UDP-Standard .............. 565
18.1.7 TCP/IP-Kommunikation bei Industrial Ethernet ........................... 565
18.1.7.1 Leistungsmerkmale ............................................... 565
18.1.7.2 Zugang zu TCP/IP ................................................ 565
18.1.7.3 Socket-Schnittstelle ............................................ 566
18.1.7.4 Verbindungstypen ................................................ 566
18.1.7.5 SEND-RECEIVE-Schnittstelle ...................................... 567
18.1.7.6 Bedeutung der S7-Funktionen im SIMATIC-System .......... 568
18.2 Projektierung Industrial Ethernet ............................................ 569
18.2.1 Übersicht ............................................................... 569
18.2.2 Aufgabenstellung: AG-AG-Kopplung in zwei STEP 7 Projekten ........ 569
18.2.3 Arbeitsschritt (1):
Hardware-Projektierung .................................................. 570
18.2.3.1 Station 1 mit CPU und CP projektieren ........................... 570
18.2.3.2 Netzanschluss für „Andere Station" .............................. 570
18.2.4 Arbeitsschritt (2): Verbindungsprojektierung zur fernen Station ......... 572
18.2.4.1 ISO-on-TCP-Verbindung auswählen ............................. 572
18.2.4.2 Eigenschaften der ISO-on-TCP-Verbindung festlegen ......... 572
18.2.4.3 Kommunikationsdienste Send/Receive anmelden .............. 573
18.2.5 Arbeitsschritt (3): Datenschnittstelle im Anwenderprogramm
einrichten ............................................................... 573
18.2.5.1 AG_SEND-, AG_RECV-Bausteine projektieren .................. 573
18.2.5.2 Hinweise zur Inbetriebnahme .................................... 574

19 PROFINET – Offener Industrial Ethernet Standard ............................................ 575

19.1 Grundlagen ................................................................... 575
19.1.1 Überblick ............................................................... 575
19.1.2 PROFINET IO ........................................................... 575
19.1.2.1 Gegenüberstellung PROFINET IO und PROFIBUS DP ....... 575
19.1.2.2 Gerätemodell und Peripherieadressen ......................... 577
19.1.2.3 Adressen ......................................................... 577
19.1.3 Netzaufbau ............................................................. 578
19.1.3.1 Leitungen und Steckverbinder ................................... 578
19.1.3.2 Switches ......................................................... 579
19.1.3.3 Netztopologien .................................................. 579

19.1.4   PROFINET CBA .................................................................. 580
  19.1.4.1  Gegenüberstellung von PROFINET IO
            und PPROFINET CBA ...................................... 580
  19.1.4.2  PROFINET-Komponente bilden ......................... 581
  19.1.4.3  PROFINET-Komponenten verschalten ............... 582
  19.1.4.4  Diagnose .......................................................... 582
  19.1.4.5  Prozessdaten über OPC visualisieren ............... 582
19.1.5   Feldbusintegration ...................................................... 583
19.1.6   PROFINET-Kommunikationskanäle ............................. 584
19.1.7   PROFINET-Web-Integration ........................................ 585
19.2  Projektierung PROFINET IO .................................................. 586
19.2.1   Übersicht .................................................................... 586
19.2.2   Aufgabenstellung ........................................................ 586
19.2.3   Arbeitsschritt (1): Hardware-Projektierung ................. 587
  19.2.3.1  Hardwarekonfiguration der S7-Station ............ 587
  19.2.3.2  IO-Devices anbinden und Module konfigurieren .... 588
  19.2.3.3  Gerätenamen und Parameter einstellen ........... 588
19.2.4   Arbeitsschritt (2): Gerätenamen zuweisen und Projektierung laden ..... 590
  19.2.4.1  Gerätenamen laden ......................................... 590
  19.2.4.2  Hardwarekonfiguration laden .......................... 591
19.2.5   Arbeitsschritt (3): Software erstellen .......................... 591
  19.2.5.1  Ermittlung der EA-Adressen ........................... 591
  19.2.5.2  Anwender-Testprogramm ............................... 592
19.2.6   Arbeitsschritt (4): Inbetriebnahme, Test und Diagnose ........ 592

20  WLAN-Funknetztechnologie nach IEEE 802.11 ............................ 593
20.1  Grundlagen ........................................................................... 593
20.1.1   Einführung .................................................................. 593
20.1.2   WLAN-Realisierung im Überblick ................................ 593
  20.1.2.1  WLAN-Stationen ............................................ 593
  20.1.2.2  WLAN-Netzstrukturen .................................... 594
  20.1.2.3  Projektierungsschritte .................................... 597
20.1.3   Funkkommunikation im Infrastruktur-Netz ................. 598
  20.1.3.1  Clients suchen Funknetz ................................. 598
  20.1.3.2  WLAN-Zugangskontrolle: Authentifizierung und
            Assoziierung von Clients ................................. 598
  20.1.3.3  WLAN-Abhörsicherheit: Verschlüsselungsverfahren
            für die Nutzdaten ........................................... 600
  20.1.3.4  Datenadressierung in der WLAN-Kommunikation ..... 601
  20.1.3.5  Zugriff der WLAN-Geräte auf den Übetragungskanal ..... 602
20.1.4   WLAN-Funktechnik ..................................................... 603
  20.1.4.1  ISM-Band und überlappungsfreie Funkkanäle ..... 603
  20.1.4.2  WLAN-Standards und ihre Übertragungsverfahren ..... 604
20.1.5   WLAN-Grundlagen im ISO/OSI-Netzwerkmodell ............ 607
20.2  Projektierung WLAN-Funknetz ............................................. 609
20.2.1   Aufgabenstellung ........................................................ 609
20.2.2   Übersicht .................................................................... 609
20.2.3   Basisprojekt ............................................................... 610

        20.2.4  Erweiterung des Basisprojekts ........................................ 616
        20.2.5  Sicherheitseinstellungen für geschützten WLAN-Betrieb .................. 619
        20.2.6  WLAN-Mischbetrieb bei Funkstandard IEEE 802.11b/g: Test ........... 620

**VI  Technologische Funktionen** ................................................. 621

**21  Prozessdiagnose mit Instandhaltungsbausteinen** ............................. 621
    21.1  Einführung ........................................................... 621
    21.2  Instandhaltungsmaßnahmen ............................................. 621
    21.3  Grundlagen von Instandhaltungsbausteinen ............................. 624
        21.3.1  Störmeldungen ............................................... 624
        21.3.2  Instandhaltungsmeldungen .................................... 626
        21.3.3  Prinzipieller Aufbau von Instandhaltungsbausteinen ........... 626
    21.4  Beispiele ............................................................ 630

**22  Regelungen mit Automatisierungsgeräten** .................................... 638
    22.1  Regelung und regelungstechnische Größen .............................. 638
        22.1.1  Funktionsschema einer Regelung .............................. 639
        22.1.2  Wirkungsplan einer Regelung ................................. 640
    22.2  Regelstrecke ......................................................... 641
        22.2.1  Begriff der Regelstrecke .................................... 641
        22.2.2  Bestimmung von Regelstreckenparametern ...................... 642
        22.2.3  Typisierung der Regelstrecken ............................... 644
    22.3  Regler ............................................................... 646
        22.3.1  Realisierbare Reglerarten ................................... 646
        22.3.2  Bildung der Regelfunktion ................................... 647
            22.3.2.1  Zweipunkt-Regelfunktion ............................. 647
            22.3.2.2  Dreipunkt-Regelfunktion ............................. 647
            22.3.2.3  PID-Regelfunktionen (P, I, PI, PI-Schritt, PD, PID) ............. 648
            22.3.2.4  Fuzzy-Regelfunktion ................................. 654
        22.3.3  Stellsignaltypen ............................................ 661
            22.3.3.1  Unstetige Stellsignale (Zweipunkt, Dreipunkt) ....... 662
            22.3.3.2  Kontinuierliche (stetige) Stellsignale .............. 663
            22.3.3.3  Quasi-kontinuierliche Schritt-Stellsignale .......... 664
            22.3.3.4  Quasi-kontinuierliche Impuls-Stellsignale (PWM) ..... 665
    22.4  Stellglieder ......................................................... 667
    22.5  Grundlagen der digitalen Regelung .................................... 668
        22.5.1  Wirkungsplan digitaler Regelkreise .......................... 668
        22.5.2  Abtastung, Abtastzeit ....................................... 668
        22.5.3  Auflösung ................................................... 669
        22.5.4  Digitaler PID-Algorithmus ................................... 670
    22.6  Regler-Programmierung ................................................ 671
        22.6.1  Prinzipieller Aufbau eines Regelungsprogramms ............... 671
        22.6.2  Reglereinstellungen ......................................... 671
        22.6.3  Zweipunkt-Reglerbausteine ................................... 672
        22.6.4  Dreipunkt-Reglerbausteine ................................... 675

22.6.5  PID-Reglerbaustein .................................................................. 681

22.6.6  PI-Schrittreglerbaustein (Dreipunkt-Schrittregler mit PI-Verhalten) .... 684

22.7  Beispiele ......................................................................................... 689

**23  Antriebe in der Automatisierungstechnik** ............................................. 700

23.1  Übersicht ........................................................................................ 700

23.2  Energie- und Kostensparen durch elektrische Antriebstechnik ...................... 700

23.2.1  Energiesparmotoren ...................................................................... 700

23.2.2  Wirkungsgradverbesserung durch drehzahlveränderbare Antriebe ....... 701

23.2.3  Kosteneinsparung durch intelligente Antriebe .............................. 702

23.3  Grundlagen der Umrichtertechnik für Drehstrommmotoren ..................... 703

23.3.1  Prinzip des kontinuierlich drehzahlverstellbaren AC-Antriebs ............. 703

23.3.2  Umrichter als Stromrichterstellglied ....................................... 705

23.3.3  Aufbau und Funktion von Umrichtern mit Spannungszwischenkreis ... 706

23.3.4  Drehspannungserzeugung im Wechselrichter ................................. 708

23.3.4.1  Sinusbewertete Pulsbreitenmodulation ................................. 709

23.3.4.2  Raumzeigermodulation .................................................. 710

23.3.5  Motorführungsverfahren der Umrichter ....................................... 712

23.3.5.1  Übersicht ................................................................ 712

23.3.5.2  U/f-Kennliniensteuerung für Drehstrom-Asynchronmotore .. 712

23.3.5.3  Feldorientierte Vektorregelung für
         Drehstrom-Asynchronmotore .......................................... 716

23.3.5.4  Servoregelung für permanenterregte Synchronmotore .......... 719

23.3.6  Gebersysteme ............................................................................ 722

23.3.7  Kommunikation und Antriebsvernetzung .................................... 724

23.3.7.1  Anlagenbeschreibung .................................................. 724

23.3.7.2  Umrichterparameter und Prozessdaten ............................ 725

23.3.7.3  Telegrammtypen, Prozessdaten und Verschaltung ................ 726

23.4  Inbetriebnahmemöglichkeiten eines Umrichterantriebs .......................... 732

23.4.1  Serieninbetriebnahme .................................................................. 732

23.4.2  Schnellinbetriebnahme mittels Operatorpanel ............................ 732

23.4.3  Applikationsinbetriebnahme mittels Inbetriebnahmetool ............... 733

23.5  Projektierung und Inbetriebnahme eines Umrichterantriebs ..................... 734

23.5.1  Aufgabenstellung ........................................................................ 734

23.5.2  Anlagenstruktur ......................................................................... 734

23.5.3  Projektierungsschritte für SPS-Hardware und Umrichter ............... 735

23.5.4  Offline-Konfigurierung des Umrichters ..................................... 736

23.5.4.1  Hardware-Konfiguration des Antriebsgeräts (Umrichter) ...... 736

23.5.4.2  Durchführung der Applikationsinbetriebnahme unter
         Assistentenführung ...................................................... 737

23.5.5  Antriebsprojekt starten, Motor drehen lassen ............................. 742

23.5.6  Steuerungsprogramm .................................................................. 746

# VII Informationstechnologien zur Integration von Betriebsführungs- und Fertigungsabläufen ................................... 748

## 24 Industrielle Kommunikation – Überblick ........................................ 748

24.1 Informationsstrukturen moderner Automatisierungssysteme ........................... 748
24.2 Horizontale Kommunikation in der Fertigungsebene ....................................... 749
24.3 Vertikale Kommunikation für betriebliche Abläufe ........................................... 750
24.4 Dienste im ISO-OSI-Kommunikationsmodell ................................................. 750
24.5 Netzkomponenten im ISO-OSI-Kommunikationsmodell .................................. 752
    24.5.1 Switches ................................................................................................ 752
    24.5.2 Router ................................................................................................... 753
    24.5.3 Gateway ................................................................................................ 754

## 25 Web-Technologien in der Automatisierungstechnik ........................ 755

25.1 Grundlagen ....................................................................................................... 755
    25.1.1 Technologien ......................................................................................... 755
    25.1.2 Akteure im Netz: Client und Server ...................................................... 755
    25.1.3 Netz-Infrastruktur und Protokolle ......................................................... 756
    25.1.4 HTTP .................................................................................................... 757
    25.1.5 HTML .................................................................................................... 758
    25.1.6 Ressourcenadresse: URL ...................................................................... 761
    25.1.7 Web-Server ........................................................................................... 762
    25.1.8 Java Applets / S7-Applets ..................................................................... 764
    25.1.9 JavaScript ............................................................................................. 767
25.2 Projektierung einer SPS-Webseite ................................................................... 769
    25.2.1 Aufgabenstellung .................................................................................. 769
    25.2.2 Quelltext ............................................................................................... 769
    25.2.3 Projektierung der S7-Steuerung ........................................................... 772

## 26 OPC-Kommunikation – Zugang zu Prozessdaten ............................ 775

26.1 Grundlagen ....................................................................................................... 775
    26.1.1 Der Nutzen von OPC ............................................................................ 775
    26.1.2 Client-Server-Prinzip ........................................................................... 776
    26.1.3 OPC-Server ........................................................................................... 776
    26.1.4 OPC-Client ........................................................................................... 778
    26.1.5 OPC XML – Internettauglich und betriebssystemunabhängig ............. 782
26.2 Projektierung einer Excel-SPS-Verbindung über OPC .................................... 785
    26.2.1 OPC-Server mit unterlagerter SPS einrichten ..................................... 785
    26.2.2 Auftragssteuerung unter Excel mit OPC-Automation-Schnittstelle ...... 787
    26.2.3 Auftragssteuerung unter Excel mit OPC-Data Control ........................ 794

# VIII   Sicherheit von Steuerungen ................................................. 798

**27   Aufbau des sicherheitstechnischen Regelwerkes** .................................... 798

27.1   Europäische Richtlinien ................................................ 798
27.2   Europäisches Normenwerk zur Sicherheit von Maschinen ........................... 799
27.3   Rechtliche Bedeutung von VDE-Bestimmungen ............................. 801
27.4   Bedeutung von Symbolen ................................................ 802
     27.4.1   CE-Kennzeichen (Konformitätszeichen) ............................. 802
     27.4.2   VDE-Prüfzeichen (Gütezeichen) ........................... 802

**28   Grundsätze der Maschinensicherheit** .................................... 803

28.1   Maschinenbegriff ................................................ 803
28.2   Sicherheitsbegriff ................................................ 803
28.3   Risikograf und Kategorien ................................................ 806
28.4   Performance Level PL ................................................ 808
28.5   Sicherheits-Integritäts-Level SIL ................................................ 809

**29   Elektrische Ausrüstung von Maschinen nach DIN EN 60204-1** ................... 812

29.1   Netzanschlüsse und Einrichtungen zum Trennen und Ausschalten ................... 812
     29.1.1   Einspeisung ................................................ 812
     29.1.2   Netz-Trenneinrichtung ................................................ 813
29.2   Schutz der Ausrüstung ................................................ 813
     29.2.1   Überstromschutz ................................................ 813
     29.2.2   Überlastschutz von Motoren ................................................ 814
     29.2.3   Spannungsunterbrechung und Spannungswiederkehr ................... 814
29.3   Steuerstromkreise und Steuerfunktionen ................................................ 814
     29.3.1   Versorgung von Steuerstromkreisen ................................................ 814
     29.3.2   Steuerspannung ................................................ 814
     29.3.3   Anschluss von Steuergeräten ................................................ 814
     29.3.4   Überstromschutz ................................................ 814
     29.3.5   Maßnahmen zur Risikoverminderung im Fehlerfall ................... 814
     29.3.6   Schutzverriegelungen ................................................ 815
     29.3.7   Start-Funktionen ................................................ 815
     29.3.8   Stopp-Funktionen ................................................ 815
     29.3.9   Betriebsarten ................................................ 817
     29.3.10   Handlungen im Notfall ................................................ 817

**30   Sicherheitstechnologien** ................................................ 818

30.1   Bewährte Prinzipien elektromechanischer Sicherheitstechnik ................... 818
     30.1.1   Zwangsöffnende Schaltkontakte ................................................ 818
     30.1.2   Zwangsgeführte Kontakte ................................................ 818
     30.1.3   Freigabekontakte ................................................ 819
     30.1.4   Rückführkreis ................................................ 819
     30.1.5   Ruhestromprinzip, Drahtbrucherkennung ................... 819
     30.1.6   Verriegelung gegensinnig wirkender Signale ................... 819
     30.1.7   Zweikanaligkeit ................................................ 819
     30.1.8   Redundanz und Diversität ................................................ 819

30.2   Relais- und Schütz-Sicherheitstechnik ......................................................... 820
30.3   Sicherheitsschaltgeräte für Not-Halt-Überwachung ........................................ 821
30.4   Auswertegeräte für Lichtvorhänge ............................................................... 824
30.5   Fehlersichere Kommunikation über Standard-Bussysteme ............................. 826
    30.5.1   Überblick ...................................................................................... 826
    30.5.2   AS-Interface Safety at Work ........................................................... 827
    30.5.3   PROFISafe auf PROFIBUS DP-Protokoll .......................................... 828

**Anhang** ......................................................................................................... 830

I     Zusammenstellung der Beispiele mit
    Bibliotheksbausteinen für STEP 7 und CoDeSys ...................................... 830

II    Zusammenstellung der mehrfach verwendeten
    Bibliotheksbausteine für STEP 7 und CoDeSys ......................................... 833
    1.   Umwandlung, Normierung ..................................................................... 833
    2.   Taktbausteine ...................................................................................... 834
    3.   Ablaufsteuerungen ............................................................................... 835
    4.   Reglerbausteine ................................................................................... 836

III   Operationslisten der Steuerungssprache STEP 7 ....................................... 838
    1.   AWL-Operationen ................................................................................ 838
        1.1   Nach Art bzw. Funktion sortiert ................................................... 838
        1.2   Alphabetisch sortiert .................................................................. 839
    2.   FUP-Operationen alphabetisch sortiert .................................................. 844
    3.   SCL-Anweisungs- und Funktionsübersicht ............................................. 848
        3.1   Operatoren ............................................................................... 848
        3.2   Kontrollanweisungen .................................................................. 849
        3.3   Bausteinaufrufe ......................................................................... 850
        3.4   Zählfunktionen .......................................................................... 850
        3.5   Zeitfunktionen ........................................................................... 851
        3.6   Konvertierungsfunktionen ........................................................... 851
        3.7   Mathematische Funktionen .......................................................... 853
        3.8   Schieben und Rotieren ................................................................ 853

IV    Operationsliste der Steuerungssprache CoDeSys ....................................... 854

Weiterführende Literatur ....................................................................................... 855

Sachwortverzeichnis ............................................................................................. 856

# I Automatisierung, SPS, Variablen und Daten

# 1 Einführung

Wie jedes Lehrbuch der Automatisierungstechnik ringt auch dieses mit der Informationsfülle. An zahlreichen Beispielen wird die Anwendung der Theorie gezeigt und verständlich gemacht. Trotzdem wird einem Einsteiger die moderne Automatisierungstechnik als ein unübersichtlich großes und kompliziertes Fachgebiet erscheinen. Das liegt vor allem daran, dass sich die Automatisierungstechnik auf die Anwendung einer sich rasch entwickelnden Informationstechnologie stützt und dadurch immer neue Anwendungsfelder erschließt. Es erleichtert die Einarbeitung in die Informationsfülle ein wenig, wenn man zunächst die übergeordneten Gesichtspunkte kennen lernt, um sich erst danach den wichtigen Einzelheiten zuwendet. In diesem Sinne sind die nachfolgenden Ausführungen dieses Kapitels zu sehen.

## 1.1 Automatisierung

### 1.1.1 Grundfunktionen der Automatisierung

Unter dem Begriff der Automatisierung versteht man umgangssprachlich das Umstellen auf selbsttätige Arbeitsvorgänge im Zusammenhang mit fertigungstechnischen oder verfahrenstechnischen Prozessen. Diese Prozesse und Verfahren laufen innerhalb technischer Systeme ab, die aus einer aufgabenspezifischen Anlage und aus standardisierten Automatisierungsgeräten bestehen. Als Standardgeräte haben sich Speicherprogrammierbare Steuerungen und Industrie-PCs etabliert.

Reale Aufgaben der Automatisierungstechnik sind im Allgemeinen sehr komplex. Als umfassender Ausdruck für Steuerungs-, Regelungs- und Visualisierungs-Vorgänge hat sich der Begriff der *Automatisierung* durchgesetzt. Er beinhaltet, dass Automatisierungsgeräte selbsttätig Programme befolgen und dabei Entscheidungen auf Grund vorgegebener Führungsgrößen und rückgeführter Prozessgrößen aus der Anlage sowie erforderlicher Daten aus internen Speichern des Systems treffen, um daraus notwendige Ausgangsgrößen für den Betriebsprozess zu bilden.

**Steuerung:** Steuern oder Steuerung wird als Ablauf in einem System definiert, bei dem eine oder mehrere Eingangsgrößen andere Größen als Ausgangsgrößen aufgrund der dem System eigentümlichen Gesetzmäßigkeiten beeinflussen. Kennzeichen für das Steuern ist der *offene Wirkungsablauf über die Steuerstrecke*. Eine Steuerung liegt also vor, wenn Eingangsgrößen nach einer festgelegten Gesetzmäßigkeit Ausgangsgrößen beeinflussen. Die Auswirkung einer nicht vorhersehbaren Störgröße wird nicht ausgeglichen. So genannte Ablaufsteuerungen stellen den größten Teil der realisierten Steuerungslösungen in der Praxis dar. In diesem Lehrbuch wird dargestellt, wie selbst komplexe Ablaufsteuerungen mit Hilfe von standardisierten „Programmbausteinen" klar strukturiert und schnell realisiert werden können.

**Regelung:** Immer dann, wenn Störgrößenänderungen das System nicht hinnehmbar beeinflussen können, werden Regelungen erforderlich. Die Regelgröße (Aufgabengröße) muss sich messtechnisch erfassen lassen, denn eine Regelung ist ein Vorgang, bei dem die Regelgröße fortlaufend erfasst, mit der Führungsgröße verglichen und abhängig vom Ergebnis dieses Vergleiches im Sinne einer Angleichung an die Führungsgröße beeinflusst wird. Der sich dabei ergebende Wirkungsablauf findet in einem geschlossenen Kreis, dem *Regelkreis,* statt. Die genannten Automatisierungsgeräte können die Aufgaben des Steuerns und Regelns ausführen, denn beide Funktionen beruhen auf Programmen unter Verwendung desselben Operationsvorrates.

### 1.1.2 SPS-Norm DIN EN 61131-3 (IEC 61131-3)

Auch wenn das Programmieren von Steuerungen und Regelungen ein sehr individueller Prozess ist, muss der Stand der SPS-Programmiernorm DIN EN 61131-3 zu Grunde gelegt werden, die eine rationellere Programmerstellung und mehr Herstellerunabhängigkeit zum Ziel hat. Dem Anwendungsprogrammierer müssen heute wirksame Mittel an die Hand gegeben werden, um wiederverwendbare Programme entwickeln zu können, weil sonst bei noch zunehmender Komplexität der Automatisierungsaufgaben die Software-Entwicklungskosten unverhältnismäßig ansteigen werden. Beim Programmieren geht es daher nicht nur darum, überhaupt eine Programmlösung zu finden, sondern diese auch *bibliotheksfähig* und das bedeutet wiederverwendbar zu gestalten. Die zur Lösung von Steuerungsproblemen entworfenen Software-Bausteine müssen dazu soweit wie möglich frei gehalten werden von anlagenspezifischen Bedingungen wie z. B. den SPS-Operanden für Eingänge, Ausgänge, Zählern und Zeitgliedern sowie Merkern. Erst beim Zusammenfügen der Software-Bausteine zu einem Hauptprogramm sind die anlagenspezifischen SPS-Operanden einzugeben. Dieses Hauptprogramm-Unterprogramm-Verfahren erfordert vielfach noch ein Umdenken beim Entwurf der Anwenderprogramme.

Die SPS-Norm DIN EN 61131-3 hat den Programmier-Standard durch Vorgabe einiger grundlegender Konzepte entscheidend beeinflusst. Dazu zählen:

**Datentyp- und Variablenkonzeption:** Es ist eine einheitliche Definition für Datentypen, Konstanten und Variablen verbindlich vorgeschrieben. Die eingeführten *Datentypen* bilden die Grundlage einer explizit auszuführenden *Variablendeklaration* für symbolische und absolute Adressierung. In der klassischen SPS-Programmierung war man dagegen gewohnt, mit Eingängen, Ausgängen und Merkern sowie mit Zählern und Zeiten ungebunden zu operieren.

**Programmorganisationskonzept:** Es ist ein hierarchisch gegliedertes System von so genannten Programmorganisationseinheiten (POE) eingeführt worden, bestehend aus einem Hauptprogrammtyp (PROGRAM) mit Zugriffsmöglichkeit auf E/A-Operanden und zwei Unterprogrammtypen davon einen Typ mit Gedächtnisfunktion (FUNCTION_BLOCK) und einen Typ ohne Gedächtnisfunktion (FUNCTION). Gedächtnisfunktion bedeutet die Möglichkeit der Deklaration von internen Zustandsvariablen, die ihre Werte über einen Programmzyklus hinaus speichern können. Durch dieses Programmorganisationskonzept in Verbindung mit dem Datentyp- und Variablenkonzept zur Entwicklung strukturierter Programme wird die Wiederverwendbarkeit von Bausteinen bei späteren Anwendungen ermöglicht. Insgesamt ist dadurch die neue Anwendungsprogrammierung sehr viel anspruchsvoller als die herkömmliche SPS-Programmierung geworden.

**Fachsprachenkonzept:** Für die SPS-Programmierung liegt ein Fachsprachenkonzept vor, das aus fünf Programmiersprachen besteht, von denen zwei für grafische Programmierung (Kontaktplansprache KOP, Funktionsbausteinsprache FBS) und zwei für textuelle Programmierung (Anweisungsliste AWL, Strukturierter Text ST) vorgesehen sind. Eine übergeordnete Stellung nimmt die Ablaufsprache AS ein, die über grafische und textuelle Elemente verfügt.

**Taskkonzept:** Die Ausführungssteuerung von Programmorganisationseinheiten erfolgt durch so genannte Tasks. Das Taskkonzept eines Automatisierungssystems muss über die Fähigkeit einer priorisierbaren, zeitzyklischen und ereignisorientierten Programmsteuerung verfügen. Für den Anwendungsprogrammierer bedeutet dies, dass er zyklisch arbeitende Steuerungen und getaktet arbeitende Regelungsprogramme mit konstanter Abtastzeit sowie ereignisorientierte Programmabläufe entwerfen kann.

*In diesem Lehrbuch werden die der SPS-Norm zu Grunde liegenden Konzepte umgesetzt, indem bei der Lösung der Steuerungsbeispiele nach den Intentionen der Norm programmiert wird, also mit Variablendeklaration, Programmstrukturierung und in verschiedenen Programmiersprachen.*

### 1.1.3 Projektierungssysteme STEP 7 und CoDeSys

Es ist ein wesentliches Ziel dieses Lehrbuches, die Grundprinzipien der SPS-Norm für die Praxis umzusetzen. Praktisch kann dies nur dadurch erfolgen, dass man an Hand von Beispielen unter Verwendung eines ausgewählten Projektierungssystems und auf der Grundlage von praktischen Erfahrungen schrittweise vorgeht. Es standen den Autoren mehrere Projektierungssysteme zur Verfügung. Dabei hat sich gezeigt, dass eine Beschränkung auf wenige Projektierungssysteme ausreichend ist, um die Allgemeingültigkeit des typischen Vorgehens erkennen zu können.

*In diesem Lehrbuch wird von der SPS-Norm als der allgemeingültigen Darstellung ausgegangen und die Umsetzung mit den beiden weitverbreiteten Programmiersystemen von STEP 7 und CoDeSys in parallelen oder aufeinander folgenden Programm-Darstellungen gezeigt.*

### 1.1.4 Programmierlehrgang

STEP 7 und CoDeSys verfügen über einen sehr umfangreichen und komfortablen Operationsvorrat. Es ist ein Schwerpunkt diese Lehrbuches, die zur Verfügung stehenden Anweisungen (Befehle) vorzustellen, zu erläutern und in ausführlich kommentierten Beispielen anzuwenden. Eigens dafür ist ein aus mehreren Kapiteln bestehender Programmierlehrgang vorgesehen, der den Operationsvorrat und die Beispiele für die Sprachen AWL, FUP (FBS) und SCL (ST) anbietet und die Unterschiede zwischen STEP 7 und dem Normen konformeren CoDeSys in der Programmausführung erkennen lässt. Im Rahmen vieler Beispiele entstehen dabei bibliotheksfähige Bausteine (FB, FC), die auch zur Lösung anderer Aufgaben vorteilhaft verwendet werden können. Diese Bausteine sind in einer Baustein-Bibliothek zusammengefasst und im Anhang übersichtlich dargestellt. Dort findet sich auch die Web-Adresse für den freien Bezug dieser Bibliothek zum eigenen Gebrauch.

### 1.1.5 Beschreibungsmittel für den systematischen Steuerungsentwurf

In der Regel steht der Steuerungstechniker vor einer Problemstellung und muss dafür eine Lösung finden. Das Auffinden von Lösungswegen beruht auf Erfahrung, Kreativität und der Anwendung von Methoden des Steuerungsentwurfs. Mit Ausnahme von ganz einfachen Steuerungsproblemen, bei denen die Lösung offensichtlich ist, muss vor dem eigentlichen Programmieren ein Lösungsweg entwickelt werden. Wenn es dabei gelingt, die Steuerungsaufgabe mit einem formalen Mittel zu beschreiben, ist das Problem im Prinzip schon gelöst. Die bekanntesten Beschreibungsmittel und Lösungsmethoden der Automatisierungstechnik mit SPS sind auf verschiedene Kapitel, entsprechend ihren Thematiken verteilt und werden dort ausführlich erklärt sowie in Beispielen angewendet. Sehr geeignete Beschreibungsmittel sind

Tabellen, Ablauf-Funktionspläne, Struktogramme und Zustandsgraphen. Von grundsätzlicher Bedeutung ist dabei die Strategie der Aufteilung eines komplexen Problems in mehrere Teilprobleme. Sehr komfortable Projektierungssysteme bieten Werkzeuge (Tools) für den Steuerungsentwurf an. Es erleichtert die Einarbeitung in solche Hilfsmittel wesentlich, wenn man die ihnen zu Grunde liegenden Beschreibungsmittel und Lösungsmethoden bereits kennt, auch wenn man sie nur mit „Papier und Bleistift" anwenden kann, weil Tools wie S7-GRAPH eventuell nicht zur Verfügung stehen.

*Im Lehrbuch wird gezeigt, wie die Umsetzung der Steuerungsentwürfe auch mit einfachen Mitteln erfolgen kann.*

## 1.1.6 Regelungs- und Antriebstechnik als technologische Funktionen

Die Automatisierungstechnik entwickelt sich durch die an sie gestellten Anforderungen immer weiter zu einer interdisziplinären, praxisbezogenen Wissenschaft zu der auch Grundbegriffe über Kennlinien und Zeitverhalten von Regelstrecken sowie die Reglerarten mit den dazu passenden Stellgliedern gehören. Die verschiedenen im Buch behandelten Reglerarten werden durch SPS-Programme, denen spezielle Regelalgorithmen zu Grunde liegen, realisiert und in bibliotheksfähigen Bausteinen zur weiteren Verwendung abgelegt.

Die moderne Antriebstechnik beruht auf umrichtergespeisten Drehstrommotoren. Durch den Einsatz von Umrichtern (Frequenzumrichtern) werden Drehstrommotore zu kontinuierlich drehzahlverstellbaren AC-Antrieben. Die Steuerungs- und Regelungsverfahren der Umrichter sind die *U/f*-Kennliniensteuerung und die feldorientierte Vektorregelung, die in modernen Umrichtern softwaremäßig integriert ist.

Bei der reinen Spannungs-Frequenzsteuerung erfolgt die Drehzahleinstellung über die Frequenz ohne eine Ergebniskontrolle, d. h. ohne Messung und Rückführung des Drehzahl-Istwertes. Die lastabhängige Drehzahlabweichung beträgt etwa 5 % und der Drehzahlstellbereich ist auf ca. 1:20 beschränkt. Eine Verbesserung dieser Werte erfordert die Einführung einer Drehzahlregelung mit Messung und Rückführung der Ist-Drehzahl. Kostengünstiger ist jedoch der Einsatz der geberlosen Vektorregelung, die ohne Tachogenerator oder Pulsdrehgeber auskommt.

Bei der Vektorregelung werden mit Hilfe eines auf einem Motormodell basierenden Berechnungsverfahrens die für den magnetischen Fluss des Motors und für das belastungsabhängige Motordrehmoment benötigten Stromkomponenten berechnet und getrennt geregelt.

In der einfacheren Variante, der so genannten geberlosen Vektorregelung, wird der Magnetisierungsstrom konstant gehalten und nur der für die Drehmomentbildung verantwortliche Wirkstrom abhängig von der Belastung geregelt. Dieses Verfahren erreicht seine Grenze bei sehr kleinen Drehzahlen und wird dann automatisch auf Frequenzsteuerung umgeschaltet.

Bei der Vektorregelung gibt es auch eine Variante mit Drehzahlmessung und Rückführung sowie der getrennten Regelung beider Stromkomponenten des Drehstrom-Asynchronmotors für Drehzahlstellbereiche bis zu 1:1000 und Regelgenauigkeiten von 0,01 %.

Zur Projektierung einer Antriebslösung gehört die Parametrierung des Umrichters, die mit einem zum Umrichter gehörenden einfachen Bedienpanel durch Eingabe von Parameterwerten oder mit Hilfe einer das SPS-Programmiersystem ergänzenden Inbetriebnahme-Software ausgeführt werden kann.

Umrichter verfügen über eine Feldbus-Schnittstelle wie z. B. für PROFIBUS oder für PROFINET zur Verbindung mit einem übergeordneten PC- oder SPS-Steuerungssystem.

### 1.1.7 SPS und PC als Automatisierungsgeräte

Der Begriff der *Speicherprogrammierbaren Steuerung SPS* drückt eigentlich nicht mehr aus, was diese Geräte an Leistungsfähigkeit auszeichnet, und beschreibt auch nicht mehr den klassischen Aufbau einer SPS, bestehend aus einer CPU und zentralen E/A-Baugruppen, wegen der heute schon gängigen Nutzung standardisierter Feldbussysteme. SPS-basierte und PC-basierte Steuerungen werden unter Einbeziehung ihrer Kommunikationssysteme als *Automatisierungssysteme* bezeichnet.

In der Praxis werden nicht mehr ausschließlich SPS-basierte Automatisierungssysteme eingesetzt, sondern vernetzte Mischsysteme bestehend aus SPSen und PCs mit unterschiedlichen Aufgaben, wobei die SPS mehr prozessnah und der PC mehr übergeordnet und datenverarbeitend genutzt wird. Soll die Steuerungsfunktionalität nicht mehr von einer modernen SPS, sondern von einem PC ausgeführt werden, so gibt es diese Lösung als Industrie-PC mit eingebauter SPS-Karte und zusätzlicher Feldbus-Schnittstelle. In Sonderfällen kommt auch eine so genannte Soft-SPS-Lösung in Frage, bei der in einem PC die Funktion einer SPS softwaremäßig nachgebildet und Steuerungsaufgaben „nebenher" miterledigt werden. Für die Programmerstellung macht es keinen Unterschied, ob die Hardware-Plattform ein PC oder eine SPS ist.

## 1.2 Kommunikation

### 1.2.1 Kommunikation in Automatisierungssystemen

Die Automatisierungstechnik befindet sich im Umbruch. Durch Anwendung moderner Kommunikationstechnik erhofft man sich entscheidende Verbesserungen bei Effizienz und Flexibilität der Automatisierungsprozesse. Der Begriff der Automatisierungstechnik umfasst heute mehr als nur den Automatisierungskern im Sinne von Steuern, Regeln und Visualisieren, eingeschlossen ist auch das Kommunizieren.

Zwischen den Anlagenkomponenten eines Automatisierungssystems müssen in der Regel Informationen ausgetauscht werden. Das sind im einfachsten Fall Signale von Sensoren und Aktoren, die zum übergeordneten Automatisierungsgerät gelangen müssen oder von dort herkommen. In anderen Fällen handelt es sich um Messwerte, Statusmeldungen und Diagnoseinformationen, die schon kompliziertere Daten darstellen. Realität ist auch, dass Auftragsdaten der Produktion zwischen Büro und Fertigungsanlage übertragen werden müssen. Es liegen also umfangreiche Kommunikationsbeziehungen in der Automatisierungstechnik vor, zu deren Bewältigung moderne Kommunikationssysteme verwendet werden.

### 1.2.2 Bussysteme und WLAN

Die klassische Informationsübertragung von Prozesssignalen mittels analoger Spannungs- oder Stromwerte passt nicht zur digitalen Datenverarbeitung in den Automatisierungsgeräten. Es ist deshalb naheliegend, auch die Informationsübertragung auf eine digitale Grundlage zu stellen. Um gleichzeitig den Verkabelungsaufwand so gering wie möglich zu halten, überträgt man Daten über Bussysteme in Form serieller Zweidrahtverbindungen, an die alle Teilnehmer angeschlossen sind. Für den Informationsaustausch werden Telegramme mit entsprechenden Sende- und Empfangsadressen sowie den Nutzdaten gebildet. Ein solches digitales Kommunikationssystem ist leichter erweiterbar durch Anschluss weiterer Teilnehmerstationen und Änderungen erfordern zum großen Teil nur softwaremäßige Eingriffe. Digitale Kommunikationssysteme vereinfachen nicht nur den sonst erforderlichen Verdrahtungsaufwand radikal, sondern bringen für den Anlagenbetreiber auch noch einen Zusatznutzen, indem außer den eigentlichen Nutzdaten nützliche Anlageninformationen wie z. B. Fehlermeldungen ohne großen Mehraufwand zusätzlich zur Verfügung stehen und Fernparametrierungen intelligenter Sensoren möglich sind.

Je nach Anwendungsbereich werden in der Automatisierungstechnik unterschiedliche Bussysteme eingesetzt, deren wichtigste Merkmale ihre so genannte Echtzeitfähigkeit und Störsicherheit sind. Echtzeit bedeutet, dass die neuen Daten immer „rechtzeitig" eintreffen. Zu spät eintreffende Daten können sonst zu gefährlichen Anlagenzuständen führen.

Im prozessnahen Bereich der Anlage, der Feldebene, findet man überwiegend so genannte Feldbussysteme mit Master-Slave-Kommunikation vor. Die Slaves sind die Buskomponenten, über die alle Eingangs- und Ausgangssignale der Anlage erfasst bzw. ausgegeben werden. Die Master-Station ist ein Kommunikationsprozessor, der für die zyklische Bedienung der zugeordneten Slave-Stationen sorgt, indem er die Daten von Eingängen der Slaves abholt bzw. an Ausgänge von Slaves ausliefert. Bekannte Master-Slave-Systeme für den Feldbereich sind der AS-i-Bus (Aktor-Sensor-Interface), der PROFIBUS (Process Field BUS-Dezentrale Peripherie), der INTERBUS-S und andere Systeme. In der Feldebene zählen Bussysteme seit vielen Jahren zum Stand der Technik. In komplexeren Anlagen mit mehrerer SPSen kann jedoch auch ein Datenaustausch zwischen Steuerungsstationen (SPSen) erforderlich sein. Das erfordert bereits die höherwertige Master-Master-Kommunikation, die aber auch noch dem Produktionsbereich der Fabrik zuzurechnen ist. Muss ein noch weitergehender Datenaustausch unter Einbeziehung von Bürobereichen, z. B. der Fertigungssteuerung, verwirklicht werden, so wird eine zweite Netzinfrastruktur neben dem vorhandenen Feldbussystem erforderlich. Hierfür bietet sich dann das im Bürobereich bereits etablierte Ethernet-TCP/IP-Netz an. Schon lange wurde gefordert, das TCP/IP-Netz in die Fertigungsebene zu verlängern bei gleichzeitiger Erfüllung der Echtzeitbedingung. Am Beispiel des neuen Kommunikationssystems PROFINET wird diese Entwicklung ausführlich behandelt.

Als Ergänzung der leitungsgeführten Netzwerke gewinnen auch drahtlose Netzwerke (**W**ireless **L**ocal **A**era **N**etwork – WLAN) in der Automatisierungstechnik an Bedeutung, die zur Funkübertragung in eigens dafür vorgesehenen Frequenzbereichen den Luftraum nutzen. Über Funknetze lassen sich mobile Teilnehmer und abgelegene oder schwer erreichbare Anlagensegmente kostengünstig in das Kommunikationsnetz eines räumlich begrenzten Automatisierungssystems einbinden. Die zum Verständnis wichtigsten WLAN-Grundlagen sind in einem eigenen Kapitel ausführlich dargestellt.

### 1.2.3 Durchgängiger Informationsfluss

PC-basierte Automatisierungssysteme und modulare SPS-Systeme mit besonderen Kommunikationsprozessoren können zusätzlich noch anspruchsvollere Funktionen übernehmen. Sie steuern und regeln nicht nur technische Prozesse, sondern verbinden die Welt der Steuerungstechnik mit der Welt der übergeordneten organisatorischen Lenkung der Produktion oder auch mit Service-Abteilungen. Die hierfür zentrale Voraussetzung ist der Anschluss des Automatisierungssystems an das lokale Netz des Unternehmens.

Die Szenarien lassen sich kurz umreißen:

1. Kundenaufträge in einer Chargenfertigung sollen effizient und termingerecht abgewickelt werden. Kundenrückfragen sollen sich präzise beantworten lassen. Mitarbeiter aus der Materialbeschaffung bis hin zum Auslieferungslager benötigen Informationen aus der Produktion. Stillstandzeiten der Produktion sollen minimiert und Wartungsarbeiten in den Produk-

tionsablauf einplanbar sein, d. h., es muss ein Zugang zu den Programmen der übergeordneten unternehmensweiten Informationswelt geschaffen werden.

2. Wenn in einer Produktionsanlage ein Störfall auftritt, benötigt das Wartungspersonal der Firma eine durchgängige Informationskette über die Art des laufenden Auftrags, den aktuellen Zustand der Maschine sowie technische Beschreibungen der einzelnen Komponenten der Maschine, um gezielt und schnell eine Fehlerbehebung durchführen zu können.

Für den Datenaustausch zwischen Automatisierungsprogrammen und Büro-Applikationen sind standardisierte Datentransfer-Technologien erforderlich. Aus diesem Grund bietet das Lehrbuch auch Kapitel über OPC (OLE for Process Control, neuerdings auch als Synonym für Openess Productivity Collabboration gebraucht) und Web-Technologien an.

## 1.2.4 OPC-Technologie

Die OPC-Technologie (OLE for Process Control) bietet eine standardisierte Schnittstelle zu Anwenderprogrammen und behebt eine altbekannte Schwierigkeit: Will man, dass ein Anwenderprogramm auf die Prozessdaten der Hardware eines beliebigen Steuerungsherstellers zugreifen kann, so muss man ein entsprechendes Treiberprogramm entwickeln. Für den Zugriff auf die Hardware eines anderen Herstellers wird wiederum ein entsprechend anderes Treiberprogramm benötigt usw. Ein typisches Beispiel hierfür sind Visualisierungssysteme, die auf die Daten verschiedener SPSen zugreifen müssen, dazu brauchen sie normalerweise eine Reihe von Treiberprogrammen. Durch OPC ist nunmehr eine standardisierte Zugriffsmöglichkeit auf Prozessdaten einer Hardware geschaffen worden. OPC bildet eine Datenbrücke zwischen einer Applikation, die Prozessdaten übergeordnet zu verarbeiten hat und einer Hardware, die als gerätespezifischer Datenlieferant angesehen werden kann.

Ein OPC-Server ist eine Software-Komponente, die der Hersteller einer SPS-Hardware für diese zur Verfügung stellt, damit von übergeordneten Anwenderprogrammen (z. B. MS Excel) aus auf seine spezifische Hardware zugegriffen werden kann. Für den OPC-Server, der auf einem PC läuft, muss eine unterlagerte Kommunikationsverbindung zur Hardware des Herstellers eingerichtet werden, z. B. PROFIBUS oder Industrial Ethernet-TCP/IP.

Im Anwenderprogramm muss ein OPC-Client angelegt und konfiguriert werden, um auf einen OPC-Server und somit auf die Prozessdaten beispielsweise einer SPS lokal oder entfernt zugreifen zu können. Die Entwicklung eines OPC-Client-Programms kann beispielsweise mit Excel-VBA oder durch Einbindung eines fertigen ActiveX-Elements gelöst werden.

## 1.2.5 Web-Technologien

Web-Technologien sind Verfahren, mit denen Informationen jeder Art effizient und unabhängig von Verschiedenheiten der Rechner-Plattformen- und Betriebssysteme sowie der lokalen Netze zugänglich gemacht werden können. Zu den angesprochenen Web-Technologien zählen:

- **HTTP**, das Übertragungsprotokoll für den Dienst World Wide Web,
- **HTML**, die Beschreibungssprache zur Erzeugung von Hypertext-Dokumenten,
- **Java Applets**, externe Programmkomponenten für Interaktionen in HTML-Dokumenten,
- **JavaScript**, eine Skriptsprache zur Erzeugung von Interaktionen in HTML-Dokumenten.

In Ergänzung zu den genannten Web-Technologien werden die entsprechenden Fähigkeiten einer SPS-Kommunikationsbaugruppe mit Web-Server vorgestellt und genutzt.

## 1.3 Sicherheit von Steuerungen

Das Thema Steuerungssicherheit einschließlich der sicheren Bussysteme wird von Grund auf in einem eigenen Abschnitt unter rechtlichen und technischen Aspekten behandelt. Das grundsätzliche Ziel aller Sicherheitsbestrebungen besteht darin, die Eintrittswahrscheinlichkeit eines gefahrbringenden Ausfalls einer Sicherheitsfunktion soweit wie möglich zu vermindern, d. h. das verbleibende Risiko unterhalb eines tolerierbaren Risikos zu senken.

### 1.3.1 Europäische Normung zur Steuerungssicherheit

Im europäischen Raum gibt es keine eigenständige nationale Normung mehr, da technische Normen EG-weit einheitlich sein müssen, um den freien Warenverkehr nicht unterlaufen zu können. Die Sicherheit von Steuerungen hat ihren Ausgangspunkt in der EG-Maschinenrichtlinie und konkretisiert sich in einer für jede Steuerung vorgeschriebenen Risikoanalyse nach den Vorgaben verschiedener Normen. Die Normen konkretisieren die abstrakt formulierten Schutzziele der Maschinenrichtlinie. Auf vier wichtige Normen zur Steuerungssicherheit wird näher eingegangen:

Zu den übergeordneten Sicherheitsnormen gehört die DIN EN 954-1, Sicherheitsbezogene Teile von Steuerungen von 1996 und ihre voraussichtlich Ende 2009 in Kraft tretende Nachfolgenorm ISO 13849-1 (rev.), in der Steuerungssicherheit mit einem so genannten Performance Level PL a bis e ausgedrückt wird. Für Steuerungen auf Basis der DIN EN 62061, Funktionale Sicherheit sicherheitsbezogener elektrischer, elektronischer und programmierbarer elektronischer Steuerungssysteme, wird die erreichte funktionale Sicherheit einer Steuerung mit einem so genannten Safety Integrity Level SIL 1 bis 3 ausgedrückt. Die PL- und SIL-Stufen sind berechneten Ausfallwahrscheinlichkeiten zugeordnet, die auf den Herstellerangaben für Sicherheitskomponenten beruhen. Ebenfalls zu den übergeordneten Sicherheitsnormen gehört die DIN EN 60204-1 (VDE 0113 Teil 1), Elektrische Ausrüstung von Maschinen.

### 1.3.2 Programmierbare Sicherheitssteuerungen und sichere Bussysteme

Die Sicherheit von Steuerungen muss sich auch auf die eingesetzten Bussysteme erstrecken. In der Anfangszeit der Bustechnologie galt der Grundsatz, dass über den Bus nur „gewöhnliche" Steuerungsinformationen übertragen werden können. Alle sicherheitsgerichteten Signale, wie z. B. „Not-Aus", mussten über elektromechanische Schaltgeräte geführt werden, weil die Sicherheit programmierbarer elektronischer Systeme angezweifelt wurde. Das hat sich inzwischen in den Normenbestimmungen geändert. Fest steht zwar, dass Übertragungsfehler oder sogar Unterbrechungen auf einem Bussystem nie auszuschließen sind. Aber Kommunikationsfehler können erkannt und die Steuerungen in einen sicheren Zustand gebracht werden. Die Fehleraufdeckungsmethoden sind vielfältig wirksam, sodass Sicherheitszertifikate von Prüfinstituten wie dem TÜV u. a. erteilt werden können. Nach wie vor laufen zwei Entwicklungstrends bei den sicheren Bussystemen parallel:

1. Der neben einem Standard-Feldbus separat geführte Sicherheitsbus, der sicherheitsrelevante Anlagenteile mit einer eigenen Sicherheitssteuerung verbindet, deren Programmierung nur mit sicherheitsgeprüften Bausteinen erfolgen darf.

2. Die fehlersichere Kommunikation über Standard-Feldbusse mit Standard-Feldgeräten und fehlersicheren Busteilnehmern an einem Kabel. Für die ausführlich behandelten Standard-Feldbusse AS-i-Bus und PROFIBUS/PROFINET sind ASIsafe und PROFIsafe als nachrüstbare Sicherheitssysteme entwickelt worden.

Der englische Begriff für die angesprochene Sicherheit von Steuerungssystemen ist *Safety*.

# 2 Aufbau und Funktion der Automatisierungsgeräte

## 2.1 Verfügbare Automatisierungssysteme

### 2.1.1 Hardware-SPS

Die derzeit am weitesten verbreitete Hardware-Plattform der Steuerungstechnik ist die *Speicherprogrammierbare Steuerung SPS*. Eine Speicherprogrammierbare Steuerung hat die Struktur eines Rechners, deren Funktion als Programm gespeichert ist. Sie besteht im einfachsten Fall aus einer *Stromversorgung PS*, einem *Steuerungsprozessor CPU*, einigen zentralen *digitalen Eingabe- und Ausgabebaugruppen* sowie einem internen Bussystem. Bei Bedarf können auch Baugruppen zur *Analogwertverarbeitung* oder für besondere Funktionen wie *Regler*, schnelle *Zähler* und *Positionierungen* hinzukommen. Die Peripheriebaugruppen und die Programmiersprachen sind auf die Belange der Steuerungstechnik ausgerichtet. Speicherprogrammierbare Steuerungen gibt es als modulare und kompakte Systeme für unterschiedliche Anforderungsniveaus.

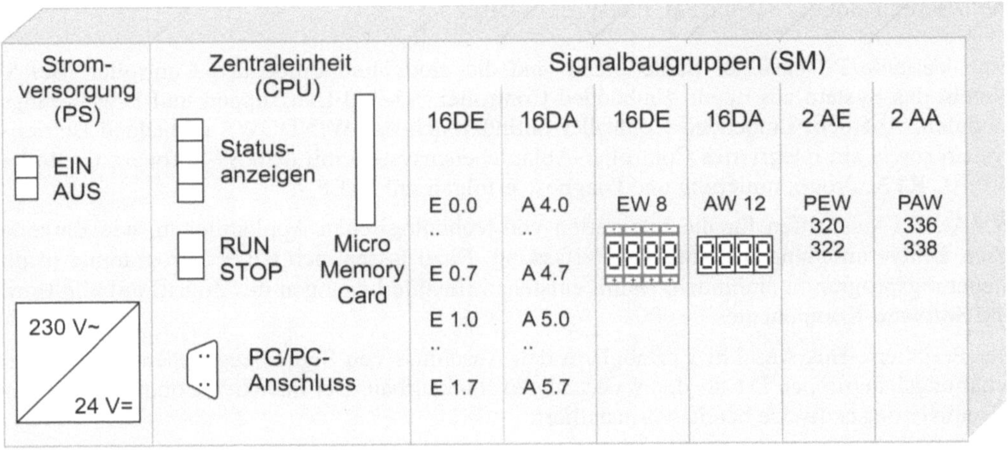

**Bild 2.1:** Aufbau einer Speicherprogrammierbaren Steuerung ohne Feldbusanschluss, wie in den Beispielen verwendet
DE = Digitale Eingänge, DA = Digitale Ausgänge,
AE = Analoge Eingänge, AA = Analoge Ausgänge

Stand der technischen Entwicklung ist jedoch der Einsatz von Feldbussystemen in der Automatisierungstechnik zur einfacheren Ankopplung der dezentralisierten Prozessperipherie an das SPS-Steuerungssystem. Darauf soll erst in den späteren Kapiteln näher eingegangen werden.

## 2.1.2 PC-basierte Steuerungen

Der Einsatz von PC-basierten Steuerungen gewinnt in der Automatisierungstechnik zunehmend an Bedeutung, wenn gleichzeitig neben der Prozesssteuerung noch eine typische Datenerfassungs- bzw. Datenverarbeitungsaufgabe (z. B. Prozessvisualisierung, Datenbank, Produktionsdatenspeicherung etc.) kostengünstig mit ausgeführt werden muss.

Man unterscheidet zwei Arten von PC-basierten SPS-Steuerungen:

|                | **PC+SPS-Karte** <br> **= Slot-SPS** | **PC+SPS-Software** <br> **= Soft-SPS** |
|----------------|--------------------------------------|------------------------------------------|
| **Merkmale:**  | SPS-Steuerung ist unabhängig vom PC-Betriebssystem | SPS-Steuerung basiert auf Windows Betriebssystem |
|                | Hartes Echtzeit-verhalten der SPS | Weiches Echtzeit-verhalten der SPS |
|                | Höhere Ausfall-sicherheit | Geringere Ausfall-sicherheit |

Bei den beiden Arten erhalten die PC-basierten Steuerungen ihre Prozessdaten über ein angeschlossenes Feldbussystem (z. B. PROFIBUS DP).

Eine Variante PC-basierter Steuerungen sind die modularen Embedded Controller. Bei S7 besteht das System aus einem Embedded Controller, S7-300 Baugruppen und Erweiterungsmodulen. Auf dem Embedded Controller befindet sich das WINDOWS embedded Betriebssystem sowie ein integriertes Controller-Ablaufebenensystem mit dem S7 Software-Controller WinAC RTX. Programmierung und Diagnose erfolgen mit STEP 7.

WinAC RTX ist offen für die Integration von technologischen Applikationen, wie Barcodeleser, Bildverarbeitung oder Messwerterfassung. Dazu lassen sich C/C++ Programme in das Steuerungsprogramm einbinden. Damit entstehen flexible Lösungen mit Zugriff auf alle Hard- und Software-Komponenten des PC.

Der Peripherie-Bus-Anschluss ermöglicht den Anschluss von Signalbaugruppen SM und Anschaltungsbaugruppen IM für den mehrzeiligen Rackaufbau. Bei manchen Controllern ist eine Visualisierungssoftware bereits vorinstalliert.

Mit der fehlersicheren Variante des Embedded Controllers und der entsprechenden Software lassen sich die höchsten Sicherheitsanforderungen nach den Vorschriften der relevanten Normen EN 954-1 bis Kat. 4, IEC 62061 bis SIL 3 und EN ISO 13849-1 bis PL e erfüllen.

Erweiterungsmodule bieten die Möglichkeit, die Funktionalität des Controllers zu erhöhen. Dort können z.B. zusätzliche Kommunikations-, Speicher-, Video-, Audio- und schnelle Messtechnikkarten für spezielle Aufgaben eingebaut werden.

Durch den Einsatz neuester Technologien wird die Robustheit der Embedded Controller erheblich verbessert. Neben dem Einsatz von stromsparenden Prozessoren in einem lüfterlosen Gehäusedesign kann durch den Einsatz einer Flash-Memory Card oder Solid-State Drive (SSD) auf drehende Massenspeicher verzichtet werden.

## 2.2 Struktur und Funktionsweise einer SPS-CPU

### 2.2.1 Zentraleinheit (CPU)

Als Steuerungseinheit oder Zentraleinheit oder CPU wird die SPS-Baugruppe bezeichnet, in der die Steuerungsfunktionalität untergebracht ist. Modernerweise kann in der CPU auch die Kommunikationsfunktionalität der SPS enthalten sein. Dieser Aspekt wird in der nachfolgenden Systembetrachtung ausgespart und erst in späteren Kapiteln dargestellt.

Über welche Vorstellungen von der Arbeitsweise einer CPU muss man für die erfolgreiche Anwendung eines SPS-Systems verfügen? Das nachfolgende Bild 2.2 zeigt in vereinfachter Darstellung wichtige Systembereiche, die im anschließenden Text am Aufbau einer S7-SPS erläutert werden, aber im Prinzip auch als allgemein gültig betrachtet werden können.

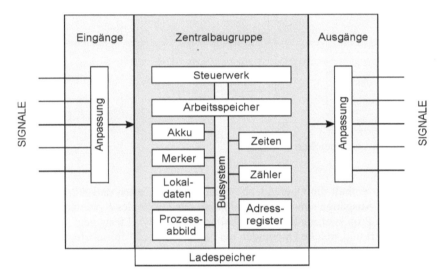

**Bild 2.2:** Systemfunktionen eines Automatisierungsgerätes (SPS)

**Speicherbereiche der CPU**

S7-CPUs besitzen die Speicherbereiche: Ladespeicher, Systemspeicher und Arbeitsspeicher. Während der Ladespeicher sich auf der SIMATIC Micro Memory Card (MMC) befindet, sind der Systemspeicher und der Arbeitsspeicher in der CPU integriert und nicht erweiterbar.

Die Größe des Ladespeichers ist durch die Größe der MMC-Karte vorgegeben. Für den Betrieb einer STEP 7 CPU muss die MMC-Karte in der CPU gesteckt sein. Die MMC-Karte stellt die Remanenz für die CPU sicher.

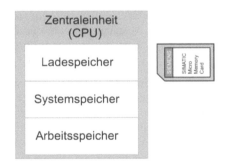

**Bild 2.3:** Speicherbereiche

## Ladespeicher

Der Ladespeicher dient zur Aufnahme von Code- und Datenbausteinen sowie von Systemdaten, welche die Hardwarekonfiguration enthalten. Beim Start der CPU wird der Inhalt des Ladespeichers in den Arbeitsspeicher geladen. Das Anwenderprogramm wird über das Programmiergerät auf die MMC-Karte geladen. Vorherige Inhalte werden dabei gelöscht.

Übersicht und Zusammenstellung der Daten im Ladespeicher:

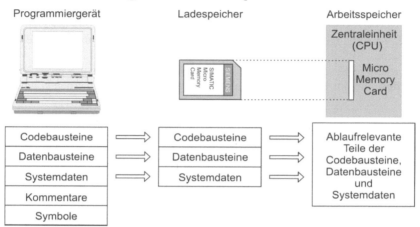

**Bild 2.4:**   Daten im Ladespeicher

## Systemspeicher

Der Systemspeicher enthält die Operandenbereiche Merker, Zeiten und Zähler, die Prozessabbilder der Ein- und Ausgänge sowie die Lokaldaten. Die Größe des Systemspeichers ist unveränderbar. Durch die Projektierung bei Eigenschaften der CPU wird festgelegt, welche Operanden remanent gespeichert und welche Operanden bei Neustart mit „0" initialisiert werden sollen.

## Arbeitsspeicher

Der Arbeitsspeicher dient zur Abarbeitung des Anwenderprogramms. Die Programmabarbeitung erfolgt ausschließlich im Bereich des Arbeitsspeichers mit Zugriffen auf den Systemspeicher.

## Steuerwerk

Nach Anlegen der Netzspannung gibt das Steuerwerk einen Richtimpuls ab, der die nichtremanenten Zähler, Zeiten und Merker sowie den Akkumulator und das Prozessabbild der Eingänge und Ausgänge löscht. Zur Programmbearbeitung „liest" das Steuerwerk eine Programmzeile nach der anderen und führt die dort stehenden Anweisungen aus.

## Merker

Merker sind Speicherplätze für Zwischenergebnisse, die über Codebausteingrenzen hinaus Gültigkeit haben. Auf Merker kann schreibend und lesend zugegriffen werden (Bit, Byte, Wort und Doppelwort). Ein Teil der Merker sind als remanente Merker einstellbar, d. h., sie behalten ihren Signalzustand bei Spannungsausfall.

## Lokaldaten

Die Lokaldaten speichern die temporären Variablen der Codebausteine, die Startinformationen der Organisationsbausteine, Übergabeparameter und Zwischenergebnisse.

**Prozessabbild**

Das Prozessabbild ist ein Speicherbereich für die Signalzustände der binären Eingänge und Ausgänge. Auf diesen Speicherbereich greift das Steuerwerk bei der Programmbearbeitung zu.

**Akkumulatoren (Akku)**

Akkumulatoren sind Zwischenspeicher, die bei Lade- und Transferoperationen eng mit der Arithmetik-Logik-Einheit ALU zusammenarbeiten.

**Zeiten und Zähler**

Zeiten und Zähler sind ebenfalls Speicherbereiche, in denen das Steuerwerk Zahlenwerte für Zeit- und Zählfunktionen ablegt.

**Adressregister**

Adressregister sind Speicherplätze zur Aufnahme einer Basisadresse bei der registerindirekten Adressierung.

**Rückwandbus und Schnittstellen: Wer mit wem gekoppelt ist**

Systemspeicher, Arbeitsspeicher und Steuerwerk bilden zusammen den Prozessteil der Zentralbaugruppe CPU. Der Prozessteil übernimmt die Bearbeitung des Anwenderprogramms, den Zugriff auf die Peripheriebaugruppen und die Überwachung/Verwaltung des gesamten Programmablaufsystems. Ein zusätzlich vorhandener Kommunikationsteil ist zuständig für den Betrieb der Programmier-Schnittstelle MPI und für den Datenverkehr mit intelligenten, kommunikationsfähigen Peripheriebaugruppen innerhalb eines Automatisierungsgerätes (SPS).

*Peripheriebus (P-Bus)* ist Bestandteil des Rückwandbusses und übernimmt den Datenverkehr zwischen CPU und den Signalmodulen (Nutzdatenübertragung weniger Byte). Der P-Bus ist ein Mono-Master-Bus, nur die CPU kann einen Datenverkehr initiieren.

*Kommunikationsbus (K-Bus)* ist Bestandteil des Rückwandbusses und übernimmt den Datenverkehr zu den kommunikationsfähigen Baugruppen FM (Funktionsmodule für schnelles Zählen, Regeln, Positionieren) und CP (Kommunikationsmodule für den Anschluss von Feldbussystemen). Er ist optimiert für den Austausch größerer Datenmengen.

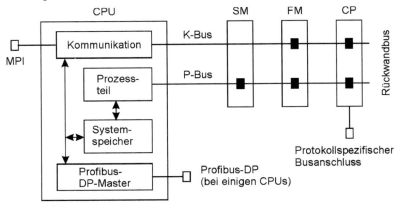

**Bild 2.5:** Systemarchitektur einer S7-SPS. MPI = Multi-Point Interface, CPU = Zentralbaugruppe, SM = Signalmodul, FM = Funktionsmodul, CP = Kommunikationsmodul, K-Bus = Kommunikations-Bus, P-Bus = Peripherie-Bus

### 2.2.2 Zyklische Programmbearbeitung

Bei der Programmbearbeitung durch die Zentraleinheit werden über einen Adresszähler die Adressen der einzelnen Speicherzellen des Arbeitsspeichers, in dem das ablauffähige Steuerprogramm steht, angewählt. Eine Steueranweisung wird in das Steuerwerk übertragen und dort bearbeitet. Danach wird der Adresszähler um +1 erhöht; damit ist die nächste Adresse des Arbeitsspeichers angewählt und zur nachfolgenden Bearbeitung vorbereitet. Nach dem Ende des Programms beginnt die Programmbearbeitung wieder von vorne. Man spricht von einer zyklischen Programmbearbeitung.

Jeder Zyklus beginnt mit dem Einlesen der aktuellen Signalzustände der Eingänge E in das Prozessabbild der SPS und endet mit der Ausgabe der Signale an die Ausgänge A aus dem Prozessabbild. Die für einen Programmdurchlauf benötigte Zeit wird *Zykluszeit* genannt. Die Zykluszeit einer SPS muss so klein sein, dass Signaländerungen an den Eingängen sicher erfasst und Ausgangssignale so rechtzeitig ausgegeben werden, wie es der zu steuernde Prozess erfordert; dies wird die *Echtzeitbedingung* der Steuerungstechnik genannt.

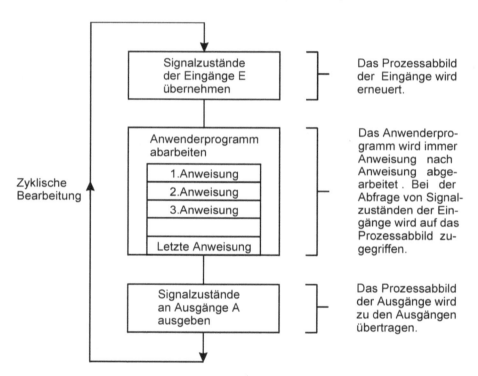

**Bild 2.6:** Einfaches Funktionsmodell einer SPS

Eine differenziertere Betrachtung der Arbeitsweise einer SPS ergibt sich erst, wenn man auch die Funktionsmöglichkeiten der verschiedenen Organisationsbausteine (bei S7-SPS) für eine ereignisgesteuerte Programmausführung mit berücksichtigt (siehe Kapitel 3.7.1.2).

# 2.3  Zentrale Prozessperipherie einer S7-SPS

## 2.3.1  Signale: Welche Signalarten in einer SPS verarbeitet werden können

In den technischen Prozessen von Anlagen treten physikalische Größen wie Temperaturen, Drucke, elektrische Spannungen etc. auf. Automatisierungsgeräte können in der Regel nur elektrische Signale erkennen und ausgeben. Wo erforderlich, muss also eine Signalumwand-lung erfolgen. Man unterscheidet verschiedene Signalarten:

**Binäre Signale**

Ein binäres Signal ist ein 1-Bit-Signal, das nur einen von zwei möglichen Signalzuständen annehmen kann. Ein typischer Binärsignal-Geber ist ein Schalter.

Ein Signal heißt binär, wenn es nur zweier Werte fähig ist. Die SPS-Hersteller haben für ihre Steuerungskomponenten ein Toleranzschema festgelegt, das den Wertebereich konkreter Spannungen den binären Signalzuständen zuordnet, die von den Geräten verarbeitet werden.

Die Automatisierungsgeräte können nicht den Schaltzustand von angeschlossenen Schaltern erkennen, sondern nur anliegende Signale, d. h., die unterschiedliche Wirkung von Öffner- und Schließerkontakten in Anlagen muss bei der Programmerstellung bedacht werden.

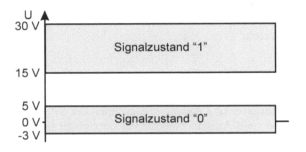

**Bild 2.7:**
Signalzustände und Spannungspegel.
Offene (unbeschaltete) Steuerungs-
eingänge erzeugen Signalzustand „0".

**Digitale Signale**

Ein digitales Signal ist eine mehrstellige Bitkette, die durch Codierung eine festgelegte Bedeu-tung erhält, z. B. als Zahlenwert. Ein typischer Digitalsignal-Geber ist ein Zifferneinsteller. Um z. B. die Zahlen 0 bis 9 darstellen zu können, sind vier Binärstellen erforderlich.

| Dezimal-zahl | Dualzahl | | | |
|:---:|:---:|:---:|:---:|:---:|
| | 8 | 4 | 2 | 1  Wert |
| 0 | 0 | 0 | 0 | 0 |
| 1 | 0 | 0 | 0 | 1 |
| 2 | 0 | 0 | 1 | 0 |
| 3 | 0 | 0 | 1 | 1 |
| 4 | 0 | 1 | 0 | 0 |
| 5 | 0 | 1 | 0 | 1 |
| 6 | 0 | 1 | 1 | 0 |
| 7 | 0 | 1 | 1 | 1 |
| 8 | 1 | 0 | 0 | 0 |
| 9 | 1 | 0 | 0 | 1 |

1 Binärstelle       = 1 Bit

1 Byte              = 8 Bit

1 Wort = 2 Byte = 16 Bit

1 Doppelwort    = 32 Bit

**Analoge Signale**

Für ein analoges Signal ist charakteristisch, dass der Signalparameter (z. B. die Spannung) innerhalb bestimmter Grenzen jeden beliebigen Wert annehmen kann. Automatisierungsgeräte können intern keine analogen Signale verarbeiten. So genannte Analogbaugruppen nehmen eine Signalumsetzung vor und wandeln ein analoges Signal in ein digitales Signal um bzw. auch umgekehrt.

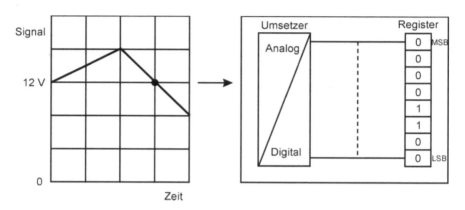

**Bild 2.8:**  Ein Spannungswert wird in eine Zahl umgesetzt.

## 2.3.2  Eingabe-/Ausgabebaugruppen: Was angeschlossen werden darf

Die in den Bildern 2.1 und 2.2 angedeuteten Eingabe- und Ausgabebaugruppen der SPS werden üblicherweise als zentrale digitale Eingabe- und Ausgabebaugruppen bezeichnet im Gegensatz zu den dezentralen Baugruppen (Slaves), die über eine Feldbussystem angeschlossen sind. Die digitalen Eingabe- und Ausgabebaugruppen umfassen meistens 1 Byte = 8 Bit; 2 Byte = 16 Bit; 4 Byte = 32 Bit Eingänge bzw. Ausgänge. Im Steuerungsprogramm können Bit, Byte, Worte oder Doppelworte abgefragt oder angesteuert werden. Bei Analogbaugruppen sind entsprechend die Anzahl der Eingänge bzw. Ausgänge angegeben.

*Digitaleingabebaugruppen* gibt es für DC 24 V und AC 120/230 V mit Entstörung und Potenzialtrennung über Optokoppler sowie Anzeige des aktuellen Signalzustandes durch Leuchtdioden. Aufgrund der Entstörmaßnahmen liegt die Frequenzobergrenze für Eingangssignale bei etwa 50 Hz. Die Digitaleingabebaugruppen formen die Pegel der externen digitalen Signale aus dem Prozess in den internen Signalpegel des SPS-Systems um. Die Baugruppen sind z. B. geeignet für den Anschluss von Schaltern und 2-Draht-Näherungsschaltern (BERO).

*Digitalausgabebaugruppen* gibt es für Lastspannungen DC 24 V oder AC 120/230 V bei spezifizierter Strombelastbarkeit und Potenzialtrennung mittels Optokoppler. Die Schaltfrequenz der Ausgänge wird nach ohmscher Last, induktiver Last und Lampenlast unterschieden und liegt im Bereich bis 100 Hz. Die Digitalausgabebaugruppen formen den internen Signalpegel des SPS-Systems in die externen, für den Prozess benötigten Signalpegel um. Die Baugruppen sind z. B. geeignet für den Anschluss von Magnetventilen, Schützen, Kleinmotoren, Lampen und Motorstartern.

*Analogeingabebaugruppen* wandeln analoge Signale aus dem Prozess in digitale Signale für die interne Verarbeitung innerhalb der SPS um. Es können Spannungs- und Stromgeber, Thermoelemente, Widerstände und Widerstandsthermometer angeschlossen werden:

| | |
|---|---|
| Spannung | z. B. $\pm 10$ V |
| Strom | z. B. 4 bis 20 mA |
| Widerstand | z. B. 0 ... 300 Ohm |
| Thermoelement | z. B. Typ E, N, K  (mit Kennlinien-Linearisierung) |
| Widerstandsthermometer | z. B. Pt 100-Standard  (mit Kennlinien-Linearisierung) |

Die Baugruppen verfügen über eine parametrierbare Auflösung von z. B. 12 bis 15 Bit + Vorzeichen, unterschiedliche Messbereiche (einstellbar durch Messbereichsmodule und Software) sowie Alarmfähigkeit (Diagnose und Grenzwertalarme an die CPU).

*Analogausgabebaugruppen* wandeln digitale Signale aus der SPS in analoge Signale für den Prozess um und sind für den Anschluss analoger Aktoren geeignet. Als Ausgangsbereiche werden angeboten:

| | |
|---|---|
| Spannungsausgang | z. B. $\pm 10$ V |
| Stromausgang | z. B. 0 bis 20 mA |

Die Baugruppen haben z. B. eine Auflösung von 12 bis 15 Bit. Es sind unterschiedliche Messbereiche je Kanal einstellbar. Die Baugruppen verfügen über eine Alarmfähigkeit bei auftretenden Fehlern.

### 2.3.3  Absolute Adressen von Eingängen und Ausgängen

Möglichkeiten der direkten Adressierung von Eingängen, Ausgängen. Entsprechendes gilt für Merker, soweit diese noch verwendet werden.

| **Bitweise** | **STEP 7** | **IEC 61131-3** |
|---|---|---|
| Einzel-Eingänge | E0.7...E0.0 | %IX0.7...%IX0.0 |
| Einzel-Ausgänge | A0.7...A0.0 | %QX0.7...%QX0.0 |
| **Byteweise** | | |
| Eingangsbyte | EB0=E0.7...E0.0 | %IB0=%IX0.7...%IX0.0 |
| Eingangsbyte | EB1=E1.7...E1.0 | %IB1=%IX1.0...%IX1.0 |
| Ausgangsbyte | AB0=A0.7...A0.0 | %QB0=%QX0.7...%QX0.0 |
| Ausgangsbyte | AB1=A1.7...A1.0 | %QB1=%QX1.7...%QX1.0 |
| **Wortweise** | | |
| Eingangswort | EW0=EB0+EB1 | %IW0=%IB0+%IB1 |
| Ausgangswort | AW0=AB0+AB1 | %QW0=%QB0+%QB1 |
| **Doppelwortweise** | | |
| E-Doppelwort | ED0=EW0+EW1 | %ID0=%IW0+%IW1 |
| A-Doppelwort | AD0=AW0+AW1 | %QD0=%QW0+%QW1 |

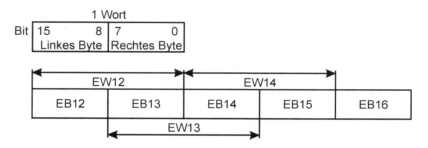

**Bild 2.9:** Wortadressen

Ein Wort hat eine Länge von 16 Bit, die von rechts nach links durch die Bitadresse 0...15 gekennzeichnet sind. Das linke Byte hat immer die niedrigere Byteadresse, die bei Zusammenfassung von 2 Byte zu einem Wort mit der Wortadresse identisch ist.

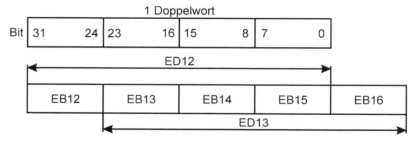

**Bild 2.10:** Doppelwortadressen

Vier Byte oder zwei Worte können zu einem Doppelwort zusammengefasst werden. Ein Doppelwort hat demnach eine Länge von 32 Bit. Auch bei einem Doppelwort bestimmt das links stehende Byte mit seiner Adresse die Adresse des entsprechenden Doppelwortes.

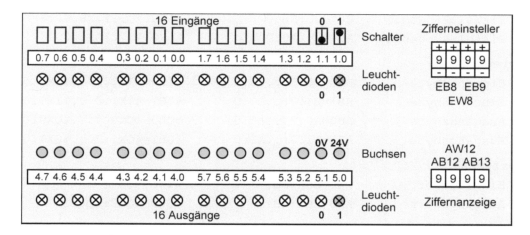

**Bild 2.11:** Aufbau eines Eingabe-/Ausgabegerätes passend zur SPS-Hardware in Bild 2.1, aber ohne Analog-Ein-/Ausgänge

# 3 Grundzüge der Programmiernorm DIN EN 61131-3

Die Norm DIN EN 61131-3:2003 ist die deutsche Fassung der internationalen SPS Programmiernorm IEC 61131-3. Ihre hauptsächlichen Ziele bestehen in der Standardisierung der SPS-Programmierung mit herstellerunabhängigen Programmiersprachen in einem einheitlichen Programmorganisationskonzept sowie der Pflicht zur Variablendeklaration unter Verwendung von elementaren und abgeleiteten Datentypen. Die Norm gibt auch den Befehlsvorrat für die Programmierung vor, der in diesem Lehrbuch erst ab Kapitel 4 schrittweise eingeführt wird.

## 3.1 Programmiersprachen

Zur Erstellung der Steuerungsprogramme mit Hilfe einer Programmiersoftware können gemäß DIN EN 61131-3 fünf Programmiersprachen zur Verfügung stehen: Zwei textuelle Fachsprachen (AWL, ST) und zwei grafische Fachsprachen (KOP, FBS) sowie die übergeordnete Ablaufsprache (AS), die grafische und textuelle Elemente enthält.

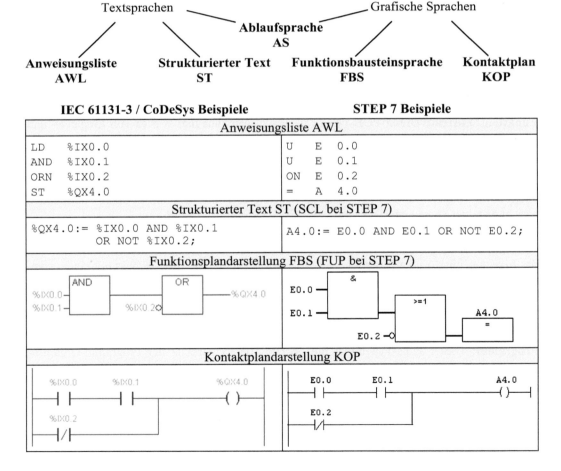

## 3.2 Programm-Organisationseinheiten

Ein Steuerungsprogramm (Anwenderprogramm) ist ein in Programm-Organisationseinheiten (kurz: POE) gegliederte logische Anordnung von Sprachelementen und -konstrukten. In der Praxis wird auch einfach von Bausteintypen gesprochen.

**Programm-Organisationseinheiten**

| **Programm** | **Funktionsbaustein** | **Funktion** |
|:---:|:---:|:---:|
| **(PRG)** | **(FB)** | **(FC)** |

◄─────────────────────────────────

zunehmende Funktionalität

**Funktion:** Dieser POE-Typ ist geeignet, wenn ein Funktionsergebnis ausschließlich aus den Eingangsvariablen des Bausteins zu ermitteln ist und unter dem Funktionsnamen des Bausteins zur Verfügung gestellt werden soll. Der Aufruf einer Funktion mit denselben Werten der Eingangsvariablen liefert deshalb immer denselben Ausgangswert zurück. Die SPS-Norm enthält einen Katalog von Standardfunktionen für SPS-Systeme, die zur Verfügung stehen sollten. Spezielle Funktionen für das eigene Anwenderprogramm können durch Deklaration selbst erzeugt werden. Dabei ist zu beachten, dass keine internen Zustandsvariablen deklarierbar sind, da der Bausteintyp Funktion (FC) dafür keine Speicherfähigkeit (Gedächtnis) besitzt.

Eine Funktion stellt das Funktionsergebnis unter dem deklarierten Funktionsnamen zur Verfügung, so dass keine Ausgangsvariable deklariert werden muss. Es ist jedoch zulässig, Funktionen mit mehreren Ausgangsvariablen zu bilden. Funktionen können innerhalb eines Programmzyklus mehrfach aufgerufen werden, um mit unterschiedlichen Werten der Eingangsvariablen entsprechende Funktionsergebnisse zu ermitteln.

**Funktionsbaustein:** Dieser POE-Typ ist geeignet, wenn aus den Werten von Eingangs- und Ausgangsvariablen sowie bausteininterner Zustandsvariablen neue Ergebnisse für eine oder mehrere Ausgangsvariablen ermittelt werden sollen. Alle Werte der Ausgangs- und Zustandsvariablen bleiben von einer Bearbeitung des Funktionsbausteins bis zur folgenden erhalten. Das bedeutet, dass es bei einer erneuten Bearbeitung des Funktionsbausteins mit denselben Werten der Eingangsvariablen zu anderen Ausgangsergebnissen kommen kann. Anschaulich spricht man hier von einem Bausteintyp mit Gedächtnis.

Um die Fähigkeiten eines Funktionsbausteins in einem Programm auch mehrfach nutzen zu können, ist die so genannte *Instanziierung* der Funktionsbausteine erforderlich, worunter man das Erzeugen einer Kopie (Instanz) des Bausteines versteht. Jede Instanz muss mit einem eigenen Namen versehen werden, unter dem die letztgültigen Variablenwerte auf entsprechenden Speicherplätzen verwaltet werden.

Die SPS-Norm schlägt viele Standardfunktionsbausteine für SPS-Systeme vor. Daneben können eigene Funktionsbausteine für das Anwenderprogramm selbst erzeugt werden.

**Programm:** Dieser POE-Typ bildet die oberste Hierarchieebene der Programm-Organisationseinheiten. Einige SPS-Systeme verwenden den Bausteintyp Programm (PRG) als alleiniges Hauptprogramm zur Organisation des Anwenderprogramms. Der Programminhalt eines solchen (Haupt)-Programms besteht dann nur aus Aufrufen der Funktionen (FC) und Funktionsbausteine (FB) und um deren Eingangs-/Ausgangs-Variablen mit SPS-Ein-/Ausgängen zu verbinden. Der Gebrauch von Programmen ist identisch mit dem von Funktionsbausteinen.

## 3.3 Deklaration von Programm-Organisationseinheiten

Anwenderprogramme bestehen auch aus so genannten abgeleiteten Funktionen (FC) und/oder Funktionsbausteinen (FB), die erst durch Deklaration und Programmierung erzeugt werden müssen. Dabei sind Vorschriften zu beachten. Die *Deklaration* bezieht sich im Bausteinkopf auf die Festlegung des Bausteintyps und auf die Bildung der Außenschnittstelle mit ihren Eingangs- und Ausgangsvariablen sowie den von außen nicht erkennbaren internen Zustandsvariablen. Die Deklarationen erfolgen unter Verwendung festgelegter *Schlüsselwörter*, wie sie im nachfolgenden Text fett gedruckt hervorgehoben sind. Die *Programmierung* bezieht sich auf den Bausteinrumpf, der die Steuerungslogik enthalten muss. Deklaration und Programmierung kann in Textform oder in Grafik erfolgen.

### 3.3.1 Deklaration einer Funktion mit dem Funktionsnamen FC 1

Die Text-Deklaration muss aus folgenden Elementen bestehen:
- dem einleitende Schlüsselwort **FUNCTION** gefolgt vom Funktionsnamen, einem Doppelpunkt und dem Datentyp des Funktionswertes,
- der Konstruktion **VAR_INPUT ... END_VAR**, mit der die Namen und Datentypen der Eingangsvariablen der Funktion festlegt werden,
- der Konstruktion **VAR ... END_VAR** (falls erforderlich), mit der die Namen und Datentypen von internen temporären Hilfsvariablen festlegt werden können, deren Daten jedoch bei Beendigung der Funktion verloren gehen.
- dem Bausteinrumpf mit dem auszuführenden Programm, geschrieben in einer der unter 3.1 erwähnten oder einer weiteren Programmiersprache,
- dem abschließenden Schlüsselwort **END_FUNCTION**.

Optional können auch die beiden folgenden Konstruktionen verwendet werden:
- **VAR_OUT ... END_VAR**, mit der die Namen und Datentypen von Ausgangsvariablen der Funktion festlegt werden, deren Werte innerhalb des Bausteins durch das Programm verändert werden dürfen,
- **VAR_IN_OUT ... END_VAR**, mit der die Namen und Datentypen von Durchgangsvariablen der Funktion festlegt werden, deren Werte innerhalb des Bausteins durch das Programm verändert werden dürfen.

■ **Beispiel 3.1: Deklaration einer Funktion FC**

| Allgemein | Ausführung in Textform | Ausführung in Grafik |
|---|---|---|
| **FUNCTION FC 1 : BOOL**<br>(*Außenschnittstelle*)<br>**VAR_INPUT**<br>  Bezeichner1 : Datentyp ;<br>  Bezeichner2 : Datentyp ;<br>**END_VAR**<br>(*Funktionsrumpf*)<br><br>Programm<br><br><br>**END_FUNCTION** | **FUNCTION FC 1 : BOOL**<br>(*Außenschnittstelle*)<br>**VAR_INPUT**<br>  Start : BOOL ;<br>  Ventil : BOOL ;<br>**END_VAR**<br>(*Funktionsrumpf*)<br><br><br>**END_FUNCTION** | **FUNCTION FC 1** : BOOL<br>(*Außenschnittstelle*)<br><br><br>(*Funktionsrumpf*)<br><br><br>**END_FUNCTION** |

### 3.3.2 Deklaration eines Funktionsbausteins mit dem Namen FB 1

Die Deklaration eines eigenen Funktionsbausteins in Textform erfolgt in ähnlicher Weise wie bei der selbsterstellten Funktion, dabei sind folgende Elemente zu verwenden:

- das einleitende Schlüsselworte **FUNCTION_BLOCK** gefolgt vom Funktionsbausteinnamen ohne einen Datentyp,
- die Konstruktion **VAR_INPUT ... END_VAR**, mit der die Namen und Datentypen der Eingangsvariablen des Funktionsbausteins festlegt werden,
- die Konstruktion **VAR_OUTPUT ... END_VAR**, mit der die Namen und Datentypen der Ausgangsvariablen des Funktionsbausteins deklariert werden (mehrere Ausgangsvariablen sind zulässig),
- die Konstruktion **VAR_IN_OUT ... END_VAR**, mit der die Namen und Datentypen von Durchgangsvariablen des Funktionsbausteins festlegt werden, deren Werte innerhalb des Bausteins durch das Programm verändert werden dürfen,
- die Konstruktion **VAR ... END_VAR**, mit der die Namen und Datentypen der bausteininternen Zustandsvariablen des Funktionsbausteins festlegt werden. Diese Konstruktion wird auch verwendet, um im Funktionsbaustein eine Instanz eines Standardfunktionsbausteins zu erzeugen,
- die Konstruktion **VAR_TEMP ... END_VAR** zur temporären Speicherung von Variablen in Funktionsbausteinen FB und Programmen PRG,
- einen Funktionsbausteinrumpf mit dem auszuführenden Programm,
- das abschließende Schlüsselwort **END_FUNCTION_BLOCK**.

■ **Beispiel 3.2: Deklaration eines Funktionsbausteins FB**

| Allgemein | Ausführung in Textform | Ausführung in Grafik |
|---|---|---|
| **FUNCTION_BLOCK FB 1** | **FUNCTION_BLOCK FB 1** | **FUNCTION_BLOCK FB 1** |
| (\*Außenschnittstelle\*) | (\*Außenschnittstelle\*) | (\*Außenschnittstelle\*) |
| **VAR_INPUT**<br>　Bezeichner_1: Datentyp;<br>　Bezeichner_2: Datentyp;<br>**END_VAR** | **VAR**<br>　Start: BOOL;<br>　Reset: BOOL;<br>**END_VAR** | |
| **VAR_OUTPUT**<br>　Bezeichner_3: Datentyp;<br>**END_VAR** | **VAR_OUTPUT**<br>　Ausg: BOOL;<br>**END_VAR** | |
| **VAR**<br>　Bezeichner_4: Datentyp;<br>**END_VAR** | **VAR**<br>　SRO_1: RS;<br>**END_VAR** | |
| (\*Funktionsbausteinrumpf\*) | (\*Funktionsbausteinrumpf\*) | (\*Funktionsbausteinrumpf\*) |
| Programm | | |
| **END_FUNCTION_BLOCK** | **END_FUNCTION_BLOCK** | **END_FUNCTION_BLOCK** |

# 3.4 Variablen

## 3.4.1 Übersicht

Eine der wichtigsten Vorschriften der SPS-Programmiernorm DIN EN 61131-3 ist die explizit auszuführende Deklaration von Variablen und Konstanten mit Festlegung eines zugehörigen Datentyps. Bei der Deklaration der Programm-Organisationseinheiten FC und FB in Kapitel 3.3.1 und 3.3.2 war es bereits erforderlich, Variablen mit einzubeziehen, jedoch nur hinsichtlich ihrer Auftragsbestimmung innerhalb der Bausteine. Unterschieden wurde zwischen Eingangs-, Ausgangs-, Durchgangs- und internen Zustandvariablen. Auf die Bedeutung von Variablen und ihrer Darstellungsarten sowie der verschiedenen Variablentypen wird nachfolgend näher eingegangen.

Eine *Variable* ist ein mit einem Namen (Bezeichner) versehener Speicherplatz, der im Anwenderprogramm als Platzhalter für Daten fungiert, die sich zur Laufzeit des Programms ändern können.

Unter *Daten* sollen hier Informationen aus technischen Anlagen verstanden werden, wie z. B. Messdaten über Temperaturen, Füllstände, Durchflussmengen, die verarbeitet und gespeichert werden müssen. Die Variablen sind die Mittel, um die Daten zu erfassen. Dabei wird für die Variablen ein bestimmter Datentyp festgelegt, der Speicherplatz in passender Größe für die Daten reserviert. Der Datentyp hängt direkt zusammen mit den auf ihn zulässigen Operationen. Der Datentyp bestimmt durch seine Interpretation (Lesart) den Wert des Speicherinhalts.

In Funktionen (FC) und Funktionsbausteinen (FB) sollte nur mit Variablen programmiert werden, um damit bibliotheksfähige Programme zu erhalten, die keine Festlegungen bezüglich der Verwendung realer SPS-Eingänge/Ausgänge, Merker, Zähler und Zeitglieder enthalten. Erst auf der Ebene der Programme (PRG) sollte deren Zuordnung zu den verwendeten Eingangs- und Ausgangsvariablen erfolgen.

## 3.4.2 Variablen-Deklaration

Die SPS-Programmiernorm DIN EN 61131-3 unterscheidet die Variablen hinsichtlich
- der Anzahl ihrer Datenelemente in Einzelelement-Variablen und Multielement-Variablen,
- ihres Geltungsbereichs zwischen lokalen und globalen Variablen. Lokal bedeutet, dass die Variable nur in dem Baustein bekannt ist, in dem sie auch deklariert wurde. Globale Variablen sind solche, die mit der Konstruktion **VAR_GLOBAL ... END_VAR** in allen Bausteinen innerhalb der SPS bekannt gemacht wurden. Der Deklarationsort für globale Variablen ist die Programm-Organisationseinheit Programm (PRG).

### 3.4.2.1 Einzelelement-Variablen

Einzelelement-Variablen können nur einzelne Datenelemente mit elementaren Datentypen oder abgeleiteten Datentypen darstellen.
- *Elementare Datentypen* sind durch die Norm vordefiniert und dem Programmiersystem bekannt. Tabelle 3.2 in Kapitel 3.5.1 gibt einen Einblick in die gebräuchlichsten elementaren Datentypen wie BOOL, BYTE, WORD, INT, REAL, TIME, STRING usw.
- *Abgeleitete Datentypen* sind nach DIN EN 61131-3 anwender- oder herstellerdefinierte Datentypen. Als Beispiel für einen abgeleitete Datentyp bei Einzelelement-Variablen wird in der Norm der Unterbereichsdatentyp erwähnt. Ein selbstdefinierter Unterbereichsdatentyp kann z. B. mit dem Namen „SubINT" als ein INTEGER-Typ mit eingeschränktem Zahlenbereich deklariert werden, falls ein Anwender so etwas benötigt.

Die Deklaration neuer Datentypen erfolgt nach Norm mit der vorgeschriebenen Konstruktion **TYPE ... END_TYPE** in einem dafür bestimmten Menü des Programmiersystems.

Eine weitere Unterscheidung für Einzelelement-Variablen betrifft deren formale Darstellung. Gemeint ist, ob die Einzelelement-Variablen symbolisch oder direkt dargestellt sind.

- Eine *symbolische Darstellung von Variablen* erfolgt im Deklarationsteil der Bausteine mit einem Namen (Bezeichner) innerhalb der schon bekannt gemachten Schlüsselwörter VAR, VAR_INPUT, VAR_OUTPUT, VAR_IN_OUT, VAR_TEMP und END_VAR unter Angabe eines Datentyps. Um den Speicherort einer solchen Variablen muss sich der Programmierer nicht kümmern, er wird vom Betriebssystem automatisch festgelegt.

- Eine *direkte Darstellung von Variablen* muss durch eine besondere Symbolik angezeigt werden, die aus einem vorgesetzten Prozentzeichen (%), gefolgt von einem Präfix für den Speicherort und einem Präfix für die Größe nach Tabelle 3.1 besteht. Der Hintergrund für diese Formalität ist, dass der Gebrauch von direkt dargestellten Variablen nur in der obersten Programm-Organisationseinheit Programm (PRG) zur äußeren Beschaltung der aufgerufen FC- und FB-Bausteine mit SPS-Eingängen/Ausgängen/Zählern und Zeitgliedern definiert ist. Nach den Vorschriften der Norm DIN EN 61131-3 sind diese Operanden dem Programm (PRG) jedoch nicht automatisch bekannt, d. h., sie müssen erst durch Deklaration bekannt gemacht werden, dazu dienen die direkt dargestellten Variablen.

**Tabelle 3.1:** Präfix für Speicherort und Größe der Operanden

| Präfix | Bedeutung | Beispiele für direkte Variablen | | |
|---|---|---|---|---|
| I | Speicherort Eingang | Einzel-Eingänge | %IX0.7 ... %IX0.0 | |
| Q | Speicherort Ausgang | Einzel-Ausgänge | %QX0.7 ... %QX0.0 | |
| M | Speicherort Merker | Eingangsbyte | %IB0 = | %IX0.7 ... %IX0.0 |
| X | (Einzel)-Bit-Größe | Ausgangsbyte | %QB0 = | %QX0.7 ... %QX0.0 |
| B | Byte(8-Bit)-Größe | Eingangswort | %IW0 = | %IB0+%IB1 |
| W | Wort(16-Bit)-Größe | Ausgangswort | %QW0= | %QB0+%QB1 |
| D | Doppelwort(32-Bit)-Größe | Eingangsdoppelwort | %ID0 = | %IW0+%IW1 |

- **Beispiel 3.3: Deklaration von zwei symbolisch dargestellten Variablen und einer Konstanten**

| Allgemein | Ausführung in Textform |
|---|---|
| **VAR_INPUT**<br>   Bezeichner1, Bezeichner2: Datentyp;<br>**END_VAR**<br>**VAR CONSTANT**<br>   Bezeichner: Datentyp;<br>**END_VAR** | **VAR_INPUT**<br>   Spg_U1, Spg_U2: INT;<br>**END_VAR**<br>**VAR CONSTANT**<br>   Pi: REAL := 3.14;<br>**END_VAR** |

- **Beispiel 3.4: Deklaration einer direkt dargestellten Variablen**

| Allgemein | Ausführung in Textform |
|---|---|
| **VAR**<br>   **AT** %Operand: Datentyp;<br>**END_VAR** | **VAR**<br>   **AT** %IX4.7: BOOL;<br>**END_VAR** |

Das zur Deklaration verwendete **AT** ist ebenso ein Schlüsselwort wie **VAR** oder **END_VAR**. In einer zweiten Variante können zur Erzielung einer besseren Programmlesbarkeit bei direkt dargestellten Variablen auch Namen (Bezeichner) eingeführt werden, die jedoch im Unterschied zu den symbolisch dargestellten Variablen direkt mit dem physikalischen Speicherort eines SPS-Eingangs/Ausgangs oder Merkers verbunden sind.

■ **Beispiel 3.5: Deklaration einer direkt dargestellten Variablen mit symbolischen Namen**

| Allgemein | Beispiel |
|---|---|
| **VAR**<br>    Bezeichner **AT** %Operand : Datentyp;<br>**END_VAR** | **VAR**<br>    Endschalter **AT** %IX4.7 : BOOL;<br>**END_VAR** |

### 3.4.2.2 Multielement-Variablen

Multielement-Variablen enthalten mehrere Datenelemente, die in Feldern oder Strukturen zusammengefasst sind. Es kann viele Begründungen für die Anwendung von Multielement-Variablen in Anwenderprogrammen geben. Ein einfacher Grund ist dabei, den Rückgabewert einer Funktion FC als Multielementwert aus mehreren, aber zusammenhängenden Einzelwerten bilden zu wollen. Einzelne Datenelemente von Multielement-Variablen lassen sich bei Bedarf nach festgelegten Vorschriften ansprechen.

**Felder:**

Ein *Feld* ist eine Sammlung von Datenelementen des gleichen Datentyps, die sich durch einen oder mehrere in eckigen Klammern [ ] angegebenen Feldindizes ansprechen lassen. Als Feldindex dürfen in AWL-Sprache nur Einzelelement-Variablen oder ganzzahlige Literale verwendet werden. Bei Verwendung einer Variablen als Feldindex kann deren Wert zur Laufzeit des Programms verändert werden (bei STEP 7-AWL nicht möglich, aber bei CoDeSys).

Ein Feld als Multielement-Variable wird mit einem Namen (Bezeichner) und der Konstruktion **ARRAY** [Feldindex] **OF** <Datentyp der Datenelemente> und ggf. mit passenden Initialisierungswerten deklariert, wie in Beispiel 3.6 gezeigt wird. Durch den Feldindex werden die untere und obere Feldgrenze festgelegt. Es gibt ein- und mehrdimensionale Felder.

■ **Beispiel 3.6: Eindimensionales Feld in FB-Baustein**

| Deklaration |
|---|
| **VAR**<br>    Tabelle: **ARRAY** [0..3] **OF** BYTE:= 16#00, 16#0F, 16#80, 16#FF;   (* Tabelle ist Feldvariable*)<br>**END_VAR**<br><br>**VAR_INPUT**<br>    Zeiger: INT;                (*Zeiger für Feldindex*)<br>**END_VAR**<br><br>**VAR_OUTPUT**<br>    Wert: BYTE;                (*Wert ist Ausgangsvariable*)<br>**END_VAR**<br><br>(*Abfrage in AWL-Sprache*)<br>    LD  Tabelle[Zeiger]<br>    ST  Wert                (*Wert = 16#80, wenn Zeiger = 2*) |

**Strukturen:**

Eine *Struktur* ist eine mit einem Namen (Bezeichner) versehene Sammlung von Datenelementen mit zumeist unterschiedlichen Datentypen, die als gemeinsamer Datensatz gespeichert werden sollen. Die einzelnen Datenelemente der Struktur sind als Variablen oder Konstanten mit eigenem Namen (Bezeichner) und festgelegten Datentypen deklariert.

Die Strukturdeklaration erfolgt durch folgende Konstruktion:

```
TYPE  <Strukturname>:
    STRUCT
        <Variablendeklaration 1>
        ...
        <Variablendeklaration n>
    END_STRUCT
END_TYPE
```

<Strukturname> ist ein durch Deklaration entstandener Datentyp, der im gesamten Projekt bekannt ist und wie ein Standard Datentyp (elementarer Datentyp) benutzt werden kann.

■ **Beispiel 3.7: Anlegen und Anwenden einer Datenstruktur**

| Deklaration eines selbstdefinierten Datentyps MOTORDAT |
|---|
| (* bei CoDeSys im Object Organizer / Registerkarte Datentypen*) |
| **TYPE** MOTORDAT:               (*MOTORDAT ist selbstdefinierter Datentyp*)<br>   **STRUCT**<br>       Freq: WORD;               (*Freq, Spg sind Komponentennamen der Datenstruktur*)<br>       Spg: REAL;               (*und wie Variablen mit elementarem Datentyp deklariert*)<br>   **END_STRUCT**<br>**END_TYPE** |

Anwendungsfall 1: Der neue, selbstdefinierte Strukturdatentyp MOTORDAT kann in einem Baustein bei der Deklaration einer Variablen als deren Datentyp verwendet werden. Die Norm DIN EN 61131-3 bezeichnet eine solche Variable als *strukturierte Variable* und ordnet sie den Multielement-Variablen zu.

Der Zugriff auf Variablen von Strukturen erfolgt durch Nennung des Namens der strukturierten Variablen - und, getrennt durch einen Punkt, des betreffenden Komponentennamens:

**< Strukturvariablenname > . < Komponentenname >**

| Deklaration einer strukturierten Variablen mit dem selbstdefinierten Datentyp  MOTORDAT |
|---|
| **FUNCTIONBLOCK** FB 12<br>   **VAR**<br>       Steuerung: MOTORDAT;               (* „Steuerung" ist Strukturvariablenname*)<br>   **END_VAR**<br>(*AWL-Programm*)<br>   LD      50<br>   ST      Steuerung . Freq               (* Zuweisung auf  Komponentenname „Freq" *)<br>   LD      400.0<br>   ST      Steuerung . Spg               (*Zuweisung auf Komponentenname „Spg" *) |

Anwendungsfall 2: Der neue selbstdeklarierte Strukturdatentyp kann bei der Deklaration einer Funktion FC als deren Datentyp verwendet werden, wodurch sie einen Multielement-Rückgabewert erhält.

Der Zugriff auf den Multielement-Rückgabewert einer Funktion erfolgt durch Nennung des Funktionsnamens – und, getrennt durch einen Punkt, des betreffenden Komponentennamens:

**< Funktionsnname > . < Komponentenname >**

| Deklaration einer Funktion mit dem Namen FC 10 und dem Strukturdatentyp MOTORDAT |
|---|
| **FUNCTION** FC10: MOTORDAT       (*FC10 ist der Name der Funktion*) |
|     **VAR_INPUT** |
|         Drehz: INT;        (*„Drehz" und „Strom" sind Eingangsvariablen des FC10*) |
|         Strom: REAL; |
|     **END_VAR** |
| (*AWL-Programm*) |
|     LD      400.0 |
|     ST      FC10.Spg    (*Komponente „Spg" erhält den Wert 400.0 zugewiesen *) |
|     LD      Drehz |
|     ST      FC10.Freq   (*Komponente „Freq" erhält den Wert von „Drehz" zugewiesen*) |

## 3.5  Datentypen und Literale

Bei der Variablendeklaration wird jedem Bezeichner (Variablenname) ein Datentyp zugeordnet, der festlegt, wie viel Speicherplatz reserviert wird und welche Operationen mit den Datenwerten zulässig sind. Die Variablen sind die Mittel, um die Daten zu erfassen. Die Daten selbst sind die in Wahrheitswerte, Zahlenwerte und Zeitangaben (Zeitdauer und Zeitpunkt) u. a. unterscheidbaren Inhalte, die im SPS-Programm zu verarbeiten sind.

Um die typgerechte Behandlung von Daten sicher zu stellen, wurden Datentypen vereinbart. Die SPS-Norm unterscheidet elementare Datentypen und abgeleitete Datentypen. Die Datentypen sind in SPS-Systemen global, also in allen Bausteinen verfügbar.

Zur sachgerechten Anwendung von Datentypen gehört nicht nur die Kenntnis des jeweiligen Wertebereichs, den ein bestimmter Datentyp abdeckt, sondern auch die festgelegte Schreibweise dieser Wahrheitswerte, Zahlenwerte und Zeitangaben, die in der SPS-Norm unter dem Obergriff *Literale* zusammengefasst werden. Literale sind im weiteren Sinne zahlenmäßig zu schreibende Konstanten, die einen Wert direkt darstellen. Die Eingabe von Literalen tritt hauptsächlich bei der Versorgung entsprechender Eingangsvariablen von Bausteinen oder bei der Variablendeklaration mit Initialisierungswerten auf.

Die DIN EN 61131-3 unterscheidet die Literale in nummerische Literale, Zeitliterale und Zeichenfolge-Literale. Auf Letztere soll hier nicht weiter eingegangen werden, weil sie die Schreibweisen selten verwendeter Angaben wie *Line feed (Zeilenvorschub)* u. a. betreffen.

Die in der Norm DIN EN 61131-3 auch vorkommenden allgemeinen Datentypen, die durch die Vorsilbe <ANY_> gekennzeichnet sind, können mehr als einen Datentyp darstellen. Dieser Sonderfall bezieht sich jedoch nur auf sogenannte „überladene" Eingänge und Ausgänge bei Standardfunktionen und Standardfunktionsbausteinen der Norm. Entsprechende Darstellungen sind in den Kapiteln 6.1.1, 6.3.1, 8.1.1 sowie 8.2.1 zu sehen und kommen aber in den Programmiersystemen STEP 7 und CoDeSys nicht zur Anwendung.

### 3.5.1  Standard Datentypen und Schreibweisen von Zahlen- und Zeitangaben

In der folgenden Tabelle 3.2 sind die wichtigsten von der SPS-Norm vorgesehenen elementaren Datentypen aufgelistet, die in Programmiersystemen auch als Standard Datentypen bezeichnet werden. Für die Datentypen sind deren festgelegte Schlüsselwörter und der von ihnen abgedeckte Wertebereich angegeben. Gleichzeitig sind die durch die Literale festgelegten Schreibweisen der zahlenmäßig dargestellten Werte berücksichtigt.

**Tabelle 3.2:** Elementare Datentypen nach DIN EN 61131-3 (Auswahl)

| Schlüsselwort | Datentyp | Größe | Schreibweisen von Literalen, Wertebereich |
|---|---|---|---|
| **Bit-Datentypen** | | | |
| BOOL | Boolesche Einzelbit | 1 Bit | FALSE, TRUE |
| BYTE | 8-Bit-Folge oder HEX-Zahlenbereich | 8 Bit | (B#)16# 00...FF [1), 2)] |
| WORD | 16-Bit-Folge oder HEX-Zahlenbereich | 16 Bit | (W#)16# 0000...FFFF [1), 2)] |
| DWORD | 32-Bit-Folge oder HEX-Zahlenbereich | 32 Bit | (DW#)16# 0000_0000...FFFF_FFFF [1), 2)] |
| STRING | ASCII-Zeichen | Bit [3)] | (*variabel-lange Zeichenfolge*) |
| **Arithmetiktypen** | | | |
| INT | Ganze Zahlen (Festpunktzahlen) | 16 Bit | –32768 bis +32767 |
| DINT | Ganze Zahlen (Festpunktzahlen) | 32 Bit | L#–2147483648 bis +2147483647 |
| REAL | Reelle Zahlen (Gleitpunktzahlen) | 32 Bit | Dezimalzahl mit Punkt: 341.7 oder Exponentialdarstellung: 3.417 E+02 |
| **Zeittypen** | | | |
| TIME | Zeitdauer (IEC-Format) | 32 Bit | t # 12h20m30s |
| TIME OF DAY | Uhrzeit (Tageszeit) | 32 Bit | tod #08:36:12 |
| DATE | Datum | 16 Bit | d #1990-01-01 |

*Hinweis:* In der SPS-Norm ist kein eigener Datentyp für BCD-Zahlen (Binär Codierte Dezimalzahlen) vorgesehen, diese sind eine Teilmenge der Hexadezimalzahlen, für die es die Datentypen BYTE, WORD und DWORD gibt.

1) In Klammern gesetzt sind die in STEP 7 zusätzlich erforderlichen Zeichen.
2) BYTE, WORD, DWORD stellen nicht immer vorzeichenlose, dualcodierte Ganzzahlen dar, sondern auch Bitfolgen, deren einzelne Bit keine Stellenwertigkeit haben, z. B. EB 0 = E 0.0 bis E 0.7. Eingabe einer 16-Bit-Folge ist auch als 2#1111_1111_1111_1111 mit Unterstrichen zwischen Ziffferngruppen zwecks besserer Lesbarkeit erlaubt.
3) Die Länge dieser Datenelemente ist implementierungsabhängig.

Wird bei der Variablendeklaration keine Vorbelegung der Speicherplätze mit Datenwerten vorgenommen, so ist der Anfangswert standardmäßig null. Mit einer *Initialisierung* können andere Vorbelegungswerte zugewiesen werden. Zur Initialisierung wird der Zuweisungsoperator „ := " verwendet, z. B.:

Variable XY : INT := 10;  (* INTEGER-Variable mit Anfangswert 10 *)

**Beispiele** für Literale bei Variablendeklarationen mit Initialisierungen:

VAR

    Zeitdauer: TIME:= t#12h20m30s;       (*12 Stunden, 20 Minuten, 30 Sekunden*)

    Tageszeit: TIME_OF_DAY:= tod#08:36:12; (*8 Uhr 36 und 30 Sekunden*)

    Datum: DATE:= d#2008-04-28;       (*28. April 2008*)

END_VAR

### 3.5.2 Abgeleitete Datentypen

Anwender können auf der Grundlage der Standard Datentypen weitere Datentypen durch Deklaration schaffen, die in der DIN EN 61131-3 als abgeleitete Datentypen bezeichnet werden. Die Norm bietet dafür eine besondere Konstruktion an:

**TYPE ... END_TYPE**

Neu gebildete Datentypen sind keine frei erfunden Typen, die von keiner SPS verarbeitet werden könnten, sondern spezielle Abwandlungen und Zusammensetzungen der Standarddatentypen. Der Deklarationsort für die Bildung abgeleiteter Datentypen ist abhängig vom verwendeten Programmiersystem. Ein ausgeführtes Beispiel ist in Kapitel 3.4.2.2 unter Multielement-Variablen bei Strukturen näher erläutert. Dort wird auch gezeigt, wie einzelne Komponenten von Datenstrukturen angesprochen werden können.

Bei STEP 7 werden anwenderdefinierte Datentypen mit UDT (User Defined Data Typ) bezeichnet. Diese können wie elementare Datentypen oder zusammengesetzte Datentypen in der Variablendeklaration von Codebausteinen (FC, FB, OB) oder als Datentyp für Variablen in einem Datenbaustein (DB) verwendet werden. Ein UDT entsteht durch Deklaration über: *Bausteine > Einfügen > Datentyp*. Sein Name ist UDTn (n = Nummer) oder ein symbolischer Name und ist global in allen Bausteinen gültig und bekannt. Der Datentyp UDT entspricht dem Aufbau der Datenstruktur STRUCT. Daher können UDT-Komponenten ebenso angesprochen werden wie die STRUCT-Komponenten, z. B.:

```
L  Analogwert.Alarme.Messwert_zu_hoch
```

## 3.6 Programmstrukturen und Datenaustausch zwischen Bausteinen

Unter einer Programmstruktur versteht man den Aufbau eines Anwenderprogramms aus Bausteinen (Programm-Organisationseinheiten). Es können zwei Strukturen unterschieden werden:

### 3.6.1 Lineares Programm

Das gesamte Anwenderprogramm befindet sich in dem zyklisch bearbeiteten <Programm>. Die CPU arbeitet die Anweisungen der Reihe nach ab und beginnt dann wieder von vorne, wie in Bild 3.1 gezeigt. Ein Datenaustausch mit anderen Bausteinen ist nicht erforderlich.

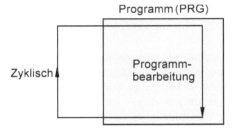

**Bild 3.1:**
Lineares Programm

### 3.6.2 Strukturiertes Programm

Ein strukturiertes Programm ist in mehrere Bausteine aufgeteilt, wobei jeder Baustein nur den Programmcode für seine Teilaufgabe enthält. In der Programm-Organisationseinheit <Programm> bestimmen die Aufruf-Anweisungen die Reihenfolge, in der die einzelnen Bausteine bearbeitet werden. Gegenüber dem linearen Programm besteht der Vorteil in den besser überschaubaren kleinen Einheiten. Im strukturierten Programm ist ein Datenaustausch zwischen den beteiligten Bausteinen zu organisieren

In Bild 3.2 ruft der Baustein <Programm> nacheinander die Funktionen FC 10 und FC 20 auf und versorgt deren Eingangsvariablen (A, B bzw. D, E, F) mit Variablenwerte (Var1, Var2 bzw. Var5, Var6, Var7) aus seinem Bereich. Zur Durchführung des hier erforderlichen Datenaustausches sind Konventionen zu beachten. Wie ist eine Funktionen FC aufzurufen? Wie erfolgt die Verteilung der Variablenwerte (Var1,...) auf die Eingangsvariablen (A,...) der Funktionen? Wie wird das Funktionsergebnis an den aufrufenden Baustein PRG zurück gegeben?

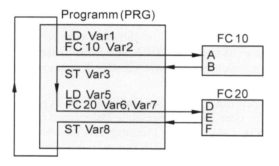

**Bild 3.2:**
Zur Datenübergabe an Funktionen

Der Funktionsname, z. B. <FC 10>, muss im Operatorfeld der AWL-Anweisung stehen, also dort, wo sonst z. B. LD für Load oder ST für Store stehen.

Var1 → A  (Eingangsvariable von FC 10)
Var2 → B  (Eingangsvariable von FC 10)
Var3 ← FC 10 (Funktionsergebnis).

Entsprechendes gilt für FC 20.

Im Bild 3.3 ist ein strukturiertes Programm mit zwei Instanz-Aufrufen desselben Funktionsbausteins FB 10 dargestellt. Die Aufrufe können in der Programmiersprache AWL bedingt oder unbedingt mit dem Operator CAL ausgeführt werden. Mit CAL lassen sich Eingangsvariablen und Ausgangsvariablen des Funktionsbausteins mit Variablenwerte versorgen. In umgekehrter Richtung kann das Auslesen einer Ausgangsvariablen des Funktionsbausteins nur mit der Konstruktion <Instanz.Variablenname> erfolgen, wie in Bild 3.3 zu erkennen ist.

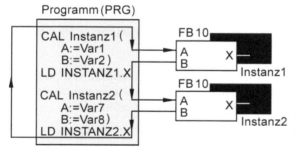

**Bild 3.3:**
Das Steuerungsprogramm besteht aus dem Aufruf von zwei Instanzen eines FB 10.

Die Variablen Var1 bzw. Var7 und Var2 bzw. Var8 werden an die Eingangsvariablen A bzw. B der Instanzen 1 bzw. 2 des Funktionsbausteins FB 10 übergeben.

Die Ausgangsvariable X des FB 10 wird in das Programm <PRG> mit der Konstruktion <Instanz.Variablenname> eingelesen.

Ein besonders erwähnenswerter Aspekt des Programmentwurfs ist die *Wiederverwendbarkeit* der entwickelten Bausteine. Wenn es gelingt, große Teile neu zu entwickelnder Programme mit bereits vorhandenen und getesteten Bausteinen abdecken zu können, bedeutet dies auch eine Kostenersparnis. Es gehört daher zur Programmierstrategie, neue Bausteine norm- und bibliotheksgerecht nur unter Verwendung lokaler Variablen zu entwickeln.

### 3.6.3  Aufruf und Wertübergaben zwischen Bausteinen nach IEC 61131-3

#### 3.6.3.1  Aufrufhierarchie der Bausteine PRG, FB und FC

Das Anwenderprogramm einer SPS hat einen hierarchischen Aufbau: An oberster Stelle steht ein Baustein des Typs Programm (PRG), dessen Deklaration und Gebrauch identisch ist mit denen der bereits beschriebenen Funktionsbausteine, jedoch mit den begrenzenden Schlüsselwörtern **PROGRAM ... END_PROGRAM**. In diesem Baustein können Instanzen von Funktionsbausteinen (FB) sowie Funktionen (FC) aufgerufen werden.

An mittlerer Stelle stehen die Bausteine des Typs Funktionsbaustein (FB). Innerhalb einer Instanz eines Funktionsbausteins kann eine Instanz eines anderen Funktionsbaustein gebildet werden (so genannte *Multiinstanzen*) oder auch eine Funktion (FC) aufgerufen werden.

An unterster Stelle stehen die Bausteine vom Typ Funktion (FC). Innerhalb einer Funktion sind auch andere Funktionen (FC) aufrufbar, nicht jedoch Funktionsbausteine (FB).

#### 3.6.3.2  Aufruf eines Funktionsbausteins FB in FBS (FUP) und AWL

Im nachfolgenden Beispiel sind Bausteinaufrufe und die damit verbundenen Werteübergaben in Funktionsbausteinsprache und Anweisungsliste gegenüber gestellt.

■ **Beispiel 3.8: Programm PRG ruft Funktionsbaustein FB auf**

```
PROGRAM  PRG
(*Deklaration*)
VAR_INPUT
    Wert1 AT %IX0.0 : BOOL ;
    Wert2 AT %IX1.0 : BOOL ;
    Wert3 AT %IX1.7 : BOOL ;
END_VAR
VAR
    INSTANZ : FB 10 ;     (*Instanz-Deklaration*)
END_VAR
VAR_OUTPUT
    Wert4 AT %QX4.0 : BOOL ;
END_VAR
(*Bausteinrumpf*)
```

```
END_PROGRAM
```

```
PROGRAM PRG
(*Deklaration*)
VAR_INPUT
    Wert1 AT %IX0.0 : BOOL ;
    Wert2 AT %IX1.0 : BOOL ;
    Wert3 AT %IX1.7 : BOOL ;
END_VAR
VAR
    INSTANZ : FB 10 ;
END_VAR
VAR_OUTPUT
    Wert4 AT %QX4.0 : BOOL ;
END_VAR
(*Bausteinrumpf*)


CAL  INSTANZ (
    E0 := Wert1,
    E1 := Wert2,
    E2 := Wer3)
LD      INSTANZ.A4
ST      Wert4


END_PROGRAM
```

### 3.6.3.3 Aufruf einer Funktion FC in AWL

Gegenüber dem Aufruf von Funktionsbausteinen entfällt die Instanzbildung. Der Aufruf in der Grafiksprache FBS ist sonst der gleiche wie bei Funktionsbausteinen, sodass auf eine erneute Darstellung verzichtet werden kann.

Unterschiede bestehen beim Aufruf in der Textsprache AWL, da nicht der Operator CAL verwendet werden darf. Der Funktionsname ist als Operator in der Anweisung anzugeben. Es sind zwei Aufrufmethoden zu unterscheiden.

Beim *„formalen Aufruf"* wird als erste Anweisung einfach der Name der aufzurufenden Funktion geschrieben, gefolgt von der offenen Klammer. Danach wird je Anweisungszeile ein Eingangsparameter übergeben, wie bei der obigen formalen Argumentenliste, jedoch nur für die Funktionseingänge. Dann folgt die geschlossene Klammer, mit der die Funktion bearbeitet und das Ergebnis im Ergebnisregister gespeichert wird. Die letzte Anweisung speichert das Aktuelle Ergebnis (AE) des Ergebnisregisters in der deklarierten Ausgangsvariablen.

Beim *„nichtformalen Aufruf"* muss zuerst die erste der zu übergebenden Variablen des aufrufenden Bausteins (PRG) in das Ergebnisregister geladen werden. Dann kommt die Anweisung mit dem Namen der Funktion als Operator, gefolgt von den restlichen zu übergebenden Variablen des aufrufenden Bausteins in richtiger Reihenfolge und durch Kommas getrennt im Operandenteil. Diese Variablenwerte werden in der Reihenfolge an die Eingangsvariablen der aufgerufenen Funktion übergeben. Deshalb muss auf die Reihenfolge genau geachtet werden. Die Funktion FC kann dann ihr Funktionsergebnis berechnen und als Rückgabewert im Ergebnisregister der CPU ablegen

Mit der letzten Anweisung (ST) wird das aktuelle Ergebnis (AE) bzw. Verknüpfungsergebnis (VKE bei STEP 7) in der Ausgangsvariablen des Programms PRG gespeichert.

■   **Beispiel 3.9: Programm PRG ruft Funktion FC auf**

| PROGRAM PRG | PROGRAM PRG |
|---|---|
| (*Deklaration. Formaler Aufruf*) | (*Deklaration: Nichtformaler Aufruf*) |
| **VAR_INPUT** | **VAR_INPUT** |
|     Wert1 **AT** %IX0.0 : BOOL ; |     Wert1 **AT** %IX0.0 : BOOL ; |
|     Wert2 **AT** %IX1.0 : BOOL ; |     Wert2 **AT** %IX1.0 : BOOL ; |
|     Wert3 **AT** %IX1.7 : BOOL ; |     Wert3 **AT** %IX1.7 : BOOL ; |
| **END_VAR** | **END_VAR** |
| **VAR_OUTPUT** | **VAR_OUTPUT** |
|     Wert4 **AT** %QX4.0 : BOOL ; |     Wert4 **AT** %QX4.0 : BOOL ; |
| **END_VAR** | **END_VAR** |
| (*Bausteinrumpf*) | (*Bausteinrumpf*) |
| FC10 ( | LD Wert1 |
|     E0 := Wert1, | FC10 Wert2, Wert3 |
|     E1 := Wert2, | ST Wert4 |
|     E2 := Wert3, | |
|     ) | |
|   ST    Wert4 | |
| **END_PROGRAM** | **END_PROGRAM** |

■ **Beispiel 3.10: Datenaustausch zwischen den Bausteinen PRG, FB und FC**

Zur Veranschaulichung des Datenaustausches zwischen Bausteinen und der Übergänge bei der Programmausführung soll die Berechnung der mathematischen Funktion

$$ERGEBNIS = M + A * B / C$$

als ablauffähiges, strukturiertes Programm in AWL-Sprache beschrieben werden. In der Funktion FC 1 wird der Term A * B / C berechnet. Im Funktionsbaustein FB 1 erfolgt die Addition der Variablen M. Das Programm PRG übernimmt die Wertevorgabe und Ergebnisablage.

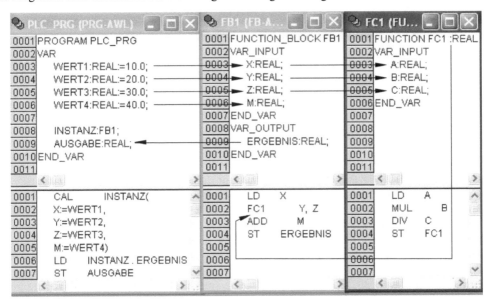

Beschreibung:

1. Mit CAL INSTANZ erfolgt die Übergabe von WERT1 ... WERT4 an die Eingangsvariablen X, Y, Z, M der Instanz des FB 1.
Anschließend wird die Programmweiterführung an den aufgerufenen FB 1 übergeben, der mit den Werten seiner Instanz fort fährt.

2. Mit dem nichtformalen Aufruf der Funktion FC 1 werden die Werte der Variablen X, Y und Z der Instanz des FB 1 in dieser Reihenfolge an die Eingangsvariablen A, B und C des FC 1 übergeben. Die Programmfortsetzung erfolgt in der aufgerufenen Funktion FC 1.

3. Die Funktion FC 1 führt die Berechnung des Terms A * B / C mit den Variablenwerten aus und speichert das Funktionsergebnis im Ergebnisregister der CPU als Zwischenergebnis ab. Die Programmausführung wird danach an den aufrufenden FB 1 zurückgegeben.

4. Der FB 1 berechnet aus dem Rückgabewert des FC 1 und der Addition der Variablen M seiner Instanz das Ergebnis und speichert es in der Ausgangsvariablen ERGEBNIS ab. Die Programmweiterführung wird an das Hauptprogramm PRG übergeben.

5. Das Hauptprogramm PRG setzt die Programmbearbeitung mit dem Ladebefehl auf die Konstruktion INSTANZ.ERGEBNIS fort. Mit diesem Befehl liest das Programm PRG das ERGEBNIS aus dem Funktionsbaustein ein und speichert es in seiner Variablen „Ausgabe" ab, womit ein Berechnungszyklus abgeschlossen ist.

## 3.7 Programmiersysteme

Die DIN EN 61131-3 ist die Programmiernorm für <Speicherprogrammierbare Steuerungen> und richtet sich in erster Linie an die Hersteller von SPS-Programmiersystemen. Für den Anwendungsprogrammierer ist die Norm eher ein Dokument im Hintergrund, denn zur Programmierung benötigt er ein reales Programmiersystem. Nur durch dieses Programmiersystem wird er normgerecht oder nicht ganz normkonform programmieren. Für die Programmausführung in einer SPS ist dies beides unerheblich, denn jedes SPS-Programm muss in die zum SPS-Prozessor passende Maschinensprache übersetzt werden und wird dort genau die Funktionen ausführen, die der Programmierer mit einem fehlerfreien Programm beabsichtigt hat.

Zwei derzeit weit verbreitete Entwicklungsumgebungen für industrielle Steuerungen (SPS) sind CoDeSys und STEP 7, zu deren Handhabung eine kurz gefasste Einführung folgt, zur Vorbereitung auf die Programmbeispiele der nachfolgenden Kapitel. Für nicht erwähnte Gesichtspunkte gelten die Ausführungen zur SPS-Programmiernorm DIN EN 61131-3.

### 3.7.1 Einführung in STEP 7

#### 3.7.1.1 Projektstruktur mit Hardware-Projektierung

Eine vollständige STEP 7 Projektierung beginnt mit dem Aufruf einer Projektvorlage <Neues Projekt> im SIMATIC Manager, die mit einem passenden Projektnamen für die Projektdatei zu versehen ist. Im Prinzip besteht ein vollständiges SPS-Projekt aus einer SPS-Hardware-Konfiguration und einem SPS-Steuerungsprogramm sowie einem Kommunikationssystem zur Anbindung externer Steuerungsbaugruppen. Bild 3.4 zeigt die Projektstruktur eines angelegten Projekts mit dem Namen „Foerderband" für eine SIMATIC 300-SPS. Die Projektstruktur gliedert sich auf in verschiedene Ordner und Objekte. Ein Ordner ist ein Verzeichnis auf der Benutzeroberfläche des SIMATIC-Managers. Objekte sind Bestandteile eines Ordners die geöffnet und bearbeitet werden können, wobei gleichzeitig das zugehörige Tool gestartet wird. So lässt sich der Ordner SIMATIC 300(1) öffnen, um mit Hilfe des Hardware-Konfigurationseditors den gewünschten Baugruppenaufbau durch Auswahl aus einem Hardware-Katalog in einem symbolisierten Rack anzulegen (siehe Bild 3.5). Dabei ist auch eine CPU als programmierbare Baugruppe einzufügen, die anschließend in der Projektstruktur (siehe Bild 3.4) erscheint.

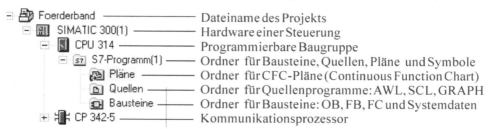

**Bild 3.4:**   Struktur eines STEP 7 Projekts in der Darstellung des SIMATIC-Managers

Für reine Programmierübungen, deren Lösungen durch Simulation geprüft werden, genügt auch eine gekürzte Projektstruktur ohne SPS-Hardware, allein mit dem S7-Programm-Ordner.

S7-Programme können in Baustein- oder Quellenform erzeugt werden. Quellen dienen bei der S7-Programmierung allerdings nur als Basis zur Erzeugung von Bausteinen. Es steht ein Umwandlungsmechanismus in jeder Richtung zur Verfügung, das sind <Quelle generieren> und

<Übersetzen>. Nur Bausteine können in eine S7-CPU geladen werden. Ob beim Programmieren Bausteine oder Quellen erzeugt werden, hängt von der gewählten Programmiersprache bzw. vom verwendeten Spracheditor ab. Dabei sind zwei Eingabeverfahren zu unterscheiden:

*Inkrementelle Eingabe* bei AWL, FUP, KOP und S7-GRAPH: Jede Zeile bzw. jedes Element wird nach der Eingabe sofort auf syntaktische Fehler untersucht. Fehler werden angezeigt und müssen vor dem Abspeichern verbessert werden.

*Quellorientierte Eingabe* bei AWL-Quelle und SCL-Programm wird in einer Textdatei editiert und anschließend compiliert, wobei Fehler erst bei der Übersetzung angezeigt werden. Bei vielen Beispielen in diesem Buch sind Programmausdrucke in AWL-Quelle angegeben. In dieser Darstellungsform sind AWL-Programme in STEP 7 auch normgerecht.

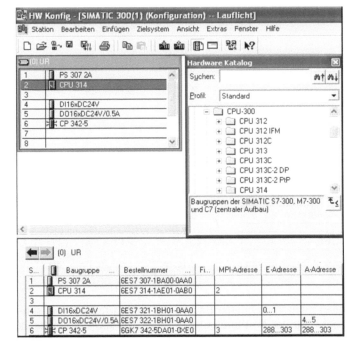

**Bild 3.5:**
Hardware-Projektierung einer S7-300 SPS im HW-Konfig-Editor

PS = Power Supply
CPU = Zentralbaugruppe
DI = 16 Digitaleingänge
DO = 16 Digitalausgänge
CP = Kommunikations-
        prozessor für Profibus

Adressbereiche:

Eingänge  E 0.0 bis E 1.7
Ausgänge  A 4.0 bis A 5.7

### 3.7.1.2 Bausteintypen

STEP 7 hat eine andere Bausteinsystematik als die Norm IEC 61131-3. Es sind Organisations- und Datenbausteine vorhanden und einige Besonderheiten bei FBs und FCs zu beachten.

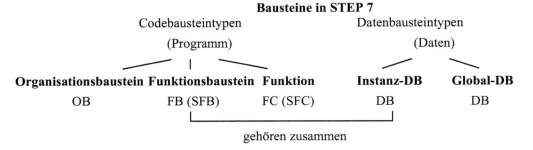

**Organisationsbausteine:** Die in der SPS-Norm DIN EN 61131-3 vorgesehenen Tasks werden bei STEP 7 in Form von Organisationsbausteinen (OBs) zur Verfügung gestellt. Sie stellen die Schnittstelle zwischen Betriebssystem und Anwenderprogramm dar.

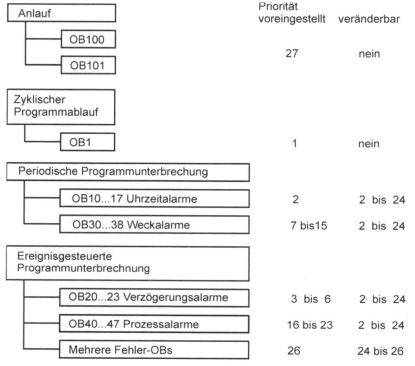

**Bild 3.6:** Organisationsbausteine und ihre Prioritäten (1 = niedrigste, 29 = höchste Priorität)

*Aufruf:* Organisationsbausteine können nicht von anderen Bausteinen aufgerufen werden, sondern nur durch das Betriebssystem bei Eintreten bestimmter Situationen, die sofort eine Unterbrechung des sonst endlos ausgeführten OB 1 veranlassen. Der OB 1 organisiert durch den Aufruf anderer Codebausteine (FBs, FCs) das zyklische Programm.

*Priorität:* Organisationsbausteine werden entsprechend der ihnen zugeordneten Priorität im Aufruf-Fall bearbeitet (1 = niedrigste und 29 = höchste Priorität). Der OB 1 hat die niedrigste Priorität 1. Jeder andere OB kann daher das Hauptprogramm kurzzeitig unterbrechen und sein eigenes Programm bearbeiten.

**Funktionsbausteine mit Instanz-DB:** Die SPS-Norm IEC 61131-3 verlangt für den Aufruf eines Funktionsbausteins die Deklaration einer Instanz des FB. Das wird in STEP 7 im Prinzip auch gemacht, es heißt aber nicht so. Verlangt wird, dass jedem aufgerufenem Funktionsbaustein FB ein Instanz-Datenbaustein zugeordnet und mit einem Namen versehen werden muss. Der Instanz-DB wird dann automatisch generiert, er erscheint aber nicht in der Deklarationstabelle, sondern im Bausteinordner. Deshalb ist der Instanz-Datenbaustein für den Programmierer auch direkt zugänglich, während die normgerechte FB-Instanz irgendwo im Speicherbereich der CPU abgelegt und verwaltet wird.

**Funktion mit Ausgangsvariablen:** In STEP 7 ist es normal, eine Funktion mit mehreren Ausgangsvariablen zu deklarieren, die auch verschiedene Datentypen haben dürfen. In der SPS-Norm ist dies erst seit der 2. Ausgabe (2003) als Ergänzung zulässig. Vorherrschend ist in der Norm jedoch die Auffassung, dass eine Funktion nur ein Datenelement als Ergebnis unter dem Namen RET_VAL (Rückgabewert) mit einem Datentyp liefern sollte. In STEP 7 ist es dafür aber möglich, einen Multiwert in Form einer Struktur zu deklarieren, in dem man in der Deklarations-Schnittstelle bei RETURN hinter RET_VAL einen zuvor anwenderdefinierten Datentyp UDT <nr> verwendet. Das Funktionsergebnis wird dann an RET_VAL übergeben. Werden jedoch mehrere voneinander unabhängige Ausgangsvariablen deklariert, bildet STEP 7 eine Funktion ohne Funktionswert und kennzeichnet RET_VAL als typlos: „VOID".

Der Codebausteintyp Funktion hat folgende Eigenschaften:

- Parametrierbarkeit, d. h., er verfügt über Bausteinparameter, die als Schnittstellen nach außen zur Übergabe von Daten verwendet werden können.
- Grundsätzlich ohne Gedächtnis, also keine Speicherfähigkeit für bausteininterne Variablen über den aktuellen Bausteinaufruf hinaus.
- Temporäre Lokaldatenverwendung, d. h., es können temporäre Variablen deklariert werden, die nur bausteinintern gültig sind. Temporär bedeutet hier die Eigenschaft, dass diese Daten nur innerhalb eines Bausteinaufrufes erhalten bleiben und deshalb nur zur Speicherung von Zwischenergebnissen genutzt werden können.

**Systemfunktionen:** Systemfunktionsbausteine SFB und Systemfunktionen SFC sind fertige, im Betriebssystem der CPU integrierte Codebausteine.

**Datenbausteine:** Datenbausteine sind Datenbereiche zur Speicherung von Anwenderdaten mit denen das Anwenderprogramm arbeitet. Auf die gespeicherten Daten eines Datenbausteines kann über Bit-, Byte-, Wort- und Doppelwortoperationen zugegriffen werden. Der Zugriff kann symbolisch oder absolut erfolgen. Man unterscheidet zwei Arten von Datenbausteinen:

*Global-Datenbausteine* enthalten z. B. Tabellenwerte, auf die von allen Codebausteinen aus zugegriffen werden kann. Global-DBs müssen vom Anwender programmiert werden.

*Instanz-Datenbausteine* sind, wie bereits erwähnt, Funktionsbausteinen FB fest zugeordnet. In den Instanz-DBs stehen die Daten der statischen Lokalvariablen und Ausgangsvariablen des aufgerufenen FBs. Für jeden Aufruf eines Funktionsbausteines ist ein eigener Instanz-DB durch Bestätigung der Anfrage anzulegen.

**Bausteinaufrufe in AWL mit CALL:** In STEP 7-AWL werden sowohl Funktionsbausteine als auch Funktionen mit dem Befehl <CALL> ohne runde Klammern und ohne Semikolons an den Zeilenenden aufgerufen. Nach IEC 61131-3 ist der Befehl <CAL> mit Argumenten in runden Klammern sowie Semikolons nur für Aufrufe von Funktionsbausteinen zu verwenden.

| Funktionsbaustein FB: | Funktion FC: |
|---|---|
| CALL   FB 1, DB1<br>    A := E 0.0<br>    B := 1.000000e+001<br>    C := AW 4 | CALL   FC 1<br>    X := E 0.0<br>    Y := A 2.0<br>    Z := AW 6 |

**Globale Symbole:** In der Symboltabelle können für Eingänge, Ausgänge, Merker, Zeitglieder, Zähler, Datenbausteine u. a., die alle ohne Deklaration in STEP 7 Programmen bekannt sind, auch globale Symbole vereinbart werden, die im Programm in Hochkommas gesetzt werden, z. B. "S1".

### 3.7.1.3 Programmstrukturen und Bausteinauswahl

Bausteine können andere Bausteine aufrufen, es kann eine Verkettung gebildet werden. Jeder Aufruf verursacht einen Wechsel des Programmablaufs zum aufgerufenen Baustein. Das nachfolgende Bild zeigt den typischen Ablauf bei Aufrufvorgängen.

**Aufgabenverteilung für Bausteine:**

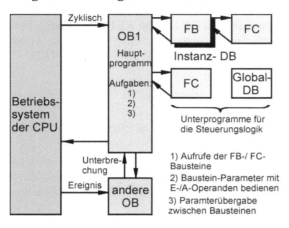

**Bild 3.7:**
System der Bausteinaufrufe sowie die Aufgabenverteilung der Bausteine.
Ereignisgesteuerte Unterbrechungen des zyklisch arbeitenden Hauptprogramms OB 1 dienen z. B. einer vorrangigen Alarmbearbeitung.
Die Unterprogramme in den FB- und FC-Bausteinen enthalten die Steuerungslogik, im OB 1 erfolgt die Zuweisung ihrer SPS-Operanden und temporärer Variablen.

**Kriterien der Bausteinauswahl:**

**Funktion FC**

FCs sind parametrierbare Programmbausteine ohne eigenen Datenbereich. FCs genügen, wenn keine interne Speicherfunktion nötig ist oder die Speicherung einer Variablen nach außen verlagert werden kann.

**Funktionsbaustein FB**

FBs sind parametrierbare Programmbausteine, denen beim Aufruf ein eigener Speicherbereich (Instanz-DB) zugewiesen wird. FBs sind notwendig, wenn ein speicherndes Verhalten einer bausteininternen Variablen nötig ist.

**Organisationsbaustein OB 1**

Für zyklische Programmbearbeitung der aufgerufenen FBs und FCs und der Beschaltung der Bausteinparameter mit SPS-Operanden (E-/A-Adressen, Zeitglieder, Zähler) sowie zur Parameterübergabe zwischen aufgerufenen Bausteinen.

### 3.7.1.4 Deklarations-Schnittstelle

| Deklaration **IN**: | Ein Eingangsparameter ist eine Eingangsvariable und kann innerhalb des Codebausteins (FB und FC) nur abgefragt werden. |
|---|---|
| Deklaration **OUT**: | Ein Ausgangsparameter ist eine Ausgangsvariable und soll innerhalb des Codebausteins (FB und FC) nur beschrieben werden. |
| Deklaration **IN_OUT**: | Ein Durchgangsparameter ist eine Durchgangsvariable und kann innerhalb des Codebausteins (FB und FC) abgefragt und beschrieben werden. |
| Deklaration **STAT**: (*nur bei FBs*) | Eine interne Zustandsvariable ist zum Abspeichern von Daten über den Zyklus einer Bausteinbearbeitung hinaus vorgesehen (Gedächtnisfunktion). Eine solche Variable heißt statische Lokalvariable, sie kann nur in einem Funktionsbaustein FB deklariert werden. |
| Deklaration **TEMP**: | Eine interne temporäre Variable dient zum Zwischenspeichern von Ergebnissen innerhalb eines Zyklus der Bausteinbearbeitung und zur Datenübergabe zwischen den im OB 1 aufgerufenen Bausteinen. Sie heißen temporäre Lokalvariablen und sind deklarierbar in FB- und FC-Bausteinen. |
| Deklaration **RETURN** (*nur bei FCs*) | Beinhaltet den Rückgabewert (RET_VAL) einer Funktion FC. |

### 3.7.1.5 Deklarationsbeispiel für eine Funktion FC 1

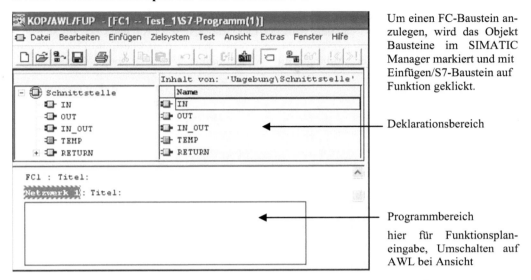

Um einen FC-Baustein anzulegen, wird das Objekt Bausteine im SIMATIC Manager markiert und mit Einfügen/S7-Baustein auf Funktion geklickt.

— Deklarationsbereich

— Programmbereich

hier für Funktionsplaneingabe, Umschalten auf AWL bei Ansicht

Zur Deklaration von **Eingangsparametern** wird der Deklarationstyp **IN** markiert. Im sich öffnenden Eingabebereich sind für jeden Parameter ein Name und der erforderliche Datentyp einzugeben:

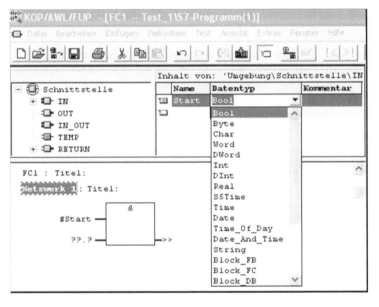

Darstellung für einen einzelnen Eingangs-Parameter IN:
Start mit Datentyp BOOL

Bei ihrer Verwendung im Programm erhalten lokale Variablen das Zeichen # vorgesetzt.

Die Liste der Eingangs-Parameter kann erweitert werden. Zur Deklaration von Ausgangs-Parametern wird der Deklarationstyp **OUT** markiert und entsprechend verfahren.

Beim Aufruf des Bausteins FC 1 in Funktionsplandarstellung im OB 1 erscheinen die deklarierten Eingangs- und Ausgangs-Parameter innerhalb des Bausteins auf der linken bzw. rechten Seite und können mit entsprechenden SPS-Operanden versorgt werden.

### 3.7.1.6 Deklarationsbeispiel für einen Funktionsbaustein FB 1

Zur Deklaration einer bausteininternen Zustandsvariablen oder Speichervariablen (in STEP 7 als „Statische Lokaldaten" bezeichnet) wird der Deklarationstyp STAT markiert. Im sich öffnenden Eingabebereich ist für jede Variable ein Name und der erforderliche Datentyp einzugeben. Zusätzlich kann unter „Anfangswert" ein bestimmter Wert eingetragen werden.

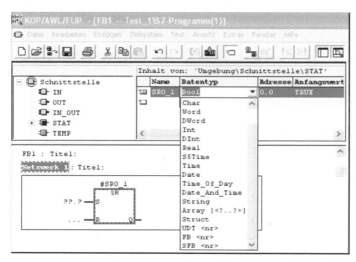

Darstellung einer einzelnen Speichervariablen:

Bei jedem Aufruf eines Funktionsbausteins FB im OB 1 ist ein so genannter Instanz-Datenbaustein anzulegen. Die Adresse in der nebenstehenden Deklarationstabelle (hier 0.0) wird automatisch vergeben. Sie entspricht der Adresse der Variablen im Instanz-DB.

#SRO = Schrittoperand

### 3.7.1.7 Parametertypen als Ergänzung zu Datentypen

Neben den elementaren und anwenderdefinierten Datentypen wie in der SPS-Norm gibt es in STEP 7 noch die <Parametertypen> als besondere Datentypen für Eingangsvariablen, wenn diese mit den Datentypen TIMER, COUNTER, BLOCK, POINTER oder ANY deklariert werden, wie nachfolgendes Bild zeigt. Eine solche Deklarationsart hat den Vorteil, dass das Bausteinprogramm frei bleibt von Festlegungen, weil erst beim Aufruf des Bausteins die Eingangsvariable mit dem aktuellen Parameterwert versorgt wird, also welches Zeitglied, welcher Zähler, welcher Baustein, welche Adresse oder welcher Datentyp zu verwenden ist.

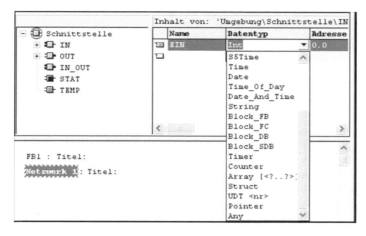

Ein Baustein-Eingang mit Parametertyp TIMER erwartet ein Zeitglied.

Entsprechendes gilt für Eingänge mit Parametertyp COUNTER und BLOCK.

Ein Eingang mit Parametertyp POINTER erwartet die Angabe einer Adresse anstelle eines Wertes. Unter der Adresse ist der Wert zu finden, z. B. P # DB10.DBX1.7, Wert in Global-DB10, Datenbit 1.7.

Parametertyp ANY, wenn auf einen beliebigen Operandenbereich gezeigt werden soll z. B.: P#M 50.0 BYTE 20

### 3.7.1.8  IEC-Bibliotheken

In den STEP 7 Bibliotheken lassen sich in der Standard Library bei <System Function Blocks> die IEC-Zähler und IEC-Zeitglieder finden. Die Einbindung dieser Funktionsbausteine erfolgt in FUP-Darstellung mit ihren Symbolen und in Anweisungsliste AWL mit den Siemens-Bausteinaufruf <CALL>. Für diese FBs müssen Instanz-Datenbausteine gebildet werden.

### 3.7.1.9  Programmtest durch Simulation (PLCSIM)

Zum Testen eines STEP 7 Programms kann eine S7-SPS durch Simulation mit PLCSIM ersetzt werden. Dazu kann in folgenden Schritten vorgegangen werden:

1. In der Menüleiste des SIMATIC Managers <Simulation ein/aus> anklicken, es öffnet sich S7-PLCSIM und zeigt eine CPU im Betriebszustand STOP.

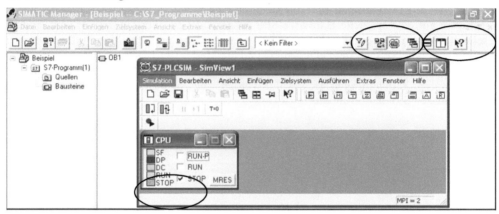

2. Signaleingänge einfügen: Menü *Einfügen > Eingang*, es erscheint EB 0, ggf. abändern.
3. Signalausgänge einfügen: Menü *Einfügen > Ausgang*, es erscheint AB 0, ggf. abändern.
4. S7-PLCSIM-Fenster minimieren, den Baustein OB 1 im SIMATIC Manager markieren und in die Simulations-CPU durch Anklicken des Ikons „Laden" übertragen.
5. S7-PLCSIM-Fenster aus der Taskleiste zurückholen und CPU durch Anklicken von „RUN-P" starten. Anzeige schaltet auf „RUN".
6. Programmtest durchführen durch Anklicken der verwendeten Eingänge (Häkchen setzen) und Beobachten der Ausgänge. Ein aktivierter Ausgang zeigt ein Häkchen an.

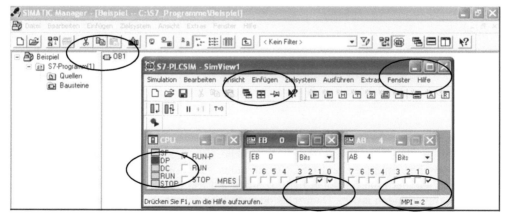

### 3.7.2 Einführung in CoDeSys

CoDeSys ist die Abkürzung für Controller Development System und ist zwar noch nicht so weit verbreitet wie STEP 7, hat aber speziell für Ausbildung und Studium den großen Vorteil, dass es als Programmiersystem kostenlos zu beziehen und zu den Vorgaben der IEC 61131-3 konform ist. Daher lässt sich hier die kleine Einführung in CoDeSys kurz fassen, weil die meisten Details bereits im laufenden Kapitel dargestellt sind. Die Ausführungen beziehen sich auf die weit verbreitete Version CoDeSys V2.3.

#### 3.7.2.1 Projektstruktur

Das Programmiersystem wird über **Start → Programme → 3S Software → CoDeSys V2.3 → CoDeSys V2.3** gestartet. Mit **Datei/Neu** wird ein neues Projekt begonnen. Zuerst müssen die **Zielsystem Einstellungen** für eine Steuerung ausgewählt werden. Da CoDeSys nicht von vornherein auf eine spezielle Hardware-SPS ausgerichtet ist, muss in der auf dem Bildschirm erscheinenden Combobox eine Auswahl getroffen werden. Im einfachsten Fall verwendet man CoDeSys als Soft-SPS auf dem eigenen PC und markiert <3S CoDeSys SP PLCWinNT>. Zum Betrieb auf einer Hardware-SPS müsste ein zugehöriges **Laufzeitsystem** installiert sein und in den **Zielsystem Einstellungen** ausgewählt werden. Die Auswahl <None> entspricht der Einstellung für den Simulationsmodus in CoDeSys.

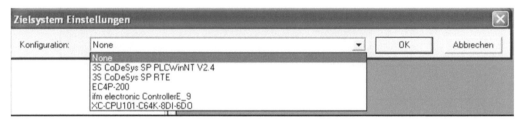

In der Folge wird der erste Baustein, der im neuen Projekt anzulegen ist, von CoDeSys vorgeschlagen und trägt automatisch den Namen PLC_PRG. Dort startet die zyklische Programmausführung und von hier aus können Funktionsblöcke FB und Funktionen FC aufgerufen werden. Der Baustein PLC_PRG wird bei CoDeSys im laufenden Betrieb vom Laufzeitsystem abgerufen und abgearbeitet, ist also vergleichbar mit dem OB 1 bei STEP 7.

Ausgewählt werden kann eine Programmiersprache. Zur Auswahl stehen die fünf in der SPS-Norm vorgesehen Sprachen und CFC (Continuous Function Chart). CFC arbeitet nicht mit Netzwerken wie der Funktionsplan FUP, sondern mit frei platzierbaren Elementen, deren Anschlüsse sich verbinden lassen. Dadurch sind auch Rückführungen möglich.

Das Projekt kann nun mit einem Namen versehen und gespeichert werden. Die Datei trägt den Namen des Projekts.

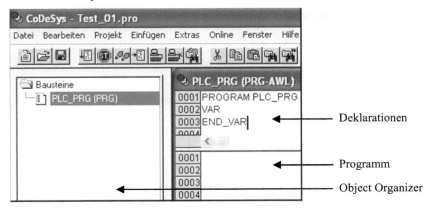

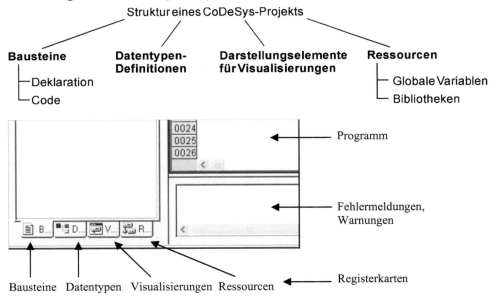

Zu einem CoDeSys Projekt gehören verschiedene Arten von Objekten, die im nachfolgenden Bild als Registerkarten im Object Organizer zu sehen sind.

### 3.7.2.2 Bibliotheken

Zu CoDeSys gehört eine Standardbibliothek (Standard.LIB), die alle von der IEC 61131-3 geforderten Funktionsbausteine enthält. Diese betreffen:

- Bistabile Elemente,
- Zähler,
- Zeitgeber und
- Flankenerkennung.

Die Einbindung dieser Elemente in Projekt-Bausteine ist entsprechend der gewählten Programmiersprache in grafischer oder textueller Form möglich.

Die Bibliothek Standard.LIB ist jedoch nur verfügbar, wenn sie über den Bibliotheksverwalter, den man unter Ressource im Object Organizer findet, in das Projekt eingebunden wird.

**Bibliotheksverwalter**

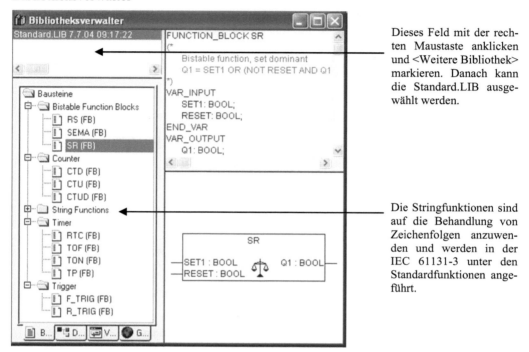

Dieses Feld mit der rechten Maustaste anklicken und <Weitere Bibliothek> markieren. Danach kann die Standard.LIB ausgewählt werden.

Die Stringfunktionen sind auf die Behandlung von Zeichenfolgen anzuwenden und werden in der IEC 61131-3 unter den Standardfunktionen angeführt.

Die in der SPS-Norm ebenfalls aufgeführten <Standardfunktionen> sind bei CoDeSys bereits im Programmiersystem fest eingebunden und daher für alle Projekte unmittelbar verfügbar. Dabei handelt es sich hauptsächlich um:

- Bitverknüpfungs- und Bitfolgefunktionen,
- Auswahl- und Vergleichsfunktionen,
- Arithmetische und nummerische Funktionen,
- Typumwandlungen,
- Funktionen für Zeichenfolgen.

Für grafische Sprachen sind die IEC-Standardfunktionen als <FUP-Operatoren> verfügbar. In textuellen Sprachen werden sie als AWL-Operatoren bzw. ST-Operatoren bezeichnet und aufgelistet.

Das Zugangsverfahren zu den Elementen der Standard.LIB und der Standardfunktionen ist bei CoDeSys davon abhängig, ob das Anwenderprogramm in einer Text- oder Grafik-Sprache erstellt wird.

Für die Textsprachen Anweisungsliste (AWL) und Strukturierter Text (ST) erfolgt der Zugang über die Menüleiste bei <Einfügen> unter <Operator> für die IEC-Standardfunktionen oder unter <Funktionsblock> für die IEC-Standard-Funktionsbausteine, wie im nachfolgenden Bild veranschaulicht wird.

## Zur Eingabehilfe für textuelle Sprachen (AWL, ST)

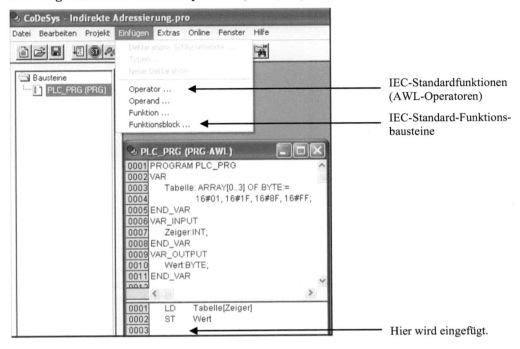

IEC-Standardfunktionen
(AWL-Operatoren)

IEC-Standard-Funktions-
bausteine

Hier wird eingefügt.

Zu den Standard-Funktionsbausteinen und Standardfunktionen für grafische Sprachen gelangt man mit der Funktionstaste F2, nachdem zuvor über die Menüleiste unter <Einfügen> ein <Baustein> in anfänglicher Form eines <AND> in den Bausteinrumpf eingefügt wurde.

## IEC-Standard-Funktionsbausteine

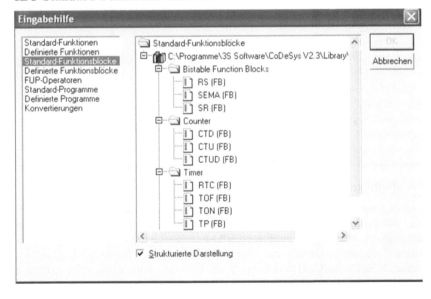

## IEC-Standardfunktionen (FUP-Operatoren)

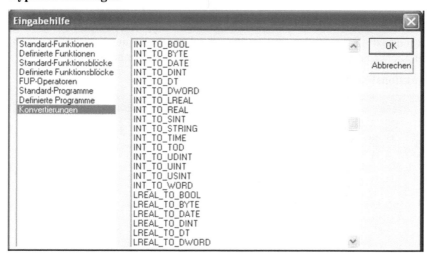

Die bei den IEC-Standardfunktionen schon erwähnten Typumwandlungen sind in der Eingabe-hilfe unter <Konvertierungen> zu finden. In STEP 7 sind solche Typumwandlungen standard-mäßig nicht vorhanden. Im Programmierteil des Lehrbuches werden aber wichtige Typum-wandlungen beispielhaft für die eigene Bausteinbibliothek entwickelt.

## Typumwandlungen

## Benutzerdefinierte Bibliotheken

Es ist in CoDeSys auch möglich eine eigene Bibliothek mit selbsterzeugten FC- und FB-Bausteinen anzulegen, um sie in anderen Projekten wieder verwenden zu können. Dazu spei-chert man das Projekt mit den wieder verwendbaren Bausteinen unter dem Projektnamen mit der Standarderweiterung *.lib über <Datei> und <Speichen unter..> als *Interne Bibliothek* im Verzeichnis Programme/3S Software/CoDeSys/Library ab. Von dort kann diese selbsterzeugte Bibliothek in neue Projekte über deren Bibliotheksverwalter eingebunden werden.

### 3.7.2.3  Programm erstellen und Projekt generieren („Alles Übersetzen")

In der Regel werden in Anwenderprogrammen neben dem Hauptprogramm-Baustein PLC_PRG noch weiterer Bausteine benötigt. Diese lassen sich über die Menüleiste unter <Projekt> mit <Objekt einfügen> oder über das Kontextmenü erzeugen (rechte Maustaste im Bereich des Object Organizers drücken).

In jedem Baustein ist eine Deklaration der lokalen Variablen auszuführen. Bei der Programm-erstellung in den Bausteinrümpfen ist es u.U. ratsam, die Programmiersprache AWL zu vermeiden und den Funktionsplan FUP zu bevorzugen. AWL setzt trotz der zuvor beschriebenen <Eingabehilfe> tiefere Befehlskenntnisse und höchste Ausführungsgenauigkeit in der Notation voraus. Jeder formale Fehler führt nicht sofort, sondern erst später beim <Übersetzen> zu einer Fehlermeldung.

Abweichend von der SPS-Norm unterstützt CoDeSys in der Programmiersprache AWL nur den nichtformalen Funktionsaufruf, wie er im nachfolgenden Bild im FB 1 noch einmal dargestellt ist. Der in der IEC 61131-3 angegebene formale Funktionsaufruf mit der eingeklammerten Argumentenliste ist nicht verfügbar.

Der formale Aufruf einer Funktionsbaustein-Instanz mit dem CAL-Befehl und der in Klammern stehenden Argumentenliste ist bei CoDeSys möglich, wie im Bild unten im Baustein PLC_PRG gezeigt wird.

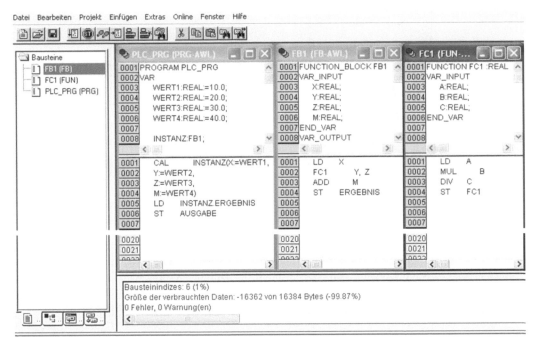

Ob es gelungen ist, ein Programm frei von formalen Fehler zu erstellen, zeigt sich erst, wenn in der Menüleiste bei <Projekt> auf <Alles Übersetzen> geklickt wird. Im Meldefeld werden eventuelle Fehler rot angezeigt und Fehlerhinweise gegeben, die allerdings auf Grund von Fehlerfortpflanzungen irreführend sein können. Es ist daher ratsam, auch schon Programmteile durch <Übersetzen> prüfen zu lassen.

### 3.7.2.4 Simulation

Bei der *Simulation* wird das Anwenderprogramm nicht auf einer Hardware-SPS, sondern auf dem PC, auf dem auch CoDeSys läuft, abgearbeitet. Damit ist es möglich, die logische Korrektheit des Programms ohne Steuerungs-Hardware zu testen, allerdings erst dann, wenn zuvor für das Steuerungsprogramm 0 Fehler und möglichst auch 0 Warnungen angezeigt wurden.

Im CoDeSys Menü kann unter <Online> der Simulationsmodus gewählt werden, der auch schon zu Projektbeginn bei <Zielsystem Einstellung> durch die Konfiguration <None> voreingestellt sein kann. Mit dem Befehl <Einloggen> verbindet sich das Programmiersystem mit dem Simulationsprogramm und wechselt in den Online-Modus (siehe Statuszeile rechts unten). Enthält das Programm PLC_PRG eine FB-Instanz, dann muss für die Ergebnisanzeige noch <Instanz öffnen> über das Kontextmenü mit der rechten Maustaste eingegeben werden.

Programmdarstellung:

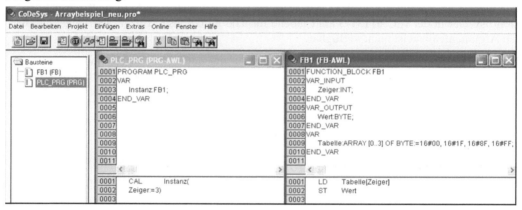

Simulation <Start> und <Werte schreiben> im Online-Menü:

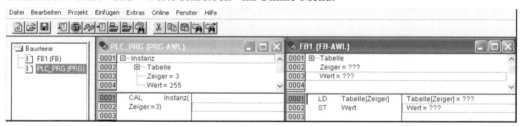

Nach dem Befehl <Start> kann ein Programmtest mit verschiedenen Werten für die Variable Zeiger erfolgen. Nach Eingabe von <2> ist noch der Befehl <Werte schreiben> zu betätigen. Es wird dann der Wert = 143 angezeigt. Zuvor war natürlich eine Programmabänderung nötig auf: CAL Instanz (Zeiger:=2). Die Rückkehr in den Offline-Modus erfolgt durch <Ausloggen>.

# 3.8 Exkurs: Zahlendarstellung

## 3.8.1 Grundlagen des Dualzahlensystems

Im Dualzahlensystem kann man im Prinzip genauso zählen wie im Dezimalzahlensystem, jedoch:

- Es sind nur die Ziffern 0 und 1 verfügbar.
- Ein Übertrag in die nächst höhere Stelle erfolgt schon beim Überschreiten der Zahl 1.

Zählt man auf diese Art und Weise, so entsteht eine Folge von *Dualzahlen*.

|         | 000 | 001 | 010 | 011 | 100 | 101 | 110 | 111  | usw.     |
|---------|-----|-----|-----|-----|-----|-----|-----|------|----------|
| +       | 001 | 001 | 001 | 001 | 001 | 001 | 001 | 001  |          |
|         |     | 1   |     | 11  |     | 1   |     | 111  | Übertrag |
| dual    | 001 | 010 | 011 | 100 | 101 | 110 | 111 | 1000 |          |
| dezimal | 1   | 2   | 3   | 4   | 5   | 6   | 7   | 8    |          |

Kennzeichen der dualen Zahlendarstellung ist es, dass die aufsteigenden Stellenwerte Potenzen der Basis 2 sind. Ein Dual-Zahlwort wird dargestellt durch die Summe aller vorkommenden Produkte $Z_i \cdot 2^i$ mit von rechts nach links ansteigenden Potenzwerten.

### Zahlenbeispiel: Dualzahl

Wie heißt der Zahlenwert für das Dual-Zahlwort 100011?

$$
\begin{aligned}
\text{Dual-Zahlwort} &= Z_5 \quad Z_4 \quad Z_3 \quad Z_2 \quad Z_1 \quad Z_0 \\
&= 1 \cdot 2^5 + 0 \cdot 2^4 + 0 \cdot 2^3 + 0 \cdot 2^2 + 1 \cdot 2^1 + 1 \cdot 2^0 \\
\text{Zahlenwert} &= 32 \ + \ 0 \ + \ 0 \ + \ 0 \ + \ 2 \ + \ 1 \ = 35
\end{aligned}
$$

**Der darstellbare Zahlenumfang ist abhängig von der Wortlänge der Dualzahlen:**

1. Dualzahlen im Format 4 Bit

| dezimal | dual |
|---------|------|
| 0  | 0000 |
| 1  | 0001 |
| 2  | 0010 |
| 3  | 0011 |
| 4  | 0100 |
| 5  | 0101 |
| 6  | 0110 |
| 7  | 0111 |
| 8  | 1000 |
| 9  | 1001 |
| 10 | 1010 |
| 11 | 1011 |
| 12 | 1100 |
| 13 | 1101 |
| 14 | 1110 |
| 15 | 1111 |

Zahlengrenze bei $2^4 - 1 = 15$

2. Dualzahlen im Format 8 Bit = 1 Byte

| dezimal | dual |
|---------|----------|
| 0 | 00000000 |
| $\vert$ | $\vert$ |
| 255 | 11111111 |

Zahlengrenze bei $2^8 - 1 = 255$

3. Dualzahlen im Format 16 Bit = 1 Wort

| dezimal | dual |
|---------|-------------------|
| 0 | 00000000 00000000 |
| $\vert$ | $\vert$ $\vert$ |
| 65535 | 11111111 11111111 |

Zahlengrenze bei $2^{16} - 1 = 65535$

## 3.8.2 Zweierkomplement

Die Zweierkomplement-Methode ist ein besonderes Verfahren zur Darstellung negativer Zahlen im Dualzahlensystem. Die Grundidee besteht darin, eine negative Zahl so zu notieren, dass sie in Addition mit der betragsgleichen positiven Zahl null ergibt.

|  | *dezimal* | *dual* |  |
|---|---|---|---|
|  | (+7) | 00000111 |  |
| + | (−7) | +????????? | Wie muss diese negative Zahl dargestellt werden? |
|  | 0 | 00000000 |  |

Für die Zweierkomplement-Arithmetik gelten folgende Regeln:

Regel 1: Das höchstwertige Bit kennzeichnet das Vorzeichen der Dualzahl.

VZ-Bit $0 \,\hat{=}\,$ positive Zahl

VZ-Bit $1 \,\hat{=}\,$ negative Zahl

Regel 2: Positive Dualzahlen werden entsprechend dem Dualcode notiert. Die größte darstellbare positive Zahl ist erreicht, wenn alle nachrangigen Stellenwertigkeiten mit Einsen besetzt sind, z. B. für 8-Bit-Zahlen die Zahl 0111 1111 ($\hat{=}$ +127):

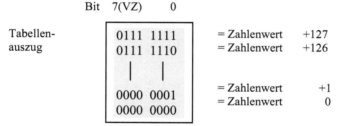

Regel 3: Negative Dualzahlen werden entsprechend ihrem Zweierkomplement notiert. Die größte darstellbare negative Zahl ist erreicht, wenn alle nachrangigen Stellenwertigkeiten mit Nullen besetzt sind, z. B. für 8-Bit-Zahlen die Zahl 1000 0000 ($\hat{=}$ −128):

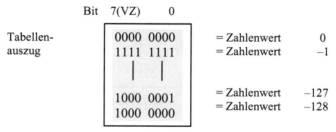

### Erklärung des Zweierkomplements

Das Zweierkomplement $Y^*$ ist eine Ergänzung einer n-stelligen Dualzahl $Y$ zur Höchstzahl $2^n$.

$$Y^* = 2^n - Y$$

Die Ermittlung der Ergänzungszahl $Y^*$ kann durch echte Subtraktion oder durch Anwendung einer Regel erfolgen. Die Regel lautet:

$$Y^* = \overline{Y} + 1 \qquad \overline{Y} = \text{alle Stellen der Zahl } Y \text{ invertieren (= Einerkomplement)}$$

Die Ergänzungszahl $Y^*$ hat die besondere Eigenschaft, dass

$$Y + Y^* = 0 \qquad\qquad \text{mit Übertrag} = 1 \text{ ist.}$$

Die nachstehende Tabelle zeigt die Darstellung positiver und negativer Zahlenwerte im Dualzahlensystem für 4-stellige Dualzahlen:

| Dezimalzahlen | 0 | +1 | +2 | +3 | +4 | +5 | +6 | +7 |
|---|---|---|---|---|---|---|---|---|
| Dualzahlen | 0000 | 0001 | 0010 | 0011 | 0100 | 0101 | 0110 | 0111 |

| Dezimalzahlen | −8 | −7 | −6 | −5 | −4 | −3 | −2 | −1 |
|---|---|---|---|---|---|---|---|---|
| Dualzahlen | 1000 | 1001 | 1010 | 1011 | 1100 | 1101 | 1110 | 1111 |

**Zahlenbeispiel: Zweierkomplement**

Es sind die Bitmuster zur Darstellung der Zahlenwerte +7 und −7 für eine 8-stellige Dualzahl
gesucht.

Lösung:

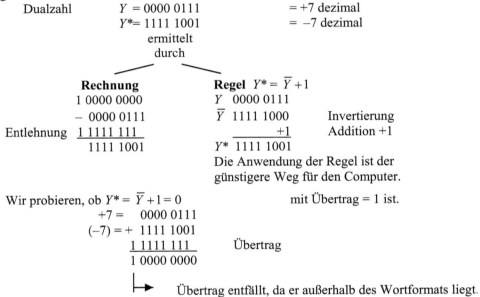

**Zahlenbeispiel: Bitmusterdarstellung negativer Zahlen**

Wie lautet die Zweierkomplement-Darstellung der Zahl −52 (dezimal) in Bytedarstellung und
Wortdarstellung?

Bytedarstellung:

| | | |
|---|---|---|
| +52 = | 00110100 | |
| | 11001011 | Einerkomplement |
| | +1 | |
| −52 = | 11001100 | Zweierkomplement |

Wortdarstellung:

| | | |
|---|---|---|
| +52 = | 00000000 00110100 | |
| | 11111111 11001011 | Einerkomplement |
| | +1 | |
| −52 = | 11111111 11001100 | Zweierkomplement |

### 3.8.3 Zahlenformate

#### 3.8.3.1 Ganzzahlen (Festpunktzahlen)

Ganzzahlen (engl.: integer) sind ganze, mit Vorzeichen versehene Dualzahlen.

Man unterscheidet:

- Ganzzahlen mit dem Datentyp INTEGER (INT) und einer Bitkettenlänge von 16 Bit = 1 Wort, wobei das Bit Nr. 15 das Vorzeichen VZ enthält.

Der Zahlenbereich liegt zwischen:

$$Z_{max} = (2^{15} - 1) = 32\,767 \qquad \text{positiver Zahlenbereich}$$

$$\begin{matrix} 0 \\ -1 \end{matrix}$$

$$Z_{min} = -(2^{15}) = -32\,768 \qquad \text{negativer Zahlenbereich}$$

- Ganzzahlen mit dem Datentyp DOUBLE INTEGER (DINT) und einer Bitkettenlänge von 32 Bit = 1 Doppelwort = 2 Worte, wobei das Bit Nr. 31 das Vorzeichen VZ enthält.

Bit 31 30                    16 15                    0

| VZ | $2^{31}$ |                    $2^{16}\,2^{15}$                    | $2^0$ |

MSB                                                    LSB

Der Zahlenbereich liegt zwischen

$$Z_{max} = (2^{31} - 1) = 2\,147\,483\,647 \qquad \text{positiver Zahlenbereich}$$

$$\begin{matrix} 0 \\ -1 \end{matrix}$$

$$Z_{min} = -(2^{31}) = -2\,147\,483\,648 \qquad \text{negativer Zahlenbereich}$$

Die Vorzeichenregeln für INT und DINT lauten:

    VZ: „0" = positive Zahl

    VZ: „1" = negative Zahl in Zweierkomplementdarstellung

Weitere Bezeichnungen an den Bitketten lauten:

    MSB = Most Significant Bit (höchstwertigstes Bit)

    LSB = Least Significant Bit (niedrigwertigstes Bit)

Merkregeln zum „Lesen" von Ganzzahlen:

1. Positive Ganzzahl

    Höchster Stellenwert gleich „0" bedeutet positive Zahl. Der Betrag der Zahl ist gleich der Summe aller Stellenwerte, die den Signalzustand „1" führen.

Bitmuster der Ganzzahl          **0**0000000 00101100

Zahlenwert der Ganzzahl          +(32+8+4) = +44

## 2. Negative Ganzzahl

Höchster Stellenwert gleich „1" bedeutet negative Zahl. Der Betrag der Zahl ist gleich der Summe aller Stellenwerte, die den Signalzustand „0" führen, vermehrt um + 1.

| | |
|---|---|
| Bitmuster der Ganzzahl | **1**1111111 11010100 |
| Zahlenwert der Ganzzahl | $-[(32+8+2+1)+1] = -44$ |

### 3.8.3.2 Gleitpunktzahlen nach IEEE

Gleitpunktzahlen sind gebrochene, mit einem Vorzeichen versehene Zahlen und haben den Datentyp REAL. Sie bestehen intern aus drei Komponenten: dem Vorzeichen VZ, dem 8-Bit-Exponenten Exp zur Basis 2 mit einem Abzugsfaktor von 127 und einer 23-Bit-Mantisse. Die Mantisse stellt den gebrochenen Anteil dar. Der ganzzahlige Anteil der Mantisse wird nicht gespeichert, da er immer 1 ist (bei normalisierten Gleitpunktzahlen). Die Codierung einer Gleitpunktzahl umfasst somit 32 Bit = 1 Doppelwort.

Bit 31  30       23 22                                   0

| VZ | $2^7$ | $2^0$ | $2^{-1}$ | $2^{-23}$ |
|---|---|---|---|---|

     Exponent       Mantisse

$$\text{Wert} = (VZ) \cdot (1.\text{Mantisse}) \cdot (2^{(\text{Exp}-127)})$$

VZ: „0" = positive Zahl
VZ: „1" = negative Zahl

Obwohl betragsmäßig kein Unterschied zwischen den Zahlen 3 und 3.0 besteht, liegen vollkommen verschiedene Zahlenformate vor. Die Zahl 3 ist eine Ganzzahl mit dem Datentyp INTEGER und die Zahl 3.0 ist eine Gleitpunktzahl mit dem Datentyp REAL. Man darf die beiden Zahlen auch nicht addieren, ohne den Datentyp einer Zahlen umzuwandeln.

**Zahlenbeispiel**

Wie lautet der Zahlenwert, wenn die Bitmuster-Darstellung einer Gleitpunktzahl wie folgt gegeben ist?

VZ
0 0111111 01000000 00000000 00000000
  Exponent      Mantisse

**Lösung**

VZ = 0 bedeutet Vorzeichen +

Exponent: 01111110 bedeutet Exp =126

Mantisse: Bit 22 = 1 bedeutet, dass dieser Stellenwert $2^{-1}$ = 0,5 zählt, die anderen Stellenwerte zählen nicht, da Null.

Ergebnis: Wert $= (VZ) \cdot (1, \text{Mantisse}) \cdot (2^{(\text{Exp}-127)})$

Wert $= (+) \cdot (1,5) \, (2^{(126-127)}) = +1,5 \cdot 0,5$

Wert $= +0,75$

### 3.8.3.3 BCD-Zahlen

- **Grundlagen**

Um den dezimalen Wert einer Dualzahl zu erfassen, ist man besonders bei großen Zahlen auf umständliche Berechnungen oder die Benutzung des Taschenrechners angewiesen.

Eine geschicktere Methode der Zahlendarstellung besteht darin, ein Binärwort so aufzubauen, dass man den dezimalen Wert ziffernweise ablesen kann. Bei der nachfolgend beschriebenen Zahlendarstellung wird unterstellt, dass man die Dualzahlen von 0000 ... 1111 direkt lesen und verstehen kann.

Binär-codierte Dezimalzahlen werden abgekürzt als *BCD-Zahlen* bezeichnet. Eine vorliegende Dezimalzahl wird ziffernweise codiert, wobei nur der binäre Zeichenvorrat (0, 1) verwendet wird. Für die Darstellung der 10 Dezimalziffern werden mindestens 4 Binärstellen (1 Tetrade) benötigt.

Es gibt mehrere BCD-Codes, der bekannteste ist der BCD-8421-Code. Die Ziffernfolge 8421 benennt die Stellenwertigkeit der Binärstellen innerhalb einer Tetrade. Nachfolgend werden Zahlen, die im BCD-8421-Code codiert sind, auch einfach als BCD-Zahlen bezeichnet.

**Tabelle 3.3:** BCD-Zahlen für 1 Dezimalstelle

| Dezimalzahlen | BCD-8421-Zahlen |
|---|---|
| 0 | 0000 |
| 1 | 0001 |
| 2 | 0010 |
| 3 | 0011 |
| 4 | 0100 |
| 5 | 0101 |
| 6 | 0110 |
| 7 | 0111 |
| 8 | 1000 |
| 9 | 1001 |
| Nicht verwendete Kombinationen (so genannte Pseudotetraden) | 1010 |
|  | 1011 |
|  | 1100 |
|  | 1101 |
|  | 1110 |
|  | 1111 |

Mit 4 Tetraden = 16 Bit lässt sich ein Zahlenumfang von 0 bis $10^4 - 1 = 9999$ darstellen.

**Zahlenbeispiel:** BCD-codierte Zahl schreiben

Die Darstellung des dezimalen Wertes 7254 im BCD-Code ergibt:

| 7 | 2 | 5 | 4 | dezimal |
|---|---|---|---|---|
| 0111 | 0010 | 0101 | 0100 | BCD-Zahl |

**Zahlenbeispiel:** BCD-codierte Zahl lesen

Wie lautet der dezimale Zahlenwert der gegeben BCD-codierten Zahl?

| 1001 | 0011 | 1000 | 0110 | BCD-codiert |
|------|------|------|------|-------------|
| 9    | 3    | 8    | 6    | dezimal     |

**Zahlenbeispiel:** Ziffernanzeige

Eine BCD-codierte Ziffernanzeige zeigt die Zahl 80 an.

a) Welches Bitmuster weist das anliegende Binärwort auf?

b) Welche Zahl würde eine geeignete dual-codierte Ziffernanzeige beim gleichen Bitmuster wie bei a) anzeigen?

c) Welches Ergebnis würde eine BCD-codierte Ziffernanzeige ausgeben, wenn sie mit dem Bitmuster 0111 1111 angesteuert werden würde?

d) Welche Zahl würde eine geeignete dual-codierte Ziffernanzeige beim gleichen Bitmuster wie bei c) anzeigen?

**Lösung**

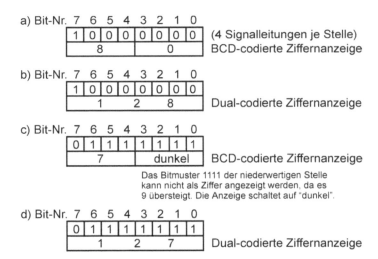

- **BCD-Zahlen in der S7-SPS**

Das BCD-Zahlenformat tritt im technischen Prozessbereich bei Zahleneinstellern und Ziffernanzeigen auf und kommt programmintern bei der Vorgabe von Zeitwerten bei Zeitgliedern und Zählwerten bei Zählern vor.

Weder in der SPS-Norm noch in STEP 7 existiert ein Datentyp für BCD-Zahlen. Um trotzdem BCD-Zahlen darstellen zu können verwendet man das hexadezimale Zahlenformat und verwendet nur die Ziffern 0 ... 9.

Man unterscheidet nach dem Zahlenformat 16-Bit-BCD-Zahlen und 32-Bit-BCD-Zahlen und nach der Verwendung vorzeichenlose und vorzeichenbehaftete BCD-Zahlen.

Eingabe einer vorzeichenlosen 16-Bit-BCD-Zahl, die auch als solche im Programm verarbeitet wird.

**Zahlenbeispiel:** Dezimalzahl 1234

      Im Programm als Konstante: W # 16 # 1234

      Mit BCD-Zahleneinsteller:    1234

      Bitmuster: 0001 0010 0011 0100

Eingabe einer vorzeichenbehafteten 16-Bit-BCD-Zahl, die auch als solche im Programm verarbeitet wird, z. B. bei der Umwandlungsfunktion 16-Bit-BCD TO INT. Diese Funktion wertet die links außen stehende Dekade als Vorzeichenstelle und hat dann nur noch 3 Dekaden für den Betrag:

      **0**xxx = positiv

      **1**xxx = negativ

**Zahlenbeispiel:** Dezimalzahl +234

      Im Programm als Konstante: W# 16 # 0234

      Mit BCD-Zahleneinsteller:    0234

      Bitmuster: = **0**000 0010 0011 0100

**Zahlenbeispiel:** Dezimalzahl -234

      Im Programm als Konstante: W # 16 # 8234

      Mit BCD-Zahleneinsteller:    8234

      Bitmuster: = **1**000 0010 0011 0100

### 3.8.3.4 Hexadezimalzahlen

• **Grundlagen**

Kennzeichen der *Hexadezimalzahlen* ist, dass die aufsteigenden Stellenwerte Potenzen der Basis 16 sind und ein Zeichenvorrat von 16 Zeichen zur Verfügung steht. Da 16 verschiedene einstellige Ziffern unterschieden werden müssen, reicht der Vorrat der Ziffern 0 ... 9 nicht aus und muss durch die „Ziffern" A ... F ergänzt werden.

      Zeichenvorrat: 0, 1, 2, 3, 4, 5, 6, 7, 8, 9, A, B, C, D, E, F

**Zahlenbeispiel:** Hexadezimalzahl

Wie heißt die Dezimalzahl für das Hexadezimal-Zahlwort Z = 12C?

| | | | | | |
|---|---|---|---|---|---|
| HEX-Zahlwort | $Z =$ | $Z_2$ | $+$ | $Z_1$ | $+$ | $Z_0$ |

$$\text{HEX-Zahlwort} \qquad Z = 1 \cdot 16^2 + 2 \cdot 16^1 + 12 \cdot 16^0$$

$$\text{Dezimalzahl} \qquad Z = 256 + 32 + 12 = 300$$

Die Bedeutung der hexadezimalen Darstellung von Zahlen in der Steuerungstechnik besteht darin, dass sie eine weitverbreitete Kurzschreibweise für Dualzahlen der Wortlänge 4, 8, 16 und 32 Bit sind. Das ist möglich bei Kenntnis der 1-stelligen Hexadezimalzahlen, wie sie in der nachfolgenden Tabelle gezeigt werden.

**Tabelle 3.4:** 1-stellige Hexadezimalzahlen

| Dezimalzahlen | Hexadezimalzahlen | Dualzahlen |
|:---:|:---:|:---:|
| 0 | 0 | 0000 |
| 1 | 1 | 0001 |
| 2 | 2 | 0010 |
| 3 | 3 | 0011 |
| 4 | 4 | 0100 |
| 5 | 5 | 0101 |
| 6 | 6 | 0110 |
| 7 | 7 | 0111 |
| 8 | 8 | 1000 |
| 9 | 9 | 1001 |
| 10 | A | 1010 |
| 11 | B | 1011 |
| 12 | C | 1100 |
| 13 | D | 1101 |
| 14 | E | 1110 |
| 15 | F | 1111 |

Die hexadezimale Zahlendarstellung verändert nicht den mit 16 Bit erreichbaren Zahlenumfang des Dualsystems, sondern bringt lediglich eine strukturierte Lesart hervor, indem man immer 4 Bit zu einer Einheit zusammenzieht und dafür die hexadezimale Ziffer setzt, beginnend links vom Komma.

**Zahlenbeispiel:** Hexzahl

Eine 16-Bit-Dualzahl wird strukturiert geschrieben          0011       1111       1100 0101,

Für jede 4-Bit-Einheit wird gemäß Tabelle eine HEX-Ziffer gesetzt:          3          F          C          5

Die Darstellungsart 3FC5 ist weniger fehleranfällig als die Schreibweise der Dualzahl.

- **Hexadezimalzahlen in der S7-SPS**

Das Hexadezimal-Zahlenformat tritt im technischen Prozessbereich bei Zahleneinstellern und Ziffernanzeigen auf und kommt programmintern z. B. bei so genannten Maskierungen in Verbindung mit UND- bzw. ODER-Wortbefehlen zum Aus- bzw. Einblenden von Binärstellen in Wort-Operanden vor.

Man unterscheidet nach dem Zahlenformat 16-Bit-HEX-Zahlen und 32-Bit-HEX-Zahlen. Bei der Eingabe als Konstanten lauten die entsprechenden Ausdrücke, abweichend von der Norm, in STEP 7

    16-Bit-HEX-Zahlen: W # 16 # 0000 ... FFFF,

    32-Bit-HEX-Zahlen: DW # 16 # 0000_0000 ... FFFF_FFFF.

# II Operationsvorrat und Beschreibungsmittel für SPS-Programme

# 4 Basis-Operationen

## 4.1 Binäre Abfragen und Verknüpfungen

Werden binäre Signalzustände von Variablen funktional miteinander verbunden, so spricht man von Verknüpfungen. Alle Verknüpfungen lassen sich aus der Negation NICHT und den beiden Grundverknüpfungen UND und ODER zusammensetzen. Die meisten SPSen bieten noch die XOR-Verknüpfung (Exclusiv-ODER) im Operationsvorrat an.

### 4.1.1 Negation

Der Signalwert einer Variablen wird durch die Negation invertiert. Das bedeutet, der Ausgangswert A der Negation hat dann den Wert „1", wenn der Eingangswert E den Wert „0" hat und umgekehrt.

Allgemeine Darstellungen der Negation:

**Funktionstabelle:**

| E | A |
|---|---|
| 0 | 1 |
| 1 | 0 |

Mit der Funktionstabelle wird der Zusammenhang zwischen der Eingangsvariablen E und der Ausgangsvariablen A dargestellt. Dabei werden für die Eingangsvariable die beiden möglichen Zustände eingetragen.

**Schaltalgebraischer Ausdruck:**

$A = \overline{E}$

**Funktionsplan:**

**Stromlaufplan:**

**Zeitdiagramm:**

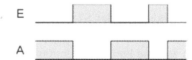

Operationsdarstellung in der Steuerungssprache STEP 7:

| AWL | FUP |
|-----|-----|
| UN E 0.0<br>= A 4.0 | E0.0 ─○ & ─ A4.0 = |

| SCL | KOP |
|---|---|
| A4.0:=NOT E0.0; | E0.0                                      A 4.0<br>├──┤/├──────────────────────────( )──┤ |

Operationsdarstellung in der Steuerungssprache CoDeSys:

| AWL | FUP |
|---|---|
| LD  VAR1<br>NOT<br>ST  VAR2 | VAR1 ──┤NOT├── VAR2 |
| **ST** | **KOP** |
| VAR1:= NOT VAR2; | VAR1                                      VAR2<br>├──┤/├──────────────────────────( )──┤ |

Die NICHT-Abfrage stellt die Umkehrung des Signalwertes dar, den ein Geber am Eingang des Automatisierungsgerätes liefert. Vor der Programmerstellung muss bekannt sein, ob der verwendete Geber ein „Öffner" oder ein „Schließer" ist. Diese Begriffe kommen von der Stromlaufplantechnik und bedeuten:

| „Schließer" | Betätigt Signalwert „1" |
|---|---|
| | Nicht betätigt   Signalwert „0" |
| „Öffner" | Betätigt Signalwert „0" |
| | Nicht betätigt   Signalwert „1" |

Die Begriffe „Öffner" und „Schließer" werden im Folgenden nur im Zusammenhang mit Schaltern oder Tastern verwendet. Ob Schalter bzw. Taster als Öffner oder Schließer eingesetzt werden, ist aus der Sicht der Sicherheitsanforderungen zu entscheiden. Bei den häufig auftretenden elektronischen Signalgebern (Sensoren) werden die Begriffe „Öffner" und „Schließer" nicht verwendet. Die Sensoren werden dahingehend untersucht, ob bei Betätigung oder Aktivierung des Sensors der Signalwert „0" oder „1" an den Eingang des Automatisierungsgerätes gelegt wird.

## 4.1.2 UND-Verknüpfung

Die Ausgangsvariable einer UND-Verknüpfung hat dann den Signalwert „1", wenn alle Eingangsvariablen der UND-Verknüpfung den Signalwert „1" haben.

Allgemeine Darstellungen der UND-Verknüpfung:

**Funktionstabelle:**          **Funktionsplan:**                           **Schaltalgebraischer Ausdruck:**

| E2 | E1 | A |
|---|---|---|
| 0 | 0 | 0 |
| 0 | 1 | 0 |
| 1 | 0 | 0 |
| 1 | 1 | 1 |

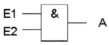

$A = E1 \wedge E2$

$A = E1 \, \& \, E2$

$A = E1 \, E2$

**(Gleichwertige Schreibweisen)**

**Stromlaufplan:**                          **Zeitdiagramm:**

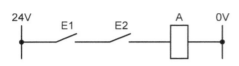

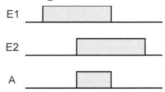

Welche der Darstellungsarten jeweils verwendet wird, ist von der Aufgabenstellung und der weiteren Zielsetzung abhängig.

Operationsdarstellung in der Steuerungssprache STEP 7:

| AWL | FUP |
|---|---|
| U   E 0.1<br>U   E 0.2<br>=   A 4.0 | E0.1 ─┐ & ┐ A4.0<br>E0.2 ─┘   └─ = |
| SCL | KOP |
| A4.0:= E0.1 AND E0.2; | E0.1  E0.2                                    A4.0<br>├──┤ ├──┤ ├────────────────────( )──┤ |

Operationsdarstellung in der Steuerungssprache CoDeSys:

| AWL | FUP |
|---|---|
| LD   VAR1<br>AND VAR2<br>ST   VAR3 | VAR1 ─┐ AND ┐── VAR3<br>VAR2 ─┘ |
| ST | KOP |
| VAR3:= VAR1 AND VAR2; | VAR1  VAR2                                    VAR3<br>├──┤ ├──┤ ├────────────────────( )──┤ |

Eine UND-Verknüpfung kann mehr als zwei Eingangsvariablen haben, wobei einzelne Variablen dabei auch negiert werden können.

Bei STEP 7 wird das Ergebnis einer Verknüpfung im VKE-Bit (Verknüpfungsergebnis-Bit) hinterlegt. Das VKE-Bit ist das Bit 1 des Statusworts. Die erste Operation einer Verknüpfung fragt den Signalzustand des Operanden ab. Ist die Abfrage erfüllt, wird das VKE auf „1" gesetzt. Die zweite Operation fragt ebenfalls den Signalzustand eines Operanden ab. Das Ergebnis dieser Abfrage wird nun mit dem im VKE-Bit gespeicherten Wert nach den Regeln der Boole'schen Algebra verknüpft und im VKE-Bit gespeichert. Diese Verknüpfungskette wird mit dem Wert des VKE-Bits durch Ausführung einer Zuweisung bzw. mehrerer Zuweisungen oder eines bedingten Sprungs beendet.

### 4.1.3 ODER-Verknüpfung

Der Ausgangssignalwert einer ODER-Verknüpfung hat dann den Signalwert „1", wenn einer der Eingangsvariablen der ODER-Verknüpfung den Signalwert „1" hat.

Allgemeine Darstellungen der ODER-Verknüpfung:

**Funktionstabelle:**          **Funktionsplan:**                **Schaltalgebraischer Ausdruck:**

| E2 | E1 | A |
|----|----|---|
| 0  | 0  | 0 |
| 0  | 1  | 1 |
| 1  | 0  | 1 |
| 1  | 1  | 1 |

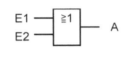

$A = E1 \vee E2$

**Stromlaufplan:**                                          **Zeitdiagramm:**

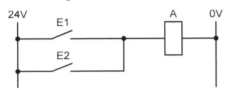

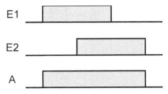

Operationsdarstellung in der Steuerungssprache STEP 7:

| AWL | FUP |
|-----|-----|
| O   E 0.1<br>O   E 0.2<br>=   A 4.0 | 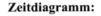 |
| SCL | KOP |
| A4.0:=E0.0 OR E0.1; | |

Operationsdarstellung in der Steuerungssprache CoDeSys:

| AWL | FUP |
|-----|-----|
| LD   VAR1<br>OR   VAR2<br>ST   VAR3 |  |
| ST | KOP |
| VAR3:= VAR1 OR VAR2; | |

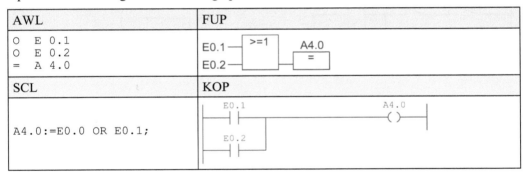

Auch die ODER-Verknüpfung kann mehr als zwei Eingangsvariablen haben, wobei einzelne Variablen dabei auch negiert werden können. Die Abarbeitung einer solchen ODER-Verknüpfung erfolgt wie bei der UND-Verknüpfung durch Zwischenspeichern im Verknüpfungsergebnis VKE.

### 4.1.4  Die Exclusiv-ODER-Verknüpfung

Der Ausgangssignalwert einer Exclusiv-ODER-Verknüpfung mit zwei Eingangsvariablen hat dann den Signalwert „1", wenn die beiden Eingangsvariablen unterschiedliche Signalwerte haben.

Allgemeine Darstellungen der Exclusiv-ODER-Verknüpfung:

**Funktionstabelle:**          **Funktionsplan:**                    **Schaltalgebraischer Ausdruck:**

| E2 | E1 | A |
|----|----|---|
| 0  | 0  | 0 |
| 0  | 1  | 1 |
| 1  | 0  | 1 |
| 1  | 1  | 0 |

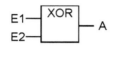

$A = E1 \nleftrightarrow E2$

**Stromlaufplan:**                                        **Zeitdiagramm:**

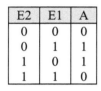

Operationsdarstellung in der Steuerungssprache STEP 7:

| AWL | FUP |
|-----|-----|
| X   E 0.1<br>X   E 0.2<br>=   A 4.0 | 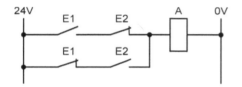 |
| SCL | KOP |
| A4.0:=E0.0 XOR E0.1; | Keine Darstellung möglich |

Operationsdarstellung in der Steuerungssprache CoDeSys:

| AWL | FUP |
|-----|-----|
| LD  VAR1<br>XOR VAR2<br>ST  VAR3 | VAR1 —[XOR]— VAR3<br>VAR2 — |
| ST | KOP |
| VAR3:= VAR1 XOR VAR2; | Keine Darstellung möglich |

An die Exclusiv-ODER-Verknüpfung können auch mehr als zwei Eingangsvariablen geschrieben werden. Die Verknüpfung bildet dabei das Ergebnis so, als ob die Verknüpfung mit zwei Eingangsvariablen mehrfach hintereinander angewendet wird. Das Verknüpfungsergebnis einer mit mehr als zwei Eingangsvariablen verwendeten Exclusiv-ODER-Verknüpfung hat dann den Signalwert „1", wenn eine ungerade Anzahl der Eingangsvariablen den Signalwert „1" liefern.

### 4.1.5 Negation einer Verknüpfung

Der Signalwert einer Verknüpfung wird durch die Negation invertiert. Mit der Operation NOT kann z. B. eine UND-Verknüpfung oder ODER-Verknüpfung negiert werden. Das Ergebnis ist dabei eine NAND-Verknüpfung bzw. NOR-Verknüpfung.

Allgemeine Darstellungen der Negation einer „UND-Verknüpfung" (NAND):

**Funktionstabelle:**  **Funktionsplan:**  **Schaltalgebraischer Ausdruck:**

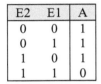

| E2 | E1 | A |
|----|----|---|
| 0  | 0  | 1 |
| 0  | 1  | 1 |
| 1  | 0  | 1 |
| 1  | 1  | 0 |

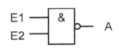

$$A = \overline{E2 \,\&\, E1}$$

**Stromlaufplan:**  **Zeitdiagramm:**

Keine Darstellung möglich

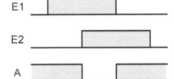

Operationsdarstellung in der Steuerungssprache STEP 7:

| AWL | FUP |
|-----|-----|
| U  E 0.1<br>U  E 0.2<br>NOT<br>=  A   4.0 | 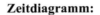 |
| SCL | KOP |
| A4.0:=NOT (E0.1 AND E0.2); | |

Operationsdarstellung in der Steuerungssprache CoDeSys:

| AWL | FUP |
|-----|-----|
| LD   VAR1<br>AND  VAR2<br>NOT<br>ST   VAR3 |  |

| ST | KOP |
|---|---|
| VAR3:= NOT (VAR1 AND<br>VAR2; | 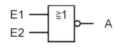 |

## Allgemeine Darstellungen der Negation einer „ODER-Verknüpfung" (NOR):

| **Funktionstabelle:** | **Funktionsplan:** | **Schaltalgebraischer Ausdruck:** |
|---|---|---|

| E2 | E1 | A |
|---|---|---|
| 0 | 0 | 1 |
| 0 | 1 | 0 |
| 1 | 0 | 0 |
| 1 | 1 | 0 |

E1 ──┐ ≥1<br>E2 ──┘ ○── A

$$A = \overline{E2 \vee E1}$$

**Stromlaufplan:**                                    **Zeitdiagramm:**

Keine Darstellung möglich

E1 ──────▭──────

E2 ──────▭──────

A  ▭──────────▭──

Operationsdarstellung in der Steuerungssprache STEP 7:

| AWL | FUP |
|---|---|
| O   E 0.1<br>O   E 0.2<br>NOT<br>=   A 4.0 |  |
| **SCL** | **KOP** |
| A4.0:=NOT (E0.1 OR<br>E0.2); | 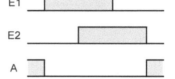 |

Operationsdarstellung in der Steuerungssprache CoDeSys:

| AWL | FUP |
|---|---|
| LD   VAR1<br>OR   VAR2<br>NOT<br>ST   VAR3 | VAR1 ──┐ OR<br>        ├──○── VAR3<br>VAR2 ──┘ |
| ST | KOP |
| VAR3:= NOT (VAR1 OR<br>VAR2; | VAR1 ───┤├───────────(/)─── VAR3<br>VAR2 ───┤├─── |

Die NAND- und NOR-Verknüpfungen hatten ihre Bedeutung hauptsächlich beim Aufbau von Digitalschaltkreisen mit diskreten Digitalbausteinen. Dabei war nur eine Art von Logikbausteinen erforderlich. Derart aufgebaute Digitalschaltungen lassen sich aber nur sehr schwer in ihrer Funktion bestimmen. In der Steuerungstechnik steht jedoch eine einfache Analyse des Steuerungsprogramms im Vordergrund.

### 4.1.6 Verknüpfungsergebnis VKE

Das Verknüpfungsergebnis VKE ist bei STEP 7 in der CPU ein Register, welches entweder Signalzustand „0" oder Signalzustand „1" enthält. Abfrageanweisungen wie UND, ODER, NOT usw. verändern das Verknüpfungsergebnis. Die Zuweisung „=" fragt das Verknüpfungsergebnis ab. Die erste Operation nach einer Zuweisung wird als Erstabfrage bezeichnet. Die besondere Bedeutung einer Erstabfrage besteht darin, dass die CPU das Abfrageergebnis dieser Anweisung direkt als Verknüpfungsergebnis übernimmt. Das „alte" Verknüpfungsergebnis geht dabei verloren. Ein neues Netzwerk beginnt stets mit einer Erstabfrage. Mit den Befehlen CLR und SET kann das Verknüpfungsergebnis ohne Operand auf Signalzustand „0" oder „1" gesetzt werden.

### 4.1.7 Beispiele

■ **Beispiel 4.1: Bohrerkontrolle**

Eine Bohrerkontrolle wird mit einer Lichtschranke durchgeführt. Ist der Bohrer nicht abgebrochen, so wird der Lichtstrahl unterbrochen und ein Freigabesignal für den Bohrvorgang erteilt. Im umgekehrten Fall wird das Freigabesignal unterdrückt.

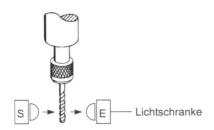

**Bild 4.1:** Bohrerkontrolle

**Zuordnungstabelle der Eingänge und Ausgänge:**

| Eingangsvariable | Symbol | Datentyp | Logische Zuordnung | | Adresse |
|---|---|---|---|---|---|
| Lichtschranke | E | BOOL | Unterbrochen | E = 0 | E 0.0 |
| Ausgangsvariable | | | | | |
| Freigabe | A | BOOL | Freigabe erteilt | A = 1 | A 4.0 |

**STEP 7 Programm (AWL-Quelle):**

```
ORGANIZATION_BLOCK OB 1
VAR_TEMP
...7/Standardeinträge
END_VAR
BEGIN
UN E 0.0;
=  A 4.0;
END_ORGANIZATION_BLOCK
```

**CoDeSys Programm (AWL):**

```
Program PLC_PRG
VAR
END_VAR

LD  %IX 0.0
NOT

ST  %QX 4.0
```

**SCL/ST Programm:**

```
E0:= NOT(A4);
```

Hinweis: Das SCL/ST Programm wird hier und bei allen weiteren Beispielen stets mit symbolischen Variablen angegeben.

■ **Beispiel 4.2: Schutzgitter**

Eine Presse führt den Arbeitshub nur
aus, wenn das Schutzgitter geschlossen ist (Meldung mit S2) und der
Starttaster S1 betätigt wird.

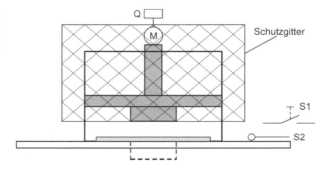

**Bild 4.2:** Schutzgitter

**Zuordnungstabelle der Eingänge und Ausgänge:**

| Eingangsvariable | Symbol | Datentyp | Logische Zuordnung | | Adresse |
|---|---|---|---|---|---|
| Taster Start | S1 | BOOL | Betätigt | S1 = 1 | E 0.1 |
| Endschalter | S2 | BOOL | Betätigt | S2 = 1 | E 0.2 |
| Ausgangsvariable | | | | | |
| Pressenschütz | Q | BOOL | Arbeitshub wird ausgeführt | Q = 1 | A 4.0 |

**Funktionstabelle:**          **Funktionsplan:**          **Schaltalgebraischer Ausdruck:**

| S2 | S1 | Q |
|---|---|---|
| 0 | 0 | 0 |
| 0 | 1 | 0 |
| 1 | 0 | 0 |
| 1 | 1 | 1 |

S1 ──┐ & ┐
S2 ──┘   └── Q

$$Q = S1 \& S2$$

**STEP 7 Programm (AWL-Quelle):**          **CoDeSys Programm (AWL):**          **SCL/ST Programm:**

```
ORGANIZATION_BLOCK OB 1            PROGRAM   PLC_PRG
VAR_TEMP                           VAR
.../Standardeinträge
END_VAR                            END_VAR
BEGIN
U   E 0.1;                         LD  %IX0.1                Q:= NOT(S1 & S2);
U   E 0.2;                         U   %IX0.2
=   A 4.0;                         ST  %QX4.0
END_ORGANIZATION_BLOCK
```

■ **Beispiel 4.3: Mitschreibbeleuchtung**

Die Mitschreibbeleuchtung in einem Vortragsraum darf nur leuchten, wenn das Hauptlicht ausgeschaltet,
der Raum verdunkelt und der Mitschreibschalter betätigt ist.

**Zuordnungstabelle der Eingänge und Ausgänge:**

| Eingangsvariable | Symbol | Datentyp | Logische Zuordnung | | Adresse |
|---|---|---|---|---|---|
| Hauptlichtschalter | S1 | BOOL | Eingeschaltet | S1 = 1 | E 0.1 |
| Raumverdunkelung | S2 | BOOL | Verdunkelt | S2 = 1 | E 0.2 |
| Mitschreibschalter | S3 | BOOL | Betätigt | S3 = 1 | E 0.3 |
| Ausgangsvariable | | | | | |
| Mitschreibbeleuchtung | P | BOOL | Leuchtet | P = 1 | A 4.0 |

Aus der Aufgabenbeschreibung geht hervor, dass die Mitschreibbeleuchtung an ist, wenn die UND-Verknüpfung S1 = 0 & S2 = 1 & S3 = 1 vorliegt.

**Funktionstabelle:**      **Funktionsplan:**      **Schaltalgebraischer Ausdruck:**

| Okt. Nr. | S3 | S2 | S1 | P |
|---|---|---|---|---|
| 0 | 0 | 0 | 0 | 0 |
| 1 | 0 | 0 | 1 | 0 |
| 2 | 0 | 1 | 0 | 0 |
| 3 | 0 | 1 | 1 | 0 |
| 4 | 1 | 0 | 0 | 0 |
| 5 | 1 | 0 | 1 | 0 |
| 6 | 1 | 1 | 0 | 1 |
| 7 | 1 | 1 | 1 | 0 |

S1 —o &
S2 —
S3 — P

$$P = \overline{S1}\, S2\, S3$$

**STEP 7 Programm (AWL-Quelle):**    **CoDeSys Programm (AWL):**    **SCL/ST Programm:**

```
ORGANIZATION_BLOCK OB 1
VAR_TEMP
...7/Standardeinträge
END_VAR
BEGIN
UN  E 0.1;
U   E 0.2;
U   E 0.3;
=   A 4.0;
END_ORGANIZATION_BLOCK
```

```
PROGRAM   PLC_PRG
VAR

END_VAR

LDN  %IX0.1
U    %IX0.2
U    %IX0.3
ST   %QX4.0
```

```
P:= NOT(S1) AND S2
    AND S3;
```

■ **Beispiel 4.4: Turbinen-Schutzüberwachung**

Die Alarmleuchte P einer Turbine geht an, wenn eine bestimmte Drehzahl n überschritten oder die Lagertemperatur ϑ zu hoch oder der Kühlkreislauf K nicht mehr in Betrieb ist.

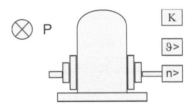

**Bild 4.3:** Turbine

**Zuordnungstabelle der Eingänge und Ausgänge:**

| Eingangsvariable | Symbol | Datentyp | Logische Zuordnung | | Adresse |
|---|---|---|---|---|---|
| Drehzahl n | S1 | BOOL | n zu groß | S1 = 0 | E 0.1 |
| Lagertemperatur ϑ | S2 | BOOL | ϑ zu hoch | S2 = 0 | E 0.2 |
| Kühlkreislauf K | S3 | BOOL | In Betrieb | S3 = 1 | E 0.3 |
| Ausgangsvariable | | | | | |
| Alarmleuchte | P | BOOL | Ein | P = 1 | A 4.0 |

Aus der Aufgabenbeschreibung geht hervor, dass die Alarmleuchte angeht, wenn S1 = 0 oder S2 = 0 oder S3 = 0 ist.

**Funktionstabelle:**

| Okt. Nr. | S3 | S2 | S1 | P |
|----------|----|----|----|----|
| 0 | 0 | 0 | 0 | 1 |
| 1 | 0 | 0 | 1 | 1 |
| 2 | 0 | 1 | 0 | 1 |
| 3 | 0 | 1 | 1 | 1 |
| 4 | 1 | 0 | 0 | 1 |
| 5 | 1 | 0 | 1 | 1 |
| 6 | 1 | 1 | 0 | 1 |
| 7 | 1 | 1 | 1 | 0 |

**Funktionsplan:**

S1 —o ≥1
S2 —o
S3 —o ‖— P

**Schaltalgebraischer Ausdruck:**

$$P = \overline{S1} \vee \overline{S2} \vee \overline{S3}$$

**STEP 7 Programm (AWL-Quelle):**

```
ORGANIZATION_BLOCK OB 1
VAR_TEMP
...//Standardeinträge
END_VAR
BEGIN
ON E 0.1;
ON E 0.2;
ON E 0.3;
= A 4.0;
END_ORGANIZATION_BLOCK
```

**CoDeSys Programm (AWL):**

```
PROGRAM    PLC_PRG
VAR

END_VAR

LDN  %IX0.1
ORN  %IX0.2
ORN  %IX0.3
ST   %QX4.0
```

**SCL/ST Programm:**

```
P:= NOT(S1) OR
    NOT(S2) OR
    NOT(S3);
```

■ **Beispiel 4.5: Sicherheitsabfrage**

Der Endschalter einer Aufzugstür besteht aus Sicherheitsgründen aus einem „Öffner" und einem „Schließer". Nur wenn die beiden Signalgeber unterschiedliche Signalzustände haben, ist eine richtige Funktion des Endschalters gegeben.

**Zuordnungstabelle der Eingänge und Ausgänge:**

| Eingangsvariable | Symbol | Datentyp | Logische Zuordnung | | Adresse |
|------------------|--------|----------|--------------------|--------|---------|
| Öffner | S1 | BOOL | Betätigt | S1 = 0 | E 0.1 |
| Schließer | S2 | BOOL | Betätigt | S2 = 1 | E 0.2 |
| Ausgangsvariable | | | | | |
| Funktionskontrolle | FK | BOOL | Funktion richtig | FK = 1 | A 4.0 |

**Funktionstabelle:**

| S2 | S1 | FK |
|----|----|----|
| 0 | 0 | 0 |
| 0 | 1 | 1 |
| 1 | 0 | 1 |
| 1 | 1 | 0 |

**Funktionsplan:**

S1 — XOR
S2 —     ‖— FK

**STEP 7 Programm (AWL-Quelle):**

```
ORGANIZATION_BLOCK OB 1
VAR_TEMP
     ...//Standardeinträge
END_VAR
```

**CoDeSys Programm (AWL):**

```
PROGRAM    PLC_PRG
VAR

END_VAR
```

**SCL/ST Programm:**

```
FK:= S1 XOR S2;
```

```
BEGIN
X  E 0.1;                    LD   %IX0.1
X  E 0.2;                    XOR  %IX0.2
=  A 4.0;                    ST   %QX4.0
END_ORGANIZATION_BLOCK
```

■  **Beispiel 4.6: Mehrfachschaltstellen**

Ein Motor soll von vier Schaltstellen aus über ein 24-V-
Leistungsschütz Q ein- und ausgeschaltet werden können.
Die Schaltstellen bestehen aus einpoligen Schaltern.

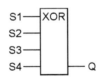

**Bild 4.4:**  Schalten eines Motors

**Zuordnungstabelle der Eingänge und Ausgänge:**

| Eingangsvariable | Symbol | Datentyp | Logische Zuordnung | | Adresse |
|---|---|---|---|---|---|
| Schalter 1 | S1 | BOOL | Betätigt | S1 = 1 | E 0.1 |
| Schalter 2 | S2 | BOOL | Betätigt | S2 = 1 | E 0.2 |
| Schalter 3 | S3 | BOOL | Betätigt | S3 = 1 | E 0.3 |
| Schalter 4 | S4 | BOOL | Betätigt | S4 = 1 | E 0.4 |
| Ausgangsvariable | | | | | |
| Leistungsschütz | Q | BOOL | Schütz angezogen | Q = 1 | A 4.0 |

Der Signalwert der Ausgangsvariablen Q ist nur abhängig von den Schalterstellungen. Immer wenn ein
Schalter seinen Signalwert wechselt, wechselt auch der Signalwert der Ausgangsvariablen. Es wird festgelegt: Wenn alle Schalter den Signalwert „0" haben, sei der Ausgangssignalwert ebenfalls „0". Bei einer
ungeraden Anzahl von 1-Signalen der Eingangsvariablen hat dann die Ausgangsvariable den Signalwert
„1".

**Funktionstabelle:**

| Okt. Nr. | S4 | S3 | S2 | S1 | Q |
|---|---|---|---|---|---|
| 00 | 0 | 0 | 0 | 0 | 0 |
| 01 | 0 | 0 | 0 | 1 | 1 |
| 02 | 0 | 0 | 1 | 0 | 1 |
| 03 | 0 | 0 | 1 | 1 | 0 |
| 04 | 0 | 1 | 0 | 0 | 1 |
| 05 | 0 | 1 | 0 | 1 | 0 |
| 06 | 0 | 1 | 1 | 0 | 0 |
| 07 | 0 | 1 | 1 | 1 | 1 |
| 10 | 1 | 0 | 0 | 0 | 1 |
| 11 | 1 | 0 | 0 | 1 | 0 |
| 12 | 1 | 0 | 1 | 0 | 0 |
| 13 | 1 | 0 | 1 | 1 | 1 |
| 14 | 1 | 1 | 0 | 0 | 0 |
| 15 | 1 | 1 | 0 | 1 | 1 |
| 16 | 1 | 1 | 1 | 0 | 1 |
| 17 | 1 | 1 | 1 | 1 | 0 |

**Funktionsplan:**

```
S1 ──┌─────┐
S2 ──│ XOR │
S3 ──│     │
S4 ──└─────┘── Q
```

**Zeilennummerierung der Funktionstabelle**
Die Verwendung von *Oktalzahlen* gegenüber den
geläufigeren Dezimalzahlen bringt bei Funktionstabellen mit mehr als drei Eingangsvariablen Vorteile für die Auswertung im KVS-Diagramm (siehe
Seite 86 f.).

| Oktalzahl | Umrechnung in den Dezimalwert |
|---|---|
| 07 | $0 \cdot 8^1 + 7 \cdot 8^0 = 7$ |
| 10 | $1 \cdot 8^1 + 0 \cdot 8^0 = 8$ |
| 17 | $1 \cdot 8^1 + 7 \cdot 8^0 = 15$ |

**STEP 7 Programm (AWL-Quelle):**     **CoDeSys Programm (AWL):**     **SCL/ST Programm:**

```
ORGANIZATION_BLOCK OB 1          PROGRAM      PLC_PRG
VAR_TEMP                         VAR
.../Standardeinträge
END_VAR                          END_VAR
BEGIN
X   E 0.1;                       LD    %IX0.1            Q:= S1 XOR S2 XOR S3
X   E 0.2;                       XOR   %IX0.2                 XOR S4
X   E 0.3;                       XOR   %IX0.3
X   E 0.4;                       XOR   %IX0.4
=   A 4.0;                       ST    %QX4.0
END_ORGANIZATION_BLOCK
```

### ■ Beispiel 4.7: Reaktionsbehälter

Bei einem Reaktionsbehälter muss ein Sicherheitsventil geöffnet werden, wenn der Druck zu groß oder die Temperatur zu hoch oder das Einlassventil geöffnet oder eine bestimmte Konzentration der chemischen Reaktion erreicht ist. Ist das Sicherheitsventil M geöffnet, zeigt dies eine Meldeleuchte P an.

**Zuordnungstabelle der Eingänge und Ausgänge:**

| Eingangsvariable | Symbol | Datentyp | Logische Zuordnung | | Adresse |
|---|---|---|---|---|---|
| Drucksensor | S1 | BOOL | Druck zu groß | S1 = 0 | E 0.1 |
| Thermoelement | S2 | BOOL | Temperatur zu groß | S2 = 0 | E 0.2 |
| Sensor Einlassventil | S3 | BOOL | Ventil offen | S3 = 0 | E 0.3 |
| Sensor Konzentration | S4 | BOOL | Konzentration erreicht | S4 = 1 | E 0.4 |
| Ausgangsvariable | | | | | |
| Sicherheitsventil | M | BOOL | Ventil geöffnet | M = 0 | A 4.0 |
| Meldeleuchte | P | BOOL | Meldeleuchte an | P = 1 | A 4.1 |

Für das Öffnen des Sicherheitsventils genügt es, wenn eine der Eingangsvariablen S1, S2 oder S3 den Signalwert „0" oder die Eingangsvariable S4 den Signalwert „1" hat. Da das Öffnen des Ventils allerdings mit dem Signalwert „0" erfolgt, muss die „ODER-Verknüpfung" negiert werden. Zur Ansteuerung der Meldeleuchte ist das Ergebnis dann wieder zu negieren.

**Funktionstabelle:**                          **Funktionsplan:**

| Okt. Nr. | S4 | S3 | S2 | S1 | M | P |
|---|---|---|---|---|---|---|
| 00 | 0 | 0 | 0 | 0 | 0 | 1 |
| 01 | 0 | 0 | 0 | 1 | 0 | 1 |
| 02 | 0 | 0 | 1 | 0 | 0 | 1 |
| 03 | 0 | 0 | 1 | 1 | 0 | 1 |
| 04 | 0 | 1 | 0 | 0 | 0 | 1 |
| 05 | 0 | 1 | 0 | 1 | 0 | 1 |
| 06 | 0 | 1 | 1 | 0 | 0 | 1 |
| 07 | 0 | 1 | 1 | 1 | 1 | 0 |
| 10 | 1 | 0 | 0 | 0 | 0 | 1 |
| 11 | 1 | 0 | 0 | 1 | 0 | 1 |
| 12 | 1 | 0 | 1 | 0 | 0 | 1 |
| 13 | 1 | 0 | 1 | 1 | 0 | 1 |
| 14 | 1 | 1 | 0 | 0 | 0 | 1 |
| 15 | 1 | 1 | 0 | 1 | 0 | 1 |
| 16 | 1 | 1 | 1 | 0 | 0 | 1 |
| 17 | 1 | 1 | 1 | 1 | 0 | 1 |

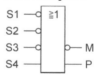

*Hinweis:*

Die Zeilennummerierung ist mit Oktalzahlen angegeben. Siehe hierzu Kapitel 4.3.1 (Aufstellen einer Funktionstabelle, bei Regeln).

| STEP 7 Programm (AWL-Quelle): | CoDeSys Programm (AWL): | SCL/ST Programm: |

```
ORGANIZATION_BLOCK OB 1      PROGRAM   PLC_PRG
VAR_TEMP                     VAR
...//Standardeinträge
END_VAR                      END_VAR
BEGIN
     ON   E 0.1;             LDN  %IX0.1        M:= NOT(NOT(S1)
     ON   E 0.2;             ORN  %IX0.2            OR NOT(S2)
     ON   E 0.3;             ORN  %IX0.3            OR NOT(S3)
     O    E 0.4;             OR   %IX0.4            OR NOT(S4);
     NOT ;                   NOT                P:= NOT(M);
     =    A 4.0;             ST   %QX4.0
     NOT ;                   NOT
     =    A 4.1;             ST   %QX4.1
END_ORGANIZATION_BLOCK
```

## 4.2 Zusammengesetzte logische Grundverknüpfungen

In Steuerungsprogrammen kommen nicht nur die reinen Elemente NICHT, UND, ODER und XOR vor. In vielen Fällen setzt sich eine logische Funktion aus der Kombination mehrerer unterschiedlicher binärer Verknüpfungen zusammen. Bei solchen kombinierten Verknüpfungen treten immer wieder die beiden Grundstrukturen UND-vor-ODER und ODER-vor-UND auf.

### 4.2.1 UND-vor-ODER-Verknüpfung

Bei dieser Grundstruktur führen die Ausgänge von UND-Verknüpfungen auf eine ODER-Verknüpfung. Eine andere Bezeichnung für diese Struktur ist: *DISJUNKTIVE FORM*.

**Beispiel einer UND-vor-ODER-Verknüpfung:**

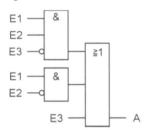

Die Verknüpfungsergebnisse der UND-Verknüpfungen werden zusammen mit dem Eingang E3 ODER-verknüpft. Wenn eine der UND-Verknüpfungen erfüllt ist oder wenn der Eingang E3 Signalzustand „1" führt, erscheint am Ausgang A Signalzustand „1". Mit einer Funktionstabelle wird der Zusammenhang zwischen Eingangs- und Ausgangsvariablen deutlich.

**Funktionstabelle:**

| Okt.Nr. | E3 | E2 | E1 | E1E2$\overline{E3}$ | E1$\overline{E2}$ | E3 | A |
|---------|----|----|----|--------------------|-------------------|----|----|
| 00 | 0 | 0 | 0 | 0 | 0 | 0 | 0 |
| 01 | 0 | 0 | 1 | 0 | 1 | 0 | 1 |
| 02 | 0 | 1 | 0 | 0 | 0 | 0 | 0 |
| 03 | 0 | 1 | 1 | 1 | 0 | 0 | 1 |
| 04 | 1 | 0 | 0 | 0 | 0 | 1 | 1 |
| 05 | 1 | 0 | 1 | 0 | 1 | 1 | 1 |
| 06 | 1 | 1 | 0 | 0 | 0 | 1 | 1 |
| 07 | 1 | 1 | 1 | 0 | 0 | 1 | 1 |

Diese aus UND- und ODER-Verknüpfungen zusammengesetzte Funktion lässt sich aufgrund einer SPS-bezogenen Festlegung ohne Klammern schreiben:

$$A = E1\,E2\,\overline{E3} \; v \; E1\,\overline{E2} \; v \; E3$$

Die Struktur des schaltalgebraischen Ausdrucks bleibt bei der Umsetzung in eine Anweisungsliste bei STEP 7 erhalten. Bei CoDeSys müssen dabei Klammern eingeführt werden.

| STEP 7 (AWL): | CoDeSys AWL: | SCL/ST: |
|---|---|---|
| U   E 0.1 | LD   %IX0.1 | A:= (E1 AND E2 AND NOT(E3)) OR |
| U   E 0.2 | AND  %IX0.2 | (E1 AND NOT(E2)) OR E3; |
| UN  E 0.3 | ANDN %IX0.3 | |
| O | OR(  %IX0.1 | Hinweis: Zwecks besserer Übersicht empfiehlt |
| U   E 0.1 | ANDN %IX0.2 | sich hier die Verwendung von Klammern. |
| UN  E 0.2 | ) | |
| O   E 0.3 | OR   %IX0.3 | |
| =   A 4.0 | =    %IQ4.0 | |

## 4.2.2 ODER-vor-UND-Verknüpfung

Bei dieser Grundstruktur führen die Ausgänge von ODER-Verknüpfungen auf eine UND-Verknüpfung. Eine andere Bezeichnung für diese Struktur ist: *KONJUNKTIVE FORM*.

**Beispiel einer ODER-vor-UND-Verknüpfung:**

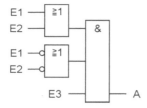

Die Verknüpfungsergebnisse der ODER-Verknüpfungen werden zusammen mit dem Eingang E3 UND-verknüpft. Nur wenn beide ODER-Verknüpfungen erfüllt sind und E3 den Signalwert „1" führt, erscheint am Ausgang Signalwert „1". Mit einer Funktionstabelle wird der Zusammenhang zwischen Eingangs- und Ausgangsvariablen deutlich.

**Funktionstabelle:**

| Okt. Nr. | E3 | E2 | E1 | E1 v E2 | $\overline{E1}\,v\,\overline{E2}$ | E3 | A |
|---|---|---|---|---|---|---|---|
| 00 | 0 | 0 | 0 | 0 | 1 | 0 | 0 |
| 01 | 0 | 0 | 1 | 1 | 1 | 0 | 0 |
| 02 | 0 | 1 | 0 | 1 | 1 | 0 | 0 |
| 03 | 0 | 1 | 1 | 1 | 0 | 0 | 0 |
| 04 | 1 | 0 | 0 | 0 | 1 | 1 | 0 |
| 05 | 1 | 0 | 1 | 1 | 1 | 1 | 1 |
| 06 | 1 | 1 | 0 | 1 | 1 | 1 | 1 |
| 07 | 1 | 1 | 1 | 1 | 0 | 1 | 0 |

Diese aus ODER- und UND-Verknüpfungen zusammengesetzte Funktion muss man in der Boole'schen Algebra mit Klammern schreiben, um festzulegen, dass die ODER-Verknüpfungen vor der UND-Verknüpfung bearbeitet werden.

$$A = (E1\,v\,E2)\,\&\,(\overline{E1}\,v\,\overline{E2})\,\&\,E3$$

In der Anweisungsliste nach STEP 7 werden die ODER-Verknüpfungen bei dieser Struktur in Klammern gesetzt. Dabei ist die Anweisung *Klammer auf* mit dem UND-Operator kombiniert. Bei CoDeSys muss für die zweite ODER-Verknüpfung die UND-Verknüpfung mit „TRUE" begonnen werden.

| STEP 7 (AWL): | CoDeSys AWL: | SCL/ST: |
|---|---|---|

```
 U (                 LD      %IX0.1     A:= (E1 OR E2) AND
 O  E 0.1            OR      %IX0.2          (NOT(E1)OR NOT(E2) AND E3;
 O  E 0.2            AND(    TRUE
 )                   ANDN    %IX0.1
 U (                 ORN     %IX0.2
 ON E 0.1            )
 ON E 0.2            AND     %IX0.3
 )                   ST      %QX4.0
 U  E 0.3
 =  A 4.0
```

### 4.2.3 Zusammengesetzte Verknüpfungen mit Exclusiv-ODER

**UND-Verknüpfung von Exclusiv-ODER-Verknüpfungen**

Werden die Ausgänge von Exclusiv-ODER-Verknüpfungen auf eine UND-Verknüpfung geführt, müssen in der Anweisungsliste die Exclusiv-ODER-Verknüpfungen in Klammern geschrieben werden.

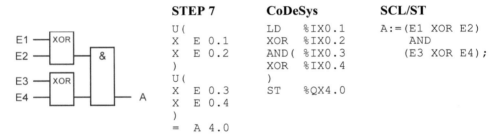

```
          STEP 7        CoDeSys          SCL/ST
          U (           LD    %IX0.1     A:=(E1 XOR E2)
          X   E 0.1     XOR   %IX0.2          AND
          X   E 0.2     AND(  %IX0.3          (E3 XOR E4);
          )             XOR   %IX0.4
          U (           )
          X   E 0.3     ST    %QX4.0
          X   E 0.4
          )
          =  A 4.0
```

**Exclusiv-ODER-Verknüpfung von UND-Verknüpfungen**

Werden die Ausgänge von UND-Verknüpfungen auf eine Exclusiv-ODER-Verknüpfung geführt, müssen in der Anweisungsliste die UND-Verknüpfungen in Klammern geschrieben werden.

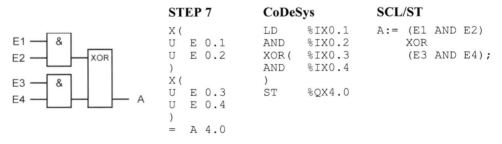

```
          STEP 7        CoDeSys          SCL/ST
          X (           LD    %IX0.1     A:= (E1 AND E2)
          U  E 0.1      AND   %IX0.2          XOR
          U  E 0.2      XOR(  %IX0.3          (E3 AND E4);
          )             AND   %IX0.4
          X (           )
          U  E 0.3      ST    %QX4.0
          U  E 0.4
          )
          =  A 4.0
```

## ODER-Verknüpfung von Exclusiv-ODER-Verknüpfungen

Werden die Ausgänge von Exclusiv-ODER-Verknüpfungen auf eine ODER-Verknüpfung geführt, müssen in der Anweisungsliste die Exclusiv-ODER-Verknüpfungen in Klammern geschrieben werden.

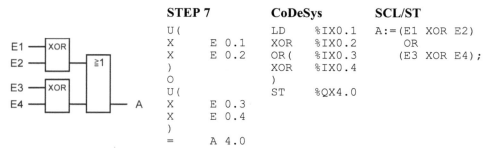

| STEP 7 | | CoDeSys | | SCL/ST |
|---|---|---|---|---|
| U ( | | LD | %IX0.1 | A:=(E1 XOR E2) |
| X | E 0.1 | XOR | %IX0.2 | OR |
| X | E 0.2 | OR ( | %IX0.3 | (E3 XOR E4); |
| ) | | XOR | %IX0.4 | |
| O | | ) | | |
| U ( | | ST | %QX4.0 | |
| X | E 0.3 | | | |
| X | E 0.4 | | | |
| ) | | | | |
| = | A 4.0 | | | |

## Exclusiv-ODER-Verknüpfung von ODER-Verknüpfungen

Werden die Ausgänge von ODER-Verknüpfungen auf eine Exclusiv-ODER-Verknüpfung geführt, müssen in der Anweisungsliste die ODER-Verknüpfungen in Klammern geschrieben werden.

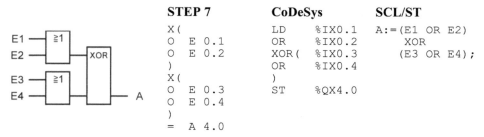

| STEP 7 | | CoDeSys | | SCL/ST |
|---|---|---|---|---|
| X ( | | LD | %IX0.1 | A:=(E1 OR E2) |
| O | E 0.1 | OR | %IX0.2 | XOR |
| O | E 0.2 | XOR ( | %IX0.3 | (E3 OR E4); |
| ) | | OR | %IX0.4 | |
| X ( | | ) | | |
| O | E 0.3 | ST | %QX4.0 | |
| O | E 0.4 | | | |
| ) | | | | |
| = | A 4.0 | | | |

Um eine leichte Lesbarkeit der Steuerungsprogramme zu gewährleisten, sollte die Exclusiv-ODER-Verknüpfung insbesondere in kombinierten Netzwerken nur dann verwendet werden, wenn sich die Anwendung der Verknüpfung direkt aus der Aufgabenstellung heraus ergibt.

### 4.2.4 Zusammengesetzte Verknüpfungen mit mehreren Klammerebenen

Treten bei einem Entwurf eines Steuerungsprogramms Verknüpfungsstrukturen auf, die mehrere Klammerebenen benötigen, so erfordert die Programmierung des Ausdrucks in der AWL einige Übung. In der Funktionsplandarstellung lassen sich solche Ausdrücke allerdings sehr einfach schreiben.

### Verknüpfungsstruktur mit zwei Klammerebenen:

Schaltalgebraischer Ausdruck:

A = (E1 & E2 v (E2 v E4) & E3) & E5 v (E2 v E3) & E1

**Funktionsplan:**

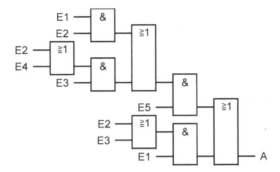

Diese Verknüpfungsstruktur kann in der Anweisungsliste wie folgt geschrieben werden:

| STEP 7 | CoDeSYS | SCL/ST |
|---|---|---|
| ```
U (
U    E 0.1
U    E 0.2
O
U (
O    E 0.2
O    E 0.4
)
U    E 0.3
)
U    E 0.5
O
U (
O    E 0.2
O    E 0.3
)
U    E 0.1
=    A 4.0
``` | ```
LD    %IX0.1
AND   %IX0.2
OR(   %IX0.2
OR    %IX0.4
AND   %IX0.3
)
AND   %IX0.5
OR(   %IX0.2
OR    %IX0.3
AND   %IX0.1
)
ST    %QX4.0
``` | ```
A:=(((E1 AND E2) OR ((E2 OR E4)
   AND E3)) AND E5)
OR
((E2 OR E3) AND E1);
``` |

Solche umfangreiche logische Verknüpfungen sind für die Überprüfung des Signalzustandes bei der Fehlersuche wenig geeignet. Ein übersichtlicheres und einfacher zu analysierendes Steuerungsprogramm erhält man durch Bildung von Zwischenergebnissen. Die Zwischenergebnisse können mit Merkern oder temporären Lokaldaten gebildet werden. Dabei werden Merkern oder temporären Lokaldaten ähnlich wie Ausgängen logische Signalzustände zugewiesen. Diese Signalzustände werden bei Merkern in festen Speicheradressen im Automatisierungssystem hinterlegt. Bei der Verwendung von temporären Lokaldaten werden die Signalzustände im Lokaldaten-Stack hinterlegt. Die Verwendung von Merkern führt allerdings dazu, dass die so programmierten Codebausteine (FC oder FB) nicht mehr bibliotheksfähig sind.

Wird in der vorangegangenen Verknüpfungsstruktur mit zwei Klammerebenen als Verknüpfungstiefe nur die UND-vor-ODER- bzw. ODER-vor-UND-Struktur zugelassen, so ist zur Aufnahme der Zwischenergebnisse die Einführung von drei Zwischenspeichern erforderlich.

**Funktionsplan:**

```

Werden für die Zwischenspeicher Merker verwendet, wird die Verknüpfungsstruktur in der Anweisungsliste wie folgt geschrieben:

| STEP 7 | CoDeSys | SCL/ST |
|---|---|---|

```
STEP 7              CoDeSys              SCL/ST

U(                  LD    %IX0.2         M1:=  (E2 OR E4) AND E3;
O   E 0.2           OR    %IX0.4
O   E 0.4           AND   %IX0.3         M2:=  (E1 AND E2) OR M1;
)                   ST    %MX0.1
U   E 0.3                                M3:=  (E2 OR E3) AND E1;
=   M 0.1           LD    %IX0.1
                    AND   %IX0.2         A:=   (M2 AND E5) OR M3;
U   E 0.1           OR    %MX0.1
U   E 0.2           ST    %MX0.2
O   M 0.1
=   M 0.2           LD    %IX0.2
                    OR    %IX0.3
U(                  AND   %IX0.1
O   E 0.2           ST    %MX0.3
O   E 0.3
)                   LD    %MX0.2
U   E 0.1           AND   %IX0.5
=   M 0.3           OR    %MX0.3
                    ST    %QX4.0
U   M 0.2
U   E 0.5
O   M 0.3
=   A 4.0
```

Obwohl *Merker* in der Norm IEC 61131-3 als mögliche Operanden mit festem Speicherplatz aufgeführt sind, werden in modernen Steuerungsprogrammen, welche nach den Intentionen der Norm geschrieben sind, keine Merker innerhalb von Funktionen oder Funktionsbausteinen verwendet. Die in diesem und den weiteren Kapitel geschriebenen Steuerungsprogramme verzichten deshalb weitgehend auf die Verwendung von Merkern. Neben der damit gewonnenen Voraussetzung zur Bibliotheksfähigkeit der Bausteine werden auch häufig aufgetretene Programmierfehler vermieden, welche sich durch die Doppeltverwendung von Merkern einschleichen können.

Es gibt aber auch Vorteile, die sich bei der Verwendung von Merkern ergeben. Zum einen haben die in den Merkern gespeicherten Zwischenergebnisse über Bausteingrenzen hinweg Gültigkeit. Zum anderen gibt es remanente Merker, welche ihren Signalzustand auch bei Spannungsausfall beibehalten können. Deshalb bieten auch die meisten Steuerungshersteller noch immer Speicherbereiche zur Aufnahme von Merkeroperanden an. Die Anzahl der Merker ist CPU-spezifisch. Die Remanenz der Merker kann bei der Parametrierung der CPU eingestellt werden. Wird das Automatisierungsgerät in den STOPP-Zustand versetzt oder tritt ein Stromausfall ein, behält ein remanenter Merker seinen Signalzustand. Durch die Verwendung von remanenten Merkern kann der letzte Anlagen- oder Maschinenzustand vor Verlassen des „Betriebs"-Zustandes gespeichert werden. Bei Neustart oder Spannungswiederkehr kann die Anlage dann an der Stelle weiterarbeiten, wo sie zum Stillstand gekommen ist.

Nichtremanenten Merkern wird bei Neustart oder Spannungswiederkehr der Signalzustand „0" zugewiesen.

## 4.2.5 Beispiele

■ **Beispiel 4.8: Tunnelbelüftung**

In einem langen Autotunnel sind zwei Lüfter unterschiedlicher Leistung installiert. Im Tunnel verteilt befinden sich drei Rauchgasmelder. Gibt ein Rauchgasmelder Signal, so muss Lüfter 1 laufen. Geben zwei Rauchgasmelder Signal, so muss Lüfter 2 laufen. Geben alle drei Rauchgasmelder Signal, müssen beide Lüfter laufen.

**Zuordnungstabelle der Eingänge und Ausgänge:**

| Eingangsvariable | Symbol | Datentyp | Logische Zuordnung | | Adresse |
|---|---|---|---|---|---|
| Rauchgasmelder 1 | S1 | BOOL | Spricht an | S1 = 0 | E 0.1 |
| Rauchgasmelder 2 | S2 | BOOL | Spricht an | S2 = 0 | E 0.2 |
| Rauchgasmelder 3 | S3 | BOOL | Spricht an | S3 = 0 | E 0.3 |
| Ausgangsvariable | | | | | |
| Lüfter 1 | M1 | BOOL | Lüfter 1 an | M1 = 1 | A 4.1 |
| Lüfter 2 | M2 | BOOL | Lüfter 2 an | M2 = 1 | A 4.2 |

**Funktionstabelle:**

| Okt. Nr. | S3 | S2 | S1 | M1 | M2 |
|---|---|---|---|---|---|
| 0 | 0 | 0 | 0 | 1 | 1 |
| 1 | 0 | 0 | 1 | 0 | 1 |
| 2 | 0 | 1 | 0 | 0 | 1 |
| 3 | 0 | 1 | 1 | 1 | 0 |
| 4 | 1 | 0 | 0 | 0 | 1 |
| 5 | 1 | 0 | 1 | 1 | 0 |
| 6 | 1 | 1 | 0 | 1 | 0 |
| 7 | 1 | 1 | 1 | 0 | 0 |

**Funktionsplan:**

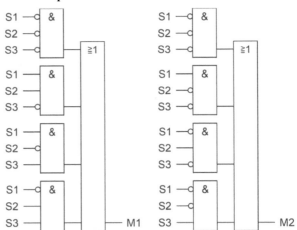

**STEP 7 Programm (AWL-Quelle):**

```
ORGANIZATION_BLOCK OB 1
VAR_TEMP
    ...                     //Standardeinträge
END_VAR
BEGIN
UN E 0.1;       U  E 0.1;        UN E 0.1;        UN E 0.1;
UN E 0.2;       UN E 0.2;        UN E 0.2;        U  E 0.2;
UN E 0.3;       U  E 0.3;        UN E 0.3;        UN E 0.3;
O  ;            O  ;             O  ;             O  ;
U  E 0.1;       UN E 0.1;        U  E 0.1;        UN E 0.1;
U  E 0.2;       U  E 0.2;        UN E 0.2;        UN E 0.2;
UN E 0.3;       U  E 0.3;        UN E 0.3;        U  E 0.3;
O  ;            =  A 4.1;        O  ;             =  A 4.2;
END_ORGANIZATION_BLOCK
```

**CoDeSys Programm (AWL):**

```
PROGRAM PLC_PRG
VAR
END_VAR
LDN    %IX0.1      ANDN   %IX0.2      LDN    %IX0.1      OR (   TRUE
ANDN   %IX0.2      AND    %IX0.3      ANDN   %IX0.2      ANDN   %IX0.1
ANDN   %IX0.3      )                  ANDN   %IX0.3      AND    %IX0.2
OR (   %IX0.1      OR (   TRUE        OR (   %IX0.1      ANDN   %IX0.3
AND    %IX0.2      ANDN   %IX0.1      ANDN   %IX0.2      )
ANDN   %IX0.3      AND    %IX0.2      ANDN   %IX0.3      OR (   TRUE
)                  AND    %IX0.3      )                  ANDN   %IX0.1
OR (   %IX0.1      )                                     ANDN   %IX0.2
                   ST     %QX4.1                         AND    %IX0.3
                                                         )
                                                         ST     %QX4.2
```

■  **Beispiel 4.9:  Generatorüberwachung**

Ein Generator ist mit maximal 10 kW
belastbar. An den Generator können
4 Motoren mit den Leistungen 2 kW,
3 kW, 5 kW und 7 kW angeschaltet
werden. Das Laufen der Motoren wird
mit Drehzahlwächtern der Steuerung
gemeldet. Für alle zulässigen Kombinationen ist ein Leuchtmelder P einzuschalten.

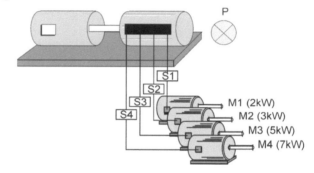

**Bild 4.5:**  Generatorüberwachung

**Zuordnungstabelle der Eingänge und Ausgänge:**

| Eingangsvariable | Symbol | Datentyp | Logische Zuordnung | | Adresse |
|---|---|---|---|---|---|
| Drehzahlwächter 1 (2kW) | S1 | BOOL | Motor 1 läuft | S1 = 0 | E 0.1 |
| Drehzahlwächter 2 (3kW) | S2 | BOOL | Motor 2 läuft | S2 = 0 | E 0.2 |
| Drehzahlwächter 3 (5kW) | S3 | BOOL | Motor 3 läuft | S3 = 0 | E 0.3 |
| Drehzahlwächter 4 (7kW) | S4 | BOOL | Motor 4 läuft | S4 = 0 | E 0.4 |
| Ausgangsvariable | | | | | |
| Leuchtmelder | P | BOOL | Leuchtmelder an | P = 1 | A 4.0 |

Um eine zulässige Kombination zu erhalten, dürfen Motor 4 und Motor 3 nicht gleichzeitig laufen.
Ferner dürfen bei eingeschaltetem Motor 4 nicht gleichzeitig noch Motor 2 und Motor 1 laufen. Aus
diesen Bedingungen ergibt sich die ODER-vor-UND-Verknüpfung durch die UND-Verknüpfung von
(S4 v S3) mit (S4 v S2 v S1). Zur Kontrolle wird die Funktionstabelle herangezogen, bei der für jede
Zeile die Leistung der eingeschalteten Motoren addiert wird. Ist die Summe der Leistungen größer als
10 kW, liegt eine unzulässige Kombination (P = 0) vor.

**Funktionstabelle:**

| Okt. Nr. | S4 7 | S3 5 | S2 3 | S1 2 | KW | P | S4 v S3 | S4 v S2 v S1 |
|---|---|---|---|---|---|---|---|---|
| 00 | 0 | 0 | 0 | 0 | 17 | 0 | 0 | 0 |
| 01 | 0 | 0 | 0 | 1 | 15 | 0 | 0 | 1 |
| 02 | 0 | 0 | 1 | 0 | 14 | 0 | 0 | 1 |
| 03 | 0 | 0 | 1 | 1 | 12 | 0 | 0 | 1 |
| 04 | 0 | 1 | 0 | 0 | 12 | 0 | 1 | 0 |
| 05 | 0 | 1 | 0 | 1 | 10 | 1 | 1 | 1 |
| 06 | 0 | 1 | 1 | 0 | 9 | 1 | 1 | 1 |
| 07 | 0 | 1 | 1 | 1 | 7 | 1 | 1 | 1 |
| 10 | 1 | 0 | 0 | 0 | 10 | 1 | 1 | 1 |
| 11 | 1 | 0 | 0 | 1 | 8 | 1 | 1 | 1 |
| 12 | 1 | 0 | 1 | 0 | 7 | 1 | 1 | 1 |
| 13 | 1 | 0 | 1 | 1 | 5 | 1 | 1 | 1 |
| 14 | 1 | 1 | 0 | 0 | 5 | 1 | 1 | 1 |
| 15 | 1 | 1 | 0 | 1 | 3 | 1 | 1 | 1 |
| 16 | 1 | 1 | 1 | 0 | 2 | 1 | 1 | 1 |
| 17 | 1 | 1 | 1 | 1 | 0 | 1 | 1 | 1 |

**Funktionsplan:**

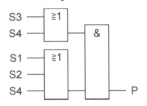

**STEP 7 Programm (AWL-Quelle):**

```
ORGANIZATION_BLOCK OB 1
VAR_TEMP
...7/Standardeinträge
END_VAR
BEGIN      .
U( ;
O   E 0.3;
O   E 0.4;
)   ;
U( ;
O   E 0.1;
O   E 0.2;
O   E 0.4;
)   ;
=   A 4.0;
END_ORGANIZATION_BLOCK
```

**CoDeSys (AWL):** Programm

```
PROGRAM PLC_PRG
VAR
END_VAR

LD    %IX0.3
OR    %IX0.4
AND(  %IX0.1
OR    %IX0.2
OR    %IX0.4
)
ST    %QX4.0
```

**SCL/ST Programm:**

```
P:= (S3 OR S4) AND
    (S1 OR S2 OR S4);
```

■ **Beispiel 4.10: Sicherheitsabfrage bei Türschleusen**

Um den staubfreien Bereich einer Halbleiterfertigung betreten zu können, muss durch eine Türschleuse gegangen werden. Die Endschalter der beiden Schleusentüren melden, ob die jeweilige Tür geschlossen ist. Aus Sicherheitsgründen werden die beiden Endschalter mit einem Öffner und einem Schließer ausgestattet. Wenn einer der Endschalter einen Fehler meldet, wird eine Alarmleuchte P eingeschaltet.

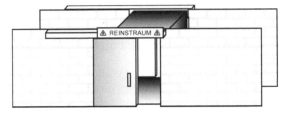

**Bild 4.6:** Türschleuse

**Zuordnungstabelle der Eingänge und Ausgänge:**

| Eingangsvariable | Symbol | Datentyp | Logische Zuordnung | | Adresse |
|---|---|---|---|---|---|
| Endschalter 1 (Schließer) | S1 | BOOL | Endschalter betätigt | S1 = 1 | E 0.1 |
| Endschalter 1 (Öffner) | S2 | BOOL | Endschalter betätigt | S2 = 0 | E 0.2 |
| Endschalter 2 (Schließer) | S3 | BOOL | Endschalter betätigt | S3 = 1 | E 0.3 |
| Endschalter 2 (Öffner) | S4 | BOOL | Endschalter betätigt | S4 = 0 | E 0.4 |
| Ausgangsvariable | | | | | |
| Alarmleuchte | P | BOOL | Alarmleuchte an | P = 1 | A 4.0 |

Ist der Endschalter einer Tür in Ordnung, haben S1 und S2 bzw. S3 und S4 unterschiedliche Signalzustände. Die Exclusiv-Oder-Verknüpfung des Öffners und des Schließers liefert in diesem Fall ein „1"-Signalwert. Die Alarmleuchte kann demnach angesteuert werden, indem die Ergebnisse der Exclusiv-ODER-Verknüpfungen negiert auf eine ODER-Verknüpfung geführt werden.

**Funktionsplan:**

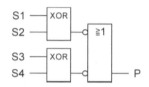

**STEP 7 Programm (AWL-Quelle):**

```
ORGANIZATION_BLOCK OB 1
VAR_TEMP
...//Standardeinträge
END_VAR

BEGIN
U( ;
X   E 0.1;
X   E 0.2;
)   ;
NOT;
O   ;
U( ;
X   E 0.3;
X   E 0.4;
)   ;
NOT;
=   A 4.0;

END_ORGANIZATION_BLOCK
```

**CoDeSys Programm (AWL):**

```
PROGRAM PLC_PRG
VAR
END_VAR

LD    %IX0.1
XOR   %IX0.2
NOT
ANDN(%IX0.3
OR    %IX0.4
)
ST    %QX4.0
```

**SCL/ST Programm:**

```
P:= NOT(S1 XOR S2)
    OR
    NOT(S3 XOR S4);
```

# 4.3 Systematischer Programmentwurf mit Funktionstabellen

Mit einer *Funktionstabelle* (Wahrheitstabelle) kann der Zusammenhang zwischen den Eingangsvariablen und Ausgangsvariablen bestimmter Steuerungsaufgaben übersichtlich dargestellt werden. Die Funktionstabelle besteht dabei aus einer Spalte für die Eingangsvariablen (linke Seite) und einer Spalte für die Ausgangsvariablen (rechte Seite). Die Funktionstabelle muss den verschiedenen denkbaren Steuerungstypen angepasst werden.

## Steuerungstyp Schaltnetz

Eine Steuerung wird als Schaltnetz oder Verknüpfungssteuerung ohne Speicherverhalten bezeichnet, wenn den Signalzuständen der Eingänge ein bestimmter Signalzustand des Ausgangs im Sinne boolescher Verknüpfungen fest zugeordnet ist, d. h. das Ausgangssignal zu jedem beliebigen Zeitpunkt allein von den Zuständen der Eingangssignale abhängig ist. Ein solcher Steuerungstyp wird gemäß DIN EN 61131-3 und im S7-Programmiersystem in einem Codebaustein vom Typ Funktion FC realisiert.

| Tabellen-Eingänge E3  E2  E1 | Tabellen-Ausgang A |
|---|---|
|  |  |

## Steuerungstyp Schaltwerk

Eine Steuerung wird als Schaltwerk oder Verknüpfungsteuerung mit Speicherfunktion bezeichnet, wenn sie über eine Gedächtnisfunktion verfügt, die durch eine rein interne Zustandsvariable Q eingeführt wird. Gemäß DIN EN 61131-3 und im S7-Programmiersystem erscheint die interne Zustandsvariable weder an den Ausgängen noch an den Eingängen des Funktionsbausteins FB, sie ist nur innerhalb des Bausteins verfügbar, muss aber in der Funktionstabelle auf beiden Seiten aufgeführt werden, damit ihre logische Mitwirkung berücksichtigt werden kann.

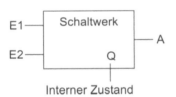

| Tabellen-Eingänge Qv  E2  E1 | Tabellen-Ausgang A    Qn |
|---|---|
|  |  |

Index:   v = vorher        n = nachher

## 4.3.1 Aufstellen einer Funktionstabelle

Die Anwendung von Funktionstabellen soll nun in allgemeiner Form dargestellt werden. Dazu wird eine einfache Schaltung mit drei Eingangsvariablen E1, E2, E3 und einer Ausgangsvariablen A betrachtet. Auf dieses Beispiel wird im Weiteren eingegangen.

Schaltung

Funktionstabelle

| Zeile | E3 | E2 | E1 | A |
|---|---|---|---|---|
| 00 | 0 | 0 | 0 | 0 |
| 01 | 0 | 0 | 1 | 0 |
| 02 | 0 | 1 | 0 | 0 |
| 03 | 0 | 1 | 1 | 1 |
| 04 | 1 | 0 | 0 | 0 |
| 05 | 1 | 0 | 1 | 1 |
| 06 | 1 | 1 | 0 | 1 |
| 07 | 1 | 1 | 1 | 1 |

Welche Logik ist in der Funktionstabelle hinterlegt worden? Es handelt sich hier um eine so genannte *2-aus-3-Auswahl*. Nur wenn zwei von drei Signalgebern E ein 1-Signal liefern, hat das entsprechende Ausgangssignal A ebenfalls ein 1-Signal. Wäre eine andere Schaltlogik beabsichtigt, so müssten entsprechende Signalzustände für das Ausgangssignal A eingetragen werden.

**Regeln zum Aufstellen von Funktionstabellen**

Die Einhaltung der folgenden vier Regeln bringt einige Vorteile beim Umgang mit Funktionstabellen mit sich:

- Die Eingangsvariablen werden von rechts nach links mit steigender Nummerierung eingetragen.
- Die erste Variable wechselt nach jeder Zeile den Zustand. Die zweite Variable wechselt nach jeder zweiten Zeile den Zustand. Die dritte Variable wechselt nach jeder vierten Zeile den Zustand. Die vierte Variable wechselt nach jeder achten Zeile den Zustand usw.
- Die Zeilen in der Funktionstabelle werden entsprechend der Eingangsbelegung oktal durchnummeriert. Die Oktalindizierung erhält man, indem von rechts beginnend stets drei Eingangswerte pro Zeile zusammengefasst und die entsprechende Dualzahl für diese Werte aufgeschrieben werden. Die Eingangskombination 1 0 1 1 1 0 für sechs Eingangsvariablen erhält demnach die Oktalnummer $56_8$.
- Zur vollständigen Beschreibung des Schaltnetzes sind in der Funktionstabelle noch der Signalzustand der Ausgänge bei den verschiedenen Eingangskombinationen einzutragen.

Es lassen sich mit drei Eingängen $2^3 = 8$ verschiedene Eingangskombinationen beschreiben. Andere Kombinationen gibt es nicht. In dieser Funktionstabelle sind demnach 8 Zeilen vorzusehen, wobei für jede Eingangskombination der gewünschte Ausgangszustand anzugeben ist.

Allgemein gilt die Regel:

**Mit n Eingangsvariablen ergeben sich $2^n$ verschiedene Eingangskombinationen, denen logische Ausgangszustände zugeordnet werden müssen.**

Eine Funktionstabelle ist für Schaltungen mit bis zu sechs Eingangsvariablen noch handhabbar. Treten mehr als sechs Eingangsvariablen auf, so kommen meist nur ganz bestimmte Eingangskombinationen in Frage. Nur diese werden in eine verkürzte Funktionstabelle eingetragen.

## 4.3.2 Disjunktive Normalform DNF

Ist eine Steuerungsaufgabe mit einer Funktionstabelle exakt beschrieben worden, so kann aus dieser Tabelle die logische Verknüpfung in Form eines schaltalgebraischen Ausdrucks ermittelt werden. Eine Verknüpfungsstruktur, die sich aus der Funktionstabelle direkt ergibt, ist die *Disjunktive Normalform DNF* oder auch UND-vor-ODER-Normalform.

Der Lösungsweg, der zur Disjunktiven Normalform DNF führt, geht von den Zeilen der Funktionstabelle aus, in denen die Ausgangsvariable den Signalzustand „1" besitzt. Für diese Zeilen werden die Eingangsvariablen entsprechend ihrem Signalzustand UND-verknüpft. Bei Signalzustand „0" wird die Eingangsvariable negiert und bei Signalzustand „1" nicht negiert im UND-Term notiert. Eine solche UND-Verknüpfung, bestehend aus allen Eingangsvariablen der Funktionstabelle, wird als MINTERM bezeichnet. Der Name MINTERM rührt daher, dass diese Verknüpfung eine minimale Anzahl von „1"-Signalzuständen am Ausgang liefert, nämlich genau einen.

Der Minterm:     $\overline{E4}$ & E3 & $\overline{E2}$ & E1 = $\overline{E4}$ E3 $\overline{E2}$ E1

liefert nur bei der Eingangskombination

E4 = 0, E3 = 1, E2 = 0 und E1 = 1

am Ausgang den Signalzustand „1".

Die Funktionstabelle in Kapitel 4.3.1 enthält in den Zeilen 03, 05, 06 und 07 für den Ausgang A den Signalwert „1". Die entsprechenden Minterme für die DNF lauten dann:

**Tabelle der Minterme**

| Zeile | E3 | E2 | E1 | Minterme für A |
|-------|----|----|----|----------------|
| 03    | 0  | 1  | 1  | $\overline{E3}$ & E2 & E1 |
| 05    | 1  | 0  | 1  | E3 & $\overline{E2}$ & E1 |
| 06    | 1  | 1  | 0  | E3 & E2 & $\overline{E1}$ |
| 07    | 1  | 1  | 1  | E3 & E2 & E1 |

Die komplette Schaltfunktion für A erhält man, indem alle Minterme ODER-verknüpft werden. Daraus ergibt sich dann die Disjunktive Normalform DNF bzw. UND-vor-ODER Normalform.

Für die 2-aus-3-Auswahl der Funktionstabelle in Kapitel 4.3.1 erhält man die folgende DNF:

**Lösung: Schaltalgebraischer Ausdruck für A als DNF**

A = $\overline{E3}$ E2 E1 $\vee$ E3 $\overline{E2}$ E1 $\vee$ E3 E2 $\overline{E1}$ $\vee$ E3 E2 E1

### 4.3.3  Konjunktive Normalform KNF

Alternativ zur Disjunktiven Normalform DNF kann auch die *Konjunktive Normalform KNF* angewendet werden. Der Lösungsweg der Konjunktiven Normalform geht von den Zeilen einer Funktionstabelle aus, in denen die Ausgangsvariable den Signalzustand „0" hat. Für diese Zeilen werden alle Eingangsvariablen unter Berücksichtigung ihres Signalzustandes im ODER-Term notiert. Anders als bei der Disjunktiven Normalform wird hierbei der Signalzustand „1" einer Eingangsvariablen negiert und der Signalzustand „0" nicht negiert eingetragen. Eine solche ODER-Verknüpfung, bestehend aus allen Eingangsvariablen der Funktionstabelle, wird mit MAXTERM bezeichnet. Der Name MAXTERM rührt daher, dass diese Verknüpfung eine maximale Anzahl von „1"-Signalzuständen und damit eine minimale Anzahl von „0"-Signalzuständen, nämlich genau einen, am Ausgang liefert.

Der Maxterm:     $\overline{E3}$ $\vee$ E2 $\vee$ E1

liefert nur bei der Eingangskombination

E3 = 1, E2 = 0 und E1 = 0

am Ausgang den Signalzustand „0", bei allen anderen Kombinationen dagegen „1".

Die Funktionstabelle in Kapitel 4.3.1 enthält in den Zeilen 00, 01, 02 und 04 für den Ausgang A den Signalwert „0". Die entsprechenden Maxterme für die KNF lauten dann:

**Tabelle der Maxterme**

| Zeile | E3 E2 E1 | Maxterme für A |
|-------|----------|----------------|
| 00 | 0  0  0 | $E3 \vee E2 \vee E1$ |
| 01 | 0  0  1 | $E3 \vee E2 \vee \overline{E1}$ |
| 02 | 0  1  0 | $E3 \vee \overline{E2} \vee E1$ |
| 04 | 1  0  0 | $\overline{E3} \vee E2 \vee E1$ |

Die komplette Schaltfunktion für A erhält man, indem alle Maxterme UND-verknüpft werden. Daraus ergibt sich dann die Konjunktive Normalform KNF bzw. ODER-vor-UND-Normalform.

Für die 2-aus-3-Auswahl der Funktionstabelle in Kapitel 4.3.1 erhält man die folgende KNF:

**Lösung: Schaltalgebraischer Ausdruck für A als KNF**

$$A = (E3 \vee E2 \vee E1) \, \& \, (E3 \vee E2 \vee \overline{E1}) \, \& \, (E3 \vee \overline{E2} \vee E1) \, \& \, (\overline{E3} \vee E2 \vee E1)$$

*Hinweis:*

Um Verwechslungen auszuschließen wird nachfolgend nur noch das DNF-Verfahren angewendet.

## 4.3.4 Vereinfachung von Schaltfunktionen mit algebraischen Verfahren

Die aus der Funktionstabelle ermittelte Schaltungsgleichung (DNF oder KNF) kann in vielen Fällen noch vereinfacht werden. Das Ziel dieser Vereinfachung ist eine Minimierung des Programmumfangs. Eine minimierte Lösung unterscheidet sich von der Normallösung durch die geringere Anzahl von Termen und/oder Variablen.

Das algebraische Vereinfachungsverfahren für Schaltfunktionen besteht darin, durch Anwenden der Regeln der Schaltalgebra zu versuchen, eine gegebene Schaltfunktion in einen anderen Ausdruck umzuformen. Die Schaltalgebra oder Boole'sche Algebra ist ein mathematischer Formalismus zum Rechnen mit zweiwertigen Variablen. Viele Regeln der Schaltalgebra stimmen mit den Regeln der allgemeinen Algebra überein. Bei der nachfolgenden Zusammenstellung der wichtigsten Regeln der Schaltalgebra werden – soweit möglich – die entsprechenden Regeln der allgemeinen Algebra mit angegeben.

**1. Regeln der Schaltalgebra**

**Priorität oder Rangfolge**

| Schaltalgebra: | Allgemeine Algebra: |
|----------------|---------------------|
| Negation vor | Potenzieren vor |
| Konjunktion | Multiplizieren/Dividieren vor |
| Disjunktion | Addieren/Subtrahieren |

Die Rangfolge der Konjunktion vor der Disjunktion ist in der Schaltalgebra nicht verbindlich festgelegt. Führt man diese jedoch ein, so spart man sich bei manchen Darstellungen das Setzen von Klammern.

**Regeln für eine Variable E**

| Schaltalgebra | Allgemeine Algebra | Schaltalgebra | Allgemeine Algebra |
|---|---|---|---|
| E v 0 = E | x + 0 = x | E & 0 = 0 | x · 0 = 0 |
| E v 1 = 1 | | E & 1 = E | x · 1 = x |
| E v E = E | | E & E = E | |
| E v $\overline{E}$ = 1 | | E & $\overline{E}$ = 0 | |

**Regeln für mehrere Variablen E1, E2, E3**

Kommutativgesetze

| E1 v E2 = E2 v E1 | a + b = b + a | E1 & E2 = E2 & E1 | a · b = b · a |
|---|---|---|---|

Assoziativgesetze

| Schaltalgebra | Allgemeine Algebra |
|---|---|
| E1 v E2 v E3 = E1 v (E2 v E3) | a + b + c = a + (b + c) |
| E1 & E2 & E3 = E1 & (E2 & E3) | a · b · c = a · (b · c) |

Distributivgesetze (Zweck: Ausklammern oder Ausmultiplizieren)

| (E1 & E2) v (E1 & E3) = E1 & (E2 v E3) | x · a + x · b = x · (a + b) |
|---|---|
| (E1 v E2) & (E1 v E3) = E1 v (E2 & E3) | |

**Reduktionsregeln**

| Schaltalgebra | |
|---|---|
| E1 v E1 & E2 = E1 | E1 & (E1 v E2) = E1 |
| E1 & ($\overline{E1}$ v E2) = E1 & E2 | E1 v $\overline{E1}$ & E2 = E1 v E2 |

**De Morgan'sche Theoreme**

Zweck: Umwandlung von Grundverknüpfungen ODER in UND bzw. UND in ODER

| $\overline{E1 \vee E2}$ = $\overline{E1}$ & $\overline{E2}$ | $\overline{\overline{E1} \vee \overline{E2}}$ = E1 & E2 |
|---|---|
| $\overline{E1 \& E2}$ = $\overline{E1} \vee \overline{E2}$ | $\overline{\overline{E1} \& \overline{E2}}$ = E1 $\vee$ E2 |

## 2. Vereinfachung einer DNF-Schaltfunktion

Bei den algebraischen Verfahren zur weiteren Vereinfachung von Schaltfunktionen ist hauptsächlich die Anwendung des ersten Distributivgesetzes erforderlich. Dazu sucht man sich in der Schaltfunktion jeweils zwei Terme heraus, die sich nur im logischen Zustand einer Variablen unterscheiden und sonst gleich sind und wendet darauf das Distributivgesetz zum Zwecke des Ausklammern an:

$$\overline{E3}\ \overline{E2}\ E1 \vee \overline{E3}\ E2\ E1 = \overline{E3}\ E1\ (\overline{E2} \vee E2)$$
$$= \overline{E3}\ E1\ (\quad 1 \quad )$$
$$= \overline{E3}\ E1$$

Der Klammerausdruck hat stets den Signalwert „1" und entfällt in der verbleibenden UND-Verknüpfung (siehe Regeln für eine Variable). Der Wegfall der einen Variablen (E2) ist auch leicht einzusehen, da eine ODER-Verknüpfung zweier UND-Terme vorliegt, in denen E2 einmal negiert und einmal nicht negiert vorkommt. Es ist also egal welchen Signalzustand die Variable E2 hat und deshalb kann sie entfallen.

Diese Zusammenfassung und Reduzierung um eine Variable ist Grundlage jeder Vereinfachung. Dabei ist es zulässig, dass ein Term mehrfach zur Vereinfachung herangezogen wird.

Die Schaltfunktion für die 2-aus-3-Auswahl lautet als DNF:

$$A = \overline{E3} \, E2 \, E1 \vee E3 \, \overline{E2} \, E1 \vee E3 \, E2 \, \overline{E1} \vee E3 \, E2 \, E1$$

Der Term E3 E2 E1 wird dreimal zur Vereinfachung herangezogen, jeweils in Kombination mit einem der anderen Terme. Dabei entfällt immer die Variable, die in der Kombination negiert und nicht negiert vorkommt. Damit ergibt sich als Lösung für die 2-aus-3-Auswahl eine vereinfachte Schaltfunktion in DNF:

$$A = E2 \, E1 \vee E3 \, E1 \vee E3 \, E2$$

### 3. Rechnen mit den Distributivgesetzen

Für eine Äquivalenzfunktion werden zwei Schaltfunktionen angegeben:

$$Q = (A \, \& \, B) \vee (\overline{A} \, \& \, \overline{B})$$

$$Q = (A \vee \overline{B}) \, \& \, (\overline{A} \vee B)$$

Es soll algebraisch bewiesen werden, dass beide Schaltfunktionen gleichwertig sind und demnach auch zur Lösung einer entsprechenden Steuerungsaufgabe wahlweise verwendet werden könnten.

$$Q = (A \vee \overline{B}) \, \& \, (\overline{A} \vee B) \qquad\qquad Q = (A \, \& \, B) \vee (\overline{A} \, \& \, \overline{B})$$

Ausmultiplizieren ergibt:

$$Q = \underbrace{(A \, \& \, \overline{A})}_{0} \vee (A \, \& \, B) \vee (\overline{A} \, \& \, \overline{B}) \vee \underbrace{(B \, \& \, \overline{B})}_{0} \qquad Q = \underbrace{(A \vee \overline{A})}_{1} \, \& \, (B \vee \overline{A}) \, \& \, (A \vee \overline{B}) \, \& \, \underbrace{(B \vee \overline{B})}_{1}$$

$$Q = (A \, \& \, B) \vee (\overline{A} \, \& \, \overline{B}) \quad \text{(stimmt)} \qquad Q = (A \vee \overline{B}) \, \& \, (\overline{A} \vee B) \quad \text{(stimmt)}$$

## 4.3.5 Vereinfachung von Schaltfunktionen mit grafischem Verfahren: KVS-Diagramm

Bei diesem Vereinfachungsverfahren werden die Signalzustände der Ausgangsvariablen einer Funktionstabelle in ein Diagramm übertragen.

### 1. Aufbau des KVS-Diagramms

Ausgangspunkt des KVS-Diagramms (Karnaugh-Veitch-Symmetrie-Diagramm) ist ein Rechteck, dessen linker Hälfte die Variable E1 negiert und dessen rechter Hälfte die Variable E1 bejaht zugewiesen wird.

| Zeile | E1 |
|-------|-----|
| 00 | 0 |
| 01 | 1 |

Ausgehend von der Darstellung einer Variablen wird nun für jede weitere Variable das ganze Diagramm durch Spiegelung verdoppelt.

Der ursprüngliche Bereich des Diagramms wird dann negiert, der neue Bereich der bejahten neuen Variablen zugewiesen.

| Zeile | E2 | E1 |
|-------|----|----|
| 00    | 0  | 0  |
| 01    | 0  | 1  |
| 02    | 1  | 0  |
| 03    | 1  | 1  |

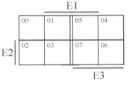

Durch Hinzufügen einer weiteren Variablen wird das bisherige Diagramm wieder gespiegelt. Die Spiegelachse verläuft nun allerdings senkrecht, wechselt also bei jeder weiteren Spiegelung zwischen waagerecht und senkrecht.

Da es sich im nebenstehenden Bild um die zweite Spiegelung in senkrechter Richtung handelt, wird die Spiegelachse durch einen Doppelstrich dargestellt. Um die entsprechenden Felder der Funktionstabelle im Diagramm leicht finden zu können, erhalten die einzelnen Felder eine Zeilennummerierung.

| Zeile | E3 | E2 | E1 |
|-------|----|----|----|
| 00    | 0  | 0  | 0  |
| 01    | 0  | 0  | 1  |
| 02    | 0  | 1  | 0  |
| 03    | 0  | 1  | 1  |
| 04    | 1  | 0  | 0  |
| 05    | 1  | 0  | 1  |
| 06    | 1  | 1  | 0  |
| 07    | 1  | 1  | 1  |

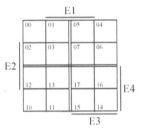

Bei Hinzunahme weiterer Variablen verdoppelt sich jeweils die Anzahl der Felder. Die folgende dritte senkrechte Spiegelung erfolgt am rechten Rand und danach die dritte waagerechte Spiegelung am unteren Rand, dargestellt durch Dreifachstriche.

Führt man die Zeilennummerierung in oktaler Darstellung bei Diagrammen mit mehr als drei Variablen weiter, so zeigt sich der Vorteil der Oktalindizierung, wie sie in Kapitel 4.3.1 erwähnt wurde. Entsprechende Ziffern liegen nämlich ebenfalls symmetrisch. Dies gilt jedoch nur bei Einhaltung der Reihenfolge der Variablen beim Aufbau des Diagramms. Da es sich im nachfolgenden Diagramm um die zweite Spiegelung in waagerechter Richtung handelt, wird auch dies durch einen Doppelstrich gekennzeichnet.

| Zeile | E4 | E3 | E2 | E1 |
|-------|----|----|----|----|
| 00    | 0  | 0  | 0  | 0  |
| 01    | 0  | 0  | 0  | 1  |
| 02    | 0  | 0  | 1  | 0  |
| 03    | 0  | 0  | 1  | 1  |
| 04    | 0  | 1  | 0  | 0  |
| 05    | 0  | 1  | 0  | 1  |
| 06    | 0  | 1  | 1  | 0  |
| 07    | 0  | 1  | 1  | 1  |
| 10    | 1  | 0  | 0  | 0  |
| 11    | 1  | 0  | 0  | 1  |
| 12    | 1  | 0  | 1  | 0  |
| 13    | 1  | 0  | 1  | 1  |
| 14    | 1  | 1  | 0  | 0  |
| 15    | 1  | 1  | 0  | 1  |
| 16    | 1  | 1  | 1  | 0  |
| 17    | 1  | 1  | 1  | 1  |

## 2.  Eintrag der Ausgangsvariablen in das KVS-Diagramm

Jede Funktionstabelle enthält eine Spalte für die Ausgangsvariablen. Für jede Ausgangsvariable A1, A2 ... der Funktionstabelle muss ein KVS-Diagramm angelegt werden. Die nummerierten Felder sind dann mit den Signalwerten aus der Funktionstabelle zu versehen. Üblicherweise werden nur die „1"-Signalwerte in die entsprechenden Felder eingetragen. Felder, die eigentlich „0"-Signalwerte erhalten müssten, können auch leer bleiben.

Ein Sonderfall liegt dann vor, wenn für eine Ausgangsvariable nicht alle Zeilen der Funktionstabelle relevant sind. In diesem Fall wird in die entsprechenden Felder des KVS-Diagramms der Eintrag „x" übernommen. Das bedeutet eine redundante Belegung der betreffenden Felder (x = 0 oder x = 1). Wichtig ist beim Eintrag in die Diagrammfelder, dass alle Felder beachtet werden und die richtige Zuordnung von Feldern im Diagramm und Zeilen in der Funktionstabelle eingehalten wird.

| Zeile | E4 | E3 | E2 | E1 | A1 | A2 |
|-------|----|----|----|----|----|----|
| 00 | 0 | 0 | 0 | 0 | 1 | 0 |
| 01 | 0 | 0 | 0 | 1 | 0 | 1 |
| 02 | 0 | 0 | 1 | 0 | 1 | 1 |
| 03 | 0 | 0 | 1 | 1 | 0 | 0 |
| 04 | 0 | 1 | 0 | 0 | 1 | 1 |
| 05 | 0 | 1 | 0 | 1 | 1 | 0 |
| 06 | 0 | 1 | 1 | 0 | 0 | 1 |
| 07 | 0 | 1 | 1 | 1 | 1 | 0 |
| 10 | 1 | 0 | 0 | 0 | 1 | 1 |
| 11 | 1 | 0 | 0 | 1 | 0 | 0 |
| 12 | 1 | 0 | 1 | 0 | 0 | x |
| 13 | 1 | 0 | 1 | 1 | 1 | x |
| 14 | 1 | 1 | 0 | 0 | 1 | x |
| 15 | 1 | 1 | 0 | 1 | 1 | x |
| 16 | 1 | 1 | 1 | 0 | 0 | x |
| 17 | 1 | 1 | 1 | 1 | 1 | x |

## 3. Vereinfachungsverfahren im KVS-Diagramm

Das Vereinfachungsverfahren verlangt nun, dass Einkreisungen symmetrisch liegender „1"-Felder gefunden werden eventuell auch unter Einschluss von „x"-Feldern. Die Einkreisungen können 2er-, 4er-, 8er-, 16er- usw. Blöcke sein, die symmetrisch im Diagramm liegen und keine „0"-Felder enthalten dürfen. Jedes „1"-Feld muss erfasst, also mindestens einmal eingekreist werden. Ziel ist es, möglichst große Einkreisungen zu finden.

Zusammengefasst werden können:

|  |  |  |
|---|---|---|
| 2 Felder, | dabei entfällt | 1 Variable, |
| 4 Felder, | dabei entfallen | 2 Variablen, |
| 8 Felder, | dabei entfallen | 3 Variablen usw. |

Befinden sich einzeln bleibende „1"-Felder im Diagramm, so müssen diese auch eingekreist werden, es entfällt jedoch keine Variable.

Folgende Felder, die mit Signalzustand „1" oder „x" belegt sind, liegen symmetrisch und können zusammengefasst werden:

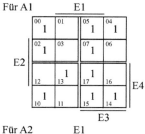

| Zusammen-fassbare Felder | Variablen, die sich ändern | Vereinfachter Term |
|---|---|---|
| 05, 07, 15, 17 | E2, E4 | $E1 \& E3$ |
| 00, 04, 10, 14 | E3, E4 | $\overline{E1} \& \overline{E2}$ |
| 00, 02 | E2 | $\overline{E1} \& \overline{E3} \& \overline{E4}$ |
| 13, 17 | E3 | $E1 \& E2 \& E4$ |

| | | |
|---|---|---|
| 04, 06, 14, 16 | E2, E4 | $\overline{E1} \& E3$ |
| 02, 06, 12, 16 | E3, E4 | $\overline{E1} \& E2$ |
| 10, 12, 14, 16 | E2, E3 | $E1 \& \overline{E4}$ |

Minimierte DNF:

Die minimierte DNF besteht aus genau so vielen Termen, wie es Einkreisungen gibt. Alle UND-Terme müssen ODER-verknüpft werden. Jeder Term ist eine UND-Verknüpfung von übrig gebliebenen Variablen. Die minimierte DNF einer Schaltfunktion hat einen geringeren Umfang als die vollständige DNF, die aus der Funktionstabelle zu entnehmen ist. Für die beiden voranstehenden KVS-Diagramme lauten die Ergebnisse in DNF:

$$A1 = E1\,E3 \lor \overline{E1}\,\overline{E2} \lor \overline{E1}\,E3\,\overline{E4} \lor E1\,E2\,E4 \qquad A2 = \overline{E1}\,E3 \lor \overline{E1}\,E2 \lor \overline{E1}\,E4 \lor E1\,\overline{E2}\,\overline{E3}\,\overline{E4}$$

Die mit dem KVS-Diagramm-Verfahren gewonnene minimierte DNF stimmt auch genau überein mit der durch das algebraische Verfahren erhaltenen minimalen DNF der betreffenden Schaltfunktion. Das soll am Fall der in diesem Kapitel bereits mehrfach untersuchten 2-aus-3-Auswahl zusammenfassend gezeigt werden.

Schaltnetz und Funktionstabelle der 2-aus-3-Auswahl:

Schaltung

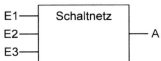

Funktionstabelle

| Zeile | E3 | E2 | E1 | A |
|-------|----|----|----|---|
| $00_8$ | 0 | 0 | 0 | 0 |
| $01_8$ | 0 | 0 | 1 | 0 |
| $02_8$ | 0 | 1 | 0 | 0 |
| $03_8$ | 0 | 1 | 1 | 1 |
| $04_8$ | 1 | 0 | 0 | 0 |
| $05_8$ | 1 | 0 | 1 | 1 |
| $06_8$ | 1 | 1 | 0 | 1 |
| $07_8$ | 1 | 1 | 1 | 1 |

Vollständige DNF der 2-aus-3-Auswahl aus der Funktionstabelle:

$$A = \overline{E3}\,E2\,E1 \lor E3\,\overline{E2}\,E1 \lor E3\,E2\,\overline{E1} \lor E3\,E2\,E1$$

Minimierte DNF durch das algebraische Verfahren:    $A = E2\,E1 \lor E3\,E1 \lor E3\,E2$

Vereinfachung der Schaltfunktion im KVS-Diagramm:

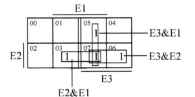

$$A = E2\,E1 \lor E3\,E1 \lor E3\,E2$$

### 4.3.6 Umsetzung in ein Steuerungsprogramm

Die mit der Funktionstabelle und dem algebraischen Verfahren bzw. dem KVS-Diagramm gewonnene minimale DNF ist die formale Lösung der Steuerungsaufgabe.

Die Umsetzung in ein Steuerungsprogramm erfordert die Realisierung der formalen Lösung mit den Mitteln des Projektierungssystems z. B. in den Programmiersprachen „Anweisungsliste AWL", „Funktionsbausteinsprache FBS" (Funktionsplan FUP) oder „Strukturierter Text ST" (SCL bei STEP 7).

Die Steuerungsprogramme aller folgender Beispielen werden in bibliotheksfähigen Codebausteinen realisiert. Deshalb dürfen keine direkten Operanden (z. B. E 0.0) und auch keine Merker verwendet werden. Der Aufruf der Codbausteine erfolgt im OB 1 (STEP 7) bzw. PLC_PRG (CoDeSys).

### 4.3.7 Beispiele

■ **Beispiel 4.11: Gefahrenmelder**

Eine mit Risiken behaftete Anlage (Kraftwerk) soll im Gefahrenfall sofort abgeschaltet werden. Hierzu dienen Gefahrenmelder. Da in den Gefahrenmeldern selbst Fehler auftreten können und ein unnötiges Abschalten erhebliche Kosten verursachen kann, setzt man an jeder kritischen Stelle drei gleichartige Gefahrenmelder ein. Jeder einzelne Gefahrenfall wird mit einem „0"-Signal gemeldet, um Drahtbruchsicherheit zu berücksichtigen. Die Abschaltung soll nur dann erfolgen, wenn mindestens zwei der Gefahrenmelder die Gefahr anzeigen.

**Zuordnungstabelle der Eingänge und Ausgänge:**

| Eingangsvariable | Symbol | Datentyp | Logische Zuordnung | | Adresse |
|---|---|---|---|---|---|
| Gefahrenmelder 1 | S1 | BOOL | Spricht an | $S1 = 0$ | E 0.1 |
| Gefahrenmelder 2 | S2 | BOOL | Spricht an | $S2 = 0$ | E 0.2 |
| Gefahrenmelder 3 | S3 | BOOL | Spricht an | $S3 = 0$ | E 0.3 |
| Ausgangsvariable | | | | | |
| Abschaltung | A | BOOL | Anlage abgeschaltet | $A = 0$ | A 4.0 |

Die möglichen Anlagenzustände werden in einer Funktionstabelle dargestellt:

| Zeile | S3 S2 S1 | A | Kommentar |
|---|---|---|---|
| 00 | 0  0  0 | 0 | Gefahrenfall, Anlage aus |
| 01 | 0  0  1 | 0 | Gefahrenfall, Anlage aus |
| 02 | 0  1  0 | 0 | Gefahrenfall, Anlage aus |
| 03 | 0  1  1 | 1 | |
| 04 | 1  0  0 | 0 | Gefahrenfall, Anlage aus |
| 05 | 1  0  1 | 1 | |
| 06 | 1  1  0 | 1 | |
| 07 | 1  1  1 | 1 | |

Die Schaltfunktion soll als DNF dargestellt werden. Es sind also die „1"-Signalzustände des Ausgangs auszuwerten. Das bedeutet, die Anlage ist nur dann eingeschaltet, wenn mindestens zwei Gefahrenmelder störungsfreien Betrieb signalisieren.

$$A = \overline{E3}\, E2\, E1 \vee E3\, \overline{E2}\, E1 \vee E3 E2 \overline{E1} \vee E3\, E2\, E1$$

Die Vereinfachung der DNF über das algebraische Verfahren oder über das KVS-Diagramm liefert die minimale Schaltfunktion als DNF für die 2- aus-3-Auswahl:

$$A = E2\, E1 \vee E3\, E1 \vee E3\, E2$$

**Funktionsplan:**

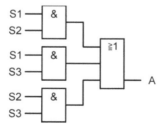

Da die Lösung für die 2-aus-3-Auswahl in einem wieder verwendbaren Codebaustein zur Verfügung stehen soll, muss das Programm in allgemeingültiger Form mit deklarierten Variablen geschrieben werden. Da keine statischen Lokalvariablen zur bausteininternen Speicherung von Werten erforderlich sind, genügt die Verwendung einer Funktion FC. Im Beispiel hier FC 411.

**Programmstruktur:**

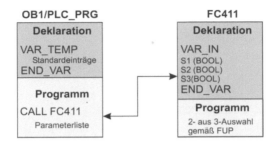

**STEP 7 Programm (AWL-Quelle):**

```
FUNCTION FC411: BOOL
VAR_INPUT
    S1 : BOOL;
    S2 : BOOL;
    S3 : BOOL;
END_VAR

BEGIN
    U   #S1;
    U   #S2;
    O   ;
    U   #S1;
    U   #S3;
    O   ;
    U   #S2;
    U   #S3;
    =   RET_VAL; //Ergebnis
END_FUNCTION
```

**CoDeSys Programm (AWL):**

```
FUNCTION FC411: BOOL
VAR_INPUT
    S1: BOOL;
    S2: BOOL;
    S3: BOOL;
END_VAR

LD    S1
AND   S2
OR(   S1
AND   S3
)
OR(   S2
AND   S3
)
ST    FC411
```

**SCL/ST Programm**

```
FUNCTION FC411: BOOL
VAR_INPUT
    S1: BOOL;
    S2: BOOL;
    S3: BOOL;
END_VAR

FC411:= (S1 AND S2)
         OR
        (S1 AND S3)
         OR
        (S2 AND S3);
```

**Aufruf der Funktion im OB 1:**

```
ORGANIZATION_BLOCK OB 1
VAR_TEMP
...    //Standardeinträge
END_VAR

BEGIN
CALL FC411 (
S1 := E 0.1,
S2 := E 0.2,
S3 := E 0.3,
RET_VAL := A 4.0);
END_ORGANIZATION_BLOCK
```

**Aufruf im PLC-PRG:**

```
PROGRAM PLC_PRG
VAR
END_VAR


LD    %IX0.1
FC411 %IX0.2,%IX0.3
ST    %QX4.0
```

```
FC411(S1:= E1,
      S2:= E2,
      S3:= E3);
A:= FC411;
```

■  **Beispiel 4.12:  Auffangbecken**

Die Entleerung eines Auffangbeckens erfolgt über die beiden Elektromagnet-Ventile M1 und M2 abhängig vom Füllstand im Becken. Meldet Niveau-Sensor S1, dass der Füllstand den zugehörigen Stand erreicht hat (S1 = 0), wird Ventil M1 geöffnet. Ist der Füllstand bei Sensor S2 angekommen, wird Ventil M2 geöffnet. Meldet Sensor S3, werden beide Ventile M1 und M2 geöffnet.

**Technologieschema:**

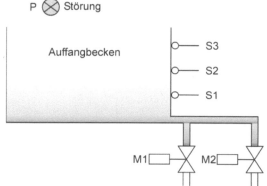

Bei einem Sensorfehler, wenn z. B. S2 meldet und S1 nicht meldet, leuchtet die Störungsanzeige P und beide Ventile werden vorsichtshalber geöffnet.

**Bild 4.7:** Auffangbecken

**Zuordnungstabelle der Eingänge und Ausgänge:**

| Eingangsvariable | Symbol | Datentyp | Logische Zuordnung | | Adresse |
|---|---|---|---|---|---|
| Niveau-Sensor 1 | S1 | BOOL | Spricht an | S1 = 0 | E 0.1 |
| Niveau-Sensor 2 | S2 | BOOL | Spricht an | S2 = 0 | E 0.2 |
| Niveau-Sensor 3 | S3 | BOOL | Spricht an | S3 = 0 | E 0.3 |
| Ausgangsvariable | | | | | |
| Ventil 1 | M1 | BOOL | Ventil auf | M1 = 1 | A 4.1 |
| Ventil 2 | M2 | BOOL | Ventil auf | M2 = 1 | A 4.2 |
| Störungsanzeige | P | BOOL | Leuchtet | P = 1 | A 4.3 |

Die möglichen Zustände der Niveau-Sensoren und die davon abhängige Ansteuerung der Ventile bzw. der Störungsanzeige werden in einer Funktionstabelle dargestellt:

**Funktionstabelle:**

| | S3 | S2 | S1 | M1 | M2 | P |
|---|---|---|---|---|---|---|
| 00 | 0 | 0 | 0 | 1 | 1 | 0 |
| 01 | 0 | 0 | 1 | 1 | 1 | 1 |
| 02 | 0 | 1 | 0 | 1 | 1 | 1 |
| 03 | 0 | 1 | 1 | 1 | 1 | 1 |
| 04 | 1 | 0 | 0 | 0 | 1 | 0 |
| 05 | 1 | 0 | 1 | 1 | 1 | 1 |
| 06 | 1 | 1 | 0 | 1 | 0 | 0 |
| 07 | 1 | 1 | 1 | 0 | 0 | 0 |

**Disjunktive Normalformen:**

$$M1 = \overline{S3}\,\overline{S2}\,\overline{S1} \vee \overline{S3}\,\overline{S2}\,S1 \vee \overline{S3}\,S2\,\overline{S1} \vee \overline{S3}\,S2\,S1$$
$$\vee\, S3\,\overline{S2}\,S1 \vee S3\,S2\,\overline{S1}$$

$$M2 = \overline{S3}\,\overline{S2}\,\overline{S1} \vee \overline{S3}\,\overline{S2}\,S1 \vee \overline{S3}\,S2\,\overline{S1} \vee \overline{S3}\,S2\,S1$$
$$\vee\, S3\,\overline{S2}\,\overline{S1} \vee S3\,\overline{S2}\,S1$$

$$P = \overline{S3}\,\overline{S2}\,S1 \vee \overline{S3}\,S2\,\overline{S1} \vee \overline{S3}\,S2\,S1 \vee S3\,\overline{S2}\,S1$$

Die Vereinfachung der DNF über das algebraische Verfahren oder über das KVS-Diagramm liefern folgende minimale Schaltfunktionen für die Ansteuerung von M1, M2 bzw. P:

$$M1 = \overline{S3} \vee \overline{S2}\,S1 \vee S2\,\overline{S1} \qquad M2 = \overline{S3} \vee \overline{S2} \qquad P = S1\,\overline{S2} \vee S2\,\overline{S3}$$

Da keine lokalen Variablen innerhalb des Bausteins ihren Wert speichern müssen, genügt die Verwendung einer Funktion FC. Im Beispiel hier FC 412. Die Funktion FC 412 besitzt drei boolesche Rückgabewerte, welche bei STEP 7 und bei CoDeSys als OUT-Variablen deklariert. Möchte man nur ein

Rückgabewert der Funktionen beibehalten, muss eine neue selbst definierte Variable (z.B. OUTV), bestehend aus den drei booleschen Ausgabevariablen M1,M2 und Q, eingeführt werden. (UDT oder selbstdefinierter Datentyp)

**Aufruf des Codebausteins:**

**bei STEP 7 im OB 1:**          **bei CoDeSys im PLC_PRG:**          **Mit einem Rückgabewert:**

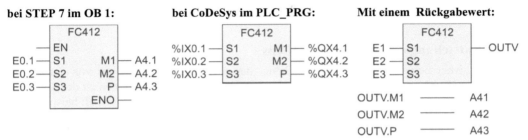

**Programm des Codebausteins FC 412:**

| **STEP 7 Programm (AWL-Quelle):** | **CoDeSys Programm (AWL):** | **SCL/ST Programm:** |
|---|---|---|

```
FUNCTION FC412: VOID
VAR_INPUT
    S1 : BOOL;
    S2 : BOOL;
    S3 : BOOL;
END_VAR

VAR_OUTPUT
    M1 : BOOL;
    M2 : BOOL;
    P : BOOL;
END_VAR

BEGIN
    UN   #S3;
    O    ;
    U    #S1;
    UN   #S2;
    O    ;
    UN   #S1;
    U    #S2;
    =    #M1;

    ON   #S3;
    ON   #S2;
    =    #M2;

    U    #S1
    UN   #S2;
    O    ;
    U    #S2;
    UN   #S3;
    =    #P;

END_FUNCTION
```

```
FUNCTION FC412: FC_OUT
VAR_INPUT
    S1: BOOL;
    S2: BOOL;
    S3: BOOL;
END_VAR

VAR_OUTPUT
    M1 : BOOL;
    M2 : BOOL;
    P : BOOL;
END_VAR

    LD    S3
    OR(   S1
    ANDN  S2
    )
    OR(   TRUE
    ANDN  S1
    AND   S2
    )
    ST    M1

    LDN   S2
    ORN   S3
    ST    M2

    LD    S1
    ANDN  S2
    OR(   S2
    ANDN  S3
    )
    ST    P
```

```
VAR_INPUT
    S1: BOOL;
    S2: BOOL;
    S3: BOOL;
END_VAR

VAR_OUTPUT
    M1 : BOOL;
    M2 : BOOL;
    P : BOOL;
END_VAR

M1:= NOT(S3) OR
     (S1 AND NOT(S2))
     OR (NOT(S1) AND S2);

M2:= NOT(S3) OR NOT(S2);

P:=  (S1 AND NOT(S2)) OR
     (S2 AND NOT(S3));
```

## 4.4 Speicherfunktionen

Viele Steuerungsaufgaben erfordern die Verwendung von Speicherfunktionen. Eine Speicherfunktion liegt dann vor, wenn ein kurzzeitig auftretender Signalzustand über den Programmzyklus hinaus festgehalten, d. h. gespeichert wird. Steuerungsprogramme mit Speicherfunktionen werden auch als Schaltwerke bezeichnet.

### 4.4.1 Entstehung des Speicherverhaltens

Bei den bisher behandelten Operationen hängt der Ausgangssignalwert nur von der augenblicklichen Kombination der Eingangssignale ab. Bei den Speicherfunktionen ist der Signalzustand der Ausgänge noch zusätzlich von einem „inneren Zustand" abhängig. Soll beispielsweise ein Leuchtmelder P durch kurzzeitiges Betätigen eines EIN- Tasters S1 eingeschaltet und durch kurzzeitiges Betätigen eines AUS-Tasters S0 wieder ausgeschaltet werden, so kann der Ausgangssignalwert nicht mehr allein durch die Kombination der Eingangssignalwerte angegeben werden.

| Zeile | S1 | S0 | P |
|-------|----|----|---|
| 0 | 0 | 0 | $0 \Rightarrow$ wenn S0 zuvor betätigt wurde |
|   |   |   | $1 \Rightarrow$ wenn S1 zuvor betätigt wurde |
| 1 | 0 | 1 | 0 |
| 2 | 1 | 0 | 1 |
| 3 | 1 | 1 | $0 \Rightarrow$ wenn Ausschalten dominant |
|   |   |   | $1 \Rightarrow$ wenn Einschalten dominant |

Die Tabelle zeigt, dass der Ausgangssignalwert P in der Zeile 0 von der Vorgeschichte des Schaltwerks abhängt und der Ausgangssignalwert P in der Zeile 3 durch Festlegung bestimmt und eingetragen werden kann. Mit Hilfe eines kleinen *Tricks* ist es möglich, eine vollständig ausgefüllte Funktionstabelle anzugeben. Man führt für die Vorgeschichte des Schaltwerks eine neue Variable, *die „Zustandsvariable Q"* ein. Die Zustandsvariable Q beschreibt den inneren Signalzustand, den das Schaltwerk **vor** dem Anlegen der jeweiligen Eingangskombination hatte.

| Zeile | Q | S1 | S0 | P |
|-------|---|----|----|---|
| 0 | 0 | 0 | 0 | 0 |
| 1 | 0 | 0 | 1 | 0 |
| 2 | 0 | 1 | 0 | 1 |
| 3 | 0 | 1 | 1 | 0 |
| 4 | 1 | 0 | 0 | 1 |
| 5 | 1 | 0 | 1 | 0 |
| 6 | 1 | 1 | 0 | 1 |
| 7 | 1 | 1 | 1 | 0 |

Festlegung: Werden S0 und S1 gleichzeitig gedrückt, so soll der Ausgangssignalwert P „0" sein.

Der Ausgangssignalwert P des Schaltwerks ist also abhängig von den Eingangsvariablen S0, S1 und der Zustandsvariablen Q,

$P = f (S1; S0; Q)$

und kann zwei Zustände annehmen.

Da bei dieser Speicherfunktion der Signalzustand der Zustandsvariablen Q jeweils mit dem Signalwert der Ausgangsvariablen P übereinstimmt, kann in der Funktionstabelle statt der Zustandsvariablen Q die Ausgangsvariable P eingetragen werden. Die Ausgangsvariable P erscheint somit zweimal in der Funktionstabelle, jedoch mit unterschiedlicher Bedeutung. Einmal steht die Variable bei den Eingangsvariablen und entspricht dem Ausgangssignalzustand P vor Anlegen der Eingangskombination (bisher Q) und zum anderen taucht die Ausgangsvariable P in der Ausgangsspalte auf, in die der Signalwert nach angelegter Eingangskombination eingetragen wird.

Aus dieser Funktionstabelle kann nach der disjunktiven Normalform folgende Schaltfunktion abgelesen werden:

$$P = \overline{P}\,S1\,\overline{S0} \lor P\,\overline{S1}\,\overline{S0} \lor P\,S1\,\overline{S0}$$

Nach der Anwendung eines Minimierungsverfahrens ergibt sich dann:

**Schaltfunktion:**

$$P = P\,\overline{S0} \lor S1\,\overline{S0} = \overline{S0}\,\&\,(P \lor S1)$$

**Funktionsplan:**

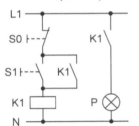

**Zeitdiagramm:**

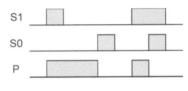

Exkurs: In der Schütztechnik werden Speicher im Prinzip nach derselben Schaltfunktion realisiert, allerdings unter Verwendung eines Hilfsschützes K1. Überträgt man die Schaltfunktion $P = \overline{S0}\,\&\,(K1 \lor S1)$ in eine Kontaktlogik, so erhält man den folgenden Schaltplan.

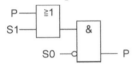

Durch die Parallelschaltung von S1 und Schützkontakt K1 wird ein kurzzeitiges Drücken des Tasters S1 gespeichert. In der Schütztechnik wird dies als Selbsthaltung bezeichnet. Bei gleichzeitiger Betätigung von S0 und S1 zieht das Schütz K1 nicht an. Das Hilfsschütz K1 schaltet die Lampe P.

Das Prinzip der Selbsthaltung für eine Speicherfunktion hat in Steuerungsprogrammen nur noch Bedeutung, wenn entweder der Kontaktplan als Programmiersprache verwendet wird oder eine Speicherung nur dann erfolgen darf, wenn ein externer Kontakt meldet, dass das Schütz tatsächlich angezogen hat.

## 4.4.2 Speicherfunktionen in Steuerungsprogrammen

### 4.4.2.1 Speicherfunktion mit vorrangigem Rücksetzen

Die im vorigen Abschnitt entworfene Speicherschaltung mit der Funktionsgleichung $P = \overline{S0}\,\&\,(P \lor S1)$ besitzt die beiden Eingänge S0 und S1 sowie einen Ausgang P. Der Eingang S1 setzt den Ausgang P auf den Signalwert „1" und der Eingang S0 setzt den Ausgang P wieder auf den Signalwert „0" zurück. Die Eingänge der Speicherschaltung werden deshalb auch bezeichnet mit:

S1 = Setzeingang = S

S0 = Rücksetzeingang = R

Wird an die beiden Eingänge S0 und S1 ein „1"-Signal gelegt, so ergibt sich am Ausgang P ein „0"-Signal. Man spricht dabei von vorrangigem Rücksetzen und bezeichnet die Funktion als „Rücksetzdominant" oder als RS-Speicher.

Die Speicherschaltung kann zu einem Speicherbaustein zusammengefasst werden, welcher dann als RS-Speicher bezeichnet und mit folgendem Symbol dargestellt wird.

### 4.4.2.2 Speicherfunktion mit vorrangigem Setzen

Soll der Ausgang P bei gleichzeitigem Anlegen eines „1"-Signals ebenfalls ein „1"-Signal besitzen, spricht man von vorrangigem Setzen und bezeichnet die Funktion als „Setzdominant" oder als SR-Speicher.

**Funktionstabelle:**

| Zeile | P | S1 | S0 | P |
|-------|---|----|----|---|
| 0 | 0 | 0 | 0 | 0 |
| 1 | 0 | 0 | 1 | 0 |
| 2 | 0 | 1 | 0 | 1 |
| 3 | 0 | 1 | 1 | 1 |
| 4 | 1 | 0 | 0 | 1 |
| 5 | 1 | 0 | 1 | 0 |
| 6 | 1 | 1 | 0 | 1 |
| 7 | 1 | 1 | 1 | 1 |

**Normalform:**

$$P = \overline{P}\,S1\,\overline{S0} \vee \overline{P}\,S1\,S0 \vee P\,\overline{S1}\,\overline{S0}$$
$$\vee P\,S1\,\overline{S0} \vee P\,S1\,S0$$

**Funktionsplan:**

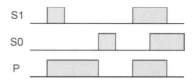

**Minimierte Schaltfunktion:**

$$P = (\overline{S0}\,\&\,P) \vee S1$$

**Zeitdiagramm:**

Auch diese Speicherschaltung kann wieder zu einem Speicherbaustein zusammengefasst werden, welcher dann als SR-Speicher bezeichnet und mit folgendem Symbol dargestellt wird.

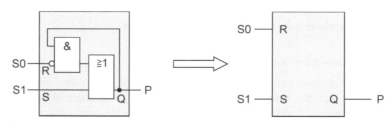

### 4.4.3 Speicherfunktionen nach DIN EN 61131-3

In der DIN-Norm EN 61131-3 werden die Speicherfunktionen als bistabile Elemente in Form von Standard-Funktionsbausteinen ausgewiesen. Die grafische Form und die Funktionsbaustein-Rümpfe für die standardmäßigen bistabilen Elemente sind wie folgt angegeben:

| Nr. | Grafische Form | Funktionsbaustein-Rumpf |
|-----|----------------|--------------------------|
| 1 | Bistabiler Funktionsbaustein (vorrangiges Setzen) | |

```
                                                   +-----+
        +------+                        S1-------------| >=1 |---Q1
        |  SR  |                            +---+      |     |
 BOOL---|S1  Q1|---BOOL                  R---0|  &  |----|     |
 BOOL---|R     |                         Q1---|   |      |     |
        +------+                             +---+      +-----+
```

| 2 | Bistabiler Funktionsbaustein (vorrangiges Rücksetzen) | |

```
                                                   +-----+
        +------+                        R1-------------0|  &  |---Q1
        |  RS  |                            +-----+    |     |
 BOOL---|S   Q1|---BOOL                  S----| >=1 |----|     |
 BOOL---|R1    |                         Q1---|     |    |     |
        +------+                             +-----+    +-----+
```

Beim Aufruf eines solchen Standard-Funktionsbausteins muss dann noch ein Instanznamen oberhalb des Blocks angegeben werden.

Beispiel für die Instanziierung eines bistabilen Funktionsbausteins:

| FBS-Sprache | ST-Sprache |
|-------------|------------|
| <pre>       FF75<br>     +-----+<br>     \|  SR  \|<br>%IX1---\|S1  Q1\|---%QX3<br>%IX2---\|R     \|<br>     +-----+</pre> | <pre>VAR FF75: SR; END_VAR    (*Deklaration*)<br>FF75 (S1:=%IX1, R:=%IX2); (*Aufruf*)<br>%QX3 := FF75.Q1;         (*Ausgangszuweisung*)</pre> |

### 4.4.4 Speicherfunktionen in STEP 7

In STEP 7 werden Speicherfunktionen in der Anweisungsliste AWL durch eine Setz- und eine Rücksetzoperation mit dem selben Operanden realisiert. Die beiden Operationen lassen sich auch im Funktionsplan als Speicherbaustein darstellen. Für die Funktionsweise der RS-Speicherfunktion ist wichtig, in welcher Reihenfolge die Setz- und die Rücksetzoperation programmiert werden. Wird zuerst die Setz- und dann die Rücksetzoperation programmiert, so entsteht eine Speicherfunktion mit vorrangigem Rücksetzen. Im umgekehrten Fall entsteht eine Speicherfunktion mit vorrangigem Setzen.

**Speicherfunktion mit vorrangigem Rücksetzen:**

Bedingt durch die sequentielle Abarbeitung der Anweisungen setzt die CPU mit der zuerst bearbeiteten Setzoperation den Operanden der Speicherfunktion, welcher mit der folgenden Rücksetzanweisung gleich wieder zurückgesetzt wird. Der Speicheroperand bleibt dann für den Rest der Programmabarbeitung zurückgesetzt. Wird der Speicheroperand einem externen Ausgang zugewiesen, so bleibt dieser von dem kurzzeitigen Setzen unbeeinflusst. Das kurzzeitige Setzen des Ausgangs findet nur im Prozessabbild der Ausgänge statt, das erst am Ende des Programmzyklus den Ausgängen zugewiesen wird. Die Speicherfunktion mit vorrangigem Rücksetzen wird in den meisten Fällen angewandt, da in der Regel der zurückgesetzte Signalzustand der sichere bzw. ungefährlichere Zustand ist.

Operationsdarstellung in der Steuerungssprache STEP 7:

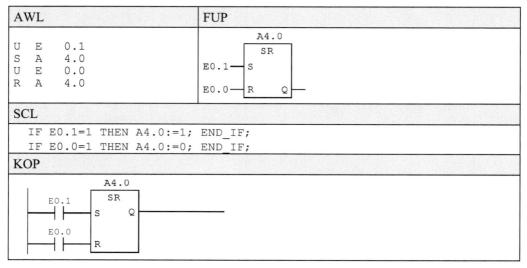

Der Aufruf von Funktionen wie Speicher, Zeiten, Zähler etc. im Kontaktplan wird von vielen Programmiersystemen unterstützt. Da sich Funktionen selbstverständlich nicht mit Kontakten darstellen lassen, erscheinen in der Steuerungssprache Kontaktplan KOP die Funktionen mit Funktionssymbolen. Die Bezeichnung Kontaktplan wird damit aber fragwürdig. Im weiteren Verlauf wird deshalb auf die Kontaktplan-Darstellung von Funktionen verzichtet.

**Speicherfunktion mit vorrangigem Setzen:**

Beim Bearbeiten der Anweisungen setzt die CPU mit der Rücksetzoperation den Operanden der Speicherfunktion zunächst auf „0"-Signal zurück und anschließend mit der Setzoperation auf Signalzustand „1". Der Speicheroperand bleibt dann für den Rest der Programmabarbeitung gesetzt. Wird der Speicheroperand einem externen Ausgang zugewiesen, so bleibt dieser von dem kurzzeitigen Rücksetzen unbeeinflusst. Das kurzzeitige Setzen des Ausgangs findet nur im Prozessabbild der Ausgänge statt. Erst am Ende eines Programmzyklus wird das Prozessabbild der Ausgänge den SPS-Ausgängen zugewiesen.

Operationsdarstellung in der Steuerungssprache STEP 7:

| AWL | FUP |
|---|---|
| U E 0.0<br>R A 4.0<br>U E 0.1<br>S A 4.0 | 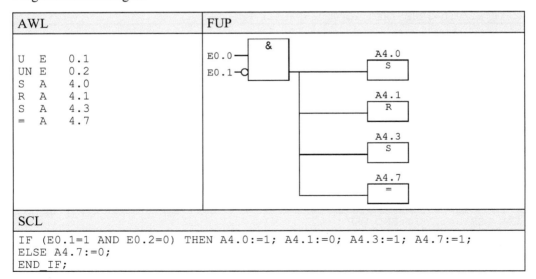 |
| **SCL** | |
| IF E0.0=1 THEN A4.0:=0; END_IF;<br>IF E0.1=1 THEN A4.0:=1; END_IF; | |

Sowohl das Setzen wie auch das Rücksetzen eines Operanden können an verschiedenen Stellen des Steuerungsprogramms ausgeführt werden. Der RS-Speicherbaustein zerfällt dann in die beiden Operationen Setzen und Rücksetzen. Damit geht zwar die Übersicht verloren, durch welche Bedingung der Operand gesetzt bzw. rückgesetzt wird, es kann aber der Vorteil genutzt werden, ein Verknüpfungsergebnis für mehrere Setz- bzw. Rücksetzfunktionen zu nutzen. Mehrere Setz- und Rücksetzoperationen sowie Zuweisungen in beliebiger Kombination können nämlich dasselbe Verknüpfungsergebnis VKE auswerten.

In der AWL werden dazu die entsprechenden Operationen mit den unterschiedlichen Operanden untereinander geschrieben. Solange Setz-, Rücksetz- und Zuweisungs-Operationen bearbeitet werden, ändert sich das Verknüpfungsergebnis nicht. Erst mit der nächsten Abfrageanweisung wird ein neues Verknüpfungsergebnis durch die CPU gebildet.

Auch im Funktionsplan ist eine Darstellung von Mehrfachabfragen des Verknüpfungsergebnisses möglich. Dazu werden mehrere Boxen am Ende der Verknüpfung angeordnet. Das Zeichen in der Box bestimmt, ob der zugehörige Operand gesetzt oder rückgesetzt wird bzw. eine Zuweisung vorliegt.

Beispiel einer Mehrfachabfrage des Verknüpfungsergebnisses in den verschiedenen Programmdarstellungen:

| AWL | FUP |
|---|---|
| U E 0.1<br>UN E 0.2<br>S A 4.0<br>R A 4.1<br>S A 4.3<br>= A 4.7 | |
| **SCL** | |
| IF (E0.1=1 AND E0.2=0) THEN A4.0:=1; A4.1:=0; A4.3:=1; A4.7:=1;<br>ELSE A4.7:=0;<br>END_IF; | |

### 4.4.5 Speicherfunktionen in CoDeSys

CoDeSys stellt Speicherbausteine sowohl als Standard-Funktionsbausteine wie auch als Setz-bzw. Rücksetz-Operator in den verschiedenen Programmiersprachen zur Verfügung. Während die Verwendung der bistabilen Funktionsblöcke die Einführung von Instanzvariablen erfordert, werden diese bei der Verwendung der Setz- bzw. Rücksetz-Operatoren nicht benötigt.

**Speicherfunktion mit vorrangigem Rücksetzen:**

Aufruf des bistabilen Funktionsblocks in CoDeSys:

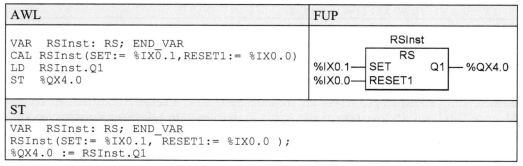

| AWL | FUP |
|---|---|
| `VAR   RSInst: RS; END_VAR`<br>`CAL RSInst(SET:= %IX0.1,RESET1:= %IX0.0)`<br>`LD   RSInst.Q1`<br>`ST   %QX4.0` | RSInst<br>RS<br>%IX0.1 — SET    Q1 — %QX4.0<br>%IX0.0 — RESET1 |
| **ST** | |
| `VAR   RSInst: RS; END_VAR`<br>`RSInst(SET:= %IX0.1, RESET1:= %IX0.0 );`<br>`%QX4.0 := RSInst.Q1` | |

Verwendung des Setz- bzw. Rücksetzoperanden:

| AWL | FUP |
|---|---|
| `LD    %IX0.1`<br>`S     %QX4.0`<br>`LD    %IX0.0`<br>`R     %QX4.0` | %IX0.1 — S  %QX4.0<br><br>%IX0.0 — R  %QX4.0 |
| **ST** | |
| `   IF %IX0.1=TRUE THEN %QX4.0:=TRUE;  END_IF;`<br>`   IF %IX0.0=TRUE THEN %QX4.0:=FALSE; END_IF;` | |

**Speicherfunktion mit vorrangigem Setzen:**

Aufruf des bistabilen Funktionsblocks in CoDeSys:

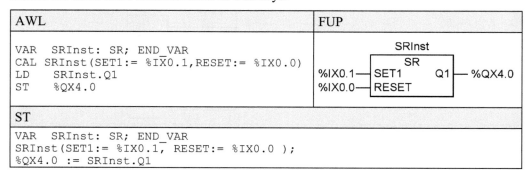

| AWL | FUP |
|---|---|
| `VAR   SRInst: SR; END_VAR`<br>`CAL SRInst(SET1:= %IX0.1,RESET:= %IX0.0)`<br>`LD   SRInst.Q1`<br>`ST   %QX4.0` | SRInst<br>SR<br>%IX0.1 — SET1   Q1 — %QX4.0<br>%IX0.0 — RESET |
| **ST** | |
| `VAR   SRInst: SR; END_VAR`<br>`SRInst(SET1:= %IX0.1, RESET:= %IX0.0 );`<br>`%QX4.0 := SRInst.Q1` | |

Verwendung des Setz- bzw. Rücksetzoperanden:

| AWL | FUP |
|---|---|
| LD   %IX0.0<br>R     %QX4.0<br>LD   %IX0.1<br>S     %QX4.0 | %IX0.0──[R] %QX4.0<br><br>%IX0.1──[S] %QX4.0 |

| ST |
|---|
| IF %IX0.0=TRUE THEN %QX4.0:=FALSE; END_IF;<br>IF %IX0.1=TRUE THEN %QX4.0:=TRUE; END_IF; |

## 4.4.6 Verriegelung von Speichern

Das Verriegeln von Speichern ist in der Steuerungstechnik ein immer wiederkehrendes und wichtiges Prinzip. Zwei Arten von Verriegelungen lassen sich unterscheiden. Beim gegenseitigen Verriegeln dürfen bestimmte Speicher nicht gleichzeitig gesetzt sein. Beispiel hierfür ist eine Wendeschützschaltung, bei der Rechts- und Linkslaufschütz niemals gleichzeitig angezogen sein dürfen. Bei der Reihenfolgeverriegelung darf ein Speicher nur gesetzt werden, wenn bereits einer oder mehrere Speicher gesetzt sind. Diese Art der Verriegelung trifft man beispielsweise bei hintereinander geschalteten Förderbändern an.

### 4.4.6.1 Gegenseitiges Verriegeln

Am Beispiel von zwei RS-Speicherfunktionen sollen die beiden Möglichkeiten der gegenseitigen Verriegelung gezeigt werden. Ist eines der beiden Speicherglieder gesetzt, kann das andere nicht mehr gesetzt werden. Für diese Verriegelung gibt es zwei Realisierungsmöglichkeiten.

**Verriegelung über den Rücksetz-Eingang:**

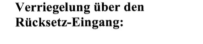
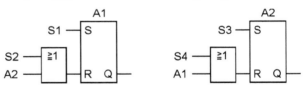

Ist beispielsweise die Speicherfunktion A2 gesetzt und wird über S1 ein „1"-Signal an den Setzeingang der Speicherfunktion A1 gelegt, so wird durch die sequentielle Programmabarbeitung der Operand im Prozessabbild der Ausgänge gesetzt und sofort wieder nach Abarbeiten der Rücksetzoperation zurückgesetzt. Am Ende des Programmzyklus ist dann die Speicherfunktion A1 im Prozessabbild der Ausgänge zurückgesetzt.

**Verriegelung über den Setz-Eingang:**

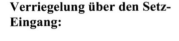
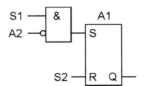
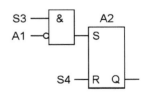

Über die UND-Verknüpfung an den Setz-Eingängen der Speicherglieder wird der Setz-Befehl nur wirksam, wenn der jeweils andere Speicher ein „0"-Signal hat, also nicht gesetzt ist.

Der Unterschied der beiden Verriegelungsarten besteht darin, dass bei der Verriegelung über die Rücksetzeingänge ein bereits gesetzter Speicher durch eine Verriegelungsbedingung zurückgesetzt werden kann. Dieser Fall kommt bei Schrittkettenprogrammierung mit Hilfe von Speicherfunktionen sehr häufig vor. Der Folgeschritt setzt dabei stets den vorangegangenen Schritt zurück. Die Verriegelung über den Rücksetzeingang wird in den meisten Fällen bei Steuerungsprogrammen bevorzugt.

### 4.4.6.2 Reihenfolgeverriegelung

Eine Reihenfolgeverriegelung liegt vor, wenn Speicherfunktionen nur in einer ganz bestimmten festgelegten Reihenfolge gesetzt werden dürfen. Am Beispiel von zwei RS-Speicherfunktionen sollen die beiden Möglichkeiten der Folgeverriegelung gezeigt werden. Damit eine Speicherfunktion gesetzt werden kann muss zuvor ein anderer Speicher gesetzt sein

**Verriegelung über den Setz-Eingang:**

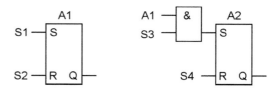

Über die UND-Verknüpfung am Setz-Eingang der RS-Speicherfunktion A2 wird der Setz-Befehl nur wirksam, wenn die Speicherfunktion A1 „1"-Signal hat, also gesetzt ist. Die zweite Möglichkeit, eine Reihenfolgeverriegelung über den Rücksetzeingang zu realisieren, hat den Nachteil, dass beim Rücksetzen der Speicherfunktion A1 auch die Speicherfunktion A2 zurückgesetzt wird.

**Verriegelung über den Rücksetz-Eingang:**

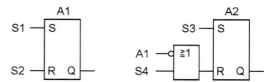

Durch den beschriebenen Nachteil dieser Verriegelungsart werden Reihenfolgeverriegelungen in der Mehrzahl über den Setz-Eingang ausgeführt.

## 4.4.7 Beispiele

■ **Beispiel 4.13: Selektive Bandweiche**

Auf einem Transportband werden lange und kurze Werkstücke in beliebiger Reihenfolge antransportiert. Die Bandweiche soll so gesteuert werden, dass die ankommenden Teile nach ihrer Länge getrennten Abgabestationen zugeführt werden. Die Länge der Teile wird über eine Abtastvorrichtung ermittelt (Rollenhebel): Durchläuft ein langes Teil die Abtastvorrichtung, sind kurzzeitig alle drei Rollenhebel betätigt. Durchläuft ein kurzes Teil die Abtastvorrichtung, wird kurzzeitig nur der mittlere Rollenhebel betätigt. Bewegt wird die Bandweiche durch einen pneumatischen Zylinder, der von einem 5/2-Wegeventil mit elektromagnetischer Betätigung und Rückstellfeder angesteuert wird. Ist der Elektromagnet M1 des Ventils stromdurchflossen, fährt der Kolben des Zylinders aus.

**Technologieschema:**

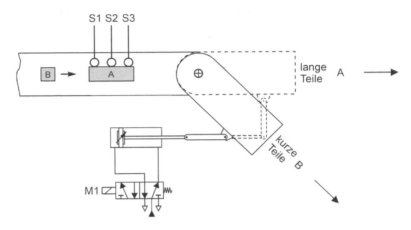

**Bild 4.8:** Bandweiche

**Zuordnungstabelle der Eingänge und Ausgänge:**

| Eingangsvariable | Symbol | Datentyp | Logische Zuordnung | | Adresse |
|---|---|---|---|---|---|
| Rollenhebel 1 | S1 | BOOL | Betätigt | S1 = 1 | E 0.1 |
| Rollenhebel 2 | S2 | BOOL | Betätigt | S2 = 1 | E 0.2 |
| Rollenhebel 3 | S3 | BOOL | Betätigt | S3 = 1 | E 0.3 |
| Ausgangsvariable | | | | | |
| Magnetventil | M1 | BOOL | Angezogen | M1 = 1 | A 4.0 |

Zur Lösung der Steuerungsaufgabe werden die Bedingungen für das Umschalten der Bandweiche durch die Kombinationen der Rollenhebelventile ermittelt.

Bedingung für das Setzen des Ausgangssignals M1:

$M1_S = S1 \& S2 \& S3$

Bedingung für das Rücksetzen des Ausgangssignals M1:

$M1_R = \overline{S1} \& S2 \& \overline{S3}$

**Funktionsplan:**

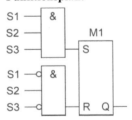

**STEP 7 Programm:**

Obwohl eine Speicherfunktion in dem zu schreibenden bibliotheksfähigen Codebaustein benötigt wird, genügt bei STEP 7 die Verwendung einer Funktion (hier FC 413). Die Variable M1 ist dann allerdings als IN_OUT_Variable anzugeben. Wird während eines Programmdurchlaufs die Bedingung für das Setzen bzw. Rücksetzen nicht erfüllt, bleibt der Signalzustand des Ausgangssignals M1 erhalten, da die eigentliche Speicherung in dem an den IN_OUT-Paramter geschriebene Variablen erfolgt. Im Beispiel wäre dies der Operand A 4.0. Ein Funktionsbaustein ist bei STEP 7 nur erforderlich, wenn statische Lokalvariablen auftreten. Da hier nur die IN_Variablen S1, S2 und S3 bzw. die IN_QUT_Variable M1 innerhalb des Bausteins auftreten, kann das Steuerungsprogramm in eine Funktion geschrieben werden.

**Aufruf FC 413 im OB 1:**     **FC 413 AWL-Quelle:**

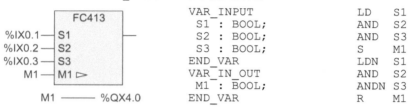

```
FUNCTION FC413 : VOID
VAR_INPUT
  S1 : BOOL;
  S2 : BOOL;
  S3 : BOOL;
END_VAR
VAR_IN_OUT
  M1 : BOOL;
END_VAR
```

```
BEGIN
  U  #S1;
  U  #S2;
  U  #S3;
  S  #M1;
  UN #S1;
  U  #S2;
  UN #S3;
  R  #M1;
END_FUNCTION
```

**CoDeSys Programm:**

Bei CoDeSys gilt das gleiche für die Auswahl des Codebausteins. Allerdings kann beim Aufruf der Funktion an die IN_OUT-Variable keine Ausgangsvariable mit fester Adresse (z. B. %QX4.1) geschrieben werden. Deshalb ist die Variablen M1 als Übergabevariablen auch im PLC-Programm deklariert.

**Aufruf FC 413 im PLC_PRG:**     **FC 413 AWL:**

```
VAR_INPUT
  S1 : BOOL;
  S2 : BOOL;
  S3 : BOOL;
END_VAR
VAR_IN_OUT
  M1 : BOOL;
END_VAR
```

```
LD   S1
AND  S2
AND  S3
S    M1
LDN  S1
AND  S2
ANDN S3
R    M1
```

Soll der Rückgabewert der Funktion das Ergebnis (M1) enthalten, so muss der einer Variablen zugewiesene Funktionswert zu Beginn der Abarbeitung der Funktion über eine zusätzliche Eingangsvariable (z.Bsp FC_IN) der Funktion wieder zugewiesen werden.

**Aufruf FC 413:**     **FC 413 in SCL/ST:**

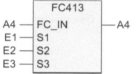

```
FUNCTION FC413 :BOOL
VAR_INPUT
  FC_IN:=BOOL;
  S1 : BOOL;
  S2 : BOOL;
  S3 : BOOL;
END_VAR
```

```
FC413 := FC_IN;
IF  S1 AND S2 AND S3 THEN
FC413:=TRUE; END_IF;
IF  NOT(S1) AND S2 AND
NOT(S3) THEN FC413:=FALSE;
END_IF
```

■ **Beispiel 4.14: Behälter-Füllanlage**

Drei Vorratsbehälter mit den Signalgebern S1, S3 und S5 für die Vollmeldung und S2, S4 und S6 für die Leermeldung können von Hand in beliebiger Reihenfolge entleert werden. Eine Steuerung soll bewirken, dass stets nur ein Behälter nach erfolgter Leermeldung gefüllt werden kann. Das Füllen eines Behälters dauert solange an, bis die entsprechende Vollmeldung erfolgt.

**Technologieschema:**

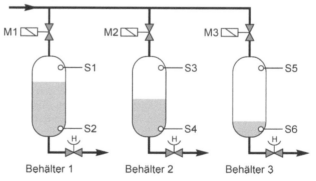

**Bild 4.9:** Behälterfüllanlage

**Zuordnungstabelle der Eingänge und Ausgänge:**

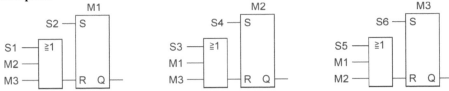

| Eingangsvariable | Symbol | Datentyp | Logische Zuordnung | | Adresse |
|---|---|---|---|---|---|
| Vollmeldung Behälter 1 | S1 | BOOL | Behälter 1 voll | S1 = 1 | E 0.1 |
| Vollmeldung Behälter 2 | S3 | BOOL | Behälter 2 voll | S3 = 1 | E 0.3 |
| Vollmeldung Behälter 3 | S5 | BOOL | Behälter 3 voll | S5 = 1 | E 0.5 |
| Leermeldung Behälter 1 | S2 | BOOL | Behälter 1 leer | S2 = 1 | E 0.2 |
| Leermeldung Behälter 2 | S4 | BOOL | Behälter 2 leer | S4 = 1 | E 0.4 |
| Leermeldung Behälter 3 | S6 | BOOL | Behälter 3 leer | S6 = 1 | E 0.6 |
| Ausgangsvariable | | | | | |
| Magnetventil Behälter 1 | M1 | BOOL | Ventil offen | M1 = 1 | A 4.1 |
| Magnetventil Behälter 2 | M2 | BOOL | Ventil offen | M2 = 1 | A 4.2 |
| Magnetventil Behälter 3 | M3 | BOOL | Ventil offen | M3 = 1 | A 4.3 |

Jedes Ventil wird über eine Speicherfunktion angesteuert. Von den drei Speicherfunktionen darf jeweils nur ein Speicher gesetzt werden. Ist ein Speicher gesetzt, dürfen sich die beiden anderen nicht setzen lassen. Die Verriegelung kann über den Rücksetzeingang der Speicherfunktion ausgeführt werden.

**Funktionsplan:**

```
         M1                      M2                      M3
   S2 ─┤S                  S4 ─┤S                  S6 ─┤S
                                                   
S1 ─┐                   S3 ─┐                   S5 ─┐
M2 ─┤≥1                 M1 ─┤≥1                 M1 ─┤≥1
M3 ─┘      R  Q         M3 ─┘      R  Q         M2 ─┘      R  Q
```

**STEP 7 Programm:**

Da keine stationären Lokalvariablen auftreten, kann wieder eine Funktion FC (FC 414) für das Steuerungsprogramm verwendet werden. Die Variablen M1, M2 und M3 müssen dabei als IN_OUT-Variablen deklariert werden, da diese im Steuerungsprogramm wieder abgefragt werden.

**Aufruf FC 414 im OB 1:**

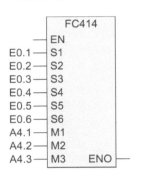

```
         FC414
       ─┤EN
E0.1 ──┤S1
E0.2 ──┤S2
E0.3 ──┤S3
E0.4 ──┤S4
E0.5 ──┤S5
E0.6 ──┤S6
A4.1 ──┤M1
A4.2 ──┤M2
A4.3 ──┤M3     ENO├─
```

**FC 414 AWL-Quelle:**

```
FUNCTION FC414 : VOID
VAR_INPUT                 BEGIN
  S1 : BOOL;              U   #S2;
  S2 : BOOL;             S   #M1;
  S3 : BOOL;             O   #S1;
  S4 : BOOL;             O   #M2;
  S5 : BOOL;             O   #M3;
  S6 : BOOL;             R   #M1;
END_VAR
                          U   #S4;
                          S   #M2;
VAR_IN_OUT                O   #S3;
  M1 : BOOL;              O   #M1;
  M2 : BOOL;             O   #M3;
  M3 : BOOL;             R   #M2;
END_VAR
                          U   #S6;
                          S   #M3;
                          O   #S5;
                          O   #M1;
                          O   #M2;
                          R   #M31;
                          END_FUNCTION
```

**CoDeSys Programm:**

Werden die Variablen M1, M2 und M3 als IN_OUT-Variablen deklariert, kann auch bei CoDeSys eine Funktion FC verwendet werden. Allerdings können beim Aufruf der Funktion an die IN_OUT-Variablen keine binären Variablen mit fester Adresse (z. B. %QX4.1) geschrieben werden. Deshalb sind die Variablen M1, M2 und M3 noch als Übergabevariablen auch im PLC-Programm deklariert.

**Aufruf FC 414 im PLC_PRG:**

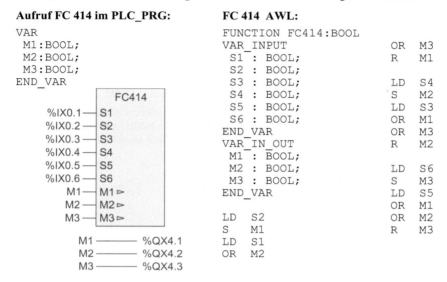

```
VAR
  M1:BOOL;
  M2:BOOL;
  M3:BOOL;
END_VAR
```

```
                 FC414
  %IX0.1 ── S1
  %IX0.2 ── S2
  %IX0.3 ── S3
  %IX0.4 ── S4
  %IX0.5 ── S5
  %IX0.6 ── S6
      M1 ── M1 ▷
      M2 ── M2 ▷
      M3 ── M3 ▷

  M1 ────────── %QX4.1
  M2 ────────── %QX4.2
  M3 ────────── %QX4.3
```

**FC 414  AWL:**

```
FUNCTION FC414:BOOL
VAR_INPUT            OR   M3
  S1 : BOOL;         R    M1
  S2 : BOOL;
  S3 : BOOL;         LD   S4
  S4 : BOOL;         S    M2
  S5 : BOOL;         LD   S3
  S6 : BOOL;         OR   M1
END_VAR              OR   M3
VAR_IN_OUT           R    M2
  M1 : BOOL;
  M2 : BOOL;         LD   S6
  M3 : BOOL;         S    M3
END_VAR              LD   S5
                     OR   M1
LD   S2              OR   M2
S    M1              R    M3
LD   S1
OR   M2
```

■ **Beispiel 4.15:  Kiesförderanlage**

Eine Kiesförderanlage besteht aus drei Förderbändern, deren Antriebsmotoren einzeln ein- und ausgeschaltet werden können. Dazu befindet sich an jedem Förderband ein EIN-Taster und ein AUS-Taster.

Eine geeignete Einschalt- und Ausschaltreihenfolge soll verhindern, dass es zu Stauungen des Fördergutes auf Band 2 oder Band 3 kommen kann. Das bedeutet, dass Band 1 nur eingeschaltet werden darf, wenn Band 2 bereits eingeschaltet ist und Band 2 wiederum nur eingeschaltet werden darf, wenn Band 3 bereits läuft. Das Ausschalten des Bandes 3 ist nur möglich, wenn Band 2 bereits ausgeschaltet ist und Band 2 darf wiederum nur ausgeschaltet werden, wenn Band 1 bereits ausgeschaltet ist.

**Technologieschema:**

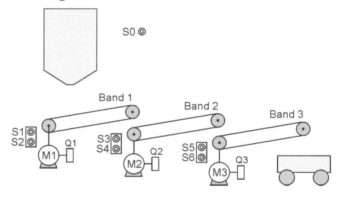

**Bild 4.10:**  Kiesförderanlage

Eine Rückmeldung, ob das jeweilige Band tatsächlich ordnungsgemäß läuft oder ob ein Bandriss bzw. ein zu großer Schlupf vorliegt, wird von der Anlage nicht geliefert. Die Auswertung solcher Rückmeldungen ist in anderen Beispielen gezeigt.

Ein NOT-AUS-Taster S0 kann bei Betätigung alle Bänder sofort abschalten.

**Zuordnungstabelle der Eingänge und Ausgänge:**

| Eingangsvariable | Symbol | Datentyp | Logische Zuordnung | | Adresse |
|---|---|---|---|---|---|
| NOT-AUS-Taster | S0 | BOOL | Betätigt | S0 = 0 | E 0.0 |
| Band 1 Ein | S1 | BOOL | Betätigt | S1 = 1 | E 0.1 |
| Band 1 Aus | S2 | BOOL | Betätigt | S2 = 0 | E 0.2 |
| Band 2 Ein | S3 | BOOL | Betätigt | S3 = 1 | E 0.3 |
| Band 2 Aus | S4 | BOOL | Betätigt | S4 = 0 | E 0.4 |
| Band 3 Ein | S5 | BOOL | Betätigt | S5 = 1 | E 0.5 |
| Band 3 Aus | S6 | BOOL | Betätigt | S6 = 0 | E 0.6 |
| Ausgangsvariable | | | | | |
| Motorschütz 1 | Q1 | BOOL | Motor M1 läuft | Q1 = 1 | A 4.1 |
| Motorschütz 2 | Q2 | BOOL | Motor M2 läuft | Q2 = 1 | A 4.2 |
| Motorschütz 3 | Q3 | BOOL | Motor M3 läuft | Q3 = 1 | A 4.3 |

Zur Ansteuerung der Leistungsschütze der Motoren werden Speicherfunktionen verwendet. Die Bedingungen für das Setzen und das Rücksetzen ergeben sich aus den Einschalt- und Ausschaltbedingungen der einzelnen Bänder.

**Einschaltbedingungen:** Band 1 darf nur einschaltbar sein, wenn Band 2 läuft und Band 2 darf nur einschaltbar sein, wenn Band 3 läuft. Außerdem muss der jeweilige Taster für das Einschalten betätigt werden.

**Ausschaltbedingungen:** Band 3 darf nur ausschaltbar sein, wenn Band 2 ausgeschaltet ist und Band 2 darf nur ausschaltbar sein, wenn Band 1 ausgeschaltet ist. Außerdem muss der jeweilige Taster für das Ausschalten betätigt werden. Eine Betätigung des NOT-AUS-Tasters S0 führt in jedem Fall zur Abschaltung.

**Funktionsplan:**

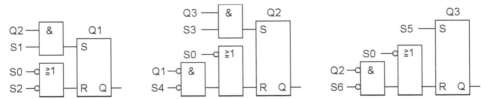

**STEP 7 Programm:**

Da keine stationären Lokalvariablen auftreten, wird eine Funktion FC (FC 415) für das Steuerungsprogramm verwendet. Die Variablen Q1, Q2 und Q3 müssen dabei als IN_OUT-Variablen deklariert werden, da diese bei der Abarbeitung des Steuerungsprogramms innerhalb der Funktion abgefragt werden.

**Aufruf FC 415 im OB 1:**

```
          FC415
       ──EN
E0.0 ──┤S0
E0.1 ──┤S1
E0.2 ──┤S2
E0.3 ──┤S3
E0.4 ──┤S4
E0.5 ──┤S5
E0.6 ──┤S6
A4.1 ──┤Q1
A4.2 ──┤Q2
A4.3 ──┤Q3    ENO├──
```

**FC 415 AWL-Quelle:**

```
FUNCTION FC415 : VOID
VAR_INPUT                S3 : BOOL;            VAR_IN_OUT
 S0 : BOOL;              S4 : BOOL;             Q1 : BOOL;
 S1 : BOOL;              S5 : BOOL;             Q2 : BOOL;
 S2 : BOOL;              S6 : BOOL;             Q3 : BOOL;
                        END_VAR               END_VAR
BEGIN             U  #Q3;         UN #S4;            O  ;
 U  #Q2;          U  #S3;         R  #Q2;            UN #Q2;
 U  #S1;          S  #Q2;         U  #S5;            UN #S6;
 S  #Q1;          ON #S0;         S  #Q3;            )  ;
 ON #S0;          O  ;            U( ;               R  #Q3;
 ON #S2;          UN #Q1;         ON #S0;
 R  #Q1;                                       END_FUNCTION
```

**CoDeSys Programm:**

Werden die Variablen Q1, Q2 und Q3 als IN_OUT-Variablen deklariert, kann auch bei CoDeSys eine Funktion FC verwendet werden. Allerdings können beim Aufruf der Funktion an die IN_OUT-Variablen keine binären Variablen mit fester Adresse (z. B. %QX4.1) geschrieben werden. Deshalb sind zusätzlich die Variablen Q1, Q2 und Q3 als Übergabevariablen im PLC-Programm deklariert.

**Aufruf FC 415 im PLC_PRG:**   **FC 415  AWL:**

```
                       FUNCTION FC415:BOOL
VAR                    VAR_INPUT       LD  Q2      LDN  S0
 Q1,Q2,Q3:BOOL;         S0 : BOOL;     AND S1      OR(  TRUE
END_VAR                 S1 : BOOL;     S   Q1      ANDN Q1
                        S2 : BOOL;                 ANDN S4
          FC415         S3 : BOOL;     LDN S0      )
                        S4 : BOOL;     ORN S2      R    Q2
%IX0.0 — S0             S5 : BOOL;     R   Q1
%IX0.1 — S1             S6 : BOOL;                 LD   S5
%IX0.2 — S2            END_VAR         LD  Q3      S    Q3
%IX0.3 — S3                            AND S3
%IX0.4 — S4            VAR_IN_OUT      S   Q2      LDN  S0
%IX0.5 — S5             Q1 : BOOL;                 OR(  TRUE
%IX0.6 — S6             Q2 : BOOL;                 ANDN Q2
      Q1 — Q1 ▷         Q3 : BOOL;                 ANDN S6
      Q2 — Q2 ▷        END_VAR                     )
      Q3 — Q3 ▷                                    R    Q3

      Q1 ——— %QX4.1
      Q2 ——— %QX4.2
      Q3 ——— %QX4.3
```

**SCL/ST Programm:**

```
FUNCTION FC415 : VOID                 VAR_IN_OUT
VAR_INPUT                              Q1,Q2,Q3: BOOL;
 S0,S1,S2,S3,S4,S5,S6: BOOL           END_VAR
END_VAR

IF (Q2 AND S1) = TRUE THEN Q1:=TRUE; END_IF;
IF (NOT(S0) OR NOT(S1)) = TRUE THEN Q1:=FALSE; END_IF;
IF (Q3 AND S3)= TRUE THEN Q2:=TRUE; END_IF;
IF (NOT(S0) OR (NOT(Q1) AND NOT(S4)) = TRUE THEN Q2:=FALSE; END_IF;
IF S5=TRUE THEN Q3:=TRUE; END_IF;
IF (NOT(S0) OR (NOT(Q2) AND NOT(S6))= TRUE THEN Q3:=FALSE; END_IF;
```

# 4.5 Systematischer Programmentwurf mit RS-Tabellen

Bei Verknüpfungssteuerungen mit komplexen Speicherbedingungen kann eine tabellarische Übersicht der vorgegebenen Setz- und Rücksetz-Bedingungen zur Klärung der Aufgabenstellung hilfreich sein. Komplexe Speicherbedingungen liegen dann vor, wenn Verriegelungs- oder Folgebedingungen zu beachten sind.

Eine *RS-Tabelle* für das Setzen und Rücksetzen von Speichergliedern ist eine 3-spaltige Anordnung für die Speicherglieder sowie ihrer Setz- und Rücksetz-Variablen. Die Anzahl der Tabellenzeilen ist aufgabenabhängig und richtet sich nach der Anzahl der erforderlichen Speicherglieder für die Steuerungsausgänge und internen Steuerungszustände. Hilfsspeicherglieder zur Darstellung notwendiger interner Steuerungszustände sind in der Regel nicht direkt aus der Aufgabenstellung zu entnehmen, sondern ergeben sich erst durch eine Problemanalyse. Als Speicher- bzw. Hilfs-Speicherglieder werden rücksetzdominante Speicher angenommen. Geberkontakte müssen mit ihrem Öffner- bzw. Schließerverhalten berücksichtigt werden.

## 4.5.1 RS-Tabelle zu Beginn der Entwurfsphase

Zu Beginn der Entwurfsphase einer Steuerung kann die RS-Tabelle nur ein Übersichtsschema sein, das aber bereits Implikationen der Aufgabenstellung aufdecken hilft (z. B. über die Anzahl der erforderlichen Speicher- und Hilfsspeicherglieder aufgrund unterscheidbarer Steuerungszustände) und eine Einordnung der Signalgeber ermöglicht.

| Ermittlung der Speicher M und Hilfsspeicher HS | Ermittlung der Variablen für das Setzen | Ermittlung der Variablen für das Rücksetzen |
|---|---|---|
| z. B. M1 für Anlagenteil 1 | z. B. HS1 | z. B. S2 v ... |
| z. B. HS1 für Anlagenteil 1 | z. B. S1 & ... | z. B. M1 v ... |
| weitere | | |

Parallel zum ersten Entwurf der RS-Tabelle kann bereits der Steuerungsansatz für einen Anlagenteil in FUP-Darstellung aufgezeichnet werden. Dabei kann man vorläufig annehmen, dass Setzvariablen UND-verknüpft und Rücksetzvariablen ODER-verknüpft werden, z. B.:

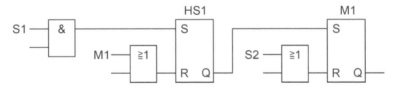

Nur bei sehr einfachen Problemstellungen führt die tabellarische Systematisierung bereits zur Lösung. Im allgemeinen Fall muss noch eine zusätzliche Idee geboren werden, die etwas über die anzuwendende Verriegelungsstrategie aussagt, wenn konkurrierende Anlagenteile bedient werden müssen.

Die Idee zur Verriegelungsstrategie lässt sich dann in richtige Verriegelungsbedingungen für das Setzen und Rücksetzen der Speicherglieder umsetzen.

## 4.5.2 RS-Tabelle am Ende der Entwurfsphase

Am Ende der Entwurfphase steht nach mehrmaliger Überarbeitung und Erweiterung eine aussagefähige RS-Tabelle mit richtigen Setz- und Rücksetzbedingungen für die Speicherglieder zur Verfügung.

| Zu betätigende Speicherglieder | Bedingungen für das Setzen | Bedingungen für das Rücksetzen |
|---|---|---|
|  |  |  |
|  |  |  |
|  |  |  |
|  |  |  |

## 4.5.3 Beispiele

■ **Beispiel 4.16: Behälter Füllanlage II**

Drei Vorratsbehälter mit den Signalgebern S1, S3 und S5 für die Vollmeldung und S2, S4 und S6 für die Leermeldung können von Hand in beliebiger Reihenfolge entleert werden. Eine Steuerung soll bewirken, dass stets nur ein Behälter nach erfolgter Leermeldung gefüllt werden kann.

Das Füllen der Behälter soll in der Reihenfolge ihrer Leermeldungen erfolgen. Werden die Behälter beispielsweise in der Reihenfolge 2-1-3 entleert, sollen sie auch in derselben Reihenfolge 2-1-3 gefüllt werden, wobei auch zwei Leermeldungen während eines Füllvorganges eintreffen könnten. Die Geber liefern bei Betätigung 1-Signal.

**Technologieschema:**

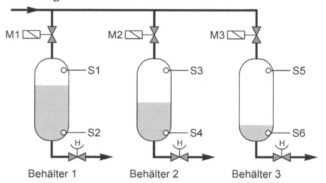

**Bild 4.11:** Behälterfüllanlage

Die Vorgängeraufgabe mit einfacheren Füllbedingungen ist das Beispiel 4.14.

**Zuordnungstabelle der Eingänge und Ausgänge:**

| Eingangsvariable | Symbol | Datentyp | Logische Zuordnung | | Adresse |
|---|---|---|---|---|---|
| Vollmeldung Behälter 1 | S1 | BOOL | Behälter 1 voll | S1 = 1 | E 0.1 |
| Vollmeldung Behälter 2 | S3 | BOOL | Behälter 2 voll | S3 = 1 | E 0.3 |
| Vollmeldung Behälter 3 | S5 | BOOL | Behälter 3 voll | S5 = 1 | E 0.5 |
| Leermeldung Behälter 1 | S2 | BOOL | Behälter 1 leer | S2 = 1 | E 0.2 |
| Leermeldung Behälter 2 | S4 | BOOL | Behälter 2 leer | S4 = 1 | E 0.4 |
| Leermeldung Behälter 3 | S6 | BOOL | Behälter 3 leer | S6 = 1 | E 0.6 |
| Ausgangsvariable |  |  |  |  |  |
| Magnetventil Behälter 1 | M1 | BOOL | Ventil offen | M1 = 1 | A 4.1 |
| Magnetventil Behälter 2 | M2 | BOOL | Ventil offen | M2 = 1 | A 4.2 |
| Magnetventil Behälter 3 | M3 | BOOL | Ventil offen | M3 = 1 | A 4.3 |

**Lösungsstrategie**

1. Ermittlung des Speicherbedarfs:

   Drei Speicherglieder M1, M2, M3 für die Behälter

   Drei Hilfsspeicher HS1, HS2, HS3 für die Leermeldungen

2. Verriegelungsstrategie für das Beispiel 2-1-3:

Leerung der Behälter in der Reihenfolge 2-1-3. Die erste eintreffende Leermeldung wird in einem zuge-ordneten Hilfsspeicher HS2 zwischengespeichert. HS2 setzt sofort das Speicherglied M2 für das betref-fende Magnetventil und wird anschließend von diesem wieder gelöscht und somit für eine spätere Leer-meldung erneut freigegeben. Die zweite eintreffende Leermeldung wird im zugeordneten Hilfsspeicher HS1 gespeichert und an Speicherglied M1 weitergegeben. M1 darf jedoch erst gesetzt werden, wenn die Freigabe von Behälter 2 vorliegt. Die dritte eintreffende Leermeldung darf noch nicht in ihrem Hilfsspei-cher HS3 zwischengespeichert werden, weil sonst die Reihenfolge 1 vor 3 verloren geht. Die dritte Leermeldung wirkt bei HS3 nur wie vorgemerkt. Kommt die Vollmeldung von Behälter 2, kann Speicher M1 gesetzt und HS1 rückgesetzt werden. Damit wird Hilfsspeicher HS3 freigegeben und kann die anste-hende Leermeldung annehmen, usw. Die aufgezählten Bedingungen müssen durch entsprechende Ver-riegelungen realisiert werden.

**RS-Tabelle im Endzustand:**

| Zu betätigende Speicherglieder | Bedingungen für das Setzen | Bedingungen für das Rücksetzen |
|---|---|---|
| HS1 für Behälter 1 | S2 | M1 v HS2 v HS3 |
| M1   für Behälter 1 | HS1 | S1 v M2 v M3 |
| HS2 für Behälter 2 | S4 | M2 v HS1 v HS3 |
| M2   für Behälter 2 | HS2 | S3 v M1 v M3 |
| HS3 für Behälter 3 | S6 | M3 v HS1 v HS2 |
| M3   für Behälter 3 | HS3 | S5 v M1 v M2 |

**Funktionsplan:**

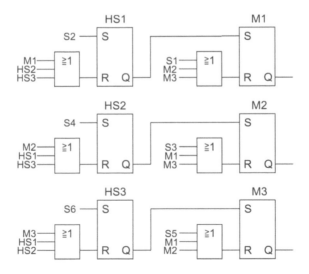

Die Lösung ist jedoch nicht ohne weiteres auf vier Behälter erweiterbar, da für die Reihenfolgebestimmung der Leermeldungen weitere Hilfsspeicher erforderlich werden. Für eine derartige Problemstellung sind hochwertigere Entwurfsmethoden effizienter.

**Bestimmung des Codebausteintyps:**

Da die Hilfsspeicher HS1, HS2 und HS3 lediglich zur Zwischenspeicherung des Behälters dienen, welcher als nächster gefüllt werden soll, sind diese Variablen beim Aufruf des Bausteins im OB 1/PLC_PRG nicht relevant. Diese Variablen treten nur lokal im Baustein auf und sind als stationären Lokalvariablen zu deklarieren, da der Signalzustand gespeichert werden muss. Deshalb wird für die Umsetzung des Steuerungsprogramms ein Funktionsbaustein (hier FB 416) verwendet.

Die Variablen M1, M2 und M3 müssten eigentlich als IN_OUT-Variablen deklariert werden, da diese im Steuerungsprogramm wieder abgefragt werden. Die Syntax von STEP 7 und CoDeSys lässt jedoch zu, auch binäre Variable abzufragen, welche als OUT-Variable deklariert sind. Wegen der besseren Übersicht beim Bausteinaufruf wird deshalb auf die Verwendung von IN_OUT-Variablen verzichtet.

**STEP 7 Programm:**

Der zum Funktionsbausteinaufruf zugehörige Instanz-Datenbaustein wird von STEP 7 beim Aufruf des Funktionsbausteins selbstständig generiert und wird mit DB 416 bezeichnet.

**Aufruf FB 416 im OB 1:**

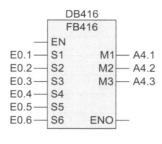

**FB 416 AWL-Quelle:**

```
FUNCTION_BLOCK FB416
VAR_INPUT            BEGIN        U   #HS2;
  S1 : BOOL;         U   #S2;     S   #M2;
  S2 : BOOL;         S   #HS1;    O   #S3;
  S3 : BOOL;         O   #M1;     O   #M1;
  S4 : BOOL;         O   #HS2;    O   #M3;
  S5 : BOOL;         O   #HS3;    R   #M2;
  S6 : BOOL;         R   #HS1;
END_VAR                          U   #S6;
                     U   #HS1;    S   #HS3;
VAR_OUTPUT           S   #M1;     O   #M3;
  M1 : BOOL;         O   #S1;     O   #HS1;
  M2 : BOOL;         O   #M2;     O   #HS2;
  M3 : BOOL;         O   #M3;     R   #HS3;
END_VAR              R   #M1;
                                  U   #HS3;
VAR                  U   #S4;     S   #M3;
  HS1: BOOL;         S   #HS2;    O   #S5;
  HS2: BOOL;         O   #M2;     O   #M1;
  HS3: BOOL;         O   #HS1;    O   #M2;
END_VAR              O   #HS3;    R   #M1;
                     R   #HS2;    END_FUNCTION_BLOCK
```

**CoDeSys Programm:**

Zur Übung werden für die Hilfsspeicher HS1, HS2 und HS3 bistabile Funktionsblöcke verwendet. Die Variablen HSx sind dabei die Instanz der Funktionsblöcke mit dem Datenformat: RS

Die zum Funktionsbausteinaufruf zugehörige Instanz kann mit einem beliebigen Namen belegt werden. In Anlehnung an das vorausgegangene STEP 7 Programm wird die Instanz mit DB 416 bezeichnet, obwohl es in CoDeSys keine Datenbausteine gibt. DB 416 ist dabei lediglich der Name der Instanz.

**Aufruf Funktion FB 416
im PLC_PRG:**

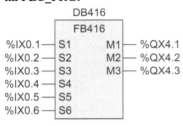

**FB 416 AWL:**

```
FUNCTION_BLOCK FB416
VAR_INPUT        LD   M1            LD   HS2.Q1
  S1: BOOL;      OR   HS2.Q1        S    M2
  S2: BOOL;      OR   HS3.Q1
  S3: BOOL;      ST   HS1.RESET1    LD   S3
  S4: BOOL;                         OR   M1
  S5: BOOL;      CAL  HS1           OR   M3
  S6: BOOL;      (SET:=S2)          R    M2
END_VAR
VAR_OUTPUT       LD   HS1.Q1        LD   M3
  M1: BOOL;      S    M1            OR   HS1.Q1
  M2: BOOL;                         OR   HS2.Q1
  M3: BOOL;      LD   S1            ST   HS3.RESET1
END_VAR          OR   M2
VAR              OR   M3            CAL  HS3
  HS1: RS;       R    M1            (SET:=S6)
  HS2: RS;
  HS3: RS;       LD   M2            LD   HS3.Q1
END_VAR          OR   HS1.Q1        S    M3
                 OR   HS3.Q1
                 ST   HS2.RESET1    LD   S5
                                    OR   M1
                 CAL  HS2           OR   M2
                 (SET:=S4)          R    M3
```

■  **Beispiel 4.17:  Hebestation**

Wenn die Steuerung mit S1 eingeschaltet ist, werden die über einen Rollengang ankommenden Pakete mit dem Zylinder 1A gehoben und mit dem Zylinder 2A auf den nächsten Rollengang geschoben. Der Sensor B1 meldet ein ankommendes Paket. Das Ausschalten der Steuerung mit S0 wird erst nach Beendigung eines Hebevorgangs wirksam. Der eingeschaltete Zustand der Steuerung wird mit P1 angezeigt.

Die beiden Zylinder besitzen jeweils zwei Endlagengeber. Die Ansteuerung der Zylinder erfolgt durch 5/2-Wegeventile mit Federrückstellung und einseitig elektromagnetischer Betätigung.

**Technologieschema:**                 **Pneumatischer Schaltplan:**

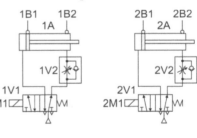

**Bild 4.12:**  Hebestation

**Zuordnungstabelle der Eingänge und Ausgänge:**

| Eingangsvariable | Symbol | Datentyp | Logische Zuordnung | | Adresse |
|---|---|---|---|---|---|
| Taster Steuerung AUS | S0 | BOOL | Betätigt | S0 = 0 | E 0.0 |
| Taster Steuerung EIN | S1 | BOOL | Betätigt | S1 = 1 | E 0.1 |
| Sensor | B1 | BOOL | Paket vorhanden | B1 = 1 | E 0.2 |
| Initiator hint. Endl. Zyl. 1A | 1B1 | BOOL | Betätigt | 1B1 = 1 | E 0.3 |
| Initiator vord. Endl. Zyl. 1A | 1B2 | BOOL | Betätigt | 1B2 = 1 | E 0.4 |
| Initiator hint. Endl. Zyl. 1A | 2B1 | BOOL | Betätigt | 2B1 = 1 | E 0.5 |
| Initiator vord. Endl. Zyl. 1A | 2B2 | BOOL | Betätigt | 2B2 = 1 | E 0.6 |
| Ausgangsvariable | | | | | |
| Anzeige Steuerung EIN | P1 | BOOL | Anzeige an | P1 = 1 | A 4.0 |
| Magnetspule Zyl. 1A | 1M1 | BOOL | Zyl. 1A fährt aus | 1M1 = 1 | A 4.1 |
| Magnetspule Zyl. 2A | 2M1 | BOOL | Zyl. 2A fährt aus | 2M1 = 1 | A 4.2 |

**Lösungsstrategie**

Für die Ansteuerung der Ausgangsvariablen werden Speicherfunktionen verwendet, deren Setz- und Rücksetzbedingungen in die RS-Tabelle eingetragen werden. Es wird zusätzlich ein Hilfsspeicher HS1 benötigt, der sich merkt, ob Zylinder 2A ausgefahren war.

**RS-Tabelle im Endzustand:**

| Zu betätigende Speicherglieder | Bedingungen für das Setzen | Bedingungen für das Rücksetzen |
|---|---|---|
| P1 | S1 | $\overline{S0}$ |
| 1M1 | P1 & B1 & 1B1 & 2B1 | 2B1 & HS1 |
| 2M1 | 1B2 & $\overline{HS1}$ | 2B2 |
| HS1 | 2B2 | 1B1 |

**Funktionsplan:**

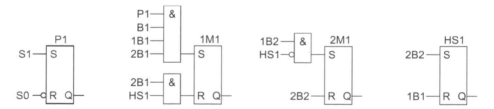

**Bestimmung des Codebausteintyps:**

Die Verwendung des Hilfsspeichers HS1 als lokale statische Variable erfordert für die Umsetzung des Steuerungsprogramms ein Funktionsbaustein (hier FB 417).

Die Variablen S0, S1 B1, 1B1, 1B2, 2B1 und 2B2 werden als Eingangsvariablen (VAR_IN) und die Variablen P1, 1M1 und 2M1 als Ausgangsvariablen (VAR_OUT) deklariert. Da die Syntax sowohl bei STEP 7 wie auch bei CoDeSys an erster Stelle eines Variablennamens die Verwendung einer Zahl nicht erlaubt, wird ein Unterstrich als erstes Zeichen für die entsprechenden Variablen verwendet. Zum Beispiel wird aus 1B1 dann _1B1.

**STEP 7 Programm:**

Der zum Funktionsbausteinaufruf zugehörige Instanz-Datenbaustein wird von STEP 7 beim Aufruf des Funktionsbausteins selbstständig generiert und mit DB 417 bezeichnet.

**Aufruf FB 417 im OB 1:**          **FB 417 AWL-Quelle:**

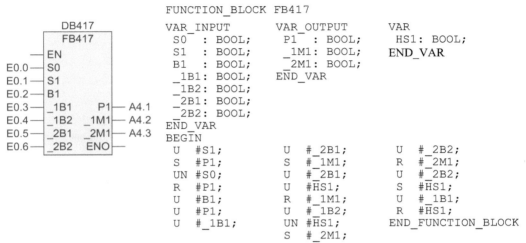

```
FUNCTION_BLOCK FB417
VAR_INPUT            VAR_OUTPUT          VAR
  S0   : BOOL;         P1   : BOOL;        HS1: BOOL;
  S1   : BOOL;         _1M1: BOOL;        END_VAR
  B1   : BOOL;         _2M1: BOOL;
  _1B1: BOOL;        END_VAR
  _1B2: BOOL;
  _2B1: BOOL;
  _2B2: BOOL;
END_VAR
BEGIN
  U  #S1;            U  #_2B1;          U  #_2B2;
  S  #P1;            S  #_1M1;          R  #_2M1;
  UN #S0;            U  #_2B1;          U  #_2B2;
  R  #P1;            U  #HS1;           S  #HS1;
  U  #B1;            R  #_1M1;          U  #_1B1;
  U  #P1;            U  #_1B2;          R  #HS1;
  U  #_1B1;          UN #HS1;           END_FUNCTION_BLOCK
                     S  #_2M1;
```

**CoDeSys Programm:**

In Anlehnung an das vorausgegangene STEP 7 Programm wird die Instanz mit DB 417 bezeichnet, obwohl es in CoDeSys keine Datenbausteine gibt. DB 417 ist dabei lediglich der Name der Instanz.

**Aufruf im PLC_PRG:**               **FB 417 AWL:**

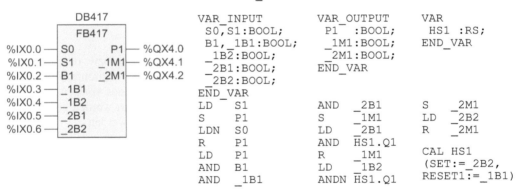

```
FUNCTION_BLOCK FB417
VAR_INPUT            VAR_OUTPUT          VAR
  S0,S1:BOOL;          P1  :BOOL;          HS1 :RS;
  B1,_1B1:BOOL;        _1M1:BOOL;         END_VAR
  _1B2:BOOL;           _2M1:BOOL;
  _2B1:BOOL;         END_VAR
  _2B2:BOOL;
END_VAR
LD    S1           AND   _2B1         S    _2M1
S     P1           S     _1M1         LD   _2B2
LDN   S0           LD    _2B1         R    _2M1
R     P1           AND   HS1.Q1
LD    P1           R     _1M1         CAL HS1
AND   B1           LD    _1B2         (SET:= _2B2,
AND   _1B1         ANDN  HS1.Q1       RESET1:= _1B1)
```

**SCL/ST Programm:**

```
// Der Deklarationsteil entspricht dem der AWL. Aus Platzgründen wird
deshalb auf die Darstellung verzichtet.

IF S1 THEN P1:=TRUE; END_IF;
IF NOT(S0) THEN P1:=FALSE; END_IF;
IF P1 AND B1 AND _1B1 AND _2B1 THEN _1M1:=TRUE; END_IF;
IF _2B1 AND HS1 THEN _1M1:=FALSE; END_IF;
IF _1B2 AND NOT(HS1) THEN _2M1:= TRUE; END_IF;
IF _2B2 THEN _2M1:=FALSE; END_IF;
IF _2B2 THEN HS1:= TRUE; END_IF;
IF _1B1 THEN HS1:= FALSE; END_IF;
```

## 4.6 Flankenauswertung

Mit einer Flankenauswertung wird die Änderung eines Signalzustandes erfasst. Eine ansteigende Flanke (Signalzustandswechsel von „0" nach „1") wird als positive Flanke und eine abfallende Flanke (Signalzustandswechsel von „1" nach „0") wird als negative Flanke bezeichnet. Aus einem Dauersignal wird somit ein Impuls gebildet, welcher bei der Programmabarbeitung mit einer SPS ein Zyklus lang ist.

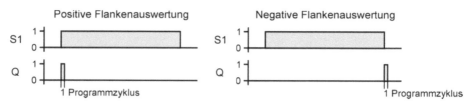

In der Schütztechnik wird eine Flankenauswertung durch Wischkontakte oder Kurzzeiteinschaltglieder vorgenommen. Zur Realisierung einer Flankenauswertung mit einer SPS ist in jedem Fall ein Operand erforderlich, der den Signalwert des vorhergehenden Programmzyklus speichert. Mit Hilfe einer UND-Verknüpfung und einer RS-Speicherfunktion kann eine Flankenauswertung realisiert werden. Die meisten Steuerungshersteller stellen nach der Norm DIN EN 61131-3 die Flankenauswertung als Standardfunktionsbaustein zur Verfügung. In STEP 7 kann die Flankenauswertung als Operation aufgerufen werden. Der Operand, welcher den veränderten Signalwert speichert, wird als Flankenoperand, Flankenspeicher oder Flankenmerker bezeichnet. Die Flankenauswertung selbst kann einem Binäroperanden, Impulsoperand oder Impulsmerker zugewiesen werden, der dann für die Dauer eines Bearbeitungszyklus den Signalwert „1" hat. Es ist aber auch eine direkte Abfrage des Verknüpfungsergebnisses als Flankenauswertung möglich.

### 4.6.1 Steigende (positive) Flanke

Eine steigende Flanke liegt vor, wenn der Signalzustand eines Operanden bzw. das Verknüpfungsergebnis (VKE) von „0" nach „1" wechselt. Während eines jeden Programmzyklus wird der Signalzustand des VKE-Bits mit dem Signalzustand des VKE-Bits des vorigen Zustands verglichen, um Änderungen festzustellen. Damit der Vergleich ausgeführt werden kann, muss der vorherige VKE-Zustand in einem Flankenoperanden FO gespeichert werden.

Der nachfolgenden Funktionsplan zeigt, wie eine positive Flankenauswertung mit einer UND-Operation und einer Speicherfunktion realisiert werden kann.

**Funktionsplan:**                    **Signalzustände der Operanden:**

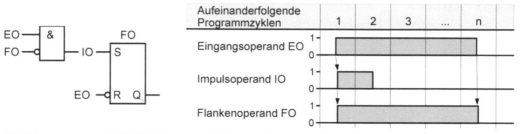

EO: Eingangsoperand; FO: Flankenoperand; IO: Impulsoperand.

Die richtige Funktionsweise des dargestellten Funktionsplans setzt die zyklische Programm-abarbeitung voraus. Die Arbeitsweise des Programms wird durch die voranstehende Darstel-lung der Signalzustände der Operanden über mehrere aufeinanderfolgende Programmzyklen deutlich.

### 4.6.2 Fallende (negative) Flanke

Eine negative Flanke liegt vor, wenn der Signalzustand eines Operanden oder das Verknüp-fungsergebnis VKE von „1" nach „0" wechselt. Wie bei der positiven Flankenauswertung ist ein Vergleich des vorhergehenden und aktuellen Zustands des Operanden erforderlich, für den eine Flankenauswertung erfolgen soll. Auch hier muss der vorherige VKE-Zustand in einem Flankenoperanden FO gespeichert werden. Ist der Signalzustand des Flankenoperanden „1" und der aktuelle Signalzustand „0", liegt eine negative Flanke vor.

Der nachfolgende Funktionsplan zeigt, wie eine negative Flankenauswertung mit einer UND-Operation und einer RS-Speicherfunktion realisiert werden kann. Zu beachten ist, dass dabei eine setzdominante Speicherfunktion für die richtige Arbeitsweise des Steuerungsprogramms verwendet werden muss.

**Funktionsplan:**          **Signalzustände der Operanden:**

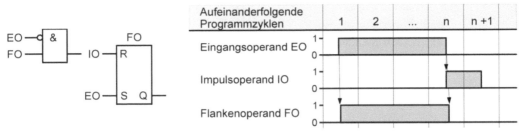

EO: Eingangsoperand; FO: Flankenoperand; IO: Impulsoperand.

Zur Verdeutlichung der Arbeitsweise des Programms sind wieder die Signalzustände der Ope-randen über mehrere aufeinanderfolgende Programmzyklen dargestellt.

### 4.6.3 Flankenauswertung nach DIN EN 61131-3

In der DIN-Norm EN 61131-3 wird die Flankenerkennung mit den Standard-Funktionsbau-steinen R_TRIG und F_TRIG durchgeführt. Das Verhalten der Funktionsbausteinen entspricht dabei folgenden Regeln:

Funktionsbaustein R_TRIG: Der Ausgang Q muss von einer Ausführung des Funktionsbau-steins bis zur nächsten auf dem booleschen Wert „TRUE" bleiben; dabei folgt er dem Über-gang des Eingangs CLK von 0 nach 1, und er muss bei der nächsten Ausführung nach 0 zu-rückkehren.

Funktionsbaustein F_TRIG: Der Ausgang Q muss von einer Ausführung des Funktionsbau-steins bis zur nächsten auf dem booleschen Wert „TRUE" bleiben; dabei folgt er dem Über-gang des Eingangs CLK von 1 nach 0, und er muss bei der nächsten Ausführung nach 0 zu-rückkehren.

Die grafische Darstellung der Standard-Funktionsbausteine zur Erkennung von steigender und fallender Flanke sowie die Darstellung in der ST-Sprache sind in der nachfolgenden Tabelle angegeben.

| Nr. | Grafische Form | Definition ST-Sprache |
|---|---|---|
| 1 | Erkennung der steigenden Flanke | |
| | ```
+--------+
| R_TRIG |
BOOL---|CLK   Q|---BOOL
+--------+
``` | ```
FUNCTION_BLOCK R_TRIG
   VAR_INPUT CLK: BOOL; END_VAR
   VAR_OUTPUT Q: BOOL; END_VAR
   VAR M: BOOL; END_VAR
   Q := CLK AND NOT M;
   M := CLK;
END_FUNCTION_BLOCK
``` |
| 2 | Erkennung der fallenden Flanke | |
| | ```
+--------+
| F_TRIG |
BOOL---|CLK   Q|---BOOL
+--------+
``` | ```
FUNCTION_BLOCK F_TRIG
   VAR_INPUT CLK: BOOL; END_VAR
   VAR_OUTPUT Q : BOOL; END_VAR
   VAR M: BOOL; END_VAR
   Q := NOT CLK AND NOT M;
   M := NOT CLK;
END_FUNCTION_BLOCK
``` |

Beim Aufruf der beiden Standard-Funktionsbausteinen muss dann noch jeweils ein Instanznamen oberhalb des Blocks angegeben werden.

### 4.6.4  Flankenauswertung in STEP 7

In STEP 7 werden Flankenauswertungen durch die Operationen FP (Flanke positiv) und FN (Flanke negativ) realisiert. Die beiden Operationen lassen sich auch im Funktionsplan darstellen. Während eines jeden Programmzyklus wird der Signalzustand des VKE-Bits mit dem Signalzustand des VKE-Bits des vorherigen Zyklus verglichen, um Änderungen des Zustands festzustellen. Um den Vergleich ausführen zu können, muss der Zustand des vorherigen VKE-Bits in der Adresse des Flankenoperanden FO gespeichert werden. Unterscheidet sich der aktuelle Signalzustand des VKE-Bits vom vorherigen Zustand, ist das VKE-Bit nach dieser Operation „1" und kann einem Impulsoperanden IO zugewiesen werden.

**Steigende (positive) Flanke:**

Wird bei der von STEP 7 zur Verfügung gestellten Operation zur Auswertung von steigenden Flanken das Verknüpfungsergebnis VKE der Operation mehrmals benötigt, kann dieses einem Impulsoperanden IO zugewiesen werden. Bei direkter Verarbeitung des Verknüpfungsergebnisses kann auf die Einführung des Impulsoperanden IO verzichtet werden.

Das nebenstehende Bild zeigt die Logik der positiven Flankenerkennung.

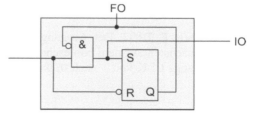

**Operationsdarstellung in der Steuerungssprache STEP 7 mit Impulsoperand IO:**

*Hinweis:* FO ist als statische und IO als temporäre Variable deklariert.

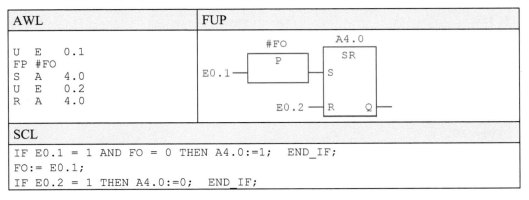

| AWL | FUP |
|---|---|
| U  E 0.1<br>FP #FO<br>= #IO | |

| SCL |
|---|
| IF E0.1 = 1 AND FO = 0 THEN IO:=1; ELSE IO:=0; END_IF;<br>FO:= E0.1; |

Die Abfrage des Impulsoperanden IO kann mehrmals und an verschiedenen Stellen des Steuerungsprogramms innerhalb des Bausteins erfolgen.

**Operationsdarstellung in der Steuerungssprache STEP 7 ohne Impulsoperand IO:**

*Hinweis:* Die Flankenauswertung des Verknüpfungsergebnisses VKE wird hier beispielsweise benutzt, um den Ausgang 4.0 mit einer RS-Speicherfunktion zu setzen.

| AWL | FUP |
|---|---|
| U  E   0.1<br>FP #FO<br>S  A   4.0<br>U  E   0.2<br>R  A   4.0 | |

| SCL |
|---|
| IF E0.1 = 1 AND FO = 0 THEN A4.0:=1;   END_IF;<br>FO:= E0.1;<br>IF E0.2 = 1 THEN A4.0:=0;   END_IF; |

Die Befehlsfolge in der Programmiersprache SCL darf nicht vertauscht werden. Die Zuweisung FO:= E 0.1 muss in jedem Fall nach der IF-Kontrollanweisung geschrieben werden. Der Grund dafür ist, dass der Flankenoperand FO bei der IF-Abfrage den Signalzustand des Eingangsoperanden des vorhergehenden Programmzyklus besitzen muss.

**Fallende (negative) Flanke:**

Für die Verwendung von Flankenoperand FO und Impulsoperand IO gilt das gleiche wie bei der Operation für die Auswertung steigender Flanken.

Das nebenstehende Bild zeigt die Logik der negativen Flankenerkennung.

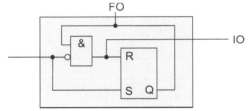

**Operationsdarstellung in der Steuerungssprache STEP 7 mit Impulsoperand IO:**

*Hinweis:* FO ist als statische und IO als temporäre Variable deklariert.

| AWL | FUP |
|---|---|
| `U  E   0.1`<br>`FN #FO`<br>`=  #IO` | 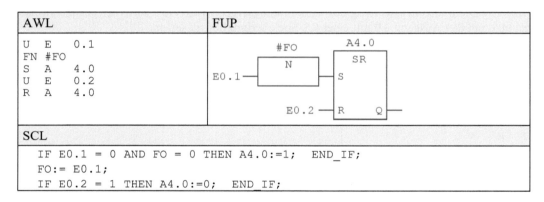 |
| **SCL** | |
| `   IF E0.1 = 0 AND FO = 1 THEN IO:=1; ELSE IO:=0;  END_IF;`<br>`   FO:= E0.1;` | |

**Operationsdarstellung in der Steuerungssprache STEP 7 ohne Impulsoperand IO:**

*Hinweis:* Die Flankenauswertung des Verknüpfungsergebnisses VKE wird hier beispielsweise benutzt, um den Ausgang 4.0 mit einer RS-Speicherfunktion zu setzen.

| AWL | FUP |
|---|---|
| `U  E   0.1`<br>`FN #FO`<br>`S  A   4.0`<br>`U  E   0.2`<br>`R  A   4.0` | |
| **SCL** | |
| `   IF E0.1 = 0 AND FO = 0 THEN A4.0:=1;  END_IF;`<br>`   FO:= E0.1;`<br>`   IF E0.2 = 1 THEN A4.0:=0;  END_IF;` | |

## 4.6.5 Flankenauswertung in CoDeSys

In CoDeSys besteht die Auswertung von steigenden bzw. fallenden Flanken aus dem Aufruf der Standard-Funktionsbausteine R_TRIG bzw. F_TRIG.

**Aufruf des Standard-Funktionsblocks R_TRIG in CoDeSys:**

*Hinweis:* Als Instanz des Funktionsbausteins wird die Variable RTRIGInst deklariert und das Ergebnis der Variablen IO übergeben.

| AWL | FUP |
|---|---|
| `VAR  RTRIGInst: R_TRIG; END_VAR`<br>`CAL RTRIGInst(CLK:= %IX0.1)`<br>`LD  RTRIGInst.Q1`<br>`ST  IO` | |
| **ST** | |
| `VAR  RTRIGInst: R_TRIG; END_VAR`<br>`RTRIGInst(CLK:= %IX0.1);`<br>`IO := RTRIGInst.Q` | |

**Aufruf des Standard-Funktionsblocks F_TRIG in CoDeSys:**

*Hinweis:* Als Instanz des Funktionsbausteins wird die Variable FTRIGInst deklariert und das Ergebnis der Variablen IO übergeben.

| AWL | FUP |
|---|---|
| <pre>VAR FTRIGInst: R_TRIG; END_VAR<br>CAL FTRIGInst(CLK:= %IX0.1)<br>LD  FTRIGInst.Q1<br>ST  IO</pre> | 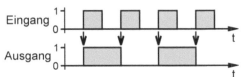 |
| **ST** | |
| <pre>VAR  FTRIGInst: R_TRIG; END_VAR<br>FTRIGInst(CLK:= %IX0.1);<br>IO := FTRIGInst.Q</pre> | |

### 4.6.6  Binäruntersetzer

Ein Binäruntersetzer gibt nach einer festgelegten Zahl von Eingangsimpulsen einen Impuls am Ausgang ab. Im einfachsten Fall ist die Frequenz des Ausgangssignals halb so groß wie die des Eingangssignals. Beispiele für die Anwendung von Binäruntersetzern sind Stromstoßschalter, Modulo-n Zähler oder Impulsweiterschaltungen. Zur Realisierung eines Binäruntersetzers mit einer SPS gibt es mehrere meist sehr trickreiche Methoden. Im Folgenden wird nur eine dieser Methoden dargestellt, welche allerdings bei allen Binäruntersetzern mit $2^n$-Teilung angewandt werden kann.

**Impulsdiagramm** für einen Binäruntersetzer mit halber Ausgangsfrequenz:

Aus dem Impulsdiagramm ist zu erkennen, dass stets die positive Flanke der Eingangsvariablen zu einer Änderung des Signalzustandes der Ausgangsvariablen führt.

Die Ausgangsvariable wird bei einer positiven Flanke am Eingang abwechselnd gesetzt und rückgesetzt. Ausgangspunkt für die Realisierung des Binäruntersetzers ist eine RS-Speicherfunktion. Die Speicherfunktion wird mit der Eingangsflanke gesetzt, wenn sie nicht gesetzt ist, und wieder rückgesetzt, wenn sie gesetzt ist. Es ist allerdings darauf zu achten, dass dies nicht im gleichen Programmzyklus erfolgt. Deshalb wird der Impulsoperand IO nach Erfüllen der Setz-Bedingung sofort wieder zurückgesetzt.

**Funktionsplan:**

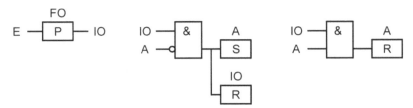

Die dargestellte Realisierungsmethode kann auch für Binäruntersetzer mit einem größeren Teilerverhältnis angewandt werden. Durch Hintereinanderschaltung von Binäruntersetzern mit jeweils halber Ausgangsfrequenz entstehen größere Teilerverhältnisse. Werden n Binäruntersetzer hintereinander geschaltet, entsteht ein Teilungsverhältnis zwischen Ein- und Ausgangsfrequenz von $2^n$.

Die einzelnen Untersetzungsstufen verhalten sich dabei wie die einzelnen Stellen eines Binärzählers. Damit wird gleichzeitig ein Binärzähler entworfen.

Beispiel: Binäruntersetzer mit dem Teilerverhältnis 8.

**Impulsdiagramm:**

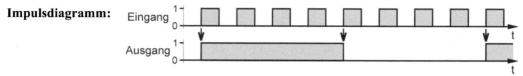

Das Teilerverhältnis 8 ergibt sich durch die Hintereinanderschaltung von drei Binäruntersetzern mit jeweils halber Ausgangsfrequenz. Mit der Taktflanke, die eine Stufe zurücksetzt, wird gleichzeitig die nächste Stufe gesetzt. Das bedeutet, dass die Taktflanke IO nur bei den Setz-Eingängen der einzelnen Stufen zurückgesetzt wird.

Da zwei der drei Binäruntersetzer nicht am Ausgang erscheinen, werden für diese Stellen die Hilfsoperanden HO1 und HO2 eingeführt.

**Funktionsplan:**

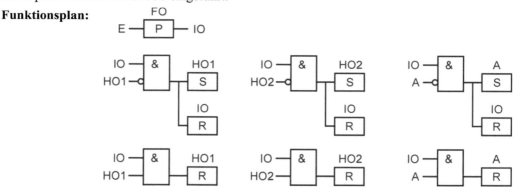

Die Reihenfolge bei der Abarbeitung des Funktionsplans muss bei dieser Umsetzungsmethode unbedingt eingehalten werden. Eine Vertauschung der Reihenfolge führt zu einem Fehlverhalten des Steuerungsprogramms.

## 4.6.7 Schaltfolgetabelle

Für den Entwurf von Steuerungsprogrammen mit einem schrittweisen Ablauf ist eine tabellarische Übersicht der Schaltbedingungen für das Setzen und Rücksetzen von Ausgangsvariablen mit S-, R-Bitoperationen hilfreich. Die Änderung der Eingangsvariablen, die zu einem Schrittwechsel führt, wird mit einer Flanke ausgewertet. Mögliche Anwendungen der Schaltfolgetabelle sind Aufgaben aus dem Bereich der Pneumatik, bei denen die Aus- und Einfahrreihenfolge der Zylinder durch ein Funktionsdiagramm beschrieben sind. Durch Aufstellen der Schaltfolgetabelle aus dem Funktionsdiagramm kann das Steuerungsprogramm leicht gefunden werden.

**Beispiel:**

Das folgende Funktionsdiagramm gibt die Aus- und Einfahrreihenfolge zweier Zylinder wieder. Beide Zylinder werden durch 5/2-Wegeventile mit Federrückstellung und einseitig elektromagnetischer Betätigung angesteuert und haben jeweils zwei Endlagengeber.

**Funktionsdiagramm:**

| Bauglieder | | | | | | | | |
|---|---|---|---|---|---|---|---|---|
| Benennung | Kennz. | Zustand | Schritt | 1 | 2 | 3 | 4 | 5 |
| DW-Zylinder | 1A | ausgefahren | | | | | | |
| | | eingefahren | | | | | | |
| DW-Zylinder | 2A | ausgefahren | | | | | | |
| | | eingefahren | | | | | | |

Aus dem Funktionsdiagramm ist zu entnehmen, dass der Übergang von Schritt 1 nach Schritt 2 durch Betätigung der Taste S1 veranlasst wird. Mit dem Flankenwechsel von S1 und der Bedingung, dass beide Zylinder sich in der Endlage befinden, ergibt sich somit die Bedingung für das Setzen des Speichers zur Ansteuerung von Magnetventil 1M1.

Der Übergang von Schritt 2 nach Schritt 3 wird durch Änderung des Signalzustandes von Endlagengeber 1S2 (Zylinder 1A ausgefahren) und der Bedingung, dass 2S1 noch „1"-Signal besitzt, veranlasst.

Durch das Eintragen der weiteren Übergangsbedingungen erhält man die vollständig ausgefüllte Schaltfolgetabelle.

**Schaltfolgetabelle:**

| Schritt | Bedingung | Setzen | Rücksetzen |
|---|---|---|---|
| 1 | S1 $(0 \to 1)$ & 1B1 & 2B1 | 1M1 | |
| 2 | 1B2 $(0 \to 1)$ & 2B1 | 2M1 | |
| 3 | 2B2 $(0 \to 1)$ & 1B2 | | 2M1 |
| 4 | 2B1 $(0 \to 1)$ & 1B2 | | 1M1 |

Die Spalte Bedingung in der Schaltfolgetabelle gibt bereits die Ansteuerfunktionen für die Magnetspulen an.

**Funktionsplan:**

## 4.6.8 Beispiele

■ **Beispiel 4.18: Drehrichtungserkennung**

Die Drehrichtung einer Welle soll mit zwei Leuchtmeldern P1 bzw. P2 angezeigt werden. Dazu ist auf der Welle ein Segment angebracht, welches zwei induktive Sensoren B1 bzw. B2 zum Ansprechen bringt. Das Drehen der Welle wird mit dem Schalter S freigegeben. Liegt eine Rechtsdrehung vor, wird zunächst Sensor B1 und dann Sensor B2 bedämpft. Die Sensoren müssen so angeordnet sein, dass bei entsprechender Stellung der Welle beide Sensoren gleichzeitig aktiviert sind.

**Technologieschema:**

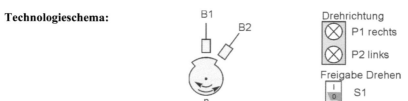

**Bild 4.13:** Drehrichtungserkennung

**Zuordnungstabelle der Eingänge und Ausgänge:**

| Eingangsvariable | Symbol | Datentyp | Logische Zuordnung | | Adresse |
|---|---|---|---|---|---|
| Freigabe Drehen | S1 | BOOL | Welle dreht sich | S1 = 1 | E 0.0 |
| Sensor 1 | B1 | BOOL | Aktiviert | B1 = 1 | E 0.1 |
| Sensor 2 | B2 | BOOL | Aktiviert | B2 = 1 | E 0.2 |
| Ausgangsvariable | | | | | |
| Anzeige Rechtslauf | P1 | BOOL | Leuchtet | P1 = 1 | A 4.1 |
| Anzeige Linkslauf | P2 | BOOL | Leuchtet | P2 = 1 | A 4.2 |

Wird die Aktivierung der Sensoren für den Rechts- oder Linkslauf in einem Zeitdiagramm dargestellt, so wird deutlich, dass dann Rechtslauf vorliegt, wenn Sensor B1 „1"-Signal hat und bei Sensor B2 ein Signalzustandswechsel von „0" nach „1" auftritt.

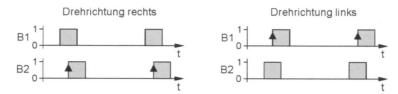

Die Drehrichtung links liegt vor, wenn Sensor B2 „1"-Signal hat und bei Sensor B1 ein „0-1"-Flankenwechsel auftritt. Das Setzen der einen Drehrichtungsanzeige setzt die jeweils andere Anzeige zurück. Dazu werden die Hilfsoperanden HO1 und HO2 eingeführt.

**Funktionsplan:**

Die Funktionskontrolle des Steuerungsprogramms kann mit zwei Schaltern erfolgen, welche die Sensoren darstellen.

**Bestimmung des Codebausteintyps:**

Durch das Vorhandensein der Flankenoperanden FO1 und FO2 bzw. der beiden Instanzen der Standardfunktion R_TRIG muss für die Umsetzung des Funktionsplanes in einen bibliotheksfähigen Codebaustein ein Funktionsbaustein (hier FB 418) verwendet werden.

Die Variablen S1, B1, und B2 werden als Eingangsvariablen (VAR_IN) und die Variablen P1 und P2 als Ausgangsvariablen (VAR_OUT) deklariert.

**STEP 7 Programm:**

Während die beiden Flankenoperanden FO1 und FO2 als stationäre Variable zu deklarieren sind, können die beiden Hilfsoperanden HO1 und HO2 als temporäre Variablen deklariert werden, da deren Signalzustand bei jedem Programmdurchlauf neu ermittelt und zugewiesen wird.

Der zum Funktionsbausteinaufruf zugehörige Instanz-Datenbaustein wird mit DB 418 bezeichnet.

**Aufruf FB 418 im OB 1:**

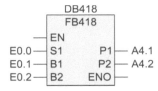

**FB 418 AWL-Quelle:**

```
FUNCTION_BLOCK FB418
VAR_INPUT           VAR                 BEGIN
  S1  : BOOL;         FO1: BOOL;        U  #B2;              U  #B1;
  B1  : BOOL;         FO2: BOOL;        FP #FO1;             FP #FO2;
  B2  : BOOL;         END_VAR           U  #B1;              U  #B2;
END_VAR                                 =  #HO1;             =  #HO2;
                    VAR_TEMP            U  #HO1;             U  #HO2;
VAR_OUTPUT            HO1: BOOL;        S  #P1;              S  #P2;
  P1  : BOOL;         HO1: BOOL;
  P2  : BOOL;         END_VAR           ON #S1;              ON #S1;
END_VAR                                 O  #HO2;             O  #HO1;
                                        R  #P1;              R  #P2;
                                                    END_FUNCTION_BLOCK
```

**CoDeSys Programm:**

Die Instanz von FB 418 wird mit DB 418 bezeichnet.

**Aufruf FB 418 im PLC_PRG:**

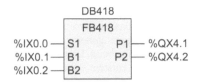

**FB 418 AWL:**

```
FUNCTION_BLOCK FB418

VAR_INPUT           VAR                 CAL FO1(CLK := B2)   CAL FO2(CLK := B1)
  S1  :BOOL;          FO1:R_TRIG;       LD  FO1.Q            LD  FO2.Q
  B1  :BOOL;          FO2:R_TRIG;       AND B1               AND B2
  B2  :BOOL;          HO1:BOOL;         ST  HO1              ST  HO2
END_VAR               HO2:BOOL;         S   P1               S   P2
VAR_OUTPUT          END_VAR
  P1  :BOOL;                            LDN S1               LDN S1
  P2  :BOOL;                            OR  HO2              OR  HO1
END_VAR                                 R   P1               R   P2
```

Ein Pendeln des Segments im Bereich der Sensoren kann bei dieser Realisierung des Steuerungsprogramms zu einer falschen Anzeige führen. Im nächsten Beispiel 4.19 Richtungserkennung wird das Steuerungsprogramm dahingehend verbessert, dass auch ein Pendeln der Welle zu einer richtigen Anzeige führt.

### ■ Beispiel 4.19: Richtungserkennung

Es ist ein Steuerungsprogramm zu entwerfen, das zur richtungsabhängigen Zählung für rotierende oder reversierende Bewegungen verwendet werden kann. Zur besseren Anschauung wird angenommen, dass der Richtungsdiskriminator für eine einspurige Einfahrt in eine Tiefgarage zur Erzeugung von Zählimpulsen für einfahrende bzw. ausfahrende Autos genutzt werden soll. Mit P1 bzw. P2 soll angezeigt werden, ob zuletzt ein Fahrzeug in die Tiefgarage eingefahren oder ausgefahren ist.

**Technologieschema:**

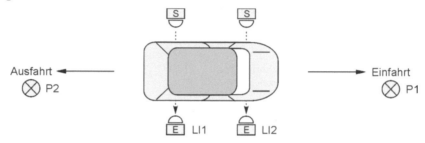

**Bild 4.14:**   Parkhauseinfahrt

**Zuordnungstabelle der Eingänge und Ausgänge:**

| Eingangsvariable | Symbol | Datentyp | Logische Zuordnung | | Adresse |
|---|---|---|---|---|---|
| Lichtschranke 1 | LI1 | BOOL | Aktiviert | LI1 = 1 | E 0.1 |
| Lichtschranke 2 | LI2 | BOOL | Aktiviert | LI2 = 1 | E 0.2 |
| Ausgangsvariable | | | | | |
| Anzeige Einfahrt | P1 | BOOL | Leuchtet | P1 = 1 | A 4.1 |
| Anzeige Ausfahrt | P2 | BOOL | Leuchtet | P2 = 1 | A 4.2 |

Fährt ein Fahrzeug in die Tiefgarage, wird zunächst LI1 und dann LI2 unterbrochen. Beim Ausfahren werden die Lichtschranken in der umgekehrten Reihenfolge unterbrochen. Es könnte deshalb die Lösung von Beispiel 4.18 herangezogen werden. Allerdings führt dieses Steuerungsprogramm zu einer Fehlfunktion, wenn ein Fahrzeug beim Einfahren zunächst beide Lichtschranken unterbricht und dann wieder rückwärts ausfährt. Es entsteht dabei ein Vorwärtszählimpuls und die Anzeige würde auf Einfahrt geschaltet. Eine fehlerfreie Funktion wird erreicht, wenn folgende Auswertung der Lichtschranken vorgenommen wird:

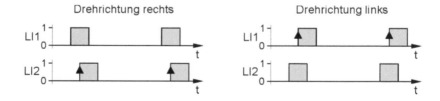

Der Einfahrtimpuls entsteht immer dann, wenn Lichtschranke 1 „1"-Signal hat und bei Lichtschranke 2 ein „0-1"-Flankenwechsel auftritt. Ein Ausfahrtimpuls entsteht, wenn Lichtschranke 1 „1"-Signal hat und bei Lichtschranke 2 ein „1-0"-Flankenwechsel auftritt. Im Falle des Einfahrens bis zur zweiten Lichtschranke und nachfolgender Rückwärtsausfahrt entstehen ein Vorwärts- und ein Rückwärtszählimpuls. Ein Zähler würde somit richtig zählen.

**Funktionsplan:**

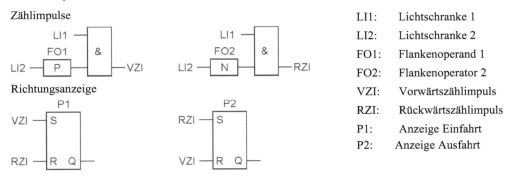

| | |
|---|---|
| LI1: | Lichtschranke 1 |
| LI2: | Lichtschranke 2 |
| FO1: | Flankenoperand 1 |
| FO2: | Flankenoperator 2 |
| VZI: | Vorwärtszählimpuls |
| RZI: | Rückwärtszählimpuls |
| P1: | Anzeige Einfahrt |
| P2: | Anzeige Ausfahrt |

**Bestimmung des Codebausteintyps:**

Durch das Vorhandensein der Flankenoperanden FO1 und FO2 bzw. der Instanzen der beiden Standardfunktion R_TRIG und F_TRIG muss für die Umsetzung des Funktionsplanes in einen bibliotheksfähigen Codebaustein ein Funktionsbaustein (hier FB 419) verwendet werden.

Die Variablen LI1 bzw. LI2 werden als Eingangsvariablen (VAR_IN) und die Variablen P1 bzw. P2 als Ausgangsvariablen (VAR_OUT) deklariert. Zusätzlich werden noch die beiden Variablen VZI und RZI als Ausgangsvariablen deklariert, um ein Zählen der ein- bzw. ausfahrenden PKWs mit diesem Baustein zu ermöglichen.

**STEP 7 Programm:**

Die beiden Flankenoperanden FO1 und FO2 werden als statische Lokalvariablen deklariert.

Die Ausgangsvariablen VZI und RZI werden temporären Lokaldaten im OB 1 zugewiesen.

Der zum Funktionsbausteinaufruf zugehörige Instanz-Datenbaustein ist mit DB 419 bezeichnet.

**Aufruf FB 419 im OB 1:**

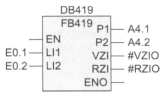

**FB 419 AWL-Quelle:**

```
FUNCTION_BLOCK FB419
VAR_INPUT              VAR              BEGIN
 LI1 : BOOL;            FO1: BOOL;       U  #LI2;          U  #VZI;
 LI2 : BOOL;            FO2: BOOL;       FP #FO1;          S  #P1;
END_VAR                END_VAR          U  #LI1;          U  #RZI;
                                        =  #VZI;          R  #P1;
VAR_OUTPUT
 P1  : BOOL;                            U  #LI2;          U  #RZI;
 P2  : BOOL;                            FN #FO2;          S  #P2;
 VZI : BOOL;                            U  #LI1;          U  #VZI;
 RZI : BOOL;                            =  #RZI;          R  #P2;
END_VAR                                                   END_FUNCTION_BLOCK
```

**CoDeSys Programm:**

Die Instanz von FB 419 wird mit DB 419 bezeichnet. Die Variablen VZIO und RZIO sind im PLC_PRG zur weiteren Verarbeitung als interne Zustandsvariable VAR deklariert. In Anlehnung an das vorausgegangene STEP 7 Programm wird die Instanz mit DB 419 bezeichnet, Da es in CoDeSys keine Datenbausteine gibt, ist DB 419 lediglich der Name der Instanz.

**Aufruf im PLC_PRG:**　　　　　　　　**FB 419 AWL:**

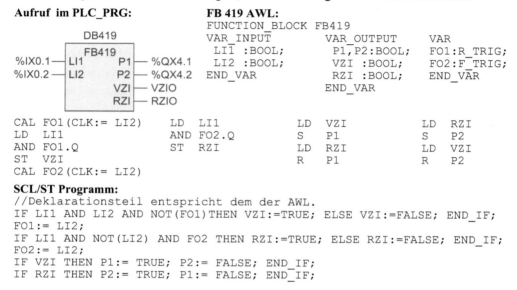

```
FUNCTION_BLOCK FB419
VAR_INPUT              VAR_OUTPUT           VAR
  LI1 :BOOL;             P1,P2:BOOL;        FO1:R_TRIG;
  LI2 :BOOL;             VZI :BOOL;         FO2:F_TRIG;
END_VAR                  RZI :BOOL;         END_VAR
                       END_VAR
```

```
CAL FO1(CLK:= LI2)     LD   LI1        LD  VZI         LD  RZI
LD  LI1                AND  FO2.Q      S   P1          S   P2
AND FO1.Q              ST   RZI        LD  RZI         LD  VZI
ST  VZI                                R   P1          R   P2
CAL FO2(CLK:= LI2)
```

**SCL/ST Programm:**
```
//Deklarationsteil entspricht dem der AWL.
IF LI1 AND LI2 AND NOT(FO1)THEN VZI:=TRUE; ELSE VZI:=FALSE; END_IF;
FO1:= LI2;
IF LI1 AND NOT(LI2) AND FO2 THEN RZI:=TRUE; ELSE RZI:=FALSE; END_IF;
FO2:= LI2;
IF VZI THEN P1:= TRUE; P2:= FALSE; END_IF;
IF RZI THEN P2:= TRUE; P1:= FALSE; END_IF;
```

■ **Beispiel 4.20: Blindstromkompensation**

Zur Verbesserung des Leistungsfaktors soll in einer Transformatorstation eine vierstufige Blindstromkompensationsanlage eingebaut werden. Zur Kompensation können über die Schütze Q1 bis Q4 vier Kompensationsgruppen zugeschaltet werden. Eine Gruppe besteht dabei aus drei Kondensatoren, die in „Dreieck" geschaltet sind. Der aktuelle Leistungsfaktor kann an einem Messinstrument abgelesen werden. Wird der Wert von 0,9 (induktiv) unterschritten, so wird durch Betätigung von Taster S1 eine Kompensationsgruppe dazugeschaltet. Ist der Wert dann immer noch unter 0,9, kann mit einem erneuten Tastendruck auf S1 die nächste Kompensationsgruppe dazugeschaltet werden, bis alle vier Kompensationsgruppen zugeschaltet sind. Unterschreitet der Leistungsfaktor den Wert 0,9 (kapazitiv), so wird durch Betätigung des Taster S2 die zuletzt zugeschaltete Kompensationsgruppe wieder abgeschaltet. Ein erneuter Tastendruck auf S2 schaltet die nächste Kompensationsgruppe wieder ab.

**Technologieschema:**

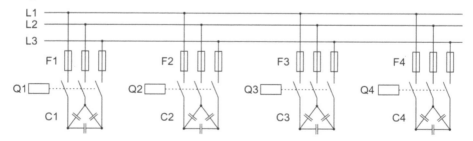

**Bild 4.15:** Blindstromkompensationsanlage

Zur Lösung der Aufgabe ist ein Impulsschrittwerk zu entwerfen. Dazu wird die beschriebene Programmiermethode von Binärumsetzern verwendet.

**Zuordnungstabelle der Eingänge und Ausgänge:**

| Eingangsvariable | Symbol | Datentyp | Logische Zuordnung | | Adresse |
|---|---|---|---|---|---|
| Taster zuschalten | S1 | BOOL | Betätigt | S1 = 1 | E 0.1 |
| Taster abschalten | S2 | BOOL | Betätigt | S2 = 1 | E 0.2 |
| Ausgangsvariable | | | | | |
| Schütz 1 | Q1 | BOOL | Angezogen | Q1 = 1 | A 4.1 |
| Schütz 2 | Q2 | BOOL | Angezogen | Q2 = 1 | A 4.2 |
| Schütz 3 | Q3 | BOOL | Angezogen | Q3 = 1 | A 4.3 |
| Schütz 4 | Q4 | BOOL | Angezogen | Q4 = 1 | A 4.4 |

Bei der Lösung für diese Aufgabe wird der Binäruntersetzer unterteilt in einen Abschnitt für das Zuschalten und in einen Abschnitt für das Abschalten der Schütze für die Kompensationsgruppen. Die Reihenfolge der Anweisungen ist dabei wieder entscheidend.

**Funktionsplan:**

Zuschalten

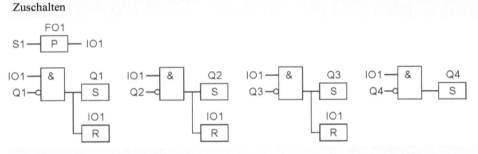

Abschalten

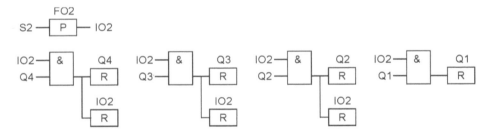

**Bestimmung des Codebausteins:**

Zur Umsetzung des Funktionsplans in ein Steuerungsprogramm wird ein Funktionsbaustein FB 420 verwendet, da Flankenoperatoren FO1 und FO2 bzw. Instanzen der Standardfunktion R_TRIG im Funktionsplan auftreten.

Die Variablen S1 bzw. S2 werden als Eingangsvariablen (VAR_IN) und die Variablen Q1, Q2, Q3 bzw. Q4 werden als Ausgangsvariablen (VAR_OUT) deklariert.

**STEP 7 Programm:**

Die beiden Flankenoperanden FO1 und FO2 werden als statische Lokalvariablen deklariert.

Die Impulsoperanden IO1 und IO2 benötigen keine Speicherfähigkeit und werden somit als temporäre Variablen deklariert.

Der zum Funktionsbausteinaufruf zugehörige Instanz-Datenbaustein ist mit DB 420 bezeichnet.

**Aufruf FB 420 im OB 1:**

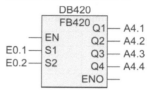

**FB 420 AWL-Quelle:**

```
FUNCTION_BLOCK FB420
VAR_INPUT        VAR            U  #IO1;      U  #IO1;      U  #IO2;
  S1 : BOOL;       FO1: BOOL;   UN #Q1;      UN #Q4;       U  #Q3;
  S2 : BOOL;       FO2: BOOL;   S  #Q1;      S  #Q4;       S  #Q3;
END_VAR          END_VAR        R  #IO1;                   R  #IO2;
                                             U  #S2;
VAR_OUTPUT       VAR_TEMP       U  #IO1;     FP #FO2;      U  #IO2;
  Q1 : BOOL;       IO1: BOOL;   UN #Q2;      =  #IO2;      U  #Q2;
  Q2 : BOOL;       IO2: BOOL;   S  #Q2;                    S  #Q2;
  Q3 : BOOL;     END_VAR        R  #IO1;     U  #IO2;      R  #IO2;
  Q4 : BOOL;                                 U  #Q4;
END_VAR          BEGIN          U  #IO1;     S  #Q4;       U  #IO2;
                 U  #S1;        UN #Q3;      R  #IO2;      U  #Q1;
                 FP #FO1;       S  #Q3;                    S  #Q1;
                 =  #IO1;       R  #IO1;                 END_FUNCTION_BLOCK
```

**CoDeSys Programm:**

Die Instanz von FB 420 wird mit DB 420 bezeichnet. Die Variablen IO1 und IO2 sind im PLC_PRG zur weiteren Verarbeitung als VAR deklariert.

**Aufruf FB 420 im PLC_PRG:**

**FB 420 AWL:**

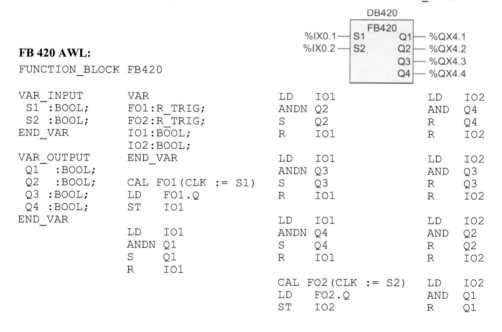

```
FUNCTION_BLOCK FB420

VAR_INPUT        VAR              LD   IO1          LD   IO2
  S1 :BOOL;        FO1:R_TRIG;    ANDN Q2           AND  Q4
  S2 :BOOL;        FO2:R_TRIG;    S    Q2           R    Q4
END_VAR            IO1:BOOL;      R    IO1          R    IO2
                   IO2:BOOL;
VAR_OUTPUT       END_VAR          LD   IO1          LD   IO2
  Q1 :BOOL;                       ANDN Q3           AND  Q3
  Q2 :BOOL;        CAL FO1(CLK := S1)  S  Q3        R    Q3
  Q3 :BOOL;        LD   FO1.Q     R    IO1          R    IO2
  Q4 :BOOL;        ST   IO1
END_VAR                           LD   IO1          LD   IO2
                 LD   IO1         ANDN Q4           AND  Q2
                 ANDN Q1          S    Q4           R    Q2
                 S    Q1          R    IO1          R    IO2
                 R    IO1
                                  CAL FO2(CLK := S2)  LD  IO2
                                  LD   FO2.Q        AND  Q1
                                  ST   IO2          R    Q1
```

■ **Beispiel 4.21: Stempelautomat**

Ein Stempelautomat bringt auf Werkzeugteile eine Kennzeichnung an. Ist die Anlage mit S1 eingeschaltet und ein Werkzeugteil im Magazin (B1 = 1), fährt Zylinder 1A aus und spannt das Werkzeugteil. Danach fährt Zylinder 2A zum Drucken aus.

Befindet sich Zylinder 2A wieder in der oberen Endlage, fährt Zylinder 1A ein. Danach schiebt Zylinder 3A das Werkzeugteil aus der Anlage. Ist das Magazin leer, muss nach einer Wiederbefüllung der Ablauf mit S1 neu gestartet werden.

**Technologieschema:**

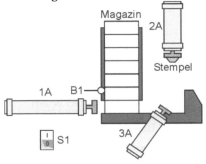

**Pneumatik-Schaltplan:**

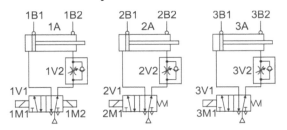

**Bild 4.16:** Stempelautomat

**Zuordnungstabelle der Eingänge und Ausgänge:**

| Eingangsvariable | Symbol | Datentyp | Logische Zuordnung | | Adresse |
|---|---|---|---|---|---|
| Schalter Steuerung EIN/AUS | S1 | BOOL | Betätigt | S1 = 1 | E 0.0 |
| Sensor | B1 | BOOL | Werkzeugteil vorhanden | B1 = 1 | E 0.1 |
| Initiator hint. Endl. Zyl. 1A | 1B1 | BOOL | Betätigt | 1B1 = 1 | E 0.2 |
| Initiator vord. Endl. Zyl. 1A | 1B2 | BOOL | Betätigt | 1B2 = 1 | E 0.3 |
| Initiator hint. Endl. Zyl. 2A | 2B1 | BOOL | Betätigt | 2B1 = 1 | E 0.4 |
| Initiator vord. Endl. Zyl. 2A | 2B2 | BOOL | Betätigt | 2B2 = 1 | E 0.5 |
| Initiator hint. Endl. Zyl. 3A | 3B1 | BOOL | Betätigt | 3B1 = 1 | E 0.6 |
| Initiator vord. Endl. Zyl. 3A | 3B2 | BOOL | Betätigt | 3B2 = 1 | E 0.7 |
| Ausgangsvariable | | | | | |
| Magnetspule Zyl. 1A aus | 1M1 | BOOL | Zyl. 1A fährt aus | 1M1 = 1 | A 4.1 |
| Magnetspule Zyl. 1A ein | 1M2 | BOOL | Zyl. 1A fährt ein | 1M2 = 1 | A 4.2 |
| Magnetspule Zyl. 2A | 2M1 | BOOL | Zyl. 2A fährt aus | 2M1 = 1 | A 4.3 |
| Magnetspule Zyl. 3A | 3M1 | BOOL | Zyl. 3A fährt aus | 3M1 = 1 | A 4.4 |

Aus dem beschriebenen Steuerungsablauf ergibt sich folgendes **Funktionsdiagramm:**

| Bauglieder | | | | | | | | | | |
|---|---|---|---|---|---|---|---|---|---|---|
| Benennung | Kennz. | Zustand | Schritt | 1 | 2 | 3 | 4 | 5 | 6 | 7 |
| DW-Zylinder | 1A | ausgefahren | | | | | | | | |
| | | eingefahren | | | | | | | | |
| DW-Zylinder | 2A | ausgefahren | | | | | | | | |
| | | eingefahren | | | | | | | | |
| DW-Zylinder | 2A | ausgefahren | | | | | | | | |
| | | eingefahren | | | | | | | | |

Das Funktionsdiagramm liefert die Vorlage für die Schaltfolgetabelle. Für jeden Schritt wird die für das Weiterschalten verantwortliche Änderung als Flankenauswertung mit den weiteren Bedingungen eingetragen. Bei Schritt 1 ist die Änderung das Einschalten mit S1 oder bei eingeschalteter Anlage die Aktivierung von Initiator 3B1 (Zylinder 3 ist wieder eingefahren). Diese beiden Weiterschaltbedingungen werden ODER-verknüpft. Da alle drei Zylinder im Schritt 5 sich in der hinteren Endlage befinden, könnte, wenn gerade in diesem Augenblick der Schalter S1 betätigt wird, 1M1 gesetzt werden. Um dies zu verhindern, wird mit der in Schritt 5 auftretenden Bedingung zusätzlich noch 1M1 zurückgesetzt.

**Schaltfolgetabelle:**

| Schritt | Bedingung | Setzen | Rücksetzen |
|---------|-----------|--------|------------|
| 1 | S1 (0 → 1) & B1 & 1B1 & 2B1 & 3B1 <br> v 3B1 (0 → 1) & S1 & B1 & 1B1 & 2B1 | 1M1 | |
| 2 | 1B2 (0 → 1) & 2B1 & 3B1 | 2M1 | 1M1 |
| 3 | 2B2 (0 → 1) & 1B2 & 3B1 | | 2M1 |
| 4 | 2B1 (0 → 1) & 1B2 & 3B1 | 1M2 | |
| 5 | 1B1 (0 → 1) & 2B1 & 3B1 | 3M1 | 1M2, 1M1 |
| 6 | 3B2 (0 → 1) & 1B1 & 2B1 | | 3M1 |

Die Spalte „Bedingung" bildet die Vorlage für die Ansteuerfunktionen der Magnetspulen.

**Funktionsplan:**

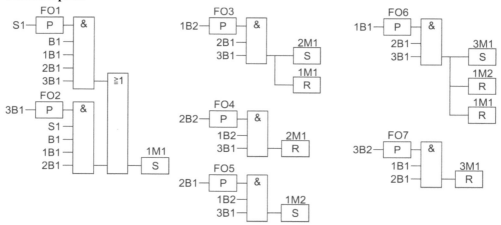

**Bestimmung des Codebausteintyps:**

Durch das Auftreten der Flankenoperanden FO1 bis FO7 bzw. der Instanzen der Standardfunktion R_TRIG muss für die Umsetzung des Funktionsplanes in einen bibliotheksfähigen Codebaustein ein Funktionsbaustein (hier FB 421) verwendet werden.

**STEP 7 Programm:**

Die Flankenoperanden FO1 bis FO7 werden als statische Lokalvariablen deklariert.

Der zum Funktionsbausteinaufruf zugehörige Instanz-Datenbaustein wird mit DB 421 bezeichnet.

**Aufruf FB 421 im OB 1:**

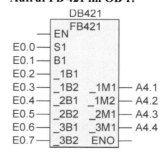

**FB 421 AWL-Quelle:**

```
FUNCTION_BLOCK FB421
VAR_INPUT          _2M1 : BOOL;   BEGIN          U  #_1B2;      U  #_1B1;
 S1   : BOOL;      _3M1 : BOOL;   U  #S1;         FP #FO3;      FP #FO6;
 B1   : BOOL;     END_VAR         FP #FO1;        U  #_2B1;     U  #_2B1;
 _1B1: BOOL;                      U  #B1;         U  #_3B1;     U  #_3B1;
 _1B2: BOOL;      VAR             U  #_1B1;       S  #_2M1;     S  #_3M1;
 _2B1: BOOL;       FO1: BOOL;     U  #_2B1;       R  #_1M1;     R  #_1M2;
 _2B2: BOOL;       FO2: BOOL;     U  #_3B1;       U  #_2B2;     R  #_1M1;
 _3B1: BOOL;       FO3: BOOL;     O;             FP #FO4;      U  #_3B2;
 _3B2: BOOL;       FO4: BOOL;     U  #_3B1;       U  #_1B2;     FP #FO7;
END_VAR            FO5: BOOL;     FP #FO2;        U  #_3B1;     U  #_1B1;
                   FO6: BOOL;     U  #S1;         R  #_2M1;     U  #_2B1;
VAR_OUTPUT         FO7: BOOL;     U  #B1;         U  #_2B1;     R  #_3M1;
 _1M1: BOOL;      END_VAR         U  #_1B1;       FP #FO5;
 _1M2: BOOL;                      U  #_2B1;       U  #_1B2;     END_FUNCTION_
                                  S  #_1M1;       U  #_3B1;     BLOCK
                                                  S  #_1M2;
```

**CoDeSys Programm:**

Die Instanz von FB 421 wird mit DB 421
bezeichnet.

**Aufruf FB 421 im PLC_PRG:**

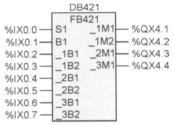

**FB 421 AWL:**

```
FUNCTION_BLOCK FB421
VAR_INPUT              CAL FO1(CLK:= S1)       CAL FO4(CLK:= _2B2)
 S1   : BOOL;          CAL FO2(CLK:= _3B1)     LD  FO4.Q
 B1   : BOOL;          LD  FO1.Q               AND _1B2
 _1B1: BOOL;           AND B1                  AND _3B1
 _1B2: BOOL;           AND _1B1                R   _2M1
 _2B1: BOOL;           AND _2B1
 _2B2: BOOL;           AND _3B1                CAL FO5(CLK:= _2B1)
 _3B1: BOOL;           OR( FO2.Q               LD  FO5.Q
 _3B2: BOOL;           AND S1                  AND _1B2
END_VAR                AND B1                  AND _3B1
                       AND _1B1                S   _1M2
VAR_OUTPUT             AND _2B1
 _1M1 : BOOL;          )                       CAL FO6(CLK:= _1B1)
 _1M2 : BOOL;          S   _1M1                LD  FO6.Q
 _2M1 : BOOL;                                  AND _2B1
 _3M1 : BOOL;          CAL FO3(CLK:= _1B2)     AND _3B1
VAR                    LD  FO3.Q               S   _3M1
FO1:R_TRIG;            AND 2B1                 R   _1M2
FO2:R_TRIG;            AND _3B1                R   _1M1
FO3:R_TRIG;            S   _2M1
FO4:R_TRIG;            R   _1M1                CAL FO7(CLK:= _3B2)
FO2:R_TRIG;                                    LD  FO7.Q
FO3:R_TRIG;                                    AND _1B1
FO4:R_TRIG;                                    AND _2B1
END VAR                                        R   3M1
```

## 4.7  Zeitgeber

Die Zeitbildung ist eine Grundfunktion der Steuerungstechnik. Es können zeitliche Abläufe, wie Warte- und Überwachungszeiten, Zeitmessungen oder Taktimpulse programmiert werden.

### 4.7.1  Zeitgeber nach DIN EN 61131-3

Für Zeitgeber sind in der Norm DIN EN 61131-3 drei Standard-Funktionsbausteine aufgeführt, deren Funktion aus dem jeweiligen Zeitdiagramm beschrieben ist.

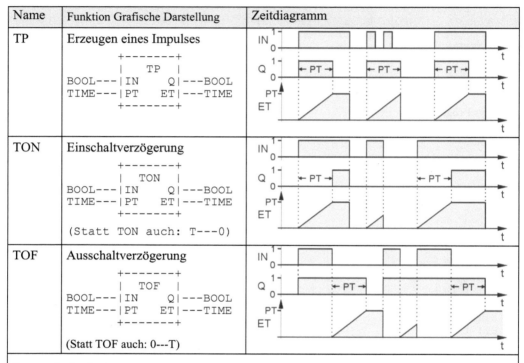

| Name | Funktion Grafische Darstellung | Zeitdiagramm |
|------|-------------------------------|--------------|
| TP | Erzeugen eines Impulses<br><br>`+-------+`<br>`\|  TP   \|`<br>`BOOL---\|IN   Q\|---BOOL`<br>`TIME---\|PT  ET\|---TIME`<br>`+-------+` | |
| TON | Einschaltverzögerung<br><br>`+-------+`<br>`\|  TON  \|`<br>`BOOL---\|IN   Q\|---BOOL`<br>`TIME---\|PT  ET\|---TIME`<br>`+-------+`<br><br>(Statt TON auch: T---0) | |
| TOF | Ausschaltverzögerung<br><br>`+-------+`<br>`\|  TOF  \|`<br>`BOOL---\|IN   Q\|---BOOL`<br>`TIME---\|PT  ET\|---TIME`<br>`+-------+`<br><br>(Statt TOF auch: 0---T) | |

Operandenbedeutung:
IN = Startbedingung;  PT = Zeitvorgabe;  Q = Status der Zeit;  ET = Aktueller Zeitwert.

| RTC | Echtzeituhr<br><br>`+-------+`<br>`\|  RTC  \|`<br>`BOOL---\|EN   Q\|---BOOL`<br>`DT-----\|PDT CDT\|-----DT`<br>`+-------+` | Der Standard-Funktionsbaustein RTC gibt an einem vorgegebenen Startzeitpunkt die fortlaufende Datums- und Uhrzeit wieder.<br><br>Sobald EN auf TRUE wechselt, wird die an PDT liegende Zeit gesetzt und solange hoch gezählt, wie EN TRUE ist. An CDT wird die laufende Zeit mit Datum ausgegeben. |

Operandenbedeutung:

EN = Übernahme und Aktivierung,  PDT = Voreingestelltes Datum und Zeit, geladen bei steigender Flanke von EN, Q = Kopie von EN,  CDT = laufendes Datum und Zeit.

## 4.7.2 Zeitgeber in STEP 7

In STEP 7 sind drei Standard-Funktionsbausteine der Norm DIN EN 61131-3 als Systemfunktionsbausteine (TP → SFB 3; TON → SFB 4 und TOF → SFB 5) im Betriebssystem der CPU integriert. Uhrzeitfunktionen werden mit verschiedenen System-Funktionen SFC realisiert. Neben den Standard-Funktionsbausteinen bietet STEP 7 noch fünf Zeitfunktionen im Operationsvorrat an, deren Verwendung die Einführung von Zeitoperanden Tx erfordern.

### 4.7.2.1 STEP 7 – Zeitfunktionen

**1. Übersicht:** Bezeichnung und Impulsdiagramm der STEP 7-Zeitfunktionen:

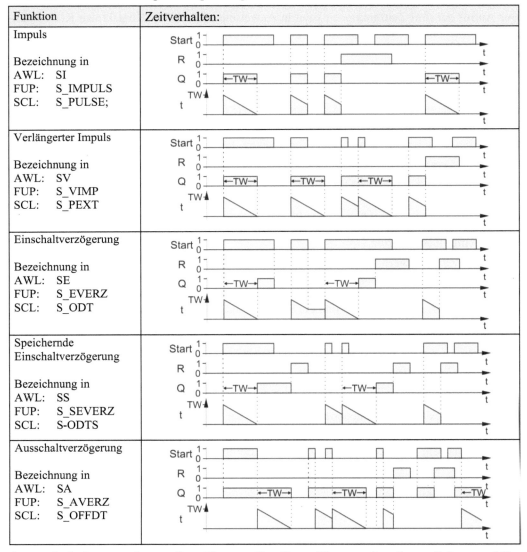

| Funktion | Zeitverhalten: |
|----------|----------------|
| Impuls<br><br>Bezeichnung in<br>AWL:   SI<br>FUP:   S_IMPULS<br>SCL:   S_PULSE; | |
| Verlängerter Impuls<br><br>Bezeichnung in<br>AWL:   SV<br>FUP:   S_VIMP<br>SCL:   S_PEXT | |
| Einschaltverzögerung<br><br>Bezeichnung in<br>AWL:   SE<br>FUP:   S_EVERZ<br>SCL:   S_ODT | |
| Speichernde<br>Einschaltverzögerung<br><br>Bezeichnung in<br>AWL:   SS<br>FUP:   S_SEVERZ<br>SCL:   S-ODTS | |
| Ausschaltverzögerung<br><br>Bezeichnung in<br>AWL:   SA<br>FUP:   S_AVERZ<br>SCL:   S_OFFDT | |

Operandenbedeutung: Start = Start-Eingang; R = Reset-Eingang; Q = Status Zeitoperand Tx; t = Rest-Zeitwert; TW = Vorgabe der Zeitdauer

Die geräteinterne Realisierung der Zeitbildung muss vom Anwender nicht bedacht werden. Es genügt zu wissen, dass ein interner Taktgeber Zählimpulse an einen Rückwärtszähler liefert. Starten einer Zeit bedeutet in diesem Fall, den Zähler auf eine bestimmte Zahl voreinzustellen. Die Zeit ist dann abgelaufen, wenn die internen Zählimpulse den Zählerstand auf null vermindert haben. Die zyklische Abarbeitung des Anwenderprogramms bleibt davon jedoch unbeeinflusst. Die Aktualisierung der Zeitfunktionen erfolgt asynchron zur Programmbearbeitung. Dadurch kann es vorkommen, dass der Signalzustand des Zeitoperanden am Zyklusanfang einen anderen Wert hat als am Zyklusende.

## 2. Programmieren der Zeitfunktionen

Der Aufruf der fünf Zeitfunktionen kann in Anweisungsliste AWL, Kontaktplan KOP, Funktionsplan FUP oder in der Programmiersprache SCL erfolgen. Die Eingangs- und Ausgangsvariablen sind bei allen Zeitfunktionen gleich.

Übergabeparameter:          Beschreibung der Parameter:

Tx:        Zeitoperand T0 ... T15 (CPU abhängig)

T_Fkt.:    Zeitfunktion (SI, SV, SE, SS, SA)

S:         Starteingang

TW:        Vorgabewert der Zeitdauer

R:         Rücksetzeingang

DUAL:      Restwert der Zeit dual codiert

DEZ:       Restwert der Zeit BCD-codiert (S5TIME)

Q:         Abfrage des Status des Zeitoperanden

### Starten einer Zeitfunktion

Bei einem Zustandswechsel am Starteingang S des Zeitgliedes wird die Zeit gestartet. Das bedeutet, dass die am Eingang der Zeitfunktion vorgegebene Zeit TW abzulaufen beginnt. Wie aus den Zeitdiagrammen der Zeitfunktionen zu erkennen ist, starten die Zeitfunktionen SI, SV, SE, SS mit einer „0 → 1"-Flanke und die SA Zeitfunktion mit einer „1 → 0"-Flanke.

### Vorgabe der Zeitdauer

Vor der Startoperation muss der Wert für die Zeitdauer in den Akkumulator 1 geladen werden. Die Zeitfunktion übernimmt beim Starten den im Akkumulator 1 stehenden Wert. Wie und an welcher Stelle die Zeitdauer in den Akku 1 gelangt, spielt dabei keine Rolle. Steht der Ladebefehl für den Zeitwert jedoch unmittelbar vor der Startoperation, so trägt dies zu einer übersichtlicheren Lesbarkeit des Steuerungsprogramms bei.

Die Zeitdauer kann über eine Konstante oder eine Variable in den Akku 1 geladen werden und setzt sich aus dem Zeitfaktor und der Zeitbasis zusammen. Die Zeitdauer ergibt sich dabei aus dem Produkt von Zeitfaktor und Zeitbasis (Zeitdauer = Zeitfaktor x Zeitbasis). Mit der Zeitbasis wird ein Zeitraster angegeben. Je kleiner das Zeitraster gewählt wird, umso genauer ist die real abgearbeitete Zeitdauer.

Die nachfolgende Tabelle beschreibt den Bereich des Zeitfaktors, die Möglichkeiten bei der Vorgabe der Zeitbasis und die Bitbelegung der Zeitdauer im Akkumulator.

| Zeitfaktor | Zeitbasis | Bit-Belegung der Zeitdauer im Akkumulator 1 |
|---|---|---|
| Zahl von 1 bis 999 | Zeitraster 0 = 0,01 s 1 = 0,1 s 2 = 1 s 3 = 10 s | |

Der Anwender kann bei STEP 7 die Zeitdauer durch Angabe von Zeitraster und Zeitfaktor, wie in der Bit-Belegung angegeben, in einem Wort-Operanden aufbauen und in den Akkumulator laden. Dies wird immer dann erfolgen, wenn die Zeitdauer beispielsweise über einen Zifferneinsteller vorgegeben wird. Wird die Zeitdauer als Konstante vorgegeben, so kann sie der Anwender nach folgender Syntax eingeben:

S5T#aHbbMccSdddMS.

Dabei bedeuten: a = Stunden, bb = Minuten, cc = Sekunden und ddd = Millisekunden. Die Umwandlung der Syntaxeingabe in die Wortdarstellung mit Zeitraster und Zeitfaktor erledigt die Programmiersoftware. Die Zeitbasis wird dabei automatisch gewählt und der Wert bis zur nächst niedrigeren Zahl dieses Zeitrasters gerundet.

Beispiel: Eingabe von eine Stunden, drei Minuten und fünfundvierzig Sekunden:

S5T#1H3M40S → 3825 s; darstellbar ist aber nur 382 · 10 s

Bei der Eingabe dieser Zeit ist eine Rundung erfolgt, welche die Programmiersoftware automatisch ausgeführt hat; es fehlen 5 Sekunden.

Die folgende Tabelle zeigt den Zusammenhang zwischen Zeitfaktor und Zeitraster:

| Zeitdauer | Syntaxeingabe | Bit | Raster 15–12 | $10^2$ 11–8 | $10^1$ 7–4 | $10^0$ 3–0 |
|---|---|---|---|---|---|---|
| 500 ms | S5T#500MS | | 0 | 0 | 5 | 0 |
| 25,5 s | S5T#25S500MS | | 1 | 2 | 5 | 5 |
| 5 min 42,5 s = 342,5 s | S5T#5M42S | | 2 | 3 | 4 | 2 |
| 1 h 40 min 25 s = 6025 s | S5T#1H40M20S | | 3 | 6 | 0 | 2 |

Eingabe von Zeitfaktor und Zeitraster

Wie aus der Tabelle ersichtlich, ergibt sich die Eingabe von Zeitfaktor und Zeitraster durch die Berechnung der Zeitdauer in Sekunden. Bei der Zeitdauer von 332,5 s und 6025 s ist eine Rundung erfolgt, da die mögliche Auflösung des Zeitrasters überschritten wurde.

Die folgende Tabelle zeigt die möglichen Zeitbereiche innerhalb der einzelnen Zeitraster:

| Zeitbasis | Auflösung |
|-----------|-----------|
| 0,01 s | 10 ms bis 9990 ms (9 s 990 ms) |
| 0,1 s | 100 ms bis 99900 ms (1 min 39 s 900 ms) |
| 1 s | 1 s bis 999 s (16 min 39 s) |
| 10 s | 10 s bis 9990 s (2 h 46 min 30 s) |

## Rücksetzen einer Zeitfunktion

Die STEP 7-Zeitfunktionen besitzen alle einen Rücksetzeingang R. Über diesen Eingang wird der Zeitoperand Tx, wie aus dem Zeitverhalten der Zeitfunktionen ersichtlich, bei Signalzustand „1" an R zurückgesetzt.

Während die Zeit läuft, wird der Restwert der Zeit ebenfalls zurückgesetzt, wenn der Rücksetzeingang R von „0" auf „1" wechselt. Der Signalzustand „1" am Eingang R hat keinen Einfluss, wenn die Zeit nicht läuft.

## Abfragen des Zeitoperanden

Der Zeitoperand Tx kann beispielsweise wie ein SPS-Operand abgefragt werden. Mögliche Abfrageoperationen sind dabei: U; O; X; UN; ON und XN. Wird ein Zeitoperand Tx innerhalb eines Programmdurchlaufs mehrmals abgefragt, so kann dieser, wie bereits beschrieben, unterschiedliche Werte aufweisen. Um möglichen Fehlfunktionen des Steuerungsprogramms dabei vorzubeugen, sollte bei einem mehrmaligen Abfragebedarf nicht der Zeitoperand, sondern ein Hilfsoperand abgefragt werden, dem an einer Stelle des Programms der Signalwert des Zeitoperanden zugewiesen wurde.

## Abfragen der Restzeitwerte

Über *Ladebefehle* (siehe Kapitel 5.2.1) kann während des Ablaufs der Zeit der Restzeitwert abgefragt werden. Die Anweisung L Tx lädt den Restzeitwert dualcodiert und die Anweisung LC Tx lädt den Restwert BCD-codiert in den Akkumulator. Bei der Abfrage des dualcodierten Restzeitwertes geht das Zeitraster verloren. An seiner Stelle steht null im Akkumulator. Der Dualwert entspricht einer positiven Zahl im Datenformat INT und kann zu Vergleichsfunktionen im Steuerungsprogramm verwendet werden. Wird der Restzeitwert codiert geladen, liegen sowohl Zeitraster, wie auch Zeitfaktor BCD-codiert im Akkumulator vor. Dieser Wert kann mit einem *Transferbefehl* (siehe Kapitel 5.2.1) z. B. an ein Ausgangswort (T AW12) mit angeschlossener BCD-Ziffernanzeige weitergeleitet werden.

## Datentypen und Operanden

Wird eine Zeitoperation in einer Funktion oder einem Funktionsbaustein programmiert, so können die Parameter mit Operanden oder mit Formalparametern besetzt werden.

Die Parameter, mögliche Operanden und die Datentypen sind in der folgenden Tabelle angegeben.

| Übergabeparameter | Parameter | Operand | Datentyp |
|---|---|---|---|
| | Tx | T | TIMER |
| | S | E, A, M, DBX, L, T, Z | BOOL |
| | TW | Konstante, EW, AW, MW, DBW, LW | S5TIME |
| | R | E, A, M, DBX, L, T, Z | BOOL |
| | DUAL | EW, AW, MW, DBW, LW | WORD |
| | DEZ | EW, AW, MW, DBW, LW | WORD |
| | Q | E, A, M, DBX, L | BOOL |

### 3. Zeitfunktion Impuls SI

Bei einem Zustandswechsel von „0" nach „1" am Starteingang der Zeitfunktion *Impuls* wird die Zeit gestartet. Während der Laufzeit führt der Zeitoperand Tx den Signalzustand „1". Tritt während der Laufzeit des Zeitgliedes am Starteingang der Signalzustand „0" auf, wird die Zeitfunktion auf null gesetzt. Das bedeutet eine vorzeitige Beendigung der Laufzeit.

**Operationsdarstellung in STEP 7:**

| AWL | | FUP |
|---|---|---|
| U  E  0.1    L  T  1 | | T1 |
| L  S5T#4S    T  MW 10 | | S_IMPULS |
| SI T  1      LC T  1 | | E0.1 — S   DUAL — MW10 |
| U  E  0.7    T  MW 12 | | S5T#4S — TW   DEZ — MW12   A4.1 |
| R  T  1      U  T  1 | | E0.7 — R    Q        = |
|              =  A  4.1 | | |

| SCL |
|---|
| BCD_Zeitwert:= S_PULSE (T_NO:= T1,   S:= E0.1, TV:= t#4S, R:= E0.7, |
|                        BI:= MW10, Q:= A4.1); |

Werden die Parameter R, DUAL und DEZ nicht benötigt und der Zeitoperand erst später abgefragt, so kann die Zeitfunktion auch verkürzt aufgerufen werden.

| AWL | | FUP |
|---|---|---|
| U  E  0.1 | | T1 |
| L  S5T#4S | | SI |
| SI T  1 | | E0.1 — |
| | | S5T#4S — TW |

| SCL |
|---|
| BCD_Zeitwert:= S_PULSE (T_NO:= T1,   S:=E0.1, TV:= t#4S); |

### 4. Zeitfunktion Verlängerter Impuls SV

Bei einem Zustandswechsel von „0" nach „1" am Starteingang der Zeitfunktion *Verlängerter Impuls* wird die Zeit gestartet. Unabhängig von der zeitlichen Dauer des Eingangssignals läuft die vorgegebene Zeit ab. Während der Laufzeit führt der Zeitoperand Tx den Signalzustand „1". Tritt ein erneuter Startimpuls noch während der Laufzeit auf, beginnt die Zeitdauer aufs Neue, sodass sich der Ausgangsimpuls zeitlich verlängert (Nachtriggerung).

**Operationsdarstellung in STEP 7:**

| AWL | | FUP |
|---|---|---|
| U   E   0.2<br>L   S5T#4S<br>SV  T   2<br>U   E   0.7<br>R   T   2 | L   T   2<br>T   MW  14<br>LC  T   2<br>T   MW  16<br>U   T   2<br>=   A   4.2 | |
| **SCL** | | |
| BCD_Zeitwert:= S_PEXT (T_NO:= T2, S:= E0.2, TV:= t#4S, R:= E0.7,<br>BI:=MW14, Q:= A4.2); | | |

Werden die Parameter R, DUAL und DEZ nicht benötigt und der Zeitoperand erst später abgefragt, so kann die Zeitfunktion auch verkürzt aufgerufen werden.

| AWL | FUP |
|---|---|
| U   E   0.2<br>L   S5T#4S<br>SV  T   2 | |
| **SCL** | |
| BCD_Zeitwert:= S_PEXT (T_NO:= T2, S:= E0.2, TV:= t#4S); | |

## 5. Zeitfunktion Einschaltverzögerung SE

Bei einem Zustandswechsel von „0" nach „1" am Starteingang der Zeitfunktion *Einschaltverzögerung* wird die Zeit gestartet. Nach Ablauf der Zeitdauer führt der Zeitoperand Tx den Signalzustand „1" solange am Starteingang noch der Signalzustand „1" anliegt. Eingangssignale, welche kürzer als die Laufzeit sind, haben am Ausgang der Zeitfunktion keine Wirkung. In diesem Fall wirkt die Einschaltverzögerung wie eine Impulsunterdrückung für kurze Impulse.

**Operationsdarstellung in STEP 7:**

| AWL | | FUP |
|---|---|---|
| U   E   0.3<br>L   S5T#4S<br>SE  T   3<br>U   E   0.7<br>R   T   3 | L   T   3<br>T   MW  18<br>LC  T   3<br>T   MW  20<br>U   T   3<br>=   A   4.3 | |
| **SCL** | | |
| BCD_Zeitwert:= S_ODT (T_NO:= T3, S:= E0.3, TV:= t#4S, R:= E0.7,<br>BI:=MW18, Q:= A4.3); | | |

Werden die Parameter R, DUAL und DEZ nicht benötigt und der Zeitoperand erst später abgefragt, so kann die Zeitfunktion auch verkürzt aufgerufen werden.

| AWL | FUP |
|---|---|
| U   E   0.3<br>L   S5T#4S<br>SE  T   3 | (diagram) |

SCL
```
BCD_Zeitwert:= S_ODT (T_NO:= T3, S:= E0.3, TV:= t#4S);
```

FUP diagram: T3 / SE, E0.3 —, S5T#4S — TW

## 6.  Zeitfunktion Speichernde Einschaltverzögerung SS

Bei einem Zustandswechsel von „0" nach „1" am Starteingang der Zeitfunktion *Speichernde Einschaltverzögerung* wird die Zeit gestartet. Unabhängig vom Signalzustand am Starteingang führt der Zeitoperand Tx nach Ablauf der Zeitdauer den Signalzustand „1", bis an dem Rücksetzeingang der Signalzustand „1" angelegt wird. Tritt während des Ablaufs der Zeit ein weiterer Zustandswechsel von „0" nach „1" am Starteingang auf, wird die Zeitdauer von Neuem gestartet (nachgetriggert). Dieser Neustart der Zeitfunktion kann beliebig oft wiederholt werden, ohne dass die Zeit vorher abläuft.

Im Unterschied zur nichtspeichernden Einschaltverzögerung (SE) kann hier der Zeitoperand Tx bei Signalzustand „1" nur über den Rücksetzeingang nach Signalzustand „0" gebracht werden.

**Operationsdarstellung in STEP 7:**

| AWL | | FUP |
|---|---|---|
| U   E   0.4<br>L   S5T#4S<br>SS  T   4<br>U   E   0.7<br>R   T   4 | L   T   4<br>T   MW 22<br>LC  T   4<br>T   MW 24<br>U   T   4<br>=   A   4.4 | (diagram) |

SCL
```
BCD_Zeitwert:= S_ODTS (T_NO:= T4, S:= E0.4, TV:= t#4S, R:= E0.7,
                       BI:=MW22, Q:= A4.4);
```

FUP diagram: T4 / S_SEVERZ, E0.4 — S   DUAL — MW22, S5T#4S — TW   DEZ — MW24, E0.7 — R   Q — , A4.4 / =

Werden die Parameter R, DUAL und DEZ nicht benötigt und der Zeitoperand erst später abgefragt, so kann die Zeitfunktion auch verkürzt aufgerufen werden

| AWL | FUP |
|---|---|
| U   E   0.4<br>L   S5T#4S<br>SS  T   4 | (diagram) |

SCL
```
BCD_Zeitwert:= S_ODTS (T_NO:= T4, S:= E0.4, TV:= t#4S);
```

FUP diagram: T4 / SS, E0.4 —, S5T#4S — TW

## 7. Zeitfunktion Ausschaltverzögerung SA

Nach einem Zustandswechsel von „0" nach „1" am Starteingang der Zeitfunktion *Ausschaltverzögerung* führt der Zeitoperand Tx den Signalzustand „1". Tritt am Starteingang der Zeitfunktion nun ein Zustandswechsel von „1" nach „0" auf, wird die Zeit gestartet. Solange die Zeit läuft, behält der Zeitoperand Tx den Signalzustand „1". Der Zeitoperand Tx wird verzögert abgeschaltet.

**Operationsdarstellung in STEP 7:**

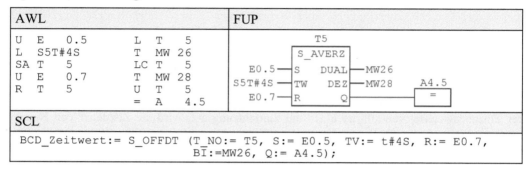

| AWL | | FUP |
|---|---|---|
| U   E   0.5 | L   T   5 | |
| L   S5T#4S | T   MW 26 | |
| SA  T   5 | LC  T   5 | |
| U   E   0.7 | T   MW 28 | |
| R   T   5 | U   T   5 | |
| | =   A   4.5 | |

| SCL |
|---|
| BCD_Zeitwert:= S_OFFDT (T_NO:= T5, S:= E0.5, TV:= t#4S, R:= E0.7, BI:=MW26, Q:= A4.5); |

Werden die Parameter R, DUAL und DEZ nicht benötigt und der Zeitoperand erst später abgefragt, so kann die Zeitfunktion auch verkürzt aufgerufen werden.

| AWL | FUP |
|---|---|
| U   E   0.5 | |
| L   S5T#4S | |
| SA  T   5 | |

| SCL |
|---|
| BCD_Zeitwert:= S_OFFDT (T_NO:= T5, S:= E0.5, TV:= t#4S); |

## 4.7.2.2 IEC-Standard-Funktionsbausteine in STEP 7

### 1. Übersicht

Die in STEP 7 zur Verfügung gestellten System-Funktionsbausteine entsprechen in Funktion und grafischer Darstellung den in der DIN EN 61131-3 dargestellten Standard-Funktionsbausteinen. Dabei gilt folgende Zuordnung:

| Name | System-Funktionsbaustein SFB | Grafische Darstellung |
|---|---|---|
| TP | SFB 3 | |
| TON | SFB 4 | |
| TOF | SFB 5 | |

Operandenbedeutung: IN = Start-Eingang; PT = Vorgabe der Zeitdauer; Q = Status der Zeit; ET = Abgelaufene Zeit.

## 2. Programmieren der System-Funktionsbausteine SFB

Der Aufruf der drei System-Funktionsbausteine kann in Anweisungsliste AWL, Kontaktplan KOP, Funktionsplan FUP oder in der Programmiersprache SCL erfolgen. Die Eingangs- und Ausgangsvariablen sind bei allen Bausteinaufrufen gleich.

Übergabeparameter:          Beschreibung der Parameter:

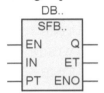

DB..:        Instanz-Datenbaustein oder Lokalinstanz
SFB..:       Zeitfunktion SFB 3, SFB 4 bzw. SFB 5
IN:          Starteingang
PT:          Vorgabewert der Zeitdauer
Q:           Statusabfrage der Zeit
ET:          Abgelaufene Zeit

### Starten des Zeit-Funktionsbausteins

Bei einem Zustandswechsel am Starteingang IN des Zeitgliedes wird die Zeit gestartet. Das bedeutet, dass die am Eingang der Zeitfunktion vorgegebene Zeit PT abzulaufen beginnt. Mit einer 0 → 1 Flanke starten die Zeiten TP und TON und mit einer 1 → 0 Flanke die Zeit TOF.

### Vorgabe der Zeitdauer

Die Zeitdauer kann über eine Konstante oder eine Variable an den Eingang PT im Datenformat TIME (Zeitdauer) geschrieben werden. Eine Variable mit dem Datenformat TIME belegt ein Doppelwort. Die Darstellung enthält die Angabe für Tage (d), Stunden (h), Minuten (m), Sekunden (s) und Millisekunden (ms), wobei einzelne Angaben weggelassen werden können. Wenn nur eine Einheit angegeben wird, darf der absolute Wert an Tagen, Stunden und Minuten die oberen oder unteren Grenzwerte nicht überschreiten. Wenn mehr als eine Zeiteinheit angegeben wird, darf die Einheit:

- Stunden den Wert 23,                   - Minuten den Wert 59,

- Sekunden den Wert 59,                  - Millisekunden den Wert 999

nicht überschreiten. Das Bitmuster der Variablen wird als Millisekunden interpretiert und als 32-Bit-Festpunktzahl mit Vorzeichen abgelegt

Beispiel:

Maximale einstellbare Zeitdauer:   T#+24d20h31m23s647ms

### Statusabfrage der Zeit

Der Ausgang Q der Zeit-System-Funktionsbausteine kann einer binären Variablen oder einem binären Operanden zugewiesen werden. Solange die vorgegebene Zeitdauer abläuft, führt dieser Ausgang „1"-Signal.

### Abfragen der abgelaufenen Zeit

An den Ausgang ET der Zeit-System-Funktionsbausteine kann eine Variable mit dem Datenformat „TIME" oder ein Doppelwort-Operand geschrieben werden. Diese gibt dann die bereits abgelaufene Zeit an.

**Datentypen und Operanden**

Die Parameter, mögliche Operanden und die Datentypen, welche an die Ein- bzw. Ausgänge der System-Funktionen geschrieben werden können, sind in der folgenden Tabelle angegeben.

| Übergabeparameter | Parameter | Operand | Datentyp |
|---|---|---|---|
| DB.. SFB.. EN — Q IN — ET PT — ENO | IN | E, A, M, DBX, L, T, Z | BOOL |
| | PT | Konstante, ED, AD, MD, DBD, LD | TIME |
| | Q | A, M, DBX, L | WORD |
| | ET | AD, MD, DBD, LD | TIME |

## 3. System-Funktionsbaustein SFB 3 (TP)

Bei einem Zustandswechsel von „0" nach „1" am Starteingang IN des Funktionsbausteins SFB 3 *TP* wird die Zeit gestartet. Diese läuft mit der an PT vorgegebenen Zeitdauer ab, unabhängig vom Signalzustand am Starteingang IN. Während der Laufzeit führt der Ausgang Q den Signalzustand „1". Ein Neustart ist erst nach Ablauf der Zeitdauer wieder möglich.

Der Ausgang ET liefert die aktuelle Zeitdauer, die bereits abgelaufen ist. Sie beginnt bei 0 ms und endet bei der an PT vorgegebenen Zeitdauer. Ist die Zeitdauer abgelaufen, bleibt ET noch solange auf dem abgelaufenen Wert stehen, bis der Signalzustand am Eingang IN auf „0" wechselt.

**Operationsdarstellung in STEP 7:**

| AWL | FUP |
|---|---|
| ```CAL SFB3, DB3 IN:= E 0.1 PT:= T#4S Q  := A4.1 ET:= MD10``` | DB3 SFB3 EN — Q — A4.1 E0.1 — IN ET — MD10 T#4S — PT ENO |

| SCL |
|---|
| ```SFB3.DB3(IN:=E0.1, PT:=t#4s); A4.1:= DB3.Q; MD10:= DINT_TO_DWORD(TIME_TO_DINT(DB3.ET));``` |

## 4. System-Funktionsbaustein SFB 4 (TON)

Bei einem Zustandswechsel von „0" nach „1" am Starteingang IN des Funktionsbausteins SFB 4 *TON* wird die Zeit gestartet. Diese läuft mit der an PT vorgegebenen Zeitdauer ab. Der Ausgang Q liefert Signalzustand „1", wenn die Zeit abgelaufen ist und solange der Starteingang noch „1"-Signal führt. Wechselt vor Ablauf der Zeitdauer der Signalzustand am Starteingang IN von „1" nach „0" wird die laufende Zeit zurückgesetzt. Mit der nächsten positiven Flanke startet sie wieder.

Der Ausgang ET liefert wieder die abgelaufene Zeitdauer. Sie beginnt bei 0 ms und endet bei der an PT vorgegebenen Zeitdauer. Ist die Zeitdauer abgelaufen, bleibt ET noch solange auf dem abgelaufenen Wert stehen, bis der Signalzustand am Eingang IN auf „0" wechselt.

**Operationsdarstellung in STEP 7:**

| AWL | FUP |
|---|---|
| CAL SFB4, DB4<br>IN:= E 0.2<br>PT:= T#4S<br>Q := A4.2<br>ET:= MD20 | DB4<br>SFB4<br>— EN    Q —A4.2<br>E0.2— IN   ET —MD20<br>T#4S— PT ENO |
| **SCL** | |
| SFB4.DB4(IN:=E0.2, PT:=t#4s);<br>A4.2:= DB4.Q;<br>MD20:= DINT_TO_DWORD(TIME_TO_DINT(DB4.ET)); | |

### 5. System-Funktionsbaustein SFB 5 (TOF)

Bei einem Zustandswechsel von „0" nach „1" am Starteingang IN des Funktionsbausteins SFB 5 *TOF* führt der Ausgang Q „1"-Signal. Wechselt am Starteingang IN das Signal dann von „1" nach „0" wird die Zeit gestartet. Diese läuft mit der an PT vorgegebenen Zeitdauer ab. Solange die Zeit läuft, liefert der Ausgang Q den Signalzustand „1". Ist die Zeit abgelaufen, wird der Ausgang Q zurückgesetzt. Wechselt vor Ablauf der Zeitdauer der Signalzustand am Starteingang IN von „0" nach „1" wird die laufende Zeit zurückgesetzt und der Ausgang Q bleibt „1".

Der Ausgang ET liefert wieder die abgelaufene Zeitdauer. Sie beginnt bei 0 ms und endet bei der an PT vorgegebenen Zeitdauer. Ist die Zeitdauer abgelaufen, bleibt ET noch solange auf dem abgelaufenen Wert stehen, bis der Signalzustand am Eingang IN auf „1" wechselt.

**Operationsdarstellung in STEP 7:**

| AWL | FUP |
|---|---|
| CAL SFB5, DB5<br>IN:= E 0.3<br>PT:= T#4S<br>Q := A4.3<br>ET:= MD30 | DB5<br>SFB5<br>— EN    Q —A4.3<br>E0.3— IN   ET —MD30<br>T#4S— PT ENO |
| **SCL** | |
| SFB5.DB5(IN:=E0.3, PT:=t#4s);<br>A4.3:= DB5.Q;<br>MD30:= DINT_TO_DWORD(TIME_TO_DINT(DB5.ET)); | |

### 4.7.2.3 STEP 7 – Uhrzeitfunktionen

Alle S7-300 / S7-400 CPUs sind mit einer Echtzeit- oder Software-Uhr ausgestattet. Die Uhr kann im Automatisierungssystem sowohl als Uhrzeitmaster als auch als Slave mit externer Synchronisation fungieren. Sie ermöglicht die Verwendung von Uhrzeitalarmen und Betriebsstundenzähler. Die Uhr zeigt immer die Uhrzeit (Mindestauflösung 1 s) und Datum mit Wochentag an. Bei einigen CPUs ist auch die Anzeige in Millisekunden möglich.

## 1. Stellen der Uhrzeit

Mit dem Aufruf der Systemfunktion SFC 0 „SET_CLK" kann die Uhrzeit und das Datum der CPU-Uhr gestellt werden. Die Uhr läuft dann ab der eingestellten Uhrzeit und dem eingestellten Datum. Ist die Uhr eine Master-Uhr, dann startet die CPU beim Aufruf der SFC 0 zusätzlich die Synchronisation der Uhrzeit.

**Operationsdarstellung in STEP 7:**

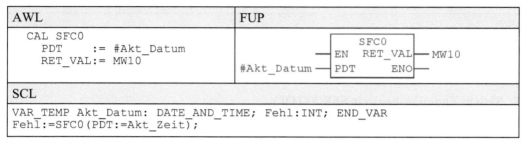

| AWL | FUP |
|---|---|
| `CAL SFC0`<br>`   PDT    := #Akt_Datum`<br>`   RET_VAL:= MW10` | |
| **SCL** | |
| `VAR_TEMP Akt_Datum: DATE_AND_TIME; Fehl:INT; END_VAR`<br>`Fehl:=SFC0(PDT:=Akt_Zeit);` | |

Operandenbedeutung:

PDT = Eingang für das Datum und die Uhrzeit, die eingestellt werden sollen.

RET_VAL = Fehlercode. Tritt während der Bearbeitung der Funktion ein Fehler auf, enthält der Rückgabewert einen Fehlercode.

| Fehlercode ( W#16#...): | Erläuterung |
|---|---|
| 0000 | Kein Fehler |
| 8080 | Fehler im Datum |
| 8081 | Fehler in der Uhrzeit |
| 8xyy | Allgemeine Fehlerinformation |

## 2. Lesen der Uhrzeit

Mit dem Aufruf der Systemfunktion SFC 1 „READ_CLK" kann die Uhrzeit und das Datum der CPU-Uhr ausgelesen werden.

**Operationsdarstellung in STEP 7:**

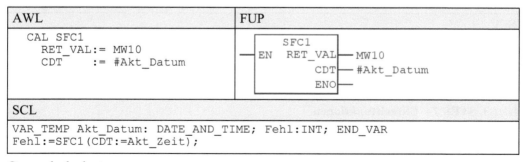

| AWL | FUP |
|---|---|
| `CAL SFC1`<br>`   RET_VAL:= MW10`<br>`   CDT    := #Akt_Datum` | |
| **SCL** | |
| `VAR_TEMP Akt_Datum: DATE_AND_TIME; Fehl:INT; END_VAR`<br>`Fehl:=SFC1(CDT:=Akt_Zeit);` | |

Operandenbedeutung:

RET_VAL = Fehlercode. Tritt während der Bearbeitung der Funktion ein Fehler auf, enthält der Rückgabewert einen Fehlercode.

CDT = Ausgang für das Datum und die Uhrzeit, die ausgegeben werden sollen.

### 4.7.3 Zeitgeber in CoDeSys

In CoDeSys sind die vier Standard-Funktionsbausteine der Norm DIN EN 61131-3 aufrufbar. Sie befinden sich in der von CoDeSys mitgelieferten Standard-Bibliothek.

**Aufruf des Standard-Funktionsblocks TP in CoDeSys:**

*Hinweis:* Als Instanz des Funktionsbausteins wird die Variable TPInst deklariert.

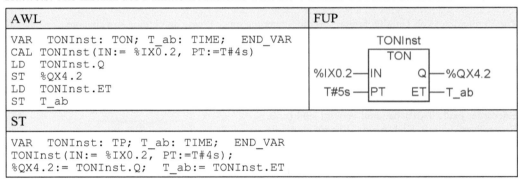

| AWL | FUP |
|---|---|
| VAR TPInst: TP; T_ab: TIME; END_VAR<br>CAL TPInst(IN:= %IX0.1, PT:=T#4s)<br>LD TPInst.Q<br>ST %QX4.1<br>LD TPInst.ET<br>ST T_ab | |
| ST | |
| VAR TPInst: TP; T_ab: TIME; END_VAR<br>TPInst(IN:= %IX0.1, PT:=T#4s);<br>%QX4.1:= TPInst.Q; T_ab:= TPInst.ET | |

**Aufruf des Standard-Funktionsblocks TON in CoDeSys:**

*Hinweis:* Als Instanz des Funktionsbausteins wird die Variable TONInst deklariert.

| AWL | FUP |
|---|---|
| VAR TONInst: TON; T_ab: TIME; END_VAR<br>CAL TONInst(IN:= %IX0.2, PT:=T#4s)<br>LD TONInst.Q<br>ST %QX4.2<br>LD TONInst.ET<br>ST T_ab | |
| ST | |
| VAR TONInst: TP; T_ab: TIME; END_VAR<br>TONInst(IN:= %IX0.2, PT:=T#4s);<br>%QX4.2:= TONInst.Q; T_ab:= TONInst.ET | |

**Aufruf des Standard-Funktionsblocks TOF in CoDeSys:**

*Hinweis:* Als Instanz des Funktionsbausteins wird die Variable TOFInst deklariert.

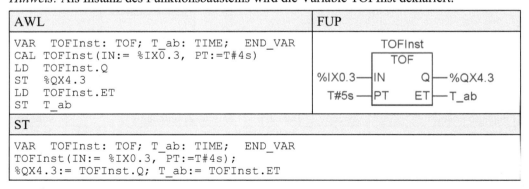

| AWL | FUP |
|---|---|
| VAR TOFInst: TOF; T_ab: TIME; END_VAR<br>CAL TOFInst(IN:= %IX0.3, PT:=T#4s)<br>LD TOFInst.Q<br>ST %QX4.3<br>LD TOFInst.ET<br>ST T_ab | |
| ST | |
| VAR TOFInst: TOF; T_ab: TIME; END_VAR<br>TOFInst(IN:= %IX0.3, PT:=T#4s);<br>%QX4.3:= TOFInst.Q; T_ab:= TOFInst.ET | |

**Aufruf des Standard-Funktionsblocks RTC (Echtzeituhr) in CoDeSys:**

*Hinweis:* Als Instanz des Funktionsbausteins wird die Variable RTCInst deklariert.

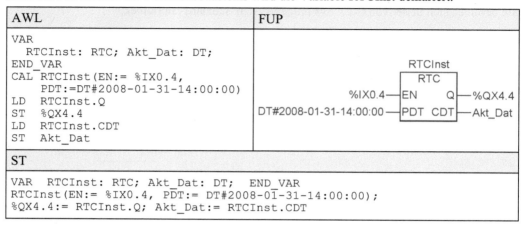

| AWL | FUP |
|---|---|
| ```VAR``` <br> ```   RTCInst: RTC; Akt_Dat: DT;``` <br> ```END_VAR``` <br> ```CAL RTCInst(EN:= %IX0.4,``` <br> ```     PDT:=DT#2008-01-31-14:00:00)``` <br> ```LD  RTCInst.Q``` <br> ```ST  %QX4.4``` <br> ```LD  RTCInst.CDT``` <br> ```ST  Akt_Dat``` | |

| ST |
|---|
| ```VAR  RTCInst: RTC; Akt_Dat: DT;   END_VAR``` <br> ```RTCInst(EN:= %IX0.4, PDT:= DT#2008-01-31-14:00:00);``` <br> ```%QX4.4:= RTCInst.Q; Akt_Dat:= RTCInst.CDT``` |

## 4.7.4 Beispiele

■ **Beispiel 4.22: Zweihandverriegelung**

Zur Vermeidung von Unfallgefahren soll die Steuerung einer Presse durch eine so genannte „Zweihand-verriegelung" gesichert werden. Es ist die Aufgabe der Zweihandverriegelung, die Presse über das Schütz Q1 nur dann in Gang zu setzen, wenn die Bedienperson die Taster S1 und S2 innerhalb von 0,1 s betätigt.

Beide Taster sind in ausreichendem Abstand von-einander angebracht.

Die Presse führt den Arbeitshub nicht aus, wenn einer oder beide Taster dauernd betätigt sind (z. B. Feststellung mittels Klebeband). Ebenso wird die Bewegung des Stempels über den Excenter bei Unterbrechung der Tastenbetätigung sofort unter-bunden. Nach Ausführung eines Arbeitshubes verbleibt die Presse in der Ausgangsstellung. Erst die erneute Betätigung von S1 und S2 innerhalb von 0,1 s löst einen weiteren Arbeitshub aus.

**Technologieschema:**

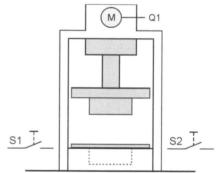

**Bild 4.17:** Presse

**Zuordnungstabelle der Eingänge und Ausgänge:**

| Eingangsvariable | Symbol | Datentyp | Logische Zuordnung | | Adresse |
|---|---|---|---|---|---|
| Taster links | S1 | BOOL | Betätigt | S1 = 1 | E 0.1 |
| Taster rechts | S2 | BOOL | Betätigt | S2 = 1 | E 0.2 |
| Ausgangsvariable | | | | | |
| Pressenschütz | Q1 | BOOL | Angezogen | Q1 = 1 | A 4.1 |

Zur Lösung der Steuerungsaufgabe wird eine Zeitfunktion mit einer Laufzeit von 0,1 s benötigt. Gestartet wird die Zeitfunktion entweder durch Betätigung von S1 oder S2. Während die Zeit abläuft, muss auch der andere Taster gedrückt werden. Ansonsten ist ein Einschalten des Pressenhubes über den Schütz Q1 nicht möglich.

In einer verkürzten Funktionstabelle wird der Zusammenhang zwischen den Eingangsvariablen S1 und S2, dem Zeitoperand T und dem Zustand $Q = Q1_{vor}$ sowie der Ausgangsvariablen Zustand Q1 dargestellt.

**Verkürzte Funktionstabelle:**

| Q | T | S2 | S1 | Q1 |
|---|---|----|----|----|
| 0 | 1 | 1 | 1 | 1 |
| 1 | 0 | 1 | 1 | 1 |
| 1 | 1 | 1 | 1 | 1 |
| alle anderen Kombinationen | | | | 0 |

Aus der Funktionstabelle ergibt sich der folgende schaltalgebraische Ausdruck:

$$Q1 = \overline{Q}\, T\, S2\, S1 \vee Q\, \overline{T}\, S2\, S1 \vee Q\, T\, S2\, S1$$

$$Q1 = T\, S2\, S1 \vee Q\, S2\, S1 \quad \text{(minimiert)}$$

$$Q1 = S2\, S1\, (T \vee Q) \quad \text{(umgeformt)}$$

Der Funktionsplan stellt die umgeformte Schaltfunktion und die Zeitbildung dar.

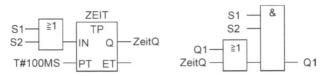

**Bestimmung des Codebausteintyps:**

Die Variable Q1 sowie die Instanz der Zeitfunktion deuten auf die Verwendung eines Funktionsbausteins FB hin. Wird jedoch die Instanz der Zeitfunktion als IN_OUT-Variable deklariert, genügt die Verwendung einer Funktion (hier FB 22) mit Q1 als Funktionsergebnis. Die Variablen S1 und S2 werden als IN_Variablen, die Variable Q1 als Ausgangsvariable und die Variable ZeitQ als temporäre Variable deklariert.

**STEP 7 Programm mit SI-Zeitfunktion:**

Bei der Verwendung der SI-Zeitfunktion, darf innerhalb der Funktion FC 422 der SI-Zeitfunktion kein Timeroperand Tx zugewiesen werden. Ansonsten ist der Baustein nicht mehr bibliotheksfähig. Der Operand für die Zeitfunktion wird deshalb mit ZEIT bezeichnet und als IN-Variable mit dem Datenformat „TIMER" deklariert. Beim Aufruf der Funktion wird dann dem Eingang Zeit ein Timeroperand Tx zugewiesen.

**Aufruf FC 422 im OB 1:**

**FC 422 AWL-Quelle:**

```
FUNCTION FC422 : VOID      O   #S1;
                           O   #S2;
VAR_INPUT                  L   S5T#100MS;
 S1 : BOOL ;               SI  #ZEIT;
 S2 : BOOL ;               U   #S1;
 ZEIT : TIMER ;            U   #S2;
END_VAR                    U(  ;
                           O   #ZEIT;
VAR_OUTPUT                 O   #Q1;
 Q1 : BOOL ;               )   ;
END_VAR                    =   #Q1;
                           END_FUNCTION
```

**STEP 7 Programm mit TP-System-Funktionsbaustein SFB 3:**

Bei der Verwendung des System-Funktionsbausteins SFB 3 innerhalb der Funktion muss der Instanz-Datenbaustein als IN_Variable deklariert werden, um die Bibliotheksfähigkeit des Bausteins zu erhalten. Bei Aufruf des Bausteins im OB 1 wird dann ein Datenbaustein (DB 422) diesem Eingang zugewiesen. Der Datenbaustein kann mit einem Aufruf des System-Funktionsbausteins SFB 3 angelegt werden.

**Aufruf FC 422 im OB 1:**

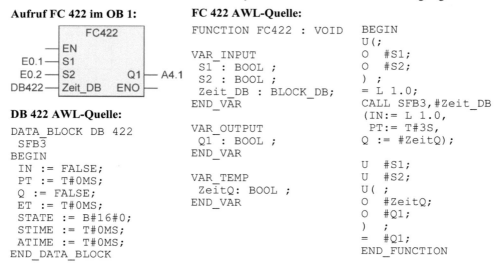

**DB 422 AWL-Quelle:**

```
DATA_BLOCK DB 422
 SFB3
BEGIN
 IN  := FALSE;
 PT  := T#0MS;
 Q   := FALSE;
 ET  := T#0MS;
 STATE := B#16#0;
 STIME := T#0MS;
 ATIME := T#0MS;
END_DATA_BLOCK
```

**FC 422 AWL-Quelle:**

```
FUNCTION FC422 : VOID

VAR_INPUT
 S1 : BOOL ;
 S2 : BOOL ;
 Zeit_DB : BLOCK_DB;
END_VAR

VAR_OUTPUT
 Q1 : BOOL ;
END_VAR

VAR_TEMP
 ZeitQ: BOOL ;
END_VAR
```

```
BEGIN
U(;
O  #S1;
O  #S2;
)  ;
=  L 1.0;
CALL SFB3,#Zeit_DB
(IN:= L 1.0,
 PT:= T#3S,
 Q := #ZeitQ);

U  #S1;
U  #S2;
U( ;
O  #ZeitQ;
O  #Q1;
)  ;
=  #Q1;
END_FUNCTION
```

**CoDeSys Programm:**

Bei CoDeSys wird die Instanz der Standard-Funktion TP (TPInst) als IN_OUT-Variable deklariert, der die Variable ZEIT mit dem Datenformat TP im PLC_PRG zugewiesen wird. Damit der Funktionswert Q1 erhalten bleibt, wird dieser zu Beginn des Programms der Bausteinvariablen über den Eingang FC_IN übergeben..

**Aufruf FC 422 im PLC_PRG:**

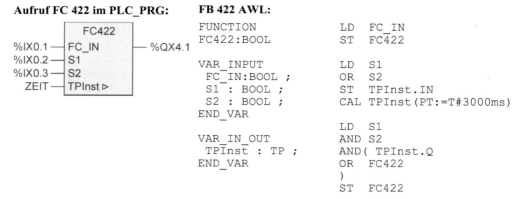

**FB 422 AWL:**

```
FUNCTION
FC422:BOOL

VAR_INPUT
 FC_IN:BOOL ;
 S1 : BOOL ;
 S2 : BOOL ;
END_VAR

VAR_IN_OUT
 TPInst : TP ;
END_VAR
```

```
LD  FC_IN
ST  FC422

LD  S1
OR  S2
ST  TPInst.IN
CAL TPInst(PT:=T#3000ms)

LD  S1
AND S2
AND( TPInst.Q
OR  FC422
)
ST  FC422
```

■ **Beispiel 4.23: Trockenlaufschutz einer Kreiselpumpe**

Ein Ultraschall-Durchflussmessgerät soll verhindern, dass eine Kreiselpumpe, die von einem Drehstrommotor angetrieben wird, trocken läuft. Bei richtigem Förderstrom liefert der Messgeräteausgang S3 24-V-Impulse der Frequenz 10 Hz. Die Durchflussüberwachung beginnt erst 5 s nach Einschalten des Drehstrommotors über den Schalter S1. Bleiben die Impulse aus, so wird der Drehstrommotor sofort abgeschaltet und die Störungsleuchte P1 geht an. Nach einer aufgetretenen Störung ist entweder der

Quittiertaster S2 zu betätigen oder der Motor über S1 aus- und wieder einzuschalten. Danach beginnt die Anlaufzeit von 5s erneut.

**Technologieschema:**

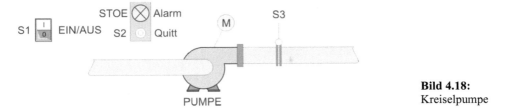

**Bild 4.18:**
Kreiselpumpe

**Zuordnungstabelle der Eingänge und Ausgänge:**

| Eingangsvariable | Symbol | Datentyp | Logische Zuordnung | | Adresse |
|---|---|---|---|---|---|
| Schalter EIN/AUS | S1 | BOOL | Betätigt | S1 = 0 | E 0.1 |
| Taster Quittierung | S2 | BOOL | Betätigt | S2 = 0 | E 0.2 |
| Durchflussmessgerät | S3 | BOOL | Impulse | | E 0.3 |
| Ausgangsvariable | | | | | |
| Motorschütz | Q1 | BOOL | Angezogen | Q1 = 1 | A 4.0 |
| Störungsleuchte | STOE | BOOL | Leuchtet | STOE = 1 | A 4.1 |

Für die Lösung der Steuerungsaufgabe werden zwei Zeitfunktionen benötigt. Die erste Zeitfunktion soll während der Anlaufphase von 5 s die Überwachung der Impulse von S3 unterdrücken. Die zweite Zeitfunktion wird durch die Impulse von S3 ständig nachgetriggert. Laufen beide Zeitglieder ab, wird ein Speicher für die Störungsleuchte P1 gesetzt. Das Motorschütz Q wird angesteuert, wenn mit S1 eingeschaltet ist und keine Störung vorliegt.

Für die Realisierung dieser Steuerungsaufgabe wird eine Zeitfunktion benötigt, welche nachtriggerbar ist.

**Steuerungsprogramm mit den STEP 7-Zeitfunktionen:**

Bei der Realisierung der Steuerungsaufgabe mit STEP 7-Zeitfunktionen können für die Nachtriggerung mit Impulsen die SV, SS oder SA-Zeitfunktion verwendet werden. Bei dieser Aufgabe bietet sich die SV-Zeitfunktion an. Die Lösung zeigt der folgende Funktionsplan.

**Funktionsplan:**

**Bestimmung des Codebausteintyps:**

Bei der Realisierung mit den STEP 7-Zeitfunktionen treten keine statischen Lokalvariablen auf, sodass eine Funktion (hier FC 423) verwendet werden kann.

**STEP 7 Programm:**

Innerhalb der Funktion darf den Zeitfunktionen wieder kein Timeroperand Tx zugewiesen werden. Die entsprechenden Operanden werden deshalb mit Zeit1 und Zeit2 bezeichnet und als IN-Variable mit dem Datenformat „TIMER" deklariert.

**Aufruf FC 423 im OB 1:**     **FC 423 AWL-Quelle:**

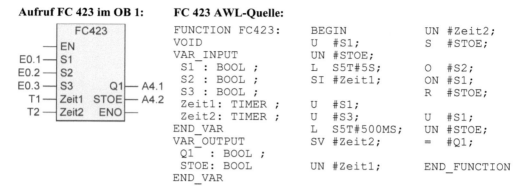

```
FUNCTION FC423:        BEGIN              UN #Zeit2;
VOID                   U  #S1;            S  #STOE;
VAR_INPUT              UN #STOE;
  S1 : BOOL ;          L  S5T#5S;         O  #S2;
  S2 : BOOL ;          SI #Zeit1;         ON #S1;
  S3 : BOOL ;                             R  #STOE;
  Zeit1: TIMER ;       U  #S1;
  Zeit2: TIMER ;       U  #S3;            U  #S1;
END_VAR                L  S5T#500MS;      UN #STOE;
VAR_OUTPUT             SV #Zeit2;         =  #Q1;
  Q1  : BOOL ;
  STOE: BOOL           UN #Zeit1;         END_FUNCTION
END_VAR
```

### Steuerungsprogramm mit den Zeitgeber-Standard-Funktionsbausteinen:

Der einzige mit Impulsen nachtriggerbare Zeitgeber bei den Standard-Funktionsbausteinen ist die Ausschaltverzögerung (TOF). Da der Impulsgeber auf einem „1"-Signal stehen bleiben könnte, muss eine
Flankenauswertung für den Start-Eingang programmiert werden, damit die Zeit ablaufen kann.

### Funktionsplan

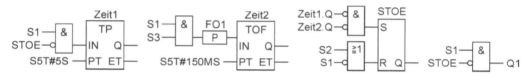

### Bestimmung des Codebausteintyps:

Durch die Einführung des Flankenoperanden FO1 ist ein Funktionsbaustein (hier FB 423) erforderlich.
Werden in STEP 7 die Zeit-Funktionsbausteine TP, TON oder TOF benutzt, ist es hinsichtlich der verwendeten Instanz-Datenbausteine effektiver, das Programm in einem Funktionsbaustein zu realisieren
und die Instanzen der Zeitbausteine als Multiinstanzen 1*) zu deklarieren.

### STEP 7 Programm mit den System-Funktionsbausteinen SFB 3 und SFB 5:

**Aufruf FB 423 im OB 1:**     **FB 423 AWL-Quelle:**

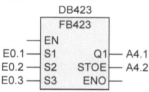

```
FUNCTION_BLOCK      BEGIN              U  #TP_Zeit.Q;
FB423               U  #S1;            U  #TOF_ZEIT.Q;
                    UN #STOE;          S  #STOE;
VAR_INPUT           =  L 0.0;          U  #S2;
  S1 : BOOL ;       CALL #TP_Zeit      R  #STOE;
  S2 : BOOL ;       (IN := L0.0,
  S3 : BOOL ;        PT := T#5S);      U  #S1;
END_VAR                                UN #STOE;
                    U  #S1;            =  #Q1;
VAR_OUTPUT          U  #S3;
  Q1  : BOOL ;      FP #FO1;           END_FUNCTION_
  STOE: BOOL ;      =  L 0.0;          BLOCK
END_VAR             CALL #TOF_ZEIT
                    (IN := L.0,0
VAR                  PT := T#1S);
  FO1 :BOOL;
  TP_Zeit :SFB3;
  TOF_Zeit:SFB5;
END_VAR
```

1*) Multiinstanz bedeutet,
einen Funktionsbaustein
in einem anderen Funk-
tionsbaustein als Lokal-
instanz aufzurufen. Da-
mit ist kein Instanz-
Datenbaustein für den
aufgerufenen Funktions-
baustein erforderlich.

**CoDeSys Programm:**

Bei CoDeSys wird die Instanz der Standard-Funktion TP (TPInst) und die Instanz der Standard-Funktion TOF (TOFInst) im Funktionsbaustein als interne Zustandsvariable VAR deklariert.

**Aufruf FB 423 im PLC_PRG:**   **FB 423 AWL:**

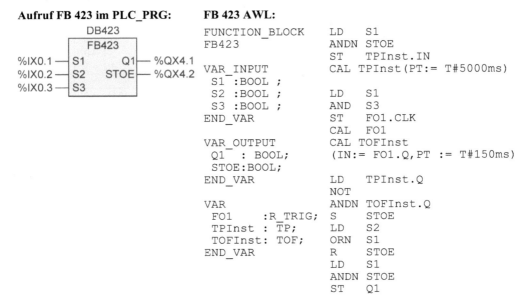

```
                                FUNCTION_BLOCK      LD    S1
                                FB423               ANDN  STOE
                                                    ST    TPInst.IN
                                VAR_INPUT           CAL   TPInst(PT:= T#5000ms)
                                  S1 :BOOL ;
                                  S2 :BOOL ;        LD    S1
                                  S3 :BOOL ;        AND   S3
                                END_VAR             ST    FO1.CLK
                                                    CAL   FO1
                                VAR_OUTPUT          CAL   TOFInst
                                  Q1  : BOOL;       (IN:= FO1.Q,PT := T#150ms)
                                  STOE:BOOL;
                                END_VAR             LD    TPInst.Q
                                                    NOT
                                VAR                 ANDN  TOFInst.Q
                                  FO1     :R_TRIG;  S     STOE
                                  TPInst : TP;      LD    S2
                                  TOFInst: TOF;     ORN   S1
                                END_VAR             R     STOE
                                                    LD    S1
                                                    ANDN  STOE
                                                    ST    Q1
```

■ **Beispiel 4.24: Ofentürsteuerung**

Eine Ofentür mit den Funktionen „Öffnen, Schließen und Stillstand" wird mit einem Zylinder auf- und zugefahren. Der Zylinder wird von einem 5/3-Wegeventil mit beidseitig elektromagnetischer Betätigung angesteuert. In der Grundstellung ist die Ofentür geschlossen.

Funktionsablauf:

Durch den Taster S1 (Öffnen) wird das Öffnen der Tür eingeleitet und durch den Endschalter S3 (Tür auf) abgeschaltet. Ist die geöffnete Tür in der Endposition, wird die Tür entweder durch Betätigung von S2 (Schließen) oder nach Ablauf von 6 s automatisch geschlossen. Die Türschließung wird durch den Endschalter S4 (Tür zu) abgeschaltet.

Die Schließbewegung wird sofort gestoppt, wenn die Lichtschranke LI unterbrochen ist und wird fortgesetzt, sobald die Lichtschranke wieder frei ist. Sowohl das Öffnen wie auch das Schließen der Tür kann durch Betätigung des Tasters S0 (Halt) jederzeit abgeschaltet werden. Ein direktes Umschalten soll nicht möglich sein

**Technologieschema:**

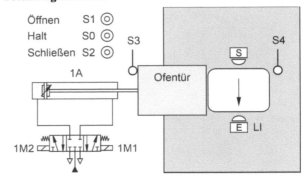

**Bild 4.19:** Ofentür

**Zuordnungstabelle der Eingänge und Ausgänge:**

| Eingangsvariable | Symbol | Datentyp | Logische Zuordnung | | Adresse |
|---|---|---|---|---|---|
| Taster Halt | S0 | BOOL | Betätigt | S0 = 0 | E 0.0 |
| Taster Öffnen | S1 | BOOL | Betätigt | S1 = 1 | E 0.1 |
| Taster Schließen | S2 | BOOL | Betätigt | S2 = 1 | E 0.2 |
| Endschalter Tür auf | S3 | BOOL | Betätigt | S3 = 0 | E 0.3 |
| Endschalter Tür zu | S4 | BOOL | Betätigt | S4 = 0 | E 0.4 |
| Lichtschranke | LI | BOOL | Frei | LI = 1 | E 0.5 |
| Ausgangsvariable | | | | | |
| Magnetventil Tür auf | 1M1 | BOOL | Zylinder fährt ein | 1M1 = 1 | A 4.1 |
| Magnetventil Tür zu | 1M2 | BOOL | Zylinder fährt aus | 1M2 = 1 | A 4.2 |

Zur Lösung der Steuerungsaufgabe wird für das Öffnen und das Schließen jeweils eine RS-Speicherfunktion benötigt. Für die automatische Schließung nach 6 s wird die Zeitfunktion Einschaltverzögerung verwendet. Die Ansteuerung der Speicher- und der Zeitfunktion ist im nachfolgenden Funktionsplan angegeben.

**Funktionsplan:**

**Bestimmung des Codebausteintyps:**

Da der Signalzustand des Hilfsoperanden HO1 gespeichert werden muss, ist ein Funktionsbaustein (FB 424) für die Umsetzung des Funktionsplans in ein Steuerungsprogramm erforderlich.

**STEP 7 Programm mit der SE-Zeitfunktion:**

Innerhalb der Funktion darf der Zeitfunktion wieder kein Timeroperand Tx zugewiesen werden. Die entsprechenden Operanden werden deshalb mit Zeit bezeichnet und als IN-Variable mit dem Datenformat „TIMER" deklariert.

**Aufruf FB 424 im OB 1:**

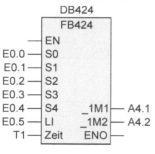

**FB 424 AWL-Quelle:**

```
FUNCTION BLOCK        VAR                 O    #S2;
FB424                  HO1: BOOL ;        O    #Zeit;
VAR_INPUT             END_VAR             S    #HO1;
 S0 : BOOL ;
 S1 : BOOL ;          BEGIN               O    #_1M1;
 S2 : BOOL ;          U   #S1;            ON   #S0;
 S3 : BOOL ;          S   #_1M1;          ON   #S4;
 S4 : BOOL ;          O   #HO1;           R    #HO1;
 LI : BOOL ;          ON  #S0;            U    #HO1;
 Zeit : TIMER ;       ON  #S3;            U    #LI;
END_VAR               R   #_1M1;          =    #_1M2;
VAR_OUTPUT
 _1M1: BOOL ;         UN  #S3;            END_FUNCTION_
 _1M2: BOOL           L   S5T#6S;         BLOCK
END_VAR               SE  #Zeit;
```

**STEP 7 Programm mit dem System-Funktionsbaustein SFB 4:**

Bei der Verwendung des System-Funktionsbausteins SFB 4 wird der zugehörige Instanz-Datenbaustein als Multiinstanz mit dem Namen TON_Zeit angelegt.

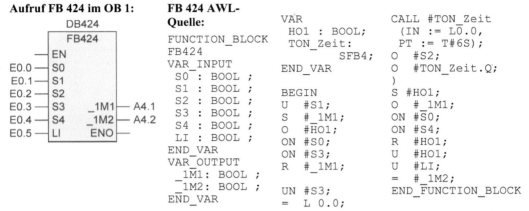

**Aufruf FB 424 im OB 1:**

**FB 424 AWL-Quelle:**

```
FUNCTION_BLOCK
FB424
VAR_INPUT
 S0 : BOOL ;
 S1 : BOOL ;
 S2 : BOOL ;
 S3 : BOOL ;
 S4 : BOOL ;
 LI : BOOL ;
END_VAR
VAR_OUTPUT
 _1M1: BOOL ;
 _1M2: BOOL ;
END_VAR
```

```
VAR
 HO1 : BOOL;
 TON_Zeit:
            SFB4;
END_VAR

BEGIN
U #S1;
S # _1M1;
O #HO1;
ON #S0;
ON #S3;
R # _1M1;

UN #S3;
= L 0.0;
```

```
CALL #TON_Zeit
 (IN := L0.0,
  PT := T#6S);
O #S2;
O #TON_Zeit.Q;
)
S #HO1;
O # _1M1;
ON #S0;
ON #S4;
R #HO1;
U #HO1;
U #LI;
= # _1M2;
END_FUNCTION_BLOCK
```

**CoDeSys Programm:**

Bei CoDeSys wird die Instanz der Standard-Funktion TON (TONInst) im Funktionsbaustein als interne Zustandsvariable VAR deklariert.

**Aufruf FB 424 im PLC_PRG:**

**FB 424 AWL:**

```
FUNCTION_BLOCK
FB424
VAR_INPUT
 S0 : BOOL ;
 S1 : BOOL ;
 S2 : BOOL ;
 S3 : BOOL ;
 S4 : BOOL ;
 LI : BOOL ;
END_VAR
VAR_OUTPUT
 _1M1: BOOL;
 _1M2: BOOL;
END_VAR
```

```
VAR
 HO1: BOOL;
 TONInst:SFB4;
END_VAR

LD S1
S _1M1
LD HO1
ORN S0
ORN S3
R _1M1

LDN S3
ST TONInst.IN
CAL TONInst
(PT:=T#6000ms)
```

```
LD S2
OR TONInst.Q
S HO1
LD 1M1
ORN S0
ORN S4
R HO1

LD HO1
AND LI
ST _1M2
```

**SCL - Programm:**

```
VAR_INPUT                VAR_OUTPUT           VAR
S0,S1,S2,S3,S4,LI:BOOL;  _1M1, _1M2:BOOL;     HO1:BOOL;  TON_ZEIT:SFB4;
END_VAR                  END_VAR              END_VAR
IF S1 THEN _1M1:= TRUE; END_IF;
IF HO1 OR NOT(S0) OR NOT(S3) THEN _1M1:=FALSE; END_IF;
TON_ZEIT(IN:=NOT(S3), PT:= T#6s);
IF S2 OR TON_ZEIT.Q THEN HO1:=TRUE; END_IF;
IF _1M1 OR NOT(S0) OR NOT(S4)THEN HO1:=FALSE;END_IF;
_1M2:= HO1 AND LI;
```

**ST - Programm:**

Das ST-Programm für CoDeSys unterscheidet sich lediglich in der Deklaration der Instanz der TON-Zeitfunktion. Statt SFB4 muss dort TON angegeben werden.

```
VAR_INPUT                VAR_OUTPUT           VAR
S0,S1,S2,S3,S4,LI:BOOL;  _1M1, _1M2:BOOL;     HO1:BOOL;  TON_ZEIT:TON;
END_VAR                  END_VAR              END_VAR
```

■ **Beispiel 4.25: Reinigungsbad**

In einem Reinigungsbad werden metallische Kleinteile vor der Galvanisierung von Schmutzresten befreit.

**Funktionsablauf:**

Mit dem Taster S1 wird ein Reinigungsvorgang gestartet, wenn sich ein Materialkorb an der Abholstelle befindet (Meldung mit B1). Zylinder 1A hängt den Korb ein, Zylinder 2A hebt ihn an und Zylinder 3A fährt den Korb über das Reinigungsbad. Danach wird der Korb in das Reinigungsbad getaucht. Der Reinigungsvorgang dauert 10 s, bevor Zylinder 2A den Korb wieder anhebt. Nach einer Abtropfzeit von 5 s wird der Korb durch die Zylinder 3A und 2A in die Abholstelle gebracht und durch Zylinder 1A zur Abholung freigegeben.

Alle Zylinder werden mit 5/2-Wegeventilen mit beidseitig elektromagnetischer Betätigung angesteuert.

**Technologieschema:**

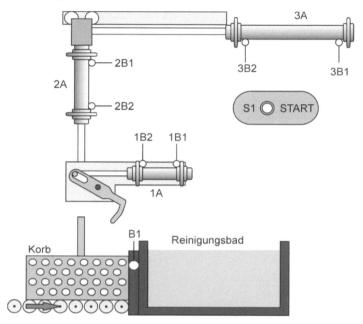

**Bild 4.20:** Reinigungsbad

**Zuordnungstabelle der Eingänge und Ausgänge:**

| Eingangsvariable | Symbol | Datentyp | Logische Zuordnung | | Adresse |
|---|---|---|---|---|---|
| Taster START | S1 | BOOL | Betätigt | S0 = 0 | E 0.0 |
| Sensor | B1 | BOOL | Korb vorhanden | B1 = 1 | E 0.1 |
| Initiator hint. Endl. Zyl. 1A | 1B1 | BOOL | Betätigt | 1B1 = 1 | E 0.2 |
| Initiator vord. Endl. Zyl. 1A | 1B2 | BOOL | Betätigt | 1B2 = 1 | E 0.3 |
| Initiator hint. Endl. Zyl. 2A | 2B1 | BOOL | Betätigt | 2B1 = 1 | E 0.4 |
| Initiator vord. Endl. Zyl. 2A | 2B2 | BOOL | Betätigt | 2B2 = 1 | E 0.5 |
| Initiator hint. Endl. Zyl. 3A | 3B1 | BOOL | Betätigt | 3B1 = 1 | E 0.6 |
| Initiator vord. Endl. Zyl. 3A | 3B2 | BOOL | Betätigt | 3B2 = 1 | E 0.7 |
| Ausgangsvariable | | | | | |
| Magnetspule Zyl. 1A aus | 1M1 | BOOL | Zyl. 1A fährt aus | 1M1 = 1 | A 4.1 |
| Magnetspule Zyl. 1A ein | 1M2 | BOOL | Zyl. 1A fährt ein | 1M2 = 1 | A 4.2 |
| Magnetspule Zyl. 2A aus | 2M1 | BOOL | Zyl. 2A fährt aus | 2M1 = 1 | A 4.3 |
| Magnetspule Zyl. 2A ein | 2M2 | BOOL | Zyl. 2A fährt ein | 2M2 = 1 | A 4.4 |
| Magnetspule Zyl. 3A aus | 3M1 | BOOL | Zyl. 3A fährt aus | 3M1 = 1 | A 4.5 |
| Magnetspule Zyl. 3A ein | 3M2 | BOOL | Zyl. 3A fährt ein | 3M2 = 1 | A 4.6 |

Aus dem beschriebenen Funktionsablauf ergibt sich folgendes **Funktionsdiagramm:**

| Bauglieder | | | | | | | | | | | | | |
|---|---|---|---|---|---|---|---|---|---|---|---|---|---|
| Benennung | Kennz. | Zustand | Schritt | 1 | 2 | 3 | 4 | 5 | 6 | 7 | 8 | 9 | |
| | | | S1 B1 1B2 2B2 3B2 | | | | | | | | | | 1B2 |
| DW-Zylinder | 1A | ausgefahren | | | | | | | | | | | |
| | | eingefahren | | | 1B1 | | | 2B2 T10s | | | 2B2 | | |
| DW-Zylinder | 2A | ausgefahren | | | | | | | | | | | |
| | | eingefahren | | | | 2B1 | | | 2B1 | | | | |
| DW-Zylinder | 3A | ausgefahren | | | | | | T5s | 3B2 | | | | |
| | | eingefahren | | | | | 3B1 | | | | | | |

Das Funktionsdiagramm liefert die Vorlage für die Schaltfolgetabelle. Die erforderlichen Zeitfunktionen werden mit einem Impuls gestartet. Bei STEP 7 bietet sich hierbei die Verwendung der SS-Zeitfunktion an. Bei Verwendung der Standard-Zeitfunktionen muss die SS-Funktion mit Hilfe einer Speicherfunktion und dem TON-Funktionsbaustein nachgebildet werden.

**Schaltfolgetabelle:**

| Schritt | Bedingung | Setzen | Rücksetzen |
|---|---|---|---|
| 1 | S1 $(0 \rightarrow 1)$ & B1 & 1B2 & 2B2 & 3B2 | 1M2 | |
| 2 | 1B1 $(0 \rightarrow 1)$ & 2B2 & 3B2 | 2M2 | 1M2 |
| 3 | 2B1 $(0 \rightarrow 1)$ & 1B1 & 3B2 | 3M2 | 2M2 |
| 4 | 3B1 $(0 \rightarrow 1)$ & 1B1 & 2B1 | 2M1 | 3M2 |
| 5 | 2B2 $(0 \rightarrow 1)$ & 1B1 & 3B1 | Zeit1 (SS) | 2M1 |
| | Zeit1 = 1 | 2M2 | Zeit1 |
| 6 | 2B1 $(0 \rightarrow 1)$ & 1B1 & 3B1 | Zeit2 (SS) | 2M2 |
| | Zeit2 (SS) | 3M1 | Zeit2 |
| 7 | 3B2 $(0 \rightarrow 1)$ & 1B1 & 2B1 | 2M1 | 3M1 |
| 8 | 2B2 $(0 \rightarrow 1)$ & 1B1 & 3B2 | 1M1 | 2M1 |
| 9 | 1B2 $(0 \rightarrow 1)$ & 2B2 & 3B2 | | 1M1 |

Die Spalte „Bedingung" bildet die Vorlage für die Ansteuerfunktionen der Magnetspulen.

**Funktionsplan:**

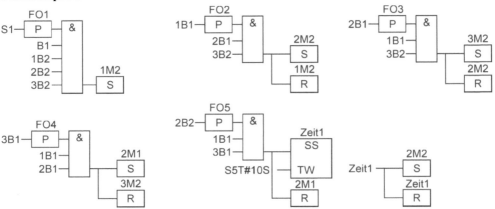

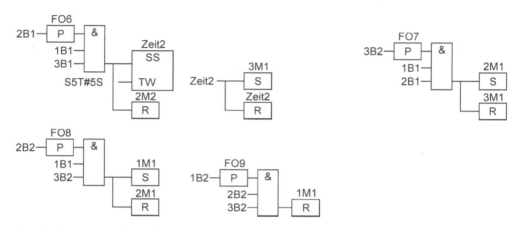

Bei der Verwendung der Zeit-Standard-Funktionsbausteine ändert sich die Ansteuerung der Zeiten. Statt der Zeitfunktion (SS) wird ein Hilfsoperand HO1 gesetzt, der wiederum den Standardfunktionsbaustein TON startet. Nach Ablauf der Zeit, wird das nächste Ventil angesteuert und der Hilfsoperand zurückgesetzt.

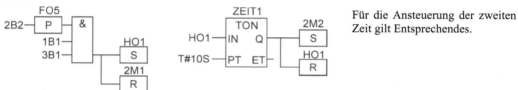

Für die Ansteuerung der zweiten Zeit gilt Entsprechendes.

**Bestimmung des Codebausteintyps:**

Durch das Auftreten der Flankenoperanden FO1 bis FO7 (STEP 7) bzw. der Instanzen der Standardfunktion R_TRIG (CoDeSys) muss für die Umsetzung des Funktionsplanes in einen bibliotheksfähigen Codebaustein ein Funktionsbaustein (hier FB 425) verwendet werden.

### STEP 7 Programm mit der SS-Zeitfunktion:

Die Flankenoperanden FO1 bis FO7 werden als statische Lokalvariablen deklariert.

Der zum Funktionsbausteinaufruf zugehörige **Instanz-Datenbaustein** wird mit DB 425 bezeichnet.

**Aufruf FB 425 im OB 1:**

```
                DB425
            EN  FB425
E0.0 ─── S1
E0.1 ─── B1
E0.2 ─── _1B1
E0.3 ─── _1B2    _1M1 ─── A4.1
E0.4 ─── _2B1    _1M2 ─── A4.2
E0.5 ─── _2B2    _2M1 ─── A4.3
E0.6 ─── _3B1    _2M2 ─── A4.4
E0.7 ─── _3B2    _3M1 ─── A4.5
T1 ─── Zeit1     _3M2 ─── A4.6
T2 ─── Zeit2      ENO
```

**FB 425 AWL-Quelle:**

```
FUNCTION_BLOCK FB425
VAR_INPUT       VAR           U   #_1B1;      U   #_1B1;      U   #_3B2;
  S1  : BOOL;   FO1: BOOL;    F   #FO2;       U   #_3B1;      FP  #FO7;
  B1  : BOOL;   FO2: BOOL;    U   #_2B2;      L   S5T#5S;     U   #_1B1;
  _1B1: BOOL;   FO3: BOOL;    U   #_3B2;      SS  #Zeit1;     U   #_2B1;
  _1B2: BOOL;   FO4: BOOL;    S   #_2M2;      R   #_2M1;      S   #_2M1;
  _2B1: BOOL;   FO5: BOOL;    R   #_1M2;                      R   #_3M1;
  _2B2: BOOL;   FO6: BOOL;                    U   #Zeit1;
  _3B1: BOOL;   FO7: BOOL;    U   #_2B1;      S   #_2M2;      U   #_2B2;
  _3B2: BOOL;   FO8: BOOL;    FP  #FO3;       R   #Zeit1;     FP  #FO8;
  Zeit1:TIMER;  FO9: BOOL;    U   #_1B1;                      U   #_1B1;
  Zeit2:TIMER;  END_VAR       U   #_3B2;                      U   #_3B2;
END_VAR                       S   #_3M2;      U   #_2B1;      S   #_1M1;
                              R   #_2M2;      FP  #FO6;       R   #_2M1;
VAR_OUTPUT      BEGIN                         U   #_1B1;
  _1M1:BOOL;    U   #S1;      U   #_3B1;      U   #_3B1;      U   #_1B2;
  _1M2:BOOL;    FP  #FO1;     FP  #FO4;       L   S5T#3S;     FP  #FO9;
  _2M1: BOOL;   U   #B1;      U   #_1B1;      SS  #Zeit2;     U   #_2B2;
  _2M2: BOOL;   U   #_1B2;    U   #_2B1;      R   #_2M2;      U   #_3B2;
  _3M1: BOOL;   U   #_2B2;    S   #_2M1;                      R   #_1M1;
  _3M2: BOOL;   U   #_3B2;    R   #_3M2;      U   #Zeit2;
END_VAR         S   #_1M2;                    S   #_3M1;      END_FUNCTION_
                              U   #_2B2;      R   #Zeit2;     BLOCK
                              FP  #FO5;
```

Da das STEP 7 Steuerungsprogramm bei der Verwendung des Standard-Funktionsbausteins SFB 4 dem CoDeSys Programm entspricht, wird auf die Darstellung verzichtet.

**CoDeSys Programm:**

**Aufruf FB 425 im PLC_PRG:**

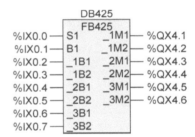

**FB 425 AWL:**

```
FUNCTION_BLOCK FB425
VAR_INPUT               VAR_OUTPUT              VAR
  S1: BOOL;               _1M1: BOOL;             FO1: R_TRIG;
  B1: BOOL;               _1M2: BOOL;             FO2: R_TRIG;
  _1B1: BOOL;             _2M1: BOOL;             FO3: R_TRIG;
  _1B2: BOOL;             _2M2:BOOL;              FO4: R_TRIG;
  _2B1: BOOL;             _3M1: BOOL;             FO5: R_TRIG;
  _2B2: BOOL;             _3M2:BOOL;              FO6: R_TRIG;
  _3B1: BOOL;           END_VAR                   FO7: R_TRIG;
  _3B2: BOOL;                                     FO8: R_TRIG;
END_VAR                                           FO9: R_TRIG;
                                                  HO1: BOOL;
                                                  HO2: BOOL;
                                                  Zeit1: TON;
                                                  Zeit2: TON;
                                                END_VAR
```

```
CAL  FO1(CLK := S1)        AND  _2B1               CAL  Zeit2(IN := HO2,
LD   FO1.Q                 S    _2M1                    PT := T#5000ms)
AND  B1                    R    _3M2               LD   Zeit2.Q
AND  _1B2                                          S    _3M1
AND  _2B2                  CAL  FO5(CLK := _2B2)   R    HO2
AND  _3B2                  LD   FO5.Q
S    _1M2                  AND  _1B1               CAL  FO7(CLK := _3B2)
                           AND  _3B1               LD   FO7.Q
CAL  FO2(CLK := _1B1)      S    HO1                AND  _1B1
LD   FO2.Q                 R    _2M1               AND  _2B1
AND  _2B2                                          S    _2M1
AND  _3B2                  CAL  Zeit1(IN := HO1,   R    _3M1
S    _2M2                       PT := T#5000ms)
R    _1M2                  LD   Zeit1.Q            CAL  FO8(CLK := _2B2)
                           S    _2M2               LD   FO8.Q
CAL  FO3(CLK := _2B1)      R    HO1                AND  _1B1
LD   FO3.Q                                         AND  _3B2
AND  _1B1                  CAL  FO6(CLK := _2B1)   S    _1M1
AND  _3B2                  LD   FO6.Q              R    _2M1
S    _3M2                  AND  _1B1
R    _2M2                  AND  _3B1               CAL  FO9(CLK := _1B2)
                           S    HO2                LD   FO9.Q
CAL  FO4(CLK := _3B1)      R    _2M2               AND  _2B2
LD   FO4.Q                                         AND  _3B2
AND  _1B1                                          R    _1M1
```

■ **Beispiel 4.26: Förderbandanlage**

Eine Förderbandanlage ist zu steuern. Über Handtaster können die Motoren M1 (Band 1) oder M2 (Band 2) ein- und ausgeschaltet werden. Je eine EIN- und AUS-Leuchte sollen den Betriebszustand anzeigen. Die Bänder 1 und 2 dürfen nicht gleichzeitig fördern. Band 3 soll immer fördern, wenn Band 1 oder Band 2 fördert.

**Technologieschema:**

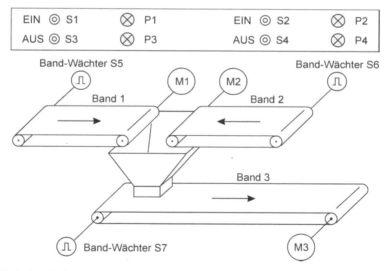

**Bild 4.21:** Förderbandanlage

Nach dem Betätigen einer der AUS-Tasten sollen vor dem Abschalten der Motoren die Bänder 1 und 2 noch 2 s und das Band 3 noch 6 s leer fördern. Die Bandwächter liefern bei richtiger Bandgeschwindigkeit Impulse mit einer Frequenz von 10 Hz. Eine Störung tritt dann auf, wenn bei Bandriss die Bandwächterimpulse fehlen oder durch Schlupf die Frequenz der Bandwächterimpulse kleiner als 8 Hz wird. Während einer Anlaufphase von 3 s sollen die Impulse nicht ausgewertet werden.

Tritt während des Betriebs eine Störung bei Band 1 oder Band 2 auf, soll der Antrieb M1 oder M2 sofort ausgeschaltet werden. Band 3 soll jedoch noch leer fördern und dann ebenfalls stillgesetzt werden. Tritt eine Störung bei Band 3 auf, so sind die beiden laufenden Antriebe sofort auszuschalten. Die zugehörige AUS-Leuchte von Band 1 oder Band 2 soll die Störung durch Blinken mit der Frequenz 2 Hz melden. Zum Quittieren und Löschen der Störung ist der entsprechende AUS-Taster zu betätigen.

**Zuordnungtabelle der Eingänge und Ausgänge:**

| Eingangsvariable | Symbol | Datentyp | Logische Zuordnung | | Adresse |
|---|---|---|---|---|---|
| EIN-Taster Band 1 | S1 | BOOL | Betätigt | S1 = 1 | E 0.1 |
| EIN-Taster Band 2 | S2 | BOOL | Betätigt | S2 = 1 | E 0.2 |
| AUS-Taster Band 1 | S3 | BOOL | Betätigt | S3 = 1 | E 0.3 |
| AUS-Taster Band 2 | S4 | BOOL | Betätigt | S4 = 1 | E 0.4 |
| Bandwächter Band 1 | S5 | BOOL | Impulse | | E 0.5 |
| Bandwächter Band 2 | S6 | BOOL | Impulse | | E 0.6 |
| Bandwächter Band 3 | S7 | BOOL | Impulse | | E 0.7 |
| Ausgangsvariable | | | | | |
| EIN-Leuchte Band 1 | P1 | BOOL | Leuchtet | P1 = 1 | A 4.1 |
| EIN-Leuchte Band 2 | P2 | BOOL | Leuchtet | P2 = 1 | A 4.2 |
| AUS-Leuchte Band 1 | P3 | BOOL | Leuchtet | P3 = 1 | A 4.3 |
| AUS-Leuchte Band 2 | P4 | BOOL | Leuchtet | P4 = 1 | A 4.4 |
| Antrieb Bandmotor 1 | M1 | BOOL | In Betrieb | M1 = 1 | A 4.5 |
| Antrieb Bandmotor 2 | M2 | BOOL | In Betrieb | M2 = 1 | A 4.6 |
| Antrieb Bandmotor 3 | M3 | BOOL | In Betrieb | M3 = 1 | A 4.7 |

Die von SIEMENS in STEP 7 zur Verfügung gestellten fünf Zeitfunktionen unterscheiden sich in der Funktionsweise wesentlich von den in der Norm festgelegten Zeitgeber-Standard-Funktionsbausteinen. Für die Realisierung dieser Steuerungsaufgabe wird deshalb für die Verwendung der STEP 7-Zeitfunktionen und für die Verwendung der Standard-Funktionsbausteine jeweils ein eigener Lösungsvorschlag gemacht.

**Lösungsvorschlag bei Verwendung der STEP 7-Zeitfunktionen**

In diesem Lösungsvorschlag finden die vier Zeitfunktionen SI, SE, SS und SA Anwendung. Das im folgenden Funktionsplan gegebene Steuerungsprogramm wurde empirisch ermittelt.

**Funktionsplan:**

Die einzelnen Netzwerke (NW) sind im Funktionsplan durchnumeriert. Die AUS-Leuchten P3 bzw. P4 sind an, wenn P1 bzw. P2 Signalzustand „0" haben oder blinken bei eingeschaltetem Zustand, wenn eine Störung vorliegt.

Band 1                                          Band 2

**NW 1**: EIN-Leuchte    **NW 2**: AUS-Leuchte    **NW 3**: EIN-Leuchte    **NW4**: AUS-Leuchte

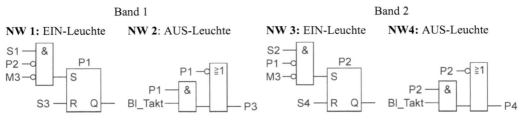

Für die Anlaufzeit wird eine SE-Zeitfunktion mit P1 oder P2 gestartet.

Die Bandwächter-Impulse von Band 1 oder Band 2 werden mit einer SS-Zeitfunktion ausgewertet. Nach Ablauf der Anlaufzeit wird das Zeitglied gestartet und von den Bandwächterimpulsen von Band 1 oder Band 2 jeweils nachgetriggert. Für die Auswertung der Bandwächterimpulse von Band 3 gilt Entsprechendes.

**NW 5:** Anlaufzeit:

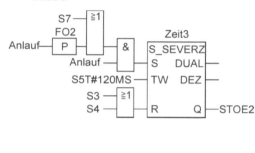

**NW 6:** Auswertung Bandwächterimpulse Band 1 und Band2

**NW 7:** Auswertung Bandwächterimpulse Band 3

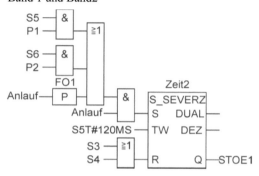

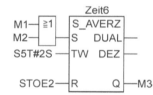

Die Ansteuerung der drei Bandmotoren erfolgt über drei ausschaltverzögerte Zeitfunktionen. Gestartet werden die Zeitfunktionen über die entsprechenden EIN-Leuchten. Beim Auftreten einer Störung werden die Zeitfunktionen sofort zurückgesetzt. Band 3 wird gestartet, wenn entweder Band 1 oder Band 2 läuft.

**NW 8:** Ansteuerung Band 1     **NW 9:** Ansteuerung Band 2     **NW 10:** Ansteuerung Band 3

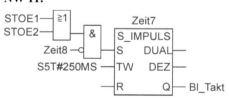

Der Blinktakt zum Anzeigen einer Störung wird mit zwei Zeitfunktionen gebildet, die sich gegenseitig jeweils neu starten.

Blinktakt 2 Hz

**NW 11:**                                                   **NW 12:**

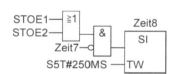

**Bestimmung des Codebausteintyps:**

Durch das Auftreten der Flankenoperanden FO1 und FO2 muss für die Umsetzung des Funktionsplanes in einen bibliotheksfähigen Codebaustein ein Funktionsbaustein (hier FB 426) verwendet werden.

**STEP 7 Programm mit den STEP 7-Zeitfunktionen:**

Die Flankenoperanden FO1 und FO2 sowie die Variable Bl_Takt werden als statische Lokalvariablen deklariert. Die Variablen Anlauf, STOE1 und STOE2 können VAR_TEMP zugewiesen werden.

Der zum Funktionsbausteinaufruf zugehörige **Instanz-Datenbaustein** wird mit DB 426 bezeichnet.

Das Steuerungsprogramm im FB 426 entspricht in der Programmiersprache FUP den im Funktionsplan gezeichneten Netzwerken. Auf eine ausführliche Darstellung des Bausteins als AWL-Quelle wird an dieser Stelle verzichtet. Das Programm kann auf der Internetseite:

www.automatisieren-mit-sps.de

herunter geladen werden.

**Aufruf FB 426 im OB 1:**

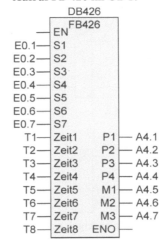

**Lösungsvorschlag bei Verwendung der Zeitgeber Standard-Funktionsbausteine**

In diesem Lösungsvorschlag finden die drei Funktionsbausteine TP, TON und TOF Anwendung. Gegenüber des vorherigen Lösungsvorschlages ändern sich die Netzwerke, welche die Ansteuerungen der Zeitfunktionen enthalten. Nur diese sind im folgenden Funktionsplan dargestellt.

**Funktionsplan:**

Für die Anlaufzeit wird der Standard-Funktionsbaustein Einschaltverzögerung (TON) mit P1 oder P2 gestartet.

**NW 5:** Anlaufzeit:

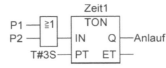

Die Bandwächter-Impulse von Band 1 oder Band 2 werden mit dem Funktionsbaustein Ausschaltverzögerung TOF ausgewertet.

**NW 6:** Auswertung Bandwächterimpulse Band 1 und Band2

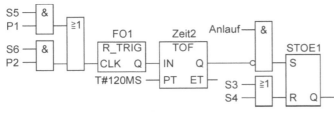

Der Funktionsbaustein TOF wird durch Bandwächterimpulse von Band 1 oder Band 2 jeweils nachgetriggert. Läuft die Zeit ab, wird nach der Anlaufzeit ein Störspeicher STOE1 gesetzt.

**NW 7:** Auswertung Bandwächterimpulse Band 3

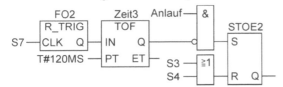

Der Funktionsbaustein TOF wird durch Bandwächterimpulse von Band 3 jeweils nachgetriggert. Läuft die Zeit ab, wird nach der Anlaufzeit ein Störspeicher STOE2 gesetzt.

Die Ansteuerung der drei Bandmotoren erfolgt über drei ausschaltverzögerte Zeitfunktionen.

**NW 8:** Ansteuerung Band 1

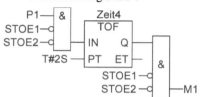

Gestartet werden die Zeit-Funktionsbausteine über die entsprechenden EIN-Leuchten. Beim Auftreten einer Störung werden die Zeitfunktionen sofort zurückgesetzt. Band 3 wird gestartet, wenn entweder Band 1 oder Band 2 läuft.

**NW 9:** Ansteuerung Band 2

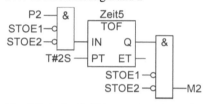

**NW 10:** Ansteuerung Band 3

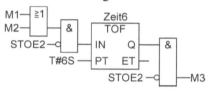

Der Blinktakt (2 Hz) zum Anzeigen einer Störung wird mit zwei Zeitfunktionen gebildet, die sich gegenseitig jeweils neu starten.

**NW 11:**

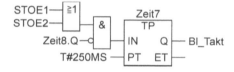

**NW 12:**

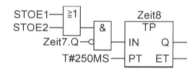

**Bestimmung des Codebausteintyps:**

Durch das Auftreten der Flankenoperanden FO1 und FO2 muss für die Umsetzung des Funktionsplanes in einen bibliotheksfähigen Codebaustein ein Funktionsbaustein (hier FB 426) verwendet werden.

**STEP 7 Programm:**

**Aufruf FB 426 im OB 1**

```
            DB426
            FB426
        ─ ENO      P1 ─ A4.1
E0.1 ─ S1          P2 ─ A4.2
E0.2 ─ S2          P3 ─ A4.3
E0.3 ─ S3          P4 ─ A4.4
E0.4 ─ S4          M1 ─ A4.5
E0.5 ─ S5          M2 ─ A4.6
E0.6 ─ S6          M3 ─ A4.6
E0.7 ─ S7         ENO ─
```

Die Instanzen der System-Funktionsbausteine sind als Multiinstanzen deklariert.

**CoDeSys Programm:**

**Aufruf FB 426 im PLC_PRG**

```
               DB426
               FB426
%IX0.1 ─ S1          P1 ─ %QX4.1
%IX0.2 ─ S2          P2 ─ %QX4.2
%IX0.3 ─ S3          P3 ─ %QX4.3
%IX0.4 ─ S4          P4 ─ %QX4.4
%IX0.5 ─ S5          M1 ─ %QX4.5
%IX0.6 ─ S6          M2 ─ %QX4.6
%IX0.7 ─ S7          M3 ─ %QX4.7
```

Das Steuerungsprogramm im FB 426 entspricht in der Programmiersprache FUP den im Funktionsplan gezeichneten Netzwerken. Auf eine ausführliche Darstellung der beiden Bausteine, als AWL-Quelle in STEP 7 bzw. als AWL in CoDeSys, wird an dieser Stelle verzichtet.

Beide Programme können auf der Internetseite: www.automatisieren-mit-sps.de herunter geladen werden.

## 4.8 Erzeugung von Taktsignalen

In Steuerungsprogrammen werden häufig periodische Signale (Pulse – Pause) benötigt. Kennzeichen eines Taktsignals ist seine Frequenz oder Periodendauer und das Puls-Pausen-Verhältnis. Die verschiedenen Programmiersysteme stellen Funktionsbausteine zur Erzeugung der Taktsignale zur Verfügung. Das Puls-Pausen-Verhältnis und die Frequenz sind dabei meist einstellbar.

### 4.8.1 Taktgeberprogramm

Mit Hilfe von Zeitfunktionen können Taktgeber im Steuerungsprogramm programmiert werden. Soll das Puls-Pause-Verhältnis einstellbar sein, sind zwei Impuls-Zeitgeber (TP bzw. SI) für die Realisierung erforderlich. Ist der eine Zeitgeber abgelaufen wird der andere gestartet. Nach dessen Ablauf wird wieder der erste Zeitgeber gestartet. Der nachfolgende Funktionsplan gibt die Ansteuerung der beiden Impuls-Zeitgeber an.

Taktgeber mit TP-Standard-Funktionsbausteinen

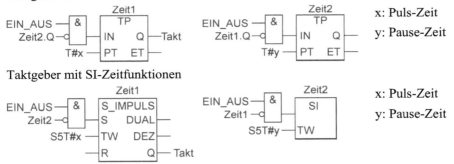

Taktgeber mit SI-Zeitfunktionen

Bei einem Pulse-Pause-Verhältnis von 1:1 genügt die Verwendung eines einschaltverzögerten Zeitgebers (TON bzw. SE). Grundlage dabei ist, dass sich das Zeitglied selbsttätig nach Ablauf der Zeit wieder startet.

Der nachfolgende Funktionsplan gibt die Ansteuerung der Zeitgeber an, welche sich nach Ablauf der Zeit wieder selbst starten und die Impulse für den nachfolgenden Binäruntersetzer liefern.

TON-Standard-Funktionsbaustein

SE-Zeitfunktion

Zeitdiagramm:

Wie aus dem Zeitdiagramm zu sehen ist, führt der Operand TIO nach jeweils einer Sekunde für die Dauer eines Programmzyklus lang ein „1"-Signal. Dieser Einzyklusimpuls kann ausgenutzt werden, um einen Binäruntersetzer anzusteuern, der dann das periodische Taktsignal mit der doppelten Periodendauer der Zeitfunktion liefert und dabei ein Puls-Pausen-Verhältnis von 1:1 aufweist. Die Ansteuerung des Binäruntersetzers kann aber nicht nach der in Abschnitt 4.4 gezeigten Methode erfolgen, da der Impulsoperand TIO nicht zurückgesetzt werden darf. Durch die Einführung eines Hilfsoperanden HO wird der Binäruntersetzer wie folgt realisiert:

Der Impulsoperand TIO setzt und rücksetzt den Hilfsoperanden HO. Das Rücksetzen erfolgt in Abhängigkeit vom Signalzustand der Variablen Takt. Erst danach wird die Variable Takt durch den Hilfsoperanden HO aktualisiert.

## 4.8.2  Verfügbare Taktgeber in STEP 7

In dem Programmiersystem STEP 7 gibt es folgende Möglichkeiten, ein Taktsignal zu erzeugen.

- Taktmerker: In einem Taktmerkerbyte haben die einzelnen Bit festgelegte Frequenzen. Die Nummer des Taktmerkerbytes wird bei der Parametrierung der CPU festgelegt.

- Weckalarm: Ein Weckalarm ist ein in periodischen Zeitabständen ausgelöster Alarm, der die Bearbeitung eines Weckalarm-Organisationsbausteine veranlasst. In einem solchen zeitgesteuerten Organisationsbaustein wird bei jedem Aufruf der Signalzustand einer Variablen negiert.

- Taktgeberbausteine: Mit Hilfe von einer oder zwei Zeitfunktionen wird ein Taktgenerator in einem Baustein programmiert und in der Bibliothek hinterlegt.

### 4.8.2.1  Taktmerker

Mögliche Taktmerker sind die acht Merker des in der Hardwareprojektierung festgelegten Merkerbytes. Wird beispielsweise das Merkerbyte MB 0 als Taktmerker in der Hardwareprojektierung vereinbart, so haben die einzelnen Bit folgende Frequenzen bzw. Periodendauer:

| Bit | M 0.7 | M 0.6 | M 0.5 | M 0.4 | M 0.3 | M 0.2 | M 0.1 | M 0.0 |
|---|---|---|---|---|---|---|---|---|
| Frequenz (Hz) | 0,5 | 0,625 | 1 | 1,25 | 2 | 2,5 | 5 | 10 |
| Periodendauer (s) | 2 | 1,6 | 1 | 0,8 | 0,5 | 0,4 | 0,2 | 0,1 |

Die Abfrage des Merkers M 0.5 liefert somit folgende Impulsfolge:

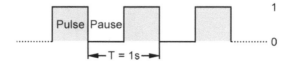

### 4.8.2.2 Weckalarm-Organisationsbausteine

Die CPUs der Siemens S7-Automatisierungssysteme stellen Weckalarm-OBs zur Verfügung, welche die zyklische Programmbearbeitung in bestimmten Abständen unterbrechen. Der Aufruf dieser Organisationsbausteine wird in bestimmten Zeitintervallen vom Betriebssystem ausgelöst. Startpunkt des Zeittaktes ist der Betriebszustandswechsel von STOP in RUN. Der Zeittakt für die Aufrufe der Bausteine kann in der Parametrierung der CPU als ein Vielfaches von 1 ms abgelesen und eingestellt werden

Eine wichtige Anwendung von Weckalarm-Organisationsbausteinen ist die Bearbeitung von Algorithmen mit integrierenden oder differenzierenden Anteilen wie beim PID-Regler. Die Bausteine können aber auch verwendet werden, um ein periodisches Signal zu erzeugen. Die Befehlsfolge

```
UN  A 4.0
=   A 4.0
```

in einem Weckalarm-OB erzeugt ein Blinken des Ausgangs A 4.0 mit der halben Frequenz des Zeittaktes für den Aufruf.

### 4.8.2.3 Taktgeberbausteine

Die in Abschnitt 4.8.1 dargestellten Funktionsplänen für die Realisierung von Taktgeberbausteinen sind Grundlage für die Erstellung der Taktgeber-Bibliotheksbausteine, welche mit den STEP 7-Zeitfunktionen in FCs und mit den STEP 7 System-Funktionsbausteinen SFB 3 und SFB 4 in Funktionsblöcken realisiert werden. Alle in diesem Abschnitt vorgestellten Bausteine sind in der zum Buch gehörenden Programmbibliothek aufgenommen. Dort sind sie in dem Verzeichnis „ZEIT_ZAE" abgelegt.

**1. Verwendung der STEP 7-Zeitfunktionen:**

**Taktgeberbaustein mit einem festen Puls-Pause-Verhältnis von 1:1**

Wird der in Abschnitt 4.8.1 gegeben Funktionsplan für einen Taktgeber mit dem Puls-Pause-Verhältnis von 1:1 in einer Funktion (hier FC 100) realisiert, so ist ein kleiner „Trick" erforderlich.

Das Programm für die Takt-Funktion FC 100 basiert auf dem Aufruf der SE-Zeitfunktion, welche sich über den Timer-Impulsoperand TIO nach Ablauf selbst wieder startet, verbunden mit einem Binäruntersetzer mit Hilfsoperand HO. Um mit einer Funktion FC anstelle eines an sich erforderlichen Funktionsbausteines FB auszukommen, besteht der „Trick" nun darin, dass zwei Signalzustände außerhalb der Funktion FC 100 in zwei Operanden zwischengespeichert werden, um sie im nächsten Programmzyklus durch Einlesen wieder verfügbar zu haben. Als Zwischenspeicher dienen ein frei wählbares Zeitglied (hier T1) und ein SPS-Ausgangsoperand (hier A 4.1). Ein- bzw. ausgeschaltet wird der Taktbaustein FC 100 über den Enable-Eingang EN der Funktion.

**Funktionsplan FC 100:**

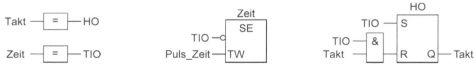

Nachfolgend sind der Funktionsaufruf im OB 1 und die AWL-Quelle der Funktion FC 100 dargestellt. Der Taktgeber hat dabei die Frequenz von 1 Hz.

**Aufruf FC 100 im OB 1:**

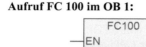

```
                 FC100
            ─ EN
S5T#500MS ─ Puls_Zeit  Takt ─ A4.1
       T1 ─ Zeit        ENO ─
```

**FC 100 AWL-Quelle:**

```
FUNCTION FC100:VOID      BEGIN
VAR_INPUT                U  #Takt;
  Puls_Zeit: S5TIME ;    =  #HO;
  Zeit : TIMER ;         U  #Zeit;
END_VAR                  =  #TIO;
VAR_OUTPUT               UN #TIO;
  Takt : BOOL ;          L  #Puls_Zeit;
END_VAR                  SE #Zeit;
VAR_TEMP                 U  #TIO;
  HO : BOOL ;            S  #HO;
  TIO: BOOL ;            U  #TIO;
END_VAR                  U  #Takt;
                         R  #HO;
                         U  #HO;
                         =  #Takt;
                         END_FUNCTION
```

### Taktgeber mit einstellbarem Puls-Pause-Verhältnis

Der in Abschnitt 4.8.1 gezeigte Funktionsplan mit den beiden SI-Zeitfunktionen kann in einer Funktion (hier FC 101) realisiert werden, da keine statischen Variablen auftreten. Der Taktgeberbaustein wird über den Eingang EIN_AUS gestartet. Im ausgeschalteten Zustand ist dabei der Signalzustand von „Takt" in jedem Fall FALSE.

Ein Aufrufbeispiel der Funktion FC 101 im OB 1 für einen Taktgeber mit der Frequenz von 1Hz und der Puls-Pause-Zeit von 3:2 sowie die AWL-Quelle der Funktion sind nachfolgend dargestellt.

**Aufruf FC 101 im OB 1:**

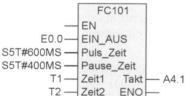

```
                 FC101
            ─ EN
     E0.0 ─ EIN_AUS
S5T#600MS ─ Puls_Zeit
S5T#400MS ─ Pause_Zeit
       T1 ─ Zeit1    Takt ─ A4.1
       T2 ─ Zeit2     ENO ─
```

**FC 101 AWL-Quelle:**

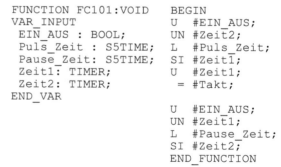

```
FUNCTION FC101:VOID      BEGIN
VAR_INPUT                U  #EIN_AUS;
  EIN_AUS : BOOL;        UN #Zeit2;
  Puls_Zeit : S5TIME;    L  #Puls_Zeit;
  Pause_Zeit: S5TIME;    SI #Zeit1;
  Zeit1: TIMER;          U  #Zeit1;
  Zeit2: TIMER;           = #Takt;
END_VAR
                         U  #EIN_AUS;
                         UN #Zeit1;
                         L  #Pause_Zeit;
                         SI #Zeit2;
                         END_FUNCTION
```

## 2. Verwendung der STEP 7 System-Funktionsbausteine SFB:

### Taktgeber mit Puls-Pause-Verhältnis von 1:1

Das in Abschnitt 4.8.1 gegeben Steuerungsprogramm für einen Taktgeber mit festem Puls-Pause-Verhältnis von 1:1 wird dem Zeitgeberbaustein TON (SFB 4) realisiert, welcher sich nach Ablauf der Zeit wieder selbst startet. Am zweckmäßigsten wird das Programm in einem Funktionsbaustein (hier FB 100) realisiert, da dort die Instanz des Systembausteins SFB 4 als Multiinstanz und der Hilfsoperand HO als statische Variable deklariert werden können. Über den Eingang EN des Funktionsbausteins wird der Taktgeberbaustein ein- bzw. ausgeschaltet. Der Signalzustand des Ausgangs TAKT wird beim Ausschalten beibehalten.

Nachfolgend sind der Funktionsbausteinaufruf im OB 1 und die AWL-Quelle des Funktionsbausteins FB 100 dargestellt. Der Taktgeber hat dabei die Frequenz von 1 Hz.

**Aufruf FB 100 im OB 1:**

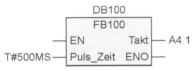

**FB 100 AWL-Quelle:**

```
FUNCTION_BLOCK FB100    BEGIN
VAR_INPUT               UN #TIO;
  Pulse_Zeit: TIME;     = L 0.0;
END_VAR                 CALL #Zeit (IN:=L0.0,
VAR_OUTPUT                    PT:=#Pulse_Zeit,
  Takt : BOOL ;               Q := #TIO);
END_VAR
VAR                     U  #TIO;
  HO   : BOOL ;         S  #HO;
  Zeit : SFB4;          U  #Takt;
  TIO  : BOOL ;         U  #TIO;
END_VAR                 R  #HO;
                        U  #HO;
                        =  #Takt;
                        END_FUNCTION_BLOCK
```

**Taktgeber mit einstellbarem Puls-Pause-Verhältnis**

Der in Abschnitt 4.8.1 gezeigte Funktionsplan mit den beiden TP-Zeitfunktionen wird wieder am zweckmäßigsten in einem Funktionsbaustein (hier FB 101) realisiert, da die Instanzen der beiden Zeitgeberbausteine TP (SFB 3) dann als Multiinstanzen deklariert werden können.

Ein Aufrufbeispiel des Funktionsbausteines FB 101 im OB 1 für einen Taktgeber mit der Frequenz von 1Hz und der Puls-Pause-Zeit von 3:2 und die AWL-Quelle des Funktionsbausteins sind nachfolgend dargestellt.

**Aufruf FB 100 im OB 1:**

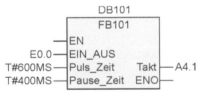

**FB 100 AWL-Quelle:**

```
FUNCTION_BLOCK FB101    BEGIN
VAR_INPUT               U  #EIN_AUS;
  EIN_AUS : BOOL ;      UN #Zeit2.Q;
  Puls_Zeit : TIME;     = L 0.0;
  Pause_Zeit: TIME;     CALL #Zeit1(IN:=L0.0,
END_VAR                      PT := #Puls_Zeit,
VAR_OUTPUT                   Q  := #Takt);
  Takt : BOOL ;         U  #EIN_AUS;
END_VAR                 UN #Zeit1.Q;
VAR                     = L 0.0;
  Zeit1 : SFB3;         CALL #Zeit2(IN:=L0.0,
  Zeit2 : SFB3;              PT := #Pause_Zeit);
END_VAR                 END_FUNCTION_BLOCK
```

## 4.8.3 Taktgeber in CoDeSys

Bei dem Programmiersystem CoDeSys gibt es folgende Möglichkeiten, ein Taktsignal für ein Steuerungsprogramm zu erzeugen.

- Verwendung des Funktionsbausteins „BLINK" der sich in der mitgelieferten Bibliothek Util.lib im Verzeichnis Signalgeneratoren befindet.

- Selbstgeschriebene Taktgeberbausteine, wie Sie in Abschnitt 4.8.1 dargestellt sind.

#### 4.8.3.1 Funktionsbaustein „BLINK" (util.lib)

Der Funktionsblock „BLINK" erzeugt ein Taktsignal mit einstellbarer Puls- und Pause-Zeit. Die Eingabe besteht aus ENABLE vom Typ BOOL, sowie TIMELOW und TIMEHIGH vom Typ TIME. Die Ausgabe OUT ist vom Typ BOOL. Wird ENABLE auf TRUE gesetzt, dann beginnt BLINK abwechselnd die Ausgabe für die Zeitdauer TIMEHIGH auf TRUE danach für die Dauer TIMELOW auf FALSE zu setzen. Wird ENABLE wieder auf FALSE gesetzt, dann wird der Ausgang OUT nicht mehr verändert, d. h., es werden keine weiteren Pulse erzeugt.

Ein Aufrufbeispiel des Funktionsblocks „BLINK" im PLC_PRG für einen Taktgeber mit der Frequenz von 1Hz und der Puls-Pause-Zeit von 3:2 zeigt der folgende Funktionsplan.

#### Aufruf des Funktionsblock im PLC_PRG:

| Parameter: | Datentyp: |
|---|---|
| ENABLE | BOOL |
| TIMLOW | TIME |
| TIMHIGH | TIME |
| OUT | BOOL |

#### 4.8.3.2 Selbstgeschriebene Funktionsbausteine

In CoDeSys können die in Abschnitt 4.8.1 dargestellten Funktionspläne für die Taktgeberbausteine in Funktionsbausteinen programmiert werden.

Aufruf und Anweisungsliste des Taktgeberbausteins FB 100 mit festem Puls-Pause-Verhältnis

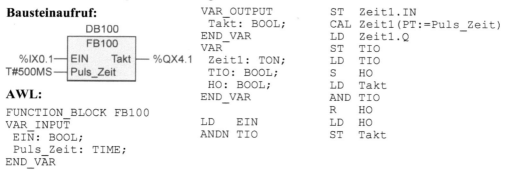

**Bausteinaufruf:**

**AWL:**

```
FUNCTION_BLOCK FB100
VAR_INPUT
 EIN: BOOL;
 Puls_Zeit: TIME;
END_VAR
```

```
VAR_OUTPUT
 Takt: BOOL;
END_VAR
VAR
 Zeit1: TON;
 TIO: BOOL;
 HO: BOOL;
END_VAR

LD   EIN
ANDN TIO
```

```
ST  Zeit1.IN
CAL Zeit1(PT:=Puls_Zeit)
LD  Zeit1.Q
ST  TIO
LD  TIO
S   HO
LD  Takt
AND TIO
R   HO
LD  HO
ST  Takt
```

Aufruf und Anweisungsliste des Taktgeberbausteins FB 101 mit einstellbarem Puls-Pause-Verhältnis

**Bausteinaufruf:**

```
VAR_INPUT
 EIN: BOOL;
 Puls_Zeit:TIME;
 Pause_Zeit:TIME;
END_VAR

VAR_OUTPUT
 Takt: BOOL;
END_VAR
VAR
 Zeit1: TP;
 Zeit2: TP;
END_VAR
```

```
LD  Zeit2.Q
NOT
AND EIN
ST  Zeit1.IN

CAL Zeit1(PT:=Puls_Zeit)
LD  Zeit1.Q
ST  Takt
LD  Zeit1.Q
NOT
ST  Zeit2.IN
CAL Zeit2(PT:=Pause_Zeit)
```

**AWL:**

```
FUNCTION_BLOCK FB101
```

## 4.8.4 Beispiele

■ **Beispiel 4.27: Tiefgaragentor**

Die Tiefgarage der Akademie für Lehrerfortbildung in Esslingen ist mit drei automatischen Kipptoren ausgestattet. Durch Betätigen des Schlüsseltasters S1 (außerhalb) oder Zugtasters S2 (innerhalb) kann ein Kipptor geöffnet werden. Bevor sich das Kipptor bewegt, wird eine Warnphase von 3 s eingeschaltet. Innerhalb dieser Warnphase und während sich das Tor bewegt blinkt eine Warnleuchte P mit der Frequenz von 2 Hz. Endschalter S3 „Tor auf" oder S4 „Tor zu" beenden jeweils die Bewegung des Tores. Das Kipptor bleibt nach Erreichen des Endschalters S3 für 6 s auf und fährt dann nach der Warnphase wieder zu. Mit einem Bewegungsmelder S5 wird der Schwenkbereich des Tores überwacht. Meldet beim Schließen des Tores der Bewegungsmelder S5 ein Hindernis oder werden die Tasten S1 oder S2 betätigt, fährt das Tor sofort wieder auf.

Für die Ansteuerung eines Kipptores ist ein bibliotheksfähiger Codebaustein zu entwerfen, der in einem Steuerungsprogramm für alle drei Kipptore durch dreimaligen Aufruf verwendet werden kann.

**Technologieschema:**

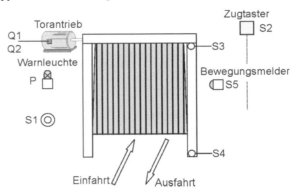

**Bild 4.22:** Kipptor

**Zuordnungstabelle der Eingänge und Ausgänge:**

| Eingangsvariable | Symbol | Datentyp | Logische Zuordnung | | Adresse<br>Tor1   Tor2   Tor3 |
|---|---|---|---|---|---|
| Schlüsseltaster | S1 | BOOL | Betätigt | S1 = 1 | E 0.0; E 0.5; E 1.2 |
| Zugtaster | S2 | BOOL | Betätigt | S2 = 1 | E 0.1; E 0.6; E 1.3 |
| Endschalter Tor auf | S3 | BOOL | Betätigt | S3 = 0 | E 0.2; E 0.7; E 1.4 |
| Endschalter Tor zu | S4 | BOOL | Betätigt | S4 = 0 | E 0.3; E 1.0; E 1.5 |
| Bewegungsmelder | S5 | BOOL | Bewegung | S5 = 0 | E 0.4; E 1.1; E 1.6 |
| Ausgangsvariable | | | | | |
| Motorschütz AUF | Q1 | BOOL | Angezogen | Q1 = 1 | A 4.0; A 4.3; A 4.6 |
| Motorschütz ZU | Q2 | BOOL | Angezogen | Q2 = 1 | A 4.1; A 4.4; A 4.7 |
| Warnleuchte | P | BOOL | Leuchtet | P  = 1 | A 4.2; A 4.5; A 5.0 |

Zur Realisierung der Steuerungsaufgabe in einem Codebaustein werden zwei einschaltverzögerte Zeitgeber (TON bzw. SE) benötigt. Die Impulse für die Warnleuchte werden durch einen Taktgeberbaustein beim Aufruf des Codebausteins an die Eingangsvariable „Takt" übergeben. Ein Hilfsspeicher HO1 ist erforderlich, um die Tastenbetätigung über die Warnphase zu speichern und die Warnlampe anzusteuern. Da die Signalzustände der beiden Zeitfunktionen mehrmals abgefragt werden, ist die Einführung zweier zusätzlicher statischer Lokalvariablen TO1 und TO2 erforderlich.

**Funktionsplan:**

Ansteuerung des Tastenspeichers HO1 und
der Warnzeit TO1.

Motorschütz AUF (Q1) wird nach Ablauf der
Warnzeit oder beim Zugehen der Tür in Verbindung
mit S1, S2 und S5 direkt gesetzt.

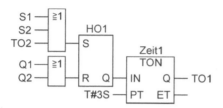

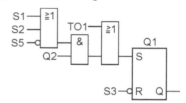

Zeit für Tor auf

Motorschütz ZU (Q2)

Warnleuchte P

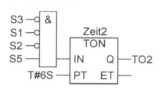

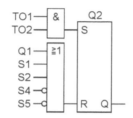

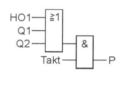

**Bestimmung des Codebausteintyps:**

Da der Signalzustand des Hilfsoperanden HO1 gespeichert werden muss, ist ein Funktionsbaustein (hier
FB 427) für die Umsetzung des Funktionsplanes in ein Steuerungsprogramm erforderlich.

**STEP 7 Programm mit der SE-Zeitfunktion:**

Statt des im Funktionsplan dargestellten TON-Zeitgeberbausteins, wird die SE-Zeitfunktion verwendet.

**Aufruf der Codebausteine im OB 1:**

**NW1:**

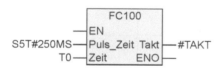

Dem Ausgang des Taktgeberbausteins FC 100 wird
die lokale Variable „TAKT" zugewiesen, welche
im OB 1 deklariert werden muss. Bei dem dreima-
lige Aufruf des Funktionsbausteins FB 427 muss
jeweils ein anderer Instanz-Datenbaustein zugewiesen werden.

**NW2:**                      **NW3:**                      **NW4:**

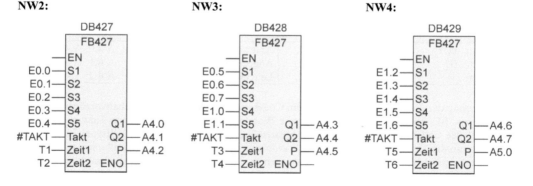

Die folgende AWL-Quelle zeigt das Programm des Funktionsbausteins FB 427:

```
FUNCTION_BLOCK FB427    BEGIN                            O  #Q1;
VAR_INPUT              O  #S1;     O  #S2;               O  #S1;
  S1 : BOOL ;          O  #S2;     ON #S5;               O  #S2;
  S2 : BOOL ;          O  #TO2;    )  ;                  ON #S4;
  S3 : BOOL ;          S  #HO1;    S  #Q1;               ON #S5;
  S4 : BOOL ;          O  #Q1;     UN #S3;               R  #Q2;
  S5 : BOOL ;          O  #Q2;     R  #Q1;
  Takt : BOOL ;        R  #HO1;                          O  #HO1;
  Zeit1 : TIMER ;                  UN #S3;               O  #Q1;
  Zeit2 : TIMER ;      U  #HO1;    UN #S1;               O  #Q2;
END_VAR                L  S5T#3S;  UN #S2;               U  #Takt;
VAR_OUTPUT             SE #Zeit1;  U  #S5;               =  #P;
  Q1 : BOOL ;          U  #Zeit1;  L  S5T#6S;            END_FUNCTION_BLOCK
  Q2 : BOOL ;          =  #TO1;    SE #Zeit2;
  P  : BOOL ;                      U  #Zeit2;
END_VAR                O  #TO1;    =  #TO2;
VAR                    O;
  HO1 : BOOL ;         U  #Q2;     U  #TO1;
  TO1 : BOOL ;         U( ;        U  #TO2;
  TO2 : BOOL ;         O  #S1;     S  #Q2;
END_VAR
```

**CoDeSys Programm:**

Bei CoDeSys wird zur Bildung des Taktes der Taktgeber-Funktionsbaustein FB 100 aus der eigenen Programmbibliothek im PLC_PRG aufgerufen. In den nächsten drei Netzwerken folgt der Aufruf des Funktionsbausteins FB 427. Dem Ausgang des Taktgeber-Funktionsbausteins FB 100 wird die lokale Variable „Takt" zugewiesen.

**Aufruf der Codebausteine im PLC-PRG:**

**NW1:**

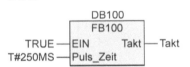

Dem Funktionsbaustein FB 427 muss bei jedem Aufruf eine andere Instanz zugewiesen werden. Hier wird der Name der Instanz mit DB 427, DB 428 und DB 429 bezeichnet.

**NW2:**          **NW3:**          **NW4:**

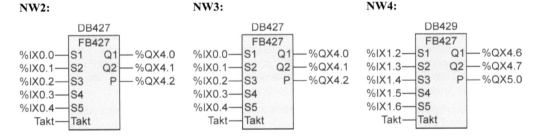

Das Steuerungsprogramm im Funktionsbaustein FB 427 entspricht dem abgebildeten Funktionsplan der allgemeinen Lösung für diese Aufgabe. Auf die Darstellung der CoDeSys Anweisungsliste AWL wird deshalb verzichtet und auf die Downloadseite: www.automatisieren-mit-sps.de verwiesen.

■  **Beispiel 4.28:  Drehrichtungsanzeige**

Die Drehrichtung eines Antriebs soll mit einem rotierenden Lauflicht angezeigt werden. Dazu sind sechs Anzeigelampen kreisförmig angebracht. Jeweils zwei der sechs Anzeigelampen leuchten gleichzeitig und rotieren in Abhängigkeit von der Drehrichtung des Motors rechts oder links herum. Da der Antrieb mit zwei Geschwindigkeiten laufen kann, soll die hohe Drehzahl mit einer größeren Rotationsfrequenz angezeigt werden. Der Geber S1 meldet, dass der Antrieb eingeschaltet ist. Mit dem Geber S2 wird die Drehrichtung angegeben. Die hohe oder niedrige Drehzahl wird durch den Signalzustand von Geber S3 bestimmt.

**Technologieschema:**

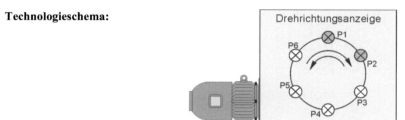

**Bild 4.23:**  Drehrichtungsanzeige

**Zuordnungtabelle der Eingänge und Ausgänge:**

| Eingangsvariable | Symbol | Datentyp | Logische Zuordnung | | Adresse |
|---|---|---|---|---|---|
| Antrieb EIN/AUS | S1 | BOOL | Eingeschaltet | S1 = 1 | E  0.1 |
| Drehrichtung | S2 | BOOL | Drehrichtung rechts | S2 = 0 | E  0.2 |
| Drehzahl | S3 | BOOL | Hoch | S3 = 1 | E  0.3 |
| Ausgangsvariable | | | | | |
| Anzeigeleuchte 1 | P1 | BOOL | Leuchtet | P1  = 1 | A  4.1 |
| Anzeigeleuchte 2 | P2 | BOOL | Leuchtet | P2  = 1 | A  4.2 |
| Anzeigeleuchte 3 | P3 | BOOL | Leuchtet | P3  = 1 | A  4.3 |
| Anzeigeleuchte 4 | P4 | BOOL | Leuchtet | P4  = 1 | A  4.4 |
| Anzeigeleuchte 5 | P5 | BOOL | Leuchtet | P5  = 1 | A  4.5 |
| Anzeigeleuchte 6 | P6 | BOOL | Leuchtet | P6  = 1 | A  4.6 |

Die Ansteuerung der Anzeigeleuchten kann nach der in Kapitel 4.6.6 gezeigten Methode für Binäruntersetzer ausgeführt werden. Dabei wird mit einem Taktgeberbaustein und einer Flankenauswertung eine Einzyklusimpulsvariable gebildet, um die entsprechende Anzeigeleuchte ein oder auszuschalten. Tritt ein Impuls auf und leuchten beispielsweise P1 und P2, so sind, wenn Rechtslauf vorliegt, P3 ein- und P1 auszuschalten. Liegt Linkslauf vor, so ist P6 ein- und P2 auszuschalten. Nach erfolgtem Setzen bzw. Rücksetzen der Anzeigeleuchten, wird der Impuls zurückgesetzt.

Das Steuerungsprogramm ist in einem Codebaustein zu realisieren, der die Eingabevariablen: „TIMP" (Taktimpulse) und „R_L" (Drehrichtungswahl) sowie als Ausgabevariablen die sechs Anzeigeleuchten P1 bis P6 besitzt.

Die Bildung der Taktimpulse erfolgt durch Aufruf des Taktgebers FC 100 bzw. FB 100. Die unterschiedliche Frequenz der Impulse für die niedrige und hohe Drehzahl wird durch den bedingten Aufruf des Taktgebers gebildet. Bei niedriger Drehzahl wird der Taktgeber mit einer Puls-Zeit von 100 ms aufgerufen. Bei hoher Drehzahl erfolgt der Aufruf mit 50 ms Puls-Zeit.

Der folgende Funktionsplan zeigt die Ansteuerung der Anzeigeleuchten.

Rechtslauf:

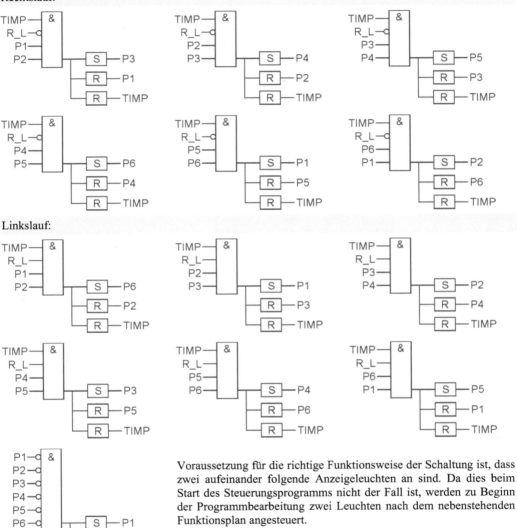

Linkslauf:

Voraussetzung für die richtige Funktionsweise der Schaltung ist, dass zwei aufeinander folgende Anzeigeleuchten an sind. Da dies beim Start des Steuerungsprogramms nicht der Fall ist, werden zu Beginn der Programmbearbeitung zwei Leuchten nach dem nebenstehenden Funktionsplan angesteuert.

**Bestimmung des Codebausteintyps:**

Da alle Variablen des Bausteins entweder Eingangs- oder Ausgangsvariablen sind, kann das Steuerungsprogramm in einer Funktion (hier FC 428) realisiert werden, obwohl die Variablen P1 bis P6 speicherndes Verhalten besitzen. Die Speicherung der Variablen erfolgt außerhalb des Bausteins. Bei CoDeSys ist die Ausgangsvariable der Funktion vom Typ „STRUCT" mit den Variablen P1 bis P6 als selbst definierter Datentyp einzufügen. Diese muss zu Beginn des Aufrufs der Funktion über eine weitere Eingangsvariable der Funktion übergeben werden.

**STEP 7 Programm mit FC 100:**

Beim zweimaligen Aufruf der Funktion FC 100 kann der gleiche Zeitoperand T1 und die gleiche Übergabevariable „Takt" verwendet werden, da über die Verriegelung am Eingang EN sichergestellt ist, dass
nur einer der beiden Bausteinaufrufe ausgeführt wird.

**Aufruf der Codebausteine im OB 1:**

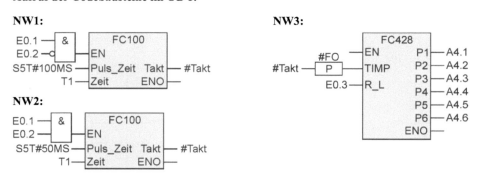

Das Steuerungsprogramm der Funktion FC 428 entspricht dem Funktionsplan für die Ansteuerung der
Anzeigeleuchten. Auf die Darstellung der AWL-Quelle wird deshalb verzichtet und auf die Downloadseite: www.automatisieren-mit-sps.de verwiesen.

**CoDeSys Programm:**

Der EN-Eingang des Funktionsbausteins FB 100 dient nicht dem Bausteinaufruf, sondern ist innerhalb
des Bausteins eine Variable zum Start des Taktgebers. Der Funktionsbaustein FB 100 wird zweimal
aufgerufen. Deshalb ist auch für jeden Aufruf eine eigene Instanz (DB 100 bzw. DB 101) erforderlich.
Die Variable Takt muss demnach auch über ein Auswahlnetzwerk (NW3) gebildet werden.

**Aufruf der Codebausteine im PLC-PRG:**

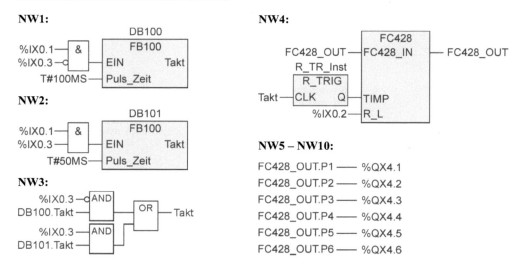

Das Steuerungsprogramm der Funktion FC 428 entspricht dem Funktionsplan für die Ansteuerung der
Anzeigeleuchten. Auf die Darstellung der Anweisungsliste AWL wird deshalb verzichtet und auf die
Downloadseite: www.automatisieren-mit-sps.de verwiesen.

## 4.9 Zählerfunktionen

Zählerfunktionen werden in Steuerungsprogrammen benötigt, um bestimmte Mengen oder Positionen durch Aufzählen von Impulsen zu erfassen, Frequenzen zu ermitteln oder die Funktion von Steuerwerken zu übernehmen.

Grundsätzlich lassen sich Zähler in Automatisierungssystemen auf drei Arten realisieren.

- Zähler werden als Funktionsbausteine oder Funktionen im Steuerungsprogramm aufgerufen und parametriert. Diese Zähler können je Zykluszeit nur einen Vorwärts- und einen Rückwärtszählimpuls verarbeiten. Die Verarbeitung von externen Zählimpulsen ist von der Zykluszeit und der Schaltfrequenz der Signaleingänge abhängig. Innerhalb dieses Kapitels wird ausschließlich diese Zählerart verwendet.

- Zähler werden durch eine Variable vom Datentyp INTEGER oder DOPPELINTEGER realisiert. Das Auf- bzw. Abwärtszählen erfolgt bei diesen Zählern mit Additions- bzw. Subtraktionsbefehlen. Diese Zähler können je Zykluszeit mehrere interne Vorwärts- bzw. Rückwärtszählimpulse verarbeiten. Die Verarbeitung von externen Zählimpulsen ist jedoch wieder von der Zykluszeit abhängig. Die Anwendung solche Zähler ist in Kapitel 5 dargestellt.

- Zähler sind auf einer speziellen Baugruppe untergebracht oder sind als „Schnelle Zähler" mit separaten Signaleingängen Teil des Betriebssystems der Zentralbaugruppe CPU. Mit diesen Zählern ist es möglich, externe Zählimpulse zu erfassen, die schneller als die Zykluszeit sind. Innerhalb des Steuerungsprogramms können Zählerstände mit Übergabevariablen abgerufen werden.

In diesem Kapitel werden nur die Funktionsbausteine oder Funktionen für die Realisierung von Zählern innerhalb eines Steuerungsprogramms beschrieben.

### 4.9.1 Zählerfunktionen nach DIN EN 61131-3

Bei der Realisierung von Zählern mit Funktionsbausteinen oder Funktionen unterscheidet man Vorwärts- bzw. Aufwärtszähler, Rückwärts- bzw. Abwärtszähler und Vor-Rückwärts- bzw. Auf-Abwärts-Zähler. Der Zählerstand ergibt sich aus der Anzahl der positiven Signalflanken an den Eingängen für das Vorwärts- und Rückwärtszählen.

In der Norm DIN EN 61131-3 sind für die drei Zähler die grafische Darstellung und die Arbeitsweise der Standardfunktionsbausteine wie folgt festgelegt:

| Name | Grafische Darstellung | Arbeitsweise in ST-Sprache |
|---|---|---|
| Aufwärts-Zähler | ```<br>          +-----+<br>          | CTU |<br>BOOL---|CU  Q|---BOOL<br>BOOL---|R    |<br>INT---|PV CV|---INT<br>          +-----+<br>``` | ```<br>IF R THEN CV := 0;<br>ELSIF CU AND (CV < PVmax)<br>      Then CV := CV+1;<br>END_IF;<br>Q := (CV >= PV);<br>``` |
| Abwärts-Zähler | ```<br>          +-----+<br>          | CTD |<br>BOOL---|CD  Q|---BOOL<br>BOOL---|LD   |<br>INT---|PV CV|---INT<br>          +-----+<br>``` | ```<br>IF LD THEN CV := PV;<br>ELSIF CD AND (CV > PVmin)<br>      Then CV := CV-1;<br>END_IF;<br>Q := (CV <= 0);<br>``` |

| Auf-Abwärts-Zähler | ```
        +------+
        | CTUD |
BOOL---|CU   QU|---BOOL
BOOL---|CD   QD|---BOOL
BOOL---|R      |
BOOL---|LD     |
 INT---|PV   CV|---INT
        +------+
``` | ```
IF R THEN CV := 0;
ELSIF LD THEN CV := PV;
ELSIF CU AND (CV < PVmax)
      THEN CV := CV+1;
ELSIF CD AND (CV > PVmin)
      THEN CV := CV-1;
END_IF;
QU := (CV >= PV);
QD := (CV <= 0);
``` |

Bedeutung der Eingänge und Ausgänge: CU = Vorwärtszähleingang steigende Flanke; CD = Rückwärtszähleingang steigende Flanke; R = Rücksetzeingang; LD = Ladeeingang; PV = Ladewert; QU = Status Zählerstand (CV größer gleich Ladewert); QD = Status Zählerstand (CV kleiner gleich 0); CV = Zählerstand.

*Hinweis:* Die nummerischen Werte der Grenzvariablen Pvmax und Pvmin sind implementierungsabhängig. Mögliche Werte sind Pvmax = 32767 und Pvmin = −32768.

### 4.9.2 Zählerfunktionen in STEP 7

Bei STEP 7 werden die drei Zähler-Funktionsbausteine der Norm DIN EN 61131-3 als Systemfunktionsbausteine (SFB 0 CTU; SFB 1 CTD und SFB 2 CTUD) in der Standard-Bibliothek zur Verfügung gestellt. Den Systemfunktionsbausteinen SFBs ist beim Aufruf jeweils ein **Instanz-Datenbaustein** zuzuordnen. Neben diesen Systemfunktionsbausteinen bietet STEP 7 noch die Zählfunktionen im Operationsvorrat an. Die Verwendung dieser Zählfunktionen erfordert dann statt Instanz-DBs die Einführung von Zähleroperanden Zx.

#### 4.9.2.1 STEP 7 – Zählerfunktionen

**1. Übersicht:** STEP 7-Zähler mit Zähleroperand Zx

| Name | Funktionsplandarstellung | Einzelne Zählerfunktionen |
|------|--------------------------|---------------------------|
| Aufwärts-Zähler | 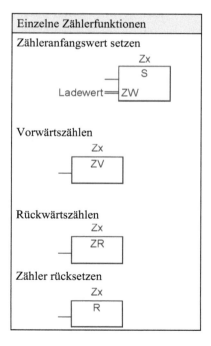 | |

## 2. Programmieren der Zählerfunktionen

Zur Aufnahme des Zählwertes haben die STEP 7-Zählerfunktionen einen reservierten Speicherbereich in der CPU. Die Zählerfunktionen können sowohl vorwärts als auch rückwärts zählen. Der Zählbereich geht dabei über drei Dekaden von 000 bis 999. Die Anzahl der zur Verfügung gestellten Zähleroperanden ist von der CPU abhängig.

Der Zählwert kann auf einen bestimmten Anfangswert eingestellt oder auf den Wert 0 zurückgestellt werden. Die binäre Abfrage des Zähleroperanden Zx gibt an, ob der Zähler den Zählwert null oder nicht null hat. Der aktuelle Zählwert kann dualcodiert oder BCD-codiert abgefragt werden.

Der Aufruf der Zählerfunktion kann in Anweisungsliste AWL, Kontaktplan KOP, Funktionsplan FUP oder in der Programmiersprache SCL erfolgen. Je nach Art des Zählers sind dabei die Zählereingänge ZV (Zähle vorwärts) oder ZR (Zähle rückwärts) oder beide Zählereingänge vorhanden. Die weiteren Ein- und Ausgänge sind bei allen Zählerfunktionen gleich.

Übergabeparameter:     Beschreibung der Parameter:

```
        Zx
   ┌─────────┐
   │  Z_Fkt. │
 ──┤ZV       │
 ──┤ZR       │
 ──┤S   DUAL ├──
 ──┤ZW  DEZ  ├──
 ──┤R     Q  ├──
   └─────────┘
```

Zx:    Zähleroperand Z0 ... Z63 (CPU abhängig)
Z_Fkt.: Zählfunktion (Z_VOR; Z_RÜCK; ZAEHLER)
ZV:    Vorwärtszähleingang
ZR:    Rückwärtszähleingang
S:    Zählfunktion auf Vorgabewert setzen
ZW:    Vorgabe des Zählwertes
R:    Rücksetzeingang
DUAL: Zählwert dualcodiert
DEZ:  Zählwert BCD-codiert
Q:    Abfrage des Status des Zähloperanden

Zum besseren Verständnis der Arbeitsweise der Zählfunktion sind nachfolgend die einzelnen Ein- und Ausgänge in ihrer Wirkungsweise näher beschrieben.

### Vorwärtszählen

Bei einem Zustandswechsel von „0" nach „1" am Vorwärtszähleingang ZV wird der Zählwert um eins erhöht, bis die obere Grenze 999 erreicht ist. Liegt am Rücksetzeingang ein „1"-Signal oder hat der Zähler die obere Grenze von 999 erreicht, haben weitere positive Flanken am Vorwärtszähleingang ZV auf den Zählwert keine Auswirkungen mehr. Ein Übertrag findet nicht statt.

### Rückwärtszählen

Bei einem Zustandswechsel von „0" nach „1" am Rückwärtszähleingang ZR wird der Zählwert um eins verringert, bis die untere Grenze 0 erreicht ist. Liegt am Rücksetzeingang ein „1"-Signal oder hat der Zähler die untere Grenze erreicht, haben weitere positive Flanken am Rückwärtszähleingang ZR auf den Zählwert keine Auswirkungen mehr. Ein Zählen mit negativen Zählwerten findet nicht statt.

### Zähler setzen

Mit einer positiven Flanke am Eingang S wird die Zählfunktion auf den im Akkumulator 1 stehenden Anfangswert gesetzt. Der Wertebereich geht dabei von 0 bis 999.

**Vorgabe des Zählwertes**

Mit dem Eingang ZW (Vorgabe des Zäh-          Bitbelegung des Vorgabewertes:
lerwertes) wird der Vorgabewert in den
Akkumulator 1 geladen. Der Vorgabewert
darf drei Dekaden im Bereich von 000 bis
999 betragen. Die positiven Werte sind
im BCD-Code anzugeben.

Um das Programm leicht lesbar zu gestalten, sollte der Zählervorgabewert direkt vor der Setzoperation in den Akkumulator geladen werden. Wird der Vorgabewert als Konstante angegeben, so kann der Wert mit C# oder W# in Verbindung mit drei Dezimalziffern geschrieben
werden. **Beispiel:** Vorgabewert 150:  L C#150   oder  L W#16#0150  (*Hinweis:* Die Operation L steht für Lade in den Akkumulator 1, siehe Kapitel 5.1.2.1, Seite 196).

**Rücksetzen der Zählerfunktion**

Über den Rücksetzeingang wird die Zählerfunktion Zx bei Signalzustand „1" auf den Zählwert
null zurückgesetzt. Solange das VKE „1" am Rücksetzeingang ansteht, haben die anderen
Eingänge keine Wirkung mehr.

**Abfragen des Zählwertes**

Über Ladebefehle kann der Zählerstand abgefragt werden. Die Anweisung L Zx lädt den
Zählwert dualcodiert und die Anweisung LC Zx lädt den Zählerstand BCD-codiert in den
Akkumulator. Der Dualwert entspricht dabei einer positiven Zahl im Datenformat INT und
kann bei Vergleichsfunktionen im Steuerungsprogramm verwendet werden. Wird der Zählwert
codiert geladen, liegen die drei Dekaden BCD-codiert im Akkumulator vor. Dieser Wert kann
dann beispielsweise benutzt werden, um den Zählwert an eine Anzeige auszugeben.

**Abfragen des Zähleroperanden Zx**

Der Status des Zähleroperanden Zx kann mit den binären Operationen U, O, X, UN, ON oder
XN abgefragt und das Abfrageergebnis weiter verknüpft werden. Ist der Zählwert größer null,
wird das Abfrageergebnis „1". Nur wenn der Zählerstand null ist, ergibt die Abfrage des Zähleroperanden „0".

**3. Vorwärtszähler**

Bei dieser Zählerfunktion wird nur der Vorwärtszähleingang ZV verwendet.

**Operationsdarstellung in STEP 7:**

| AWL | | FUP |
|---|---|---|
| U  E  0.1      L  Z  1 | | |
| ZV Z  1        T  MW 10 | | |
| U  E  0.2      LC Z  1 | | |
| L  C#150       T  MW 12 | | |
| S  Z  1        U  Z  1 | | |
| U  E  0.7      =  A  4.1 | | |
| R  Z  1 | | |

```
                          Z1
                    ┌──────────────┐
                    │   Z_VORW     │
          E0.1─────┤ ZV           │
          E0.2─────┤ S      DUAL  ├──MW10
         C#150─────┤ ZW     DEZ   ├──MW12      A4.1
          E0.7─────┤ R        Q   │         ┌──────┐
                    └──────────────┘         │  =   │
                                             └──────┘
```

| SCL |
|---|
| BCD_Wert:= S_CU (C_NO:= Z1, CU:= E0.1, S:= E0.2, PV:= 16#150, |
| R:= E0.7, CV:=MW10, Q:= A4.1); |

Die Programmierung der einzelnen Eingänge der Zählfunktion kann sowohl in der AWL wie auch im Funktionsplan an verschiedenen Stellen des Steuerungsprogramms erfolgen. Dies spielt insbesondere dann eine Rolle, wenn nicht alle Eingänge der Zählfunktion benötigt werden oder ein Eingang mehrmals aufgerufen wird. Die Übersichtlichkeit und der Zusammenhang der FUP-Box geht dabei allerdings verloren.

Operationsdarstellung bei der Programmierung der einzelnen Eingänge.

| Operation | AWL | FUP | SCL |
|---|---|---|---|
| Vorwärtszählen | `U   E    0.1`<br>`ZV  Z    1` | | `BCD_Wert:= S_CU`<br>`(C_NO:= Z1, CU:= E0.1);` |
| Zählwert setzen | `U   E    0.2`<br>`L   C#150`<br>`S   Z    1` | | `BCD_Wert:= S_CU`<br>`(C_NO:= Z1, S:= E0.2);` |
| Zähler rücksetzen | `U   E    0.7`<br>`R   Z    1` | | `BCD_Wert:= S_CU`<br>`(C_NO:= Z1, R:= E0.7);` |

#### 4. Rückwärtszähler

Bei dieser Zählerfunktion wird nur der Rückwärtszähleingang ZR verwendet.

#### Operationsdarstellung in STEP 7:

| AWL | FUP |
|---|---|
| `U   E    0.3      L   Z    2`<br>`ZR  Z    2        T   MW  14`<br>`U   E    0.4      LC  Z    2`<br>`L   C#150         T   MW  16`<br>`S   Z    2        U   Z    2`<br>`U   E    0.7      =   A    4.2`<br>`R   Z    2` | |

| SCL |
|---|
| `BCD_Wert:= S_CD(C_NO:= Z2,   CD:= E0.3,   S:= E0.4,  PV:= 16#150,   R:=`<br>`                E0.7,   CV:=MW14,   Q:= A4.2);` |

Auch bei diesem Zähler kann die Programmierung der Eingänge sowohl in der AWL wie auch im Funktionspan wieder an verschiedenen Stellen des Steuerungsprogramms erfolgen. Da sich für die Eingänge S, ZW und R in der Darstellungsweise nichts ändert, ist nachfolgend nur die Programmierung des Rückwärtszähleinganges dargestellt.

| Operation | AWL | FUP | SCL |
|---|---|---|---|
| Rückwärtszählen | `U   E    0.3`<br>`ZR  Z    1` | | `BCD_Wert:= S_CD`<br>`(C_NO:= Z2, CD:= E0.3);` |

## 5. Vor-Rückwärts-Zähler

Bei dieser Zählerfunktion werden sowohl der Vorwärtszähleingang ZV wie auch der Rückwärtszähleingang ZR verwendet.

**Operationsdarstellung in STEP 7:**

| AWL | | FUP |
|---|---|---|
| U   E   0.5     L   Z   3 | | |
| ZV  Z   3       T   MW  18 | | |
| U   E   0.6     LC  Z   3 | | |
| ZR  Z   3       T   MW  20 | | |
| U   E   1.0     U   Z   3 | | |
| L   C#150       =   A   4.3 | | |
| S   Z   3 | | |
| U   E   0.7 | | |
| R   Z   3 | | |

```
                                         Z3
                                    ZAEHLER
                          E0.5 ─── ZV
                          E0.6 ─── ZR
                          E1.0 ─── S    DUAL ─── MW18
                        C#150 ─── ZW    DEZ  ─── MW20        A4.2
                          E0.7 ─── R       Q                ┌─────┐
                                                            │  =  │
                                                            └─────┘
```

| SCL |
|---|
| `BCD_Wert:= S_CUD(C_NO:= Z3,   CU:= E0.5,   CD:= E0.6,   S:= E1.0,   PV:=` |
| `               16#150,   R:= E0.7,   CV:=MW18,   Q:= A4.3);` |

Auch bei diesem Zähler kann die Programmierung der Eingänge sowohl in der AWL wie auch im Funktionsplan wieder an verschiedenen Stellen des Steuerungsprogramms erfolgen. Die Einzelaufrufe der Eingänge in AWL, FUP und SCL wurden bereits alle bei den beiden vorausgehenden Zählerarten dargestellt.

## 4.9.2.2 IEC-Standard-Funktionsbausteine in STEP 7

### 1. Übersicht

Die in STEP 7 zur Verfügung gestellten System-Funktionsbausteine entsprechen in Funktion und grafischer Darstellung den in der DIN EN 61131-3 dargestellten Standard-Funktionsbausteinen. Dabei gilt folgende Zuordnung:

| Name | Kurzzeichen | System-Funktionsbaustein SFB |
|---|---|---|
| Aufwärts-Zähler | CTU | SFB 0 |
| Abwärts-Zähler | CTD | SFB 1 |
| Auf-Abwärts-Zähler | CTUD | SFB 2 |

### 2. System-Funktionsbaustein SFB 0 (CTU)

Mit dem SFB 0 „CTU" kann vorwärts gezählt werden. Der Zähler wird bei einer steigenden Flanke am Eingang CU (gegenüber dem letzten SFB-Aufruf) um 1 erhöht.

```
            DB..
          SFB0
... ── EN
... ── CU      Q ── ...
... ── R      CV ── ...
... ── PV    ENO
```

CU:  BOOL  Zählereingang
R:   BOOL  Rücksetzeingang; R dominiert gegenüber CU
PV:  INT   Vorbesetzwert (Ladewert)
Q:   BOOL  Status des Zählers („1", falls CV >= PV)
CV:  INT   Aktueller Zählwert (0 bis 32767)

Erreicht der Zählwert die obere Grenze 32 767, wird er nicht mehr erhöht. Jede weitere steigende Flanke am Eingang CU bleibt dann ohne Wirkung. Ein „1"-Signal am Eingang R bewirkt das Rücksetzen des Zählers auf den Wert 0 unabhängig davon, welcher Wert am Eingang CU anliegt. Am Ausgang Q wird angezeigt, ob der aktuelle Zählwert größer oder gleich dem Vorbesetzwert PV ist.

**Operationsdarstellung in STEP 7:**

| AWL | FUP |
|---|---|
| ```CAL SFB0, DB10```<br>```CU:= E 0.1```<br>```R := E 0.2```<br>```PV:= 250```<br>```Q := A 4.1```<br>```CV:= MW 10``` |  |
| **SCL** | |
| ```SFB0.DB10(CU:= E0.1, R:= E0.2, PV:=250);```<br>```A4.1:= DB10.Q;```<br>```MW10:= INT_TO_DWORD(DB10.CV);``` | |

### 3. System-Funktionsbaustein SFB 1 (CTD)

Mit dem SFB 1 „CTD" kann rückwärts gezählt werden. Der Zähler wird bei einer steigenden Flanke am Eingang CD (gegenüber dem letzten SFB-Aufruf) um 1 erniedrigt.

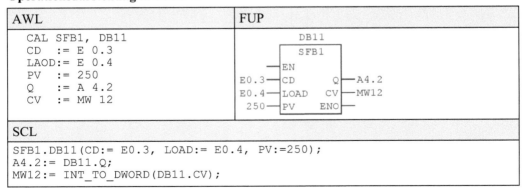

| | | |
|---|---|---|
| CD: | BOOL | Zählereingang |
| LOAD: | BOOL | Ladeeingang; LOAD dominiert gegenüber CD |
| PV: | INT | Vorbesetzwert |
| Q: | BOOL | Status des Zählers („1", falls CV <= 0) |
| CV: | INT | Aktueller Zählwert (−32768 bis 32767) |

Erreicht der Zählwert die untere Grenze −32 768, so wird er nicht mehr erniedrigt. Jede weitere steigende Flanke am Eingang CD bleibt dann ohne Wirkung. Ein „1"-Signal am Eingang LOAD bewirkt, dass der Zähler auf den Vorbesetzwert PV eingestellt wird. Dies geschieht unabhängig davon, welcher Wert am Eingang CD anliegt. Am Ausgang Q wird angezeigt, ob der aktuelle Zählwert kleiner oder gleich null ist.

**Operationsdarstellung in STEP 7:**

| AWL | FUP |
|---|---|
| ```CAL SFB1, DB11```<br>```CD   := E 0.3```<br>```LAOD:= E 0.4```<br>```PV   := 250```<br>```Q    := A 4.2```<br>```CV   := MW 12``` | DB11<br>SFB1<br>EN<br>E0.3 — CD      Q — A4.2<br>E0.4 — LOAD   CV — MW12<br>250 — PV     ENO |
| **SCL** | |
| ```SFB1.DB11(CD:= E0.3, LOAD:= E0.4, PV:=250);```<br>```A4.2:= DB11.Q;```<br>```MW12:= INT_TO_DWORD(DB11.CV);``` | |

### 4. System-Funktionsbaustein SFB 2 (CTUD)

Mit dem SFB 2 „CTUD" kann vorwärts und rückwärts gezählt werden. Der Zähler wird (gegenüber dem letzten SFB-Aufruf) bei einer steigenden Flanke am Eingang CU um 1 erhöht und bei einer steigenden Flanke am Eingang CD um 1 erniedrigt.

```
          DB..
         SFB2
... ─┤EN
... ─┤CU
... ─┤CD      QU├─ ...
... ─┤R       QD├─ ...
... ─┤LOAD    CV├─ ...
... ─┤PV     ENO├
```

| | | |
|---|---|---|
| CU: | BOOL | Vorwärtszähleingang |
| CD: | BOOL | Rückwärtszähleingang |
| R: | BOOL | Rücksetzeingang; R dominiert gegenüber LAOD |
| LOAD: | BOOL | Ladeeingang; |
| | | LOAD dominiert gegenüber CU und CD |
| PV: | INT | Vorbesetzwert |
| QD: | BOOL | Status des Zählers („1", falls CV <=0) |
| QU: | BOOL | Status des Zählers („1", falls CV >= PV) |
| CV: | INT | Aktueller Zählwert (−32768 bis 32767) |

Erreicht der Zählwert die untere Grenze −32 768, so wird er nicht mehr erniedrigt, bei Erreichen der obere Grenze 32 767 wird er nicht mehr erhöht. Falls in einem Zyklus sowohl am Eingang CU als auch am Eingang CD eine steigende Flanke vorliegt, behält der Zähler seinen aktuellen Wert. Dieses Verhalten weicht von der Norm IEC 1131-3 ab. Dort dominiert beim gleichzeitigen Anliegen der Signale CU und CD der CU-Eingang.

Ein „1"-Signal am Eingang LOAD bewirkt, dass der Zähler auf den Vorbesetzwert PV eingestellt wird. Dies geschieht unabhängig davon, welche Werte an den Eingängen CU und CD anliegen. Ein „1"-Signal am Eingang R bewirkt das Rücksetzen des Zählers auf den Wert 0 unabhängig davon, welche Werte an den Eingängen CU, CD und LOAD anliegen. Am Ausgang QU wird angezeigt, ob der aktuelle Zählwert größer oder gleich dem Vorbesetzwert PV ist. Am Ausgang QD wird angezeigt, ob er kleiner oder gleich null ist.

**Operationsdarstellung in STEP 7:**

| AWL | FUP |
|---|---|
| <pre>CAL SFB2, DB12<br>CU   := E 0.5<br>CD   := E 0.6<br>R    := E 0.7<br>LAOD:= E 1.0<br>PV   := 250<br>QU   := A 4.3<br>QD   := A 4.4<br>CV   := MW 14</pre> | <pre>           DB12<br>          SFB2<br>       ┤EN<br>E0.5 ──┤CU<br>E0.6 ──┤CD     QU├── A4.3<br>E0.7 ──┤R      QD├── A4.4<br>E1.0 ──┤LOAD   CV├── MW14<br> 250 ──┤PV    ENO├</pre> |

| SCL |
|---|
| <pre>SFB2.DB12(CU:= E0.5, CD:= E0.6, R:= E0.7, LOAD:= E1.0, PV:=250);<br>A4.3:= DB12.QU;<br>A4.4:= DB12.QD;<br>MW12:= INT_TO_DWORD(DB11.CV);</pre> |

### 4.9.3  Zähler in CoDeSys

In CoDeSys Steuerungsprogrammen können die drei Standard-Funktionsblöcke CTD, CTU und CTUD aus der von CoDeSys mitgelieferten Standard-Bibliothek (standard.lib) im Verzeichnis Counter als Zählerbausteine verwendet werden. Diese entsprechen in Funktion und Darstellung den in der Norm DIN EN 61131-3 beschriebenen Zähler-Funktionsbausteinen.

#### 1.  Standard-Funktionsblock CTU (Aufwärtszähler)

Die Eingänge CU und RESET sowie der Ausgang Q sind vom Typ BOOL. Der Eingang PV und der Ausgang CV sind vom Typ WORD.

Liegt am Eingang RESET der Signalzustand TRUE, wird die Zählvariable CV mit 0 initialisiert. Eine steigende Flanke von FALSE auf TRUE am Eingang CU erhöht CV um 1.

Der Ausgang Q liefert TRUE, wenn CV größer oder gleich der Obergrenze PV ist. Am Ausgang CV ist der aktuelle Zählerstand (von 0 bis 32767) ablesbar.

#### Aufruf des Funktionsblocks CTU:

*Hinweis:* Als Instanz des Funktionsbausteins wird die Variable CTUInst deklariert.

| AWL | FUP |
|---|---|
| ```VAR   CTUInst: CTU;   END_VAR``` ``` CAL CTUInst(CU:=%IX0.0, RESET:=%IX0.1,``` ```               PV:=250)``` ``` LD   CTUInst.CV``` ``` ST   %MW10``` ``` LD   CTUInst.Q``` ``` ST   %QX4.1``` | CTUInst<br>CTU<br>%IX0.0—CU        Q—%QX4.1<br>%IX0.1—RESET CV—%MW10<br>250—PV |

| ST |
|---|
| ```VAR   CTUInst: CTU   END_VAR``` ``` CTUInst(CU:= %IX0.0, RESET:=%IX0.1, PV:=250);``` ``` %QX4.1:= CTUInst.Q; %MW10:= CTUInst.CV;``` |

#### 2.  Funktionsblock CTD (Abwärtszähler)

Die Eingänge CD und LOAD und der Ausgang Q sind vom Typ BOOL. Der Eingang PV und der Ausgang CV sind vom Typ WORD.

Liegt am Eingang LOAD der Signalzustand TRUE, wird die Zählvariable CV mit der Obergrenze PV initialisiert. Eine steigende Flanke von FALSE auf TRUE am Eingang CD erniedrigt CV um 1, solange CV größer als 0 ist.

Der Ausgang Q liefert den Signalwert TRUE, wenn CV gleich 0 ist. Am Ausgang CV ist der aktuelle Zählerstand (von 0 bis 32767) ablesbar.

**Aufruf des Standard-Funktionsblocks CTD:**

*Hinweis:* Als Instanz des Funktionsbausteins wird die Variable CTDInst deklariert.

| AWL | FUP |
|---|---|
| ```VAR CTDInst: CTD;  END_VAR``` ``` CAL CTUInst(CD:=%IX0.2, LOAD:=%IX0.3,``` ```          PV:=250)``` ``` LD  CTDInst.CV``` ``` ST  %MW12``` ``` LD  CTDInst.Q``` ``` ST  %QX4.2``` | CTDInst<br>CTD<br>%IX0.2—CD     Q—%QX4.2<br>%IX0.3—LOAD  CV—%MW12<br>250—PV |
| **ST** | |
| ```VAR  CTDInst: CTD  END_VAR``` ```CTDInst(CD:= %IX0.2, LOAD:=%IX0.3, PV:=250);``` ```%QX4.2:= CTDInst.Q; %MW12:= CTDInst.CV;``` | |

### 3.  Funktionsblock CTUD (Auf-Abwärts-Zähler)

Die Eingänge CU, CD, RESET, LOAD und die Ausgänge QU und QD sind vom Typ BOOL. Der Eingang PV und der Ausgang CV sind vom Typ WORD.

Liegt am Eingang RESET Signalzustand TRUE, wird die Zählvariable CV mit 0 initialisiert unabhängig vom Signalzustand am Eingang LOAD. Liegt am Eingang LOAD der Signalzustand TRUE, wird die Zählvariable CV mit der Obergrenze PV initialisiert, wenn am Eingang RESET Signalzustand FALSE anliegt. Eine steigende Flanke von FALSE auf TRUE am Eingang CU erhöht CV um 1. Eine steigende Flanke von FALSE auf TRUE an CD erniedrigt CV um 1, solange CV größer als 0 ist.

Der Ausgang QU liefert den Signalwert TRUE, wenn CV größer oder gleich PV geworden ist. Der Ausgang QD liefert den Signalwert TRUE, wenn CV gleich 0 geworden ist. Am Ausgang CV ist der aktuelle Zählerstand (von 0 bis 32767) ablesbar.

**Aufruf des Standard-Funktionsblocks CTUD:**

*Hinweis:* Als Instanz des Funktionsbausteins wird die Variable CTUDInst deklariert.

| AWL | FUP |
|---|---|
| ```VAR CTUDInst: CTUD;  END_VAR``` ``` CAL CTUInst(CU:=%IX0.4, CD:=%IX0.5,``` ```           RESET:=%IX0.6, LOAD:=%IX0.7,``` ```           PV:=250)``` ``` LD  CTUDInst.CV``` ``` ST  %MW14``` ``` LD  CTUDInst.QU``` ``` ST  %QX4.3``` ``` LD  CTUDInst.QD``` ``` ST  %QX4.4``` | CTUDInst<br>CTUD<br>%IX0.4—CU     QU—%QX4.3<br>%IX0.5—CD     QD—%QX4.4<br>%IX0.6—RESET CV—%MW14<br>%IX0.7—LOAD<br>250—PV |
| **ST** | |
| ```VAR  CTUDInst: CTUD  END_VAR``` ```CTUDInst(CU:=%IX0.4,CD:=%IX0.5,RESET:=%IX0.6,LOAD:=%IX0.7,PV:=250);``` ```%QX4.3:= CTUDInst.QU; %QX4.4:= CTUDInst.QD; %MW14:= CTUDInst.CV;``` | |

### 4.9.4 Beispiele

■ **Beispiel 4.29: Drehzahlmessung**

Die Drehzahl eines Antriebes für ein Transportband soll stichprobenartig ermittelt und angezeigt werden. Dazu befindet sich auf der Antriebswelle des Bandes eine Metallplatte, mit deren Hilfe ein induktiver Geber S2 bei jeder Umdrehung ein „1"-Signal abgibt. Mit dem Taster S1 wird die Stichprobe gestartet. Die Drehzahl pro Minute soll an einer dualcodierten dreistelligen Ziffernanzeige angezeigt werden. Solange die Messung läuft (1 min), leuchtet eine Anzeigeleuchte P1.

**Technologieschema:**

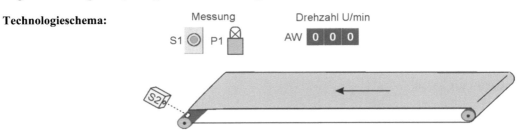

**Bild 4.24:** Drehzahlmessung

Zum Test des Steuerungsprogramms können die 24-V-Impulse des induktiven Gebers S2 mit einem Frequenzgenerator an den Eingang der SPS gelegt werden.

**Zuordnungstabelle der Eingänge und Ausgänge:**

| Eingangsvariable | Symbol | Datentyp | Logische Zuordnung | | Adresse |
|---|---|---|---|---|---|
| Taster Messung starten | S1 | BOOL | Betätigt | S1 = 1 | E 0.1 |
| Induktiver Geber | S2 | BOOL | 1 Impuls pro Umdrehung | | E 0.2 |
| Ausgangsvariable | | | | | |
| Anzeigeleuchte | P1 | BOOL | Leuchtet | P1 = 1 | A 4.1 |
| 3-stellige Ziffernanzeige | AW | WORD | DUAL-Code | | AW 12 |

Die Messzeit von 1 min wird bei Betätigung von Taster S1 mit der Puls-Zeitfunktion (TP) gestartet. Der Binäre Ausgang Q des Zeitgebers wird der Anzeigeleuchte P1 zugewiesen. Zu Beginn der Messzeit wird der Vorwärtszähler mit einer Flankenauswertung der Anzeigeleuchte P1 zurückgesetzt. Während der Messzeit sind die Impulse des Gebers S2 am Vorwärtszähleingang des Zählers freigegeben.

**Funktionsplan:**

Messzeit

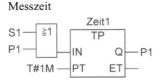

Vorwärtszähler

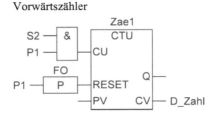

**Bestimmung des Codebausteintyps:**

Durch das Auftreten des Flankenoperanden FO bzw. der Instanzen der Standardfunktion R_TRIG muss für die Umsetzung des Funktionsplanes in einen bibliotheksfähigen Codebaustein ein Funktionsbaustein (hier FB 429) verwendet werden.

**STEP 7 Programm mit Zeit- und Zählerfunktionen:**

Als Zeitgeber wird die SI-Zeitfunktion verwendet. Die Eingangsvariable Zeit1 wird mit dem Datentyp „TIMER", die Eingangsvariable ZAE1 mit dem Datentyp „COUNTER" und der Flankenoperand FO (STEP 7) bzw. R_TRIG (Co-DeSys) als statische Lokalvariablen mit dem Datentyp „BOOL" deklariert.

**Aufruf FB 429 im OB 1:**

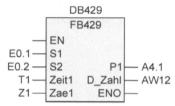

Der zum Funktionsbausteinaufruf zugehörige **Instanz-Datenbaustein** wird mit DB 429 bezeichnet.

**FB 429 AWL-Quelle:**

```
FUNCTION_BLOCK FB429        VAR                  U   #S2;
VAR_INPUT                     FO : BOOL ;        U   #P1;
  S1 : BOOL ;               END_VAR             ZV  #Zae1;
  S2 : BOOL ;
  Zeit1 : TIMER ;          BEGIN                U   #P1;
  Zae1 : COUNTER ;                              FP  #FO;
END_VAR                     O   #S1;            R   #Zae1;
                            O   #P1;            L   #Zae1;
VAR_OUTPUT                   L   S5T#1M;         T   #D_Zahl;
  P1 : BOOL ;               SI  #Zeit1;
  D_Zahl : WORD ;           U   #Zeit1;         END FUNCTION BLOCK
END_VAR                     =   #P1;
```

**STEP 7 Programm mit den System-Funktionsbausteinen SFB 0 (CTU) und SFB 3 (TP):**

Als Zeitgeber wird der Systemfunktionsbaustein SFB 3 (TP) und als Zähler der Systemfunktionsbaustein SFB 0 (CTU) verwendet. Die Instanzen beider System-Funktionsbausteinen werden als Multiinstanzen[1] und der Flankenoperand FO als statische Lokalvariablen mit dem Datentyp „BOOL" deklariert.

**Aufruf FB 429 im OB 1:**

Der zum Funktionsbausteinaufruf zugehörige **Instanz-Datenbaustein** wird mit DB 429 bezeichnet.

**FB 429 AWL-Quelle:**

```
FUNCTION_BLOCK FB429        BEGIN                U   #P1;
VAR_INPUT                    O   #S1;            U   #S2;
  S1 : BOOL ;                O   #P1;            =   L 0.0;
  S2 : BOOL ;               =   L 0.0;
END_VAR                     CALL #Zeit1 (        U   #P1;
VAR_OUTPUT                       IN:= L 0.0,     FP  #FO;
  P1 : BOOL ;                    PT:= T#1M,      =   L 0.1;
  D_Zahl: INT ;                  Q := #P1);
END_VAR                                          CALL #Zae1 (
VAR                                                  CU:= L 0.0,
  FO : BOOL ;              1)  Einen Funktionsbaustein in        R := L 0.1,
  Zeit1 : SFB3;               einem anderen Funktions-          CV:= #D_Zahl);
  Zae1  : SFB0;              baustein als Lokalvariable    END_FUNCTION_BLOCK
END_VAR                      aufrufen.
```

**CoDeSys Programm:**

Bei CoDeSys wird die Instanz der Standard-Funktion TP (Zeit1), die Instanz der Standard-Funktion CTU (Zae1) und die Instanz der Standardfunktion R_TRIG (FO) im Funktionsbaustein FB 429 als interne Zustandsvariable VAR deklariert.

**Aufruf im PLC_PRG:**          **FB 429 AWL:**

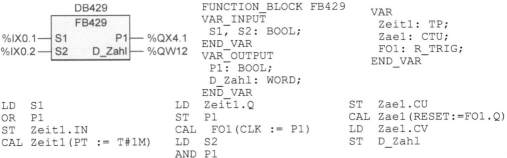

```
FUNCTION_BLOCK FB429        VAR
VAR_INPUT                      Zeit1: TP;
 S1, S2: BOOL;                 Zae1: CTU;
END_VAR                        FO1: R_TRIG;
VAR_OUTPUT                   END_VAR
 P1: BOOL;
 D_Zahl: WORD;
END_VAR
```

```
LD   S1              LD   Zeit1.Q              ST   Zae1.CU
OR   P1              ST   P1                   CAL  Zae1(RESET:=FO1.Q)
ST   Zeit1.IN        CAL  FO1(CLK := P1)       LD   Zae1.CV
CAL  Zeit1(PT := T#1M)  LD   S2                ST   D_Zahl
                     AND  P1
```

**SCL/ST - Programm:**

```
Zeit1(IN:= S1 OR P1, PT:= T#1M);  P1:=Zeit1.Q;
Zae1(CU:=S2 AND P1, R:= P1 AND NOT(FO1));  FO1:=P1;
D_Zahl:= INT_TO_WORD(Zae1.CV);
```

Die Deklarationen für den SCL/ST Baustein sind die gleichen wie für das AWL-CoDeSys-Programm. Beim SCL-Programm muss lediglich statt TP: SFB3 und statt CTU: SFB0 angegeben werden.

■ **Beispiel 4.30: Reinigungsanlage**

Der Korb einer Reinigungsanlage wird über einen elektropneumatischen Antrieb in ein Reinigungsbad gesenkt und aus dem Reinigungsbad gehoben. Durch Betätigung von Taster S1 wird der Reinigungszyklus gestartet. Nach dreimaligem Heben und Senken bleibt der Kolben des Arbeitszylinders in seiner eingefahrenen Stellung stehen. Der Behälter soll jeweils für 10 Sekunden im Reinigungsbad verbleiben. Während des Reinigungsvorgangs leuchtet die Anzeigeleuchte P1.

**Technologieschema:**

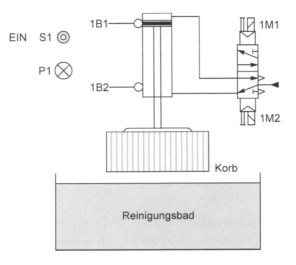

**Bild 4.25:** Reinigungsbad

*Hinweis:* Das elektromagnetisch betätigte 5/2-Wegeventil wirkt wie eine RS-Speicherfunktion. Wird die Betätigungsspule 1M2 kurzzeitig stromführend, so gelangt das 5/2-Wegeventil in die gezeichnete Stellung und der Arbeitszylinder wird eingefahren oder in der eingefahrenen Stellung gehalten. Ein 24-V-Impuls auf die Betätigungsspule 1M1 steuert das 5/2-Wegeventil um und lässt den Kolben des Arbeitszylinders ausfahren. Die Betätigungsspulen sind elektrisch jedoch so ausgelegt, dass auch ein längerer Stromdurchfluss zulässig ist. Werden beide Betätigungsspulen stromführend, bleibt das Ventil in der ursprünglichen Lage.

**Zuordnungstabelle der Eingänge und Ausgänge:**

| Eingangsvariable | Symbol | Datentyp | Logische Zuordnung | | Adresse |
|---|---|---|---|---|---|
| Taster EIN | S1 | BOOL | Betätigt | S1 = 1 | E 0.1 |
| Induktiver Geber oben | 1B1 | BOOL | Korb unten | 1B1 = 1 | E 0.2 |
| Induktiver Geber unten | 1B2 | BOOL | Korb oben | 1B2 = 1 | E 0.3 |
| Ausgangsvariable | | | | | |
| Anzeigeleuchte | P1 | BOOL | Leuchtet | P1 = 1 | A 4.0 |
| Magnetventil Korb ab | 1M1 | BOOL | Zylinder fährt aus | 1M1 = 1 | A 4.1 |
| Magnetventil Korb auf | 1M2 | BOOL | Zylinder fährt ein | 1M2 = 1 | A 4.2 |

Bei Betätigung von Taster EIN fährt der Zylinder aus und ein Rückwärtszähler wird auf den Zählerstand drei gesetzt. Jede Ansteuerung des Magnetventils „Korb auf" zählt den Zähler um eins zurück.

Das erstmalige Ausfahren des Zylinders wird mit einer Flankenauswertung des Tasters EIN gestartet. Damit während des Reinigungsablaufs eine Betätigung des Tasters EIN keine Auswirkungen mehr hat, wird die Flankenauswertung mit der Anzeigeleuchte verriegelt. Die Ansteuerung der Betätigungsspulen 1M1 und 1M2 erfolgt jeweils mit einer Speicherfunktion. Die Verweilzeit des Behälters im Reinigungsbad wir mit einer Einschaltverzögerung gebildet. Der Vorgang wiederholt sich, bis der Abwärtszähler den Zählerstand null erreicht hat.

**Funktionsplan:**

Einschalten (Impuls)          Zylinder ausfahren          Reinigungszeit starten

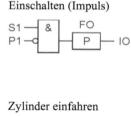 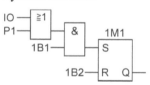 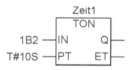

Zylinder einfahren          Abwärtszähler          Anzeige des Reinigungsvorgangs

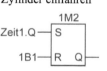

*Hinweis:* Der Funktionsbaustein Abwärtszähler (CTD) liefert am binären Ausgang ein „1"-Signal, wenn der Zählerstand gleich 0 ist.

**Bestimmung des Codebausteintyps:**

Durch das Auftreten des Flankenoperanden FO bzw. der Instanzen der Standardfunktion R_TRIG muss für die Umsetzung des Funktionsplanes in einen bibliotheksfähigen Codebaustein ein Funktionsbaustein (hier FB 430) verwendet werden.

**STEP 7 Programm mit Zeit- und Zählerfunktionen:**

Als Zeitgeber wird die SE-Zeitfunktion verwendet. Die
Eingangsvariable Zeit1 wird mit dem Datentyp „TIMER",
die Eingangsvariable ZAE1 mit dem Datentyp
„COUNTER" und der Flankenoperand FO als statische
Lokalvariablen mit dem Datentyp „BOOL" deklariert.
Die binäre Abfrage des Zählerstand ist „0", wenn der Zäh-
lerstand gleich null ist.
Der zum Funktionsbausteinaufruf zugehörige **Instanz-
Datenbaustein** wird mit DB 430 bezeichnet.

**Aufruf FB 430 im OB 1:**

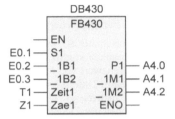

**FB 430 AWL-Quelle:**

```
FUNCTION_BLOCK FB430      VAR               U (             U   #Zeit1;
VAR_INPUT                  FO : BOOL ;      O   #IO;        S   #_1M2;
  S1  : BOOL ;             END_VAR          O   #P1;        U   #_1B1;
  _1B1: BOOL ;                              );              R   #_1M2;
  _1B2: BOOL ;             VAR_TEMP         U   #_1B1;
  Zeit1 : TIMER ;            IO : BOOL ;    S   #_1M1;      U   #_1B2;
  Zae1 : COUNTER ;         END_VAR          U   #_1B2;      ZR  #Zae1;
END_VAR                                     R   #_1M1;      U   #IO;
                          BEGIN                             L   C#3;
VAR_OUTPUT                U   #S1;          U   #_1B2;      S   #Zae1;
  P1  : BOOL ;            UN  #P1;          L   S5T#10S;
  _1M1: BOOL ;            FP  #FO;          SE  #Zeit1;     O   #Zae1;
  _1M2: BOOL ;            =   #IO;                          O   #_1B2;
END_VAR                                                     =   #P1;
                                                            END_FUNCTION_BLOCK
```

Auf die Darstellung der STEP 7 Lösung mit dem Systemfunktionsbaustein SFB 1 (CTD) wird verzichtet,
da das Steuerungsprogramm mit dem CoDeSys Programm weitgehend identisch ist.

**CoDeSys Programm:**

Bei CoDeSys wird die Instanz der Standard-Funktion TON (Zeit1), die Instanz der Standard-Funktion
CTD (Zae1) und die Instanz der Standardfunktion R_TRIG (FO) im Funktionsbaustein FB 430 als inter-
ne Zustandsvariable VAR deklariert.
Als Namen für die Instanz des Funktionsbausteins
FB 430 wird DB 430 gewählt.

**Aufruf FB 430 im PLC_PRG:**

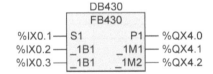

**FB 31 AWL:**

```
FUNCTION_BLOCK FB430      VAR               LD  FO.Q         LD  Zeit1.Q
VAR_INPUT                  Zeit1: TON;      ST  IO           S   _1M2
  S1  : BOOL;              Zae1: CTD;                        LD  _1B1
  _1B1: BOOL;              FO: R_TRIG;      LD  IO           R   _1M2
  _1B2: BOOL;              IO: BOOL;        OR  P1
END_VAR                   END_VAR           AND _1B1         CAL Zae1(CD:=1B2,
                                            S   _1M1             LOAD:=IO,
VAR_OUTPUT               LD  S1             LD  _1B2             PV:= 3)
  P1  : BOOL;            ANDN P1            R   _1M1         LD  Zae1.Q
  _1M1: BOOL;            ST  FO.CLK         CAL Zeit1        NOT
  _1M2: BOOL;            CAL FO             (IN := _1B2,     OR  _1B2
END_VAR                                     PT :=T#10000ms)  ST  P1
```

■ **Beispiel 4.31: Pufferspeicher**

In einer Flaschenabfüllanlage werden gefüllte Flaschen über Transportbänder in Leerkästen verpackt. Damit immer genügend Flaschen zur Verfügung stehen, gibt es einen Pufferspeicher für die Flaschen. Die Kapazität des Pufferspeichers ist auf 150 Flaschen begrenzt.

Mit dem Schlüsselschalter S1 wird die Anlage eingeschaltet. Der Zu- und Abgang zum Pufferspeicher wird mit Lichtschranken kontrolliert, deren Impulse einem Zähler zugeführt werden. Steigt der Bestand auf den oberen Grenzwert von 150 an, wird der Antriebsmotor des Transportbandes M vor dem Pufferspeicher abgeschaltet. Unterschreitet der Vorrat den unteren Grenzwert von 30, so ist dies durch eine Meldeleuchte P1 anzuzeigen. Der Bestand des Pufferspeichers soll an einer Ziffernanzeige angezeigt werden. Das Löschen des Zählers erfolgt zu Beginn der Schicht, wenn der Pufferspeicher leer ist. Durch Betätigung des Tasters S2 wird der Zähler zurückgesetzt.

**Technologieschema:**

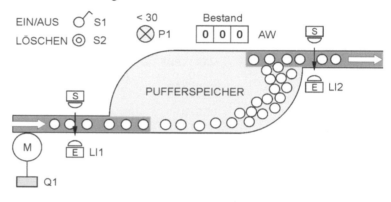

**Bild 4.26:**  Pufferspeicher

**Zuordnungstabelle der Eingänge und Ausgänge:**

| Eingangsvariable | Symbol | Datentyp | Logische Zuordnung | | Adresse |
|---|---|---|---|---|---|
| Schlüsselschalter | S1 | BOOL | Betätigt | S1 = 1 | E 0.1 |
| Taster Löschen | S2 | BOOL | Betätigt | S2 = 1 | E 0.2 |
| Lichtschranke 1 | LI1 | BOOL | Frei | LI1 = 0 | E 0.3 |
| Lichtschranke 2 | LI2 | BOOL | Frei | LI2 = 0 | E 0.4 |
| Ausgangsvariable | | | | | |
| Anzeigeleuchte | P1 | BOOL | Leuchtet | P1 = 1 | A 4.1 |
| Motorschütz | Q1 | BOOL | Motor ein | Q1 = 1 | A 4.2 |
| Anzeige | AW | WORD | Dual-Code | | AW 12 |

Zur Realisierung der Steuerungsaufgabe sind zwei Vergleichsfunktionen (siehe Kapitel 6.1) erforderlich. Mit diesen wird überprüft, ob der Zählerstand kleiner 30 bzw. 150 ist.

Die Beschaltung des Vor-Rückwärts-Zählers ergibt sich unmittelbar aus der Aufgabenstellung. Die Lichtschranke LI1 wird an den Vorwärtszähleingang und die Lichtschranke LI2 an den Rückwärtszähleingang der Zählfunktion gelegt. Der Taster S2 setzt bei Betätigung die Zählerfunktion zurück.

Am Ausgang CV der Zählerfunktion kann der aktuelle Zählerstand als Dualwert abgefragt werden. Dieser Wert wird mit der unteren und oberen Grenze verglichen. Dazu werden zwei Vergleichsfunktionen aufgerufen, welche die an die Eingänge der Funktion geschriebenen INTEGER-Werte auf „kleiner" vergleichen. Ist ein Vergleich erfüllt, wird das Verknüpfungsergebnis auf den Wert „1" gesetzt. Das Verknüpfungsergebnis der Vergleichsfunktionen wird dann jeweils mit dem Schlüsselschalter S1 UND-verknüpft. Mit den Ergebnissen werden die Anzeigeleuchte P1 und das Bandmotorschütz Q1 angesteuert.

**Funktionsplan:**

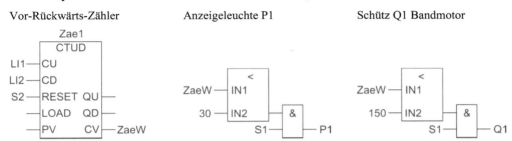

Vor-Rückwärts-Zähler          Anzeigeleuchte P1          Schütz Q1 Bandmotor

**Bestimmung des Codebausteintyps:**

Bei Verwendung der STEP 7-Zählerfunktion als Vor-Rückwärts-Zähler kann das Steuerungsprogramm in einer Funktion (hier FC 431) realisiert werden. Wird als Zähler der Systemfunktionsbaustein SFB 2 bzw. bei CoDeSys der Funktionsblock CTUD aus der Standard-Bibliothek verwendet, ist die Realisierung des Steuerungsprogramms in einem Funktionsbaustein (hier FB 431) vorzunehmen.

**STEP 7 Programm mit Zählerfunktion:**

Die Umsetzung des Funktionsplans in ein Steuerungsprogramm erfolgt in einer Funktion. Die Variable ZaeW (Dualwert Zählerstand) wird als Ausgabevariable deklariert. Bei der Zuweisung des Datentyps zu dieser Variablen tritt in der Funktionsplandarstellung allerdings ein Konflikt auf. Die Zählfunktion erwartet am Ausgang DUAL den Datentyp WORD und die Vergleichsfunktion erwartet am Eingang IN den Datentyp INTEGER. In der AWL tritt dieser Konflikt nicht auf, da der Datentyp der Variablen bei der Ladeoperation nicht überprüft wird. Der Konflikt kann in der Funktionsplandarstellung gelöst werden, indem eine temporäre Variable deklariert wird und dann eine Typwandlung über die MOVE-Operation (siehe Kapitel 5.1) durchgeführt wird. Umgangen wird der Konflikt auch, wenn die Typüberprüfung von Operanden in EXTRAS → EINSTELLUNGEN → KOP/FUP ausgeschaltet wird.

Die Eingangsvariable ZAE1 wird mit dem Datentyp „COUNTER" deklariert.

**Aufruf FC 431 im OB 1:**

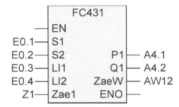

**FB 431 AWL-Quelle:**

```
FUNCTION FC431 : VOID

VAR_INPUT
 S1  : BOOL ;
 S2  : BOOL ;
 LI1 : BOOL ;
 LI2 : BOOL ;
 Zae1 : COUNTER ;
END_VAR

VAR_OUTPUT
 H1  : BOOL ;
 Q1  : BOOL ;
 ZaeW : WORD ;
END_VAR
```

```
BEGIN

U   #LI1;
ZV  Z 1;
U   #LI2;
ZR  Z 1;

U   #S2;
R   Z 1;

L   Z 1;
T   #ZaeW;
```

```
U (  ;
L   #ZaeW;
L   30;
<I  ;
)   ;
U   #S1;
=   #H1;
U (  ;
L   #ZaeW;
L   150;
<I  ;
)   ;
U   #S1;
=   #Q1;
END_FUNCTION
```

**STEP 7 Programm mit dem System-Funktionsbaustein SFB 2 (CTUD):**

Als Zähler wird der Systemfunktionsbaustein SFB 0 (CTU) verwendet. Die Instanz des System-Funktionsbausteins wird als Mutiinstanzen deklariert.

Der zum Funktionsbausteinaufruf zugehörige **Instanz-Datenbaustein** wird mit DB 431 bezeichnet.

**Aufruf FB 431 im OB 1:**

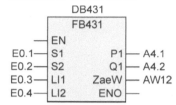

**FB 431 AWL-Quelle:**

```
FUNCTION_BLOCK FB431
VAR_INPUT                    VAR
 S1 : BOOL ;                  ZAE1 : SFB2;
 S2 : BOOL ;                 END_VAR
 LI1 : BOOL ;
 LI2 : BOOL ;                BEGIN
END_VAR
                            CALL #ZAE1 (
VAR_OUTPUT                     CU := #LI1,
 H1 : BOOL ;                   CD := #LI2,
 Q1 : BOOL ;                   R  := #S2,
 ZaeW : INT ;                  CV := #ZaeW);
END_VAR
```

```
U( ;
L  #ZaeW;
L  30;
<I ;
) ;
U  #S1;
=  #H1;

U( ;
L  #ZaeW;
L  150;
<I ;
) ;
U  #S1;
=  #Q1;

END_FUNCTION_BLOCK
```

**CoDeSys Programm:**

Bei CoDeSys wird die Instanz der Standard-Funktion CTUD mit Zae1 bezeichnet und als interne Zu-standsvariable VAR im Funktionsblock FB 431deklariert.

Als Namen für die Instanz des Funktionsbausteins FB 431 wird DB 431 gewählt.

**Aufruf FB 431 im PLC_PRG:**

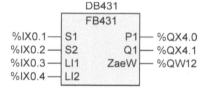

**FB 431 AWL:**

```
FUNCTION_BLOCK FB431

VAR_INPUT                    VAR
 S1: BOOL;                    Zae1: CTUD;              LD  ZaeW
 S2: BOOL;                   END_VAR                   LE  30
 LI1: BOOL;                                            AND S1
 LI2: BOOL;                  CAL Zae1(CU := LI1,       ST  P1
END_VAR                               CD := LI2,
VAR_OUTPUT                            RESET := S2)      LD  ZaeW
 P1: BOOL;                                             LE  150
 Q1: BOOL;                   LD  Zae1.CV               AND S1
 ZaeW: INT;                  ST  ZaeW                  ST  Q1
END_VAR
```

# 5 Übertragungs- und Programmsteuerungs-Funktionen

Der erste Abschnitt dieses Kapitels handelt von Übertragungsfunktionen, die den Austausch von Daten zwischen den verschiedenen Variablen oder Speicherbereichen ermöglichen. Der zweite Abschnitt dieses Kapitels beschreibt die Operationen und Elemente zur Programmsteuerung für die beiden Programmiersysteme STEP 7 und CoDeSys in der Anweisungsliste AWL und dem Funktionsplan FUP. Die Darstellungen der Operatoren im Kontaktplan KOP sind denen im Funktionsplan sehr ähnlich. Die Digital- und Programmsteuer-Funktionen für die Programmiersprachen strukturierter Text ST (SCL) und Ablaufsprache AS (bzw. S7-GRAPH) werden in den Kapiteln 8 und 10 ausführlich beschrieben.

## 5.1 Übertragungsfunktionen

Mit Übertragungsfunktionen werden Daten in ein Arbeitsregister der CPU geladen und ausgelesen oder es wird ein Datenaustausch zwischen den Akkumulatoren veranlasst. Neben dem Datenaustausch zwischen den verschiedenen Speicherbereichen der SPS wie den Eingängen, Ausgängen sowie dem Merker- und Datenspeicherbereich finden Übertragungsfunktionen noch Anwendung bei den in Kapitel 6 noch zu behandelnden digitalen Funktionen. In Kapitel 4 wurden Übertragungsfunktionen bereits ohne besondere Erklärung bei den Zeit- und Zählerfunktionen eingesetzt.

### 5.1.1 Übertragungsfunktionen nach DIN EN 61131-3

In der DIN EN 61131-3 sind die beiden Operatoren LD für „Laden" und ST für „Speichern" zum Übertragen von Daten vorgegeben.

Zusammenstellung der aufgeführten Operationen in der Anweisungsliste AWL:

| Operator | Bedeutung |
|----------|-----------|
| LD | Setzt aktuelles Ergebnis dem Operanden gleich. |
| ST | Speichert aktuelles Ergebnis auf die Operanden-Adresse. |

Als Modifizierer ist nur N zugelassen. Das bedeutet, dass beide Operationen stets unbedingt ausgeführt werden und bei LDN bzw. STN das Komplement der Variablen mit dem Datentyp BOOL, BYTE, WORD oder DWORD geladen bzw. gespeichert wird.

Da das Datenformat der zugehörigen Operanden in der Norm nicht festgelegt ist, können die beiden Operationen für alle möglichen Datentypen angewendet werden. Bei STEP 7 ist sowohl das Laden, wie auch das Transferieren (entspricht der Operation ST) nicht auf Bit-Operanden anwendbar. Der Grund hierfür geht aus folgendem Beispiel hervor:

Abfrage eines Zählers in STEP 7:

```
U   Z1      //Abfrage des binären Ausgangs des Zählers Z1
L   Z1      //Abfrage des dualen Zählerstandes des Zählers Z1
```

Damit ist bei STEP 7 bei der Abfrage des binären- und des dualen Wertes beim gleichen Operanden eine Unterscheidung möglich.

## 5.1.2 Übertragungsfunktionen in STEP 7

### 5.1.2.1 Lade- und Transfer-Funktionen

Mit Lade- und Transferbefehlen werden Daten von einer Datenquelle in den Akku (Akkumulator) geladen und aus dem Akku zu einem Datenziel transferiert. Ein Akku ist ein besonderes Register in der CPU, welches als Zwischenspeicher dient.

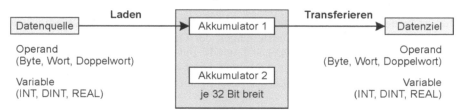

STEP 7 benötigt noch einen weiteren Akku (Akku 2), da bei Vergleichsoperationen, arithmetische Operationen und digitalen Operationen zwei Operanden zu einem Ergebnis verarbeitet werden müssen. Der zuerst geladene Operand kommt in den Akku 1. Beim Laden des zweiten Operanden werden zunächst die Daten von Akku 1 in den Akku 2 verschoben und dann der zweite Operand in den Akku 1 geladen. Anschließend wird die gewünschte Operation durchgeführt. Das Ergebnis der Operation steht dann in Akku 1. Um die Richtung des Informationsflusses zu kennzeichnen, werden die Begriffe „Laden" und „Transferieren" eingeführt.

Lade- und Transferbefehle werden unabhängig vom Verknüpfungsergebnis und den Statusbits ausgeführt und beeinflussen diese Bits auch nicht. Der bei den Befehlen stehende Operand kann die Länge: Byte, Wort, oder Doppelwort, bzw. die Variable das Format: INT, DINT oder REAL haben.

Bei STEP 7 weichen die AWL-Operatoren „Laden" und „Transferieren" von der Norm DIN EN 61131-3 insofern ab, da sowohl das Laden, wie auch das Transferieren, nicht auf Bit-Operanden anwendbar ist.

**Lade- und Transfer-Funktionen in der Programmiersprache AWL**

Die Lade-Funktion besteht aus der Operation L und einem digitalen Operanden. Laden bedeutet, dass die Informationen einer Datenquelle zum Akku 1 gebracht werden. Die Ladefunktion verändert auch den Inhalt von Akku 2. Während der Wert des bei der Ladeoperation angegebenen Operanden in den Akku 1 geladen wird, erhält gleichzeitig der Akku 2 den alten Wert von Akku 1. Der vorherige Inhalt von Akku 2 geht dabei verloren. Laden heißt auch so viel wie Abfragen. Abgefragt werden können bei STEP 7 Eingänge, Ausgänge, Peripherie, Merker, Zeiger, Konstanten, Zeitwerte, Zählerwerte, Daten aus Datenbausteinen und Variablen.

Beim Laden eines Operanden mit der Länge von einem Byte wird der Inhalt des Bytes rechtsbündig in den Akku 1 geschrieben. Die restlichen 3 Byte von Akku 1 werden mit „0" aufgefüllt.

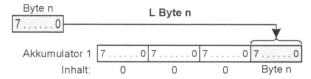

Beim Laden eines Operanden mit der Länge von einem Wort wird der Inhalt des Wortes rechtsbündig in den Akku 1 geschrieben. Das höher adressierte Byte steht dabei ganz rechts. Die restlichen 2 Byte von Akku 1 werden mit „0" aufgefüllt.

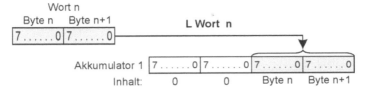

Beim Laden eines Operanden mit der Länge von einem Doppelwort wird der Inhalt des Doppelwortes rechtsbündig in den Akku 1 geschrieben. Das am niedrigsten adressierte Byte steht dabei ganz links.

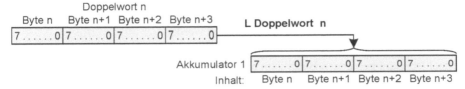

## Übersicht zu den Lade-Befehlen:

| Laden von: | Anweisung | Kommentar |
|---|---|---|
| Eingängen | L EB n | Laden eines Eingangsbytes |
| | L EW n | Laden eines Eingangsworts |
| | L ED n | Laden eines Eingangsdoppelworts |
| Ausgängen | L AB n | Laden eines Ausgangsbytes |
| | L AW n | Laden eines Ausgangsworts |
| | L AD n | Laden eines Ausgangsdoppelworts |
| Peripherie | L PEB n | Laden eines Peripheriebytes |
| | L PEW n | Laden eines Peripherieworts |
| | L PED n | Laden eines Peripheriedoppelworts |
| Merkern | L MB n | Laden eines Merkerbyte |
| | L MW n | Laden eines Merkerwort |
| | L MD n | Laden eines Merkerdoppelwort |
| Konstanten | L B#16#F5 | Laden einer zweistelligen HEX-Zahl |
| | L -500 | Laden einer INTEGER-Zahl |
| | L L#-100 | Laden einer DOPPELINTEGER-Zahl |
| | L 2.0 | Laden einer REAL-Zahl |
| | L S5T#2S500MS | Laden einer S5-Zeit |
| | L C#250 | Laden eines S5-Zählwertes |
| Zeiten | L T n | Laden eines Zeitwertes dualcodiert |
| | LC T n | Lade eines Zeitwertes BCD-codiert |
| Zähler | L Z n | Laden eines Zählerwertes dualcodiert |
| | LC Z n | Lade eines Zählerwertes BCD-codiert |
| Zeigern | L P#1.0 | Laden eines bereichsinternen Zeigers |
| | L P#M1.0 | Laden eines bereichsübergreifenden Zeigers |
| | L P#name | Laden der Adresse einer Lokalvariablen |

| Daten | | Mit Angabe des Datenbausteins |
|---|---|---|
| | L DB x. DBB n | Laden eines Datenbytes |
| | L DB x. DBW n | Laden eines Datenworts |
| | L DB x. DBD n | Laden eines Datendoppelworts |
| | | Ohne Angabe des Datenbausteins |
| | L DBB n | Laden eines Datenbytes |
| | L DBW n | Laden eines Datenworts |
| | L DBD n | Laden eines Datendoppelworts |
| Variablen | L #Sollwert | Laden der Variablen „Sollwert" |

Die Transferfunktion besteht aus der Operation T und einem digitalen Operanden. Transferieren bedeutet, dass die Informationen vom AKKU 1 zu einem Datenziel gebracht werden. Die Transferfunktion bezieht sich nur auf den Akku 1. Transferieren heißt auch so viel wie Zuweisen. Der Inhalt von Akku 1 kann bei STEP 7 Eingängen, Ausgängen, Peripherie, Merkern, Daten in Datenbausteinen und Variablen zugewiesen werden.

Beim Transferieren eines Operanden mit der Länge von einem Byte wird der Inhalt des im Akku 1 rechtsbündig gelegenen Bytes dem angegebenen Operandenbyte zugewiesen.

Beim Transferieren eines Operanden mit der Länge von einem Wort wird der Inhalt des im Akku 1 rechtsbündig gelegenen Wortes in das Operandenwort übertragen. Das rechtsbündig im Akku 1 gelegene Byte erscheint im (n+1)-Byte des Operandenwortes.

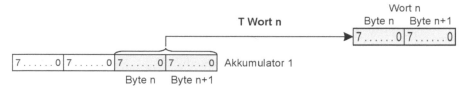

Beim Transferieren eines Operanden mit der Länge von einem Doppelwort wird der gesamte Inhalt von Akku 1 in das Operandendoppelwort übertragen. Das ganz links im Akku 1 liegende Byte wird dabei zum am niedrigsten adressierten Byte (n) übertragen.

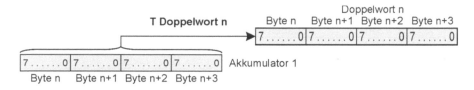

**Übersicht zu den Transfer-Befehlen:**

| Transferieren zu: | Anweisung | Kommentar |
|---|---|---|
| Eingängen | T EB n | Transferieren zu einem Eingangsbyte |
| | T EW n | Transferieren zu einem Eingangswort |
| | T ED n | Transferieren zu einem Eingangsdoppelwort |
| | | *Hinweis:* Nur das Prozessabbild wird beeinflusst. |
| Ausgängen | T AB n | Transferieren zu einem Ausgangsbyte |
| | T AW n | Transferieren zu einem Ausgangswort |
| | T AD n | Transferieren zu einem Ausgangsdoppelwort |
| Peripherie | T PAB n | Transferieren zu einem Peripheriebyte |
| | T PAW n | Transferieren zu einem Peripheriewort |
| | T PAD n | Transferieren zu einem Peripheriedoppelwort |
| | | *Hinweis:* Nur Ausgänge können angesprochen werden. |
| Merkern | T MB n | Transferieren zu einem Merkerbyte |
| | T MW n | Transferieren zu einem Merkerwort |
| | T MD n | Transferieren zu einem Merkerdoppelwort |
| Daten | | Mit Angabe des Datenbausteins |
| | T DB x. DBB n | Transferieren zu einem Datenbyte |
| | T DB x. DBW n | Transferieren zu einem Datenwort |
| | T DB x. DBD n | Transferieren zu einem Datendoppelwort |
| | | Ohne Angabe des Datenbausteins |
| | T DBB n | Transferieren zu einem Datenbyte |
| | T DBW n | Transferieren zu einem Datenwort |
| | T DBD n | Transferieren zu einem Datendoppelwort |
| Variablen | T #Stellwert | Transferieren zu der Variablen „Stellwert" |

**Lade- und Transfer-Funktionen in der Programmiersprache FBS (FUP)**

Im Funktionsplan FUP wird die Lade- und Transferfunktion mit einer MOVE-Box dargestellt. Diese enthält beide Übertragungswege. Sie lädt die am Eingang IN anstehenden Daten in den Akku 1 und transferiert gleich anschließend den Inhalt von Akku 1 zum Operanden am Ausgang OUT. Neben dem IN-Eingang und dem OUT-Ausgang hat die MOVE-Box noch den Freigabeeingang EN und den Freigabeausgang ENO. Mit Hilfe des EN-Eingangs ist es möglich, die Übertragung von Daten mit der MOVE-Box von einem booleschen Ergebnis abhängig zu machen.

Darstellung, Parameter, mögliche Operanden und die Datentypen der MOVE-Box sind in der folgenden Tabelle angegeben.

| Übergabeparameter | Parameter | Operand | Datentyp |
|---|---|---|---|
| MOVE-Box (EN OUT / IN ENO) | EN | E, A, M, DBX, L, T oder Z | BOOL |
| | IN | E, A, M, D, L, P ,Konstante oder Variable | Alle, mit 1, 2 oder 4 Byte |
| | OUT | E, A, M, D, L oder Variable | Alle, mit 1, 2 oder 4 Byte |
| | ENO | E, A, M, DBX, L oder EN | BOOL |

Darstellung in STEP 7-FUP:

Wirkungsweise des Aufrufs:

Hat der Eingang E 0.0 „1"-Signal, werden die acht Bits des Eingangsbytes EB13 den 8 Bits des Ausgangsbytes AB10 zugewiesen. Dies erfolgt, indem zunächst das Eingangswort EW12 in den Akku 1 rechtsbündig geladen wird, und dann das rechtsbündige Byte von Akku 1 (EB13) zum Ausgangsbyte AB10 transferiert wird.

Bei der Übertragung eines Wertes in einen Datentyp anderer Länge werden höherwertige Byte bei Bedarf abgeschnitten oder mit Nullen aufgefüllt.

Beispiele:

| Doppelwort an IN mit dem Bitmuster: | 1111 1010 | 0101 1000 | 0011 1100 | 0000 1111 |
|---|---|---|---|---|
| Ergebnis: | | | | |
| BYTE an OUT: | | | | 0000 1111 |
| WORD an OUT | | | 0011 1100 | 0000 1111 |
| DWORD an OUT | 1111 1010 | 0101 1000 | 0011 1100 | 0000 1111 |
| BYTE an IN mit dem Bitmuster: | | | | 0000 1111 |
| Ergebnis: | | | | |
| BYTE an OUT: | | | | 0000 1111 |
| WORD an OUT | | | 0000 0000 | 0000 1111 |
| DWORD an OUT | 0000 0000 | 0000 0000 | 0000 0000 | 0000 1111 |

**Regeln für den Gebrauch der MOVE-Box:**

- An den Eingang IN und an den Ausgang OUT können digitale Operanden mit den elementaren Datentypen außer BOOL gelegt werden.
- Die Variablen am Eingang IN und Ausgang OUT können unterschiedlichen Datentypen aufweisen.
- Die Operandenbreite am Eingang IN und am Ausgang OUT kann unterschiedlich sein.
- Der Eingang EN und der Ausgang ENO müssen nicht beschaltet werden.
- Mit dem Eingang EN kann die Abarbeitung der MOVE-BOX bedingt durchgeführt werden.

Die Übertragung von anwenderdefinierten Datentypen wie Felder oder Strukturen sowie die Übertragung ganzer Speicherbereiche erfolgt mit der Systemfunktion SFC 20 „BLKMOV".

## 5.1.2.2 Akkumulatorfunktionen

Mit Akkumulatorfunktionen wie PUSH, POP, TAK, ENT und LEAVE können die Inhalte der Akkumulatoren ausgetauscht oder übertragen werden. Die Akkumulatorfunktionen TAW und TAD tauschen im Akku 1 die Byte. Die Ausführung der Funktionen ist unabhängig vom Verknüpfungsergebnis VKE und den Statusbits. In der nachfolgenden Tabelle sind die Akkumulatorfunktionen und eine Beschreibung aufgelistet.

| Name | Ausgeführte Funktion | Beschreibung |
|---|---|---|
| PUSH | | Die Operation PUSH schiebt den Inhalt der Akkumulatoren 1 bis 3 jeweils in den nächst höheren Akkumulator. Der Inhalt von Akku 1 ändert sich dabei nicht. Bei Geräten der Familie S7 300 wird nur der Inhalt von Akku 1 in den Akku 2 geschrieben. |
| POP | | Die Operation POP schiebt den Inhalt der Akkumulatoren 4 bis 2 jeweils in den nächst niedrigeren Akkumulator. Der Inhalt von Akku 4 ändert sich dabei nicht. Bei Geräten der Familie S7 300 wird nur der Inhalt von Akku 2 in den Akku 1 geschrieben. |
| TAK | | Die Operation TAK tauscht die Inhalte der Akku 1 und Akku 2. |
| ENT | | Die Operation ENT schiebt den Inhalt der Akkumulatoren 2 und 3 jeweils in den nächst höheren Akku. Die Inhalte von Akku 1 und Akku 2 ändern sich dabei nicht. Nur bei S7-400 gültig. |
| LEAVE | | Die Operation LEAVE schiebt den Inhalt der Akkumulatoren 3 und 4 jeweils in den nächst niedrigeren Akku. Die Inhalte von Akku 1 und Akku 4 ändern sich dabei nicht. Nur bei S7-400 gültig. |
| TAW | | Die Operation TAW tauscht im Akku 1 die Byte des rechten Wortes. |
| TAD | | Die Operation TAD tauscht die 4 Byte von Akku 1 in die umgekehrte Reihenfolge. |

## 5.1.3 Übertragungsfunktionen in CoDeSys

### 5.1.3.1 Lade- und Speicherfunktion

Mit der Operation LD (Laden) wird der Inhalt eines Operanden in den Akkumulator geladen. Der Operand kann dabei alle möglichen Datenformate besitzen.

Mit ST (Speichern) wird der Inhalt des Akkumulators in den angegebenen Operanden geladen. Der Operand muss dabei allerdings das Datenformat des im Akkumulator befindlichen Wertes besitzen. Beide Operationen werden unbedingt ausgeführt.

**Die Operatoren LD und ST in der Programmiersprache AWL**

In der Anweisungsliste AWL werden die beiden Operatoren folgendermaßen geschrieben:

```
LD   VAR1    // die Inhalt der Variable VAR1 wird in den Akku geladen
ST   VAR2    // der Inhalt des Akku wird in die Variable VAR2 geladen
             // Hinweis: die beiden Variablen VAR1 und VAR2 müssen vom
                gleichen Datentyp sein.
```

**Die Operatoren LD und ST in der Programmiersprache FUP**

Im Funktionsplan gibt es zwei Möglichkeiten die Wert-Übertragung von einem Operanden auf einen zweiten Operanden zu programmieren:

|  | FUP-Darstellung: | Beschreibung der Parameter: |
|---|---|---|
| 1. | VAR1 ——— VAR2 | Der Inhalt der Variablen 1 VAR1 wird der Variablen 2 VAR2 zugewiesen. |
| 2. | VAR1 —[ MOVE ]— VAR2 | Die Wert-Übertragung kann auch mit einer MOVE-BOX im FUP ausgeführt werden. Eine bedingte Ausführung der Operation ist durch das Fehlen des EN-Einganges nicht möglich. |

*Hinweis:* Um im Funktionsplan eine bedingte Wert-Übertragung zu programmieren, ist ein Sprungbefehl erforderlich. Eine weitere Möglichkeit besteht in der Verwendung der SEL-Operation, die im nächsten Abschnitt beschrieben ist.

### 5.1.3.2 Selektion

Mit dem SEL-Operator ist es möglich, einer Variablen einen von zwei möglichen Werten zuzuweisen.

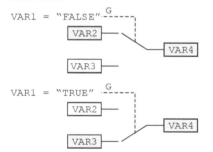

Hat die Variable VAR1 am Eingang G den Signalzustand „FALSE", so wird der Inhalt der Variablen VAR2 der Variablen VAR4 zugewiesen.

Hat die Variable am Eingang G den Signalzustand „TRUE", so wird der Inhalt der Variablen VAR3 der Variablen VAR4 zugewiesen.

Die Variablen VAR2, VAR3 und VAR4 müssen den gleichen Datentyp besitzen, der jedoch beliebig sein kann. Die Variable VAR1 des Auswahloperanden G muss vom Datentyp „BOOL" sein.

**Der Operator SEL in der Programmiersprache AWL**

In der Anweisungsliste AWL wird die binäre Selektion folgendermaßen geschrieben:

Allgemeines Beispiel:

```
LD   VAR1         //In Abhängigkeit vom Signalzustand der Variablen VAR1
SEL  VAR2,VAR3    //wird der Variablen VAR4 entweder der Inhalt der
ST   VAR4         //Variablen VAR2 oder VAR3 zugewiesen.
```

Spezielles Beispiel:

```
LD   TRUE         //Der Variablen VAR1 wird der Wert 5 zugewiesen.
SEL  4,5
ST   VAR1
```

**Der Operator SEL in der Programmiersprache FUP**

Im Funktionsplan wird die binäre Selektierung durch eine FUP-Box mit drei Eingängen und einem Ausgang dargestellt. Der oberste Eingang der FUP-Box ist dabei der binäre Selektions-eingang G.

Allgemeines Beispiel:

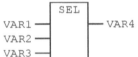

In Abhängigkeit vom Signalzustand der Variablen VAR1 wird der Variablen VAR4 entweder der Inhalt der Variablen VAR2 oder VAR3 zugewiesen.

## 5.1.4 Beispiele

■ **Beispiel 5.1: Füllstandsanzeige bei einer Tankanlage**

In einem Tanklager befinden sich fünf Tanks. Die Füllstände der einzelnen Tanks werden mit Ultra-schallsensoren gemessen. Auf einer BCD-Anzeige wird einer der fünf Füllstände angezeigt. Die Aus-wahl, welcher Füllstand aktuell angezeigt wird, erfolgt mit einem fünfstufigen Wahlschalter.

**Technologieschema:**

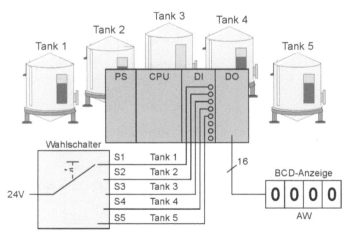

**Bild 5.1:** Tankanzeige

Es ist ein Codebaustein zu entwerfen, welcher die Ansteuerung der Anzeige in Abhängigkeit vom Wahlschalter bewirkt. Liefert der Wahlschalter infolge einer Störung eine falsche Eingangskombination, wird die Anzeige durch Ausgabe des Wertes W#16#FFFF dunkel geschaltet, da die BCD-Anzeige keine HEX-Ziffer darstellen kann. Die Aufbereitung der von den Ultraschallsensoren ermittelten Füllstände zu den BCD-Werten für die Anzeige ist nicht Gegenstand dieses Beispiels.

**Zuordnungstabelle der Eingänge und Ausgänge:**

| Eingangsvariable | Symbol | Datentyp | Logische Zuordnung | | Adresse |
|---|---|---|---|---|---|
| Wahlschalter Tank 1 | S1 | BOOL | Betätigt | S1 = 1 | E 0.1 |
| Wahlschalter Tank 2 | S2 | BOOL | Betätigt | S2 = 1 | E 0.2 |
| Wahlschalter Tank 3 | S3 | BOOL | Betätigt | S3 = 1 | E 0.3 |
| Wahlschalter Tank 4 | S4 | BOOL | Betätigt | S4 = 1 | E 0.4 |
| Wahlschalter Tank 5 | S5 | BOOL | Betätigt | S5 = 1 | E 0.5 |
| Ausgangsvariable | | | | | |
| 4-stellige BCD-Anzeige | AW | WORD | BCD-Wert | | AW 12 |

**Bestimmung des Codebausteintyps:**

Da der Ausgang des Codebausteins nur von der Stellung des Wahlschalters abhängt, kann als Bausteintyp eine Funktion (hier FC 501) gewählt werden.

**STEP 7 Programm:**

**Aufruf der Funktion FC 501 im OB 1:**

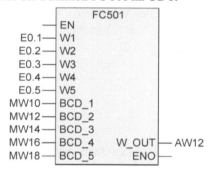

In der Funktion FC 501 werden abhängig von der Stellung des Wahlschalters die einzelnen BCD-Werte mit der MOVE-BOX durchgeschaltet.

Im ersten Netzwerk wird der Wert FFFF der Ausgangsvariablen W_OUT zugewiesen. Liegt eine gültige Kombination der Variablen W1 bis W5 vor, wird der Wert FFFF durch die jeweilige MOVE-Box überschrieben.

Im Programm des FC 501 werden immer nur die MOVE-Boxen bearbeitet, deren Enable-Eingang EN = unbeschaltet und EN = TRUE ist.

**Funktionsplan der Funktion FC 501:**

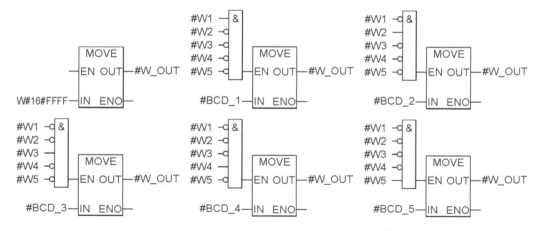

**CoDeSys Programm:**

Aufruf der Funktion FC **501** im PLC_PRG:

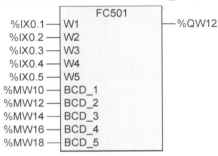

In der Funktion FC **501** werden abhängig von der Stellung des Wahlschalters die einzelnen BCD-Werte mit der SEL-Box durchgeschaltet.

Zunächst wird der Wert FFFF dem Rückgabewert der Funktion zugewiesen.

Liegt eine gültige Kombination vor, wird über die SEL-Funktion der zugehörige Wert dem Rückgabewert der Funktion zugewiesen. Ansonsten wird der alte Rückgabewert der Funktion beibehalten.

Der Rückgabewert der Funktion ist mit dem Datenformat WORD zu deklarieren.

Ausschnitt aus dem Funktionsplan der Funktion FC 501:

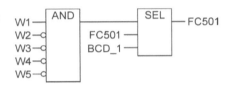

**FC 501 AWL:**

```
FUNCTION FC501: WORD
VAR_INPUT          LD    W1          LDN   W1          LDN   W1
  W1: BOOL;        ANDN  W2          ANDN  W2          ANDN  W2
  W2: BOOL;        ANDN  W3          AND   W3          ANDN  W3
  W3: BOOL;        ANDN  W4          ANDN  W4          ANDN  W4
  W4: BOOL;        ANDN  W5          ANDN  W5          AND   W5
  W5: BOOL;        SEL   FC501,BCD_1 SEL   FC501,BCD_3 SEL   FC501,BCD_5
  BCD_1: WORD;     ST    FC501       ST    FC501       ST    FC501
  BCD_2: WORD;
  BCD_3: WORD;     LDN   W1          LDN   W1          LDN   W1
  BCD_4: WORD;     AND   W2          ANDN  W2          ANDN  W2
  BCD_5: WORD;     ANDN  W3          ANDN  W3          ANDN  W3
END_VAR            ANDN  W4          AND   W4          ANDN  W4
                   ANDN  W5          ANDN  W5          AND   W5
LD   16#FFFF       SEL   FC501,BCD_2 SEL   FC501,BCD_4 SEL   FC501,BCD_5
ST   FC501         ST    FC501       ST    FC501       ST    FC501
```

■ **Beispiel 5.2: 7-Segment-Anzeige**

Mit einer 7-Segment-Anzeige sind die Ziffern von 0 ... 9 darzustellen. Für jede Ziffer müssen die entsprechenden Segmente a bis g angesteuert werden. Die Ziffern 0 ... 9 werden im 8-4-2-1-Code (BCD-Code) mit den Schaltern S3 ... S0 angesteuert.

Zuordnung der Segmente zu den Dezimalziffern:

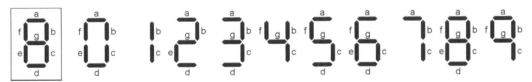

**Bild 5.2:** 7-Segment-Schema

**Zuordnungstabelle der Eingänge und Ausgänge:**

| Eingangsvariable | Symbol | Datentyp | Logische Zuordnung | | Adresse |
|---|---|---|---|---|---|
| Schalter 0 | S0 | BOOL | Betätigt | S0 = 1 | E 1.0 |
| Schalter 1 | S1 | BOOL | Betätigt | S1 = 1 | E 1.1 |
| Schalter 2 | S2 | BOOL | Betätigt | S2 = 1 | E 1.2 |
| Schalter 3 | S3 | BOOL | Betätigt | S3 = 1 | E 1.3 |
| Ausgangsvariable | | | | | |
| Segment a | A0 | BOOL | Segment leuchtet | A0 = 1 | A 5.0 |
| Segment b | A1 | BOOL | Segment leuchtet | A1 = 1 | A 5.1 |
| Segment c | A2 | BOOL | Segment leuchtet | A2 = 1 | A 5.2 |
| Segment d | A3 | BOOL | Segment leuchtet | A3 = 1 | A 5.3 |
| Segment e | A4 | BOOL | Segment leuchtet | A4 = 1 | A 5.4 |
| Segment f | A5 | BOOL | Segment leuchtet | A5 = 1 | A 5.5 |
| Segment g | A6 | BOOL | Segment leuchtet | A6 = 1 | A 5.6 |

Zur Lösung der Aufgabe werden die möglichen Kombinationen der Schalter S0 bis S3 in eine Funktionstabelle eingetragen. Zur Umsetzung in ein Steuerungsprogramm wird für jede Zeile der Funktionstabelle die MOVE-Box bzw. die SEL-Box vorgesehen. Der Freigabeeingang EN erhält dabei einen Logikvorsatz zur Dekodierung einer Eingangskombination der Funktionstabelle.

**Funktionstabelle:**

| Nr. | S3 | S2 | S1 | S0 | A6 | A5 | A4 | A3 | A2 | A1 | A0 | HEX-Zahl |
|---|---|---|---|---|---|---|---|---|---|---|---|---|
| Zeile_0 | 0 | 0 | 0 | 0 | 0 | 1 | 1 | 1 | 1 | 1 | 1 | 3F |
| Zeile_1 | 0 | 0 | 0 | 1 | 0 | 0 | 0 | 0 | 1 | 1 | 0 | 06 |
| Zeile_2 | 0 | 0 | 1 | 0 | 1 | 0 | 1 | 1 | 0 | 1 | 1 | 5B |
| Zeile_3 | 0 | 0 | 1 | 1 | 1 | 0 | 0 | 1 | 1 | 1 | 1 | 4F |
| Zeile_4 | 0 | 1 | 0 | 0 | 1 | 1 | 0 | 0 | 1 | 1 | 0 | 66 |
| Zeile_5 | 0 | 1 | 0 | 1 | 1 | 1 | 0 | 1 | 1 | 0 | 1 | 6D |
| Zeile_6 | 0 | 1 | 1 | 0 | 1 | 1 | 1 | 1 | 1 | 0 | 1 | 7D |
| Zeile_7 | 0 | 1 | 1 | 1 | 0 | 0 | 0 | 0 | 1 | 1 | 1 | 07 |
| Zeile_8 | 1 | 0 | 0 | 0 | 1 | 1 | 1 | 1 | 1 | 1 | 1 | 7F |
| Zeile_9 | 1 | 0 | 0 | 1 | 1 | 1 | 0 | 0 | 1 | 1 | 1 | 67 |
| sonst | 1 | x | 1 | x | 0 | 0 | 0 | 0 | 0 | 0 | 0 | 00 |
| | 1 | 1 | x | x | 0 | 0 | 0 | 0 | 0 | 0 | 0 | 00 |

**Umsetzung der Funktionstabelle:**

**mit der MOVE-Box**                                          **mit der SEL-Box**

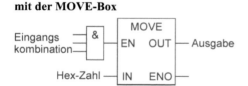            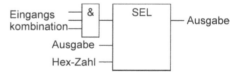

**Bestimmung des Codebausteintyps:**

Da der Ausgang des Codebausteins nur von der Kombination der Schalter abhängt, kann als Bausteintyp eine Funktion (hier FC 502) gewählt werden.

**STEP 7 Programm:**

Im ersten Netzwerk wird der Wert 00 der Ausgangsvariablen RET_VAL zugewiesen. Liegt bei den anderen Netzwerken eine ungültig Kombination der Variablen S0 bis S3 vor, wird damit der Wert 00 am Ausgang der Funktion ausgegeben.

**Aufruf der Funktion FC 502 im OB 1:**

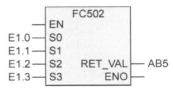

**Funktionsplan der Funktion FC 502:**

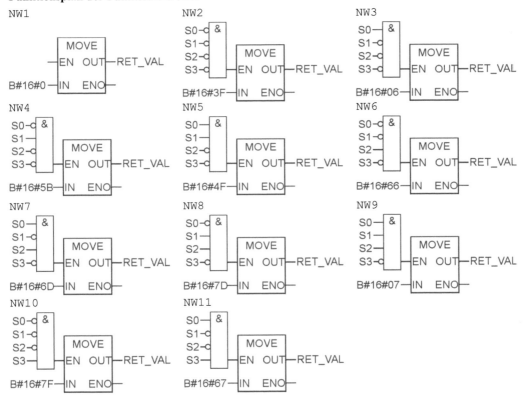

**CoDeSys Programm:**

**Aufruf der Funktion FC 502 im PLC_PRG:**

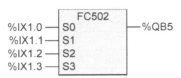

In der Funktion FC 502 werden abhängig von der Eingangskombination S0 bis S3 die entsprechenden BCD-Werte mit der SEL-Box durchgeschaltet.

Zunächst wird der Wert 16#00 dem Rückgabewert der Funktion zugewiesen. Liegt eine ungültige Eingangskombination vor, wird dieser Wert dann ausgegeben.

Der Rückgabewert der Funktion ist mit dem Datenformat BYTE zu deklarieren.

**FC 502 AWL:**

```
FUNCTION FC502: BYTE
VAR_INPUT          LD    S0              LDN   S0              LD    S0
 S0: BOOL;         ANDN  S1              ANDN  S1              AND   S1
 S1: BOOL;         ANDN  S2              AND   S2              AND   S2
 S2: BOOL;         ANDN  S3              ANDN  S3              ANDN  S3
 S3: BOOL;         SEL   FC502,16#06     SEL   FC502,16#66     SEL   FC502,16#07
END_VAR            ST    FC502           ST    FC502           ST    FC502

LD   16#00         LDN   S0              LD    S0              LDN   S0
ST   FC502         AND   S1              ANDN  S1              ANDN  S1
                   ANDN  S2              AND   S2              ANDN  S2
LDN  S0            ANDN  S3              ANDN  S3              AND   S3
ANDN S1            SEL   FC502,16#5B     SEL   FC502,16#6D     SEL   FC502,16#7F
ANDN S2            ST    FC502           ST    FC502           ST    FC502
ANDN S3
SEL  FC502,16#3F   LD    S0              LDN   S0              LD    S0
ST   FC502         AND   S1              AND   S1              ANDN  S1
                   ANDN  S2              AND   S2              ANDN  S2
                   ANDN  S3              ANDN  S3              AND   S3
                   SEL   FC502,16#4F     SEL   FC502,16#7D     SEL   FC502,16#67
                   ST    FC502           ST    FC502           ST    FC502
```

## 5.2 Programmsteuerfunktionen

In vielen Steuerungsprogrammen ist es erforderlich, die lineare Programmbearbeitung zu verlassen und alternative Programmzweige auszuführen. Dies kann innerhalb eines Bausteins durch Sprünge, Schleifen oder Bausteinoperationen erfolgen. Bedingte Aufrufe von Funktionen und Bausteinen oder Alternativverzweigungen bei der Ablaufsprache AS führen zu einem Verlassen der linearen Programmbearbeitung. Für die verschiedenen Programmiersprachen gibt es unterschiedliche Operatoren bzw. Anweisungen zur Programm-Ausführungssteuerung. Insbesondere in den Programmiersprachen *Strukturierter Text ST* und *Ablaufsprache AS* gibt es neben Sprungfunktionen und Bausteinoperationen noch weitere Anweisungen und Möglichkeiten, die Reihenfolge der Programmabarbeitung zu beeinflussen, wie in den Kapiteln 8 und 10 dargestellt wird.

Ziel dieses Kapitels ist es, die von den Programmiersprachen STEP 7 und CoDeSys zur Verfügung gestellten Operationen, Anweisungen und Funktionen zur Programm-Ausführungssteuerung für die Programmiersprachen AWL und FUP darzustellen.

### 5.2.1 Programmsteuerfunktionen nach DIN EN 61131-3

Zusammenstellung der aufgeführten Operationen in der Anweisungsliste AWL:

| Operator | Modifizierer | Operand | Bedeutung |
|----------|--------------|---------|-----------|
| JMP | C,N[1] | MARKE | Sprung zur Marke |
| CAL | C,N[1] | NAME | Aufruf Funktionsbaustein |
| RET | C,N[1] | | Rücksprung vom Codebaustein |

1) Modifizierer „N" zeigt die boolesche Negation des Operanden an. Modifizierer „C" zeigt an, dass die Anweisung nur ausgeführt wird, wenn das ausgewertete Ergebnis eine boolesche 1 ist (oder eine boolesche 0, falls der Operator mit dem Modifizierer „N" verknüpft ist).

Mit dem Operator „JMP" können unbedingte und bedingte Sprünge innerhalb eines Programms ausgeführt werden. Das Sprungziel wird mit einer Marke angegeben.

Mit dem Operator „CAL" können Funktionsbausteine FB unbedingt oder bedingt aufgerufen werden (CAL; CALC bzw. CALCN). Es bestehen verschiedene Aufrufmöglichkeiten, die am Beispiel eines Funktionsbausteins mit dem Namen „Speicher" gezeigt werden.

1. Aufruf CAL mit Liste der Eingangsparameter in Klammern:

```
CAL   Speicher(S1:= %IX1.0, R:=%IX1.1)
```

2. Aufruf CAL mit vorausgegangenem Laden der Eingangsparameter:

```
LD    %IX1.0
ST    Speicher.S1
LD    %IX1.1
ST    Speicher.R
CAL   Speicher
```

Der Aufruf von Funktionen FC ist nach Norm mit dem CAL Operator nicht möglich.

Rücksprünge von Funktionen oder Funktionsbausteinen können unbedingt oder bedingt mit dem „RET" Operator (RET, RETC bzw. RETCN) ausgeführt werden. Die Anweisung „RET" bewirkt einen unbedingten Rücksprung in die aufrufende POE – bei der POE „Programm" in das Systemprogramm. Beim Rücksprung in eine POE wird die aufrufende POE an der unterbrochenen Stelle fortgesetzt.

Zusammenstellung der aufgeführten Operationen in der Funktionsbausteinsprache FBS:

| Symbol/Beispiel | Erläuterung |
| --- | --- |
| `1---->>LABEL_A` | Unbedingter Sprung |
| `x---->>LABEL_B` | Bedingter Sprung |
| `x----<RETURN>` | Bedingter Rücksprung |

Funktionen können einen zusätzlichen booleschen (Freigabe-)Eingang EN (Enable) oder Ausgang ENO (Enable Out) oder beide besitzen.

Wenn eine Funktion den EN-Eingang bzw. ENO-Ausgang aufweist, erfolgt die Bearbeitung des Bausteins nach folgenden Regeln:

1. Falls der Wert von EN gleich FALSE (0) ist, wenn die Funktion aufgerufen wird, dürfen die Operationen, die durch den Funktionsrumpf definiert sind, nicht ausgeführt werden, und der Wert von ENO muss durch das SPS-System auf FALSE (0) zurückgesetzt werden.

2. Andernfalls muss der Wert von ENO durch das SPS-System auf TRUE (1) gesetzt werden, und die Operationen, die durch den Funktionsrumpf definiert sind, müssen ausgeführt werden. Diese Operationen können die Zuweisung eines booleschen Wertes an ENO einschließen.

3. Falls ein in Tabellen festgelegter Fehler, während der Ausführung einer der Standardfunktionen auftritt, muss der ENO-Ausgang dieser Funktion durch das SPS-System auf FALSE (0) rückgesetzt werden.

4. Wenn der ENO-Ausgang mit FALSE (0) ausgewertet wird, müssen die Werte aller Funktionsausgänge (VAR_OUTPUT, VAR_IN_OUT und Funktionsergebnisse) als implementierungsabhängig betrachtet werden.

## 5.2.2 Programmsteuerfunktionen in STEP 7

### 5.2.2.1 Unbedingte und bedingte Sprungfunktionen

Mit Sprungfunktionen kann die Bearbeitung des Programms an einer anderen Stelle fortgesetzt werden. Die Programmverzweigung wird dabei unbedingt oder bedingt ausgeführt.

Sprungfunktionen bestehen aus der Sprungoperation, welche die Art der Sprungbedingung festlegt, und einer Sprungmarke, an der nach erfolgtem Sprung die Programmbearbeitung fortgesetzt wird.

Übersicht der in AWL bei STEP 7 möglichen Sprungoperationen:

| Operation | Operand | Bedeutung |
|---|---|---|
| SPA | MARKE | Springe unbedingt |
| SPB | MARKE | Springe bedingt bei VKE = „1" |
| SPBN | MARKE | Springe bedingt bei VKE = „0" |
| SPBB | MARKE | Springe bedingt bei VKE = „1". Retten des VKE in das BIE-Bit |
| SPBNB | MARKE | Springe bedingt bei VKE = „0". Retten des VKE in das BIE-Bit |
| SPBI | MARKE | Springe bedingt bei BIE = „1" |
| SPBIN | MARKE | Springe bedingt bei BIE = „0" |

Die in der vorherigen Tabelle aufgelisteten bedingten Sprungbefehle sind abhängig von Bit 1 (VKE) bzw. Bit 8 (BIE) des Statuswortes der Steuerung. Die folgende Tabelle zeigt bedingte Sprungbefehle, welche die Bits des Statuswortes abfragen, die von einer Akkumulatoroperation abhängen.

| Operation | Operand | Bedeutung |
|---|---|---|
| SPO | MARKE | Springe bedingt bei Überlauf (OV = „1") |
| SPS | MARKE | Springe bedingt bei speicherndem Überlauf (OS = „1") |
| SPU | MARKE | Springe bei unzulässiger Operation (A0 = „1" und A1 = „1") |
| SPZ | MARKE | Springe bedingt bei Ergebnis gleich null |
| SPP | MARKE | Springe bedingt bei Ergebnis größer null |
| SPM | MARKE | Springe bedingt bei Ergebnis kleiner null |
| SPN | MARKE | Springe bedingt bei Ergebnis ungleich null |
| SPMZ | MARKE | Springe bedingt bei Ergebnis kleiner gleich null |
| SPPZ | MARKE | Springe bedingt bei Ergebnis größer gleich null |
| SPL | MARKE | Sprungverteiler. Der Operation SPL folgt einer Liste von Sprungoperationen |
| LOOP | MARKE | Schleifensprung. Dekrementiere Akku 1 und springe bei Akku ≠ 0 |

Das Sprungziel der Sprungfunktion wird mit einer Marke angegeben. Eine Sprungmarke darf bis zu vier Zeichen haben, welche sich aus Buchstaben, Ziffern und dem Unterstrich zusammensetzen können. Beginnen muss die Bezeichnung der Sprungmarke mit einem Buchstaben. Groß- und Kleinschreibung sind zu berücksichtigen. Am Sprungziel steht die Sprungmarke gefolgt von einem Doppelpunkt. Die Sprungmarke darf nur einmal vergeben werden. Es kann aber von mehreren Stellen aus auf die gleiche Marke gesprungen werden. Das Sprungziel kann sowohl vor der Sprungoperation (Rückwärtssprung) als auch nach der Sprungoperation (Vorwärtssprung) liegen, muss sich aber innerhalb des gleichen Bausteins befinden.

Eine häufige Anwendung von Sprungfunktionen besteht in der bedingten Abarbeitung von zwei oder mehreren Programmteilen.

Programmverzweigung mit Sprungbefehlen:

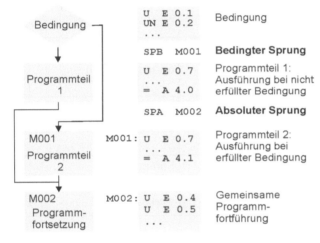

In Abhängigkeit von der Bedingung wird entweder Programmteil 1 (bei VKE = „0") oder Programmteil 2 (bei VKE = „1") bearbeitet.

Es ist zu beachten, dass Zuweisungen in solchen Programmteilen erhalten bleiben, auch wenn Sie nicht mehr bearbeitet werden. Wird beispielsweise dem Ausgang A 4.0 in Programmteil 1 ein „1"-Signal zugewiesen, so behält dieser Ausgang den Signalzustand bei, wenn aufgrund der erfüllten Sprungbedingung Programmteil 2 bearbeitet wird, unabhängig davon, ob die Zuweisungsbedingung für den Ausgang noch erfüllt ist oder nicht.

## Setzen, Rücksetzen, Negieren und Sichern des VKE

Oft werden in angesprungenen Programmteilen nur Zuweisungen ohne vorausgehende Bedingungen ausgeführt. Dazu ist es erforderlich, dass das Verknüpfungsergebnis VKE auf „1" oder „0" gesetzt wird. Mit den folgenden Operationen ist es möglich das Verknüpfungsergebnis VKE, welches im VKE-Bit im Statuswort des Zentralprozessors CPU gespeichert ist, zu verändern.

Zusammenfassung der Operationen:

| Operation | Beschreibung | Kommentar |
|---|---|---|
| SET | Setzen des aktuellen VKE auf „1" | Da diese Operationen das Verknüpfungsergebnis VKE direkt beeinflussen, besitzen sie keinen Operanden. |
| CLR | Rücksetzen des aktuellen VKE auf „0" | |
| NOT | Negieren des aktuellen VKE | |
| SAVE | Sichern des aktuellen VKE | |

Die Funktionsplandarstellung der Sprungfunktion besteht in der Steuerungssprache STEP 7
aus einer Sprungoperation in Form einer Box und einer Sprungmarke, welche die Programm-
stelle angibt, an der bei einem ausgeführten Sprung die Programmbearbeitung fortgesetzt wird.
Die Sprungmarke wird über der Box bei der Sprungoperation angegeben. Die Sprungmarke
am Sprungziel wird in einem Kästchen am Anfang eines Netzwerkes angegeben. Damit wird
das Netzwerk gekennzeichnet, welches bei ausgeführter Sprungoperation als nächstes bearbeitet wird.

Operationsdarstellung in der Steuerungssprache STEP 7:

| FUP | Operand | Beschreibung |
|---|---|---|
| M001<br>JMP<br>... ⎯ | Sprungmarke (4 Zeichen) | Absoluter Sprung |
| M002<br>JMP<br>E0.1 ⎯ | Sprungmarke (4 Zeichen) | Bedingter Sprung.<br>Sprung bei VKE = „1" |
| M003<br>JMPN<br>E0.2 ⎯ | Sprungmarke (4 Zeichen) | Bedingter Sprung.<br>Sprung bei VKE = „0" |
| M001 | Entfällt | Sprungziel.<br>Steht am Anfang eines Netz-<br>werkes |

Es kann sowohl auf Netzwerke nach der Sprungoperation (Vorwärtssprung) als auch auf
Netzwerke vor der Sprungoperation (Rückwärtssprung) im gleichen Baustein gesprungen
werden. Das Sprungziel muss eindeutig gekennzeichnet sein, d. h., eine Sprungmarke darf nur
einmal vergeben werden. Es kann aber von mehreren Stellen auf die gleiche Sprungmarke
gesprungen werden. Die 4 Zeichen der Sprungmarke können Buchstaben, Ziffern oder der
Unterstrich sein. Beginnen muss die Marke allerdings mit einem Buchstaben. Es wird zwischen Groß- und Kleinschreibung unterschieden.

Sprungfunktionen in Abhängigkeit von vorausgegangen Akkumulatoroperationen durch digitale Operationen können in STEP 7 auch in der Funktionsplandarstellung ausgeführt werden.
Dazu werden die entsprechenden Statusbits in einer Box vor der Sprungfunktion abgefragt. Es
sind damit alle bedingten Sprungfunktionen, wie bei der Programmiersprache AWL angegeben, möglich. In der folgenden Tabelle ist eine Auswahl der von den Statusbits abhängigen
Sprungdarstellungen im Funktionsplan FUP gegeben.

Sprungfunktionen in Abhängigkeit der Statusbits (Auswahl):

| FUP | Beschreibung |
|---|---|
| M001<br>>0 — JMP | Sprung bei Ergebnis der vorausgegangenen Akkumulator-operation größer null.<br>Abfrage Ergebnisbit (hier > 0, die anderen siehe Text). |
| M002<br>OV — JMP | Sprung, wenn in der zuletzt bearbeiteten arithmetischen Operation ein Überlauf auftrat ( OV = „1"). <br>Störungsbit Überlauf. |
| M003<br>UO — JMP | Sprung bei ungültiger arithmetischen Operation mit Gleitpunktzahlen.<br>Störungsbit ungültige Operation |

Abfrage Ergebnisbit:

Mit der Abfrage der Ergebnisbits wird geprüft, ob das Ergebnis einer arithmetischen Operation > 0, < 0, > = 0, < = 0, == 0 oder < > 0 ist. Ist die in dem Operanden angegebene Vergleichsbedingung erfüllt, so ergibt die Signalzustandsabfrage „1".

Störungsbit Überlauf:

Mit der Abfrage des Störungsbits Überlauf wird geprüft, ob in der zuletzt bearbeiteten arithmetischen Operation ein Überlauf (OV) auftrat. Befindet sich das Ergebnis nach der arithmetischen Operation außerhalb des zulässigen negativen oder außerhalb des zulässigen positiven Bereichs, so erhält das OV-Bit den Signalzustand „1". Eine fehlerfrei durchlaufene arithmetische Operationen setzt dieses Bit wieder zurück.

Störungsbit ungültige Operation:

Mit der Abfrage des Störungsbits ungültige Operation wird geprüft, ob das Ergebnis einer arithmetischen Operation mit Gleitpunktzahlen ungültig ist (d. h., ob einer der Werte in der arithmetischen Operation keine gültige Gleitpunktzahl ist). Ist das Ergebnis einer arithmetischen Operation ungültig (UO-Bit), so ergibt die Signalzustandsabfrage „1".

Die Abfragen zur Auswertung der Statusbits können wie Abfragen von Binäroperanden behandelt werden und sind somit auch bei allen Verknüpfungsoperationen einsetzbar.

### 5.2.2.2 Sprungleiste SPL

Die Operation SPL (Springe über Sprungleiste) ermöglicht das Programmieren von Fallunterscheidungen. Die Verwendung der Operation Sprungleiste SPL ist dann sinnvoll, wenn eine Auswahl von mehreren Programmteilen in Abhängigkeit einer Zahl (Programmteil-Nummer) von 0 bis n mit lückenloser Folge getroffen werden soll. Die Programmteil-Nummer wird unmittelbar vor der Operation SPL in den Akkumulator geladen.

Die Zielsprungleiste kann bis maximal 255 Einträge enthalten und beginnt unmittelbar nach der Operation SPL und endet vor der Sprungmarke, die der Operand SPL angibt.

Befehlsfolge einer Sprungleiste SPL:

```
          L   Z1             Laden der Programmteil-Nummer

          SPL  M004          Sprungverteiler
                             M004 ist Sprungziel für Z1 >3
  Liste  SPA  M000           Sprungziel für Z1 = 0
         SPA  M001           Sprungziel für Z1 = 1
         SPA  M002           Sprungziel für Z1 = 2
         SPA  M003           Sprungziel für Z1 = 3
  M004: ...                  Programmteil 4:
        ...                  Ausführung bei Z1 > 3
         SPA  M005           Absoluter Sprung
  M000: ...                  Programmteil 0:
        ...                  Ausführung bei Z1 = 0
         SPA  M005           Absoluter Sprung
  M001: ...                  Programmteil 1:
        ...                  Ausführung bei Z1 = 1
         SPA  M005           Absoluter Sprung
  M002: ...                  Programmteil 2:
        ...                  Ausführung bei Z1 = 2
         SPA  M005           Absoluter Sprung
  M003: ...                  Programmteil 3:
        ...                  Ausführung bei Z1 = 3

  M005: ...                  Fortsetzung
        ...                  Programm
```

*Hinweise:*

- Die Liste der SPA-Anweisungen muss unmittelbar hinter der SPL-Anweisung stehen und darf maximal 255 Einträge lang sein.

- Die bei der SPL-Anweisung stehende Sprungmarke muss direkt nach der Liste der SPA-Anweisungen geschrieben werden, siehe M004.

- Die Sprungmarken in der Liste können beliebig vergeben werden. Gleiche Sprungmarken sind ebenfalls möglich.

## 5.2.2.3 Schleifensprung LOOP

Mit dem Schleifensprung LOOP ist eine einfache Programmierung einer Schleife möglich. Unter einer Schleife versteht man die wiederholte Abarbeitung eines Programmteils, bis eine Abbruchbedingung erfüllt ist.

Befehlsfolge einer LOOP-Anweisung:

```
          L    ZAE           Laden der Anzahl
                             der Wiederholungen
  M001:   T    ZAE           Begin der Schleife

          ...
          ...                Programmteil
          ...                der Schleife
          ...

          L    ZAE           Ende der Schleife
          LOOP M001
```

*Hinweise:*

- Die Variable ZAE enthält die Anzahl der Wiederholungen.

- Mit der Anweisung LOOP wird der Inhalt des Akku 1 dekrementiert und geprüft. Ist der Akkumulatorinhalt verschieden von 0, wird der Sprung zur Marke M001 ausgeführt.

Die Anweisung LOOP interpretiert das rechte Wort von Akku 1 als vorzeichenlose 16-Bit-Zahl im Bereich von 0 bis 65 535. Bei der Bearbeitung der LOOP-Anweisung wird zunächst vom Inhalt des Akku 1 der Wert 1 abgezogen. Ist dann der Inhalt verschieden von null, wird der Sprung zur angegebenen Sprungmarke ausgeführt. Ist nach dem Dekrementieren der Inhalt von Akku 1 gleich null, wird nicht gesprungen, sondern die nachfolgende Anweisung bearbeitet. Die Anzahl der noch zu durchlaufenden Programmschleifen wird einer Variablen (hier ZAE) zugewiesen.

Bei der Steuerungssprache STEP 7 können in der AWL mit der Anweisung „CALL" Funktionsbausteine FB und Funktionen FC aufgerufen werden. Beim Aufruf sind an die Übergabeparameter Operanden oder Konstanten zu legen. Bausteinrücksprünge werden mit Baustein-Ende-Anweisungen wie BE, BEB und BEA veranlasst. Nach Beenden eines aufgerufenen Bausteins setzt die CPU die Programmabarbeitung im aufrufenden Baustein nach der Aufrufanweisung fort.

### 5.2.2.4 Bausteinaufrufe

**Anweisungsliste AWL**

Üblicherweise werden die Bausteine FC, FB, SFC und SFB in der AWL bei STEP 7 mit „CALL" aufgerufen. Die Aufrufanweisung „CALL" enthält zusätzlich zum Bausteinwechsel auch die Übergabe von Bausteinparametern. Bei Funktionsbausteinen wird mit „CALL" der zugehörige Instanz-Datenbaustein aufgerufen. Besitzen die aufgerufenen Codebausteine Übergabeparameter, so folgt nach der Aufrufanweisung die Liste der Bausteinparameter. Im Gegensatz zu Funktionen müssen bei Funktionsbausteinen die Bausteinparameter nicht mit Operanden versorgt werden. Die nicht versorgten Bausteinparameter behalten ihren aktuellen Wert.

Neben der „CALL" Anweisung stellt STEP 7 noch weitere Aufrufanweisungen für Bausteine ohne Parameterübergabe bzw. Datenbausteine zur Verfügung.

AWL-Baustein-Aufrufoperationen bei STEP 7:

| Operation | Operanden | Beschreibung |
|-----------|-----------|--------------|
| CALL | FB, SFB, FC, SFC | Unbedingter Aufruf von Bausteinen |
| UC | FB, FC | Unbedingter Aufruf von Bausteine ohne Parameter |
| CC | FB, FC | Bedingter Aufruf von Bausteinen ohne Parameter |
| AUF | DB, DI | Aufschlagen von Datenbausteinen |

Bei der Verwendung der Aufrufanweisungen „UC" und „CC" können nur Bausteine ohne Bausteinparameter bzw. Funktionswert aufgerufen werden. Der Aufruf kann jedoch bedingt oder unbedingt erfolgen. Sollen Bausteinaufrufe von Bausteinen mit Parameter oder Funktionswerten bedingt durchgeführt werden, ist ein Sprungbefehl erforderlich, mit dessen Hilfe die erforderliche „CALL" Anweisung übersprungen wird.

Das Aufschlagen von Datenbausteinen mit der Anweisung „AUF" wird unabhängig von irgendwelchen Bedingungen ausgeführt. Der aufgeschlagene Datenbaustein bleibt solange gültig, bis ein anderer Datenbaustein aufgeschlagen wird.

**Funktionsplan FUP**

Ein Bausteinaufruf besteht aus der Baustein-Box, welche den Namen des aufgerufenen Bausteins, den Freigabeeingang EN, den Freigabeausgang ENO und eventuelle Bausteinparameter enthält. Mit der Aufrufbox können FBs, FCs, SFBs und SFCs aufgerufen werden. Beim Aufruf von Funktionsbausteinen wird oberhalb der Aufruf-Box der zum Aufruf gehörende Instanz-Datenbaustein geschrieben. Es müssen nicht alle Bausteinparameter mit Operanden versorgt werden. Die nicht versorgten Parameter behalten ihren aktuellen Wert bei. Beim Aufruf von Funktionen müssen alle Bausteinparameter versorgt werden.

Besitzen Funktionen keine Übergabeparameter, so können diese Funktionen mit einer CALL-Box aufgerufen werden.

| FUP | Beschreibung |
|---|---|
| FC10<br>CALL<br>... | Unbedingter Aufruf der Funktion FC 10 |

Die CALL-Box kann entweder mit oder ohne Bedingung ausgeführt werden. Steht vor der CALL-Box eine Bedingung, wird die Funktion nur ausgeführt, wenn das Verknüpfungsergebnis VKE = „1" ist.

Mit einer OPN-Box können Datenbausteine DB aufgeschlagen werden. Über der OPN-Box, welche allein in einem Netzwerk steht, wird der aufgeschlagene Datenbaustein geschrieben.

| FUP | Beschreibung |
|---|---|
| DB10<br>OPN | Datenbaustein DB 10 aufschlagen |

Alle aufgerufenen Bausteine müssen zur Laufzeit im Arbeitsspeicher stehen. Ansonsten wird die zyklische Programmbearbeitung unterbrochen, die CPU geht in STOPP.

### 5.2.2.5 Baustein-Ende-Funktionen

**Anweisungsliste AWL**

Die Bearbeitung von Bausteinen kann mit drei verschiedenen Anweisungen beendet werden.

Baustein-Ende-Operationen bei STEP 7:

| Operation | Operanden | Beschreibung |
|---|---|---|
| BE | – | Beende Bausteinbearbeitung |
| BEA | – | Beende Bausteinbearbeitung absolut |
| BEB | – | Beende Bausteinbearbeitung bei VKE = „1" |

Bei der Bearbeitung der Anweisungen „BE" und „BEA" wird der bearbeitete Baustein unbedingt verlassen. Es folgt ein Rücksprung auf den Baustein, von dem der Bausteinaufruf ausging. Der Unterschied zwischen „BE" und „BEA" besteht darin, dass im Gegensatz zu „BE" nach der Anweisung „BEA" noch weitere Programmteile des Bausteins folgen können, die mit Sprungbefehlen erreichbar sind.

Mit der Anweisung „BEB" wird die Bearbeitung des aktuellen Bausteins in Abhängigkeit vom Verknüpfungsergebnis beendet. Ist das Verknüpfungsergebnis VKE = „0" wird die Programmbearbeitung des Bausteins fortgesetzt.

**Funktionsplan FUP**

Mit der Baustein-Ende-Funktion RET (RETURN) kann die Bearbeitung eines Bausteines vorzeitig abgebrochen werden. Die RET-Funktion wird als Box dargestellt, vor die eine logische Bedingung geschrieben werden muss. Liefert die Bedingung als Verknüpfungsergebnis VKE = „1", wird die Bearbeitung des Bausteins an dieser Stelle beendet. Es erfolgt ein Rücksprung in den Baustein, in dem der Bausteinaufruf stand.

| FUP | Beschreibung |
|---|---|
| ??.?—[ RET ] | Bedingtes Baustein-Ende |

Ist das Verknüpfungsergebnis vor der RET-Box VKE = „0", wird die Programmabarbeitung mit dem nächsten Netzwerk des Bausteins fortgesetzt.

### 5.2.2.6 EN/ENO-Mechanismus

In der Programmiersprache FUP haben die Codebausteine Funktion FC bzw. Funktionsbaustein FB und viele Standardfunktionen (insbesondere die digitalen Funktionen) einen Freigabeeingang EN (enable) und einen Freigabeausgang ENO (enable output). Ist der Freigabeeingang EN unbeschaltet oder mit Signalzustand „1" belegt, wird der Bausteinaufruf oder die Funktion ausgeführt. Der Freigabeausgang ENO führt dann ebenfalls Signalzustand „1". Tritt allerdings während der Bearbeitung einer digitalen Funktion ein Fehler auf (z. B. Überlauf bei einer arithmetischen Funktion) wird der Freigabeausgang ENO auf Signalzustand „0" gesetzt. Ist der Freigabeeingang mit Signalzustand „0" belegt, werden der Bausteinaufruf oder die Funktion nicht ausgeführt. Der Freigabeausgang ENO führt dann ebenfalls „0"-Signal.

Es können mehrere Bausteine oder Funktionen mit Hilfe der EN-Eingänge bzw. ENO-Ausgänge zu einer Kette zusammengeschlossen werden. Dabei wird der Freigabeausgang ENO auf den Freigabeeingang EN des nächsten Bausteins (der nächsten Funktion) geführt.

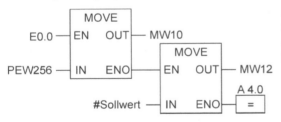

An den ENO-Ausgang kann zudem noch eine Zuweisung geschrieben werden. Der Ausgang A 4.0 zeigt an, ob die Transferfunktionen ausgeführt worden sind.

Mit einer Bedingung kann somit eine ganze Kette ausgeschaltet werden oder der Rest der Kette wird nicht mehr bearbeitet, wenn in einer Funktion ein Fehler auftritt.

Der Eingang EN und der Ausgang ENO dürfen nicht mit Bausteinparametern verwechselt werden. Hinter dem EN-Eingang verbirgt sich ein bedingter Sprung, welcher in der AWL-Darstellung des Programms sichtbar wird.

## 5.2.3 Programmsteuerfunktionen in CoDeSys

### 5.2.3.1 Unbedingte und bedingte Sprungfunktionen

Operatoren für die Anweisungsliste AWL:

| Befehl | Bedeutung |
|---|---|
| JMP    M001 | //Unbedingter Sprung zur Marke M001 |
| LD     VAR1<br>JMPC  M002 | //Der Sprung zur Marke M002 wird nur ausgeführt, wenn<br>//die Variable VAR1 den Wert TRUE hat |
| LD     VAR2<br>JMPCN M002 | //Die Sprung zur Marke M003 wird nur ausgeführt, wenn<br>// die Variable VAR2 den Wert FALSE hat |

Das nachfolgende Beispiel zeigt die Befehlsfolge bei der bedingten Abarbeitung von zwei Programmteilen.

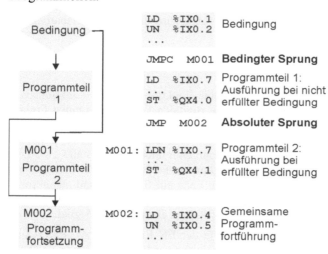

Abhängig von der Bedingung wird entweder Programmteil 1 oder Programmteil 2 ausgeführt.

Zu beachten ist wieder, dass die Operanden des nicht ausgeführten Programmteils ihren Signalzustand bzw. Wert beibehalten, auch wenn die Zuweisungsbedingung nicht mehr erfüllt ist.

Operatoren für den Funktionsplan FUP:

| Symbol | Bedeutung |
|---|---|
| TRUE ——▷ M001 | //Unbedingter Sprung zur Marke M001 |
| VAR1 ——▷ M002 | //Der Sprung zur Marke M002 wird nur ausgeführt, wenn<br>//die Variable VAR1 den Wert TRUE hat |
| VAR2 ○——▷ M003 | //Der Sprung zur Marke M003 wird nur ausgeführt, wenn<br>//die Variable VAR2 den Wert FALSE hat |

Im Funktionsplan gehört zu jedem Netzwerk eine Sprungmarke, die wahlweise auch leer sein kann. Diese Marke wird editiert, indem man in die erste Zeile des Netzwerks, unmittelbar neben die Netzwerknummer, klickt. Jetzt kann der Name einer Marke gefolgt von einem Doppelpunkt eingegeben werden.

### 5.2.3.2 Bausteinaufrufe

#### Aufruf von Funktionen

Beim Aufruf einer Funktion müssen die Eingangsparameter mit entsprechenden Operanden versehen werden. Der Rückgabewert der Funktion wird mit der Speicherfunktion ST einem Operanden zugewiesen. Nachfolgend ist der Aufruf einer Funktion in AWL und FUP an einem Beispiel dargestellt.

Funktion FC10

```
FUNCTION FC10 : INT
VAR_INPUT
IN1: INT;
IN2: INT;
IN3: INT;
END_VAR

//Implementationsteil
...
```

Funktionsaufruf in AWL

```
LD   VAR1
FC10 VAR2,VAR3
ST   VAR4
```

Funktionsaufruf im FUP

```
          ┌────────┐
          │  FC10  │
VAR1──────┤IN1     ├──────VAR4
VAR2──────┤IN2     │
VAR3──────┤IN3     │
          └────────┘
```

#### Aufruf von Funktionsbausteinen in der AWL

Mit dem Befehl CAL ruft man in AWL die Instanz eines Funktionsblocks auf. Nach dem Namen der Instanz eines Funktionsblocks folgt, in runde Klammern gesetzt, die Belegung der Eingabevariablen des Funktionsblocks.

Mit dem Operator „CAL" können Funktionsbausteine FB unbedingt oder bedingt aufgerufen werden (CAL; CALC bzw. CALCN). Es bestehen verschiedene Aufrufmöglichkeiten, die am Beispiel eines Funktionsbausteins mit dem Namen FB 10 gezeigt werden. Als Instanznamen für den Aufruf wird DB10 gewählt.

Funktionsbaustein FB 10

```
FUNCTION_BLOCK FB10
VAR_INPUT
IN1: INT;
IN2: INT;
IN3: INT;
END_VAR
VAR_OUTPUT
OUT1: INT;
OUT2: INT;
END_VAR
//Implementationsteil
...
```

Mögliche Funktionsaufrufe in AWL

```
CAL DB10(IN1:=VAR1,IN2:=VAR2,IN3:=VAR3)
LD   DB10.OUT1
ST   VAR4
LD   DB10.OUT2
ST   VAR5
```
**ODER:**
```
LD   VAR1
ST   DB10.IN1
LD   VAR2
ST   DB10.IN2
LD   VAR3
ST   DB10.IN3
LD   DB10.OUT1
ST   VAR4
LD   DB10.OUT2
ST   VAR5
```
**Bedingter Aufruf**
```
LD   VAR0
CALC DB10(IN1:=VAR1,IN2:=VAR2,IN3:=VAR3)
LD   DB10.OUT1
ST   VAR4
LD   DB10.OUT2
ST   VAR5
```

**Aufrufmöglichkeiten des Funktionsbausteins FB 10 im Funktionsplan FUP**

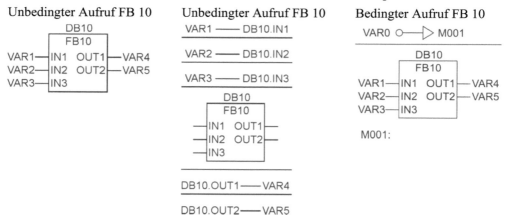

### 5.2.3.3 Baustein-Ende-Funktion

Die RETURN-Anweisung wird verwendet, um die Bearbeitung eines Bausteins bedingt oder unbedingt zu beenden. Bei aufgerufenen Funktionen oder Funktionsbausteinen bewirkt die Anweisung einen unbedingten Rücksprung in den aufrufenden Codebaustein.

Operatoren für die Anweisungsliste AWL:

| Befehl | Bedeutung |
|--------|-----------|
| RET | //Unbedingtes Beenden der Bausteinbearbeitung |
| LD      VAR1<br>RETC | //Die Bearbeitung des Bausteins wird beendet,<br>//wenn die Variable VAR1 den Wert TRUE hat |
| LD      VAR2<br>RETCN | //Die Bearbeitung des Bausteins wird beendet,<br>//wenn die Variable VAR2 den Wert FALSE hat |

Operatoren für den Funktionsplan FUP:

| Symbol | Bedeutung |
|--------|-----------|
| TRUE ——◁ Return ▷ | //Unbedingtes Beenden der Bausteinbearbeitung |
| VAR1 ——◁ Return ▷ | //Die Bearbeitung des Bausteins wird beendet,<br>//wenn die Variable VAR1 den Wert TRUE hat |
| VAR2 ○——◁ Return ▷ | //Die Bearbeitung des Bausteins wird beendet,<br>//wenn die Variable VAR2 den Wert FALSE hat |

### 5.2.3.4 EN/ENO-Mechanismus

Bei CoDeSys können den Funktionen und den Funktionsbausteinen ein EN-Eingang bzw. ein ENO-Ausgang in den Programmiersprachen Kontaktplan KOP und freigrafischer Funktionsplan CFC zugewiesen werden. Die Funktionsweise dieser Freigabe-Ein- bzw. -Ausgänge ist identisch mit der im Abschnitt 5.2.2.6 für STEP 7 beschriebenen.

## 5.2.4 Beispiele

■ **Beispiel 5.3: Auswahl Zähler-Anzeigewert**

Eine dreistellige Ziffernanzeige soll in Abhängigkeit des Schalters S1 den Zählerstand von Zähler ZAE1 (S1 = 0) oder Zähler ZAE2 (S1 = 1) anzeigen. Die Zählimpulse liefert ein Taktgenerator mit der Frequenz f = 1 Hz entweder an Zähler ZAE1 oder an Zähler ZAE2 je nach Stellung von Schalter S2. Mit Taster RES können beide Zähler zurückgesetzt werden. Mit dem Schalter S3 werden bei S3 = 0 die Taktimpulse ausgeblendet.

Die verbale Aufgabegabenstellung kann durch einen freigrafischen Funktionsplan sehr anschaulich dargestellt werden. Die Realisierung erfolgt dann aber mit der Programmiersprache AWL.

**Freigrafischer Funktionsplan der Steuerungsaufgabe:**

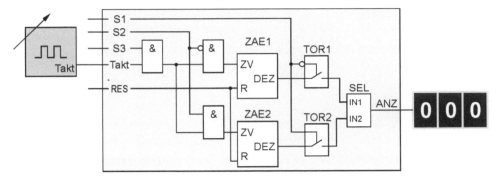

**Bild 5.3:**  Anzeigenauswahl

**Zuordnungstabelle der Eingänge und Ausgänge:**

| Eingangsvariable | Symbol | Datentyp | Logische Zuordnung | | Adresse |
|---|---|---|---|---|---|
| Wahlschalter Anzeige | S1 | BOOL | Betätigt | S1 = 1 | E 0.1 |
| Wahlschalter Zähler | S2 | BOOL | Betätigt | S2 = 1 | E 0.2 |
| Schalter Takt-EIN | S3 | BOOL | Betätigt | S3 = 1 | E 0.3 |
| Taster Rücksetzen | RES | BOOL | Betätigt | S4 = 1 | E 0.4 |
| Ausgangsvariable | | | | | |
| BCD-Anzeige | ANZ | WORD | BCD-Wert (STEP 7) | | AW 12 |
| | | WORD | DUAL_Wert (CoDeSys) | | %QW12 |

**Bestimmung des Codebausteintyps:**

Es kann eine Funktion FC (hier FC 503) verwendet werden, da außer den Zählerständen keine Variablen gespeichert werden müssen. Bei STEP 7 ist es dann allerdings erforderlich, die beiden Zählervariablen ZAE1 und ZAE2 als Eingangsvariable mit dem Datenformat COUNTER zu deklarieren.

Bei CoDeSys müssen die beiden Variablen als IN_OUT-Variablen mit dem Datenformat CTU deklariert werden.

In beiden nachfolgenden beschriebenen Realisierungen werden zur Erzeugung der Taktimpulse die in Abschnitt 4.7 entwickelten Taktgeberbausteine aus der eigenen Bibliothek verwendet. Bei STEP 7 ist dies die Funktion FC 100 und bei CoDeSys der Funktionsbaustein FB 100.

## STEP 7 Programm:

### Aufruf der beiden Bausteine im OB 1:

Netzwerk 1                                    Netzwerk 2

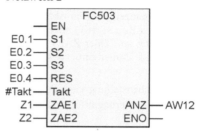

### FC 503 AWL-Quelle:

```
FUNCTION FC503: VOID
VAR_INPUT                  BEGIN                           LC    #ZAE2;
  S1: BOOL;                UN   #S2;                       T     #ANZ;
  S2 : BOOL;               U    #Takt;                     SPA   M002;
  S3 : BOOL;               U    #S3;
  RES: BOOL;               ZV   #ZAE1;             M001:   LC    #ZAE1;
  Takt: BOOL;                                              T     #ANZ;
  ZAE1: COUNTER;           U    #S2;
  ZAE2: COUNTER;           U    #Takt;             M002:   U     #RES;
END_VAR                    U    #S3;                       R     #ZAE1;
                           ZV   #ZAE2;                     R     #ZAE2;
VAR_OUTPUT
  ANZ : WORD;              UN   #S1;               END_FUNCTION
END_VAR                    SPB  M001;
```

## CoDeSys Programm:

### Aufruf der Bausteine im PLC_PRG:

Netzwerk 1                                    Netzwerk 2

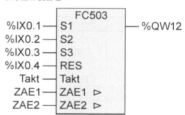

### FC 503 Anweisungsliste AWL:

```
FUNCTION FC503:WORD    LDN   S2         LDN   S1          M002:
VAR_INPUT              AND   S3         JMPC  M001        LD    RES
  S1: BOOL;            AND   Takt                         ST    ZAE1.RESET
  S2: BOOL;            ST    ZAE1.CU    LD    ZAE2.CV     ST    ZAE2.RESET
  S3: BOOL;            CAL   ZAE1       ST    FC503
  Takt: BOOL;
  RES: BOOL;           LD    S2         JMP   M002
END_VAR                AND   S3
VAR_IN_OUT             AND   Takt       M001:
  ZAE1: CTU;           ST    ZAE2.CU    LD    ZAE1.CV
  ZAE2: CTU;           CAL   ZAE2       ST    FC503
END_VAR
```

■ **Beispiel 5.4: Automatischer Übergang von Tippbetrieb in Dauerbetrieb**

Die Ansteuerung des Rechts- oder Linkslaufs eines Antriebmotors soll in der Anlaufphase nur im Tippbetrieb möglich sein. Erst wenn der Anlagenbediener 10 Sekunden die Taste S1 (Rechtslauf) oder S2
(Linkslauf) betätigt hat, wird der Dauerbetrieb eingeschaltet. Mit S0 kann der Motor wieder ausgeschaltet
werden. Ein direktes Umschalten soll nicht möglich sein. Rechtslauf und Linkslauf werden mit jeweils
einer Signalleuchte angezeigt. Die Anzeige Dauerbetrieb P3 leuchtet, wenn die Motoransteuerung vom
Tippbetrieb in den Dauerbetrieb übergegangen ist.

**Technologieschema:**

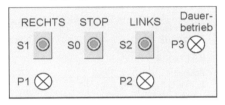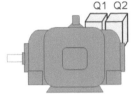

**Bild 5.4:** Tippbetrieb/Dauerbetrieb

**Zuordnungstabelle der Eingänge und Ausgänge:**

| Eingangsvariable | Symbol | Datentyp | Logische Zuordnung | | Adresse |
|---|---|---|---|---|---|
| Taster STOP | S0 | BOOL | Betätigt | S0 = 0 | E 0.0 |
| Taster Rechtslauf | S1 | BOOL | Betätigt | S1 = 1 | E 0.1 |
| Taster Linkslauf | S2 | BOOL | Betätigt | S2 = 1 | E 0.2 |
| Ausgangsvariable | | | | | |
| Anzeige Rechtslauf | P1 | BOOL | Leuchtet | P1 = 1 | A 4.1 |
| Anzeige Linkslauf | P2 | BOOL | Leuchtet | P2 = 1 | A 4.2 |
| Anzeige Dauerbetrieb | P3 | BOOL | Leuchtet | P3 = 1 | A 4.3 |
| Motorschütz Rechtslauf | Q1 | BOOL | Angezogen | Q1 = 1 | A 5.1 |
| Motorschütz Linkslauf | Q2 | BOOL | Angezogen | Q2 = 1 | A 5.2 |

Bei der Betätigung von S1 oder S2 wird eine einschaltverzögerte Zeitfunktion gestartet. Ist die Zeit noch
nicht abgelaufen, wird ein Programmteil bearbeitet, in dem die Schütze Q1 bzw. Q2 nach Loslassen des
Tasters S1 oder S2 sofort wieder abfallen. Nach Ablauf von 10 s erfolgt der Sprung in einen Programmteil, in dem die Ansteuerung für die Schütze gespeichert wird. Bei Betätigung von S0 werden das entsprechende Schütz und die SE Zeitfunktion zurückgesetzt.

Mit der Lösung dieser Aufgabe soll die Anwendung von Sprungbefehle im Funktionsplan FUP gezeigt
werden. Für die beiden Programmiersysteme STEP 7 und CoDeSys ist deshalb jeweils ein Funktionsplan
für den entsprechenden Codebaustein (FC 504 bei STEP 7 und FB 504 bei CoDeSys) gegeben. Auf die
Darstellung des Bausteinaufrufs im OB 1 bzw. PLC-Programm wird an dieser Stelle verzichtet und auf
die Lösung im Web (www.automatisieren-mit-sps.de) verwiesen.

**Funktionsplan der Funktion FC 504 für STEP 7:**

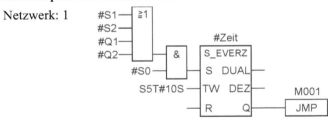

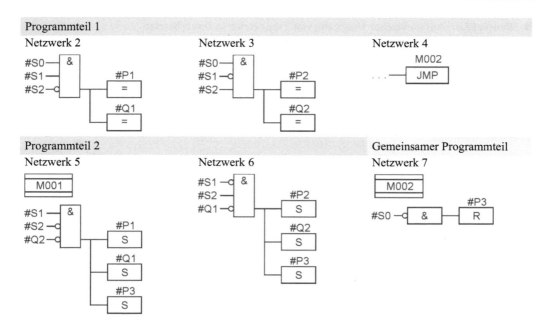

**Programmteil 1**

Netzwerk 2          Netzwerk 3          Netzwerk 4

**Programmteil 2**                                  Gemeinsamer Programmteil

Netzwerk 5          Netzwerk 6          Netzwerk 7

**Funktionsplan des Funktionsbausteins FB 504 für CoDeSys:**

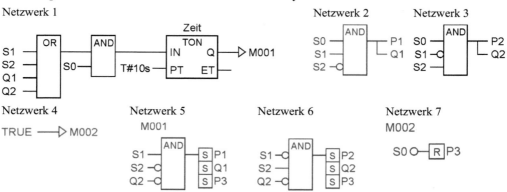

Netzwerk 1

Netzwerk 2      Netzwerk 3

Netzwerk 4          Netzwerk 5          Netzwerk 6          Netzwerk 7

■ **Beispiel 5.5: 6-Stufen-Taktgenerator**

An einem Montageband kann die Taktzeit stufenweise über ein Bedienfeld verstellt werden. Auf dem Bedienfeld befinden sich ein Schalter, zwei Taster und sieben Meldeleuchten.

Mit dem Schalter S0 wird die Taktvorgabe eingeschaltet. Die Taktzeit ist nach dem Einschalten auf
die höchste Taktzeit (T = 32 s) eingestellt. Bei jeder
Betätigung des Tasters S1 wird die Taktzeit halbiert, bis die kleinste Taktzeit von 1 s erreicht ist.
Mit dem Taster S2 kann die Taktzeit bei jeder
Betätigung wieder um eine Stufe erhöht werden.
Die aktuelle Taktzeit soll an einer der sechs Meldeleuchten P0 bis P5 angezeigt werden. Der Takt
selbst wird an Meldeleuchte P6 angezeigt.

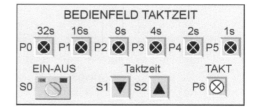

**Bild 5.5:** Bedienfeld

**Zuordnungstabelle der Eingänge und Ausgänge:**

| Eingangsvariable | Symbol | Datentyp | Logische Zuordnung | | Adresse |
|---|---|---|---|---|---|
| Schalter EIN-AUS | S0 | BOOL | Betätigt | S0 = 1 | E 0.0 |
| Taster Taktzeit kleiner | S1 | BOOL | Betätigt | S1 = 1 | E 0.1 |
| Taster Taktzeit größer | S2 | BOOL | Betätigt | S2 = 1 | E 0.2 |
| Ausgangsvariable | | | | | |
| Anzeige Taktzeit 32s | P0 | BOOL | Leuchtet | P0 = 1 | A 4.0 |
| Anzeige Taktzeit 16s | P1 | BOOL | Leuchtet | P1 = 1 | A 4.1 |
| Anzeige Taktzeit 8s | P2 | BOOL | Leuchtet | P2 = 1 | A 4.2 |
| Anzeige Taktzeit 4s | P3 | BOOL | Leuchtet | P3 = 1 | A 4.3 |
| Anzeige Taktzeit 2s | P4 | BOOL | Leuchtet | P4 = 1 | A 4.4 |
| Anzeige Taktzeit 1s | P5 | BOOL | Leuchtet | P5 = 1 | A 4.5 |
| Anzeige Takt | P6 | BOOL | Leuchtet | P6 = 1 | A 5.0 |

Die Lösung für diese Aufgabe soll die Anwendung der Operation Sprungleiste SPL in STEP 7 zeigen. Auf die Darstellung einer Lösung in CoDeSys wird deshalb verzichtet und auf den Lösungsvorschlag im Web www.automatisieren-mit-sps.de verwiesen.

### STEP 7 Lösung

Mit dem Taster S1 „Taktzeit kleiner" wird ein Zähler ZAE vorwärts und mit dem Taster S2 „Taktzeit größer" rückwärts gezählt. Der Zählerstand bestimmt dann über eine Sprungleiste die Programmteil-Nummer. Innerhalb der einzelnen Programmteile werden die unterschiedlichen Zeiten geladen und die zugehörigen Anzeigeleuchten angesteuert. Der Programmteil Taktgeber ist aus dem selbst erstellten Bibliotheksbaustein FC 100 (siehe Kapitel 4.8) entnommen. Zu Beginn des Programms müssen alle Anzeigeleuchten zurückgesetzt werden. Ist der Taktgenerator ausgeschaltet, wird der Zähler zurückgesetzt und an das Programmende gesprungen.

#### Auswahl des Codebausteins:

Da keine Speicherung von lokalen Variablen erforderlich ist und die Zählervariable ZAE1 und Zeitvariable ZEIT1 als IN-Variablen deklariert werden können, genügt die Verwendung einer Funktion (hier FC 505). Für den in der Funktion programmierten Taktgenerator werden die beiden Variablen HO (Hilfsoperand) und TIO (Timerimpulsoperand) als temporäre Variablen deklariert.

#### Aufruf des Codebausteins im OB 1:

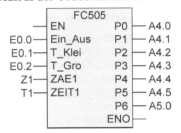

#### STEP 7 Programm (AWL-Quelle):

```
FUNCTION FC505 : VOID
VAR_INPUT                VAR_OUTPUT               VAR_TEMP
  Ein_Aus: BOOL ;          P0 : BOOL ;              HO  : BOOL ;
  T_Klei : BOOL ;          P1 : BOOL ;              TIO : BOOL ;
  T_Gro  : BOOL ;          P2 : BOOL ;            END_VAR
  ZAE1     : COUNTER ;     P3 : BOOL ;
  ZEIT1    : TIMER ;       P4 : BOOL ;
END_VAR                    P5 : BOOL ;
                           P6 : BOOL ;
                         END_VAR
```

```
BEGIN
        SET  ;    //Rücksetzen der        M001: L   S5T#16S; //Prog. Teil 1
        R #P0;    //Anzeigen                    SET;
        R #P1;                                  =  #P1;
        R #P2;                                  SPA M006;
        R #P3;                            M002: L   S5T#8S; //Prog. Teil 2
        R #P4;                                  SET;
        R #P5;                                  =  #P2;
        UN #Ein_Aus;//Ausgeschaltet?            SPA M006;
        R  #P6;       //JA, rücksetzen    M003: L   S5T#4S; //Prog. Teil 3
        R #ZAE1;      //Takt u. Z1              SET ;
        BEB;          //Bed. Baust.Ende         =  #P3;
        U #T_Klei; //Vorwärtszählen             SPA M006;
        ZV Z 1;                           M004: L   S5T#2S; //Prog. Teil 4
        U #T_Gro;//Rückwärtszählen              SET ;
        ZR Z  1;                                =  #P4;
        L  Z  1;                                        //Programmteil
        SPL M005;   //Sprungleiste        M006: U   #P6;    //Taktgeber
        SPA M000;   //Sprungliste               =  #HO;    //(siehe FC100)
        SPA M001;                               U  #ZEIT1;
        SPA M002;                               =  #TIO;
        SPA M003;                               UN #TIO;
        SPA M004;                               SE #ZEIT1;
M005: L  S5T#1S; //Prog. Teil 5                 U  #TIO;
        SET;                                    S  #HO;
        =  #P5;                                 U  #TIO;
        SPA M006;                               U  #P6;
M000: L  S5T#32S;//Prog. Teil 0                 R  #HO;
        SET;                                    U  #HO;
        =  #P0;                                 =  #P6;
        SPA M006;
                                          END_FUNCTION
```

■ **Beispiel 5.6: Verpackung von Konservendosen**

Am Ende einer Befüllungsanlage für Konservendosen werden die gefüllten Dosen in Kartons verpackt. Es kann zwischen den beiden Verpackungseinheiten 12 Dosen bzw. 24 Dosen pro Karton mit Schalter S1 gewählt werden. Eine Lichtschranke LI gibt bei jeder auf dem Band vorbeitransportierten Dose ein „1"-Signal. Sind 12 oder 24 Dosen an der Lichtschranke vorbeigekommen, wird das Band angehalten und eine Übergabevorrichtung befördert die Dosen in den bereitstehenden Karton. Nach Übergabe der Dosen an einen Karton (Meldung mit S2), wird der Bandmotor wieder gestartet. Die Vorwahl der Verpackungseinheit mit Schalter S1 wird wirksam, wenn ein laufender Zählvorgang (Verpackungsvorgang) abgeschlossen ist.

**Technologieschema:**

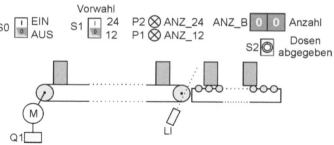

**Bild 5.6:** Verpackung von Konservendosen

Die voreingestellte Verpackungszahl soll an den Anzeigeleuchten ANZ_12 bzw. ANZ_24 angezeigt werden. Der aktuelle Zählerstand, der die Anzahl der noch zu verpackenden Konservendosen pro Karton angibt, wird mit einer zweistelligen Anzeige AnzB dargestellt. Mit Schalter S0 wird die Anlage ein- bzw. ausgeschaltet.

**Zuordnungstabelle der Eingänge und Ausgänge:**

| Eingangsvariable | Symbol | Datentyp | Logische Zuordnung | | Adresse |
|---|---|---|---|---|---|
| Schalter EIN/AUS | S0 | BOOL | Betätigt (EIN) | S0 = 1 | E 0.0 |
| Schalter Vorwahl 12/24 | S1 | BOOL | Betätigt (Vorwahl 24) | S1 = 1 | E 0.1 |
| Taster Dosen abgegeben | S2 | BOOL | Betätigt | S2 = 1 | E 0.2 |
| Lichtschranke | LI | BOOL | Unterbrochen | LI = 1 | E 0.3 |
| Ausgangsvariable | | | | | |
| Anzeige ANZ12 | ANZ_12 | BOOL | Leuchtet | ANZ_12 = 1 | A 4.1 |
| Anzeige ANZ24 | ANZ_24 | BOOL | Leuchtet | ANZ_24 = 1 | A 4.2 |
| Bandmotorschütz | Q1 | BOOL | Angezogen | Q1 = 1 | A 4.3 |
| BCD-Anzeige | ANZ_B | BYTE | BCD-Wert bei STEP 7 | | AB 13 |
| | | | Dual-Wert bei CoDeSys | | %QW12 |

Die Lösung soll die Anwendung der Baustein-Ende-Funktionen verdeutlichen. Zur Beschreibung des Programmablaufs sind die auszuführenden Anweisungen in einem Ablaufplan dargestellt, der den Programmfluss sehr übersichtlich dokumentiert. Nähere Einzelheiten zum Programmablaufplan siehe Kapitel 8.

**Programmablaufplan:**

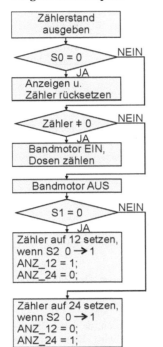

Kommentar:

Abfrage ob die Anlage ausgeschaltet ist.

Bei S0 = 0 ist die Anlage auszuschalten, indem alle Anzeigen, der Zähler sowie der Bandantrieb zurückgesetzt werden und die Bausteinbearbeitung beendet wird.

Abfrage, ob der Zählerstand verschieden von null ist.

Falls ja, wird der Bandmotor über Q1 eingeschaltet und mit den Impulsen der Lichtschranke LI der Zähler zurückgezählt. Die Bausteinbearbeitung wird beendet.

Falls nein, wird der Bandmotor ausgeschaltet.

Auswahl der Verpackungsmenge.

Wenn S1 = 0 wird der Zähler auf 12 gesetzt. Bei Betätigung des Tasters S2 wird die Anzeigeleuchte ANZ_12 ein- sowie die Anzeigeleuchte ANZ_24 ausgeschaltet. Die Bausteinbearbeitung wird beendet.

Wenn S1 = 1, wird der Zähler auf 24 gesetzt, die Anzeigeleuchte ANZ_12 aus- und die Anzeigeleuchte ANZ_24 eingeschaltet.

**Bestimmung des Codebausteintyps:**

Da keine lokalen Variablen vorhanden sind, die nur innerhalb des Codebausteins auftreten, genügt die Verwendung einer Funktion (hier FC 506). Die Speicherung der Ausgabevariablen des Bausteins erfolgt in den SPS-Ausgängen und dem Zähler.

**STEP 7 Programm:**

**Aufruf FC 506 im OB 1:**

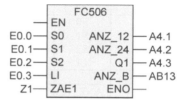

**FC 506 AWL-Quelle:**

```
FUNCTION FC506 : VOID
VAR_INPUT                BEGIN                    UN  #ZAE1;           U   #S2;
  S0  : BOOL;            LC  #ZAE1;               SPB M000;           L   C#12;
  S1  : BOOL;            T   #ANZ_B;                                  S   #ZAE1;
  S2  : BOOL;                                     UN  #S2;            SET;
  LI  : BOOL;            UN  #S0;                  =   #Q1;           =   #ANZ_12;
  ZAE1:COUNTER;          R   #ZAE1;               U   #LI;            R   #ANZ_24;
END_VAR                  R   #ANZ_12;             ZR  #ZAE1;          BEA;
                         R   #ANZ_24;             BEA ;
VAR_OUTPUT               R   #Q1;                                     M001:U  #S2;
  ANZ_12: BOOL;          BEB ;           M000:NOP 0;                  L   C#24;
  ANZ_24: BOOL;                                   SET ;               S   #ZAE1;
  Q1    : BOOL;                                   R   #Q1;            SET;
  ANZ_B : BYTE;                                                       =   #ANZ_24;
END_VAR                                  U   #S1;                     R   #ANZ_12;
                                         SPB M001;           END_FUNCTION
```

**CoDeSys Programm:**

**Aufruf FC 506 im PLC_PRG:**      **Datentyp FC_OUT:**

```
PROGRAM PLC_PRG          TYPE FC_OUT :
VAR                      STRUCT
  Z1: CTD;                 Anz_12:BOOL;
  FC_OUT: FC_OUT;          Anz_24:BOOL;
END_VAR                    Q1:BOOL;
                           ANZ_B:INT;
                         END_STRUCT
                         END_TYPE
```

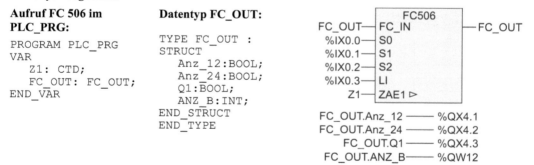

In der Funktion FC 506 ist die Zählervariable ZAE1 als IN_OUT-Variable deklariert. Der Zählerstand wird so in der Variablen Z1 des PLC_PRG gespeichert. Die Variable ist dort mit dem Datenformat CTD deklariert.

Die Ausgänge Anz_12 und Anz_24 der Funktion müssen ebenfalls gespeichert werden, da deren Zuweisung nur in einem bestimmten Programmteil erfolgt, der nicht immer bearbeitet wird. Dazu wird die Variable FC_OUT mit dem Datenformat der Ausgangsvariablen der Funktion zu Beginn der Bausteinbearbeitung der Funktion wieder zugewiesen.

**FC 506 AWL:**

```
FUNCTION FC506:FC506_OUT
TYPE FC_OUT : VAR_IN_OUT      LDN S0            LD   S1
STRUCT          ZAE1:CTD;     RETC              JMPCM001
 Anz_12:BOOL;   END_VAR                         CAL ZAE1(LOAD:=S2,PV:=12)
 Anz_24:BOOL;                 LD  ZAE1.Q
 Q1:BOOL;       LD FC_IN      JMPC M000         LD   TRUE
 ANZ_B:INT;     ST FC506                        S    FC506.Anz_12
END_STRUCT      LD ZAE1.CV    LDN S2            R    FC506.Anz_24
END_TYPE        ST FC506.ANZ_B ST  FC506.Q1
                               LD  LI           LD   TRUE
VAR_INPUT       LDN S0         ST  ZAE1.CD      RETC
FC_IN:FC_OUT;   ST ZAE1.LOAD
S0: BOOL;       CAL            LD  TRUE          M001:
S1: BOOL;       ZAE1(PV:=0)    RETC             CAL ZAE1(LOAD:=S2,PV:=24)
S2: BOOL;                                       LD   TRUE
LI: BOOL;       LDN S0         M000:            S    FC506.Anz_24
END_VAR         R FC506.Anz_12 LD TRUE          R    FC506.Anz_12
                R FC506.Anz_24 R  FC506.Q1
                R FC506.Q1
```

■ **Beispiel 5.7: Einstellbarer Frequenzteiler bis Teilerverhältnis 8**

Die Impulsfolge eines Taktgenerators (f = 1 Hz) soll in drei Stufen um jeweils die Hälfte verringert werden. S0 schaltet den Taktgenerator mit der höchsten Frequenz ein. Ist S1 = 1, wird die Frequenz halbiert. Mit S1 = 1 und S2 = 1 wird die ursprüngliche Frequenz durch den Faktor 4, mit S1 = 1, S2 = 1 und S3 = 1 wird die ursprüngliche Frequenz durch den Faktor 8 geteilt. Eine Anzeigeleuchte P1 soll mit der jeweils aktuellen Frequenz blinken.

**Impulsdiagramm:**

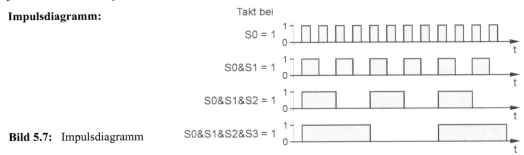

**Bild 5.7:** Impulsdiagramm

**Zuordnungstabelle der Eingänge und Ausgänge:**

| Eingangsvariable | Symbol | Datentyp | Logische Zuordnung | | Adresse |
|---|---|---|---|---|---|
| Schalter Takt EIN/AUS | S0 | BOOL | Betätigt | S0 = 1 | E 0.0 |
| Schalter Taktfrequenz / 2 | S1 | BOOL | Betätigt | S1 = 1 | E 0.1 |
| Schalter Taktfrequenz / 4 | S2 | BOOL | Betätigt | S2 = 1 | E 0.2 |
| Schalter Taktfrequenz / 8 | S3 | BOOL | Betätigt | S3 = 1 | E 0.3 |
| Ausgangsvariable | | | | | |
| Anzeige Takt | P1 | BOOL | Leuchtet | P1 = 1 | A 4.1 |

Die Lösung des Beispiels zeigt die Anwendung des EN-Eingangs und ENO-Ausgangs. Dazu wird ein Funktionsbaustein (hier FB 507) mit einem Eingang IN und einem Ausgang OUT programmiert, der als Binäruntersetzer wirkt. Das bedeutet, ein Takt am Eingang IN erscheint mit der halben Frequenz am Ausgang OUT. Insgesamt drei dieser Funktionsbausteinen werden über die EN-Eingänge für jede Stufe freigegeben.

Mit S0 wird der Takt über den EN-Eingang gestartet. Dabei wird auf den entworfenen Taktgeber FC 100 (STEP 7) bzw. FB 102 (CoDeSys) zurückgegriffen und der Taktausgang dem Hilfsoperanden HO1 zugewiesen. Mit der UND-Verknüpfung des ENO-Ausgangs und des Schalters S1 wird der Funktionsbaustein FB 507 über den EN-Eingang aufgerufen. An den IN-Eingang wird der Hilfsoperand HO1 gelegt. Die nächsten Stufen des Frequenzteilers sind entsprechend programmiert.

**Funktionsbaustein FB 507:**      Aufruf:            Programm:

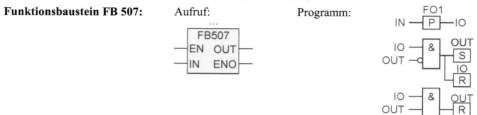

**STEP 7 Programm: Funktionsplan OB 1**

Netzwerk 1                                                          Netzwerk 2

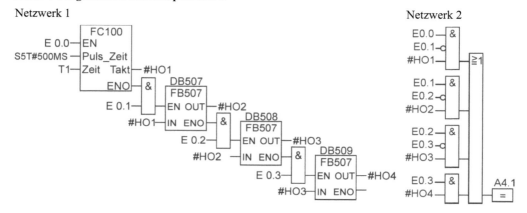

**CoDeSys Programm:**

Da die EN-/ENO-Funktionen bei CoDeSys derzeit nur in den Programmiersprachen Kontaktplan KOP und freigrafischer Funktionsplan CFC zur Verfügung stehen, sind die Bausteinaufrufe im PLC-PRG in CFC dargestellt. Bei dieser Programmiersprache können die Ausgänge eines Funktionsbausteins direkt mit den Eingängen des entsprechend nächsten Bausteins verbunden werden. Es sind somit keine Hilfsoperanden HO1 bis HO4 erforderlich.

**PLC_PRG in der Programmiersprache CFC:**

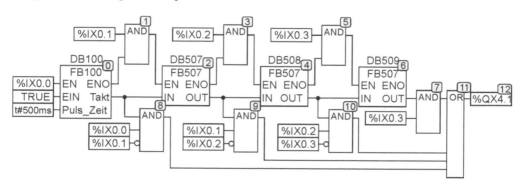

# 6 Digitale Operationen

## 6.1 Vergleichsfunktionen

Mit Vergleichsfunktionen werden die Werte zweier Operanden des gleichen Datentyps verglichen. Das Ergebnis des Vergleichs steht als boolescher Wert zur Verfügung, der mit TRUE anzeigt, wenn der Vergleich zutrifft und mit FALSE, dass er nicht zutrifft. Mögliche Vergleichsfunktionen sind:

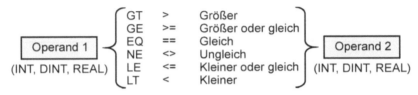

### 6.1.1 Vergleichsfunktionen nach DIN EN 61131-3

In der DIN-Norm EN 61131-3 werden die Vergleichsfunktionen als Standardfunktionen in der datentypunabhängigen Form mit der Vorsilbe <ANY_> (siehe Kapitel 3.5) ausgewiesen. Die grafische Form und die Symbole sind wie folgt angegeben:

| Grafische Form | Beispiele |
|---|---|
| ```
              +------+
ANY_ELEMENTARY--|  ***  |---BOOL
       .        --|       |
       .        --|       |
ANY_ELEMENTARY--|       |
              +------+
(***) Name oder Symbol
``` | `A:= GT(B,C,D)`<br>oder<br>`A:= (B>C) & (C>D)` |

| NAME | SYMB. | Beschreibung | Anmerkungen |
|---|---|---|---|
| GT | > | Fallende Folge:<br>$OUT:=(IN1>IN2) \& (IN2>IN3) \& .. (IN_{n-1}>IN_n)$ | Die Angaben IN1, IN2,.. INn beziehen sich in der Reihenfolge von oben nach unten auf die Eingänge.<br><br>Alle angegebenen Symbole sind für den Gebrauch als Operatoren in Textsprachen geeignet. |
| GE | >= | Monotone Folge:<br>$OUT:=(IN1>=IN2) \& (IN2>=IN3) \& .. (IN_{n-1}>=IN_n)$ | |
| EQ | = | Gleichheit<br>$OUT:=(IN1=IN2) \& (IN2=IN3) \& .. (IN_{n-1}=IN_n)$ | |
| LE | <= | Monotone Folge<br>$OUT:=(IN1<=IN2) \& (IN2<=IN3) \& .. (IN_{n-1}<=IN_n)$ | |
| LT | < | Steigende Folge:<br>$OUT:=(IN1<IN2) \& (IN2<IN3) \& .. (IN_{n-1}<IN_n)$ | |
| NE | <> | Ungleichheit (nicht erweiterbar)<br>$OUT:= (IN1<>IN2)$ | |
```

## 6.1.2  Vergleichsfunktionen in STEP 7

Bei STEP 7 werden die Vergleichsfunktionen über Akku 1 und Akku 2 ausgeführt. Das bedeutet, dass zuerst der Operand 1 in den Akku 1 geladen wird. Beim Laden des zweiten Operanden werden die Daten von Akku 1 in den Akku 2 verschoben und dann der zweite Operand in den Akku 1 geladen. Mit der angegebenen Vergleichsoperation wird dann der Inhalt von Akku 2 (Operand 1) mit dem von Akku 1 (Operand 2) verglichen. Das Ergebnis des Vergleichs beeinflusst das Verknüpfungsergebnis VKE. Trifft die Aussage des Vergleichs zu, wird das VKE = „1". Das VKE kann mit Zuweisungsfunktionen oder Sprungfunktionen ausgewertet werden. Die Akkumulatorinhalte werden dabei nicht verändert.

Operationsdarstellung in der Steuerungssprache STEP 7:

| Datentyp | AWL | FUP | SCL |
|---|---|---|---|
| INT | L   MW  10<br>L   MW  12<br>>I<br>=   A   4.1 | CMP>I<br>MW10 — IN1<br>MW12 — IN2 — A4.1 = | IF<br>WORD_TO_INT(MW10)  ><br>WORD_TO_INT(MW12)<br>THEN A4.1:=TRUE;<br>ELSE A4.1:=FALSE;<br>END_IF; |
| DINT | L   MD  14<br>L   MD  18<br>>D<br>=   A   4.2 | CMP>D<br>MD14 — IN1<br>MD18 — IN2 — A4.2 = | IF<br>DWORD_TO_DINT(MD14)  ><br>DWORD_TO_DINT(MD18)<br>THEN A4.2:=TRUE;<br>ELSE A4.2:=FALSE;<br>END_IF; |
| REAL | L   MD  22<br>L   MD  24<br>>R<br>=   A   4.3 | CMP>R<br>MD22 — IN1<br>MD24 — IN2 — A4.3 = | IF<br>DWORD_TO_REAL(MD22)  ><br>DWORD_TO_REAL(MD24)<br>THEN A4.3:=TRUE;<br>ELSE A4.3:=FALSE;<br>END_IF; |

In der Tabelle sind die Abfragen für den Vergleich „Größer" (>) dargestellt. Bei der Darstellung der Vergleichsfunktionen Größer gleich (>=), Gleich (==), Ungleich (<>), Kleiner gleich (<=) und Kleiner (<) ändert sich jeweils nur das entsprechende Relationszeichen.

Der Datentyp und das Datenformat der Operanden werden in der Programmiersprache AWL nicht geprüft. Bei der Programmiersprache FUP haben die beiden Funktionseingänge IN1 und IN2 den Datentyp, der nach dem Relationszeichen in der Vergleichsbox angegeben ist (I: INT; D: DINT bzw. R: REAL). Die angegebenen Eingangsvariablen müssen den gleichen Datentyp, wie die Eingänge IN haben. Absolut adressierte Variable an den Eingängen IN besitzen die Operandenbreiten, die dem Datentyp der Eingänge IN entsprechen. Bei der Programmiersprache SCL können nur typgleiche Variablen miteinander verglichen werden. Innerhalb der folgenden Typklasse sind alle Variablen vergleichbar:

- INT, DINT, REAL.

- BOOL, BYTE, WORD, DWORD. (*Hinweis:* Bei Variablen dieser Art können nur die Vergleichsausdrücke GLEICH oder UNGLEICH verwendet werden.)

Variablen des Formats DATE_AND_TIME, STRING und CHAR können in SCL direkt verglichen werden. In den Programmiersprachen AWL und SCL kann bei diesen Formaten auf IEC-Funktionen in der STEP-7 Bibliothek zurückgegriffen werden.

## 6.1.3 Vergleichsfunktionen in CoDeSys

Bei CoDeSys werden die Vergleichsfunktionen über einen Akkumulator ausgeführt. Das bedeutet, dass zuerst der Operand 1 in den Akkumulator geladen wird. Danach wird die Vergleichsfunktion mit dem Operanden 2 aufgerufen. Trifft die Aussage des Vergleichs zu (z. B. Operand 1 > Operand 2), wird das Ergebnis „TRUE". Das Ergebnis kann einem booleschen Operator zugewiesen werden. Die beiden Vergleichsoperanden können vom Typ BOOL, BYTE, WORD, DWORD, SINT, USINT, INT, UINT, DINT, UDINT, REAL, LREAL, TIME, DATE, TIME_OF_DAY, DATE_AND_TIME und STRING sein.

Operationsdarstellung in der Steuerungssprache CoDeSys:

| AWL | FUP | SCL |
|---|---|---|
| L  VAR1<br>GT VAR2<br>ST VAR3 | VAR1 ─┤ GT ├─ VAR3<br>VAR2 ─┤   ├ | VAR3:=VAR1 > VAR2 |

In der Tabelle sind die Abfragen für den Vergleich „Größer" (GT) dargestellt. Bei der Darstellung der Vergleichsfunktionen Größer gleich (GE), Gleich (EQ), Ungleich (NE), Kleiner gleich (LE) und Kleiner (LT) ändert sich jeweils nur das entsprechende Relationszeichen. Der Datentyp und das Datenformat der Operanden werden in allen Programmiersprachen geprüft.

## 6.1.4 Beispiele

■ **Beispiel 6.1: Wertbegrenzung**

Es ist eine Funktion FC 601 LIMIT_IND zu entwerfen, welche einen Wert auf vorgegebene Grenzen überprüft und entsprechend weitergibt. Die Funktion übergibt einen Eingangswert XIN an den Ausgang XOUT, wenn der Eingangswert den Minimalwert MN nicht unterschreitet und den Maximalwert MX nicht überschreitet. Unterschreitet der Eingangswert XIN den Minimalwert MN, wird der Minimalwert an den Ausgang XOUT übergeben und der Ausgang MN_IND zeigt dies mit einem „1"-Signal an. Überschreitet der Eingangswert den Maximalwert, wird der Maximalwert an den Ausgang übergeben und der Ausgang MX_IND zeigt dies mit einem „1"-Signal an.

**Aufgabe der Funktion:**

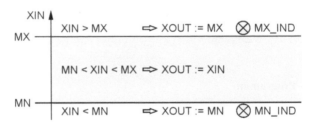

**Bild 6.1:** Wertbegrenzung

Für die Programmstruktur spielt es keine Rolle, welchen Datentyp der zu überprüfende Wert besitzt. Je nach benötigtem Datentyp müssen die Eingangs-, Ausgangsparameter und die Vergleichsoperation angepasst werden. In der gezeigten Lösung wird der Datentyp INT für den zu überprüfenden Werte verwendet.

Zur Beschreibung der Programmstruktur der Funktion FC 601 eignet sich ein Struktogramm. Näher Einzelheiten zu Struktogramm siehe Kapitel 7.

Struktogramm der Funktion

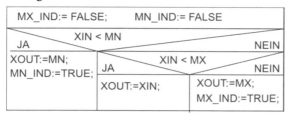

Zu Beginn erhalten die beiden booleschen Ausgänge den Signalwert FALSE. Mit der ersten Abfrage wird überprüft, ob der Eingabewert XIN kleiner als die untere Grenze MN ist. Ist dies nicht der Fall, wird mit der zweiten Abfrage überprüft, ob der Eingabewert XIN kleiner als die obere Grenze MX ist.

**STEP 7 Programm:**

**Aufruf FC 601 im OB 1:**          **FC 601 AWL-Quelle:**

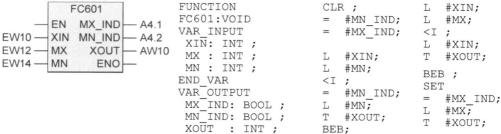

```
FUNCTION          CLR ;              L   #XIN;
FC601:VOID        =   #MN_IND;       L   #MX;
VAR_INPUT         =   #MX_IND;       <I  ;
 XIN: INT ;                          L   #XIN;
 MX : INT ;       L   #XIN;          T   #XOUT;
 MN : INT ;       L   #MN;
END_VAR           <I ;               BEB ;
VAR_OUTPUT        =   #MN_IND;       SET
 MX_IND: BOOL ;   L   #MN;           =   #MX_IND;
 MN_IND: BOOL ;   T   #XOUT;         L   #MX;
 XOUT  : INT ;    BEB;               T   #XOUT;
END_VAR
```

**CoDeSys Programm:**

**Aufruf FC 601 im PLC_PRG:**          **FC601 AWL:**

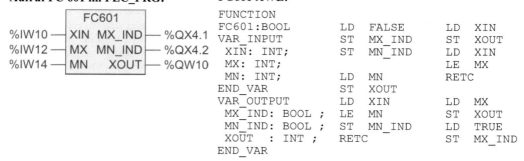

```
FUNCTION
FC601:BOOL        LD   FALSE        LD   XIN
VAR_INPUT         ST   MX_IND       ST   XOUT
 XIN: INT;        ST   MN_IND       LD   XIN
 MX: INT;                           LE   MX
 MN: INT;         LD   MN           RETC
END_VAR           ST   XOUT
VAR_OUTPUT        LD   XIN          LD   MX
 MX_IND: BOOL ;   LE   MN           ST   XOUT
 MN_IND: BOOL ;   ST   MN_IND       LD   TRUE
 XOUT  : INT ;    RETC              ST   MX_IND
END_VAR
```

**SCL/ST- Programm:**

```
//Deklarationen sind mit denen der AWL identisch.

MX_IND:= FALSE; MN_IN:= FALSE;
IF XIN < MN THEN XOUT:= MN; MN_IND:= TRUE;
  ELSE IF XIN < MX THEN XOUT:= XIN;
         ELSE XOUT:= MX; MN_IND:=TRUE;
     END_IF;
END_IF;
```

■ **Beispiel 6.2: Maximalwertbestimmung**

Es ist eine Funktion FC 602 MAX_4 zu entwerfen, welche aus 4 gegebenen REAL-Werten den maximalen Wert bestimmt und an den Ausgang der Funktion legt.

Die Programmstruktur der Funktion FC 602 zeigt der nachfolgende Programmablaufplan.

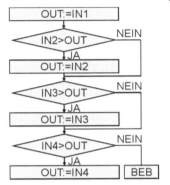

Zunächst wird der Ausgangsvariablen OUT der erste Eingang IN1 zugewiesen. Danach wird abgefragt, ob der zweite Eingang IN2 größer als der Ausgang OUT ist. Wenn JA, wird der Ausgangsvariablen der zweite Eingang IN2 zugewiesen. Die Abfrage wiederholt sich für die Eingänge IN3 und IN4.

**STEP 7 Programm:**

**Aufruf FC 602 im OB 1:**

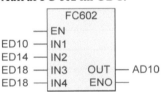

**FC 602 AWL-Quelle:**

```
FUNCTION              L   #IN1;         >R ;
FC602:VOID            T   #OUT;         SPBN M002;
                                        L   #IN3;
VAR_INPUT            L   #IN2;          T   #OUT;
    IN1 : REAL ;     L   #OUT;          M002: NOP 0;
    IN2 : REAL ;     >R ;
    IN3 : REAL ;     SPBN M001;         L   #IN4;
    IN4 : REAL ;     L   #IN2;          L   #OUT;
END_VAR              T   #OUT;          >R ;
                     M001: NOP 0;       NOT
VAR_OUTPUT                               BEB;
    OUT : REAL ;     L   #IN3;          L   #IN4;
END_VAR              L   #OUT;          T   #OUT;
                                        END_FUNCTION
```

**CoDeSys Programm:**

Bei CoDeSys kann für die Lösung der Steuerungsaufgabe die „MAX-FUNKTION" verwendet werden. Der MAX-Operator liefert von zwei Werten den größten.

**Aufruf FC 602 im PLC_PRG:**

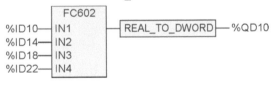

**FC602 AWL:**

```
FUNCTION FC602:REAL

VAR_INPUT
    IN1: REAL;        LD  IN1
    IN2: REAL;        MAX IN2
    IN3: REAL;        MAX IN3
    IN4: REAL         MAX IN4
END_VAR               ST  FC602
```

*Hinweis:* Damit der Rückgabewert der Funktion mit dem Datenformat REAL einem Ausgang oder Merker zugewiesen werden kann, ist eine Formatwandlung von REAL nach Doppelwort erforderlich. Näheres dazu siehe Kapitel 6.4

## 6.2 Digitale Verknüpfungen

Mit digitalen Verknüpfungen werden die einzelnen Binärstellen zweier digitaler Operanden oder eines digitalen Operanden und einer Konstanten verknüpft. Überträge zur nächsten Binärstelle gibt es dabei nicht.

### 6.2.1 Digitale Verknüpfungen nach DIN EN 61131-3

In der Norm DIN EN 61131-3 werden digitale Verknüpfungen als bitweise boolesche Standardfunktionen ausgewiesen. Die grafische Form und die Symbole sind wie folgt angegeben:

| Grafische Form | Beispiele |
|---|---|
| ```
         +------+
ANY_Bit--|  ***  |---BOOL
ANY_Bit--|       |
    .   --|       |
    .   --|       |
ANY_BIt--|       |
         +------+
(***) Name oder Symbol
``` | ```
A:= AND(B,C,D) ;
``` oder ```
A:= B & C & D;
``` |

| NAME | SYMBOL | Beschreibung |
|---|---|---|
| AND | & | OUT:= IN1 & IN2 &...& INn |
| OR | >=1 | OUT:= IN1 OR IN2 OR...OR INn |
| XOR | =2k+1 | OUT:= IN1 XOR IN2 XOR...XOR INn |
| NOT |  | OUT:= NOT IN1 |

Anmerkungen: Die Angaben IN1, IN2, ... INn beziehen sich in der Reihenfolge von oben nach unten auf die Eingänge; OUT bezieht sich auf den Ausgang. Nur das Symbol & ist für den Gebrauch als Operatoren in Textsprachen geeignet.

Beispiele für digitale Verknüpfungen:

| Funktion: | UND<br>AND | ODER<br>OR | Exklusiv-ODER<br>XOR | NEGATION<br>NOT |
|---|---|---|---|---|
| Beispiel: | IN1: .... 1010<br>IN2: .... 1100<br>Ergebnis: .... 1000 | IN1: .... 1010<br>IN2: .... 1100<br>Ergebnis: .... 1110 | IN1: .... 1010<br>IN2: .... 1100<br>Ergebnis: .... 0110 | IN1: .... 1010<br><br>Ergebnis: .... 0101 |

### 6.2.2 Digitale Verknüpfungen in STEP 7

Bei STEP 7 werden alle digitalen Verknüpfungsfunktionen unabhängig vom Verknüpfungsergebnis VKE über Akku 1 und Akku 2 ausgeführt. Das bedeutet, dass zuerst der Operand 1 in den Akku 1 geladen wird. Beim Laden des zweiten Operanden werden die Daten von Akku 1 in den Akku 2 verschoben und dann der zweite Operand in den Akku 1 geladen. Mit der angegebenen Verknüpfungsoperation wird dann der Inhalt von Akku 2 (Operand 1) mit dem von Akku 1 (Operand 2) verknüpft. Das Ergebnis der Verknüpfung steht in Akku 1. Das Verknüpfungsergebnis VKE wird nicht beeinflusst. In STEP 7 sind digitale Verknüpfungen stets Wort-
```

verknüpfungen, die mit der Operandenlänge eines Wortes (UW, OW und XOW) oder mit der Operandenlänge eins Doppelwortes (UD, OD und XOD) ausgeführt werden.

Digitale Verknüpfungen können in den Programmiersprachen AWL, FUP, KOP und SCL ausgeführt werden.

Operationsdarstellung der digitalen UND-Verknüpfungen in der Steuerungssprache STEP 7:

| AWL | FUP | SCL |
|---|---|---|
| L  MW 10<br>L  W#16#FF00<br>UW<br>T  MW 12 | ```
              WAND_W
          —EN
   MW10 —IN1  OUT— MW12
W#16#FF00 —IN2  ENO
``` | MW12:=MW10 AND 16#FF00; |
| L  MD 14<br>L  MD 18<br>UD<br>T  MD 22 | ```
             WAND_DW
    ... —EN
   MD14 —IN1  OUT— MD22
   MD18 —IN2  ENO
``` | MD22:=MD14 AND MD18; |

Operationsdarstellung der digitalen ODER-Verknüpfungen in der Steuerungssprache STEP 7:

| AWL | FUP | SCL |
|---|---|---|
| L  MW 10<br>L  W#16#F0F0<br>OW<br>T  MW 12 | ```
             WOR_W
    ... —EN
   MW10 —IN1  OUT— MW12
W#16#F0F0 —IN2  ENO
``` | MW12:=MW10 OR 16#F0F0; |
| L  MD 14<br>L  MD 18<br>OD<br>T  MD 22 | ```
             WOR_DW
    ... —EN
   MD14 —IN1  OUT— MD22
   MD18 —IN2  ENO
``` | MD22:=MD14 OR MD18; |

Operationsdarstellung der digitalen Exclusive-ODER-Verknüpfungen in der Steuerungssprache STEP 7:

| AWL | FUP | SCL |
|---|---|---|
| L  MW 10<br>L  W#16#F0F0<br>XOW<br>T  MW 12 | ```
             WXOR_W
    ... —EN
   MW10 —IN1  OUT— MW12
W#16#F0F0 —IN2  ENO
``` | MW12:=MW10 XOR 16#F0F0; |
| L  MD 14<br>L  MD 18<br>XOD<br>T  MD 22 | ```
             WXOR_DW
    ... —EN
   MD14 —IN1  OUT— MD22
   MD18 —IN2  ENO
``` | MD22:=MD14 XOR MD18; |

Operationsdarstellung der Negation in der Steuerungssprache STEP 7:

| AWL | FUP | SCL |
|---|---|---|
| L   MW  10<br>INVI<br>T   MW  12 | ... ─┤EN   OUT├─MW12<br>MW10 ─┤IN   ENO├   (INV_I) | MW12:= NOT MW10; |
| L   MD  14<br>INVD<br>T   MD  18 | ... ─┤EN   OUT├─MD18<br>MD14 ─┤IN   ENO├   (INV_DI) | MD18:= NOT MD14; |

In der Programmiersprache AWL wird der Datentyp der Operanden bei digitalen Verknüpfungen nicht überprüft. Im Funktionsplan FUP und in SCL muss der Operand oder die Konstante vom Typ WORD bzw. DWORD sein. Nach der Ausführung einer digitalen Verknüpfung kann das Ergebnis in der Programmiersprache AWL gleich weiter digital verknüpft werden, ohne dass das Zwischenergebnis in einem Operanden abgespeichert werden muss. In der Funktionsplandarstellung ist eine mehrfache Verknüpfung ohne Zwischenergebnisbildung nicht möglich.

### 6.2.3  Digitale Verknüpfungen in CoDeSys

In CoDeSys sind die logischen Grundverknüpfungen AND, OR, XOR sowie NOT sogenannte Bitstring-Operationen, die auch mit Datentypen BYT, WORD und DWORD anwendbar sind. Die Operationen werden entsprechend der Verknüpfungsart bitweise ausgeführt.

Operationsdarstellung in der Steuerungssprache CoDeSys:

| Funktion | AWL | FUP | SCL |
|---|---|---|---|
| AND | LD   VAR1<br>AND  VAR2<br>AND  VAR3<br>ST   VAR4 | VAR1─┐<br>VAR2─┤ AND ├─VAR4<br>VAR3─┘ | VAR4:=VAR1 AND VAR2 AND VAR3; |
| OR | LD   VAR1<br>OR   VAR2<br>OR   VAR3<br>ST   VAR4 | VAR1─┐<br>VAR2─┤ OR ├─VAR4<br>VAR3─┘ | VAR4:=VAR1 OR VAR2 OR VAR3; |
| XOR | LD   VAR1<br>XOR  VAR2<br>XOR  VAR3<br>ST   VAR4 | VAR1─┐<br>VAR2─┤ XOR ├─VAR4<br>VAR3─┘ | VAR4:=VAR1 XOR VAR2 XOR VAR3; |
| NOT | LD   VAR1<br>NOT<br>ST   VAR2 | VAR1─┤ NOT ├─VAR2 | VAR2:=NOT VAR1; |

Beispiel für AND-Verknüpfung in AWL:

```
LD  2#1010_1011
AND 2#1100_0010
ST VAR1 (*Ergebnis ist 2#1000_0010, VAR1 als BYTE deklariert*)
```

### 6.2.4 Maskieren von Binärstellen

Eine Anwendung der digitalen Verknüpfung „UND" ist das Maskieren von Binärstellen. Zum Ausblenden von nichtbenötigten oder nichtrelevanten Binärstellen wird eine Maske gebildet, bei der für die benötigten oder relevanten Binärstellen eine „1" und für die auszublendenden Stellen eine „0" gesetzt wird. Die so erhaltene Konstante wird mit dem zu maskierenden Operanden UND-verknüpft. Damit fallen die nicht gewünschten Binärstellen heraus (Signalzustand „0"), während die Signalzustände der gewünschten Stellen unverändert bleiben.

Sollen beispielsweise die rechten 4 Bit von Eingangswort EW0 maskiert werden, dann ist die folgende Maske erforderlich: 0000 0000 0000 1111 (W#16#000F).

Anweisungsfolge:        Beispiel:

```
L   EW 0            Vorlage   0110 1111 1010 0110
L   W#16#F          Maske     0000 0000 0000 1111
UW
T   MW10            Ergebnis  0000 0000 0000 0110
```

### 6.2.5 Ergänzen von Bitmustern

Eine Anwendung der digitalen Verknüpfung „ODER" ist die Bitmusterergänzung. Beim Ergänzen von Bitmustern werden einzelne oder mehrere Binärstellen mit dem Signalwert „1" in ein gegebenes Bitmuster eingefügt. Das einzufügende Bitmuster kann mit einer Konstanten oder dem Bitmusterinhalt einer Variablen vorgegeben werden. Sollen beispielsweise die 3 rechten Bit des Merkerworts MW10 auf „1"-Signal gebracht werden, dann ist die folgende Konstante erforderlich: 0000 0000 0000 0111 (W#16#0007).

Anweisungsfolge:        Beispiel:

```
L   MW 10          Vorlage    0110 1111 1010 0100
L   W#16#7         Ergänzung  0000 0000 0000 0111
OW
T   MW10           Ergebnis   0110 1111 1010 0111
```

Bitmusterergänzungen kommen unter anderem bei der Aktualisierung von Störmeldezuständen vor.

### 6.2.6 Signalwechsel von Binärstellen erkennen

Eine Anwendung der digitalen Verknüpfung Exclusive-ODER ist das Erkennen von Signalwechseln bei einzelnen oder mehreren Binärstellen. Dazu sind die alten und die neuen Signalzustände mit XOR zu verknüpfen. An jeder Stelle, bei der ein Signalwechsel 0→1 oder 1→0 auftrat, liefert die XOR Verknüpfung ein „1"-Signal.

Sollen allein die 0→1 Änderungen erfasst werden, ist eine UND-Verknüpfung des Änderungsmusters mit den **neuen** Signalzuständen durchzuführen.

Anweisungsfolge:        Beispiel:              Kommentar:

```
L   MW 10          .... 1010 0100       Wort mit alten Signalzuständen
L   EW 0           .... 0010 0110       Wort mit neuen Signalzuständen
XOW                .... 1000 0010       Änderungsmuster im Akku
L   EW 0           .... 0010 0110       Wort mit neuen Signalzuständen
UW                 .... 0000 0010       0→1 Wechsel mit "1" im AKKU
```

Nach der UND-Verknüpfung steht im Akku 1 genau an den Stellen eine „1", bei denen ein 0→1 Wechsel auftrat.

Sollen allein die 1→0 Änderungen erfasst werden, ist eine UND-Verknüpfung des Änderungsmusters mit den **alten** Signalzuständen durchzuführen.

| Anweisungsfolge: | Beispiel: | Kommentar: |
|---|---|---|
| `L   MW 10` | `.... 1010 0100` | `Wort mit alten Signalzuständen` |
| `L   EW 0` | `.... 0010 0110` | `Wort mit neuen Signalzuständen` |
| `XOW` | `.... 1000 0010` | `Änderungsmuster im Akku` |
| `L   MW 10` | `.... 1010 0100` | `Wort mit alten Signalzuständen` |
| `UW` | `.... 1000 0000` | `1→0 Wechsel mit "1" im AKKU` |

Nach der UND-Verknüpfung steht im Akku 1 genau an den Stellen eine „1", bei denen ein 1→0 Wechsel auftrat.

## 6.2.7 Beispiele

■ **Beispiel 6.3: S5TIME-Zeitvorgabe mit dreistelligem BCD-Zifferneinsteller**

In einer Verpackungsanlage werden Etikette auf Kartons geklebt. Da die Größe der Etiketten sich ab und zu ändert, soll die Zeit innerhalb der die Düse für den Klebstoff geöffnet ist mit einem dreistelligen BCD-Zifferneinsteller von Hand jeweils angepasst werden können. Die Zeit berechnet sich aus dem am Zifferneinsteller eingestellten dreistelligen Zahlenwert multipliziert mit 0,1 Sekunden. Mit einer Taste S1 wird der eingestellte Zahlenwert übernommen. Die Öffnungszeit der Düse soll jedoch 1 Sekunde nicht unterschreiten und 60 Sekunden nicht überschreiten.

Der Zifferneinsteller ist an das Eingangswort EW 8 angeschlossen. Die restlichen Eingänge des Eingangswortes sollen für andere Eingangssignale verwendet werden können. Es ist ein Codebaustein zu entwerfen, welche die eingestellte Zeit an die Variable Zeit_Wert mit dem Datentyp S5TIME weitergibt. Die Ansteuerung der Klebstoffdüse erfolgt durch Vorgabe von Geber S2.

**Verdrahtungsschema des Zifferneinstellers:**

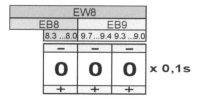

**Bild 6.2:** Verdrahtung Zifferneinsteller

**Zuordnungstabelle der Eingänge und Ausgänge:**

| Eingangsvariable | Symbol | Datentyp | Logische Zuordnung | | Adresse |
|---|---|---|---|---|---|
| Übernahmetaste | S1 | BOOL | Betätigt | S1 = 1 | E 0.1 |
| Geber Düse auf | S2 | BOOL | Betätigt | S2 = 1 | E 0.2 |
| Zifferneinsteller | EW | WORD | BCD-Code | | EW 8 |
| Ausgangsvariable | | | | | |
| Magnetventil der Düse | Q1 | BOOL | Ventil auf | Q1 = 1 | A 4.1 |

Da es bei der Aufgabe um die Bildung einer S5-Zeit für eine Zeitfunktion geht, ist die Lösung nur für das Programmiersystem STEP 7 ausgeführt.

Zunächst ist das linke Halbbyte von EB 8 ( E 8.7 ... E 8.4) mit einer UND-Verknüpfung auszumaskieren, da diese Eingänge nicht für die Zeitbildung vorgesehen sind, mit dem Eingangswort EW 8 jedoch abgefragt werden. Der dreistellige BCD-Wert des Zifferneinstellers wird dann einer Variable mit dem Datentyp S5TIME zugewiesen. Dazu ist die Kenntnis der Bitbelegung des Datentyps S5TIME erforderlich.

Bitbelegung des Datentyps S5TIME:

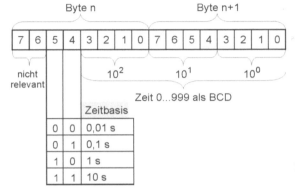

**Bild 6.3:** Datentyp S5TIME

Aus der Bitbelegung ist zu erkennen, dass der dreistellige BCD-Wert des Zifferneinstellers rechtsbündig übernommen werden kann. Für die richtige Zeitbasis ist in das 13. Bit von rechts eine „1" zu schreiben. Damit wird die Zeitbasis = 0,1 s. Das Ergänzen des Bitmusters wird mit der digitalen ODER-Verknüpfung ausgeführt.

Zu berücksichtigen sind noch die untere Grenze von 1 Sekunde und die obere Grenze von 60 Sekunden. Unterschreitet der eingegebene Wert die untere Grenze, so wird die untere Grenze ausgegeben. Bei einer Überschreitung der oberen Grenze wird der obere Grenzwert ausgegeben. Das Programm der Funktion FC 35 kann sehr übersichtlich mit einem Struktogramm dargestellt werden, das in einem Strukturblock eine freigrafische Funktionsplandarstellung enthält.

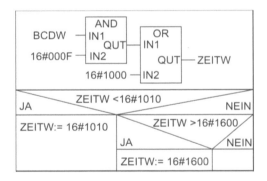

*Hinweis:*

Da es keine Vergleichsfunktion für BCD-Werte gibt, wird die Vergleichsfunktion für INTEGER-Werte benutzt. Mit dieser Funktion können auch BCD-Werte verglichen werden. Voraussetzung dafür ist allerdings, dass das am weitesten links stehende Bit den Wert „0" hat. Liegt bei diesem Bit der Wert „1" vor, wird der BCD-Wert als negative Zahl interpretiert und der Vergleich auf größer oder kleiner führt zu einem falschen Ergebnis. In diesem Beispiel ist gewährleistet, dass dieses „Vorzeichenbit" stets den Wert „0" hat.

**Bestimmung des Codebausteintyps:**

Da keine lokalen Variablen vorhanden sind, deren Werte gespeichert werden müssen, genügt die Verwendung einer Funktion (hier FC 603).

Die Übernahme eines neuen Zeitwertes erfolgt durch Betätigung des Tasters S1 mit dem Aufruf der Funktion FC 603, solange der Taster betätigt wird.. Die Ansteuerung des Ausgangs für die Spritzdüse wird im Organisationsbaustein OB 1 über eine SV-Zeitfunktion ausgeführt. Gestartet wird die Zeitfunktion mit S2 und dem aus dem Codebaustein FC 603 bestimmten Zeitwert.

**Programm im OB 1:**

NW 1:

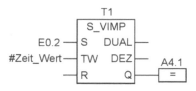

Die zu entwerfende Funktion FC 603 hat folgende Übergabeparameter:

BCDW:   Umzuwandelnder BCD-Eingabewert im Datenformat WORD

ZEITW:   Ausgabewert der Zeit im Datenformat S5TIME

NW 2:

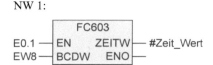

Im OB1 als temporäre Variable deklariert:

#Zeit_Wert

**STEP 7 Programm (AWL-Quelle):**

```
FUNCTION FC603 : VOID
VAR_INPUT                    VAR_OUTPUT
  BCDW : WORD ;                ZEITW : S5TIME;
END_VAR                      END_VAR
BEGIN
L   #BCDW;                   L   #ZEITW;            M002: L   W#16#1010;
L   W#16#FFF;                L   W#16#1600;               T   #ZEITW;
UW  ;                        >I ;                         BEA  ;
L   W#16#1000;               SPB M003;              M003: L   W#16#1600;
OW  ;                        BEA ;                        T   #ZEITW;
T   #ZEITW;                                         END_FUNCTION_BLOCK
L   W#16#1010;
<I ;
SPB M002;
```

■ **Beispiel 6.4: Melde-Funktionsbaustein**

Ein Meldefunktionsbaustein FB 604 soll zur Auswertung von 8 binären Meldesignalen, die in einem Byte zusammengefasst sind, entworfen werden. Die einzelnen Meldesignale haben z. B. die Bedeutung einer speziellen Anlagenstörung oder eines bestimmten Betriebszustandes. Jede neu auftretende Meldung wird mit der zugehörigen Anzeigeleuchte durch Blinken angezeigt. Nach Betätigen der Quittiertaste S1 geht das Blinklicht in Dauerlicht über, sofern die Meldung noch ansteht. Ist die Meldung nicht mehr vorhanden, erlischt die Anzeigeleuchte. Mit einer Prüftaste S2 können alle acht Anzeigenleuchten gleichzeitig kontrolliert werden. Zum Programmtest werden die Meldungen mit dem Eingangsbyte EB simuliert.

**Übergabeparameter des Melde-Funktionsbausteins:**

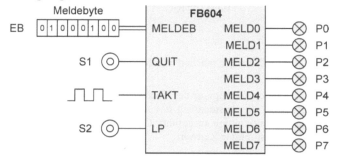

**Bild 6.4:** Meldebaustein

**Zuordnungstabelle der Eingänge und Ausgänge:**

| Eingangsvariable | Symbol | Datentyp | Logische Zuordnung | | Adresse |
|---|---|---|---|---|---|
| Eingangsmeldebyte | EB | BYTE | Bitmuster | | EB 0 |
| Taster Quittieren | S1 | BOOL | Betätigt | S1 = 1 | E 1.1 |
| Prüftaste | S2 | BOOL | Betätigt | S2 = 1 | E 1.2 |
| Ausgangsvariable | | | | | |
| Meldeleuchte 0 | P0 | BOOL | Leuchtet | P0 = 1 | A 4.0 |
| Meldeleuchte 1 | P1 | BOOL | Leuchtet | P1 = 1 | A 4.1 |
| Meldeleuchte 2 | P2 | BOOL | Leuchtet | P2 = 1 | A 4.2 |
| Meldeleuchte 3 | P3 | BOOL | Leuchtet | P3 = 1 | A 4.3 |
| Meldeleuchte 4 | P4 | BOOL | Leuchtet | P4 = 1 | A 4.4 |
| Meldeleuchte 5 | P5 | BOOL | Leuchtet | P5 = 1 | A 4.5 |
| Meldeleuchte 6 | P6 | BOOL | Leuchtet | P6 = 1 | A 4.6 |
| Meldeleuchte 7 | P7 | BOOL | Leuchtet | P7 = 1 | A 4.7 |

Das Erkennen von 0→1 Flanken im Meldebyte erfolgt mit Hilfe der digitalen Verknüpfungen XOR und UND. Dazu müssen zwei neue Variablen im Funktionsbaustein deklariert werden.

Mit dem nebenstehenden Funktionsplan wird die Erkennung der 0→1 Flanken in der Variablen MELDEB durchgeführt.

Die statische Variable MELDAL speichert die Werte des Meldespeichers vom vorherigen Bausteinsaufruf. Die temporäre Variable AEND dient zur Aufnahme der Flankenauswertung.

Die Ansteuerung der acht Meldeausgänge MELD0 bis MELD7 ist beispielhaft für den Meldeausgang MELD0 im Funktionsplan dargestellt. Für die Ansteuerung der restlichen Meldeausgänge gilt Entsprechendes.

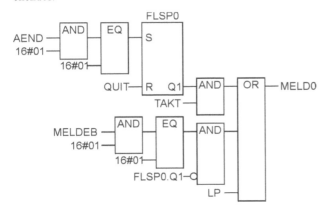

Mit der digitalen UND-Verknüpfung von AEND und 16#01 und dem anschließenden Vergleich mit 16#01 wird aus den BYTE-Variablen AEND bzw. MELDEB ermittelt, ob das erste Bit den Signalwert „1" hat.

Zur Überprüfung des zweiten Bits der BYTE-Variablen muss mit der HEX-Zahl 16#02 maskiert und verglichen werden. Entsprechend gilt für das

3. Bit: 16#04;     4. Bit: 16#08;

5. Bit: 16#10;     6. Bit: 16#20;

7. Bit: 16#40;     8. Bit: 16#80;

An den Takteingang TAKT des Funktionsbausteins wird der Ausgang der Taktgeneratorbausteine (FC 100 bzw. FB 100) gelegt.

Nachfolgend ist jeweils nur das Programm des Funktionsbausteines FB 604 für die beiden Programmiersysteme STEP 7 und CoDeSys dargestellt. Da sich die Befehlsfolge für die Ansteuerung der Ausgänge MELD0 bis MELD7 ständig wiederholt, sind in den Anweisungslisten nur die Befehle für die Ansteuerungen von MELD0 und MELD7 dargestellt. Für die fehlenden Ausgangszuweisungen MELD1 bis MELD6 gilt Entsprechendes.

**STEP 7 Programm:**

**FB 604 AWL-Quelle:**

```
FUNCTION_BLOCK        VAR_OUTPUT              VAR                  VAR_TEMP
FB604                   MELD0 : BOOL;          MELDAL : BYTE;       AEND :BYTE;
                        MELD1 : BOOL;          FLSP0 : BOOL;        END_VAR
VAR_INPUT               MELD2 : BOOL;          FLSP1 : BOOL;
 MELDEB : BYTE ;        MELD3 : BOOL;          FLSP2 : BOOL;
 QUIT : BOOL ;          MELD4 : BOOL;          FLSP3 : BOOL;
 TAKT : BOOL ;          MELD5 : BOOL;          FLSP4 : BOOL;
 LP : BOOL ;            MELD6 : BOOL;          FLSP5 : BOOL;
END_VAR                 MELD7 : BOOL;          FLSP6 : BOOL;
                        END_VAR                FLSP7 : BOOL;
                                               END VAR

BEGIN
L  #MELDEB;      S  #FLSP0;                                     L  #MELDEB;
L  #MELDAL;      U  #QUIT;       //Ansteuerbefehl              L  B#16#80;
XOW ;            R  #FLSP0;      e für MELD1 bis               UW ;
L  #MELDEB;      L  #MELDEB;     MELD6                         L  B#16#80;
UW ;            L  B#16#1;      //                            ==I;
T  #AEND;        UW ;                                          UN #FLSP7;
L  #MELDEB;      L  B#16#1;      L  #AEND;                     O  ;
T  #MELDAL;      ==I;           L  B#16#80;                    U  #FLSP7;
L  #AEND;        UN #FLSP0;      UW ;                          U  #TAKT;
                 O  ;           L  B#16#80;                    O  #LP;
L  B#16#1;       U  #FLSP0;      ==I;                          =  #MELD7;
UW ;            U  #TAKT;       S  #FLSP7;
L  B#16#1;       O  #LP;         U  #QUIT;                      END_FUNCTION_
==I;            =  #MELD0;      R  #FLSP7;                     BLOCK
```

**CoDeSys Programm:**

```
FUNCTION_BLOCK        VAR_OUTPUT              MELD7: BOOL;         FLSP2: SR;
FB604                   MELD0: BOOL;          END_VAR              FLSP3: SR;
VAR_INPUT               MELD1: BOOL;                               FLSP4: SR;
 MELDEB: BYTE;          MELD2: BOOL;          VAR                  FLSP5: SR;
 QUIT: BOOL;            MELD3: BOOL;           MELDAL: BYTE;        FLSP6: SR;
 TAKT: BOOL;            MELD4: BOOL;           AEND: BYTE;          FLSP7: SR;
 LP: BOOL;              MELD5: BOOL;           FLSP0: SR;          END_VAR
END_VAR                 MELD6: BOOL;           FLSP1: SR;
```

**//Anweisungsteil:**

```
LD  MELDEB            OR(FLSP0.Q1             EQ  16#80
XOR MELDAL            NOT                     ST  FLSP7.SET1
AND MELDEB            AND( MELDEB             CAL FLSP7(RESET:=QUIT)
ST  AEND             AND 16#1
                     EQ  16#1                 LD  FLSP7.Q1
LD  MELDEB           )                        AND TAKT
ST  MELDAL           )                        OR( FLSP7.Q1
                     OR  LP                    NOT
LD  AEND             ST  MELD0                AND( MELDEB
AND 16#1                                       AND 16#80
EQ  16#1                                       EQ  16#80
ST  FLSP0.SET1       //Ansteuerbefehle für   )
CAL FLSP0(RESET:=QUIT) MELD1 bis MELD6        )
                     //                        OR  LP
LD  FLSP0.Q1                                   ST  MELD7
AND TAKT             LD  AEND
                     AND 16#80
```

# 6.3  Schiebefunktionen

Mit Schiebefunktionen kann das Bitmuster einer Variablen um eine bestimmte Anzahl von Stellen nach links oder rechts verschoben werden. Die beim Schieben freiwerdenden Stellen werden mit Nullen aufgefüllt. Ergebnis ist das verschobene Bitmuster.

### 6.3.1  Schiebefunktionen nach DIN EN 61131-3

Die Norm DIN EN 61131-3 nennt vier unterschiedliche Standard-Bitschiebe-Funktionen, die in datentypunabhängiger Form mit der Vorsilbe <ANY_> (siehe Kapitel 3.5) ausgewiesen sind:

| Grafische Form | Beispiele |
|---|---|
| ```
            +------+
            |  ***  |
ANY_Bit--|IN      |--- ANY_BIT
ANY_INT--|N       |
            +------+
(***) Funktionsname
``` | `A:= SHL(IN:= B, N:=5) ;` |

| NAME | Beschreibung |
|---|---|
| SHL | Das an IN liegende Bitmuster (Bit, Byte, Wort, ...) wird um die Anzahl Bit des an N liegenden Wertes nach links geschoben. Die rechts frei werdenden Bit werden mit Nullen gefüllt. |
| SHR | Das an IN liegende Bitmuster wird um die Anzahl Bit des an N liegenden Wertes nach rechts geschoben. Die links frei werdenden Bit werden mit Nullen gefüllt. |
| ROR | Das an IN liegende Bitmuster wird um die Anzahl Bit des an N liegenden Wertes nach rechts im Kreis geschoben.. |
| ROL | Das an IN liegende Bitmuster wird um die Anzahl Bit des an N liegenden Wertes nach links im Kreis geschoben. |

### 6.3.2  Schiebefunktionen in STEP 7

Bei STEP 7 werden alle Schiebefunktionen unabhängig von Bedingungen im Akku 1 ausgeführt. Nach Ausführung der Schiebefunktion steht das verschobene Bitmuster im Akku 1. Das Verknüpfungsergebnis VKE wird dabei nicht verändert. Werden die Schiebefunktionen für den Datentyp WORD ausgeführt, wird nur das Bitmuster in der rechten Hälfte von Akku 1 verschoben. Die Schiebefunktionen für den Datentyp DWORD verschieben das Bitmuster des gesamten Akku 1.

In der Programmiersprache AWL können Schiebefunktionen ohne explizite Angabe der zu schiebenden Bitstellen programmiert werden. Wird nach der AWL-Schiebeoperation keine Zahl angegeben, wird um so viele Bit verschoben, wie durch den Wert in Akku 2 angegeben ist. Befindet sich im Akku 2 eine Zahl größer 16 (bei Wort-Schieben) oder größer 32 (bei Doppelwort-Schieben), wird um 16 bzw. 32 Stellen geschoben. Der Datentyp und das Datenformat der Operanden wird in der Programmiersprache AWL nicht geprüft.

In der Programmiersprache Funktionsplan FUP enthält die Box der Schiebefunktionen neben den Parametern IN, N und OUT noch den Freigabeeingang EN und den Freigabeausgang
```

ENO. Am Parametereingang IN liegt das zu schiebende Wort, an N die Schiebezahl und am Parameterausgang OUT das Ergebnis. Die Parameter haben je nach Schiebefunktion den Datentyp WORD, DWORD oder INT.

In der Programmiersprache SCL werden der Norm entsprechend Standardfunktionen aufgerufen. Jede Bitstring-Standardfunktionen hat zwei Eingangsparameter, die durch IN bzw. N bezeichnet werden. Das Ergebnis ist immer der Funktionswert. Der Datentyp des Eingangsparameters N ist INTEGER. Funktionswert und Eingabeparameter IN müssen den gleichen Datentyp haben.

### 6.3.2.1  Schieben Wort oder Doppelwort

Beim Schieben des Bitmusters im Akkumulator nach rechts oder nach links werden die frei-werdenden Binärstellen mit Nullen aufgefüllt.

**Schieben Wort (WORD)**                                    **Schieben Doppelwort (DWORD)**

Operationsdarstellung in der Steuerungssprache STEP 7:

| Name | AWL | FUP | SCL |
|------|-----|-----|-----|
| Schieben links WORD (3 Stellen) | L   MW  10<br>SLW 3<br>T   MW  10 | SHL_W<br>...─EN<br>MW10─IN   OUT─MW10<br>W#16#3─N   ENO | MW10:=SHL(IN:=MW10,N:=3); |
| Schieben links DWORD (11 Stellen) | L   MD  2<br>SLD 11<br>T   MD  2 | SHL_DW<br>...─EN<br>MD2─IN   OUT─MD2<br>W#16#B─N   ENO | MD2:=SHL(IN:=MD2,N:=11); |
| Schieben rechts WORD (5 Stellen) | L   MW  16<br>SRW 5<br>T   MW  16 | SHR_W<br>...─EN<br>MW16─IN   OUT─MW16<br>W#16#5─N   ENO | MW16:=SHR(IN:=MW16,N:=5); |
| Schieben rechts DWORD (20 Stellen) | L   MD  20<br>SRD 20<br>T   MD  20 | SHR_DW<br>...─EN<br>MD6─IN   OUT─MD6<br>W#16#14─N   ENO | MD6:=SHR(IN:=MD6,N:=20); |

### 6.3.2.2 Rotieren

Beim Rotieren des Bitmusters im Akkumulator nach rechts oder nach links werden die frei-
werdenden Binärstellen mit den hinausgeschobenen Bitstellen aufgefüllt.

Die Rotierfunktionen beziehen sich in den Programmiersprachen AWL und FUP auf den ganzen Akkumulator (Doppelwort). Das bedeutet: Rotieren eines Wortes oder eines Bytes ist mit
den in der Operationsdarstellung angegebenen Anweisungen allein nicht möglich. In der Programmiersprache SCL können die Standardfunktionen ROL und ROR auch mit Variablen der
Bitlänge DWORD, WORD und BYTE ausgeführt werden.

Operationsdarstellung in der Steuerungssprache STEP 7:

| Name | AWL | FUP | SCL |
|------|-----|-----|-----|
| Rotieren links (10 Stellen) | `L   MD 2`<br>`RLD 10`<br>`T   MD 2` | ROL_DW<br>`...`—EN<br>MD2—IN  OUT—MD2<br>W#16#A—N  ENO | `MD2:=ROL(IN:=MD2,N:=10);` |
| Rotieren rechts (12 Stellen) | `L   MD 6`<br>`RRD 12`<br>`T   MD 6` | ROR_DW<br>`...`—EN<br>MD6—IN  OUT—MD6<br>W#16#C—N  ENO | `MD6:=ROR(IN:=MD6,N:=12);` |

### 6.3.2.3 Schieben INTEGER

Beim Schieben von INTEGER-Werten wird das Vorzeichen berücksichtigt. Die einzuschie-
benden Bitpositionen links werden mit dem Signalzustand von Bit 15 bzw. Bit 31 (Vorzeichen
der INTEGER-Zahl) belegt. Das heißt, eingeschoben wird „0", wenn die Zahl positiv ist und
„1", wenn die Zahl negativ ist.

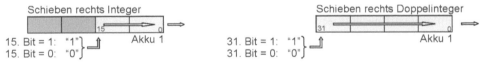

Operationsdarstellung in der Steuerungssprache STEP 7:

| Name | AWL | FUP | SCL |
|------|-----|-----|-----|
| Schieben rechts INT | `L   MW 10`<br>`SSI 3`<br>`T   MW 10` | SHR_I<br>`...`—EN<br>MW10—IN  OUT—MW10<br>W#16#3—N  ENO | Keine Standardfunktion vorhanden |

| Schieben rechts DINT | L   MD 20 SSD 9 T   MD 20 | <pre>        ┌───SHR_DI───┐        ...─┤EN          │ MD20 ──┤IN      OUT├── MD20 W#16#9 ─┤N      ENO│        └────────────┘</pre> | Keine Standardfunktion vorhanden |
|---|---|---|---|

Eine Anwendung der Schiebefunktionen für INTEGER ist die Division einer vorzeichenbehafteten Zahl durch $2^n$. Die Verschiebung einer Zahl um n-Stellen nach rechts ist gleichbedeutend mit der Division durch $2^n$.

## 6.3.3  Schiebefunktionen in CoDeSys

Bei CoDeSys werden bei den Schiebefunktionen das an IN liegende Bitmuster um n Bit nach rechts oder links geschoben. Wenn ein vorzeichenloser Datentyp verwendet wird (BYTE, WORD, DWORD), wird von rechts oder links mit Nullen aufgefüllt.

Operationsdarstellung in der Steuerungssprache CoDeSys:

| Funktion | AWL | FUP | SCL |
|---|---|---|---|
| SHL | LD   In SHL  2 ST   Erg | <pre>        ┌─SHL─┐ In ──┤     ├── Erg  2 ──┤     │        └─────┘</pre> | Erg:= SHL(In,2); |
| SHR | LD   In SHR  2 ST   Erg | <pre>        ┌─SHR─┐ In ──┤     ├── Erg  2 ──┤     │        └─────┘</pre> | Erg:= SHR(In,2); |
| ROL | LD   In ROL  2 ST   Erg | <pre>        ┌─ROL─┐ In ──┤     ├── Erg  2 ──┤     │        └─────┘</pre> | Erg:= ROL(In,2); |
| ROR | LD   In ROR  2 ST   Erg | <pre>        ┌─ROR─┐ In ──┤     ├── Erg  2 ──┤     │        └─────┘</pre> | Erg:= ROR(In,2); |

Eine Besonderheit ergibt sich beim bitweisen Rechtsschieben SHR eines Datentypen mit Vorzeichen, wie z. B. INT. Hier wird ein arithmetischer Shift durchgeführt, d. h., die freiwerdenden Stellen links werden mit dem Wert des obersten Bits aufgefüllt.

Die nachfolgenden Beispiele zeigen, dass die Anzahl der Bit, die für die Schiebefunktionen berücksichtigt werden, durch den Datentyp der Eingangsvariablen vorgegeben wird.

```
VAR                     LD  IB                  LD  IB
IB: BYTE:=16#45;        SHL 2                   SHL 2
IW: WORD:=16#45;        ST  QB//Ergebnis: 16#14 ST  QW//Ergebnis: 16#14
QB: BYTE;
QW: WORD;                                       //nachfolgende Befehls-
END_VAR                 LD  IW                  folge ist nicht erlaubt.
                        SHL 2
                        ST  QW//Ergebnis: 16#0114 LD IW
                                                SHL 2
                                                ST QB
```

## 6.3.4  Beispiele

■  **Beispiel 6.5:  BCD-Check**

Bei BCD-Zifferneinstellern kann es beim Umschalten von 7 nach 8 oder umgekehrt zum kurzzeitigen Auftreten von Bitmustern kommen, die keiner BCD-Zahl entsprechen.

Verwendet ein SPS Programm Umwandlungsfunktionen (siehe Kapitel 6.4), kann ein kurzzeitig auftretendes ungültiges Bitmuster zu Programmfehlern führen, die einen STOPP des Betriebszustandes der CPU verursachen können.

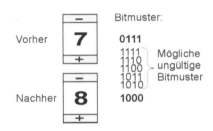

**Bild 6.5:**  Zifferneinsteller

Um das kurzzeitige Auftreten von Pseudotetraden zu verhindern, ist eine Funktion FC 605 zu entwerfen, welche die BCD-Stellen eines 4-stelligen BCD-Zifferneinstellers überprüft, und als Rückgabewert ein „1"-Signal liefert, wenn alle vier Stellen keine Pseudotetraden enthalten.

Zum Test der Funktion wird an den Eingang BCD_IN das Eingangswort EW 0 und an den Rückgabewert RET_VALUE der Ausgang A 4.1 gelegt. Mit entsprechenden Bitmustern am Eingangswort EW 0 kann dann das Steuerungsprogramm überprüft werden.

**Zuordnungstabelle der Eingänge und Ausgänge:**

| Eingangsvariable | Symbol | Datentyp | Logische Zuordnung | Adresse |
|---|---|---|---|---|
| Vierstelliger BCD-Wert | EW | WORD | BCD-Code | EW 0 |
| Ausgangsvariable | | | | |
| BCD-Wert in Ordnung | P1 | BOOL | Leuchtet | A 4.1 |

Zur Lösung der Aufgabe wird jede der vier Stellen geprüft, ob die Bitkombination kleiner 10 ist. Erfüllen alle Stellen den Vergleich, wird der Rückgabewert RET_VALUE der Funktion auf „1"-Signal gesetzt. Die einzelnen Stellen werden über Maskieren und Schieben ermittelt.

**Freigrafischer Funktionsplan FC 605:**

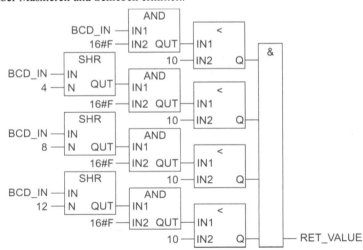

Durch den Wert 16#F am Eingang IN2 der digitalen UND-Verknüpfung UW werden die rechten 4 Bit der Variablen BCD_IN am Eingang IN1 für die Übernahme in die Ausgangsvariable OUT maskiert.

**STEP 7 Programm:**

**Aufruf FC 605 im OB 1:**

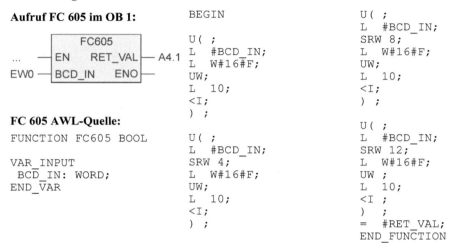

**FC 605 AWL-Quelle:**

```
FUNCTION FC605 BOOL

VAR_INPUT
 BCD_IN: WORD;
END_VAR
```

```
BEGIN

U( ;
L  #BCD_IN;
L  W#16#F;
UW;
L  10;
<I;
) ;

U( ;
L  #BCD_IN;
SRW 4;
L  W#16#F;
UW;
L  10;
<I;
) ;
```

```
U( ;
L  #BCD_IN;
SRW 8;
L  W#16#F;
UW;
L  10;
<I;
) ;

U( ;
L  #BCD_IN;
SRW 12;
L  W#16#F;
UW ;
L  10;
<I ;
) ;
=  #RET_VAL;
END_FUNCTION
```

**CoDeSys Programm:**

**Aufruf FC 605 im PLC-PRG:**

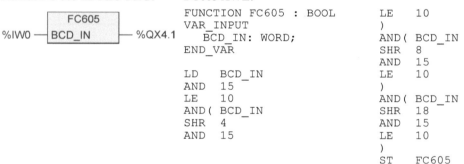

**FC605 AWL:**

```
FUNCTION FC605 : BOOL
VAR_INPUT
   BCD_IN: WORD;
END_VAR

LD    BCD_IN
AND   15
LE    10
AND( BCD_IN
SHR   4
AND   15
```

```
LE    10
)
AND( BCD_IN
SHR   8
AND   15
LE    10
)
AND( BCD_IN
SHR   18
AND   15
LE    10
)
ST    FC605
```

■ **Beispiel 6.6: Bit-Auswertung von BYTE-Variablen**

In digitalen Steuerungsprogrammen ist es oft erforderlich, einzelne Bit von Variablen mit dem Datentyp BYTE, WORD oder DWORD auszuwerten. (Siehe Beispiel 6.4 Meldefunktionsbaustein: Die einzelnen Bit eines Meldebytes werden abgefragt.)

Für eine Auswertung einzelner Bit einer BYTE-Variablen ist eine Funktion FC 606 zu entwerfen, welche die Bit einer am Parametereingang XBYTE angelegten Variablen dem Parameterausgang XBIT mit dem Datentyp ARRAY OF BOOL zuweist.

Übergabeparameter der Funktion:                                  Abfrage des 5. Bits von rechts:

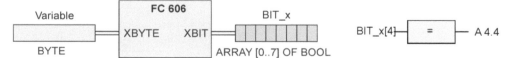

Zum Testen der Funktion FC 606 wird an den Eingangsparameter XBYTE das Eingangsbyte EB0 gelegt. Exemplarisch sollen das erste Bit (E 0.0), vierte Bit (E 0.3) und achte Bit (E 0.7) von rechts abgefragt und den Ausgängen A 4.0, A 4.3 und A 4.7 zugewiesen werden. Die Zuweisung zu den Ausgängen erfolgt über die Abfrage der entsprechenden Bit der Feldvariablen BIT_x.

**Zuordnungstabelle der Eingänge und Ausgänge:**

| Eingangsvariable | Symbol | Datentyp | Logische Zuordnung | | Adresse |
|---|---|---|---|---|---|
| BYTE-Variable | EB | BYTE | Bitmuster | | EB 0 |
| Ausgangsvariable | | | | | |
| Bit 1 | Bit 1 | BOOL | Gesetzt | Bit 1 = 1 | A 4.0 |
| Bit 4 | Bit 4 | BOOL | Gesetzt | Bit 4 = 1 | A 4.3 |
| Bit 7 | Bit_X7 | BOOL | Gesetzt | Bit 7 = 1 | A 4.7 |

Die Ermittlung der einzelnen Bitsignalzustände der BYTE-Variablen XBYTE wird nach folgendem Algorithmus durchgeführt und der Feld-Variablen XBIT zugeführt:

```
L   XBYTE
SRW 1
SLW 1
L   XBYTE
<>I
=   XBIT[n]
```

Die BYTE-Variable wird in den Akku 1 geladen, nach rechts um eine Stelle und dann nach links um eine Stelle geschoben. Das Ergebnis wird mit der ursprünglichen BYTE-Variablen verglichen. Bei Gleichheit, hat die 1. Bitstelle von rechts „0"-Signal, bei Ungleichheit „1"-Signal. Der Grund dafür ist, dass beispielsweise mit SRW eine „1" rechts herausgeschoben und mit SLW ein „0" rechts hineingeschoben wird.

```
L   XBYTE
SRW 1
T   XBYTE
```

Nach Zuweisung zu der zugehörigen Feld-Variablen XBIT wird die BYTE-Variable XBYTE um eine Stelle nach rechts geschoben und das Ergebnis der BYTE-Variablen wieder zugewiesen. Durch Wiederholung der Befehlsfolge wird nun die nächste Bitstelle überprüft.

Da die Anweisungsfolge siebenmal zu wiederholen ist, eignet sich die Verwendung einer Schleife mit einem Schleifenzähler SZAE, der gleichzeitig den Index für die Feldvariable XBIT vorgibt. Da bei STEP 7 der Index von Feldvariablen nur in der Programmiersprache SCL mit einer Variablen belegt werden kann, ist in der STEP 7-AWL die siebenmalige Wiederholung der Anweisungsliste erforderlich.

**STEP 7 Programm:**

Bei STEP 7 ist noch zu berücksichtigen, dass der Wert einer Variablen, welche an den Eingang einer Funktion gelegt wird, verändert wird, wenn die zugehörige lokale Variable innerhalb der Funktion verändert wird. Um dies zu verhindern, wird die IN-Variable XBYTE zu Beginn der Funktion einer temporären Variablen XBH übergeben und mit dieser die Schiebefunktionen ausgeführt.

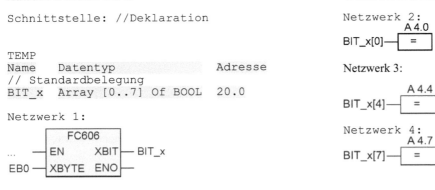

**Aufruf FC 606 im OB 1:**

```
Schnittstelle: //Deklaration


TEMP
Name    Datentyp              Adresse
// Standardbelegung
BIT_x   Array [0..7] Of BOOL  20.0

Netzwerk 1:
```

**Weitere Netzwerke im OB 1:**

```
Netzwerk 2:
                 A 4.0
BIT_x[0]—   =

Netzwerk 3:
                 A 4.4
BIT_x[4]—   =

Netzwerk 4:
                 A 4.7
BIT_x[7]—   =
```

**FC 606 AWL-Quelle:**

```
FUNCTION FC606:VOID                L    #XBYTE;          // Wiederholung
                                   T    #XBH;            für XBIT[1] bis
VAR_INPUT                                               XBIT[6]
  XBYTE: BYTE;                     L    #XBH;
END_VAR                           SRW  1;               L    #XBH
                                  SLW  1;               SRW  1;
VAR_OUTPUT                        L    #XBH;            SLW  1;
  XBIT: ARRAY [0 .. 7 ] OF BOOL ; <>I ;                L    #XBH;
END_VAR                           =    #XBIT[0];        <>I;
                                  L    #XBH;            =    #XBIT[7];
VAR_TEMP                          SRW  1;               L    #XBH;
  XBH : BYTE ;                    T    #XBH;            SRW  1;
END_VAR                                                 T    #XBH;

                                                       END_FUNCTION
```

**CoDeSys Programm:**

Da es in CoDeSys in jeder Programmiersprache möglich ist, den Index eines Arrays variabel zu belegen, kann eine Schleife programmiert werden, welche insgesamt acht mal durchlaufen wird. Als Schleifenzähler ist die Variable SZAE eingeführt, welche nach jedem Schleifendurchlauf um 1 hoch gezählt wird und gleichzeitig als Index-Variable für das Array benutzt wird. Zu Beginn der Funktion wird eine Marke M001 gesetzt, auf die nach Abarbeitung der Anweisungsfolge zur Bestimmung des Signalzustandes eines Bits jeweils wieder zurück gesprungen wird. Hat der Schleifenzähler den Wert 8, wird der Rücksprung nicht mehr ausgeführt.

**Aufruf FC 606 im PLC-PRG:**        **FC 606 AWL:**

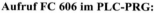

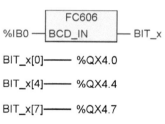

```
                                  FUNCTION FC606:          M001:
                                  ARRAY[0..7] OF BOOL      LD   XBYTE
                                                           SHR  1
                                  VAR_INPUT                SHL  1
                                    XBYTE: BYTE;           NE   XBYTE
                                  END_VAR                  ST   FC606[SZAE]

                                  VAR                      LD   XBYTE
                                    SZAE:INT:=0;           SHR  1
                                  END_VAR                  ST   XBYTE

                                                           LD   SZAE
                                                           ADD  1
                                                           ST   SZAE

                                                           LD   SZAE
                                                           LE   7
                                                           JMPC M001
```

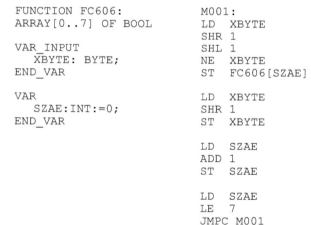

■ **Beispiel 6.7:  Variables Lauflicht**

Zu Reklamezwecken soll in einem Anzeigefeld P0 ... P7 ein Bitmuster leuchten und um eine Schrittweite rotieren. Sowohl das Bitmuster als auch die Schrittweite sollen einstellbar sein. Mit S1 wird das an Eingangsbyte EB0 eingestellte Bitmuster an die Anzeigeleuchten gelegt. Mit S2 wird die am einstelligen Ziffereinsteller EB9 vorgegebene Schrittweite übernommen. Damit das Bitmuster überhaupt rotiert, muss der Wert der Schrittweite zwischen 1 und 7 liegen. Wird ein anderer Wert eingestellt, wird automatisch die Schrittweite 1 übernommen.

Zur Lösung der Aufgabe ist eine Funktion FC 607 zu entwerfen, welche das am Eingang IN angelegte Byte um die an Eingang N vorgegebene Anzahl Bit nach links rotieren lässt. Gesteuert wird die Lauflichtfunktion durch die Flankenauswertung eines Taktes über den EN-Steuereingang.

**Freigrafischer Funktionsplan:**

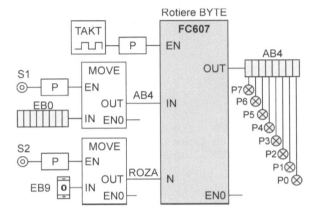

**Bild 6.6:**  Variables Lauflicht

**Zuordnungstabelle der Eingänge und Ausgänge:**

| Eingangsvariable | Symbol | Datentyp | Logische Zuordnung | | Adresse |
|---|---|---|---|---|---|
| Taster Bitmuster | S1 | BOOL | Betätigt | S1 = 1 | E 1.1 |
| Taster Schrittanzahl | S2 | BOOL | Betätigt | S2 = 1 | E 1.2 |
| Bitmuster-Einsteller | EB0 | BYTE | Bitmuster | | EB 0 |
| Schrittweiten-Einsteller | EB9 | BYTE | BCD-Wert | | EB 9 |
| Ausgangsvariable | | | | | |
| Ausgabebyte | AB4 | BYTE | Bitmuster | | AB 4 |

Der gegebene freigrafische Funktionsplan gibt den Aufruf und die Beschaltung der Funktion FC 607 an. Mit jedem Takt rotiert das am Eingang IN liegende Byte um die am Eingang N liegende Anzahl nach links. Da die Anweisungen für das Rotieren RLD bei STEP 7 und ROL bei CoDeSys unterschiedlich sind, ist auch das Steuerungsprogramm der Funktion FC 607 unterschiedlich.

**STEP 7 Lösung**

Zunächst wird überprüft, ob die am Eingang „N" der Funktion vorgegebene Schrittweite (ROZA = Rotationszahl) zwischen 1 und 7 liegt. Liegt diese außerhalb des Bereichs, wird N auf den Wert 1 gesetzt.

Mit der Operation RLD (Rotiere links Doppelwort) rotiert der gesamte Inhalt von AKKU 1 (32 Bit) bitweise nach links. Deshalb ist das Eingangsbyte IN der Funktion FC 607 zunächst rechtsbündig und dann noch linksbündig in den Akku zu laden. Durch die Anweisung RLD werden die aus dem Akku links heraus fallenden Bitkombinationen wieder rechts in den Akku eingeschoben.

Das nebenstehende Ablaufschema gibt die Programmstruktur der Funktion FC 607 wieder.

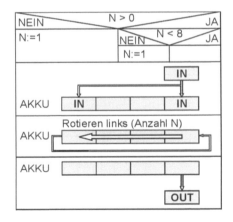

**STEP 7 Programm FC (AWL-Quelle):**

```
FUNCTION FC607 : VOID
VAR_INPUT          BEGIN              M001: NOP 0      M002: NOP 0;
  IN : BYTE ;          L #N;               L #N;            L #IN;
  N  : INT ;           L 0;                L 8;             L #IN;
END_VAR                >I ;                <I ;             SLD 24;
                       SPB M001;           SPB M002;        OD ;
VAR_OUTPUT             L 1;                L 1;             L #N;
  OUT : BYTE ;         T #N;               T #N;            TAK;
END_VAR                SPA M002;                            RLD;
                                                            T #OUT;
                                                      END_FUNCTION
```

Das Programm im OB 1 mit dem Aufruf der Funktion FC 607 entspricht dem gegebenen freigrafischen Funktionsplan. Für die genaue Darstellung wird auf den im Web unter www.automatisieren-mit-sps.de herunterladbaren STEP 7 Lösungsvorschlag verwiesen.

### CoDeSys Lösung

Bei der CoDeSys Lösung muss in der Funktion FC 607 ebenfalls zunächst überprüft werden, ob die Schrittzahl in dem vorgegebenen Bereich von 1 bis 7 liegt. Da die Rotierfunktion ROL die Anzahl der rotierenden Bit von dem Datenformat an IN abhängig macht, kann diese auch für das BYTE-Format verwendet werden.

### AWL-Programm FC 607:

```
FUNCTION FC607 : BYTE    LD  N        M001:
VAR_INPUT                GE  0        LD  N          M002:
  IN: BYTE;              JMPC M001    LE  8          LD  IN
  N: BYTE;                            JMPC M002      ROL N
END_VAR                  LD  1                       ST   FC607
                         ST  N        LD  1
                                      ST  N
```

Nachfolgend ist die Umsetzung des freigrafischen Funktionsplans im PLC-PRG in der Programmiersprache CFC dargestellt. Dabei kann auch auf die Einführung der Übergabevariablen ROZA verzichtet werden. Für die Erzeugung des Taktsignals wird der Taktbaustein FB 100 aus der Bibliothek verwendet.

**CFC-Programm des PLC_PGR Bausteins:**

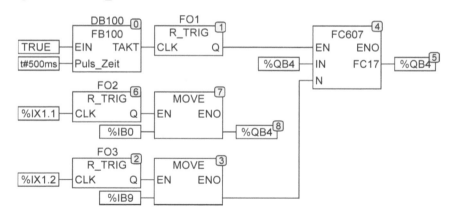

■  **Beispiel 6.8: Durchflussmengenmessung**

Ein Durchflussmengenmesser liefert proportional zur Durchflussmenge Q einen 8-Bit-INTEGER-Wert. Das Vorzeichen des Wertes (Bit 7) entspricht der Flussrichtung. Es ist eine Funktion FC 608 zu entwerfen, die den 8-Bit-Betragswert am Eingang IN_INT (BYTE) in den Bereich von 0 bis 100 normiert und den Wert zur weiteren Verarbeitung am Ausgang OUT_INT (INT) ausgibt. Der zweite Ausgangsparameter OUT_BCD (BYTE) der Funktion soll den normierten Wert als BCD-Wert für eine zweistellige Anzeige (darstellbar nur 0 .. 99) ausgeben. Der dritte Ausgangsparameter SBCD (BOOL) gibt das Vorzeichen des normierten Wertes und somit die Flussrichtung an.

**Technologieschema:**

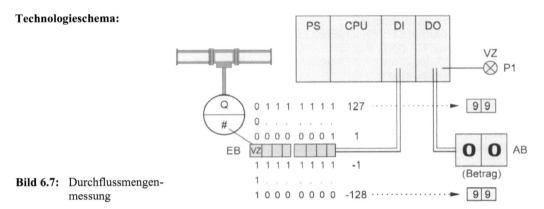

**Bild 6.7:** Durchflussmengenmessung

**Zuordnungstabelle der Eingänge und Ausgänge:**

| Eingangsvariable | Symbol | Datentyp | Logische Zuordnung | | Adresse |
|---|---|---|---|---|---|
| Durchfluss | EB | BYTE | 8-Bit-INTEGER | | EB 0 |
| Ausgangsvariable | | | | | |
| 2-stellige BCD-Anzeige | AB | BYTE | 2-stellige BCD-Wert | | AB 13 |
| Anzeige Flussrichtung | P1 | BOOL | Leuchtet | P1 = 1 | A 4.0 |

**Lösungshinweise**

**1. Normierung:**

Mit der 8-Bit-Auflösung des Durchflussmessgerätes sind insgesamt $2^8$ verschiedene Werte von −128 bis +127 darstellbar. Diese 256 Werte sind in einen Wertebereich von −100 bis +100 proportional umzusetzen. Dazu wird der jeweilige Wert des 8-Bit-Signals mit 200/256 = 0,78125 multipliziert.

Die Berechnung im Ganzzahlen-Format soll hier ohne Multiplikationsoperation ausgeführt werden. Dazu wird die Multiplikation mit Schiebe- und Additionsbefehlen ausgeführt. Schieben nach rechts um n-Stellen bedeutet, den Inhalt von Akku1 durch $2^n$ zu dividieren. Der Multiplikator wird deshalb in die $2^n$-Zahlen

$$0,78125 = 0,5 + 0,25 + 0,03125 = \frac{1}{2} + \frac{1}{4} + \frac{1}{32} = 2^{-1} + 2^{-2} + 2^{-5} \quad \text{zerlegt.}$$

Die Multiplikation kann somit auf eine Division durch 2, 4 und 32 mit Addition der Ergebnisse zurückgeführt werden. Für die Addition wird die +I-Anweisung (siehe Kapitel 8.1) verwendet.

An einem Beispiel sind die aufeinanderfolgenden Rechenoperationen und die dazugehörigen AWL-Anweisungen dargestellt. Es wird angenommen, dass der Messwert 64 sei. Der normierte zugehörige Wert beträgt dann 50.

| Rechenvorgang: | STEP 7 Anweisungen | CoDeSys Anweisungen | Hinweise |
|---|---|---|---|
| 64 : 2 = 32 | L VAR | LD VAR | In der Variablen |
| | SSI 1 | SHR 1 | VAR steht der |
| 64 : 4 = 16 | L VAR | ADD( VAR | INTEGER-Wert 64 |
| | SSI 2 | SHR 2 | |
| + $\overline{48}$ | +I | ) | Die Ergebnisse |
| 64 : 32 = 2 | L VAR | ADD ( VAR | der Divisionen |
| | SSI 5 | SHR 5 | werden addiert. |
| + $\overline{50}$ | +I | ) | |

### 2. Bildung der Hilfsvariablen HV:

Bevor die Anweisungen für die Normierung geschrieben werden, wird der Eingang IN_INT der Funktion in die Hilfsvariable HV (INT) transferiert. Damit das Vorzeichen an der richtigen Stelle steht und beim Rechts-Schieben keine eventuellen Überträge verloren gehen, wird das Bitmuster im Akkumulator um 8 Stellen nach links geschoben.

### 3. Aufbereitung der Ausgangsvariablen OUT_INT:

Nach Ausführung der Normierungsanweisungen steht in der Hilfsvariablen HV ein um $2^8$ zu großer Wert, da die gesamte Operation in das linke Byte des rechten Wortes von Akku 1 verlegt wurde. Deshalb wird der Wert mit der SSI-Anweisung um 8 Stellen nach rechts geschoben und der Ausgabevariable OUT_INT zugewiesen. An diesem Funktionsausgang kann der normierte Messwert abgegriffen werden.

### 4. Aufbereitung der Ausgangsvariablen BCD_OUT:

Zur Ausgabe des normierten Wertes in der BCD-Darstellung wird die Umwandlungsfunktion INT_TO_BCD (siehe Kapitel 6.4) angewandt.

### 5. Bildung der Ausgabevariablen SBCD:

Der normierte Wert wird auf „kleiner null" abgefragt. Das Ergebnis wird der Anzeige P1 zugewiesen.

### STEP 7 Programm (AWL-Quelle):

```
FUNCTION FC608 : VOID
VAR_INPUT              VAR_TEMP
 IN_INT : BYTE ;        HV : WORD ;      L  #HV;            T  #OUT_INT;
END_VAR                END_VAR          SSI 2;             ITB ;
VAR_OUTPUT                              +I ;               T  #OUT_BCD;
 OUT_INT :INT ;        BEGIN            L  #HV;            L  #OUT_INT;
 OUT_BCD :BYTE ;       L  #IN_INT;      SSI 5;             L  0;
 SBCD : BOOL ;         TAW ;            +I ;               <I ;
END_VAR                T  #HV;          T  #HV;            =  #SBCD;
                       L  #HV;          L  #HV;
                       SSI 1;           SSI 8;             END_FUNCTION
```

### CoDeSys Programm (AWL):

```
TYPE FC608_OUT :    FUNCTION FC608 :    LD  IN_INT          )
STRUCT              FC608_OUT           ST  HV              SHR 8
 OUT_INT:INT;                           LD  HV              ST  HV
 OUT_BCD:BYTE;      VAR_INPUT           SHL 8               ST FC608.OUT_INT
 SBCD:BOOL;          IN_INT: BYTE;      ST  HV
END_STRUCT         END_VAR              LD  HV              LD  HV
END_TYPE                                SHR 1               INT_TO_BCD
                   VAR                  ADD( HV             ST FC608.OUT_BCD
                    HV: INT;            SHR 2
                   END_VAR              )                   LD  HV
                                        ADD( HV             LT  0
                                        SHR 5               ST  FC608.SBCD
```

# 6.4 Umwandlungsfunktionen

Mit Umwandlungsfunktionen werden Daten von einem in einen anderen Typ konvertiert.

### 6.4.1 Umwandlungsfunktionen nach DIN EN 61131-3

Nach der Norm DIN EN 61131-3 haben Typumwandlungsfunktionen die Form * _ TO _ **, wobei „*" der Typ der Eingangsvariablen IN ist und „**" der Typ der Ausgangsvariablen OUT ist.

Grafische Darstellung einer Umwandlungsfunktion am Beispiel INT_TO_REAL

Eine Auswahl von möglichen Umwandlungsfunktionen in der Norm DIN EN 61131-3:

| Name | Beschreibung |
|---|---|
| BCD_TO_INT | Der Bitfolge-Datentyp BCD am Eingang wird in den Datentyp INTEGER umgesetzt. |
| INT_TO_BCD | Der Datentyp INTEGER am Eingang wird in den Bitfolge-Datentyp BCD umgesetzt. |
| INT_TO_REAL | Der Datentyp INTEGER am Eingang wird in den Datentyp REAL umgewandelt. |
| REAL_TO_INT | Der Datentyp REAL am Eingang wird in den Datentyp INTEGER umgesetzt. Die Umwandlung vom Typ REAL oder LREAL nach SINT, INT, DINT oder LINT muss auf die nächste ganze Zahl runden. Somit gilt: 1.4 = 1; 1.5 = 2; −1.4 = - 1; −1.6 = −2; |
| TRUNC | Eine Ausnahme in der Darstellung bildet die Funktion TRUNC. Der Datentyp REAL am Eingang wird dabei in den Datentyp INTEGER umgesetzt. Mit dieser Funktion werden die Nachkommastellen abgeschnitten. Somit gilt: 1.4 = 1; 1.5 = 1; -1.4 = −1; −1.6 = −1; |

### 6.4.2 Umwandlungsfunktionen in STEP 7

Bei STEP 7 werden alle Umwandlungsfunktionen unabhängig von Bedingungen im Akku 1 ausgeführt. Nach Ausführung der Umwandlungsfunktionen steht das konvertierte Datenformat im Akku 1. Das Verknüpfungsergebnis VKE wird dabei nicht verändert.

In der Programmiersprache AWL können Umwandlungsfunktionen beliebig oft auf den Inhalt des Akku 1 angewandt werden. Der Datentyp und die Länge der Bitkombination der Eingangs- und Ausgangsoperanden werden in der Programmiersprache AWL nicht geprüft.

In der Programmiersprache Funktionsplan FUP enthält die Box der Umwandlungsfunktionen neben den Parametern IN und OUT noch den Freigabeeingang EN und den Freigabeausgang ENO. Am Parametereingang IN liegt der zu wandelnde Wert und am Parameterausgang OUT das Ergebnis. Je nach Umwandlungsfunktion haben der Eingang und der Ausgang unterschiedliche Datentypen. Tritt beim Wandeln ein Fehler auf, wird der Freigabeausgang ENO auf „0" gesetzt. Ein Fehler tritt dann auf, wenn bei einer Wandlung der erlaubte Zahlenbereich überschritten wird oder eine ungültige REAL-Zahl vorgegeben wird.

In der Programmiersprache SCL werden der Norm entsprechend Standardfunktionen aufgerufen. Jede Funktion zur Datentyp-Konvertierung hat genau einen Eingangsparameter mit dem Namen IN. Der Rückgabewert der Funktion ist der gewandelte Wert.

### 6.4.2.1 Übersicht

Übersicht Umwandlungsoperationen in STEP 7 (Auswahl):

| Name | AWL | FUP | Beschreibung |
|------|-----|-----|-------------|
| BCD_TO_INT | BTI | BCD_I | BCD-Zahl in 16-Bit-Ganzzahl wandeln |
| INT_TO_BCD | ITB | I_BCD | 16-Bit-Ganzzahl in BCD-Zahl wandeln |
| BCD_TO_DINT | BTD | BCD_DI | BCD-Zahl in 32-Bit-Ganzzahl wandeln |
| INT_TO_DINT | ITD | I_DI | 16-Bit-Ganzzahl in 32-Bit-Ganzzahl wandeln |
| DINT_TO_BCD | DTB | DI_BCD | 32-Bit-Ganzzahl in BCD-Zahl wandeln |
| DINT_TO_REAL | DTR | DI_R | 32-Bit-Ganzzahl in Gleitpunktzahl wandeln |
| NEG_INT | NEGI | NEG_I | 2er Komplement zu 16-Bit-Ganzzahl erzeugen |
| NEG_DINT | NEGD | NEG_D | 2er Komplement zu 32-Bit-Ganzzahl erzeugen |
| NEG_REAL | NEGR | NEG_R | Negiere Gleitpunktzahl (Multiplikation mit -1) |
| REAL_TO_DINT | RND | ROUND | Runden einer Gleitpunktzahl zur 32-Bit-Ganzzahl |

### 6.4.2.2 Umwandlung von BCD-Zahlen

In STEP 7 gibt es zwei AWL-Anweisungen BTI und BTD zur Umwandlung von BCD-Zahlen in INTEGER- bzw. DOUBLE INTEGER-Zahlen. Dabei wird der im Akku 1 stehende Wert als BCD-Zahl mit 3 oder 7 Dekaden interpretiert. Das Vorzeichen der BCD-Zahl steht in Bit 15 bzw. Bit 31 („0" = positiv, „1" = negativ).

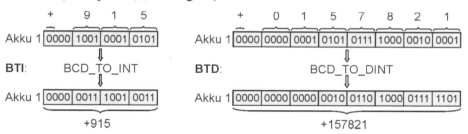

Operationsdarstellung in STEP 7:

| Name | AWL | FUP | SCL |
|------|-----|-----|-----|
| BCD_TO_INT | L   MW 10<br>BTI<br>T   MW 12 | BCD_I<br>... — EN   OUT — MW12<br>MW10 — IN   ENO — | Standardfunktion nicht vorhanden |
| BCD_TO_DINT | L   MD 20<br>BTD<br>T   MD 24 | BCD_DI<br>... — EN   OUT — MD24<br>MD20 — IN   ENO — | Standardfunktion nicht vorhanden |

Befindet sich in Akku 1 in einer BCD-Dekade eine Zahl von 10 bis 15 (Pseudotetraden), dann tritt bei der Umwandlung ein Fehler auf. Die CPU geht dann in den Zustand STOPP. Mit Hilfe von Organisationsbaustein OB 121 kann jedoch eine andere Fehlerreaktion programmiert werden.

### 6.4.2.3 Umwandlung von INTEGER- und DOPPELINTEGER-Zahlen

Zur Umwandlung von INTEGER- und DOPPELINTEGER-Zahlen stehen in STEP 7 für alle Programmiersprachen (AWL, FUP, KOP und SCL) folgende Funktionen zur Verfügung:

**INT_TO_DINT** (Datentypumwandlung INTEGER- nach DOUBLE INTEGER-Format).

Die Anweisung ITD interpretiert den im rechten Wort des Akku 1 stehenden Wert als Zahl mit dem Datentyp INT und überträgt den Signalzustand von Bit 15 (Vorzeichen) in die Bit 16 bis 31.

**DINT_TO_REAL** (Datentypumwandlung DOUBLE INTEGER- nach REAL-Format).

Die Anweisung DTR interpretiert den im Akku 1 stehenden Wert als Zahl mit dem Datentyp DINT und wandelt diese in eine Gleitpunktzahl (32 Bit, IEEE) mit dem Datenformat REAL um.

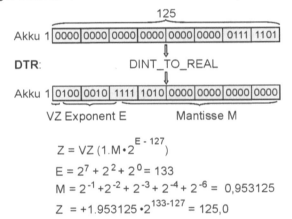

$$Z = VZ\,(1.M \cdot 2^{E-127})$$
$$E = 2^7 + 2^2 + 2^0 = 133$$
$$M = 2^{-1} + 2^{-2} + 2^{-3} + 2^{-4} + 2^{-6} = 0{,}953125$$
$$Z = +1.953125 \cdot 2^{133-127} = 125{,}0$$

Operationsdarstellung in STEP 7:

| Name | AWL | FUP | SCL |
|---|---|---|---|
| INT_TO_DINT | L   MW 12<br>ITD<br>T   MD 14 | I_DI<br>...—EN   OUT—MD14<br>MW12—IN   ENO— | X1: INT;<br>X2: DINT;<br>X2:=INT_TO_DINT(X1); |
| DINT_TO_REAL | L   MD 24<br>DTR<br>T   MD 28 | DI_R<br>...—EN   OUT—MD28<br>MD24—IN   ENO— | X3: INT;<br>X4: REAL;<br>X4:=DINT_TO_REAL(X3); |

In den Programmiersprachen AWL, FUP und KOP sind darüber hinaus noch folgende
INTEGER- bzw. DOUBLE INTEGER-Umwandlungsoperationen ausführbar:

**INT_TO_BCD** (Datentypumwandlung INTEGER- nach BCD-Format).

Die Anweisung **ITB** interpretiert den im rechten Wort des Akku 1 stehenden Wert als Zahl mit dem Datentyp INT und wandelt diese in eine BCD-codierte Zahl mit drei Dekaden um. Die drei Dekaden stehen rechtsbündig im Akku1. Das Vorzeichen steht in den Bit 12 bis 15 („0" = positiv; „1" = negativ).

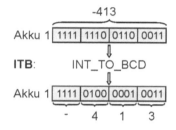

**DINT_TO_BCD** (Datentypumwandlung DOUBLE INTEGER- nach BCD-Format).

Die Anweisung **DTB** interpretiert den im Akku 1 stehenden Wert als Zahl mit dem Datentyp DINT und wandelt diese in eine BCD-codierte Zahl mit 7 Dekaden um. Die 7 Dekaden stehen rechtsbündig im Akku 1. Das Vorzeichen steht in den Bit 28 bis 31 („0" = positiv; „1" = negativ).

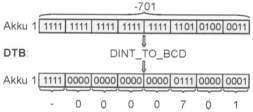

Ist der Betrag der INTEGER-Zahl größer als 999 bzw. 9 999 999 wird die Umwandlung nicht durchgeführt und die Statusbit OV und OS werden gesetzt.

Operationsdarstellung in STEP 7:

| Name | AWL | FUP | SCL |
|---|---|---|---|
| INT_TO_BCD | L MW 12<br>ITB<br>T MW 14 | I_BCD<br>···—EN OUT—MW14<br>MW12—IN ENO | Standardfunktion nicht vorhanden |
| DINT_TO_BCD | L MD 24<br>DTB<br>T MD 28 | DI_BCD<br>···—EN OUT—MD28<br>MD24—IN ENO | Standardfunktion nicht vorhanden |

Die in den beiden nachfolgenden Tabellen angegebenen Funktionen zur Umwandlung von Variablen mit dem Datentyp INTEGER bzw. DOUBLE INTEGER sind nur in der Programmiersprache SCL verfügbar.

Typumwandlung von INTEGER-Variablen:

| Funktionsname | Umwandlungsregeln |
|---|---|
| INT_TO_REAL | Umwandlung in eine Gleitpunktzahl |
| INT_TO_WORD | Übernahme des Bitstrings |
| INT_TO_CHAR | Übernahme des Bitstrings |

Typumwandlung von DOPPELINTEGER-Variablen:

| Funktionsname | Umwandlungsregeln |
|---|---|
| DINT_TO_INT | Übernahme des Wertes vom DOUBLE INTEGER- in das INTEGER-Format. Ist der Wert größer 32 767 oder kleiner – 32 768, wird die OV-Variable gesetzt. |
| DINT_TO_DWORD | Übernahme des Bitstrings |
| DINT_TO_DATE | Übernahme des Bitstrings |
| DINT_TO_TIME | Übernahme des Bitstrings |
| DINT_TO_TOD | Übernahme des Bitstrings |

Werden die aufgeführten Umwandlungsfunktionen in der Programmiersprache AWL, FUP oder KOP benötigt, so kann teilweise auf Bibliotheksfunktionen in der zu STEP 7 gehörenden Standardbibliothek zurückgegriffen werden.

### 6.4.2.4 Umwandlung von Gleitpunktzahlen

Zur Umwandlung von Gleitpunktzahlen stehen in STEP 7 folgende Funktionen zur Verfügung:

**REAL_TO_DINT** (Datentypumwandlung REAL- nach DOUBLE INTEGER-Format). Dafür gibt es in den Programmiersprachen AWL, FUP und KOP vier Operationen, die sich in der Ausführung der Rundung unterscheiden:

**RND** interpretiert den Inhalt von AKKU 1 als REAL-Zahl und wandelt sie in eine 32-Bit-Ganzzahl (DINT) um.

Das Ergebnis besteht aus der der REAL-Zahl am nächsten liegenden ganzen Zahl.

| | | |
|---|---|---|
| - 0.51 | $\Longrightarrow$ | - 1 |
| - 0.5 | $\Longrightarrow$ | 0 |
| - 0.49 | $\Longrightarrow$ | 0 |
| + 0.49 | $\Longrightarrow$ | 0 |
| + 0.5 | $\Longrightarrow$ | + 0 |
| + 0.51 | $\Longrightarrow$ | + 1 |

**RND+** interpretiert den Inhalt von AKKU 1 als REAL-Zahl und wandelt sie in eine 32-Bit-Ganzzahl (DINT) um.

Das Ergebnis besteht aus der nächst größeren ganzen Zahl.

| | | |
|---|---|---|
| - 1.1 | $\Longrightarrow$ | - 1 |
| - 0.51 | $\Longrightarrow$ | 0 |
| - 0.49 | $\Longrightarrow$ | 0 |
| + 0.49 | $\Longrightarrow$ | + 1 |
| + 0.51 | $\Longrightarrow$ | + 1 |
| + 1.1 | $\Longrightarrow$ | + 2 |

**RND–** interpretiert den Inhalt von AKKU 1 als REAL-Zahl und wandelt sie in eine 32-Bit-Ganzzahl (DINT) um.

Das Ergebnis besteht aus der nächst kleineren ganzen Zahl.

| | | |
|---|---|---|
| - 1.1 | $\Longrightarrow$ | - 2 |
| - 0.51 | $\Longrightarrow$ | - 1 |
| - 0.49 | $\Longrightarrow$ | - 1 |
| + 0.49 | $\Longrightarrow$ | 0 |
| + 0.51 | $\Longrightarrow$ | 0 |
| + 1.1 | $\Longrightarrow$ | + 1 |

**TRUNC** interpretiert den Inhalt von AKKU 1 als REAL-Zahl und wandelt sie in eine 32-Bit-Ganzzahl (DINT) um.

Das Ergebnis besteht aus dem ganzzahligen Anteil der Gleitpunktzahl (IEEE-Rundungsmodus „Round to Zero").

| | | |
|---|---|---|
| - 1.1 | $\Longrightarrow$ | - 1 |
| - 0.51 | $\Longrightarrow$ | 0 |
| - 0.49 | $\Longrightarrow$ | 0 |
| + 0.49 | $\Longrightarrow$ | 0 |
| + 0.51 | $\Longrightarrow$ | 0 |
| + 1.1 | $\Longrightarrow$ | + 1 |

Liegt die Zahl außerhalb des zulässigen Bereichs, werden die Statusbit OS (Überlauf, speichernd) und OV (Überlauf) auf „1" gesetzt. Eine Wandlung findet dann nicht statt.

Operationsdarstellung in STEP 7:

| Name | AWL | FUP | SCL |
|------|-----|-----|-----|
| REAL_TO_DINT | L  MD 10<br>RND<br>T  MD 14 | ROUND<br>...——EN    OUT——MD14<br>MD10——IN    ENO— | X1: REAL;<br>X2: DINT;<br>X2:=REAL_TO_DINT(X1); |
| | L  MD 18<br>RND+<br>T  MD 22 | CEIL<br>...——EN    OUT——MD22<br>MD18——IN    ENO— | Standardfunktion nicht vorhanden |
| | L  MD 26<br>RND-<br>T  MD 30 | FLOOR<br>...——EN    OUT——MD30<br>MD26——IN    ENO— | Standardfunktion nicht vorhanden |
| | L  MD 34<br>TRUNC<br>T  MD 38 | TRUNC<br>...——EN    OUT——MD38<br>MD34——IN    ENO— | Standardfunktion nicht vorhanden |

Die in der nachfolgenden Tabelle angegebenen Funktionen zur Umwandlung von Gleitpunktzahlen sind nur in der Programmiersprache SCL verfügbar.

| Funktionsname | Umwandlungsregeln |
|---------------|-------------------|
| REAL_TO_DWORD | Übernahme des Bitstrings |
| REAL_TO_INT | Runden der Gleitpunktzahl auf einen INTEGER-Wert im Bereich von −32 768 bis +32 767. |
| INT_TO_CHAR | Übernahme des Bitstrings |

### 6.4.2.5 Umwandlung durch Komplementbildung

In der Digitaltechnik sind zwei Arten der Komplementbildung bekannt, das *Einerkomplement,* welches jedes einzelne Bit eines Registers invertiert und das *Zweierkomplement,* das sich aus der Bildung des Einerkomplements und Addition +1 ergibt. In der Norm DIN EN 61131-3 tauchen die beiden Begriffe bei Funktionen nicht mehr auf. Die Bildung des Einerkomplements wird durch die Funktion „NOT" ausgeführt. Die Bildung des Zweierkomplements wird durch eine Multiplikation mit −1 ersetzt.

Bei STEP 7 stehen in den Programmiersprachen AWL, FUP und KOP die beiden genannten Komplementbildungen als Operationen in Form von Invertierungs- und Negations-Anweisungen zur Verfügung. Ausgeführt wird die Komplementbildung im Akku 1. Bei der Programmiersprache SCL müssen für die Komplementbildung die normgerechten Funktionen NOT und Multiplikation mit −1 verwendet werden.

Beim Bilden des Einerkomplements eines Bitmusters im Akku 1 werden die einzelnen Bit umgekehrt (invertiert), d. h., die Nullen werden durch Einsen und die Einsen durch Nullen ersetzt. Mit den Anweisungen INVI bzw. INVD wird die Einerkomplementbildung auf die rechten 16 Bit bzw. auf alle Bit von Akku 1 angewandt.

Operationsdarstellung in der Steuerungssprache STEP 7:

| Name | AWL | FUP | | SCL |
|---|---|---|---|---|
| Einerkomplement | L   MW  10<br>INVI<br>T   MW  12 | | INV_I<br>...─EN    OUT─MW12<br>MW10─IN    ENO─ | MW12:=NOT MW10; |
| | L   MD  14<br>INVD<br>T   MD  18 | | INV_DI<br>...─EN    OUT─MD18<br>MD14─IN    ENO─ | MD18:=NOT MD14; |

Der Inhalt des linken Wortes in Akku 1 wird bei der Anweisung INVI nicht verändert. Die Anweisungen für das Einerkomplement ändern keine Statusbit.

Beim Bilden des Zweierkomplements einer Ganzzahl im Akku 1 werden die einzelnen Bit umgekehrt, d. h., die Nullen werden durch Einsen und die Einsen durch Nullen ersetzt. Dann wird +1 zum Inhalt des Akku 1 addiert. Das Zweierkomplement einer Ganzzahl entspricht einer Multiplikation mit −1. Mit den Anweisungen NEGI bzw. NEGD wird das Zweierkomplement oder die Negation der Ganzzahl auf die rechten 16 Bit bzw. auf alle Bit von Akku 1 angewandt.

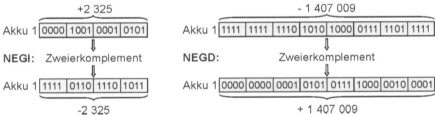

Operationsdarstellung in der Steuerungssprache STEP 7:

| Name | AWL | FUP | | SCL |
|---|---|---|---|---|
| Zweierkomplement<br><br>(Der Inhalt des linken Wortes von Akku 1 wird bei der Anweisung NEGI nicht verändert.) | L   MW  10<br>NEGI<br>T   MW  12 | | NEG_I<br>...─EN    OUT─MW12<br>MW10─IN    ENO─ | X1:  INT;<br>X2:  INT;<br><br>X2:=X2*(−1); |
| | L   MD  14<br>NEGD<br>T   MD  18 | | NEG_DI<br>...─EN    OUT─MD18<br>MD14─IN    ENO─ | X3:  DINT;<br>X4:  DINT;<br><br>X4:=X3*(−1); |

### 6.4.2.6  Umwandlung BOOL, BYTE, WORD und DWORD

In STEP 7 kann für die Umwandlung der Datenformate BYTE und WORD in den Programmiersprachen AWL, FUP und KOP auf Lade- und Transferoperationen zurückgegriffen werden. Beispielsweise erfolgt die Umwandlung einer Variablen mit dem Datenformat BYTE in eine Variable mit dem Datenformat WORD mit einer Lade- und Transferanweisung in der AWL oder mit der MOVE-Box im FUP.

In der Programmiersprache SCL dürfen jedoch nur Zuweisungen von typgleichen Variablen ausgeführt werden. Deshalb ist dort z. B. für die Zuweisung einer Variablen mit dem Datenformat BYTE zu einer Variablen mit dem Datenformat WORD eine spezielle Funktion erforderlich.

Die nachfolgende Tabelle gibt eine Übersicht zu den Umwandlungsfunktionen für BOOL, BYTE, WORD und DWORD in der Programmiersprache SCL.

| Funktionsname | Umwandlungsregeln |
|---|---|
| BOOL_TO_BYTE | Ergänzung führender Nullen |
| BOOL_TO_WORD | |
| BOOL_TO_DWORD | |
| BYTE_TO_WORD | |
| BYTE_TO_DWORD | |
| BYTE_TO_BOOL | Kopieren des niederwertigsten Bits |
| WORD_TO_DWORD | Ergänzung führender Nullen |
| WORD_TO_BOOL | Kopieren des niederwertigsten Bits |
| WORD_TO_BYTE | Kopieren der niederwertigen 8 Bit |
| WORD_TO_INT | Übernahme des Bitstrings |
| DWORD_TO_BOOL | Kopieren des niederwertigsten Bits |
| DWORD_TO_BYTE | Kopieren der niederwertigen 8 Bit |
| DWORD_TO_WORD | Kopieren der niederwertigen 16 Bit |
| DWORD_TO_DINT | Übernahme des Bitstrings |
| DWORD_TO_REAL | Übernahme des Bitstrings |

Aus der Tabelle ist zu ersehen, dass es auch Funktionen für die Umwandlung von BOOL gibt. Dabei wird der Wert der booleschen Variablen dem ersten Bit von rechts der Variablen mit dem Datenformat BYTE, WORD oder DWORD zugewiesen.

### 6.4.3 Umwandlungsfunktionen in CoDeSys

Bei CoDeSys kann mit den Umwandlungsfunktionen grundsätzlich von jedem elementaren Typ zu jedem anderen elementaren Typ konvertiert werden. Die Umwandlungsfunktionen werden deshalb auch als Typkonvertierungen bezeichnet. Zu beachten ist jedoch, dass die Konvertierung von einem „größeren" Typ auf einen „kleineren" Typ (beispielsweise von INT nach BYTE) zu Datenverlusten führen kann.

#### 6.4.3.1 Übersicht

Zusammenstellung der elementaren Datentypen, welche für die Typkonvertierungen in Frage kommen:

| TYP | Untergrenze | Obergrenze | Speicherplatz |
|---|---|---|---|
| BOOL | FALSE | TRUE | 1 Bit |
| BYTE | 0 | 255 | 8 Bit |
| WORD | 0 | 65535 | 16 Bit |
| DWORD | 0 | 4294967295 | 32 Bit |
| SINT | −128 | 127 | 8 Bit |
| USINT | 0 | 255 | 8 Bit |
| INT | −32768 | 32767 | 16 Bit |
| UINT | 0 | 65535 | 16 Bit |
| DINT | −2147483648 | 2147483647 | 32 Bit |
| UDINT | 0 | 4294967295 | 32 Bit |
| REAL | | | 32 Bit |
| LREAL | | | 64 Bit |
| STRING | | | |
| TIME | | | |
| TOD | | | |
| DATE | | | |
| DT | | | |

Für die Typkonvertierung ist jede Kombination der aufgelisteten Datentypen möglich, auch wenn machen Kombinationen auf den ersten Blick nicht unbedingt Sinn machen.

Operationsdarstellung in CoDeSys (* und ** sind Datentypen aus der Tabelle):

| AWL | FUP | ST |
|---|---|---|
| LD VAR1<br>*_TO_**<br>ST VAR2 | VAR1 — [ *_TO_** ] — VAR2 | VAR2:= *_**TO**_** (VAR1) |

Da die BCD-Darstellung einer Zahl nicht zu den Datentypen gehört, gibt es für die Konvertierung von oder zu einem BCD-Bitmuster keine Umwandlungsoperationen. Soll eine BCD-Zahl beispielsweise in das Datenformat INT oder umgekehrt eine Zahl mit dem Datentyp INT in eine BCD-Zahl konvertiert werden, müssen dazu Funktionen aus einer Bibliothek verwendet werden.

### 6.4.3.2 Umwandlung von und zu dem Datentyp BOOL

Die Konvertierung von BOOL zu einem Zahlentyp ergibt 1, wenn der boolesche Operand TRUE ist und 0, wenn der Operand FALSE ist. Bei der Konvertierung zum Datentyp STRING ist das Ergebnis „TRUE" bzw. „FALSE".

Beispiele zu BOOL_TO_* Konvertierungen in ST:

| Typumwandlung: | Ergebnis: |
|---|---|
| `VAR1:= BOOL_TO_INT(TRUE);` | `VAR1:= 1` |
| `VAR2:= BOOL_TO_STRING(TRUE);` | `VAR2:= 'TRUE'` |
| `VAR3:= BOOL_TO_TIME(TRUE);` | `VAR3:= 1ms` |
| `VAR4:= BOOL_TO_TOD(TRUE);` | `VAR4:= 00:00:00.001` |
| `VAR5:= BOOL_TO_DATE(TRUE);` | `VAR5:= 1970-01-01` |
| `VAR6:= BOOL_TO_DT(TRUE);` | `VAR6:= 1970-01-01-00:00:01` |

Die Konvertierung zum Datentyp BOOL ergibt TRUE, wenn der zu konvertierende Operand ungleich 0 ist und FALSE, wenn der Operand gleich 0 ist. Beim Typ STRING ist das Ergebnis TRUE, wenn der Operand 'TRUE' ist, ansonsten ist das Ergebnis FALSE.

Beispiele zu *_TO_BOOL Konvertierungen in ST:

| Typumwandlung: | Ergebnis: |
|---|---|
| `VAR1:= BYTE_TO_BOOL(16#D5);` | `VAR1:= TRUE` |
| `VAR2:= INT_TO_BOOL(0);` | `VAR2:= FALSE` |
| `VAR3:= TIME_TO_BOOL(T#5ms);` | `VAR3:= TRUE` |
| `VAR4:= STRING_TO_BOOL('TRUE');` | `VAR4:= TRUE` |

### 6.4.3.3 Umwandlung zwischen ganzzahligen Datentypen

Zu den ganzzahligen Datentypen gehören: BYTE, WORD, DWORD, SINT, USINT, INT, UINT, DINT und UDINT. Bei der Typkonvertierung von größeren auf kleiner Typen können Informationen verloren gehen. Wenn die zu konvertierende Zahl die Bereichsgrenze überschreitet, werden die oberen Byte der Zahl nicht berücksichtigt.

Beispiele zu INT_TO_BYTE Konvertierungen in ST:

| Typumwandlung: | Ergebnis: | Begründung: |
|---|---|---|
| `VAR1:=INT_TO_BYTE(4232);` | `VAR1:= 136` | `4232 ist 16#1088.`<br>`VAR1 = 16#88 entspricht 136.` |

### 6.4.3.4 Umwandlung von Gleitpunktzahlen

Bei der Konvertierung von REAL bzw. LREAL zu einem ganzzahligen Datentyp wird nach oben oder nach unten gerundet.

Beispiele zu REAL_TO_INT Konvertierungen in ST:

| Typumwandlung: | Ergebnis: |
|---|---|
| `VAR1:= REAL_TO_INT(1.5);` | `VAR1:= 2` |
| `VAR2:= REAL_TO_INT(1.4)` | `VAR2:= 1` |
| `VAR3:= REAL_TO_INT(-1.5);` | `VAR3:= -2` |
| `VAR4:= REAL_TO_INT(-1.4);` | `VAR4:= -1` |

### 6.4.3.5 Umwandlung von TIME bzw. TIME_OF_DAY

Da die Zeit intern in einem Doppelwort DWORD in Millisekunden abgespeichert wird, wird dieser Wert konvertiert. Bei der Typkonvertierung von größeren auf kleinere Datentypen können Informationen verloren gehen. Bei der Konvertierung zu einem Datentyp STRING ist das Ergebnis eine Zeit-Zeichenkette.

Beispiele zu TIME/TOD_TO_* Konvertierungen in ST:

| Typumwandlung: | Ergebnis: |
|---|---|
| VAR1:= TIME_TO_STRING(T#12ms); | VAR1:= 'T#12ms' |
| VAR2:= TIME_TO_WORD(T#300000ms) | VAR2:= 300000 |
| VAR3:= TOD_TO_SINT(TOD#00:00:00.012); | VAR3:= 12 |

### 6.4.3.6 Umwandlung von DATE bzw. DATE_AND_TIME

Intern wird das Datum in einem Doppelwort DWORD in Sekunden seit dem 1. Januar 1970 abgespeichert. Dieser Wert wird konvertiert. Bei der Typkonvertierung von größeren auf kleinere Datentypen können Informationen verloren gehen. Bei der Konvertierung zu einem Datentyp STRING ist das Ergebnis eine Datums-Zeichenkette.

Beispiele zu DATE/DT_TO_* Konvertierungen in ST:

| Typumwandlung: | Ergebnis: |
|---|---|
| VAR1:= DATE_TO_BOOL(D#1970-01-01); | VAR1:= FALSE |
| VAR2:= DATE_TO_INT(D#1970-01-15) | VAR2:= 29952 |
| VAR3:= DT_TO_BYTE(DT#1970-01-15-05:05:05); | VAR3:= 129 |
| VAR4:= DT_TO_STRING(DT#1998-02-13-14:25); | VAR3:= 'DT#1998-02-13-14:25' |

### 6.4.3.7 Umwandlung von STRING

Der Operand vom Datentyp STRING muss einen gültigen Wert des Zieldatentyps haben, sonst ist das Ergebnis 0.

Beispiele zu STRING_TO_* Konvertierungen in ST:

| Typumwandlung: | Ergebnis: |
|---|---|
| VAR1:= STRING_TO_BOOL('TRUE'); | VAR1:= TRUE |
| VAR2:= STRING_TO_WORD('abc125') | VAR2:= 0 |
| VAR3:= STRING_TO_TIME('T#130ms'); | VAR3:= T#130 |

### 6.4.3.8 TRUNC

Mit der Operation TRUNC wird nur der ganzzahlige Anteil einer REAL-Zahl verwendet. Bei der Konvertierung von größere auf kleinere Typen können Informationen verloren gehen.

Beispiele zur Anwendung der TRUNC-Operation in ST:

| Typumwandlung: | Ergebnis: |
|---|---|
| VAR1:= TRUNC(1.9); | VAR1:= 1 |
| VAR2:= TRUNC(-1.4); | VAR2:= -1 |

## 6.4.4  Beispiele

■ **Beispiel 6.9:  Umwandlung BCD_TO_INT für 4-Dekaden (FC 609: BCD4_INT)**

Für die eigene Programmbibliothek ist eine Funktion FC 609 (BCD4_INT) zu entwerfen, die einen vierstelligen BCD-Wert in einen INTEGER-Wert wandelt. Das Vorzeichen des BCD-Wertes wird mit einem Schalter S als boolesche Variable vorgegeben. Verursacht ein Zifferneinsteller EW, mit dem die BCD-Zahl vorgegeben wird, beim Umschalten von Ziffer 7 nach 8 oder umgekehrt eine Pseudotetrade, soll diese unterdrückt (nicht gewandelt) werden. Zum Test der Funktion FC 609 wird der Codebaustein aufgerufen und der gewandelte BCD-Wert als Ergebnis einem Merkerwort MW zugewiesen. Mit der Funktion „Variable beobachten/steuern" kann dann die Arbeitsweise überprüft werden.

Übergabeparameter:                 Beschreibung der Parameter:

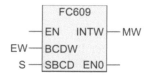

BCDW:  BCD-Wert mit 4 Dekaden im Datenformat WORD

SBCD:  Vorzeichen des BCD-Wertes („0" = positiv, „1" = negativ)

INTW:  Gewandelter BCD-Wert im INTEGER-Format in den Grenzen –9999 bis +9999

**Zuordnungstabelle der Eingänge und Merker:**

| Eingangsvariable | Symbol | Datentyp | Logische Zuordnung | | Adresse |
|---|---|---|---|---|---|
| Vorzeichen (Schalter) | S | BOOL | Betätigt (Zahl negativ) | S = 1 | E 0.0 |
| Zifferneinsteller | EW | WORD | 4-stelliger BCD-Wert | | EW 8 |
| Merkervariable | | | | | |
| Ergebnis | MW | INT | INTEGER-Format | | MW 10 |

Zur Unterdrückung etwaiger Pseudotetraden wird das Steuerungsprogramm aus Beispiel 6.5: BCD-Check verwendet.

**Lösung für STEP 7**

Zur Umwandlung von 4 BCD-Dekaden ist die BTD-Anweisung (BCD_TO_DINT) zu verwenden. Bei negativem Vorzeichen der BCD-Zahl wird vor der Wandlung Bit 31 des Akku 1 mit „1" belegt.

**STEP 7 Programm (AWL-Quelle):**

```
FUNCTION FC609 : VOID
NAME : BCD4_INT
VAR_INPUT                    VAR_OUTPUT
  BCDW : WORD ;                INTW : INT ;
  SBCD : BOOL ;              END_VAR
END_VAR
BEGIN
U( ;           UW ;           ) ;              //Abfrage BCD-Wert > 0
L  #BCDW;      L  10;         U( ;                L  #BCDW;
L  W#16#F;     <I ;          L  #BCDW;           UN  #SBCD;
UW ;           ) ;           SRW 12;             SPB M001;
L  10;         U( ;          L  W#16#F;           L  DW#16#80000000;
<I ;           L  #BCDW;     UW ;                OW ;
) ;            SRW 8;        L  10;              //Umwandlung
U( ;           L  W#16#F;    <I ;
L  #BCDW;      UW ;          ) ;                 M001: BTD ;
SRW 4;         L  10;        NOT ;                    T  #INTW;
L  W#16#F;     <I ;          BEB ;

                                                  END_FUNCTION
```

**Lösung für CoDeSys**

Da es in CoDeSys die Umwandlung BCD_TO_INT nicht als Operation gibt, muss die Konvertierung eines BCD-Bitmusters mit Schiebe-, Maskier-, Multiplikations- und Additions- Operationen ausgeführt werden oder die entsprechende Funktion aus einer Bibliothek aufgerufen werden. In Kapitel 8.1 sind die Addition- und Multiplikations-Funktionen ausführlich beschrieben.

**Funktionsplandarstellung des verwendeten Algorithmus:**

Beispiel:

Die Zahl 2763 im BCD-Code ist:

$2*1000 + 7*100 + 6*10 +3$.

Wird somit jede Ziffer mit Ihrer Wertigkeit multipliziert und dann addiert, ergibt sich das INTEGER-Bitmuster der Zahl 2763.

Durch das Rechts-Schieben und Maskieren wird jede Ziffer der Zahl vereinzelt. Anschließend wird die Ziffer mit ihrer Wertigkeit multipliziert. Die Addition aller Produkte ergibt die INTEGER-Zahl INTW.

Im Programm wird zunächst der BCD-Check und dann die dargestellte Berechnung durchgeführt. Danach wird der Signalzustand des binären Eingangs SBCD (Vorzeichen) abgefragt.

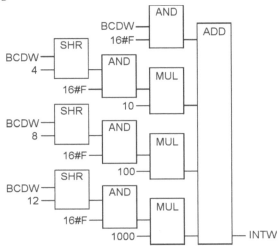

Ist dieser FALSE, wird die Programmbearbeitung beendet. Bei Signalzustand TRUE wird der INTEGER-Wert INTW mit −1 multipliziert.

**CoDeSys Programm:**

```
FUNCTION FC609:INT
VAR_INPUT            AND( BCDW       LD  BCDW        ADD(  BCDW
 BCDW: WORD;         SHR 8           AND 15          SHR  12
 SBCD: BOOL;         AND 15          ADD(BCDW        AND  15
END_VAR              LE  10          SHR 4           MUL  1000
                     )               AND 15          )
LD  BCDW             AND( BCDW       MUL 10          ST   FC609
AND 15               SHR  12         )
LE  10               AND 15          ADD( BCDW       LDN SBCD
AND( BCDW            LE  10          SHR  8          RETC
SHR  4               )               AND  15
AND  15              NOT             MUL 100         LD  FC609
LE 10                RETC            )               MUL −1
)                                                    ST   FC609
```

■ **Beispiel 6.10:  Umwandlung INT_TO_BCD für 4 Dekaden (FC 610: INT_BCD4)**

Für die eigene Programmbibliothek ist eine Funktion FC 610 (INT_BCD) zu entwerfen, die einen INTEGER-Wert von −9 999 bis + 9 999 in einen vierstelligen BCD-Wert wandelt. Das Vorzeichen ist mit einer booleschen Variablen am Ausgang der Funktion anzuzeigen. Liegt der INTEGER-Wert außerhalb der angegebenen Grenzen, wird 16#FFFF an den BCD-Ausgang der Funktion FC 610 gelegt.

Zum Test der Funktion FC 610 wird der Codebaustein aufgerufen und INTEGER-Werte über „Variable steuern" in das am Eingang der Funktion liegende Merkerwort MW geschrieben. Der Ausgang der Funktion wird einem Ausgangswort AW zugewiesen, an das eine 4-stellige Ziffernanzeige angeschlossen ist. Das Vorzeichen wird an einem binären Ausgang P angezeigt.

Übergabeparameter:                          Beschreibung der Parameter:

```
        FC610
      EN  BCDW — AW
MW — INTW  SBCD — P
        EN0
```

INTW:     INTEGER-Wert im Bereich von –9 999 bis +9 9999

BCDW:     Gewandelter INTEGER-Wert als BCD-Zahl im Format WORD

SBCD:     Vorzeichen des BCD-Wertes („0" = positiv, „1" = negativ)

**Zuordnungstabelle der Merker und Ausgänge:**

| Merkervariable | Symbol | Datentyp | Logische Zuordnung | Adresse |
|---|---|---|---|---|
| Testwert | MW | INT | INTEGER-Format | MW 10 |
| Ausgangsvariable | | | | |
| Vorzeichen-Anzeige | P | BOOL | Leuchtet (Wert ist negativ)  P = 1 | A  4.0 |
| Ziffernanzeige | AW | WORD | 4-stelliger BCD-Wert | AW 12 |

Mit zwei aufeinander folgenden Vergleichen wird geprüft, ob der Eingangswert an INTW im angegebenen Bereich liegt. Falls er außerhalb des Bereichs liegt, werden SBCD = „0" und der Wert 16#FFFF an den Ausgang BCDW gelegt. Die Bearbeitung des Bausteins wird dann beendet.

**Lösung für STEP 7**

Liegt der Wert innerhalb des Bereichs, wird mit ITD der Eingangswert INTW in den Datentyp DINT konvertiert. Danach wird mit der Anweisung DTB die Zahl in das BCD-Format gewandelt und an den Ausgang BCDW gelegt.

**STEP 7 Programm (AWL-Quelle):**

```
FUNCTION FC610 : VOID
NAME : INT_BCD4          VAR_OUTPUT
VAR_INPUT                  BCDW : WORD ;
  INTW : INT ;            SBCD : BOOL ;
END_VAR                  END_VAR
BEGIN
CLR ;            L  9999;        <I ;            T  #BCDW;
=  #SBCD;        >I ;            )  ;            L  #INTW;
L  W#16#FFFF;    )  ;            BEB ;           L  0;
T  #BCDW;        O( ;            L  #INTW;       <I ;
O( ;            L  #INTW;       ITD ;           =  #SBCD;
L  #INTW;       L  -9999;       DTB ;           END_FUNCTION
```

**Lösung für CoDeSys**

Da in CoDeSys die Umwandlungs-Funktion INT_TO_BCD nicht als Standardfunktion vorhanden ist, muss die Konvertierung eines BCD-Bitmusters mit einem entsprechenden Algorithmus durchgeführt werden. Der hier verwendete Algorithmus basiert auf folgendem Rechenverfahren mit ganzzahligen INTEGER-Werten:

Rechenschritte:                                Beispiel: 2763

1. 4. BCD-Stelle: ST4 = INTEGER-Wert / 1000            $2763 : 1000 = 2$

2. 3. BCD-Stelle ST3 = (INTEGER-Wert – ST4*1000) / 100        $(2763 – 2000) : 100 = 7$

3. 2. BCD-Stelle ST2 = (INTEGER-Wert – ST4*1000 – ST3*100) / 10    $(763 – 700) : 10 = 6$

4. 1. BCD-Stelle ST1 = INTEGER-Wert – ST4*1000 – ST3*100 – ST2*10   $(63 – 60) = 3$

Die so erhaltenen 4 Ziffern werden entsprechend ihrer Wertigkeit mit der digitalen ODER-Verknüpfung zu dem BCD-Bitmuster mit dem Datenformat WORD zusammengesetzt und dem Ausgang der Funktion zugewiesen.

**CoDeSys Programm:**

```
TYPE FC610_OUT :        LD    16#FFFF      LD    INTW       LD    INTW
STRUCT                  ST    FC610.BCDW   DIV   1000       DIV   10
 BCDW:WORD;                                ST    ST4        ST    ST2
 SBCD:BOOL;             LD    NTW
END_STRUCT             GT    9999          LD    INTW       LD    INTW
END_TYPE               OR(   INTW          SUB(  ST4        SUB(ST2
                       LT    -9999         MUL   1000       MUL   10
FUNCTION               )                   )                )
FC610:FC610_OUT        RETC                ST    INTW       ST    ST1

VAR_INPUT              LD    INTW          LD    INTW       LD    ST1
 INTW: INT;            LT    0             DIV   100        OR(   ST2
END_VAR                ST    FC610.SBCD    ST    ST3        SHL   4
VAR                                                         )
 ST4: WORD;            LD    INTW          LD    INTW       OR(   ST3
 ST3: WORD;            MUL   -1            SUB(ST3          SHL   8
 ST2: WORD;            ST    _INT_0        MUL   100        )
 ST1: WORD;                               )                OR(   ST4
END_VAR                LD    FC610.SBCD    ST    INTW       SHL   12
VAR                    SEL   INTW,_INT_0                    )
 _INT_0:INT;           ST    INTW                           ST    FC610.BCDW
END_VAR
```

■ **Beispiel 6.11: Umwandlung BOOL_TO_BYTE (FC 611: BOOL_TO_BYTE)**

Für die eigene Programmbibliothek ist eine Funktion FC 611 (BOOL_BYTE) zu entwerfen, welche die Signalwerte von acht binären Eingängen in eine BYTE-Variable schreibt.

Zum Test der Funktion FC 611 wird den Eingängen IN0 bis IN 7 des Codebausteins je ein binärer SPS-Eingang zugewiesen. An den Ausgang QBYTE der Funktion wird ein Ausgangsbyte AB gelegt. Mit „Variable beobachten/steuern" kann dann die Funktionsweise überprüft werden.

Übergabeparameter:          Beschreibung der Parameter:

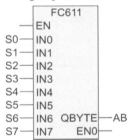

| | |
|---|---|
| IN0: | BOOL | Eingabebit 0 |
| .. | .. | .. |
| IN7: | BOOL | Eingabebit 7 |

QBYTE: BYTE  Ausgabebyte (BYTE-Variable)

Die Notwendigkeit der Funktion BOOL_TO_BYTE ist dann gegeben, wenn die Zielvariable am Ausgang QBYTE mit dem Datentyp BYTE einen bitweisen Zugriff nicht zulässt. Somit können die 8 Eingangsbit nicht einfach durch eine Zuweisung auf acht zusammenhängende Ausgangsbits (AB) transferiert werden.

**Zuordnungstabelle der Eingänge und Ausgänge:**

| Eingangsvariable | Symbol | Datentyp | Logische Zuordnung | | Adresse |
|---|---|---|---|---|---|
| Eingabebit 0 ... 3 | S0 ... S3 | BOOL | Betätigt | S0 ... S3 = 1 | E 0.0 ... E 0.3 |
| Eingabebit 4 ... 7 | S4 ... S7 | BOOL | Betätigt | S4 ... S7 = 1 | E 1.0 ... E 1.7 |
| Ausgangsvariable | | | | | |
| Ausgabebyte | AB | BYTE | BYTE-Format | | AB 4 |

## Lösung in STEP 7

Die Ausgabe-Variable (BYTE) wird zu Programmbeginn auf den Wert null gesetzt. Danach wird, beginnend mit dem Bit 0 und endend mit dem Bit 7, bei jedem Eingangsbit, das ein 1-Signal führt, eine ODER-WORT-Verknüpfung der Ausgabe-Variable mit dem dualen Stellenwert (1, 2, 4, 8, 16, 32, 64 und 128) des Eingangsbit durchgeführt.

## STEP 7 Programm (AWL-Quelle):

```
FUNCTION FC611 : VOID
VAR_INPUT        BEGIN        OW ;          M003: NOP 0;   M005: NOP 0;
  IN0 : BOOL;    L   0;       T   #QBYTE;   UN #IN4;       UN #IN6;
  IN1 : BOOL;    T   #QBYTE;  M001: NOP 0;  SPB M004;      SPB M006;
  IN2 : BOOL;                 UN #IN2;      L   16;        L   64;
  IN3 : BOOL;    UN #IN0;     SPB M002;     L   #QBYTE;    L   #QBYTE;
  IN4 : BOOL;    SPB M000;    L   4;        OW ;           OW ;
  IN5 : BOOL;    L   1;       L   #QBYTE;   T   #QBYTE;    T   #QBYTE;
  IN6 : BOOL;    L   #QBYTE;  OW ;          M004: NOP 0;   M006: NOP 0;
  IN7 : BOOL;    OW ;         T   #QBYTE;   UN #IN5;       UN #IN7;
END_VAR          T   #QBYTE;  M002: NOP 0;  SPB M005;      BEB ;
                 M000: NOP 0; UN #IN3;      L   32;        L   128;
VAR_OUTPUT       UN #IN1;     SPB  M003;    L   #QBYTE;    L   #QBYTE;
  QBYTE: BYTE;   SPB M001;    L   8;        OW ;           OW ;
END_VAR          L   2;       L   #QBYTE;   T   #QBYTE;    T   #QBYTE;
                 L   #QBYTE;  OW ;          T   #QBYTE;
                                                          END_FUNCTION
```

## Lösung in CoDeSys

Bei der CoDeSys Lösung wird die Operation BOOL_TO_BYTE für die Auswertung der Einga-bebit IN0 bis IN7 benutzt. Mit IN7 beginnend, wird zunächst der Rückgabewert der Funktion auf den Signalwert des Eingangs gesetzt. Danach wird mit der BOOL_TO_BYTE Operation das nächste Eingabebit abgefragt und das Ergebnis zu dem mit 2 multiplizierten Funktionswert dazu addiert. Diese Befehlsfolge wiederholt sich entsprechend für die restlichen Eingabebit.

Nebenstehender Funktionsplanausschnitt des Steue-rungsprogramms zeigt den Algorithmus.

## CoDeSys AWL:

```
FUNCTION FC611 :BYTE    LD   IN7          LD   IN4          MUL 2
VAR_INPUT               BOOL_TO_BYTE      BOOL_TO_BYTE      )
  IN0:BOOL;             ST   FC611        ADD( FC611        ST   FC611
  IN1:BOOL;             LD   IN6          MUL 2             LD   IN1
  IN2:BOOL;             BOOL_TO_BYTE      )                 BOOL_TO_BYTE
  IN3:BOOL;             ADD( FC611        ST FC611          ADD( FC611
  IN4:BOOL;             MUL 2                               MUL 2
  IN5:BOOL;             )                 LD   IN3          )
  IN6:BOOL;             ST   FC611        BOOL_TO_BYTE      ST   FC611
  IN7:BOOL;                               ADD( FC611
END_VAR                 LD   IN5          MUL 2             LD   IN0
                        BOOL_TO_BYTE      )                 BOOL_TO_BYTE
                        ADD( FC611        ST   FC611        ADD( FC611
                        MUL 2             LD   IN2          MUL 2
                        )                 BOOL_TO_BYTE      )
                        ST   FC611        ADD( FC611        ST FC611
```

■  **Beispiel 6.12: Umwandlung BYTE_TO_BOOL (FC 612: BYTE_BOOL)**

Für die eigene Programmbibliothek ist eine Funktion FC 612 (BYTE_BOOL) zu entwerfen, welche die Signalwerte der einzelnen Bit einer BYTE-Variablen am Eingang der Funktion den acht binären Ausgabevariablen zuweist.

Übergabeparameter:          Beschreibung der Parameter:

INBYTE: BYTE     Eingabebyte (BYTE-Variable)

OUT0:     BOOL     Ausgabebit 0

..           ..          ..

OUT7:     BOOL     Ausgabebit 7

Zum Test der Funktion FC 612 wird an den Eingangsparameter INBYTE des Codebausteins ein Eingangsbyte EB gelegt. Den Ausgängen OUT0 bis OUT7 der Funktion werden binäre SPS-Ausgänge P0 bis P7 zugewiesen. Mit „Variable beobachten/steuern" kann dann die Funktionsweise überprüft werden.

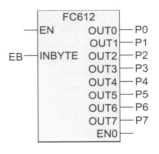

*Hinweis:* Die Notwendigkeit der Funktion BYTE_TO_BOOL ist dann gegeben, wenn die Quellvariable am Eingang INBYTE mit dem Datentyp BYTE einen bitweisen Zugriff nicht zulässt. Somit können die acht zusammenhängende Eingabebit (EB) nicht einzeln abgefragt und den Ausgabebit zugewiesen werden.

**Zuordnungstabelle der Eingänge und Ausgänge:**

| Eingangsvariable | Symbol | Datentyp | Logische Zuordnung | Adresse |
|---|---|---|---|---|
| Eingabebyte | EB | BYTE | BYTE-Wert | EB 0 |
| Ausgangsvariable | | | | |
| Ausgabebit 0 ... 7 | P0 ... P7 | BOOL | | A 4.0 … A 4.3 u. A 5.0 ... A 5.3 |

**Lösung in STEP 7**

Im STEP 7 Programm werden die Signalzustände der einzelnen Bit der BYTE-Variablen durch eine UND-Wort Verknüpfung mit den Zahlen 1, 2, 4, 8, 16, 32, 64 und 128 abgefragt und den entsprechenden Ausgabebit durch einen Vergleich mit der selben Zahl zugewiesen.

Beispiel: Die an den Eingang INBYTE gelegte BYTE-Variable habe den Wert: 16#69 = 0110 1001.

| STEP 7 AWL | AKKU 1 | AKKU 2 | Hinweise: |
|---|---|---|---|
| L    4<br>L    #INBYTE<br>UW<br>==I<br>=    #OUT2 | 0000 0100<br>0110 1001<br>0000 0000 | .... ....<br>0000 0100<br>0000 0100 | Das Verknüpfungsergebnis VKE des Vergleich ist FALSE. Deshalb wird dem Ausgang OUT2 0-Signal zugewiesen. |
| L    32<br>L    #INBYTE<br>UW<br>==I<br>=    #OUT5 | 0010 0000<br>0110 1001<br>0010 0000 | .... ....<br>0010 0000<br>0010 0000 | Das Verknüpfungsergebnis VKE des Vergleich ist TRUE. Deshalb wird dem Ausgang OUT5 1-Signal zugewiesen. |

**STEP 7 Programm (AWL-Quelle):**

```
FUNCTION FC612 : VOID
VAR_INPUT        BEGIN
  INBYTE:BYTE;   L   1;      L   4;      L   16;     L   64;
END_VAR          L  #INBYTE; L  #INBYTE; L  #INBYTE; L  #INBYTE;
VAR_OUTPUT       UW ;        UW ;        UW ;        UW ;
  OUT0: BOOL;    ==I;        ==I;        ==I;        ==I;
  OUT1: BOOL;    =  #OUT0;   =  #OUT2;   =  #OUT4;   =  #OUT6;
  OUT2: BOOL;
  OUT3: BOOL;    L   2;      L   8;      L   32;     L   128;
  OUT4: BOOL;    L  #INBYTE; L  #INBYTE; L  #INBYTE; L  #INBYTE;
  OUT5: BOOL;    UW ;        UW ;        UW ;        UW ;
  OUT6: BOOL;    ==I;        ==I;        ==I;        ==I;
  OUT7: BOOL;    =  #OUT1;   =  #OUT3;   =  #OUT5;   =  #OUT7;
END_VAR                                              END_FUNCTION
```

## Lösung in CoDeSys

Bei der CoDeSys Lösung wird die Operation BYTE_TO_BOOL für die Auswertung der einzelnen Bit der BYTE-Variablen verwendet, um den binären Ausgängen der Funktion den entsprechenden Signalwert zuzuweisen. Die Bestimmung des Bits des Eingabebytes wird mit einer UND-Verknüpfung mit den Zahlen 1, 2, 3, 4, 8, 16, 32, 64 und 128 ausgeführt.

Nebenstehender Funktionsplanausschnitt des Steuerungsprogramms zeigt den Algorithmus.

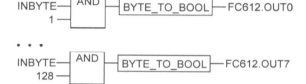

Da eine Funktion nur einen Rückgabewert haben darf, wird eine Struktur mit den binären Variablen OUT0 bis OUT7 als selbstdefinierter Datentyp erzeugt. Dieser wird der Funktion FC 612 dann als Rückgabewert zugewiesen.

**CoDeSys AWL:**

```
TYPE             FUNCTION FC612:FC612_OUT   LD  INBYTE      LD  INBYTE
FC612_OUT :      VAR_INPUT                  AND 4           AND 32
STRUCT             INBYTE: BYTE;            BYTE_TO_BOOL    BYTE_TO_BOOL
  OUT0:BOOL;     END_VAR                    ST  FC612.OUT2  ST  FC612.OUT5
  OUT1:BOOL;
  OUT2:BOOL;     LD  INBYTE                 LD  INBYTE      LD  INBYTE
  OUT3:BOOL;     AND 1                      AND 8           AND 64
  OUT4:BOOL;     BYTE_TO_BOOL               BYTE_TO_BOOL    BYTE_TO_BOOL
  OUT5:BOOL;     ST  FC612.OUT0             ST  FC612.OUT3  ST  FC612.OUT6
  OUT6:BOOL;
  OUT7:BOOL;     LD  INBYTE                 LD  INBYTE      LD  INBYTE
END_STRUCT       AND 2                      AND 16          AND 128
END_TYPE         BYTE_TO_BOOL               BYTE_TO_BOOL    BYTE_TO_BOOL
                 ST  FC612.OUT1             ST FC612.OUT4   ST  FC612.OUT7
```

**Aufruf der Funktion FC 612 im PLC-PRG:**

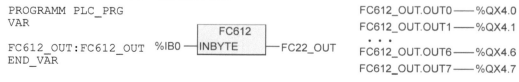

```
PROGRAMM PLC_PRG
VAR
                                                    FC612_OUT.OUT0 —— %QX4.0
                                                    FC612_OUT.OUT1 —— %QX4.1
FC612_OUT:FC612_OUT  %IB0 —INBYTE  —FC22_OUT        . . .
END_VAR                                             FC612_OUT.OUT6 —— %QX4.6
                                                    FC612_OUT.OUT7 —— %QX4.7
```

# 7 Beschreibungsmittel Programmablaufplan und Struktogramm

Digitale Steuerungsaufgaben, deren Lösung auf der Anwendung eines Algorithmus basieren, können vorteilhaft mit grafischen Ablaufstrukturen beschrieben werden. Ein Algorithmus ist dabei eine Berechnungsregel, welche aus mehreren elementaren Schritten besteht, die in einer bestimmten Reihenfolge ausgeführt werden müssen. Die Beschreibung eines Algorithmus erfolgt durch die Aufzählung der auszuführenden Schritte sowie der Vorschrift, in welcher Reihenfolge die einzelnen Schritte durchgeführt werden müssen. Der sich dabei ergebende Programmablauf kann mit grafischen Darstellungsmethoden als Programmablaufplan PAP (Flow-Chart) oder Struktogramm STG (PSD Program Structure Diagram) beschrieben werden.

Die Standards der beiden Darstellungsmethoden sind:
- DIN 66261:     Sinnbilder für Struktogramme nach Nassi-Shneidermann
- DIN 66001:     Richtlinien zur Gestaltung von Programmablaufplänen
- ISO/IEC 8631: 1989 Information technology-Program constructs and conventions for their representation
- ISO 5807:     1985 Information processing-Documentation symbols and conventions for date, program and system flowcharts, program network charts and system resources charts

Die Analyse von digitalen Steuerungsprogrammen, denen ein Algorithmus zu Grunde liegt, hat gezeigt, dass sich immer wieder die drei folgenden Ablaufstrukturen (Strukturblöcke) ergeben:
- Folge (Sequenz):         die Verarbeitung von Schritten nacheinander
- Auswahl (Selektion):      die Auswahl von bestimmten Schritten
- Wiederholung (Iteration):  die Wiederholung von Schritten

Mit diesen drei elementaren Ablaufstrukturen können die Beschreibungsmittel Programmablaufplan PAP oder Struktogramm STG nach Festlegung des Algorithmus zur Lösung von Steuerungsaufgaben bzw. Analyse von bestehenden Steuerungsprogrammen eingesetzt werden.

Die Darstellung von Programmabläufen erfolgt durch *Sinnbilder*. Bei der Methode Programmablaufplan sind dies: Operation (Kasten), Verzweigung (Route), Ablauflinie und Zusammenführung (von Ablauflinien), die zu so genannten *Programmkonstrukten* zusammengesetzt werden. Bei der Methode Struktogramm sind es zweipolige *Strukturblöcke* (1 Eingang, 1 Ausgang), deren Bedeutung man leichter versteht, wenn man sie als Ersatz für PAP-Programmkonstrukte einführt. Der Programmablauf wird durch die Auswahl der Sinnbilder und deren Schachtelung dargestellt.

Das schon etwas ältere Darstellungsmittel Programmablaufplan ist in Verruf geraten, da sehr unübersichtliche Reihenfolgen des Programmablaufs insbesondere durch eine Vielzahl von Sprüngen entstehen können. Geeignet ist der Programmablaufplan jedoch noch immer zur Darstellung maschinennaher Sprachen. Deshalb lässt sich die Anweisungsfolge eines Steuerungsprogramms, das in der Programmiersprache Anweisungsliste AWL geschrieben ist, durch einen Programmablaufplan gut beschreiben. Für eine allgemeine Darstellung des verwendeten Algorithmus einer Steuerungsaufgabe und für die Darstellung von Programmen, die in der Programmiersprache SCL/ST geschrieben ist aber in jedem Fall das Struktogramm als Beschreibungsmittel das Geeignetere.

# 7.1 Programmablaufplan

In Programmablaufplänen werden die Schritte symbolisch durch Sinnbilder dargestellt und der Steuerungsablauf durch Ablauflinien hergestellt. Die wichtigen Darstellungselemente des Programmablaufplans lassen sich in die Ablaufstrukturen Verarbeitung, Folge, Auswahl und Wiederholung unterteilen.

## 7.1.1 Programmkonstrukt Verarbeitung

Die Darstellung des Programmkonstrukts besteht nur aus einem Block, der genau einmal ausgeführt wird.

## 7.1.2 Programmkonstrukt Folge

Die Darstellung der Programmkonstrukte Folge oder Sequenz enthält zwei oder mehrere Verarbeitungsteile, die genau je einmal ausgeführt werden, wenn das Element abgearbeitet wird.

## 7.1.3 Programmkonstrukt Auswahl

Mit dem Programmkonstrukt Auswahl werden alternative Verarbeitungen beim logischen Ablauf des Programms möglich. Hierbei ergeben sich drei unterschiedliche Formen.

### a) Bedingte Verarbeitung

Das Programmkonstrukt besteht aus einem Verarbeitungsteil und einem Steuerungsteil mit einer Bedingung. Die Bedingung bestimmt, ob der Vereinbarungsteil ausgeführt wird, wenn das Element abgearbeitet wird.

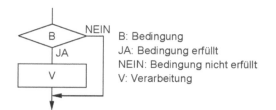

### b) Einfache Alternative

Das Programmkonstrukt besteht aus zwei Verarbeitungsteilen und einem Steuerungsteil mit einer Bedingung. Der Steuerungsteil gibt mit der Bedingung an, welcher der beiden Verarbeitungsteile ausgeführt wird, wenn das Element abgearbeitet wird.

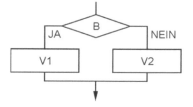

## c) Mehrfache Alternative

Das Programmkonstrukt besteht aus mindestens drei Verarbeitungsteilen und einem Steuerungsteil mit der gleichen Anzahl einander ausschließender Bedingungen. Der Steuerungsteil gibt mit diesen Bedingungen an, welcher der Verarbeitungsteile ausgeführt wird, wenn das Element abgearbeitet wird.

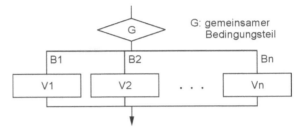

# 7.1.4 Programmkonstrukt Wiederholung

Mit dem Programmkonstrukt Wiederholung, auch Schleife oder Iteration genannt, wird ein Verarbeitungsteil solange wiederholt, wie es der Steuerungsteil vorgibt. Wird eine Wiederholung in Abhängigkeit von einer Bedingungsprüfung ausgeführt, so kann diese vor oder nach dem Verarbeitungsteil stehen.

## a) Wiederholung ohne Bedingungsprüfung

Das Programmkonstrukt enthält nur einen Verarbeitungsteil. Dieser wird endlos wiederholt ausgeführt, wenn das Element abgearbeitet wird.

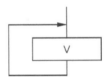

## b) Wiederholung mit vorausgehender Bedingungsprüfung

Das Programmkonstrukt besteht aus einem Verarbeitungsteil und einem Steuerungsteil mit einer Bedingung. Die Bedingung bestimmt, ob bzw. wie häufig der Verarbeitungsteil ausgeführt wird, wenn das Element abgearbeitet wird. Möglich ist auch, dass der Verarbeitungsteil überhaupt nicht ausgeführt wird.

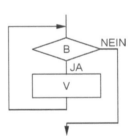

## c) Wiederholung mit nachfolgender Bedingungsprüfung

Das Programmkonstrukt besteht aus einem Verarbeitungsteil und einem Steuerungsteil mit einer Bedingung. Mit der Bedingung wird bestimmt, ob bzw. wie häufig der Verarbeitungsteil nach der ersten Ausführung wiederholt wird, wenn das Element abgearbeitet wird.

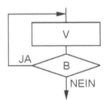

### 7.1.5 Kombination der Programmkonstrukte

Die einzelnen Programmkonstrukte können beliebig miteinander kombiniert werden. Der damit mögliche Spaghetticode (die Wege des Ablaufplans gehen wie Spaghetti durcheinander), der zu unübersichtlichen Darstellungen führt, widerspricht den Regeln einer strukturierten Programmierung. Die Einführung von so genannten *Strukturblöcken* zur Bildung von Programmen mit abgeschlossenen Zweigen führt zu einer besseren Übersichtlichkeit und leichteren Verständlichkeit von Programmablaufplänen.

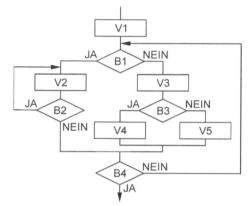

Ein Strukturblock ist dabei eine abgeschlossene funktionale Einheit, welche keine Überlappung mit anderen Strukturblöcken zulässt. Jeder Strukturblock hat einen Eingang und einen Ausgang und besteht aus einem Steuerungsteil und einem oder mehreren Verarbeitungsteilen. In einem Strukturblock kann zur Detaillierung jeder Verarbeitungsteil wieder durch einen Strukturblock ersetzt werden. Der Programmablauf wird durch Schachtelung von Strukturblöcken gebildet.

## 7.2 Struktogramm

Wie Programmablaufpläne haben auch Struktogramme das Ziel, den Algorithmus der Steuerungsaufgabe und den Ablauf der Operationen grafisch anschaulich darzustellen. Die Aussagen eines Struktogramms erfolgen mit Sinnbildern nach Nassi-Shneiderman und erläuternden Texten in den Sinnbildern. Der Steuerungsablauf wird durch die Auswahl der Sinnbilder sowie deren Schachtelung dargestellt. Die Texte beschreiben inhaltlich die Bedingungen und Verarbeitungen. Die Sinnbilder des Struktogramms stellen einen Ersatz für die Programmkonstrukte dar und werden als Strukturblöcke bezeichnet.

Die äußere Form des Sinnbildes ist immer ein Rechteck. Die Unterteilung innerhalb des Rechtecks erfolgt nur durch gerade Linien. Die obere Linie eines jeden Sinnbildes bedeutet den Beginn des Strukturblockes, die untere Linie das Ende. Die Strukturblöcke lassen sich wieder in die Grundstrukturen Verarbeitung, Folge, Auswahl und Wiederholung unterteilen.

### 7.2.1 Strukturblock Verarbeitung

Die Darstellung des Elementarblocks besteht nur aus einem Rechteck innerhalb dessen die Verarbeitung des Blocks beschrieben ist.

| V |
|---|

V: Verarbeitung,
Beschreibung der Aktion

### 7.2.2 Strukturblock Folge

Die Darstellung der Strukturblocks Folge oder Sequenz enthält zwei oder mehrere aneinander gereihte Elementarblöcke

| V1 |
|----|
| V2 |

V1: Verarbeitung,
Beschreibung der Aktion 1
V2: Verarbeitung,
Beschreibung der Aktion 2

### 7.2.3  Strukturblock Auswahl

Mit dem Strukturblock Auswahl werden alternative Verarbeitungen beim logischen Ablauf des Programms möglich. Die Bedingung, nach der die Programmauswahl vorgenommen wird, kann entweder ein logischer Ausdruck oder ein Vergleichsausdruck sein. Der gemeinsame Bedingungsteil besteht bei der Mehrfachauswahl aus einer Fallabfrage, bei der einer der möglichen Fälle erfüllt sein muss. Für den Strukturblock Auswahl gibt es drei unterschiedliche Formen.

#### a)  Einfachauswahl

Der Strukturblock besteht aus einem Verarbeitungsteil und einem Steuerungsteil mit einer Bedingung. Die Bedingung bestimmt, ob der Vereinbarungsteil ausgeführt wird, wenn der Block abgearbeitet wird.

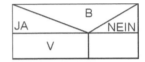

#### b)  Zweifachauswahl

Der Strukturblock besteht aus zwei Verarbeitungsteilen und einem Steuerungsteil. Der Steuerungsteil gibt mit der Bedingung an, welcher der beiden Verarbeitungsteile ausgeführt wird, wenn der Block abgearbeitet wird.

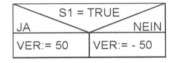

#### c)  Mehrfachauswahl oder Fallunterscheidung

Der Strukturblock besteht aus mindestens drei Verarbeitungsteilen und einem Steuerungsteil mit der gleichen Anzahl einander ausschließender Bedingungen. Der Steuerungsteil gibt mit diesen Bedingungen an, welcher der Verarbeitungsteile ausgeführt wird, wenn der Block abgearbeitet wird.

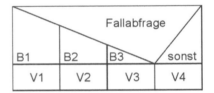

Ist gewährleistet, dass einer der aufgezählten Fälle vorkommt, kann die Spalte „sonst" entfallen.

### 7.2.4  Strukturblock Wiederholung

Mit dem Strukturblock Wiederholung, auch Schleife oder Iteration genannt, wird ein Verarbeitungsteil solange wiederholt, wie es der Steuerungsteil vorgibt. Wird eine Wiederholung in Abhängigkeit von einer Bedingungsprüfung ausgeführt, so kann diese vor oder nach dem Verarbeitungsteil stehen.

#### a)  Wiederholung ohne Bedingungsprüfung (Endlosschleife)

Der Strukturblock enthält nur einen Verarbeitungsteil. Dieser wird endlos wiederholt ausgeführt, wenn der Block abgearbeitet wird.

#### b)  Wiederholung mit vorausgehender Bedingungsprüfung

Der Strukturblock besteht aus einem Verarbeitungsteil und einem Steuerungsteil. Mit der Ausführungsbedingung wird bestimmt, ob bzw. wie häufig der Verarbeitungsteil ausgeführt wird, wenn der Block abgearbeitet wird.

Möglich ist auch, dass der Verarbeitungsteil überhaupt nicht ausgeführt wird. Eine Sonderform der Ausführungsbedingung ist die Zählschleife. Bei dieser Schleife wird eine Variable bei jedem Durchlauf des Verarbeitungsteils um einen bestimmten Wert aufwärts oder abwärts gezählt, bis eine bestimmte vorgegebene Grenze erreicht ist.

### c) Wiederholung mit nachfolgender Bedingungsprüfung

Der Strukturblock besteht aus einem Verarbeitungsteil und einem Steuerungsteil. Mit der Abbruchbedingung wird bestimmt, ob bzw. wie häufig der Verarbeitungsteil nach der ersten Ausführung wiederholt wird, wenn der Block abgearbeitet wird.

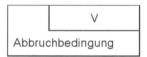

Zusammenfassend sind für den Aufbau eines Strukturblocks folgende Regeln zu beachten:

• Ein Block ist eine abgeschlossene funktionale Einheit mit einer klar definierten Aufgabe, einem Anfangszustand und einem Endzustand.

• Ein Block besitzt immer einen Eingang und einen Ausgang.

• Der Steuerfluss läuft in einem Block immer von oben nach unten.

## 7.2.5 Kombination der Strukturblöcke

Die einzelnen Strukturblöcke können beliebig miteinander verknüpft
werden. Die Verknüpfung erfolgt
durch senkrechtes Aneinanderreihen
der Blöcke. Beim Aneinanderreihen
der Blöcke muss kantendeckend
gearbeitet werden, d. h., die Aus-
gangskante des einen Blocks ist
zugleich die Eingangskante des
nachfolgenden Blocks.

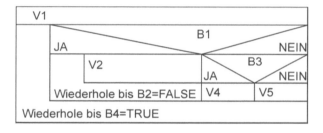

Da Struktogramme stets von oben nach unten gelesen werden, sind Ablauflinien überflüssig. Das gesamte Struktogramm kann als einziger Strukturblock zur Beschreibung der Aufgabe betrachtet werden, der in weitere Strukturblöcke unterteilbar ist. Somit kann zunächst die logische Grobstruktur dargestellt werden, welche dann bis zur Codierfähigkeit in Steuerungsanweisungen schrittweise verfeinert wird. Es entsteht so ein hierarchischer Aufbau, der zur Überschaubarkeit der Programmlogik beiträgt. Die schrittweise Verfeinerung im Sinne einer hierarchischen Gliederung (Top-Down) ist deshalb möglich, weil jeder Strukturblock eindeutig mit seinem Anfang und Ende bestimmt ist.

Der hauptsächliche Unterschied zwischen der Darstellung in Struktogrammen und Programmablaufplänen besteht in dem Ziel, Sprünge möglichst zu vermeiden. Unterstützt wird dieses Ziel mit der eindeutigen Festlegung von nur einem Eingang (obere Linie) und einem Ausgang (untere Begrenzungslinie) für den Strukturblock. Durch diese Zweipoligkeit sind Sprünge aus oder in Strukturblöcke nicht mehr darstellbar.

## 7.3 Zusammenstellung der Sinnbilder für Struktogramm und Programmablaufplan

Die nachfolgende Tabelle zeigt eine Zusammenstellung der Sinnbilder für Struktogramme nach Nassi-Shneidermann mit Gegenüberstellung der Programmkonstrukte des Programmablaufplans.

Tabelle der Sinnbilder für Programmablaufplan und Struktogramm:

| Ablaufstruktur | Struktogramm | Programmablaufplan |
|---|---|---|
| Verarbeitung | V | V |
| Folge | V1 / V2 | V1 / V2 |
| Bedingte Verarbeitung | B, JA, NEIN, V | B NEIN, JA, V |
| Einfache Alternative | B, JA, NEIN, V1, V2 | B, JA, NEIN, V1, V2 |
| Mehrfache Alternative | Fallabfrage, B1, B2, B3, sonst, V1, V2, V3, V4 | G, B1, B2, Bn, V1, V2 ... Vn |
| Wiederholung ohne Bedingungsprüfung | V | V |
| Wiederholung mit vorausgehender Bedingungsprüfung | Ausführungsbedingung, V | B NEIN, JA, V |
| Wiederholung mit nachfolgender Bedingungsprüfung | V, Ausführungsbedingung | V, JA, B, NEIN |

# 7.4 AWL- und SCL/ST-Programmierung nach Vorlage des Struktogramms

Wie aus der vorangegangenen Zusammenstellung ersichtlich, entsprechen die Strukturblöcke des Struktogramms den Programmkonstrukten des Programmablaufplans. Die Umsetzung eines Strukturblocks bzw. eines Programmkonstruktes in eine Programmiersprache ist deshalb identisch. Nachfolgend wird demnach nur die Struktogrammdarstellung verwendet.

Das Ziel des Beschreibungsmittel Programmablaufplan oder Struktogramm ist die von der Programmiersprache unabhängige, strukturierte, übersichtliche Darstellung der Steuerungsaufgabe und des Programmablaufs. Bei der Umsetzung in ein Steuerungsprogramm muss der Operationsvorrat des Automatisierungsgerätes und der Programmiersprache berücksichtigt werden. Da die Programmiersprache Anweisungsliste AWL eine maschinennahe Sprache ist, müssen Verzweigungen und Wiederholungen mit Sprungbefehlen zu Marken innerhalb des Steuerungsprogramms umgesetzt werden. Bei der Verwendung von SCL/ST gibt es Kontrollanweisungen, welche Programmkonstrukten des Struktogramms entsprechen.

## 7.4.1 Verarbeitung

Beispiel: Die Variable ZAE (INTEGER) soll um den Wert 1 vergrößert werden.

| Struktogramm | AWL | | SCL/ST |
|---|---|---|---|
| | STEP 7 | CoDeSys | |
| ZAE:= ZAE+1 | L  ZAE<br>+ 1<br>T  ZAE | LD  ZAE<br>ADD 1<br>ST  ZAE | ZAE:= ZAE + 1; |

## 7.4.2 Folge

Beispiel: Aus dem Sollwert SW und dem Istwert IW soll die Differenz XE gebildet werden. Aus der relativ zum Sollwert angegebenen Hysterese HYR soll die absolute Hysterese HYA noch der Formel  HYA = HYR * SW / 100 berechnet werden. Der Schaltpunkt SP berechnet sich aus der halben absoluten Hysterese.

| Struktogramm | AWL | | SCL/ST |
|---|---|---|---|
| | STEP 7 | CoDeSys | |
| XE:= SW - IW<br>HYA:= SW*HYR/100<br>SP:= HYA / 2 | L  SW<br>L  IW<br>-  R<br>T  XE<br>L  SW<br>L  HYR<br>*R<br>L  100.0<br>/R<br>T  HYA<br>L  2.0<br>/R<br>T  SP | LD  SW<br>SUB IW<br>ST  XE<br><br>LD  HYR<br>MUL SW<br>DIV 100<br>ST  HYA<br><br>LD  HYA<br>DIV 2<br>ST  SP | XE:= SW - IW;<br><br>HYA:= SW*HYR/100.0;<br><br>SP:= HYA/2; |

### 7.4.3 Auswahl

#### a) Einfachauswahl

Beispiel: Bei „1"-Signal am Eingang E 0.1 wird der Wert der Variablen „XA" mit 10 multipliziert und der Variablen „XA" wieder zugewiesen. Der Wert der Variablen „XA" wird dann dem Ausgang AW 8 zugewiesen.

| Struktogramm | AWL | | SCL/ST |
|---|---|---|---|
| | STEP 7 | CoDeSys | |

```
              U    #E1      LD     %IX0.1     IF E1 THEN
              SPBN M001     JMPCN  M001          XA:= XA * 10;
              L    #XA      LD     XA         END_IF;
              L    10       MUL    10
              *I            ST     XA         AUS8:= XA;
              T    #XA      M001:
       M001:L #XA          LD     XA
              T    #AUS8    ST     AUS8
```

Struktogramm:
```
          E1 = 1
JA                  NEIN
XA:= XA · 10
AUS8:= XA
```

*Hinweis:* Bei der Umsetzung in die Anweisungsliste AWL wird ein Sprungbefehl gespart, wenn die Bedingung oder Abfrage negiert wird, wie es oben dargestellt ist. Bei erfüllter Bedingung wird dann der Verarbeitungsteil der Einfachauswahl nicht übersprungen.

#### b) Zweifachauswahl

Beispiel: Hat die Variable „S1" den binären Wert „TRUE", wird der Variablen „ZAE" 50 zugewiesen. Ist der binäre Wert „FALSE", ist die Zuweisung –50. Danach wird zur Variablen ZAE der Wert +1 addiert.

| Struktogramm | AWL | | SCL/ST |
|---|---|---|---|
| | STEP 7 | CoDeSys | |

Struktogramm:
```
          S1 = TRUE
JA                  NEIN
ZAE:= 50    ZAE:= - 50
ZAE:= ZAE +1
```

```
              U    #S1      LD     S1         IF S1 THEN
              SPB  M001     JMPC   M001          ZAE:= 50;
              L    -50      LD     -50        ELSE
              T    #ZAE     ST     ZAE           ZAE:= -50;
              SPA  M002     JMP    M002       END_IF;
       M001:NOP 0          M001:
              L    50       LD     50
              T    #ZAE     ST     ZAE
       M002:NOP 0          M002:
              L    #ZAE     LD     ZAE
              +1            ADD    1
              T    #ZAE     ST     ZAE
```

*Hinweis:* Bei der Umsetzung in die Anweisungsliste AWL muss mit einem absoluten Sprung über den Verarbeitungsteil des „JA-Zweiges" gesprungen werden. Steht die Abfrage am Ende eines Programms kann der absolute Sprung durch die Baustein-Ende-Anweisung BEA ersetzt werden.

#### c) Mehrfachauswahl

Die Umsetzung der Mehrfachauswahl kann mit mehreren hintereinander ausgeführten Zweifachauswahl-Abfragen ausgeführt werden.

Beispiel: Bei Zählerstand ZAE = 0 wird der Variablen SOW der Wert 10, bei ZAE = 1 der Wert 20, bei ZAE = 2 der Wert 40 und bei allen anderen Zählerständen der Wert 80 zugewiesen. Danach wird die Zählervariable ZAE auf den Wert 0 gesetzt.

Struktogramm

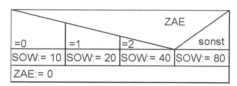

ZAE:= 0

## SCL/ST

```
IF ZAE = 0 THEN SOW:=10;
 ELSIF ZAE = 1 Then SOW:= 20;
 ELSIF ZAE = 2 THEN SOW:= 40
 ELSE SOW:=80;
END_IF;
```

Oder:

```
CASE ZAE OF
 0: SOW:= 10;
 1: SOW:= 20;
 2: SOW:= 40;
ELSE:
 SOW:= 80;
END_CASE;
```

AWL
STEP 7

```
        L  #ZAE
        L  0
        ==I
        SPB M001
        L  #ZAE
        L  1
        ==I
        SPB M002
        L  #ZAE
        L  2
        ==I
        SPB M003
        L  80
        T  #SOW
        SPA M004
M001:L  10
        T  #SOW
        SPA M004
M002:L  20
        T  #SOW
        SPA M004
M003:L  40
        T  #SOW
M004:L  0
        T  #ZAE
```

CoDeSys

```
LD  ZAE
EQ  0
JMPC M001
LD  ZAE
EQ  1
JMPC M002
LD  ZAE
EQ  2
JMPC M003
LD  80
ST  SOW
JMP  M004
M001: LD  10
ST  SOW
JMP  M004
M002:
LD  20
ST  SOW
JMP  M004
M003: LD  40
ST  SOW
M004: LD  0
ST  ZAE
```

## Umsetzung der Mehrfachauswahl mit der Sprungleiste SPL bei STEP 7

STEP 7 bietet mit der Operation Sprungleiste SPL ein Befehl zur Programmierung von Fallunterscheidungen an. Die Zielsprungleiste, die maximal 255 Einträge enthalten kann, beginnt unmittelbar nach der Operation SPL und endet vor der Sprungmarke, die der Operand SPL angibt. Jedes Sprungziel besteht aus einer Operation SPA. Solange der AKKU-Inhalt kleiner ist als die Anzahl der Sprungziele zwischen SPL-Anweisung und Sprungmarke, springt die Operation SPL auf eine der Operationen SPA.

Umsetzung des Beispiels der Mehrfachauswahl mit der Operation Sprungleiste SPL:

Anweisungsliste

```
        L  #ZAE
        SPL M003
        SPA M000
        SPA M001
        SPA M002
M003:   L  80
        T  #SOW
        SPA M004
M000:   L  10
        T  #SOW
        SPA M004
M001:   L  20
        T  #SOW
        SPA M004
M002:   L  40
        T  #SOW
M004:   NOP 0
```

*Hinweise:*

Die Verwendung der Sprungleistenanweisung SPL setzt voraus, dass die Auswahlwerte INTEGER-Zahlen von 0 bis n sind.

Die Zielsprungleiste muss aus den Operationen „Springe-Absolut" SPA bestehen, die sich vor der Sprungmarke befinden, die vom Operanden der Anweisung SPL angegeben wird. Andere Operationen innerhalb der Sprungleiste sind unzulässig.

| ZAE: | Zuweisung: |
|------|-----------|
| 0 | SOW:= 10 |
| 1 | SOW:= 20 |
| 2 | SOW:= 40 |
| sonst | SOW:= 80 |

### 7.4.4 Wiederholung

#### a) Wiederholung ohne Bedingungsprüfung

Mit diesem Strukturblock- bzw. Programmkonstrukt-Typ könnte man das zyklisch abzuarbeitende gesamte Steuerungsprogramm einer SPS beschreiben.

#### b) Wiederholung mit vorausgehender Bedingungsprüfung

Beispiel: Zur Variablen VAR1 (INT) wird sooft +1 dazu addiert, wie der Wert in der Variablen ZAE (INT) angibt. Danach wird die Variable VAR1 der Variablen VAR2 zugewiesen.

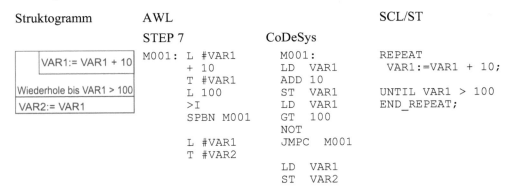

```
Struktogramm        AWL                                     SCL/ST

                    STEP 7            CoDeSys

Solange ZAE > 0     M001: L #ZAE      M001:                 WHILE  ZAE > 0 DO
                          L 0          LD   ZAE
   VAR1:= VAR1 + 1        >I           GT   0               VAR1:= VAR1 + 1;
   ZAE := ZAE - 1         SPBN M002    NOT                  ZAE  := ZAE - 1;
                                       JMPC  M002
VAR2:= VAR1               L #VAR1                           END_WHILE;
                          + 1          LD   VAR1
                          T #VAR1      ADD  1
                                       ST   VAR1
                          L #ZAE
                          + -1         JMP M001
                          T #ZAE
                          SPA M001     M002:
                                       LD   VAR1
                    M002: L #VAR1      ST   VAR2
                          T #VAR2
```

#### c) Wiederholung mit nachfolgender Bedingungsprüfung

Beispiel: Zur Variablen VAR1 (INT) wird solange der Wert 10 dazu addiert, bis die Variable VAR1 größer als 100 ist. Danach wird die Variable VAR1 der Variablen VAR2 zugewiesen.

```
Struktogramm        AWL                                     SCL/ST

                    STEP 7            CoDeSys

   VAR1:= VAR1 + 10  M001: L #VAR1     M001:                REPEAT
                           + 10         LD   VAR1            VAR1:=VAR1 + 10;
Wiederhole bis VAR1 > 100  T #VAR1      ADD  10
   VAR2:= VAR1             L 100        ST   VAR1           UNTIL VAR1 > 100
                          >I            LD   VAR1           END_REPEAT;
                           SPBN M001    GT   100
                                        NOT
                           L #VAR1      JMPC  M001
                           T #VAR2
                                        LD   VAR1
                                        ST   VAR2
```

Bei STEP 7 besteht für die Wiederholung mit nachfolgender Bedingungsprüfung die Möglichkeit, die LOOP-Anweisung anzuwenden. Voraussetzung dafür ist jedoch, dass als Abbruchbedingung der Wert 0 einer Zählvariablen ZAE (INT) vorliegt. Bei jedem Schleifendurchlauf wird dann die Zählvariable um 1 bis zum Wert 0 vermindert. Es entfällt dabei die Subtraktion der Variablen ZAE und die Vergleichsabfrage, ob die Variable ZAE den Wert 0 hat.

# 7.5 Beispiele

■ **Beispiel 7.1: Bedingte Variablenauswahl (FC 701: SEL)**

Es ist eine Funktion FC 701 für die eigene Programmbibliothek zu entwerfen, die abhängig von einem binären Funktionseingang G einen der beiden Eingangs-Variablenwerte (IN0 bzw. IN1) an den Ausgang OUT legt. Die Eingangsvariablen IN0 und IN1 der Funktion haben den Datentyp WORD. Der Ausgabewert hat dann ebenfalls das Datenformat WORD.

Übergabeparameter:

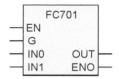

Beschreibung der Parameter:

G:                        Datenformat BOOL
IN0, IN1 und OUT:    Datenformat WORD

G = FALSE:  OUT := IN0
G = TRUE:    OUT := IN1

Zum Testen der Funktion FC 701 wird an den Eingang IN0 das Eingangswort eines Zifferneinstellers EW und an den Eingang IN1 der Wert 16#1111 gelegt. Mit dem Schalter S1 wird dann bestimmt, welcher der beiden Werte an der Ziffernanzeige AW erscheint.

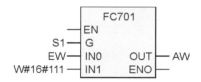

**Zuordnungstabelle der Eingänge und Ausgänge:**

| Eingangsvariable | Symbol | Datentyp | Logische Zuordnung | | Adresse |
|---|---|---|---|---|---|
| Wahlschalter | S1 | BOOL | Betätigt | S1 = 1 | E 0.1 |
| Zifferneinsteller | EW | WORD | BCD-Code | | EW 8 |
| Ausgangsvariable | | | | | |
| Ziffernanzeige | AW | WORD | BCD-Code | | AW 12 |

Nachfolgend sind das Struktogramm und der Programmablaufplan der Funktion FC 701 angegeben. Der Programmablaufplan ist dabei so gezeichnet, dass die Reihenfolge der Anweisungen und die Sprungmarke des AWL-Programms erkennbar sind.

**Struktogramm:**

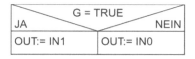

**Programmablaufplan:**

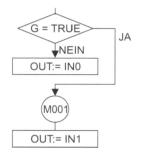

**STEP 7 Programm: AWL-Quelle**

```
FUNCTION FC701: VOID    VAR_OUTPUT          BEGIN            M001:NOP 0;
VAR_INPUT                 OUT : WORD ;       U   #G;              L   #IN1;
  G  : BOOL ;            END_VAR             SPB M001;           T   #OUT;
  IN0: WORD ;                                L   #IN0;
  IN1: WORD ;                                T   #OUT;
END_VAR                                      BEA ;            END_FUNCTION
```

**CoDeSys Programm:**

Obwohl es in CoDeSys die Select-Operation SEL gibt, welche die Aufgabe der Funktion FC 701 erfüllt, ist nachfolgend zu Übungszwecken die CoDeSys-AWL der Funktion FC 701 dargestellt.

```
FUNCTION FC701 : WORD      LD  G                      M001:
VAR_INPUT                  JMPC M001                   LD  IN1
  G: BOOL;                                             ST  FC701
  IN0: WORD;               LD IN0
  IN1: WORD;               ST FC701
END_VAR                    RET
```

■ **Beispiel 7.2: Stufenschalter (FB 702: STUFE)**

Es ist ein Funktionsbaustein FB 702 zu entwerfen, der das stufenweise Zu- und Abschalten von bis zu acht Kompensations- bez. Leistungsstufen ermöglicht. Der Funktionsbaustein kann beispielsweise bei einer Blindstromkompensationsanlage verwendet werden, um bei entsprechenden Bedingungen jeweils Kompensationsgruppen hinzu- oder abzuschalten. Ein 0→1 Signalwechsel am Eingang S_ZU führt zu der Zuschaltung einer Kompensations- bzw. Leistungsstufe am Ausgang OUT_B des Funktionsbausteins. Ein 0→1 Signalwechsel am Eingang S_AB führt dagegen zum Abschalten einer Stufe. Mit einem „1"-Signal am Eingang RESET wird der Funktionsbausteinausgang OUT_B auf 0 zurückgesetzt.

Übergabeparameter:          Beschreibung der Parameter:

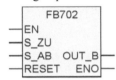

S_ZU (BOOL):     Zuschalten einer Leistungsstufe
S_AB (BOOL):     Abschalten einer Leistungsstufe
RESET (BOOL):    Löschen aller Leistungsstufen
OUT_B (BYTE):    Ausgangsbyte des Funktionsbausteins, dessen Bit mit einem „1"-Signal die Anzahl der eingeschalteten Leistungsstufen angeben.

Zum Test des Funktionsbausteins FB 702 wird an die Eingänge S_AUF, S_AB bzw. RESET jeweils ein Taster S1, S2 bzw. S3 gelegt. Das Ausgangsbyte XA_B des Funktionsbausteins wird einem Ausgangsbyte AB der SPS zugewiesen.

**Zuordnungstabelle der Eingänge und Ausgänge:**

| Eingangsvariable | Symbol | Datentyp | Logische Zuordnung | | Adresse |
|---|---|---|---|---|---|
| Taster Leistungsstufe zuschalten | S1 | BOOL | Betätigt | S1 = 1 | E 0.1 |
| Taster Leistungsstufe abschalten | S2 | BOOL | Betätigt | S2 = 1 | E 0.2 |
| Taster RESET | S3 | BOOL | Betätigt | S3 = 1 | E 0.3 |
| Ausgangsvariable | | | | | |
| Leistungsstufen | AB | BYTE | Bitkombination | | AB 4 |

Das nachfolgende Struktogramm zeigt den Programmaufbau des Funktionsbausteins FB 702.

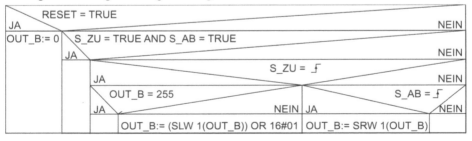

Für die Flankenauswertung der beiden Eingänge S_ZU und S_AB müssen die beiden Flankenoperanden FO1 bzw. FO2 als statische Lokalvariablen eingeführt werden.

**STEP 7 Programm:**

**Aufruf FB 702 im OB 1:**        **FB 702 AWL-Quelle:** FUNCTION_BLOCK FB702

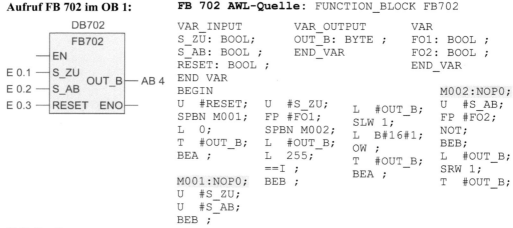

```
VAR_INPUT          VAR_OUTPUT          VAR
S_ZU: BOOL;            OUT_B: BYTE ;     FO1: BOOL ;
S_AB: BOOL ;           END_VAR           FO2: BOOL ;
RESET: BOOL ;                            END_VAR
END_VAR
BEGIN                                    M002:NOP0;
U #RESET;    U #S_ZU;      L #OUT_B;     U  #S_AB;
SPBN M001;   FP #FO1;      SLW 1;        FP #FO2;
L  0;        SPBN M002;    L B#16#1;     NOT;
T  #OUT_B;   L #OUT_B;     OW ;          BEB;
BEA ;        L 255;        T #OUT_B;     L #OUT_B;
             ==I ;         BEA ;         SRW 1;
M001:NOP0;   BEB ;                       T #OUT_B;
U #S_ZU;
U #S_AB;
BEB ;
```

**CoDeSys Programm:**

**Aufruf FB 702 im PLC_PRG:**        FB 702 AWL:

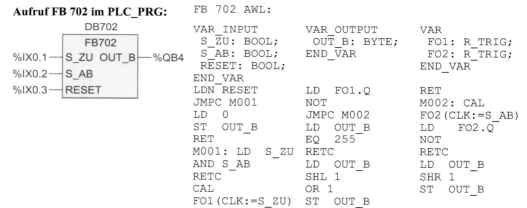

```
VAR_INPUT          VAR_OUTPUT          VAR
 S_ZU: BOOL;           OUT_B: BYTE;      FO1: R_TRIG;
 S_AB: BOOL;           END_VAR           FO2: R_TRIG;
 RESET: BOOL;                            END_VAR
END_VAR
LDN RESET          LD  FO1.Q          RET
JMPC M001          NOT                M002: CAL
LD  0              JMPC M002          FO2(CLK:=S_AB)
ST  OUT_B          LD  OUT_B          LD  FO2.Q
RET                EQ  255            NOT
M001: LD  S_ZU     RETC               RETC
AND S_AB           LD  OUT_B          LD  OUT_B
RETC               SHL 1              SHR 1
CAL                OR 1               ST  OUT_B
FO1(CLK:=S_ZU)     ST  OUT_B
```

**SCL/ST- Programm:**

```
IF #RESET THEN #OUT_B:=16#0; ELSE
 IF #S_ZU AND #S_AB THEN RETURN; ELSE
   IF #S_ZU AND NOT(#FO1) THEN IF #OUT_B = B#255 THEN RETURN; ELSE
      #OUT_B:=(SHL(IN:=#OUT_B,N:=1) OR 16#1); END_IF;
      ELSE IF #S_AB AND NOT(#FO2)THEN #OUT_B:= SHR( IN:=#OUT_B, N:=1);
END_IF;  END_IF; END_IF; END_IF;
#FO1:=#S_ZU;  #FO2:=#S_AB;
```

■ **Beispiel 7.3: Vergleicher mit Dreipunktverhalten (FC 703: COMP_3)**

Mit drei Meldeleuchten soll angezeigt werden, ob ein Wert am Eingang XE (REAL) in einem unteren, mittleren oder oberen Bereich liegt. Die drei Bereiche werden durch eine untere Grenze UGR und eine obere Grenze OGR bestimmt. Eine Anzeigeleuchte FEH zeigt an, wenn versehentlich die untere Grenze größer oder gleich der oberen Grenze vorgegeben wurde. Alle anderen Anzeigen sind in diesem Fall ausgeschaltet. Der Vergleicher soll mit der Funktion FC 703 realisiert werden.

Übergabeparameter:

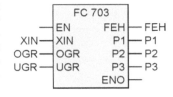

**Beschreibung der Parameter:**

XE (REAL):    zu prüfender Wert
OGR (REAL):   obere Grenze
UGR (REAL):   untere Grenze
FEH (BOOL):   Anzeige UGR > OGR
P1 (BOOL):    Anzeige $XE \geq OGR$
P2 (BOOL):    Anzeige UGR < XE < OGR
P3 (BOOL):    Anzeige $XE \leq UGR$

Zum Test der Funktion FC 703 wird über ein Merkerdoppelwort MD 20 eine Gleitpunktzahl an den Eingangsparameter XE der Funktion gelegt. Die obere und untere Grenze des zu bestimmenden Bereichs werden durch die Merkerdoppelwörter MD 40 (OGR) und MD 30 (UGR) bestimmt. An die Ausgänge der Funktion FC 703 (FEH, P1, P2 und P3) werden Anzeigeleuchten gelegt.

**Zuordnungstabelle der Merker und Ausgänge für den Test der Funktion:**

| Merkervariable | Symbol | Datentyp | Logische Zuordnung | | Adresse |
|---|---|---|---|---|---|
| Zu überprüfender Wert | XIN | REAL | Gleitpunktzahl | | MD 20 |
| Bereichsobergrenze | OGR | REAL | Gleitpunktzahl | | MD 40 |
| Bereichsuntergrenze | UGR | REAL | Gleitpunktzahl | | MD 30 |
| Ausgangsvariable | | | | | |
| Anzeige Fehler | FEH | BOOL | Anzeige leuchtet | FEH = 1 | A 4.0 |
| Anzeige XIN ≥ OGR | P1 | BOOL | Anzeige leuchtet | P1 = 1 | A 4.1 |
| Anzeige UGR < XIN < OGR | P2 | BOOL | Anzeige leuchtet | P2 = 1 | A 4.2 |
| Anzeige XIN ≤ UGR | P3 | BOOL | Anzeige leuchtet | P3 = 1 | A 4.3 |

**Struktogramm der Funktion FC 703:**

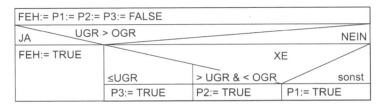

**STEP 7 Programm:**

**Aufruf FC 703 im OB 1:**

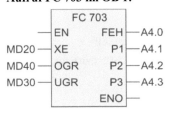

**FC 703 AWL-Quelle:**

```
FUNCTION
FC703:VOID
VAR_INPUT
    XE  : REAL ;
    OGR : REAL ;
    UGR : REAL ;
END_VAR
VAR_OUTPUT
    FEH : BOOL ;
    P1  : BOOL ;
    P2  : BOOL ;
    P3  : BOOL ;
END_VAR
```

```
BEGIN
CLR ;
=   #FEH;
=   #P1;
=   #P2;
=   #P3;

L   #UGR;
L   #OGR;
>=R ;
=   #FEH;
BEB ;
```

```
L   #XE;
L   #UGR;
<=R ;
=   #P3;
BEB ;
L   #XE;
L   #OGR;
<R ;
=   #P2;
BEB ;

SET ;
=   #P1;
END_FUNCTION
```

**CoDeSys Programm:**

**Aufruf FC 703 im PLC_PRG:**     **FC 703 AWL:**

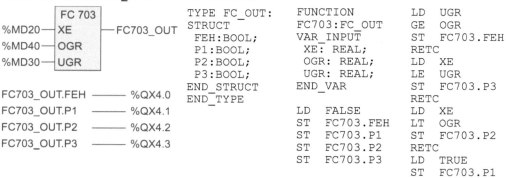

```
                                TYPE FC_OUT:    FUNCTION          LD  UGR
         ┌─ FC 703 ─┐           STRUCT          FC703:FC_OUT      GE  OGR
%MD20 ───┤ XE       ├── FC703_OUT  FEH:BOOL;     VAR_INPUT         ST  FC703.FEH
%MD40 ───┤ OGR      │           P1:BOOL;          XE: REAL;       RETC
%MD30 ───┤ UGR      │           P2:BOOL;          OGR: REAL;      LD  XE
         └──────────┘           P3:BOOL;          UGR: REAL;      LE  UGR
                                END_STRUCT      END_VAR           ST  FC703.P3
FC703_OUT.FEH ──────── %QX4.0    END_TYPE                         RETC
                                                LD  FALSE         LD  XE
FC703_OUT.P1 ──────── %QX4.1                    ST  FC703.FEH     LT  OGR
                                                ST  FC703.P1      ST  FC703.P2
FC703_OUT.P2 ──────── %QX4.2                    ST  FC703.P2      RETC
                                                ST  FC703.P3      LD  TRUE
FC703_OUT.P3 ──────── %QX4.3                                      ST  FC703.P1
```

---

■ **Beispiel 7.4: Multiplex-Ziffernanzeige (FB 704: BCD_MPA)**

Ein vierstelliger BCD-Wert soll an einer Multiplex-Ziffernanzeige ausgegeben werden.

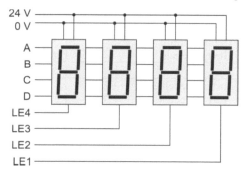

Eine Multiplex-Ziffernanzeige ist eine Anzeige mit speicherndem Verhalten. Die Dateneingänge A, B, C und D der vier Dekaden werden parallel geschaltet. Über jeweils einen eigenen Eingang LE (Latch Enable) wird eine Stelle der Ziffernanzeige dazu veranlasst, den auf den Datenleitungen augenblicklich anstehenden Wert in den Speicher und damit in die Anzeige zu übernehmen. Damit ist es möglich, die Anzahl der Leitungen zur Anzeigeeinheit und somit auch die belegten Ausgänge der SPS merklich zu reduzieren.

**Bild 7.1:** Multiplexanzeige

Anzahl der erforderlichen Leitungen L:

Muliplex-Ziffernanzeige:

$L = 4 + n$;  (n = Anzahl der Dekaden)

Für n = 4 : Anzahl der Leitungen L = 8

BCD-Ziffernanzeige ohne Speicher:

$L = 4 \cdot n$;  (n = Anzahl der Dekaden)

Für n = 4 : Anzahl der Leitungen L = 16

Für die Ansteuerung des Ausgangsbytes der vierstelligen Multiplexanzeige ist ein Funktionsbaustein FB 704 für die eigene Programmbibliothek zu entwerfen.

Übergabeparameter:

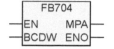

Beschreibung der Parameter:

BCDW (WORD):  BCD-Wert, der angezeigt werden soll

MPA (BYTE):     Ausgabebyte für die Multiplex-Ziffernanzeige

Zum Test des Funktionsbausteins wird an den Eingang BCDW der Wert eines vierstelligen Ziffereinstellers EW gelegt. An den BYTE-Ausgang MPA (A ... D, LE1 ... LE2) wird das Ausgangsbyte AB gelegt, an das eine Multiplex-Ziffernanzeige angeschlossen ist.

**Zuordnungstabelle der Eingänge und Ausgänge:**

| Eingangsvariable | Symbol | Datentyp | Logische Zuordnung | | Adresse |
|---|---|---|---|---|---|
| Zifferneinsteller | EW | WORD | BCD-Code | | EW 8 |
| Ausgangsvariable | | | | | |
| Wert 1 der Ziffer | A | BOOL | Wert $2^0$ | | A 4.0 |
| Wert 2 der Ziffer | B | BOOL | Wert $2^1$ | | A 4.1 |
| Wert 4 der Ziffer | C | BOOL | Wert $2^2$ | | A 4.2 |
| Wert 8 der Ziffer | D | BOOL | Wert $2^3$ | | A 4.3 |
| Freigabe der 4. Ziffer | LE1 | BOOL | Daten einlesen | LE4 = 0 | A 4.4 |
| Freigabe der 3. Ziffer | LE2 | BOOL | Daten einlesen | LE3 = 0 | A 4.5 |
| Freigabe der 2. Ziffer | LE3 | BOOL | Daten einlesen | LE2 = 0 | A 4.6 |
| Freigabe der 1. Ziffer | LE4 | BOOL | Daten einlesen | LE1 = 0 | A 4.7 |
| Zusammenfassung der Ausgangsvariablen | | | | | |
| Anschlüsse Multiplexanzeige | AB | BYTE | | | AB 4 |

Damit jede Dekade zur richtigen Zeit die Daten übernehmen und speichern kann, ist eine zeitlich versetzte Ansteuerung der LE-Eingänge in Verbindung mit den dazugehörigen Daten erforderlich. Dazu wird der auszugebende BCD-Wert einer Variablen SR zugewiesen, deren 4 rechte Bit die erste Ziffer angeben. Diese 4 Bit werden auf die Datenleitungen A, B, C und D gelegt und der entsprechende LE-Eingang aktiviert. Ist die erste Ziffer in der Anzeige gespeichert, wird das Bitmuster der Variablen SR um vier Stellen nach links geschoben. Damit liegt die nächste Ziffer an den Datenleitungen A, B, C und D. Der Vorgang wiederholt sich dann, bis alle 4 Ziffern ausgegeben sind.

Ein Zeitablauf für die Ausgabe der vier Dekaden ist im nachfolgenden Zeitdiagramm dargestellt. Dekade 1 = 1 (Takt 1 bis Takt 3) bedeutet dabei, dass auf die Datenleitungen A, B, C und D die BCD-Werte der ersten Dekade gelegt werden. Entsprechendes gilt für Dekade 2 = 1 (Takt 4 bis Takt 6) usw.

Zeitablaufdiagramm für die Ansteuerung des Funktionsbaustein-Ausgangs MPA:

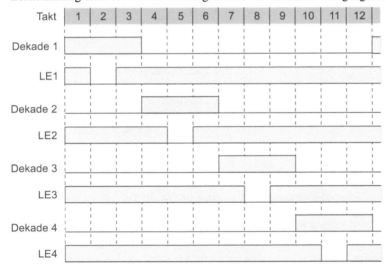

**Bild 7.2:**
Zeitablaufdiagramm

Aus dem Zeitdiagramm ist zu entnehmen, dass nach zwölf Takten alle vier Ziffern in die Anzeige geschrieben sind. Ein Takt entspricht im folgenden Struktogramm einem Durchlauf. Verbal können die erforderlichen Operationen innerhalb der zwölf Takte wie folgt beschrieben werden:

| Takt | Operation |
|---|---|
| 1: | Die auszugebende vierstellige BCD-Zahl wird in ein Schieberegister (SR) und in einen Speicher (BCDS) geladen. Die letzten 4 Bit des Schieberegisters (SR) werden mit den Datenleitungen A, B, C und D verbunden. |
| 2: | Der Freigabe-Ausgang LE1 wird auf „0"-Signal gelegt. Damit wird die auf den Datenleitungen liegende erste Ziffer in die erste Dekade der Anzeige übernommen. |
| 3: | Der Freigabe-Ausgang LE1 wird wieder auf „1"-Signal gelegt. Auf der Datenleitung liegt weiterhin der Wert der ersten Ziffer. Mit der „0 – 1"-Flanke auf LE1 wird die Ziffer in der ersten Dekade innerhalb der Anzeige gespeichert. |
| 4, 7 u. 10: | Der Inhalt des Schieberegisters (SR) wird um 4 Bit nach rechts geschoben. Auf den Datenleitungen A, B, C und D liegt dann die Ziffer für die jeweils nächste Dekade. |
| 5, 8 u. 11: | Der Freigabe-Ausgang für die jeweils nächste Dekade wird auf „0"-Signal gelegt. Damit erfolgt die Übernahme der jeweiligen Ziffer in die Anzeige. |
| 6, 9 u. 12: | Alle Freigabe-Ausgänge werden wieder auf „1"-Signal gelegt. Damit wird der auf der Datenleitung liegende Wert an der entsprechenden Stelle in der Anzeige gespeichert. |
| 13: | Der 13. Takt, der nach dem Zeitdiagramm nicht aufgeführt ist, dauert ein Programmzyklus und wird genutzt, um den Taktzähler ZAE zurückzusetzen und um den im Takt 1 gespeicherten Wert der Variablen BCDS an die Variable BCDA zu übergeben. Der Wert, der in der Variablen BCDA jeweils gespeichert ist, wurde von dem Funktionsbaustein vollständig an die Multiplexanzeige ausgegeben. Hat der Eingang BCDW des Funktionsbausteins den gleichen Wert wie die Variable BCDA, ist keine neuerliche Ausgabe erforderlich. |

Darstellung des Steuerungsprogramms für den Funktionsbaustein FB 704 im Struktogramm:

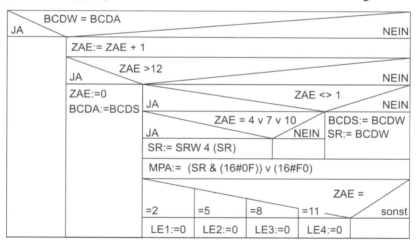

*Hinweise:* Die im Struktogramm zusätzlich aufgeführten Variablen BCDA, BCDS und SR sind im Funktionsbaustein bei STEP 7 als statische Lokaldaten zu deklarieren. Mit der Anweisung MPA:= (SR & (W#16#0F) v (16#F0) werden die letzten 4 Bit des Schiebespeichers dem Ausgangsbyte MPA zugewiesen und alle Bit der Freigabe-Ausgänge LE auf „1"-Signal gesetzt.

Der Aufruf des Funktionsbausteins FB 704 muss zeitgesteuert erfolgen, damit der begrenzten Reaktionszeit einer Ausgabebaugruppe mit einer Schaltfrequenz von 100 Hz Rechnung getragen wird. Dazu wird an den Eingang EN des Funktionsbausteins FB 704 die Flankenauswertung eines Taktgenerators mit der Periodendauer von 20 ms gelegt. Die Übernahme eines vollständigen BCD-Wertes in die gemultiplexte Anzeige dauert dann 12 x 20 ms = 240 ms.

**Lösung für STEP 7**

**STEP 7 Programm (AWL-Quelle) des Funktionsbausteins FB 704:**

```
FUNCTION_BLOCK FB704
VAR_INPUT                    VAR_OUTPUT                VAR
  BCDW : WORD ;                MPA : BYTE ;            BCDA : WORD ;
END_VAR                      END_VAR                   BCDS : WORD ;
                                                       SR : WORD ;
                                                       ZAE : INT ;
                                                       END_VAR

BEGIN
L  #BCDW;        L  #BCDW;       M003: NOP 0;      T  #MPA;
L  #BCDA;        T  #BCDS;       L  #SR;           BEA;
==I ;            T  #SR;         L  W#16#F;        M005: NOP 0;
BEB ;            SPA M003;       UW ;              L  #ZAE;
L  #ZAE;         M002: NOP 0;    L  W#16#F0;       L  8;
+  1;            O( ;            OW ;              <>I;
T  #ZAE;         L  #ZAE;        T  #MPA;          SPB M006;
                 L  4;           L  #ZAE;          L  #MPA;
L  12;           ==I;            L  2;             L  B#16#DF;
<=I;             ) ;            <>I;              UW ;
SPB M001;        O( ;            SPB M004;         T  #MPA;
                 L  #ZAE;        L  #MPA;          BEA;
L  0;            L  7;           L  B#16#7F;       M006: NOP 0;
T  #ZAE;         ==I;            UW ;              L  #ZAE;
                 ) ;            T  #MPA;          L  11;
L  #BCDS;        O( ;            BEA;              <>I;
T  #BCDA;        L  #ZAE;        M004: NOP 0;      BEB;
BEA;             L  10;          L  #ZAE;          L  #MPA;
                 ==I;            L  5;             L  B#16#EF;
M001: NOP 0;     ) ;            <>I;              UW ;
L  #ZAE;         SPBN M003;      SPB M005;         T  #MPA;
L  1;            L  #SR;         L  #MPA;
<>I;             SRW4;           L  B#16#BF;
SPB M002;        T  #SR;         UW ;              END_FUNCTION_BLOCK
```

**Aufruf (FUP) der Bausteine im OB 1:**

Netzwerk 1

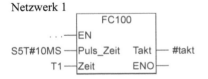

Netzwerk 2

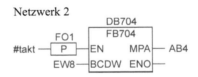

**Lösung für CoDeSys**

**CoDeSys AWL des Funktionsbausteins FB 704:**

```
FUNCTION_BLOCK FB704
VAR_INPUT                    VAR_OUTPUT                VAR
 BCDW: WORD;                   MPA: BYTE;              BCDA: WORD;
END_VAR                      END_VAR                   BCDS: WORD;
                                                       SR: WORD;
                                                       ZAE: INT;
                                                       END_VAR
```

```
LD   BCDW        LD   BCDW        M003:             AND  91
EQ   BCDA        ST   BCDS        LD   SR           ST   MPA
RETC             ST   SR          AND  15           RET
LD   ZAE         JMP  M003        OR   240          M005:
ADD  1           M002:            WORD_TO_BYTE      LD   ZAE
ST   ZAE         LD   ZAE         ST   MPA          NE   8
LD   ZAE         EQ   4           LD   ZAE          JMPC M006
LE   12          OR   (ZAE        NE   2            LD   MPA
JMPC M001        EQ   7           JMPC M004         AND  223
LD   0           )                LD   MPA          ST   MPA
ST   ZAE         OR   (ZAE        AND  127          RET
LD   BCDS        EQ   10          ST   MPA          M006:
ST   BCDA        )                RET               LD   ZAE
RET              NOT              M004:             NE   11
M001:            JMPC M003        LD   ZAE          RETC
LD   ZAE         LD   SR          NE   5            LD   MPA
NE   1           SHR  4           JMPC M005         AND  239
JMPC M002        ST   SR          LD   MPA          ST   MPA
```

**Aufruf (CFC) der Bausteine im PLC-Programm:**

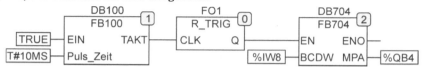

■  **Beispiel 7.5:  Umwandlung BCD_TO_REAL für 4 Ziffern (FC 705: BCD4_REAL)**

Für die eigene Programmbibliothek ist eine Funktion FC 705 (BCD4_REAL) zu entwerfen, die einen BCD-Wert von –9 999 bis + 9 999 in eine Gleitpunktzahl wandelt. Das Vorzeichen des BCD Wertes wird mit einem Schalter S als boolesche Variable am Eingang SBCD der Funktion FC 705 vorgegeben.

Der Gleitpunktzahlenbereich, in den der BCD-Wert eines vier stelligen Zifferneinstellers gewandelt werden soll, wird durch die Angabe eines Ausgabefaktors als Zehnerpotenz an einem weiteren Funktionseingang vorgegeben. Der Wert des Zifferneinstellers multipliziert mit dem Ausgabefaktor ergibt dann die REAL-Zahl. Zur Vermeidung von unsinnigen Eingaben für die Zehnerpotenz, (beispielsweise 5) ist der Exponent der Zehnerpotenz als INTEGER-Zahl am Eingang EAF der Funktion anzugeben.

Beispiele:

| BCD-Wert des Zifferneinstellers | Ausgabefaktor | Exponent des Ausgabefaktors | Ergebnis: REAL-Zahl = BCD-Wert ∗ Faktor |
|---|---|---|---|
| 1234 | 10 | 1 | 12 340.0 |
| 1234 | 1 | 0 | 1234.0 |
| 1234 | 0,01 | -2 | 12.34 |
| 1234 | 0,0001 | -4 | 0.1234 |

Zum Test der Funktion FC 705 wird an den Eingang BCDW des Codebausteins ein Eingangswort EW gelegt, an das ein vierstelliger Zifferneinsteller angeschlossen ist. Der Ausgangsparameter REALW wird einem Merkerdoppelwortwort MD zugewiesen.

Übergabeparameter:                    Beschreibung der Parameter:

BCDW:   WORD   BCD-Wert mit 4 Dekaden

SBCD:   BOOL

Vorzeichen des BCD-Wertes („0" = positiv, „1" = negativ)

EAF:    INT    Exponent des Ausgabefaktors

REAW:   REAL   Gewandelter BCD-Wert als Gleitpunktzahl

**Zuordnungstabelle der Eingänge und Merker:**

| Eingangsvariable | Symbol | Datentyp | Logische Zuordnung | | Adresse |
|---|---|---|---|---|---|
| Vorzeichen (Schalter) | S | BOOL | Betätigt | S = 1 | E 0.0 |
| Zifferneinsteller | EW | WORD | 4-stelliger BCD-Wert | | EW 10 |
| Exponent Ausgabefaktor | EAF | INT | INTEGER-Wert | | EW 12 |
| Merkervariable | | | | | |
| Gleitpunktzahl | MD | REAL | REAL-Format | | MD 10 |

**Lösung in STEP 7**

Da es in STEP 7 die Operation „Bilden eines Exponentialwertes zur Basis 10" nicht gibt, wird zur Berechnung der Gleitpunktzahl im vorgegebenen Bereich die vierstellige Zahl des Zifferneinstellers solange mit 10 multipliziert bzw. dividiert, wie es der an den Funktionseingang EAF gelegte Wert angibt.

**Struktogramm der Funktion FC 705:**

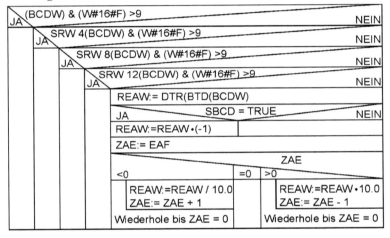

Das Struktogramm zeigt, dass zunächst geprüft wird, ob bei einer Umschaltung am Zifferneinsteller eine Pseudotetrade auftritt. In diesem Falle wird dieser Bearbeitungszyklus des Bausteins beendet und der bisherige REAL-Wert am Funktionsausgang REAW ausgegeben.

Bei Auftreten einer Pseudotetrade würde die SPS beim Ausführen der Operation BTD in den STOPP-Zustand gehen.

**STEP 7 Programm (AWL-Quelle):**

```
FUNCTION FC705 : VOID
NAME : BCD4_REAL
VAR_INPUT                                    VAR_OUTPUT          VAR_TEMP
 BCDW : WORD ;      EAF : INT                 REAW : REAL ;       ZAE : INT ;
 SBCD : BOOL ;      END_VAR                   END_VAR             END_VAR
BEGIN
L #BCDW;       L  W#16#F;      T  #REAW;       ==I ;           M002: NOP 0;
L W#16#F;      UW ;            BEB ;           L  #REAW;
UW ;           L  9;           U  #SBCD;       M003: NOP 0;     /R ;
L 9;           >I ;            SPBN M001;      L  #REAW;        T  #REAW;
>I ;           BEB ;          L  #REAW;        L  1.000e+01;    L  #ZAE;
BEB ;          L  #BCDW;       L  -1.00e+0;    *R ;             + 1;
L #BCDW;       SRW 12;         *R ;            T  #REAW;        T  #ZAE;
SRW 4;         L  W#16#F;      T  #REAW;       L  #ZAE;         L  0;
L W#16#F;      UW ;                            + -1;            ==I ;
UW ;           L  9;           M001: NOP 0;    T  #ZAE;         BEB ;
L 9;           >I ;            L  #EAF;         L  0;           SPA M002;
>I ;           BEB ;          T  #ZAE;         ==I;
BEB ;          L  #BCDW;       L  0;            BEB ;
L #BCDW;       BTD ;          <I ;             SPA M003;        END_FUNCTION
SRW 8;         DTR ;          SPB M002;
```

**CoDeSys Programm:**

Die Auswertung des vorgegebenen Gleitpunktzahlenbereichs am Funktionseingangs EAF (Exponent des Faktors, mit der die BCD-Zahl multipliziert wird) ist bei CoDeSys mit der Funktion EXPT möglich, die den Multiplikationswert direkt mit der Formel Multiplikationswert = $10^{EAF}$ berechnet. Die als Zwischenschritt erforderliche Umwandlung der BCD-Zahl in eine INTEGER-Zahl, ist mit dem im Beispiel 6.9 (Seite 269) angegebenen Verfahren durchzuführen, da es die Operation BCD_TO_INT bei CoDeSys nicht gibt.

**CoDeSys AWL:**

```
FUNCTION FC705:REAL
VAR_INPUT                    )              ADD(BCDW
 BCDW: WORD;         AND(BCDW       SHR 4                LDN  SBCD
 SBCD: BOOL;         SHR 8          AND 16#F             JMPC M001
 EAF: INT;           AND 15         MUL 10               LD   INTW
END_VAR              LE 10          )                    MUL  -1
VAR                  )              ADD(BCDW             ST   INTW
 INTW: INT;          AND(BCDW       SHR 8
END_VAR              SHR 12         AND 16#F             M001:
                     AND 15         MUL 100              LD   INTW
LD  BCDW             LE  10         )                    INT_TO_REAL
AND 15               )              ADD( BCDW            ST   FC705
LE  10               NOT            SHR 12
AND(BCDW             RETC           AND 15               LD   10
SHR 4                               MUL 1000             EXPT EAF
AND 15               LD  BCDW       )                    MUL  FC705
LE 10                AND 16#F       ST   INTW            ST   FC705
```

■ **Beispiel 7.6:  Umwandlung REAL_TO_BCD für 4 Ziffern (FC 706: REAL_BCD4)**

Für die eigene Programmbibliothek ist eine Funktion FC 706 (REAL_BCD4) zu entwerfen, die eine Gleitpunktzahl (Realzahl) am Funktionseingang REAW in einen BCD-Wert (BCDW) mit wählbarem Ziffernbereich wandelt. Damit lassen sich mit einer BCD-Anzeige auch sehr kleine oder sehr große Zahlen in Verbindung mit einem Ausgabefaktor darstellen. Die Funktion FC 706 benötigt deshalb einen weiteren Eingang, um den Ausgabefaktor als Zehnerpotenz vorzugeben. Die Gleitpunktzahl multipliziert mit dem Ausgabefaktor ergibt dann den 4-stelligen BCD-Wert am Ausgang der Funktion.

Je nach Ausgabefaktor können Ziffern der Gleitpunktzahl links oder rechts abgeschnitten werden. Werden durch einen ungünstig gewählten Ausgabefaktor Stellen der Gleitpunktzahl links abgeschnitten, wäre der ausgegebene BCD-Wert nicht sinnvoll. Ebenso falsch wäre ein BCD-Wert null, wenn die Gleitpunktzahl verschieden von null ist. In beiden Fällen soll ein weiterer Ausgang FEH der Funktion den Anzeigefehler durch ein 1-Signal melden und am Funktionsausgang BCDW der Wert 16#0000 erscheinen.

Zur Vermeidung von unsinnigen Eingaben für den Ausgabefaktor, (keine Zehnerpotenz, sondern beispielsweise 5) ist am Eingang EAF der Exponent der Zehnerpotenz des Ausgabefaktors als INTEGER-Zahl anzugeben.

Beispiele für den BCD-Wert und den Fehler FEH bei unterschiedlichen Ausgabefaktoren:

| REAL-Zahl REAW | Ausgabe-faktor | Exponent EAF | Berechnung des Ausgabewertes: REAL-Zahl · Ausgabefaktor | Ausgabe BCDW | Fehler FEH |
|---|---|---|---|---|---|
| 12.345 | 0,01 | −2 | 12.345 · 0.01 =  0.12345 | 0000 | TRUE |
| 12.345 | 1 | 0 | 12.345 · 1 =  12.345 | 0012 | FALSE |
| 12.345 | 100 | 2 | 12.345 · 100 =  1234.5 | 1234 | FALSE |
| 12.345 | 1000 | 3 | 12.345 · 1000 =  12345 | 2345 | TRUE |
| 0.0 | x | x | 0.0 · x =  0 | 0000 | FALSE |

Zum Test der Funktion FC 706 wird der Codebaustein aufgerufen und REAL-Werte über „Variable steuern" in das am Eingang REAW der Funktion liegende Merkerdoppelwort MD- bzw. INTEGER-

Werte in das am Eingang EAF liegende Merkerwort MW geschrieben. Der Ausgang der Funktion wird einem Ausgangswort AW zugewiesen, an das eine 4-stellige Ziffernanzeige angeschlossen ist.

Übergabeparameter:

Beschreibung der Parameter:

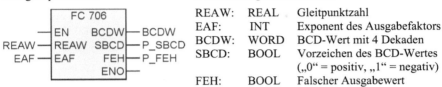

| REAW: | REAL | Gleitpunktzahl |
|---|---|---|
| EAF: | INT | Exponent des Ausgabefaktors |
| BCDW: | WORD | BCD-Wert mit 4 Dekaden |
| SBCD: | BOOL | Vorzeichen des BCD-Wertes („0" = positiv, „1" = negativ) |
| FEH: | BOOL | Falscher Ausgabewert |

**Zuordnungstabelle der Merker und Ausgänge:**

| Merkervariable | Symbol | Datentyp | Logische Zuordnung | | Adresse |
|---|---|---|---|---|---|
| REAL-Wert | REAW | REAL | Gleitpunktzahl | | MD 10 |
| Ausgabefaktor | EAF | INT | INTEGER-Wert | | MW 20 |
| Ausgangsvariable | | | | | |
| Ziffernanzeige | BCDW | WORD | 4-stelliger BCD-Wert | | AW 12 |
| Vorzeichen-Anzeige | P_SBCD | BOOL | Leuchtet | P_SBCD = 1 | A 4.0 |
| Ausgabefehler | P_FEH | BOOL | Sinnlose Ausgabe | P_FEH = 1 | A 4.1 |

**Lösung in STEP 7**

Wie im vorherigen Beispiel 7.5 erfolgt die Auswertung des Exponenten des Ausgabefaktors durch wiederholte Multiplikation bzw. Division mit 10.

**Struktogramm der Funktion FC 706:**

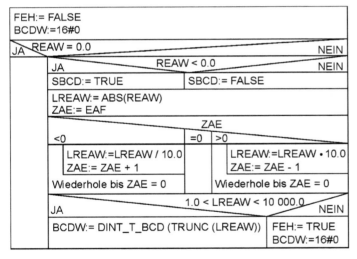

Vor Auswertung des Funktionseingangs EAF wird abgefragt, ob die Gleitpunktzahl negativ ist. Falls JA, wird dem Ausgang SBCD der boolesche Wert TRUE zugewiesen. Mit der Operation ABS wird der Betrag der Gleitpunktzahl gebildet.

**STEP 7 Programm (AWL-Quelle):**

```
FUNCTION FC706 : VOID
NAME : BCD4_REAL
VAR_INPUT                VAR_OUTPUT              VAR_TEMP
 REALW : REAL;            BCDW : WORD ;           LREAW : REAL ;
 EAF : INT               SBCD : BOOL ;           ZAE : INT ;
END_VAR                  FEH  : BOOL ;           END_VAR
                         END_VAR
```

```
BEGIN
CLR ;           L  #EAF;        +  -1;          T  #ZAE;        L  #LREAW;
=  #FEH;         T  #ZAE;        T  #ZAE;        L  0;           L  9.999e+03;
L  0;            L  0;           L  0;           ==I ;           >R ;
T  #BCDW;        <I ;           ==I ;           SPB M002;       ) ;
L  #REAW;        SPB M001;       SPB M002;       SPA M001;       =  #FEH;
L  0.00e+00;     ==I ;           SPA M003;                       BEB ;
==R ;            SPB  M002;      M001: NOP 0;    M002: NOP 0;
BEB ;            M003: NOP 0;    L  #LREAW;      O(;             L  #LREAW;
<R ;             L  #LREAW;      L  1.0e+01;     L  #LREAW;      TRUNC ;
=  #SBCD;        L  1.00e+01;    /R ;            L  1.00e+000;   DTB ;
L  #REAW;        *R ;            T  #LREAW;      <R ;            T  #BCDW;
ABS ;            T  #LREAW;      L  #ZAE;        ) ;
T  #LREAW;       L  #ZAE;        +  1;           O( ;            END_FUNCTION
```

## Lösung in CoDeSys

Das nebenstehende Struktogramm zeigt die Anweisungsfolge des CoDeSys Programms. Die Berechnung des Ausgabewertes kann wieder mit der Operation EXPT ausgeführt werden. Der lokale REAL-Wert wird dabei nach der Formel berechnet:

$$LREAW = REAW \cdot 10^{EAF}$$

Für die Umwandlung einer Ganzzahl in eine BCD-Zahl wird wieder der bereits in Beispiel 6.10 dargestellte Algorithmus verwendet.

**Struktogramm:**

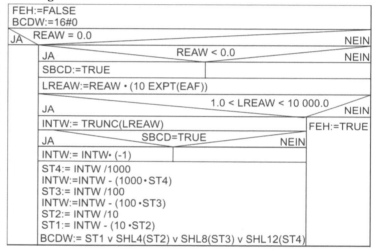

```
FEH:=FALSE
BCDW:=16#0
JA  REAW = 0.0                                               NEIN
     JA                      REAW < 0.0                      NEIN
     SBCD:=TRUE
     LREAW:=REAW · (10 EXPT(EAF))
     JA              1.0 < LREAW < 10 000.0         NEIN
     INTW:= TRUNC(LREAW)                       FEH:=TRUE
     JA          SBCD=TRUE          NEIN
     INTW:= INTW· (-1)
     ST4:= INTW /1000
     INTW:=INTW - (1000·ST4)
     ST3:= INTW /100
     INTW:=INTW - (100 ·ST3)
     ST2:= INTW /10
     ST1:= INTW - (10 ·ST2)
     BCDW:= ST1 v SHL4(ST2) v SHL8(ST3) v SHL12(ST4)
```

### CoDeSys AWL:

```
TYPE FC706_OUT:      ST2: WORD;       EXPT EAF        LD   INTW       ST   ST2
STRUCT               ST1: WORD;       )               DIV  1000       LD   INTW
 BCDW:WORD;          LREAW:REAL;      ST LREAW        ST   ST4        SUB ( ST2
 SBCD:BOOL;          _INT_0:INT;      LD LREAW        LD   INTW       MUL  10
 FEH:BOOL;           END_VAR          LT 1.0          SUB ( ST4       )
END_STRUCT                            OR( LREAW       MUL 1000        ST   ST1
END_TYPE             LD 0             GT 9999.0       )               LD   ST1
                     ST FC706.BCDW    )               ST   INTW       OR( ST2
FUNCTION             LD FALSE         ST FC706.FEH    LD   INTW       SHL  4
FC706:FC706_OUT      ST FC706.FEH     RETC            DIV  100        )
VAR_INPUT            LD REAW          LD LREAW        ST   ST3        OR( ST3
 REAW: REAL;         EQ 0.0           TRUNC           LD   INTW       SHL  8
 EAF:INT;            RETC             ST INTW         SUB (ST3        )
END_VAR              LD REAW          LD INTW         MUL 100         OR( ST4
VAR                  LT 0.0           MUL -1          )               SHL 12
 INTW:INT;           ST FC706.SBCD    ST _INT_0       ST   INTW       )
 ST4: WORD;          LD REAW          LD FC706.SBCD   LD   INTW       ST
 ST3: WORD;          MUL ( 10         SEL INTW,_INT_0 DIV 10          FC706.BCDW
                                      ST INTW
```

# 8 Mathematische Operationen

## 8.1 Arithmetische Funktionen

Mit arithmetischen Funktionen werden die vier Grundrechnungsarten (ADD, SUB, MUL und DIV) ausgeführt.

### 8.1.1 Arithmetische Funktionen nach DIN EN 61131-3

Die in der Norm DIN EN 61131-3 aufgeführten arithmetischen Standardfunktionen sind nachfolgende in der datentypunabhängigen Form mit der Vorsilbe <ANY_> (siehe Kapitel 3.5) dargestellt:

| Name | Grafische Form | Beschreibung |
|------|----------------|--------------|
| ADD | ADD<br>ANY_NUM — IN1    — ANY_NUM<br>ANY_NUM — IN2<br>—<br>ANY_NUM — INn | Die an den Eingängen IN1 bis INn angelegten Werte werden addiert. Das Ergebnis steht als Funktionswert für die Weiterverarbeitung zur Verfügung. |
| SUB | SUB<br>ANY_NUM — IN1    — ANY_NUM<br>ANY_NUM — IN2 | Der am Eingang IN2 angelegte Wert wird von dem an IN1 angelegten Wert subtrahiert. Das Ergebnis steht als Funktionswert für die Weiterverarbeitung zur Verfügung. |
| MUL | MUL<br>ANY_NUM — IN1    — ANY_NUM<br>ANY_NUM — IN2<br>—<br>ANY_NUM — INn | Die an den Eingängen IN1 bis INn angelegten Werte werden miteinander multipliziert. Das Ergebnis steht als Funktionswert für die Weiterverarbeitung zur Verfügung. |
| DIV | DIV<br>ANY_NUM — IN1    — ANY_NUM<br>ANY_NUM — IN2 | Der an den Eingang IN1 angelegte Wert wird durch den an IN2 angelegten Wert dividiert. Das Ergebnis steht als Funktionswert für die Weiterverarbeitung zur Verfügung. |
| MOD | MOD<br>ANY_NUM — IN1    — ANY_NUM<br>ANY_NUM — IN2 | Der an den Eingang IN1 angelegte Wert wird durch den an IN2 angelegten Wert dividiert und der Divisionsrest dem Funktionswert für die Weiterverarbeitung zugewiesen. |
| EXPT | EXPT<br>ANY_REAL— IN1    — ANY_REAL<br>ANY_NUM — IN2 | Der Funktionswert OUT berechnet sich nach der Formel: $OUT := IN1^{IN2}$.<br><br>*Hinweis:* Diese Funktion wird im Kapitel Nummerische Operationen dargestellt. |

Beim Funktionsaufruf müssen alle Eingangsoperanden vom gleichen Datentyp sein. Der Datentyp des Ergebnisses entspricht dem gewählten Datentyp der Eingangsoperanden.

## 8.1.2  Arithmetische Funktionen in STEP 7

Alle arithmetischen Funktionen werden bei STEP 7 unabhängig vom Verknüpfungsergebnis VKE über Akku 1 und Akku 2 ausgeführt. Das bedeutet, dass zuerst der Operand 1 in den Akku 1 geladen wird. Beim Laden des zweiten Operanden werden die Daten von Akku 1 in den Akku 2 verschoben und dann der zweite Operand in den Akku 1 geladen. Mit der angegebenen arithmetischen Funktion wird dann die Rechenoperation mit dem Inhalt von Akku 2 (Operand 1) und von Akku 1 (Operand 2) ausgeführt. Das Ergebnis steht dann in Akku1. Eine Ausnahme davon bildet die Addition von Konstanten. Für bestimmte Datenformate der Konstanten wird nur der Akku 1 verwendet. Bei allen arithmetischen Funktionen informieren Statusbits über das Ergebnis und den Verlauf der Rechnung.

In der Programmiersprache Anweisungsliste AWL werden Datentyp und Datenformat der Operanden nicht geprüft, wodurch sich leicht Programmierfehler ergeben können.

In der Programmiersprache Funktionsplan FUP enthält die Box einer arithmetischen Funktion neben den Parametern IN1, IN2 und OUT noch den Freigabeeingang EN und den Freigabeausgang ENO. An den Parametereingängen IN1 und IN2 liegen die Werte, mit denen die Rechnung durchgeführt wird. Am Parameterausgang OUT liegt das Ergebnis der arithmetischen Operation vor.

In der Programmiersprache SCL werden die Grundrechnungsarten mit arithmetischen Ausdrücken gebildet. Ein arithmetischer Ausdruck besteht aus einer (oder mehreren) Operation(en) und den Operanden. Die Operanden müssen alle gleiches Datenformat haben.

### 8.1.2.1  Rechnen mit Konstanten

In der Programmiersprache AWL ist es bei STEP 7 möglich, die Addition oder Subtraktion eines Operanden und einer Konstanten mit nur einem Ladebefehl auszuführen.

Die Anweisung *Addiere Konstante* addiert die bei der Operation stehende Konstante zum Inhalt von Akku 1. Die Konstante kann in folgenden Formaten angegeben werden:

| | |
|---|---|
| `+ B#16#bb` | Addieren einer Bytekonstanten in Hexadezimal-Schreibweise |
| `+ ±w` | Addieren einer Wortkonstanten in Dezimal-Schreibweise |
| `+ L#±d` | Addieren einer Doppelwortkonstanten in Dezimal-Schreibweise |

Da die angegebene Dezimalzahl mit einem Minus-Zeichen versehen werden kann, ist auch eine Subtraktion möglich. Die Ausführung der Anweisungen erfolgt unbedingt.

Beispiele zur Konstantenoperation:

| | |
|---|---|
| `L MW 10`<br>`+ B#16#11`<br>`T MW 10` | Das Merkerwort MW 10 wird um den Wert 17 erhöht.<br>*Hinweis:* Die Bytekonstante wird vor der Rechenoperation in eine INTEGER-Zahl gewandelt. |
| `L MW 12`<br>`+ -125`<br>`T MW12` | Das Merkerwort MW 12 wird um den Wert 125 verkleinert, ausgeführt als INT-Rechnung und beeinflusst nur den rechtsbündigen Wert im Akku 1. |
| `L MD 14`<br>`+ L#-130`<br>`T MD 14` | Das Merkerdoppelwort MD 14 wird um den Wert 130 verkleinert, ausgeführt als INT-Rechnung und beeinflusst nur den rechtsbündigen Wert im Akku 1. |

Die Anweisungen *Dekrementieren* DEC_n und *Inkrementieren* INC_n subtrahieren bzw. addieren zu dem Wert in Akku 1 die Zahl n. Der Parameter n kann die Werte zwischen 0 bis 255 annehmen. Die Veränderung des Akku 1 erfolgt nur im rechten Byte. Ein Übertrag erfolgt nicht. Führt beispielsweise der Befehl INC_n zu einer Zahl, die größer als 255 ist, beginnt die Zählung wieder bei 0. Beim Dekrementieren unter den Wert 0 beginnt es wieder bei 255. Die Ausführung der Anweisungen erfolgt unbedingt.

Beispiele zu Dekrementieren und Inkrementieren:

```
L   MB  10          Das Merkerbyte MB 10 wird um den Wert 10 erhöht.
INC 10
T   MB  10


L   MB  11          Das Merkerbyte MB 11 wird um den Wert 7 verkleinert.
DEC 7
T   MB  11
```

### 8.1.2.2 Rechnen mit INTEGER-Werten

#### • Addition/Subtraktion

Mit der Anweisung +I bzw. −I werden die in den rechtsbündigen Worten von Akku 1 und Akku 2 stehenden Bitmuster als Zahlen mit dem Datentyp INT interpretiert. Die beiden Zahlen werden addiert bzw. subtrahiert und das Ergebnis in Akku 1 gespeichert. Die Statusbits OS und OV melden das Verlassen des erlaubten Zahlenbereichs. Das linke Wort von Akku 1 bleibt unverändert.

Akku 1 [ | Operand2 ]   Akku 2 [ | Operand1 ]

+I od. -I

Akku 1 [ | Ergebnis ]

Operationsdarstellung in der Steuerungssprache STEP 7:

| Name | AWL | FUP | SCL |
|------|-----|-----|-----|
| ADD | L   MW 10<br>L   MW 12<br>+I<br>T   MW 14 | ADD_I<br>... ─ EN<br>MW10 ─ IN1  OUT ─ MW14<br>MW12 ─ IN2  ENO ─ | X1: INT;<br>X2: INT;<br>X3: INT;<br>X3:= X2+X1; |
| SUB | L   MW 16<br>L   MW 18<br>-I<br>T   MW 20 | SUB_I<br>... ─ EN<br>MW16 ─ IN1  OUT ─ MW20<br>MW18 ─ IN2  ENO ─ | X1: INT;<br>X2: INT;<br>X3: INT;<br>X3:= X2-X1; |

#### • Multiplikation

Mit der Anweisung *I werden die in den rechtsbündigen Worten von Akku 1 und Akku 2 stehenden Bitmuster als Zahlen mit dem Datentyp INT interpretiert. Die beiden Zahlen werden multipliziert und das Ergebnis als Zahl mit dem Datenformat DINT in Akku 1 gespeichert. Die Statusbits OS und OV melden das Verlassen des erlaubten Zahlenbereichs.

Akku 1 [ | Operand2 ]   Akku 2 [ | Operand1 ]

*I

Akku 1 [ | Ergebnis ]

Operationsdarstellung in der Steuerungssprache STEP 7:

| Name | AWL | FUP | SCL |
|------|-----|-----|-----|
| MUL | L   MW 10<br>L   MW 12<br>*I<br>T   MW 14 | ```... ─┤EN        MUL_I    │<br>MW10 ─┤IN1   OUT├─ MW14<br>MW12 ─┤IN2   ENO├``` | X1:  INT;<br>X2:  INT;<br>X3:  INT;<br><br>X3:= X2*X1; |

### • Division

Mit der Anweisung /I werden die in den rechtsbündigen Worten von Akku 1 und Akku 2 stehenden Bitmuster als Zahlen mit dem Datentyp INT interpretiert. Der Wert in Akku 2 (Dividend) wird durch den Wert in Akku 1 (Divisor) dividiert. Die Division liefert zwei Ergebnisse: den ganzzahligen Quotienten im rechten Wort von Akku 1 und den Rest der Division im linken Wort von Akku 1. Die beiden Ergebnisse haben das Datenformat INT.

Akku 1 [        |Operand2]    Akku 2 [        |Operand1]

/I

Akku 1 [ Rest | Quotient ]

Eine Division durch null liefert als Quotienten und Rest jeweils den Wert null. Ein Verlassen des erlaubten Zahlenbereichs und die Division durch null setzen die Statusbits OV und OS auf „1".

Operationsdarstellung in der Steuerungssprache STEP 7:

| Name | AWL | FUP | SCL |
|------|-----|-----|-----|
| DIV | L   MW 10<br>L   MW 12<br>/I<br>T   MW 14 | ```... ─┤EN        DIV_I    │<br>MW10 ─┤IN1   OUT├─ MW14<br>MW12 ─┤IN2   ENO├``` | X1:  INT;<br>X2:  INT;<br>X3:  INT;<br><br>X3:= X2/X1; |

### 8.1.2.3 Rechnen mit DOUBLE INTEGER-Werten

### • Addition/Subtraktion

Mit der Anweisung +D bzw. –D werden die in Akku 1 und Akku 2 stehenden Bitmuster als Zahlen mit dem Datentyp DINT interpretiert. Die beiden Zahlen werden addiert bzw. subtrahiert und das Ergebnis in Akku 1 gespeichert. Die Statusbits OS und OV melden das Verlassen des erlaubten Zahlenbereichs.

Akku 1 [   Operand 2   ]    Akku 2 [   Operand 1   ]

+D od. -D

Akku 1 [   Ergebnis   ]

Operationsdarstellung in der Steuerungssprache STEP 7:

| Name | AWL | FUP | SCL |
|------|-----|-----|-----|
| ADD | L   MD 10<br>L   MD 14<br>+D<br>T   MD 18 | ```... ─┤EN        ADD_DI   │<br>MD10 ─┤IN1   OUT├─ MD18<br>MD14 ─┤IN2   ENO├``` | X1:  DINT;<br>X2:  DINT;<br>X3:  DINT;<br><br>X3:= X2+X1; |

| SUB | L   MD  18<br>L   MD  22<br>-D<br>T   MW  26 | ```<br>            SUB_DI<br>...—EN<br>MD18—IN1  OUT—MD26<br>MD22—IN2  ENO<br>``` | X1: DINT;<br>X2: DINT;<br>X3: DINT;<br>X3:= X2-X1; |

## • Multiplikation

Mit der Anweisung *D werden die in Akku 1 und Akku 2 stehenden Bitmuster als Zahlen mit dem Datentyp DINT interpretiert. Die beiden Zahlen werden multipliziert und das Ergebnis in Akku 1 gespeichert. Das Verlassen des erlaubten Zahlenbereichs wird durch die Statusbits OS und OV gemeldet.

Akku 1 [ Operand 2 ]    Akku 2 [ Operand 1 ]

*D

Akku 1 [ Ergebnis (Produkt) ]

Operationsdarstellung in der Steuerungssprache STEP 7:

| Name | AWL | FUP | SCL |
|------|-----|-----|-----|
| MUL | L   MD  10<br>L   MD  14<br>*D<br>T   MD  18 | ```<br>            MUL_DI<br>...—EN<br>MD10—IN1  OUT—MD18<br>MD14—IN2  ENO<br>``` | X1: DINT;<br>X2: DINT;<br>X3: DINT;<br>X3:= X2*X1; |

## • Division

Beim Rechnen mit dem Zahlenformat DOUBLE INTEGER gibt es zwei Anweisungen für die Division. Mit der Anweisung /D wird der ganzzahlige Quotient als Ergebnis und mit der Anweisung MOD der Rest der Division als Ergebnis in Akku 1 gebildet.

Bei beiden Anweisungen wird das in Akku 1 und Akku 2 stehenden Bitmuster als Zahlen mit dem Datentyp DINT interpretiert. Der Wert in Akku 2 (Dividend) wird durch den Wert in Akku 1 (Divisor) dividiert.

Akku 1 [ Operand 2 (Divisor) ]    Akku 2 [ Operand 1 (Dividend) ]

/D

Akku 1 [ Ergebnis (Quotient) ]

Akku 1 [ Operand 2 (Divisor) ]    Akku 2 [ Operand 1 (Dividend) ]

MOD

Akku 1 [ Ergebnis (REST) ]

Eine Division durch null liefert als Quotienten und Rest jeweils den Wert null. Ein Verlassen des erlaubten Zahlenbereichs und die Division durch null setzen die Statusbits OV und OS auf „1".

Operationsdarstellung in der Steuerungssprache STEP 7:

| Name | AWL | FUP | SCL |
|------|-----|-----|-----|
| DIV | L   MD  10<br>L   MD  14<br>/D<br>T   MD  18 | ```<br>            DIV_DI<br>...—EN<br>MD10—IN1  OUT—MD18<br>MD14—IN2  ENO<br>``` | X1: DINT;<br>X2: DINT;<br>X3: DINT;<br>X3:= X2/X1; |

| MOD | L   MD  22<br>L   MD  26<br>MOD<br><br>T   MD  30 | MOD_DI<br>... ──EN<br>MD22──IN1  OUT──MD30<br>MD26──IN2  ENO── | X1: DINT;<br>X2: DINT;<br>X3: DINT;<br><br>X3:= X2 MOD X1; |

### 8.1.2.4  Rechnen mit Gleitpunktzahlen

#### • Addition/Subtraktion

Mit der Anweisung +R bzw. –R werden die in Akku 1 und Akku 2 stehenden Bitmuster als Zahlen mit dem Datentyp REAL interpretiert. Die beiden Zahlen werden addiert bzw. subtrahiert und das Ergebnis in Akku 1 gespeichert. Die Statusbits OS und OV melden das Verlassen des gültigen Zahlenbereichs sowie die Ausführung der Operation mit einem ungültigen REAL-Wert

Akku 1 [    Operand 2    ]    Akku 2 [    Operand 1    ]
+R od. -R
Akku 1 [    Ergebnis    ]

Operationsdarstellung in der Steuerungssprache STEP 7:

| Name | AWL | FUP | SCL |
|------|-----|-----|-----|
| ADD | L   MD  10<br>L   MD  14<br>+R<br>T   MD  18 | ADD_R<br>... ──EN<br>MD10──IN1  OUT──MD18<br>MD14──IN2  ENO── | X1: REAL;<br>X2: REAL;<br>X3: REAL;<br><br>X3:= X2+X1; |
| SUB | L   MD  22<br>L   MD  26<br>–R<br>T   MD  30 | SUB_R<br>... ──EN<br>MD22──IN1  OUT──MD30<br>MD26──IN2  ENO── | X1: REAL;<br>X2: REAL;<br>X3: REAL;<br><br>X3:= X2-X1; |

#### • Multiplikation

Mit der Anweisung *R werden die in Akku 1 und Akku 2 stehenden Bitmuster als Zahlen mit dem Datentyp REAL interpretiert. Die beiden Zahlen werden multipliziert und das Ergebnis in Akku 1 gespeichert. Das Verlassen des erlaubten Zahlenbereichs und die Ausführung der Berechnung mit einer ungültigen REAL-Zahl werden durch die Statusbits OS und OV gemeldet.

Akku 1 [    Operand 2    ]    Akku 2 [    Operand 1    ]
*R
Akku 1 [    Ergebnis (Produkt)    ]

Operationsdarstellung in der Steuerungssprache STEP 7:

| Name | AWL | FUP | SCL |
|------|-----|-----|-----|
| MUL | L   MD  10<br>L   MD  14<br>*R<br>T   MD  18 | MUL_R<br>... ──EN<br>MD10──IN1  OUT──MD18<br>MD14──IN2  ENO── | X1: REAL;<br>X2: REAL;<br>X3: REAL;<br><br>X3:= X2*X1; |

### • Division

Mit der Anweisung /R werden die in Akku 1 und Akku 2 stehenden Bitmuster als Zahlen mit dem Datentyp REAL interpretiert. Der Wert in Akku 2 (Dividend) wird durch den Wert in Akku 1 (Divisor) dividiert.

| Akku 1 | Operand 2 (Divisor) | Akku 2 | Operand 1 (Dividend) |
|---|---|---|---|

**/R**

| Akku 1 | Ergebnis (Quotient) |
|---|---|

Eine Division durch null oder ∞ liefert einen ungültigen Wert in Akku 1. Ein Verlassen des erlaubten Zahlenbereichs, die Division durch null und die Ausführung der Rechenoperation mit einer ungültigen REAL-Zahl setzen die Statusbits OV und OS auf „1".

Operationsdarstellung in der Steuerungssprache STEP 7:

| Name | AWL | FUP | SCL |
|---|---|---|---|
| DIV | L   MD 10<br>L   MD 14<br>/R<br>T   MD 18 | ```DIV_R```<br>... —EN<br>MD10 —IN1  OUT— MD18<br>MD14 —IN2  ENO— | X1: REAL;<br>X2: REAL;<br>X3: REAL;<br>X3:= X2/X1; |

## 8.1.3 Arithmetische Funktionen in CoDeSys

### 8.1.3.1 Addition

Es können zwei oder mehrere Variablen mit den Datentypen BYTE, WORD, DWORD, SINT, USINT, INT, UINT, DINT, UDINT, REAL und LREAL addiert werden. Neben diesen Datentypen, können auch zwei Operanden mit dem Datentyp TIME addiert werden. Die Summe ist dann wieder eine Zeit.

Beispielsweise gilt: t#40s + t#45s = t#1m 25s.

Operationsdarstellung in der Steuerungssprache CoDeSys:

| AWL | FUP | SCL |
|---|---|---|
| LD   VAR1<br>ADD  VAR2,VAR3<br>ST   VAR4 | ```ADD```<br>VAR1 —<br>VAR2 —   — VAR4<br>VAR3 — | VAR4:= VAR1 + VAR2 + VAR3; |

### 8.1.3.2 Subtraktion

Bei der Subtraktion wird von einer Variablen mit dem Typ BYTE, WORD, DWORD, SINT, USINT, INT, UINT, DINT, UDINT, REAL und LREAL eine andere Variable mit einem der genannten Datentypen abgezogen. Neben diesen Datentypen, können auch zwei Operanden mit dem Datentyp TIME subtrahiert werden. Die Differenz ist dann wieder eine Zeit.

Beispielsweise gilt: t#1min25s – t#45s = t#40s. Zu beachten ist dabei, dass negative Zeitwerte nicht definiert sind.

Operationsdarstellung in der Steuerungssprache CoDeSys:

| AWL | FUP | SCL |
|---|---|---|
| LD   VAR1<br>SUB  VAR2<br>ST   VAR3 | VAR1 —[ SUB ]— VAR3<br>VAR2 — | VAR3:= VAR1 - VAR2; |

### 8.1.3.3  Multiplikation

Es können zwei oder mehrere Variablen bzw. Konstanten mit den Datentypen BYTE, WORD, DWORD, SINT, USINT, INT, UINT, DINT, UDINT, REAL und LREAL multipliziert werden.

Operationsdarstellung in der Steuerungssprache CoDeSys:

| AWL | FUP | SCL |
|---|---|---|
| LD   VAR1<br>MUL  VAR2,VAR3<br>ST   VAR4 | VAR1 —[ MUL ]— VAR4<br>VAR2 —<br>VAR3 — | VAR4:= VAR1 * VAR2 * VAR3; |

### 8.1.3.4  Division

Bei der Division wird eine Variable vom Typ BYTE, WORD, DWORD, SINT, USINT, INT, UINT, DINT, UDINT, REAL und LREAL durch eine andere Variable mit einem dieser Datentypen dividiert.

Operationsdarstellung in der Steuerungssprache CoDeSys:

| AWL | FUP | SCL |
|---|---|---|
| LD   VAR1<br>DIV  VAR2<br>ST   VAR3 | VAR1 —[ DIV ]— VAR3<br>VAR2 — | VAR3:= VAR1 / VAR2 ; |

### 8.1.3.5  Modulo Division

Bei der Modulo Division wird eine Variable vom Typ BYTE, WORD, DWORD, SINT, USINT, INT, UINT, DINT und UDINT durch eine andere Variable von einem dieser Datentypen dividiert. Das Ergebnis liefert den ganzzahligen Rest der Division.

Operationsdarstellung in der Steuerungssprache CoDeSys:

| AWL | FUP | SCL |
|---|---|---|
| LD   VAR1<br>MOD  VAR2<br>ST   VAR3 | VAR1 —[ MOD ]— VAR3<br>VAR2 — | VAR3:= VAR1 MOD VAR2 ; |

### 8.1.4 Beispiele

■ **Beispiel 8.1: Parametrierbarer AUF-AB-Zähler (FC 801: AUFABZ)**

Zur Kontrolle bestimmter unterschiedlicher Mengen soll eine Funktion FC 801 für einen AUF-AB-Zähler entworfen werden, mit der bis zu einem bestimmten Oberen-Grenz-Wert OGR hoch gezählt und dann abwärts gezählt wird. Nach Erreichen des Zählerstandes null beginnt wieder das Aufwärtszählen.

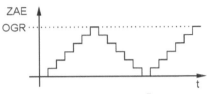

Der obere Wert OGR wird mit einem 4-stelligen Zifferneinsteller EW eingegeben. Eine Änderung des Grenzwertes OGR soll jederzeit möglich sein. Das Abwärtszählen zeigt die Leuchte P1 an.

Zum Test der Funktion werden die Zählimpulse von einem Taktgeber mit der Frequenz 5 Hz geliefert. Der Zählvorgang wird durch den Schalter S1 ein- bzw. ausgeschaltet. Beim Ausschalten soll der Zähler zurückgesetzt werden. Der jeweilige Zählerstand soll an einer vierstelligen Zifferanzeige AW ablesbar sein. Außerdem soll an der Leuchte P2 der Blinktakt sichtbar sein.

**Freigrafischer Funktionsplan der Bausteinstruktur im OB 1 bzw. PLC-PRG:**

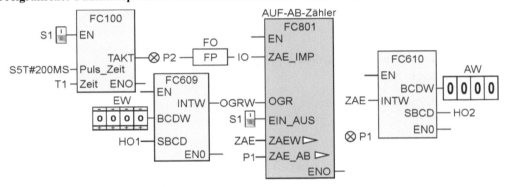

**Bild 8.1:** AUF-AB-Zähler

**Zuordnungstabelle der Eingänge und Ausgänge:**

| Eingangsvariable | Symbol | Datentyp | Logische Zuordnung | | Adresse |
|---|---|---|---|---|---|
| Ein-Schalter | S1 | BOOL | Betätigt | S1 = 1 | E 0.1 |
| Zifferneinsteller | EW | WORD | BCD-Code | | EW 8 |
| Ausgangsvariable | | | | | |
| Anzeige Zählrichtung abwärts | P1 | BOOL | Leuchtet | P1 = 1 | A 4.1 |
| Anzeige Takt | P2 | BOOL | Leuchtet | P2 = 1 | A 4.2 |
| BCD-Anzeige | AW | WORD | BCD-Code | | AW 12 |
| Merkervariable | | | | | |
| Hilfsoperand 1 | HO1 | BOOL | | | M 10.0 |
| Hilfsoperand 1 | HO2 | BOOL | | | M 10.1 |

Der aktuelle Zählerwert ZAEW wird durch die Ausgangsvariable ZAEW mit dem Datentyp INT gebildet. Diese wird bei einer positiven Flanke am Eingang ZAE_IMP um eins auf- bzw. abwärts gezählt. Die Zählrichtung ist durch den Funktionsausgang ZAE_AB bestimmt. Hat dieser den Wert FALSE wird aufwärts und bei TRUE wird abwärts gezählt. Gesetzt wird dieser Ausgang, wenn der Zählwert die obere Grenze OGR erreicht bzw. überschritten hat. Rückgesetzt wird der Ausgang ZAE_AB bei ZAEW = 0.

Der Aufbau des Steuerungsprogramms für die Funktion FC 801 AUF-AB-Zähler wird nachfolgend durch ein Struktogramm dargestellt.

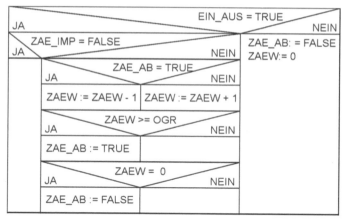

Da die Variablen ZAEW und ZAE_AB Ausgangsvariablen der Funktion sind, werden deren Werte in den zugehörigen Ausgangsoperanden des Organisationsbausteins OB 1 gespeichert.

Somit kann eine Funktion als Programmorganisationseinheit für die Realisierung verwendet werden.

Die Variablen ZAEW und ZAE_AB müssen als IN_OUT-Variablen deklariert werden. Beide Variablen erscheinen deshalb in der FUP - Darstellung beim Aufruf auf der linken Seite der Funktion.

**Lösung für STEP 7**

**STEP 7 Programm FC 801 (AWL-Quelle):**

```
FUNCTION_BLOCK FC801
VAR_INPUT                  VAR_IN_OUT
  ZAE_IMP: BOOL ;            ZAEW : INT ;
  OGR    : INT ;            ZAE_AB :BOOL ;
  EIN_AUS: BOOL ;          END_VAR
END_VAR
BEGIN
U  #EIN_AUS;   M001:UN #ZAE_IMP;   M002:L #ZAEW;          L #ZAEW;
SPB M001;           BEB;                + -1;              L 0;
SET;                U #ZAE_AB;           T #ZAEW;          ==I;
R  #ZAE_AB;         SPB M002;       M003:L #ZAEW;          R #ZAE_AB;
L  0;               L #ZAEW;             L #OGR;          END_FUNCTION
T  #ZAEW;           + 1;                 >=I;
BEA;                T #ZAEW;             S #ZAE_AB;
                    SPA M003;
```

**Lösung für CoDeSys**

**CoDeSys Programm FC 801 AWL:**

```
FUNCTION FC801:BOOL
                     LD   EIN_AUS   M001:            M002:
VAR_INPUT            JMPC M001      LDN  ZAE_IMP     LD   ZAEW
  EIN_AUS: BOOL;                    RETC             SUB  1
  ZAE_IMP: BOOL;     LD   FALSE                      ST   ZAEW
  OGR: INT;          ST   ZAE_AB    LD   ZAE_AB      M003:
END_VAR              LD   0         JMPC M002        LD   ZAEW
VAR_IN_OUT           ST   ZAEW      LD   ZAEW        GE   OGR
  ZAE_AB: BOOL;                     ADD  1           S    ZAE_AB
  ZAEW: INT;         LD   TRUE      ST   ZAEW        LD   ZAEW
END_VAR              RETC           LD   TRUE        LE   0
                                    JMPC M003        R    ZAE_AB
```

■ **Beispiel 8.2: Schlupfkontrolle**

Zur Schlupfkontrolle eines Förderbandes werden die Drehzahlen der Antriebswelle und der Umlenkrolle mit Hilfe der Sensoren S3 und S4 in eine jeweils proportional zugeordnete Impulsfrequenz umgesetzt. Mit dem Schalter S1 wird das Band eingeschaltet. Die Schlupfüberwachung erfolgt 3 Sekunden nach Einschalten des Bandes. In Messintervallen von jeweils 5 Sekunden wird der Schlupf berechnet. Dazu wird nach jedem Messintervall die über die Sensoren S3 und S4 eingegangene Anzahl von Impulsen miteinander verglichen. Ist die Differenz (Schlupf) größer als 3 % (100 % = Anzahl der Impulse der Antriebswelle), geht die Meldeleuchte PS an. Wenn in dem darauf folgenden Messintervall der Schlupf immer noch größer als 3 % ist, wird zusätzlich noch eine Alarmleuchte PA eingeschaltet, die nur durch den Quittiertaster S2 wieder ausgeschaltet werden kann. An einer vierstelligen Ziffernanzeige soll der Schlupf in Prozent mit zwei Kommastellen angezeigt werden. Der Bandlauf wird mit P1 und die Schlupfüberwachung mit P2 angezeigt.

**Technologieschema:**

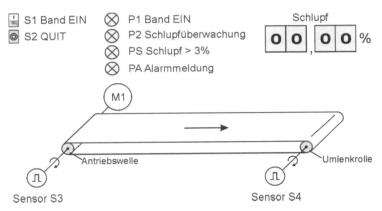

**Bild 8.2:** Schlupfkontrolle

Es ist ein Funktionsbaustein FB 802 zu entwerfen, der die Schlupfberechnung ausführt. Aufgerufen wird der Funktionsbaustein erst 3 Sekunden nach dem Einschalten des Bandes. Die Taktfrequenz und die INT_TO_BCD-Umwandlung werden mit den Bibliotheksbausteinen FC 100 (Takt) und FC 610 (INT_BCD4) ausgeführt.

**Bausteinstruktur im OB 1 bzw. PLC_PRG:**

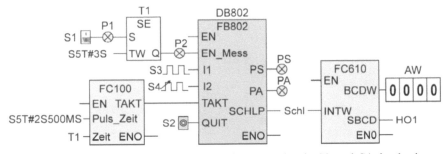

Zum Test des Funktionsbausteins FB 802 können die Sensorsignale S3 und S4 durch eine angelegte Rechteckspannung simuliert werden. Die Rechteckspannung des Sensors S4 sollte dabei in der Frequenz veränderbar sein.

**Zuordnungstabelle der Eingänge und Ausgänge:**

| Eingangsvariable | Symbol | Datentyp | Logische Zuordnung | | Adresse |
|---|---|---|---|---|---|
| Schalter Band EIN | S1 | BOOL | Betätigt | S1 = 1 | E 0.1 |
| Ouittierungstaster | S2 | BOOL | Betätigt | S2 = 1 | E 0.2 |
| Impulsgeber Antriebswelle | S3 | BOOL | 24V Impulse | | E 0.3 |
| Impulsgeber Umlenkrolle | S4 | BOOL | 24V Impulse | | E 0.4 |
| Ausgangsvariable | | | | | |
| Anzeige Band EIN | P1 | BOOL | Leuchtet | P1 = 1 | A 4.1 |
| Anzeige Schlupfüberwachung | P2 | BOOL | Leuchtet | P2 = 1 | A 4.2 |
| Anzeige Schlupf > 3% | PS | BOOL | Leuchtet | PS = 1 | A 4.3 |
| Anzeige Alarm | PA | BOOL | Leuchtet | PA = 1 | A 4.4 |
| BCD-Anzeige | AW | WORD | BCD-Code | | AW 12 |

**Struktogramm für das Programm des Funktionsbausteins FB 802:**

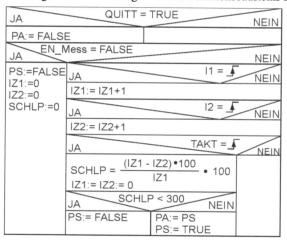

Der Wert von SCHLP (Schlupf) wird, um die Nachkommastellen anzeigen zu können, mit 100 multipliziert. Deshalb ist auch die Abfrage > 3 % im Struktogramm mit > 300 angegeben.

**STEP 7 Programm (AWL-Quelle):**

```
FUNCTION_BLOCK FB802
VAR_INPUT            VAR_OUTPUT              VAR
  EN_Mess:BOOL;        PS  : BOOL ;           IZ1 : DINT ;        FO2 : BOOL ;
  I1    : BOOL ;       PA  : BOOL ;           IZ2 : DINT ;        FO3 : BOOL ;
  I2    : BOOL ;       SCHLP : INT ;          FO1 : BOOL ;        END_VAR
  TAKT  : BOOL ;       END_VAR
  QUIT  : BOOL ;
END_VAR
BEGIN
U  #QUIT;        M000: NOP 0      L  #IZ2;         L  10000;        R  #PS;
R  #PA;          U  #I1;          +  1;            *D ;             BEB;
U  #EN_Mess;     FP #FO1;         T  #IZ2;         L  #IZ1;         U  #PS;
SPB M000;        SPBN M001;       M002: NOP 0      /D ;             S  #PA;
SET ;            L  #IZ1;         U  #TAKT;        T  #SCHLP;       BEB;
R  #PS;          +  1;            FP #FO3;         L  L#0;          SET;
L  L#0;          T  #IZ1;         NOT;             T  #IZ1;         =  #PS;
T  #IZ1;         M001: NOP 0      BEB;             T  #IZ2;
T  #IZ2;         U  #I2           L  #IZ1;         L  #SCHLP;
T  #SCHLP;       FP #FO2;         L  #IZ2;         L  300;          END_FUNCTION_
BEA ;            SPBN M002;       -D ;             <D ;             BLOCK
```

**Lösung für CoDeSys**

Der Aufruf aller erforderlicher Bausteine im PLC-PRG lässt sich vorteilhaft in der Programmiersprache CFC ausführen. Ausführliche Lösung siehe im Web: www.Automatisieren-mit-SPS.de.

**CoDeSys Programm AWL:**

```
FUNCTION_BLOCK
FB802                   LD  QUITT        M000:              RETC
VAR_INPUT               R   PA           CAL FO1(CLK:=I1)   LD   IZ1
 EN_Mess: BOOL;                          LD  FO1.Q          SUB  IZ2
 I1: BOOL;               LD  EN_Mess      NOT                MUL  10000
 I2: BOOL;               JMPC M000        JMPC M001          DIV  IZ1
 TAKT: BOOL;                              LD  IZ1            DINT_TO_INT
 QUITT: BOOL;            LD  TRUE          ADD 1             ST   SCHLP
END_VAR                  R   PS           ST  IZ1
VAR_OUTPUT              R   PA           M001:              LD   0
 PS: BOOL;                               CAL FO2(CLK:=I2)   ST   IZ1
 PA: BOOL;               LD  0            LD  FO2.Q          ST   IZ2
 SCHLP: INT;            ST  IZ1          NOT
END_VAR                 ST  IZ2          JMPC M002          LD   SCHLP
VAR                                       LD  IZ2           LE   300
 IZ1: DINT;              LD  0            ADD 1             R    PS
 IZ2: DINT;             ST  SCHLP         ST  IZ2           RETC
 FO1: R_TRIG;                            M002:
 FO2: R_TRIG;           LD  TRUE         CAL                LD   PS
 FO3: R_TRIG;           RETC             FO3(CLK:=TAKT)     S    PA
END_VAR                                   LD  FO3.Q          LD   TRUE
                                          NOT                ST   PS
```

■  **Beispiel 8.3: Puls-Generator**

Es soll ein Funktionsbaustein FB 803 entworfen werden, der die Eingangsgröße IN_REAW in einen Puls transformiert. Die Dauer eines Impulses pro Periodendauer ist dabei von dem Wert an IN_RAEW und einem vorgebbaren Bezugswert am Eingang IN_MAX abhängig. Die Periodendauer kann als Vielfaches von einer Sekunde am Eingang IN_PER vorgegeben werden. Die minimale Impulsbreite soll 10 ms betragen. Dazu ist im Funktionsbaustein FB 803 ein Taktgenerator zu programmieren, der dafür sorgt, dass die Berechnung der Impulsausgabe nur alle 10 ms stattfindet.

Das nebenstehende Bild zeigt die prinzipielle Arbeitsweise des Funktionsbausteins.

Beispiel:
Bei IN_REAL = 25 % von IN_MAX ist der Impuls 25 % von der Periodendauer.

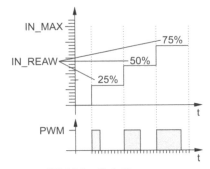

**Bild 8.3:** Pulsdiagramm

Übergabeparameter:

```
┌─────────────┐
│    FB803    │
┤EN           │
┤IN_MAXW      │
┤IN_REAW PWM ├
┤IN_PER  ENO ├
└─────────────┘
```

Beschreibung der Parameter:

| | | |
|---|---|---|
| IN_MAXW: | REAL | Bezugswert (entspricht 100 %) |
| IN_REAW: | REAL | In Pulse umzuwandelnder Wert |
| IN_PER: | INT | bestimmt die Periodendauer mit einem Vielfachen von Sekunden |
| PWM: | BOOL | Impuls |

**Struktogramm für das Programm des Funktionsbausteins FB 803:**

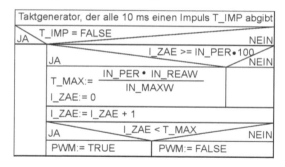

Die Impulse des Taktgenerators werden mit der TON-Zeitfunktion gebildet, welche sich nach Ablauf wieder selbst startet.

Zu beachten sind die unterschiedlichen Datenformate in der Berechnungsformel und die Datenformate der lokalen statischen Variablen. Diese sind:

I_ZAE:   DINT
T_MAX:  INT
T_IMP:   BOOL

**STEP 7 Programm (AWL-Quelle):**

Zur Bildung der 10-ms-Impulse wird die Systemfunktion SFB 4 (TON) verwendet, wobei die Instanz als Multiinstanz deklariert wird.

```
FUNCTION_BLOCK FB803
VAR_INPUT              VAR_OUTPUT           VAR
  IN_MAXW: REAL ;        PWM : BOOL ;         I_ZAE : DINT ;      T_IMP : BOOL ;
  IN_REAW: REAL ;      END_VAR                T_MAX : INT ;       T_START: BOOL ;
  IN_PER : INT ;                              I_TON : SFB 4;      END_VAR
END_VAR
BEGIN
UN #T_IMP;              L  #IN_PER;           L  0;
=  #T_START;           ITD;                   T  #I_ZAE;
CALL #I_TON (IN:= #T_START,  DTR;             BEA ;
     PT:=T#10MS,Q:=#T_IMP);  L  1.000e+002;
UN #T_IMP;             *R ;                   M001: NOP 0;
BEB;                   L  #IN_REAW;                 L #I_ZAE;
L  #IN_PER;            *R ;                         + 1;
L  100;                L  #IN_MAXW;                 T #I_ZAE;
*D ;                   /R ;                         L #I_ZAE;
L  #I_ZAE;            RND;                          L #T_MAX;
>D ;                   T  #T_MAX;                   <I;
SPB M001;                                           = #PWM;
                                              END FUNCTION BLOCK
```

**CoDeSys Programm AWL:**

```
FUNCTION_BLOCK
FB803                  LDN T_IMP        LD  IN_PER        LD  0
VAR_INPUT              ST  T_START      INT_TO_DINT       ST  I_ZAE
  IN_MAXW: REAL;       CAL I_TON(IN     MUL 100
  IN_REAW: REAL;       := T_START, PT   GT  I_ZAE         M001:
  IN_PER: INT;         := T#10ms)       JMPC M001         LD  I_ZAE
END_VAR                                                   ADD 1
VAR_OUTPUT            LD  I_TON.Q       LD  IN_PER        ST  I_ZAE
  PWM: BOOL;          ST  T_IMP         INT_TO_REAL
END_VAR              LDN T_IMP          MUL 100.0         LD  I_ZAE
VAR                   RETC              MUL IN_REAW       LE  T_MAX
  I_TON: TON;                           DIV IN_MAXW       ST  PWM
  T_START: BOOL;                        REAL_TO_INT
  T_IMP: BOOL;                          ST  T_MAX
  I_ZAE: DINT;
  T_MAX: INT;
END VAR;
```

## 8.2 Nummerische Funktionen

Nummerische Funktionen haben nur einen Eingangsparameter. Das Ergebnis ist der Funktionswert.

### 8.2.1 Nummerische Funktionen nach DIN EN 61131-3

Die Norm DIN EN 61131-3 nennt folgende Standardfunktionen für nummerische Variablen, die in der datentypunabhängigen Form mit der Vorsilbe <ANY_> (siehe Kapitel 3.5) dargestellt sind:

| Name | Datentyp | Beschreibung |
|------|----------|--------------|
| Allgemeine Funktionen | | |
| ABS | ANY_NUM | Absolutwert |
| SQRT | ANY_REAL | Quadratwurzel |
| Logarithmus-Funktionen | | |
| LN | ANY_REAL | Natürlicher Logarithmus |
| LOG | ANY_REAL | Logarithmus zur Basis 10 |
| EXP | ANY_REAL | Exponentialfunktion (e-Funktion) |
| Trigonometrische Funktionen | | |
| SIN | ANY_REAL | Sinus, mit Eingang im Bogenmaß |
| COS | ANY_REAL | Cosinus, mit Eingang im Bogenmaß |
| TAN | ANY_REAL | Tangens, mit Eingang im Bogenmaß |
| ASIN | ANY_REAL | Arcsin, Hauptwert |
| ARCOS | ANY_REAL | Arccos, Hauptwert |
| ARTAN | ANY_REAL | Arctan, Hauptwert |

Beim Funktionsaufruf muss der Datentyp des Eingangsoperanden gleich dem Datentyp des Ergebnisses sein.

### 8.2.2 Nummerische Funktionen in STEP 7

Alle nummerischen Funktionen werden bei STEP 7 unabhängig vom Verknüpfungsergebnis VKE über Akku 1 ausgeführt. Das bedeutet, dass die in Akku 1 stehende Zahl als Eingangswert für die auszuführende Funktion genommen und das Ergebnis in den Akku1 geschrieben wird. Alle nummerische Funktionen können nur mit Gleitpunktzahlen durchgeführt werden. Statusbits informieren über das Ergebnis und den Verlauf der nummerischen Funktion.

In der Programmiersprache Anweisungsliste AWL werden der Datentyp und die Länge der Bitkombination des Operanden nicht geprüft. Das in Akku 1 geladene Bitmuster wird als Zahl im Datenformat REAL interpretiert.

In der Programmiersprache Funktionsplan FUP enthält die Box einer nummerischen Funktion neben den Parametern IN und OUT noch den Freigabeeingang EN und den Freigabeausgang

ENO. An dem Parametereingang IN liegt die Gleitpunktzahl, mit der die Funktion durchgeführt wird, am Parameterausgang OUT das Ergebnis.

In der Programmiersprache SCL werden die nummerischen Funktionen mit Ausdrücken gebildet. Ein Ausdruck besteht aus einem Operanden und der Funktion. Im Unterschied zu den anderen Programmiersprachen können die Operanden im Format INT, DINT und REAL angegeben werden. Sind die Eingangsoperanden vom Typ INT oder DINT, werden diese automatisch in das Datenformat REAL gewandelt. **Das Ergebnis liefert immer eine Zahl mit dem Datentyp REAL.** Ausnahme hierbei ist die Funktion ABS (Absolutbetrag), welche als Ergebnis den Datentyp des Eingangsoperanden liefert.

### 8.2.2.1 Allgemeine Funktionen

#### Absolutbetrag

Mit der Funktion ABS wird der Absolutwert einer Gleitpunktzahl in Akku 1 gebildet. Das Ergebnis wird in Akku 1 gespeichert. Die Operation wird ausgeführt, ohne die Statusbits zu berücksichtigen oder zu beeinflussen. Nur in der Programmiersprache SCL kann die Betragswertbildung auch in den Datenformaten INT und DINT durchgeführt werden. Das Ergebnis liegt dann im gleichen Datenformat vor.

Operationsdarstellung in der Steuerungssprache STEP 7:

| Name | AWL | FUP | SCL |
|------|-----|-----|-----|
| ABS | L   MD 10<br>ABS<br>T   MD 14 | `...—`<br>`ABS`<br>`EN   OUT—MD14`<br>`MD10—IN   ENO—` | X1: INT; (DINT; REAL;)<br>X2: INT; (DINT; REAL;)<br>X2:=ABS (X1); |

#### Quadrat bilden und Quadratwurzel ziehen

Die Funktion SQR berechnet das Quadrat einer Gleitpunktzahl in Akku 1. Das Ergebnis wird in Akku 1 gespeichert.

Die Funktion SQRT zieht die Quadratwurzel aus einer Gleitpunktzahl in Akku 1. Das Ergebnis wird in Akku 1 gespeichert. Der Eingangswert muss größer oder gleich null sein. Das Ergebnis ist dann positiv. Die Operation beeinflusst die Bits A1, A0, OV und OS des Statusworts.

Operationsdarstellung in der Steuerungssprache STEP 7:

| Name | AWL | FUP | SCL |
|------|-----|-----|-----|
| SQR | L   MD 10<br>SQR<br>T   MD 14 | `...—`<br>`SQR`<br>`EN   OUT—MD14`<br>`MD10—IN   ENO—` | X1: INT; (DINT; REAL;)<br>X2: REAL;<br>X2:=SQR (X1); |
| SQRT | L   MD 18<br>SQRT<br>T   MD 22 | `...—`<br>`SQRT`<br>`EN   OUT—MD22`<br>`MD18—IN   ENO—` | X1: INT; (DINT; REAL;)<br>X2: REAL;<br>X2:=SQRT (X1); |

### 8.2.2.2 Logarithmus- und Exponential-Funktionen

Logarithmische Funktionen ergeben sich aus der Umkehrung der Exponentialfunktionen. Mit Hilfe dieser beiden höheren Funktionen ist es in der Steuerungstechnik möglich, exponential ablaufende Vorgänge mit einem Steuerungsprogramm rechnerisch erfassen zu können.

**Natürlicher Logarithmus einer Gleitpunktzahl**

Mit der Funktion LN wird der Logarithmus zur Basis e = 2.718282e+00 einer Gleitpunktzahl in Akku 1 gebildet. Das Ergebnis wird in Akku 1 gespeichert. Ist der Eingang oder das Ergebnis der Funktion keine Gleitpunktzahl, haben das OV-Bit und OS-Bit den Wert „1".

Operationsdarstellung in der Steuerungssprache STEP 7:

| Name | AWL | FUP | SCL |
|------|-----|-----|-----|
| LN | `L   MD 10`<br>`LN`<br>`T   MD 14` | ```... ─┤EN    OUT├─MD14```<br>```LN```<br>```MD10 ─┤IN    ENO├─``` | `X1: INT; (DINT; REAL;)`<br>`X2: REAL;`<br>`X2:=LN (X1);` |

Um den Logarithmus zu einer beliebigen Basis zu berechnen, kann die Formel:

$\log_b a = \dfrac{\log_n a}{\log_n b}$ verwendet werden. Wird n durch e ersetzt, so ergibt sich: $\log_b a = \dfrac{\ln a}{\ln b}$. Der

Logarithmus zur Basis 10 lässt sich somit über die Formel: $\lg a = \dfrac{\ln a}{\ln 10}$ bestimmen.

In der Programmiersprache SCL gibt es die Möglichkeit, den dekadischen Logarithmus auch direkt mit der Funktion „LOG" zu bestimmen.

**Potenzieren zur Basis e**

Mit der Funktion EXP wird die Potenz zur Basis e = 2.718282e+000 einer Gleitpunktzahl in Akku 1 gebildet. Das Ergebnis wird in Akku 1 gespeichert. Ist der Eingang oder das Ergebnis der Funktion keine Gleitpunktzahl, haben das OV-Bit und OS-Bit den Wert „1".

Operationsdarstellung in der Steuerungssprache STEP 7:

| Name | AWL | FUP | SCL |
|------|-----|-----|-----|
| EXP | `L   MD 10`<br>`EXP`<br>`T   MD 14` | ```... ─┤EN    OUT├─MD14```<br>```EXP```<br>```MD10 ─┤IN    ENO├─``` | `X1: INT; (DINT; REAL;)`<br>`X2: REAL;`<br>`X2:=EXP (X1);` |

Die Berechnung von Potenzen zu einer beliebigen Basis kann nach der Formel:

$$a^b = e^{b \cdot \ln a}$$

erfolgen.

In der Programmiersprache SCL gibt es wieder die Möglichkeit, die Potenz zur Basis 10 auch direkt mit der Funktion „EXPD" zu bestimmen.

### 8.2.2.3 Trigonometrische Funktionen

Die ebene Trigonometrie beschäftigt sich mit der Berechnung von unbekannten Strecken mit Hilfe von Winkeln.

**Winkelfunktionen**

Mit den Funktionen SIN, COS bzw. TAN wird der Sinus, Cosinus bzw. Tangens eines Winkels, der im Bogenmaß als Gleitpunktzahl angegeben sein muss, in Akku 1 berechnet. Das Ergebnis wird in Akku 1 gespeichert.

Operationsdarstellung in der Steuerungssprache STEP 7:

| Name | AWL | FUP | | SCL |
|------|-----|-----|---|-----|
| SIN | L   MD 10<br>SIN<br>T   MD 14 | ... | SIN<br>EN   OUT─MD14<br>MD10─IN   ENO | X1: INT; (DINT; REAL;)<br>X2: REAL;<br>X2:=SIN (X1); |
| COS | L   MD 18<br>COS<br>T   MD 22 | ... | COS<br>EN   OUT─MD22<br>MD18─IN   ENO | X1: INT; (DINT; REAL;)<br>X2: REAL;<br>X2:=COS (X1); |
| TAN | L   MD 26<br>TAN<br>T   MD 30 | ... | TAN<br>EN   OUT─MD30<br>MD26─IN   ENO | X1: INT; (DINT; REAL;)<br>X2: REAL;<br>X2:=TAN (X1); |

Allgemein kann der Wert eines Winkels im Gradmaß von 0° bis 360° oder dem Bogenmaß von 0 bis $2\pi$ ($\pi = 3{,}141593$) angegeben werden. Liegt der Wert des Winkels im Gradmaß vor, muss dieser bei STEP 7 vor Anwendung einer Winkelfunktion in das Bogenmaß umgerechnet werden. Bei Werten, die größer als $2\pi$ sind, wird $2\pi$ oder ein Vielfaches davon abgezogen, bis der Wert kleiner als $2\pi$ ist.

**Arcusfunktionen**

Die Funktion ASIN berechnet den Arcussinus (arcsin) einer Gleitpunktzahl in Akku 1. Zulässiger Wertebereich für den Eingangswert: $-1 <=$ Eingangswert $<= +1$.

Das Ergebnis ist ein Winkel, der im Bogenmaß angegeben wird. Der Wert liegt im Bereich:

$$-\frac{\pi}{2} < \arcsin(\text{Akku} 1) < +\frac{\pi}{2}.$$

Die Funktion ACOS berechnet den Arcuscosinus (arccos) einer Gleitpunktzahl in Akku 1. Zulässiger Wertebereich für den Eingangswert: $-1 <=$ Eingangswert $<= +1$.

Das Ergebnis ist ein Winkel, der im Bogenmaß angegeben wird. Der Wert liegt in Bereich:

$$0 < \arccos(\text{Akku} 1) < \pi.$$

Wird bei den beiden Funktionen ASIN und ACOS der erlaubte Wertebereich überschritten, liefert die Arcusfunktion eine ungültige Gleitpunktzahl zurück und setzt die Statusbits OV und OS auf den Signalwert „1".

Die Funktion ATAN berechnet den Arcustangens (arctan) einer Gleitpunktzahl in Akku 1. Für den Wertebereich des Eingangswertes gibt es keine Einschränkung. Das Ergebnis ist ein Winkel, der im Bogenmaß angegeben wird. Der Wert liegt im Bereich:

$$-\frac{\pi}{2} < \arctan(\text{Akku}\,1) < +\frac{\pi}{2}\,.$$

Die Operation beeinflusst die Bits OV und OS des Statusworts.

Operationsdarstellung in der Steuerungssprache STEP 7:

| Name | AWL | FUP | SCL |
|------|-----|-----|-----|
| ASIN | L   MD 10<br>ASIN<br>T   MD 14 | `...—`┤EN  OUT├`—MD14`<br>`MD10—`┤IN  ENO├ (ASIN) | X1: INT; (DINT; REAL;)<br>X2: REAL;<br>X2:=ASIN (X1); |
| ACOS | L   MD 18<br>ACOS<br>T   MD 22 | `...—`┤EN  OUT├`—MD22`<br>`MD18—`┤IN  ENO├ (ACOS) | X1: INT; (DINT; REAL;)<br>X2: REAL;<br>X2:=ACOS (X1); |
| ATAN | L   MD 26<br>ATAN<br>T   MD 30 | `...—`┤EN  OUT├`—MD30`<br>`MD26—`┤IN  ENO├ (ATAN) | X1: INT; (DINT; REAL;)<br>X2: REAL;<br>X2:=ATAN (X1); |

## 8.2.3 Nummerische Funktionen in CoDeSys

### 8.2.3.1 Allgemeine Funktionen

#### Absolutbetrag

Die Funktion Absolutwert ABS liefert den Betrag einer Zahl. Folgende Typkombinationen für IN und OUT sind möglich:

| IN | OUT |
|----|-----|
| INT | INT, REAL, WORD, DWORD, DINT |
| REAL | REAL |
| BYTE | INT, REAL, BYTE, WORD, DWORD, DINT |
| WORD | INT, REAL, WORD, DWORD, DINT |
| DWORD | REAL, DWORD, DINT |
| SINT | REAL |
| USINT | REAL |
| UINT | INT, REAL, WORD, DWORD, DINT, UDINT, UINT |
| DINT | REAL, DWORD, DINT |
| UDINT | REAL, DWORD, DINT, UDINT |

Operationsdarstellung in der Steuerungssprache CoDeSys:

| AWL | FUP | SCL |
|-----|-----|-----|
| LD    VAR1<br>ABS<br>ST    VAR2 | VAR1 ⸺⎡ ABS ⎤⸺ VAR2 | VAR2:= ABS(VAR1); |

### Potenzieren und Quadratwurzel

Mit der Funktion EXPT kann eine Variable mit einer anderen Variablen potenziert werden.

$$OUT = IN1^{IN2}$$

IN1 und IN2 können vom Typ BYTE, WORD, DWORD, INT, DINT, REAL, SINT, USINT, UINT, UDINT sein, OUT muss vom Typ REAL sein.

Der nummerische Operator SQRT liefert die Quadratwurzel einer Zahl:  $OUT = \sqrt{IN}$

IN kann vom Typ BYTE, WORD, DWORD, INT, DINT, REAL, SINT, USINT, UINT, UDINT sein, OUT muss vom Typ REAL sein.

Operationsdarstellung in der Steuerungssprache CoDeSys:

| AWL | FUP | SCL |
|-----|-----|-----|
| LD    VAR1<br>EXPT  VAR2<br>ST    VAR3 | VAR1 ⸺⎡ EXPT ⎤⸺ VAR3<br>VAR2 ⸺ | VAR3:= EXPT(VAR1,VAR2); |
| LD    VAR1<br>SQRT<br>ST    VAR2 | VAR1 ⸺⎡ SQRT ⎤⸺ VAR2 | VAR2:= SQRT(VAR1); |

### 8.2.3.2 Logarithmus- und Exponential-Funktionen

### Natürlicher Logarithmus und Logarithmus zur Basis 10

Mit der Funktion LN wird der Logarithmus zur Basis e = 2.718282e+00 einer Zahl gebildet.

Mit der Funktion LOG wird der Logarithmus zur Basis 10 einer Zahl gebildet.

IN kann vom Typ BYTE, WORD, DWORD, INT, DINT, REAL, SINT, USINT, UINT, UDINT sein, OUT muss vom Typ REAL sein.

Operationsdarstellung in der Steuerungssprache CoDeSys:

| AWL | FUP | SCL |
|-----|-----|-----|
| LD    VAR1<br>LN<br>ST    VAR2 | VAR1 ⸺⎡ LN ⎤⸺ VAR2 | VAR2:= LN(VAR1); |
| LD    VAR1<br>LOG<br>ST    VAR2 | VAR1 ⸺⎡ LOG ⎤⸺ VAR2 | VAR2:= LOG(VAR1); |

**Potenzieren zur Basis e**

Mit der Funktion EXP wird die Potenz zur Basis e = 2.718282e+00 einer Zahl gebildet. IN kann vom Typ BYTE, WORD, DWORD, INT, DINT, REAL, SINT, USINT, UINT, UDINT sein, OUT muss vom Typ REAL sein.

Operationsdarstellung in der Steuerungssprache CoDeSys:

| AWL | FUP | SCL |
|---|---|---|
| LD   VAR1<br>EXP<br>ST   VAR2 | VAR1 ─┤ EXP ├─ VAR2 | VAR2:= EXP(VAR1); |

### 8.2.3.3 Trigonometrische Funktionen

**Winkelfunktionen**

Mit den Funktionen SIN, COS bzw. TAN wird der Sinus, Cosinus bzw. Tangens eines Winkels im Bogenmaß berechnet. IN kann vom Typ BYTE, WORD, DWORD, INT, DINT, REAL, SINT, USINT, UINT, UDINT sein, OUT muss vom Typ REAL sein.

Operationsdarstellung in der Steuerungssprache CoDeSys:

| AWL | FUP | SCL |
|---|---|---|
| LD   VAR1<br>SIN<br>ST   VAR2 | VAR1 ─┤ SIN ├─ VAR2 | VAR2:= SIN(VAR1); |
| LD   VAR1<br>COS<br>ST   VAR2 | VAR1 ─┤ COS ├─ VAR2 | VAR2:= COS(VAR1); |
| LD   VAR1<br>TAN<br>ST   VAR2 | VAR1 ─┤ TAN ├─ VAR2 | VAR2:= TAN(VAR1); |

**Arcusfunktionen**

Die Funktion ASIN, ACOS und ATAN berechnet den Arcussinus (arcsin), Arcuscosinus (arcos) bzw. Arcustangens (artan) einer Zahl im Bogenmaß. IN kann vom Typ BYTE, WORD, DWORD, INT, DINT, REAL, SINT, USINT, UINT, UDINT sein, OUT muss vom Typ REAL sein.

Operationsdarstellung in der Steuerungssprache CoDeSys:

| AWL | FUP | SCL |
|---|---|---|
| LD   VAR1<br>ASIN<br>ST   VAR2 | VAR1 ─┤ ASIN ├─ VAR2 | VAR2:= ASIN(VAR1); |
| LD   VAR1<br>ACOS<br>ST   VAR2 | VAR1 ─┤ ACOS ├─ VAR2 | VAR2:= ACOS(VAR1); |
| LD   VAR1<br>ATAN<br>ST   VAR2 | VAR1 ─┤ ATAN ├─ VAR2 | VAR2:= ATAN(VAR1); |

## 8.2.4  Beispiele

### ■ Beispiel 8.4:  Funktion Totzone (FC 804: TOTZ)

Zur Beruhigung von analogen Größen wie z. B. Eingangsspannungswert oder Regeldifferenz soll eine Funktion FC 804 „TOTZ" entworfen werden, die Änderungen innerhalb eines einstellbaren Wertes unterdrückt. Nur wenn eine Änderung des Eingangswertes INW größer als die eingestellte Totzone TZ ist, wird der Ausgangswert OUTW aktualisiert. Kleine Spannungsschwankungen, die ein „Flackern" von Anzeigen oder Stellgliedern zur Folge hätten, werden somit unterdrückt.

Übergabeparameter:        Datentyp:                  Funktionszusammenhang:

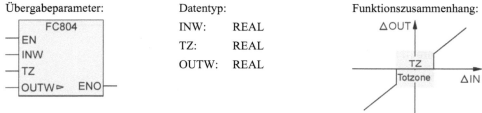

INW:   REAL
TZ:    REAL
OUTW:  REAL

**Bild 8.4:**  Totzone

Zum Test der Funktion wird der BCD-Wert eines Eingangsworts im Bereich von 0 bis 9999 in einen REAL-Wert von 0.0 bis 9.999 gewandelt und an den Eingang INW der Funktion FC 804 gelegt. Der REAL-Ausgangswert OUTW der Funktion FC 804, der den „beruhigten" Eingangswert ausgibt, wird an einer 4-stelligen Ziffernanzeige angezeigt. Zur BCD_TO_REAL-Wandlung bzw. REAL_TO_BCD-Wandlung sind die Bibliotheksfunktion FC 705 (BCD4_REA) bzw. FC 706 (REA_BCD4) aufzurufen. Die Gleitpunktzahl von 0.1 am Funktionseingang TZ (Totzone) soll zur Folge haben, dass Änderungen des Zifferneinstellers unterdrückt werden, die kleiner als 100 sind.

**Freigrafischer Funktionsplan der Bausteinaufrufe im OB 1 bzw. PLC_PRG:**

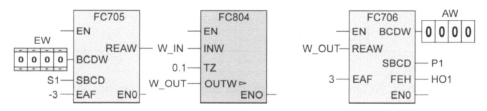

**Zuordnungstabelle der Eingänge und Ausgänge:**

| Eingangsvariable | Symbol | Datentyp | Logische Zuordnung | | Adresse |
|---|---|---|---|---|---|
| Vorzeichen | S1 | BOOL | Betätigt | S1 = 1 | E 0.1 |
| Zifferneinsteller | EW | WORD | BCD-Code | | EW 8 |
| Ausgangsvariable | | | | | |
| Vorzeichen | P1 | BOOL | Leuchtet | P1 = 1 | A 4.1 |
| BCD-Anzeige | AW | WORD | BCD-Code | | AW 12 |

**Lösung:** Der aktuelle Wert am Eingang INW wird mit dem Wert am Ausgang OUTW (Wert des vorhergehenden Zyklus) verglichen. Ist der Betrag der Differenz zwischen den beiden Werten größer als die Totzone TZ, wird der aktuelle Eingangswert INW der IN_OUT-Variablen OUTW zugewiesen.

**STEP 7 Programm (AWL-Quelle):**

```
FUNCTION FC804 : VOID
VAR_INPUT          VAR_IN_OUT       BEGIN
 INW : REAL ;       OUTW : REAL ;   L  #INW;      L  #TZ;     L  #INW;
 TZ : REAL ;       END_VAR          L  #OUTW;     <R ;        T  #OUTW;
END_VAR                             -R ;          BEB;        END_FUNCTION
                                    ABS;
```

**CoDeSys Programm AWL:**

```
FUNCTION FC804 :REAL
VAR_INPUT               LD  IN_FC804        ABS
 IN_FC804: REAL;        ST  FC804           LE  TZ
 INW: REAL;             LD  INW             RETC
 TZ: REAL;              SUB FC804           LD  INW
END_VAR                                     ST  FC804
```

**SCL/ST-Programm**

```
IF ABS(INW-OUTW) < TZ THEN RETURN; ELSE OUTW:= INW; END_IF;
```

■ **Beispiel 8.5: Blindleistungsanzeige**

In einer Pumpenstation soll der Blindleistungsbedarf für Kompensationsmaßnahmen ermittelt und angezeigt werden. Dazu werden die Wirkleistung und der Strom der Anlage gemessen. Messwandler liefern eine der Wirkleistung und dem Strom proportionale Gleichspannung im Bereich von 0 V bis 10 V, welche an die Analogeingänge der SPS gelegt werden. Eine Spannung von 1 V entspricht dabei einer Wirkleistung von 10 kW bzw. einem Strom von 10 A. Die Versorgungsspannung beträgt 400 V.

Mit dem Schalter S1 wird die Anzeige der Blindleistung eingeschaltet. Der vierstellige Anzeigewert gibt dabei den Blindleistungsbedarf in kvar mit zwei Nachkommastellen an. Beim Auftreten von irrelevanten Messgrößen (Wirkleistung größer als die Scheinleistung) und bei ausgeschalteter Anzeige (S1 = 0) wird der Wert FFFF an die BCD-Anzeige gelegt. Die Meldeleuchte P1 zeigt den eingeschalteten Zustand an. Die Störanzeige P2 zeigt bei eingeschalteter Anzeige eine aufgetretene irrelevante Messgröße an.

**Technologieschema:**

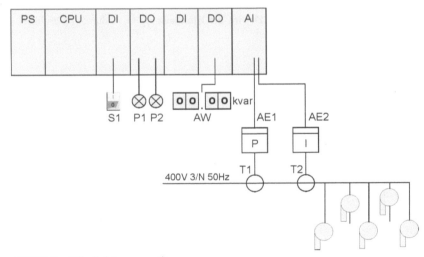

**Bild 8.5:** Blindleistungsanzeige

**Zuordnungstabelle der Eingänge und Ausgänge:**

| Eingangsvariable | Symbol | Datentyp | Logische Zuordnung | | Adresse |
|---|---|---|---|---|---|
| Schalter Anzeige EIN | S1 | BOOL | Betätigt | S1 = 1 | E 0.1 |
| Wirkleistung | AE1 | WORD | Spannung (0 ..10V) | | PEW 320 |
| Stromstärke | AE2 | WORD | Spannung (0 ..10V) | | PEW 322 |
| Ausgangsvariable | | | | | |
| Meldeleuchte Anzeige EIN | P1 | BOOL | Leuchtet | P1 = 1 | A 4.1 |
| Meldeleuchte Messfehler | P2 | BOOL | Leuchtet | P2 = 1 | A 4.2 |
| BCD-Anzeige | AW | WORD | BCD-Code (in kvar) | | AW 12 |

Zur Berechnung der Blindleistung wird die Funktion FC 805 erstellt. Das nebenstehende Bild zeigt die Übergabevariablen.

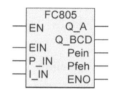

Als Ergebnis liefert die Funktion den Wert des Blindleistungsbedarfs in „var" als Gleitpunktzahl (Q_A) für eine Auswertung im weiteren Steuerungsprogramm und den Blindleistungswert als BCD-Zahl (Q_BCD) für eine BCD-Anzeige.

Die beiden Analogeingangsspannungen an P_IN und I_IN werden in der Funktion auf den Wertebereich von 0.0 bis 10.0 normiert. Da ein Analogeingangswert von 10 V dem INTEGER-Wert 27648 entspricht, müssen die am Bausteineingang liegenden Analogwerte mit $\dfrac{10.0}{27648}=0{,}0003616898$ multipliziert werden. Ausführliche Beschreibung der Normierung von Analogwerten siehe Kapitel 13 und 14.

Zur Berechnung der Blindleistung in der Funktion FC 805 wird zunächst die Scheinleistung S aus dem Produkt von $\sqrt{3}$, der normierten Eingangsvariablen I_IN und der Spannung 400 V gebildet. Das Ergebnis wird mit 10 multipliziert (1 V Eingangsspannung ≙ 10 A) und der temporären Variablen S_A zugewiesen. Um die Wirkleistung im gleichen Dimensionsbereich zu erhalten, muss die normierte Eingangsvariable I_IN mit 10 000 (1 V Eingangsspannung ≙ 10 kW) multipliziert werden. Das Ergebnis wird der temporäre Variable P_A zugewiesen. Die Blindleistung berechnet sich dann nach der Formel:

$$Q\_A=\sqrt{\left(S\_A\right)^{2}-\left(P\_A\right)^{2}}$$

Zur Bildung der Ausgabevariablen Q_BCD wird die Blindleistung Q_A durch 10 dividiert und in eine BCD-Zahl umgewandelt.

**Programmstruktur:**

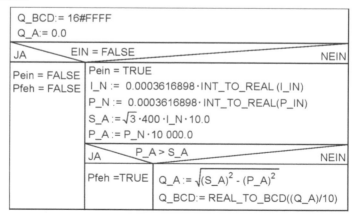

**STEP 7 Programm (AWL-Quelle):**

```
FUNCTION FC805 : VOID
VAR_INPUT                    VAR_IN_OUT                  VAR_TEMP
 EIN : BOOL ;                 Q_A : REAL ;                P_N : REAL ;
 P_IN : REAL ;               Q_BCD : WORD ;              I_N : REAL ;
 I_IN : REAL ;               Pein : BOOL ;               P_A : REAL ;
END_VAR                       Pfeh : BOOL ;              S_A : REAL ;
                            END_VAR                     END_VAR

BEGIN
L   W#16#FFFF;              L   #I_IN;                  L   #P_A;
T   #Q_BCD;                 ITD ;                       L   #S_A;
L   0.000000e+000;         DTR ;                       >R ;
T   #Q_A;                   L   3.616898e-004;          =   #Pfeh;
                           *R ;                         BEB ;
UN #EIN;                    T   #I_N;                   L   #S_A;
R   #Pein;                  L   3.000000e+000;          SQR ;
R   #Pfeh;                  SQRT ;                      L   #P_A;
BEB ;                       L   #I_N;                   SQR ;
                           *R ;                         -R ;
SET;                        L   4.000000e+003;          SQRT ;
=   #Pein;                 *R ;                         T   #Q_A;
L   #P_IN;                  T   #S_A;                   L   1.000000e+001;
ITD;                                                    /R ;
DTR;                        L   #P_N;                   RND;
L   3.616898e-004;          L   1.000000e+004;          DTB;
*R ;                       *R ;                         T   #Q_BCD;
T   #P_N;                   T   #P_A;                    END_FUNCTION
```

**Lösung für CoDeSys**

Da bei CoDeSys die BCD_TO_REAL-Wandlung nicht als Operation vorhanden ist, wird auf den Bausteinausgang Q_BCD verzichtet und die Wandlung im PLC_PRG mit der Bibliotheksfunktion FC 706 durchgeführt.

**PLC-Programm:**

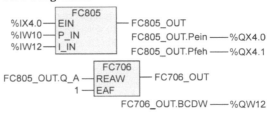

**CoDeSys Programm AWL:**

```
TYPE FC805_OUT :  VAR              LD  P_IN           LD  P_N
STRUCT            P_N: REAL;       INT_TO_REAL        MUL 10000.0
 Q_A:REAL;        I_N: REAL;       MUL 0.0003616898   ST  P_A
 Pein:BOOL;       S_A: REAL;       ST P_N             LD  P_A
 Pfeh:BOOL;       P_A: REAL;       LD I_IN            GT  S_A
END_STRUCT        END_VAR          INT_TO_REAL        ST  FC805.Pfeh
END_TYPE                           MUL 0.0003616898   RETC
                  LD 0.0           ST  I_N
FUNCTION          ST FC805.Q_A                        LD  S_A
FC805:FC805_OUT   LDN EIN          LD  3.0            EXPT 2
VAR_INPUT         R   FC805.Pfeh   SQRT               SUB( P_A
 EIN: BOOL;       R   FC805.Pein   MUL I_N            EXPT 2
 P_IN: INT;       RETC             MUL 4000.0         )
 I_IN: INT;       LD  TRUE         ST  S_A            SQRT
END_VAR           ST  FC805.Pein                      ST  FC805.Q_A
```

■  **Beispiel 8.6:  Füllmengenüberwachung bei Tankfahrzeugen**

In einer Raffinerie wird ein chemisches Endprodukt von Tankfahrzeugen an einer Ladestation abgeholt. Die Befüllung der Tankfahrzeuge überwacht ein Ultraschallsensor, der in einem Schwallrohr angebracht ist. Das Schwallrohr verhindert eine Verfälschung der Messung durch Wellenbildung. Der Ultraschallsensor liefert eine analoge Spannung im Bereich von 0 bis 10 V proportional zur gemessenen Höhe H und ist so justiert, dass eine Spannung von 5 V einer Messhöhe H von 150 cm entspricht.

An einer 4-stelligen Ziffernanzeige soll der Tankinhalt in Tausend Litern mit einer Nachkommastellen abgelesen werden können. Bei einer Fehlmessung (H > d) wird die Ziffernanzeige mit FFFF angesteuert und die Meldeleuchte PMF erhält „1"-Signal.

**Technologieschema:**

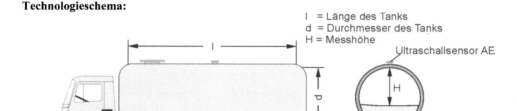

**Bild 8.6:**  Tankfüllung

Da unterschiedliche Tanklastfahrzeuge befüllt werden, muss über einen 4-stelligen Zifferneinsteller sowohl die Länge l wie auch der Durchmesser d des Tanks in cm eingegeben werden. Der Wahlschalter S1 schaltet zwischen den beiden Eingabewerten um. Die Anzeigeleuchten PL bzw. PD zeigen die gewählte Eingabe an. Mit dem Taster S0 wird der jeweilige Wert übernommen. Der maximale Eingabewert ist bei der Länge l des Tanks auf 2000 (20 m) und beim Durchmesser d auf 300 (3 m) begrenzt. Ein Wert außerhalb des entsprechenden Bereichs wird für die Berechnung nicht übernommen. Die Meldeleuchte PEF weist bei einer falschen Eingabe auf den Fehler hin. Mit dem Schalter S2 wird die Messung des Tankinhalts eingeschaltet. Die Meldeleuchte PM zeigt dies an. Die beschriebenen Bedienelemente und Anzeigen sind auf einem Bedienfeld wie folgt angeordnet:

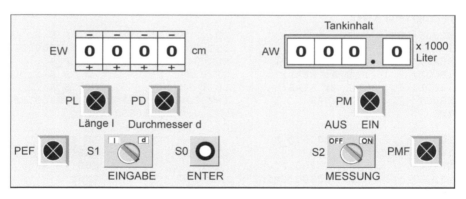

**Bild 8.7:**  Bedienfeld

Die Berechnung des Tankinhalts soll mit einer Funktion FC 806 ausgeführt werden.

**Zuordnungstabelle der Eingänge und Ausgänge:**

| Eingangsvariable | Symbol | Datentyp | Logische Zuordnung | | Adresse |
|---|---|---|---|---|---|
| Übernahme-Taster | S0 | BOOL | Betätigt | S0 = 1 | E 0.0 |
| Wahlschalter l_d | S1 | BOOL | Vorwahl l | S1 = 0 | E 0.1 |
| Schalter Messung AUS_EIN | S2 | BOOL | Messung EIN | S2 = 1 | E 0.2 |
| Zifferneinsteller | EW | WORD | BCD-Code | | EW 8 |
| Ultraschallsensor | AE | WORD | Analogspannung 0 .. 10V | | PEW 320 |
| Ausgangsvariable | | | | | |
| Meldeleuchte Vorwahl l | PL | BOOL | Leuchtet | PL = 1 | A 4.0 |
| Meldeleuchte Vorwahl d | PD | BOOL | Leuchtet | PD = 1 | A 4.1 |
| Meldeleuchte Eingabefehler | PEF | BOOL | Leuchtet | PEF = 1 | A 4.2 |
| Meldeleuchte Messung | PM | BOOL | Leuchtet | PM = 1 | A 4.3 |
| Meldeleuchte Messfehler | PMF | BOOL | Leuchtet | PMF = 1 | A 4.4 |
| BCD-Anzeige | AW | WORD | BCD-Code | | AW 12 |

Übergabeparameter:

Beschreibung der Parameter:

| | | |
|---|---|---|
| IN_l: | REAL | Länge des Tanks in cm |
| IN_d: | REAL | Durchmesser des Tanks in cm |
| IN_H: | INT | Analogeingangsspannung des Ultraschall-sensors (0 ... 10 V entsprechen 0 ... 27648) |
| Q_FM: | REAL | Berechnete Füllmenge in Liter |
| FEH: | BOOL | Messfehler |

Je nachdem ob die gemessene Höhe H größer oder kleiner als der Radius r des Tanks ist, gibt es zwei Berechnungsformeln für den Tankinhalt. Grundlage beider Formeln ist die Berechnung eines Zylinder-segmentvolumens $V_{seg}$ aus der Höhe h, dem Radius r, dem Winkel x und der Länge l.

| Verhältnis H zu r: | H > r | H < r | Variable: |
|---|---|---|---|
| Skizze | | | |
| Volumen | $V = V_{seg}$ | $V = r^2 \cdot \pi \cdot l - V_{seg}$ | Q_FM |
| Segmentvolumen | $V_{seg} = \dfrac{r^2}{2} \cdot (x - \sin x) \cdot l$ | | V_Se |
| Winkel x | $x = 2 \cdot \arccos\left(\dfrac{r-h}{r}\right)$ | | W_X |
| Kreissegmenthöhe | h = 2r − H | h = H | X_H |

Ausgehend von der Kreissegmenthöhe h werden nach den angegebenen Formeln jeweils Zwischenergebnisse gebildet. Zuvor wird jedoch überprüft, ob die gemessene Höhe H im Bereich von 0 < H < 2r liegt.

**Struktogramm FC 806:**

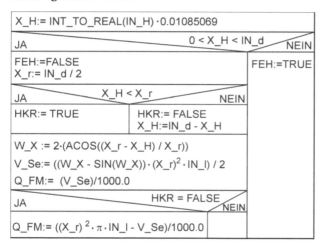

**Normierung des Sensormesswertes IN_H:**

10 V am Analogeingang entspricht einer Höhe von 3,00 m und liegt dann als INTEGER-Zahl 27648 in der Variablen IN_H vor. Der normierte Wert (Füllhöhe in cm) X_H berechnet sich somit nach der Formel:

$$X\_H = \frac{300}{27648} \cdot IN\_H$$
$$= 0.01085069 \cdot IN\_H$$

Zum Einlesen der Länge l bzw. des Durchmessers d wird der Bibliothekbaustein FC 705 (BCD4_REAL) zweimal aufgerufen, aber jeweils nur eine der beiden Funktionen in Abhängigkeit von der Stellung des Wahlschalters S1 bearbeitet. Die Ausgabe der berechneten Blindleistung an eine Ziffernanzeige wird mit der Bibliotheksfunktion FC 706 (REAL_BCD4) ausgeführt.

**Lösung in STEP 7**

Funktionsplan des Programms im OB 1

NW 1: Einlesen der Länge des Tanks

NW 2: Überprüfung der Längeneingabe

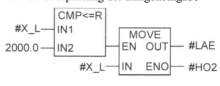

NW 3: Einlesen des Durchmessers des Tanks

NW 4: Überprüfung der Durchmessereingabe

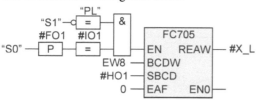

NW 5: Eingabefehler       NW 6: Berechnung des Tankinhalts       NW 7: Ausgabe der Füllmenge

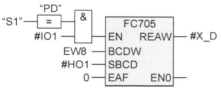

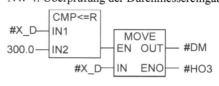

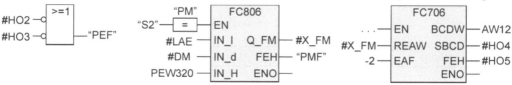

**STEP 7 Programm (AWL-Quelle):**

```
FUNCTION FC806 : VOID
VAR_INPUT              VAR_OUTPUT            VAR_TEMP                 V_Se : REAL ;
 IN_1 : REAL ;          Q_FM : REAL;         X_r : REAL ;            HKR  : BOOL ;
 IN_d : REAL ;          FEH  : BOOL;         X_H : REAL ;            END_VAR
 IN_H : INT ;          END_VAR               W_X : REAL ;
END_VAR
BEGIN
L  #IN_H;              L  #IN_d;             -R ;                    L  1.00000e+3;
ITD ;                 L  2.00000e+0;        L  #X_r;                /R ;
DTR ;                 /R ;                  /R ;                    T  #Q_FM;
L  1.085069e-2;       T  #X_r;              ACOS ;                  UN #HKR;
*R ;                                        L  2.00000e+0;          BEB;
T  #X_H;              L  #X_H;              *R ;
O( ;                  L  #X_r;              T  #W_X;                L  #X_r;
L  0.0000e+000;       <R ;                  L  #W_X;                SQR;
<R ;                  =  #HKR;              SIN;                    L  3.141593e+0;
) ;                   SPB  M001;            -R ;                    *R ;
O( ;                  L  #IN_d;             L  #X_r;                L  #IN_1;
L  #X_H;              L  #X_H;              SQR ;                   *R ;
L  #IN_d;             -R ;                  *R ;                    L  #V_Se;
>R ;                  T  #X_H;              L  2.00000e+0;          -R ;
) ;                                         /R ;                    L  1.00000e+3;
=  #FEH;             M001:NOP 0            L  #IN_1;                /R ;
BEB;                 L  #X_r;              *R ;                     T  #Q_FM;
                     L  #X_H;              T  #V_Se;                END_FUNCTION
```

**Lösung in CoDeSys**

Das Programm im Codebaustein PLC_PRG entspricht dem für STEP 7 angegebenen Funktionsplan. Da jedoch die EN-/ENO-Funktionen bei CoDeSys derzeit nur in den Programmiersprachen Kontaktplan KOP und freigrafischer Funktionsplan CFC zur Verfügung stehen, ist als Programmiersprache CFC für das PLC_PRG zu wählen. Bei dieser Programmiersprache können die Ausgänge von Funktionen direkt mit den Eingängen des entsprechend folgenden Bausteins verbunden werden, so dass einige der gezeichneten Hilfsoperanden entfallen können. PLC_PRG siehe: www.automatisieren-mit-sps.de.

**CoDeSys Programm AWL:**

```
TYPE FC806_OUT :    LD   IN_H          LD   IN_d          LD   V_Se
STRUCT              INT_TO_REAL        SUB  X_H           DIV  1000.0
 Q_FM:REAL;         MUL  0.01085069    ST   X_H           ST   FC806.Q_FM
 FEH:BOOL;          ST   X_H
END_STRUCT                             M001:              LDN  HKR
END_TYPE            LD   X_H           LD   X_R           RETC
                    LT   0.0           SUB  X_H
                    OR(  X_H           DIV  X_R           LD   X_R
FUNCTION FC806:     GT   IN_d          ACOS               MUL  X_R
FC806_OUT           )                  MUL  2.0           MUL  3.141593
VAR                 ST   FC806.FEH     ST   W_X           MUL  IN_1
 X_H: REAL;         RETC                                  SUB  V_Se
 X_R: REAL;                            LD   W_X           DIV  1000.0
 HKR: BOOL;                            SUB( W_X           ST   FC806.Q_FM
 W_X: REAL;         LD   IN_d          SIN
 V_Se: REAL;        DIV  2.0           )
END_VAR             ST   X_R           MUL  X_R
VAR_INPUT           LD   X_H           MUL  X_R
 IN_1: REAL;        LT   X_R           MUL  IN_1
 IN_d: REAL;        ST   HKR           DIV  2.0
 IN_H: INT;         JMPC    M001       ST   V_Se
END_VAR
```

# 9 Indirekte Adressierung

## 9.1 Adressierungsarten in AWL

Die Hauptaufgabe einer CPU besteht darin, Daten aus dem Arbeitsspeicher zu lesen und entsprechend dem Anwenderprogramm zu verarbeiten. Eine AWL-Anweisung besteht daher aus einem Operator, der bestimmt was zu tun ist, und einem Operanden, der die zu verarbeitenden Daten bereithält. Die Operanden können direkt adressierbare Speicherplätze oder symbolisch adressierte Variablen sein. Zum Lesen oder Schreiben von Daten muss eine Anforderung an die Adresse des Operanden gerichtet werden, die als *Adressierung* bezeichnet wird.

### 9.1.1 Indirekte Operanden-Adressierung in STEP 7-AWL

Bei der direkten Adressierung ist die Operandenadresse bereits in der Anweisung enthalten, z. B. L EB 1. Dagegen wird bei der indirekten Adressierung an Stelle der Operandenadresse nur ein in eckigen Klammern gesetzter Adressoperand oder ein Adressregister angegeben, wo die eigentliche Operandenadresse hinterlegt ist, z. B. L EB [MD 10].

Das Besondere an der indirekten Adressierung ist die Möglichkeit, den Speicherplatzinhalt des Adressoperanden oder Adressregisters verändern zu können, während eine direkt angegebene Operandenadresse ein festgeschriebener Teil einer Anweisung ist. Im Adressoperanden oder Adressregister stehen somit Daten, die eine Adressenbedeutung haben und die zur Laufzeit des Programms verändert werden können.

Anwendung findet die in STEP 7 vorgesehene indirekte Operanden-Adressierung insbesondere beim Umgang mit Datenfeldern wie z. B. Tabellen in Datenbausteinen. Durch wenige Anweisungen können diese mit Hilfe der indirekten Adressierung bearbeitet werden. Bei Programmteilen, die z. B. in einer Schleife mehrfach durchlaufen werden, kann bei jedem Durchlauf der Operandenteil in der Anweisung verändert werden. Die in der Symboltabelle mit einem Namen versehenen Operanden haben eine feste (absolute) Adresse und gehören daher auch zu den indirekt adressierbaren Operanden. Dagegen können in STEP 7-AWL deklarierte lokale Variablen nicht indirekt adressiert werden.

### 9.1.2 Indirekte Adressierung bei Multielement-Variablen nach IEC 61131-3

In der SPS-Norm IEC 61131-3 ist die indirekte Adressierung von SPS-Operanden in keiner Programmiersprache vorgesehen. Um dennoch eine Bearbeitung von Datenfeldern in den Programmiersprachen Anweisungsliste AWL und Strukturierter Text ST zu ermöglichen, können diese mit Hilfe von Multielement-Variablen gebildet und bearbeitet werden.

Besteht ein Datenfeld nur aus Datenelementen eines Typs, kann eine Feldvariable des Datentyps ARRAY[0 .. n] OF ... durch Deklaration gebildet und mit einem Feldindex bearbeitet werden. Bei Datenfeldern mit typverschiedenen Datenelementen muss eine Strukturvariable als Datentyp für die Arraystruktur angelegt werden. Ein Beispiel zeigt das nachfolgende Bild.

Für den Feldindex in einer AWL-Anweisung ist laut Norm vorgesehen, dass der Index eine Einzelelement-Variable oder ein Literal vom Datentyp INTEGER sein muss. Für eine ST-Anweisung darf es auch ein Ausdruck sein, dessen Ergebnis ebenfalls einen INTEGER-Wert liefern muss. Einzelheiten hierzu sind in Kapitel 3 zu finden und gelten auch für CoDeSys.

**CoDeSys Beispiel: Array mit Datenstruktur für WORD, INT, REAL**

| STRUCT1 | PLC_PRG (PRG-AWL) | | PLC_PRG (PRG-AWL) |
|---|---|---|---|
| 0001 TYPE STRUCT1 : | 0001 PROGRAM PLC_PRG | | 0001 ⊟ Tabelle |
| 0002 STRUCT | 0002 VAR_INPUT | Deklarationsteil | 0002 ⊟ Tabelle[1] |
| 0003 p1:WORD; | 0003 Zeiger:INT:=1; | | 0003 ···p1 = 11 |
| 0004 p2:INT; | 0004 END_VAR | | 0004 ···p2 = -110 |
| 0005 p3:REAL; | 0005 VAR | | 0005 ···p3 = 4.723 |
| 0006 END_STRUCT | 0006 Tabelle:ARRAY[1..3] OF STRUCT1:=(p1:=1, p2:=-10, p3:=4.123), | | 0006 ⊞ Tabelle[2] |
| 0007 END_TYPE | 0007 (p1:=2, p2:=-222, p3:=2.99), | | 0007 ⊞ Tabelle[3] |
| 0008 | 0008 (p1:=14, p2:=+5, p3:=1.12); | | 0008 ⊞ Wert_raus |
| 0009 | 0009 Wert_raus:STRUCT1; | | 0009 ⊟ Wert_rein |
| 0010 | 0010 Wert_rein:STRUCT1:=(p1:=11, p2:=-110, p3:=4.723); | | 0010 ···p1 = 11 |
| 0011 Daten- | 0011 END_VAR | | 0011 ···p2 = -110 |
| 0012 struktur | 0012 | | 0012 ···p3 = 4.723 Simulation |
| 0013 | | | 0013 Zeiger = 1 |
| 0014 | 0001 (*LD     Tabelle[Zeiger] | | 0001 (*LD     Tabelle[Zeiger] |
| 0015 | 0002 ST      Wert_raus*) | Anweisungsteil | 0002 ST      Wert_raus*) |
| 0016 | 0003 | | 0003 |
| 0017 | 0004 LD      Wert_rein | | 0004 LD      Wert_rein |
| 0018 | 0005 ST      Tabelle[Zeiger] | | 0005 ST      Tabelle[Zeiger]    Zeiger = 1 |
| 0019 | 0006 | | 0006 |
| 0020 | | | |

In der STEP 7-AWL besteht die Einschränkung, dass der Feldindex nur ein Literal des Typs INTEGER sein darf und damit zur Laufzeit des Programm leider nicht verändert werden kann.

# 9.2 Grundlagen der indirekten Adressierung in STEP 7-AWL

Die indirekte Adressierung in der Programmiersprache AWL kann nur bei SPS-Operanden angewendet werden. Den Operanden kann in der Symboltabelle allerdings ein Bezeichner zu geordnet werden. Echte Variablen mit symbolischer Deklaration können nicht indirekt adressiert werden. Entscheidend ist, dass für die indirekte Adressierung in der STEP 7-AWL die absoluten Speicherplatz-Adressen als Operanden-Adressen benötigt werden.

Bei der indirekten Adressierung steht im Operandenteil der AWL-Anweisung anstelle einer Adresse ein *Verweis* der angibt, wo die Adresse zu finden ist. Je nach Art des Verweises unterscheidet man zwischen der speicherindirekten Adressierung und der registerindirekten Adressierung.

Die *speicherindirekte Adressierung* verwendet als Verweis einen Operanden (Adressoperand) aus dem Systemspeicher der CPU, um die Adresse aufzunehmen. Der Adressoperand ist doppelwortbreit, wenn ein Operand mit einer Doppelwort-, Wort-, Byte- oder Bit-Adresse angesprochen werden soll. Beispiele:

```
U  E  [MD10]                Es wird der Eingang E abgefragt, dessen
                            Adresse im Merkerdoppelwort MD10
Ausgeführt wird   steht.
U  E  8.5
```

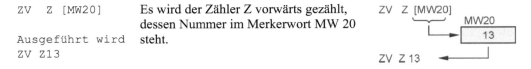

Der Adressoperand ist wortbreit, wenn eine vorzeichenlose INTEGER-Zahl als Nummer bei Zählern Z, Zeiten T, Funktionen FC, Funktionsbausteinen FB oder Datenbausteinen DB angesprochen werden soll. Beispiel:

```
ZV  Z  [MW20]               Es wird der Zähler Z vorwärts gezählt,
                            dessen Nummer im Merkerwort MW 20
Ausgeführt wird   steht.
ZV  Z13
```

ZV  Z  [MW20]

MW20
13

ZV  Z 13

Die *registerindirekte Adressierung* verwendet als Verweis ein Adressregister AR1 mit einem *Bereichszeiger* und einem Offsetzeiger, um die Adresse des Operanden zu bestimmen. Es sind zwei Fälle zu unterscheiden:

Beispiel 1: Bereichszeiger enthält nur die Basisadresse

```
U  E  [AR1,P#2.0]
```
Es wird genau der Eingang E abgefragt, dessen Adresse sich aus der Addition des im Adressregister AR1 stehenden Bereichzeigers (hier P#6.5) und einem Versatz ergibt, der durch den Offsetzeiger (hier P#2.0) angegeben wird.

```
Ausgeführt wird
die Anweisung
U  E  8.5
```

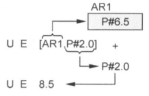

Beispiel 2: Bereichszeiger enthält die Basisadresse und den betreffenden Operanden

```
U     [AR1,P#2.0]
```
Im Adressregister AR1 werden jetzt durch den Bereichszeiger der zu verwendende Operand E und die Basisadresse gezeigt (hier P#E 6.5), Der Versatz wird durch den Offsetzeiger (hier P#2.0) angegeben.

```
Ausgeführt wird
die Anweisung
U  E  8.5
```

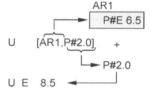

Wichtig zu wissen ist, dass der im Adressregister genannte Bereichszeiger zur Laufzeit des Programms veränderbar ist, während der Offsetzeiger immer nur eine Konstante angeben kann. Wird im Beispiel 2 zur Laufzeit des Programms der Bereichszeiger auf P#A 6.5 abgeändert, würde die Anweisung U A 8.5 ausgeführt. Das ist im Beispiel 1 nicht möglich.

## 9.3  Bereichszeiger in STEP 7

Es sind zwei Bereichszeiger zu unterscheiden. Enthält ein Bereichszeiger nur die Bitadresse und die Byteadresse wird er als *bereichsinterner* Zeiger bezeichnet. Enthält der Bereichszeiger auch noch den Operandenbereich, wird er als *bereichsübergreifender* Zeiger bezeichnet.

| | Byte n | Byte n+1 | Byte n+2 | Byte n+3 |
|---|---|---|---|---|
| Bereichsinterner Zeiger (Typ 1): | 00000000 | 00000yyy | yyyyyyyy | yyyyy xxx |
| | | | Byte-Adresse | Bit-Adresse |

| | Byte n | Byte n+1 | Byte n+2 | Byte n+3 |
|---|---|---|---|---|
| Bereichsübergreifender Zeiger (Typ 2): | 10000 ZZZ | 00000yyy | yyyyyyyy | yyyyy xxx |
| | Operandenbereich | | Byte-Adresse | Bit-Adresse |

Die Belegung des Bit 31 unterscheidet die beiden Zeigerarten. Mögliche Operandenbereiche (ZZZ) beim bereichsübergreifenden Zeiger sind: PE, PA, E, A, M, DBX oder DIX.

Bereichszeiger lassen sich unmittelbar adressieren und in den Akkumulator oder in die Adressregister laden. Die Notation dabei lautet:

```
L  P#y.x    //Bereichsinterner Zeiger (z. B. L P#10.2)
L  P#Zy.x   //Bereichsübergreifender Zeiger (z. B. L P#A10.4)
```

> Soll mit einem Bereichszeiger ein Digitaloperand (WORD, DWORD) angegeben werden, ist die Bit-Adresse (xxx) mit 000 zu belegen (z. B. durch Linksschieben um 3 Stellen: SLW 3).

## 9.4 Speicherindirekte Adressierung in STEP 7-AWL

Bei der speicherindirekten Adressierung steht in der AWL-Anweisung anstelle der Adresse ein Adressenoperand, bei dem die gesuchte Adresse zu finden ist. Eine Anweisung mit speicherindirekter Adressierung setzt sich also zusammen aus einer Operation, einem Operandenkennzeichen mit möglicher Angabe der Zugriffsbreite (Byte, Wort, ..) und einem in eckigen Klammern stehenden Adressenoperanden.

Beispiel:

| | | |
|---|---|---|
| `L  EB [MD10]` | Für die Anweisung  L  EB [MD10] ist im bereichsinternen Zeiger eine Byte-Adresse anzugeben und die Bitadresse auf 000 zu setzen. Der Adressenoperand muss das Datenformat DWORD haben (hier MD10). | 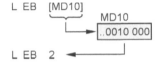 |

Besteht die auszuweisende Adresse aus einer Nummer (vorzeichenlose INTEGER-Zahl) für Timer, Zähler oder Bausteine (DB, FC, FB), muss der Adressenoperand den Datentyp WORD haben.

Beispiel:

| | | |
|---|---|---|
| `SE  T [MW20]` | Bei der Anweisung SE T ist eine INTEGER-Adresse anzugeben. Der Adressenoperand muss das Datenformat WORD haben (hier MW 20). |  |

In der nachfolgenden Tabelle ist eine Zusammenfassung aller speicherindirekt adressierbaren Operanden, in Abhängigkeit von der Art der auszuweisenden Adresse angegeben.

| Art der Adresse | Operandenkennzeichen | Hinweise |
|---|---|---|
| Byte- und Bit-Adresse | E; A; M; L; DIX; DBX | Anwendung bei Bitverknüpfungsoperationen |
| Byte-, Wort- und Doppelwortadresse | EB, EW, ED; AB, AW, AD; MB, MW, MD; LB, LW, LD; PEB, PEW, PED; PAB, PAW, PAD; DBB, DBW, DBD; DIB, DIW, DID | Anwendung bei Lade und Transferfunktionen. Die Bit-Nummer des Bereichszeigers muss dabei den Wert 0 haben. |
| INTEGER-Wert | T; Z; DB; DI; FC; FB | Zum Adressieren von Zeiten, Zählern oder Bausteinen |

Aus der Tabelle ist zu ersehen, dass neben Operanden auch Datenbausteine, Funktionen oder Funktionsbausteine indirekt aufgerufen werden können.

Als Adressoperanden im Wort- oder Doppelwortformat können Merker, Lokaldaten oder Datenbausteinoperanden verwendet werden. Eine symbolische Operandenbezeichnung über die Symboltabelle ist zulässig.

Die Adressenoperanden mit Wort- oder Doppelwortformat können in folgenden System-
speicherbereichen der CPU liegen:

| Adressenoperand | Hinweise |
|---|---|
| Merkerbereich M | Angabe als direkt adressierter Operand oder symbolischer Bezeichner mit absoluter Adressenangabe in Symboltabelle |
| Lokaldatenbereich L (temporäre Lokaldaten) | Angabe als direkter adressierter Operand oder symbolischer Bezeichner mit absoluter Adressenangabe in Symboltabelle |
| Global-Datenbausteine DB | Angabe als direkt adressierter Operand. Wird ein Globaldatenoperand indirekt über ein Globaldatendoppelwort adressiert, müssen beide im selben Datenbaustein liegen. |
| Instanzdatenbausteine DI | Angabe als direkt adressierter Operand oder symbolischer Bezeichner mit absoluter Adressenangabe |

Der Inhalt des Adressenoperanden kann über Lade- und Transferoperationen vorgegeben werden. Die folgenden Beispiele zeigen Möglichkeiten der Adresseneingabe. An späteren Beispielen wird noch gezeigt, wie Adressenänderungen zur Laufzeit des Programms realisiert werden
können.

Der Eingang E 8.5 soll abgefragt werden:

```
L    8
SLW  3
L    5
OW
T    MD 10
U    E[MD 10]
```
Die Byte-Adresse wird in den Akku 1 geladen und durch Linksschie-
ben um drei Stellen an die richtige Stelle platziert. Danach wird die
Bit-Adresse geladen und mit der Byte-Adresse ODER verknüpft. Der
Akkuinhalt wird dann dem Adressenoperanden MD 10 zugewiesen.

oder:
```
L    W#16#0045
T    MD 10
U    E[MD 10]
```
Das Bitmuster 0000 0000 0100 0101 wird über die HEX-Darstellung
16#0045 in den Akku geladen und dem Adressenoperanden MD 10
zugewiesen.

oder:
```
L    P#8.5
T    MD10
U    E[MD10]
```
Ein Zeiger, der die Byte- und Bit-Adresse des anzusprechenden Operanden enthält wird in den Adressenoperanden geladen.

Das Eingangswort EW 8 soll abgefragt werden:

```
L    8
SLW  3
T    DBD0
L    EW[DBD0]
```
Die Byte-Adresse wird in den Akku 1 geladen und durch Linksschieben um drei Stellen an der richtigen Stelle platziert. Der Akkuinhalt
wird dann dem Adressenoperanden DBD0 (Globaldatendoppelwort 0)
zugewiesen.

oder:
```
L    W#16#0040
T    DBD0
L    EW[DBD0]
```
Das Bitmuster 0000 0000 0100 0000 wird über die HEX-Darstellung
16#0040 in den Akku geladen und dem Adressenoperanden DBD0
zugewiesen.

Der Zähler Z13 soll vorwärts gezählt werden:

```
L    13
T    MW20
ZV   Z[MW20]
```
Die INTEGER-Zahl 13 wird in den Akku 1 geladen und dem Adressoperanden zugewiesen.

## 9.5  Registerindirekte Adressierung in STEP 7-AWL

Bei der registerindirekten Adressierung stehen die beiden Adressregister AR1 bzw. AR2 zur Verfügung. Adressregister sind 32 Bit breite Speicherzellen im Systemspeicher der CPU. Der Inhalt eines Adressregisters ist ein bereichsinterner oder bereichsübergreifender Zeiger. Je nach Art des Zeigers unterscheidet man die bereichsinterne oder die bereichsübergreifende indirekte Adressierung. Neben dem Adressregister mit der Basisadresse muss bei der registerindirekten Adressierung noch zusätzlich ein bereichsinterner Zeiger angegeben werden, mit dem ein Versatz bestimmt wird.

Beispiel für eine registerindirekte bereichsinterne Adressierung mit dem Adressregister AR1:

| | |
|---|---|
| `LAR1 P#4.1` | Die Adresse des Eingangs E ergibt sich aus der im Adressregister |
| `U  E [AR1,P#0.0]` | AR1 stehenden Adresse (P#4.1) plus dem Wert des Offsetzeigers P#0.0. In diesem Fall ohne Versatz. Ausgeführt wird: `U E 4.1`. |

Bei der registerindirekten bereichsinternen Adressierung können in Abhängigkeit von der Art der auszuweisenden Adresse folgende Operandenkennzeichen verwendet werden:

| Art der Adresse | Operandenkennzeichen | Hinweise |
|---|---|---|
| Bit- und Byte- Adresse | E; A; M; L; DIX; DBX | Anwendung bei Bitverknüpfungs-operationen |
| Byte-, Wort- und Doppelwortadresse | EB, EW, ED; AB, AW, AD; MB, MW, MD; LB, LW, LD; PEB, PEW, PED; PAB, PAW, PAD; DBB, DBW, DBD; DIB, DIW, DID | Anwendung bei Lade- und Transferfunktionen. Die Bit-Nummer des Bereichszeigers muss dabei den Wert 0 haben. |

Eine Adressierung von Operanden mit einer Nummer (INTEGER-Zahl) als Adresse für Zeiten, Zählern, Funktionen etc., ist bei der registerindirekten Adressierung nicht möglich.

Bei einer Anweisung mit registerindirekter bereichsübergreifender Adressierung wird kein Operandenkennzeichen geschrieben, da dieses im Adressregisters AR1 mit angegeben wird.

Beispiel für eine bereichübergreifende indirekte Adressierung mit dem Adressregister AR1:

| | |
|---|---|
| `LAR1 P#E4.1` | Der Operand E und die Adresse ergeben sich aus dem Inhalt von |
| `U   [AR1,P#0.0]` | Adressregister AR1 plus dem Wert des Zeigers P#0.0. In diesem Fall ist kein Versatz vorhanden. Ausgeführt wird: `U E 4.1`. |

Bereichsinterne oder bereichsübergreifende Zeiger werden über Lade-Anweisungen in die Adressregister gebracht. Die nachfolgend aufgeführten Anweisungen zeigen verschiedene Möglichkeiten, wie ein Zeiger in ein Adressregister geladen werden kann.

| | |
|---|---|
| `LAR1 P#20.0` | Das Adressregister AR1 wird mit dem Zeiger P#20.0 geladen. |
| `L  P#20.0`<br>`LAR1` | Das Adressregister AR1 wird mit dem Inhalt von Akku 1 geladen. In diesem Fall ist es der Zeiger P#20.0. |
| `LAR1 MD20` | Das Adressregister AR1 wird mit dem Inhalt von Merkerdoppelwort MD 20 geladen. |
| `LAR1 AR2` | Das Adressregister AR1 wird mit dem Inhalt von Adressregister AR2 geladen. |

Die folgenden Beispiele zeigen Möglichkeiten der registerindirekten Adressierung.

Der Eingang E 8.5 soll abgefragt werden:

```
  L    P#8.5
  LAR1
  U    E[AR1,P#0.0]
oder
  L    8
  SLW  3
  L    5
  OW
  T    MD 10
  LAR1 MD10
  U    E[AR1,P#0.0]
oder
  LAR1 P#5.7
  U    E[AR1,P#2.6]
oder
  LAR1 P#E8.5
  U    [AR1,P#0.0]
```

Ein Zeiger, der die Byte- und Bit-Adresse des anzusprechenden Operanden enthält, wird in das Adressregister AR1 geladen.

Die Byte-Adresse wird in den Akku 1 geladen und durch Linksschieben um drei Stellen an die richtige Stelle platziert. Danach wird die Bit Adresse geladen und mit der Byte-Adresse ODER-verknüpft. Der Akkuinhalt wird dann dem Adressregister zugewiesen.

Ein Zeiger, der eine Byte- und Bit-Adresse enthält, wird in das Adressregister AR1 geladen. Mit dem Versatz des Zeigers P#2.6 wird die Adresse des anzusprechenden Operanden berechnet.

Ein bereichsübergreifender Zeiger, der das Operandenkennzeichen sowie die Byte- und Bit-Adresse des anzusprechenden Operanden enthält, wird in das Adressregister AR1 geladen.

Mit der bereichsübergreifenden registerindirekten Adressierung ist es möglich, die Übertragungsrichtung beim Austausch von Daten zwischen zwei Datenbereichen erst während des Programmdurchlaufs festzulegen. Zur Aufnahme der Datenbereiche werden die beiden Adressregister AR1 und AR2 verwendet. Durch Ausführung der Anweisung:

```
  TAR  //Die Inhalte von AR1 und AR2 werden vertauscht
```

kann die Übertragungsrichtung geändert werden. Im folgenden Beispiel sollen 8-Byte-Daten zwischen dem Datenbereich ab DB10.DBB0 und dem Datenbereich ab DI20.DBB30 übertragen werden. Die Übertragungsrichtung wird durch den Eingang E 0.0 bestimmt.

```
        LAR1  P#DBX 0.0
        LAR2  P#DIX 30.0
        AUF   DB 10
        AUF   DI 20
        UN    E  0.0
        SPB   M001
        TAR

M001:  L     D[AR1,P#0.0]
       T     D[AR2,P#0.0]
       L     D[AR1,P#4.0]
       T     D[AR2,P#4.0]
```

Die beiden Adressregister werden mit Zeigern geladen, die auf den jeweiligen Beginn des Datenbereichs zeigen. Da zwei Datenbausteine aufzuschlagen sind, wird der eine mit DB und der zweite mit DI bezeichnet. Ist der Eingang E 0.0 = „0", werden die Daten vom DB 10 in den DI 20 übertragen. Bei Signalzustand „1" von Eingang E 0.0 wird der Inhalt der beiden Adressregister getauscht.
Somit werden die Daten von DI 20 in den angegebenen Bereich von DB 10 übertragen. Die Übertragung von 8 Byte erfolgt über 2 Lade- und Transferanweisungen mit der Zugriffsbreite Doppelwort.

Statt den Inhalt der Adressregister zu tauschen, wäre es auch möglich gewesen, mit der Anweisung

```
  TDB  //Tausche die Datenbausteinregister
```

die aufgeschlagenen Datenbausteine zu vertauschen und so die Übertragungsrichtung zu ändern. Allerdings wird mit der Vertauschung der Datenbausteine der entsprechende Datenbereich nicht mitgetauscht. Stünde in der vorhergehenden AWL statt „TAR" die Anweisung
„TDB", werden bei „0"-Signal von E 0.0 die 8 Byte von DB10 ab DBB0 zum Datenbaustein
DI 20 ab DBB30 transferiert. Bei „1"-Signal von E 0.0 würden 8 Byte von DI 20 ab DBB0
zum Datenbaustein DB10 ab DBB30 transferiert werden.

Besonders bei der Ausführung von Schleifen kommt es vor, dass die Adresse eines Operanden
bei jedem Schleifendurchlauf erhöht wird. Die Anweisungen:

```
+AR1          //Addiere zum Inhalt des Adressregisters AR1 einen
              //Versatz der in Akku 1 steht
```

oder

```
+AR1 P#x.y //Addiere zum Inhalt des Adressregisters AR1 den mit
           //dem Zeiger P#x,y angegebenen Versatz
```

bieten dafür eine einfache Möglichkeit, die Adresse im Adressregister AR1 zu erhöhen. Im
nächsten Beispiel ist eine Anwendung der „+AR1"-Anweisung gezeigt. Dabei sollen die 16
Datenwörter eines Datenbereichs ab DBW 10 im Datenbaustein DB10 mit dem Wert 16#FFFF
verglichen werden. Ist der Vergleich erfüllt, wird ein entsprechendes Merkerbit auf „1" gesetzt. Der Merkerbereich, der das Ergebnis der Vergleiche enthält, soll ab M 10.0 beginnen.

| | | |
|---|---|---|
| | `AUF    DB10` | Die Adressregister AR1 bzw. AR2 werden mit be- |
| | `LAR1   P#DBX 10.0` | reichsübergreifenden Zeigern geladen, die jeweils auf |
| | `LAR2   P#M 10.0` | den Beginn des Datenbereichs bzw. des Merkerbereichs |
| | `L      16` | zeigen. |
| `M001:` | `T      #S_ZAE` | Schleifenzähler S_ZAE mit Wert 16 laden. |
| | `L      W#16#FFFF` | Vergleich durchführen. |
| | `L      W[AR1,P#0.0]` | Wenn Vergleich positiv, betreffenden Merker „1" zu- |
| | `==I` | weisen. |
| | `=      [AR2,P#0.0]` | Bei jedem Schleifendurchlauf wird die Byte-Adresse |
| | `+AR1   P#2.0` | von Adressregister AR1 um 2 und die Bit-Adresse des |
| | `+AR2   P#0.1` | Adressregisters AR2 um 1 erhöht. |
| | `L      #S_ZAE` | Schleifenende überprüfen (Loop dekrementiert Schlei- |
| | `LOOP M001` | fenzähler). |

Neben den bisher beschriebenen Anweisungen für den Umgang mit den Adressregistern gibt
es noch die Anweisungen „TAR1" bzw. „TAR2", mit denen der Inhalt des jeweiligen Adressregisters z. B. ein Merkerdoppelwort, ein Lokaldatendoppelwort oder Datenbausteindoppelwort in den Akku 1 geladen werden kann. Damit kann eine aktuelle indirekte Adresse in einer
Variablen gespeichert werden. Beispiel:

Der Inhalt von Adressregister AR1 soll im Datendoppelwort DBD 10 gespeichert werden.

| | |
|---|---|
| `TAR1` | Ein Zeiger, der die Byte- und Bit-Adresse des anzusprechenden |
| `T   DBD 10` | Operanden enthält, wird in das Datendoppelwort DBD 10 geladen. |

## 9.6 Beispiele

■ **Beispiel 9.1: Messwert in einen Datenbaustein an vorgebbare Stelle schreiben (FC 901_WR)**

Zum Einlesen von Messwerten mit dem Datenformat REAL an eine bestimmte Stelle in einen Datenbaustein soll eine Funktion FC 901 entworfen werden. An den Eingängen der Funktion FC 901 wird der Messwert (MEW), die Nummer des Messwertes (MENR) und die Nummer des Datenbausteins (DBNR), in den der Messwert eingelesen werden soll, vorgegeben.

Übergabeparameter:          Beschreibung der Parameter:

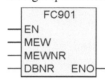

| MEW: | REAL | Einzulesender Messwert |
|------|------|------------------------|
| MEWNR: | INT | Nummer des Messwertes |
| DBNR: | INT | Datenbausteinnummer, in den der Messwert eingelesen werden soll |

Zum Test der Funktion FC 901 wird ein Datenbaustein DB 10 mit einem Array von 256 Realwerten mit beliebigen Anfangswerten angelegt. Die Übernahme des Messwertes wird über den EN-Eingang mit einer Flankenauswertung der Taste S1 veranlasst. An den Funktionseingang MEW wird ein Merkerdoppelwort MD und an den Eingang MEWNR ein Eingangswort EW gelegt, mit denen beliebige Werte über „Variable beobachten/steuern" vorgegeben werden können. Die richtige Funktionsweise des Bausteins kann dann ebenfalls mit „Variable beobachten/ steuern" verfolgt werden.

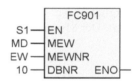

**Zuordnungstabelle der Eingänge und Merker:**

| Eingangsvariable | Symbol | Datentyp | Logische Zuordnung | | Adresse |
|------------------|--------|----------|--------------------|--|---------|
| Taster Übernahme | S1 | BOOL | Betätigt | S1 = 1 | E 0.1 |
| Vorgabe Messwertnummer | EW | INT | Zahl zwischen 0 und 255 | | EW 8 |
| Merkervariable | | | | | |
| Einzulesender Messwert | MD | REAL | Gleitpunktzahl | | MD 10 |

**Lösung**

Das folgende Struktogramm, welches nur aus einer Anweisungsfolge besteht, gibt das erforderliche Steuerungsprogramm der Funktion wieder.

| |
|---|
| DBNRW := INT_TO_WORD[DBNR] |
| AUF DB[DBNRW] |
| |
| ADR:= SLW3(MEWNR*4) |
| DBD[ADR]:= MEW |

Mit der Variablen DBNRW, welche das Format WORD haben muss, wird der entsprechende Datenbaustein aufgeschlagen.

Die Adresse ADR im Format DWORD dient als Adressoperand für die indirekte Adressierung der Speicherzelle des Datenbausteins im Format DWORD. Sie berechnet sich aus der Multiplikation der Messwertnummer MWNR mit 4 und anschließendem Linksschieben um 3 Stellen. Wegen Multiplikation mit 4 siehe bei Adressen im erzeugten Datenbaustein.

**STEP 7 Programm (AWL-Quelle):**

```
FUNCTION FC901 : VOID
VAR_INPUT                    VAR_TEMP
 MEW  : REAL ;                DBNRW : WORD ;
 MEWNR : INT ;               ADR   : DWORD ;
 DBNR : INT ;               END_VAR
END_VAR
```

```
BEGIN
L  #DBNR;              L  #MEWNR;             T  #ADR;
T  #DBNRW;             L  4;                  L  #MEW;
                       *I ;                   T  DBD [#ADR];
AUF DB [#DBNRW];       SLW 3;                 END_FUNCTION
```

Anlegen des Datenbausteins DB 10:

| Adresse | Name | Typ | Anfangswert | Kommentar |
|---|---|---|---|---|
| 0.0 | | STRUCT | | |
| +0.0 | Messwert | ARRAY(0..255) | 0.000000e+000 | Messwerte |
| *4.0 | | REAL | | |
| =1004.0 | | END_STRUCT | | |

### ■ Beispiel 9.2: Byte-Bereich in einem Datenbaustein auf einen Wert setzen (FC 902: SET_DB)

Für die eigene Programmbibliothek ist eine Funktion FC 902 zu entwerfen, mit der ein vorgebbarer Byte-Bereich in einem Datenbaustein auf einen Wert 16#XX gesetzt werden kann. Der Byte-Bereich wird durch die Angabe des Anfangsbytes ANB und der Länge LAE vorgegeben. An den Eingang B_W der Funktion wird der Wert gelegt, den die einzelnen Bytes des Bereichs annehmen sollen. Wird beispielsweise der Wert 16#00 vorgegeben, so kann die Funktion FC 902 auch dazu genutzt werden, einen Bereich in einem Datenbaustein zu löschen.

Übergabeparameter:

```
      FC902
—| EN
—| DBNR
—| ANB
—| LAE
—| B_W      ENO |—
```

Beschreibung der Parameter:

DBNR (INT):  Nummer des Datenbausteins

ANB (INT):   Anfangsbyte

LAE (INT):   Anzahl der Byte

B_W (BYTE):  Wert, den die Bytes in dem vorgegebenen Bereich erhalten sollen

Zum Test der Funktion FC 902 wird ein Datenbaustein DB 20 mit einer beliebigen Datenstruktur und beliebigen Anfangswerten angelegt und die Zahl 20 an den Funktionseingang DBNR geschrieben. An den Eingängen ANB und LAE können beliebige Zahlen notiert werden. Es ist jedoch unbedingt darauf zu achten, dass der durch die angegebenen Zahlen bestimmte Bereich auch im Datenbaustein vorhanden ist. An den Eingang B_W wird das Eingangsbyte EB eines zweistelligen Zifferneinstellers gelegt. Mit einer Flankenauswertung der Übernahme-Taste S1 wird die Bearbeitung der Funktion über den EN-Eingang einmalig veranlasst. Die Auswirkung des Funktionsaufrufs kann mit der STEP 7 Operation „Variable beobachten/steuern" verfolgt werden.

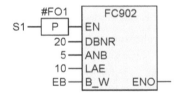

### Zuordnungstabelle der Eingänge:

| Eingangsvariable | Symbol | Datentyp | Logische Zuordnung | | Adresse |
|---|---|---|---|---|---|
| Übernahmetaste | S1 | BOOL | Betätigt | S1 = 1 | E 0.1 |
| Zifferneinsteller | EB | BYTE | BCD-Code | | EB 9 |

### Darstellung des Algorithmus im Struktogramm:

```
DBNRW:= INT_TO_WORD (DBNR)
AUF DB[DBNRW]
ZAE:= LAE
Solange ZAE > 0
    ZAE:= ZAE - 1
    ADR:= SLW 3 (ZAE + ANB)
    DBB [ADR]:= B_W
```

*Hinweis:*

Neben den Eingangsvariablen der Funktion FC 902 müssen für den Algorithmus noch die temporären Variablen DBNRW (WORD), ADR (DWORD) und ZAE (INT) deklariert werden.

Mit der Variablen DBNRW wird der entsprechende Datenbaustein aufgeschlagen. Die Eingangsvariable DBNR kann dafür nicht verwendet werden, da diese im Format INT vorliegt. Zu Beginn der Anweisungsfolge wird der Wert der Variablen DBNR der Variablen DBNRW zugewiesen, die mit Datentyp WORD deklariert ist.

Die Variable ADR muss zur indirekten Adressierung der Datenbytes als Adressenoperand eingeführt werden. Durch die Addition des Anfangswertes ANB und der jeweils aktuellen Länge LAE ergibt sich die Zeigeradresse. Die Variable LAE wird der temporären Variablen ZAE zugewiesen, die sich bei jedem Schleifendurchlauf um 1 vermindert, bis der gesamte vorgegebene Bereich durchlaufen ist.

**STEP 7 Programm (AWL-Quelle):**

```
FUNCTION FC902 : VOID
VAR_INPUT                    VAR_TEMP
 DBNR : INT ;                 DBNRW : WORD ;
 ANB : INT ;                  ADR : DWORD ;
 LAE : INT ;                  ZAE : INT ;
 B_W : BYTE ;                END_VAR
END_VAR
BEGIN
L   #DBNR;          M001: L   #ZAE;              +I ;
T   #DBNRW;               L   0;                 SLW 3;
AUF DB [#DBNRW];          <=I;                   T   #ADR;
L   #LAE ;                BEB;                   L   #B_W;
T   #ZAE ;                L   #ZAE;              T   DBB [#ADR];
                         +   -1;                 SPA M001;
                         T   #ZAE;
                         L   #ANB;              END_FUNCTION
```

■  **Beispiel 9.3:  Bestimmung von Minimum, Maximum und arithmetischer Mittelwert in einem Datenbaustein (FC903_MINMAX)**

Für die eigene Programmbibliothek ist eine Funktion FC 903 zu entwerfen, die aus einer bestimmten Anzahl von Messwerten, welche sich in einem Datenbaustein befinden, den kleinsten und den größten Wert bestimmt sowie den arithmetischen Mittelwert der Messwerte berechnet. Die Messwerte liegen im Datenformat REAL vor. Der Bereich der Messdaten für die Bestimmung der Werte wird durch die Angabe der ersten Messwert-Nummer MNR und die Anzahl der Messwerte ANZ vorgegeben.

Übergabeparameter:              Beschreibung der Parameter:

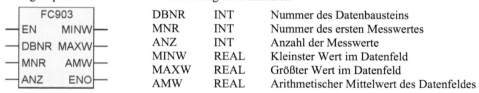

| | | |
|---|---|---|
| DBNR | INT | Nummer des Datenbausteins |
| MNR | INT | Nummer des ersten Messwertes |
| ANZ | INT | Anzahl der Messwerte |
| MINW | REAL | Kleinster Wert im Datenfeld |
| MAXW | REAL | Größter Wert im Datenfeld |
| AMW | REAL | Arithmetischer Mittelwert des Datenfeldes |

Zum Test der Funktion FC 903 wird ein Datenbaustein DB 30 mit 50 unterschiedlichen Gleitpunktzahlen angelegt. Die Anfangsnummer des Messwertes MNR und die Anzahl ANZ der zu untersuchenden Messwerte werden mit den symbolischen Variablen MNR und ANZ vorgegeben. Es ist darauf zu achten, dass mit der Angabe von Messwertanfang MNR und der Anzahl ANZ der ausgewählte Datenbereich im Datenbaustein auch tatsächlich vorhanden ist. Mit einer Flankenauswertung der Übernahme-Taste S1 wird die Bearbeitung der Funktion FC 903 über den EN-Eingang einmalig veranlasst.

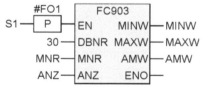

Die Ergebnisse der Bearbeitung werden den Variablen MINW, MAXW und AMW zugewiesen.

Die Funktionsweise des Bausteins FC 903 kann dann mit „Variable beobachten/steuern" überprüft werden.

**Zuordnungstabelle der Eingänge und Merker:**

| Eingangsvariable | Symbol | Datentyp | Logische Zuordnung | Adresse |
|---|---|---|---|---|
| Übernahmetaste | S1 | BOOL | Betätigt                    S1 = 1 | E 0.1 |
| Vorgabe Messwertanfangsnummer | MNR | INT | INTEGER-Zahl | EW 8 |
| Vorgabe Anzahl der Messwerte | ANZ | INT | INTEGER-Zahl | EW 10 |
| Merkervariable | | | | |
| Kleinster Messwert | MINW | REAL | Gleitpunktzahl | MD 10 |
| Größter Messwert | MAXW | REAL | Gleitpunktzahl | MD 20 |
| Arithmetischer Mittelwert | AMW | REAL | Gleitpunktzahl | MD 30 |

Der Algorithmus für die Ermittlung des kleinsten und des größten Messwertes basiert auf dem Vergleich jedes Messwertes mit dem aktuellen Minimalwert MINW bzw. dem aktuellen Maximalwert MAXW. Falls der Vergleich erfüllt ist wird der jeweilige Messwert dem aktuellen Minimalwert bzw. Maximalwert zugewiesen. Die Vergleiche erfolgen in einer Schleife. Vor Beginn der Schleife werden die Variablen Minimalwert MINW, Maximalwert MAXW und arithmetischer Mittelwert AMW auf den Wert des letzten Messwertes des zu untersuchenden Datenfeldes gesetzt.

Für die Berechnung des arithmetischen Mittelwertes wird bei jedem Schleifendurchlauf der aktuelle Messwert zu der Variablen AMW addiert. Nachdem alle Messwerte addiert sind, wird die Summe durch die Anzahl der Messwerte dividiert.

**Darstellung des Algorithmus im Struktogramm:**

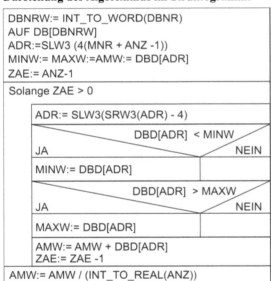

Temporäre Variablen:

DBNRW (WORD):
Datenbaustein-Nummer im Format WORD für den indirekten Aufruf des Datenbausteins.

ADR (DWORD):
Die Variable ADR wird zur indirekten Adressierung der Messwerte verwendet. Da für jeden Messwert 4 Byte benötigt werden, wird bei jedem Schleifendurchlauf 4 subtrahiert.

ZAE (INT):
Variable zur Zählung der Schleifendurchläufe.

Zu beachten ist, dass bei der Division der Summe aller Messwerte durch die Anzahl beide Variablen im Datenformat REAL vorliegen.

**STEP 7 Programm (AWL-Quelle):**

```
FUNCTION FC 903 : VOID
VAR_INPUT                 VAR_OUTPUT              VAR_TEMP
 DBNR : INT ;              MINW : REAL ;           DBNRW : WORD ;
 MNR : INT ;               MAXW : REAL ;           ZAE : INT ;
 ANZ : INT ;               AMW : REAL ;            ADR : DWORD ;
END_VAR;                  END_VAR                 END_VAR
```

```
BEGIN                           <=I ;                   M004: NOP 0;
L   #DBNR;                      SPB M002;               L   DBD [#ADR];
T   #DBNRW;                     L   #ADR;               L   #AMW;
AUF  DB [#DBNRW];               SRW 3;                  +R ;
L   #MNR;                       L   4;                  T   #AMW;
L   #ANZ;                       -I ;                    L   #ZAE;
+I ;                            SLW 3;                  +   -1;
+   -1;                         T   #ADR;               T   #ZAE;
L   4;                          L   DBD [#ADR];         SPA M001;
*I ;                            L   #MINW;
SLW 3;                          <R ;                    M002: NOP   0;
T   #ADR;                       SPBN  M003;             L   #AMW;
L   DBD [#ADR];                 L   DBD [#ADR];         L   #ANZ;
T   #MINW;                      T   #MINW;              ITD ;
T   #MAXW;                      M003: NOP 0;            DTR ;
T   #AMW;                       L   DBD [#ADR];         /R ;
L   #ANZ;                       L   #MAXW;              T   #AMW;
+   -1;                         >R ;
T   #ZAE;                       SPBN M004;
M001: NOP 0;                    L   DBD [#ADR];
L   #ZAE;                       T   #MAXW;              END_FUNKTION
L   0;
```

■  **Beispiel 9.4:  Sortieren von Messwerten in einem Datenbaustein (FC904: SORT)**

Für die eigene Programmbibliothek ist eine Funktion FC 904 zu entwerfen, die Messwerte in einem Datenbaustein der Größe nach sortiert. Die Messwerte liegen im Datenformat REAL vor. Der Bereich der Messdaten, in dem die Messwerte sortiert werden sollen, wird durch die Angabe des Anfangwertes MNR und die Anzahl der Messwerte ANZ vorgegeben.

Übergabeparameter:                    Beschreibung der Parameter:

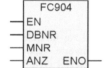

DBNR (INT):   Nummer des Datenbausteins

MNR (INT):    Nummer des Messwertes, ab dem sortiert werden soll

ANZ (INT):    Anzahl der Messwerte, die sortiert werden sollen

Zum Test der Funktion FC 904 wird ein Datenbaustein DB 40 mit 30 unterschiedlichen Gleitpunktzahlen angelegt. Die Anfangswerte der Gleitpunktzahlen im Datenbaustein können beliebig sein. Die Anfangsnummer des Messwertes MWNR und die Anzahl der zu sortierenden Messwerte ANZ werden mit den Eingangsworten EW8 und EW10 vorgegeben. Es ist darauf zu achten, dass mit der Angabe von Messwertanfang MNR und der Anzahl ANZ der ausgewählte Datenbereich auch im Datenbaustein tatsächlich vorhanden ist.

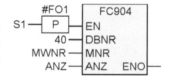

Mit einer Flankenauswertung der Übernahme-Taste S1 wird die Bearbeitung der Funktion FC 904 über den EN-Eingang einmalig gestartet. Die Funktionsweise des Bausteins FC 904 kann dann mit „Variable beobachten/steuern" überprüft werden.

**Zuordnungstabelle der Eingänge:**

| Eingangsvariable | Symbol | Datentyp | Logische Zuordnung | | Adresse |
|---|---|---|---|---|---|
| Übernahmetaste | S1 | BOOL | Betätigt | S1 = 1 | E 0.1 |
| Vorgabe Messwertanfangsnummer | MWNR | INT | INTEGER-Zahl | | EW 8 |
| Vorgabe Anzahl der Messwerte | ANZ | INT | INTEGER-Zahl | | EW 10 |

Der Algorithmus für das Sortieren basiert darauf, dass in dem Datenfeld jeder Messwert mit dem vorhergehenden auf „größer" abgefragt wird. Ist der vorhergehende Wert dabei größer, werden die Adressen der beiden Messwerte über eine Hilfsvariable HO vertauscht. Dieser Vorgang wird für das Datenfeld solange wiederholt, bis keine Vertauschung mehr erforderlich ist.

**Darstellung des Algorithmus im Struktogramm:**

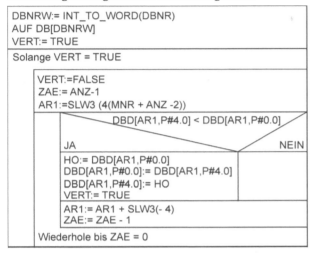

Temporäre Variablen:

DBNRW (WORD):
Datenbaustein-Nummer im Wort-Format

VERT (BOOL):
Vertauschung erfolgt:
VERT:= TRUE

ZAE (INT):
Variable zur Zählung der Schleifendurchläufe

HO (REAL):
Hilfsoperand zur Zwischenspeicherung eines Wertes bei der Vertauschung

Die indirekte Adressierung der Messwerte innerhalb des Datenbausteins erfolgt mit Hilfe der registerindirekten Adressierung über das Adressregister AR1 und einen Zeiger. Die boolesche Variable VERT wird bei jeder erfolgten Vertauschung auf den Wert „1" gesetzt. Erst wenn keine Vertauschung mehr erforderlich ist, sind alle Messwerte richtig sortiert und die Bearbeitung der Schleife wird beendet.

**STEP 7 Programm (AWL-Quelle):**

```
FUNCTION FC 904 : VOID
VAR_INPUT              VAR_TEMP
  DBNR : INT ;           DBNRW : WORD ;          ZAE : INT ;
  MNR : INT ;            VERT : BOOL ;           HO : REAL ;
  ANZ : INT ;                                  END_VAR
END_VAR;
BEGIN
L   #DBNR;            L   #ANZ;              L   #HO;
T   #DBNRW;           +I ;                   T   DBD [AR1,P#4.0];
                     +   -2;                 SET;
AUF DB [#DBNRW];     L   4;                  =   #VERT;
SET ;                *I ;
=   #VERT;           SLW 3;                  M003: NOP 0;
                     LAR1;                   L   -4;
M001: NOP 0;                                 SLW 3;
UN  #VERT;           M002: NOP 0;            +AR1;
BEB ;                L   DBD [AR1,P#4.0];    L   #ZAE;
CLR ;                L   DBD [AR1,P#0.0];    +   -1;
=   #VERT;           <R ;                    T   #ZAE;
L   #ANZ;            SPBN M003;              L   0;
+   -1;              L   DBD [AR1,P#0.0];    >I ;
T   #ZAE;            T   #HO;                SPB M002;
L   #MNR;            L   DBD [AR1,P#4.0];    SPA M001;
                     T   DBD [AR1,P#0.0];    END_FUNCTION
```

■  **Beispiel 9.5: Einlesen und Suchen von Materialnummern (FC905: WR_MNR u. FC906: SU_MNR)**

Zum Einlagern von Kisten mit Materialien in ein Hochregallager werden die Kisten mit einer Materialnummer versehen. Eine einzulagernde Kiste wird mit einer Fördereinrichtung in das nächste freie Fach transportiert. Die Steuerung merkt sich, welche Materialnummer welchem Fach zugeordnet wurde. Bei der Materialausgabe muss die Materialnummer gesucht werden, um das Fach zu ermitteln, welches die Fördereinrichtung anfahren muss.

**Technologieschema:**

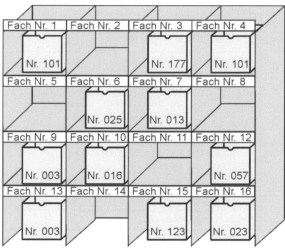

**Bild 9.1:**  Hochregallager

Jedes der insgesamt 16 Fächer des Hochregallagers wird einem Datenwort DBW eines Datenbausteins zugewiesen. Somit entsprechen die in den Datenworten stehenden Werte den Nummern der Kisten. Die Nummer Null ist für die freien Fächer reserviert.

Das zu entwickelnde Steuerungsprogramm lässt sich in die Teile „Einlesen einer Materialnummer" und „Suchen einer Materialnummer" untergliedern.

●  **Einlesen einer Materialnummer:**

Zum Testen des Steuerungsprogramms werden die Materialnummern über einen Zifferneinsteller in die Datenworte eingelesen. Bei Betätigung des Tasters S1 „Einlesen" soll eine Materialnummer, die durch den vierstelligen BCD-Wert eines Zifferneinstellers EW vorgegeben wird, in ein Datenwort DBW eingelesen werden. Die Adresse des Datenwortes wird dabei durch die Dualkombination der Schalter S10 bis S13 bestimmt. Der Zusammenhang zwischen der Fachnummer, den Datenworten und der Dualkombination der Schalter ist in der folgenden Tabelle dargestellt.

| Fach-nummer | Datenwort | Schalterkombination | | | |
|:---:|:---:|:---:|:---:|:---:|:---:|
| | | S13 | S12 | S11 | S10 |
| 1 | DBW 0 | 0 | 0 | 0 | 0 |
| 2 | DBW 2 | 0 | 0 | 0 | 1 |
| 3 | DBW 4 | 0 | 0 | 1 | 0 |
| . | .. | . | . | . | . |
| . | .. | . | . | . | . |
| 14 | DBW 26 | 1 | 1 | 0 | 1 |
| 15 | DBW 28 | 1 | 1 | 1 | 0 |
| 16 | DBW 30 | 1 | 1 | 1 | 1 |

Aus der Tabelle ist zu ersehen, dass die Adresse der Datenwörter DBW sich aus der Dualkombination der Schalter S10 bis S13 multipliziert mit dem Faktor 2 berechnet.

• **Suchen einer Materialnummer:**

Zur Suche einer Materialnummer wird der Inhalt aller Datenworte mit dem an einem Ziffernsteller EW eingestellten BCD-Wert verglichen. Wird eine Materialnummer gefunden, so ist dies durch einen zugeordneten Steuerungsausgang anzuzeigen.

Da es sich um 16 Fächer handelt, kann die Zuordnung der Fächer zu den Ausgängen in einem Ausgangswort AW erfolgen.

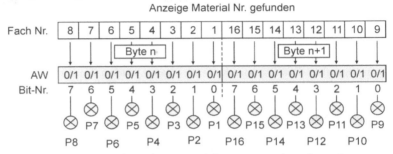

Es soll auch der Fall berücksichtigt werden, dass eine Materialnummer mehrmals vorkommen kann. Durch Betätigung des Tasters S2 „Suchen" wird der Suchvorgang einmalig gestartet. Das Ende des Suchvorgangs soll durch die Anzeigeleuchte P0 gemeldet werden. Mit Taster S3 „Quittieren" können alle Anzeigen gelöscht werden.

Für das Einlesen und das Suchen der Materialnummern ist es zweckmäßig, die Anzeige- und Bedienelemente auf einem Bedienfeld anzuordnen.

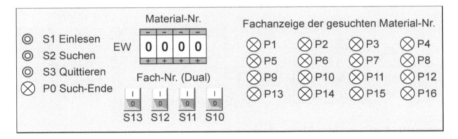

**Bild 9.2:** Bedienfeld Hochregallager

**Zuordnungstabelle der Eingänge und Ausgänge:**

| Eingangsvariable | Symbol | Datentyp | Logische Zuordnung | | Adresse |
|---|---|---|---|---|---|
| Taster Einlesen | S1 | BOOL | Betätigt | S1 = 1 | E 0.1 |
| Taster Suchen | S2 | BOOL | Betätigt | S2 = 1 | E 0.2 |
| Taster Quittieren | S3 | BOOL | Betätigt | S3 = 1 | E 0.3 |
| Schalter Wert 0 | S10 | BOOL | Betätigt | W0 = 1 | E 1.0 |
| Schalter Wert 1 | S11 | BOOL | Betätigt | W1 = 1 | E 1.1 |
| Schalter Wert 2 | S12 | BOOL | Betätigt | W2 = 1 | E 1.2 |
| Schalter Wert 4 | S13 | BOOL | Betätigt | W4 = 1 | E 1.3 |
| Ziffernsteller | EW | WORD | 4-stelliger BCD-Wert | | EW 8 |
| Ausgangsvariable | | | | | |
| Fachanzeige 1 | P1 | BOOL | Leuchtet | P1 = 1 | A 4.0 |
| bis | ... | ... | ... | | ... |
| Fachanzeige 16 | P16 | BOOL | Leuchtet | P16 = 1 | A 5.7 |
| Anzeige Such-Ende | P0 | BOOL | Leuchtet | P0 = 1 | A 12.0 |

Zum Einlesen von Materialnummern in entsprechende Datenwörter ist eine Funktion FC 905 zu entwerfen. An den Eingang Fachnummer FA_NR der Funktion wird die durch Maskieren gewonnene Dualkombination der Schalter S 10 bis S 13 übergeben. Am Eingang MA_NR wird die Materialnummer eingestellt. Schließlich wird an dem Eingang DB_NR noch die Nummer des Datenbausteins fest vorgegeben, in dem die Materialnummer gespeichert werden soll.

Das Suchen der Materialnummern soll die Funktion FC 906 übernehmen. Zur Anzeige, dass ein Suchvorgang stattgefunden hat, wird die Betätigung des Tasters S2 „Suchen" gespeichert und der Anzeige P0 zugewiesen. Eine Flankenauswertung ruft die Suchfunktion FC 906 einmalig auf. An den Funktionseingängen MA_NR und DB_NR werden die zu suchende Materialnummer und der zugehörige Datenbaustein angegeben. Das Ergebnis des Suchvorgangs kann an den Fachanzeigen P1 bis P16 abgelesen werden, die an das Ausgangswort AW 4 angeschlossen sind. Durch Betätigung der Quittiertaste S3 werden die Speicherfunktion und alle Ausgänge von Ausgangswort AW 4 zurückgesetzt.

Bausteinstruktur und Übergabeparameter:

**Einlesen**

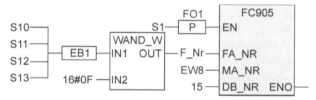

**Suchen**

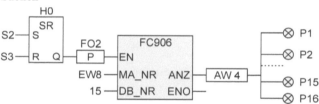

**Quittieren**

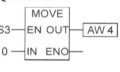

- **Programmteil „Einlesen einer Materialnummer":**

Aus der Angabe der Fach-Nummer FA_NR und der Datenbaustein-Nummer DB_NR wird das Datenwort ermittelt, in das die Materialnummer MA_NR geschrieben wird. Das Programm kann in drei Abschnitte unterteilt werden:

Datenbaustein aufrufen

```
L    #DB_NR
T    #DB_NRW
AUF  DB [#DB_NRW]
```
Zum Aufruf des Datenbausteins über eine speicherindirekte Adressierung muss der Operand, der die Nummer des Datenbausteins enthält, im Datenformat WORD vorliegen.

Berechnung der Datenwortadresse

```
L    #FA_NR
L    2
*I
SLW  3
T    #ADR
```
Die Fachnummer FA_NR muss mit zwei multipliziert werden, um die Adresse des zugehörigen Datenworts zu erhalten. Das Ergebnis wird dann um drei Stellen nach links verschoben (siehe Kap 9.3 Bereichszeiger) und der Variablen ADR (Adressoperand) mit dem Datenformat DWORD zugewiesen.

Materialnummer in das Datenwort schreiben

```
L    #MA_NR
T    DBW [#ADR]
```
Die Materialnummer wird über die indirekte Adressierung in das Datenwort transferiert, dessen Nummer der Adressoperand ADR angibt.

- **Programmteil „Suchen der Materialnummer":**

Die Funktion FC 906 vergleicht den an dem Funktionseingang MA_NR liegende Wert mit den Inhalten von 16 Datenworten. Um nicht 16 Vergleiche programmieren zu müssen, wird eine Schleife verwendet, die mit der AWL Funktion „LOOP" realisiert wird. Der Schleifenzähler S_ZAE bildet dabei den Ausgangswert, um die jeweilige Adresse des Datenwortes zu berechnen. Fällt ein Vergleich von Datenwort und Materialnummer positiv aus, wird in der Anzeigevariablen ANZ das zugehörige Bit gesetzt. Dazu wird ein Schieberegister als temporäre Variable S_RE eingeführt, dessen 16. Bit zu Beginn der Programmausführung auf „1" gesetzt und bei jedem Schleifendurchlauf um eine Stelle nach rechts geschoben wird.

Struktogramm der Funktion FC 906:

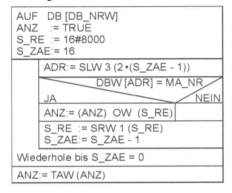

*Hinweise:*

Die Adressnummer wird aus dem Schleifenzähler S_ZAE nach der Formel $2*(S\_ZAE-1)$ berechnet. Beispiel: S_ZAE = 10 zugehöriges Datenwort: DBW 18 (siehe Tabelle).

Mit dem letzten Befehl TAW werden die Bytes des Anzeigewortes vertauscht. Dies ist erforderlich, damit Fach 1 auch der Fachanzeige A 4.0 zugewiesen wird.

AW 4: | AB4 | AB5 |

Ohne Vertauschung würde dem Ausgang A 4.0 das Fach 9 zugewiesen werden.

**STEP 7 Programm (AWL-Quelle):**

```
FUNCTION FC905 : VOID          FUNCTION FC906 : VOID

VAR_INPUT                      VAR_INPUT          M001: T   #S_ZAE;
   FA_Nr : INT ;                  MA_Nr : WORD ;        L   #S_ZAE;
   MA_Nr : WORD                   DB_NR : INT ;         L   1;
   DB_NR : INT ;               END_VAR                  -I ;
END_VAR                        VAR_OUTPUT               L   2;
VAR_TEMP                          ANZ   :   WORD;       *I ;
   DB_NRW : WORD ;             END_VAR                  SLW 3;
   ADR   : DWORD ;             VAR_TEMP                 T   #ADR;
END_VAR                           DB_NRW  : WORD ;      L   DBW [#ADR];
                                                        L   #MA_Nr;
BEGIN                             S_ZAE : INT ;         <>I ;
L  #DB_NR;                        S_RE  : WORD ;        SPB M002;
T  #DB_NRW;                       ADR   : DWORD ;       L   #S_RE;
                               END_VAR                  L   #ANZ;
AUF DB [#DB_NRW];                                       OW ;
                               BEGIN                    T   #ANZ;
L  #FA_Nr;                     L  #DB_NR;
L  2;                          T  #DB_NRW;        M002: L   #S_RE;
*I ;                                                    SRW 1;
SLW 3;                         AUF DB [#DB_NRW];        T   #S_RE;
T  #ADR;                       L  0;                    L   #S_ZAE;
                               T  #ANZ;                 LOOP M001;
L  #MA_Nr;                                              L   #ANZ;
T  DBW [#ADR];                 L  W#16#8000;            TAW;
                               T  #S_RE;                T   #ANZ;
END_FUNCTION                   L  16;             END_FUNCTION
```

■ **Beispiel 9.6: Rezeptwerte einschreiben und auslesen**

In einer Textilfabrik werden verschiedene Vlies- sowie Filzstoffe für technische Anwendungen in einem Mixmaster hergestellt. Je nach gewünschtem Endprodukt wird dabei ein Ausgangsstoff nach unterschiedlichen Rezepturen hergestellt. Die Rezeptur für einen Ausgangsstoff besteht dabei im Wesentlichen aus vier Rezeptwerten. Diese sind:

Q1:    Menge Substanz 1 (Angabe als INT-Wert im Bereich von 0 bis 100 %),

Q2:    Menge Substanz 2 (Angabe als INT-Wert im Bereich von 0 bis 100 %),

T_V:   Temperatur-Vorgabe (Angabe als REAL-Wert im Bereich von 0.0 bis 100.0) und

M_Z:   Mischzeit (Angabe als Zeitwert S5T).

Da es insgesamt 16 verschiedene Ausgangsstoffe gibt, sind 16 Rezepturen mit je 4 Rezeptelementen in einem Datenbereich hinterlegt. Jedem Rezeptelement wird ein Rezeptwert zugeordnet. Vor der Herstellung eines bestimmten Vlies- bzw. Filzstoffes müssen die entsprechenden 4 Rezeptwerte aus dem Datenbereich geladen werden.

**Technologieschema:**

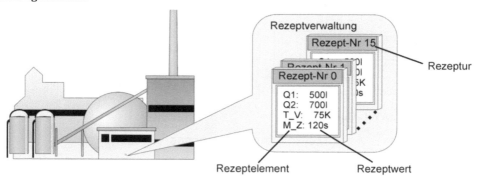

**Bild 9.3:**   Rezeptverwaltung

Es sind zwei Funktionen FC 907 und FC 908 zu entwerfen. Mit der Funktion FC 907 können die Rezeptwerte einer Rezeptur in einen wählbaren Datenbaustein eingeschrieben werden. Die Funktion FC 908 liest die Rezeptwerte einer vorgegebenen Rezeptur aus dem Datenbaustein aus.

**Funktion FC 907: Einschreiben der Rezeptwerte**

Übergabeparameter:              Beschreibung der Parameter:

| | |
|---|---|
| DB_NR:  INT | Nummer des Datenbausteins für die Rezeptwerte |
| RE_NR:  INT | Rezeptnummer |
| RW1:    INT | Rezeptwert 1 (Menge Q1 in %) |
| RW2:    INT | Rezeptwert 2 (Menge Q2 in %) |
| RW3:    REAL | Rezeptwert 3 (Temperatur in °C von 0 ... 100) |
| RW4:    S5TIME | Rezeptwert 4 (Zeitwert ) |
| FEH:    BOOL | Eingabefehler |

```
        FC907
—— EN
—— DB_NR
—— RE_NR
—— RW1
—— RW2
—— RW3      FEH ——
—— RW4      ENO ——
```

**Funktion FC 908: Auslesen der Rezeptwerte**

Übergabeparameter:

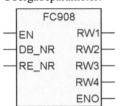

Beschreibung der Parameter:

| | | |
|---|---|---|
| DB_NR: | INT | Nummer des Datenbausteins der Rezeptwerte |
| RE_NR: | INT | Rezeptnummer |
| RW1: | INT | Rezeptwert 1 (Menge Q1 in %) |
| RW2: | INT | Rezeptwert 2 (Menge Q2 in %) |
| RW3: | REAL | Rezeptwert 3 (Temperatur in °C von 0 ... 100) |
| RW4: | S5TIME | Rezeptwert 4 (Zeitwert) |

Zum Test der Funktionen werden die Codebausteine aufgerufen und den Eingängen bzw. Ausgängen Merker-Variablen zugewiesen. Mit „Variablen beobachten/steuern" kann dann die richtige Arbeitsweise der beiden Funktionen überprüft werden.

Das Bild zeigt eine mögliche Anordnung der SPS-Operanden im S7-PLC-SIM-Programm.

Eine weitere Kontrolle der richtigen Arbeitsweise der Funktion FC 10 besteht in der Beobachtung des Datenbausteins DB10.

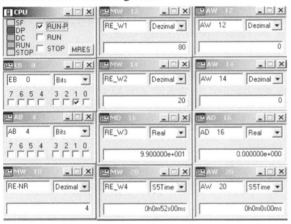

**Zuordnungstabelle der Eingänge, Merker und Ausgänge:**

| Eingangsvariable | Symbol | Datentyp | Logische Zuordnung | Adresse |
|---|---|---|---|---|
| Einschreiben | S1 | BOOL | Betätigt (positive Flanke) S1 = 1 | E 0.1 |
| Auslesen | S2 | BOOL | Betätigt (positive Flanke) S2 = 1 | E 0.2 |
| Merkervariable | | | | |
| Datenbausteinnummer | DBNR | INT | Vorgabe: 10 (DB10) | 10 |
| Rezeptnummer | RENR | INT | Ganzzahl (0 ... 16) | MW 10 |
| Rezeptwert 1 | REW1 | INT | Ganzzahl (0 ... 100) | MW 12 |
| Rezeptwert 2 | REW2 | INT | Ganzzahl (0 ... 100) | MW 14 |
| Rezeptwert 3 | REW3 | REAL | Gleitpunktzahl (0.0 ... 100.0) | MD 16 |
| Rezeptwert 4 | REW4 | S5TIME | Zeitwert | MW 20 |
| Ausgangsvariable | | | | |
| Einschreibfehler | FEH | BOOL | Eingabefehler FEH = 1 | A 4.0 |
| Rezeptwert 1 | QREW1 | INT | Ganzzahl (0 ... 100) | AW 12 |
| Rezeptwert 2 | QREW2 | INT | Ganzzahl (0 ... 100) | AW 14 |
| Rezeptwert 3 | QREW2 | REAL | Gleitpunktzahl (0.0 ... 100.0) | AD 16 |
| Rezeptwert 4 | QREW2 | S5TIME | Zeitwert | AW20 |

**Funktion FC 907 „Einschreiben"**

Beim einmaligen Aufruf der Funktion werden die vier Rezeptwerte in den Datenbaustein DB 10 geschrieben. Der INTEGER-Wert RE_NR gibt dabei die Rezeptnummer vor. Die Berechnung der Adresse in Abhängigkeit von der Rezeptnummer RE_NR und die Zuweisung der Rezeptwerte in die Datenbausteinwörter bzw. das Datenbausteindoppelwort zeigen die folgenden Anweisungen:

```
L   DB_NR
T   DBNRW
AUF DB [#DBNRW]
L   RE_NR
L   10
*I
SLW 3
LAR1
L   RW1
T   DBW [AR1,P#0.0]
L   RW2
T   DBW [AR1,P#2.0]
L   RW3
T   DBD [AR1,P#4.0]
L   RW4
T   DBW [AR1,P#8.0]
```

Die vier Rezeptwerte bestehen aus den Datenformaten (Q1) INT, (Q2) INT, (Temp) REAL und (Zeit) S5TIME. Das ergibt eine Länge von 10 Byte pro Rezept im Datenbaustein DB10. Die Rezeptnummer RE_NR muss somit mit 10 multipliziert werden, um den Zeiger auf den Beginn des Bereichs zu stellen, in dem die Rezeptur abgelegt ist. Da es sich um eine Byte-Adresse des Zeigers handelt, wird der mit 10 multiplizierte Wert um drei Stellen nach links verschoben und dann dem Adressregister AR1 zugewiesen.

Der zweite Rezeptwert (Q2) wird über den Versatz von 2 Byte, der dritte Rezeptwert über den Versatz von 4 Byte und der vierte Rezeptwert über den Versatz von 8 Byte in die entsprechende Datenwörter bzw. das Datendoppelwort eingelesen.

Bevor die Adressrechnung und das Einschreiben durchgeführt werden, ist eine Überprüfung der Eingabewerte hinsichtlich der vorgegebenen Grenzen und der Plausibilität (Vorgabe Q1 plus Vorgabe Q2 <= 100 %) durchzuführen. Im Fehlerfall werden die Werte nicht übernommen und dem Ausgang FEH ein 1-Signal zugewiesen.

Struktogramm Funktion FC 907:

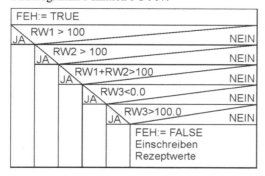

Das Einschreiben der Rezeptwerte erfolgt nach der oben angegebenen Adressrechnung und ist im Struktogramm nicht explizit angegeben.

**Funktion FC 908 „Auslesen"**

Beim einmaligen Aufruf der Funktion werden die vier Rezeptwerte aus dem Datenbaustein DB 10 ausgelesen. Der INTEGER-Wert RE_NR gibt dabei die Rezeptnummer vor. Die Berechnung der Adresse in Abhängigkeit von der Rezeptnummer RE_NR und das Laden der Rezeptwerte entspricht den Anweisungen in der Funktion FC 908. Lediglich die Lade- und Transferanweisungen sind vertauscht.

**STEP 7 Programm (AWL-Quelle):**

```
FUNCTION FC907 : VOID                    FUNCTION FC908 : VOID

VAR_INPUT                                VAR_INPUT
 DB_NR : INT ;                            DB_NR : INT ;
 RE_NR : INT ;                            RE_NR : INT ;
 RW1 : INT ;                             END_VAR
 RW2 : INT ;
 RW3 : REAL ;                            VAR_OUTPUT
 RW4 : S5TIME ;                           RW1 : INT ;
END_VAR                                   RW2 : INT ;
                                          RW3 : REAL ;
VAR_OUTPUT                                RW4 : S5TIME ;
 FEH : BOOL ;                            END_VAR
END_VAR
                                         VAR_TEMP
VAR_TEMP                                  DBNRW : WORD ;
 DBNRW : WORD ;                          END_VAR
END_VAR
                                         BEGIN
BEGIN
                                         L   #DB_NR;
SET;                 CLR   ;             T   #DBNRW;
=   #FEH;            =     #FEH;
                                         AUF DB [#DBNRW];
L   #RW1;           L   #DB_NR;
L   100;            T   #DBNRW;          L   #RE_NR;
>I ;                                     L   10;
BEB;                AUF DB [#DBNRW];     *I ;
                                         SLW 3;
L   #RW2;           L   #RE_NR;          LAR1 ;
L   100;            L   10;
>I ;               *I ;                  L   DBW [AR1,P#0.0];
BEB;                SLW 3;               T   #RW1;
                    LAR1;
L   #RW1;                                L   DBW [AR1,P#2.0];
L   #RW2;           L   #RW1;            T   #RW2;
+I ;               T   DBW [AR1,P#0.0];
L   100;                                 L   DBD [AR1,P#4.0];
>I ;               L   #RW2;             T   #RW3;
BEB;                T   DBW [AR1,P#2.0];
                                         L   DBW [AR1,P#8.0];
L   #RW3;           L   #RW3;            T   #RW4;
L   0.000000e+000; T   DBD [AR1,P#4.0];
<R ;                                     END_FUNCTION
BEB ;              L   #RW4;
                    T   DBW [AR1,P#8.0];
L   #RW3;
L   1.000000e+002; END_FUNCTION
>R ;
BEB ;
```

# 10 Programmiersprache Strukturierter Text ST (SCL)

In der DIN EN 61131-3 ist die Programmiersprache Strukturierter Text ST neben der Anweisungsliste AWL als zweite Textsprache für SPSen definiert. Bei STEP 7 wird die entsprechende Programmiersprache SCL (Structured Control Language) genannt. ST (SCL) ist optimiert für die Programmierung von Speicherprogrammierbaren Steuerungen und enthält sowohl Sprachelemente aus der Programmiersprache PASCAL als auch typische SPS-Elemente, wie z. B. Ein-/Ausgänge, Zeiten und Zähler.

Die Programmiersprache ST (SCL) ist besonders für folgende Aufgaben geeignet:

- Programmierung komplexer Algorithmen für digitale Variablen
- Programmierung mathematischer Funktionen
- Daten- bzw. Rezepturverwaltung
- Prozessoptimierung

## 10.1 Bausteine in ST (SCL)

Die Programmiersprache ST (SCL) kann in allen von der DIN EN 61131-3 definierten Programmorganisationseinheiten verwendet werden. Der Aufbau der Programmorganisationseinheiten besteht aus den Bereichen: Bausteinanfang, Deklarationsteil, Anweisungsteil und Bausteinende.

### 10.1.1 Bausteinanfang und Bausteinende

Der Quelltext für einen einzelnen Baustein wird abhängig von der Bausteinart mit einem Standardbezeichner für den Anfang des Bausteins und der Bausteinbezeichnung eingeleitet. Abgeschlossen wird er bei STEP 7 mit einem Standardbezeichner für das Ende des Bausteins.

Die Syntax für die verschiedenen Bausteinarten zeigt folgende Tabelle:

| Bausteinart | Name | Syntax in STEP 7 | Syntax in CoDeSys |
|---|---|---|---|
| Programm | PRG | | `PROGRAM xxxx` |
| Organisationsbaustein | OB | `ORGANIZATION_BLOCK OBxx`<br>`...`<br>`END_ORGANIZATION_BLOCK` | |
| Funktion | FC | `FUNCTION FCxx : TYP`<br>`...`<br>`END_FUNCTION` | `FUNCTION FCxx : TYP` |
| Funktionsbaustein | FB | `FUNCTION_BLOCK FBxx`<br>`...`<br>`END_FUNCTION_Block` | `FUNCTION_BLOCK FBxx` |
| Datenbaustein | DB | `DATA_BLOCK DBxx`<br>`...`<br>`END_DATA_Block` | |
| UDT-Baustein (Datenstruktur) | UDT | `TYPE UDTxx`<br>`...`<br>`END_TYPE` | |

## 10.1.2 Deklarationsteil

Der Deklarationsteil dient zur Vereinbarung der lokalen Variablen, Eingangs-, Ausgangs- bzw. Durchgangs-Parameter und Konstanten. Darüber hinaus bieten die beiden Programmiersysteme STEP 7 und CoDeSys noch weitere spezifische Daten zur Deklaration an.

Der Deklarationsteil gliedert sich in unterschiedliche Vereinbarungsblöcke, die jeweils durch ein eigenes Schlüsselwortpaar gekennzeichnet sind. Jeder Block enthält eine Deklarationsliste für gleichartige Daten. Die Reihenfolge dieser Blöcke ist beliebig.

Die nachfolgende Tabelle zeigt die möglichen Vereinbarungsblöcke in einem Funktionsbaustein an Beispielen:

| Daten | Syntax in STEP 7 | Syntax in CoDeSys |
|---|---|---|
| Eingangsparameter (Eingangsvariable) | `VAR_INPUT`<br>`  IN1:BOOL:=FALSE;`<br>`END_VAR` | `VAR_INPUT`<br>`  IN1:BOOL:=FALSE;`<br>`END_VAR` |
| Ausgangsparameter (Ausgangsvariable) | `VAR_OUTPUT`<br>`  OUT1:BOOL:=TRUE;`<br>`END_VAR` | `VAR_OUTPUT`<br>`  OUT1:BOOL:=TRUE;`<br>`END_VAR` |
| Durchgangsparameter (Durchgangsvariable) | `VAR_IN_OUT`<br>`  INOUT1:INT:=123;`<br>`END_VAR` | `VAR_IN_OUT`<br>`  INOUT1:INT;`<br>`END_VAR` |
| Statische Variable | `VAR`<br>`  VAR1:REAL:=0.1;`<br>`END_VAR` | `VAR`<br>`  VAR1:REAL:=0.1;`<br>`END_VAR` |
| Konstanten | `CONST`<br>`  Wert:=16#FFFF;`<br>`END_CONST` | `VAR CONSTANT`<br>`  Wert:WORD:=16#FFFF`<br>`END_VAR` |
| Temporäre Variable | `VAR_TEMP`<br>`  VAR2:REAL;`<br>`END_VAR` | |
| Remanente Variable | | `VAR RETAIN`<br>`  VAR3:INT:=123;`<br>`END_VAR` |
| Sprungmarken | `LABEL`<br>`Marke1, Marke2;`<br>`END_LABEL` | |

*Hinweis:* Die Initialisierung der Werte ist nur in Funktionsbausteinen und bei STEP 7 in Datenbausteinen möglich. In Funktionen oder Programmen können den Variablen keine Anfangswerte zugewiesen werden.

## 10.1.3 Anweisungsteil

Der Anweisungsteil beinhaltet Anweisungen, die nach dem Aufruf eines Codebausteins zur Ausführung kommen sollen. Eine Anweisung ist dabei die kleinste selbstständige Einheit des Anwenderprogramms. Sie stellt eine Arbeitsvorschrift für den Prozessor dar. ST (SCL) kennt folgende Arten von Anweisungen:

**Wertzuweisungen,**

die dazu dienen, einer Variablen einen Wert, das Ergebnis eines Ausdrucks oder den Wert einer anderen Variablen zuzuweisen.

**Kontrollanweisungen,**
die dazu dienen, Anweisungen oder Gruppen von Anweisungen zu wiederholen oder innerhalb eines Programms zu verzweigen.

**Unterprogrammbearbeitungen,**
die zum Aufrufen von Funktionen und Funktionsbausteinen dienen.

Regeln für den Anweisungsteil:

| Regel | STEP 7 | CoDeSys |
|---|---|---|
| Jede Anweisung endet mit einem Semikolon. | x | x |
| Alle verwendeten Bezeichner müssen vorher vereinbart sein. | x | x |
| Der Anweisungsteil wird mit dem Schlüsselwort BEGIN eingeleitet. | x | - |
| Der Anweisungsteil endet mit dem Schlüsselwort für das Bausteinende. | x | - |
| Vor jeder Anweisung können optional Sprungmarken stehen. | x | - |

# 10.2 Ausdrücke, Operanden und Operatoren

## 10.2.1 Übersicht

Ein *Ausdruck* ist ein Konstrukt, das bei Auswertung einen Wert liefert, der zur Laufzeit des Programms berechnet wird. Ausdrücke bestehen aus Operanden (z. B. Konstanten, Variablen oder Funktionsaufrufe) und Operatoren (z. B. *, /, + oder –). Der Datentyp des Operanden und der verwendete Operator bestimmen den Typ des Ausdrucks. ST (SCL) unterscheidet arithmetische Ausdrücke, Vergleichs-Ausdrücke und logische Ausdrücke

Die Auswertung eines Ausdrucks erfolgt durch Anwenden der Operatoren auf die Operanden in bestimmter Reihenfolge. Diese ist festgelegt durch die Priorität der beteiligten Operatoren, der links-rechts Reihenfolge oder durch die vorgenommene Klammerung.

Das Ergebnis eines Ausdrucks kann einer Variablen zugewiesen werden, als Bedingung für eine Abfrage oder als Parameter für den Aufruf einer Funktion oder eines Funktionsbausteines verwendet werden.

## 10.2.2 Operatoren

Die meisten Operatoren verknüpfen zwei Operanden und werden deshalb als *binär* bezeichnet. Andere Operatoren arbeiten mit nur einem Operanden, daher bezeichnet man sie als *unär*. Binäre Operatoren werden zwischen die Operanden geschrieben (z. B. A + B). Eine unäre Operation steht immer unmittelbar vor seinem Operand (z. B. –B).

Wenn ein Ausdruck mehrere Operationen enthält, muss der linke Operand zuerst ausgewertet werden. Zum Beispiel muss im Ausdruck SIN(X) * TAN(Y) die Operation SIN(X) zuerst ausgewertet werden, gefolgt von TAN(Y) und danach wird die Multiplikation ausgeführt. Die folgenden Bedingungen bei der Ausführung von Operatoren führen zu Fehlern:

- Division durch null
- Operanden haben nicht den für die Operation erforderlichen Datentyp.
- Das Ergebnis überschreitet den Wertebereich des Datentyps.

Zusammenstellung der Operatoren der Sprache ST (SCL):

| Klasse | Operation | Symbol | Rang | Hinweis |
|---|---|---|---|---|
| Zuweisungsoperation | Zuweisung | := | 11 | |
| Arithmetische Operationen | Potenz | ** | 2 | |
| | unäres Plus | + | 3 | |
| | unäres Minus | - | 3 | |
| | Multiplikation | * | 4 | |
| | Division | / | 4 | |
| | Modulo-Funktion | MOD | 4 | |
| | ganzzahlige Division | DIV | 4 | |
| | Addition | + | 5 | |
| | Subtraktion | - | 5 | |
| Vergleichsoperationen | Kleiner | < | 6 | |
| | Größer | > | 6 | |
| | Kleiner gleich | <= | 6 | |
| | Größer gleich | >= | 6 | |
| | Gleichheit | = | 7 | |
| | Ungleichheit | <> | 7 | |
| Logische Operationen | Negation | NOT | 3 | |
| | UND | AND od. & | 8 | |
| | ODER | OR | 10 | |
| | EXCLUSIV-ODER | XOR | 9 | |
| Klammerungszeichen | Klammer auf/zu | ( ) | 1 | |
| Funktionsbearbeitung (Auswahl) | Exponent e hoch N | EXP | | |
| | Exponent 10 hoch N | EXPD | | Bei STEP 7 |
| | Exponent M hoch N | EXPT | | Bei CoDeSys |
| | Natürlicher Logarithmus | LN | | |
| | Dekad. Logarithmus | LOG | | |
| | Betrag | ABS | | |
| | Quadrat | SQR | | Bei STEP 7 |
| | Quadratwurzel | SQRT | | |
| | Arcus-Cosinus | ACOS | | |
| | Arcus-Sinus | ASIN | | |
| | Arcus-Tangens | ATAN | | |
| | Cosinus | COS | | |
| | Sinus | SIN | | |
| | Tangens | TAN | | |

*Hinweis:* In den Kapiteln 4, 5 und 7 ist die Syntax der Operationen in ST (SCL) bei der allgemeinen Darstellung der Operatoren in der Programmiersprache STEP 7 und CoDeSys bereits beschrieben.

## 10.2.3  Operanden

Ein Operand kann eine Konstante, eine Variable, ein Funktionsaufruf oder ein Ausdruck sein. Die Operandenkennzeichen sind in Kapitel 2 beschrieben und gelten für ST (SCL) gleichermaßen.

### 10.2.4  Ausdrücke

Man unterscheidet arithmetische Ausdrücke, logische Ausdrücke und Vergleichsausdrücke. Das Ergebnis eines logischen Ausdrucks und eines Vergleichsausdrucks ist ein boolescher Wert.

Die Verarbeitung von Ausdrücken erfolgt nach den folgenden Regeln:

- Ein Operand zwischen zwei Operationen von unterschiedlicher Priorität ist immer an die höherrangige gebunden.
- Die Operationen werden entsprechend der hierarchischen Rangfolge bearbeitet.
- Operationen gleicher Priorität werden von links nach rechts bearbeitet.
- Das Voranstellen eines Minuszeichens vor einen Bezeichner ist gleichbedeutend mit der Multiplikation mit –1.
- Arithmetische Operationen dürfen nicht direkt aufeinander folgen. Deshalb ist der Ausdruck a * –b ungültig, aber a*(–b) erlaubt.
- Das Setzen von Klammerpaaren kann den Operationenvorrang außer Kraft setzen, d. h., die Klammerung hat die höchste Priorität.
- Ausdrücke in Klammern werden als einzelner Operand betrachtet und immer als Erstes ausgewertet.
- Die Anzahl von linken Klammern muss mit der von rechten Klammern übereinstimmen.
- Arithmetische Operationen können nicht in Verbindung mit Zeichen oder logischen Daten angewendet werden. Deshalb sind Ausdrücke wie 'A' + 'B' und (n <= 0) + (m > 0) falsch.

## 10.3  Anweisungen

Anweisungen müssen durch ein Semikolon abgeschlossen werden. Die maximal erlaubte Länge von Anweisungen ist ein implementierungsabhängiger Parameter. Man unterscheidet drei Arten von Anweisungen: Wertzuweisungen, Kontrollanweisungen und Bausteinaufrufe.

### 10.3.1  Wertzuweisungen

Wertzuweisungen ersetzen den momentanen Wert einer Variablen mit einem neuen Wert, der über einen Ausdruck angegeben wird. Dieser Ausdruck kann auch Bezeichner von Funktionen enthalten, die dadurch aktiviert werden und entsprechende Werte zurückliefern.

Beispiele:

Wertzuweisung einer Konstanten zu einer Variablen

```
SCHALTER_1  := -15 ;
SOLLWERT_1  := 40.5 ;
 ABFRAGE_1  := TRUE ;
ZEIT_1      := T#1H_20M_10S_30MS ;
ZEIT_2      := T#2D_1H_20M_10S_30MS ;
   DATUM_1  := D#1996-01-10 ;
```

Wertzuweisung einer Variablen zu einer Variable

```
SOLLWERT_1  := SOLLWERT_2 ;
SCHALTER_2  := SCHALTER_1 ;
```

Wertzuweisung eines Ausdrucks zu einer Variablen

```
SCHALTER_2  := SCHALTER_1 * 3 ;
```

Wertzuweisungen von Feldkomponenten

```
Feldname_1[ n ] := Feldname_2[ m ] ;
Feldname_1[ n ] := Ausdruck ;
  Bezeichner_1 := Feldname_1[ n ] ;
    Feldname_1 := Feldname_2 ;
```

Wertzuweisungen mit Variablen vom Typ STRING

```
    Meldung_1 := 'Fehler in Modul 3' ;
    Meldung_2 := STRUKTUR1.MELDUNG_3 ;
```

Wertzuweisungen mit Variablen vom Typ DATE_AND_TIME

```
        ZEIT_1 := DATE_AND_TIME#1995-01-01-12:12:12.2 ;
STRUKTUR1.ZEIT_3 := DT#1995-02-02-11:11:11 ;
        ZEIT_1 := STRUKTUR1.ZEIT_2 ;
```

Der Zugriff auf SPS-Operanden wie Eingänge, Ausgänge, Merkern sowie bei STEP 7 Datenbausteine und UDTs unterscheidet sich bei den beiden Programmiersystemen. Bei CoDeSys können die Variablennamen durch die absolute SPS-Adresse ersetzt werden. Bei STEP 7 gibt es die Möglichkeiten eines absoluten, indizierten und symbolischen Zugriffs.

Beispiele für Wertzuweisungen mit SPS-Operanden bei STEP 7:

Absoluter Zugriff:
```
STATUSWORT1 := EW4 ;
      A1.1 := TRUE ;
     Wert1 := DB11.DW1 ;
  Wert1_1[1] := DB11.ZAHL ;
```

Indizierter Zugriff:
```
STATUSWORT3 := EB[ADRESSE] ;
A[1.ByteNR]:= Wert2;
```

Symbolischer Zugriff:
```
    Messwert_1:= Sens_1 ;//In der Symboltabelle ist die absolute
                         //Adresse E 1.7 für Sens_1 festgelegt.
```

### 10.3.2 Kontrollanweisungen

Mit Kontrollanweisungen wird der Programmfluss in Abhängigkeit von Bedingungen beeinflusst, um in verschiedene Anweisungsfolgen zu verzweigen. Man unterscheidet Auswahlanweisungen, Wiederholungsanweisungen (Schleifenbearbeitung) und Programmsprünge.

### 10.3.2.1 Übersicht

**Auswahlanweisungen:** Eine Auswahlanweisung wählt aufgrund einer Bedingung oder mehrerer Bedingungen Anweisungen zur Bearbeitung aus. Damit ergibt sich die Möglichkeit, den Programmfluss in verschiedene Anweisungsfolgen zu verzweigen.

| Kontrollanweisung | Funktion |
|---|---|
| IF-Anweisung | Mit der IF-Anweisung kann der Programmfluss in Abhängigkeit von einer Bedingung, die entweder TRUE oder FALSE ist, in eine von zwei Alternativen verzweigen. |
| CASE-Anweisung | Mit einer CASE-Anweisung kann der Programmfluss im Sinne einer 1:n-Verzweigung gesteuert werden, indem eine Variable einen Wert aus n möglichen annimmt. |

**Wiederholungsanweisungen:** Wiederholungsanweisungen legen fest, dass eine Gruppe von zugehörigen Anweisungen wiederholt ausgeführt werden muss.

| Kontrollanweisung | Funktion |
|---|---|
| FOR-Anweisung | Die FOR-Anweisung dient zur Wiederholung einer Anweisungsgruppe, solange die Laufvariable innerhalb des angegebenen Wertebereichs liegt. |
| WHILE-Anweisung | Die WHILE-Anweisung dient zur Wiederholung einer Anweisungsgruppe, solange eine Durchführungsbedingung erfüllt ist. |
| REPEAT-Anweisung | Die REPEAT-Anweisung dient zur Wiederholung einer Anweisungsgruppe, bis eine Abbruchbedingung erfüllt ist. |

**Programmsprünge:** Ein Programmsprung bewirkt das sofortige Verlassen der Programmschleife, das sofortige Verlassen des Bausteins oder nur bei STEP 7 den sofortigen Sprung zu einem angegebenen Sprungziel und damit zu einer anderen Anweisung innerhalb desselben Bausteins.

| Kontrollanweisung | Funktion |
|---|---|
| EXIT-Anweisung | Die EXIT-Anweisung dient zum Verlassen einer FOR-, WHILE-, oder REPEAT-Schleife, bevor deren Ende-Bedingung erfüllt ist. |
| RETURN-Anweisung | Die RETURN-Anweisung bewirkt das Verlassen des aktuell bearbeiteten Bausteins. |
| Nur in STEP 7 | |
| CONTINUE-Anweisung | Die CONTINUE-Anweisung kann die momentane Bearbeitung des Schleifenrumpfes einer FOR-, WHILE- oder REPEAT-Schleife umgehen, ohne die Schleifendurchläufe zu beeinflussen. |
| GOTO-Anweisung | Mit einer GOTO-Anweisung kann ein Programmsprung realisiert werden. Die Anweisung bewirkt den sofortigen Sprung zu einer angegebenen Sprungmarke und damit zu einer anderen Anweisung innerhalb desselben Bausteins. |

### 10.3.2.2 IF-Anweisung

Die IF-Anweisung ist eine bedingte Anweisung. Sie bietet eine oder mehrere Optionen und wählt eine (gegebenenfalls auch keine) ihrer Anweisungsteile zur Ausführung an. Die Ausführung der bedingten Anweisung bewirkt die Auswertung der angegebenen logischen Ausdrücke. Ist der Wert eines Ausdrucks TRUE, so gilt die Bedingung als erfüllt, bei FALSE als nicht erfüllt.

Die IF-Anweisung wird nach den folgenden Regeln bearbeitet:

- Die erste Anweisungsfolge, deren logischer Ausdruck = TRUE ist, kommt zur Ausführung. Die restlichen Anweisungsfolgen kommen nicht zur Ausführung.
- Falls kein boolescher Ausdruck = TRUE ist, wird die Anweisungsfolge bei ELSE ausgeführt (oder keine Anweisungsfolge, falls der ELSE-Zweig nicht vorhanden ist).
- Es dürfen beliebig viele ELSIF-Anweisungen vorhanden sein.

**Beispiel:**

Anweisungen                              Zugehöriges Struktogramm

```
IF S1 THEN
    OUT1 := 10 ;
ELSIF S2 THEN
    OUT1 := 20 ;
ELSE
    OUT1 := 30 ;
END_IF ;
```

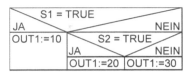

### 10.3.2.3 CASE-Anweisung

Die CASE-Anweisung dient der Auswahl unter 1–n alternativen Programmteilen. Diese Auswahl beruht auf dem laufenden Wert eines Auswahl-Ausdrucks.

Die CASE-Anweisung wird nach folgenden Regeln bearbeitet:

- Der Auswahl-Ausdruck muss einen Wert vom Typ INTEGER liefern.
- Bei der Abarbeitung der CASE-Anweisung wird überprüft, ob der Wert des Auswahl-Ausdrucks in einer angegebenen Werteliste enthalten ist. Bei Übereinstimmung wird der der Liste zugeordnete Anweisungsteil ausgeführt.
- Ergibt der Vergleichsvorgang keine Übereinstimmung, so wird der Anweisungsteil nach ELSE ausgeführt oder keine Anweisung, falls der ELSE-Zweig nicht vorhanden ist.

**Beispiel:**

Anweisungen                                     Zugehöriges Struktogramm

```
CASE A_W OF
    0: OUT1:=0;
    1: OUT1:=1;
    2..5:  OUT1:=2;
    6,8,10:OUT1:=3;
ELSE:
        OUT1:=10;
END_CASE;
```

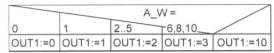

### 10.3.2.4 FOR-Anweisung

Eine FOR-Anweisung dient zur Wiederholung einer Anweisungsfolge, solange eine Laufvariable innerhalb des angegebenen Wertebereichs liegt. Die Laufvariable muss der Bezeichner einer lokalen Variablen vom Typ INT oder DINT sein. Die Definition einer Schleife mit FOR schließt die Festlegung eines Start- und eines Endwertes mit ein. Beide Werte müssen typgleich mit der Laufvariablen sein.

Beim Start der Schleife wird die Laufvariable auf den Startwert (Anfangszuweisung) gesetzt und nach jedem Schleifendurchlauf um die angegebene Schrittweite erhöht (positive Schrittweite) oder erniedrigt (negative Schrittweite), solange bis der Endwert erreicht ist. Nach jedem Durchlauf wird überprüft, ob die Bedingung (Variable liegt innerhalb des Wertebereichs) erfüllt ist. Bei JA wird die Anweisungsfolge ausgeführt, andernfalls wird die Schleife und damit die Anweisungsfolge übersprungen.

Folgende Regeln sind bei der Formulierung von FOR-Anweisungen zu beachten:

- Die Laufvariable darf nur vom Datentyp INT oder DINT sein.
- Die Schrittweite muss nicht angegeben werden. Ist keine angegeben, beträgt sie +1.

**Beispiel:**

Anweisungen                              Zugehöriges Struktogramm

```
INDEX:=0;
OUT1:=0;
FOR INDEX:= ANFW TO ENDW BY 1 DO
  OUT1:=OUT1 + INDEX;
END_FOR;
```

| INDEX:=OUT1:=0 |
|---|
| FOR INDEX:=ANFW TO ENDW BY 1 DO |
| OUT1:=QUT1 + INDEX |

### 10.3.2.5 WHILE-Anweisung

Die WHILE-Anweisung erlaubt die wiederholte Ausführung einer Anweisungsfolge unter der Kontrolle einer Durchführungsbedingung. Die Durchführungsbedingung wird nach den Regeln eines logischen Ausdrucks gebildet.

Die WHILE-Anweisung wird nach folgenden Regeln bearbeitet:
- Vor jeder Ausführung des Anweisungsteils wird die Durchführungsbedingung ausgewertet (abweisende Schleife oder kopfgesteuerte Schleife).
- Der auf DO folgende Anweisungsteil wird solange wiederholt bearbeitet, wie die Durchführungsbedingung den Wert TRUE liefert.
- Tritt der Wert FALSE auf, wird die Schleife übersprungen und die der Schleife folgende Anweisung ausgeführt.

**Beispiel:**

Anweisungen                              Zugehöriges Struktogramm

```
INDEX:=0;
OUT1:=0;
WHILE INDEX < ENDW DO
  INDEX:=INDEX + 1;
  OUT1:=OUT1+INDEX;
END_WHILE;
```

| INDEX:=OUT1:=0 |
|---|
| Solange INDEX < ENDW |
| INDEX:=INDEX + 1<br>OUT1:= OUT1 + INDEX |

### 10.3.2.6 REPEAT-Anweisung

Eine REPEAT-Anweisung bewirkt die wiederholte Ausführung einer zwischen REPEAT und UNTIL stehenden Anweisungsfolge bis zum Eintreten einer Abbruchbedingung. Die Abbruchbedingung wird nach den Regeln eines logischen Ausdrucks gebildet. Die Bedingung wird jeweils nach der Ausführung des Rumpfes überprüft. Dies bedeutet, dass der Rumpf mindestens einmal ausgeführt wird, auch wenn die Abbruchbedingung von Anfang an erfüllt ist.

**Beispiel:**

Anweisungen                              Zugehöriges Struktogramm

```
OUT1:=0;
INDEX:=0;
REPEAT
  INDEX:=INDEX + 1;
  OUT1:=OUT1 + INDEX;
 UNTIL INDEX >= ENDW
END_REPEAT;
```

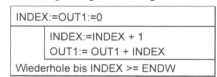

| INDEX:=OUT1:=0 |
|---|
| INDEX:=INDEX + 1<br>OUT1:= OUT1 + INDEX |
| Wiederhole bis INDEX >= ENDW |

### 10.3.2.7 EXIT-Anweisung

Eine EXIT-Anweisung dient zum Verlassen einer Schleife (FOR, WHILE oder REPEAT) an
beliebiger Stelle und unabhängig davon, ob die Abbruchbedingung erfüllt ist. Die Anweisung
ist im Struktogramm nicht darstellbar.

Die EXIT-Anweisung wird nach folgenden Regeln bearbeitet:
- Diese Anweisung bewirkt das sofortige Verlassen derjenigen Wiederholungsanweisung,
  die die EXIT-Anweisung unmittelbar umgibt.
- Die Ausführung des Programms wird nach dem Ende der Wiederholungsschleife (z. B.
  nach END_REPEAT) fortgesetzt.

**Beispiel:**

Anweisungen                                      Programmablaufplan

```
OUT1:=0;
INDEX:=0;
REPEAT
  OUT1:=OUT1+INDEX;
  IF OUT1 > ABRW THEN
    EXIT;
  END_IF;
  INDEX:=INDEX+1;
 UNTIL INDEX > ENDW
END_REPEAT;
```

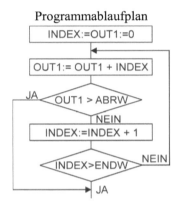

### 10.3.2.8 RETURN-Anweisung

Eine RETURN-Anweisung bewirkt das Verlassen des aktuell bearbeiteten Bausteins und die
Rückkehr zum aufrufenden Baustein bzw. zum Betriebssystem.

**Beispiel:**

Anweisungen                                          Struktogramm

```
IF WERT > 100 THEN
  RETURN
ELSE
  ... //Weitere Anweisungen
```

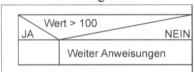

### 10.3.2.9 CONTINUE-Anweisung

Eine CONTINUE-Anweisung dient zum Abbruch der Ausführung des momentanen Schlei-
fendurchlaufes einer Wiederholungsanweisung (FOR, WHILE oder REPEAT). Die Anweisung ist nur bei STEP 7 SCL vorhanden und mit einem Struktogramm nicht darstellbar.

Die CONTINUE-Anweisung wird nach folgenden Regeln bearbeitet:
- Diese Anweisung bewirkt die sofortige Umgehung des Schleifenrumpfes, ohne die Schleifenbearbeitung zu unterbrechen.
- Abhängig davon, ob die Bedingung für die Wiederholung der Schleife erfüllt ist oder nicht,
  wird der Schleifenrumpf weiterhin bearbeitet oder die Schleife verlassen.

- In einer FOR-Anweisung wird direkt nach einer CONTINUE-Anweisung die Laufvariable um die angegebene Schrittweite erhöht.

**Beispiel:**

Anweisungen                                        Programmablaufplan

```
OUT1:=0;
INDEX:=0;
REPEAT
  INDEX:=INDEX+1;
   IF OUT1 >= OGR THEN
     CONTINUE;
   END_IF;
   OUT1:=OUT1+10;
UNTIL INDEX > ENDW-1
END_REPEAT;
```

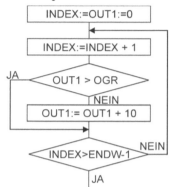

### 10.3.2.10  GOTO-Anweisung

Mit einer GOTO-Anweisung kann ein Programmsprung realisiert werden. Die Anweisung bewirkt den sofortigen Sprung zu einer angegebenen Sprungmarke und damit zu einer anderen Anweisung innerhalb desselben Bausteins.

Nach den Regeln der strukturierten Programmierung sollte die GOTO-Anweisung nicht verwendet werden. Die Anweisung ist nur bei STEP 7 SCL vorhanden und mit einem Struktogramm nicht darstellbar.

Bei der Verwendung der GOTO-Anweisung sind folgende Regeln zu beachten:
- Das Ziel einer Sprunganweisung muss innerhalb desselben Bausteins liegen.
- Das Sprungziel muss eindeutig sein.
- Einsprung in einen Schleifenblock ist nicht zulässig. Aussprung aus einem Schleifenblock ist möglich.

**Beispiel:**

Anweisungen                                        Programmablaufplan

```
..
IF Wert1 > Wert2 THEN
  GOTO MARKE1 ;
ELSIF Wert1 > Wert3 THEN
 GOTO MARKE2 ;
ELSE
 GOTO MARKE3 ;
END_IF ;

MARKE1: INDEX := 1 ;
        GOTO MARKE3 ;
MARKE2: INDEX := 2 ;
. . .
MARKE3: ..//Programmfortsetzung .
```

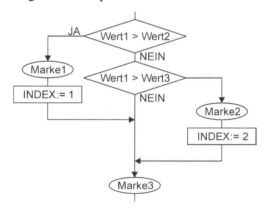

### 10.3.3 Steueranweisungen für Funktionen und Funktionsbausteine

Beim Aufruf von Funktionen oder Funktionsbausteinen findet ein Datenaustausch zwischen dem aufrufenden und dem aufgerufenen Baustein statt. In der Schnittstelle des aufgerufenen Bausteins sind Parameter definiert, mit denen der Baustein arbeitet. Diese Parameter werden als Formalparameter bezeichnet. Sie sind lediglich „Platzhalter" für die Parameter, die dem Baustein beim Aufruf übergeben werden. Die beim Aufruf übergebenen Parameter werden als Aktualparameter bezeichnet.

Die Parameter, die übergeben werden sollen, müssen im Aufruf als Parameterliste angegeben werden. Die Parameter werden in Klammern geschrieben. Mehrere Parameter werden durch Kommas getrennt.

#### 10.3.3.1 Aufruf von Funktionsbausteinen

Bei Funktionsbausteinaufruf hat die Beschaltung der Eingangs- und Durchgangsparameter die Form einer Wertzuweisung. Durch diese Wertzuweisung wird den Parametern, die im Vereinbarungsteil des aufgerufenen Bausteins definiert sind (Formalparametern), ein Wert (Aktualparameter) zugewiesen.

Die Ausgangsparameter können nach der Bearbeitung des aufgerufenen Bausteins aus der zugehörigen Instanz mit einer Wertzuweisung gelesen werden.

**Aufruf in STEP 7**

Beim Aufruf eines Funktionsbausteins können sowohl globale Instanz-Datenbausteine als auch lokale Instanzbereiche (Multiinstanzen) des aktuellen Instanz-Datenbausteins benutzt werden.

**Globale Instanz:** Der Aufruf erfolgt in einer Aufrufanweisung unter Angabe des Namens des Funktionsbausteins bzw. Systemfunktionsbausteins (FB oder SFB-Bezeichnung), des Instanz-Datenbausteins (DB-Bezeichnung) sowie der Parameterversorgung (FB-Parameter). Ein Aufruf einer globalen Instanz kann absolut oder symbolisch definiert sein.

**Beispiel:**
```
FB10.DB20(IN1:=10,IN2:=5,... );
REGLER.DATEN (IN1:=10,IN2:=5,... );
```

**Lokale Instanz:** Der Aufruf erfolgt in einer Aufrufanweisung unter Angabe des lokalen Instanznamens und der Parameterversorgung. Ein Aufruf einer lokalen Instanz ist immer symbolisch. Der symbolische Namen muss im Vereinbarungsteil des aufrufenden Bausteins vereinbart werden.

**Beispiel:**
```
REGDATEN (IN1:=10, IN2:=VAR2, ... );
```

**Ausgangswerte:** Nach dem Bausteindurchlauf des aufgerufenen FBs sind die übergebenen aktuellen Eingangsparameter unverändert und die übergebenen aber veränderten Werte der Durchgangsparameter aktualisiert. Nun können die Ausgangsparameter vom aufrufenden Baustein aus dem globalen Instanz-Datenbaustein oder dem lokalen Instanzbereich gelesen werden.

**Beispiel:**
```
ERGEBNIS:=DB10.STELLWERT;
ERGEBNIS:=DATEN.OUT1;
```

**Aufruf in CoDeSys**

Bei CoDeSys wird der Funktionsblock mit dem Namen der Instanz des Bausteins aufgerufen. Anschließend werden in Klammer die gewünschten Werte den Parametern zugewiesen. Die

Ergebnisvariable kann mit der Konstruktion Instanzname.Variablenname angesprochen werden.

**Beispiel:**     `FB10_INST1(IN1:=10, IN2:= VAR1, ... );`
                `ERGEBNIS:= FB10_INST1.OUT1;`

### 10.3.3.2 Aufruf von Funktionen

Eine Funktion ist ein Baustein, der als Ergebnis der Ausführung genau ein Wert (der auch ein Feld oder eine Struktur sein kann) zurückliefert und nach DIN EN 61131-3 noch beliebig viele zusätzliche Durchgangs- (VAR_IN_OUT) oder Ausgangselemente (VAR_OUTPUT) liefert.

**Aufruf in STEP 7**

Der Aufruf einer Funktion erfolgt unter Angabe des Funktionsnamens (FC.., SFC.. oder BEZEICHNER), sowie der Parameterliste, welche die Eingangs-, Durchgangs-, und Ausgangsparameter enthält. Der Funktionsname, der den Rückgabewert bezeichnet, kann absolut oder symbolisch angegeben werden.

**Beispiele:**

Aufruf ohne Rückgabewert:  `FC10 (LAE:=VAR1, BRE:= VAR2, FLA:= Ergebnis);`

Aufruf mit Rückgabewert:   `Ergebnis:= FC10 (LAE:=VAR1, BRE:= VAR2);`

**Aufruf in CoDeSys**

Bei CoDeSys können derzeit bei Funktionen keine Ausgangsparameter deklariert werden. Das Ergebnis der Funktion steht somit stets im Rückgabewert. In ST kann ein Funktionsaufruf als Operand in Ausdrücken verwendet werden.

**Beispiel:**            `Ergebnis: = FC10 (IN1: =10, 20, IN3: =VAR1);`

*Hinweis:* Statt FC10 können beliebige Bezeichnungen verwendet werden.

### 10.3.3.3 Aufruf von Zählern und Zeiten

Werden die Standard-Funktionsbausteine für Zähler CTU, CTD und CTUD sowie für Zeiten TP, TON und TOF verwendet, so gelten für deren Aufrufe die Regeln für den Aufruf von Funktionsbausteinen.

**Beispiel:** STEP 7:  `SFB2.DB22(CU:=S1, CD:=S2, R:= RESET, LOAD:=S3,PV:=20);`
                      `ZAEST: = DB22.CV;`

         CoDeSys: `ZAE(CU:=S1, CD:=S2, R:= RESET, LOAD:=S3,PV:=20);`
                      `ZAEST:= ZAE.CV;`

Werden bei STEP 7 die Standard- Zählfunktionen S_CU, S_CD und S_CDU sowie die Standard-Zeitfunktionen S_PULSE (SI), S_PEXT (SV), S_ODT (SE) S_ODTS (SS) und S_OFFDT (SA) verwendet, so gelten die im vorigen Abschnitt beschriebenen Regeln für den Aufruf von Funktionen. Die Standardfunktionen für Zeiten und Zähler können im S7-SCL-Programm ohne vorherige Deklaration verwenden werden. Sie müssen lediglich mit den erforderlichen Parametern versorgt werden.

**Beispiel:**

`BCD_Wert:= S_ODT(T_NO:=ZEIT, S:=S1, TV:= ZW,R:=S2, BI:=BinWert, Q:=P);`

Der Aufruf und die Parameter der Standard-Funktionsbausteine wie auch die Standard-Funktionen für Zähler und Zeiten sind im Kapitel 4 ausführlich beschrieben.

# 10.4 Beispiele

■ **Beispiel 10.1: Pegelschalter (FC1001_HYS)**

Abhängig von sich ständig ändernden Messwerten eines Sensors soll mit Hilfe einer Funktion FC 1001 ein Ausgang bei Überschreitung eines bestimmten vorgebbaren Schaltwertes ein- und bei Unterschreiten ausgeschaltet werden. Um ein mögliches Hin- und Herschalten (Flattern) am Schaltwert zu verhindern, wird an einem weiteren Funktionseingang eine Schalthysterese in % vom Schaltwert vorgegeben. Die Messwerte haben durch eine Umwandlungsfunktion das Datenformat REAL.

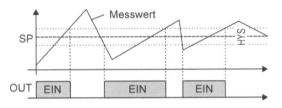
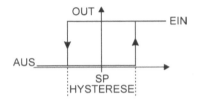

**Bild 10.1:** Schalthysterese

**Funktion FC 1001:**

Übergabeparameter:

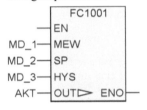

Beschreibung der Parameter:

MEW:    REAL  Messwert

SP:     REAL: Schaltpunkt

HYS:    REAL  Hysterese

OUT:    BOOL  Schaltausgang

**Zuordnungstabelle der Merker und Ausgänge:**

| Merkervariable | Symbol | Datentyp | Logische Zuordnung | Adresse |
|---|---|---|---|---|
| Messwert | MD_1 | REAL | Gleitpunktzahl | MD 10 |
| Schaltpunkt | MD_2 | REAL | Gleitpunktzahl | MD 20 |
| Hysterese | MD_3 | REAL | Gleitpunktzahl | MD 30 |
| Ausgangsvariable | | | | |
| Schaltaktor | AKT | BOOL | Aktor eingeschaltet         AKT = 1 | A  4.1 |

**Lösung**

Aus dem Prozentwert der Schalthysterese HYS und dem Schaltpunkt SP wird der obere und der untere Schaltpunkt berechnet. Durch Vergleichen des aktuellen Messwertes mit den Schaltpunkten wird der Signalzustand des Ausgangs OUT bestimmt. Liegt der Messwert weder oberhalb noch unterhalb des Abschaltpunktes, behält der Ausgang OUT seinen bisherigen Wert.

Struktogramm der Funktion FC 1001:

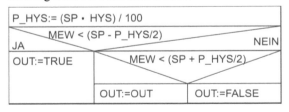

Zur Berechnung der Schaltpunkte wird die lokale Variable P_HYS eingeführt.

**STEP 7 Programm (SCL-Quelle):**

```
FUNCTION FC1001 : VOID
VAR_INPUT
 MEW:REAL;
 SP:REAL;
 HYS:REAL;
END_VAR
VAR_IN_OUT
  OUT:BOOL;
END_VAR
VAR_TEMP
 P_HYS:REAL;
END_VAR

 P_HYS:= SP*HYS/100;
 IF  MEW<(SP-P_HYS/2) THEN
   OUT:= TRUE;
 ELSIF
   MEW<(SP+P_HYS/2) THEN
     OUT:= OUT;
   ELSE
     OUT:= FALSE;
  END_IF;
END_FUNCTION
```

**CoDeSys Programm (ST):**

```
FUNCTION FC1001 :BOOL
VAR_INPUT
 MEW: REAL;
 SP: REAL;
 HYS: REAL;
END_VAR
VAR_IN_OUT
  OUT:BOOL;
END_VAR
VAR
 P_HYS: REAL;
END_VAR

 P_HYS:= SP*HYS/100;
 IF  MEW<(SP-P_HYS/2) THEN
   OUT:= TRUE;
 ELSIF
   MEW<(SP+P_HYS/2) THEN
     OUT:= OUT;
   ELSE
     OUT:= FALSE;
 END_IF
```

■ **Beispiel 10.2: Ultraschall-Überwachungssystem**

Ein Ultraschall-Überwachungssystem erkennt in einem dreidimensionalen Schutzfeld alle Personen und Gegenstände, die sich dem Gefahrenbereich nähern. Meldet der Ultraschallsensor eine Annäherung, gibt die Hupe P_HU ein akustisches Warnsignal. Dauert die Wahrnehmung der Person oder des Gegenstandes länger als 3 Sekunden, wird die Hupe P_HU ausgeschaltet und eine Alarmleuchte P_AL eingeschaltet. Mit dem Schalter E_A wird das Überwachungssystem eingeschaltet und der eingeschaltete Zustand mit P1 angezeigt. Zum Abschalten des Alarms muss das Überwachungssystem mit dem Schalter E_A ausgeschaltet werden.

**Technologieschema:**

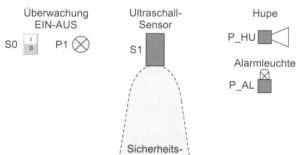

**Bild 10.2:**  Ultraschall-Überwachung

**Zuordnungstabelle der Eingänge und Ausgänge:**

| Eingangsvariable | Symbol | Datentyp | Logische Zuordnung | | Adresse |
|---|---|---|---|---|---|
| Überwachung EIN-AUS | S0 | BOOL | Betätigt | S0 = 1 | E 0.0 |
| Ultraschallsensor | S1 | BOOL | Meldung | S1 = 0 | E 0.1 |
| Ausgangsvariable | | | | | |
| Überwachung EIN-AUS | P1 | BOOL | Leuchtet | P1 = 1 | A 4.0 |
| Hupe | P_HU | BOOL | Warnsignal | P_HU = 1 | A 4.1 |
| Alarmleuchte | P_AL | BOOL | Leuchtet | P_AL = 1 | A 4.2 |

Struktogramm der Funktion FC 1002:

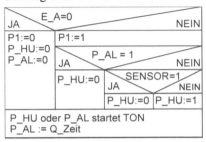

Mit der IF-Anweisung E_A = 0 wird abgefragt, ob die Überwachung ausgeschaltet ist.

Wenn JA, werden alle Ausgänge zurückgesetzt.

Wenn NEIN, folgen zwei IF-Anweisungen.

Am Programmende muss noch die Zeit von 3 s gestartet werden, damit bei anhaltender Meldung des Ultraschallsensors der Alarm eingeschaltet wird.

Die Realisierung der Zeit erfolgt bei STEP 7 SCL mit der Funktion S_ODT (SE) als IN-Variable und bei CoDeSys mit dem Funktionsblock TON als IN_OUT_Variable.

**STEP 7 Programm:**

Aufruf der Funktion FC 1002 im OB 1

**CoDeSys Programm:**

Aufruf der Funktion FC 1002 im PLC_PRG

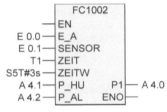

FC1002 SCL-Quelle

```
FUNCTION FC1002 : VOID
VAR_INPUT
 E_A, SENSOR: BOOL;
 ZEIT: TIMER;
 ZEITW:S5TIME;
END_VAR
VAR_IN_OUT
 P_HU, P_AL: BOOL;
END_VAR
VAR_OUTPUT
 P1: BOOL;
END_VAR
VAR_TEMP
 BCD_Zeitwert: S5TIME;
END_VAR

 IF NOT E_A THEN P1:=FALSE;
    P_HU:=FALSE;
    P_AL:=FALSE;
 ELSE  P1:=TRUE;
  IF P_AL THEN P_HU:=FALSE;
  ELSIF SENSOR THEN P_HU:=FALSE;
  ELSE  P_HU:= TRUE;
  END_IF;
 END_IF;
 BCD_Zeitwert:=S_ODT(T_NO:=ZEIT,
   S:=P_HU OR P_AL, TV:=ZEITW,
   Q:=P_AL);
END_FUNCTION
```

FC1002 ST

```
FUNCTION FC1002 :BOOL
VAR_INPUT
 E_A, SENSOR: BOOL;
 ZEITW: TIME;
END_VAR

VAR_IN_OUT
 ZEIT:TON;
 P_HU, P_AL: BOOL;
END_VAR

IF NOT E_A THEN FC1002:=FALSE;
    P_HU:=FALSE;
    P_AL:=FALSE;
ELSE
    FC1002:=TRUE;
    IF P_AL THEN P_HU:=FALSE;
    ELSIF SENSOR THEN  P_HU:=FALSE;
    ELSE  P_HU:=TRUE;
    END_IF
END_IF

ZEIT(IN:=P_HU OR P_AL, PT:=ZEITW);
P_AL:=Zeit.Q;
```

■ **Beispiel 10.3: Lineare Bereichsabbildung (FC 1003 BABB)**

Ein Temperatursensor liefert an einen SPS-Digitaleingang Werte von 0
bis 255. Diese Werte entsprechen beispielsweise einer Temperatur von
−20 °C bis 40 °C. In der Steuerung soll mit Temperaturwerten gearbeitet werden. Dazu ist eine Funktion FC 1003 zu entwerfen, welche die in
Gleitpunktzahlen gewandelten Digitaleingangswerte von 0 bis 255 in
den Temperaturbereich von −20 °C bis 40 °C umrechnen. Damit die
Bereichsabbildung für beliebige Zahlenbereiche verwendet werden
kann, soll der ursprüngliche Bereich durch wählbare Untergrenze
(IN_MIN) und Obergrenze (IN_MAX) definiert und der Bereich der
Ausgabe ebenfalls durch Angabe von Untergrenze (OUT_MIN) und
Obergrenze (OUT_MAX) bestimmt werden.

**Bild 10.3:** Thermoelement

Ein Funktionsausgang FEH soll anzeigen, wenn versehentlich die Ober- und Untergrenze mit gleichen
Werten versehen wurden, der Eingangs- oder Ausgangsbereich also null ist.

Zum Test der Funktion FC 1003 werden an den Funktionseingang IN_R und an den Funktionsausgang
OUT_R je ein Merkerdoppelwort MD_1 bzw. MD_2 gelegt. An die Ober- und Untergrenzen des Ein-
gangs- bzw. Ausgangsbereichs können beliebige Zahlenwerte angelegt werden. Der Funktionsausgang
FEH wird der symbolischen Variablen FEH zugewiesen. Über „Variable beobachten/steuern" kann dann
ein Eingangswert vorgegeben und das Ergebnis beobachtet werden.

Übergabeparameter:                              Beschreibung der Parameter:

```
         FC1003
       ─┤EN
MD_1 ──┤IN_R
255.0 ──┤IN_MAX
0.0 ──┤IN_MIN      OUT_R├── MD_2
40.0 ──┤OUT_MAX      FEH├── FEH
-20.0 ──┤OUT_MIN      ENO├─
```

| | | |
|---|---|---|
| IN_R: | REAL | Abzubildender REAL-Wert |
| IN_MAX: | REAL | Obergrenze des Eingangsbereichs |
| IN_MIN: | REAL | Untergrenze des Eingangsbereichs |
| OUT_MAX: | REAL | Obergrenze des Ausgangsbereichs |
| OUT_MIN: | REAL | Untergrenze des Ausgangsbereichs |
| OUT_R: | REAL | Abgebildeter REAL-Wert |
| FEH: | BOOL | Anzeige Bereichsangabe falsch |

**Zuordnungstabelle der Ausgänge und Merker:**

| Ausgangsvariable | Symbol | Datentyp | Logische Zuordnung | | Adresse |
|---|---|---|---|---|---|
| Bereichsangabenüberprüfung | FEH | BOOL | Bereich = 0 | FEH = 1 | A 4.1 |
| Merkervariable | | | | | |
| Eingangs-REAL-Zahl | MD_1 | REAL | Gleitpunktzahl | | MD 10 |
| Ausgangs-REAL-Zahl | MD_2 | REAL | Gleitpunktzahl | | MD 20 |

**Lösung**

Die Berechnungsformel für die lineare Abbildung leitet sich aus den Geradengleichungen der beiden
Bereiche her.

$$\frac{IN\_MAX - IN\_MIN}{IN\_R - IN\_MIN} = \frac{OUT\_MAX - OUT\_MIN}{OUT\_R - OUT\_MIN}$$

Daraus ergibt sich:

$$OUT\_R = \frac{OUT\_MAX - OUT\_MIN}{IN\_MAX - IN\_MIN}(IN\_R - IN\_MIN) + OUT\_MIN$$

Im Steuerungsprogramm wird zunächst überprüft, ob die Differenzen von IN_MAX − IN_MIN bzw.
OUT_MAX − OUT_MIN verschieden von null sind. Wenn JA, wird der Ausgangswert nach der vorgegebenen Formel berechnet und der Ausgang FEH erhält 0-Signal. Wenn NEIN, wird die Berechnung
nicht durchgeführt, der Ausgang FEH erhält 1-Signal und der Ausgangswert OUT_R wird auf 0.0 gesetzt.

**STEP 7 Programm (SCL-Quelle):**

```
FUNCTION FC1003 : VOID

VAR_INPUT
 IN_R:REAL;
 IN_MAX, IN_MIN:REAL;
 OUT_MAX, OUT_MIN:REAL;
END_VAR
VAR_OUTPUT
 OUT_R:REAL;
 FEH:BOOL;
END_VAR
VAR_TEMP
  DIFF1, DIFF2:REAL;
END_VAR

DIFF1:= IN_MAX-IN_MIN;
DIFF2:= OUT_MAX-OUT_MIN;
FEH := (DIFF1=0) OR (DIFF2=0);
IF NOT FEH THEN
OUT_R:= (OUT_MAX-OUT_MIN)
       /DIFF1*(IN_R-IN_MIN)
       +OUT_MIN;
ELSE  OUT_R:=0.0;
END_IF;

END_FUNCTION
```

**CoDeSys Programm (ST):**

```
TYPE FC_OUT :
STRUCT
 OUT_R:REAL;
 FEH:BOOL;
END_STRUCT
END_TYPE

FUNCTION FC1003 :FC_OUT
VAR_INPUT
 IN_R: REAL;
 IN_MAX, IN_MIN:REAL;
 OUT_MAX, OUT_MIN: REAL;
END_VAR

VAR
DIFF1, DIFF2: REAL;
END_VAR

DIFF1:= IN_MAX-IN_MIN;
DIFF2:= OUT_MAX-OUT_MIN;
FC1003.FEH := (DIFF1=0) OR (DIFF2=0);
 IF NOT FC1003.FEH THEN
    FC1003.OUT_R:= (OUT_MAX-OUT_MIN)
                  /DIFF1*(IN_R-IN_MIN)
                  +OUT_MIN;
 ELSE  FC1003.OUT_R:=0.0;
 END_IF
```

■ **Beispiel 10.4: Bitwert setzen in einer DWORD-Variablen (FC1004_PUT)**

In einer Meldevariablen mit dem Datentyp DWORD soll beim Kommen oder Gehen einer Fehlermeldung ein zum Fehler gehörendes Bit gesetzt bzw. zurückgesetzt werden. Dies soll mit einer Funktion FC 1004 erfolgen, deren Eingangsparameter N_BIT und B_W mit der Nummer des zu verändernden Bits und einem booleschen Wert zu versorgen sind. Am Durchgangsparameter X_DW der Funktion wird die Meldevariable angegeben.

Übergabeparameter:

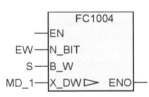

Beschreibung der Parameter:

N_BIT: INT    Nummer (0 ... 31) des zu verändernden Bits
B_W:   BOOL   Wert TRUE oder FALSE
X_DW: DWORD   Meldevariable, bei der ein Bit geändert werden soll

*Hinweis:* Der boolesche Rückgabewert der Funktion zeigt mit TRUE an, ob die Angabe der Bit-Nummer an N_Bit innerhalb des Bereichs von 0 ... 31 liegt.

**Zuordnungstabelle der Eingänge, Ausgänge und Merker:**

| Eingangsvariable | Symbol | Datentyp | Logische Zuordnung | | Adresse |
|---|---|---|---|---|---|
| Vorgabe Fehlernummer | EW | INT | INTEGER-Zahl | | EW 8 |
| Vorgabe Fehlerstatus | S | BOOL | Fehler gekommen | S = 1 | E 0.0 |
| Ausgangsvariable | | | | | |
| Anzeige gültige Bitnummer | P1 | BOOL | Bitnummer gültig | P1 = 1 | A 4.0 |
| Merkervariable | | | | | |
| Meldevariable | MD_1 | DWORD | Bit-Muster | | MD 10 |

**Lösung**

Das Setzen eines bestimmten Bits der Meldevariablen erfolgt durch eine ODER-Verknüpfung der Meldevariablen mit einer Konstanten, bei der genau an der Stelle, an der das Bit der Meldevariablen auf TRUE gesetzt werde soll, eine „1" steht. Die Konstante wird durch Linksschieben von DWORD#16#1 um so viele Stellen, wie die Bit_Nr angibt, erzeugt.

Das Rücksetzen eines bestimmten Bits der Meldevariablen erfolgt durch eine UND-Verknüpfung der Meldevariablen mit einer Konstanten, bei der genau an der Stelle, an der das Bit der Meldevariable auf FALSE gesetzt werden soll, eine „0" steht. Die Konstante wird durch Rotieren von DWORD#16#FFFFFFFE um so viele Stellen, wie die Bit_Nr angibt, erzeugt.

| **STEP 7 Programm (SCL-Quelle):** | **CoDeSys Programm (ST):** |
|---|---|

```
FUNCTION FC1004 : BOOL
VAR_INPUT
 N_BIT:INT;
 B_W:BOOL;
END_VAR
VAR_IN_OUT
  X_DW:DWORD;
END_VAR

IF N_BIT < 32 THEN
 FC1004:=TRUE;
 IF B_W THEN
    X_DW:= X_DW OR
    SHL(IN:=DWORD#1,N:=N_BIT);
 ELSE
    X_DW:= X_DW AND
           ROL(IN:=DWORD#
           16#FFFFFFFE,N:=N_BIT);
 END_IF;
ELSE
 FC1004:=FALSE;
END_IF;
```

```
FUNCTION FC1004 :BOOL
VAR_INPUT
 N_BIT:INT;
 B_W:BOOL;
END_VAR
VAR_IN_OUT
  X_DW:DWORD;
END_VAR

IF N_BIT < 32 THEN
 FC1004:=TRUE;
 IF B_W  THEN
    X_DW:= X_DW OR
         SHL(DWORD#1,N_BIT);
 ELSE
    X_DW:= X_DW AND
         ROL(DWORD#16#FFFFFFFE,
             N_BIT);
 END_IF;
ELSE
 FC1004:=FALSE;
END_IF;
```

■ **Beispiel 10.5: Qualitätsprüfung von Keramikplatten (FC1005_QP)**

Bei der Herstellung von keramischen Isolationsplatten muss nach dem Brennen überprüft werden, ob die Dicke der Platte innerhalb eines vorgegebenen Toleranzbandes liegt. Dazu werden die Platten durch eine aus zwei Lasern bestehende Messstelle mit gleichmäßiger Geschwindigkeit geschoben. Aus der Differenz der Messungen der beiden Laser wird die Dicke der Platten ermittelt. Bei jeder Messung wird der kleinste und der größte Wert der Plattendicke festgehalten. Liegen diese außerhalb des Toleranzbandes, gilt die Platte als Ausschuss.

**Technologieschema:**

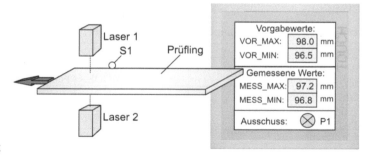

**Bild 10.4:** Prüfeinrichtung

Es ist ein Funktionsbaustein FB 1005 zu entwerfen, der die Plattendicke überprüft, welche sich aus der Differenz der beiden Laser-Messungen ergibt. Während und nach der Messung soll der Funktionsbaustein den größten (M_MAX) bzw. kleinsten Wert (M_MIN) der Plattendicke ausgeben. Liegen die beiden Werte außerhalb des mit V_MAX und V_MIN vorgegebenen Bereichs, wird die Ausschussleuchte P1 eingeschaltet. Gestartet und beendet wird die Messung mit dem Sensor S1, der ein 1-Signal liefert, solange sich die Keramikplatte in der Messeinrichtung befindet. Zu Beginn einer neuen Messung werden die Ausgabewerte des Funktionsbausteins mit den Werten des neuen Messzyklus überschrieben.

Übergabeparameter:

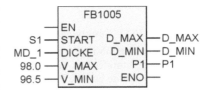

Beschreibung der Parameter:

| START: | BOOL | Starten der Prüfung mit Sensor S1 |
|--------|------|-----------------------------------|
| DICKE: | REAL | Laufende Messwerte der Dicke |
| V_MAX: | REAL | Vorgabe der Obergrenze |
| V_MIN: | REAL | Vorgabe der Untergrenze |
| D_MAX: | REAL | Ausgabe der maximalen Dicke |
| D_MIN: | REAL | Ausgabe der minimalen Dicke |
| P1: | BOOL | Anzeige Ausschuss |

Zum Test des Funktionsbausteins FB 1005 wird an den Eingang START der Sensor S1 gelegt. Dem Funktionseingang DICKE wird ein Merkerdoppelwort MD_1 zugewiesen. An V-MAX und V_MIN können beliebige REAL-Zahlen geschrieben werden. An die Ausgangswerte D_MAX und D_MIN werden Merkerdoppelwörter geschrieben und der Ausgang FEH dem SPS-Ausgang A 4.1 zugewiesen. Über „Variable beobachten/steuern" kann dann ein Messwert vorgegeben und das Ergebnis beobachtet werden

**Zuordnungstabelle der Eingänge, Ausgänge und Merker:**

| Eingangsvariable | Symbol | Datentyp | Logische Zuordnung | | Adresse |
|------------------|--------|----------|--------------------|--|---------|
| Sensor Platte in der Messeinrichtung | S1 | BOOL | Platte vorhanden | S1 = 1 | E 0.1 |
| Ausgangsvariable | | | | | |
| Anzeige Ausschuss | P1 | BOOL | Platte ist Ausschuss | P1 = 1 | A 4.1 |
| Merkervariable | | | | | |
| Messwert der Dicke | MD_1 | REAL | Gleitpunktzahl | | MD 10 |
| Ausgabe der maximalen Dicke | D_MAX | REAL | Gleitpunktzahl | | MD 20 |
| Ausgabe der minimalen Dicke | D_MIN | REAL | Gleitpunktzahl | | MD 30 |

Darstellung des Algorithmus im Struktogramm:

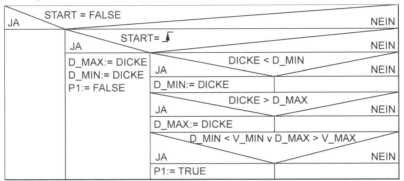

*Hinweis:* Bei STEP 7 wird die Flankenauswertung im Programm durch die Einführung einer statischen Lokalvariablen als Flankenoperand FO programmiert (siehe Kapitel 4.6). Bei CoDeSys könnte für die Flankenauswertung der Funktionsblock R_TRIG mit der lokalen Variablen FO als Instanz benutzt werden. Wird jedoch die Programmierung einer Flankenauswertung wie bei STEP 7 verwendet, sind die beiden Programme ST und SCL bis auf die Anweisung „END_FUNCTION_BLOCK" bei STEP 7 identisch.

**STEP 7 Programm (SCL-Quelle) / CoDeSys Programm (ST):**

```
FUNCTION_BLOCK FB1005
VAR_INPUT                    VAR_OUTPUT                 VAR
 START:BOOL;                  D_MAX, D_MIN:REAL;         FO:BOOL;
 DICKE, V_MAX, V_MIN:REAL;    P1:BOOL;                   END_VAR
END_VAR                      END_VAR


IF NOT START THEN FO:=START; RETURN; END_IF;
IF START=TRUE AND FO=FALSE THEN D_MAX:=DICKE; D_MIN:=DICKE; P1:=FALSE;
END_IF;
FO:=START;
IF DICKE < D_MIN THEN D_MIN:=DICKE; END_IF;
IF DICKE > D_MAX THEN D_MAX:=DICKE; END_IF;
IF D_MIN < V_MIN OR D_MAX > V_MAX THEN P1:=TRUE; END_IF;
END_FUNCTION_BLOCK
```

■ **Beispiel 10.6:  Funktionsgenerator (FB 1006_FGEN)**

Für die Programmbibliothek ist ein Funktionsbaustein FB 1006 zu bestimmen, der die Aufgaben eines Funktionsgenerators erfüllt. An den Eingängen des Funktionsbausteins können die gewünschte Kurvenform, die Amplitude und die Periodendauer vorgegeben werden.

**Folgende Kurvenformen können ausgewählt werden:**

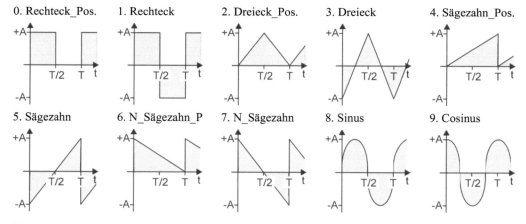

0. Rechteck_Pos.   1. Rechteck   2. Dreieck_Pos.   3. Dreieck   4. Sägezahn_Pos.

5. Sägezahn   6. N_Sägezahn_P   7. N_Sägezahn   8. Sinus   9. Cosinus

**Funktionsbaustein FB 1006:**

Übergabeparameter:

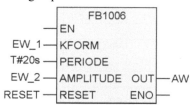

Beschreibung der Parameter:

| | | |
|---|---|---|
| KFORM: | INT | Nummer (0 ... 9) der Kurvenform |
| PERIODE: | TIME | Periodendauer |
| AMPLITUDE: | INT | Amplitude A der Kurven |
| RESET | BOOL | Rücksetzen und Ausschalten des Fkt.-Generators |
| OUT | INT | Ausgabe der Kurve |

**Zuordnungstabelle der Eingänge und Ausgänge:**

| Eingangsvariable | Symbol | Datentyp | Logische Zuordnung | Adresse |
|---|---|---|---|---|
| Auswahl Kurvenform | EW_1 | INT | INTEGER-Zahl (0..9) | EW 8 |
| Amplitude | EW_2 | INT | INTEGER-Zahl | EW 10 |
| Rücksetz-Taster | RESET | BOOL | Betätigt          RESET = 1 | E 0.0 |
| Ausgangsvariable | | | | |
| Kurvenwerte | AW | INT | INTEGER-Werte | AW10 |

Die Periodendauer wird mit einer Zeitkonstante (z. B. T#50s) am Funktionsbausteineingang vorgegeben.

Je nach gewählter Kurvenform müssen folgende Berechnungen durchgeführt werden:

| | | |
|---|---|---|
| 0. Rechteck_P: | $t < T/2$ | OUT:= AMPLITUDE |
| | $t > T/2$ | OUT:= 0 |
| 1. Rechteck: | $t < T/2$ | OUT:= AMPLITUDE |
| | $t > T/2$ | OUT:= − AMPLITUDE |
| 2. Dreieck_Pos: | $t < T/2$ | OUT:= AMPLITUDE * t / (T/2) |
| | $t > T/2$ | OUT:= − AMPLITUDE * (t − T/2) / (T/2) + AMPLITUDE |
| 3. Dreieck: | $t < T/2$ | OUT:= 2 * AMPLITUDE * t / (T/2) − AMPLITUDE |
| | $t > T/2$ | OUT:= − 2 * AMPLITUDE * (t − T/2) / (T/2) + AMPLITUDE |
| 4. Sägezahn_Pos: | | OUT:= AMPLITUDE * t / T |
| 5. Sägezahn: | | OUT:= 2 * AMPLITUDE * t / T − AMPLITUDE |
| 6. N_Sägezahn_P: | | OUT:= − AMPLITUDE * t / T + AMPLITUDE |
| 7. N_Sägezahn: | | OUT:= − 2 * AMPLITUDE * t / T + AMPLITUDE |
| 8. Sinus: | | OUT:= AMPLITUDE * SIN(6,283176 * t/T) |
| 7. Cosinus: | | OUT:= AMPLITUDE * COS(6,283176 * t/T) |

Das STEP 7 SCL Programm und das CoDeSys ST Programm unterscheiden sich nur durch die bei STEP 7 erforderliche Anweisung „END_FUNCTION_BLOCK" und einem Doppelpunkt, der bei STEP 7 bei der CASE-Anweisung hinter ELSE stehen muss und bei CoDeSys nicht.

**STEP 7 Programm (SCL-Quelle) / CoDeSys Programm (ST):**

```
VAR_INPUT KFORM:INT; PERIODE:TIME; AMPLITUDE:INT; RESET:BOOL; END_VAR

VAR_OUTPUT OUT:INT; END_VAR

VAR  ZAE:INT; ZEIT:TON; X_T,P_T:DINT; END_VAR

IF RESET THEN ZEIT(IN:=FALSE, PT:=t#0s); OUT:=0;
ELSE ZEIT(IN:=TRUE,PT:=PERIODE);
   IF ZEIT.Q= TRUE THEN ZEIT(IN:=FALSE); ZEIT(IN:=TRUE); END_IF;
   X_T:=TIME_TO_DINT(ZEIT.ET);
   P_T:=TIME_TO_DINT(PERIODE);
   CASE KFORM OF
0: IF X_T < P_T/2 THEN OUT:=AMPLITUDE; ELSE OUT:=0; END_IF;
1: IF X_T < P_T/2 THEN OUT:=-AMPLITUDE; ELSE OUT:=AMPLITUDE; END_IF;
2: IF X_T < P_T/2 THEN
        OUT:=DINT_TO_INT(AMPLITUDE*X_T/(P_T/2));
        ELSE
        OUT:=DINT_TO_INT(-AMPLITUDE*(X_T-P_T/2)/(P_T/2)+ AMPLITUDE);
   END_IF;
```

```
3: IF X_T < P_T/2 THEN
      OUT:=DINT_TO_INT(2*AMPLITUDE*X_T/(P_T/2) - AMPLITUDE);
   ELSE;
      OUT:=DINT_TO_INT(-2*AMPLITUDE*(X_T-P_T/2)/(P_T/2) + AMPLITUDE);
   END_IF;
4:    OUT:=DINT_TO_INT(AMPLITUDE*X_T/(P_T));
5:    OUT:=DINT_TO_INT(2*AMPLITUDE*X_T/(P_T)- AMPLITUDE);
6:    OUT:=DINT_TO_INT(-AMPLITUDE*X_T/(P_T) + AMPLITUDE);
7:    OUT:=DINT_TO_INT(-2*AMPLITUDE*X_T/(P_T)+ AMPLITUDE);
8:    OUT:=REAL_TO_INT(SIN(6.283176*X_T/P_T)*AMPLITUDE);
9:    OUT:=REAL_TO_INT(COS(6.283176*X_T/P_T)*AMPLITUDE);
   ELSE: ZEIT(IN:=FALSE, PT:=t#0s); OUT:=0; END_CASE;
 END_IF;
END_FUNCTION_BLOCK
```

### ■ Beispiel 10.7: Bestimmung von Minimum, Maximum und arithmetischem Mittelwert in einem eindimensionalen Datenfeld (FC1007_F_MINMAX)

In einem eindimensionalen Datenfeld mit 100 Werten soll der größte, der kleinste und der arithmetische Mittelwert bestimmt werden. Die Werte liegen im Datenformat REAL vor. Der Bereich des Datenfeldes für die Bestimmung des Maximums MAXW, Minimums MINW und arithmetischen Mittelwertes AMW wird durch die Angabe der ersten Feld-Nummer F_NR und die Anzahl der Werte ANZ vorgegeben. Bei einer fehlerhaften Vorgabe des Datenbereichs (z. B. F_Nr:= 50 und ANZ 60) hat der Ausgang FEH 1-Signal und den Ausgabewerten MAXW, MINW und AMW wird 0.0 zugewiesen.

Übergabeparameter:

```
      FC1007
 ─┤EN      MINW├─
 ─┤FELD    MAXW├─
 ─┤F_NR    AMW ├─
 ─┤ANZ     FEH ├─
            ENO ├─
```

Beschreibung der Parameter:

| Parameter | Datentyp | Beschreibung |
|-----------|----------|--------------|
| FELD | ARRAY | Datenfeld mit 100 REAL-Werten |
| F_NR | INT | Nummer des ersten Feldwertes für den Bereich |
| ANZ | INT | Anzahl der Feldwerte |
| MINW | REAL | Kleinster Wert im Datenfeld |
| MAXW | REAL | Größter Wert im Datenfeld |
| AMW | REAL | Arithmetischer Mittelwert des Datenfeldes |
| FEH | BOOL | Anzeige fehlerhafte Bereichsauswahl |

Zum Test der Funktion FC 1007 wird ein Datenfeld (FELD) mit 100 unterschiedlichen Gleitpunktzahlen angelegt. Die Feldanfangsnummer und die Anzahl des zu untersuchenden Bereichs werden mit den symbolischen Variablen F_NR und ANZ. Mit der Taste S1 wird die Bearbeitung der Funktion FC 1007 über den EN-Eingang gesteuert. Die Ergebnisse der Bearbeitung werden den Variablen MINW, MAXW und AMW zugewiesen. Die Funktionsweise des Bausteins FC 1007 kann mit „Variable beobachten/steuern" überprüft werden.

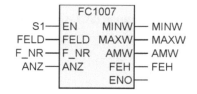

### Zuordnungstabelle der Eingänge, Ausgänge und Merker:

| Eingangsvariable | Symbol | Datentyp | Logische Zuordnung | | Adresse |
|------------------|--------|----------|--------------------|---|---------|
| Berechnung EIN | S1 | BOOL | Betätigt | S1 = 1 | E 0.0 |
| Vorgabe Feldanfangsnummer | F_NR | INT | INTEGER-Zahl | | EW 8 |
| Vorgabe Anzahl der Feldwerte | ANZ | INT | INTEGER-Zahl | | EW 10 |
| Ausgangsvariable | | | | | |
| Fehlerhafte Bereichsvorgabe | FEH | BOOL | Falsche Vorgabe | FEH = 1 | A 4.0 |
| Merkervariable | | | | | |
| Kleinster Wert | MINW | REAL | Gleitpunktzahl | | MD 10 |
| Größter Wert | MAXW | REAL | Gleitpunktzahl | | MD 20 |
| Arithmetischer Mittelwert | AMW | REAL | Gleitpunktzahl | | MD 30 |

Der Algorithmus für die Ermittlung des kleinsten und des größten Feldwertes basiert auf dem Vergleich jedes Wertes mit dem aktuellen Minimalwert MINW bzw. dem aktuellen Maximalwert MAXW. Falls der Vergleich erfüllt ist wird der jeweilige Feldwert dem aktuellen Minimalwert bzw. Maximalwert zugewiesen. Für die Berechnung des arithmetischen Mittelwertes wird jeder Feldwert zu der Variablen AMW addiert.

Nachdem alle Werte addiert sind, wird die Summe durch die Anzahl der Werte dividiert. (Siehe auch Beispiel 9.3 „Bestimmung von Minimum, Maximum und arithmetischer Mittelwert in einem Datenbaustein".) Zu Beginn wird abgefragt, ob die Bereichswahl gültig ist.

**Darstellung des Algorithmus im Struktogramm:**

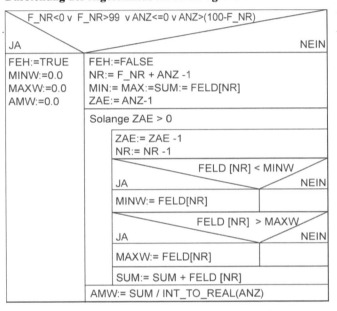

Lokale Variablen:

| | | |
|---|---|---|
| NR: | INT | Adressierung der Feldvariablen |
| ZAE: | INT | Zählvariable für die Schleife |
| SUM: | REAL | Hilfsvariable zur Berechnung des arithmetischen Mittelwertes |

*Hinweis:* Bei STEP 7 wird das zu untersuchende Feld in einem Datenbaustein DB 10 angelegt. Bei CoDeSyS wird im PLC_PRG eine Feldvariable FELD deklariert und mit entsprechenden Startwerten versehen.

**STEP 7 Programm:**

Aufruf der Funktion FC 1007 im OB 1

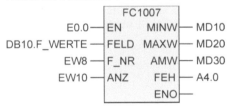

**CoDeSys Programm:**

Aufruf der Funktion FC 1007 im PLC_PRG in CFC

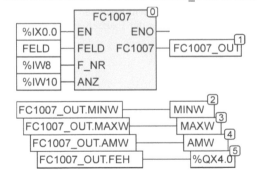

FC 1007 SCL-Quelle

```
FUNCTION FC1007: VOID
VAR_INPUT
 FELD: ARRAY[0..99] OF REAL;
 F_NR, ANZ:INT;
END_VAR
VAR_OUTPUT
 MINW, MAXW, AMW:REAL; FEH:BOOL;
END_VAR
VAR_TEMP
 NR, ZAE:INT; SUM:REAL;
END_VAR
IF F_NR<0 OR F_NR > 99 OR ANZ<=0
         OR ANZ > 100 - F_NR
THEN   FEH:=TRUE; MINW:=0.0;
 MAXW:=0.0; AMW:=0.0;
ELSE
 FEH:=FALSE; NR:=F_NR+ANZ-1;
 MINW:=FELD[NR]; MAXW:=FELD[NR];
 SUM:=FELD[NR]; ZAE:=ANZ-1;
 WHILE ZAE>0 DO
    ZAE:=ZAE-1; NR:=NR-1;
    IF MAXW < FELD[NR] THEN
      MAXW:= FELD[NR];
    END_IF;
    IF MINW > FELD[NR] THEN
      MINW:= FELD[NR];
    END_IF;
    SUM:=SUM + FELD[NR];
 END_WHILE;
 AMW:=SUM/INT_TO_REAL(ANZ);
END_IF;
END_FUNCTION
```

FC 1007 ST

```
TYPE FC_OUT :
 STRUCT MINW:REAL; MAXW:REAL;
 AMW:REAL; FEH:BOOL; END_STRUCT
END_TYPE
FUNCTION FC1007 :FC_OUT
VAR_INPUT
 FELD: ARRAY [0..99] OF REAL;
 F_NR: INT; ANZ: INT;
END_VAR
VAR ZAE: INT;NR: INT; SUM: REAL;
END_VAR
IF F_NR<0 OR F_NR > 99 OR ANZ<=0
         OR ANZ > 100 - F_NR THEN
 FC1007.FEH:=TRUE;
 FC1007.MINW:=0.0;
 FC1007.MAXW:=0.0;
 FC1007.AMW:=0.0;
ELSE
 FC1007.FEH:=FALSE;
 NR:= F_NR+ANZ-1;
 FC1007.MINW:= FELD[NR];
 FC1007.MAXW:=FELD[NR];
 SUM:=FELD[NR]; ZAE:=ANZ-1;
 WHILE ZAE>1 DO
    ZAE:=ZAE-1; NR:=NR - 1;
    IF FC1007.MAXW < FELD[NR] THEN
       FC1007.MAXW:=FELD[NR]; END_IF;
    IF FC1007.MINW > FELD[NR] THEN
       FC1007.MINW:=FELD[NR]; END_IF;
    SUM:=SUM+FELD[NR];
 END_WHILE;
 FC1007.AMW:=SUM/INT_TO_REAL(ANZ);
END IF;
```

■ **Beispiel 10.8: Betriebsstunden erfassen und auswerten**

Bei einem Altglasrecyclingprozess wird der Schmelzofen durch mehrere Brenner beheizt, die je nach Bedarf zu- und abgeschaltet werden. Zur vorbeugenden Instandhaltung und Wartung wird die Betriebszeit jedes Brenners ermittelt und ausgewertet. Nach jedem Einschalten wird die Laufzeit gemessen und für jedes Einschaltintervall der Wert in einem zugehörigen Datenfeld hinterlegt. Ist eine vorgegebene Betriebsstundendauer oder eine vorgegebene Anzahl von Betriebsintervallen überschritten, muss der Brenner gereinigt werden. Nach der Wartung des Brenners beginnt ein neues Wartungsintervall und alle Aufzeichnungen über die Laufzeiten aus dem vorherigen Wartungsintervall werden im Datenfeld gelöscht.

**Technologieschema:**

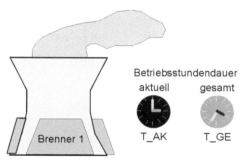

**Bild 10.5:** Schmelzofen

Für die Überwachung der Betriebszeit ist ein Funktionsbaustein FB 1008 zu entwerfen, der zusammen mit einem Datenfeld die Aufgabe der Betriebsstundenzählung und Auswertung für einen Brenner übernimmt. Nach jedem Betriebszyklus des Brenners werden die gemessene Betriebszeit, die Gesamtbetriebzeit und die Anzahl der Betriebsintervalle in das zum Brenner gehörende Datenfeld hinterlegt. Bei STEP 7 befindet sich das Datenfeld in einem Datenbaustein DB. Bei CoDeSys wird das Datenfeld in einer Variablen realisiert. Über den Eingang TAKT erhält der Betriebsstundenzähler des Funktionsblocks Zählimpulse von einem Taktgenerator. Die maximale Betriebsdauer und Anzahl der Betriebszyklen werden an den Funktionsbaustein-Eingängen T_AMX und EZ_MAX vorgegeben. Das Ende einer Wartung des Brenners wird dem Funktionsblock über den Eingang QUIT mitgeteilt.

Übergabeparameter bei STEP 7:          Beschreibung der Parameter:

| FB1008 | | | | |
|---|---|---|---|---|
| —EN | | BR_EIN | BOOL | Brenner ist eingeschaltet |
| —BR_EIN | | TAKT | BOOL | Zählimpulse für den Betriebsstundenzähler |
| —TAKT | | DBNR | INT | Datenbausteinnummer für das Datenfeld |
| —DB_NR | T_AK— | T_MAX | DINT | Maximale Betriebszeit |
| —T_MAX | T_GE— | EZ_MAX | INT | Maximale Anzahl der Betriebszyklen |
| —EZ_MAX | P_WA— | QUIT | BOOL | Wartung durchgeführt |
| —QUIT | ENO— | T_AK | DINT | Ausgabe der aktuellen Betriebszeit |
| | | T_GE | DINT | Ausgabe der gesamten Betriebszeit |
| | | P_WA | BOOL | Anzeige Wartung erforderlich |

Übergabeparameter bei CoDeSys:

| FB1008 | | | | |
|---|---|---|---|---|
| —BR_EIN | T_AK— | BR_EIN | BOOL | Brenner ist eingeschaltet |
| —TAKT | T_GE— | TAKT | BOOL | Zählimpulse für den Betriebsstundenzähler |
| —T_MAX | P_WA— | T_MAX | DINT | Maximale Betriebszeit |
| —EZ_MAX | ▷DATEN | EZ_MAX | INT | Maximale Anzahl der Betriebszyklen |
| —QUIT | | QUIT | BOOL | Wartung durchgeführt |
| —DATEN▷ | | DATEN | FELD | Datenfeld zur Speicherung der Betriebszeiten |
| | | T_AK | DINT | Ausgabe der aktuellen Betriebszeit |
| | | T_GE | DINT | Ausgabe der gesamten Betriebszeit |
| | | P_WA | BOOL | Anzeige Wartung erforderlich |

Zum Test des Funktionbausteins FB 1008 wird der Betrieb des Brenners durch einen Schalter S1 an BR_EIN (S1 = 1, Brenner eingeschaltet) simuliert. Die Taktfrequenz wird mit dem Bibliotheksbaustein FC 100/FB 100 (TAKT) gebildet. Die Periodendauer des Takts, welche die Zeitbasis für die Betriebsstundenzählung vorgibt, wird für den Test des Bausteins auf 100 ms eingestellt. An dem Eingang „T_MAX" wird die maximale Betriebszeit im Datenformat DINT vorgegeben. Wird dort der Wert 5000 angelegt, bedeutet dies, dass bei einer Taktzeit von 0,1 s nach etwa 8,3 Minuten die maximale Betriebszeit erreicht ist. Für Testzwecke ist dies ein akzeptabler Wert. Die maximale Anzahl der Betriebszyklen wird mit 20 vorgegeben. Die Ausgänge T_AK (aktuelle die Betriebszeit) und T_GE (Betriebszeit seit der letzten Wartung) im Datenformat DINT werden Merkerdoppelwörtern zugewiesen. Mit dem Taster S2 an QUIT wird das Ende einer Wartung gemeldet und somit alle Aufzeichnungen gelöscht.

**Zuordnungstabelle der Eingänge, Ausgänge und Merker:**

| Eingangsvariable | Symbol | Datentyp | Logische Zuordnung | | Adresse |
|---|---|---|---|---|---|
| Brenner EIN | S1 | BOOL | Betätigt | S1 = 1 | E 0.1 |
| Wartung beendet | S2 | BOOL | Betätigt | S2 = 1 | E 0.2 |
| Ausgangsvariable | | | | | |
| Wartungsanzeige | P_WA | BOOL | Wartung nötig | P_WA = 1 | A 4.0 |
| Merkervariable | | | | | |
| Aktuelle Betriebszeit | MD_1 | DINT | Dualzahl | | MD 10 |
| Gesamte Betriebszeit | MD_2 | DINT | Dualzahl | | MD 20 |

**Lösung in STEP 7**

Der Datenbaustein DB 10, mit dem Inhalt: Anzahl der Einschaltzyklen, Gesamtbetriebszeit und Betriebszeiten für die einzelnen Einschaltzyklen wird wie folgt angelegt:

| Adresse | Name | Typ | Anfangswert | Kommentar |
|---|---|---|---|---|
| 0.0 | | STRUCT | | |
| +0.0 | ANZ EIN | INT | 0 | Anzahl der Intervalle |
| +2.0 | G ZEIT | DINT | L#0 | Gesamte Betriebszeit |
| +6.0 | A ZEIT | ARRAY(1..100) | | Betriebszeit Zyklus n |
| *4 | | DINT | | |
| =406.0 | | END STRUCT | | |

Struktogramm für den Funktionsbaustein FB 1008:

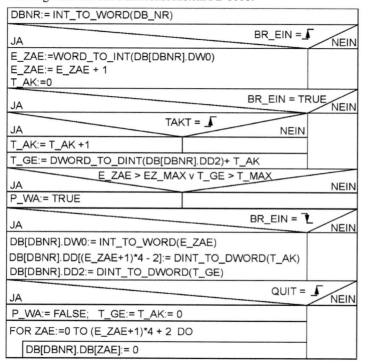

Lokale Variablen:

Statische:

E_ZAE, ZAE :INT

FO1,FO2,FO3,FO5: BOOL
(Hilfsvariablen für die Flankenauswertungen)

Temporäre:

DBNR: WORD
(Hilfsvariable zur indirekten Adressierung des Datenbausteins)

*Hinweis:* Für die indirekte Adressierung des Datenbausteins DB[DBNR], wie im Struktogramm angegeben, muss in SCL die Anweisung WORD_TO_BLOCK_DB(DBNR) verwendet werden.

**FB 1008 SCL-Quelle:**

```
VAR_INPUT
BR_EIN, TAKT:BOOL; DB_NR :INT; T_MAX :DINT; EZ_MAX:INT; QUIT :BOOL;
END_VAR
VAR_OUTPUT T_AK, T_GE:DINT; P_WA:BOOL; END_VAR
VAR  E_ZAE, ZAE:INT; FO1,FO2,FO3,FO4:BOOL; END_VAR
VAR_TEMP  DBNR:WORD; END_VAR

  // Anweisungsteil
DBNR:=INT_TO_WORD(DB_NR);
IF BR_EIN = 1 AND FO1 = 0 THEN
 E_ZAE:=WORD_TO_INT(WORD_TO_BLOCK_DB(DBNR).DW0); E_ZAE:=E_ZAE + 1;
```

```
  T_AK:=0;
END_IF; FO1:=BR_EIN;
IF BR_EIN = 1 THEN
   IF TAKT = 1 AND FO2=0 THEN T_AK:=T_AK + 1; END_IF;
   FO2:=TAKT; T_GE:= DWORD_TO_DINT(WORD_TO_BLOCK_DB(DBNR).DD2)+ T_AK;
END_IF;
IF T_GE > T_MAX OR E_ZAE >= EZ_MAX THEN P_WA:=1;END_IF;
IF BR_EIN = 0 AND FO3 = 1 THEN
   WORD_TO_BLOCK_DB(DBNR).DW0:=INT_TO_WORD(E_ZAE);
   WORD_TO_BLOCK_DB(DBNR).DD[(E_ZAE+1)*4-2]:= DINT_TO_DWORD(T_AK);
   WORD_TO_BLOCK_DB(DBNR).DD2:= DINT_TO_DWORD(T_GE);
END_IF; FO3:=BR_EIN;
   IF QUIT = 1 AND FO4=0 THEN P_WA:=0; T_GE:=0; T_AK:=0;
      FOR ZAE:= 0 TO (E_ZAE+1)*4+2 DO
         WORD_TO_BLOCK_DB(DBNR).DB[ZAE]:=0;
      END_FOR;
   END_IF; FO4:=QUIT;
END_FUNCTION_BLOCK
```

### Lösung in CoDeSys

Der Unterschied zur Lösung in STEP 7 besteht in der Adressierung des Datenfeldes. Statt des Datenbausteins DB wird zunächst eine Datentyp FELD mit den erforderlichen Variablen angelegt.

```
TYPE FELD : STRUCT
E_ZAE:INT; G_ZEIT:DINT; A_ZEIT:ARRAY[1..100] OF DINT; END_STRUCT
END_TYPE
```

Im PLC_PRG wird als Datenfeld dann die Variable DATEN mit dem Datentyp FELD deklariert.

### Aufruf des Funktionsbausteins FB 1008 im PLC-PRG (CFC):

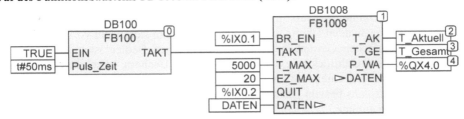

### ST-Programm FB 1008:

```
FUNCTION_BLOCK FB1008
VAR_INPUT  BR_EIN, TAKT: BOOL; T_MAX, E_ZYKL: INT; QUIT: BOOL; END_VAR
VAR_OUTPUT  T_AK, T_GE: DINT; P_WA: BOOL;  END_VAR
VAR_IN_OUT  Daten: FELD;  END_VAR
VAR  E_ZAE, ZAE:INT; FO1, FO2, FO3, FO4:BOOL;  END_VAR

IF BR_EIN AND FO1 = 0 THEN
   E_ZAE:= DATEN.E_ZAE; E_ZAE:= E_ZAE+1; T_AK:=0; END_IF; FO1:=BR_EIN;
IF BR_EIN = 1 THEN
   IF TAKT = 1 AND FO2=0 THEN T_AK:=T_AK + 1; END_IF;
   FO2:=TAKT;  T_GE:= Daten.G_ZEIT+ T_AK; END_IF;
IF  E_ZAE >= E_ZYKL OR T_GE > T_MAX THEN P_WA:=1; END_IF;
IF BR_EIN = 0 AND FO3 = 1 THEN Daten.E_ZAE:=E_ZAE;
   Daten.A_ZEIT[E_ZAE]:=T_AK; Daten.G_ZEIT:=T_GE;  END_IF; FO3:=BR_EIN;
IF QUIT = 1 AND FO4=0 THEN P_WA:=0; T_GE:=0; T_AK:=0; Daten.E_ZAE:=0;
   Daten.G_ZEIT:=0;
FOR ZAE:= 1 TO (E_ZAE) DO Daten.A_ZEIT[ZAE]:=0; END_FOR;
END_IF; FO4:=QUIT;
```

# III Ablaufsteuerungen und Zustandsgraph

# 11 Ablauf-Funktionsplan

## 11.1 Konzeption und Normungsquellen

Der Ablauf-Funktionsplan ist eine eigenständige Planart zur prozessorientierten Darstellung von Steuerungsaufgaben. Eine verbale Aufgabenstellung soll aus Gründen der Klarheit und Vollständigkeit durch eine grafische Darstellung ersetzt werden, die bei der Planung, Inbetriebnahme und Störungssuche hilfreich sein soll. Ein richtig entworfener Ablauf-Funktionsplan muss bereits die Lösung einer entsprechenden Steuerungsaufgabe darstellen.

Geeignete Steuerungsaufgaben sind solche, bei denen unterscheidbare Aktionen in einer ereignis- oder zeitgesteuerten Reihen- oder auch Parallelfolge ablaufen und die auf Wiederholung gerichtet sind. Anschauliche Beispiele dafür sind Produktionsanlagen oder Verkehrssysteme.

Der Ablauf-Funktionsplan stellt nur die grafischen Elemente für eine Ablaufbeschreibung zur Verfügung. Die Entwurfsmethode besteht darin, dass Steuerungszustände eingeführt und mit Aktionen verknüpft sowie Übergangsstellen zur Berücksichtigung von Steuersignalen vorgesehen werden.

Das Auffinden zutreffender Ablaufstrukturen ist das Hauptproblem dieser Entwurfsmethode und bedarf der entsprechenden Übung an Beispielen. Wie man sich leicht vorstellen kann, liegt schon bei einem einfachen Getränkeautomaten mit mehreren Bedientasten, Geldeinwurf mit verschiedenen Münzen, Geldrückgabe, Getränkeausgabe in Bechern, Mischungen durch Zusatz von Milch und Zucker etc. eine recht unübersichtliche Aufgabenstellung vor. Die Wirksamkeit des Ablauf-Funktionsplans besteht darin, dass er eine das Denken unterstützende anschauliche Darstellungsmethode anbietet.

Die Darstellung von Ablauf-Funktionsplänen kann auf zwei verschiedenen Normen beruhen:

- DIN EN 60848 GRAFCET, Spezifikationssprache für Funktionspläne der Ablaufsteuerung. (Nachfolger der DIN 40719-6). Diese Norm definiert eine grafische Entwurfssprache für die funktionale Beschreibung des Verhaltens des Ablaufteils eines Steuerungssystems. Die Entwurfssprache wird „GRAFCET" genannt.

- DIN EN 61131, Speicherprogrammierbare Steuerungen, Teil 3: Programmiersprachen, hierin Elemente der Ablaufsprache (AS). Der Zweck der Ablaufsprache ist die Darstellung von Ablauffunktionen in SPS-Programm-Organisationseinheiten des Typs Funktionsbaustein oder Programm. Dazu gibt die Norm zwei Darstellungsvarianten für ihre Elemente an, eine ausführlich behandelte grafische Variante und eine textuelle Variante.

DIN EN 60848 und DIN EN 61131-3 haben jeweils ihren eigenen spezifischen Anwendungsbereich. Während die Entwurfssprache GRAFCET für die Beschreibung des Verhaltens unabhängig von einer speziellen Realisierung (elektronisch, elektromechanisch, pneumatisch oder gemischt) ist, legt IEC 61131-3 die Beschreibungsmittel der Ablaufsprache AS zwecks Programmrealisierung fest. Beide Darstellungen können jedoch auch über Ihren eigentlichen Anwendungsbereich hinaus verwendet werden. So kann GRAFCET auch für die Beschreibung einer Ablaufsteuerung mit spezifizierten Aktoren verwendet werden und die IEC 61131-3-Dar stellung auch für die allgemeine Beschreibung einer Ablaufsteuerung benutzt werden. Der wesentliche Unterschied der beiden Normen besteht in der Darstellung der Aktionsblöcke. In Kapitel 11.2.4 sind die Unterschiede in einer Tabelle aufgeführt.

Nachfolgend wird für die grafische Darstellung der Ablauf-Funktionspläne die IEC 61131-3 zu Grunde gelegt, da diese nicht nur eine große Übereinstimmung mit den Programmiertools wie S7-GRAPH bei SIEMENS bzw. AS-Sprache bei CoDeSys hat, sondern auch bei der Programmumsetzung in AWL oder FUP sehr hilfreich ist.

## 11.2  Grafische Darstellung von Ablaufsteuerungsfunktionen

Zur Darstellung von Ablaufstrukturen werden Ablauf-Funktionspläne (Sequential Function Chart) verwendet. Wegen der geforderten allgemeinen Verständlichkeit ist eine einheitliche, normgerechte Darstellung der wichtigsten grafischen Elemente erforderlich, die der DIN EN 61131-3 entnommen sind, ergänzt mit einigen besseren Darstellungsformen aus S7-GRAPH.

### 11.2.1  Darstellung von Schritten

Jeder mögliche Zustand einer Steuerung wird im Ablauf-Funktionsplan durch einen *Schritt* dargestellt. Ein Schritt ist entweder aktiv oder inaktiv und stellt einen (Beharrungs-)Zustand der Steuerung dar. Ein Schritt muss grafisch durch einen Block dargestellt werden, der einen Schrittnamen in Form eines Bezeichners enthält.

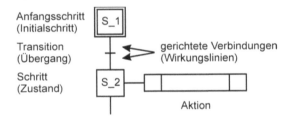

Eine Sonderstellung nimmt der Anfangsschritt ein, der durch eine doppelte Umrahmung gekennzeichnet ist. Der Anfangsschritt muss beim Start des Ablaufs als einziger Schritt aktiv sein. Die Schritte sind durch *gerichtete Verbindungen* in Form von vertikalen Linien miteinander verbunden. Die Eigenschaft eines Schrittes, aktiv oder inaktiv sein zu können, setzt ein Speicherverhalten im Steuerungsprogramm voraus. Jedem Schritt ist normalerweise eine Aktion zugeordnet, die in einem Aktionsblock angegeben und mit dem Schritt verknüpft werden kann. Die Aktion ist nicht Bestandteil des Schrittes.

### 11.2.2  Darstellung von Übergängen und Übergangsbedingungen

Zwischen den Schritten befindet sich immer ein Übergang. Jeder Übergang (Transition) muss eine Übergangsbedingung haben, die als Ergebnis eine logische „1" (TRUE) oder eine logische „0" (FALSE) liefert. Die Übergangsbedingung ist dafür verantwortlich, dass der aktive Zustand von einem Schritt zum Nachfolger wechselt. Die Transition muss durch einen horizontalen Strich in der Verbindungslinie zwischen den Schritten dargestellt werden.

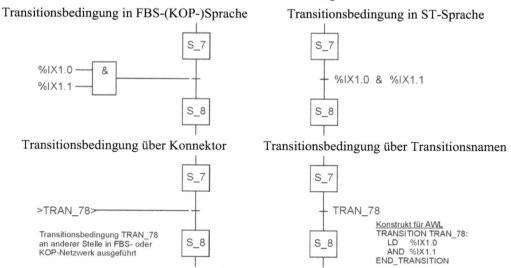

Die Übergangsbedingungen können mit den Darstellungsmitteln des Kontaktplans (KOP), des Funktionsplans (FBS bzw. FUP) und des Strukturierten Textes (ST) angegeben werden. Ein Folgeschritt wird gesetzt, wenn der Vorgängerschritt gesetzt und die Übergangsbedingung erfüllt ist (UND-Bedingung), dabei wird der Vorgängerschritt zurückgesetzt.

Die Norm DIN EN 61131-3 sieht auch die Möglichkeit vor, für einen Übergang einen Transitionsnamen zu vergeben, der auf ein Konstrukt zur Angabe der Transitionsbedingung verweisen muss. Von dieser Möglichkeit soll hier im Weiteren aber kein Gebrauch gemacht werden, da mit dem Ablauf-Funktionsplan eine rein grafische Beschreibung einer Steuerungsaufgabe beabsichtigt ist.

### 11.2.3  Grundformen der Ablaufkette

Eine Ablaufkette besteht aus einer Folge von Schritten und Transitionen, die einfach oder verzweigt sein kann.

**Einfache Ablaufkette:**

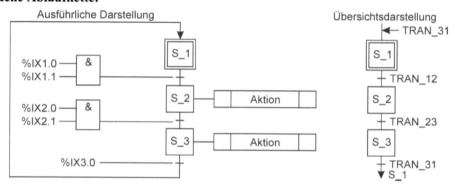

Der Wechsel von Schritt und Transition wird als Folge wiederholt. Es wird eine Kettenschleife gebildet, um wieder zum Anfang zurückzukehren. Die zurückführende Wirkungslinie kann vermieden und durch eine Pfeildarstellung mit Angabe von Schrittnummern ersetzt werden. Des Weiteren kann auch eine Übersichtsdarstellung der Ablaufkette ohne Transitionsbedingungen und Aktionen verwendet werden, wenn es nur um die Ansicht der Ablaufstruktur geht. Das voranstehende Bild zeigt ein Beispiel, bei der in der Übersichtsdarstellung die Pfeilkennzeichnung des Ablaufs aus S7-GRAPH übernommen wurde.

**Verzweigte Ablaufkette:**

Man unterscheidet je nach Art der Verzweigung zwischen der Alternativ-Verzweigung und der Simultan-Verzweigung.

- *Alternativ-Verzweigung* (1-aus-n-Verzweigung, ODER-Verzweigung); es erfolgt die Auswahl und Bearbeitung nur eines Kettenstranges aus mehreren Kettensträngen. Am Verzweigungsanfang darf zur gleichen Zeit nur eine Transitionsbedingung wahr sein (Verriegelung) oder es muss eine Priorität vorgegeben werden, indem der Strang mit der niedersten Nummer die höchste Priorität hat. Zusätzlich wird mit einem Stern (✱) angegeben, dass die Transitionen von links nach rechts bearbeitet werden. Jedes Strangende muss eine eigene Transitionsbedingung zum Verlassen des Kettenstranges aufweisen. Anfang und Ende von Alternativ-Verzweigungen werden durch waagerechte Einfachlinien dargestellt.

- *Simultan-Verzweigung* (Parallelbearbeitung mehrerer Kettenstränge, UND-Verzweigung); es erfolgt die gleichzeitige Aktivierung der Anfangsschritte mehrerer Kettenstränge, die dann aber unabhängig voneinander bearbeitet werden. Alle Kettenstränge unterliegen auf der Anfangsseite nur einer vorgelagerten gemeinsamen Transitionsbedingung. Bei der Zusammenführung der Kettenstränge (Endeseite) darf nur eine gemeinsame Transitionsbedingung vorhanden sein. Anfang und Ende von Simultan-Verzweigungen werden durch waagerechte Doppellinien dargestellt.

Das nachfolgende Bild zeigt eine Ablaufkette mit Verzweigungen und anschließend kurzen Erläuterungen zum Ablaufvorgang.

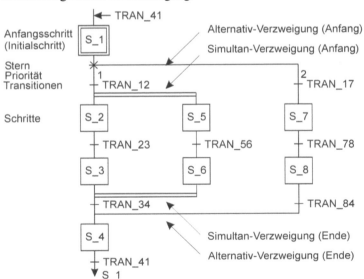

*Hinweis:*

Die Anwendung der gegebenen Regeln kann nicht verhindern, dass fehlerhafte Ablaufketten konstruiert werden, die irgendwo hängen bleiben oder unerreichbare Schritte aufweisen.

Die Logik solcher Ablauf-Funktionspläne muss daher sehr sorgfältig durchdacht werden.

Wenn z. B. der Anfangsschritt S_1 aktiv ist und die Transitionsbedingung von TRAN_17 den booleschen Wert TRUE liefert, während die Transitionsbedingung von TRAN_12 den booleschen Wert FALSE hat, wird der Schritt S_7 aktiviert und Schritt 1 deaktiviert. Damit kann es in dieser Phase des Ablaufs nicht mehr zu einer Aktivierung der Schritte S_2 und S_5 kommen. Der Übergang von Schritt S_8 zu Schritt S_4 erfolgt erst, wenn die Transitionsbedingung von TRAN_84 den booleschen Wert TRUE annimmt. Schritt S_8 wird dann von S_4 zurückgesetzt.

Für den Fall, dass der Anfangsschritt S_1 aktiv ist und die Transitionsbedingungen von TRAN_12 und TRAN_17 den booleschen Wert TRUE haben, wird wegen der festgelegten Priorität die Simultan-Verzweigung bearbeitet. Es werden die Schritte S_2 und S_5 aktiviert und der Vorgängerschritt S_1 deaktiviert. Der Schritt S_4 wird erst erreicht, wenn die Vorgängerschritte S_3 und S_6 aktiv sind und die Transitionsbedingung von TRAN_34 den booleschen Wert TRUE annimmt. Die Schritte S_3 und S_6 werden dann von S_4 zurückgesetzt.

**Schleifen und Sprünge**

Ein *Sprung* führt unter Steuerung durch eine Transitionsbedingung von einem Schritt zu einem entfernten anderen Schritt, wobei der durch den Sprung gebildete Zweig keine Schritte enthält.

Eine *Schleife* kann die Folge eines Sprunges sein, indem unter Steuerung durch eine Transitionsbedingung auf einen Vorgängerschritt zurückgesprungen wird. Das nachfolgende Bild zeigt zwei Schleifen, wobei die Schleife mit den Schritten 4 und 5 einen Sonderfall darstellt: Bei entsprechenden Transitionsbedingungen können diese beiden Schritte ständig durchlaufen werden. Dabei bereitet Schritt 4 das Setzen von Schritt 5 vor und setzt diesen als Folgezustand auch wieder zurück. Ebenso ist Schritt 5 Vorbereiter von Schritt 4 und auch dessen Rücksetzer. Dieser Sachverhalt spielt beim Entwurf eines Ablauf-Funktionsplanes noch keine Rolle. Erst bei der Umsetzung in ein Steuerungsprogramm unter Verwendung von RS-Speichergliedern darf es am Setz- und Rücksetzeingang nicht zu einer sich aufhebenden Wirkung kommen.

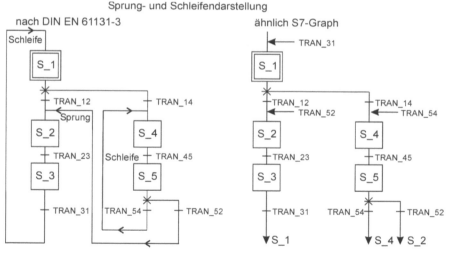

Nachfolgend wird die aufgelöste Darstellungsform von Ablaufketten bevorzugt, um sich kreuzende Wirkungslinien zu vermeiden, die in ungünstigen Fällen auftreten können. Ablaufketten mit einer großen Anzahl von Schritten und mehreren Verzweigungen oder Sprüngen verlieren an Übersichtlichkeit. Es ist zu prüfen, ob es nicht besser ist, den gesamten Ablauf in einzelne technologische Funktionen zu zerlegen und diese mit mehreren korrespondierenden einfachen Ablaufketten umzusetzen (siehe 11.6.2).

## 11.2.4 Aktionen, Aktionsblock

Mit einem Schritt ist in der Regel eine Aktion verbunden. Ein Schritt ohne zugehörige Aktion übt eine Warte-Funktion aus bis die nachfolgende Transitionsbedingung erfüllt ist. Da der Ablauf-Funktionsplan beschreiben soll, was in der gesteuerten Anlage zu geschehen hat, wird in der Norm der Begriff *Aktion* anstelle von Befehl verwendet.

Der *Aktionsblock* ist ein grafisches Element zur Darstellung von Aktionen. Der Aktionsblock ist nicht Teil eines Schrittes und damit auch nicht Teil der Ablaufkette. Der Aktionsblock kann mit einem Schritt verknüpft oder als grafisches Element in einer Kontaktplan- bzw. Funktionsplandarstellung verwendet werden. Nachfolgend wird jedoch die Verknüpfung von Schritt und Aktionsblock bevorzugt, wie im Bild dargestellt.

In vollständiger Darstellung besteht der Aktionsblock aus vier Teilflächen, die nicht alle genutzt werden müssen:

- Feld „a": Bestimmungszeichen
- Feld „b": Aktionsname
- Feld „c": Anzeigevariable
- Feld „d": Beschreibung der Aktion in AWL; ST;
  KOP, FBS

Im einfachsten Fall wird in Feld „b" der Name einer booleschen Variablen und in Feld „a" ein zutreffendes Bestimmungszeichen eingetragen.

Die Aktion wird ausgeführt, wenn der zugehörige Schritt gesetzt ist und eine Aktionssteuerung die Freigabe erteilt. Die Aktionssteuerung sorgt für die richtige Umsetzung der im Feld „a" eingetragenen Bestimmungszeichen

In der Norm DIN EN 63111-3 ist sogar ein entsprechender Funktionsbaustein detailliert beschrieben, der diese umfangreiche Aufgabe wahrnehmen kann. Es wird jedoch nicht gefordert, dass dieser Funktionsbaustein tatsächlich verwendet werden muss; es genügt, dass die Aktion gleichwertig ausgeführt wird.

Im obigen Beispiel lautet die Aktion „Heizung EIN" und es ist das Bestimmungszeichen D zusammen mit einer Zeitangabe im Feld „a" eingetragen. Ergebnis: Die Heizung wird entsprechend verzögert eingeschaltet (siehe Tabelle: Bestimmungszeichen für Aktionen).

Es ist zulässig, mehrere Aktionen mit einem Schritt zu verbinden. Dies wird grafisch dargestellt durch aneinander gereihte Aktionsblöcke.

Im Aktionsfeld „c" kann eine boolesche Anzeige-Variable eingetragen werden, die durch die Aktion gesetzt werden kann, um die Erledigung oder einen Fehlerfall (z. B. Zeitüberschreitung) anzuzeigen. Die Anzeige-Variable kann ggf. auch als Weiterschaltbedingung verwendet werden.

**Tabelle 11.1:** Bestimmungszeichen für Aktionen (Auswahl)

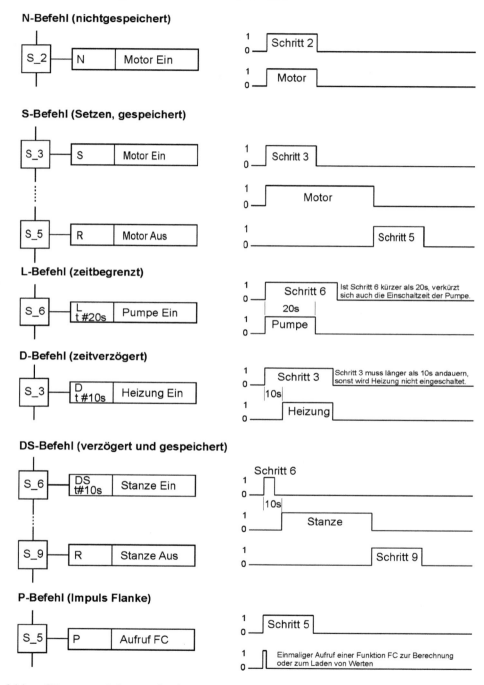

Es fehlen: SD = gespeichert und zeitverzögert, SL = gespeichert und zeitbegrenzt.

Die **DIN EN 60848** unterteilt den Aktionsblock nicht. Die Art der Aktionsausgabe wird dort durch Symbole am Aktionsblock festgelegt. Prinzipiell werden dort zwei Arten zur Bildung von Ausgangswerten unterschieden.

### Kontinuierlich wirkende Art (Zuweisung durch Zustand)

In der kontinuierlich wirkenden Art zeigt die Verknüpfung einer Aktion mit einem Schritt an, dass eine Ausgangsvariable den Wert TRUE hat, wenn der Schritt aktiv ist und die Zuweisungsbedingung erfüllt ist.

### Gespeichert wirkende Art (Zuordnung durch Ereignis)

In der gespeichert wirkenden Art wird die Verknüpfung einer Aktion mit internen Ereignissen angewendet, um anzuzeigen, dass eine Ausgangsvariable den auferlegten Wert annimmt und behält, wenn eines dieser Ereignisse einsetzt.

Gegenüberstellung der unterschiedlichen Darstellung der wichtigsten Aktionen der Normen IEC 61131-3 und GRAFCET (DIN EN 60848):

| IEC 61131-3 | EN 60848 | Beschreibung |
|---|---|---|
| S_6 — N Ventil 1 auf | S_6 — Ventil 1 auf | **Nicht gespeicherte Aktion** Nicht gespeicherte kontinuierlich wirkende Aktion. |
| S_6 — N Motor M ein / M:=S_6&S1&S2 | S_6 — \|S1*S2 / Motor M ein | **Bedingte nicht gespeicherte Aktion** Nicht gespeicherte kontinuierlich wirkende Aktion mit Zuweisungsbedingung. |
| S_6 — D t#3s Q1 zieht an | S_6 — \|3s/XS_6 / Q1 zieht an | **Zeitverzögerte Aktion** Die Zuweisungsbedingung wird erst nach der Zeit t = 3 s ausgehend von der Aktivierung des Schritts erfüllt. |
| S_6 — L t#3s Ventil 2 auf | S_6 — \|3s/XS_6 / Ventil 2 auf | **Zeitbegrenzte Aktion** Die Zuweisungsbedingung wird während der Dauer von t = 3 s ausgehend von der Aktivierung des Schritts erfüllt. |
| S_6 — S VAR1 | S_6 — ↑ VAR1:= 1 | **Speichernde Aktion (Setzen)** Der booleschen Variablen VAR1 wird der Wert 1 mit der Aktivierung des Schrittes zugeordnet. |
| S_6 — R VAR1 | S_6 — ↑ VAR1:= 0 | **Speichernde Aktion (Rücksetzen)** Der booleschen Variablen VAR1 wird der Wert 0 mit der Aktivierung des Schrittes zugeordnet. |
| S_6 — DS t#3s VAR2 | S_6 — ◀3s/XS_6 VAR2:= 1 | **Speichernd zeitverzögerte Aktion** Erst 3 Sekunden nach Aktivierung des Schrittes wird der booleschen Variable VAR2 eine „1" speichernd zugewiesen. |

## 11.3 Umsetzung des Ablauf-Funktionsplans mit SR-Speichern

Ein unter Berücksichtigung der technologischen Bedingungen richtig entworfener Ablauf-Funktionsplan stellt die Lösung einer entsprechenden Steuerungsaufgabe dar. Wie wird dann aus dem Entwurf ein ablauffähiges Steuerungsprogramm?

In der Praxis wird man ein Programmiersystem wählen, zu dessen Sprachenumfang auch die Ablaufsprache (AS) zählt, z. B. S7-GRAPH bei STEP 7 oder AS bei CoDeSys. Im Prinzip kann man dann den Entwurf direkt eingeben. Man braucht sich z. B. nicht um die Umsetzung der Ablaufkette und der Aktionsausgabe unter Berücksichtigung der Bestimmungszeichen zu kümmern, dies wird alles vom Programmier- und Betriebssystem der SPS übernommen.

Möglich ist jedoch auch eine Realisierung von Ablauf-Funktionsplänen mit grundlegenden Programmiermitteln wie SR-Speichergliedern und zugehörigen Grundverknüpfungen, wie anschließend dargestellt. Im Abschnitt 11.4 wird dann gezeigt, wie sich die Umsetzung des Ablauf-Funktionsplanens durch einen wiederverwendbaren Baustein standardisieren lässt.

### 11.3.1 Umsetzungsregeln

Eine mit jedem Programmiersystem mögliche Umsetzungsmethode ist die Zuweisung eines Schrittes der Ablaufkette an einen SR-Speicher und die Realisierung von Übergangsbedingungen durch logische Grundverknüpfungen. Damit die Ablaufkette zu jedem Zeitpunkt in die Grundstellung (Initialschritt aktiv und alle andern Schritte inaktiv) gebracht werden kann, wird eine Variable RESET eingeführt.

**Folgende Regeln sind zu beachten:**

- Es werden so viele SR-Speicher verwendet, wie es Schritte im Ablauf-Funktionsplan gibt, einschließlich eines Anfangsschrittes.

- Beim Einschalten der Steuerung muss für die Grundstellung der Ablaufkette gesorgt werden. Es bieten sich zwei Möglichkeiten an:

  1. Eine Anweisungsfolge erzeugt einen einmalig auftretenden Richtimpuls beim Einschalten der Steuerung und führt zum Setzen des Anfangsschrittes sowie zum Rücksetzen der anderen Schrittspeicher:
     ```
     UN  #FO        // # = Vorsatzzeichen für lokale Variablen
     =   #IO        // Richtimpuls
     S   #FO        // IO = Impuls-Operand, FO = Flankenoperand
     ```
  2. Die statische Lokalvariable des 1. Schrittspeichers SRO_1 erhält in der Deklarationstabelle den Anfangswert TRUE, alle anderen Schrittspeicher erhalten den Anfangswert FALSE.

- Umsetzung des Initialschrittes S_1 in ein SR-Speicherglied. Es wird angenommen, dass die statische lokale Variable SRO_1 den Anfangswert „TRUE" erhält.

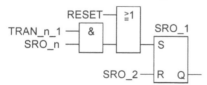

TRAN_n_1: Transitionsbedingung des letzten Schrittes n zu Schritt 1

SRO_n: Schrittoperand des letzten Schrittes n

SRO_2: Schrittoperand des 2. Schrittes

- Stellvertretend für alle weiteren Schritte sei die Umsetzung des Schrittes 3 mit einem SR-Speicherglied dargestellt:

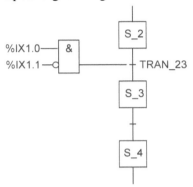

**Setzbedingung:** Am Setzeingang von Speicherglied 3 ist die Übergangsbedingung der Transition TRAN23 mit dem Ausgang von Speicherglied 2 UND-verknüpft.

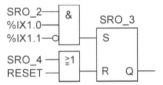

**Rücksetzbedingung:** Speicherglied 3 wird an seinem Rücksetzeingang vom Folgezustand angesteuert. Erst wenn Zustand 4 erreicht ist, wird Zustand 3 gelöscht.

- Verriegelung von Schritten, deren Übergangsbedingungen gleichzeitig auftreten können.

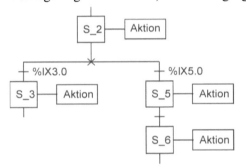

**Verriegelung:** Zustand 3 setzt sich gegen Zustand 5 durch, indem er diesen im Konfliktfall zurücksetzt.

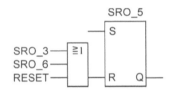

- Die Realisierung der Befehlsausgabe erfolgt gesondert durch Zuweisung des Schrittoperanden SRO_x zum Steuerungsausgang der Aktion.

- Wird ein Steuerungsausgang von mehreren Schritten aus angesteuert, werden die entsprechenden Schrittoperanden ODER-verknüpft.

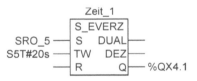

Mehrfache Einzelzuweisungen wären falsch, weil sich dabei immer nur die letzte Anweisung durchsetzt.

- Ist das Bestimmungszeichen der Aktion D (zeitverzögert) oder L (zeitbegrenzt), so erfolgt die Befehlsausgabe mit einem SE- oder mit einem SI-Zeitglied bzw. mit dem TON- oder TP-Funktionsblock.

Bestimmungszeichen D:                    Bestimmungszeichen L:

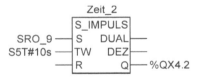

## 11.3.2  Realisierung

Die Ablaufkette mit allen Schritten, Transitionen und Aktionen wird in einem Funktionsbaustein umgesetzt. Da die Transitionen und Schritte anlagenabhängig sind, kann der Baustein dann nur für diese Anlage verwendet werden. Sind mehrere gleichartige Anlagen anzusteuern, kann der Baustein jedoch mehrmals im Steuerungsprogramm aufgerufen werden.

**Regeln für die Programmierung des anlagenabhängigen Funktionsbausteins:**

- Die IN-Variablen des Funktionsbausteins werden durch die Sensoren der Anlage, den RESET-Eingang und eventuell benötigte Zeit- und Zähler-Variablen gebildet.

- Die OUT-Variablen des Funktionsbausteins steuern die Aktoren der Anlage an.

- Der Schrittoperand des Initialschrittes SR0_1 wird mit „TRUE" vorbelegt.

- Die Grundstellung der Ablaufkette wird entweder durch den betriebsmäßigen Ablauf oder durch Ansteuerung mit einem RESET-Signal erreicht. RESET setzt den Speicher des Initialschrittes und rücksetzt alle anderen Schrittspeicher.

- Die Schrittspeicher steuern die Ausgänge (Aktoren) an. Ist ein Ausgang von mehreren Schrittspeichern anzusteuern, so sind diese durch ODER zu verknüpfen.

## 11.3.3  Beispiel

■ **Beispiel 11.1:  Reaktionsprozess**

In einem Reaktionsbehälter werden zwei unterschiedliche chemische Ausgangsstoffe zusammengeführt, auf eine bestimmte Temperatur erwärmt und durch Umrühren vermischt.

**Technologieschema:**

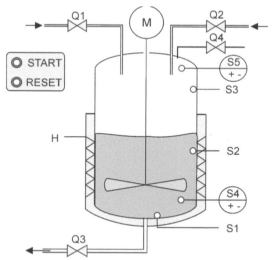

**Bild 11.1:**   Reaktionsbehälter

**Prozessablaufbeschreibung:**

Nach Betätigung des Tasters START wird, sofern eine Leermeldung des Behälters durch S1 vorliegt und der Temperatursensor S4 sowie Drucksensor S5 keine Grenzwerte melden, das Vorlaufventil Q1 solange geöffnet, bis der Niveauschalter S2 („1") anspricht. Danach schaltet der Rührwerkmotor M ein und das Ventil Q2 wird geöffnet. Spricht der Niveauschalter S3 („1") an, schließt das Ventil Q2 wieder. Nach einer Wartezeit von 5 Sekunden wird die Heizung H eingeschaltet, bis der Temperatursensor S4 („1") das

Erreichen der vorgegebenen Temperatur meldet. Meldet während des Aufheizvorgangs der Drucksensor S5 einen Überdruck im Reaktionsbehälter, wird das Druckablassventil Q4 geöffnet bis keine Meldung mehr vorliegt. Nach Ablauf des Aufheizvorganges läuft das Rührwerk noch 10 Sekunden weiter, bevor das Ventil Q3 öffnet. Ist der Behälter leer (Niveauschalter S1 = „1"), wird das Ventil Q3 wieder geschlossen und der Prozessablauf kann wiederholt werden. Mit der RESET-Taste lässt sich die Ablaufkette in die Grundstellung bringen.

**Zuordnungstabelle der Eingänge und Ausgänge:**

| Eingangsvariable | Symbol | Datentyp | Logische Zuordnung | | Adresse |
|---|---|---|---|---|---|
| Start-Taster | START | BOOL | Betätigt | START = 1 | E 0.0 |
| Leermeldung | S1 | BOOL | Behälter leer | S1 = 1 | E 0.1 |
| Niveauschalter 1 | S2 | BOOL | Niveau 1 erreicht | S2 = 1 | E 0.2 |
| Niveauschalter 2 | S3 | BOOL | Niveau 2 erreicht | S3 = 1 | E 0.3 |
| Temperatursensor | S4 | BOOL | Temp. erreicht | S4 = 1 | E 0.4 |
| Drucksensor | S5 | BOOL | Überdruck erreicht | S5 =1 | E 0.5 |
| Taster Ablaufk. Grundstellung | RESET | BOOL | Betätigt | RESET = 1 | E 0.7 |
| Ausgangsvariable | | | | | |
| Zulaufventil 1 | Q1 | BOOL | Ventil auf | Q1 = 1 | A 4.1 |
| Zulaufventil 2 | Q2 | BOOL | Ventil auf | Q2 = 1 | A 4.2 |
| Ablassventil | Q3 | BOOL | Ventil auf | Q3 = 1 | A 4.3 |
| Druckablassventil | Q4 | BOOL | Ventil auf | Q4 = 1 | A 4.4 |
| Heizung | H | BOOL | Heizung an | H = 1 | A 4.5 |
| Rührmotor | M | BOOL | Motor ein | M = 1 | A 4.6 |

**Ablauf-Funktionsplan:**

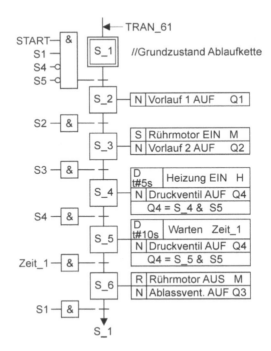

Die Umsetzung des Ablauf-Funktionsplanes erfolgt im Funktionsbaustein FB 1101 nach den beschriebenen Regeln. Nachfolgend ist die Lösung für STEP 7 und CoDeSys gezeigt.

**Lösung in STEP 7**

**Aufruf des Funktionsbausteins**
**FB 1101 im OB 1:**

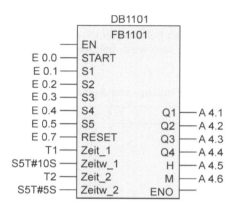

**Deklarationstabelle des Funktionsbausteins FB 1101:**

| Name | Datentyp | Anfangswert |
|------|----------|-------------|
| IN | | |
| START | BOOL | FALSE |
| S1 | BOOL | FALSE |
| S2 | BOOL | FALSE |
| S3 | BOOL | FALSE |
| S4 | BOOL | FALSE |
| S5 | BOOL | FALSE |
| RESET | BOOL | FALSE |
| Zeit_1 | TIMER | |
| Zeitw_1 | S5TIME | S5T#10S |
| Zeit_2 | TIMER | |
| Zeitw_2 | S5TIME | S5T#5S |

| Name | Datentyp | Anfangswert |
|------|----------|-------------|
| OUT | | |
| Q1 | BOOL | FALSE |
| Q2 | BOOL | FALSE |
| Q3 | BOOL | FALSE |
| Q4 | BOOL | FALSE |
| H | BOOL | FALSE |
| M | BOOL | FALSE |
| STAT | | |
| SRO_1 | BOOL | TRUE |
| SRO_2 | BOOL | FALSE |
| SRO_3 | BOOL | FALSE |
| SRO_4 | BOOL | FALSE |
| SRO_5 | BOOL | FALSE |
| SRO_6 | BOOL | FALSE |

**Funktionsplan:**

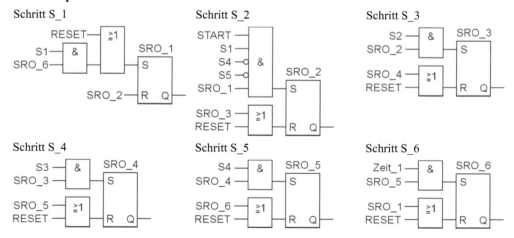

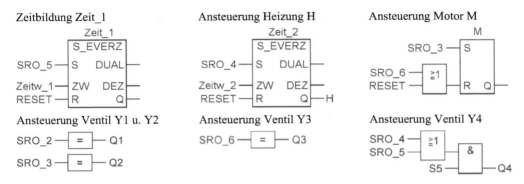

Zeitbildung Zeit_1      Ansteuerung Heizung H      Ansteuerung Motor M

Ansteuerung Ventil Y1 u. Y2      Ansteuerung Ventil Y3      Ansteuerung Ventil Y4

**Lösung in CoDeSys**

**Aufruf des Funktionsbausteins FB 1101 im PLC_PRG:**

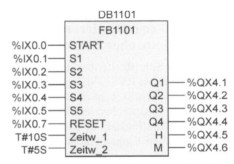

Der Funktionsplan der STEP 7 Lösung kann bis auf die Verwendung der SE-Zeitfunktionen für CoDeSys übernommen werden. Statt der beiden SE-Zeitfunktionen werden dort zwei Funktionsblöcke TON aus der Standardbibliothek verwendet.

**FB 1101 AWL:**

```
FUNCTION_BLOCK FB1101
VAR_INPUT             LD   RESET       LD   S3          CAL Zeit1
 START,S1,S2,         OR(  S1          AND  SRO_3       (IN := SRO_5,
 S3,S4,S5,            AND  SRO_6       S    SRO_4        PT := ZEITW_1)
 RESET:BOOL;          )                LD   RO_5        CAL Zeit2
 ZEITW_1: TIME;       S    SRO_1       OR   RESET       (IN := SRO_4,
 ZEITW_2: TIME;       LD   SRO_2       R    SRO_4        PT := ZEITW_2)
END_VAR               R    SRO_1       LD   S4          LD  Zeit2.Q
VAR_OUTPUT            LD   START       AND  SRO_4       ST  H
 Q1,Q2,Q3,            AND  S1          S    SRO_5       LD  SRO_3
 Q4,H,M:BOOL;         ANDN S4          LD   SRO_6       S   M
END_VAR               ANDN S5          OR   RESET       LD  SRO_6
VAR                   AND  SRO_1       R    SRO_5       OR  RESET
SRO_1:BOOL:=TRUE;     S    SRO_2       LD   Zeit1.Q     R   M
SRO_2,SRO_3,          LD   SRO_3       AND  SRO_5       LD  SRO_2
SRO_4,SRO_5,          OR   RESET       S    SRO_6       ST  Q1
SRO_6:BOOL;           R    SRO_2       LD   SRO_1       LD  SRO_3
Zeit1: TON;           LD   S2          OR   RESET       ST  Q2
Zeit2: TON;           AND  SRO_2       R    SRO_6       LD  SRO_6
END_VAR               S    SRO_3                        ST  Q3
                      LD   SRO_4                        LD  SRO_4
                      OR   RESET                        OR  SRO_5
                      R    SRO_3                        AND S5
                                                        ST  Q4
```

## 11.4 Umsetzung des Ablauf-Funktionsplans mit standardisierter Bausteinstruktur

Für lineare Ablaufketten kann eine standardisierte Lösungsstruktur gefunden werden, bestehend aus einem allgemein gültigen Funktionsbaustein FB zur Umsetzung der Schritte mit den Transitionsbedingungen und einem anlagenspezifischen Ausgabebaustein. Der allgemein gültige Funktionsbaustein (Bibliotheks-Funktionsbaustein) enthält keine Befehlsausgabe, da diese anlagenabhängig ist. Ergebnis und Ausgabe dieses Bausteins ist nur die Schrittnummer, welche den jeweils aktuellen Schritt als INTEGER-Zahl ausgibt. Ein aufgabengemäß programmierter Befehlsausgabebaustein muss die aktuelle Schrittnummer auswerten und die Befehlsausgabe ausführen. Der vorgestellte Bibliotheks-Funktionsbaustein FB 15 ist für zehn Schritte konzipiert. Eine Erweiterung des Bausteins für mehr Schritte ist jedoch leicht ausführbar.

### 11.4.1 Regeln für die Programmierung des Bibliotheks-Schrittkettenbausteins FB 15: KoB (Kette ohne Betriebsartenwahl)

- Die IN-Variablen des Schrittkettenbausteins werden durch zehn boolesche Variablen T1_2, T2_3 bis T10_1 und einen RESET-Eingang gebildet. An den Eingang T1_2 wird die Transitionsbedingung von Schritt 1 nach Schritt 2 geschrieben. Für die restlichen Eingänge T2_3 bis T10_1 gilt Entsprechendes. Die IN-Variablen T2_3 bis T10_1 erhalten in der Vorbelegung der Deklarationstabelle den Wert „TRUE". Damit wird automatisch weitergeschaltet, wenn ein solcher Eingang nicht beschaltet ist.

- Einzige OUT-Variable des Schrittkettenbausteins ist SCHRITT (Schrittnummer) mit dem Datenformat INTEGER. Dieser Ausgang gibt den jeweils aktuellen Schritt an.

- Für jeden Ablaufschritt ist ein SR-Speicherglied mit der Logik der Transitionsbedingungen zum Setzen des Nachfolgespeichers vorzusehen. Über den Rücksetzeingang wird der Vorgängerspeicher von seinem Nachfolgerspeicher gelöscht. Für die SR-Speicherglieder sind Schrittoperanden als statische Variablen in der Deklarationstabelle einzuführen. Der Schrittoperand des Initialschrittes SRO_1 wird dabei mit „TRUE" vorbelegt.

- Die Grundstellung der Ablaufkette wird entweder durch den betriebsmäßigen Ablauf oder durch Ansteuerung mit einem RESET-Signal erreicht. RESET setzt den Speicher des Initialschrittes und rücksetzt alle anderen Schrittspeicher.

Die Umsetzung des standardisierten Schrittkettenbausteins erfolgt im Funktionsbaustein FB 15.

**Funktionsbaustein FB 15:**

```
           DB 15
      ┌─ EN  FB 15 ──┐
      ─┤ T1_2         │
      ─┤ T2_3         │
      ─┤ T3_4         │
      ─┤ T4_5         │
      ─┤ T5_6         │
      ─┤ T6_7         │
      ─┤ T7_8         │
      ─┤ T8_9         │
      ─┤ T9_10        │
      ─┤ T10_1  SCHRITT ├─
      ─┤ RESET    ENO ├─
      └──────────────┘
```

**Beschreibung der Übergabeparameter:**

| | |
|---|---|
| T1_2 | Eingangsvariable für die Transitionsbedingung von Schritt 1 nach 2 |
| T2_3 ... T10_1 | Eingangsvariablen der entsprechenden Transitionsbedingungen der Transitionen T2_3 bis T_10_1 aus der Schrittkette |
| RESET | Eingangsvariable, um die Schrittkette in die Grundstellung zu setzen |
| SCHRITT | INTEGER-Variable zur Ausgabe der aktuellen Schrittnummer |

**Deklarationstabelle des Schrittketten-Funktionsbausteins FB 15:**

| Name | Datentyp | Anfangswert |
|------|----------|-------------|
| IN | | |
| T1_2 | BOOL | FALSE |
| T2_3 | BOOL | TRUE |
| T3_4 | BOOL | TRUE |
| T4_5 | BOOL | TRUE |
| T5_6 | BOOL | TRUE |
| T6_7 | BOOL | TRUE |
| T7_8 | BOOL | TRUE |
| T9_10 | BOOL | TRUE |
| T10_1 | BOOL | TRUE |
| RESET | BOOL | FALSE |
| OUT | | |
| SCHRITT | INTEGER | 1 |

| Name | Datentyp | Anfangswert |
|------|----------|-------------|
| STAT | | |
| SRO_1 | BOOL | TRUE |
| SRO_2 | BOOL | FALSE |
| SRO_3 | BOOL | FALSE |
| SRO_4 | BOOL | FALSE |
| SRO_5 | BOOL | FALSE |
| SRO_6 | BOOL | FALSE |
| SRO_7 | BOOL | FALSE |
| SRO_8 | BOOL | FALSE |
| SRO_9 | BOOL | FALSE |
| SRO_10 | BOOL | FALSE |

**Funktionsplan des Schrittketten-Funktionsbausteins FB 15 für STEP 7:**

**Schritt 1:**                                  **Schritt 2:**

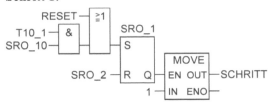

Die Programmteile für die Schritte 3 bis 9 sind entsprechend aufgebaut. Auf eine Darstellung wird deshalb verzichtet.

**Schritt 10:**

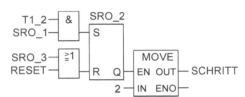

**Funktionsplan des Schrittketten-Funktionsbausteins FB 15 für CoDeSys:**

Da bei CoDeSys die MOVE-Box im Funktionsplan keinen EN-Eingang besitzt, wird zur Übergabe der Schrittnummer bei einem aktiven Schritt die SEL-Funktion verwendet.

Beispielhaft ist nebenstehend die Umsetzung des Schrittes 2 gezeigt.

**Schritt 2:**

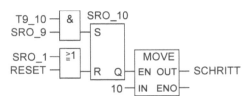

**Programmausschnitt FB 15 in SCL/ST: Schritt 1, Schritt 2 und Schritt 10:**

```
IF #RESET THEN #SCHRITT:= 1; ELSIF
 #SCHRITT = 1 AND #T1_2 THEN #SCHRITT:=2; ELSIF
 #SCHRITT = 2 AND #T2_3 THEN #SCHRITT:=3; ELSIF  ...//Schritte 3-9
 #SCHRITT = 10 AND #T10_1 THEN #SCHRITT:=1; END_IF;
```

Wird die Ablaufkette mit dem Ablaufkettenbaustein FB 15 realisiert, müssen die Ausgabe-aktionen außerhalb des FB 15 gebildet werden. Es fördert nicht nur die Übersichtlichkeit, wenn die Ausgabeaktionen in einem Befehlsausgabebaustein zusammengefasst werden, sondern beide Bausteine können zur Ansteuerung gleicher Anlagen wieder verwendet werden.

### 11.4.2  Regeln für die Programmierung des Befehlsausgabebausteins

Als Bausteintyp kann in den meisten Fällen eine Funktion FC (z. B. FC 16) verwendet werden. Sind allerdings lokale statische Variablen in dem Baustein erforderlich, muss ein Funktions-baustein FB (z. B. FB 16) verwendet werden.

- Die Auswertung der aktuellen Schrittnummer erfolgt durch einen Vergleicher.
- Ist das Bestimmungszeichen der Aktion ein „N", muss eine einfache Zuweisung program-miert werden. Wird der Aktor von mehreren Ablaufschritten nichtspeichernd angesteuert, müssen die Einzelzuweisungen ODER-verknüpft werden.

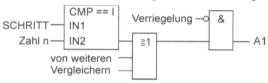

- Ist das Bestimmungszeichen der Aktion ein „S", muss eine SR-Speicherfunktion verwendet werden, die durch eine nachfolgende Aktion „R" beendet wird.

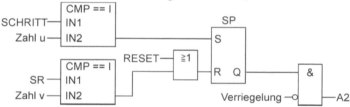

- Ist das Bestimmungszeichen ein „D", wird die Zeit durch die Zeitfunktion SE bzw. durch einen TON-Funktionsblock gebildet.

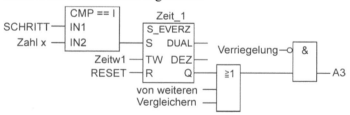

- Ist das Bestimmungszeichen ein „L", wird die Zeit durch eine Zeitfunktion SI bzw. durch einen TP-Funktionsblock gebildet.

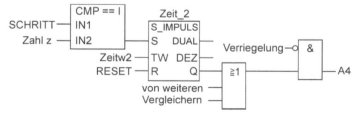

### 11.4.3 Realisierung

Zur Umsetzung der Ablaufkette in ein Steuerungsprogramm wird der universelle Schrittketten-Funktionsbaustein FB 15 aufgerufen und an den Eingängen anlagenspezifisch parametriert. Dabei sind einfach die Transitionsbedingungen an die entsprechenden Eingänge T1_2 bis T10_1 zu legen. Nicht benötigte Transitionen können dabei unbeschaltet bleiben

Der eigentliche Programmieraufwand liegt in der Erstellung des Ausgabebausteins FC 16 bzw. FB 16. Die Ausgänge dieses Bausteins steuern die Aktoren der Anlage an.

Diese Art der Realisierung liefert mit der INTEGER-Variablen „Schritt", welche die Verbindung der beiden Bausteine FB 15 und FC 16 herstellt, die Möglichkeit zur aktuellen Schrittanzeige. Transferiert man diese Variable an ein Ausgangsbyte (z. B. AB6), so kann dort die Schrittnummer dualcodiert angezeigt werden.

### 11.4.4 Beispiel

■ **Beispiel 11.2: Prägemaschine**

Mit einer Prägemaschine soll auf Werkstücken eine Kennzeichnung eingeprägt werden. Dazu schiebt ein Schieber ein Werkstück aus dem Magazin in die Prägeform. Wenn die Prägeform belegt ist, stößt der Prägestempel abwärts und bewegt sich nach einer Wartezeit von 3 Sekunden wieder nach oben. Nach dem Prägevorgang stößt der Auswerfer das fertige Teil aus der Form, sodass es anschließend von dem Luftstrom aus der Luftdüse in den Auffangbehälter geblasen wird. Eine Lichtschranke spricht an, wenn das Teil in den Auffangbehälter fällt. Danach kann der nächste Prägevorgang beginnen.

**Technologieschema:**

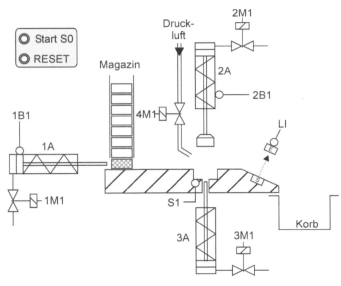

**Bild 11.2:**  Prägemaschine (Die eingesetzten drei 3/2-Wege-Ventile sind nur schematisch dargestellt.)

**Zuordnungstabelle der Eingänge und Ausgänge:**

| Eingangsvariable | Symbol | Datentyp | Logische Zuordnung | | Adresse |
|---|---|---|---|---|---|
| Start-Taster | S0 | BOOL | Betätigt | S0 = 1 | E 0.0 |
| Hintere Endl. Zyl. 1A | 1B1 | BOOL | Endlage erreicht | 1B1 = 1 | E 1.1 |
| Prägeform belegt | S1 | BOOL | Form belegt | S1 = 1 | E 1.2 |
| Vordere Endl. Zyl. 2A | 2B1 | BOOL | Endlage erreicht | 2B1 = 1 | E 1.3 |
| Lichtschranke | LI | BOOL | Unterbrochen | LI = 1 | E 1.4 |
| RESET-Taster | RESET | BOOL | Betätigt | RESET = 1 | E 0.7 |
| Ausgangsvariable | | | | | |
| Magnetspule Ventil 1 | 1M1 | BOOL | Zyl.1A fährt aus | 1M1 = 1 | A 5.1 |
| Magnetspule Ventil 2 | 2M1 | BOOL | Zyl.2A fährt aus | 2M1 = 1 | A 5.2 |
| Magnetspule Ventil 3 | 3M1 | BOOL | Zyl.3A fährt aus | 3M1 = 1 | A 5.3 |
| Magnetspule Luftdüse | 4M1 | BOOL | Ventil offen | 4M1 = 1 | A 5.4 |

**Ablauf-Funktionsplan:**

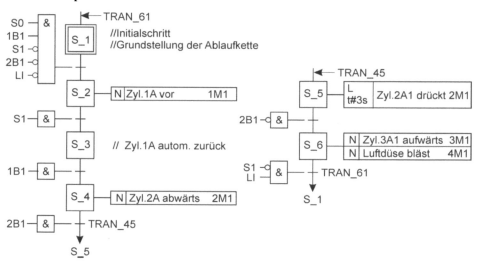

Da der Schrittketten-Funktionsbaustein FB 15 für die Ablaufkette verwendet wird, muss nur der Befehlsausgabebaustein FC 16 entworfen werden.

**Lösung in STEP 7**

Deklarationstabelle des Ausgabebausteins FC 16:

| Name | Datentyp |
|---|---|
| IN | |
| SCHRITT | INT |
| Zeit | TIMER |
| Zeitw | S5TIME |
| RESET | BOOL |

| Name | Datentyp |
|---|---|
| OUT | |
| _1M1 | BOOL |
| _2M1 | BOOL |
| _3M1 | BOOL |
| _4M1 | BOOL |

```
        FC16
──EN          1M1──
──SCHRITT     2M1──
──Zeit        3M1──
──Zeitw       4M1──
──RESET       ENO──
```

Das Programm der Funktion FC 16 für die Aktionen besteht aus den Ansteuerungen der Aktoren und der Programmierung der Zeitfunktion in Abhängigkeit von der Schrittnummer, wie im Ablauf-Funktionsplan vorgegeben.

**Funktionsplan des Ausgabebausteins FC 16:**

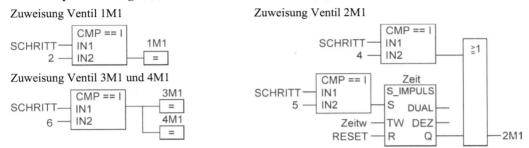

Zuweisung Ventil 1M1

Zuweisung Ventil 2M1

Zuweisung Ventil 3M1 und 4M1

**Programmstruktur im OB 1:**

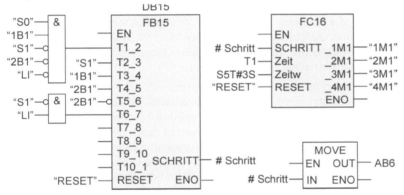

Die mit „#" versehene Variable muss im OB 1 als temporäre Variable mit dem Datentyp IN-TEGER deklariert werden. Für die Eingangs- und Ausgangsoperanden (siehe Zuordnungs-tabelle) werden Symbole in der Symbolta-belle vereinbart (z. B. E 0.0 → „S0").

**Lösung in CoDeSys**

Auch bei CoDeSys ist bei Verwendung des Schrittkettenbausteins FB 15 aus der Bibliothek nur der Aus-gabebaustein FC 16 zu programmieren. Das Programm entspricht dem oben dargestellten Funktionsplan. Statt der SI-Zeitfunktion wird dabei der TP-Funktionsblock verwendet, dessen Instanz „Zeit" als IN_OUT-Variable deklariert wird.

**Aufruf der Bausteine im PLC-PRG in der Programmiersprache CFC:**

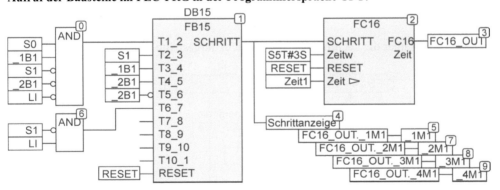

*Hinweis:* Die Programme und Bibliotheken für STEP 7 und CoDeSys können auf der Web-Seite www.automatisieren-mit-sps.de herunter geladen werden.

## 11.5 Ablaufsteuerungen mit wählbaren Betriebsarten

### 11.5.1 Grundlagen

Fertigungstechnische oder verfahrenstechnische Ablaufsteuerungen sind Steuerungen mit einem zwangsweisen Ablauf der inneren Zustände der Steuerungsprogramme, die in eindeutig funktioneller und zeitlicher Zuordnung zu den technologischen Abläufen in der Anlage stehen und mit einer übergeordneten Funktionsebene zur Bedienerführung mit verschiedenen Betriebsarten ausgestattet sind.

Steuerungslösungen in der Form von Ablaufsteuerungen zeichnen sich durch einen übersichtlichen Programmaufbau mit typischen Steuerungsstrukturen aus. Beim praktischen Einsatz der Ablaufsteuerungen erweisen sich diese als wartungsfreundlich, da sie ein schnelles Erkennen von Fehlerursachen erlauben, die zumeist in fehlenden Weiterschaltbedingungen an den Schrittübergängen zu suchen sind. Allerdings bilden bereits kleinere Ablaufsteuerungen ein komplexes Steuerungsprogramm, da neben der Ablaufkette eine übergeordnete Funktionsebene für die Vorgabe unterschiedlicher Betriebsarten vorhanden ist.

Die Darstellung der Ablaufkette erfolgt mit den Elementen des Ablauf-Funktionsplanes und kann demgemäß übersichtlich gestaltet werden. Der Betriebsartenteil ist dagegen nur als Verknüpfungssteuerung realisierbar und gewöhnlich ohne Funktionsbeschreibung nicht leicht verstehbar. In der Praxis wird der Entwurf von Ablaufsteuerungen durch den Einsatz spezieller Software-Tools (z. B. S7-GRAPH) unterstützt, die es dem Anwendungsprogrammierer gestatten, sich ganz auf die technologische Lösung zu konzentrieren, da die Umsetzung auf die Steuerungsprogrammebene vom Programmiersystem geleistet wird und der Betriebsartenteil bereits integriert ist. Im diesem Lehrbuch wird auf den Einsatz solch mächtiger Software-Tools verzichtet und dafür die Ablaufsteuerung aus einzelnen Programmteilen zusammengesetzt.

### 11.5.2 Struktur

Eine Ablaufsteuerung kann in drei Programmteile gegliedert werden:
- Betriebsartenteil
- Ablaufkette
- Befehlsausgabe

Es liegt im Prinzip immer die nachfolgende, vereinfacht dargestellte Programmstruktur vor:

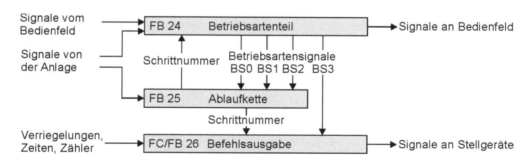

**Bild 11.3:** Struktur einer Ablaufsteuerung mit wählbaren Betriebsarten

**Aufgaben des Betriebsartenteils:**

Hier werden die Bedingungen für die Steuerungsabläufe vorgegeben. In der Regel lassen sich Automatikbetrieb, Einzelschrittbetrieb und Einrichtbetrieb zur Anlagensteuerungen wählen. Während im Einrichtbetrieb die Aktoren einer Anlage über Befehlsgeber direkt ohne Berücksichtigung der Ablaufkette angesteuert werden können, unterscheiden sich die beiden Betriebsarten Automatik und Einzelschritt durch Bedingungen der Schritt-Weiterschaltung der Ablaufkette. Beim Automatikbetrieb läuft die Schrittkette ohne Einwirkung eines Bedieners automatisch ab. Beim Einzelschrittbetrieb erfolgt die Weiterschaltung von einem zum nächsten Schritt nur unter der Leitung des Anlagenpersonals. Dabei kann bei der Weiterschaltung gewählt werden, ob die Übergangsbedingung erfüllt sein muss oder nicht. Zur Einstellung der Betriebsarten erzeugt ein *Betriebsartenteil* verschiedene Steuerbefehle (Betriebsartensignale) für die Ablaufkette. Der Betriebsartenteil stellt somit das Bindeglied zwischen Bedienfeld und Ablaufkette dar.

**Aufgaben der Ablaufkette:**

Kernstück einer Ablaufsteuerung ist die Ablaufkette. In dieser wird das Programm für den schrittweisen Funktionsablauf der Steuerung bearbeitet. Die einzelnen Ablaufschritte werden abhängig von Übergangsbedingungen (Transitionen) in einer festgelegten Reihenfolge aktiviert. Für die Betriebsarten Automatik, Einzelschritt mit Bedingung und Einzelschritt ohne Bedingung steuern Betriebsartensignale aus dem Betriebsartenteil zusätzlich die Weiterschaltung.

**Aufgaben der Befehlsausgabe:**

In der Befehlsausgabe werden die den einzelnen Ablaufschritten zugeordneten Aktionen durch Ansteuerung der Stellgeräte ausgeführt. Dabei müssen Betriebsartenvorgaben genauso berücksichtigt werden wie Verriegelungssignale aus der Anlage, um die Steuerungssicherheit zu gewährleisten.

## 11.5.3 Bedien- und Anzeigefeld

Die Einstellung der Betriebsarten erfolgt von einem Bedienfeld aus. Neben den Bedienelementen besitzen Bedienfelder noch Leuchtmelder zur Anzeige der Betriebszustände und eine Schrittanzeige, an der der aktuelle Schritt abgelesen werden kann.

In der Praxis werden zur Bedienung und Beobachtung von Ablaufsteuerungen meist Panels eingesetzt, die maschinennah angebracht sind. Nachfolgend wird ein Bedien- und Anzeigefeld vorgestellt, das sich sowohl hardwaremäßig mit Tastern, Schaltern und Anzeigeleuchten als auch softwaremäßig mit einem Bedien- und Beobachtungssystem realisieren lässt

Neben einem EIN- und einem AUS-Taster für das Ein-/Ausschalten der Steuerung befindet sich auf dem Bedienfeld ein Wahlschalter, mit dem die Betriebsart Automatik, Einzelschritt mit Bedingung, Einzelschritt ohne Bedingung oder Einrichten eingestellt werden kann. Leuchtmelder geben jeweils eine Rückmeldung, welche Betriebsart gerade aktuell ist.

Für die Betriebsart „Einrichten" ist ein Drehschalter zur Auswahl von 10 Aktoren auf dem Bedienfeld angebracht. Unter der Aktorauswahl ist hierbei beispielsweise ein Motor oder ein Zylinder zu verstehen. Mit den Tasten Arbeitsstellung bzw. Grundstellung kann im Einrichtbetrieb der Motor dann im Rechts- bzw. Linkslauf angesteuert oder der Zylinder in die Arbeitsstellung oder Grundstellung gefahren werden. Um „Crash-Situationen" zu vermeiden, sind entsprechende Verriegelungen bei der Befehlsausgabe zu berücksichtigen.

**Bedien- und Anzeigefeld:**

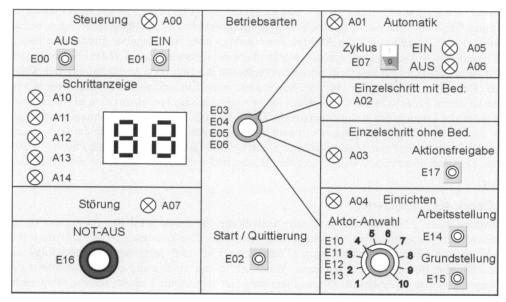

**Bild 11.4:** Bedien- und Anzeigefeld

Um Verwechslungen mit den Bezeichnungen von Signalgebern in Anlagen zu vermeiden, die in den Technologieschemata oftmals mit S0 ... Sn bezeichnet werden, sind die Eingänge des Bedienfeldes mit E00 bis E07 und E10 bis E17 benannt. Ebenso die Ausgänge von A00 bis A06 und A10 bis A14.

**Beabsichtigte Funktionen der Befehlsgeber und Anzeigen des Bedienfeldes:**

**Taster E00:  Steuerung_AUS**
   Schaltet die Steuerung aus. (Anmerkung: In der Praxis besteht der Befehlsgeber für das EIN- und AUS-Schalten der Steuerung meist aus einem Schlüsselschalter.)

**Taster E01:  Steuerung_EIN**
   Schaltet die Steuerung ein. Steuerung einschalten nach NOT-AUS oder Steuerung AUS.

**Taster E02:  Start/Quittierung**
   Automatikbetrieb: Ist die Betriebsart mit E03 vorgewählt, wird beim Betätigen des Tasters der Automatikbetrieb gestartet.
   Einzelschrittbetrieb: Bei entsprechender Betriebsartenwahl erfolgt durch Tasterbetätigung eine Einzelschritt-Weiterschaltung der Schrittkette.
   Bei ausgeschalteter Steuerung nach einer unregelmäßigen Betriebssituation wird durch Betätigen der Start/Quitt-Taste das RESET Betriebsartensignal BS0 zum Rücksetzen der Schrittkette und der gespeicherten Aktionen ausgelöst.

**Wahlschalter E03, E04, E05 und E06:  Betriebsart**
   Wahl der Betriebsart: E03 = 1 für Automatik, E04 = 1 für Einzelschrittbetrieb mit Bedingungen, E05 = 1 für Einzelschrittbetrieb ohne Bedingungen und E06 = 1 für Einrichten. Ein Betriebsartenwechsel ist über den Wahlschalter jederzeit ohne Bearbeitungsabbruch möglich. Die Umschaltung in die Betriebsart Weiterschalten ohne Bedingungen und Einrichten

stoppt die Ansteuerung der Aktoren. Durch den Wahlschalter ist gewährleistet, dass stets nur einer der Eingänge E03, E04, E05 und E06 ein „1"-Signal annehmen kann.

**Taster E07: Zyklus EIN/AUS**

Steht der Schalter auf „EIN" wird ein Bearbeitungszyklus ständig wiederholt. Steht der Wahlschalter auf „AUS" wird der Bearbeitungszyklus nur einmal durchlaufen und der Automatikbetrieb dann beendet. Wird während eines Bearbeitungszyklus von „EIN" auf „AUS" umgeschaltet, wird der Bearbeitungszyklus noch ausgeführt und dann der Automatikbetrieb beendet.

**Wahlschalter E10 ... E13: Aktor-Anwahl**

In der Betriebsart Einrichten können 10 verschiedene Aktoren angewählt werden. An den Eingängen E10 ... E13 liegt der Wert dualcodiert vor. Die Auswahl betrifft z. B. anzusteuernde Zylinder oder Motoren mit Rechts- und Linkslaufmöglichkeit.

**Taster E14: Aktor-Arbeitsstellung**

Die Bewegung wird nur bei gedrückter Taste ausgeführt. Der gewählte Zylinder fährt in die Arbeitsstellung bzw. der gewählte Motor dreht „rechts". Anlagenspezifische Verriegelungen verhindern oder beenden die Bewegung bei „Crash"-Gefahr.

**Taster E15: Aktor-Grundstellung**

Die Bewegung wird nur bei gedrückter Taste ausgeführt. Der gewählte Zylinder fährt in die Grundstellung bzw. der gewählte Motor dreht „links". Anlagenspezifische Verriegelungen verhindern oder beenden die Bewegung bei „Crash"-Gefahr.

**Taster E16: NOT-AUS-Taster**

Eine Betätigung dieses oder weiterer NOT-AUS-Taster schaltet die Steuerung aus. Alle Bewegungen werden angehalten und die Antriebe stillgesetzt.

**Taster E17: Aktionsfreigabe**

In der Betriebsart Einzelschrittbetrieb ohne Bedingung wird bei gedrückter Taste die Aktion des aktiven Schrittes ausgeführt.

**Anzeige A00: Leuchtmelder „Steuerung EIN"**

Zeigt den eingeschalteten Zustand der Steuerung an.

**Anzeige A01: Leuchtmelder „Automatik"**

Leuchtet bei Zyklusbearbeitung im Automatikbetrieb.

**Anzeige A02: Leuchtmelder „Einzelschritt mit Bedingung"**

Leuchtet in der Betriebsart Einzelschritt mit Bedingung.

**Anzeige A03: Leuchtmelder „Einzelschritt ohne Bedingung"**

Leuchtet in der Betriebsart Einzelschritt ohne Bedingung.

**Anzeige A04: Leuchtmelder „Einrichten"**

Leuchtet in der Betriebsart Einrichten.

**Anzeige A05: Leuchtmelder „Zyklus EIN"**

Leuchtet in der Betriebsart Automatik, wenn Schalter „Zyklus" auf EIN steht.

**Anzeige A06: Leuchtmelder „Zyklus AUS"**

Leuchtet in der Betriebsart Automatik, wenn der Schalter „Zyklus" auf AUS steht und ein Bearbeitungszyklus abläuft.

**Anzeige A07: Leuchtmelder „Störung"**

Leuchtet in allen Betriebsarten, wenn eine Störung auftritt.

**Schrittanz.:  A10 ... A14**

Sind für die dualcodierte Anzeige des jeweiligen Schrittes vorgesehen, 5 Bit für 32 Schritte (0 ... 31).

### 11.5.4 Betriebsartenteil-Baustein (FB 24: BETR)

Aufgabe des Bausteins für den Betriebsartenteil ist die programmgesteuerte Erzeugung von Betriebsartensignalen (BS). Der Betriebsartenteil stellt das Bindeglied zwischen Anzeige- und Bedienfeld und der Schrittkette dar und erzeugt abhängig von den Befehlsgebern des Bedienfeldes die Betriebsartensignale.

Der Betriebsartenteil wird in einem Funktionsbaustein FB 24 bibliotheksfähig realisiert. Bei den nachfolgenden Beispielen wird dieser Baustein unverändert übernommen. Da das Programm für den Betriebsartenbaustein FB 24 empirisch entwickelt wurde genügt es, die funktionale Beschreibung des Bausteins zu kennen.

Wie aus der Struktur der Ablaufsteuerung (Bild 11.3) zu sehen ist, sind folgende Betriebsartensignale in dem Funktionsbaustein FB 24 zu generieren:

- **Signal Rücksetzen RESET (BS0)**

  Mit dem Signal *RESET* (BS0) werden alle Schrittspeicher einer Ablaufkette mit Ausnahme von Schritt 1 (Initialschritt) und alle gespeicherten Ausgabezuweisungen zurückgesetzt. Der Initialschritt S_1 wird durch das RESET-Signal gesetzt. Dieser Vorgang heißt *Initialisierung der Ablaufkette* und muss zu Beginn der Inbetriebnahme einer Ablaufsteuerung durchgeführt werden.

- **Signal Weiterschalten mit Bedingungen W_mB (BS1)**

  Das Signal *Weiterschalten mit Bedingungen* W_mB (BS1) wirkt in einer UND-Verknüpfung mit den Weiterschaltbedingungen auf die Ablaufkette. Das Weiterschalten von Schritt n nach Schritt n+1 setzt die erfüllte Weiterschaltbedingung und das Betriebsartensignal BS1 voraus. Nur wenn BS1 den Signalwert „1" hat, kann bei erfüllten Weiterschaltbedingungen in der Ablaufkette der nächste Schritt gesetzt werden. Umgekehrt kann durch Vorgabe des Signalwertes „0" von BS1 die Schrittweiterschaltung gesperrt werden, obwohl alle Weiterschaltbedingungen für diesen Schritt erfüllt sind.

- **Signal Weiterschalten ohne Bedingungen W_oB (BS2)**

  Mit dem Signal *Weiterschalten ohne Bedingungen* W_oB (BS2) soll in der Ablaufkette der nächste Schrittspeicher und nur dieser gesetzt werden, ohne dass die entsprechende Weiterschaltbedingung erfüllt ist. Eine solche Funktionalität hat nur unter bestimmten Randbedingungen wie z. B. einer Inbetriebnahme ihren Sinn. Man möchte beispielsweise von der Grundstellung aus gezielt in den vierten Schritt gehen, und zwar schrittweise durch drei 0 → 1 Signalwechsel von BS2. Voraussetzung dazu ist, dass BS2 ein Impulssignal ist, d. h. nur für einen Programmzyklusdurchlauf den Signalwert „1" hat. Ein BS2-Signal als gespeichertes 1-Signal würde einen Kettenkreislauf ohne gezielte Anhaltemöglichkeit erzeugen.

- **Signal Freigabe der Aktion FR_AKTION (BS3)**

  Mit dem Signal *Aktionsfreigabe* (BS3) wird im Ausgabebaustein die Ansteuerung der Aktoren eines Schrittes freigegeben. Im Einzelschrittbetrieb ohne Bedingungen hat dieses Signal erst den Wert „TRUE", wenn die Aktionsfreigabetaste gedrückt ist. Außerdem wird durch dieses Signal verhindert, dass bei ausgeschalteter Steuerung ein Aktor angesteuert wird, wenn die Schrittkette in einem beliebigen Schritt steht.

Die eingeklammerten Bezeichnungen BS0 bis BS3 sind Kurzbezeichnungen für die Betriebsartensignale. Diese werden als Übergabevariablen zwischen den Bausteinen FB24, FB25 und FC/FB26 verwendet und im OB1 als temporäre Lokal-Variablen deklariert. Die Betriebsartensignale werden im Ablaufkettenbaustein FB 25 und Befehlsausgabebaustein FC/FB 26 verarbeitet. Neben diesen Signalen werden vom Betriebsartenbaustein FB 24 noch die Anzeigesignale für das Bedienfeld generiert. Die Ausnahme hierbei bildet das Signal für die Störungsanzeige. Dieses muss je nach Anforderung der Störungsdiagnose in einem eigenen Baustein erzeugt werden. Denkbar sind Methoden der Zeitüberwachung, d. h., wie lange ein Schritt gesetzt sein darf, oder der Auswertung widersprüchlicher Sensormeldungen usw. Störungsdiagnose und Störmeldungen sind so komplex, dass die Betrachtung den Rahmen dieses Abschnittes sprengen würde.

**Schnittstellen des Betriebsarten-Funktionsbausteins FB 24:**

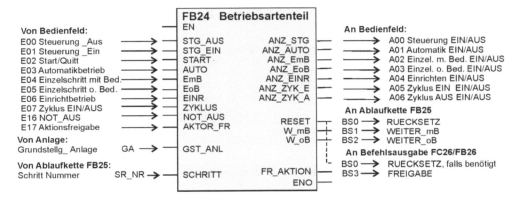

**Deklarationstabelle des Betriebsarten-Funktionsbausteins FB 24:**

| Name | Datentyp | Name | Datentyp | Name | Datentyp |
|------|----------|------|----------|------|----------|
| **IN** | | **OUT** | | **STAT** | |
| STG_AUS | BOOL | ANZ_STG | BOOL | STEU_EIN | BOOL |
| STG_EIN | BOOL | ANZ_AUTO | BOOL | AUTO_EIN | BOOL |
| START | BOOL | ANZ_EmB | BOOL | AUTO_BE | BOOL |
| AUTO | BOOL | ANZ_EoB | BOOL | START_SP | BOOL |
| EmB | BOOL | ANZ_EINR | BOOL | FO1 | BOOL |
| EoB | BOOL | ANZ_ZYK_E | BOOL | FO2 | BOOL |
| EINR | BOOL | ANZ_ZYK_A | BOOL | IO_WEITER | BOOL |
| ZYKLUS | BOOL | RESET | BOOL | | |
| NOT_AUS | BOOL | W_mB | BOOL | | |
| AKTOR_FR | BOOL | W_oB | BOOL | | |
| GST_ANL | BOOL | FR_Aktion | BOOL | | |
| SCHRITT | INT | | | | |

**Funktionsplan des Betriebsartenbausteins FB 24:**

Steuerung EIN-AUS

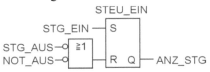

Vorwahl Automatikbetrieb beenden

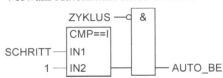

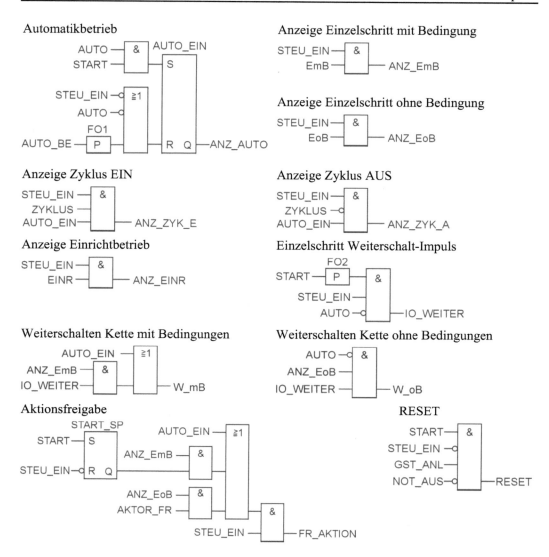

### 11.5.5  Ablaufkettenbaustein (FB 25: KET_10)

Für lineare Ablaufketten liefert der in Abschnitt 11.4.1 dargestellte Funktionsbaustein FB 15 eine *standardisierte Lösung* für die Realisierung der Schrittkette. Dieser Baustein muss für die Anwendung für Ablaufsteuerungen mit mehreren Betriebsarten noch durch die Betriebsarten-signale BS0 (RESET), BS1 (Weiterschalten mit Bedingungen) und BS2 (Weiterschalten ohne Bedingungen) ergänzt werden. Der so entstandene, nachfolgend dargestellte Funktionsbaustein FB 25 ist wieder für 10 Schritte konzipiert. Reicht die Anzahl der Schritte nicht aus, können entweder zwei Schrittkettenbausteine FB 25 hintereinander gekoppelt oder die Anzahl der Schritte im Funktionsbaustein FB 25 erweitert werden. Bei verzweigten Schrittketten kann ebenfalls der Schrittkettenbaustein FB 25 verwendet werden, wenn durch mehrmaligen Aufruf des Schrittkettenbausteins FB 25 die verzweigte Kette in einzelne voneinander abhängige line-are Ketten zerlegt wird.

**Funktionsbaustein FB 25:**

**Schnittstellen des Funktionsbausteins:** | **Beschreibung der Übergabeparameter:**

```
┌─────────────────────────┐
│ FB25   Ablaufkette      │
│                         │
─┤ EN                     │
─┤ RESET                  │
─┤ WEITER_mB              │
─┤ WEITER_oB              │
─┤ T1_2                   │
─┤ T2_3                   │
─┤ T3_4                   │
─┤ T4_5                   │
─┤ T5_6                   │
─┤ T6_7                   │
─┤ T7_8                   │
─┤ T8_9          SCHRITT ├─
─┤ T9_10                  │
─┤ T10_1             ENO ├─
└─────────────────────────┘
```

| | |
|---|---|
| RESET: | Variable für das Signal BS0 |
| WEITER_mB: | Variable für das Signal BS1 |
| WEITER_oB: | Variable für das Signal BS2 |
| T1_2: | Variable für die Transition (Weiterschaltbedingung) von Schritt 1 nach Schritt 2 |
| T2_3 bis T10_1 | Variablen für die Transitionen (Weiterschaltbedingungen) der restlichen Schritte |
| SCHRITT: | Gibt die Nummer des aktuellen Schrittes im Datenformat INTEGER an |

Die folgenden Tabellen geben die erforderlichen Datentypen und die Anfangswerte der Eingangs-, Ausgangs- und statischen Variablen an, welche in der Deklarationstabelle des Bausteins festzulegen sind.

**Tabelle 11.2:** Eingangsvariablen des Ablaufkettenbausteines FB 25

| Parameter | Typ | Anfangswert | Beschreibung |
|---|---|---|---|
| RESET | BOOL | FALSE | Grundstellung der Ablaufkette (BS0) |
| WEITER_mB | BOOL | FALSE | Weiterschalten mit Bedingungen (BS1) |
| WEITER_oB | BOOL | FALSE | Weiterschalten ohne Bedingungen (BS2) |
| T1_2 | BOOL | FALSE | Weiterschaltbedingung Schritt1 nach Schritt2 |
| T2_3 bis T10_1 | BOOL | **TRUE** | **Weiterschaltbedingungen: Nicht benötigte Schritte bleiben offen und werden durch den Anfangswert TRUE weitergeschaltet.** |

**Tabelle 11.3:** Ausgangsvariablen des Ablaufkettenbausteines FB 25

| Parameter | Typ | Anfangswert | Beschreibung |
|---|---|---|---|
| SCHRITT | INT | 0 | Nummer des aktiven Schrittes |

**Tabelle 11.4:** Statische Variablen des Ablaufkettenbausteines FB 25 (nach außen nicht sichtbar)

| Statische Variablen | Typ | Anfangswert | Beschreibung |
|---|---|---|---|
| SRO_1 | BOOL | **TRUE** | **Schritt-Operand 1: Initialschritt** |
| SRO_2 bis SRO_10 | BOOL | FALSE | Schritt-Operanden 2 bis 10 |

**Steuerungsprogramm des Ablaufketten-Funktionsbausteins FB 25:**

**Schritt 1: Initialschritt**

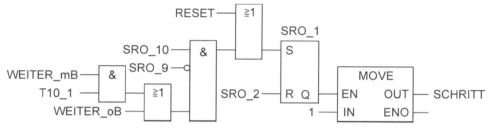

**Schritt 2:**

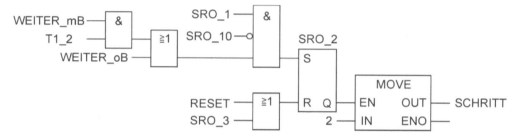

Die Funktionspläne der Schritte 3 bis Schritt 10 haben alle die gleiche Struktur wie Schritt 2. Im nachfolgend dargestellten Funktionsplan für Schritt 10 sind die Variablen grau hinterlegt, die bei dem jeweiligen Schritt angepasst werden müssen.

**Schritt 10:**

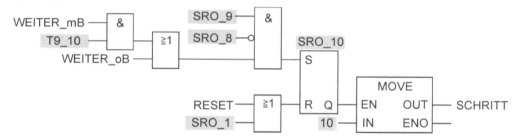

*Hinweis:* Bei Programmierung des Schrittketten-Funktionsbausteins mit CoDeSys wird statt der MOVE-Funktion die Funktion SEL verwendet, wie in Kapitel 11.4.1 gezeigt.

**Funktionsbeschreibung:**

Die Schrittkette wird bei erstmaliger Bearbeitung des Ablaufketten-Funktionsbausteines FB 25 statisch in den Grundzustand gesetzt: SRO_1 = 1 und alle anderen SRO_n = 0. Dies erfolgt durch die bei der Deklaration der statischen Variablen festgelegten Anfangswerte: SRO_1 = TRUE und SRO_n = FALSE. Ein Rücksetzsignal (BS0) vom Betriebsartenteil kann die Schrittkette über den Eingangsparameter RESET ebenfalls in die Grundstellung bringen.

Für jeden Schritt ist ein Schritt-Speicher erforderlich, hier durch ein SR-Glied realisiert. Für jedes SR-Speicherglied ist ein Schritt-Operand als statische Lokalvariable deklariert (z. B. SRO_3 für Schritt 3), damit der Zustand des Schrittes für weitere Bearbeitungszyklen sowie bei mehrmaliger Verwendung des Funktionsbausteins gespeichert werden kann.

Der Speicher wird gesetzt, wenn die Übergangsbedingung erfüllt ist und der Vorgängerschritt SRO_2 gesetzt sowie der Vor-Vorgängerschritt SRO_1 rückgesetzt ist. Die Abfrage des Vor-Vorgängerschrittes ist nötig, um ein Durchschalten der Ablaufkette beim Weiterschalten ohne Bedingungen (BS2) zu verhindern.

Die Übergangsbedingung kann auf zweifache Art erfüllt sein:

Der Eingangsparameter WEITER_mB ist „1" und es liegt die Weiterschaltbedingung T2_3 = 1 vor. Der Eingangsparameter WEITER_mB wird von der gewählten Betriebsart beeinflusst. Bei Automatikbetrieb und bei Handbetrieb im Modus Weiterschalten mit Bedingungen wird vom Betriebsartenprogramm das Signal W_mB erzeugt und durch das Betriebsartensignal BS1 an den Ablaufkettenbaustein gelegt.

Der Eingangsparameter WEITER_oB ist „1". Das Signal darf für die Weiterschaltung um einen Schritt jeweils nur für einen Zyklus anstehen (positive Flankenauswertung erforderlich!). In diesem Fall hat die Weiterschaltbedingung T2_3 keinen Einfluss. Das ist denkbar, wenn beispielsweise die Betriebsart Einzelschritt ohne Weiterschaltbedingungen gewählt wurde. Es liegt dann die Absicht vor, die Schrittkette auf einen bestimmten Schritt einzustellen.

Das Rücksetzen des Schritt-Speichers erfolgt durch den Nachfolgerschritt oder durch das Rücksetzsignal bei RESET = „1". Erfolgt das Setzen eines Schrittoperanden im Zyklus n, so wird der Vorgänger im Zyklus n+1 zurückgesetzt.

**Programmausschnitt FB 25 in SCL/ST: Schritt 1, Schritt 2 und Schritt 10:**
```
IF RESET THEN SCHRITT:= 1; ELSIF
 SCHRITT=1 AND((WEITER_mB AND T1_2) OR WEITER_oB)THEN SCHRITT:=2; ELSIF
 SCHRITT=2 AND((WEITER_mB AND T2_3) OR WEITER_oB)THEN SCHRITT:=3; ELSIF
 ...//Schritte 3-9
 SCHRITT=10 AND((WEITER_mB AND T10_1) OR WEITER_oB) THEN SCHRITT:=1;
END_IF;
```

## 11.5.6 Befehlsausgabe

Im Befehlsausgabeteil der Ablaufsteuerung sollen die Befehle für die Stellgeräte (Aktoren) programmiert werden, und zwar entsprechend den Vorgaben der in den Aktionsblöcken der Ablaufkette angegebenen Bestimmungszeichen.

Für den Betriebsartenteil und die Ablaufkette wurden zwei Programme in bibliotheksfähigen Funktionsbausteinen vorgestellt. Für den Befehlsausgabeteil scheint dies nicht möglich zu sein, da zu unterschiedliche Anforderungen an einen solchen Baustein gestellt werden. Trotzdem ist es sinnvoll, die Befehlsausgaben in einem Baustein (z. B. FC 26/FB 26) zu kapseln, um dem Steuerungsprogramm eine übersichtliche Struktur zu geben. Zudem sind die nachfolgend angegebenen Regeln und bestimmte Teile des dargestellten Steuerungsprogramms anlagenunabhängig und können somit für jeden Befehlsausgabebaustein übernommen werden. Treten lokale statische Variablen in dem Ausgabebaustein auf, muss statt der Funktion FC 26 ein Funktionsbaustein FB 26 verwendet werden.

Der Befehlsausgabebaustein FC 26/FB 26 realisiert die Ansteuerung der Stellglieder unter Berücksichtigung der eingestellten Betriebsart und der erforderlichen Verriegelungsbedingungen. Einige Schnittstellen des Bausteins müssen auf die jeweilige Anlage angepasst werden. In der nachfolgenden Darstellung des Bausteins sind die Anschlüsse der anlagenabhängigen Ein- und Ausgangs-Operanden sowie mögliche STEP 7 Zeiten und Zähler dunkelgrau hinterlegt.

**Schnittstellen des Befehlsausgabebausteins FC 26/FB 26:**

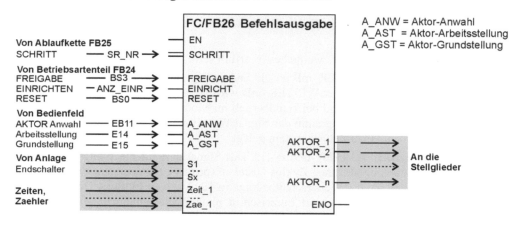

Für alle Ausgänge des Befehlsausgabebausteins gilt die gleiche im nachfolgenden Funktionsplan gezeigte Steuerungsstruktur. Die dort hellgrau hinterlegten Verknüpfungen ergeben sich aus der Ansteuerung des Stellgliedes in den Betriebsarten Automatik und Einzelschritt. Die in dunkelgrau hinterlegte Fläche zeigt die Verknüpfung für die Ansteuerung des Stellgliedes im Einrichtbetrieb.

**Struktur der Ansteuerung eines Stellgliedes (Aktor_n) im Befehlsausgabebaustein:**

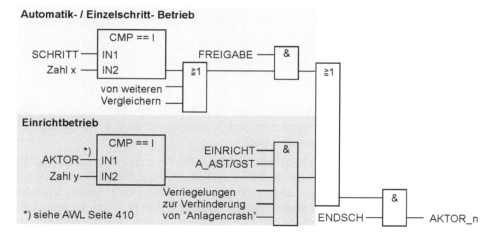

In den Betriebsarten Automatik, Einzelschritt und Einrichten ist bei der Ansteuerung von Stellgliedern, die eine Bewegung zur Folge haben und bestimmte Endschalter nicht überfahren dürfen, zusätzlich eine Endschalter-Verriegelung erforderlich. Endschalter liefern bei Betätigung ein 0-Signal durch einen zwangsöffnenden Kontakt. Deshalb ist der Endschalter an der UND-Verknüpfung bejaht abzufragen.

Nachfolgend werden die Regeln zur Ansteuerung eines Stellgliedes in den Betriebsarten Automatik, Einzelschritt (hellgraue Fläche) und Einrichten (dunkelgraue Fläche) getrennt beschrieben.

**Ansteuerung eines Stellgliedes (Aktor_n) im Automatik bzw. Einzelschrittbetrieb:**

Abhängig von den Bestimmungszeichen der Aktion in der Ablaufkette muss der hellgrau hinterlegte Teil der Stellglied-Ansteuerung ausgeführt werden. Dabei gelten folgende Regeln:

1. Jeder von der Ablaufkette beeinflusste Teil der Befehlsausgabe beginnt mit der Auswertung der Schrittnummer durch einen Vergleicher. Da die Schrittnummer als INTEGER-Zahl übermittelt wird, ist ein Vergleicher auf „ist gleich" für INTEGER-Zahlen einzusetzen.

2. Wird ein Stellglied von mehreren Ablaufschritten nichtspeichernd (Bestimmungszeichen „N") angesteuert, müssen die Einzelwertzuweisungen mit einer ODER-Verknüpfung zusammengefasst werden.

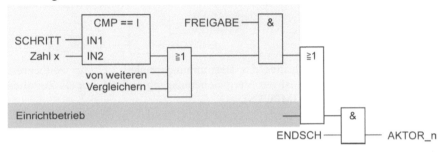

3. Ist die im Schritt auszuführende Aktion mit dem Bestimmungszeichen „S" für gespeicherte Aktion gekennzeichnet, dann muss eine SR-Speicherfunktion verwendet werden. Der boolesche Ausgang des Vergleiches führt auf den Setzeingang des Speichers. Wichtig ist, dass ein später folgender Schritt der Ablaufkette die auszuführende Aktion beendet. Dazu muss im Aktionsblock für diese Aktion das Bestimmungszeichen „R" für vorrangiges Rücksetzen angegeben sein.

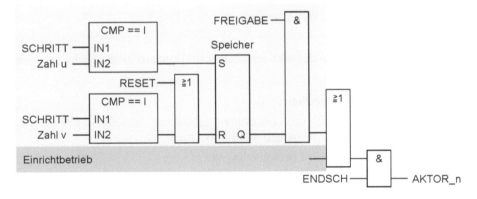

4. Zeigt der Aktionsblock eines Schrittes das Bestimmungszeichen „D" für zeitverzögertes Einschalten eines Stellgliedes, so muss der Vergleicherausgang auf ein Zeitglied mit Einschaltverzögerung geführt werden (CoDeSys: TON; STEP 7: S_EVERZ). Am Zeitgliedausgang liegt wieder das bereits erwähnte UND-Glied. Im **Einzelschrittbetrieb** kann der Fall vorkommen, dass der aktive Ablaufschritt den Zeitgliedeingang aktiviert hält und der Zeitablauf nicht abgewartet werden soll. Das erfordert eine Rücksetzmöglichkeit für das Zeitglied z. B. mit dem Signal FREIGABE (BS3) oder auch durch das Signal RESET (BS0).

Ansteuerung eines Aktors, wenn das Bestimmungszeichen „D" ist:

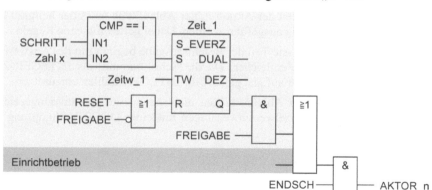

5. Zeigt der Aktionsblock eines Schrittes das Bestimmungszeichen „L" für zeitbegrenztes Einschalten eines Stellgliedes, so ist der Vergleicherausgang auf ein Impuls-Zeitglied zu führen (CoDeSys: TP; STEP 7: S_IMPULS).

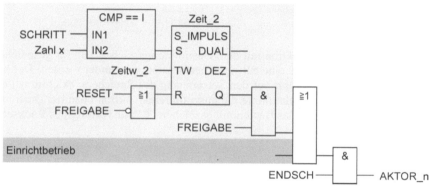

Für andere Bestimmungszeichen in den Aktionsblöcken sind entsprechende Verknüpfungen zu bilden.

**Steuerungsstruktur im Einrichtbetrieb:**

Der in den vorangegangenen Bildern noch unbestimmt gebliebene, dunkelgrau hinterlegte Teil für den Einrichtbetrieb muss anlagenabhängig realisiert werden.

Folgende Regeln sind beim Entwurf zu berücksichtigen:

1. Am Eingang A_ANW (Datenformat BYTE) des Ausgabebausteins wird im Einrichtbetrieb der anzusteuernde Aktor angegeben. Damit die übrigen Binärstellen des Bytes noch verwendet werden können, sind in der nebenstehenden AWL die ersten 4 Bits der Eingangsvariablen A_ANW mit W#16#000F maskiert und der lokalen temporären Variablen AKTOR zugewiesen, siehe Seite 416.

```
AWL:
L   #A_ANW
L   W#16#F
UW
T   #AKTOR
```

2. Mit einem Vergleicher wird bestimmt, welcher Aktor ausgewählt wurde. Die Variable A_AST (Aktor Arbeitsstellung) bzw. A_GST (Aktor Grundstellung) am nachfolgenden UND-Glied veranlasst dann die Befehlsausgabe.

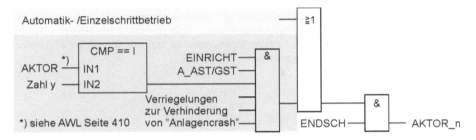

*Hinweis:* Der Teil der UND-Verknüpfung, der die Freigabe durch das Einricht-Signal, das Signal Aktor in die Grundstellung (A-GST) bzw. Aktor in die Arbeitsstellung (A_AST) und die Aktorauswahl enthält, ist bei allen Aktor-Ansteuerungsfunktionen gleich.

3. Zu berücksichtigen sind noch mögliche „Crash-Situationen", die im Einrichtbetrieb vorkommen können. Diese sind durch Verriegelungen am UND-Glied zu verhindern.

Nach Fertigstellung des Steuerungsprogramms sind die Ansteuerungsbedingungen der Stellglieder im Einrichtbetrieb nochmals einer genauen Prüfung zu unterziehen, ob alle Sicherheitsanforderungen tatsächlich auch erfüllt sind.

### 11.5.7 Realisierung

Zur Umsetzung einer Ablaufsteuerung mit wählbaren Betriebsarten in ein Steuerungsprogramm werden die universellen Funktionsbausteine Betriebsarten FB 24 und Ablaufkette FB 25 aufgerufen. Bei der Parametrierung der Bausteine sind dabei nur der Eingang GA für die Grundstellung der Anlage beim Betriebsarten-Baustein FB 24 und die Transitionsbedingungen des Ablaufkettenbausteins FB 25 anlagenabhängig.

Der eigentliche Programmieraufwand liegt in der Anpassung des Ausgabebausteins FC 26/FB 26 an die speziellen Anlagenanforderungen. Als Ausgangsvariablen müssen alle Stellglieder der Anlage deklariert werden. Die erforderlichen Verriegelungen müssen als zusätzliche Eingänge des Bausteins vereinbart werden.

Zu prüfen ist für die zu steuernde Anlage noch, ob alle vier vorgestellten Betriebsarten im konkreten Anwendungsfall auch sinnvoll sind. Ist dies nicht der Fall, können entsprechende Befehlsgeber und Anzeigen auf dem Bedienfeld außer Betracht bleiben. Der dargestellte standardisierte Betriebsarten-Funktionsbaustein FB 24 kann aber trotzdem weiter verwendet werden. Die zugehörigen Ein- bzw. Ausgänge des Bausteins bleiben dann unbeschaltet.

### 11.5.8 Beispiel

■ **Beispiel 11.3: Biegemaschine**

Auf einer Biegemaschine werden Bleche gebogen. Die Zuführung und der Abtransport der Bleche ist nicht Gegenstand dieser Steuerungsaufgabe. Meldet Sensor S1, dass ein Blech eingelegt ist, fährt das Schutzgitter nach einer Wartezeit von 5 Sekunden durch Ansteuerung des Schützes Q1 zu. Ist das Schutzgitter geschlossen, fährt Zylinder 1A aus und hält das Blech fest. Zylinder 2A biegt das Blech zunächst um 90°, bevor Zylinder 3A das Blech in die endgültige Form bringt. Zylinder 3A verharrt dabei drei Sekunden in der vorderen Endlage. Ist Zylinder 3A wieder in der oberen Endlage, fährt auch Zylinder 1A zurück. Danach wird das Schutzgitter durch Ansteuerung von Q2 geöffnet. Nach Entfernen des gebogenen Blechs, kann der Biegevorgang wiederholt werden.

Zylinder 1A wird durch ein 5/2-Wegeventil mit beidseitiger elektromagnetischer Betätigung angesteuert. Die Zylinder 2A und 3A werden durch 5/2-Wegeventile mit einseitiger elektromagnetischer Betätigung und Federrückstellung angesteuert. Aus dem Technologieschema ist ersichtlich, welcher Elektromagnet der 5/2-Wegeventile jeweils angesteuert werden muss.

**Technologieschema:**

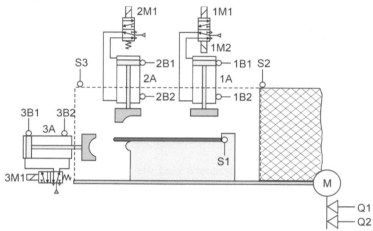

**Bild 11.5:**  Biegemaschine

**Zuordnungstabelle der Eingänge und Ausgänge der Anlage:**

| Eingangsvariable | Symbol | Datentyp | Logische Zuordnung | | Adresse |
|---|---|---|---|---|---|
| Hintere  Endl. Zylinder 1 | 1B1 | BOOL | Endlage erreicht | 1B1 = 1 | E 0.0 |
| Vordere Endl. Zylinder 1 | 1B2 | BOOL | Endlage erreicht | 1B2 = 1 | E 0.1 |
| Hintere  Endl. Zylinder 2 | 2B1 | BOOL | Endlage erreicht | 2B1 = 1 | E 0.2 |
| Vordere Endl. Zylinder 2 | 2B2 | BOOL | Endlage erreicht | 2B2 = 1 | E 0.3 |
| Hintere  Endl. Zylinder 3 | 3B1 | BOOL | Endlage erreicht | 3B1 = 1 | E 0.4 |
| Vordere Endl. Zylinder 3 | 3B2 | BOOL | Endlage erreicht | 3B2 = 1 | E 0.5 |
| Sensor Blech vorhanden | S1 | BOOL | Blech vorhanden | S1 = 1 | E 0.6 |
| Sensor Schutzgitter auf | S2 | BOOL | Schutzgitter ist auf | S2 = 0 | E 0.7 |
| Sensor Schutzgitter zu | S3 | BOOL | Schutzgitter ist zu | S3 = 0 | E 1.0 |
| Ausgangsvariable | | | | | |
| Magnetspule 1 Zyl. 1A | 1M1 | BOOL | Zyl. 1A fährt aus | 1M1 = 1 | A 4.1 |
| Magnetspule 2 Zyl. 1A | 1M2 | BOOL | Zyl. 1A fährt zurück | 1M2 = 1 | A 4.2 |
| Magnetspule 1 Zyl. 2A | 2M1 | BOOL | Zyl. 2A fährt aus | 2M1 = 1 | A 4.3 |
| Magnetspule 1 Zyl. 3A | 3M1 | BOOL | Zyl. 3A fährt aus | 3M1 = 1 | A 4.4 |
| Motor Schutzgitter zu | Q1 | BOOL | Schutzgitter fährt zu | Q1 = 1 | A 4.5 |
| Motor Schutzgitter auf | Q2 | BOOL | Schutzgitter fährt auf | Q2 = 1 | A 4.6 |

Für die Biegemaschine sollen die Betriebsarten Automatik, Einzelschritt und Einrichten möglich sein. Dazu wird das in Abschnitt 11.5.3 vorgestellte Bedien- und Anzeigefeld verwendet.

**Zuordnungstabelle der Eingänge und Ausgänge des Bedien- und Anzeigefeldes:**

| Eingangsvariable | Symbol | Datentyp | Logische Zuordnung | | Adresse |
|---|---|---|---|---|---|
| Steuerung EIN | _E00 | BOOL | Betätigt | _E00 = 0 | E 10.0 |
| Steuerung AUS | _E01 | BOOL | Betätigt | _E01 = 1 | E 10.1 |
| Taster Start/Quittierung | _E02 | BOOL | Betätigt | _E02 = 1 | E 10.2 |
| Auswahl Automatik | _E03 | BOOL | Ausgewählt | _E03 = 1 | E 10.3 |
| Auswahl Einzelschr. m.B. | _E04 | BOOL | Ausgewählt | _E04 = 1 | E 10.4 |
| Auswahl Einzelschr. o.B. | _E05 | BOOL | Ausgewählt | _E05 = 1 | E 10.5 |
| Auswahl Einrichten | _E06 | BOOL | Ausgewählt | _E06 = 1 | E 10.6 |
| Wahlschalter Zyklus | _E07 | BOOL | Zyklus ein | _E07 = 1 | E 10.7 |
| Aktor-Anwahl | E10_E13 | ½ BYTE | Dualzahl von 1 bis 10 | | E11.0–11.3 |
| Taster Arbeitsstellung | _E14 | BOOL | Betätigt | _E14 = 1 | E 11.4 |
| Taster Grundstellung | _E15 | BOOL | Betätigt | _E15 = 1 | E 11.5 |
| NOT-AUS | _E16 | BOOL | Betätigt | _E16 = 0 | E 11.6 |
| Taster Aktionsfreigabe | _E17 | BOOL | Betätigt | _E14 = 1 | E 11.7 |
| **Ausgangsvariable** | | | | | |
| Anzeige Steuerung EIN | _A00 | BOOL | Leuchtet | _A00 = 1 | A 10.0 |
| Anzeige Automatik | _A01 | BOOL | Leuchtet | _A01 = 1 | A 10.1 |
| Anzeige Einzelschr. m. B. | _A02 | BOOL | Leuchtet | _A02 = 1 | A 10.2 |
| Anzeige Einzelschr. o. B. | _A03 | BOOL | Leuchtet | _A03 = 1 | A 10.3 |
| Anzeige Einrichten | _A04 | BOOL | Leuchtet | _A00 = 1 | A 10.4 |
| Anzeige Zyklus EIN | _A05 | BOOL | Leuchtet | _A01 = 1 | A 10.5 |
| Anzeige Zyklus AUS | _A06 | BOOL | Leuchtet | _A02 = 1 | A 10.6 |
| Schrittanzeige | A10_A14 | 5x BOOL | Dualzahl von 0 ... 31 | | A11.0–11.4 |

*Hinweis:* Damit die Ein-/Ausgabeoperanden für das Bedienfeld als Symbole in die Symboltabelle übernommen werden können, wird jeweils ein Unterstrich vor das Symbol hinzugefügt.

**Ablauf-Funktionsplan:**

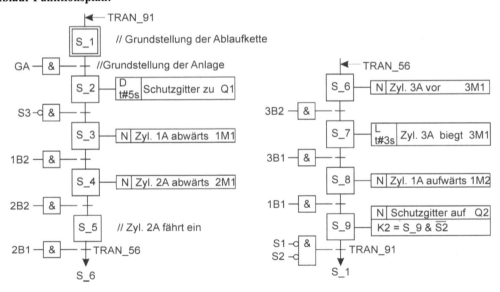

**Grundstellung der Anlage**

Das Signal GA für die Grundstellung der Anlage wird durch die Sensor-Abfrage der Anlage gebildet. Die drei Zylinder müssen sich in der hinteren Endlage befinden (Abfrage durch 1B1, 2B1 und 3B1). Die negierte Abfrage der Sensoren für die vordere Endlage überprüft, ob die entsprechenden Sensoren das richtige Signal geben. Mit Sensor S1 wird abgefragt, ob sich ein Blech in der Biegemaschine befindet. Mit den Sensoren S2 uns S3 wird die offene Stellung des Schutzgitters abgefragt.

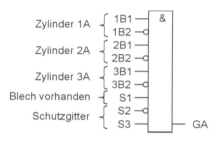

Die Umsetzung des Ablauf-Funktionsplans erfolgt durch die Verwendung der vorgestellten Bausteine FB 24 Betriebsarten, FB 25 Ablaufkette und FC 26 Befehlsausgabe. Während die Bausteine FB 24 und FB 25 lediglich parametriert werden müssen, sind bei dem Befehlsausgabebaustein die notwendigen Verriegelungen bei der Ansteuerung der Stellglieder zu bedenken.

**Funktionsplan Befehlsausgabebaustein FC 26:**

Ansteuerung 1M1 Zylinder 1A vor

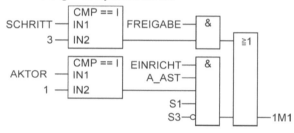

Zylinder 1A ist Aktor Nr. 1

Im Einrichtbetrieb darf der Zylinder 1A nur ausfahren, wenn die Schutztür geschlossen und ein Blech eingelegt ist.

Ansteuerung 1M2 Zylinder 1A zurück

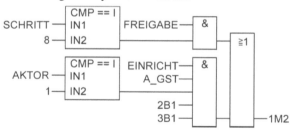

Im Einrichtbetrieb darf der Zylinder 1A nur einfahren, wenn sich die beiden anderen Zylinder im eingefahrenen Zustand befinden.

Ansteuerung 2M1 Zylinder 2A vor

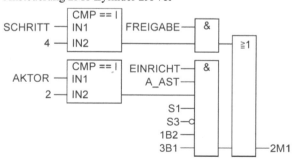

Zylinder 2A ist Aktor Nr. 2

Im Einrichtbetrieb darf der Zylinder 2A nur ausfahren, wenn die Schutztür geschlossen und ein Blech eingelegt ist. Außerdem muss das Blech gespannt und Zylinder 3A eingefahren sein.

Ansteuerung 3M1 Zylinder 3A vor

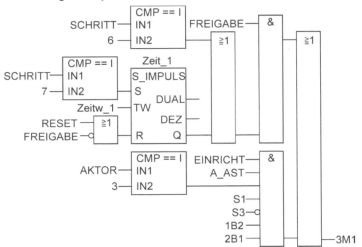

Zylinder 3A ist Aktor Nr. 3

Im Einrichtbetrieb darf der Zylinder 3A nur ausfahren, wenn die Schutztür geschlossen und ein Blech eingelegt ist. Außerdem muss das Blech gespannt und Zylinder 2A eingefahren sein.

Ansteuerung Q1 Motorschütz Schutzgitter zu

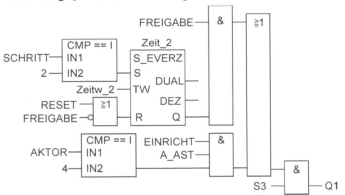

Der Motor M ist Aktor Nr. 4

Im Einrichtbetrieb darf das Schutzgitter ohne besondere Bedingung zufahren. Der Endschalter S3 verriegelt in allen Betriebsarten die Ansteuerung von Q1.

Ansteuerung Q2 Motorschütz Schutzgitter auf

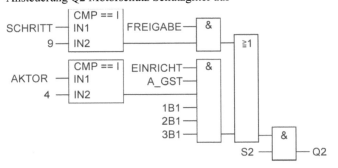

Der Motor M ist Aktor Nr. 4

Im Einrichtbetrieb darf die Schutzgitter nur aufgesteuert werden, wenn sich alle drei Zylinder in der oberen Endlage befinden. Der Endschalter S2 verriegelt in allen Betriebsarten die Ansteuerung von Q2.

Im ersten Netzwerk des Befehlsausgabebausteins FC 26 ist noch die Eingangsvariable A_ANW mit B#16#0F zu maskieren und der temporären Variablen AKTOR zuzuweisen (siehe nebenstehende AWL).

```
L    #A_ANW
L    B#16#F
UW
T    #AKTOR
```

**Deklarationstabelle des Befehlsausgabebausteins FC 26:**

| Name | Datentyp |
|------|----------|
| IN   |          |
| SCHRITT | INT |
| FREIGABE | BOOL |
| EINRICHT | BOOL |
| RESET | BOOL |
| AKT_ANW | BYTE |
| A_AST | BOOL |
| A_GST | BOOL |

| Name | Datentyp |
|------|----------|
| IN   |          |
| _1B2 | BOOL |
| _2B1 | BOOL |
| _3B1 | BOOL |
| S1 | BOOL |
| S2 | BOOL |
| S3 | BOOL |
| Zeit_1 | TIMER |
| Zeitw_1 | S5TIME |
| Zeit_2 | TIMER |
| Zeitw_2 | S5TIME |

| Name | Datentyp |
|------|----------|
| OUT  |          |
| _1M1 | BOOL |
| _1M2 | BOOL |
| _2M1 | BOOL |
| _3M1 | BOOL |
| Q1 | BOOL |
| Q2 | BOOL |

| Name | Datentyp |
|------|----------|
| TEMP |          |
| AKTOR | INT |

*Hinweis:* Da die Syntax von STEP 7 und CoDeSys in der Deklarationstabelle keine Zahlen als erstes Zeichen beim Namen der lokalen Variablen zulässt, beginnen die entsprechenden Variablen mit einem Unterstrich. (Beispiel: Statt 1B1 wird _1B1 geschrieben.)

**Lösung in STEP 7**

Nachfolgend ist das Programm des Organisationsbausteins OB 1 im Funktionsplan angegeben. Neben den Bausteinaufrufen von FB 24 Betriebsartenteil, FB 25 Schrittkette und FC 26 Befehlsausgabe sind noch die Netzwerke für die Grundstellung und die Schrittanzeige dargestellt.

Für die SPS-Operanden sind die in der Zuordnungstabelle der Aufgabe gegebenen Symbole verwendet worden. Die mit „#" gekennzeichneten Variablen müssen im OB 1 als temporäre Variablen mit dem Datentyp BOOL bzw. INT deklariert werden.

**Aufruf der Bausteine und Zuweisungen im OB 1:**

Netzwerk 1: Grundstellung der Anlage GA

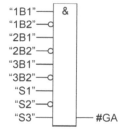

Netzwerk 2: Betriebsarten-Funktionsbaustein FB 24

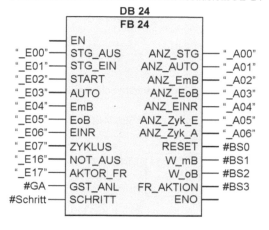

Netzwerk 3: Schrittanzeige bei Steuerung EIN

Netzwerk 4: Schrittanzeige bei Steuerung AUS

Netzwerk 5: Schrittketten-Funktionsbaustein     Netzwerk 6: Ausgabe-Funktion

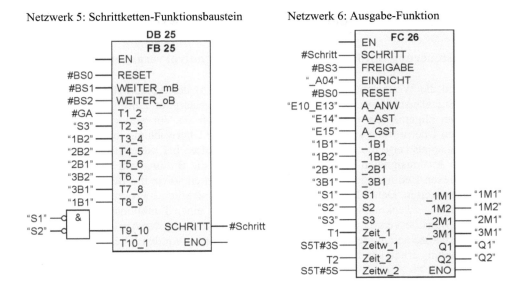

**Lösung in CoDeSys**

**Aufruf der Bausteine im PLC-PRG in der Programmiersprache CFC:**

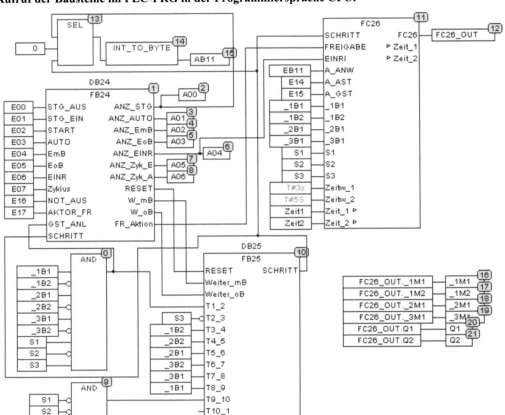

## 11.6  Komplexe Ablaufsteuerungen

### 11.6.1  Ablaufsteuerung mit Betriebsartenteil und Signalvorverarbeitung

Nicht immer sind die Weiterschaltbedingungen (Transitionen) der Ablaufkette nur abhängig von einzelnen Signalzuständen bestimmter Sensoren oder gestarteter Zeitglieder wie bisher angenommen. Der allgemeinere Fall ist gekennzeichnet durch die Vorverarbeitung beliebiger Signale und deren Überprüfung auf bestimmte Kriterien oder Überwachung ihrer Ausführung. Dazu gehören beispielsweise die Verarbeitung von Zählimpulsen bei Mengenerfassungen, die Auswertung von Analogsignalen bei Temperaturmessungen, die Bildung von Weiterschaltsignalen aus komplexen Bedingungen verschachtelter Ablaufketten sowie die Bereitstellung von Daten oder Rezeptwerten. Damit kann sich schnell ein unübersichtliches Programm ergeben. In solchen Fällen ist es zweckmäßig, die Ablaufsteuerung um einen Funktionsbaustein für die Aufgaben einer Signalvorverarbeitung zu erweitern. Zur Normierung der Analogwerte können die Normierungsbausteine aus der Bausteinbibliothek verwendet werden. Die Gesamtstruktur einer Ablaufsteuerung erhält somit folgendes Aussehen:

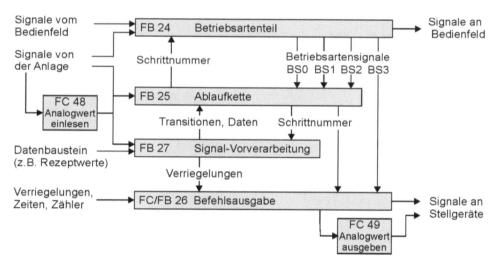

**Bild 11.6:** Programmstruktur einer Ablaufsteuerung mit standardisierten Funktionsbausteinen für den Betriebsartenteil (FB 24) und die Ablaufkette (FB 25) sowie den anlagenspezifischen Bausteinen für die Befehlsausgabe (FC 26/FB 26) und Signalvorverarbeitung (FB 27).

Der Signalvorverarbeitungsbaustein FB 27 ist wie der Befehlsausgabebaustein FC 26/FB 26 anlagen- bzw. prozessabhängig. Sensorsignale, die vorverarbeitet werden müssen, sind als Eingangsvariablen des Bausteins FB 27 zu deklarieren. Ergänzend zu den bereits genannten Beispielen soll auf zwei komplizierte Fälle hingewiesen werden:

1. Ist die Aufbereitung von Transitionsbedingungen und Daten von den Schritten der Ablaufkette abhängig, dann ist auch die Schrittnummer als weiterer Bausteineingang im Datenformat INTEGER zu deklarieren.

2. Sind bei der Anlage beispielsweise Rezeptwerte aus einem Datenbaustein zu laden und als Daten der Ablaufkette zur Verfügung zu stellen, so sind auch die Datenbausteinnummer und die Rezeptnummer als zusätzliche Eingänge zu deklarieren.

Einfache Weiterschaltsignale wie z. B. das Erreichen eines bestimmten Füllstandes, das Ablaufen einer Wartezeit usw. werden jedoch nicht in die Signalvorverarbeitung einbezogen und direkt als Weiterschaltsignale der Ablaufkette zugeführt.

In Kapitel 11.6.4 zeigt Beispiel 11.4 eine Ablaufsteuerung mit einer erforderlichen Signalvorverarbeitung in einem dafür vorgesehenen Funktionsbaustein FB 27.

### 11.6.2 Ablaufsteuerungen mit korrespondierenden Ablaufketten

Das Beschreibungsmittel *Ablauf-Funktionsplan* eignet sich besonders gut zur Lösung von Steuerungsaufgaben für Maschinen und Anlagen, bei denen mechanische Bewegungen und zeitliche Abläufe vorrangig sind. Die funktionale Beschreibung des Steuerungsablaufs kann dabei von dem Maschinenkonstrukteur, dem Inbetriebsetzer und dem Wartungsexperten gleichermaßen verwendet werden. Damit kann von der Aufgabenstellung über die Programmierung und Inbetriebsetzung bis hin zum Service durchgängig gearbeitet werden. Dies begründet unter anderem den häufigen Einsatz dieses Beschreibungsmittels in der Praxis.

Für komplexere Maschinen oder Anlagen kann jedoch der Ablauf-Funktionsplan durch eine Vielzahl von Schritten und Verzweigungen leicht unübersichtlich werden. Ablaufpläne, die über eine große Anzahl von Schritten verfügen oder viele parallele Zweige und Sprünge besitzen, sind nur sehr schwer lesbar. Es empfiehlt sich deshalb bei solchen Steuerungsaufgaben für die Maschine oder Anlage einzelne Funktionseinheiten zu bilden und für jede dieser Funktionseinheiten einen eigenständigen Ablauf-Funktionsplan zu erstellen. Die Verbindung und Synchronisation der einzelnen Ablaufpläne übernimmt wiederum ein quasi übergeordneter Ablauf-Funktionsplan (Haupt-Ablaufkette), der den Gesamtablauf der Maschine oder Anlage beschreibt. Die Aktionen der Hauptkette bestehen dabei aus Start- oder Weiterschaltbedingungen für die Ablaufketten der einzelnen Funktionseinheiten. Die Weiterschaltbedingungen der Haupt-Ablaufkette ergeben sich aus Schritten oder Kombinationen von Schritten der einzelnen Ablaufketten.

**Statt Ketten mit Zweigungen:**                    **Korrespondierende lineare Ketten:**

Die Vorgehensweise beim Entwurf einer Ablaufsteuerung mit korrespondierenden Ablaufketten kann nach folgenden Schritten erfolgen:

- Darstellung der mechanischen und elektrischen Elemente der Anlage in Technologieschemata
- Zerlegen der Anlage in Funktionseinheiten und Festlegen der zugehörigen Sensoren und Aktoren
- Für jede einzelne Funktionseinheit einen Ablauf-Funktionsplan (Ablaufkette) entwerfen
- Den übergeordneten Ablauf-Funktionsplan (Haupt-Ablaufkette) für die Koordination der einzelnen Funktionseinheiten entwerfen

Je nach Bedarf können die beiden letzten Schritte auch vertauscht oder zeitgleich ausgeführt werden. Der Vorteil dieser Methode ist nicht nur eine übersichtlichere Darstellung des gesamten Steuerungsablaufs, sondern auch der, dass die einzelnen Ablaufketten leichter handhabbar, änderbar und bei gleichen Funktionseinheiten auch kopierbar sind.

In Kapitel 11.6.4 zeigt Beispiel 11.5 die Anwendung der beschriebenen Methode.

### 11.6.3 Ablaufbeschreibung für Verknüpfungssteuerungen

Steuerungen mit kombinatorischem Charakter sowie Speicher- oder Zeitverhalten, jedoch ohne zwangsläufig schrittweisen Ablauf bezeichnet man allgemein als Verknüpfungssteuerung. Da bei solchen Steuerungen der Prozess selbst keine Steuerungsstruktur vorgibt, ist es schwierig, aus der Aufgabenstellung heraus das Steuerungsprogramm zu finden.

Ziel dieses Abschnitts ist es, Steuerungsaufgaben vom Typ Verknüpfungssteuerungen in Form einer Ablaufstruktur darzustellen und diese dann in bekannter Weise in ein Steuerungsprogramm umzusetzen. Dazu werden Schritte oder besser Steuerungszustände eingeführt. Die Steuerungszustände können entweder in einer Ablaufkette oder einem Zustandsgraphen (siehe Kapitel 12) angeordnet werden. Welche der beiden Darstellungsarten jeweils ausgewählt wird, ist abhängig von der Steuerungsaufgabe und der gewählten Programmiersoftware (S7-GRAPH oder S7-HiGraph).

Der Übergang von einer mit Steuerungszuständen realisierten Verknüpfungssteuerung zu einer Ablaufsteuerung ist fließend. Hier soll gezeigt werden, wie Steuerungsaufgaben ohne zwangsläufig schrittweisen Ablauf durch die Einführung Steuerungszuständen systematisch gelöst werden können.

Folgende Regeln sind dabei zu beachten:

- Die Steuerung nimmt zu einem bestimmten Zeitpunkt einen ganz bestimmten Zustand ein.
- Mit einer Ablaufbeschreibung (Ablaufkette) werden die unterschiedlichen Zustände und Bedingungen für die Beibehaltung oder Änderung eines Zustandes angegeben.
- Von jedem Zustand kann in jeden beliebigen Zustand übergegangen werden. Je nach Übersichtlichkeit der Ablaufkette können die Übergänge auch als Sprünge dargestellt werden.
- Sind mehrere Folgezustände möglich, so sind Prioritäten einzuführen. In der Ablaufkette hat der links stehende Folgezustand Vorrang. Folgezustände sind gegenseitig zu verriegeln.
- Der Grundzustand S_1 (Initialzustand) wird beim Einschalten der Programmbearbeitung ohne Bedingung gesetzt.
- Die Umsetzung der Ablaufkette in ein Steuerungsprogramm erfolgt nach den in Kapitel 11.3 angegebenen Regeln.
- Die Anwendung eines Betriebsartenprogramms entfällt.

Die Grenzen dieser Beschreibungsmethode liegen in der Anzahl der Zustände und vor allem in der Anzahl der Verzweigungen. Haben die einzelne Zustände jeweils sehr viele Folgezustände, so wird die Darstellung in der Ablaufkette schnell sehr unübersichtlich. Besser geeignet ist dann das Beschreibungsmittel Zustandsgraph, das in Kapitel 12 dargestellt wird. Solche Zustandsgraphen sind in der Darstellung Petri-Netzen sehr ähnlich und können mit der Programmiersoftware HiGraph realisiert werden.

Im folgenden Kapitel zeigt Beispiel 11.6 die Anwendung dieser Entwurfsmethode an der Ansteuerung einer Bedarfsampelanlage z. B. für Baustellen. Weitere Beispiele finden Sie in dem Buch „Automatisieren mit SPS, Übersichten und Übungsaufgaben".

### 11.6.4 Beispiele

■ **Beispiel 11.4: Mischbehälter mit wählbaren Rezeptwerten**

Ein Behälter wird mit den beiden Flüssigkeiten 1 und 2 gleichzeitig gefüllt, umgerührt und auf eine bestimmte Temperatur erhitzt. Eine Rezeptur besteht aus den Sollwerten für die Menge Q1 (in %), Menge Q2 (in %), Temperatur TEMP (in °C) und Reaktionszeit T (in Sekunden). Zehn solcher Rezepturen sind in einem Datenbaustein DB hinterlegt und können mit einem einstelligen Ziffereinsteller (0 ... 9) ausgewählt werden. Zur Bedienung der Anlage soll das in Abschnitt 11.5 vorgestellte Bedien- und Anzeigefeld mit den vier wählbaren Betriebsarten verwendet werden.

**Technologieschema:**

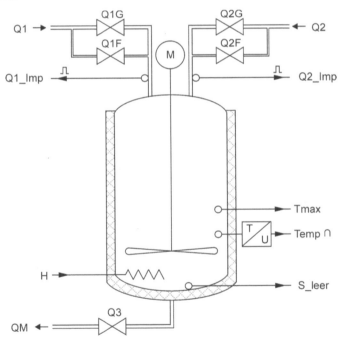

**Bild 11.7:** Mischbehälter

**Mischprozess:**

Nach dem Einschalten der Steuerung und der Betriebsartenwahl, z. B. Automatikbetrieb, sowie der Übernahme der Betriebsart mit E03, beginnt der Mischvorgang durch Betätigen der Starttaste E02.

Die durch den Rezeptureinsteller bestimmten Rezeptwerte werden aus dem Datenbaustein geladen und die beiden Grobventile Q1G sowie Q2G geöffnet.

Nach einer Wartezeit von 8 s wird das Rührwerk M eingeschaltet.

Zwei Durchflussmengengeber Q1_Imp und Q2_Imp liefern der Steuerung Impulse bis maximal 10 Hz, die abhängig von der Füllgeschwindigkeit sind. Durch Zählen der Impulse kann die jeweilige Zuflussmenge ermittelt werden. Zehn Impulse entsprechen der Füllmenge von 1 %.

Ist 90 % der Sollwertmenge Q1 (Q2) erreicht, wird das Grobventil Q1G (Q2G) geschlossen.

Sind beide Grobventile geschlossen, werden die Feinventile Q1F und Q2F geöffnet, bis jeweils die restlichen 10 % der Sollwertmengen aufgefüllt sind.

Nach Schließen der Feinventile wird die Heizung H eingeschaltet und bei Erreichen des Temperatur-Sollwertes abgeschaltet.

Nach Ablauf der zur Rezeptur zugehörigen Reaktionszeit wird das Rührwerk M ausgeschaltet und die Mischung über das Ventil Q3 abgelassen, bis die Leermeldung erfolgt.

**Zuordnungstabelle der Eingänge und Ausgänge des Mischbehälters:**

| Eingangsvariable | Symbol | Datentyp | Logische Zuordnung | | Adresse |
|---|---|---|---|---|---|
| Durchflussmengengeber 1 | Q1_Imp | BOOL | Impulse | | E 0.1 |
| Durchflussmengengeber 2 | Q2_Imp | BOOL | Impulse | | E 0.2 |
| Temperaturgrenzwert | Tmax | BOOL | Erreicht | Tmax = 0 | E 0.3 |
| Leermeldung/Behälter | S_leer | BOOL | Behälter leer | S_leer = 1 | E 0.4 |
| Mischtemperatur | Temp | WORD | Analogspannung | 0 ... 10 V | PEW 320 |
| Rezeptureinsteller | ZE | ½ BYTE | Eine Stelle BCD | 0 ... 9 | EB 8 |
| Ausgangsvariable | | | | | |
| Grobventil 1 | Q1G | BOOL | Offen | Q1G = 1 | A 4.1 |
| Grobventil 2 | Q2G | BOOL | Offen | Q2G = 1 | A 4.2 |
| Feinventil 1 | Q1F | BOOL | Offen | Q1F = 1 | A 4.3 |
| Feinventil 2 | Q2F | BOOL | Offen | Q2F = 1 | A 4.4 |
| Ablassventil | Q3 | BOOL | Offen | Q3 = 1 | A 4.5 |
| Rührwerk | M | BOOL | Motor läuft | M = 1 | A 4.6 |
| Heizung | H | BOOL | Heizung ein | H = 1 | A 4.7 |

Die Zuordnungstabelle des Bedienfeldes ist im Beispiel 11.3 Biegemaschine (Seite 413) angegeben.

Bei STEP 7 befinden sich die Rezepturen in einem Datenbaustein (z. B. DB 10). Die Eingabe der Werte für die 10 Rezepturen in den Datenbaustein ist nicht Gegenstand dieser Aufgabe.

Bei CoDeSys werden die Werte der 10 Rezepturen in ein Datenfeld geschrieben. Dazu wird ein eigener Datentyp mit der Struktur eines Rezeptes (Q1: INT, Q2: INT, TEMP: REAL und ZEIT: TIME) angelegt. Im PLC-PRG wird dann die Variable „REZEPTE" als ARRAY mit den entsprechenden Rezeptwerten als Initialisierung deklariert.

Die Rezeptwerte Menge Q1 und Menge Q2 müssen als INTEGER-Werte im Bereich von 0 ... 100 (%) angegeben werden. Beide Werte zusammen dürfen bei der Rezeptwerteingabe 100 % nicht überschreiten. Die Werte sind im Signalvorverarbeitungs-Baustein bei der Übernahme als aktueller Sollwert auf die anlagenspezifische Anzahl von Impulsen für 100 % umzurechnen. Bei der hier verwendeten Modellanlage wären dies 1000 Impulse für 100 %. Die Rezeptwerte für Q1 und Q2 müssen demnach mit 10 multipliziert werden.

**Ablaufkette:**

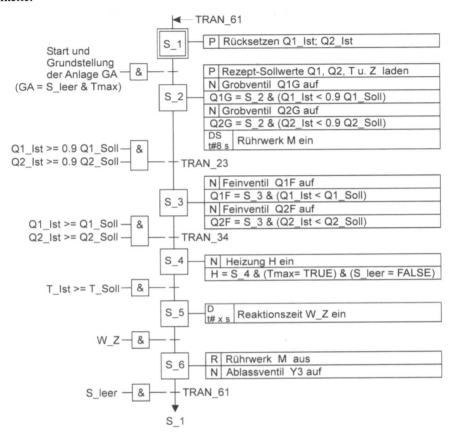

Die Transitionsbedingungen TRAN_23 und TRAN_34 sind Weiterschaltsignale, welche sich aus der Zählung der Impulse und einem Vergleich mit den Sollwerten ergeben. Die dort stehenden Bedingungen „Q1_Ist >= 0,9Q1_ Soll" bis „Q2_Ist >= Q2_Soll" werden in einem Signalvorverarbeitungsbaustein FB 27 gebildet. Weitere Aufgaben des Bausteins FB 27 sind die Zählung der Impulse zur Ermittlung der Istmengen Q1 und Q2 und das Rücksetzen der Istwerte im Initialschritt Schritt 1. Das Laden der Sollwerte aus dem Datenbaustein entsprechend der gewählten Rezeptur wird ebenfalls in diesem Baustein ausgeführt.

Die Auswertung des Analogsignals des Temperatursensors der Mischanlage erfolgt durch den Bibliotheksbaustein FC 48 Analogwert einlesen. Mit diesem wird die Normierung der Werte 10 °C bis 110 °C (0 V ... 10 V) des Sensors in steuerungsinterne Gleitpunktzahlen von 10.0 bis 110.0 ausgeführt.

Für die Steuerungsaufgabe des Mischbehälters muss der Signalvorverarbeitungsbaustein FB 27 neu entworfen werden. Der Ausgabebaustein FC 26 ist an die Gegebenheiten der Anlage anzupassen. Die weiteren erforderlichen Bausteine FB 24 Betriebsarten, FB 25 Schrittkette und FC 48 Analogwert einlesen können aus der Bibliothek unverändert übernommen werden.

Nachfolgend sind deshalb nur die Programme für den Ausgabebaustein FC 26 und für den Signalvorverarbeitungbaustein FB 27 dargestellt.

**Befehls-Ausgabebaustein FC 26**

Übergabevariablen der Ausgabefunktion FC 26:

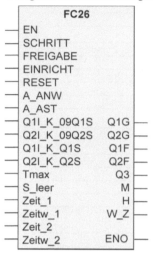

Die Standard-Eingangsvariablen des Bausteins werden erweitert durch Eingänge für die Verriegelungsbedingungen:

Q1I_K_09Q1S für Q1_Ist < 0,9 Q1_Soll,

Q2I_K_09Q2S für Q2_Ist < 0,9 Q2_Soll,

Q1I_K_Q1S für Q1_Ist < Q1_Soll und

Q2I_K_Q2S für Q2_Ist < Q2_Soll.

An diese Eingänge sind die entsprechenden Bedingungen Q1Ist <= 0,9 Q1Soll (Q1Ist_GL_09Q1Soll) etc. des Signalvorverarbeitungs-Bausteins FB 27 **negiert** anzulegen. Damit werden die Einlassventile beim Erreichen des jeweiligen Sollwertes geschlossen.

Weitere Eingangsvariablen für Verriegelungen sind der Temperaturgrenzwertgeber Tmax und das Sensorsignal S_leer.

Die Ausgangsvariablen des Bausteins werden durch die Aktoren der Mischanlage und der Reaktionszeit W_Z als Transitionsbedingung gebildet.

*Hinweis:* Bei CoDeSys werden die Standard-Zeitfunktionsblöcke TON zur Bildung der Zeit benutzt und die Instanzen der Funktionsbausteine als IN_OUT-Variablen deklariert.

**Steuerungsprogramm:**

Maskierung des ½-Bytes zur Aktorauswahl:

```
L    #A_ANW
L    W#16#F
UW
T    #AKTOR
```

Damit die übrigen Binärstellen des Bytes noch verwendet werden können, sind die ersten 4 Bits der Eingangsvariablen A_ANW mit W#16#000F maskiert und der lokalen Variablen AKTOR zugewiesen.

Ansteuerung Grobventil Q1G:

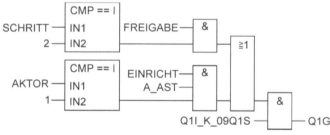

Grobventil Q1G ist Aktor Nr. 1

Im Einrichtbetrieb kann das Ventil Q1G ohne Bedingungen geöffnet werden.

In allen Betriebsarten wird beim Erreichen von 90 % des Sollwertes Q1 das Ventil geschlossen.

Ansteuerung Grobventil Q2G:

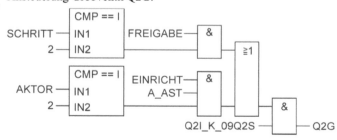

Grobventil Q2G ist Aktor Nr. 2

Im Einrichtbetrieb kann das Ventil Q2G ohne Bedingungen geöffnet werden.

In allen Betriebsarten wird beim Erreichen von 90 % des Sollwertes Q2 das Ventil geschlossen.

Ansteuerung Feinventil Q1F:

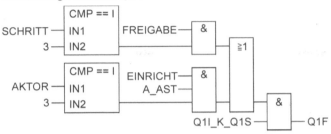

Feinventil Q1F ist Aktor Nr. 3

Im Einrichtbetrieb kann das Ventil Q1F ohne Bedingungen geöffnet werden.

In allen Betriebsarten wird beim Erreichen des Sollwertes Q1 das Ventil geschlossen.

Ansteuerung Feinventil Y1G:

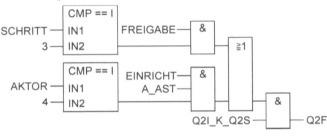

Feinventil Q2F ist Aktor Nr. 4

Im Einrichtbetrieb kann das Ventil Q2F ohne Bedingungen geöffnet werden.

In allen Betriebsarten wird beim Erreichen des Sollwertes Q2 das Ventil geschlossen.

Ansteuerung Ablassventil Q3:

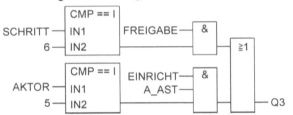

Ablassventil Q3 ist Aktor Nr. 5

Im Einrichtbetrieb kann das Ventil Q3 ohne Bedingungen geöffnet werden.

Ansteuerung Rührwerk M:

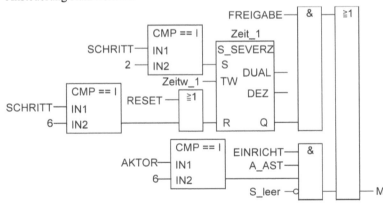

Rührwerk M ist Aktor Nr. 6

Im Einrichtbetrieb darf das Rührwerk nur laufen, wenn der Behälter nicht leer ist.

Ansteuerung Heizung H:

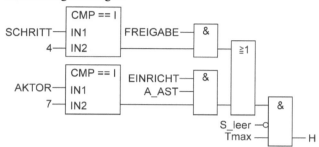

Heizung H ist Aktor Nr. 7.

In allen Betriebsarten kann die Heizung H nur eingeschaltet werden, wenn der Behälter nicht leer ist und die Grenztemperatur nicht erreicht ist.

Bildung der Reaktionszeit:

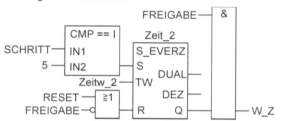

Bei der Bildung der Reaktionszeit muss der Einrichtbetrieb nicht berücksichtigt werden. Deshalb entfällt die entsprechende Ansteuerung.

**Deklarationstabelle des Befehls-Ausgabebausteins FC 26:**

| Name | Datentyp |
|---|---|
| IN | |
| SCHRITT | INT |
| FREIGABE | BOOL |
| EINRICHT | BOOL |
| RESET | BOOL |
| A_ANW | BYTE |
| A_AST | BOOL |
| Q1I_K_09Q1S | BOOL |
| Q2I_K_09Q2S | BOOL |
| Q1I_K_Q1S | BOOL |
| Q2I_K_Q2S | BOOL |
| Tmax | BOOL |
| S_leer | BOOL |
| Zeit_1 | TIMER |
| Zeitw_1 | S5TIME |
| Zeit_2 | TIMER |
| Zeitw_2 | S5TIME |

| Name | Datentyp |
|---|---|
| OUT | |
| Q1G | BOOL |
| Q2G | BOOL |
| Q1F | BOOL |
| Q2F | BOOL |
| Q3 | BOOL |
| M | BOOL |
| H | BOOL |
| W_Z | BOOL |
| TEMP | |
| AKTOR | INT |

Durch die bei STEP 7 und CodeSys unterschiedliche Speicherung der Rezeptwerte unterscheiden sich auch die Programme und die Übergabevariablen des Signalvorverarbeitungs-Bausteins FB 27.

Der weitere Lösungsweg wird deshalb auf den folgenden Seiten für STEP 7 und CoDeSys getrennt beschrieben.

**Lösung in STEP 7**

**Signalvorverarbeitungs-Baustein FB 27:**

Übergabevariablen:

Beschreibung der Übergabeparameter:

**DBNR (INT):** Angabe der Datenbausteinnummer, der die Rezeptwerte enthält

**RZNR (BYTE):** Anschluss für den einstelligen Zifferneinsteller

**SCHRITT (INT):** Angabe der aktuellen Schrittnummer der Ablaufkette

**TEMP_Soll (REAL) u. Zeit_Soll (S5Time):** Ausgabe des Temperatur- bzw. Zeitsollwertes

Alle anderen Ein- und Ausgangsvariablen sind vom Datentyp **BOOL.**

**Steuerungsprogramm:**

Rücksetzen der Istwerte Q1 und Q2 im Schritt 1 (AWL):

```
      L    #SCHRITT
      L    1
      ==I
      FP   #FO1
      SPBN M001
      L    0
      T    #Q1_Ist
      T    #Q2_Ist
M001: NOP  0
```

Das Bestimmungszeichen P in der Aktion des 1. Schrittes gibt die flankengesteuerte Löschung der Ist-Mengenzähler Q1_Ist und Q2_Ist vor.

Nur beim Eintritt in den Schritt 1 werden die Zählspeicher gelöscht. Wird beispielsweise im Einrichtbetrieb ein Zulaufventil geöffnet, ist somit gewährleistet, dass die zugelaufene Menge in den entsprechenden Zählspeichern Q1_Ist bzw. Q2_Ist auch in Schritt 1 erfasst wird.

Laden der Sollwerte aus dem Datenbaustein (AWL):

```
      L    #SCHRITT          L    DBW [#ZEIG]       SRW  3
      L    2                 L    10                L    2
      ==I                    *I                     +I
      FP   #FO2              T    #Q1_Soll          SLW  3
      SPBN M002                                     T    #ZEIG
      L    #DBNR             L    #ZEIG             L    DBD [#ZEIG]
      T    #DBNRW            SRW  3                 T    #Temp_Soll
      AUF  DB[#DBNRW]        L    2
                            +I                      L    #ZEIG
      L    #RZNR             SLW  3                 SRW  3
      L    B#16#F            T    #ZEIG             L    4
      UW                     L    DBW [#ZEIG]       +I
      L    10                L    10                SLW  3
      *I                     *I                     T    #ZEIG
      SLW  3                 T    #Q2_Soll          L    DBW [#ZEIG]
      T    #ZEIG             L    #ZEIG             T    #Zeit_Soll
                                             M002:  NOP  0
```

Die jeweils erste Adresse einer Rezeptur (Menge Q1) ergibt sich aus der Multiplikation der Rezeptnummer RZNR mit dem Faktor 10 (siehe nachfolgenden Datenbaustein DB 10). Mit der lokalen Variable ZEIG werden die einzelnen Rezeptwerte indirekt adressiert. Da 10 Impulse der Menge von 1 % entsprechen, werden die Rezeptwerte Q1 und Q2 je mit 10 multipliziert.

Istwertmengenzähler Q1_Ist und Q2_Ist:

Berechnung der 90 % von Q1_Soll bzw. Q2_Soll (AWL):

```
L   #Q1_Soll          L   #Q2_Soll
L   9                 L   9
*I                    *I
L   10                L   10
/I                    /I
T   #_9Q1Soll         T   #_9Q2Soll
```

Zur Berechnung des 90-%-Wertes von Q1_Soll wird der Wert mit 9 multipliziert, dann durch 10 dividiert und der lokalen Variablen _9Q1Soll zugewiesen.
Für _9Q2Soll gilt Entsprechendes.

Bildung der Bedingungen Q1_Ist >= 0.9 Q1_Soll und Q2_Ist >= 0.9 Q2_Soll:

Bildung der Bedingungen Q1_Ist >= Q1_Soll und Q2_Ist >= Q2_Soll:

**Deklarationstabelle des Signalvorverarbeitungs-Bausteins FB 27:**

| Name | Datentyp | A.-Wert | | Name | Datentyp | A.-Wert |
|------|----------|---------|---|------|----------|---------|
| IN | | | | STAT | | |
| DBNR | INT | 0 | | Q1_Ist | INT | 0 |
| RZNR | BYTE | B#16#0 | | Q2_Ist | INT | 0 |
| Q1_IMP | BOOL | FALSE | | Q1_Soll | INT | 0 |
| Q2_IMP | BOOL | FALSE | | Q2_Soll | INT | 0 |
| SCHRITT | INT | 0 | | FO1 | BOOL | FALSE |
| OUT | | | | FO2 | BOOL | FALSE |
| Q1Ist_GL_09Q1Soll | BOOL | FALSE | | FO3 | BOOL | FALSE |
| Q2Ist_GL_09Q2Soll | BOOL | FALSE | | FO4 | BOOL | FALSE |
| Q1Ist_GL_Q1Soll | BOOL | FALSE | | TEMP | | |
| Q2Ist_GL_Q2Soll | BOOL | FALSE | | DBNRW | WORD | |
| Temp_Soll | REAL | 0.0 | | ZEIG | DWORD | |
| Zeit_Soll | S5TIME | S5T#0S | | _9Q1Soll | INT | |
| | | | | _9Q2Soll | INT | |

**DB 10: Rezeptwertspeicher**

Die zehn Rezepturen mit den jeweils vier Rezeptwerten für eine Mischung stehen im Datenbaustein DB10 und können dort von Hand oder von einem Bedien- und Beobachtungssystem über eine Kommunikationsverbindung auftragsbezogen geändert werden.

| Adresse | Name | Typ | Anfangswert | Kommentar |
|---------|------|-----|-------------|-----------|
| 0.0 | | STRUCT | | |
| +0.0 | Menge_Q1_0 | INT | 30 | 30% |
| +2.0 | Menge_Q2_0 | INT | 40 | 40% |
| +4.0 | Temperatur_0 | REAL | 5.000e+001 | 50.0°C |
| +8.0 | Reaktionszeit_0 | S5TIME | S5T#10S | 10 s |
| +10.0 | Menge_Q1_1 | INT | 31 | 31% |
| ... | ... | ... | ... | ... |
| +90.0 | Menge_Q1_9 | INT | 39 | 39% |
| +92.0 | Menge_Q2_9 | INT | 49 | 49% |
| +94.0 | Temperatur_9 | REAL | 39.000e+001 | 59.0°C |
| +98.0 | Reaktionszeit_9 | S5TIME | S5T#19S | 19 s |
| =100.0 | | END_STRUCT | | |

**Funktionsplan Organisationsbaustein OB 1:**

NW1: Grundstellung Anlage

```
"Tmax" ──┐ &
"S_leer"──┘     ── #GA
```

NW3: Analogwert einlesen

```
            FC48
        ┌──────────────┐
      ──┤ EN           │
PEW320──┤ AE           │
 27648──┤ OGREB        │
     0──┤ UGREB        │
1.10e+002─┤ OGRNB  REAW├──#T_ist
1.00e+001─┤ UGRNB  ENO │
        └──────────────┘
```

NW2: Signalvorverarbeitung

```
                 DB27
                 FB27
     ┌──────────────────────────────┐
   ──┤ EN                           │
 10──┤ DBNR      Q1Ist_GI_09Q1Soll  ├── #Q1I_G_09Q1S
EB8──┤ RZNR      Q2Ist_GI_09Q2Soll  ├── #Q2I_G_09Q2S
"Q1_IMP"─┤ Q1_IMP    Q1Ist_GI_Q1Soll ├── #Q1I_G_Q1S
"Q2_IMP"─┤ Q2_IMP    Q2Ist_GI_Q2Soll ├── #Q2I_G_Q2S
#Schritt─┤ SCHRITT      Temp_Soll    ├── #T_Soll
         │              Zeit_Soll    ├── #Z_Soll
         │                 ENO       │
         └──────────────────────────┘
```

NW4: Betriebsarten  DB 24

```
                  FB 24
     ┌──────────────────────────┐
   ──┤ EN                       │
"_E00"─┤ STG_AUS    ANZ_STG    ├── "_A00"
"_E01"─┤ STG_EIN    ANZ_AUTO   ├── "_A01"
"_E02"─┤ START      ANZ_EmB    ├── "_A02"
"_E03"─┤ AUTO       ANZ_EoB    ├── "_A03"
"_E04"─┤ EmB        ANZ_EINR   ├── "_A04"
"_E05"─┤ EoB        ANZ_Zyk_E  ├── "_A05"
"_E06"─┤ EINR       ANZ_Zyk_A  ├── "_A06"
"_E07"─┤ ZYKLUS     RESET      ├── #BS0
"_E16"─┤ NOT_AUS    W_mB       ├── #BS1
"_E17"─┤ AKTOR_FR   W_oB       ├── #BS2
#GA──┤ GST_ANL    FR_AKTION  ├── #BS3
#Schritt─┤ SCHRITT    ENO        │
     └──────────────────────────┘
```

NW6: Schrittanzeige

```
              MOVE
         ┌──────────┐
"_A00"─┤ EN    OUT ├── "A10_A14"
#Schritt─┤ IN    ENO │
         └──────────┘
```

NW7: Schrittanzeige

```
              MOVE
         ┌──────────┐
"_A00"─o┤ EN    OUT ├── "A10_A14"
W#16#0─┤ IN    ENO │
         └──────────┘
```

NW5: Abaufkette  DB 25

```
                  FB 25
        ┌──────────────────────┐
      ──┤ EN                   │
#BS0──┤ RESET                │
#BS1──┤ WEITER_mB            │
#BS2──┤ WEITER_oB            │
#GA──┤ T1_2                 │
#Q1I_G_09Q1S─┐ &              │
#Q2I_G_09Q2S─┘   T2_3        │
#Q1I_G_Q1S─┐ &                │
#Q2I_G_Q2S─┘   T3_4          │
       CMP>=R                  │
#T_Ist──┤ IN1                 │
#T_Soll─┤ IN2   T4_5          │
#W_Z──┤ T5_6                │
"S_leer"─┤ T6_7                │
      ──┤ T7_8                │
      ──┤ T8_9                │
      ──┤ T9_10   SCHRITT  ├── #Schritt
      ──┤ T10_1   ENO       │
        └──────────────────────┘
```

NW8: Befehlsausgabe

```
                     FC26
        ┌──────────────────────────┐
      ──┤ EN                       │
#Schritt─┤ SCHRITT                 │
#BS3──┤ FREIGABE                │
"_A04"─┤ EINRICHT                │
#BS0──┤ RESET                   │
"E10_E13"─┤ A_ANW               │
"E14"──┤ A_AST                 │
#Q1I_G_09Q1S─o┤ Q1I_K_09Q1S  Q1G├── "Y1G"
#Q2I_G_09Q2S─o┤ Q2I_K_09Q2S  Q2G├── "Y2G"
#Q1I_G_Q1S─o┤ Q1I_K_Q1S    Q1F├── "Y1F"
#Q2I_G_Q2S─o┤ Q2I_K_Q2S    Q2F├── "Y2F"
"Tmax"──┤ Tmax          Q3 ├── "Y3"
"S_leer"─┤ S_leer        M  ├── "M"
T1──┤ Zeit_1        H  ├── "H"
S5T#8S─┤ Zeitw_1     W_Z├── #W_Z
T2──┤ Zeit_2             │
#Z_Soll─┤ Zeitw_2     ENO │
        └──────────────────────────┘
```

*Hinweis:* Die Reihenfolge der Netzwerke ist unbedingt einzuhalten (Aufruf FB 27 vor FB 25).

**Lösung in CoDeSys**

**Signalvorverarbeitungs-Baustein FB 27:**

Übergabevariablen:

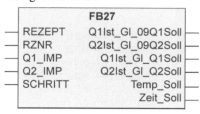

Beschreibung der Übergabeparameter:

**REZEPT (ARRAY[0..9]OF REZW):** Übergabe der Feldvariablen, welche die Rezeptwerte enthält

**RZNR (INT):** Vorgabe der gewünschten Rezeptnummer

**SCHRITT (INT):** Angabe der aktuellen Schrittnummer der Ablaufkette

**TEMP_Soll (REAL) und Zeit_Soll (TIME):** Ausgabe des Temperatur- bzw. Zeitsollwertes

Alle anderen Ein- und Ausgangsvariablen haben den Datentyp **BOOL**.

**Datentyp REZW und Programm des Funktionsbausteins FB 27 in AWL:**

```
TYPE REZW :              //Anweisungsteil            ADD 1
STRUCT                   LD    SCHRITT               ST    _INT_0
 Q1, Q2:INT;             EQ    1                     LD    FO3.Q
 TEMP:REAL;              ST    FO1.CLK               SEL Q1_Ist,_INT_0
 ZEIT:TIME;              CAL FO1                     ST    Q1_Ist
END_STRUCT              LD    FO1.Q                  CAL FO4(CLK := Q2_IMP)
END_TYPE                NOT                          LD    Q2_Ist
                         JMPC M001                    ADD 1
FUNCTION_BLOCK FB27      LD    0                     ST    _INT_0
VAR_INPUT               ST    Q1_Ist                 LD    FO4.Q
 REZEPTE:ARRAY [0..9]    ST    Q2_Ist                SEL Q2_Ist,_INT_0
         OF REZW;        M001:                       ST    Q2_Ist
 RZNR:INT;               LD    SCHRITT               LD    Q1_Soll
 Q1_IMP, Q2_IMP:BOOL;    EQ    2                     MUL 9
 SCHRITT:INT;           ST    FO2.CLK               DIV 10
END_VAR                 CAL FO2                      ST    _9Q1Soll
VAR_OUTPUT              LD    FO2.Q                  LD    Q2_Soll
Q1Ist_GL_09Q1Soll:BOOL; NOT                         MUL  9
Q2Ist_GL_09Q2Soll:BOOL; JMPC M002                    DIV 10
Q1Ist_GL_Q1Soll:BOOL;   LD    Rezepte[RZNR].Q1      ST    _9Q2Soll
Q2Ist_GL_Q2Soll:BOOL;   MUL 10                      LD    Q1_Ist
Temp_Soll:REAL;         ST    Q1_Soll               GE    _9Q1Soll
Zeit_Soll:TIME;         LD    Rezepte[RZNR].Q2      ST    Q1Ist_GL_09Q1Soll
END_VAR                 MUL 10                      LD    Q2_Ist
VAR                     ST    Q2_Soll               GE    _9Q2Soll
FO1, FO2: R_TRIG;       LD Rezepte[RZNR].TEMP      ST    Q2Ist_GL_09Q2Soll
FO3, FO4: R_TRIG;       ST Temp_Soll               LD    Q1_Ist
Q1_Ist,Q2_Ist: INT;    LD Rezepte[RZNR].ZEIT      GE    Q1_Soll
Q1_Soll, Q2_Soll: INT;  ST Zeit_Soll               ST    Q1Ist_GL_Q1Soll
_9Q1Soll, _9Q2Soll: INT; M002:                      LD    Q2_Ist
_INT_0:INT;             CAL FO3(CLK := Q1_IMP)     GE    Q2_Soll
END_VAR                 LD    Q1_Ist                ST    Q2Ist_GL_Q2Soll
```

**Rezeptwertspeicher**

Die zehn Rezepturen mit den jeweils vier Rezeptwerten für eine Mischung stehen in einem im PLC_PRG deklarierten Datenfeld mit Initialwerten.

Beispiel für die Initialisierung der ersten beiden Rezeptwerte:
```
VAR REZEPTE:ARRAY[1..10] OF REZW :=
               (Q1:=30,Q2:=40,TEMP:=50.0,ZEIT:=T#10S),
               (Q1:=31,Q2:=41,TEMP:=51.0,ZEIT:=T#11S);    END_VAR
```

Der Aufruf aller Bausteine und deren Verschaltung im PLC_Programm entspricht dem STEP 7 Programm im OB 1. Auf eine Darstellung wird deshalb verzichtet und auf den Download der Programme auf der Web-Seite www.automatisieren-mit-sps.de verwiesen.

■  **Beispiel 11.5: Chargenprozess**

Zur Herstellung eines bestimmten Kunststoffes arbeiten zwei Vorlagebehälter für Einsatzstoffe mit einem Mischkessel zusammen. In den Vorlagebehältern erfolgen das Dosieren und Aufheizen der Rohprodukte. Je zwei Füllungen von Vorlagebehälter 1 und Vorlagebehälter 2 werden im Mischkessel gesammelt, auf die Reaktionstemperatur gebracht. Nach einer vorgegebenen Mischzeit ist das gewünschte Produkt fertig und kann in den Wertproduktbehälter abgelassen werden.

**Technologieschema:**

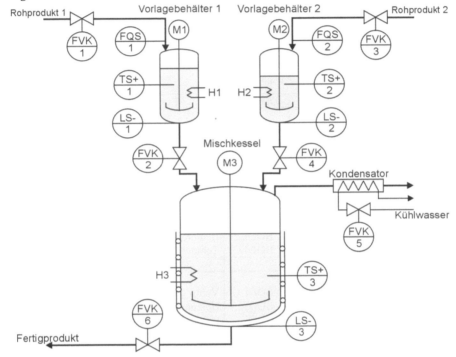

**Bild 11.8:**  Chargenprozess (Legende: FVK = binäres Stellventil (F = Durchfluss, V = Stellgerätfunktion, K = binär); FQS = Durchflussmengenzähler (FQ = Durchflussmenge, S = Frequenz); TS = Temperatursensor (T = Temperatur, S = Schaltung); LS = Standmessung (L = Stand, S = Schaltung)

**Funktionsablauf:**

*Vorlagebehälter*

Die zwei Vorlagebehälter beginnen ihren Betrieb mit dem Prozessstart. Da in den Behältern der gleiche Prozessablauf stattfindet, gilt die Beschreibung für beide.

Zunächst wird das Einlassventil FVK1 für die Zufuhr des Einsatzstoffes geöffnet. Meldet der Dosierzähler FQS1 das Erreichen der eingestellten Dosiermenge, wird das Einlassventil wieder geschlossen, die Heizung H1 und das Rührwerk M1 eingeschaltet. Erreicht die Temperatur im Vorlagebehälter den eingestellten Wert (Temperatursensor TS+1 = TRUE), dann ist der Stoff für den Mischkessel aufbereitet.

Erst wenn in beiden Vorlagebehältern die Füllungen fertig sind, werden die Auslassventile FVK2 bzw. FVK4 geöffnet. Bis dahin soll bei dem zuerst fertigen Vorlagebehälter die Heizung abgeschaltet, das Rührwerk jedoch weiterlaufen. Während des Entleervorgangs wird das Rührwerk ausgeschaltet. Bei leerem Behälter (LS1 = 1 bzw. LS2 = 1) ist das Auslassventil wieder zu schließen. Sind beide Vorlagebehälter vollständig entleert, kann mit der zweiten Füllung begonnen werden.

*Mischkesselbetrieb*

Während der ersten Befüllung des Mischkessels wird das Rührwerk (M3) eingeschaltet. Ist die Befüllung beendet, wird die Heizung H3 eingeschaltet. Nach Erreichen der erforderlichen Temperatur im Mischkessel (TS3 = 1) wird das Kühlwasserventil FVK5 des Kondensators geöffnet und die zweite Befüllung mit den fertigen Stoffen der Vorlagebehälter kann beginnen. Ist die zweite Befüllung vollständig durchgeführt, muss die gesamte Mischung bei eingeschalteter Heizung H noch 25 Sekunden gerührt werden. Danach ist das Produkt fertig. Das Rührwerk M3, die Heizung H, der Kühlkreislauf FVK5 sind abzuschalten und das Auslassventil FVK6 zu öffnen. Ist der Mischkessel vollständig entleert, kann der Chargenprozess wiederholt werden.

Die Vorlagebehälter und der Mischkessel sollen mit dem in Abschnitt 11.5 vorgestellten Bedienfeld und dem dazugehörigen Betriebsartenteil betrieben werden.

**Zuordnungstabelle der Eingänge und Ausgänge:**

| Eingangsvariable | Symbol | Datentyp | Logische Zuordnung | | Adresse |
|---|---|---|---|---|---|
| **Vorlagebehälter 1** | | | | | |
| Behälter leer | LS1 | BOOL | Behälter leer | LS1 = 1 | E 0.0 |
| Dosierzähler | FQS1 | BOOL | Menge erreicht | FQS1 = 1 | E 0.1 |
| Temperatursensor | TS1 | BOOL | Temperatur erreicht | TS1 = 1 | E 0.2 |
| **Vorlagebehälter 2** | | BOOL | | | |
| Behälter leer | LS2 | BOOL | Behälter leer | LS2 = 1 | E 0.3 |
| Dosierzähler | FQS2 | BOOL | Menge erreicht | FQS2 = 1 | E 0.4 |
| Temperatursensor | TS2 | BOOL | Temperatur erreicht | TS2 = 1 | E 0.5 |
| **Mischkessel** | | | | | |
| Behälter leer | LS3 | BOOL | Behälter leer | LS3 = 1 | E 0.6 |
| Temperatursensor | TS3 | BOOL | Temperatur erreicht | TS3 = 1 | E 0.7 |
| Ausgangsvariable | | | | | |
| **Vorlagebehälter 1** | | | | | |
| Einlassventil | FVK1 | BOOL | Ventil geöffnet | FVK1 = 1 | A 4.0 |
| Heizung | H1 | BOOL | Heizung an | H1 = 1 | A 4.1 |
| Rührwerkmotor | M1 | BOOL | Rührwerk an | M1 = 1 | A 4.2 |
| Auslassventil | FVK2 | BOOL | Ventil geöffnet | FVK2 = 1 | A 4.3 |
| **Vorlagebehälter 2** | | | | | |
| Einlassventil | FVK3 | BOOL | Ventil geöffnet | FVK3 = 1 | A 4.4 |
| Heizung | H2 | BOOL | Heizung an | H2 = 1 | A 4.5 |
| Rührwerkmotor | M2 | BOOL | Rührwerk an | M2 = 1 | A 4.6 |
| Auslassventil | FVK4 | BOOL | Ventil geöffnet | FVK4 = 1 | A 4.7 |
| **Mischkessel** | | | | | |
| Heizung | H3 | BOOL | Heizung an | H3 = 1 | A 5.0 |
| Rührwerkmotor | M3 | BOOL | Rührwerk an | M3 = 1 | A 5.1 |
| Kühlwasserventil | FVK5 | BOOL | Kreislauf offen | FVK5 = 1 | A 5.2 |
| Auslassventil | FVK6 | BOOL | Ventil geöffnet | FVK6 = 1 | A 5.3 |

Die Zuordnungstabelle des Bedien- und Anzeigefeldes siehe Seite 413.

**Lösung**

Der Chargenprozess kann in drei Funktionseinheiten Mischkessel, Vorlagebehälter 1 und Vorlagebehälter 2 gegliedert werden. Jede dieser Funktionseinheiten wird mit einer eigenen Ablaufkette gesteuert. Die Ablaufkette für den Vorlagebehälter 1 (SK3) und die Ablaufkette für den Vorlagebehälter 2 (SK4) unterscheiden sich dabei nur durch die zum jeweiligen Behälter gehörenden Sensoren und Aktoren. Die Koordination der drei Ablaufketten und somit die Steuerung des Gesamtablaufs übernimmt die Haupt-Ablaufkette (SK1).

Der Entwurf der vier Ablaufketten erfolgt aus der Funktionsbeschreibung am günstigsten zeitgleich, da Transitionen und Aktionen der einzelnen Ketten miteinander korrespondieren. Nachfolgend sind die einzelnen Ablaufketten nacheinander in der Reihenfolge: Haupt-Ablaufkette (SK1), Ablaufkette für den Mischkesselbetrieb (SK2) und Ablaufkette für den Vorlagebehälter 1 (SK3) dargestellt. Auf die Darstellung der Ablaufkette für den Vorlagebehälter 2 (SK4) wird verzichtet, da diese bis auf die entsprechenden Bezeichnungen für die Sensoren und Aktoren der Ablaufkette (SK3) für den Vorlagebehälter 1 entspricht.

**Haupt-Ablaufkette SK1:**

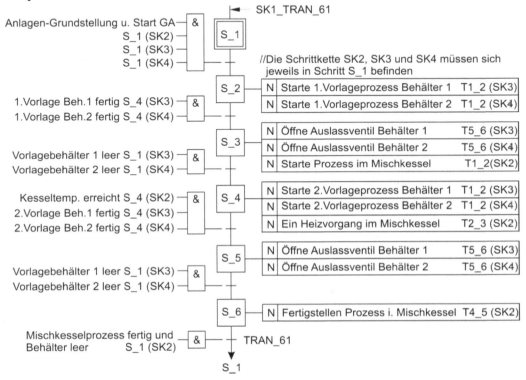

Bis auf die erste Weiterschaltbedingung bestehen alle Transitionen der Haupt-Ablaufkette aus der Abfrage von aktiven Schritten der Schrittketten SK2, SK3 und SK4. Dabei bedeutet beispielsweise S_4 (SK3), dass Schritt 4 der Schrittkette 3 aktiv sein muss, damit die Bedingung erfüllt ist.

Die Aktionen der Koordinations-Schrittkette steuern keine Stellglieder an, sondern bilden Bedingungen für die Transitionen der Schrittketten SK2, SK3 und SK4.

Die Bezeichnungen haben dabei folgende Bedeutung:

T1_2 (SK3) ist die Weiterschaltbedingung von Schritt 1 nach Schritt 2 der Schrittkette 3.

T1_2 (SK4) ist die Weiterschaltbedingung von Schritt 1 nach Schritt 2 der Schrittkette 4.

T5_6 (SK3) ist die Weiterschaltbedingung von Schritt 5 nach Schritt 6 der Schrittkette 3.

T5_6 (SK4) ist die Weiterschaltbedingung von Schritt 5 nach Schritt 6 der Schrittkette 4.

Ablaufketten für die Funktionseinheiten Mischkessel und Vorlagebehälter:

**Mischkessel SK2:**                                    **Ablaufkette Vorlagebehälter SK3 (SK4):**

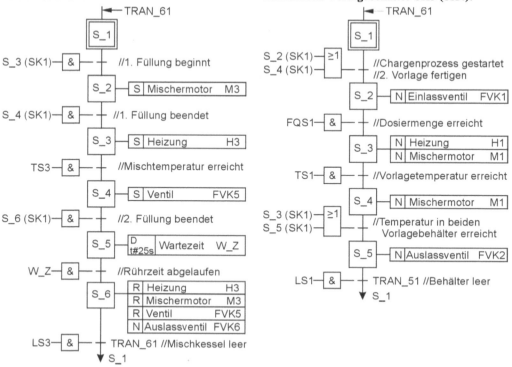

Für die Umsetzung der vier Ablaufketten in ein Steuerungsprogramm wird der Bibliotheks-Funktionsbaustein FB 25 mit unterschiedlichen Instanzen für jede Ablaufkette aufgerufen und parametriert.

Die Bedingungen aus dem Betriebsartenteil werden durch den Aufruf des Betriebsarten-Funktionsbausteins FB 24 gebildet. Im Einzelschrittbetrieb ohne Bedingungen erfolgt die Schrittweiterschaltung bei allen vier Ablaufketten gleichzeitig. Eine getrennte Weiterschaltung würde eine entsprechende gegenseitige Verriegelung über Auswahlschalter bedingen. Um die Anzahl der Eingabevariablen zu begrenzen, wurde bei der dargestellten Realisierung auf eine getrennte Weiterschaltung der einzelnen Ablaufketten im Einzelschrittbetrieb ohne Bedingungen verzichtet.

Der Ausgabebaustein FC 26/FB 26 muss an die Bedingungen des Chargenprozesses angepasst werden. Die jeweils aktiven Schritte der Ablaufketten SK2, SK3 und SK4 bestimmen die Bedingungen für die Ansteuerung der Aktoren der Anlage.

Deshalb sind die drei Schrittvariablen SCHRITT_SK2, SCHRITT_SK3 und SCHRITT_SK4 als Eingangsvariablen des Bausteins zu deklarieren.

Die Bestimmungszeichen „S" und „R" bei den Aktionen der Schrittkette SK2 des Mischkessels erfordern die Deklaration von statischen Lokalvariablen als Hilfsspeicher. Somit muss ein Funktionsbaustein FB 26 für die Befehlsausgabe verwendet werden.

**Ausgabebaustein FB 26:**

Ein- und Ausgangsvariablen:

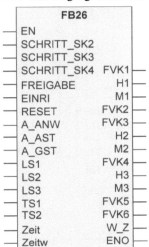

Steuerungsprogramm:

Maskierung des ½-Bytes zur Aktorauswahl:

```
L   #A_ANW
L   W#16#F
UW
T   #AKTOR
```

Das Steuerungsprogramm für die Aktoren der beiden Vorlagebehälter ist nur in einem Funktionsplan dargestellt. Die grau hinterlegten Variablen sind dabei für den Vorlagebehälter 2 bestimmt.

**Funktionsplan für die Ansteuerung der Aktoren des Chargenprozesses:**

Einlassventil FVK1 bzw. FVK3

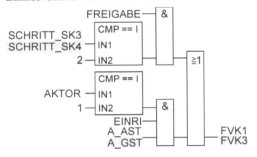

Heizung H1 bzw. H2

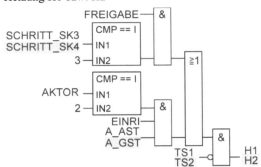

Rührwerkmotor M1 bzw. M2

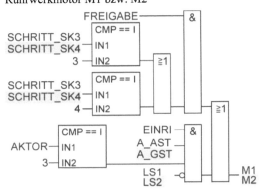

Auslassventil FVK2 bzw. FVK4

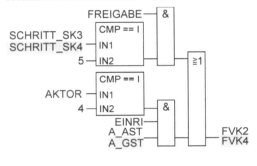

Mischkessel-Heizung H3

Mischkessel-Rührwerkmotor M3

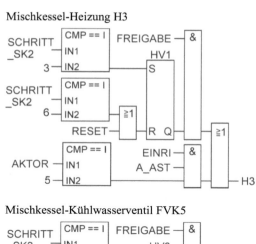

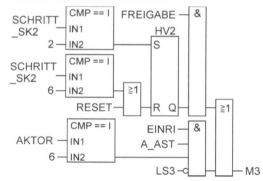

Mischkessel-Kühlwasserventil FVK5

Mischkessel-Auslassventil FVK6

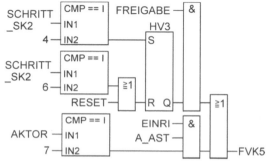

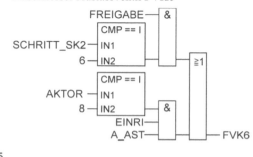

Mischkessel-Wartezeit W_Z

Nachfolgend ist der Aufruf der Bausteine für STEP 7 im Organisationsbaustein **OB 1** im Funktionsplan angegeben. Für die SPS-Operanden sind die in der Zuordnungstabelle der Aufgabe gegebenen Symbole verwendet worden. Die in mit „#" gekennzeichneten Variablen müssen im **OB 1** als temporäre Variable mit entsprechendem Datentyp deklariert werden.

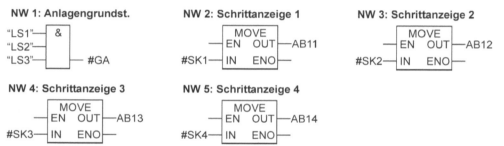

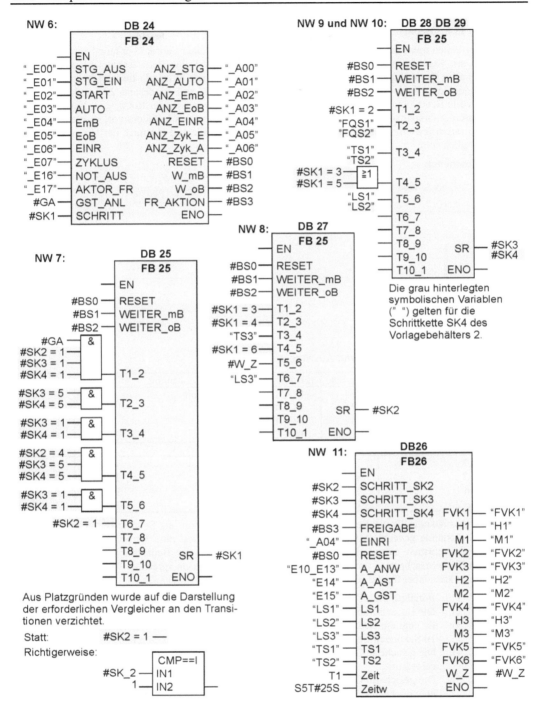

NW 6:

DB 24 / FB 24

| | | |
|---|---|---|
| | EN | |
| "_E00" | STG_AUS | ANZ_STG — "_A00" |
| "_E01" | STG_EIN | ANZ_AUTO — "_A01" |
| "_E02" | START | ANZ_EmB — "_A02" |
| "_E03" | AUTO | ANZ_EoB — "_A03" |
| "_E04" | EmB | ANZ_EINR — "_A04" |
| "_E05" | EoB | ANZ_Zyk_E — "_A05" |
| "_E06" | EINR | ANZ_Zyk_A — "_A06" |
| "_E07" | ZYKLUS | RESET — #BS0 |
| "_E16" | NOT_AUS | W_mB — #BS1 |
| "_E17" | AKTOR_FR | W_oB — #BS2 |
| #GA | GST_ANL | FR_AKTION — #BS3 |
| #SK1 | SCHRITT | ENO |

NW 7:

DB 25 / FB 25

NW 8:

DB 27 / FB 25

NW 9 und NW 10:

DB 28 DB 29 / FB 25

Die grau hinterlegten symbolischen Variablen (" ") gelten für die Schrittkette SK4 des Vorlagebehälters 2.

NW 11:

DB26 / FB26

Aus Platzgründen wurde auf die Darstellung der erforderlichen Vergleicher an den Transitionen verzichtet.

Statt: #SK2 = 1 —

Richtigerweise:

CMP==I
#SK_2 — IN1
1 — IN2

*Hinweis:* Auf die AWL-Darstellung der Steuerungsprogramme für STEP 7 und CoDeSys wird verzichtet. Diese stehen auf der Seite www.automatisieren-mit-sps.de zum Download zur Verfügung.

■  **Beispiel 11.6: Bedarfsampelanlage**

Wegen Bauarbeiten muss der Verkehr auf einer Zufahrtsstraße zu einer Fabrik über eine Fahrspur geleitet werden. Da am Tage das Verkehrsaufkommen sehr hoch ist, wird eine Bedarfsampelanlage installiert. Beim Einschalten der Anlage sollen beide Ampeln Rot signalisieren. Wird ein Initiator betätigt, soll die entsprechende Ampel nach 10 s auf Grün schalten. Die Grün-Phase soll mindestens 20 s andauern, bevor durch eventuelle Betätigung des anderen Initiators beide Signallampen wieder Rot zeigen. Nach 10 s wird dann die andere Fahrspur mit Grün bedient. Liegt keine Meldung eines Initiators vor, so bleibt die Ampelanlage in ihrem jeweiligen Zustand. Das Ausschalten der Anlage soll nur nach der Grün-Phase einer Fahrspur möglich sein.

**Technologieschema:**

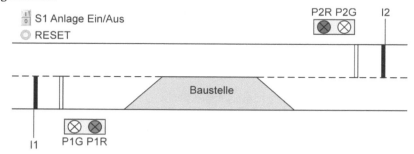

**Bild 11.9:**  Bedarfsampelanlage

**Zuordnungstabelle der Eingänge und Ausgänge:**

| Eingangsvariable | Symbol | Datentyp | Logische Zuordnung | | Adresse |
|---|---|---|---|---|---|
| Anlage Ein/Aus | S1 | BOOL | Eingeschaltet | S1 = 1 | E 0.0 |
| Initiator 1 | I1 | BOOL | Betätigt | I1 = 1 | E 0.1 |
| Initiator 2 | I2 | BOOL | Betätigt | I2 = 1 | E 0.2 |
| Rücksetzen Ablaufkette | RESET | BOOL | Betätigt | RESET = 1 | E 0.7 |
| Ausgangsvariable | | | | | |
| Lampe Rot 1 | P1R | BOOL | Leuchtet | P1R = 1 | A 4.1 |
| Lampe Rot 2 | P2R | BOOL | Leuchtet | P2R = 1 | A 4.6 |
| Lampe Grün 1 | P1G | BOOL | Leuchtet | P1G = 1 | A 4.2 |
| Lampe Grün 2 | P2G | BOOL | Leuchtet | P2G = 1 | A 4.7 |

Die Steuerungszustände für die Bedarfsampelanlage werden hier nicht als Schritte bezeichnet, sondern ganz neutral Zustände genannt. Mit dem Begriff Schritt wird bewusst eine Verbindung zu Fertigungs- bzw. Verfahrensschritten entsprechender Anlagen hergestellt. Bei der Bedarfsampelanlage kann man schlecht von Verkehrsschritten, sondern nur von Grün- und Rot-Phasen sprechen. Folgende Steuerungszustände lassen sich dabei für die Baustellenampel einführen:

Zustand 1 (Z_1):  Initialzustand. Die Bedarfsampelanlage ist ausgeschaltet.

Zustand 2 (Z_2):  Die Bedarfsampelanlage wurde eingeschaltet. Beide Ampeln zeigen Rot.

Zustand 3 (Z_3):  Es liegt ein Bedarf von Initiator I1 vor. Da die Fahrspur erst nach einer Wartezeit von 10 Sekunden freigegeben werden kann, zeigen beide Ampeln Rot.

Zustand 4 (Z_4):  Die gesicherte Grünphase von 20 Sekunden beginnt. Ampel 1 zeigt Grün und Ampel 2 zeigt Rot.

Zustand 5 (Z_5):  Die gesicherte Grünphase von 20 Sekunden ist abgelaufen. Ausschalten der Ampelanlage oder Umschalten bei Bedarf auf der andern Seite (I2) ist möglich. Ampel 1 zeigt Grün und Ampel 2 zeigt Rot.

Zustand 6 (Z_6):  Entspricht Zustand 3, jedoch Bedarf von Initiator I2.

Zustand 7 (Z_7):  Entspricht Zustand 4, jedoch Ampel 1 Rot und Ampel 2 Grün.

Zustand 8 (Z_8):  Entspricht Zustand 5, jedoch Ampel 1 Rot und Ampel 2 Grün.

**Ablauf-Funktionsplan:**

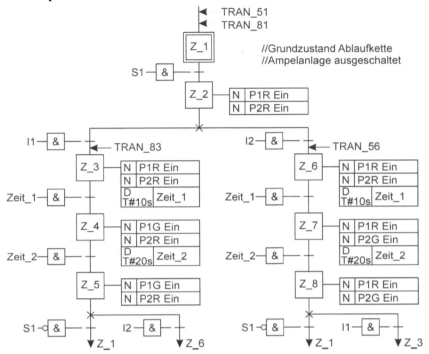

Wird der gegebene Ablauffunktionsplan mit der SCL/ST Programmiersprache realisiert, ist es erforderlich, aus dem Ablauffunktionsplan ein entsprechendes Struktogramm zu zeichnen.

**Struktogramm:**

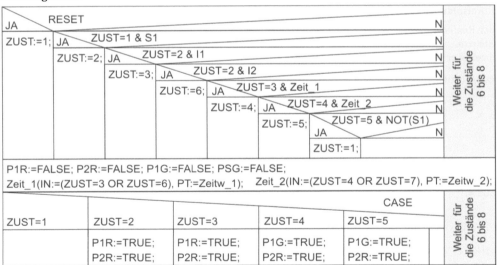

Nachfolgend ist die Umsetzung mit acht Zustandsspeichern ZSP im Funktionsplan und mit einer Integer-Zustandsvariablen ZUST mit SCL/ST-Befehlen gezeigt.

Das Programm des Ablauf-Funktionsplans wird in den Funktionsbaustein FB 1106 geschrieben.

Übergabeparameter:

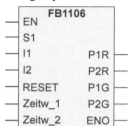

Beschreibung der Parameter:

| | | |
|---|---|---|
| S1, I1, I2 | BOOL | EIN-Schalter und Sensoren |
| RESET | BOOL | Rücksetzeingang |
| Zeitw1 | TIME | Zeitvorgabe beide Ampeln ROT |
| Zeitw2 | TIME | Zeitvorgabe beide Ampeln GRUEN |
| P1R, P2R | BOOL | ROT-Leuchte für Ampel 1 und 2 |
| P1G, P2G | BOOL | GRÜN-Leuchte für Ampel 1 und 2 |

**Deklarationstabelle FB 1106:**

| Name | Datentyp | Anfangswert |
|---|---|---|
| IN | | |
| S1 | BOOL | FALSE |
| I1 | BOOL | FALSE |
| I2 | BOOL | FALSE |
| RESET | BOOL | FALSE |
| Zeitw_1 | TIME | T#0MS |
| Zeitw_2 | TIME | T#0MS |
| OUT | | |
| P1R | BOOL | FALSE |
| P2R | BOOL | FALSE |
| P1G | BOOL | FALSE |
| P2G | BOOL | FALSE |

| Name | Datentyp | Anfangswert |
|---|---|---|
| STAT | | |
| ZSP_1 | BOOL | TRUE |
| ZSP_2 | BOOL | FALSE |
| ZSP_3 | BOOL | FALSE |
| ZSP_4 | BOOL | FALSE |
| ZSP_5 | BOOL | FALSE |
| ZSP_6 | BOOL | FALSE |
| ZSP_7 | BOOL | FALSE |
| ZSP_8 | BOOL | FALSE |
| Zeit1 | TON | |
| Zeit2 | TON | |

**1. Realisierung mit Zustandsspeichern ZSP_x**

**Funktionsplan des Funktionsbausteins FB 1106:**

Bei der Realisierung ist die Verriegelung von zwei möglichen Folgezustände zu beachten. Befindet sich der Steuerungsprozess beispielsweise in Zustand 2, so könnten die Übergangsbedingungen I1 und I2 gleichzeitig erfüllt sein.

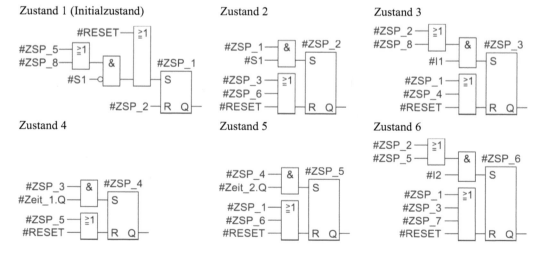

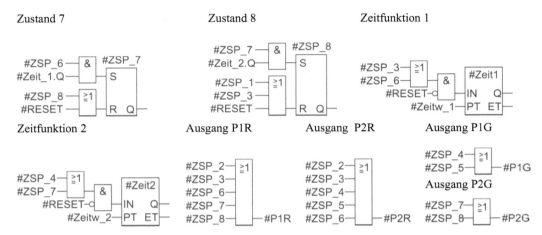

Durch den Aufruf des Systemfunktionsbausteins TON zur Bildung der beiden Zeitfunktionen kann der Funktionsplan des Bausteins FB 1106 für STEP 7 und CoDeSys unverändert übernommen werden.

**2. Realisierung mit einer Integer-Zustandsvariablen ZUST:**

Bei der Realisierung des Steuerungsprogramms in der Programmiersprache SCL/ST wird statt den Zustandsoperanden ZSP_x eine Zustandsvariable mit dem Datenformat INT eingeführt, deren Wert den jeweiligen aktuellen Zustand angibt. Die Verriegelung der Folgezustände ist automatisch durch die ELSIF-Abfrage gewährleistet.

**SCL/ST-Programm des Funktionsbausteins FB 1106:**

```
VAR_INPUT                    VAR_OUTPUT                  VAR
  S1,I1,I2,RESET: BOOL;        P1R,P2R,P1G,P2G: BOOL;      ZUST: INT:= 1;
  Zeitw_1,Zeitw_2: TIME;     END_VAR                       Zeit1,Zeit2: TON;
END_VAR                                                  END_VAR

IF RESET THEN ZUST:=1; ELSIF
  ZUST=1 AND S1 THEN ZUST:=2; ELSIF
  ZUST=2 AND I1 THEN ZUST:=3; ELSIF
  ZUST=2 AND I2 THEN ZUST:=6; ELSIF
  ZUST=3 AND Zeit1.Q THEN ZUST:=4; ELSIF
  ZUST=4 AND Zeit2.Q THEN ZUST:=5; ELSIF
  ZUST=5 AND NOT(S1) THEN ZUST:=1; ELSIF
  ZUST=5 AND I2 THEN ZUST:=6; ELSIF
  ZUST=6 AND Zeit1.Q THEN ZUST:=7; ELSIF
  ZUST=7 AND Zeit2.Q THEN ZUST:=8; ELSIF
  ZUST=8 AND NOT(S1) THEN ZUST:=1; ELSIF
  ZUST=8 AND I1 THEN ZUST:=3;
END_IF;
#P1R:= FALSE; #P2R:= FALSE; #P1G:= FALSE;  #P2G:= FALSE;
#Zeit1(IN:=(#ZUST=3 OR #ZUST= 6),PT:= #Zeitw_1);
#Zeit2(IN:=(#ZUST=4 OR #ZUST= 7),PT:= #Zeitw_2);
CASE #ZUST OF
  1:    ;
  2..3: #P1R:=TRUE; #P2R:=TRUE;
  4..5: #P1G:=TRUE; #P2R:=TRUE;
  6:    #P1R:=TRUE; #P2R:=TRUE;
  7..8: #P2G:=TRUE; #P1R:=TRUE;
END_CASE;
```

# 12 Zustandsgraph

Steuerungsaufgaben, die keinen zwangsläufig schrittweisen Ablauf besitzen und deren Eingangs- und Ausgangsvariablen überwiegend logisch vernetzt sind, können durch die Einführung von *Zuständen* mit grafischen Symbolen beschrieben werden. Der Grundgedanke besteht darin, dass es bei einem Prozessablauf bestimmte Zustände gibt, die zeitlich aufeinander folgen können. Bei mehreren möglichen Folgezuständen muss durch äußere Größen bestimmbar sein, welcher Zustand als nächster folgt. Die grafische Darstellung der Zustände mit deren Übergangsbedingungen (Transitionen) und Aktionen wird als **Zustandsgraph** bezeichnet. Verwandte Begriffe sind: Zustandsdiagramm, State Diagramm, State Machine, Zustandsübergangsdiagramm, endlicher Automat und Petri-Netze.

Zustandsgraph und Ablauf-Funktionsplan (siehe Kapitel 10) sind sehr ähnliche Beschreibungsmittel. Für eine Steuerungsaufgabe ist es oft sehr schwierig zu entscheiden, welches Beschreibungsmittel das geeignetere ist. Kriterien zur Auswahl sind unter anderem:

- Der Grad der Vernetzung der einzelnen Schritte bzw. Zustände. Ist die Anzahl der Transitionen zwischen den einzelnen Schritten bzw. Zuständen sehr hoch, bietet das Beschreibungsmittel Zustandsgraph Vorteile gegenüber dem Ablauf-Funktionsplan.

- Wenn Aktionen nicht nur bei Zuständen, sondern auch bei Transitionen durchzuführen sind.

Die Firma SIEMENS bietet in STEP 7, V5.x zur Erstellung von Zustandsgraphen das Engineering Tool S7-HiGraph an. Mit dieser Programmiersprache können Zustandsgraphen mit grafischen Elementen editiert und in ein Steuerungsprogramm übertragen werden. Die frei positionierbaren grafischen Elemente für Zustände, Transitionen und Aktionen sorgen für eine große Flexibilität.

Ein Zustandsgraph beschreibt einen Steuerungsablauf, der sich zu jedem Zeitpunkt in einem Zustand befindet. Der Steuerungsablauf kann einen Prozess, eine Maschine oder eine Funktionseinheit repräsentieren. Die Elemente eines Zustandsgraphen sind:

- ein Anfangszustand,
- eine endliche Menge von Zuständen,
- eine endliche Anzahl von Transitionen und
- eine endliche Anzahl von Aktionen.

Damit Zustandsgraphen ein überschaubares Beschreibungsmittel bleiben, muss erreicht werden, dass die Anzahl der Zustände nicht zu groß wird. Maschinen, Anlagen oder Prozesse, die zu steuern sind, können dazu in kleine eigenständige Elemente, so genannte *Funktionseinheiten*, zerlegt werden. Jede Funktionseinheit wird dann einem Zustandsgraphen zugeordnet, der die funktionalen Eigenschaften der Funktionseinheit abbildet. Ein übergeordneter Zustandsgraph koordiniert dann wiederum die einzelnen Zustandsgraphen der Funktionseinheiten.

Die grafische Darstellung eines Steuerungsablaufs mit Hilfe von Zustandsgraphen ist nicht nur für den SPS-Programmierer geeignet, sondern auch für den Technologen, den Inbetriebsetzer und den Instandhalter verständlich. Durch die einfach integrierbaren Überwachungs- und Meldefunktionen lassen sich Störungen leicht analysieren und damit Stillstandszeiten reduzieren.

## 12.1 Zustandsgraph-Darstellung

Ein Zustandsgraph ist ein zusammenhängender gerichteter Graph, in dem das dynamische Verhalten einer Funktionseinheit festgelegt ist. Innerhalb eines Zustandsgraphen repräsentieren die *Kreissymbole* die möglichen Zustände und die *Pfeile* zwischen den Zuständen die möglichen Übergänge (Transitionen) von einem Zustand in einen anderen. *Aktionen*, die Zuständen oder Transitionen zugeordnet sind, geben an, welche Aktoren oder Meldungen jeweils zu veranlassen sind. Die grafische Darstellung eines Zustandsgraphen besteht somit aus den Elementen: Zustände, Transitionen und Aktionen.

### 12.1.1 Zustände

Jeder Zustand beschreibt eine dynamische oder statische Situation des zu steuernden Prozesses bzw. der Funktionseinheit und wird als Kreis mit einer entsprechenden Nummer dargestellt.

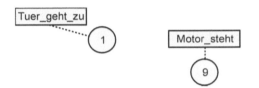

Beispiele für dynamische Situationen sind: Tür_geht_auf oder Motor_dreht_rechts.

Beispiele für statische Situationen sind: Tür_ist_auf oder Motor_steht.

Jedem Zustand kann ein Zustandsname zugeordnet werden. Der Zustandsname wird in einem Rahmen in der unmittelbaren Nähe des Zustandssymbols angeordnet. Unterhalb des Zustandsnamens werden die Aktionen angegeben, die durch diesen Zustand veranlasst werden sollen.

Der Steuerungsprozess befindet sich zu jedem Zeitpunkt stets nur in einem Zustand. Beim Systemstart befindet sich der Zustandsgraph in einem definierten Initialzustand. In dem *Initialzustand* kann geprüft werden, ob sich die Funktionseinheit in einer definierten Ausgangsposition befindet und falls nötig, kann sie in die Ausgangsposition gebracht werden.

Die Nummerierung der einzelnen Zustände ist beliebig. Eine sinnvolle Reihenfolge, wenn möglich ohne Lücken, ist anzustreben. Für den Initialzustand ist die Nummer 0 vorzusehen.

### 12.1.2 Transitionen

Die Transitionen kennzeichnen die Zustandsübergänge im Zustandsgraphen und sind mit Bedingungen verknüpft. Das durch den Zustandsgraphen beschriebene System wechselt seinen Zustand, wenn die Bedingung einer aus dem aktiven Zustand herausführenden Transition erfüllt ist.

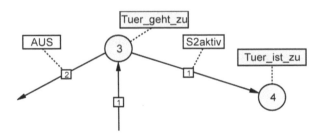

Von einem Zustand können mehrere Transitionen ausgehen. Sind die Bedingungen von mehr als einer Transition erfüllt, schaltet die Transition mit der höchsten Priorität, wobei die höchstmögliche Priorität 1 ist.

Die Priorität einer Transition wird mit einer Zahl in einem kleinen Quadrat in der Mitte des Transitionspfeils angegeben.

Es wird zwischen drei Transitionsarten unterschieden:

| Transitionsart | Funktion | Darstellung |
|---|---|---|
| Normale Transition | Eine normale Transition führt von einem Ausgangszustand zu einem Folgezustand. | (3)—[1]→(4) |
| Any-Transition | Eine Any-Transition führt von jedem Zustand zu einem Zielzustand. Any-Transitionen werden somit unabhängig vom aktuellen Zustand eines Zustandsgraphen ausgeführt. Sie dienen z. B. zur permanenten Überwachung übergeordneter Bedingungen. Tritt der in der Any-Transition programmierte Überwachungsfall ein, wird in den Zielzustand verzweigt und der aktuell Zustand zurückgesetzt.<br><br>Hat ein Zustandsgraph mehrere Any-Transitionen, wird jeder Any-Transition eine eigene Priorität zugewiesen. Die Prioritäten der Any-Transitionen werden getrennt von den Prioritäten anderer Transitionen ausgewertet: Alle Any-Transitionen haben grundsätzlich höhere Priorität als normale Transitionen. | ⊢—[1]→(4) |
| Return-Transition | Eine Return-Transition führt aus dem aktuellen Zustand zurück in den vorher aktiven Zustand. Return-Transitionen haben keine höhere Priorität als normale Transitionen. | (3)—[1]→⊣ |

Die einzelnen Transitionen können mit Transitionsnamen versehen werden. Die Transitionsnamen werden in einem Rahmen angegeben und mit einer gestrichelten Linie mit der Prioritätsangabe der Transition verbunden. Unterhalb des Transitionsnames wird die Transitionsbedingung in Form einer AWL angegeben.

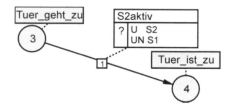

Die Transitionsbedingung wird durch eine binäre Variable oder einen logischen Ausdruck in der AWL-Programmdarstellung angegeben. Das Zeichen „?" kennzeichnet die zur Transition gehörende Übergangsbedingung.

Ist keine Bedingung angegeben, wird der Folgezustand sofort aktiviert.

### 12.1.3  Aktionen

Aktionen stellen Befehle zur Prozesssteuerung dar. Sie steuern beispielsweise Ausgänge, Zeiten, Zähler und Merker an, führen mathematische Funktionen aus oder rufen Unterprogramme in Form von Bausteinen auf. Aktionen können in Zuständen oder Transitionen veranlasst werden. Im Zustandsgraphen werden Aktionen in Tabellenform in der Programmiersprache AWL dargestellt. Folgende Aktionen, die in einer Tabelle angegeben werden, können unterschieden werden:

| Aktionstyp | Kenn-zeichen | Beschreibung |
|---|---|---|
| Eintrittsaktion Transitionsaktionen | E | Aktionen, die beim Eintreten in einen Zustand einmal ausgeführt werden |
| Zyklische Aktionen | C | Aktionen, die während des Verweilens in einem Zustand nach der Prüfung der Transitionen ausgeführt werden |
| Austrittsaktionen | A | Aktionen, die beim Verlassen eines Zustands einmal ausgeführt werden |
| Wartezeiten | WZ | Legt fest, dass der Zustand mindestens für die angegebene Zeit aktiv ist |
| Überwachungszeiten | ÜZ | Legt die maximale Verweildauer des Zustandes fest |

Die Tabelle mit den Aktionen eines Zustandes wird in der Nähe des Zustandssymbols platziert und mit einer gestrichelten Linie mit dem Symbol verbunden.

Aktionen, die bei einer Transition ausgeführt werden, heißen Transitionsaktionen, sie sind nur einen Programmzyklus lang aktiv und werden mit einem vorgestellten „!"-Zeichen in der Transitionstabelle angegeben.

Das nebenstehende Beispiel zeigt für den Zustandsübergang von Z_3 nach Z_4 die Transitionsbedingung und die Transitionsaktion sowie die in Zustand 4 veranlassten Aktionen.

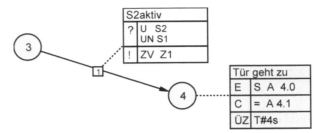

## 12.2  Umsetzung von Zustandsgraphen in ein Steuerungsprogramm

Ein unter Berücksichtigung der angegebenen Regeln hinsichtlich der Aufgabenstellung richtig erstellter Zustandsgraph stellt die Lösung oder Teile der Lösung einer Steuerungsaufgabe dar. Mit der Programmiersprache S7-HiGraph konnte man den Entwurf direkt eingeben. Diese Programmiersprache wird aber von Siemens seit 2010 nicht mehr unterstützt. Die Umsetzung von Zustandsgraphen in ein Steuerungsprogramm kann aber auch nach den in Kapitel 11.3 beschriebenen Regeln erfolgen . Zwei unterschiedliche Umsetzungsmethoden stehen dabei zur Auswahl.

– Jedem Zustand wird ein RS-Speicher Z_x zugewiesen, der bei TRUE den aktuellen Zustand repräsentiert. Das Steuerungsprogramm wird dann vorteilhaft im Funktionsplan programmiert.

– Es wir eine Integer-Variable Z eingeführt, deren Wert den jeweils aktuellen Zustand angibt. Das Steuerungsprogramm wird dann vorteilhaft mit der Programmiersprache SCL/ST programmiert. Dafür ist es zweckmäßig, aus dem Zustandsgraph ein Struktogramm zu bilden.

**1. Lösungsmethode RS Zustandsspeicher:**

Grundlage der Umsetzungsmethode ist die Zuweisung eines Zustandes zu einem SR-Speicher. Transitionen und Aktionstabellen werden durch logische Grundverknüpfungen realisiert.

Folgende wichtige Einzelheiten bei der Umsetzung sind zu beachten:

* Jedem Zustand (inklusive Initialzustand Z_0) wird ein SR-Speicher zugewiesen.
* Bei der Umsetzung eines Zustandes z. B. Zustand 3 (Z_3) erscheinen alle Transitionen, die in den Zustand führen am Setzeingang und alle Transitionen, die aus dem Zustand herausführen am Rücksetzausgang.

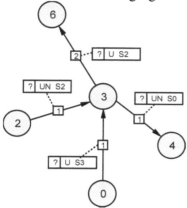

**Setzbedingung:** Zustände Z_2 und Z_0 mit den jeweiligen Transitionsbedingungen.

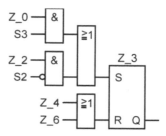

**Rücksetzbedingung:** Die Folgezustände Z_4 oder Z_6 setzen den Zustand Z_3 zurück.

* Der Initialzustand Z_0 muss beim Einschalten der Steuerung oder beim Programmstart des Zustandsgraphen aktiviert werden. Dies kann mit einem Richtimpuls erfolgen.

Anweisungsfolge zur Erzeugung eines Richtimpulses:
```
UN  #FO   //Flankenoperand
=   #IO   //Richtimpuls
S   #FO   //
```
Wird der Zustandsgraph in einem Funktionsbaustein FB realisiert, erhält die statische lokale Variable des Zustandes Z_0 den Anfangswert „TRUE" und wird deshalb zu Beginn der Programmbearbeitung automatisch aktiv. Die Erzeugung eines Richtimpulses ist in diesem Fall überflüssig.

* Berücksichtigung der Priorität der Transitionen. Im oben gezeichneten Zustandsgraphen hat die Transition von Zustand Z_3 nach Zustand Z_4 eine höhere Priorität als der Übergang von Zustand Z_3 nach Z_6. Es muss gewährleistet sein, dass nur einer der Folgezustände aktiv wird. Schließen sich die Transitionsbedingungen durch beispielsweise komplementäre Abfragen gegenseitig aus, ist die Verriegelung der beiden Folgezustände bereits in den Transitionsbedingungen gegeben. Können die Transitionsbedingungen jedoch gleichzeitig auftreten, muss eine Verriegelung an den entsprechenden Zustandsspeichern erfolgen.

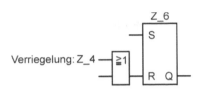

**Verriegelung:** Zustand Z_4 setzt im Konfliktfall Zustand Z_6 zurück. Die Verriegelung ist nur erforderlich, wenn die beiden Transitionsbedingungen auch gleichzeitig auftreten können.

- Realisierung einer Any-Transition. Die Any-Transition führt von allen Zuständen zu einem Zielzustand. Die Transitionsbedingung taucht deshalb ohne Vorzustand an der Setzbedingung des Zielzustandes auf. Alle anderen Zustände müssen mit der Transitionsbedingung zurückgesetzt werden.

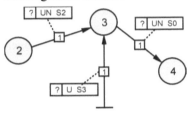

Zielzustand der Any-Transition:

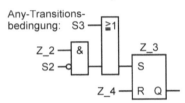

Rücksetzen Zustand Z_4:

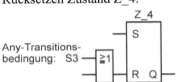

Rücksetzen Zustand Z_2:

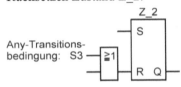

- Realisieren einer Return-Transition. Für die Umsetzung einer Return-Transition mit der einfachen SR-Speicherfunktion müsste jeweils noch der Vorzustand gespeichert werden. Da dies zu einem sehr umfangreichen Steuerungsprogramm führt, wird hier auf die Verwendung und Darstellung der Return-Transition verzichtet.
- Zurück-Transitionen sind wie Return-Transitionen Übergänge, die aus dem aktuellen Zustand in den vorher aktiven Zustand zurückführen. Die Zustände sind mit zwei gegensinnigen Transitionslinien verbunden.

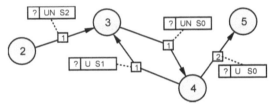

Bei solchen Zurück-Transitionen ist bei der Rücksetzbedingung der gleiche Zustand Z_x angegeben wie bei der Setzbedingung.

Ein Übergang zwischen Zustand Z_3 und Z_4 wird bei der Realisierung mit einfachen SR-Speicherfunktionen nur erreicht, wenn an den Rücksetzeingängen der SR-Speicherglieder Z_3 und Z_4 der jeweilige Folgezustand mit der zugehörigen Transitionsbedingung verriegelt wird.

Zustand 3:

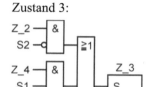

Zustand 4:

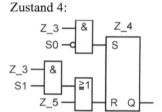

- Bei der Umsetzung der zyklischen Aktionen (C) muss beachtet werden, ob mehrere Schritte auf einen Steuerungsausgang wirken.

     %QX4.0     Wird ein Steuerungsausgang von mehreren Schritten angesteuert, sind die Zustandsspeicher mit ODER zu verknüpfen.

- Bei der Umsetzung einer Wartezeit (WZ) wird durch den Zustands-Speicher eine Zeitfunktion einschaltverzögert gestartet. Erst wenn die Zeit abgelaufen ist, werden die Transitionsbedingungen, die aus dem Zustand herausführen, wirksam.

- Die Umsetzung einer Transitions-Aktion entspricht der Umsetzung einer Eintrittsaktion (E) in der Aktionstabelle. Mit einer Flankenauswertung des neuen aktuellen Zustandes wird eine solche Aktion angesteuert.

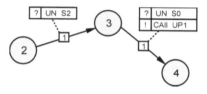     Einmalige Ausführung des Unterprogramms UP1 durch einen Sprung zur Marke M001.

FO1   M001

Z_4 — P — JMP

## 2. Lösungsmethode Integer-Zustandsvariable Z:

Grundlage dieser Umsetzungsmethode ist die Einführung einer Integer-Zustandsvariablen Z, welche mit Ihrem Wert den jeweils aktuellen Zustand angibt. Für die Umsetzung in ein Steuerungsprogramm bietet sich die Programmiersprache SCL/ST an. Als Vorlage für die SCL/ST-Realisierung wird aus dem Zustandsgraph ein entsprechendes Struktogramm bestimmt. Zweckmäßig ist es dabei, das Struktogramm zu unterteilen in:

-  **Struktogramm für die Zustandsfolgen und Transitionsaktionen:**

|  | Z = m & Übergangsbedingung m --> x | | |
|---|---|---|---|
| JA | | | |
| Z:=x;<br>Aktion der Transition m --> x | JA | Z = m & Übergangsbedingung m -->y | |
| | Z:=y; | JA | Z= n & Übergangsbedingung n -->z |
| | | Z:=z; | |

-  **Struktogramm für die Zuweisungen der Aktionen und Zeiten:**

| Rücksetzen aller zyklischen Aktionen<br>Starten der Zeiten | | | | |
|---|---|---|---|---|
| | | | | CASE |
| Z = 1 | Z = 2 | Z = 3 | Z = 4 | |
| Aktionen Zust. 1 | Aktionen Zust.21 | Aktionen Zust. 3 | Aktionen Zust. 4 | |

## 12.3 Zeigerprinzip bei Zustandsgraphen

Treffen bei bestimmten Steuerungsaufgaben Daten zu beliebigen Zeitpunkten ein, die abgespeichert und zu einem anderen Zeitpunkt wieder ausgegeben werden müssen, so kann die Verwaltung der Speicherzellen nach dem *Zeigerprinzip* erfolgen. Ebenso ist das Zeigeprinzip anwendbar, wenn das Eintreffen von binären Signalen zu beliebigen Zeitpunkten das Setzen bzw. Rücksetzen von Speichergliedern zur Folge haben soll. Das Grundprinzip der Zeigerstruktur besteht in der Einführung von Zeigern, die auf Speicherplätze (z. B. Datenbyte DBB, Datenwort DBW bzw. Datendoppelwort DBD in Datenbausteinen bzw. Datenfelder FELD[..], siehe 12.3.1) oder Speicherfunktionen (z. B. SR-Speicher, siehe 12.3.2) hinweisen.

### 12.3.1 Zeigerprinzip bei der Datenspeicherung

Nach jedem Einlesen und Auslesen wird der entsprechende Zeiger auf die nächste Speicherstelle gestellt. Ist das Ende des Datenbereichs erreicht und der Datenspeicher nicht voll, beginnen die beiden Zeiger wieder bei der ersten Speicherstelle. Die beiden Zeiger dürfen sich nicht „überholen".

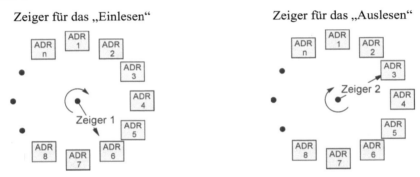

### 12.3.2 Zeigerprinzip bei Speicherfunktionen

Ein häufig auftretendes Grundproblem der Steuerungstechnik besteht in der stufenweise Zu- und Abschaltung von Pumpen, Lüftern, Brennern etc. unter Beachtung einer einigermaßen gleichen Laufzeit der Geräte. Es wird bei Bedarf stets das Gerät als nächstes eingeschaltet, welches am längsten ausgeschaltet war. Ein Zeiger weist dabei immer auf das Gerät hin, das als nächstes eingeschaltet werden soll, und ein zweiter Zeiger auf das Gerät, das als nächstes ausgeschaltet werden soll.

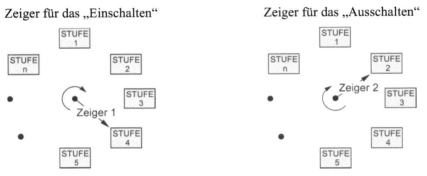

## 12.4  Graphengruppe

Zur Lösung von Steuerungsaufgaben komplexerer Anlagen empfiehlt es sich, diese in einzelne Funktionseinheiten zu unterteilen. Die einzelnen Funktionseinheiten der Maschine oder Anlage können mit Zustandsgraphen beschrieben werden. Um die komplette Anlage oder gesamte Steuerungsaufgabe darzustellen, ist es erforderlich, mehrere Zustandsgraphen in einer Graphengruppe zusammenzufassen. Eine Graphengruppe definiert dabei eine geordnete Folge von Aufrufen von Zustandsgraphen, die bei der Programmausführung zyklisch durchlaufen wird. Der Aufruf eines Zustandsgraphen wird als Instanz bezeichnet. Die Instanzen werden im Zielsystem nach einer vorgegebenen Ablaufreihenfolge bearbeitet.

Die Zustandsgraphen einer Graphengruppe werden mit dem Instanznamen in rechteckigen Symbolen dargestellt. Zahlen in den Symbolen geben die Reihenfolge der Programmierung im Steuerungsprogramm an. Die einzelnen Zustandsgraphen sind über Nachrichtensignale miteinander verbunden. Eine Ausgabe-Nachricht (OUT-Message OM) des einen Zustandsgraphen zu einem zweiten Zustandsgraphen ergibt dort eine Eingabe-Nachricht (IN-Message IM). Der Signalaustausch wird in der Graphengruppe durch Pfeile dargestellt.

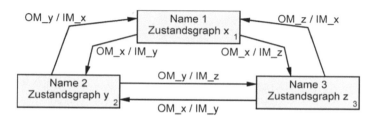

OM_y / IM_x bedeutet dabei eine Ausgabe-Nachricht von Zustandsgraph y und eine Eingabe-Nachricht an Zustandsgraph x. Realisiert wird die Nachricht über eine boolesche Variable, die vom sendenden Zustandsgraphen beschrieben und vom empfangenden Zustandsgraphen ausgewertet wird.

Neben diesen *internen* Nachrichten, welche die Kommunikation zwischen den Zustandsgraphen einer Graphengruppe festlegen, gibt es noch *externe* Nachrichten, die für die Kommunikation zu anderen Graphengruppen oder Programmteilen verwendet werden.

Bei der Festlegung der Zustandsgraphen für die einzelnen Funktionseinheiten oder Steuerungsaufgaben einer Anlage ist es empfehlenswert, je Funktionseinheit oder Aufgabe einen Zustandsgraphen einzuführen. Üblicherweise wird für jede mechanische Komponente eines Prozesses ein Zustandsgraph eingesetzt. Darüber hinaus gibt es weitere Funktionen, wie z. B. die Steuerung von Betriebsarten oder die Steuerung von Betriebsfreigaben. Diese werden ebenfalls in einem Zustandsgraphen abgebildet. Möglich ist auch, in einer Graphengruppe einen oder mehrere Zustandsgraphen einzusetzen, welche die anderen Zustandsgraphen koordinieren.

Die Anordnung der Zustandsgraphen kann hierarchisch sein. Folgende Ebenen können dabei festgelegt werden:

- **Zentralebene:** In der zentralen Ebene werden Funktionen zusammengefasst, die von übergeordneter Bedeutung sind. Dazu zählen Zustandsgraphen, die Betriebsarten oder Betriebsfreigaben beschreiben, sowie Zustandsgraphen, die das Verhalten der Steuerung bei auftretenden Störungen festlegen.

- **Koordinierungsebene:** Der Koordinierungsebene werden Zustandsgraphen zugeordnet, deren hauptsächliche Aufgabe darin besteht, die Koordination zwischen verschiedenen Zustandsgraphen einer Graphengruppe zu übernehmen.

- **Subkoordinierungsebene:** Mitunter ist es sinnvoll, mehrere Funktionen in einer Subkoordinierungsebene zusammenzufassen. Beispiele dafür sind Schutzgitterfunktionen, Transportfunktionen, Schmierfunktionen, Spannfunktionen etc.

- **Funktionsebene:** Die Funktionsebene enthält die Zustandsgraphen zur Ansteuerung der Aktoren, wie Motoren, Ventile etc.

Die Zusammenfassung der einzelnen Zustandsgraphen zu einer Graphengruppe kann über die beschriebenen Ebenen hinweg erfolgen. Innerhalb einer Graphengruppe kann ein Zustandsgraph mehrmals mit unterschiedlichen Instanzen verwendet werden.

Die Projektierungsschritte bei der Lösung von komplexen Automatisierungsaufgaben mit Zustandsgraphen werden im Regelfall immer in der gleichen Reihenfolge ausgeführt.

### Schritt 1: Ermitteln der zu steuernden Funktionen

Die Automatisierungsaufgabe wird in einzelne Funktionseinheiten zerlegt und die technologischen Komponenten der Funktionseinheiten einem oder mehreren Steuerungsgeräten zugeordnet. Die Ein-/Ausgabesignale der Funktionseinheiten werden festgelegt.

### Schritt 2: Bestimmen der Zustandsgraphen

Für jede in Schritt 1 festgelegte Funktionseinheit wird ein Zustandsgraph eingeführt. Weiterhin werden übergeordnete Zustandsgraphen für die Betriebsarten oder die Koordinierung hinzugefügt.

### Schritt 3: Bildung von Graphengruppen

Die einzelnen Zustandsgraphen werden in einer oder mehreren Graphengruppen zusammengefasst. Je nach Komplexität der Aufgabe ist die Strukturierung der Zustandsgraphen in mehrere Graphengruppen sinnvoll. Ein Zustandsgraph kann in einer oder mehreren Graphengruppen mehrmals verwendet werden. Der Aufruf erfolgt dann jeweils über einen anderen Instanznamen.

### Schritt 4: Festlegung der Programmstruktur

Im zyklischen Anwenderprogramm wird die Reihenfolge der Aufrufe der Graphengruppen festgelegt. Programmteile für den Signalaustausch, Signalvorverarbeitung etc. werden meist vor den Aufrufen der Graphengruppen programmiert. Die Reihenfolge der Aufrufe der Graphengruppen richtet sich nach der Platzierung der Zustandsgraphen in den dargestellten Ebenen. Graphengruppen der Zentralebene sollten dabei als Erste aufgerufen werden. Nach den Aufrufen der Graphengruppen werden Programmteile für das Senden von Signalen anderer Stationen, die Aufbereitung von Signalen zur Bedienung, Beobachtung oder Diagnose etc. angeordnet.

### Schritt 5: Anwenderprogramm

In diesem Schritt erfolgt die Umsetzung der Zustandsgraphen, der Signalvorverarbeitung und der Aufbereitung der Ausgabesignale in ein Anwenderprogramm. Die einzelnen Zustandsgraphen können dabei mit den beiden beschriebenen Methoden SR-Speicher im Funktionsplan oder Integer-Variable Zustand mit SCL/ST realisiert werden.

# 12.5  Beispiele

■  **Beispiel 12.1:  Torsteuerung**

Die Ausgabehalle eines Möbel-Zentrallagers besitzt mehrere Rollentore. Für die Ansteuerung jedes Rollentors ist ein Funktionsbaustein FB 1201 zu schreiben, der für alle Tore verwendet werden kann.

Das Rollentor kann durch Betätigung von S1 auf- und durch Betätigung von S2 zugesteuert werden. Wird der STOPP-Taster nicht betätigt, fährt das Tor bis zu den jeweiligen Endschaltern S3 bzw. S4. Wird während der Bewegung des Tores der STOPP-Taster betätigt oder gibt der Drucksensor des Tores bei der Abwärtsfahrt Signal, bleibt das Tor sofort stehen. Immer wenn sich das Rollentor bewegt, leuchtet die Meldelampe PM. Die Anzeigeleuchten der Taster P0, P1 und P2 zeigen jeweils an, ob eine Bedienung der Taster eine Auswirkung hat. Ist der Motorschutzschalter nicht eingeschaltet oder löst er aus, wird dies durch die Störungslampe PS angezeigt. Die Störungslampe leuchtet auch, wenn 1 Sekunde nach Ansteuerung der Schütze keine Rückmeldung von den Schützkontakten I1 bzw. I2 erfolgt. Befindet sich die Anlage im Störungszustand, kann dieser nach Behebung der Störung durch den Schlüsseltaster QUITT verlassen werden.

**Technologieschema:**

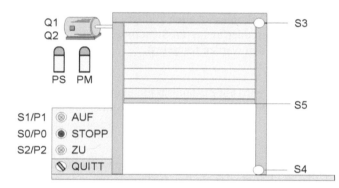

**Bedienfeld:**

S1, S0, S2: Drucktaster

QUITT: Schlüsseltaster

P1, P0, P2: Anzeigeleuchten

**Sensoren des Rollentors:**

S3: Obere Endlage

S4: Untere Endlage

S5: Drucksensor

**Meldeleuchten:**

PM: Tor wird bewegt

PS: Störungsleuchte

**Bild 12.1:**  Rollentor

Der Antrieb des Rollentors erfolgt über einen Reversier-Motorstarter, der über einen Feldbus (AS-i Bus oder Profibus DP) angesteuert wird.

Schaltbild des Motorstarters:

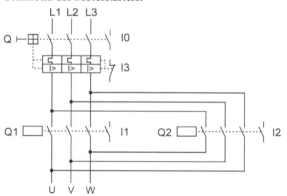

Ein-/Ausgänge des Motorstarters:

**Eingänge:**

I0: Motorschalter ist ausgeschaltet

I1: Rückmeldung Schütz Q1

I2: Rückmeldung Schütz Q2

I3: Motorschutzschalter hat ausgelöst.

**Ausgänge:**

Q1: Schütz Rechtslauf

Q2: Schütz Linkslauf

Die Schütze sind mechanisch verriegelt.

**Zuordnungstabelle der Eingänge und Ausgänge:**

| Eingangsvariable | Symbol | Datentyp | Logische Zuordnung | | Adresse |
|---|---|---|---|---|---|
| Stopp-Taste | S0 | BOOL | Betätigt | S0 = 0 | E 0.0 |
| Taster AUF | S1 | BOOL | Betätigt | S1 = 1 | E 0.1 |
| Taster ZU | S2 | BOOL | Betätigt | S2 = 1 | E 0.2 |
| Endschalter oben | S3 | BOOL | Betätigt | S3 = 0 | E 0.3 |
| Endschalter unten | S4 | BOOL | Betätigt | S4 = 0 | E 0.4 |
| Drucksensor | S5 | BOOL | Druck zu groß | S5 = 0 | E 0.5 |
| Motorschutzschalter | I0 | BOOL | Ausgeschaltet | I0 = 0 | E 0.6 |
| Rückmeldung Schütz Q1 | I1 | BOOL | Angezogen | I1 = 1 | E 0.7 |
| Rückmeldung Schütz Q2 | I2 | BOOL | Angezogen | I2 = 1 | E 1.0 |
| Thermische-Überstromauslösung | I3 | BOOL | Ausgelöst | I3 = 0 | E 1.1 |
| Quittier-Taste | QUITT | BOOL | Betätigt | QUITT = 1 | E 1.2 |
| Ausgangsvariable | | | | | |
| STOPP-Tasterleuchte | P0 | BOOL | Leuchtet | P0 = 1 | A 4.0 |
| AUF-Tasterleuchte | P1 | BOOL | Leuchtet | P1 = 1 | A 4.1 |
| ZU-Tasterleuchte | P2 | BOOL | Leuchtet | P2 = 1 | A 4.2 |
| Meldeleuchte | PM | BOOL | Leuchtet | PM = 1 | A 4.3 |
| Störungsleuchte | PS | BOOL | Leuchtet | PS = 1 | A 4.4 |
| Schütz Tor AUF | Q1 | BOOL | Angezogen | Q1 = 1 | A 4.5 |
| Schütz Tor ZU | Q2 | BOOL | Angezogen | Q2 = 1 | A 4.6 |

**Aus dem Funktionsablauf einer Torsteuerung lassen sich folgende Zustände bestimmen:**

**Zustand Z_0:** Das Tor steht und ist nicht oben und nicht unten.
Dieser Zustand wird als Initialisierungs-Zustand verwendet, da beim Einschalten der Steuerung die Stellung des Tores unbekannt ist. Gibt einer der Endschalter S3 (Tor oben) oder S4 (Tor unten) Signal, wird sofort der jeweils zugehörigen Zustand aktiviert. In diesem Zustand werden die Tasterleuchten P1 und P2 angesteuert.

**Zustand Z_1:** Das Tor ist auf.
Bedingung für diesen Zustand ist, dass der Endschalter S3 meldet, dass das Tor geöffnet ist. Dieser Zustand kann von Zustand Z_4 oder im Einschaltmoment vom Zustand Z_0 erreicht werden. In diesem Zustand wird die Tasterleuchte P2 angesteuert.

**Zustand Z_2:** Das Tor geht zu.
Der Zustand kann erreicht werden von Zustand Z_1 oder Zustand Z_0. In diesem Zustand werden Schütz Q1, die Leuchten P0 und PM angesteuert sowie ein Zeitglied gestartet. Meldet ein Hilfskontakt von Q1 nicht innerhalb von 1 Sekunde, dass das Schütz angezogen hat, liegt eine Störung vor.

**Zustand Z_3:** Das Tor ist zu.
Bedingung für diesen Zustand ist, dass der Endschalter S4 meldet, dass das Tor geschlossen ist. Dieser Zustand kann von Zustand Z_2 oder im Einschaltmoment vom Zustand Z_0 erreicht werden. In diesem Zustand wird die Tasterleuchte P1 angesteuert.

**Zustand Z_4:** Das Tor geht auf.
Der Zustand kann erreicht werden von Zustand Z_3 oder Zustand Z_0. In diesem Zustand werden Schütz Q2, die Leuchte P0 und PM angesteuert sowie ein Zeitglied gestartet. Meldet ein Hilfskontakt von Q2 nicht innerhalb von 1 Sekunde, dass das Schütz angezogen hat, liegt eine Störung vor.

**Zustand Z_5:** Störung.
Dieser Zustand ist mit einer ANY-Transition erreichbar. Löst der Motorschutzschalter aus oder melden die Endschalter S3 und S4 gleichzeitig ihre Betätigung, liegt eine Störung vor. Der Störungszustand muss in diesem Fall von jedem Zustand aus aktiviert werden können. In diesem Zustand wird die Meldeleuchte PS angesteuert.

**Zustandsgraph:**

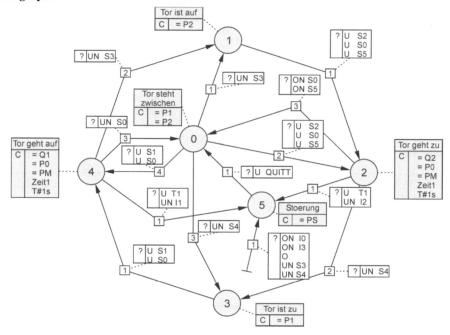

Der Zustandsgraph wirkt zunächst etwas unübersichtlich. Betrachtet man aber jeden Zustand für sich, so ist der Steuerungsablauf deutlich ablesbar.

**Beispiel: Zustand Z_2 Tor geht zu**

Der Zustand Z_2 kann entweder von Zustand Z_0 (Tor steht zwischen) oder von Zustand Z_1 (Tor ist auf) mit der Transitionsbedingung S2 (Taster Tor ZU) und Taster S0 bzw. Drucksensor S5 sind nicht betätigt erreicht werden. In Zustand Z_2 werden über die Aktionstabelle das Schütz Q2, die Tasterbeleuchtung des STOPP-Tasters P0 und die Meldeleuchte PM angesteuert.

Beim Eintritt in diesen Zustand wird eine einschaltverzögerte Zeitfunktion T1 mit einer Sekunde gestartet. Ist die Zeit abgelaufen und noch keine Rückmeldung I2 vom Motorstarter (Schütz Q2 hat angezogen) vorhanden, wird in den Zustand Z_5 Störung weitergeschaltet.

Weitere Folgezustände sind der Zustand Z_0 und Zustand Z_3. Der Zustand Z_0 wird erreicht, wenn der STOPP-Taster S0 betätigt wird oder der Drucksensor S5 Signal gibt. Der Zustand Z_3 wird erreicht, wenn der Endschalter S4 meldet, dass das Tor geschlossen ist.

Werden die anderen Zuständen ebenfalls in dieser Form betrachtet, gewinnt der Zustandsgraph an Übersichtlichkeit.

**1. Realisierung mit RS-Zustandsspeichern Z_x**

Für die Umsetzung des Zustandsgraphen in ein Steuerungsprogramm gelten die in Kapitel 12.2 beschriebenen Regeln. Zu beachten sind dabei die Zustände, von denen aus man in den Zustand gelangen kann. Diese müssen alle in der Setzbedingung erscheinen. Ebenso müssen alle Folgezustände in der Rücksetzbedingung auftreten. Ist ein Zustand sowohl in der Setz-Bedingung wie auch in der Rücksetz-Bedingung vorhanden, müssen entsprechende Verriegelungen programmiert werden.

Beispielhaft sind die Funktionspläne für die Zustände Z_0 und Z_2 angegeben.

Zustand 0:

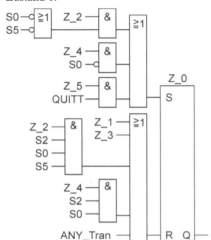

Zustand 2:

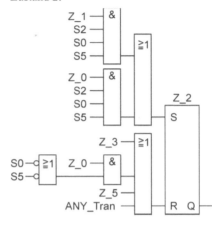

Für die restlichen Zustände erfolgt die Umsetzung des Zustandsgraphen in ein Steuerungsprogramm entsprechend der dargestellten Beispiele und den angegebenen Regeln.

Die Übergangsbedingung für die ANY-Transition wird bei jeder Speicherfunktion benötigt und wird deshalb nach nebenstehender Funktion einmalig gebildet:

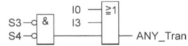

Zur Befehlsausgabe werden die Ausgänge von den jeweils zugehörigen Zustandsvariablen angesteuert. Der folgende Funktionsplan zeigt beispielhaft die Ansteuerung von P0, P1, PM und Q1.

Ansteuerung P0　　　Ansteuerung P1　　　Ansteuerung PM　　　Ansteuerung Q1

Die Umsetzung des gesamten Zustandsgraphen erfolgt im Funktionsbaustein FB 1201. Dieser kann durch mehrmaligen Aufruf dann auch für die weiteren Tore der Lagerhalle benutzt werden.

Übergabeparameter:

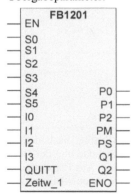

Beschreibung der Parameter:

| S0, S1, S2 | BOOL | Taster des Bedienfeldes |
|---|---|---|
| S3, S4, S5 | BOOL | Sensoren des Rollentores |
| I0, I1, I2, I3 | BOOL | Meldungen vom Motorstarter |
| QUITT | BOOL | Quittiertaste |
| Zeitw1 | TIME | Anzugszeitüberwachung der Schütze |
| P0, P1, P2 | BOOL | Anzeigeleuchten Bedienfeld |
| PM, PS | BOOL | Anzeigeleuchten Bewegung und Störung |
| Q1, Q2 | BOOL | Leistungsschütze des Antriebsmotors |

Der Funktionsplanentwurf gilt als Vorlage für die Realisierung mit STEP 7 und CoDeSys gleichermaßen. Aus Platzgründen wird auf die Darstellung der Anweisungslisten für beide Programmiersystem
verzichtet und auf die Web-Seite www.automatisieren-mit-sps.de verwiesen, von der beide Programme
geladen werden können.

**2. Realisierung mit einer Integer-Variablen Z**

Aus dem Zustandsgraph der Anlage werden zunächst die beiden entsprechenden Struktogramme erstellt.

**- Struktogramm für die Zustandsfolgen und Transitionsaktionen:**

Das Struktogramm enthält nur die Weiterschaltungen der einzelnen Zustände. Die ANY-Transition wird
zu Beginn des Struktogramms angegeben, da bei Erfüllung der Bedingung die restlichen Abfragen der
Zustandsfolgen irrelevant sind.

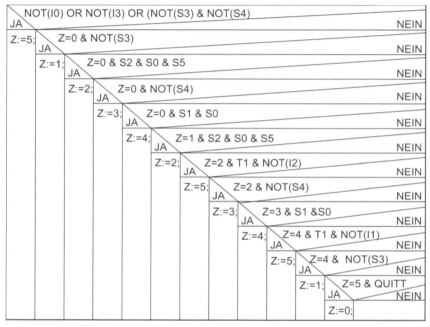

**- Struktogramm für die Zuweisungen der Aktionen und Zeiten:**

Alle Ausgangszuweisungen werden zunächst zurückgesetzt und die TON Zeitfunktion mit der Instanzvariablen T für die Überwachungszeit gestartet. Der Aufruf der Zeitfunktion sollte stets in einem unbedingten Programmteil erfolgen.

| P0:=FALSE; P1:=FALSE; P2:=FALSE; PM:=FALSE; PS:=FALSE; Q1:=FALSE; Q2:=FALSE; T(IN:=(Z=2 OR Z=4), PT:=Zeitw_1); | | | | | |
|---|---|---|---|---|---|
| | | | | | CASE |
| Z=0 | Z=1 | Z=2 | Z=3 | Z=4 | Z=5 |
| P1:=TRUE; P2:=TRUE; | P2:=TRUE; | Q2:=TRUE; P0:=TRUE; PM:=TRUE; | P1:=TRUE; | Q1:=TRUE; P0:=TRUE; PM:=TRUE; | PS:=TRUE; |

Die Umsetzung der beiden Struktogramme in ein SCL/ST-Steuerungsprogramm erfolgt nach den in
Kapitel 10 beschriebenen Regeln im Funktionsbaustein FB 1201. Die Deklarationstabelle und der Bausteinaufruf im OB1 / PLC_PRG entsprechen dem der Realisierung im Funktionsplan. Aus Platzgründen
wird auf Darstellung der SCL/ST Programms verzichtet und auf die Web-Seite www.automatisieren-mit-
sps.de verwiesen, von der das Programm geladen werden kann.

- **Beispiel 12.2: Pufferspeicher FIFO (FB 1202: FIFO)**

Für die Programmbibliothek ist ein Funktionsbaustein FB 1202 (FIFO) zu entwerfen, der zusammen mit einem wählbaren Datenbaustein DBx bei STEP 7 bzw. einem Datenfeld bei CoDeSys die Funktion eines FIFO-Pufferspeichers erfüllt. In dem Pufferspeicher sollen Werte mit der Breite von einem Wort gespeichert werden. Die mögliche Anzahl der zu speichernden Werte wird an dem Funktionsbaustein-Eingang LAE (Länge) vorgegeben. Bei einem 0 → 1 Zustandswechsel am Eingang WR (Schreiben) wird der am Eingang XW_E liegende Wert (WORD) in den Pufferspeicher übernommen. Sind so viel Werte in den Pufferspeicher geschrieben, wie die Anzahl LAE vorgibt, zeigt der Funktionsbaustein-Ausgang FU (Voll) „1"-Signal. Ein weiteres Einschreiben ist dann nicht mehr möglich.

Bei einem 0 → 1 Zustandswechsel am Eingang RD (Lesen) wird derjenige Wert an den Ausgang XW_A ausgegeben, der als Erster in den Pufferspeicher geschrieben wurde. Sind alle Werte aus dem Pufferspeicher ausgelesen, wird das durch ein „1"-Signal am Ausgang EM (Leer) des Funktionsbausteins angezeigt. Ein weiteres Auslesen ist dann nicht mehr möglich. Das Ein- bzw. Auslesen des Pufferspeichers ist jeweils nur möglich, wenn der entsprechende andere Eingang WR bzw. RE des Funktionsbausteins „0"-Signal hat. Über den Eingang RES (Zurücksetzen) des Funktionsbausteins kann der Pufferspeicher gelöscht werden.

Ein- und Ausgabevariablen:      Beschreibung der Parameter:

**STEP 7:**

```
        FB1202
 ─| EN
 ─| XW_E
 ─| DBNR
 ─| LAE      XW_A |─
 ─| WR        EM  |─
 ─| RD        FU  |─
 ─| RES      ENO  |─
```

**CoDeSys:**

```
        FB1202
 ─| XW_E    XW_A |─
 ─| LAE      EM  |─
 ─| WR       FU  |─
 ─| RD
 ─| RES
 ─| FIFO ▷
```

**IN**

| | | |
|---|---|---|
| XW_E | WORD | Wert, der eingelesen wird |
| DBNR | INT | Nummer des Datenbausteins |
| LAE | INT | Anzahl der maximal gespeicherten Werte |
| WR | BOOL | Bei einem 0 → 1 Signalwechsel wird in den Puffspeicher geschrieben. |
| RD | BOOL | Bei einem 0 → 1 Signalwechsel wird aus dem Puffspeicher gelesen. |
| RES | BOOL | Bei „1"-Signal Löschen des Pufferspeichers |

**OUT**

| | | |
|---|---|---|
| XW_A | WORD | Wert, der ausgelesen wird |
| EM | BOOL | Pufferspeicher leer bei Signalzustand „1" |
| FU | BOOL | Pufferspeicher voll bei Signalzustand „1" |

Bei CoDeSys: (statt der Datenbaustein-Nummer DBNR)

**IN_OUT**

| | | |
|---|---|---|
| FIFO | ARRAY | Datenfeld mit WORD-Werten > LAE |

Zum Test des Funktionsbausteins FB 1202 wird an den Eingang XW_E mit einem Zifferneinsteller ein Eingangswort EW angelegt. Zur Beobachtung der ausgelesenen Werte wird an den Funktionsbaustein-Ausgang XW_A eine Ziffernanzeige angeschlossen. Der zugehörige Datenbaustein ist mit mindestens der Anzahl von Datenwörtern DW anzulegen, wie die am Eingang LAE (Länge des Pufferspeichers) angegebene Zahl (z. B. 10) vorgibt.

An die Eingänge WR, RD und RES werden Taster und an die Ausgänge EM und FU Anzeigeleuchten angeschlossen.

Bei STEP 7 wird an den Eingang DBNR eine Datenbaustein-Nummer (z. B. 10) geschrieben. Der Datenbaustein muss mit mindestens so vielen Datenwörtern angelegt werden, wie die Länge sie vorgibt.

Bei CoDeSys wird im PLC_PRG eine Variable FIFO als ARRAY OF WORD deklariert, deren Feldzahl gleich oder größer ist als die gewählte Länge des Pufferspeichers.

**Zuordnungstabelle der Eingänge und Ausgänge:**

| Eingangsvariable | Symbol | Datentyp | Logische Zuordnung | | Adresse |
|---|---|---|---|---|---|
| Taste „Einlesen" | S1 | BOOL | Betätigt | S1 = 1 | E 0.1 |
| Taste „Auslesen" | S2 | BOOL | Betätigt | S2 = 1 | E 0.2 |
| Taste „Zurücksetzen" | S3 | BOOL | Betätigt | S3 = 1 | E 0.3 |
| Zifferneinsteller | EW | WORD | BCD-Code | | EW 8 |
| Ausgangsvariable | | | | | |
| Anzeigeleuchte „leer" | P_EM | BOOL | leuchtet | P_EM = 1 | A 4.1 |
| Anzeigeleuchte „voll" | P_FU | BOOL | leuchtet | P_FU = 1 | A 4.2 |
| Ziffernanzeige | AW | WORD | BCD-Code | | AW 12 |

Das Steuerungsprogramm für den Funktionsbaustein FB 1202 (FIFO) wird mit einem Zustandsgraphen beschrieben. Zur Bestimmung der Speicherstelle, in die als nächstes eingelesen bzw. aus der als nächste ausgelesen werden soll, werden zwei Zeiger eingeführt. Die beiden Zeiger werden durch die Zähler ZAE1 und ZAE2 repräsentiert. Aus der Stellung der beiden Zeiger könnte die Anzahl der eingelesenen Werte ermittelt werden. Es ist jedoch leichter, einen dritten Zähler ZAE3 einzuführen, der jeweils die Anzahl der eingelesenen und noch nicht ausgelesenen Werte angibt. Aus der Aufgabenstellung lassen sich für den Funktionsbaustein FB 1202 (FIFO) folgende Zustände bestimmen:

**Zustand Z_0: FIFO Leer**

Dieser Zustand wird als Initialisierungs-Zustand verwendet, da beim Einschalten der Steuerung noch kein Wert in den Pufferspeicher eingeschrieben ist. Der Zustand kann mit einer ANY-Transition bei einem „1"-Signalzustand am Eingang RES oder vom Zustand Z_3 (Auslesen) erreicht werden, wenn alle Werte ausgelesen sind (ZAE3 = 0). Verlassen wird der Zustand, wenn ein 0 → 1 Flankenwechsel am Eingang WR auftritt. In Zustand Z_0 wird der Ausgang EM angesteuert.

**Zustand Z_1: Einlesen**

Bedingung für das Erreichen des Zustandes Z_1 ist, dass in Zustand Z_0 oder Z_2 der Taster „Einlesen" S1 betätigt wird. Im Zustand Z_1 wird dann der Wert in den Pufferspeicher eingelesen und der Zähler Z1 um eins (bei STEP 7 wegen der Wort-Adresse um zwei) sowie der Zähler Z3 um einen Wert nach oben gezählt. Ist der Zähler ZAE1 größer als LAE - 1 (bei STEP 7 ZAE1 > 2*(LAE-1)), wird der Zählwert auf 0 zurückgesetzt. Der Zähler ZAE1 zeigt damit wieder auf die Adresse der ersten Speicherstelle des Pufferspeichers.

**Zustand Z_2: Werte in FIFO**

Der Zustand Z_2 wird erreicht, wenn vom Zustand Z_1 der Taster „Einlesen" oder vom Zustand Z_3 der Taster „Auslesen" nicht mehr betätigt wird. Bedingung ist allerdings noch, dass der Pufferspeicher weder voll (ZAE3 = LEA) noch leer ist (ZAE3 ungleich 0).

**Zustand Z_3: Auslesen**

Bedingung für das Erreichen des Zustandes Z_3 ist, dass in Zustand Z_2 oder Zustand Z_4 der Taster „Auslesen" S2 betätigt wird. Im Zustand Z_3 wird dann der Wert aus dem Pufferspeicher ausgelesen und der Zähler Z2 um eins (bei STEP 7 wegen der Wort-Adresse um zwei) nach oben sowie der Zähler Z3 um einen Wert nach unten gezählt. Wird der Zähler ZAE2 wieder größer als das LAE - 1 (bei STEP 7 ZAE2 > 2*(LAE-1)), wird der Zählwert auf 0 zurückgesetzt. Der Zähler ZAE2 zeigt damit wieder auf die Adresse der ersten Speicherstelle des Pufferspeichers.

**Zustand Z_4: FIFO voll**

Der Zustand Z_4 wird vom Zustand Z_1 aus erreicht, wenn der Taster „Einlesen" wieder losgelassen wird und der Zähler ZA3 den Wert der angegebenen Länge LAE hat.

Alle Zustandsübergänge und Aktionen sind in dem dargestellten Zustandsgraphen für den Funktionsbaustein FB 1202 (FIFO) eingetragen.

**Zustandsgraph eines Pufferspeichers FIFO:**

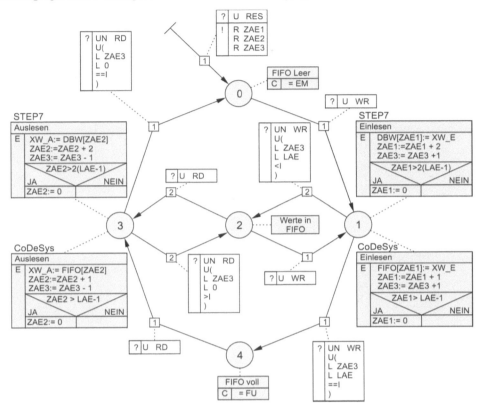

## 1. Realisierung mit RS-Zustandsspeichern

Bei der Umsetzung des Zustandsgraphen in ein Steuerungsprogramm mit SR-Speichern ist darauf zu achten, dass die Zustände $Z\_1$ und $Z\_3$ gegenseitig verriegelt werden. Die Aktionen in Zustand $Z\_1$ und Zustand $Z\_2$ sind *Eintrittsaktionen*. Die zugehörigen Anweisungen werden deshalb mit einer Flanken-auswertung des jeweiligen Zustandes ausgeführt.

Nachfolgend ist die Umsetzung des Zustandsgraphen mit SR-Speichern dargestellt.

Zustand Z_0                                              Zustand Z_1

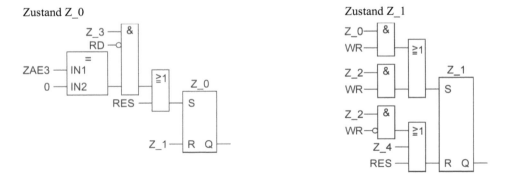

Zustand Z_2

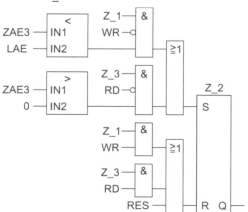

Zustand Z_3

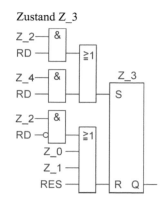

Zustand Z_4

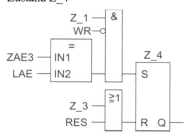

## Lösung in STEP 7

Zur indirekten Adressierung der Datenwörter wird noch die temporäre lokale Variable ADRZ (Adresszeiger) im Format DWORD eingeführt. Das jeweilige Bitmuster der Zähler ZAE1 bzw. ZAE2, welches das aufzurufende Datenwort angibt, wird um drei Stellen nach links geschoben und dem Adresszeiger ADR zugewiesen. Die Doppelwortbreite des Adressoperanden und die 3-Bit-Stellenverschiebung sind Erfordernisse der angewandten speicherindirekten Adressierung.

STEP 7 AWL-Auszug für die Aktion "Einlesen" in Zustand 1:

```
L   #ZAE1;        L   #XW_E;         T   #ZAE3;        TAK ;
SLW 3;            T   DBW [#ADRZ];   L   #LAE;         >I ;
T   #ADRZ;        L   #ZAE1;         L   -1;           SPBN  M001;
U   #Z_1;         +   2;             +I ;             L   0;
FP  #FO1;         T   #ZAE1;         L   2;            T   #ZAE1;
SPBNB M001;       L   #ZAE3;         *I ;             M001: NOP 0;
                  +   1;             L   #ZAE1;
```

## Lösung in CoDeSys

Das Steuerungsprogramm für CoDeSys unterscheidet sich hauptsächlich in der Adressierung des Datenfeldes. Dieses wird als IN_OUT_Variable FIFO: ARRAY[0 ... 100] in die Deklarationstabelle aufgenommen. Die beiden Zähler ZAE1 und ZAE2 können nun direkt als Index für die Adressierung beim Ein- und Auslesen in das Datenfeld verwendet werden.

Die Flankenauswertungen für die Eintrittsaktionen in Zustand 1 und Zustand 3 werden mit den Bibliotheksbaustein R_TRIG und den Instanzen FO1 bzw. FO2 gebildet.

CoDeSys AWL-Auszug für die Aktion "Einlesen" in Zustand 1:

```
CAL               LD    XW_E        LD    ZAE3      SUB 1
FO1(CLK:=Z_1)     ST    FIFO[ZAE1]  ADD 1           )
LD   FO1.Q        LD    ZAE1        ST    ZAE3      SEL ZAE1,0
NOT               ADD 1             LD    ZAE1      ST    ZAE1
JMPC  M001        ST    ZAE1        GT ( LAE        M001:
```

Aus Platzgründen wird auf vollständige Darstellung der Anweisungslisten für beide Programmiersysteme verzichtet und auf die Web-Seite www.automatisieren-mit-sps.de verwiesen, von der beide Programme vollständig geladen werden können.

### 2. Realisierung mit einer Integer-Zustandsvariablen Z

Bei der Realisierung des Zustandsgraphen mit einer Integer-Variablen Z in der Programmiersprache SCL/ST kann auch bei STEP 7 ein Array (FIFO [0..100]) als Datenspeicher verwendet werden, da bei SCL die Indizierung eines Feldes mit einer Variablen möglich ist. Zur Programmerstellung mit SCL/ST Anweisungen werden zunächst wieder die beiden entsprechenden Struktogramme aus dem Zustandsgraphen ermittelt.

– **Struktogramm für die Zustandsfolgen und Transitionsaktionen**

Im Struktogramm der Zustandsfolgen sind die Bedingung für die Weiterschaltungen der einzelnen Zustände als bedingte Abfrage aufgeführt. Die ANY-Transition wird zu Beginn des Struktogramms angegeben, da bei Erfüllung der Bedingung die restlichen Abfragen irrelevant sind. Die Tansitionsaktionen der ANY-Transition sind ebenfalls in diesem Struktogramm aufgeführt.

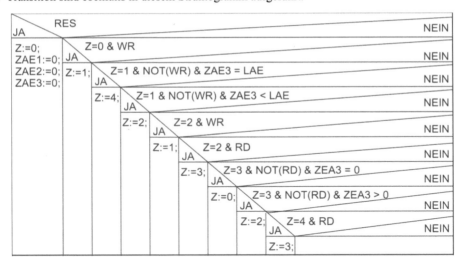

– **Struktogramme für die Zuweisungen der Aktionen und Zeiten:**

Da im Zustandsgraphen des Pufferspeichers FIFO sowohl zyklische Aktionen und Eintrittsaktionen auftreten, werden diese in unterschiedlichen Struktogrammen dargestellt. Nur in den Zuständen Zustand 0 und Zustand 4 tritt je eine zyklische Aktion auf. Deshalb werden diese im Struktogramm statt mit einer CASE-Abfrage mit einer IF-Abfrage dargestellt.

Die Eintrittsaktionen werden zu Begin von Zustand 1 bzw. Zustand 3 einmalig ausgeführt. Deshalb ist eine Flankenauswertung mit den Flankenoperanden FO1 bzw. FO2 zu generieren, wenn in einen der beiden Zustände eingetreten wird. Nachfolgend ist dies für jede Eintrittsaktion mit je einem Struktogramm beschrieben.

Zyklische Aktionen                Eintrittsaktion in Zustand 1        Eintrittsaktion in Zustand 2

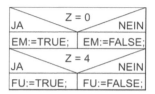

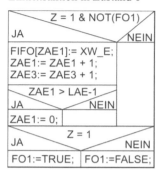

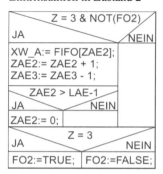

**SCL/ST-Programm des Funktionsbausteins FB 1102:**

```
VAR_INPUT          VAR_OUTPUT              VAR_IN_OUT
 XW_E:WORD;          XW_A: WORD;             FIFO:ARRAY[0..100]OF WORD;
 LAE: INT;           EM: BOOL;              END_VAR
 WR: BOOL;           FU: BOOL;              VAR
 RD: BOOL;          END_VAR                  Z, ZAE1, ZAE2, ZAE3:  INT;
 RES: BOOL;                                  FO1,FO2:BOOL;
END_VAR                                     END_VAR
IF RES THEN Z:= 0; ZAE1:=0; ZAE2:=0; ZAE3:=0; ELSIF
  Z = 0 AND WR THEN Z:=1; ELSIF
  Z = 1 AND NOT(WR) & ZAE3 = LAE THEN Z:=4; ELSIF
  Z = 1 AND NOT(WR) & ZAE3 < LAE THEN Z:=2; ELSIF
  Z = 2 AND WR THEN Z:=1; ELSIF
  Z = 2 AND RD THEN Z:=3; ELSIF
  Z = 3 AND NOT(RD) & ZAE3 = 0 THEN Z:=0; ELSIF
  Z = 3 AND NOT(RD) & ZAE3 > 0 THEN Z:=2; ELSIF
  Z = 4 AND RD THEN Z:=3;
END_IF;
IF Z = 0 THEN EM:=TRUE; ELSE EM:=FALSE; END_IF;
IF Z = 4 THEN FU:=TRUE; ELSE FU:=FALSE; END_IF;

IF Z = 1 AND NOT(FO1)THEN FIFO[ZAE1]:= XW_E; ZAE1:=ZAE1+1;
   ZAE3:=ZAE3+1; IF ZAE1 > LAE -1 THEN ZAE1:= 0; END_IF;
END_IF;
IF Z = 1 THEN FO1:=TRUE; ELSE FO1:= FALSE; END_IF;

IF Z = 3 AND NOT(FO2) THEN XW_A:= FIFO[ZAE2]; ZAE2:=ZAE2+1;
   ZAE3:=ZAE3-1; IF ZAE2 > LAE -1 THEN ZAE2:= 0; END_IF;
END_IF;
IF Z = 3 THEN FO2:=TRUE; ELSE FO2:= FALSE; END_IF;
```

■ **Beispiel 12.3:  Pumpensteuerung**

Vier Pumpen fördern aus einem Vorratsbehälter in ein Versorgungsnetz. Durch die stufenweise Zu- bzw. Abschaltung der Pumpen soll der Druck innerhalb eines bestimmten Bereichs konstant gehalten werden. Um eine möglichst gleiche Laufzeit der Pumpen zu erreichen, ist bei der stufenweise Zu- bzw. Abschaltung zu berücksichtigen, welche Pumpe als Erste ein- bzw. abgeschaltet wurde. Ist der Druck im Versorgungsnetz zu klein, wird von den stillstehenden Pumpen stets die zugeschaltet, die zuerst abgeschaltet wurde. Ist der Druck zu groß, wird von den laufenden Pumpen stets diese Pumpe abgeschaltet, die zuerst zugeschaltet wurde. Jede Pumpe entspricht einer Leistungsstufe. Sowohl beim Zuschalten wie auch beim Abschalten soll eine Reaktionszeit abgewartet werden, bevor die nächste Stufe zu- bzw. abgeschaltet wird.

**Technologieschema:**

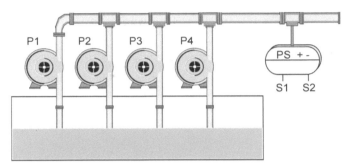

**Bild 12.2:** Pumpensteuerung

**Zuordnungstabelle der Eingänge und Ausgänge:**

| Eingangsvariable | Symbol | Datentyp | Logische Zuordnung | | Adresse |
|---|---|---|---|---|---|
| Drucksensor mit zwei | S1 | BOOL | Druck zu klein | S1 = 1 | E 0.1 |
| Signalgebern | S2 | BOOL | Druck zu groß | S2 = 1 | E 0.2 |
| Ausgangsvariable | | | | | |
| Pumpe 1 | P1 | BOOL | Pumpe 1 läuft | P1 = 1 | A 4.1 |
| Pumpe 2 | P2 | BOOL | Pumpe 2 läuft | P2 = 1 | A 4.2 |
| Pumpe 3 | P3 | BOOL | Pumpe 3 läuft | P3 = 1 | A 4.3 |
| Pumpe 4 | P4 | BOOL | Pumpe 4 läuft | P4 = 1 | A 4.4 |

Die Lösung der Steuerungsaufgabe wird so weit wie möglich allgemein ausgeführt. Die Pumpen werden dabei als Leistungsstufen bezeichnet und bei der Programmerstellung wird darauf geachtet, dass eine Erweiterbarkeit auf mehr als vier Leistungsstufen möglich ist.

Für die Erstellung des Steuerungsprogramms wird die Aufgabe in die Funktionseinheiten Wartezeit, Ein-/Aus-Impulse für die Leistungsstufen und Ansteuerung der Leistungsstufen mit folgenden Übergabevariablen unterteilt:

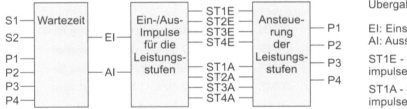

**Funktionseinheit 1: Wartezeit**

In dieser Funktionseinheit werden abhängig von den Signalen S1 (EIN) bzw. S2 (AUS) des Drucksensors die Impulse EI bzw. AI für das Ein- bzw. Ausschalten der Leistungsstufen erzeugt. Es werden allerdings nur Einschaltimpulse I_E erzeugt, wenn noch nicht alle Leistungsstufen (Pumpen) eingeschaltet sind. Entsprechendes gilt für die Ausschaltimpulse I_A.

**Zustandsgraph für die Funktionseinheit Wartezeit:**

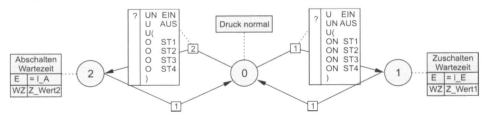

Die Umsetzung des Zustandsgraphen mit SR-Speicherfunktionen erfolgt etwas abweichend von den angegebenen Regeln. Für den Zustand Z_1 und Zustand Z_2 wird jeweils eine SR-Speicherfunktion verwendet. Für den Grundzustand Z_0 wird keine SR-Speicherfunktion verwendet. Der Grundzustand Z_0 ist gegeben, wenn die Zustände Z_1 und Z_2 nicht aktiv sind.

Die Eintrittsaktionen E (= I_E bzw. = I_A, siehe Zustandsgraph) der Zustände Z_1 bzw. Z_2 werden beim Setzen des jeweiligen Zustandes einen Zyklus lang ausgeführt.

Zur Bildung verschiedener Wartezeiten für das Ein- bzw. Ausschalten wird die Standard-Zeitfunktion TON zweimal mit unterschiedlichen Zeitwerten Z_Wert1 bzw. Z_Wert2 aufgerufen.

**Funktionsplan:**

Zustand Z_1 mit Bildung des Ausgangs I_E

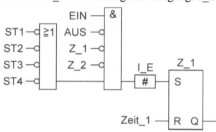

Zustand Z_2 mit Bildung des Ausgangs I_A

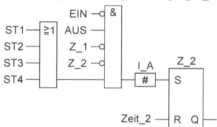

Wartezeit Zeitfunktion 1

Wartezeit Zeitfunktion 2

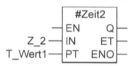

**Eingangs- und Ausgangsparameter des Funktionsbausteins FB 1203:**

Ein- und Ausgangsvariablen:

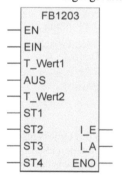

Beschreibung der Parameter:

| EIN: | BOOL | Leistungsstufe zuschalten (Eingang für S1) |
|---|---|---|
| T_Wert1: | TIME | Wartezeit t1 für das nächste zuschalten |
| AUS: | BOOL | Leistungsstufe abschalten (Eingang für S2) |
| T_Wert2: | TIME | Wartezeit t2 für das nächste abschalten |
| ST1 – ST4: | BOOL | Schaltzustand der Leistungsstufen |
| I_E: | BOOL | Impuls für das Einschalten einer Leistungsstufe |
| I_A: | BOOL | Impuls für das Ausschalten einer Leistungsstufe |

**Funktionseinheit 2: Ein-/Aus-Impulse für die Leistungsstufen**

In dieser Funktionseinheit wird bestimmt, welche der Leistungsstufen (Pumpen) ein- bzw. ausgeschaltet werden. Dazu werden abhängig von den Einschaltimpulsen EI bzw. Ausschaltimpulsen AI am Eingang der Funktionseinheit Impulse für das Setzen bzw. Rücksetzen der einzelnen Leistungsstufen am Ausgang gebildet. Die Bestimmung, welche der Leistungsstufe als nächstes zu- bzw. abzuschalten ist, wird sowohl für das Einschalten wie auch für das Ausschalten mit je einem Zustandsgraphen ausgeführt, der nach dem Zeigerprinzip auf die jeweils zuletzt geschaltete Stufe zeigt.

**Zustandsgraph für das Einschalten:**        **Zustandsgraph für das Ausschalten:**

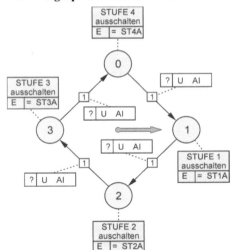

Da die Umsetzung der beiden Zustandsgraphen ein identisches Steuerungsprogramm liefern würde, wird nur ein Zustandsgraph in einem Funktionsbaustein FB 1204 realisiert. Dieser wird dann in der Funktionseinheit „Ein-/Aus-Impulse für die Leistungsstufen" zweimal aufgerufen und mit den jeweiligen Übergabevariablen parametriert.

Der Funktionsbaustein FB 1204 kann allgemein für eine Impuls-Weiterschaltung von vier Stufen verwendet werden. Die Bezeichnung der Ein- und Ausgänge sind deshalb neutral gehalten.

**Eingangs- und Ausgangsparameter des Funktionsbausteins FB 1204:**

Ein- und Ausgangsvariablen:    Beschreibung der Parameter:

| FB1204 | |
| --- | --- |
| EN | I_St1 |
| IMP | I_St2 |
| | I_St3 |
| | I_St4 |
| | ENO |

| | | |
| --- | --- | --- |
| IMP: | BOOL | Eingang für die Impulse EI bzw. AI |
| I_St1: | BOOL | Impuls für Stufe 1 einschalten bzw. ausschalten |
| I_St2: | BOOL | Impuls für Stufe 2 einschalten bzw. ausschalten |
| I_St3: | BOOL | Impuls für Stufe 3 einschalten bzw. ausschalten |
| I_St4: | BOOL | Impuls für Stufe 4 einschalten bzw. ausschalten |

Bei der Umsetzung des Zustandsgraphen in ein Steuerungsprogramm mit SR-Speicherfunktionen ist darauf zu achten, dass bei einem Impuls nur ein Zustand weitergeschaltet wird. Eine mehrfache Weiterschaltung wird verhindert, indem auf den Setzeingang eines Zustandes der vorhergehende Zustand bejaht und der vor-vorhergehende Zustand negiert abgefragt wird.

Da die Aktionen der Zustände Eintrittsaktionen sind, erfolgt die Zuweisung der Ausgänge I_St1 bis I_St4 mit einer Flankenauswertung der jeweiligen Zustandsvariablen. Die lokalen Variablen Z_0 bis Z_3 und FO1 bis FO2 werden als statische Variable im Funktionsbaustein FB 1204 deklariert. Damit der Initialisierungszustand Z_0 bei der Erstinbetriebnahme aktiviert wird, wird für diese Variable der Anfangswert TRUE eingetragen.

**Funktionsplan FB 1204:**

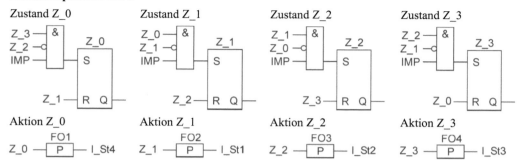

**Funktionseinheit 3: Ansteuerung der Leistungsstufen**

In dieser Funktionseinheit werden die Übergabevariablen ST1E bis ST4E bzw. ST1A bis ST4A benutzt, um die SR-Speicherfunktionen der Leistungsstufen zu setzen bzw. rückzusetzen. In diesem Beispiel werden die vier Speicherfunktionen, welche die Leistungsstufen (Pumpen) ansteuern, im Organisationsbaustein OB 1 bzw. PLC-Programmbaustein programmiert.

Nachfolgend ist der Aufruf aller Bausteine für die Pumpensteuerung im freigrafischen Funktionsplan dargestellt.

**Aufruf der Bausteine im OB 1/PLC_PRG:**

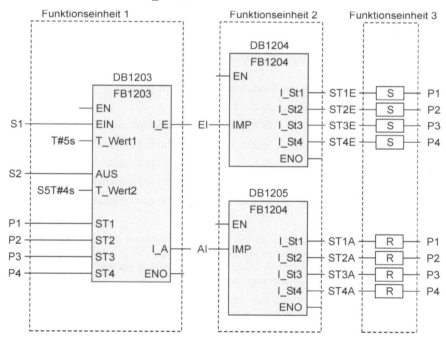

Das komplette Programm der Pumpensteuerung kann von der Web-Seite www.automatisieren-mit-sps.de sowohl für STEP 7 als auch für CoDeSys herunter geladen werden.

- ■ **Beispiel 12.4: Speisenaufzug**

Ein Speisenaufzug stellt die Verbindung von der im Keller gelegenen Küche zu dem im Erdgeschoss befindlichen Restaurant dar. In der Küche und im Restaurant sind automatische Türen und entsprechende Bedienelemente mit Anzeigen angebracht.

**Technologieschema:**

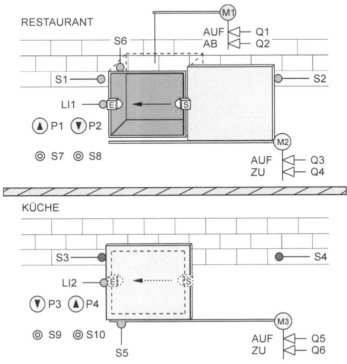

**Bild 12.3:** Speisenaufzug

Das System Aufzugkorb mit Gegengewicht wird von dem Motor M1 mit zwei Drehrichtungen angetrieben. Hierfür sind die beiden Leistungsschütze Q1 bzw. Q2 anzusteuern. Sowohl in der Küche, wie auch im Restaurant, sind je zwei Ruftaster angebracht. Mit S7 oder S9 kann der Fahrkorb jeweils geholt und mit S8 oder S10 in das jeweils andere Stockwerk geschickt werden. Die zu den Ruftastern gehörenden Anzeigeleuchten melden, dass die Steuerung den Tastendruck bearbeitet und zeigen die gewünschte Fahrtrichtung an.

Die Türen zum Aufzugsschacht werden automatisch geöffnet, wenn der Fahrkorb in dem entsprechenden Stockwerk steht. Hierzu werden die beiden Türmotoren M2 und M3 über die Leistungsschütze Q3, Q4 und Q5, Q6 in zwei Drehrichtungen betrieben. Die Mindestöffnungszeit einer Tür beträgt 3 Sekunden. Liegt keine Bedarfsanforderung vor, bleibt die Tür in dem Stockwerk, in dem sich der Fahrkorb befindet, stets geöffnet. Die Türöffnungen werden mit den Lichtschranken LI1 und LI2 überwacht. Wird während des Schließens der Tür die Lichtschranke unterbrochen oder einer der entsprechenden Taster S7 bzw. S9 betätigt, öffnet sich die Tür sofort wieder.

Da beim Einschalten der Steuerung der Anlagenzustand nicht bekannt ist, werden die beide Türen zunächst geschlossen, der Förderkorb in die Küche gefahren und die dortige Tür geöffnet (Referenzfahrt). Damit steht die Anlage in einer definierten Grundstellung.

**Zuordnungstabelle der Eingänge und Ausgänge:**

| Eingangsvariable | Symbol | Datentyp | Logische Zuordnung | | Adresse |
|---|---|---|---|---|---|
| Endschalter Tür Restaurant zu | S1 | BOOL | Betätigt Tür zu | S1 = 1 | E 0.1 |
| Endschalter Tür Restaurant auf | S2 | BOOL | Betätigt Tür auf | S2 = 1 | E 0.2 |
| Endschalter Tür Küche zu | S3 | BOOL | Betätigt Tür zu | S3 = 1 | E 0.3 |
| Endschalter Tür Küche auf | S4 | BOOL | Betätigt Tür auf | S4 = 1 | E 0.4 |
| Positionsschalter Korb unten | S5 | BOOL | Korb unten | S5 = 1 | E 0.5 |
| Positionsschalter Korb oben | S6 | BOOL | Korb oben | S6 = 1 | E 0.6 |
| Ruftaster Restaurant holen | S7 | BOOL | Betätigt | S7 = 1 | E 0.7 |
| Ruftaster Restaurant schicken | S8 | BOOL | Betätigt | S8 = 1 | E 1.0 |
| Ruftaster Küche holen | S9 | BOOL | Betätigt | S9 = 1 | E 1.1 |
| Ruftaster Küche schicken | S10 | BOOL | Betätigt | S10 = 1 | E 1.2 |
| Lichtschranke Tür oben | LI1 | BOOL | Frei | LI1 = 1 | E 1.3 |
| Lichtschranke Tür unten | LI2 | BOOL | Frei | LI2 = 1 | E 1.4 |
| Ausgangsvariable | | | | | |
| Korbmotor AUF | Q1 | BOOL | Motor an | Q1 = 1 | A 4.1 |
| Korbmotor AB | Q2 | BOOL | Motor an | Q2 = 1 | A 4.2 |
| Türmotor Restaurant AUF | Q3 | BOOL | Motor an | Q3 = 1 | A 4.3 |
| Türmotor Restaurant ZU | Q4 | BOOL | Motor an | Q4 = 1 | A 4.4 |
| Türmotor Küche AUF | Q5 | BOOL | Motor an | Q5 = 1 | A 4.5 |
| Türmotor Küche ZU | Q6 | BOOL | Motor an | Q6 = 1 | A 4.6 |
| Rufanzeige Restaurant AUF | P1 | BOOL | Leuchtet | P1 = 1 | A 5.1 |
| Rufanzeige Restaurant AB | P2 | BOOL | Leuchtet | P2 = 1 | A 5.2 |
| Rufanzeige Küche AB | P3 | BOOL | Leuchtet | P3 = 1 | A 5.3 |
| Rufanzeige Küche AUF | P4 | BOOL | Leuchtet | P4 = 1 | A 5.4 |

Zur Lösung der Steuerungsaufgabe werden die in Kapitel 12.4 Graphengruppe beschriebenen Projektierungsschritte ausgeführt.

### Schritt 1: Ermitteln der zu steuernden Funktionen

Bei der Aufzugsanlage bietet es sich an, die technologischen Komponenten in die Funktionseinheiten „Aufzugskorbsteuerung", „Türsteuerung oben" und „Türsteuerung unten" zu zerlegen.

### Schritt 2: Bestimmen der Zustandsgraphen

Für jede angegebene Funktionseinheit wird ein Zustandsgraph eingeführt. Da die Funktionseinheiten „Türsteuerung oben" und „Türsteuerung unten" den gleichen Steuerungsablauf beinhalten, ist für diese beiden Funktionseinheiten nur ein Zustandsgraph zu entwerfen, der zweimal mit unterschiedlichen Instanzen aufgerufen wird. Zur Koordinierung der Zustandsgraphen der Funktionseinheiten ist ein Koordinierungs-Zustandsgraph aufzustellen. In diesem Zustandsgraphen wird festgelegt, unter welchen Bedingungen die Tür oben bzw. unten auf- oder zugesteuert wird und wann der Korb nach oben oder nach unten fahren soll.

Damit sind folgende drei Zustandsgraphen zu entwerfen:

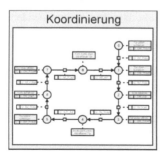
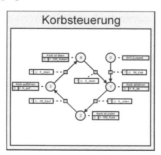
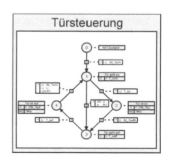

1. Zustandsgraph *Koordinierung* (Aufzug)

In diesem Zustandsgraphen werden nur Ausgabe-Nachrichten OM (Output Message) zu den anderen Zustandsgraphen als zyklische Aktionen (C) eingetragen. Im Zustand Z_5 „Tür unten schließen", wird beispielsweise dem Zustandsgraphen für die Türsteuerung die Ausgabe-Nachricht OM_TUsch gegeben, mit der dann das Schließen der Tür unten in dem entsprechenden Zustandsgraphen ausgeführt wird.

Die Transitionsbedingungen bestehen hauptsächlich aus Eingabe-Nachrichten IM_..(Input Message), die mit den Ausgabe-Nachrichten OM_... der zu koordinierenden Zustandsgraphen verbunden werden. Lediglich die Übergangsbedingungen AB_Anf (Anforderung Korb nach unten fahren) und AUF_Anf (Anforderung Korb nach oben fahren) werden in einer Signalvorverarbeitung gebildet.

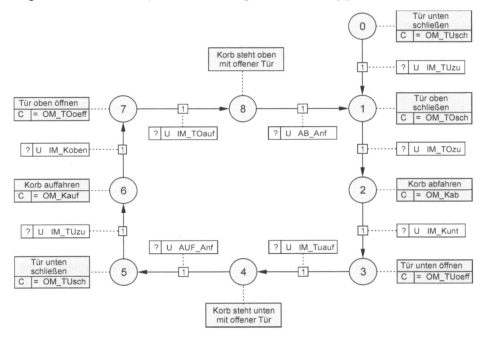

Bei der ersten Inbetriebnahme wird der Aufzugkorb über die Zustände Z_0 → Z_1 → Z_2 bis Z_3 in die Referenzstellung gefahren. Da bei der hier gezeigten Lösung nicht das STEP 7 Programmiertool High-Graph verwendet werden soll, sondern die Lösung mit den herkömmlichen Programmiersprachen zu realisieren ist, wird der Zustandsgraph in einem Funktionsbaustein FB 1204 umgesetzt.

Ein- und Ausgangsvariablen:

```
           FB1205
— EN
— AUF_Anf
— AB_Anf        QM_TOoeff —
— IM_TOauf      QM_TOsch  —
— IM_TOzu       QM_Kab    —
— IM_Koben      QM_Kauf   —
— IM_Kunten     QM_TUoeff —
— IM_TUauf      QM_TUsch  —
— IM_TUzu       ENO       —
```

Beschreibung der Parameter:

**IN-Variable**

| AUF_Anf | BOOL | Anforderung Korb aufwärts |
| AB_Anf | BOOL | Anforderung Korb abwärts |
| IM_TO... | BOOL | Meldungen von der Türsteuerung oben |
| IM_K... | BOOL | Meldungen von der Korbsteuerung |
| IM_TU.. | BOOL | Meldungen von der Türsteuerung unten |

**OUT-Variable**

| QM_TO... | BOOL | Meldungen an die Türsteuerung oben |
| QM_K... | BOOL | Meldungen an die Korbsteuerung |
| QM_TU... | BOOL | Meldungen an die Türsteuerung unten |

**2. Zustandsgraph *Korbsteuerung***

In diesem Zustandsgraphen werden in den Zuständen Z_1 (Korb abfahren) bzw. Z_3 (Korb auffahren) die Ausgangssignale zur Ansteuerung der Leistungsschütze Q1 (AUF) bzw. Q2 (AB) gebildet. Mit den Transitionsbedingungen K_oben bzw. K_unten werden die Positionsschalter S5 bzw. S6 abgefragt. Die Übergangsbedingungen IM_Kab bzw. IM_Kauf sind Eingangs-Nachrichten, die mit den Ausgangs-Nachrichten OM_Kab bzw. OM_Kauf des Koordinierungsgraphs verbunden werden. Die Zustände Z_2 (Korb ist unten) und Z_4 (Korb ist oben) veranlassen die entsprechenden Ausgabe-Nachrichten OM_Kunten bzw. OM_Koben für den Koordinierungsgraphen.

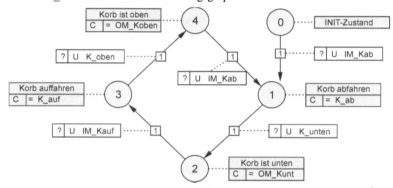

Die Umsetzung des Zustandsgraphen für die Korbsteuerung erfolgt im Funktionsbaustein FB 1206.

Ein- und Ausgangsvariablen:

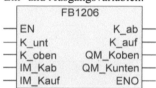

Beschreibung der Parameter:

**IN-Variable**

| K_unt, K_oben | BOOL | Endschalter Korb oben bzw. unten |
|---|---|---|
| IM_K... | BOOL | Meldungen vom Koordinierungsgraphen |

**OUT-Variable**

| Q_ab, Qauf | BOOL | Ansteuerung der Leistungsschütze |
|---|---|---|
| QM_K... | BOOL | Meldungen an den Koordinierungsgraph |

**3. Zustandsgraph *Türsteuerung***

Dieser Zustandsgraph dient zur Ansteuerung der Aufzugstüren oben bzw. unten und wird zu diesem Zweck zweimal aufgerufen.

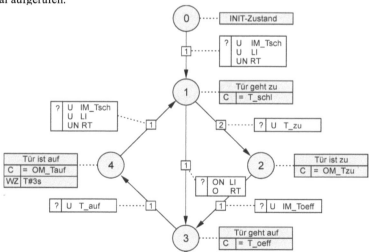

In den Zuständen Z_1 (Tür geht zu) bzw. Z_3 (Tür geht auf) werden die Ausgangssignale zur Ansteuerung der Leistungsschütze Q4 / Q6 (ZU) bzw. Q3 / Q5 (AUF) gebildet. Mit den Transitionsbedingungen T_zu bzw. T_auf werden die Endschalter S2 / S4 bzw. S1 / S3 der Türen abgefragt. Die Übergangsbedingungen IM_Toeff bzw. IM_Tsch sind Eingangs-Nachrichten, die mit den Ausgangs-Nachrichten OM_Toeff bzw. OM_Tsch des Koordinierungsgraphen verbunden werden. In den Zuständen Z_2 (Tür ist zu) und Z_4 (Tür ist auf) werden die entsprechenden Ausgabe-Nachrichten OM_Tzu bzw. OM_Tauf für den Koordinierungsgraphen veranlasst. Da die Aufzugstür eine Mindestzeit (3s) geöffnet bleiben soll, wird im Zustand Z_4 (Tür ist auf) eine Wartezeit gestartet. Das Schließen der Tür wird durch Unterbrechung der Lichtschranke oder durch Betätigung eines entsprechenden Ruftasters sofort unterbrochen. In diesem Fall wird der Zustand Z_1 (Tür geht zu) verlassen und der Zustand Z_3 (Tür geht auf) aktiviert.

Die Umsetzung des Zustandsgraphen für die Korbsteuerung erfolgt im Funktionsbaustein FB 1207.

Ein- und Ausgangsvariablen:                    Beschreibung der Parameter:

**IN-Variable**

| | | |
|---|---|---|
| T_zu, T_auf | BOOL | Endschalter der Türen |
| LI | BOOL | Lichtschranken der Türen |
| RT | BOOL | Ruftasten |
| IM_TO... | BOOL | Meldungen vom Koordinierungsgraph |
| W_Zeit | TIME | Zeitwert |

**OUT-Variable**

| | | |
|---|---|---|
| T_schl, Toeff | BOOL | Ansteuerung der Leistungsschütze |
| QM_T... | BOOL | Meldungen an den Koordinierungsgraph |

**Schritt 3: Bildung von Graphengruppen**

Die drei beschriebenen Zustandsgraphen werden in einer Graphengruppe zusammengefasst. Die nachfolgende Übersicht zeigt die Verknüpfung der Ein- und Ausgaben-Nachrichten zwischen den einzelnen Zustandsgraphen.

Graphengruppe mit Ausgangs-/Eingangs-Nachrichten:

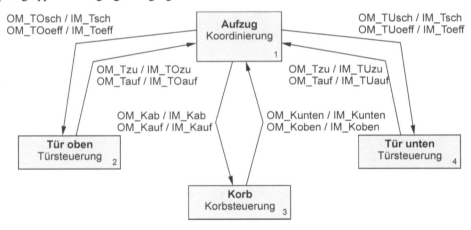

**Schritt 4: Festlegung der Programmstruktur**

Die Reihenfolge der Aufrufe der einzelnen Zustandsgraphen ist mit der Graphengruppen festgelegt. In der Signalvorverarbeitung müssen noch die Anforderungssignale für die Auf- und Abwärtsfahrt AUF_Anf bzw. AB_Anf aus den Bedienelementen an den Türen (S7, S8, S9 und S10) gebildet werden. S7 oder S10 setzt dabei eine Speicherfunktion für die Aufwärtsfahrtanforderung AUF_Anf, S8 und S9 setzen eine Speicherfunktion für die Abwärtsanforderung AB_Anf. Rückgesetzt werden die Speicherfunktionen jeweils mit den Endschaltern S6 (Korb ist oben) bzw. S5 (Korb ist unten).

Immer, wenn eine Aufwärtsfahrtanforderung AUF_Anf vorliegt, werden die beiden Anzeigeleuchten P1 und P4 angesteuert. Zur Ansteuerung der beiden Anzeigeleuchten kann deshalb die Speicherfunktion für die Aufwärtsfahrtanforderung benutzt werden. Entsprechendes gilt für die Anzeigeleuchten P2 und P3. Die Programmierung der beiden Speicherfunktionen kann in einem eigenen Funktionsbaustein, als permanente Anweisung im Zustandsgraphen Koordinierung oder im Organisationsbaustein OB 1 bzw. Programmbaustein PLC_PRG erfolgen. Letzteres ist in diesem Beispiel ausgeführt.

Damit ergibt sich folgende Programmstruktur für den OB 1 / PLC_PRG:

Signalvorverarbeitung

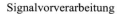

Graphengruppe

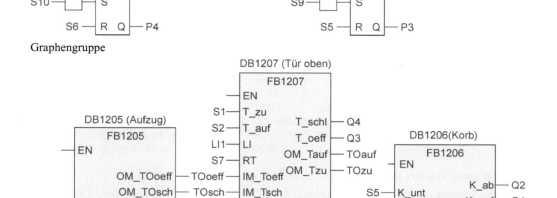

Lokale Variablen wie TOauf, TOzu, Koben usw. verbinden die Ausgangs-Nachrichten OM_... eines Zustandsgraphen mit den Eingangs-Nachrichten IM_... eines anderen Zustandsgraphen.

**Schritt 5: Anwenderprogramm**

Die Umsetzung der Zustandsgraphen mit SR-Speicherfunktionen erfolgt in den angegebenen Funktionsbausteinen nach den in Abschnitt 12.2 beschriebenen Regeln.

Da in allen Zustandsgraphen kein Übergang zum Initialisierungszustand Z_0 gefordert wird, genügt es bei der Umsetzung, die Speicherfunktion für den Zustand Z_0 nur mit dem Folgezustand zurückzusetzen. Das Setzen des Initialisierungszustandes wird in der Variablendeklaration von Z_0 mit dem Anfangswert „TRUE" vorgenommen.

Ausführliche Lösung für STEP 7 und CoDeSys siehe www.automatisieren-mit-sps.de.

# IV  Analogwertverarbeitung

## 13  Grundlagen der Analogwertverarbeitung

Speicherprogrammierbare Steuerungen können mit ihren analogen Eingabe- und Ausgabe-Baugruppen analoge elektrische Signale aufnehmen bzw. ausgeben. Die eigentliche Informationsverarbeitung innerhalb der CPU erfolgt jedoch digital.

Analogeingabebaugruppen wandeln analoge Prozesssignale in digital dargestellte Zahlenwert um und Analogausgabebaugruppen führen den umgekehrten Vorgang aus. Messarten und Messbereiche der analogen Baugruppen müssen berücksichtigt werden.

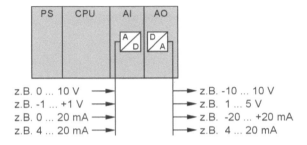

**Bild 13.1:**  Analogwertverarbeitung

## 13.1  Analoge Signale

Signale sind Träger von Informationen (Daten). Wichtige physikalische Größen wie Druck, Temperatur, Durchfluss, Füllstände, Drehzahlen, Positionen usw. müssen vor ihrer Verarbeitung in Automatisierungssystemen zuerst in elektrische Signale umgeformt werden. Dabei werden die gemessenen Beträge der physikalischen Größen in Spannungs- oder Stromwerte umgesetzt, und zwar je nach verwendeten Signalgebertyp in wertkontinuierliche Analogsignale oder in 2-wertige Digitalsignale (binäre 0-1-Signale).

Die Kennzeichnung eines Eingangssignals als *analoges* Signal bedeutet, dass der die Information enthaltene Signalparameter innerhalb des Arbeitsbereiches jeden beliebigen Wert annehmen kann, z. B. als

- Spannungsbetrag $U$ im Bereich $\pm 500$ mV oder $\pm 1$ V oder $\pm 10$ V,
- Strombetrag $I$ im Bereich $\pm 20$ mA oder $4 \dots 20$ mA.

So erfasst beispielsweise ein induktiver Analogwertgeber die Position eines metallischen Objekts und gibt innerhalb des Arbeitsbereiches ein zum Abstand proportionales Stromsignal aus. Im Gegensatz dazu liefert ein induktiver Näherungsschalter mit seinem binären Signal nur die Information, ob das metallische Objekt in der Nähe ist oder nicht (siehe Bild 13.2).

Auch analoge Ausgangssignale sind wichtig. So kann beispielsweise ein Proportionalventil durch eine analoge Ausgangsspannung in einer beliebigen Stellung innerhalb des Arbeitsbereichs positioniert werden. Dagegen ist es mit einem binären Ausgangssignal nur möglich, ein Ventil zu öffnen oder zu schließen.

**Analoger Signalgeber**                                    **Binärer Signalgeber**

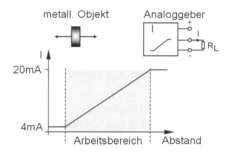
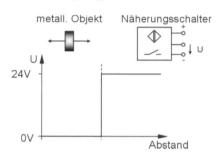

**Bild 13.2:**  Zur Unterscheidung von analogen und binären Signalen

## 13.2  SPS-Analogbaugruppen

### 13.2.1  Analoge Signale in digitale Messwerte umsetzen

Aufgabe der Analogeingangsbaugruppe ist es, ein analoges Prozesssignal in einen digitalen Messwert im Format eines 16-Bit-Datenwortes umzusetzen und in einem Peripherie-Eingangswort zur Weiterverarbeitung im SPS-Programm bereitzustellen. Der Umsetzungsvorgang verläuft dabei in den drei Schritten Abtastung, Quantisierung und Codierung. Das in der Automatisierungstechnik meistens angewendete Dual-Slope-Umsetzungsverfahren ist spezialisiert auf Prozesssignale mit einem relativ langsamen Änderungsverlauf, also auf Quasi-Gleichwerte mit beliebiger Polarität. Dieses Verfahren zählt zur Klasse der integrierenden Analog-Digital-Umsetzer.

Die *Abtastung* ist ein Messvorgang, bei dem über einen festgelegten Zeitraum von z. B. 20 ms ein Prozesssignal durch Aufladung eines Kondensators aufwärts integrierend gemessen wird. Das Messergebnis ist ein interner Spannungswert, der dem arithmetischen Mittelwert des Prozesssignals proportional ist. Eine dem Messsignal überlagerte Netzspannungsstörung von 50 Hz wird vollständig unterdrückt.

Die nachfolgende *Quantisierung* ist der Vorgang, bei dem für den internen Spannungswert ein proportionaler Zahlenwert ermittelt wird. Das geschieht durch abwärts integrierende Entladung des Kondensators mit Hilfe einer Referenzspannung und gleichzeitigem Zählen von Taktimpulsen in einem Dualzähler. Die gezählte Impulszahl ist dem internen Spannungswert und damit auch dem unbekannten Analogsignal proportional und stellt den gesuchten digitalen Messwert dar.

Bei der abschließenden *Codierung* werden die Zahlenwerte als vorzeichenbehaftete 16-Bit-Ganzzahlen (INTEGER) entsprechend den Bitmustern nach Tabelle 13.1 gebildet. Die Darstellung negativer Zahlenwerte erfolgt in Zweierkomplementform (siehe Kapitel 3.8.2). Der digitalisierte Analogwert wird als Eingangswort EW (%IW) bzw. *Peripherie-Eingangswort*

(PEW) der Analogbaugruppe zur Übernahme in das SPS-Programm bereitgestellt. Die Eingangsvariable eines Bausteins zur Übernahme des digitalisierten Analogwertes wird demnach mit dem Datentyp INTEGER deklariert.

Üblicherweise hat eine Analogeingangsbaugruppe mehrere Analogkanäle, die zyklisch bearbeitet werden. Jedem Analogeingang ist ein Peripherie-Eingangswort PEW mit einer entsprechenden Adresse zum Ablegen der digitalen Messwerte zugeordnet.

**Bild 13.3:** Prinzip einer Analog-Digital-Umsetzung

## 13.2.2 Auflösung

Analog-Digital-Umsetzer müssen den kontinuierlichen Wertebereich eines Analogsignals auf den diskreten Zahlenbereich eines Digitalwortes abbilden, d. h., eine unendliche Menge verschiedener Analogwerte steht einer endlichen Anzahl verfügbarer Zahlenwerte gegenüber, die sich aus der Anzahl der Bits im Digitalwort errechnen lässt. Bei n-Bits ergeben sich genau $2^n$ Zahlenwerte im Dualcode. Daraus folgt zwangsläufig, dass auch der Wertebereich des Analogsignals messtechnisch in genau $2^n$ Stufen unterteilt wird. Je mehr Bits zur Zahlendarstellung zur Verfügung stehen, um so feinstufiger fällt die Aufteilung des analogen Messbereichs aus. Die Anzahl der Bits, die im Digitalwort zur Zahlendarstellung verwendet werden, entscheidet über die so genannte *Auflösung* im Sinne von Auflösungsvermögen oder Unterscheidbarkeit kleinster Werteänderungen im Analogsignal. Die Auflösung eines AD-Umsetzers kann also durch die Anzahl der Datenbits (n) oder durch die Anzahl der Stufen ($2^n$) angegeben werden. Der Absolutwert der kleinsten noch unterscheidbaren Spannungsänderung im Analogsignal, lässt sich aus dem Messbereichs-Endwert (FS = Full Scale) und der Anzahl der Stufen errechnen:

$$U_{LSB} = \frac{\text{Endwert (Full Scale)}}{2^n} \qquad \text{für Dualcode mit n = Anzahl der Bits des AD-Umsetzers}$$

Die Abkürzung *LSB* bedeutet *Least Significant Bit* und bezeichnet das geringwertigste (ganz rechts im Digitalwort stehende) Bit, das so genannte LSB. 1 LSB steht für die kleinste Änderung im Zahlenwert des Digitalwortes.

Es ist nicht möglich, vom digitalen Ausgangswert rückwärts auf den genauen analogen Eingangswert zuschließen, es bleibt eine Entscheidungsunsicherheit von ±1/2 LSB bezogen auf den Mittelwert, wie das nebenstehende Bild zeigt. Dieser systembedingte Fehler von ±1/2 LSB wird als Quantisierungsfehler der Analog-Digital-Umsetzer bezeichnet.

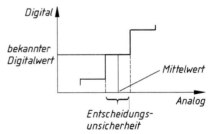

**Zahlenbeispiel**

Wie groß ist die kleinste noch unterscheidbare Spannungsstufe eines 8-Bit-Analog-Digital-Umsetzers bei einem Eingangsspannungsbereich von 0 ... 10 V?

$$U_{LSB} = \frac{FS}{2^n} = \frac{10\,V}{2^8} \approx 40\,mV \qquad \text{Auflösung des AD-Umsetzers bezogen auf den analogen Messbereich}$$

### 13.2.3 Digitalwerte in analoge Signale umsetzen

Aufgabe von Analogausgabebaugruppen ist es, vorgegebene Digitalwerte in analoge Ausgangssignale als Spannungen oder Strömen umzusetzen. Ein entsprechender Digitalwert ist in der Regel das Ergebnis aus einem SPS-Programm und wird entweder direkt aus der CPU oder über einen Analogwertausgabebaustein in ein Peripherie-Ausgangswort PAW der Analogausgangsbaugruppe übertragen. Die Umwandlung des Digitalwertes in ein Analogsignal erfolgt in einem Digital-Analog-Umsetzer ohne besonderen Zeitverzug.

Das Ausgangssignal eines Digital-Analog-Umsetzers kann sich nur in diskreten Stufen ändern. Die kleinste Spannungsstufe ist abhängig von der Auflösung, die wieder durch die Anzahl der Bits gegeben ist. Während der Absolutwert der Auflösung bei einem Analog-Digital-Umsetzer gleich der kleinsten noch erkennbaren Eingangsspannungsänderung ist, bedeutet der Absolutwert der Auflösung bei einem Digital-Analog-Umsetzer die kleinstmögliche Stufe in der Änderung des Ausgangssignals.

### 13.2.4 Analogwertdarstellung in Peripherieworten

In der Automatisierungstechnik sind Auflösungen von 8 Bit bis 15 Bit plus Vorzeichen üblich. Das Vorzeichenbit VZ ist wegen der Darstellung negativer Digitalwerte im Zweierkomplement erforderlich. Das Digitalwort (Peripheriewort) hat Wortlänge, umfasst also 16 Bits. Ist die Auflösung kleiner als 15 Bit plus Vorzeichen, wird beim Laden des Peripherie-Eingangswortes das Bitmuster mit dem Zahlenwert linksbündig in den Akkumulator der CPU eingetragen. Die nicht besetzten niederwertigen Stellen werden mit „0" beschrieben. Entsprechend ist für die Ausgabe eines Analogwertes, unabhängig von der Auflösung, der Digitalwert mit Vorzeichen linksbündig in den Akku zu schreiben und dann an das Peripherie-Ausgangswort zu transferieren. Dort wird es von einem Digital-Analog-Umsetzer aufgenommen und in ein Analogsignal (Spannung oder Strom) umgesetzt.

In der nachfolgenden Tabelle sind die Wertigkeiten, die Bitbelegungen und die kleinste Schrittweite der gebräuchlichen Auflösungen angegeben.

**Tabelle 13.1:** Bitmuster der Analogwertdarstellung in Eingangs- und Ausgangsbaugruppen bei unterschiedlichen Auflösungen

| Bit Nr: | 15 | 14 | 13 | 12 | 11 | 10 | 9 | 8 | 7 | 6 | 5 | 4 | 3 | 2 | 1 | 0 | Kleinste Schrittweite des Digital-wertes |
|---|---|---|---|---|---|---|---|---|---|---|---|---|---|---|---|---|---|
| Wertigkeit | VZ | $2^{14}$ | $2^{13}$ | $2^{12}$ | $2^{11}$ | $2^{10}$ | $2^9$ | $2^8$ | $2^7$ | $2^6$ | $2^5$ | $2^4$ | $2^3$ | $2^2$ | $2^1$ | $2^0$ | |
| Auflösung | | | | | | | | | | | | | | | | | |
| 8-Bit + VZ | 1/0 | 1/0 | 1/0 | 1/0 | 1/0 | 1/0 | 1/0 | 1/0 | 1/0 | 0 | 0 | 0 | 0 | 0 | 0 | 0 | 128 |
| 9-Bit + VZ | 1/0 | 1/0 | 1/0 | 1/0 | 1/0 | 1/0 | 1/0 | 1/0 | 1/0 | 1/0 | 0 | 0 | 0 | 0 | 0 | 0 | 64 |
| 10-Bit + VZ | 1/0 | 1/0 | 1/0 | 1/0 | 1/0 | 1/0 | 1/0 | 1/0 | 1/0 | 1/0 | 1/0 | 0 | 0 | 0 | 0 | 0 | 32 |
| 11-Bit + VZ | 1/0 | 1/0 | 1/0 | 1/0 | 1/0 | 1/0 | 1/0 | 1/0 | 1/0 | 1/0 | 1/0 | 1/0 | 0 | 0 | 0 | 0 | 16 |
| 12-Bit + VZ | 1/0 | 1/0 | 1/0 | 1/0 | 1/0 | 1/0 | 1/0 | 1/0 | 1/0 | 1/0 | 1/0 | 1/0 | 1/0 | 0 | 0 | 0 | 8 |
| 13-Bit + VZ | 1/0 | 1/0 | 1/0 | 1/0 | 1/0 | 1/0 | 1/0 | 1/0 | 1/0 | 1/0 | 1/0 | 1/0 | 1/0 | 1/0 | 0 | 0 | 4 |
| 14-Bit + VZ | 1/0 | 1/0 | 1/0 | 1/0 | 1/0 | 1/0 | 1/0 | 1/0 | 1/0 | 1/0 | 1/0 | 1/0 | 1/0 | 1/0 | 1/0 | 0 | 2 |
| 15-Bit + VZ | 1/0 | 1/0 | 1/0 | 1/0 | 1/0 | 1/0 | 1/0 | 1/0 | 1/0 | 1/0 | 1/0 | 1/0 | 1/0 | 1/0 | 1/0 | 1/0 | 1 |

Die Analog-Digital-Umsetzungen und die Übergabe der digitalisierten Messwerte an die Peripherieworte erfolgen bei Baugruppen mit mehreren Analogeingängen sequentiell. Die Zeit bis ein Analogeingangswert wieder gewandelt wird, berechnet sich aus der Summe der Umsetzungszeiten aller aktivierten Analogeingabekanäle der Baugruppe.

### 13.2.5 Signalarten und Messbereiche der Analogeingänge

Bei Analogeingabebaugruppen der S7-300 kann zwischen den Messarten Spannung, Strom, Widerstand oder Temperatur gewählt werden. Innerhalb der unterschiedlichen Messarten können wiederum verschiedene Messbereiche eingestellt werden. Die jeweilige Messart und der Messbereich können über Messbereichsmodule, die Art der Verdrahtung und die Parametrierung in der Hardwarekonfiguration bestimmt werden. Messbereichsmodule sind Hardwarestecker, die auf der Baugruppe in eine bestimmte Position gesteckt werden müssen. Folgende Messbereiche sind für die unterschiedlichen Messarten wählbar:

Spannung:     $\pm$ 80 mV; $\pm$ 250 mV; $\pm$ 500 mV; $\pm$ 1 V; $\pm$ 2,5 V; $\pm$ 5 V; $\pm$ 10 V;
              0 ... 2 V; 1 ... 5 V.

Strom:        $\pm$ 3,2 mA; $\pm$ 10 mA; $\pm$ 20 mA;
              0 ... 20 mA; 4 ... 20 mA.

Widerstand:   0 ... 150 $\Omega$; 0 ... 300 $\Omega$; 0 ... 600 $\Omega$.

Temperatur:   Pt 100              –200 ... +850 °C
              Ni 100              –60 ... +250 °C
              Thermoelement Typ J  –200 ... +700 °C und weitere Typen.

Die nachfolgenden Tabellen zeigen für ausgewählte Bereiche den Zusammenhang zwischen den Analogwerten der einzelnen Messbereiche und den zugehörigen Digitalwerten für die einzelnen Messarten.

**Messbereiche für Spannungssignalgeber:**

| Bereich | $\pm$ 500 mV | $\pm$ 2,5 V | $\pm$ 10 V | Digitalwert | | 1 ... 5 V | Digitalwert |
|---|---|---|---|---|---|---|---|
| Überlauf | $\geq$ 587,96 | $\geq$ 2,9398 | $\geq$ 11,759 | 32 767 | | $\geq$ 5,7037 | 32 767 |
| Übersteuerungs- bereich | 587,94 | 2,9397 | 11,7589 | 32 511 | | 5,7036 | 32 511 |
|  | . | . | . | . | | . | . |
|  | 500,02 | 2,5001 | 10,0004 | 27 649 | | 5,0001 | 27 649 |
| Nennbereich | **500,00** | **2,500** | **10,00** | **27 648** | | **5,00** | **27 648** |
|  | 375,00 | 1,875 | 7,5 | 20 736 | | 4,00 | 20 736 |
|  | . | . | . | . | | . | . |
|  | – 375,00 | – 1,875 | – 7,5 | – 20 736 | | | |
|  | **– 500,00** | **– 2,500** | **– 10,00** | **– 27 648** | | **1,00** | **0** |
| Untersteuerungs- bereich | – 500,02 | – 2,5001 | – 10,0004 | – 27 649 | | 0,9999 | – 1 |
|  | . | . | . | . | | . | . |
|  | – 587,96 | 2,93398 | – 11,759 | – 32 512 | | 0,2963 | – 4 864 |
| Unterlauf | $\leq$ – 588,98 | $\leq$ – 2,935 | $\leq$ – 11,76 | – 32 768 | | $\leq$ 0,2962 | – 32 768 |

Berechnungsbeispiel:

Messbereich: $\pm$ 10 V. Die angelegte analoge Eingangsspannung beträgt $U_{AE}$ = 2,5 V;

Digitalwert Analogeingang AE:     $AE = \dfrac{27\,648}{10\,V} \cdot U_{AE} = \dfrac{27\,648}{10\,V} \cdot 2,5\,V = 6\,912$

**Messbereiche für Stromsignalgeber:**

| Bereich | ± 3,2 mA | ± 10 mA | Digitalwert |
|---|---|---|---|
| Überlauf | ≥ 3,7629 | ≥ 11,759 | 32 767 |
| Übersteuerungs-bereich | 3,7628 | 11,7589 | 32 511 |
| | . | . | . |
| | 3,2001 | 10,0004 | 27 649 |
| Nennbereich | **3,200** | **10,00** | **27 648** |
| | 2,400 | 7,5 | 20 736 |
| | . | . | . |
| | − 2,400 | - 7,5 | − 20 736 |
| | **− 3,200** | **− 10,00** | **− 27 648** |
| Untersteuerungs-bereich | − 3,2001 | − 10,0004 | − 27 649 |
| | . | . | . |
| | − 3,7629 | − 11,759 | − 32 512 |
| Unterlauf | ≤ − 3,7630 | ≤ − 11,76 | − 32 768 |

| 0 ... 20 mA | 4 ... 20 mA | Digitalwert |
|---|---|---|
| ≥ 23,516 | ≥ 22,815 | 32 767 |
| 23,515 | 22,810 | 32 511 |
| . | . | . |
| 20,0007 | 20,0005 | 27 649 |
| **20,00** | **20,000** | **27 648** |
| 14,998 | 16,00 | 20 736 |
| . | . | . |
| 0,00 | 4,00 | 0 |
| − 0,0007 | 3,9995 | − 1 |
| . | . | . |
| − 3,5185 | 1,1852 | − 4 864 |
| ≤ − 3,5193 | ≤ 1,1845 | − 32 768 |

Berechnungsbeispiel:

Messbereich: 4 ... 20 mA: Der Stromsignalgeber liefert einen Strom von $I_A = 10$ mA;

Digitalwert AE:  $AE = \dfrac{27\,648}{16\,mA} \cdot I_{AE} - 6\,912 = \dfrac{27\,648}{16\,mA} \cdot 10\,mA - 6\,912 = 10\,368$

**Messbereiche für Widerstandsgeber:**

| Bereich | 0 ... 150 Ω | 0 ... 300 Ω | 0 ... 600 Ω | Digitalwert |
|---|---|---|---|---|
| Überlauf | ≥ 176,389 | ≥ 352,778 | ≥ 705,556 | 32 767 |
| Übersteuerungs-bereich | 176,383 | 352,767 | 705,534 | 32 511 |
| | . | . | . | . |
| | 150,005 | 300,011 | 600,022 | 27 649 |
| Nennbereich | **150,000** | **300,000** | **600,000** | **27 648** |
| | 112,500 | 225,000 | 450,00 | 20 736 |
| | . | . | . | . |
| | **0,000** | **0,000** | **0,000** | **0** |
| Untersteuerungs-bereich | Negative Werte physikalisch nicht möglich | | | − 1 |
| | | | | . |
| | | | | − 4 864 |
| Unterlauf | | | | − 32 768 |

Berechnungsbeispiel: Messbereich 0 ... 300 Ω. Der Widerstandsgeber liefert R = 100 Ω.

Digitalwert AE:  $AE = \dfrac{27\,648}{300\,\Omega} \cdot R = \dfrac{27\,648}{300\,\Omega} \cdot 100\,\Omega = 9\,216$

**Messbereiche für Temperaturgeber:**

| Bereich | Pt 100 850 °C | Digitalwert | | Ni 100 250 °C | Digitalwert | | Typ K*) in °C | Digitalwert |
|---|---|---|---|---|---|---|---|---|
| Überlauf | $\geq 1000,1$ | 32 767 | | $\geq 259,1$ | 32 767 | | $\geq 1623$ | 32 767 |
| Übersteuerungs-bereich | 1000,0 . 850,1 | 10 000 . 8 501 | | 295,0 . 250,1 | 2 950 . 2 501 | | 1 622 . 1 373 | 16 220 . 13 730 |
| Nennbereich | **850,0** . **− 200** | **8 500** . **− 2 000** | | **250,0** . **− 60,00** | **2 500** . **− 600** | | **1372** . **− 270,00** | **13 720** . **− 2700** |
| Untersteuerungs-bereich | − 200,1 . − 243,0 | − 2 001 . − 2 430 | | − 60,1 . − 105,0 | − 601 . − 1 050 | | Fehlermeldung | |
| Unterlauf | $\leq − 243,1$ | − 32 768 | | $\leq − 150,1$ | − 32 768 | | $\leq − 271$ | − 2 710 |

*) Thermoelement

Berechnungsbeispiel:

Messgeber Pt 100: Gemessene Temperatur T = 60 °C

Digitalwert AE: $AE = \dfrac{10\,500}{1050\,°C} \cdot T = \dfrac{10\,500}{1050\,°C} \cdot 60\,°C = 600$

## 13.2.6 Signalarten und Messbereiche der Analogausgänge

Analogausgabebaugruppen liefern entweder Spannungs- oder Stromsignale. Innerhalb der beiden Signalausgangsarten können wiederum verschiedene Ausgabebereiche gewählt werden. Die Auswahl erfolgt bei der Parametrierung der Hardwarekonfiguration.

Die nachfolgenden Tabellen zeigen den Zusammenhang zwischen dem Digitalwert und den zugehörigen Analogwerten der einzelnen Ausgabebereiche.

**Ausgabebereich 0 bis 10 V und 0 bis 20 mA:**

| Bereich | Digitalwert | 0 ... 10 V | 0 ... 20 mA |
|---|---|---|---|
| Überlauf | $\geq$32 512 | 0 | 0 |
| Übersteuerungs-bereich | 32 511 . 27 649 | 11,7589 . 10,00 | 23,515 . 20,0007 |
| Nennbereich | **27 648** . **0** | **10,00** . **0** | **20,000** . **0** |
| Unterlauf | < 0 | 0 | 0 |

Berechnungsbeispiel:

Messbereich: 0 ... 10 V;

Digitalwert Analogausgabe AA: = 20 736

Analoger Spannungswert an der Baugruppe:

$U_{AA} = \dfrac{10,0\,V}{27\,648} \cdot AA$

$U_{AA} = \dfrac{10,0\,V}{27\,648} \cdot 20\,736 = 7,5\,V$

**Ausgabebereich 1 bis 5 V bzw. 4 bis 20 mA:**

| Bereich | Digitalwert | 1 ... 5 V | 4 ... 20 mA |
|---|---|---|---|
| Überlauf | ≥32 512 | 0 | 0 |
| Übersteuerungs-bereich | 32 511 | 5,8794 | 22,81 |
| | . | . | . |
| | 27 649 | 5,0002 | 20,0005 |
| Nennbereich | **27 648** | **5,0000** | **20,000** |
| | . | . | . |
| | **0** | **1,0000** | **4,000** |
| Untersteuerungs-bereich | − 1 | 0,9999 | 3,9995 |
| | . | . | . |
| | − 6 912 | 0 | 0 |
| Unterlauf | ≤ 6 913 | 0 | 0 |

Berechnungsbeispiel:

Messbereich: 4 ... 20 mA

Digitalwert: AA = 20 726

Analoge Stromausgabe an der Baugruppe:

$$I_{AA} = \frac{16\,\text{mA}}{27\,648} \cdot AA + 4\,\text{mA}$$

$$= \frac{16\,\text{mA}}{27\,648} \cdot 20\,736 + 4\,\text{mA}$$

$$= 16\,\text{mA}$$

**Ausgabebereich ± 10 V bzw. ± 20 mA:**

| Bereich | Digitalwert | ± 10 V | ± 20mA |
|---|---|---|---|
| Überlauf | ≥32 512 | 0 | 0 |
| Übersteuerungs-bereich | 32 511 | 11,7589 | 23,515 |
| | . | . | . |
| | 27 649 | 10,0004 | 20,007 |
| Nennbereich | **27 648** | **10,0000** | **20,000** |
| | . | . | . |
| | **− 27 648** | **−10,0000** | **− 20,000** |
| Untersteuerungs-bereich | − 27 649 | −10,0004 | − 20,007 |
| | . | . | . |
| | − 32 512 | −11,7589 | − 23,515 |
| Unterlauf | ≤ 32 513 | 0 | 0 |

Berechnungsbeispiel:

Messbereich: ± 10 V

Digitalwert: AA = 20 736

Analoger Spannungswert an der Baugruppe:

$$U_{AA} = \frac{10,0\,\text{V}}{27\,648} \cdot AA$$

$$= \frac{10,0\,\text{V}}{27\,648} \cdot 20\,736$$

$$= 7,5\,\text{V}$$

Die elektrischen Daten, wie Bürdenwiderstand, Kurzschlussstrom und Leerlaufspannung der Analogausgänge, sind den speziellen Baugruppendaten zu entnehmen.

Bei einer Spannungsausgabe führt die Analogausgabebaugruppe eine Kurzschlussprüfung durch. Das bedeutet, dass bei eingeschalteter Diagnose (Hardwarekonfiguration) die CPU bei einem Kurzschluss eines analogen Spannungsausgangs in den Betriebszustand „STOPP" geht.

Bei einer Stromausgabe führt die Analogausgabebaugruppe eine Drahtbruchprüfung durch. Dies bedeutet, dass bei eingeschalteter Diagnose (Hardwarekonfiguration) die CPU bei einem Drahtbruch an einem analogen Stromausgang in den Betriebszustand „STOPP" geht.

In beiden Fällen leuchtet an der Baugruppe eine rote LED auf.

# 13.3 Anschluss von Messgebern und Lasten

### 13.3.1 Anschließen von Messgebern an Analogeingänge

Je nach Messart können an Analogeingabebaugruppen folgende Messgeber angeschlossen werden:

- Spannungsgeber
- Stromgeber als 2-Draht- oder 4-Draht-Messumformer
- Widerstände

Auf den Abdeckungen der Analogeingabebaugruppen der Gerätefamilie SM 300 sind Anschlussbilder aufgedruckt, aus denen der Anschluss der Geber zu entnehmen ist.

**Beispiel: Aufdruck auf der Baugruppe SM 331 AI 2x12 Bit**

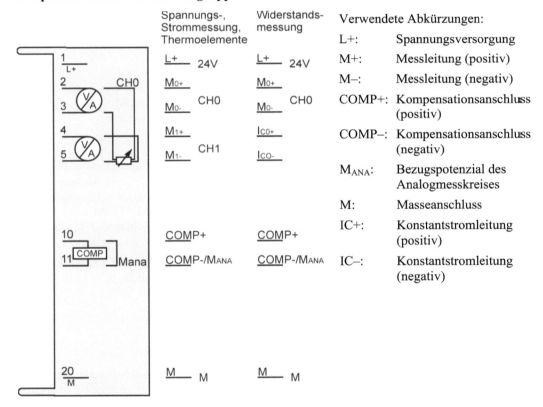

| | Spannungs-, Strommessung, Thermoelemente | Widerstandsmessung | Verwendete Abkürzungen: |
|---|---|---|---|
| | L+ 24V | L+ 24V | L+: Spannungsversorgung |
| | M0+ | M0+ | M+: Messleitung (positiv) |
| | M0- CH0 | M0- CH0 | M−: Messleitung (negativ) |
| | M1+ | Ic0+ | COMP+: Kompensationsanschluss (positiv) |
| | M1- CH1 | Ic0- | COMP−: Kompensationsanschluss (negativ) |
| | | | M_ANA: Bezugspotenzial des Analogmesskreises |
| | | | M: Masseanschluss |
| | COMP+ | COMP+ | IC+: Konstantstromleitung (positiv) |
| | COMP-/M_ANA | COMP-/M_ANA | IC−: Konstantstromleitung (negativ) |
| | M M | M M | |

Für den Anschluss der analogen Signalgeber sollen geschirmte paarweise verdrillte Leitungen verwendet werden. Dadurch wird die Störbeeinflussung verringert. Der Schirm der Leitung ist auf einer Seite zu erden.

Prinzipiell werden potenzialgetrennte und potenzialgebundene Analogeingabebaugruppen unterschieden. Im Gegensatz zu potenzialgebundenen Baugruppen besteht bei den potenzialgetrennten Baugruppen keine galvanische Verbindung zwischen dem Bezugspunkt des Messkreises $M_{ANA}$ und dem Masseanschluss M der CPU. Die maximal zulässige Potenzialdifferenz zwischen der negativen Messleitung M- und dem Bezugspunkt $M_{ANA}$ ist dem jeweiligen Datenblatt zu entnehmen.

**Anschluss von Spannungsgebern an eine potenzialgetrennte Analogeingabebaugruppe:**

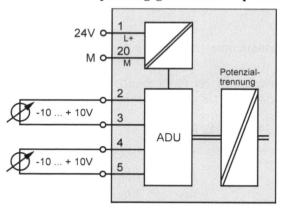

Beim Anschluss von Spannungsgebern ± 10 V muss bei der Analogeingabebaugruppe SM 331 AI 2x12 Bit das Messbereichsmodul in der Stellung „B" gesteckt sein.

Nicht beschaltete Eingänge sind kurzzuschließen und wie der COMP-Eingang (10) mit $M_{ANA}$ (11) zu verbinden.

Es wird zwischen isolierten und nichtisolierten Messgebern unterschieden. Die nichtisolierten Messgeber sind vor Ort mit dem Erdpotenzial verbunden. Der Anschluss $M_{ANA}$ (11) muss bei den nichtisolierten Messgebern mit dem Masseanschluss M verbunden werden.

**Anschluss von Stromgebern als 2-Draht-Messumformer:**

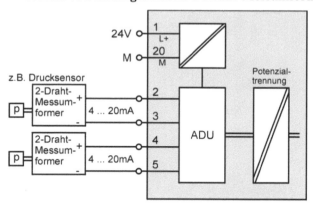

Beim Anschluss von Stromgebern als 2-Draht-Messumformer muss bei der Analogeingabebaugruppe SM 331 AI 2x12 Bit das Messbereichsmodul in der Stellung „D" gesteckt sein.

Der unbenutzte COMP-Eingang (10) ist mit $M_{ANA}$ (11) zu verbinden.

Die Versorgungsspannung des 2-Draht-Messumformers erfolgt kurzschlusssicher über den Analogeingang der Baugruppe. Der 2-Draht-Messumformer wandelt die zugeführte Messgröße in ein Stromsignal um. Ein nicht benutzter Eingang kann offen gelassen oder mit einem Widerstand von 3,3 kΩ abgeschlossen werden.

4-Draht-Messumformer besitzen eine separate Versorgungsspannung. Damit keine Spannungsversorgung von der Baugruppe erfolgt, muss bei der Baugruppe SM 331 AI 2x12 Bit das Messbereichsmodul in der Stellung „C" gesteckt sein. Der Anschluss an die Analogeingabebaugruppe entspricht ansonsten dem des 2-Draht-Messumformers.

**Anschluss von Widerstandsthermometern bzw. Widerständen (z. B. Pt 100)**

Das analoge Eingangssignal wird bei Widerstandsthermometern bzw. Widerständen durch einen von der Baugruppe gelieferten Konstantstrom gebildet und mit einem 4-Leiter-Anschluss gemessen. Über die Anschlüsse $I_{C+}$ (4) und $I_{C-}$ (5) wird den Widerständen der Konstantstrom zugeführt. Die am Widerstand entstehende Spannung wird über die Anschlüsse M+ (2) und M– (3) der Analogeingabebaugruppe zugeführt.

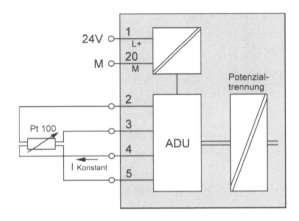

Beim Anschluss von Widerständen muss bei der Analogeingabebaugruppe SM 331 AI 2x12 Bit das Messbereichsmodul in der Stellung „A" gesteckt sein.

Werden an der Baugruppe entsprechende Brücken zwischen (2) und (4) bzw. (3) und (5) eingelegt, können die Widerstände auch mit einem 2-Leiter-Anschluss angeschaltet werden. In diesem Fall treten jedoch Genauigkeitsverluste auf.

Für die Baugruppe SM 331 AI 2x12 Bit sind die elektrischen Daten zur Auswahl der Geber aus dem zugehörigen Datenblatt in der folgenden Tabelle zusammengestellt.

**Tabelle 13.2:** Datenblattangaben

| Messart | Messbereich | $R_{EIN}$ | Grenzwerte |
|---|---|---|---|
| Spannung | ± 80 mV; ± 250 mV; ± 500 mV; ± 1 000 mV | 10 MΩ | 20 V |
| | 1 bis 5V; ± 2,5 V; ± 5 V; ± 10 V | 100 kΩ | |
| Strom | ± 3,2 mA; ± 10 mA; ± 20 mA; 0 bis 20 mA; 4 bis 20 mA | 25 Ω | 40 mA |
| Widerstand | 150 Ω; 300 Ω; 600 Ω | 10 MΩ | Max. Bürde des 2-Draht-Mess-umformers: R = 820 Ω |
| Thermoelemente | Typ E:<br>Nickel-Chrom/Kupfer-Nickel –200...+600 °C<br><br>Typ J:<br>Eisen-Kupfer/Nickel       –200...+700 °C<br><br>Typ K:<br>Nickel-Chrom/Nickel       0...+1000 °C<br>(Erstgenanntes Metall hat positive Polarität.) | 10 MΩ | |
| Widerstands-thermometer | Pt 100:               –200...+850 °C<br>Ni 100 :             –60...+250 °C | 10 MΩ | |

### 13.3.2 Anschließen von Lasten an Analogausgänge

Analogausgabebaugruppen besitzen 2, 4 oder 8 Ausgabekanäle, die wahlweise als Strom- oder Spannungsausgänge genutzt werden können.

Auf den Abdeckungen der Analogeingabebaugruppen der Gerätefamilie SM 300 sind Anschlussbilder aufgedruckt, aus denen der Anschluss der Lasten/Aktoren zu entnehmen ist.

**Beispiel: Aufdruck auf der Baugruppe SM 332 AO 2x12 Bit**

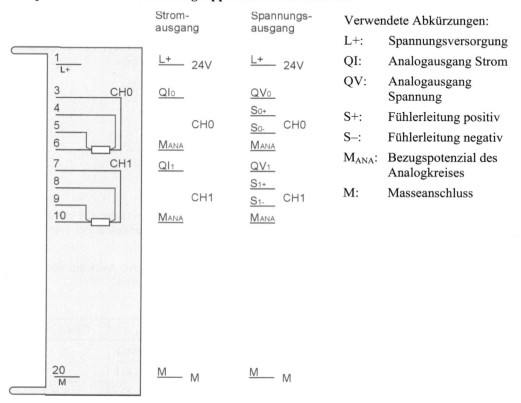

| | Verwendete Abkürzungen: | |
|---|---|---|
| L+: | Spannungsversorgung |
| QI: | Analogausgang Strom |
| QV: | Analogausgang Spannung |
| S+: | Fühlerleitung positiv |
| S–: | Fühlerleitung negativ |
| $M_{ANA}$: | Bezugspotenzial des Analogkreises |
| M: | Masseanschluss |

Für den Anschluss der analogen Lasten sollten geschirmte paarweise verdrillte Leitungen verwendet werden. Dadurch wird die Störbeeinflussung verringert. Der Schirm der Leitung ist auf einer Seite zu erden.

Prinzipiell werden potenzialgetrennte und potenzialgebundene Analogausgabebaugruppen unterschieden. Im Gegensatz zu potenzialgebundenen Baugruppen besteht bei den potenzialgetrennten Baugruppen keine galvanische Verbindung zwischen dem Bezugspunkt des Analogkreises $M_{ANA}$ und dem Masseanschluss M der CPU. Die maximale Potenzialdifferenz zwischen dem Bezugspunkt $M_{ANA}$ und dem Masseanschluss M darf einen zulässigen Wert nicht überschreiten.

Bei Analogausgabebaugruppen ist es möglich, die einzelnen Ausgabekanäle unterschiedlich als Strom oder Spannungsausgang zu parametrieren. Nicht beschaltete Ausgabekanäle müssen in der Hardwareprojektierung deaktiviert werden, damit der Ausgang spannungslos ist.

**2-Leiter-Anschluss einer Last an einen Stromausgang (Kanal 1) und einen Spannungsausgang (Kanal 2):**

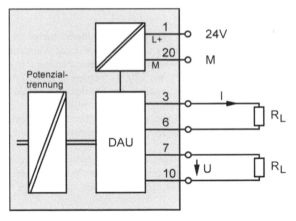

Der Stromausgang der Analogausgabebaugruppe SM 332; AO 2x12 Bit führt eine Drahtbruchprüfung durch.

Der Spannungsausgang der Analogausgabebaugruppe SM 332; AO 2x12 Bit führt eine Kurzschlussprüfung durch.

Der Anschluss von Lasten an einen Spannungsausgang ist neben dem gezeigten 2-Leiter-Anschluss auch als 4-Leiter-Anschluss möglich. Durch den 4-Leiter-Anschluss wird eine hohe Genauigkeit des Spannungssignals an der Last erzielt.

**4-Leiter-Anschluss einer Last an einem Spannungsausgang:**

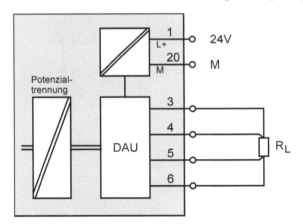

Bei 4-Leiter-Anschluss von Lasten an einen Spannungsausgang der Analogausgabebaugruppe SM 332; AO 2x12 Bit werden die Fühlerleitungen S+ (4) und S– (5) direkt an der Last angeschlossen. Dadurch wird das ausgegebene Spannungssignal unmittelbar an der Last gemessen und bei Bedarf nachgeregelt.

Für jede Baugruppe sind die elektrischen Daten zur Auswahl der Aktoren in einem Datenblatt angegeben. Für die Baugruppe SM 332 AI 2x12 Bit sind die Daten aus der folgenden Tabelle zu entnehmen.

| Art der Ausgabe | Ausgangsbereiche | Bürde | Grenzwerte |
|---|---|---|---|
| Spannung | 1 bis 5 V; 1 bis 10 V; ± 10 V | mind. 1 kΩ<br>max. 1 μF | Kurzschlussstrom: max. 25 mA |
| Strom | 0 bis 20 mA; 4 bis 20 mA; ± 20 mA | max. 500 Ω<br>max. 1 mH | Leerlaufspannung: max. 18 V |

## 13.4 Beispiele

■ **Beispiel 13.1: Rauchgastemperaturanzeige**

Die Abgastemperatur einer Befeuerungsanlage wird mit einem Pt 100-Widerstandsthermometer im Abgasrohr zum Schornstein gemessen. Der Zustand der Heizungsanlage soll mit einer Leuchtdiodenkette optisch sichtbar gemacht und die gemessene Temperatur an einer vierstelligen Ziffernanzeige mit einer Kommastelle angezeigt werden. Die Abgastemperaturen von 180 °C bis 270 °C werden in fünf Bereiche unterteilt und mit Wertungen versehen. Eine Verlängerung der aufleuchtenden Diodenkette signalisiert die fortschreitende Verschlechterung des Anlagenzustandes von P1 (sehr gut) bis P5 (mangelhaft).
Bei Abgastemperaturen unter 160 °C bzw. über 270 °C ist ein akustischer Melder PU einzuschalten, um die Erfordernis einer Inspektion wegen der Gefahr der Taupunktkorrosion bzw. Unwirtschaftlichkeit zu melden.
Die Abgastemperaturauswertung erfolgt nur, wenn die Heizungsanlage durch den Schalter S1 eingeschaltet, der Flammenwächter FW das Vorhandensein der Brennerflamme anzeigt und eine Wartezeit von 30 s abgelaufen ist. Die Meldungen müssen auch nach der Brennphase erhalten bleiben, solange die Heizungsanlage eingeschaltet ist.

**Technologieschema:**

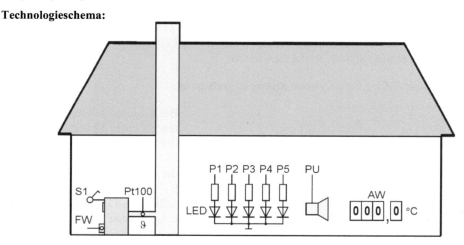

**Bild 13.4:**   Rauchgastemperaturanzeige

**Zuordnungstabelle der Eingänge und Ausgänge:**

| Eingangsvariable | Symbol | Datentyp | Logische Zuordnung | | Adresse |
|---|---|---|---|---|---|
| Anlagenschalter | S1 | BOOL | Betätigt | S1 = 1 | E 0.0 |
| Flammenwächter | FW | BOOL | Flamme vorhanden | FW = 1 | E 0.1 |
| PT 100 Widerstand | Pt100 | INT | Analogeingang | | PEW320 |
| Ausgangsvariable | | | | | |
| Leuchtdiode 1 | P1 | BOOL | Leuchtet | P1 = 1 | A 4.1 |
| Leuchtdiode 2 | P2 | BOOL | Leuchtet | P2 = 1 | A 4.2 |
| Leuchtdiode 3 | P3 | BOOL | Leuchtet | P3 = 1 | A 4.3 |
| Leuchtdiode 4 | P4 | BOOL | Leuchtet | P4 = 1 | A 4.4 |
| Leuchtdiode 5 | P5 | BOOL | Leuchtet | P5 = 1 | A 4.5 |
| Akustischer Melder | PU | BOOL | Signal | PU = 1 | A 4.6 |
| Ziffernanzeige | AW | WORD | BCD-Wert | | AW 12 |

Der Anschluss des Pt 100-Widerstandthermometers erfolgt nach der für Widerstandsthermometer angegebenen Schaltung.

Hinweis zur Hardwareprojektierung:

In der Hardwareprojektierung der Analogeingabebaugruppe muss bei Objekteigenschaften die Messart und der Messbereich, wie nebenstehend gezeigt, für das Pt 100-Widerstandsthermometer eingestellt werden.

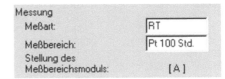

Die Analogeingabebaugruppe liefert dann, wie aus der Tabelle „Messbereiche für Temperaturgeber" abgelesen werden kann, einen der Temperatur entsprechenden Zahlenwert, der um den Faktor 10 größer ist als die gemessene Temperatur. Der Messbereich kann somit ohne Normierung direkt in das Steuerungsprogramm übernommen werden.

Die Auswertung der gemessenen Temperatur wird mit der Funktion FC 1301 ausgeführt. Die Ein- und Ausgangsparameter der Funktion lassen sich aus dem nebenstehend dargestellten Bausteinaufruf entnehmen.

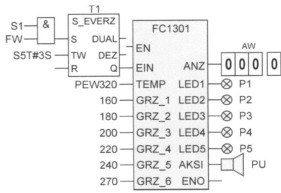

Nebenstehend ist der Aufruf und Beschaltung des Bausteins FC 1301 im OB 1 in der Programmiersprache FUP gezeigt.

GRZ = Grenzwert Temperatur
AKSI = Akustiksignal

Die Anweisungsfolge für die Auswertung der Temperatur ist in dem nachfolgenden Struktogramm angegeben.

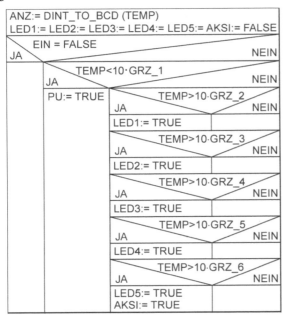

*Hinweise:*

Da der Wert TEMP dem 10-fachen des tatsächlichen Temperaturwertes entspricht, kann dieser nach einer DINT_TO_BCD-Umwandlung bei STEP 7 direkt an eine vierstellige BCD-Anzeige gelegt werden und wird dort dann mit einer Kommastelle angezeigt.

Bei der CoDeSys Lösung wird die Temperatur als REAL-Wert ausgegeben und dieser dann über den Bibliotheksbaustein FC 706 BCD_TO_REAL an die Anzeige gelegt.

Zu Beginn des Programms der Funktion FC 1301 werden alle binären Ausgangsvariablen zurückgesetzt.

**STEP 7 Programm (AWL-Quelle):** FUNCTION FC1301 : VOID

```
VAR_INPUT            GRZ_3 : INT ;    VAR_OUTPUT
  EIN    :BOOL ;     GRZ_4 : INT ;      ANZ   : WORD ;      LED4 : BOOL ;
  TEMP   : INT ;     GRZ_5 : INT ;      LED1 : BOOL ;       LED5 : BOOL ;
  GRZ_1 : INT ;      GRZ_6 : INT ;      LED2 : BOOL ;       AKSI : BOOL ;
  GRZ_2 : INT ;      END_VAR            LED3 : BOOL ;       END_VAR
BEGIN
L     #TEMP;         L    10;          L    #GRZ_3;         L   10;
DTB   ;              *I ;              L    10;             *I ;
T     #ANZ;          L    #TEMP;       *I ;                 L   #TEMP;
CLR;                 TAK;              L    #TEMP;          <I ;
=     #LED1;         <I ;              <I ;                 =   #LED4;
=     #LED2;         =    #AKSI;       =    #LED2;          L   #GRZ_6;
=     #LED3;         BEB;              L    #GRZ_4;         L   10;
=     #LED4;         L    #GRZ_2;      L    10;             *I ;
=     #LED5;         L    10;          *I ;                 L   #TEMP;
=     #AKSI;         *I ;              L    #TEMP;          <I ;
UN #EIN;             L    #TEMP;       <I ;                 =   #LED5;
BEB;                 <I ;              =    #LED3;           =   #AKSI;
L     #GRZ_1;        =    #LED1;       L    #GRZ_5;         END_FUNCTION
```

## CoDeSys Lösung

Hinweis: Bei CoDeSys wird die Umwandlung des Real-Wertes in einen BCD-Wert außerhalb der Funktion FC 1301 mit der Funktion FC 706 durchgeführt.

**Ausgangsdatentyp und AWL der Funktion FC 1301:**

```
TYPE                GRZ_1,GRZ_2:INT;   LD   TEMP          LD   TEMP
FC1301_OUT :        GRZ_3,GRZ_4:INT;   LT  (GRZ_1         GT ( GRZ_4
STRUCT              GRZ_5,GRZ_6:INT;   MUL 10             MUL10
 TEMPR:REAL;        END_VAR            )                  )
 LED1:BOOL;         //Anweisungsteil   ST FC1301.AKSI     ST   FC1301.LED3
 LED2:BOOL;         LD   TEMP          RETC               LD   TEMP
 LED3:BOOL;         INT_TO_REAL        LD   TEMP          GT ( GRZ_5
 LED4:BOOL;         ST FC1301.TEMPR    GT ( GRZ_2         MUL 10
 LED5:BOOL;         LD   FALSE         MUL 10             )
 AKSI:BOOL;         ST   FC1301.LED1   )                  ST FC1301.LED4
END_STRUCT          ST   FC1301.LED2   ST FC1301.LED1     LD   TEMP
END_TYPE            ST   FC1301.LED3   LD   TEMP          GT ( GRZ_6
FUNCTION FC1301     ST   FC1301.LED4   GT ( GRZ_3         MUL 10
:FC1301_OUT         ST   FC1301.LED5   MUL 10             )
VAR_INPUT           ST   FC1301.AKSI   )                  ST   FC1301.AKSI
  EIN: BOOL;        LDN  EIN           ST FC1301.LED2     ST   FC1301.LED5
  TEMP: INT;        RETC
```

**Aufruf der Bausteine im PLC_PRG in der Programmiersprache CFC:**

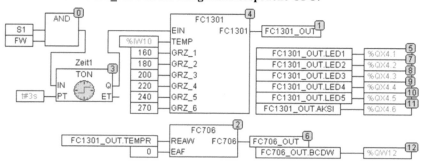

■ **Beispiel 13.2: BCD-Zifferneinsteller steuert Analogwertausgabe**

Mit einem BCD-Zifferneinsteller kann ein Betrag von 0000 bis +9999 eingegeben werden. Das gewünschte Vorzeichen der BCD-Zahl ist durch einen Binärschalter S1 einstellbar mit der Bedeutung „0" = positiv und „1" = negativ. Zusammen genommen können also Zahlenwerte von –9999 bis +9999 vorgegeben werden, die von einer Analogausgabe in die entsprechenden Spannungswerte –10 V bis +10 V umzusetzen und von einem angeschlossenen Spannungsmesser anzuzeigen sind.

**Zuordnungstabelle der Ein- und Ausgänge:**

| Eingangsvariable | Symbol | Datentyp | Logische Zuordnung | | Adresse |
|---|---|---|---|---|---|
| Vorgabewert | EW | WORD | BCD-Wert | | EW 8 |
| Vorzeichen | S1 | BOOL | Negativ | S1 = 1 | E 0.0 |
| Ausgangsvariable | | | | | |
| Analogausgang | PAW | INT | Bereich –27.648 bis +27.648 | | PAW 336 |

Zur Lösung des ersten Aufgabenteils kann der schon bekannte Bibliotheksbaustein FC 705 verwendet werden, der aus dem vierstelligen BCD-Wert eine Gleitpunktzahl (REAL) im Bereich von –9.999 bis +9.999 bildet und in einer OB 1/PLC_PRG internen Übergabevariablen „Spgw" übergibt. Für den Programmteil Analogwertausgabe ist eine Funktion FC 1302 zu entwerfen.

**Beschaltungs- und Programmstruktur:**

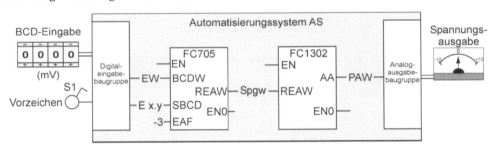

**Bild 13.5:** BCD-Wert gesteuerte Analogwertausgabe

**Analogausgabebaustein FC 1302:**

Übergabeparameter:         Beschreibung der Parameter:

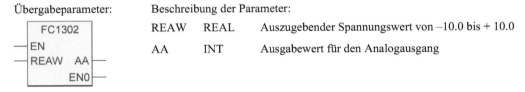

REAW    REAL    Auszugebender Spannungswert von –10.0 bis + 10.0

AA      INT     Ausgabewert für den Analogausgang

Das Programm des Ausgabebausteins FC 1302 wandelt die Eingangsvariable „REAW" (vorzeichenbehaftete Gleitpunktzahlenwerte) in eine vorzeichenbehaftete INTEGER-Zahl um (mit der Darstellung von negativen Zahlen im Zweierkomplement). Dabei muss eine Bereichsumrechnung (Normierung) erfolgen, welche sich über einen „Dreisatz" aus dem Eingangszahlenbereich von –10.0 bis +10.0 und dem Ausgangszahlenbereich –27648 bis 27648 ergibt. Das Ergebnis der Berechnung wird dem Funktionsausgang AA zugewiesen, der mit dem SPS-Ausgang PAW 336 beschaltet wird.

Für die Bereichsumwandlung

$$\text{REAW (REAL)} \qquad \text{AA (INT)}$$

$$-10.0 \text{ bis } +10.0 \quad \Rightarrow -27648 \text{ bis } +27648$$

| Analog-Ausgang |
| :---: |
| $\Rightarrow -10\,\text{V bis} +10\,\text{V}$ |

ergibt sich folgende Berechnungsformel:

$$AA = \frac{27\,648}{10.0} \cdot REAW = 2\,764{,}8 \cdot REAW\,.$$

Diese Berechnungsformel wird in der Funktion FC 1302 umgesetzt.

**Lösung in STEP 7**

**STEP 7 Programm (AWL-Quelle) der Funktion FC 1302:** / **Aufruf der Bausteine im OB 1 im freigrafischen Funktionsplan:**

```
VAR_INPUT          BEGIN
  REAW: REAL ;     L    #REAW;
END_VAR            L    2.7648e+3;
                   *R   ;
VAR_OUTPUT         RND  ;
  AA : INT ;       T    #AA;
END_VAR            END_FUNCTION
```

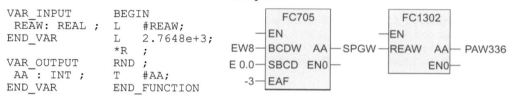

**Lösung in CoDeSys**

**CoDeSys Programm AWL der Funktion FC 1302:** / **Aufruf der Bausteine im PLC_PRG in der Programmiersprache CFC:**

```
FUNCTION FC1302 :INT

VAR_INPUT
  REAW:REAL;
END_VAR
```

```
LD    REAW
MUL   2764.8
LREAL_TO_INT
ST    FC1302
```

**Lösung in der Programmiersprache SCL/ST**

```
FUNCTION FC1302 :INT `

VAR_INPUT
  REAW:REAL;
END_VAR

FC1302:= REAL_TO_INT(2764.8 * #REAW);
```

# 14 Normierungsbausteine für Analogwertverarbeitung

Analogwertverarbeitung bedeutet die Weiterverarbeitung von digitalisierten Analogwerten in Steuerungsprogrammen. Nach abgeschlossener Digitalisierung steht der im Anlagenprozess entstandene ursprüngliche Analogwert in einem Peripherie-Eingangswort PEW der Analogeingangsbaugruppe zur Verfügung. Unabhängig vom eigentlichen Ziel der Weiterverarbeitung des digitalisierten Analogwertes hat es der SPS-Programmierer mit immer wieder auftretenden Programmierproblemen zu tun. Dazu zählen Messwert-Normierungen beim Einlesen von digitalisierten Analogwerten, um von den speziellen Zahlenwerten, wie sie in den Messbereichstabellen für die verschiedenen Signalgeber angegeben sind, wegzukommen (z. B. +27648 für +10 V). Auf der Seite der Analogwertausgabe müssen die vom Programm erzeugten Digitalwerte im richtigen Format dem Peripherie-Ausgangswort PAW übergeben werden. Auch treten ständig Probleme mit den Datentypen der Digitalwerte auf, weil zwischen 16-Bit-INTEGER, REAL und 4-Stellen-BCD gewechselt werden muss.

Selbstverständlich könnte man die erwähnten Probleme im Rahmen eines Anwenderprogramms genau an der Stelle lösen, wo es erforderlich wird. Effizienter ist es jedoch, mit speziellen Normierungsbausteinen aus der einer Programmbibliothek zu arbeiten, die nur das Einfügen bereits ausgetestete Teillösungen erforderlich machen. *Normierungsbausteine* werden in folgenden Abschnitten auch als *Bibliotheksfunktionen* bezeichnet.

## 14.1 Messwerte einlesen und normieren

Digitalisierte Analogwerte liegen mit dem Datentyp „INT" im Eingangsspeicherbereich der CPU vor. Die jeweilige Adresse ist durch die Hardwareprojektierung vorgegeben. Mit den Ladebefehlen

```
L EW   x    //x < 256 (Bei Adressumstellung oder Profibusankopplungen
            //möglich) oder allgemein
L PEW y    //y >= 256 (Analogadressen auf dem Baugruppenträger)
```

können die Werte in den Akku 1 geladen werden. Wie im Abschnitt 13.2.4 beschrieben, ist die Bitbelegung der Werte bei allen Auflösungen so, dass das Bitmuster als 16-Bit-Ganzzahl (INTEGER) interpretiert werden kann. Aus den Tabellen der Messbereiche lassen sich dann die zum Analogsignal proportionalen Eingangs-Nennwerte ableiten. Liefert beispielsweise ein Messwertgeber ein Signal von +7,5 V an eine S7-Analogeingabebaugruppe mit dem Messbereich ±10 V, so steht nach dem Ladebefehl der Zahlenwert 20 736 im Akku. Werden über den PROFIBUS DP Analogeingabebaugruppen anderer Hersteller an die S7 angeschlossen, so sind die entsprechenden Messbereichstabellen dieser Baugruppen zu berücksichtigen.

Für die Weiterverarbeitung der digitalisierten Analogwerte in einem Steuerungsprogramm ist es häufig erforderlich, den Eingangs-Nennbereich auf einen anderen Wertebereich umzurechnen. Die Umrechnung bezeichnet man als *Normierung* oder *lineare Skalierung*. Dazu sind in der Regel Rechenoperationen mit Gleitpunktzahlen erforderlich.

### Beispiel für eine nichtstandardisierte Problemlösung

Ein Durchflussmesser für Gase liefert ein analoges Ausgangssignal von 4 bis 20 mA proportional zum Volumenstrom von 0 bis 500 m³/h (Normvolumenstrom bezogen auf 0 °C und 1013

mbar). Zur weiteren Verarbeitung der Messgröße soll der Zahlenwert innerhalb des Steuerungsprogramms dem tatsächlichen Wert (0 bis 500 m³/h) des Volumenstroms entsprechen.

Zusammenhang der verschiedenen Wertebereiche:

| Physikalischer Messwert in m³/h | Analogausgang des Sensors in mA | Digitaler Eingangs-Nennwert AE_Nenn (s. Stromsignalgeber) | Normierter Zahlenwert AE_Norm zur Weiter-verarbeitung |
|---|---|---|---|
| 0 | 4 | 0 | 0 |
| ... | ... | ... | ... |
| 500 | 20 | 27 648 | 500 |

Aus den letzten beiden Spalten der Tabelle lässt sich die Berechnungsformel für die Normierung ableiten.

Danach ist: $AE\_Norm = \dfrac{500}{27\,648} \cdot AE\_Nenn = 0{,}0180844 \cdot AE\_Nenn$.

Zugehörige AWL-Steuerungsanweisungen:

| **in STEP 7:** | **in CoDeSys:** | Vor der Ausführung der Multiplikation |

**in STEP 7:**
```
L   #AE_Nenn
ITD
DTR
L   1.808440e-002
*R
T   #AE_Norm
```

**in CoDeSys:**
```
LD  AE_Nenn
INT_TO_REAL
MUL 1.80844
ST  AE_Norm
```

Vor der Ausführung der Multiplikation ist der Eingangs-Nennwert AE_Nenn in eine Gleitpunktzahl (REAL) umzu-wandeln. Das Ergebnis der nachfol-genden Multiplikation liegt dann eben-falls als Gleitpunktzahl vor.

**Ziele des Normierungsbausteins FC 48 (AE_REALN)**

- Da die Normierung von Analogeingabewerten sehr oft erforderlich ist, bietet sich die Verwendung einer Bibliotheksfunktion an. Diese soll im **Beispiel 14.1** als Normierungs-funktion **FC 48 (AE_REALN)** entworfen und programmiert werden, bei der sowohl der Eingangs-Nennbereich wie auch der Normierungsbereich vorgegeben werden können. Beide Bereiche werden durch die Angabe der Ober- und Untergrenze bestimmt.
- Der universelle Normierungsbaustein (universelle Normierungsfunktion) FC 48 kann damit auch für Analogeingabebaugruppen anderer Hersteller verwendet werden, die einen von den SIMATIC-Baugruppen abweichenden Eingangs-Nennbereich besitzen und über den Profibus DP an eine S7-Steuerung angeschlossen werden. Zum Beispiel liefert eine Analogeingabebaugruppe der Firma WAGO bei einem analogen Spannungsmessbereich von ±10V einen digitalen Eingangs-Nennbereich von −32 768 bis + 32 767.

# 14.2 Ausgeben von normierten Analogwerten

Digitale Analogausgabewerte werden im Datenformat „INT" über den Akku 1 an die Adresse des Ausgangsspeicherbereichs der CPU transferiert. Die jeweilige Adresse ist durch die Hardwareprojektierung vorgegeben. Mit den Transferbefehlen

```
T AW  x    //x < 256 (Bei Adressumstellung oder Profibusankopplungen
           //möglich) oder allgemein
T PAW y    //y >=256 (Analogadressen auf dem Baugruppenträger)
```

können die Werte an die jeweilige Ausgangsadresse transferiert werden. Wie im Abschnitt 13.2.4 beschrieben, ist die Bitbelegung der Ausgabewerte bei allen Auflösungen so, dass das

Bitmuster als 16-Bit-Ganzzahl (INTEGER) interpretiert werden kann. Aus den Tabellen der Ausgabebereiche lassen sich dann die zum Analogsignal proportionalen Ausgangs-Nennwerte ableiten. Soll beispielsweise eine Spannung von 7,5 V an eine Analogausgabebaugruppe mit dem Bereich ±10 V ausgegeben werden, so ist an die Ausgangsadresse der Zahlenwert 20 736 zu transferieren. Werden über den PROFIBUS DP Analogeingabebaugruppen anderer Hersteller an die S7-SPS angeschlossen, so sind die entsprechenden Ausgangsbereichstabellen dieser Baugruppen zu berücksichtigen.

Zur Ausgabe von normierten Analogwerten ist es häufig erforderlich, den Wertebereich für die Berechnungen innerhalb des Steuerungsprogramms (Normierungsbereich) auf den Ausgangs-Nennbereich umzurechnen. Dazu sind in der Regel Rechenoperationen mit Gleitpunktzahlen erforderlich. Das Ergebnis ist dann an die Adresse des Analogausgangs zu transferieren.

**Beispiel für eine nichtstandardisierte Problemlösung**

Zur Steuerung der Ausgangsfrequenz eines Frequenzumrichters über den Analogeingang des Umrichters ist ein Spannungssignal von 0 ... 10 V erforderlich. Die Vorgabe von 0 V entspricht dabei der kleinsten eingestellten Frequenz (z. B. 10 Hz) und 10 V der höchsten Ausgangsfrequenz (z. B. 60 Hz). Innerhalb des Steuerungsprogramms soll mit den Werten der Ausgabefrequenzen (Normierungsbereich) gerechnet werden.

Zusammenhang der verschiedenen Wertebereiche:

| Normierter Wert AA_Norm für die Analogausgabe | Digitaler Ausgangs-Nennwert AA_Nenn (siehe Tabelle für den Ausgabebereich 0 bis 10 V) | Ausgangsspannung des Analogausgangs in V | Drehfrequenz des Umrichters in Hz |
|---|---|---|---|
| 10 | 0 | 0 | 10 |
| ... | ... | ... | ... |
| 60 | 27 648 | 10 | 60 |

Aus den ersten beiden Spalten der Tabelle lässt sich die Berechnungsformel für den digitalen Ausgangs-Nennwert ableiten.

Danach ist: $AA\_Nenn = \dfrac{27\,648}{60-10} \cdot (AA\_Norm - 10{,}0) = 552{,}96 \cdot (AE\_Norm - 10{,}0)$.

Probe: Bei AA_Norm = 35 (Mitte des Frequenzbereichs) ergibt sich aus der Berechnungsformel AA_Nenn = 13 824 (Mitte des Ausgangs-Nennbereichs).

**Zugehörige AWL Steuerungsanweisungen**

**in STEP 7:**
```
L  #AA_Norm
L  1.000000e+001
-R
L  5.529600e+002
*R
RND
T  #AA_Nenn
```

**in CoDeSys:**
```
LD   AA_NORM
SUB  10.0
MUL  552.96
LREAL_TO_INT
ST   AA_Nenn
```

Es wird angenommen, dass der Ausgabewert AA_Norm im Datenformat Gleitpunktzahl vorliegt. Zur Ausgabe an die Analogbaugruppe muss das Ergebnis der Berechnung in eine INTEGER-Zahl umgewandelt und der Variablen AA-Nenn zugewiesen werden.

**Ziele des Normierungsbausteins FC 49 (REALN_AA)**

- Da die Umrechnung von normierten Analogausgabewerten sehr oft erforderlich ist, bietet sich die Verwendung eines Bibliotheksbausteins an. Das **Beispiel 14.3** zeigt das Steuerungsprogramm der universellen Normierungsfunktion **FC 49 (REALN_AA)**, bei der sowohl der Normierungsbereich wie auch der Ausgangs-Nennbereich vorgegeben werden kann. Beide Bereiche werden durch die Angabe der Ober- und Untergrenze bestimmt.

- Diese universelle Ausgabefunktion FC 49 kann damit auch für Analogausgabebaugruppen anderer Hersteller verwendet werden, die einen von den SIMATIC-Baugruppen unterschiedlichen Ausgangs-Nennbereich besitzen und über den Profibus DP an eine S7-Steuerung angeschlossen sind. Zum Beispiel besitzt eine Analogausgabebaugruppe der Firma WAGO mit einem analogen Spannungsbereich von ±10V einen Ausgangs-Nennbereich von −32 768 bis + 32 767.

## 14.3 Beispiele

■ **Beispiel 14.1: Universelle Normierungsfunktion Analogeingabe (FC 48: AE_REALN)**

Es ist eine Normierungsfunktion FC 48 (AE_REALN) zu entwerfen, die einen vorgebbaren Eingangs-Nennbereich einer Analogeingabebaugruppe auf einen wählbaren Normierungsbereich umrechnet.

Übergabeparameter:                Beschreibung der Parameter:

| | |
|---|---|

```
    FC48
EN        REAW
AE
OGREB
UGREB
OGRNB
UGRNB     EN0
```

| | | |
|---|---|---|
| AE: | INT | Digitalisierter Analogeingabewert |
| OGREB: | INT | Obergrenze Eingangs-Nennbereich |
| UGREB: | INT | Untergrenze Eingangs-Nennbereich |
| OGRNB: | REAL | Obergrenze Normierungsbereich |
| UGRNB: | REAL | Untergrenze Normierungsbereich |
| REAW: | REAL | Normierter Analogeingabewert als Gleitpunktzahl |

Zum Test der Funktion FC 48 wird der Baustein im Organisationsbaustein OB 1 aufgerufen. An den Eingangsparameter AE wird das Eingangswort EW einer Analogeingabebaugruppe gelegt. In der Hardwareprojektierung wurde der Bereich ±10 V gewählt. Damit müssen die Werte +27 648 bzw. −27 648 an die Funktions-Eingänge OGREB bzw. UGREB gelegt werden. Dieser Eingangs-Nennbereich soll für die interne Weiterverarbeitung in den Bereich von + 10.0 bis −10.0 linear gewandelt werden. Deshalb müssen diese Werte an die Funktions-Eingänge OGRNB bzw. UGRNB geschrieben werden.

Der Ausgangsparameter REAW liefert dann einen zur angelegten Spannung proportionalen Digitalwert als Gleitpunktzahl im Bereich von − 10.0 bis +10.0.

Das Programm hat die Funktionsweise eines Spannungsmessers mit digitaler Anzeige. Eine angelegte Spannung von 4,5 V erscheint auf der Ziffernanzeige als Wert 4 500, also als Spannungswert in mV.

**Bausteinaufrufe im OB 1 bzw. PLC_PRG in freigrafischer Funktionsplandarstellung:**

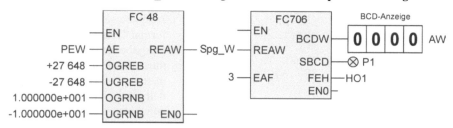

Zur Überprüfung, ob die Funktion FC 48 richtig arbeitet, wird über die Bibliotheksfunktion FC 706 (REA_BCD4) der Ausgabewert REAW an eine vierstellige BCD-Anzeige gelegt und kann dort als Spannungswert in mV abgelesen werden.

**Zuordnungstabelle der Eingänge und Ausgänge:**

| Eingangsvariable | Symbol | Datentyp | Logische Zuordnung | | Adresse |
|---|---|---|---|---|---|
| Analogeingang | PEW | INT | Bereich –27.648 bis +27.648 | | PEW 320 |
| Ausgangsvariable | | | | | |
| Vorzeichen | P1 | BOOL | Negativ | P1 = 1 | A 4.0 |
| Ziffernanzeige | AW | WORD | BCD-Wert | | AW 12 |

Die allgemeine Berechnungsformel für die Normierung kann aus den Linearfunktionen des Eingangsnennbereichs und des Normierungsbereichs abgeleitet werden. Für den Eingangsnennbereich spielt es dabei keine Rolle, ob es sich um einen Messbereich für Spannungen, Ströme oder Widerstände handelt. Für die Herleitung der Normierungsformel wurde ein Spannungsmessbereich (mit U1 = 0) angenommen.

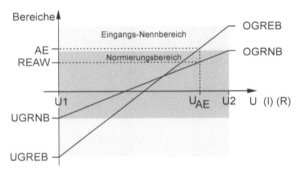

Linearfunktion Eingangs-Nennbereich:

$$AE = \frac{OGREB - UGREB}{U2 - U1} \cdot U_{AE} + UGREB$$

Linearfunktion Normierungsbereich:

$$REAW = \frac{OGRNB - UGRNB}{U2 - U1} \cdot U_{AE} + UGRNB$$

Die beiden Gleichungen werden nach $U_{AE}$ aufgelöst und gleichgesetzt. Die Differenz U2 – U1 fällt dabei heraus und es ergibt sich folgende allgemeine Normierungsformel:

$$REAW = \frac{OGRNB - UGRNB}{OGREB - UGREB} \cdot (AE - UGREB) + UGRNB$$

Da die Berechnung des Ausgangswertes REAW nach der Normierungsformel im Datenformat REAL durchgeführt wird, sind drei lokale Variable AER, OGREBR und UGREBR einzuführen, welche die entsprechenden Werte im Datenformat REAL aufnehmen. Zur Umsetzung der Normierungsformel in ein Steuerungsprogramm sind zwei Zwischenergebnisse zu bilden. Deshalb werden die Differenzen OGREBR – UGREBR bzw. OGRNB – UGRNB den temporären Variablen D1 bzw. D2 zugewiesen.

**STEP 7 Programm (AWL-Quelle):**

```
FUNCTION FC48 : VOID
VAR_INPUT                VAR_OUTPUT               VAR_TEMP
  AE : INT ;               REAW : REAL ;            AER : REAL ;
  OGREB : INT ;          END_VAR                    OGREBR : REAL ;
  UGREB : INT ;                                     UGREBR : REAL ;
  OGRNB : REAL ;                                    D1 : REAL ;
  UGRNB : REAL ;                                    D2 : REAL ;
END_VAR                                           END_VAR
```

```
BEGIN
L    #AE;              L    #UGREB;         L    #OGREBR;        *R ;
ITD;                  ITD;                 L    #UGREBR;        L    #D2;
DTR;                  DTR;                 -R ;                 /R ;
T    #AER;            T    #UGREBR;        T    #D2;            L    #UGRNB;
L    #OGREB;          L    #OGRNB;         L    #AER;           +R ;
ITD;                  L    #UGRNB;         L    #UGREBR;        T    #REAW;
DTR;                  -R ;                 -R ;
T    #OGREBR;         T    #D1;            L    #D1;            END_FUNCTION
```

**CodeSys Programm (AWL):**

```
FUNCTION FC48 :REAL
VAR_INPUT                         VAR
  AE, OGREB, UGREB:INT;             AER, OGREBR, UGREBR, D1, D2: REAL;
  OGRNB, UGRNB:REAL;              END_VAR
END_VAR

// Anweisungsteil

LD AE               LD   OGREB          LD   OGRNB           LD   AER
INT_TO_REAL         INT_TO_REAL         SUB  UGRNB           SUB  UGREBR
ST AER              ST   OGREBR         ST   D1              MUL  D1
                    LD   UGREB          LD   OGREBR          DIV  D2
                    INT_TO_REAL         SUB  UGREBR          ADD  UGRNB
                    ST   UGREBR         ST   D2              ST   FC48
```

**SCL/ST Programm:**

```
FUNCTION FC48 : VOID
VAR_INPUT                         VAR_OUTPUT
  AE, OGREB, UGREB : INT ;          REAW : REAL ;
  OGRNB, UGRNB : REAL ;           END_VAR
END_VAR

REAW:=((OGRNB - UGRNB)/(INT_TO_REAL(OGREB) -
     INT_TO_REAL(UGREB)))*(INT_TO_REAL(AE) -
     INT_TO_REAL(UGREB)) + UGRNB;
```

■ **Beispiel 14.2: Drosselklappe mit 0 ... 10-V-Stellungsgeber**

In einem ringförmigen Klappengehäuse ist das Klappenblatt drehbar gelagert. Durch Verdrehen des Klappenblattes verändert die Drosselklappe ihren wirksamen Querschnitt und damit die Durchflussmenge. Im Regelbetrieb wird das Klappenblatt zwischen Schließstellung „ZU" und Öffnungsstellung „AUF" um maximal 60° geschwenkt. Dies entspricht einem Antriebsdrehwinkel von 90°.

Um die Positionierung des Klappenblattes kontrollieren zu können, ist mit dem Antrieb ein 10-V-Stellungsgeber SG verbunden. Ein Drehwinkel von 90° entspricht dabei einem vollen Spannungshub von 0 bis 10 V.

Ein Antriebsmotor öffnet die Klappe durch ein „1"-Signal an Q1 und schließt sie durch ein „1"-Signal an Q2. Die elektromechanische Klappenbremse blockiert das Klappenblatt beim Abschalten des Motors durch Q1 = Q2 = 0 automatisch.

Mit einem Zifferneinsteller soll das Klappenblatt auf einen Öffnungswinkel zwischen 0,0 ... 60,0° einstellbar sein. Werte über 60,0 am Ziffereinsteller (600) werden dabei als maximaler Winkel von 60,0° interpretiert. Mit einer Betätigung des Übernahmetasters S1 wird das Stellen der Klappe eingeleitet. Der Motor dreht dabei solange nach links oder rechts, bis der am Ziffereinsteller vorgegebene Stellungswinkel erreicht ist. Während des Stellvorgangs haben Änderungen am Ziffereinsteller nur dann eine Auswirkung, wenn der Übernahmetaster S1 erneut betätigt wird. Eine Meldeleuchte P1 zeigt an, wenn der gewünschte Öffnungswinkel erreicht ist.

**Technologieschema:**

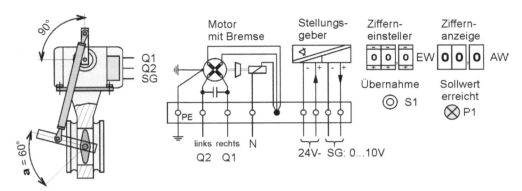

**Bild 14.1:** Drosselklappe

Die analoge Spannung des Stellungsgebers SG wird über einen PROFIBUS-DP Slaveanschaltung an den PROFIBUS-Kommunikationsprozessor CP des Automatisierungssystems gelegt. An die Slaveanschlatung ist eine analoge Eingangsbaugruppe angeschlossen, welche eine Spannung von 0 ... 10 V in einen Eingangs-Nennbereich von 0 ... 32 767 umwandelt.

**Zuordnungstabelle der Eingänge und Ausgänge:**

| Eingangsvariable | Symbol | Datentyp | Logische Zuordnung | | Adresse |
|---|---|---|---|---|---|
| Übernahmetaster | S1 | BOOL | Betätigt | S1 = 1 | E 0.0 |
| Zifferneinsteller | EW | WORD | BCD-Wert | | EW 8 |
| Stellungsgeber | SG | INT | Bereich 0 bis +32.767 | | EW 20 |
| Ausgangsvariable | | | | | |
| Motor Rechtslauf | Q1 | BOOL | Klappe öffnet | Q1 = 1 | A 4.1 |
| Motor Linkslauf | Q2 | BOOL | Klappe schließt | Q2 = 1 | A 4.2 |
| Meldeleuchte Sollw. erreicht | P1 | BOOL | Leuchtet | P1 = 1 | A 4.3 |
| Ziffernanzeige | AW | WORD | BCD-Wert | | AW 12 |

Es ist eine Funktion FC 1401 zu entwerfen, welche aus dem Sollwert und dem Istwert die Ansteuerung der Leistungsschütze des Antriebsmotors für das Klappenblatt und der Meldeleuchte P1 übernimmt.

Übergabeparameter:

```
     FC1401
─EN          RE─
─EIN         LI─
─SOW        POS─
─ISW        EN0─
```

Beschreibung der Parameter:

| | | |
|---|---|---|
| EIN: | BOOL | Verstellung einschalten |
| SOW: | REAL | Sollwertvorgabe |
| ISW: | REAL | Istwert der Drosselklappe |
| RE: | BOOL | Ansteuerung Schütz Q1 für Rechtslauf |
| LI: | BOOL | Ansteuerung Schütz Q2 für Linkslauf |
| POS: | BOOL | Ansteuerung Meldeleuchte Position erreicht |

Zum Einlesen des Sollwertes für die gewünschte Stellung des Klappenblatts wird die Bibliotheksfunktion FC 705 (BCD4_INT) verwendet. Der Istwert für die tatsächliche Stellung des Klappenblatts wird über die Normierungsfunktion FC 48 (AE_REAN) vom Stellungsgeber SG eingelesen. Zur Anzeige des Istwertes an einer BCD-Ziffernanzeige wird die Bibliotheksfunktion FC 706 (INT_BCD4) verwendet.

**Bausteinaufrufe im OB 1 bzw. PLC_PRG in freigrafischer Funktionsplandarstellung:**

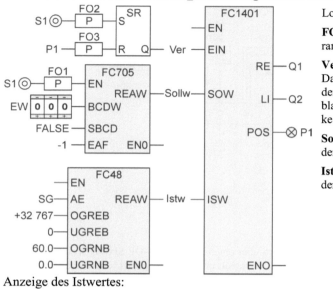

Lokale Variablen im OB 1/PLC_PRG:

**FO1**, **FO2**, **FO3** (BOOL): Flankenoperanden

**Ver** (BOOL): Speichervariable für die Dauer der Verstellung. Beim Erreichen der gewünschten Stellung des Klappenblatts wird der Speicher mit einer Flanke zurückgesetzt.

**Sollw** (REAL): Übergabevariable für den Sollwert

**Istw** (REAL): Übergabevariable für den Istwert

Anzeige des Istwertes:

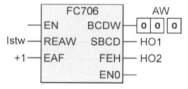

**HO1** (BOOL): Hilfsoperand

**HO2** (BOOL): Hilfsoperand

Das Steuerungsprogramm der Funktion FC 1401 ist durch das nachfolgende Struktogramm beschrieben.

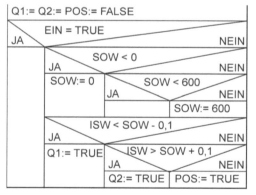

*Hinweise:*

Zunächst werden alle Ausgänge der Funktion zurückgesetzt.

Die Sollwertvorgabe wird überprüft, ob sie innerhalb der richtigen Grenzen liegt.

Damit kein ständiges Ein- und Ausschalten entsteht, wenn der Sollwert den Istwert erreicht hat, wird eine Schalthysterese von H = 0.2 (entspricht 0,2°) bei dem Vergleich von Soll- und Istwert eingeführt.

Das Ergebnis des Soll-Istwert-Vergleichs bestimmt, welche Ausgangsvariable (Motor Rechtslauf oder Linkslauf) mit „1"-Signal angesteuert wird.

**STEP 7 Programm (AWL-Quelle):**

```
FUNCTION FC1401 : VOID
VAR_INPUT               VAR_OUTPUT
  EIN : BOOL ;            Q1 : BOOL ;
  SOW : REAL ;            Q2 : BOOL ;
  ISW : REAL ;            POS : BOOL ;
END_VAR                 END_VAR
```

```
BEGIN
SET ;              L  0;            M002: NOP 0;      L  1.0000e-001;
R  #Q1;            T  #SOW;         L  #SOW;          +R ;
R  #Q2;            SPA  M002;       L  1.0000e-001;   L  #ISW;
R  #POS;           M001: NOP 0;     -R ;             TAK ;
UN #EIN;           L  #SOW;         L  #ISW;          >R ;
BEB ;              L  600;          TAK ;            =  #Q2;
L  #SOW;           <I ;             <R ;              BEB ;
L  0;              SPB  M002;       =  #Q1;           SET ;
<I ;               L  600;          BEB ;            =  #POS;
SPBN  M001;        T  #SOW;         L  #SOW;          END_FUNCTION
```

**CodeSys Programm (AWL):**

```
TYPE FC1401_OUT :            FUNCTION FC1401 :FC1401_OUT
STRUCT                       VAR_INPUT
 Q1, Q2 ,POS : BOOL;          EIN : BOOL;
END_STRUCT                    SOW, ISW:REAL;
END_TYPE                     END_VAR
```

```
// Anweisungsteil

LD  FALSE        LD  SOW         ST  SOW           LD  ISW
ST  FC1401.Q1    LT  0           LD  ISW           GT( SOW
ST  FC1401.Q2    SEL SOW,0       LT( SOW           ADD 0.1
ST  FC1401.POS   ST  SOW         SUB 0.1           )
LDN EIN          LD  SOW         )                 ST  FC1401.Q2
RETC             GT  600         ST  FC1401.Q1     RETC
                 SEL SOW,600     RETC              LD  TRUE
                                                   ST  FC1401.POS
```

■ **Beispiel 14.3:  Universelle Normierungsfunktion Analogwertausgabe (FC 49: REALN_AA)**

Es ist eine Normierungsfunktion FC 49 (REALN_AA) zu entwerfen, die einen vorgebbaren Normierungsbereich auf einen wählbaren Ausgangs-Nennbereich einer Analogausgabebaugruppe umrechnet.

Übergabeparameter:      Beschreibung der Parameter:

| | | |
|---|---|---|
| REAW: | REAL | Interner normierter Analogausgabewert als Gleitpunktzahl |
| OGRNB: | REAL | Obergrenze Normierungsbereich |
| UGRNB: | REAL | Untergrenze Normierungsbereich |
| OGRAB: | INT | Obergrenze Ausgangs-Nennbereich |
| UGRAB: | INT | Untergrenze Ausgangs-Nennbereich |
| AA: | INT | Digitaler Ausgabewert für die analoge Ausgabebaugruppe |

Zum Test der Funktion FC 49 ist ein Programm zu entwickeln, das ein 0 ... 10 V Spannungssignal am Eingang der SPS proportional in ein 4 ... 20 mA Stromsignal am Ausgang der SPS umwandelt.

**Technologieschema:**

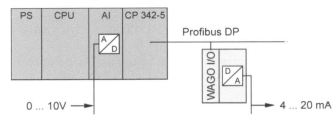

**Bild 14.2:**
SPS als Signalumsetzer

**Zuordnungstabelle der Eingänge und Ausgänge:**

| Eingangsvariable | Symbol | Datentyp | Logische Zuordnung | Adresse |
|---|---|---|---|---|
| Analogeingang 0 ... 10 V | PEW | INT | Bereich 0 bis +27.648 | PEW 320 |
| Ausgangsvariable | | | | |
| Analogausgang | AW | INT | Bereich 0 bis +32.767 | AW 30 |

Zum Einlesen und Normieren der Signaleingangsspannung wird im Organisationsbaustein OB 1 bzw. PLC-PRG zunächst die universelle Normierungsfunktion FC 48 (AE_REAN) aufgerufen und parametriert. Die Eingangs-Nennbereichsgrenzen dabei sind: OGREB = 27 648 und UGREB = 0. Der Normierungsbereich ist durch die Grenzen 20.0 (OGRNB) und 4.0 (UGRNB) bestimmt. Der Ausgangswert REAW der Funktion FC 48 wird der lokalen Variablen „Signal" zugewiesen. Durch die vorgegebenen Bereiche entspricht der Wert der Variablen „Signal" bereits dem Wert des Stromsignals am Analogausgang.

Zur Ausgabe des Werte wird die Funktion FC 49 (REAN_AA) aufgerufen und parametriert. Die Obergrenze des normierten Bereichs OGRNB ist mit 20.0 und die Untergrenze UGRNB mit 4.0 anzugeben. Durch die Verwendung der Analogausgabebaugruppe der Firma WAGO ist der Ausgangs-Nennbereich durch die Werte OGRAB = 32 767 und UGRAB = 0 vorgegeben.

**Bausteinaufrufe im OB 1 bzw. PLC_PRG in freigrafischer Funktionsplandarstellung:**

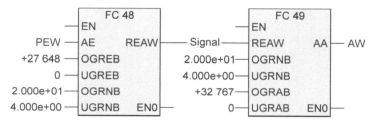

Die allgemeine Berechnungsformel für die Normierung kann aus den Linearfunktionen des Normierungsbereichs und des Ausgangs-Nennbereichs abgeleitet werden. Für den Ausgangsnennbereich spielt es dabei keine Rolle, ob es sich um eine Spannungsausgabe oder Stromausgabe handelt. Für die Herleitung der Normierungsformel wurde eine Spannungsausgabe (mit U1 = 0) angenommen.

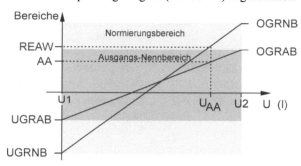

Linearfunktion Normierungsbereich:

$$REAW = \frac{OGRNB - UGRNB}{U2 - U1} \cdot U_{AA} + UGRNB$$

Linearfunktion Ausgangs-Nennbereich:

$$AA = \frac{OGRAB - UGRAB}{U2 - U1} \cdot U_{AA} + UGRAB$$

Die beiden Gleichungen werden nach $U_{AA}$ aufgelöst und gleichgesetzt. Die Differenz U2 – U1 fällt dabei heraus und es ergibt sich folgende allgemeine Berechnungsformel:

$$AA = \frac{OGRAB - UGRAB}{OGRNB - UGRNB} \cdot (REAW - UGRNB) + UGRAB$$

Für die Ausführung der Berechnungsregel werden zwei lokale Variable eingeführt. Die Variable D1 ist durch die Differenz von OGRAB und UGRAB (Ausgabe-Nennbereich) und die Variable D2 durch die Differenz von OGRNB und UGRNB (Normierungsbereich) bestimmt. Die beiden lokalen Variablen haben das Datenformat REAL. Bevor die Untergrenze des Ausgabe-Nennbereichs UGRAB addiert wird, ist das Zwischenergebnis in eine INTEGER-Zahl umzuwandeln.

Auf die Darstellung der AWL der schon bekannten Bibliotheksfunktion FC 48 (AE_REALN) wird im nachfolgenden STEP 7 Programm verzichtet.

### STEP 7 Programm (AWL-Quelle):

```
FUNCTION FC49 : VOID
VAR_INPUT                    VAR_OUTPUT              VAR_TEMP
  REAW,OGRNB, UGRNB: REAL ;    AA : INT ;              D1, D2: REAL ;
  OGRAB, UGRAB: INT ;         END_VAR                 END_VAR
END_VAR

BEGIN
L  #OGRAB;        -R ;              L  #REAW;           /R ;
ITD;              T  #D1;           L  #UGRNB;          RND;
DTR;              L  #OGRNB;        -R ;                L  #UGRAB;
L  #UGRAB;        L  #UGRNB;        L  #D1;             +I ;
ITD;              -R ;              *R ;                T  #AA;
DTR;              T  #D2;           L  #D2;             END_FUNCTION
```

### CodeSys Programm (AWL):

```
FUNCTION FC49 :INT        UGRNB:REAL;             VAR
VAR_INPUT                 OGRAB:INT;                D1: REAL;
  REAW: REAL;             UGRAB:INT;                D2: REAL;
  OGRNB:REAL;            END_VAR                  END_VAR
LD  OGRAB        ST  D1          LD  REAW          REAL_TO_INT
INT_TO_REAL      LD  OGRNB       SUB UGRNB         ADD  UGRAB
SUB( UGRAB       SUB UGRNB       MUL D1            ST   FC49
INT_TO_REAL      ST  D2          DIV D2
)
```

### SCL/ST Programm:

```
FUNCTION FC49 : VOID
VAR_INPUT                          VAR_OUTPUT
  REAW, OGRNB, UGRNB: REAL;          AA: INT;
  OGREB, UGREB: INT;               END_VAR
END_VAR
  AA:= INT_TO_WORD(REAL_TO_INT(((( INT_TO_REAL(OGRAB) -
        INT_TO_REAL(UGRAB)) /(OGRNB - UGRNB))*(REAW -UGRNB)) +
        INT_TO_REAL(UGRAB)));
```

### ■ Beispiel 14.4: Lackiererei

In einer Lackiererei mit 16 Farbspritz-Arbeitsplätzen muss für eine ausreichende Be- und Entlüftung gesorgt werden. Für jede Spritzpistole, die eingeschaltet wird, meldet der zugehörige Geber ein „1"-Signal. Die Lüftungsleistung der Zuluft- und Abluftventilatoren soll mit jeder eingeschalteten Spritzpistole um 5 % von der Gesamtleistung erhöht werden.

Die Farbspritzarbeitsplätze können nur in Betrieb genommen werden, wenn der Schalter S_EIN eingeschaltet ist, was mit einer Lüftungsgrundleistung von 20 % verbunden ist.

Die jeweils eingeschaltete Lüftungsleistung zwischen 0 ... 100 % soll an einem Analogausgang als Spannungssignal von 0 ... 10 V ausgegeben und an einer Ziffernanzeige angezeigt werden.

**Technologieschema:**

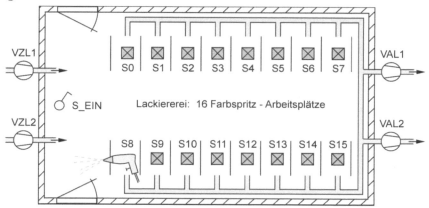

**Bild 14.3:** Lackiererei

**Zuordnungstabelle der Eingänge und Ausgänge:**

| Eingangsvariable | Symbol | Datentyp | Logische Zuordnung | | Adresse |
|---|---|---|---|---|---|
| Lüftungshauptschalter | S_EIN | BOOL | Betätigt | S-EIN = 1 | E 8.0 |
| Geber: Farbspritzplatz | S0...S15 | BOOL | Spritzpistole ein: | S0 ... S15 = 1 | EW 0 |
| Ausgangsvariable | | | | | |
| Lüfterleistung: | | | | | |
| Spannungs-Signal | PAW | INT | INTEGER-Werte von 0 ... 27648 | | PAW 336 |
| Anzeige | AW | WORD | BCD-Wert | | AW 12 |

Für die Ermittlung der Anzahl der eingeschalteten Farbspritzpistolen und die daraus resultierende Berechnung der Lüftungsgesamtleistung wird eine Funktion FC 1402 verwendet. Eingang der Funktion ist das Bitmuster der Geber S0 ... S15 (BMG) und Ausgang der Funktion ist die berechnete Lüftungsgesamtleistung (LGL). Aufgerufen wird die Funktion allerdings nur, wenn sich das Bitmuster ändert und der Lüftungshauptschalter betätigt ist oder beim Einschalten des Lüftungshauptschalters. Zur Feststellung einer Änderung des Bitmusters ist das aktuelle Bitmuster EW0 in einer lokalen Variablen BMALT für den nächsten Programmzyklus zu speichern. Durch einen Vergleich des aktuellen Bitmusters EW0 mit dem Bitmuster des vorherigen Programmzyklus BMALT kann eine Änderung erkannt werden.

**Programmschritte im OB 1 bzw. PLC_PRG:**

1. Aufruf der Funktion FC 1402

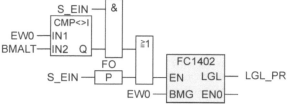

Ein- und Ausgabevariablen FC 1402:

BMG:    Bitmuster der Geber

LGL:    Lüftergesamtleistung

2. Zuweisung EW → BMALT

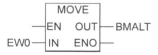

Das Ergebnis der Funktion FC 1402 liegt als Prozentwert von 0.0 ... 100.0 in der lokalen Variablen LGL_PR als Gleitpunktzahl vor. Ist der Lüftungshauptschalter S_EIN ausgeschaltet, wird die Funktion FC 1402 nicht mehr bearbeitet. In die Variable LGL_PR wird dann über eine MOVE-Anweisung der Wert 0.0 transferiert. Für die Ausgabe des Analogwertes von 0 ... 10 V wird die Variable LGL_PR an den Eingang REAW der Ausgabefunktion FC 49 gelegt.

3. Bei S_EIN = 0 : LGL_PR:= 0.0

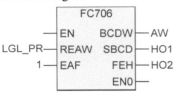

4. Ausgabefunktion FC 49

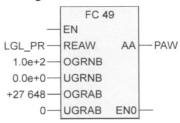

5. BCD-Ausgabe

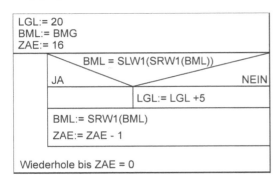

Zur Anzeige der Lüftergesamtleistung von 0 ... 100 % kann die Bibliotheksfunktion FC 706 (REAW_BCD4) verwendet werden. Der Faktor 1 am Eingang EAF (Exponent Anzeigefaktor) bedeutet, dass die Lüftergesamtleistung mit 10 multipliziert wird. Damit erscheint der Wert auf der vierstelligen BCD-Anzeige mit einer Kommastelle.

Die Aufgabe der Funktion FC 1402 besteht in der Ermittlung der eingeschalteten Farbspritzarbeitsplätzen und der daraus resultierenden Berechnung der Lüftergesamtleistung. Das Steuerungsprogramm der Funktion FC 1402 ist durch das nachfolgende Struktogramm beschrieben. Die Schleife wird im STEP 7 Steuerungsprogramm mit einer LOOP-Anweisung realisiert.

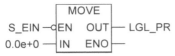

Um festzustellen, wie viele Spritzpistolen eingeschaltet sind, wird die lokale Variable BMGL, die das Bitmuster der Geber enthält, zunächst um eine Stelle nach rechts und dann wieder um eine Stelle nach links geschoben. Ist der Vergleich mit dem nicht geschobenen Bitmuster nicht erfüllt, wurde eine „1" herausgeschoben und somit eine eingeschaltete Spritzpistole ermittelt. Bei jedem nicht erfüllten Vergleich wird zur prozentualen Lüftergesamtleistung LGL der Wert 5 dazu addiert.

Das Bitmuster der lokalen Variablen BML wird dann um eine Stelle nach rechts geschoben. Dieser Vorgang wird 16-mal wiederholt, bis alle Bitstellen des Bitmusters überprüft sind.

**STEP 7 Programm (AWL-Quelle):**

```
FUNCTION FC1402 : VOID
VAR_INPUT              VAR_OUTPUT             VAR_TEMP
  BMG : WORD ;           LGL : REAL ;           ZAE : INT ;
END_VAR               END_VAR                  BML : WORD ;
                                             END_VAR
```

```
BEGIN
      L   2.000000e+001;            SPB M002;
      T   #LGL;                     L   #LGL;
      L   #BMG;                     L   5.000000e+000;
      T   #BML;                     +R ;
      L   16;                       T   #LGL;
M001: T   #ZAE;           M002:     L   #BML;
      L   #BML;                     SRW 1;
      SRW 1;                        T   #BML;
      SLW 1;                        L   #ZAE;
      L   #BML;                     LOOP  M001;
      ==I;                 END_FUNCTION
```

*Hinweis:*
Die Subtraktion von 1
bei der Variablen ZAE
bei jedem Schleifen-
durchlauf, so wie im
obigen Struktogramm
dargestellt, wird von
der LOOP-Anweisung
eigenständig mit ausge-
führt.

## CodeSys Programm (AWL):

```
FUNCTION FC1402 :REAL       VAR                      VAR
VAR_INPUT                    ZAE:INT;                  _REAL_0:REAL;
 BMG: WORD;                  BML:WORD;                END_VAR
END_VAR                     END_VAR

// Anweisungsteil

LD   20                     M001:                    LD  BML
ST   FC1402                 LD   FC1402              SHR 1
LD   BMG                    ADD 5                    ST  BML
ST   BML                    ST   _REAL_0             LD  ZAE
LD   16                                              SUB 1
ST   ZAE                    LD   BML                 ST  ZAE
                            NE ( BML                 LD  ZAE
                            SHR 1                    GT  0
                            SHL 1                    JMPC    M001
                            )
                            SEL FC1402,_REAL_0
                            ST   FC1402
```

## Aufruf aller Bausteine und deren Verschaltung im PLC_PRG in der Programmiersprache CFC:

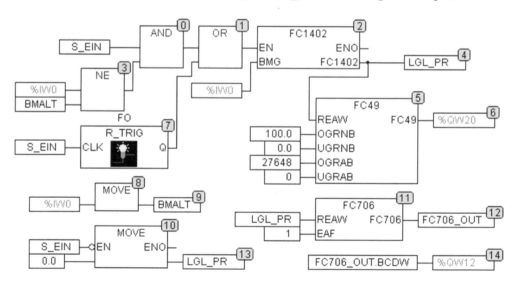

# V Bussysteme in der Automatisierungstechnik

## 15 SPS- und PC-Stationen an Bussysteme anschließen

### 15.1 Ursachen des Kommunikationsbedarfs

In der Automatisierungstechnik vollzieht sich seit Jahren eine Entwicklung, die durch den verstärkten Einsatz von Kommunikationssystemen gekennzeichnet ist. In einem ersten Schritt wurde das Konzept der zentralen Steuerung durch eine Dezentralisierung der Steuerungsperipherie abgelöst. Dabei wurden und werden noch heute die Feldgeräte über eine serielle Busverbindung mit der Steuerung verbunden. Mit dieser Konzeption lassen sich Kosteneinsparungen bei der Verdrahtung und im Schaltschrankbereich erzielen. Im zweiten Schritt kam es zu einer Dezentralisierung der Steuerungsintelligenz. Mehrere intelligente Steuerungseinheiten bewältigen zusammen die gemeinsame Steuerungsaufgabe. Hierbei sind Kosteneinsparungen bei der Softwareentwicklung, Inbetriebnahme und Wartung entscheidend. Der dritte Schritt ist durch die Datendurchlässigkeit zwischen der Produktions- und Büro-Welt gekennzeichnet, um organisatorische und qualifikatorische Ressourcen besser nutzen zu können. Dabei zielen moderne Rationalisierungsstrategien auf verbesserte Materialflüsse, transparentere betriebliche Abläufe, schnellere Anpassung an veränderte Auftragssituationen, hohe Verfügbarkeit und Fernwartung der Anlage ab. Ganz neue Möglichkeiten ergeben sich für die Automatisierung durch die Nutzung von E-Mail- und Web-Server-Diensten.

### 15.2 Kommunikationsebenen und Bussysteme

Nach derzeitigem Stand der Entwicklung ist ein hierarchisch gegliedertes Kommunikationssystem mit Datendurchlässigkeit im Fertigungsbereich üblich. Das hat technische und wirtschaftliche Gründe. Zu den technischen Gründen zählen die stark unterschiedlichen Anforderungen hinsichtlich der zu übertragenden Datenmenge und der Echtzeitfähigkeit des Datenaustausches. Bei den wirtschaftlichen Gründen sind es die extrem abweichenden Anlagengrößen und der Grad der gewünschten Vernetzung. Gleichwohl gibt es Bestrebungen, das in der Bürowelt etablierte Ethernet-TCP/IP-Bussystem auf den Produktionsbereich auszudehnen. Ein Beispiel dafür ist PROFINET, das allerdings das Feldbussystem PROFIBUS nicht verdrängen sondern integrieren will (siehe Kapitel 19).

Der Begriff des Kommunikationssystems umfasst eine Steuerung (SPS- oder PC-Plattform), einen Kommunikationsprozessor (Netzwerkkarte) und die Kommunikations-Software zum Betrieb der Baugruppe.

Das Rückgrat der Kommunikation bilden gekoppelte Bussysteme (AS-i, PROFIBUS, PROFINET, Industrial Ethernet). Verwendet werden nur noch *standardisierte, offene Bussysteme*. Standardisiert bedeutet international genormt in der IEC 61158 und *Offenheit* gewährt den Zugang zu Spezifikationen und Technologien, damit sich neue Anbieter mit eigenen Produkten am System beteiligen können. Für die Nutzer ergibt sich so der Vorteil einer größeren Unabhängigkeit von Herstellern bei der Auswahl der zu vernetzenden Anlagenkomponenten.

Innerhalb eines hierarchisch gegliederten Kommunikationssystems kann man die Kommunikationsleistung spezifizieren. Man unterscheidet die Kommunikationsarten in Zuordnung zur Automatisierungshierarchie:

- **Prozess- oder Feldkommunikation**

  Dient zum Anbinden von Aktoren und Sensoren an Automatisierungssysteme. Der Austausch der Prozess-Signale zwischen den Aktoren/Sensoren und dem Prozessabbild in der Steuerung erfolgt meistens zyklisch durch Anwendung des Master-Slave-Verfahrens. Als Beispiele für Prozess- oder Feldkommunikation werden nachfolgend der AS-i-Bus und der PROFIBUS DP behandelt.

- **Datenkommunikation**

  Dient dem Datenaustausch zwischen SPSen untereinander oder in Verbindung mit intelligenten Stationen wie PCs. Der Datenaustausch erfolgt meistens azyklisch durch Steuerbefehle aus dem Anwenderprogramm unter Anwendung des Client-Server-Verfahrens. Als Beispiel für Datenkommunikation wird PROFINET auf Industrial Ethernet vorgestellt.

- **IT-Kommunikation**

  Unter *Informationstechnologien (IT)* werden die Erfassung und Aufbereitung, Übertragung und Verteilung, Nutzung und Verarbeitung von Informationen verstanden. Der Einsatz von Informationstechnologien ist im Bürobereich bereits als Standard anzusehen. Für den Bereich der Automatisierungstechnik sind zumindest die Technologien verfügbar gemacht worden. Der tatsächliche Einsatz befindet sich noch im Anfangsstadium und ist wegen der Sicherheitsprobleme im Internet nicht ungefährlich. In größeren Unternehmungen werden aber IT-Lösungen in deren firmeninternen Internets, den so genannten *Intranets*, bereits eingesetzt, um den verschiedenen am Geschäftsprozess beteiligten Bereichen wie Vertrieb, Auftragsbearbeitung, Kalkulation, Produktionsplanung, Produktion und Qualitätssicherung einen geregelten Zugang zu den Informationen zu erlauben. Im Bereich des Möglichen ist auch die Einbeziehung einer allgemeinen Unternehmens-Software für die übergeordneten Bereiche der Finanz-, Auftrags-, Produktions- und Materialverwaltung. Als Beispiel für IT-Kommunikation werden die Grundlagen des Ethernet-TCP/IP-Konzepts und die Anwendung der Client-Server-Kommunikation bei Web-Technologien und OPC vorgestellt.

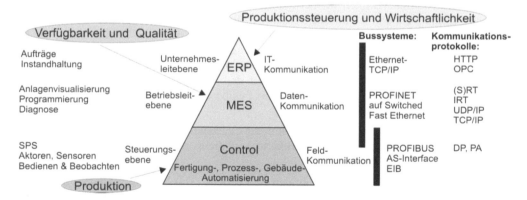

**Bild 15.1:**  Industrielle Kommunikation
             Einordnung gängiger Begriffe der Automatisierungshierarchie
             ERP = Enterprise Ressource Planning, MES = Manufacturing Execution Systems

## 15.3  Bussystemanschluss für SPS-Stationen

Die nachfolgenden Ausführungen beziehen sich auf den Anschluss der S7-300 an die Bussysteme PROFIBUS DP, PROFINET und Industrial Ethernet-TCP/IP.

### 15.3.1  Systemanschluss durch CPU mit integrierter Schnittstelle

#### 15.3.1.1  Für PROFIBUS DP

Die **CPU 314C-2 DP** ist eine Zentralbaugruppe für den Anschluss an PROFIBUS DP (konfigurierbar als DP-Master oder DP-Slave) mit 48 kByte Arbeitsspeicher und Datenquerverkehr (DX), Routing sowie zusätzlicher S7-Kommunikation über PROFIBUS. Als Besonderheit bietet dieser Systemanschluss noch 5 Analogeingänge, 2 Analogausgänge, 4 Kanäle für Zählen und Frequenzmessen bis 60 kHz und 1 Kanal für Positionieren mit Analog- oder Digitalausgang.

#### 15.3.1.2  Für PROFINET

Die **CPU 315-2 PN/DP** ist eine Zentralbaugruppe für den Anschluss an PROFIBUS DP und PROFINET auf Industrial Ethernet.

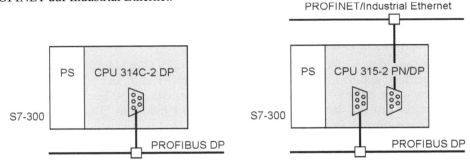

**Bild 15.2:**  SPS-CPU mit integrierten Schnittstellen

### 15.3.2  Systemanschluss mit Kommunikationsbaugruppe

#### 15.3.2.1  Für PROFIBUS DP

Eine Kommunikationsbaugruppe ist eine auf dem Rückwandbus der SPS zu montierende Baugruppe mit einem Anschluss für das betreffende Bussystem. Die Kommunikationsbaugruppe entlastet die SPS-CPU von Kommunikationsaufgaben. Eine Lösung mit separater Kommunikationsbaugruppe kommt dann in Frage, wenn ein Systemanschluss für PROFIBUS DP als Erweiterung einer reinen SPS-Steuerung hinzugefügt werden soll.

Der **CP 342-5** ist eine Kommunikationsbaugruppe für den Anschluss an PROFIBUS DP (als DP-Master oder DP-Slave). Seine Besonderheit ist eine SEND/RECEIVE-Schnittstelle für einen im Anwenderprogramm zu projektierenden Datenaustausch zwischen der CPU und dem CP über zur Verfügung stehende Funktionen FC 1 (DP-SEND) und FC 2 (DP-RECEIVE).

Die **CPU 314** ist eine zur Kommunikationsbaugruppe CP 342-5 passende Zentralbaugruppe, die über den Rückwandbus verbunden werden.

**Anmerkung:** Die Konfiguration CPU 314 + CP 342-5 ließe sich funktionsgleich und preiswerter ersetzen durch eine CPU 314C-2DP. Die Konfiguration mit zwei getrennten Baugruppen hat unter didaktischen Gesichtspunkten aber einige Vorteile, weil hier die Unterscheidung zwischen der CPU für die Programmausführung und dem CP als DP-Master von PROFIBUS deutlicher ist. Erforderlich ist eine Zusatzprojektierung mit den Funktionen DP-SEND und DP-RECEIVE sowie eine Adressenermittlung aus einer Zeigeradresse und einem Adressoffset für die DP-Slave Konfiguration.

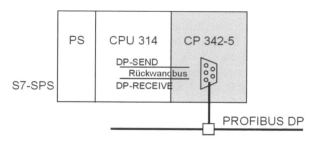

**Bild 15.3:**  Systemanschluss für PROFIBUS DP über Kommunikationsbaugruppe
Spannungsversorgung (PS), Zentralbaugruppe (CPU), Kommunikationsbaugruppe (CP)

### 15.3.2.2  Für PROFINET, Industrial Ethernet-TCP/IP

Dieser Systemanschluss ist für die Ankopplung einer S7-SPS über Industrial Ethernet an eine PC-Station gedacht, auf der ein OPC-Server von SimaticNET läuft, der beliebigen Windows-Applikationen wie z. B. MS Excel eine Standard-Schnittstelle bietet. Ebenso möglich ist der Zugriff eines auf dem PC laufenden Web-Browsers über Industrial Ethernet auf den Web-Server der Kommunikationsbaugruppe.

Der **CP 343-1 IT Advanced** ist eine Kommunikationsbaugruppe für den Anschluss an Industrial Ethernet. Die Baugruppe stellt folgende Kommunikationsdienste zur Verfügung:
* PROFINET IO-Controller,
* Transportprotokolle TCP/IP, UDP, ISO unter direkter Durchleitung zur CPU,
* Web-Server und E-Mail,
* S7-Kommunikation zur S7-CPU (spezielles Siemens-Protokoll),
* SEND-RECEIVE-Schnittstelle zur Kopplung mit anderer S7-SPS,
* S7-Routing.

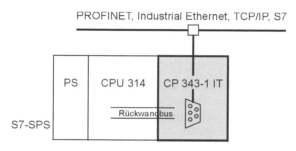

**Bild 15.4:**  Systemanschluss für TCP/IP-Kommunikation und S7-Kommunikation auf Industrial Ethernet

## 15.4 Bussystemanschluss für PC-Stationen

### 15.4.1 Standard-Netzwerkkarte

PCs verfügen standardmäßig über eine Ethernet-TCP/IP-Netzwerkkarte für allgemeine IT-Anwendungen. Hierauf soll nicht näher eingegangen werden.

### 15.4.2 Für PROFIBUS DP

Beispiele für PROFIBUS-Einsatz unter Steuerungs-Software STEP 7:

1. **DP-Master, Klasse 2 zur Projektierung, Inbetriebnahme und Diagnose:**
   Der **CP 5611** ist eine Kommunikationsbaugruppe mit MPI/PROFIBUS DP-Schnittstelle für den Einsatz des PC als Projektierungstool für STEP 7 Programme sowie für deren Inbetriebnahme und Diagnose. Der CP 5611 hat keinen eigenen Mikroprozessor und kann daher die CPU des Gastgeber-PC (Host) nicht entlasten.

2. **DP-Master, Klasse 1 in einer als PC-Station mit WinLC RTX[1] projektierten Soft-SPS**
   Der **CP 5613** ist eine Kommunikationsbaugruppe mit MPI/PROFIBUS DP-Schnittstelle für den Einsatz des PC als SOFT-SPS (PLC) zum Steuern von Anlagen. Der CP 5613 hat einen eigenen Prozessor und führt die Prozessdaten-Kommunikation mit den PROFIBUS-Feldgeräte selbstständig aus und entlastet so die Host-CPU von Kommunikationsaufgaben.

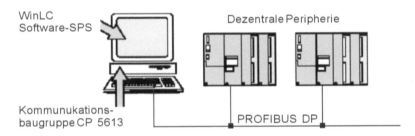

**Bild 15.5:** Systemanschluss für PROFIBUS DP über Kommunikationsbaugruppe

Das nachfolgende Bild zeigt den charakteristischen zeitlichen Verlauf der Kommunikationsleistung für Kommunikationsbaugruppen mit einem eigenen Prozessor und ohne Prozessor.

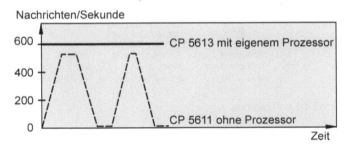

**Bild 15.6:** Kommunikationsbaugruppen mit eigenem Prozessor bieten eine konstant hohe Kommunikationsleistung unabhängig von der Auslastung der PC-CPU.

---

[1] RTX bedeutet Real Time eXchange (Echtzeit-Kommunikation).

# 16 AS-i-Bus

## 16.1 Grundlagen

### 16.1.1 AS-i-System

AS-i ist die Abkürzung für **A**ktor-**S**ensor-**I**nterface. Aktoren und Sensoren sind überwiegend einfache Buskomponenten, die Bit-Signale erfordern oder liefern und die für den Betrieb eines Anlagenprozesses nötig sind. Interface bedeutet so viel wie Kopplungselektronik, die bei AS-i in Form eines einfachen Bussystems mit einem aktiven Busmaster und reaktiven Bus-Slaves angeboten wird. Die Bus-Slaves gibt es als Buskomponenten für den externen Anschluss von konventionellen Aktoren oder Sensoren und als Buskomponenten mit integrierten Aktoren oder Sensoren. AS-Interface erlaubt auch die Eigenentwicklung von Slaves für besondere Funktionen durch Bezugsmöglichkeit beschaltbarer AS-i-Chips (ASICs). Der Busmaster sorgt nur für die Funktion des Kommunikationssystems und verfügt über eine Ankopplung zu einem Steuerungsgerät, das für die Steuerungslogik (Programm) zuständig ist. Die Verbindung zwischen den Buskomponenten wird über eine besondere Zweidrahtleitung hergestellt. Zusätzlich ist noch ein AS-i-Netzteil erforderlich, das eine genau spezifizierte Gleichspannung über eine Daten-Entkopplungsinduktivität in das Bussystem einspeist.

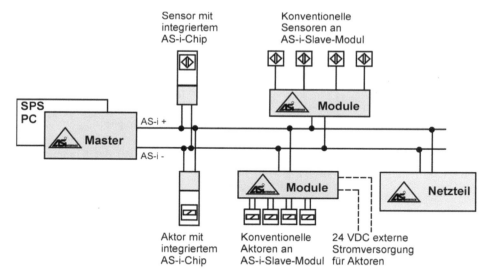

**Bild 16.1:** Typische AS-i-Konfiguration

Für die Verbindung des AS-i-Masters mit dem nicht zum Bussystem zählenden Steuerungsgerät, auch *Host* (Wirt) genannt, gibt es mehrere Möglichkeiten:

- Stand-alone-Lösung: Im Gehäuse des AS-i-Masters ist eine Steuerung mit untergebracht. Ein solches Kombigerät hat zwei Schnittstellen: die AS-i-Bus-Schnittstelle und die Programmier-Schnittstelle zum Anschluss eines Programmiergerätes (PC).

- Eine AS-i-Masteranschaltung wird in Form eines Kommunikationsprozessors über den Rückwandbus in ein SPS-System integriert.
- Eine AS-i-Masteranschaltung wird in ein Gateway integriert. Die AS-i-Daten werden dabei einem übergeordneten Feldbussystem bzw. Netzwerk zur Verfügung gestellt. Möglichkeiten hierbei sind: PROFIBUS DP, InterBus, Modbus, DeviceNet, CANopen oder Ethernet.
- Eine AS-i-Masteranschaltung wird in Form eines Kommunikationsprozessors als Netzwerkkarte in ein PC-System integriert. Als Software ist der AS-i-Treiber zur Ansteuerung der Netzwerkkarte erforderlich sowie eine AS-i-Library für die Masteraufrufe. Das Anwenderprogramm wird in einer Hochsprache geschrieben und kann durch die Funktionen der Library mit dem AS-i-Treiber kommunizieren.

### 16.1.2 Netzwerk-Topologie

Ein Netzwerk ist die Verbindung mehrerer Geräte über ein Übertragungsmedium zum Zwecke der Datenübertragung. Als Topologie bezeichnet man die Struktur des Kommunikationssystems, also die Anordnung der Geräte im Netzwerk.

Die Topologie eines AS-i-Netzwerkes ist als Linien-, Stern- oder Baumstruktur frei wählbar und kann den örtlichen Anforderungen angepasst werden. Leitungs-Abschlusswiderstände sind nicht erforderlich (offen bleibende Leitungen sind erlaubt). Im konventionellen AS-i-System darf die Summe aller Leitungslängen 100 m nicht überschreiten und die Anzahl der Slaves kann maximal 31, bei Verwendung von Slaves mit erweitertem Adressierbereich maximal 62 sein.

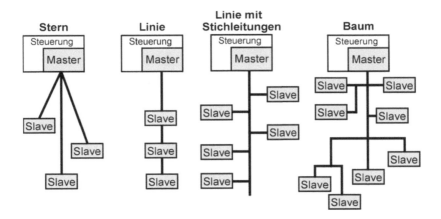

**Bild 16.2:** Frei wählbare Netzstruktur bei AS-i, außer Ringtopologie

### 16.1.3 Übertragungsverfahren

Die AS-i-Leitung steht zur Übertragung von Datentelegrammen in bitserieller Form und gleichzeitiger Übertragung eines Gleichspannungspegels für die Elektronik der angeschlossenen Slaves zur Verfügung. Um den Gleichspannungspegel nicht durch die überlagerten Datentelegramme zu verändern, müssen diese gleichstromfrei sein. Da der arithmetische Mittelwert einer Bitfolge von 1-0-Signalen unterschiedliche Werte haben kann, wird ein besonderes Co-

dierungs- und Modulationsverfahren angewendet, um aus der 1-0-Bitfolge des Senders geeignete gleichstromfreie und wenig Frequenzband beanspruchende *Leitungssignale* zu erzeugen.
Das AS-i-System verwendet zur *Basisband-Übertragung* die *Manchester-II-Codierung* und
die so genannte *Alternierende Puls Modulation (APM)*. Dabei wird ein Sendestrom erzeugt,
der in Verbindung mit einer im System nur einmal vorhandenen Induktivität $L$ die gewünschten Signalspannungspegel über die Induktionswirkung in der Spule bildet (Stromänderungen
in der Spule erzeugen Induktionsspannungen an den Spulenklemmen).

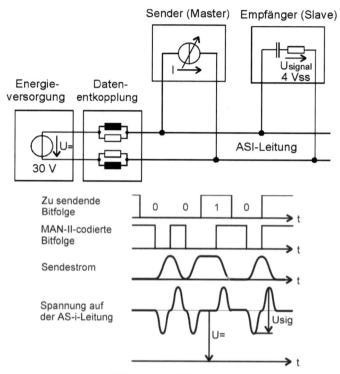

**Bild 16.3:**  AS-i-Signale

## 16.1.4  AS-i-Leitung

Das hauptsächlich verwendete Übertragungsmedium des AS-i-Systems ist eine
elektrische Zweidraht-Flachbandleitung,
ungeschirmt und nicht verdrillt, mit be-
sonderer Geometrie für eine verpolsiche-
re Installation mit Durchdringungstech-
nik für einfachste Montage. Daneben ist
auch noch ein Standard-Rundkabel zulässig.

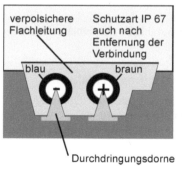

### 16.1.5 Zugriffssteuerung

Auf der Busleitung kann im Basisband-Übertragungsverfahren zu einem Zeitpunkt immer nur ein Telegramm übertragen werden. Da alle Busteilnehmer notwendigerweise Telegramme senden und empfangen dürfen, müssen sie sich die vorhandene Übertragungskapazität zeitlich teilen. Die dazu prinzipiell geeigneten Verfahren sind Methoden der Buszugriffssteuerung.

Im AS-i-System, wird das *Master-Slave-Zugriffsverfahren mit zyklischem Polling* angewendet:

- Selbstständiges Zugriffsrecht (Rederecht) für die Benutzung des AS-i-Busses hat nur der Master.

- Slaves bekommen das Rederecht nur nach Aufforderung zum Antworten kurzzeitig erteilt. Von sich aus können Slaves nicht auf den Bus zugreifen, um ein Telegramm abzusetzen.

- Polling ist ein zyklisch arbeitendes Abfrageverfahren, bei dem der Master seine Slaves der Reihe nach anspricht, um ihnen Daten zu liefern und von ihnen Daten einzusammeln. Wenn alle Slaves einmal angesprochen worden sind, beginnt der Vorgang wieder neu. Das bedeutet für das AS-i-System, dass eine kalkulierbare Zeitspanne vergeht bis der Master über den Signalzustand seiner Slaves aktuell informiert ist. Ist diese Zeitspanne klein gegenüber der kritischsten Reaktionszeit des Anlagenverfahrens, so ist dies hinnehmbar. Im AS-i-System beträgt diese Zykluszeit bei 31 Slaves maximal 5 ms, d. h., ein AS-i-Slave wird mindestens 200-mal in der Sekunde angepollt.

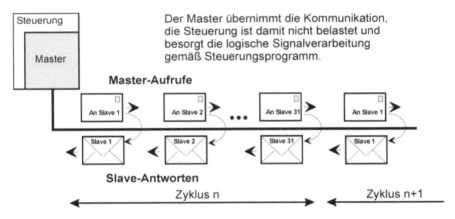

**Bild 16.4:** Master-Slave-Verfahren

### 16.1.6 Aufbau einer AS-i-Nachricht

Eine AS-i-Nachricht besteht aus einem Masteraufruf, einer Masterpause, einer Slave-Antwort sowie einer Slave-Pause. Das Telegramm des Masteraufrufes umfasst 14 Bit, die Slave-Antwort nur 7 Bit. Die Zeitdauer eines Bits beträgt ca. 6 µs, das ergibt sich aus einer Übertragungsrate von 167 kBit/s. Auch die Pausenzeiten sind wichtig und werden überwacht.

Im Master-Telegramm erkennt man fünf Adressbits, womit sich $2^5 = 32$ Slave-Adressen unterscheiden lassen. Da alle Slaves im Auslieferungszustand die Adresse 0 haben, stehen im konventionellen AS-i-System die Adressen 1 bis 31 für die Slaves zur Verfügung. Zur Übertragung von Daten sind nur vier Informations-Bits I0...I3 im Masteraufruf und der Slave-Antwort vorgesehen. Das fünfte Informations-Bit I4 wird nur bei der Übertragung von Parameter-Daten verwendet, beispielsweise zur Änderung einer Slave-Adresse. Der Telegramm-Anfang ist durch das Start-Bit ST (immer „0") gekennzeichnet. Das Telegrammende wird mit einem Ende-Bit EB (immer „1") abgeschlossen. Das AS-i-Master-Telegramm hat im Vergleich zu anderen Bussystemen ein günstiges Verhältnis von Nutzdaten (4 Bit) zu Rahmendaten (10 Bit).

**AS-i-Telegrammaufbau**

ST = Startbit   SB = Steuerbit   PB = Paritätsbit   EB = Endebit
A4...A0 = Adresse der Slaves (5 Bit)
I4....I0 = Informationsbits von Master an Slave (5 Bit) und von Slave an Master (4 Bit)

Es stehen verschiedene AS-i-Masteraufrufe zur Verfügung, um alle erforderlichen Funktionalitäten ausführen zu können.

**Masteraufrufe (Auswahl)**

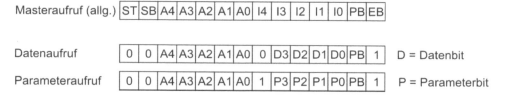

## 16.1.7 Datenfelder und Listen beim Master

Der AS-i-Master verfügt über eine Ablaufkontrollebene, um die Kommunikation mit den Slaves zu steuern und zu überwachen. Darin sind enthalten:

- Datenfeld zur Aufnahme des Eingangs- und Ausgangsdaten-Abbildes der Slaves.

- Datenfeld zur Aufnahme eines Konfigrationsdaten-Abbildes der Slaves. Die Konfigrationsdaten beinhalten den ID-Code und die E/A-Konfiguration der Slaves. Mit diesen beiden Codezahlen, die durch Normung der AS-i-Profile entstanden sind, kennt der Master seine Slaves wie über ein Datenblatt.

- Datenfeld für die Parameter der Slaves. Jeder AS-i-Slave hat zusätzlich zu den Datenbits für die maximal vier binären Eingänge und Ausgänge noch vier Parameterbits zur Fernbeeinflussung von Slave-Eigenschaften. Die Bedeutung der Parameterbits muss im Slave-Datenblatt beschrieben sein, z. B. Öffner-Schließer-Verhalten eines Kontaktes. Nicht alle Slaves können in ihren Eigenschaften durch Parameterbits beeinflusst werden.

- Liste der projektierten Slaves (LPS), Liste der am AS-i-Bus erkannten Slaves (LES) und Liste der aktivierten Slaves (LAS). Ein Slave wird vom Master nur aktiviert, wenn er in den beiden anderen Listen erscheint, d. h., wenn er projektiert und erkannt ist. Ein Slave der nicht projektiert (nicht vorgesehen) ist aber erkannt (am Bus vorhanden) ist, kann im Betriebsmodus nicht aktiviert werden.

Das nachfolgende Bild zeigt die Anordnung der Datenfelder und Listen beim AS-i-Master.

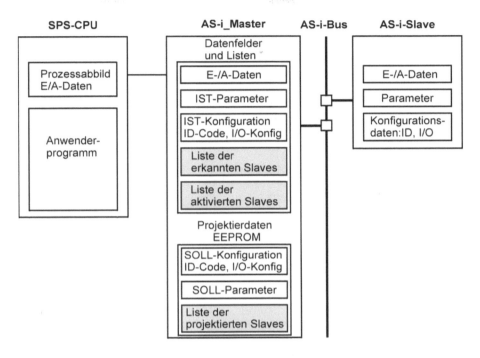

**Bild 16.5:** Datenfelder und Listen beim AS-i Master

## 16.1.8 Betriebsmodi des Masters

Die Ablaufkontrollebene des Masters kennt zwei Betriebsmodi, die das Verhalten von Slaves beeinflussen.

- *Projektierungsmodus*: In diesem werden die Slaves adressiert (mit Adressen versehen) und parametriert (Eigenschaften eingestellt). Alle angeschlossenen Slaves werden unabhängig von der Projektierungskonfiguration in den Datenaustausch einbezogen (aktiviert). Mit einem Befehl werden die neu projektierten Daten in die Liste der projektierten Slaves übernommen. Diese Betriebsart dient der Inbetriebnahme eines AS-i-Systems.

- *Geschützter Betriebmodus*: In dieser Betriebsart kommuniziert der Master mit den Slaves unter Prüfung der Listen LPS und LES auf Übereinstimmung und unter Ausgabe evtl. Fehlermeldungen. Der geschützte Betriebsmodus ist der normale Betriebsfall.

## 16.1.9 Datensicherung

Gestörte Datentelegramme könnten zu unübersehbaren Schäden in Anlageprozessen führen. Deshalb muss der AS-i-Bus fehlererkennend sein. Die Fehlererkennung liegt hauptsächlich in der verwendeten Codierungs- und Modulationsmethode, die es gestattet, Störungsbits zu entdecken. Zusätzlich ist noch im Telegrammformat ein so genannter Prüfbit vorgesehen.

### 16.1.10 Räumliche Netzerweiterung

Bei einer räumlichen Netzerweiterung handelt es sich um eine gewünschte Leitungsverlänge-
rung über die 100-m-Grenze hinaus. Diese ist möglich durch den Einsatz so genannter *Repeater*. Repeater sind Buskomponenten, die Bus-Signale verstärken, und zwar bidirektional vom
Master zu den Slaves und umgekehrt. Vom Repeater aus ist es möglich, weitere 100 m AS-i-
Leitung zu verlegen. Ein bestehendes 100-m-Segment kann so um maximal zwei weitere
100-m-Segmente erweitert werden. Daraus ergibt sich die maximale Ausdehnung von 300 m
für das AS-i-Netz.

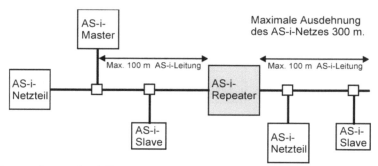

**Bild 16.6:**  Netzerweiterung durch Repeater

### 16.1.11 Netzübergänge

Der AS-i-Bus ist konzipiert für die Sensor-Aktor-Ebene des Anlagenprozesses. Will man
Daten der Aktoren und Sensoren auch in höheren Ebenen der Automatisierungshierarchie
verfügbar machen, so sind Netzübergänge zu anderen Bussystemen erforderlich. Die dafür
eingesetzten Buskoppler nennt man *Gateways*.

Einige Gateways haben sogar noch zusätzlich eine eingebaute Steuerung, die es im Sinne der
Dezentralisierung ermöglicht, AS-i-Prozessdaten selbstständig zu verarbeiten. Aus dem übergeordneten Feldbus-System sind nur noch Arbeitsaufträge zu erteilen. Dies führt zu einer Reduzierung der über das Bussystem zu übertragenden Datenmenge. Dadurch steigt die Performance dieses Bussystems. Die in der Steuerung zu verarbeitende Datenmenge wird ebenfalls
reduziert, was zu einer Verkürzung der Zykluszeit und Verkleinerung des Speicherplatzbedarfs
führt.

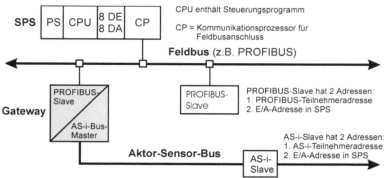

**Bild 16.7:**  Netzübergang von PROFIBUS zu AS-i-Bus

### 16.1.12 AS-i-Spezifikationen

Innovationen bei AS-Interface sind durch Spezifikationen gekennzeichnet. Nachfolgend sind in einer Tabelle die weiterentwickelten Kennwerte und Eigenschaften der Spezifikationen dargestellt.

*Hinweis:* (4E/4A) gibt den Maximalausbau eines Slaves mit 4 Eingängen und 4 Ausgängen an.

| Kennwerte | Spezifikation 2.0 | Spezifikation 2.1 | Spezifikation 3.0 |
|---|---|---|---|
| Teilnehmerzahl | max 31 (4E/4A) | max 62 (4E/3A) | max 62 (4E/4A) |
| Anzahl Eingänge | 124 | 248 | 248 |
| Anzahl Ausgänge | 124 | 186 | 248 |
| Zykluszeit | $\leq$ 5ms | $\leq$ 10ms | $\leq$ 20ms |
| Analogwert- verarbeitung | Mit Funktions- baustein in SPS | Im Master integriert, bis zu 124 Analogwerte | Im Master integriert, bis zu 248 Analogwerte |

Grundvoraussetzung für alle Neuerungen ist die Kompatibilität. So können z. B. neue Slaves mit alten Mastern oder alte Slaves mit neuen Mastern betrieben werden. Voraussetzung dafür ist, dass die beschriebene Telegrammstruktur nicht verändert wird.

- **Anzahl der Ein-/Ausgänge:**

Der Unterschied zwischen Spezifikation 2.0 und 2.1 besteht darin, dass im Mastertelegramm das Datenbit I3 als so genannte Select-Bit SEL verwendet wird. Damit werden die Adressbits um eine Stelle erweitert und der Adressraum verdoppelt. Man spricht von A- bzw. B-Slaves. Wird z. B. über die Adressbits die Adresse 21 angesprochen, wählt SEL (I3) = „0" A-Slave 21 und SEL (I3) = „1" B-Slave 21 aus. Damit können jedoch nur max. 3 Ausgangsbits pro Slave übertragen werden und der Maximalausbau eines Slaves ist 4E/3A.

Bei der Spezifikation 3.0 wurde das Verfahren der Adressierung mit gleichem Telegrammaufbau dahingehend geändert, dass der Master zum Slave insgesamt 4 Telegramme im „Handshake-Betrieb" sendet. Zwei Telegramme für den A-Slave und zwei Telegramme für den B-Slave. Mit jedem Telegramm wird jeweils nur die Hälfte der Daten übertragen. Damit kann sich die maximale Zykluszeit auf 20 ms erhöhen.

- **Analogwertverarbeitung:**

Analoge Ein- und Ausgangswerte werden in Automatisierungssystemen in der Regel mit einem 16-Bit-Wert dargestellt. Da über den AS-i-Bus pro Telegramm nur maximal 4 Bit Daten übertragen werden können, sind mehrere Telegramme zur Übertragung eines Analogwertes erforderlich.

Bei der Spezifikation 2.0 musste das Anwenderprogramm in der CPU den auf mehrere Telegramme verteilten Analogwert zusammensetzen. Dies erfolgte durch den Einsatz von Funktionen oder Funktionsbausteinen, welche von den Firmen zur Verfügung gestellt wurden.

Bei der Spezifikation 2.1 wurde eine gravierende Änderung eingeführt. Das Zusammensetzen des auf mehrere Telegramme verteilten Analogwertes übernimmt nun der AS-i-Master und nicht mehr das Steuerungsprogramm. Die CPU tauscht somit mit dem AS-i-Master nur noch einen 16-Bit-Wert aus. Hierzu werden herstellerabhängig entweder Systemfunktionen verwendet oder die Analogwerte können von der CPU aus über eine Wortadresse direkt angesprochen werden. Die Übertragungszeit beträgt im Idealfall sieben AS-i-Zyklen pro Analogwert.

Die Spezifikation 3.0 behält das Analogwertübertragungsprinzip der Spezifikation 2.1 bei. Allerdings ist es nun auch möglich, eine Analogwertübertragung mit A/B-Slaves durchzuführen.

Weitere Neuerungen der Spezifikation 3.0:

- Slaves mit digitalen und analogen Eingängen bzw. Ausgängen.
- Übertragung serieller Daten bidirektional bei einem Slave. Diese Funktion ist zur Übertragung von Parametrierungs- bzw. Diagnosedaten für intelligente Slaves oder zur Einbindung von Displays zur Anzeige von Prozesszuständen etc. erforderlich.
- Synchronmodus der Ein-/Ausgabe. Das bedeutet, dass Slaves am gleichen AS-i-Stang, welche den Synchronmodus unterstützen, bei Bedarf alle gleichzeitig ihre Ein- und Ausgänge aktivieren bzw. deaktivieren.

## 16.2  Projektierung eines AS-i-Bussystems

### 16.2.1  Übersicht

Die gezeigte Projektierung eines eigenständigen AS-i-Systems mit CoDeSys erfordert folgende Arbeitsschritte:

1. Konfigurierung des AS-i-Slave-Systems
    1.1  Anlegen eines Projekts
    1.2  Slave-Adressierung, -Parametrierung, -Projektierung und Funktionstest
2. Erstellen und Testen des Anwenderprogramms
3. Kleinprojekt AS-i-Bus

### 16.2.2  Aufgabenstellung

Die Projektierung von AS-Interface wird am Beispiel eines „Stand-alone"-Systems dargestellt, bestehend aus einem AS-i-Master mit integriertem Steuerungsprozessor (AS-i-Master mit Control), vier AS-i-Slaves und einem AS-i-Netzteil. Als AS-i-Slaves werden folgende Module eingesetzt:

- Standard-Slave E/A-Modul 4E/4A,
- Standard-Slave induktiver Näherungsschalter; Schließer/Öffner parametrierbar,
- A/B-Slave Kompaktmodul 4E/3A,
- AS-i-Modul 2 AI (Analog Input) für 0 bis 10 V.

Die Projektierung erfolgt auf einem PC mit der Projektierungssoftware CoDeSys und dem für das verwendete Zielsystem (IFM AS-i-Controller E) installierten Target „ifm elektronic ControllerE_9". Zum Test der Projektierung werden die digitalen Ausgänge des Slaves 5 von den digitalen Eingängen der Slaves 3, 4 und über einen Vergleicher vom Analogeingang Slave 6 angesteuert.

Zum Abschluss der Projektierung wird als Kleinprojekt das Beispiel 11.3 „Biegemaschine" aus dem Ablauf-Funktionsplan-Kapitel 11.5.8 mit AS-i-Slaves und dem Programmiersystem CoDeSys durchgeführt. Als AS-i Master und PLC-Controller wird dabei die Baugruppe AC1306 der Firma „ifm-elektronik" verwendet.

**Technologieschema:**

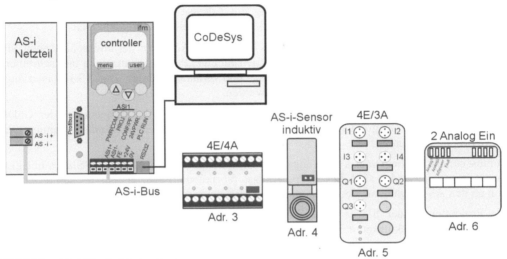

**Bild 16.8:** AS-i-Single-Master-System

## 16.2.3 Arbeitschritt (1): Konfigurierung des AS-i-Slave-Systems

### 16.2.3.1 Anlegen eines Projekts

Mit **Datei > NEU** öffnet sich ein Fenster, in dem das Zielsystem ausgewählt werden kann. Für das AS-i-System ist der Controller „ifm electronic ControllerE_9" auszuwählen.

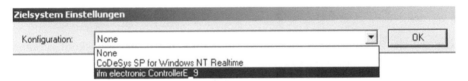

Nach Übernahme mit OK können im nächsten Fenster die Einstellungen für das gewählte Zielsystem vorgenommen werden. Es wird empfohlen, die Voreinstellungen zu übernehmen.

Nach erneuter Übernahme mit OK öffnet sich das Auswahlfenster für einen neuen Baustein.

Als Baustein wird der vorgeschlagene Programmbaustein „PLC_PRG" ausgewählt und in das Projekt eingefügt. Dieser Baustein wird im laufenden Betrieb zyklisch aufgerufen und entspricht dem Organisationsbaustein OB 1 bei STEP 7.

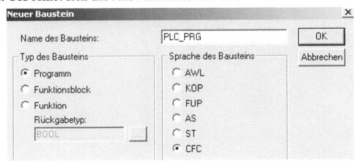

Als Programmiersprache wird CFC gewählt.

### 16.2.3.2 Slave-Adressierung, -Parametrierung, -Projektierung und Funktionstest

Fabrikneue AS-i-Slaves haben standardmäßig die Adresse „0". Zur Einstellung der Slave-Adresse und der Parameterwerte für die Projektierung gibt es zwei Möglichkeiten:

- **AS-i-Adressiergerät.** Im Adressiermodus können die Adressen der angeschlossenen Slaves gelesen und verändert werden. Im Betriebsmodus „Parameter anzeigen und schreiben" können die aktuellen Parameterwerte gelesen und verändert werden. Der AS-i-Master muss in diesem Fall offline- oder ausgeschaltet werden.

- **Online-CoDeSys-Steuerungskonfiguration.** Im Online-Projektierungsmodus der CoDeSys-Steuerungskonfiguration können die Adressen und Parameterwerte der erkannten Slaves verändert werden.

Voraussetzung bei beiden Adressierungsarten ist, dass am AS-i Strang keine Slaves mit gleicher Adresse vorhanden sind. Das bedeutet, dass fabrikneue Slaves jeweils nacheinander einzeln an den AS-i-Strang angebunden und umadressiert werden müssen.

Die Projektierung der Slaves lässt sich mit dem CoDeSys Programmiersystem online im Fenster „Steuerungskonfiguration" ausführen.

Dazu ist im Browser-Fenster des Projekts das Register „Resourcen" zu öffnen. Mit einem Doppelklick auf „Steuerungskonfiguration" erscheint das zugehörige Fenster offline.

Um Online zu gehen, muss der PC mit dem Controller verbunden sein und der Button

(„Online ohne Projekt") betätigt werden.

Bevor der aktuelle Zustand der AS-i-Konfiguration im Fenster Steuerungskonfiguration angezeigt wird, ist bei der Abfrage des Projektierungsabgleichs die Auswahl „Aus Steuerung Laden" zu übernehmen.

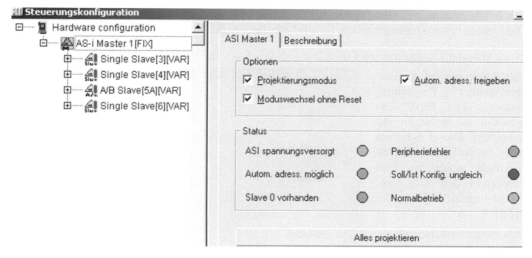

Die rechte Seite des Projektierungsfensters gibt wichtige Informationen über Einstellungen und Zustand des AS-i-Systems. Mit einem „Haken" kann der Projektierungsmodus des Controllers gewählt werden. Ferner kann noch der „Moduswechsel ohne Reset" und das „Automatische adressieren" freigegeben werden. Die Anzeige-LEDs weisen auf Fehler oder den Betriebsmodus des AS-i-Systems hin.

Die linke Seite des Projektierungsfensters zeigt den Hardware-Konfigurationsbaum des Controllers mit dem AS-i Master und den angeschlossenen „erkannten" Slaves. Das Ausrufezeichen an den Slaves gibt an, dass diese zwar erkannt aber noch nicht projektiert sind. Durch Betätigung des Buttons „Alles Projektieren" auf der rechten Seite des Projektierungsfensters werden alle erkannten Slaves beim Master angemeldet und die Ausrufezeichen verschwinden. Alle Slaves sind nun in der Liste der erkannten und der Liste der projektierten Slaves eingetragen.

Nach Auswahl eines Slaves im Konfigurationsbaum werden die spezifischen Elemente sowie die Adressen der Ein- bzw. Ausgänge angezeigt. Beispielsweise wird Eingang D0 des Slaves [3] im Steuerungsprogramm mit der Adresse %IX1.3.0 abgefragt. Dabei bedeuten: %: globale Variable; I: Input; X: binär; 1: erster Master; 3: Slave-Adresse; 0:Bit-Adesse.

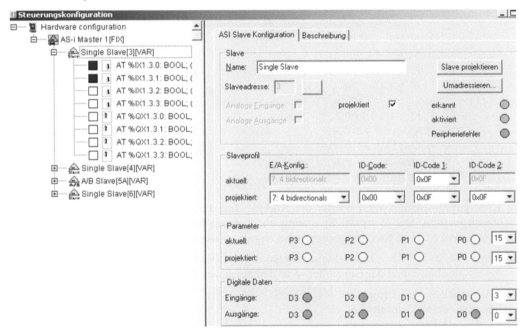

Auf der rechten Seite des Steuerungskonfigurationsfensters werden alle aktuellen und projektierten Informationen zu diesem Slave in verschiedenen Fensterabschnitten angezeigt.

Im Fensterabschnitt --Slave-- kann neben der Vergabe eines Namens für den Slave eine andere Adresse über den Button „Umadressieren" eingestellt und in die Liste der projektierten Slaves über den Button „Slave projektieren" eingetragen werden.

Im Fensterabschnitt --Slaveprofil-- sind die aktuellen und projektierten E/A-Konfigurationsdaten und die ID-Codes angezeigt.

Im Fensterabschnitt --Parameter-- können die vier Parameterbits abgelesen und verändert werden. Bei Slave [4] wird beispielsweise mit einem Parameter festgelegt, ob es sich bei dem induktiven Sensor um einen Öffner oder Schließer handelt. Nach Datenblattangabe ist für die Parametrierung das Parameterbit P1 entscheidend. Man kann das aktuelle P1-Bit durch Anklicken verändern. Als Auswirkung dieser Parametrierung erkennt man die unterschiedliche Signalgabe des Sensors bei Annäherung von Metall an seine Sensorfläche. Mit dem Button „Slave Projektieren" können die aktuellen Projektierungsdaten übernommen werden.

Im Fensterabschnitt --Digitale Daten-- kann der Signalzustand der Eingänge abgelesen und der Signalzustand der Ausgänge gesteuert werden. Beim vorhergehenden Bild führen beispielsweise die beiden Eingänge D0 und D1 „1"-Signal. Durch Anklicken der Ausgangsbits D2 oder D3 wird der Signalzustand der beiden Ausgänge verändert. Damit ist ein Funktionstest der angeschlossenen Slaves möglich.

Bei analogen Slaves (ab Profil 7.3) erscheint im Projektierungsfenster noch der Fensterabschnitt --Analoge Daten--. Hier können beispielsweise die angeschlossenen Eingangsspannungen an den Analogeingängen des Slaves abgelesen werden. Im nachfolgenden Bild ist zu erkennen, dass an dem Analogeingang AI0 eine Spannung von 8,7 V anliegt.

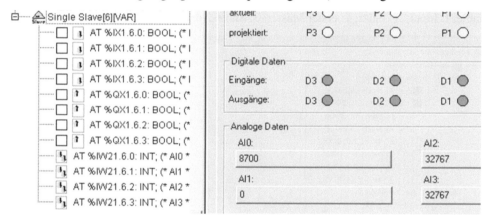

Im Konfigurationsbaum kann wieder die Adresse und das Datenformat der Analogeingänge abgelesen werden. Der Wert der Spannung am Analogeingang AI0 kann beispielsweise mit Adresse %IW21.6.0 im Steuerungsprogramm abgefragt werden.

Vor dem Verlassen des Online-Steuerungskonfigurationsfensters sollte der Projektierungsmodus ausgeschaltet und der Controller so in den normalen Betriebsmodus geschaltet werden.

Das Ausschalten des Projektierungsmodus erfolgt durch Entfernen des „Hakens" beim Auswahlfeld Projektierungsmodus.

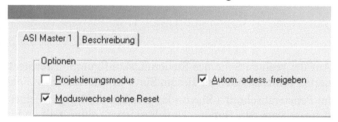

Mit dem beschriebenen Online-Steuerungskonfigurator von CoDeSys lassen sich somit alle bei der Projektierung erforderlichen Einstellungen und Veränderungen ausführen. Man erhält einen Überblick über die erkannten, projektierten und aktiven Slaves sowie den Betriebszustand des Masters. Darüber hinaus kann ein Funktionstest der AS-i-Slaves durchgeführt werden.

### 16.2.4 Arbeitschritt (2): Erstellen und Testen des Anwenderprogramms

Zum Testen der AS-i-Projektierung wird ein einfaches Steuerungsprogramm in der Programmsprache CFC geschrieben, mit dem die Adressierung der projektierten AS-i-Slaves geprüft werden kann.

Das nebenstehende Bild zeigt das Steuerungsprogramm im Baustein PLC-PRG. Dabei wird

Eingang D0 Slave 3 dem Ausgang D0 Slave 5;
  DI0_S03 → DA0_S05

und

Eingang D0 Slave 4 dem Ausgang D1 Slave 5;
  DI0_S04 → DA1_S05

zugewiesen.

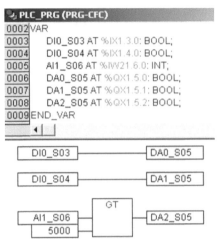

Der analoge Eingang AI1 Slave 6 (AI1_S06) wird auf den ersten Vergleichereingang gelegt. An dem zweiten Eingang des Vergleichers liegt die Konstante 5000. Ist somit die am Analogeingang anliegende Spannung größer als 5 V, hat der Digitalausgang D2 Slave 5 (DA2_S05) „1"-Signal.

Die Deklaration der Variablen und die Vergabe der symbolischen Namen kann währen der Programmeingabe über ein eigenes Fenster durchgeführt werden.

Zum Beispiel Eingang in CFC:

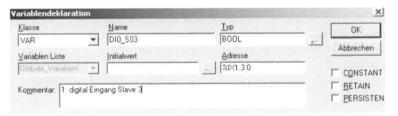

Mit **Online** > **Einloggen** wird das Programmiersystem mit der Steuerung verbunden und nach Bestätigung das Steuerungsprogramm in den Controller übertragen.

Das Programmiersystem ist dann im Online-Modus.

Über einen Button oder mit **Online** > **Start** wird die Abarbeitung des Steuerungsprogramms gestartet.

Wie nebenstehendes Bild veranschaulicht, werden die Signalzustände der Slave-Ein-/Ausgänge mit dem Programmiersystem angezeigt. Am Analogeingang (Slave 6) liegt eine Spannung von 6,507 V an. Da diese größer als 5 V ist, hat der Ausgang Q2 Slave 5 „1"-Signal.

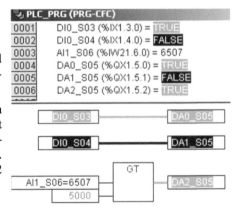

### 16.2.5 Arbeitschritt (3): Kleinprojekt

Das Beispiel 11.3 Biegemaschine mit
wählbaren Betriebsarten im Kapitel 11
Ablauf-Funktionsplan soll mit AS-i-
Slaves und dem Programmiersystem
CoDeSys realisiert werden. Die Aufga-
benbeschreibung und Lösung mit den
Bausteinen    FB 24    „Betriebsarten",
FB 25 „Ablaufkette" sowie FC 26 „Be-
fehlsausgabe" werden unverändert aus
dem Beispiel 11.3 übernommen.

**Technologieschema:**

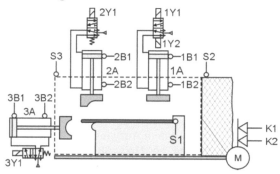

Die Ein- und Ausgänge des Bedien- und Anzeigefeldes werden auf vier AS-i-Slaves mit
4E/4A verdrahtet. Zur Ansteuerung der Endlagengeber der Zylinder und der Elektromagnet-
ventile werden nochmals zwei AS-i-Slaves mit jeweils 4E/4A benötigt.

Die Sensoren S1, S2 und S3 sind mit drei
induktiven AS-i-Slaves realisiert. Damit ergibt
sich die nebenstehende Steuerungskonfiguration.

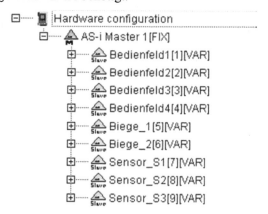

Durch die Zuordnung des Bedienfeldes und
der Anlage zu den AS-i-Slaves sind die Adressen der Ein- und Ausgangsvariablen festgelegt. Diese werden als globale Variablen deklariert.

Nachfolgend sind alle zu deklarierenden globalen Variablen mit zugehöriger Adresse angegeben.

```
VAR_GLOBAL
E00 AT %IX1.1.0:BOOL;    A00 AT %QX1.1.0:BOOL;    _1Y1 AT %QX1.5.0:BOOL;
E01 AT %IX1.1.1:BOOL;    A01 AT %QX1.1.1:BOOL;    _1Y2 AT %QX1.5.1:BOOL;
E02 AT %IX1.1.2:BOOL;    A02 AT %QX1.1.2:BOOL;    _2Y1 AT %QX1.5.2:BOOL;
E03 AT %IX1.1.3:BOOL;    A03 AT %QX1.1.3:BOOL;    _3Y1 AT %QX1.5.3:BOOL;
E04 AT %IX1.2.0:BOOL;    A04 AT %QX1.2.0:BOOL;    K1 AT %QX1.6.0: BOOL;
E05 AT %IX1.2.1:BOOL;    A06 AT %QX1.2.1:BOOL;    K2 AT %QX1.6.1: BOOL;
E06 AT %IX1.2.2:BOOL;    A05 AT %QX1.2.2:BOOL;    S1 AT %IX1.7.0: BOOL;
E07 AT %IX1.2.3:BOOL;    AB11 AT %QB1.3:BYTE;     S2 AT %IX1.8.0: BOOL;
EB11 AT %IB1.3:BYTE;     _1B1 AT %IX1.5.0:BOOL;   S3 AT %IX1.9.0: BOOL;
E14 AT %IX1.4.0:BOOL;    _1B2 AT %IX1.5.1:BOOL;   END_VAR
E15 AT %IX1.4.1:BOOL;    _2B1 AT %IX1.5.2:BOOL;
E16 AT %IX1.4.2:BOOL;    _2B2 AT %IX1.5.3:BOOL;
E17 AT %IX1.4.3:BOOL;    _3B1 AT %IX1.6.0:BOOL;
                         _3B2 AT %IX1.6.1:BOOL;
```

Das nachfolgende Bild zeigt das Steuerungsprogramm im Baustein PLC_PRG mit der Verschaltung der Funktionsbausteine in der Programmiersprache CFC.

**Steuerungsprogramm im Baustein PLC_PRG in der Programmiersprache CFC:**

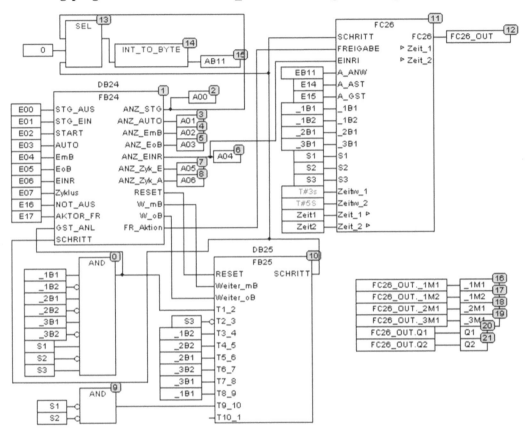

*Hinweis:* Das gesamte Kleinprojekt bestehend aus der Slave-Konfiguration und dem CoDeSys Programm kann auf der Web-Seite www.automatisieren-mit-sps.de herunter geladen werden.

# 17 PROFIBUS

## 17.1 Grundlagen

### 17.1.1 Systemübersicht

Der Name *PROFIBUS* ist die Abkürzung von *PROcess FIeld BUS*. Dabei handelt es sich um ein offenes, digitales Kommunikationssystem mit breitem Anwendungsbereich vor allem in der Fertigungs- und Prozesstechnik (Verfahrenstechnik) für schnelle, zeitkritische und komplexe Prozessdatenübertragungen für SPS- oder PC-gesteuerte Anlagen. Dabei ist PROFIBUS ein Feldbussystem unter vielen.

In Abgrenzung zum AS-i-System mit seiner kostengünstigen Installationstechnik gibt es bei PROFIBUS verschiedene Übertragungsmedien wie Kupferleitungen, Lichtwellenleiter und drahtlose Infrarot-Übertragung sowie die Möglichkeit zur Dezentralisierung von Steuerungs-intelligenz durch Einsatz von „intelligenten" Slaves mit eigener CPU. Ferner bietet PROFIBUS größere Reichweiten, höhere Datenübertragungsraten und einen viel größeren Nutzdatenbereich je Telegramm.

PROFIBUS ist ein Feldbussystem, das mit zwei Varianten[1] in den internationalen Feldbus-normen IEC 61158 und IEC 61784 vertreten ist:

- PROFIBUS DP (dezentrale Peripherie) mit einem asynchronen Übertragungsverfahren und bevorzugtem Einsatz in der Fertigungstechnik,

- PROFIBUS PA (Prozess Automation) mit einem synchronen Übertragungsverfahren und spezialisiert für den Einsatz in explosionsgeschützten Anlagen der Prozess-(Verfahrens-) technik.

Dabei stützt sich PROFIBUS auf mehrere zur Verfügung stehende Übertragungstechniken und Leistungsstufen des Kommunikationsprotokolls sowie Applikationsprofile, um den vielfältigen Anforderungen der Fertigungs- und Prozesstechniken sowie der Feldbussicherheit gerecht zu werden.

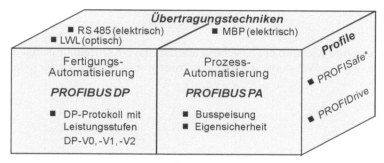

**Bild 17.1:** PROFIBUS-System in vereinfachter Übersicht
\* PROFISafe bei „Sichere Bussysteme" (siehe Kapitel 30.5.3)

---

[1] PROFIBUS FMS ist in den internationalen Normen nicht erwähnt und für Neuentwicklungen durch PROFINET CBA verdrängt.

## 17.1.2 PROFIBUS DP

PROFIBUS DP ist optimiert für den schnellen Datenaustausch hauptsächlich in der Fertigungstechnik. Ein Datenaustausch ist als ausreichend schnell zu bezeichnen, wenn während einer Zykluszeit der Programmabarbeitung mindestens einmal aktualisierte Daten über den Bus gekommen sind.

Das Erweiterungs-Kürzel *DP* bedeutet *Dezentrale Peripherie*, wobei man unter „Peripherie" die Geräte der Feldebene der Automatisierungspyramide versteht, und „dezentral" die räumliche Verteilung der Eingabe-/Ausgabe-Steuerungsanschlüsse im Feld meint, während früher diese E-/A-Anschlusspunkte zentral in der SPS-Steuerung zu finden waren. PROFIBUS DP ist somit ein Feldbus, der die Anschlussmodule (DP-Slaves) nahe an den Anlagenprozess heranbringt und untereinander und mit dem Zentralgerät (Steuerung) über ein serielles Bussystem verbindet. Aus Sicht des eigentlichen Steuerungsprogramms ist nicht zu erkennen, ob die Geräte des Anlagenprozesses dezentral über ein Bussystem oder zentral mit der Steuerung verbunden sind.

Das typische PROFIBUS DP-System ist ein Mono-Master-System mit einem DP-Master und einer Anzahl von DP-Slaves mit digitalen Eingängen (DE) sowie digitalen Ausgängen (DA) bzw. analogen Eingängen (AE) und analogen Ausgängen (AA). Der DP-Master kann in der CPU integriert sein oder als eine eigene Baugruppe in Form eines Kommunikationsprozessors CP zur Verfügung stehen. Die Hauptaufgabe des DP-Masters ist die Durchführung einer zyklischen Prozessdatenübertragung nach dem Master-Slave-Verfahren (siehe Kapitel 17.1.6) auf der Grundlage der Übertragungstechnik nach dem RS 485-Standard (siehe Kapitel 17.1.5.1).

Zum System gehört auch ein Programmiergerät, um das Anwenderprogramm zu erstellen bzw. Diagnosen durchzuführen. Bei einer S7-SPS mit Kommunikationsprozessor CP ist es systembedingt nicht möglich, die Projektierung über den PROFIBUS in die urgelöschte SPS zu laden. Hierzu muss die MPI-Schnittstelle der CPU verwendet werden. Erst nach erfolgter Knotentaufe des Kommunikationsprozessors besteht die dargestellte Verbindungsmöglichkeit.

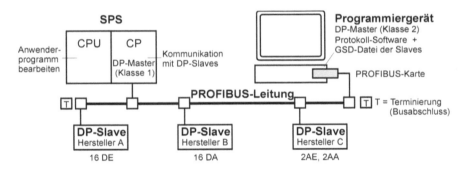

**Bild 17.2:** Typisches PROFIBUS DP-System

In vielen Anwendungen von PROFIBUS DP lässt sich auch auf der Grundlage von Master-Slave eine Dezentralisierung der Steuerungsintelligenz durch Einsatz so genannter „intelligenter" DP-Slaves erreichen. Diese modular aufgebauten i-Slaves haben eine eigene CPU und Signalbaugruppen, um Teilaufgaben selbstständig und anlagennah ausführen zu können, zur Entlastung des Hauptprogramms in der SPS-CPU und zur Vermeidung einer unnötigen Kommunikationsbelastung des Feldbusses.

### 17.1.3 PROFIBUS PA

PROFIBUS PA ist eine kommunikationstechnisch kompatible Erweiterung von PROFIBUS DP mit einer Übertragungstechnik, die Anwendungen im Ex-Bereich der Prozess-Automatisierung (PA) erlaubt. Explosionsgefährdet können Anlagen sein, in denen Gasgemische (Chemische Industrie), Farbspritznebel (Lackierereien) oder Staub (Schachtanlagen) durch elektrische Funkenbildung z. B. beim Auswechseln von Baugruppen im Betriebszustand oder durch thermische Effekte infolge von Kurzschlüssen unbeabsichtigt gezündet werden können. Die hier einzuhaltende Zündschutzart heißt *Eigensicherheit* und wird mit dem Symbol EEx i gekennzeichnet (EEx = Explosionsschutz, i = Strom). Man nennt einen Stromkreis eigensicher, wenn durch Begrenzung der Stromstärke die beschriebene Gefahr ausgeschlossen ist.

Für PROFIBUS PA ist mit MBP (Manchester Coded, Bus Powered) eine Übertragungstechnik gewählt worden, die den Anforderungen der chemischen und petrochemischen Prozesstechnik nach Eigensicherheit und Busspeisung in Zweileitertechnik gerecht wird.

PROFIBUS PA muss eine Kommunikation ermöglichen, die auf die erhöhten Anforderungen der Prozessautomatisierung abgestimmt ist. Die dort eingesetzten Feldgeräte besitzen neben den Mess- und Stellwerten auch zahlreiche Parameterwerte, die während der Inbetriebnahme und auch im laufenden Betrieb geändert werden müssen, z. B. bei der Parametrierung von Messumformern. Daher war es erforderlich, dass neben den bisherigen zyklischen Diensten bei PROFIBUS DP zusätzlich auch azyklische Dienste eingeführt werden, die ein Umparametrieren der Geräte im laufenden Betrieb ermöglichen (siehe Kapitel 17.1.8.2 PROFIBUS DP-V1).

Im zyklischen Datenverkehr werden alle Ausgangswerte (Stellbefehle) in die Feldgeräte geschrieben und alle Eingangswerte (Messwerte) aus den Feldgeräten gelesen. Das entspricht dem üblichen Verfahren bei PROFIBUS DP. Anschließend kann ein zusätzliches Telegramm gesendet werden, um Einstellungen der Feldgeräte zu lesen oder Parameter zu ändern.

Für den Übergang von PROFIBUS DP auf PA stehen DP/PA-Koppler oder DP/PA-Links zur Verfügung, die außerhalb des Ex-Bereiches bleiben müssen. Beim Einsatz eines DP/PA-Kopplern wird die Datenrate von PROFIBUS DP auf 45,45 kBit/s begrenzt. Das ist beim Einsatz eines DP/PA-Links nicht der Fall, die Datenraten bleiben durch den Einsatz eines Dual-Port-RAMs entkoppelt. Ein DP/PA-Link erscheint am PROFIBUS DP als modularer Slave, dessen einzelne Module die PA-Feldgeräte sind und fungiert auf der anderen Seite als Master am PROFIBUS PA.

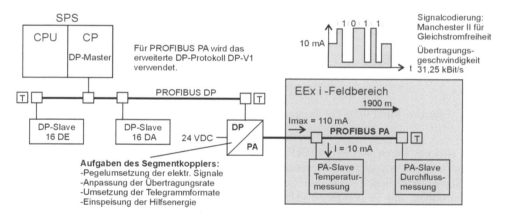

**Bild 17.3:** Typisches PROFIBUS PA-System

### 17.1.4 Netztopologien

#### 17.1.4.1 Linientopologie (Bustopologie) bei elektrischer Übertragungstechnik

Bei Verwendung der elektrischen Übertragungstechnik ist für PROFIBUS nur die Linienstruktur vorgesehen, kurze Stichleitungen sind jedoch zulässig bei Übertragungsraten < 1,5 MBit/s. Durch den Einsatz von maximal 9 Repeatern (R) als Leitungsverstärker lassen sich weitere Linien bilden, sodass auch Baumstrukturen entstehen können. Einzelne Linienabschnitte werden *Segmente* genannt. Die zulässige Reichweite pro Segment ist abhängig von der Übertragungsrate. Je höher die Datenrate, je geringer die Reichweite. Für 3 ... 12 MBit/s sind 100 m zulässig. Im nachfolgenden Bild sind die Busteilnehmer allgemein als DTE (Data Terminal Equipment = Daten-Endgeräte) bezeichnet.

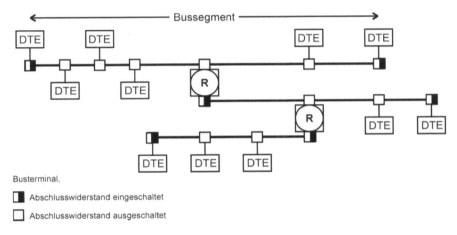

**Bild 17.4:** Linientopologie bei PROFIBUS kann durch Repeatereinsatz variiert werden

In einem PROFIBUS-Netz können auch mehrere DP-Master mit den ihnen zugeordneten DP-Slaves vorhanden sein. Aus Sicherheitsgründen lässt sich ein DP-Slave nur von dem DP-Master beschreiben, der ihn vorher parametriert und konfiguriert hat.

Netzwerke mit Linientopologie bezeichnet man auch als *Bussysteme*, deren Kennzeichen die quasiparallele Anschlussweise der Teilnehmer über installierte Busterminals ist. Der Bus wirkt wie eine durchgehende Verteilerschiene für Daten. Die Funktion eines Bussystems muss durch ein Zugriffsverfahren geregelt werden (siehe Kapitel 17.1.6).

Wichtig ist, dass alle Segmente des Bussystems an beiden Enden mit einem *Busabschlusswiderstand* in Höhe des Wellenwiderstandes der Leitung beschaltet sind, um störende Reflexionen zu vermeiden. Der Fachausdruck hierfür heißt Terminierung. Die Abschlusswiderstände sind in den Buskomponenten wie Repeatern, Busanschluss-Steckern und Busterminals integriert und können bei Bedarf – aktiv über einen Spannungsteiler – zugeschaltet werden (siehe Bild 17.9).

Die Busstruktur hat den Vorteil der möglichen Zu-/Abschaltung von Teilnehmern während des laufenden Betriebes, da dies unterbrechungslos geschehen kann. Ein weiterer Vorteil ist die einfache Anschlusstechnik der Teilnehmer (quasiparallele Ankopplung eines Sende- und Empfangsverstärkers). Problematisch kann jedoch die Fehlersuche bei Auftreten eines Kurzschlusses im System werden, da keinerlei Kommunikation mehr möglich ist.

### 17.1.4.2 Punkt-zu-Punkt-Verbindung bei Lichtwellenleitern

In stark EMV-belasteten Umgebungen und zur Überbrückung größerer räumlicher Distanzen wird grundsätzlich der Einsatz von Lichtwellenleitern (LWL-Fasern aus Glas- oder Plastik) als Übertragsmedium für PROFIBUS empfohlen.

Technologisch bedingt lassen sich mit LWL nur Punkt-zu-Punkt-Verbindungen betreiben, d. h., ein Sender ist mit nur einem Empfänger direkt verbunden.

**Bild 17.5:** An- und Auskopplung eines Lichtwellenleiters

Mit Lichtwellenleitern kann kein echtes Busprinzip, wie oben beschrieben, realisiert werden. Trotzdem ist eine optimale Netzgestaltung in Lichtwellenleitertechnik möglich, und zwar mit Linien-, Ring- und Stern-Topologie auf Grund der Eigenschaften der benötigten elektro-optischen Koppler (Siemens-Bezeichnung: OLM = Optical Link Modul), die bei Lichtwellen-Netzen eine Verteilerfunktion übernehmen können ähnlich den so genannten *Hubs* bei Ethernet.

Optical Link Module gibt es in verschiedenen Ausführungen, die im Prinzip aus zwei elektrischen und einem bzw. zwei optischen Kanälen bestehen. Jeder optische Kanal hat einen Sendeausgang und einem Sendeeingang. Jeder elektrische Kanal hat einen Anschluss für die geschirmte und verdrillte PROFIBUS-Zweidrahtleitung.

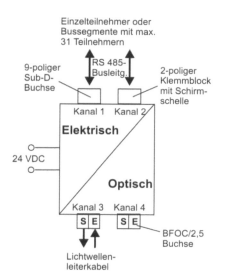

**Ausführungsformen:**
- mit einem optischen Kanal (3),
- mit zwei optischen Kanälen (3 und 4) zur Bildung von Linien- oder Stern-Topologien bzw. für redundante Leitungsführung zwecks höherer Verfügbarkeit.

**Betriebsartenunabhängige Funktionen:**
- Erkennen der Übertragungsgeschwindigkeit,
- Signalregenerierung,
- Sendezeit-Überwachung (Schutz vor Dauersignal).

**Betriebsartenabhängige Funktionen:**
- Datenfluss-Steuerung durch Echo senden (empfängt ein beliebiger Kanal ein Telegramm, so wird dieses auf allen anderen Kanälen gesendet),
- Leitungsüberwachung auf Unterbrechung,
- Segmentierung (Abtrennung gestörter Kanäle).

**Montage-Hinweis:**
Ein nicht benötigter optischer Kanal darf nicht offen bleiben. Kurzschluss-Verbindung mit LWL-Leitung zwischen S (Senden) und E (Empfangen) herstellen oder Abdeckkappen auf BFOC/2,5-Buchsen anbringen.

**Bild 17.6:** SIMATIC-Optical Link Modul (OLM)

Mit den Optical Link Modulen lassen sich Linien-, Ring- und Stern-Topologien der Netzteilnehmer bilden. Alle drei optischen Varianten beruhen nicht auf dem Prinzip der Buskopplung sondern auf dem Prinzip der Punkt-zu-Punkt-Kopplung. Das Zugriffsverfahren auf den elektrischen Bus bzw. auf die optischen Netzwerke ist bei allen das gleiche. Die physikalischen Strukturen der Netzwerke haben nur Auswirkungen auf die Betriebssicherheit und Fehlerdiagnostik. Erst das Zugriffsverfahren sichert die ordnungsgemäße Funktion des Netzes (siehe Kapitel 17.1.6).

Fällt bei einem optischen Netzwerk mit Linien-Topologie ein Optical Link Modul aus oder bricht ein LWL-Kabel, zerfällt das Gesamtnetz in zwei Teilnetze. Innerhalb der Teilnetze ist noch ein störungsfreier Betrieb möglich. Die außerhalb eines Teilnetzes liegenden Teilnehmer sind jedoch nicht mehr erreichbar.

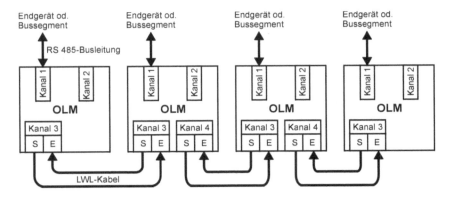

**Bild 17.7:** Linien-Topologie bei Lichtwellenleiterkopplung über Optical Link Module

## 17.1.5 Übertragungstechnik

### 17.1.5.1 RS 485-Standard für PROFIBUS DP

Das elektrische Übertragungsverfahren beruht auf dem US-Standard EIA RS 485, der die elektrischen Eigenschaften für *symmetrische Mehrpunktverbindungen* über größere Entfernungen und höhere Geschwindigkeiten bei störsicherer serieller Datenübertragung festlegt.

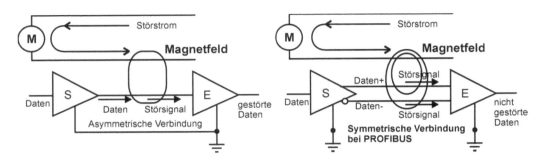

**Bild 17.8:** Symmetrische PROFIBUS-Verbindung ist störsicherer als die asymmetrische Verbindung

Eine symmetrische Zweidraht-Verbindung bedeutet eine Signalübertragung ohne Inanspruchnahme einer Masse- oder geerdeten Abschirmleitung nach dem Differenz-Spannungsverfahren und bedarf der Verwendung von Schaltverstärkern mit Differenz-Spannungseingang. Diese aufwendige Übertragungstechnik hat den Vorteil einer größeren Störunempfindlichkeit gegen elektromagnetische Einflüsse. Zwar kann das Entstehen von Störspannungen durch elektromagnetische Induktion in der symmetrischen Busleitung nicht verhindert werden, aber es wird in beiden Leitungen eine nahezu gleich große Störspannung erzeugt und beiden Verstärkereingängen zugeführt. Da Differenzverstärker die Differenzspannungen (Signale) verstärken und die Gleichtaktspannungen (Störspannungen) unterdrücken, kommt es zu einer „Aufhebung" der Störspannungen am Verstärkerausgang. Eine weitere Verbesserung der Störspannungsunterdrückung wird erreicht, indem PROFIBUS verdrillte Leitungen verwendet.

Bei Mehrpunktverbindungen können verschiedene Busteilnehmer Daten austauschen. Elektrische Voraussetzung hierfür ist, dass zwar alle Teilnehmer physikalisch am Bus angeschlossen sind, aber alle senderseitigen Ausgänge mit zunächst hochohmig geschaltetem Anschluss. Erst wenn vom Sender ein Telegramm abgesetzt werden soll, erfolgt die richtige Zuschaltung auf den Bus. Diese Schaltungstechnik ist als *Tri-State-Technologie* mit den Signalzuständen LOW, HIGH und HOCHOHMIG auf der Busleitung bekannt. Empfangsseitig sind alle Teilnehmer am Bus angeschlossen, um „mithören" zu können. Bei diesem Konzept benötigen alle Bus-Schnittstellen eine Versorgungsspannung von +5 V, die von den Busanschlüssen der Teilnehmer eingespeist wird. Aus dieser Gleichspannung wird über einen internen Spannungsteiler mit Bus-Abschlusswiderstand ein definierter Ruhezustand (1-Signal) auf der Leitung eingestellt, wenn alle Sender hochohmig geschaltet sind. Fehlt der aktive Busabschluss, dann „floated" die Leitung mit der Folge von undurchsichtigen Fehlererscheinungen. Diese Art der Terminierung wird auch als *aktiver Busabschluss* bezeichnet, es dürfen jedoch nur die Leitungsenden terminiert werden. Aus der „Parallelschaltung" zweier Busabschlusswiderstände und der Eingangswiderstände aller Teilnehmer ergibt sich eine elektrische Belastung für einen Sender. Auf Grund dessen dürfen an einen RS 485-Bus nur 32 Teilnehmer angeschlossen werden, bei PROFIBUS maximal 32 Teilnehmer je Segment von insgesamt zulässigen 126 Teilnehmern im Netz mit Repeatern.

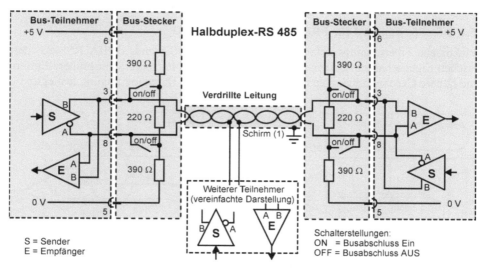

**Bild 17.9:** Bustechnik bei PROFIBUS

- Die PROFIBUS-Übertragungstechnik stellt nur einen so genannten Halbduplex-Kanal zur Datenübertragung zur Verfügung, d. h., die Datenflussrichtung kann zwar von Tln.1 zu Tln.2 und umgekehrt verlaufen, aber nicht gleichzeitig. Die Datenrate ist im Bereich bis 12 MBit/s wählbar, Standard ist 1,5 MBit/s.

- Zusammenhang zwischen Datenrate und zulässiger Leitungslänge: Die Datenrate wird in Bit pro Sekunde angegeben. Eine hohe Datenrate weist auf hohe Frequenzen hin. Höherfrequente Signale erfahren auf der Übertragungsleitung eine stärkere Dämpfung als niederfrequente Signale. Unter dem Begriff der Dämpfung versteht man die Abnahme des Signalpegels längs einer Leitung. Die Dämpfung ist von den Leitungsparametern und der Frequenz abhängig. Für die PROFIBUS-RS 485-Leitung wird der Zusammenhang zwischen zulässiger Leitungslänge eines Bussegments und der Datenrate durch Richtwerte angegeben:

    Bei 500 kBit/s bis zu 400 m,
    bei 1,5 MBit/s (Standard) bis zu 200 m,
    bei 12 MBit/s bis zu 100 m. Vergrößerung der gesamten Leitungslänge durch den Einsatz von Repeatern ist möglich.

- PROFIBUS 9-poliger D-Sub-Steckverbinder:

**Buchse:**

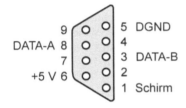

Pin-Belegung für PROFIBUS:
6 : Versorgungsspannung-Plus (von Station) für den Busabschluss-Spannungsteiler
5 : Datenbezugspotenzial (von Station)
3 : Datenleitung-B (Signal: RxD/TxD-P)
8 : Datenleitung-A (Signal: RxD/TxD-N)

Pin-Belegung für spez. Stationsfunktionen:
4 und 9 : Steuersignale z.B. RTS, CTS
2 und 7 : Versorgungsspannung z.B. +24 V

Messungen am PROFIBUS-Anschluss (Buchse), Busabschluss eingeschaltet, Ruhepotenziale auf A-, B-Leitung (keine Datenübertragung):
$U_{35}$ ca. +3 V (Pin 3 (B) gegen DGND)
$U_{85}$ ca. +2 V (Pin 8 (A) gegen DGND)

Zuordnung Datensignal und Signalspannung:

|  | senderseitig | empfängerseitig |
|---|---|---|
| "0" : | $U_{38} < -1{,}5$ V | $U_{38} < -0{,}2$ V |
| "1" : | $U_{38} > +1{,}5$ V | $U_{38} > +0{,}2$ V |

(Bei Angabe der Signalspannung mit $U_{AB}$ : Vorzeichenumkehr)

NRZ-Bitcodierung (Non Return to Zero):

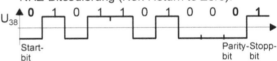

- Telegramme auf der PROFIBUS-Leitung bestehen aus einer Folge von UART-Zeichen (Universal Asynchronus Receiver and Transmitter). Dazu muss jedes Datenbyte, seien es die Nutzdaten oder die „Verwaltungsdaten" des Telegrammrahmens wie z. B. Adressen u. a., mit einem Startbit (0) einem Paritätsbit für gerade Parität und einem Stoppbit (1) eingekleidet werden. Die Synchronität zwischen Sendebaustein und Empfangsbaustein wird für jedes UART-Zeichen neu durch das Startbit hergestellt. Das Paritätsbit dient der Datensicherung, das Stoppbit zeigt das Ende eines UART-Zeichens an.

1 Byte Daten im Asynchronformat:

### 17.1.5.2 MBP-Standard für PROFIBUS PA

MBP (Manchester Coded, Bus Powered) ist eine bitsynchrone Übertragung mit einer festen Übertragungsrate von 31,25 kBit/s. Durch die Manchester Codierung der Daten werden beliebige Folgen von 0-1-Signalen so umcodiert, dass ihr arithmetischer Mittelwert im zeitlichen Verlauf gleich null, also Gleichstrom-frei ist. Da die Manchester-codierten Daten einen Gleichstrom überlagert werden, der für die Busspeisung der Feldgeräte benötigt wird, bleibt im zeitlichen Mittel die Busspeisung konstant, obwohl eventuell lange 1- oder 0-Signalfolgen der Daten übertragen werden müssen.

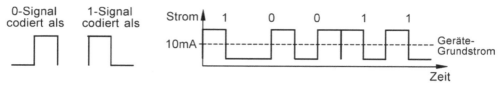

PROFIBUS PA verwendet die Zweileitertechnik in verdrillter und geschirmter Ausführung mit einer Busspeisung von 110 mA im Ex-Bereich und von 400 mA in einen sonstigen Sicherheitsbereich sowie mit vorgeschriebener Terminierung (Busabschlusswiderstand) an den Enden. Bei eigensicheren Netzen ist sowohl die Speisespannung als auch der maximale Speisestrom in engen Grenzen festgelegt. Aber auch in nicht eigensicheren Netzen ist die Leistung des Speisegerätes begrenzt.

Die Anzahl, der an ein Segment anschließbaren Teilnehmer, ist auf die Obergrenze von 32 Teilnehmern begrenzt. Sie wird jedoch auch durch gewählte Zündschutzart und die Busspeisung bestimmt. Die maximale Anzahl der Teilnehmer je Segment berechnet sich aus dem Speisestrom geteilt durch die Stromaufnahme eines Einzelgerätes (10 mA). Die größte Leitungslänge eines Bussegmentes beträgt 1900 m und verringert sich bis auf 560 m bei maximaler Teilnehmerzahl.

Durch den Einsatz von Repeatern als Leitungsverstärker kann eine Streckenverlängerung erreicht werden. Es sind höchstens 4 Repeater im PA-Netz zulässig. Durch die Zuschaltung von Repeatern kann auch die Linientopologie zu einer Baumtopologie gewandelt werden.

Eine erhebliche Erleichterung bei der Planung, Installation und Erweiterungen von PA-Netzen in Ex-Bereichen bietet das so genannte *FISCO-Modell* (Fieldbus Intrinsically Safe Concept). Dieses Modell beruht auf der Festlegung, dass ein Netzwerk dann eigensicher ist, wenn die relevanten vier Buskomponenten Feldgeräte, Kabel, Segmentkoppler und Busabschluss hinsichtlich ihrer Kennwerte innerhalb festgeschriebener Grenzen liegen und die FISCO-Kennzeichnung aufweisen, die durch Zertifizierung vergeben wird. Werden nur FISCO-Komponenten in die Anlage eingebaut, ist keine neue Systembescheinigung nötig.

### 17.1.5.3 Lichtwellenleiter

Es gibt Einsatzbedingungen für Feldbusse, bei denen eine elektrische Übertragungstechnik an ihre Grenzen stößt, beispielsweise bei starken elektromagnetischen Störungen oder bei der Überbrückung besonders großer Entfernungen. Für diese Fälle steht die optische Übertragungstechnik mittels Lichtwellenleiter (LWL) zur Verfügung.

| Fasertyp | Kerndurchmesser | Reichweite |
|---|---|---|
| Multimode-Glasfaser | 62,5/125 µm | 2–3 km |
| Singlemode-Glasfaser | 9/125 µm | > 15 km |
| Kunststofffaser | 980/1000 µm | < 80 m |

### 17.1.6 Buszugriffsverfahren

Die erwähnten Netztopologien stellen die physikalischen Strukturen dar, diesen ist aber durch das verwendete Busprotokoll eine so genannte logische Struktur übergeordnet.

Bei PROFIBUS unterscheidet man die Netzteilnehmer in aktive Stationen (SPSen und PCs) und passive Geräte (Slaves). Die Bezeichnung aktiv und passiv kennzeichnet das Zugriffsrecht auf das Netzwerk, das vereinfacht als Bus oder Bussystem bezeichnet wird. So unterschiedlich die physikalischen Busstrukturen in Topologie, Übertragungsmedium und Teilnehmerzahl auch sind, gemeinsam ist ihnen das Prinzip, dass zu einem Zeitpunkt nur ein Telegramm auf dem Bus sein darf. Das heißt, es darf immer nur ein Teilnehmer senden, empfangen (zuhören) können alle angeschlossenen Teilnehmer. Daraus folgt, dass der Buszugriff (Rederecht) durch ein *Buszugriffsverfahren* geregelt werden muss.

Bei PROFIBUS handelt es sich um ein gemischtes (hybrides) Verfahren mit der Bezeichnung *Token Passing mit Master-Slave*, es gilt für alle PROFIBUS-Varianten und -Topologien. Die Vorschriften des Buszugriffs sind in einem Buszugriffsprotokoll festgelegt.

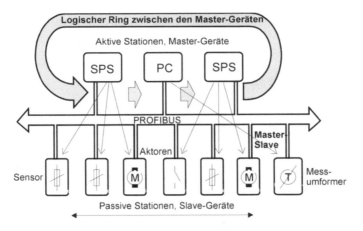

**Bild 17.10:** Buszugriffsverfahren bei PROFIBUS heißt Token-Passing mit Master-Slave.

Durch das Buszugriffsprotokoll wird ein so genannter *logischer Tokenring* für die PROFIBUS-Master gebildet. Das Zugriffsrecht auf den Bus wird den Mastern in Form eines Token weitergegeben (*Token-Passing*), Slaves sind vom Token-Passing ausgeschlossen. Der Begriff „logischer Tokenring" besagt, dass die Reihenfolge der Master im Ring durch die Busadresse der Master festgelegt ist, und zwar unabhängig vom Anschluss in der physikalischen Busstruktur. Es besteht also ein logischer Tokenring auch dann, wenn der physikalische Bus kein Ring ist.

Das Token ist ein spezielles Telegramm, das über den Bus übertragen wird. Wenn ein Master das Token besitzt, hat er das Zugriffsrecht auf den Bus und kann mit anderen Busteilnehmern kommunizieren. Die Token-Haltezeit wird bei der Systemkonfiguration festgelegt. Spätestens bei Ablauf der Token-Haltezeit, wird das Token zum nächsten Master weitergegeben.

Die einfachen Geräte wie Sensoren und Aktoren als Bus-Slaves werden über das *Master-Slave-Verfahren*, das dem Token-Passing-Verfahren unterlagert ist, angesprochen. Die DP-Slaves werden mit zyklischem Polling von ihrem DP-Master angesprochen. Dieser Ablauf des Master-Slave-Verfahrens ist schon beim AS-i-Bus näher beschrieben worden. Hier besteht nur der Unterschied, dass ein Master auf das Token warten muss, bis er mit der Master-Slave-Routine beginnen kann. Befindet sich im logischen Ring nur ein Master, so erteilt er sich selbst das weitere Rederecht. Die Organisation des Token-Passing mit Master-Slave-Verfahren ist in den Kommunikationsprozessoren der S7-SPSen hardwaremäßig realisiert.

Der Hauptvorteil des Token-Passing mit Master-Slave-Verfahrens ist die Echtzeitfähigkeit des Systems, die durch die Tokenumlaufzeit kalkulierbar ist. Der Ausfall eines Masters führt dazu, dass er sich nicht mehr im Ring befindet, das Bussystem läuft ohne ihn weiter. Mit der Diagnose-Software des Systems kann anhand der vergebenen PROFIBUS-Adressen überprüft werden, welche Busteilnehmer erkannt wurden, und bei den Mastern speziell, ob sie sich im logischen Ring befinden oder nicht.

Bei PROFIBUS DP unterscheidet man die aktiven Teilnehmer in DP-Master Klasse 1 (DPM1) und DP-Master Klasse 2 (DPM2). Jeder DPM1 führt den Nutzdatenverkehr mit den ihm zugeteilten DP-Slaves durch. Ein DPM2 ist in der Regel ein PC mit PROFIBUS-Anschaltung für Inbetriebnahme und Diagnose.

Jeder DPM1 bildet mit seinen DP-Slaves ein Mastersystem. Es können mehrere DP-Mastersysteme an einem physikalischen PROFIBUS DP-Subnetz betrieben werden. Jedoch können bei diesen Multimastersystemen keine Daten zwischen zwei aktiven Stationen ausgetauscht werden, da PROFIBUS DP nicht über die erforderliche Master-Master-Kommunikation zwischen DP-Master-Klasse-1-Geräten verfügt.

### 17.1.7 Aufbau einer PROFIBUS-Nachricht

Eine PROFIBUS-Nachricht besteht aus einer Folge von UART-Zeichen, die man als *Datenframe* (engl. frame = Rahmen) oder auch als Telegramm bezeichnet. Die Bedeutung der einzelnen UART-Zeichen innerhalb eines Telegramms ist durch das PROFIBUS-Datenübertragungs-Protokoll festgelegt, an das sich Sender und Empfänger zu halten haben.

Da es verschiedene Telegrammtypen bei PROFIBUS gibt, soll hier nur das Prinzip am Beispiel des Telegrammtyps „Datentelegramm mit variabler Datenlänge" erläutert werden.

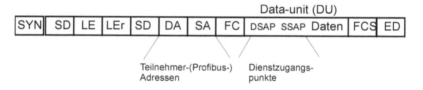

**Bild 17.11:**   Aufbau des PROFIBUS-Telegramms SRD-Dienst (Send and Receive Data Service)

Legende:   SYN :   Busruhe 33 Bit-Zeiten lang vor jedem Aufruftelegramm (zur Synchronisierung)
SD :   Start-Delimiter SD (Bitmuster zur Unterscheidung von Telegrammtypen), zweimal
LE :   Längenbyte LE (nennt die Anzahl der im Telegramm enthaltenen „Nettodatenbyte")
LEr :   Längenbyte-Wiederholung zur Sicherheit
DA :   Zieladresse DA (engl. destination = Ziel)
SA :   Quellenadresse SA (engl. source = Quelle)
FC :   Funktionscode FC (weiteres Kennzeichen für den Telegrammtyp)
DSAS:   Ziel-Dienstzugangspunkt LSAP
SSAP:   Quellen-Dienstzugangspunkt SSAP (engl.: SAP = servive access point)
DU :   Data-unit (Datenblock)
FCS:   Quersummenangabe FCS für Fehlererkennung
ED :   Ende-Delimiter

Die Teilnehmer-(PROFIBUS-)Adressen müssen bei der Hardware-Projektierung der DP-Mastersysteme vergeben werden und mit den tatsächlichen Adressschalter-Einstellungen an den DP-Slaves übereinstimmen. Der Adressbereich bei PROFIBUS liegt zwischen 0 und 126, wobei Adresse 126 nur für Inbetriebnahmezwecke benutzt werden darf.

Die Dienstzugangspunkte haben bei PROFIBUS DP mit der Ausführung bestimmter Dienste zu tun. Die Zielstation erkennt an der SAP-Nummer welcher Dienst auszuführen ist. Da es bei PROFIBUS DP keine Projektierung von Kommunikationsverbindungen gibt, ist ersatzweise eine „Hochlaufphase" vor dem Datenaustausch erfolgreich zu durchlaufen:

- Diagnoseanforderung des Masters an die Slaves:    DSAP = 60, SSAP = 62
- Parametrieren der Slaves durch den Master:    DSAP = 61, SSAP = 62
- Konfigurieren der Slaves durch den Master:    DSAP = 62, SSAP = 62
- In der Datenaustauschphase verwendet PROFIBUS DP den so genannten Default-SAP, der nicht extra übertragen werden muss, so dass sich für diese Hauptbetriebsphase bei den Telegrammen eine Einsparung von 2 Byte Daten ergibt.

In der „Data-unit" des oben erwähnten PROFIBUS-Telegramms können maximal 244 Byte Nutzdaten übertragen werden. Ein solcher E/A-Datenumfang kommt bei modular aufgebauten DP-Slaves durchaus vor. Die Länge der auszutauschenden Daten wird bei PROFIBUS DP durch die Geräte-Stammdaten-Datei GSD für die Slaves vom Gerätehersteller festgelegt.

### 17.1.8 Kommunikationsmodell PROFIBUS DP

Im S7-System gibt es mehrere Konfigurationen für PROFIBUS DP mit entsprechend unterschiedlichen Datenübertragungsabläufen:

#### 17.1.8.1 Zyklischer Datentransfer Master-Slave in Leistungsstufe DP-V0

Das DP-V0 Protokoll bietet die Grundfunktionalität des PROFIBUS DP. Dazu gehören der zyklische Datentransfer, verschiedene Diagnoseleistungen und eine Konfigurationskontrolle beim System-Hochlauf.

Die zentrale Steuerung (Master) liest die Eingangsinformationen der Slaves und schreibt die Ausgangsinformation zyklisch an die Slaves. Bei den Slaves kann es sich um „einfache" DP-Slaves mit fester Funktionalität sowie um „intelligente" DP-Slaves mit einer programmierbaren Funktionalität handeln. Die so genannten I-Slaves haben eine eigene CPU. Der DP-Master greift bei diesen Slaves nicht auf die Daten von E/A-Baugruppen zu, sondern auf einen freien Übergabebereich im E/A-Adressraum der CPU, in dem vorverarbeitete Prozessdaten vorliegen.

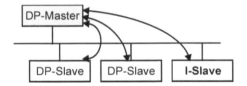

I-Slaves können Steuerungen mit einer CPU und einem als DP-Slave konfigurierten Kommunikationsprozessor CP sein.

I-Slaves können dezentrale Peripheriesysteme mit CPU und einem Interface-Modul IM für den Busanschluss sein.

**Bild 17.12:** Ein DP-Mastersystem mit zwei einfachen und einem intelligenten DP-Slave

Der DP-Master arbeitet eine Polling-Liste ab, in der die von ihm konfigurierten DP-Slaves mit ihrer PROFIBUS-Adresse aufgeführt sind. Ein Nachrichtenzyklus besteht aus einem Request-Telegramm vom Master zum Slave und einem Response-Telegramm vom Slave zum Master.

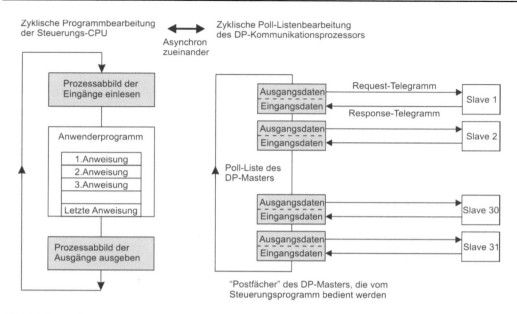

**Bild 17.13:** Die Asynchronität zwischen zwei zyklischen Vorgängen muss beachtet werden.

Im Request-Telegramm (engl. request = Anforderung) sendet der Master Ausgangsdaten an den Slave und erhält mit den Response-Telegrammm (engl. response = Antwort) Eingangsdaten vom Slave zurück, also innerhalb eines Nachrichtenzykluses. Anstelle von Daten kann auch eine Kurzquittung gemeldet werden, z. B. wenn der Slave ein reines Ausgabegerät ist. Wenn der DP-Master am Ende der Poll-Liste angekommen ist, beginnt er wieder von vorne. Dieser zyklische Telegrammverkehr des DP-Masters wird mit *Polling* (engl. polling = wiederkehrende Abfrage) bezeichnet.

Die erwähnten DP-Master sind Klasse 1-Master, also zentrale Steuerungen auf SPS- oder PC-Basis. In einem physikalischen PROFIBUS DP-Subnetz können mehrere Mastersysteme (DP-Master + DP-Slaves) projektiert sein. Sie bilden von einander unabhängige Systeme.

Der Datenverkehr zwischen einem DP-Master Klasse 1 (DPM1) und seinen DP-Slaves gliedert sich in drei Phasen: Parametrierungs-, Konfigurierungs- und Datentransfer-Phase. Parametrierungsdaten sind gerätebezogen und Konfigurierungsdaten sind systembezogen. In der Hochlaufphase wird geprüft, ob die projektierten Solldaten mit der tatsächlichen Gerätekonfiguration übereinstimmen.

### 17.1.8.2 Zusätzlicher azyklischer Datenverkehr Master-Slave in Leistungsstufe DP-V1

Der Schwerpunkt der Leistungsstufe DP-V1 liegt auf dem zusätzlich verfügbaren azyklischen Datenverkehr. Dieser bildet die Voraussetzung für die Parametrierung und Kalibrierung von Feldgeräten über den Bus während des laufenden Betriebes! Diese Leistungsstufe wird auch als erweitertes DP-Protokoll bezeichnet und setzt DP-V1-Master sowie DP-V1-Slaves voraus. Das Hauptanwendungsgebiet liegt bei PROFIBUS PA.

In Bild 17.14 wird der zyklische Datentransfer zwischen dem DPM1 (SPS) und den zugehörigen DP-Slaves 1, 2, 3 bis n dargestellt zusammen mit dem azyklischen Datenverkehr zwischen dem DPM2 (PC) und dem DP-Slave 3.

*Ablauf:* Der DPM1 besitze das Token und führe den zyklischen Datentransfer mit seinen Slaves der Reihe bis zum letzten Slave seiner Polling-Liste aus. Danach übergibt er das Token an den DPM2. Dieser kann in der noch verfügbaren Restzeit des programmierten Zyklus eine azyklische Verbindung zu Slave 3 aufbauen und Daten mit ihm austauschen. Bei Ablauf der Restzeit gibt der DPM2 das Token wieder an den DPM1 zurück. Der azyklische Datenaustausch kann sich über mehrere Zyklen hinziehen, am Ende nutzt der DPM2 eine Restzeit, um die azyklische Verbindung zu beenden. Ein azyklischer Datenverkehr kann auch von einem DPM1 mit einem DP-Slave mit ähnlichem Ablauf durchgeführt werden.

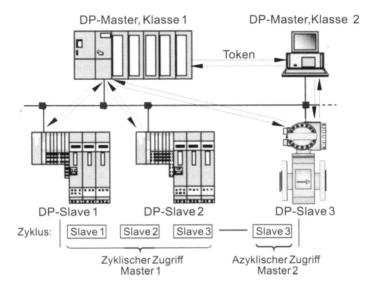

**Bild 17.14:** Zyklischer und azyklischer Datenverkehr bei PROFIBUS der Leistungsstufe DP-V1

### 17.1.8.3 Zusätzlicher Datenquerverkehr (DX) mit I-Slaves bei Leistungsstufe DP-V2

Einige I-Slaves verfügen über die zusätzliche Eigenschaft der „Sende- und Empfangsfähigkeit für DX-Querverkehr" (Direct Data Exchange), der bei ihnen zusätzlich projektiert werden kann. Einige Standard DP-Slaves verfügen über die Sendefähigkeit für den direkten Datenaustausch. Das folgende Bild zeigt Möglichkeiten des projektierbaren Datenquerverkehrs (DX).

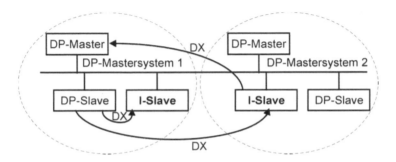

**Bild 17.15:** Datenquerverkehr bei PROFIBUS

## 17.2  Projektierung PROFIBUS DP

### 17.2.1  Übersicht

Die Projektierung eines PROFIBUS DP-Systems mit STEP 7 erfordert folgende Arbeitsschritte:

1. Urlöschen und Anlegen eines neuen Projekts
2. Hardware konfigurieren
   - 2.1  Konfigurieren der S7-SPS-Station
   - 2.2  DP-Mastersystems mit PROFIBUS-Netz einrichten
   - 2.3  Konfigurieren des DP-Slavesystems
3. Software erstellen
   - 3.1  Parametrieren der Kommunikationsbausteine DP_SEND und DP_RECV; dieser
     Punkt entfällt bei einer S7-CPU mit integriertem Kommunikationsprozessor CP
   - 3.2  Ermittlung der E/A-Adressen
   - 3.3  Anwender-Testprogramm
4. Inbetriebnahme und Test, Fehlerquellen

### 17.2.2  Aufgabenstellung

Das unten abgebildete PROFIBUS DP-System, bestehend aus einer S7-SPS mit separatem Kommunikationsprozessor CP-DP und drei PROFIBUS DP-Slaves, ist zu projektieren.

Die S7-Station besteht aus einer Stromversorgung (PS), einem Steuerungsprozessor (CPU), einem Signalmodul (SM) und dem Kommunikationsprozessor CP für PROFIBUS DP. Das Signalmodul hat mit der Kommunikation nichts zu tun, es stellt lediglich 8 Schaltereingänge und 8 Leuchtdiodenausgänge zentral für allgemeine Anwendungen zur Verfügung.

Zwei DP-Slaves sind Kompaktslaves mit 16 Digitaleingängen (16 DI) bzw. 16 Digitalausgängen (16 DO).

Ein DP-Slave ist ein modularer Slave, der aufgabengemäß aus Modulen in Reihenklemmen-Bauform zusammengestellt wird: 1 Bus-Koppler, 1 Analog-Eingangsmodul mit 2 Analogeingängen DI für +/–10 VDC, 1 Analog-Ausgangsmodul mit 2 Analogausgängen DO für +/–10 VDC und 1 Digital-Eingangsmodul mit 8 DI für 24 VDC sowie 1 Digital-Ausgangsmodul mit 8 DO für 24 VDC und eine Bus-Endklemme.

**Technolgieschema:**

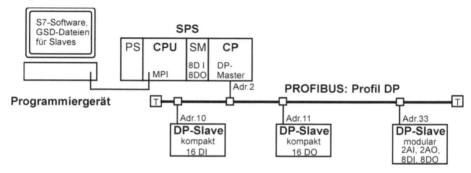

**Bild 17.16:**  Feldbussystem mit PROFIBUS DP

### 17.2.3 Arbeitsschritt (1): Urlöschen und Anlegen eines neuen Projektes

- **MPI-Schnittstelle:**

Verbindung zur S7-CPU herstellen.

- **Erreichbare Teilnehmer:**

Anwählen und angezeigte MPI-Schnittstelle „MPI 2 (direkt)" markieren, in Menüleiste unter „Zielsystem" den Menüpunkt „Urlöschen" wählen, zurück zum SIMATIC-Manager durch Schließen des Fensters „Erreichbare Teilnehmer".

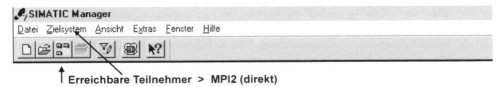

↑ Erreichbare Teilnehmer > MPI2 (direkt)

- **Datei > Neu:**

Im sich öffnenden Fenster „NEU" den Auswahlpunkt „Neues Projekt" wählen, Pfad zum Ablageort über „Durchsuchen" festlegen.

Dateinamen für Projekt festlegen: In der Eingabezeile „Namen" z. B. S7_DP eingeben, es erscheint ein leeres Projekt mit dem Projektnamen S7-DP.

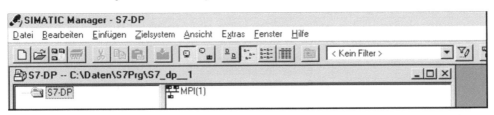

### 17.2.4 Arbeitsschritt (2): Hardware konfigurieren

**1. Konfigurieren der S7-SPS-Station**

- **Station in Projekt einfügen:**

In der Menüleiste „Einfügen" den Menüpunkt „Station" markieren und eine SIMATIC-Station auswählen, z. B. SIMATIC 300(1).

- **Subnetz in Projekt einfügen:**

In der Menüleiste „Einfügen" den Menüpunkt „Subnetz" markieren und PROFIBUS auswählen. Das Objekt „S7-DP" besteht aus den Objekten Station „SIMATIC 300(1), PROFIBUS(1) und MPI-Schnittstelle.

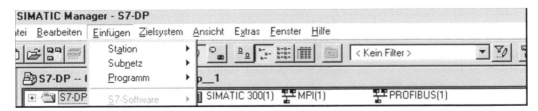

- **Hardware-Konfigurator öffnen:**

In der Objekthierarchie bis zur Station „SIMATIC 300(1) vorangehen und diese markieren. Es wird das Objekt „Hardware" angezeigt, das mit Doppelklick geöffnet werden kann.

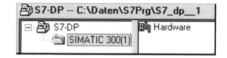

- **Komponenten in Stationsliste platzieren:**

Es wird ein dreigeteiltes Projektierungsfenster HWKonfig, bestehend aus einem leeren Stationsfenster, einem Hardware-Katalog-Fenster und einem Konfigurationstabellen-Fenster gezeigt. Der Hardware-Katalog enthält die wählbaren Komponenten, dort SIMATIC 300 und darin RACK 300 öffnen und „Profilschiene" doppelklicken. Es erscheint eine Liste zum Platzieren der auszuwählender S7-Komponenten. Die Komponenten müssen in die Liste steckplatzorientiert mit Doppelklick in der Reihenfolge PS (Power Supply, Spannungsversorgung), CPU (CPU 314), SM (Signal Modul), CP (CP342-5) unter Beachtung der genauen Geräte-Bestellnummern eingefügt werden. Das Einfügen falscher Komponenten wird spätestens beim Laden der Hardware-Konfiguration in das Zielsystem der SPS-CPU bemerkt und erfordert dann nachträgliche Änderungen.

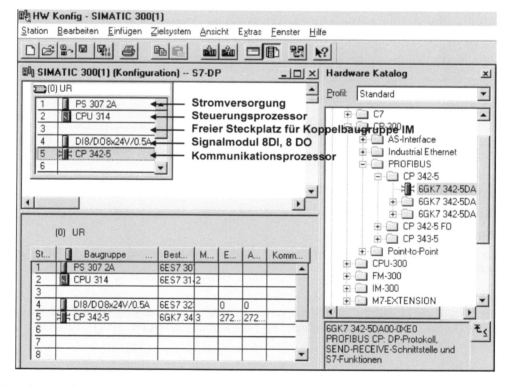

Aus der Konfigurationstabelle der obigen Abbildung kann für den auf Steckplatz 5 platzierten Kommunikationsprozessor CP eine wichtige Adresse im Dezimalzahlenformat entnommen werden. Es handelt sich um die steckplatzabhängige Baugruppen-Anfangsadresse des CP, die mit 272 dez gemeldet wird. Sie wird bei der Parametrierung der Kommunikationsbausteine

FC 1 (DP-SEND) und FC 2 (DP-RECV) benötigt. Beim Aufruf dieser FC-Bausteine wird der programmausführenden S7-CPU mit dieser Adresse mitgeteilt, wo sich der Kommunikationsprozessor befindet. Das ist erforderlich, denn eine S7-CPU kann auch mit mehreren CPs zusammenarbeiten, die sich adressenmäßig unterscheiden müssen. Die Baugruppen-Anfangsadresse muss bei den FC-Bausteinen allerdings im hexadezimalen Zahlenformat eingegeben werden, dabei ist 272 dez = 110 hex.

### 2. DP-Mastersystem mit PROFIBUS-Netz einrichten

- **Betriebsart des CP bestimmen:**

Beim Einfügen des CP sind wichtige Einträge vorzunehmen, dazu gehören: PROFIBUS-Adresse des CP festlegen (2), Anschließen des CP an das Subnetz (PROFIBUS) und Einstellen des CP auf die Betriebsart „DP-Master" (CP in der Liste markieren, im Menü „Bearbeiten" den Menüpunkt „Objekteigenschaften" markieren und dort unter „Betriebsart" die Einstellung „DP-Master" auswählen.

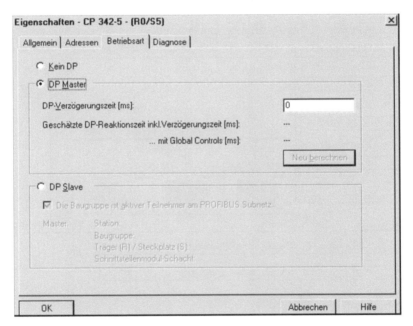

Im HWKonfig-Projektierungsfenster erscheint die PROFIBUS-Leitung ausgehend vom Kommunikationsprozessor CP 342-5.

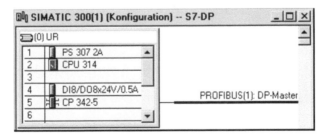

### 3. Konfigurieren des DP-Slavesystems

#### • DP-Slaves einfügen: Anbinden der DP-Slaves an das DP-Mastersystem:

Die DP-Slaves befinden sich im Katalog unter PROFIBUS DP und werden mit „drag&drop"
einfügt. Dabei muss bei jedem DP-Slave die für ihn vorgesehene PROFIBUS-Adresse eingestellt werden. Für Kompakt-Slaves ist der Vorgang sehr einfach, bei modularen DP-Slaves
sind zusätzlich die einzelnen Module in der Reihenfolge ihres gerätemäßigen Aufbaus einzugeben. Die Module des modularen Slaves sind als dessen Untermenge im Hardware-Katalog
aufgeführt. Bei Markieren einzelner DP-Slaves wird deren Konfigurationsliste mit wichtigen
Adressangaben gezeigt. Wenn bei modularen Slaves nur ein so genanntes Universalmodul
angeboten wird, so lässt sich dieser über seine Objekteigenschaften (rechte Maustaste) auf ein
spezielles Profil einstellen.

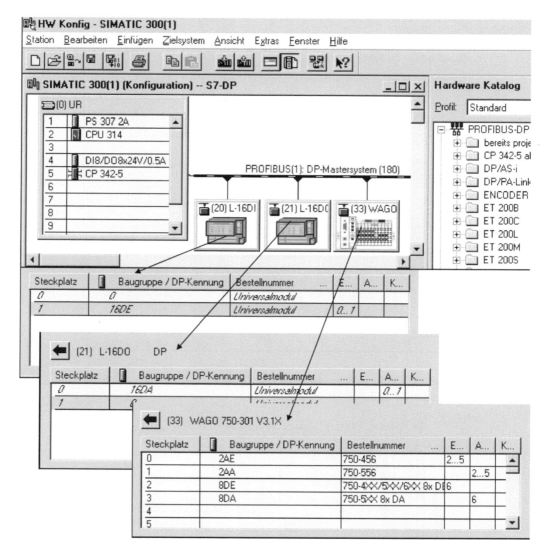

- **Übertragungsrate und Profil einstellen:**

In der GSD-Datei der DP-Slaves ist angegeben, welche Übertragungsraten von PROFIBUS von ihm unterstützt werden. Eine neue Einstellung für einen DP-Slave wird automatisch für alle anderen bereits konfigurierten DP-Slaves überprüft. Der letzte Eintrag gilt und wird als Übertragungsrate von PROFIBUS DP verwendet.

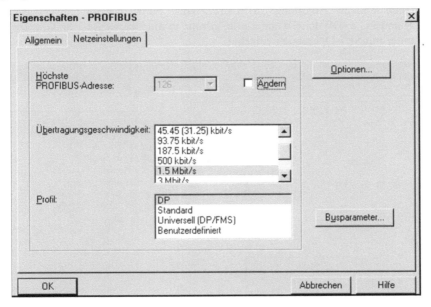

- **Speichern und Übersetzen:**

Durch Markieren des Ikons „Speichern und Übersetzen" die Konfiguration überprüfen und abspeichern lassen. Bei Fehlermeldung „Keine Konsistenz" muss die Stimmigkeit der Konfiguration überprüft werden.

- **Hardware-Konfiguration in Zielsystem laden:**

Die fehlerfreie Hardware-Konfiguration in das Zielsystem laden: Menüleiste „Zielsystem" und darin den Menüpunkt „Laden in Baugruppe" (CPU) markieren und dabei den Anweisungen folgen.

- **Neue GSD-Datei:**

Falls ein neuer DP-Slave in der Projektierungs-Software nachinstalliert werden muss, benötigt man dafür eine vom Hersteller gelieferte Diskette mit der betreffenden Geräte-Stammdaten-Datei (GSD). In der HWKonfig findet man unter dem Menü „Extras" die Menüpunkte „Neue GSD installieren" und „Katalog aktualisieren".

### 17.2.5 Arbeitsschritt (3): Software erstellen

**1. Anwender-Schnittstellen DP-SEND und DP-RECV einfügen**

- **Bausteine FC 1 und FC 2 aus Bibliothek holen und parametrieren:**

Organisationsbaustein OB 1 in FUP-Darstellung öffnen, unter Programmelemente die Bibliothek aufsuchen und in Abteilung „SIMATIC-NET" unter CP 300 die Bausteine FC 1 (DP_SEND) und FC 2 (DP_RECV) mit „drag&drop" in die Netzwerke 1 und 2 ziehen und die Formalparamter mit SPS-Operanden versehen.

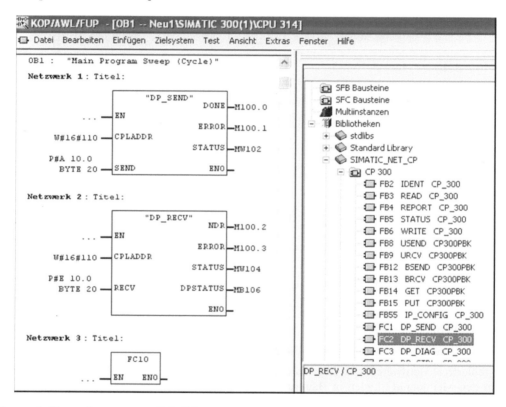

**Legende Formalparameter DP_SEND (FC 1), DP_RECV (FC 2)**

| Formalparameter: | Datentyp: | Bedeutung: |
|---|---|---|
| CPLADDR | WORD | Baugruppen-Anfangsadresse |
| SEND | ANY | Sendedaten: Adresse und Länge der Sendedaten |
| RECV | ANY | Empfangsdaten: Adresse und Länge der Empfangsdaten 2 Byte für Slave 20 + 5 Byte für Slave 33 = 7 Byte Mindestlänge. Projektiert: 20 Byte |
| NDR | BOOL | Zustandsparameter: 0 = -; 1 = neue Daten |
| ERROR | BOOL | Fehleranzeige: 0 = -; 1 = Fehlerfall |
| STATUS | WORD | Statusanzeige: Informationen zur Auftragsausführung |
| DPSTATUS | BYTE | DP-Statusinformationen: z. B. Bit 2 = 1 Diagnosedaten vorhanden |

## 2. Ermitteln der E/A-Adressen

- Simulationsbaugruppe mit 8 DE und 8 DA belegt laut Konfigurationstabelle jeweils das Byte 0 des Eingangs- und Ausgangs-Adressbereiches:

  8 DE    Signalmodul    = EB 0    = E 0.0 ... E 0.7
  8 DA    Signalmodul    = AB 0    = A 0.0 ... A 0.7

- Der Adressbereich der dezentralen Peripherie errechnet sich aus der **Zeigeradresse** der DP_SEND- bzw. DP_RECV-Bausteine und dem Adress**offset** aus der Konfigurations-tabelle der DP-Slaves:

  | | | | |
  |---|---|---|---|
  | 16 DE | DP-Slave (20) | = E 10.0 + Byte 0...1 | = **EW 10** |
  | 16 DA | DP-Slave (21) | = A 10.0 + Byte 0...1 | = **AW 10** |
  | 1.AE-Kanal | DP-Slave (33) | = E 10.0 + Byte 2...3 | = **EW 12** |
  | 2.AE-Kanal | DP-Slave (33) | = E 10.0 + Byte 4...5 | = **EW 14** |
  | 1.AA-Kanal | DP-Slave (33) | = A 10.0 + Byte 2...3 | = **AW 12** |
  | 2.AA-Kanal | DP-Slave (33) | = A 10.0 + Byte 4...5 | = **AW 14** |
  | 8 DE | DP-Slave (33) | = E 10.0 + Byte 6 | = **EB 16** |
  | 8 DA | DP-Slave (33) | = A 10.0 + Byte 6 | = **AB 16** |

## 3. Anwender-Testprogramm

Die am Analogeingang Kanal 1 angelegte Spannung soll am Analogausgang Kanal 2 wie-der ausgegeben werden.

Der dem DP-Slave (Adr. 20) zugeführte Zahlenwert soll am DP-Slave (Adr. 21) wieder ausgegeben werden.

Eine UND-Verknüpfung von zwei Binäreingängen des Signalmoduls der SPS soll einen Binärausgang des modularen Slave (Adr. 33) ansteuern.

Eine ODER-Verknüpfung von zwei Binäreingängen des modularen Slaves (Adr. 33) soll einen Binärausgang des Signalmoduls der SPS ansteuern.

```
FC10: Anwender-Testprogramm

    L   EW   12              //1.Analogeingang DP-Slave (Adr. 33)
    T   AW   14              //2.Analogausgang DP-Slave (Adr. 33)

    L   EW   10              //Digitaleingang DP-Slave (Adr. 20)
    T   AW   10              //Digitalausgang DP-Slave (Adr. 21)

    U   E   0.0              //Binäreingang Signalmodul der SPS
    U   E   0.1              //Binäreingang Signalmodul der SPS
    =   A   16.0             //Binärausgang modularer DP-Slave

    O   E   16.0             //Binäreingang modularer DP-Slave
    O   E   16.1             //Binäreingang modularer DP-Slave
    =   A   0.7              //Binärausgang Signalmodul der SPS
```

### 17.2.6 Arbeitsschritt (4): Inbetriebnahme und Test, Fehlerquellen

Es wird hier davon ausgegangen, dass der Anlagenaufbau bestehend aus den Geräten, der PROFIBUS-Verbindung mit Busabschluss und der eingeschalteten Stromversorgung fehlerfrei ist. Ferner bestehe eine Verbindung vom Programmiergerät zur S7-CPU über die MPI-Schnittstelle. Im Programmiergerät stehe eine fertige Projektierung zur Verfügung.

#### 1. Download

Die Projektierung muss in die S7-CPU geladen werden. Dies kann komplett in einem Schritt oder in Teilschritten erfolgen. Unter Lernbedingungen wird man einen Download in Teilschritten vorziehen, indem man zuerst die Hardware-Konfiguration aus der HWKonfig in das Zielsystem überträgt. Erst bei dieser Aktion zeigt sich, ob die Hardware-Konfiguration mit dem realen Anlagenaufbau übereinstimmt. Die hauptsächliche Fehlerquelle liegt in abweichenden Ausgabeständen der Hard- und Software bei den aktiven Komponenten CPU und CP. Eine weitere Fehlerquelle kann durch fehlerhafte Konfiguration modularer Slaves entstehen, wenn beispielsweise der modulare Slave als Gerät mit PROFIBUS-Adresse zwar vorhanden, jedoch leer ist, d. h. ohne Module projektiert wurde. Der Download der Hardware-Konfiguration muss ohne Anzeige einer roten Systemfehler-Leuchtdiode an der CPU vonstatten gehen. Daran anschließend kann mit dem Download der Software (S7-Bausteine) in das Zielsystem begonnen werden. Hierbei muss auf die richtige Reihenfolge geachtet werden. Zuerst müssen beispielsweise die Kommunikationsbausteine FC 1, FC 2 und der FC 10 übertragen werden und dann erst der OB 1, der diese Bausteine aufruft. Eine weiter Möglichkeit ist die, dass man den Behälter „Bausteine" markiert und „Laden in Baugruppe" aktiviert. In der Regel wird sich das Programmiergerät melden und die richtige Eingabe-Reihenfolge anmahnen. Dies kann dann mit dem angebotenen „Alle laden" quittiert werden, sodass die richtige Reihenfolge vom Programmiergerät sicher gestellt wird. Die häufigsten Fehler beim Download der Bausteine, die zu einem Aufleuchten der roten SF-LED bei der CPU führen, sind fehlende Bausteine oder unstimmige Instanz-Datenbausteine, die einen von ihrem zugehörigen Funktionsbaustein abweichenden Parametersatz haben, was sich durch Änderungen im Programm leicht ergeben kann. Zum Schluss sei noch erwähnt, dass auch ein Komplett-Download des Gesamtprojekts möglich ist, indem man im SIMATIC-Manager die Station (z. B. SIMATIC 300) markiert und „Laden in Baugruppe" aktiviert.

#### 2. Test der Kommunikation

Nach dem Download der Projektierung darf sich kein Busfehler durch Aufleuchten einer roten BF-Leuchtdiode beim CP und den Slaves zeigen. Solange dieses nicht der Fall ist, kann mit dem Programmtest nicht begonnen werden, da keine Kommunikation stattfindet. Ein häufig vorkommender Fehler ist eine zu kleine Sende- bzw. Empfangs-Datenlänge durch die Angaben „P#A 10.0 Byte x bzw. P#E 10.0 Byte y" bei den Bausteinen DP_SEND bzw. DP_RECV. Dies kann besonders dann leicht vorkommen, wenn die Datenbereiche der Slaves nicht bündig liegen sondern Lücken aufweisen. Man kann diesen Fehler bei der Inbetriebnahme vermeiden, wenn man zunächst sicherheitshalber eine größere Datenlänge projektiert. Eine weitere Fehlerquelle sind falsche PROFIBUS-Adressen der DP-Slaves, d. h. Nichtübereinstimmung zwischen hardwaremäßig eingestellter und projektierter Adresse. Das Diagnosesystem zeigt, welche Teilnehmeradressen erkannt werden. Ist die Kommunikation sicher gestellt und die geplante Funktion fehlerhaft, dann liegen die Fehler „nur noch" in der Programmlogik.

# 18 Ethernet-TCP/IP

## 18.1 Grundlagen

### 18.1.1 Übersicht

Ethernet-TCP/IP ist ein weltweit erprobter und akzeptierter Standard für lokale Netze im Büro-Umfeld mit Zugang zu ISDN und Internet geworden. Der Datenverkehr in den lokalen Netzen unterscheidet sich wesentlich von dem in Feldbussystemen. Die räumlich eng begrenzten Feldbusse dienen hauptsächlich der zyklischen (wiederholenden) Übertragung von Prozesswerten, um immer deren aktuellen Stand auswerten zu können. Dabei kann die Länge der Datentelegramme als sehr kurz bei AS-i-Bus bis kurz bei PROFIBUS bezeichnet werden. Die in den räumlich ausgedehnteren lokalen Netzen zu übertragenden Datensätze sind dagegen in der Regel umfangreich und nur einmalig zu übertragen. Ein weiterer wesentlicher Unterschied zwischen den Feldbussystemen und den lokalen Netzen liegt in der zulässigen Übertragungszeit zwischen den Endgeräten. Feldbusse müssen hier die wesentlich schärfere Echtzeitbedingung erfüllen, wenn es z. B. um Steuerungsprozesse schnell laufender Maschinen geht.

Obwohl große Unterschiede zwischen den Feldbussen und lokalen Netzen bestehen, vollzieht sich in der Automatisierungstechnik ein deutlicher Wandel hin zu einer vertikalen Datendurchlässigkeit zwischen Fabrik- und Bürowelt im Sinne einer integrierten Betriebsführung. Damit verbunden ist eine Annäherung beider Systeme bis hin zu einer Systemintegration, wie im nachfolgenden Kapitel 19 bei PROFINET gezeigt wird. Vielfach wird sogar gefordert, die lokalen Netze der Bürowelt so zu erweitern, dass die Feldbusse überflüssig werden.

Aus allem folgt, dass sich eine Ausbildung in Automatisierungstechnik dem Thema Ethernet-TCP/IP stellen muss. Hier zunächst einige wichtige Begriffe in Kurzbeschreibung:

- Lokale Netze (Local Area Network = LAN, Verbund räumlich verteilter Rechner, die untereinander Daten austauschen; Richtwert der räumlichen Ausdehnung: maximal 5 km);

- Ethernet ist die zur Zeit bei lokalen Netzwerken am häufigsten angewandte Übertragungstechnik. Ethernet verwendet als Übertragungsmedien Kupferkabel und Lichtwellenleiter. Ethernet als Übertragungsverfahren beruht auf einem festgelegten Protokoll für den Aufbau der Datentelegramme und der Anwendung eines bestimmten Buszugriffsverfahrens, bei dem alle angeschlossenen Teilnehmerstationen gleichberechtigt sind. Zur Unterscheidung erhält jede Netzwerkstation eine weltweit eindeutige Geräteadresse. Zu Ethernet gehören auch Netzwerkkomponenten wie Hubs und Switches für den Zusammenschluss der Geräte zu Subnetzen. Die Ethernetkomponenten wie Kabel, Stecksysteme und Switches müssen den raueren Betriebsbedingungen in der Fabrik angepasst werden, bei SIMATIC z. B. in der Ausführung *Industrial Ethernet*.

- TCP/IP ist die Bezeichnung eines Netzwerkprotokolls für den Datenaustausch zwischen Rechnern über Netzwerkgrenzen hinaus. Für den Datentransfer werden die Gesamtdaten in Teilmengen zerlegt und in Datenpaketen bestimmter Größe übertragen. Um einen Rechner in den weltweiten Netzwerken gezielt finden zu können, wird ein logisches Adressensystem verwendet. Da die Datenübertragung auch gesichert erfolgen soll, muss ein übergeordnetes Kontrollverfahren gewährleisten, dass beispielsweise auch alle Datenpakete angekommen sind.

- Internet (Gesamtheit aller Netzwerke und Computer, die über TCP/IP-Verbindungen erreichbar sind. Dazu zählen u. a. die firmeninternen Netzwerke, die auch Internettechnologien anwenden und Intranets genannt werden);

- ISDN (Integrated Service Digital Network = Dienste-integrierendes digitales Telekommunikationsnetz für Sprach-, Bild- und Datenübertragung auf einer Leitung, weltweit).

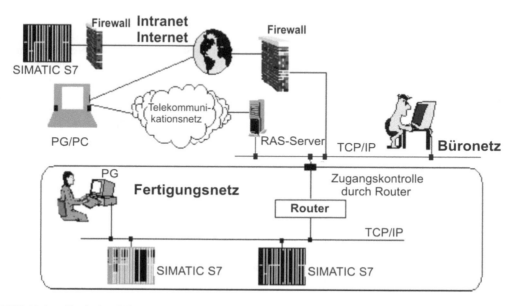

**Bild 18.1:**   Typisches Ethernet-TCP/IP-Netz in der Automatisierungstechnik
(RAS = Remote-Access-Server)

## 18.1.2  Ethernet-Netzwerke

### 18.1.2.1  Standard 10 BASE-T

Die Ethernet-Standards unterliegen seit Abfassung des Ursprungsstandards im Jahr 1985 der fortlaufenden technischen Entwicklung. Die Bezeichnungsweise folgt einem Schema:

Die erste Zahl gibt die Übertragungsrate in MBit/s (Megabit pro Sekunde) an.

BASE bzw. BROAD steht für Basis- bzw. Breitband.

Die letzte Zahl bzw. Buchstabe steht für die maximale räumliche Ausdehnung pro Segment in Hundert Meter bzw. für eine Kennzeichnung des verwendeten Mediums, z. B. „T" für Twisted Pair und „F" für Fiber-Optic (Lichtwellenleiter).

Unter 10Base-T versteht man das Standard-Ethernet-Verfahren mit dem CSMA/CD-Buszugriffsverfahren und einer Übertragungsgeschwindigkeit von 10 MBit/s auf Twisted Pair-Kabeln, bei der die Arbeitsstationen (PCs) so an Verteiler angeschlossen werden, dass eine sternförmige Netzstruktur entsteht (siehe Bild 18.4). Jeder Verteiler kann wiederum Teil einer sternförmigen Oberverteilung sein. Für den Verteiler gibt es zwei verschiedene Konstruktionen, die den internen Datenverkehr regeln:

**Hub**, auch Sternkoppler genannt, bietet die Möglichkeit, mehrere Teilnehmerstationen sternförmig miteinander zu verbinden. Datenpakete, die auf einem Port empfangen werden, werden ungefiltert an allen anderen Ports verstärkt (regeneriert) ausgegeben.

**Switch**, vorstellbar als ein äußerst schnell und parallel arbeitendes Datenpaket-Vermittlungssystem, bietet wie schon der Hub die Möglichkeit zur sternförmigen Vernetzung der Teilnehmer. Der Switch „lernt" die Ethernet-Adressen der angeschlossenen Teilnehmer und leitet ankommende Datenpakete adressorientiert nur an den betreffenden Netzteilnehmer weiter, so dass die anderen Netzwerksegmente mit diesem Datenverkehr nicht belastet werden.

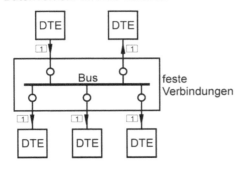 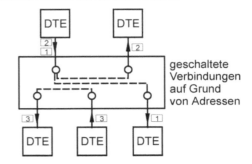

**Bild 18.2:** Verteilertypen: Hub und Switch

### 18.1.2.2 Fast Ethernet (100 MBit/s)

Fast Ethernet ist <u>kein</u> neuer Standard sondern nur die <u>kompatible</u> Erweiterung von 10 BASE-T und wird derzeitig in der Automatisierungstechnik überwiegend eingesetzt.

Die Bezeichnungen für Fast Ethernet können lauten:

100 BASE-TX, d. h. 100 MBit/s über zweipaariges Kategorie-5-Kabel,

100 BASE-FX, d. h. 100 MBit/s über Kabel mit zwei optischen Fasern.

Der Standard 100 BASE-TX definiert bestimmte Eigenschaften des Netzwerkes, bestehend aus den aktiven Netzwerkkomponenten und den Kabeln:

100 MBit/s Übertragungsrate,

Full Duplex Betrieb (FDX), gleichzeitiges Senden und Empfangen,

Stern-Topologie mit Switch-Verteilern,

Kabellänge 100 m,

Buszugriffsverfahren CSMA/CD (siehe Kapitel 18.1.4.1),

RJ 45-Stecker.

### 18.1.3 Industrielle Installation

Im Unterschied zum Büro-EDV-Umfeld müssen in der Industrie-Automatisierungs-Umgebung zusätzliche Bedingungen zur Sicherung eines störungsfreien Ethernet-Netzbetriebes vorgesehen werden. Am Beispiel von „Industrial Ethernet" (Siemens) soll nachfolgend der physikalische Aufbau eines „Industrial-Twisted-Pair-Netzes" dargestellt werden.

### 18.1.3.1 Industrial-Twisted-Pair-Leitung ITP

Beim Twisted-Pair-Kabel ist jedes Kupfer-Adernpaar verdrillt und einzeln abgeschirmt sowie kunststoffummantelt. Das äußere Schirmgeflecht um 4 Paare besteht aus verzinnten Kupferdrähten. Das Industrial-Twisted-Pair-Kabel (ITP) für einen sternförmigen Netzaufbau erfüllt die Anforderungen 10BASE-T nach IEEE 802.3-Standard für Frequenzen bis 100 MHz und darf bis zu einer Leitungslänge bis 100 m verlegt werden. Der Wellenwiderstand des ITP-Kabels beträgt 100 Ω.

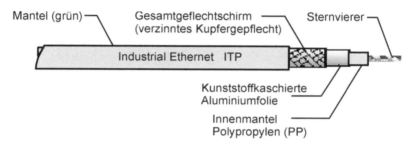

In konfektionierter Ausführung als Anschlusskabel wird es mit zwei Sub-D-Steckern geliefert. Der 15-polige Stecker kommt an den Industrial-Ethernet-Kommunikationsprozessor der SPS und der 9-polige Stecker zum Electrical Link Modul (ELM), das die Verteilerfunktion ausübt.

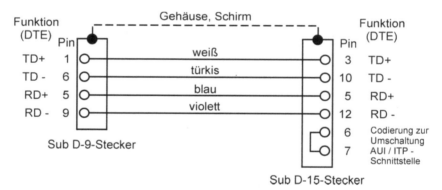

### 18.1.3.2 Strukturierte Verkabelung nach EN 50173

Industrial Ethernet wendet die Vorschriften der *strukturierten Verkabelung* nach EN 50173 an:

- Die Realisierung der hierarchischen Sternstruktur besteht bei einem vollen Ausbau aus drei Verkabelungsbereichen, die in Primärbereich, Sekundärbereich und Tertiärbereich unterschieden werden.

- Die Primärverkabelung, das ist die Verbindung von verschiedenen Gebäuden, beginnt im Standortverteiler (SV) und reicht bis zum Gebäudeverteiler (GV) mit einer maximalen Leitungslänge von 1500 m (vorzugsweise Lichtwellenleiter LWL mit Potenzialtrennung).

- Die Gebäudeverteiler sind das Bindeglied zwischen Primär- und Sekundärbereich, in denen sich die Etagenverteiler (EV) befinden mit einem Abstand von maximal 500 m (vorzugsweise Lichtwellenleiter LWL).

Der Tertiärbereich liegt zwischen den Etagenverteilern und den Endgeräte-Anschlussdosen (TA). Die Gesamtlänge einer Leitung im Tertiärbereich beträgt maximal 100 m (Twisted Pair-Kabel oder Lichtwellenleiter LWL). Optional kann den TAs ein Kabelverzweiger (KV) vorgeschaltet werden, der mehrpaarige Leitungen bzw. mehrfaserige LWL verzweigt und auf Anschlussdosen führt.

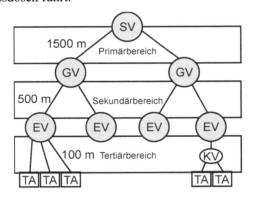

Legende:
SV = Standortverteiler
GV = Gebäudeverteiler
EV = Etagenverteiler
KV = Kabellverzweiger
TA = Informationstechnische
      Anschlussdose

**Bild 18.3:** Hierarchische Sternstruktur nach EN 50173

### 18.1.3.3 Sterntopologie

Bei Industrial Ethernet werden einfache Netze mit den Verteilerkomponenten ELM (Electrical Link Modul) aufgebaut, die auch als Sternverteiler bezeichnet werden und bessere Hubs sind.

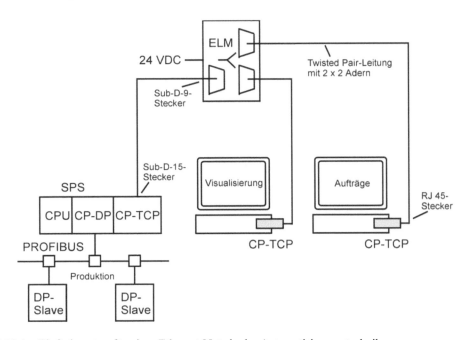

**Bild 18.4:** Einfaches sternförmiges Ethernet-Netz in der Automatisierungstechnik

### 18.1.3.4  Linientopologie

In der Automatisierungstechnik kann mit den Link Modulen (ELM, OLM) auch eine linienförmige Netztopologie größerer Ausdehnung realisiert werden, z. B. in Tunnelanlagen. Man
koppelt die Link Module zu einer Linienstruktur zusammen. Der maximale Abstand zweier
ELMs darf nur 100 m, der Abstand bei den OLMs (Optical Link Molud) kann 2600 m betragen (abhängig von LWL-Typ).

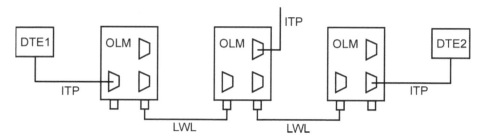

**Bild 18.5:**  Linienförmiges Netz in der Automatisierungstechnik


## 18.1.4  Datenübertragung über Ethernet

### 18.1.4.1  Buszugriffsverfahren

Im (Industrial) Ethernet Netz gibt es keine Master- bzw. Slave-Stationen sondern alle Teilnehmer haben das Buszugriffsrecht. Der Buszugriff muss aber geregelt sein; es wird das
*CSMA/CD-Verfahren* angewendet (Carrier Sense with Multiple Access and Collision Detection = Mehrfachzugriff mit Signalabtastung und Kollisionserkennung). Das Verfahren sieht für
jede sendewillige Station folgende Prinzipien vor:

- Listen bevor Talking: Vor dem Senden überprüft jede Station, ob die Leitung frei ist, oder
  ob gerade eine andere Station sendet. Ist die Leitung frei, kann die Station sofort senden.
  Bei belegter Leitung muss später ein neuer Sendeversuch gestartet werden.

- Listen while Talking: Die Sendestation hört die Leitung ab. Dies ist aus technischen Gründen nur bei einer kabelgebundenen Übertragungstechniken möglich.

- Abbruch der Sendung bei Datenkollision: Tritt der Fall ein, dass zwei Stationen gleichzeitig senden wollen, die Leitung als frei erkennen und unabhängig von einander mit dem
  Senden beginnen, kommt es zu einer Überlagerung der Signalverläufe und dabei zu einer
  Zerstörung der Daten. Man bezeichnet dieses Geschehen als eine Kollision. Die nach dem
  CSMA/CD-Verfahren arbeitenden Sender erkennen den Fehler, da sie etwas anderes hören
  als sie selber senden und brechen ihre Sendungen ab. Nach einer stochastisch (zufällig) bestimmten Wartezeit versucht jeder Sender einen erneuten Buszugriff zur Wiederholung.

Um die ordnungsgemäße Funktion des Buszugriffsverfahrens bei CSMS/CD sicherzustellen,
ist die Ausdehnung eines Ethernet-Netzes durch zwei Einflüsse begrenzt:

- Durch die Leitungsdämpfung (das Kollisionssignal muss noch erkennbar sein).

- Durch das Signallaufzeitenproblem, das in Bild 18.6 vereinfacht dargestellt wird.

Die maximale Netzausdehnung wird eine *Kollisionsdomäne* genannt, sie beträgt 512 Bitzeiten, das sind 51,2 µs ( $\hat{=}$ ca. 4000 m) bei 10 MBit/s oder 5,12 µs ( $\hat{=}$ ca. 400 m) bei 100 MBit/s.

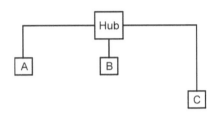

1. Station A sendet Daten zur Station B.
2. Station C hat auf Grund der Signallaufzeit noch nicht erkannt, dass die Leitung belegt ist, und beginnt ebenfalls zu senden.
3. Im ungünstigsten Fall empfängt Station B gestörte, unbrauchbare Daten und Station A hat die Sendung bereits beendet, bevor sie bemerken kann, dass eine Datenkollision stattgefunden hat und eine Wiederholungssendung aus ihrer Sicht nicht notwendig ist.

**Bild 18.6:** Zum Begriff der Kollisionsdomäne

Zur sternförmigen Verbindung von Netzteilnehmern wurden bisher meistens Hubs (Industrial Ethernet ELMs bzw. OLMs) mit Signalregenerierung verwendet, die als Verteilstationen arbeiten (siehe Bild 18.2). Bei dieser Technologie müssen sich die Teilnehmerstationen das Netzwerk zur Benutzung teilen, woraus sich die Bezeichnung *Shared LAN* (to share = teilen) herleitet.

Kennzeichen von Shared LANs sind:

• Die von einer Verteilstation empfangenen Datenpakete werden allen Teilnehmern einer Kollisionsdomäne zugestellt. Alle Datenpakete gehen durch alle Segmente (Punkt-zu-Punkt-Verbindung zwischen Teilnehmerstation und Verteiler), es besteht Kollisionsgefahr.

• Zu einem Zeitpunkt darf nur ein Datenpaket im Netz bleiben.

• Alle Netzteilnehmer teilen sich die Netzressourcen, d. h. die nominale Datenrate.

• Die räumliche Ausdehnung eines shared LANs ist begrenzt durch die Signallaufzeit in den Kabeln und den zusätzlichen Signalverzögerungen in den Hubs oder Repeatern (Verstärker und Koppler von Ethernet Segmenten, die auch aus verschiedenen Kabeltypen bestehen können). Die Signalverzögerungen in den Netzwerkkomponenten werden nicht in Zeitwerten sondern in Längen angegeben (so genannte Laufzeitäquivalente). Die Summe aller Laufzeitäquivalente einer Punkt-zu-Punkt-Verbindung zwischen den am weitesten von einander entfernten Teilnehmern muss von dem zur Verfügung stehenden Gesamtbudget abgezogen werden. Der Rest steht für die Verkabelung der Komponenten zur Verfügung.

Eine entscheidende Vereinfachung und Verbesserung beim Aufbau der Netzwerke bringt die Einführung der *Switching-Technologie*. Ein Switch ist eine Verteilstation, mit der sich Datenpakete anhand von Adressen gezielt durchschalten lassen. Dabei kann ein Switch mehrere Paare von Teilnehmern gleichzeitig verbinden (siehe Bild 18.2) und für den Fall, dass eine Zieladresse gerade besetzt ist, auch kurze Zwischenspeicherungen der Datenpakete vornehmen.

Kennzeichen von *Switched LANs* sind:

• Jedem einzelnen Segment steht die nominale Datenrate zur Verfügung.

• Es ist gleichzeitiger Datenverkehr in mehreren Segmenten möglich ohne Kollisionsgefahr.

• Nur die Daten für Endgeräte in anderen Subnetzen werden dorthin durchgeleitet, dadurch bleibt lokaler Datenverkehr lokal begrenzt und damit auch die Fehlerausbreitung.

• Bei Industrial Ethernet kommen ESM (Electrical Switching Modul) und OSM (Optical Switching Modul) zu Einsatz.

### 18.1.4.2  Aufbau einer Ethernet-Nachricht

Jede Ethernet-Netzwerkkarte in einem PC bzw. Ethernet-CP in einer SPS hat eine weltweit eindeutige „physikalische Adresse", die im ROM-Speicher fest abgelegt ist und die MAC-Adresse (Media Access Control) genannt wird. Netzwerkkarten können nur über ihre MAC-Adresse angesprochen werden, diese ist 6 Bytes lang und nach einem festgelegten Schema aufgebaut, wie nachfolgendes Beispiel zeigt:

**MAC-Adressenformat nach IEEE 802.1:**

Unter der Adresse FF FF FF FF FF FF Hex fühlen sich alle Netzwerkkarten im lokalen Netz angesprochen, sog. MAC-Broadcast-Adresse.

Das nachfolgende Bild zeigt den Aufbau einer Ethernet-Nachricht oder eines Ethernet-Frames (MAC-Datenpaket) mit einer vereinfacht dargestellten Übersicht für den mehrfach untergliederten Daten-Bereich, dessen Einzelheiten erst im folgenden Kapitel erklärt werden.

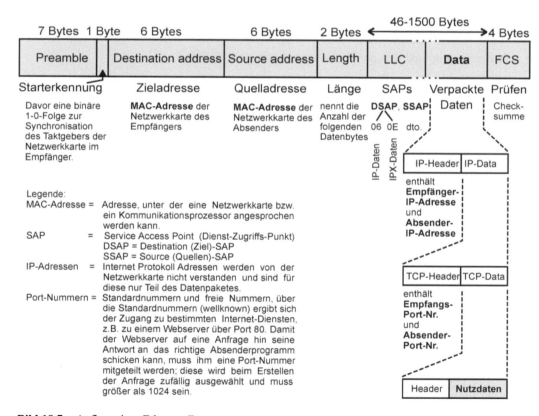

**Bild 18.7:**  Aufbau eines Ethernet-Frames

Damit die Datenpakete ihr Ziel finden, muss die Zieladresse (Destination) angegeben sein. Auch die Absenderadresse (Quelladresse oder Source) wird mitgeliefert, damit der Empfänger weiß, wo er die Antwort hinzuschicken hat.

Im Telegramm sind auch 2 Bytes zur Längenangabe des folgenden Datenbereiches vorgesehen, d. h., es wird die Anzahl der folgenden Datenbytes angekündigt. Das Datenfeld beginnt mit einer LLC-Typinformation (Logical Link Control). Aus dieser so genannten Frametyp-Information kann die Netzwerkkarten-Treibersoftware entnehmen, wie sie die MAC-Datenpakete richtig weiterzuleiten hat. Bei den Datenpaketen kann es sich nämlich um TCP/IP-Datenpakete (z. B. von einem Kommunikationsserver mit Daten aus dem Internet) oder um SPX/IPX-Datenpakete (z. B. von einem Novell-Fileserver mit Daten aus einer Textdatei) handeln, die von dem auf der Arbeitsstation laufendem Browserprogramm und Textverarbeitungsprogramm quasi-parallel angefordert werden.

Das Datenfeld kann Daten im Umfang von 46 Bytes bis maximal 1500 Bytes enthalten (wenn ein sehr viel größeres Datenpaket zu übertragen ist, z. B. eine große Datei, dann wird vom System eine Segmentierung vorgenommen mit Nummerierung der Einzeldatenpakete und Setzen eines bestimmten Bits, aus dem die Zielstation erkennen kann, ob alle Segmente angekommen sind). Die vorgeschriebene Mindestdatenmenge hängt mit der Kollisionserkennung zusammen. Bei kürzeren Telegrammen müssten die Kollisionsdomänen entsprechend verringert werden. Liegen keine echten Daten von 46 Bytes vor, werden Füllbytes übertragen.

Zum Abschluss des Datenpaketes werden 4 Bytes CRC-Checksumme angehängt (Cyclic Redundancy Check), die es dem auf der Netzwerkkarte befindlichen Spezialprozessor nach einem festgelegten Rechenverfahren ermöglicht, in begrenztem Umfang Übertragungsfehler zu erkennen und zu korrigieren oder aber die empfangenen Daten als verfälscht einzustufen und deshalb zu ignorieren (keine Weitergabe). Die Prüfbyte-Information wird auch mit FCS (Frame Check Sequence) oder als Blocksicherung bezeichnet.

Die Datenpakete, die auch *Ethernet-Frames* (engl. frame = Rahmen) genannt werden, beginnen mit einer Starterkennung von 8 Bytes Umfang, die im wesentlichen der Synchronisation (Gleichlauf) der Netzwerkkartenoszillatoren dienen.

## 18.1.5 Internet Protokoll (IP)

### 18.1.5.1 IP-Adressen

Aus den MAC-Adressen der Ethernetkarten kann man kein weltweites Adressierungssystem herleiten, da diese Kartenadressen je nach Hersteller und Kaufdatum zufällig verteilt sind. Das ist eine Festlegung, die man nicht mehr abändern kann oder will. Auch der einfache Austausch einer Netzwerkkarte würde zu einer Adressenänderung führen. Man ist daher gezwungen, ein System übergeordneter *logischer Adressen* der so genannten *IP-Adressen* (Internet Protokoll Adressen) einzuführen. Diese bestehen beim Internet Protokoll Version 4 (IPv4) aus 4 Bytes, die meist als vierstellige Dezimalzahlen (0 ... 255) dargestellt werden und durch Punkte getrennt sind. Offizielle, d. h. weltweit gültige IP-Adressen werden nur von so genannten Providern fest oder auch nur dynamisch (für die Zeit einer Datenübertragung) vergeben. In privaten IP-Netzen, z. B. innerhalb des Intranets einer Firma, ist die Zuweisung von IP-Adressen für die Computer völlig frei.

Die Internetadresse unterteilt sich in die Net-ID und Host-ID, wobei die Net-ID zur Adressierung des Netzes und die Host-ID zur Adressierung des Netzteilnehmers innerhalb eines Netzes dient.

Alle Rechner, die an einem gemeinsamen Ethernet-Segment angeschlossen sind, müssen eine gemeinsame IP-Adresse haben, deren Netzwerteil gleich ist. Der Benutzerteil oder Hostteil der IP-Adresse kann zum Durchnummerieren der Rechner innerhalb des Ethernet-Segments verwendet werden.

Bei der Adressierung von Netzen unterscheidet man drei Netzwerkklassen:

**Class A:**  wenige Netze mit vielen Teilnehmern

Das erste Byte der IP-Adresse dient der Adressierung des Netzes, die folgenden drei Byte adressieren den Netzteilnehmer.

    IP-Adresse: z. B.:    101.16.232.22
    Subnetzmaske:  255.0.0.0

```
01100101  000100 0  11101000  00010110
┌─┬──────────┬──────────────────────────┐
│0│ Net-ID   │        Host-ID           │
└─┴──────────┴──────────────────────────┘
    8 Bit              24 Bit
```

**Class B:**

Die beiden ersten Byte der IP-Adresse dienen der Adressierung des Netzes und die beiden folgenden Byte adressieren den Netzteilnehmer.

    IP-Adresse: z. B.:    181.16.232.22
    Subnetzmaske:  255.255.0.0

```
10110101  000100 0  11101000  00010110
┌──┬────────────┬───────────────────────┐
│10│   Net-ID   │       Host-ID         │
└──┴────────────┴───────────────────────┘
       16 Bit              16 Bit
```

**Class C:**  viele Netze mit wenigen Teilnehmern

Die ersten drei Byte der IP-Adresse dienen der Adressierung des Netzes und das letzte Byte adressiert den Netzteilnehmer.

    IP-Adresse: z. B.:    197.16.232.22
    Sunnetzmaske:  255.255.255.0

```
11000101  000100 0  11101000  00010110
┌───┬──────────────────────────┬────────┐
│110│          Net-ID          │ Host-ID│
└───┴──────────────────────────┴────────┘
              24 Bit               8 Bit
```

Es gibt besondere IP-Adressen für nur internen und nicht weltweiten Gebrauch. Datenpakete mit diesen IP-Adressen werden von den Routern nicht weiter geleitet.

    Class A:   10.x.x.x
    Class B:   172.16.x.x  bis 172.31.x.x
    Class C:   192.168.x.x

Für Telegramme, die sich an alle Teilnehmer eines Subnetzes richten sollen, ist die Host-ID mit dem Wert 255 je Byte zu verwenden.

**Subnetzmaske:** Die Subnetzmaske ist wie die IP-Adresse eine 4-Byte-Zahl, mit der festgelegt wird, welcher Teil der IP-Adresse der Netzwerkteil und welcher der Hostteil ist. Diejenigen Bits, die bei der IP-Adresse den Netzwerkteil kodieren, sind in der Subnetzmaske von links beginnend auf „1" zu setzen.

Zur Ermittlung der Netzwerkteil-Adresse aus einer IP-Adresse führt der Computer eine UND-Verknüpfung der Binärstellen von IP-Adresse und Subnetzmaske durch. Das Ergebnis der UND-Verknüpfung ist die Netzwerkteil-Adresse.

**Beispiel:**

Gegeben sind die IP-Adresse eines Rechners (130.80.45.9) und die Subnetzmaske (255.255.255.0). Wie lautet die Subnetz-Adresse des Netzwerkteils, in dem sich der Rechner befindet? Wie viele Rechner könnten sich insgesamt in diesem Subnetz befinden?

Lösung:

| | |
|---|---|
| IP-Adresse 130.80.45.9 als Dualzahl: | 1000 0010. 0101 0000. 0010 1101. 0000 1001 |
| Subnetzmaske 255.255.255.0 als: | 1111 1111. 1111 1111. 1111 1111. 0000 0000 |
| UND-Verknüpfung ergibt: | 1000 0010. 0101 0000. 0010 1101. 0000 0000 |
| Gesuchte **Subnetzadresse:** | **130.       80.       45.       0** |

Für die Rechner des Subnetzes stehen die IP-Adressen 130.80.45.1 ... 130.80.45.254 zur Verfügung. Das sind 254 Host-Adressen für mögliche Rechner in Subnetz. Die Adresse 130.80.45.255 ist die IP-Broadcast-Adresse für einen Rundruf an alle Rechner im Subnetz.

### 18.1.5.2 IP-Datenpakete

Das Internet Protokoll IP spezifiziert den Aufbau von Internet-Datenpaketen, den so genannten Datagramms. Man geht davon aus, dass ein zu übertragender Datensatz sehr groß sein kann und es daher zweckmäßig ist, ihn in abgegrenzte Datenpakete zu zerlegen und diese nacheinander durch das Netzwerk an den Empfänger zu übertragen. Das Internet-Protokoll sieht dafür einen **verbindungslosen Dienst** vor, d. h., es wird <u>kein</u> durchgehender, fester Verbindungsweg geschaltet, über den alle Datenpakete nacheinander übertragen werden könnten. Die Datenpakete können auf unterschiedlichen, möglichst günstigen Wegen an das Ziel befördert werden. Mit dieser Konzeption wird Rücksicht genommen auf die ständig wechselnde Netz-Auslastung.

- Das Internet Protokoll sorgt nur dafür, dass der Weg zum Zielteilnehmer gefunden werden kann. Das Ankommen vollständiger Datenpakete in der richtigen Reihenfolge wird jedoch nicht garantiert. IP bietet nur einen verbindungslosen Dienst, also keinen gesicherten Datentransfer, keine Quittung, kein Fehler-Behebungsverfahren.

Die Bildung der Datenpakete erfolgt nach den Vorschriften des schon erwähnten IP-Standards (IP = Internet Protocol Version 4). Die IP-Datagramme oder IP-Pakete sind aus zwei Teilen zusammen gesetzt, dem Bereich IP-Header und dem Bereich IP-Daten, in dem die zu übertragenden Daten untergebracht sind. Das IP-Datagramm wird zur Übertragung im Ethernet-Netz in ein Ethernet-Frame eingefügt.

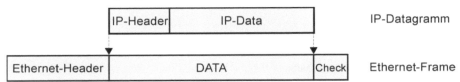

Der IP-Header enthält als wichtigste Angaben:

- die IP-Absenderadresse und die IP-Zieladresse, um einen Weg durch das Netz zu finden;

- die Life-Time für das Datagramm im Netz. Diese vom Sender eingetragene Verweilzeit im Netz, wird von jedem Router, den das Datenpaket durchläuft, reduziert. Sobald der Wert = 0 ist, wird das Paket eliminiert. Man verhindert damit, dass eventuelle Irrläufer ewig im Netz herumgeschickt werden und die „Daten-Autobahnen" verstopfen;

- die Protokoll-Kennung mit der angegeben wird, welches nächst höhere Protokoll im Empfänger das IP-Datagramm weiterverarbeiten soll;

- die Header-Prüfsumme zur Kontolle, ob der IP-Header korrekt empfangen wurde. Für die eigentlichen Datenbytes verlässt man sich auf die Ethernet-Prüfsumme (CRC).

### 18.1.5.3 Routing (Wege finden) durch das Netz

Bei der Beschreibung von Kommunikationsvorgängen zwischen Computern, die mit ihrer MAC-Adresse und IP-Adresse in einem komplexen Netz eindeutig identifizierbar sind, ist davon auszugehen, dass kein Teilnehmer Kenntnisse über die Konfiguration des Gesamtsystems haben kann. Zu überlegen ist, welche Bedingungen erfüllt sein müssen, damit trotzdem „Wege durch das Netz" gefunden werden.

Der physikalische Aufbau von Transportverbindungen zur Übertragung von Daten zwischen den Rechnern A, B und C sieht im allgemeinen Fall so aus, dass sich zwei Rechner innerhalb eines lokalen Netzes befinden (LAN 1) und der dritte Rechner in einem davon getrennten anderen lokalen (entfernten) Netz (LAN n) angeschlossen ist. In den Netzen sind weitere Rechner vorhanden, die im Bild 18.8 aber nicht dargestellt sind.

Die lokalen Netze sind im allgemeinen Fall durch Router an ein globales Netz angeschlossen. *Router* sind Vermittlungskomponenten im Netz und stellen die Verbindung zwischen Subnetzen her. Dabei leiten sie Daten anhand von Netzwerk-Adressen zu den Empfängern weiter (oder zu anderen Routern auf dem Wege dorthin). Einige Router haben sogar die Aufgabe unterschiedliche Übertragungssysteme zu koppeln, wie z. B. Ethernet-ISDN-Router, die eine Verbindung zwischen einem Ethernet-LAN und dem ISDN-Telefonnetz ermöglichen.

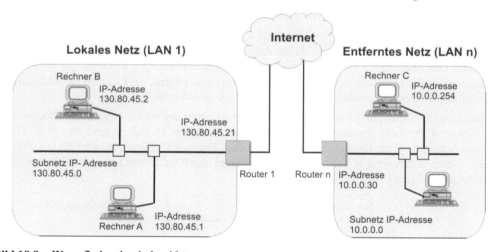

**Bild 18.8:** Wege finden durch das Netz

Welche Einzelprobleme müssen nun beim „Wege durchschalten" im Ethernet-IP-System gelöst werden?

- Problem 1: Der sendende Rechner A in LAN 1 (siehe oben Bild) muss wissen, welche Zieladresse er in die Datenpakete (Telegramme) einsetzen muss, damit die Nutzdaten tatsächlich beim richtigen Rechner ankommen. So müssen z. B. Datenpakete an Rechner B, der sich in dem selben LAN befindet wie Rechner A, mit der MAC-Adresse von Rechner B als Zieladresse versehen werden. Dagegen müssen Datenpakete, die für Rechner C bestimmt sind, mit der MAC-Adresse des Routers 1 abgeschickt werden und nicht etwa mit der MAC-Adresse des Rechners C.

- Problem 2: Router 1 muss wissen, an welche anderen Router er die ihm zugestellten Datenpakete für Rechner C weiterreichen könnte und welcher Weg dabei für jedes Datenpaket aktuell der günstigste ist, weil die Wegeauslastung im Netz sich ständig ändert.

- Problem 3: Router n muss wissen, wie er den Endrechner C erreicht, dazu muss er die MAC-Adresse von Rechner C in Erfahrung bringen und als Zieladresse in die Datenpakete einsetzen.

Insgesamt liegt also das Problem vor, wie ein Ethernet-Sender die benötigte MAC-Zieladresse erfährt, und zwar unter der Bedingung einer fehlenden gemeinsamen Verbindungsprojektierung zwischen den Teilnehmern, die es in einem weltweiten und sich ständig ändernden System nicht geben kann. Die Durchführung der nachfolgend beschriebenen Abläufe wird von dem *IP-Standard (IP = Internet Protocol Version 4)* auf den Rechnern gesteuert. Als Protokoll wird eine Verfahrensvorschrift für die Übermittlung von Daten verstanden. Standard bedeutet hier so viel wie „praktisch weltweit durchgesetzt" oder genormt zu sein.

Vor dem Hintergrund des IP-Adressen / Subnetzmasken-Systems und der Tatsache, dass Netzwerkkarten nur die MAC-Adresse erkennen, wird das Problem „Rechner A will Daten an Rechner B schicken" wie folgt gelöst:

1. Rechner A muss seine eigene IP-Adresse kennen.

2. Rechner A muss die IP-Adresse von Rechner B kennen.

3. Rechner A muss die Subnetzmaske seines eigenen Subnetzes (LAN 1) kennen.

4. Rechner A ermittelt aus seiner IP-Adresse und der Subnetzmaske die Subnetzadresse des Netzes, in dem er sich befindet. Das gleiche Verfahren wendet er auf Rechner B an und stellt fest, dass dieser sich im gleichen Subnetz befindet wie er selbst.

5. Rechner A wendet dann das so genannte Address Resolution Protocol (ARP) an, um die MAC-Adresse von Rechner B zu erfahren. Dazu sendet er einen Rundruf (Broadcast) auf der Ethernet-Ebene an alle Rechner im LAN 1 mit dem sinngemäßen Inhalt: „Ich möchte dem Rechner, dessen IP-Adresse 130.80.45.2 lautet, Daten senden. Dazu brauche ich seine MAC-Adresse, bitte um Antwort." Damit alle Netzwerkkarten und damit alle Rechner im LAN 1 den Ruf „hören", verwendet Rechner A die Ethernet-Broadcastadresse FF FF FF FF FF FF als Zieladresse in seinem Sendetelegramm. Alle Netzwerkkarten haben „mitgehört" und melden die genannte IP-Adresse an ihren Rechner. Nur der Rechner, dessen IP-Adresse mit der genannten IP-Adresse übereinstimmt, antwortet mit einem ARP-Datenpaket, das die gewünschte MAC-Adresse enthält.

6. Rechner A kann nun sein Datenpaket zusammenstellen, und zwar mit der MAC-Adresse von Rechner B als Zieladresse.

Lösung des Problems „Rechner A will Daten an Rechner C schicken":

1. Rechner A muss zusätzlich noch die IP-Adresse seines Standard-Gateways kennen.

2. Rechner A führt dieselben Schritte durch wie oben beschrieben und kommt dabei aber zu dem Ergebnis, dass sich Rechner C nicht im gleichen Subnetz befindet wie er selbst. Daraus schließt Rechner A, dass er eine ARP-Rundruf mit der Zieladresse FF FF FF FF FF FF abschicken muss, jedoch mit der IP-Adresse 130.80.45.21 des Routers.

3. Der Router antwortet mit einem ARP-Datenpaket, das seine MAC-Adresse enthält.

4. Rechner A kann nun das Datenpaket an Rechner C zusammenstellen, und zwar mit der IP-Adresse von Rechner C und setzt dabei als Zieladresse im Ethernet-Frame die MAC-Adresse von Router 1 ein.

5. Lösung des Problems „Router 1 muss die von Rechner A erhaltenen Daten weiterleiten". Hier müssen zwei Fälle unterschieden werden:

6. Wenn es sich bei den Routern um so genannte Ethernet-ISDN-Router handelt, das globale Netz also ein Telefonnetz ist, ruft der Router 1 auf Grund der IP-Subnetzadresse des fernen Netzwerkes die bei der Projektierung eingetragene Telefonnummer von Router n an.

7. Bei einem Routing im Internet muss Router 1 in einer auf IP-Netzadressen beruhenden so genannten Routing-Tabelle nachsehen, ob sich dort eine Adresse findet, an die er das Datenpaket schicken kann. Die Beschaffung und Aktualisierung der Routing-Tabellen ist ein Spezialproblem des Routingverfahrens überhaupt: Die Router erkennen Veränderungen in der Netztopologie und informieren sich untereinander!

Lösung des Problems „Router n muss die MAC-Zieladresse von Rechner C ermitteln":

1. Router n sendet einen Rundruf (Broadcast) mit der MAC-Adresse FF FF FF FF FF FF an alle Teilnehmer seines Subnetzes unter Angabe der IP-Adresse von Rechner C. Dieser wird seine MAC-Adresse mit einem ARP-Datenpaket zurückschicken.

2. Router n bildet ein Datenpaket mit der MAC-Adresse von Rechner C als Zieladresse.

Die Übertragung der Daten erfolgt in Datenpaketen. Das hat den Vorteil der freien Wegewahl zwischen Sender und Empfänger durch die Router, wie im nachfolgenden Bild gezeigt wird. Man bezeichnet dies als *paketvermittelte Kommunikation* oder *Datagramm-Dienst*.

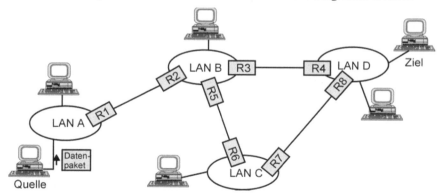

**Bild 18.9:** Router (R) verbinden LANs untereinander zum Internet. Ob ein entfernter Rechner erreichbar ist, lässt sich mit dem **Ping-Kommando** über Start > Eingabeaufforderung > C:\>ping IP-Adresse prüfen.

## 18.1.6 Transport-Protokolle (TCP, UDP)

### 18.1.6.1 Verbindungsorientierter Transportdienst: TCP-Standard

Das angewendete IP-Protokoll garantiert in Zusammenarbeit mit dem Ethernet-Protokoll nur, dass die **tatsächlich** beim Empfänger eingetroffenen IP-Pakete fehlerfrei sind. Nicht sicher ist dagegen, dass alle IP-Pakete auch angekommen sind, denn Router können im Überlastungsfall eintreffende IP-Pakete verwerfen. Das IP-Protokoll hat keine Möglichkeit fehlende IP-Pakete zu entdecken. Ferner bietet das IP-Protokoll auch keine Möglichkeit, die falsche Reihenfolge angekommener Datenpakete zu erkennen. Deshalb ist ein dem Internet Protokoll IP übergeordnetes Transport Protokoll TCP in den Rechnern erforderlich, um die Schwächen des IP-Standards auszugleichen. Dazu soll der übergeordnete TCP-Standard einen **fehlerfreien Softwarekanal** zwischen **zwei Programmen** auf zwei Endrechnern herstellen, der die Übertragungssicherheit einer fest verdrahteten Verbindung aufweist.

Der *TCP-Standard (Transmission Control Protocol)* hat drei Aufgaben zu übernehmen:

1. TCP muss eine Verbindung zwischen dem Datentransportkanal und dem jeweiligen Anwenderprogramm in beiden Rechnern herstellen. Das erfolgt über so genannte Ports.

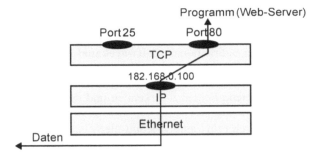

**Bild 18.10:**
Socket = Port-Nr.+ IP-Adresse

### TCP-Ports

TCP stellt die Verbindung eines Anwenderprogramms mit dem Transportkanal über so genannte Ports her. Die Ports sind die Anfangs- und Endpunkte des Kommunikationsweges. Jeder TCP-Kommunikationsteilnehmer ist ein *Endpoint* und wird durch eine besondere Adressangabe gekennzeichnet:

*Host-IP-Adresse, Port-Nummer*, z. B. 182.168.0.100, 80

Die Host-IP-Adresse steht für den Rechner im Netz. Die Port-Nummer ist die lokal bekannte Adresse für ein bestimmtes Anwenderprogramm, das auf diesem Rechner läuft. Für bekannte Internetprogramme wie HTTP und E-MAIL sind die Port-Nummern standardisiert und als *well known Portnumbers* bekannt. Im SimatcNET-System werden für Automatisierungsprogramme Port-Nummern >2000 verwendet.

Die Kombination von IP-Adresse und Port-Nummer kennzeichnet weltweit eindeutig ein bestimmtes Programm auf einem bestimmten Rechner und wird als Socket (= Stecker) bezeichnet, daher auch der Name „winsock.dll" für die Windows TCP/IP-Treibersoftware.

Die Inanspruchnahme eines Anwenderprogramms durch ein anderes Programm beruht auf dem *Client-Server-Prinzip*. Der Client (Kunde) ist z. B. ein Browser-Programm. Der Server (Diensterbringer) ist dann ein Web-Server-Programm, das eine Webseite anbietet.

2. Es muss ein bidirektionaler Softwarekanal zwischen den zwei Programmen auf den zwei Rechnern hergestellt werden. Das dazu erforderliche Verfahren nennt man einen **verbindungsorientierten Dienst**. Typisch für einen verbindungsorientierten Dienst ist es, dass vor Beginn der Datenübertragung der Softwarekanal zu öffnen ist (Verbindungsaufbau durch „Open") und am Ende des Datentransfers wieder geschlossen werden muss (Verbindungsabbau durch „Close"). Die Datenübertragung selbst erfolgt durch Anwendung von „Send"- und „Receive"-Funktionen.

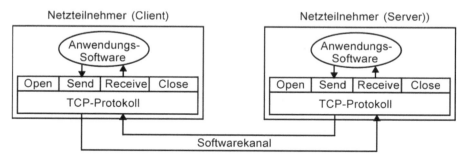

**Bild 18.11:**   Modell einer TCP-Verbindung

3. Zwischen den zwei Programmen muss der bidirektionale **Softwarekanal fehlerfrei** gehalten werden. Als übergeordnete Instanz ist TCP Lieferant bzw. Empfänger von Daten gegenüber IP und beansprucht die Überwachung des Datentransfers. Das schließt ein, dass TCP über Mittel verfügen muss, aufgetretene Fehler zu erkennen und deren Beseitigung veranlassen zu können, z. B.:

•   Erkennen von Übertragungsfehlern durch Prüfsummen-Kontrolle,
•   Wiederholte Übertragung von Datenblöcken (TCP-Segmenten) im Fehlerfall,
•   Automatische Sendewiederholung bei ausbleibender Bestätigung im Zeitfenster,
•   Anwendung eines Sequenz-Nummern-Verfahrens auf die Nutzdaten.

**TCP-Segmente**

Der Aufbau eines TCP-Segments gliedert sich in den TCP-Header und das Nutz-Datensegment. Im TCP-Header sind u. a. die Port-Nummern von Datenquelle und Datenziel untergebracht.

Das nachfolgende Bild zeigt, wie im Prinzip die Nutzdatenübertragung bei Ethernet-TCP/IP durch Mehrfachverpackung der Daten gesichert erfolgt. Die Nutzdaten werden beim sendenden Teilnehmer gleichsam in mehrere Briefumschläge gesteckt und beim Empfänger in umgekehrter Reihenfolge wieder geöffnet.

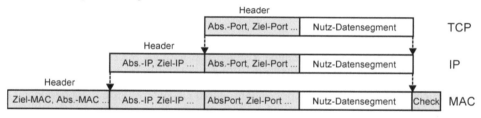

**Bild 18.12:**   Protokollaufbau bei Ethernet-TCP/IP

### 18.1.6.2 Verbindungsloser Transportdienst: UDP-Standard

Der Transportdienst *UDP (User Datagram Protocol)* bietet an sich nur einen ungesicherten Datagramm-Dienst mit den Port-Nummern, wie bei TCP beschrieben, um die Datenpakete an das richtige Anwenderprogramm weiterzuleiten. Es bleibt dem Anwenderprogramm überlassen, auf Fehler zu reagieren.

Für die Automatisierungstechnik ist UDP trotzdem von Bedeutung, weil dieses einfachere Protokoll schneller ausführbar ist und daher die Echtzeitbedingung im Feldbereich besser erfüllt als TCP. Die dem Anwenderprogramm selbst überlassene Fehlerkorrektur kann entfallen, wenn es sich um eine zyklische Prozessdatenübertragung handelt. Ein fehlerhaft übertragener Prozesswert wird durch den sofort folgenden aktualisierten Prozesswert überschrieben also automatisch korrigiert.

## 18.1.7 TCP/IP-Kommunikation bei Industrial Ethernet

### 18.1.7.1 Leistungsmerkmale

Industrial Ethernet (abgekürzt IE) ist die Siemens-Bezeichnung für ein sehr leistungsfähiges offenes industrielles Kommunikationssystem, das oberhalb der Feldbussysteme AS-Interface und Profibus DP positioniert ist. Es ermöglicht die Vernetzung von SPS- und PC-Stationen in einem Automatisierungssystem mit Anbindungsmöglichkeit über Router an übergeordnete Firmennetze (LAN, Intranet) des Bürobereichs.

- Physikalisch ist Industrial Ethernet ein Netz der 100 MBit/s Fast Ethernet und Switching-Technologie in industrieller Ausführung, wie unter 18.1.3 beschrieben.

- Kommunikationstechnisch ist Industrial Ethernet ein Multi-Protokoll-Netz für TCP/IP, ISO, SEND-RECEIVE und S7-FUNKTIONEN.

- Informationstechnisch ist Industrial Ethernet in erster Linie ein Netz zur Übertragung großer Datenmengen und zur Nutzung von Internetdiensten wie HTTP, E-MAIL, FTP.

- Automatisierungstechnisch ist Industrial Ethernet zur Vernetzung verteilter Anlagen mit eigenständig arbeitenden Steuerungen vorgesehen, die von einem übergeordneten Leitsystem koordiniert werden. Nicht geeignet ist Industrial Ethernet für die zyklische Prozess-Datenübertragung im Feldbereich. Hier wird zukünftig das neue Kommunikationssystem PROFINET IO positioniert sein (siehe Kapitel 19), mit dem gleichen Übertragungssystem wie IE.

### 18.1.7.2 Zugang zu TCP/IP

Für die Kommunikation zwischen zwei Endteilnehmern (SPS- oder PC-Stationen) benötigt man in vereinfachter Betrachtung:

1. Ein Übertragungsystem mit einer vollduplexfähigen Verbindung zwischen den zwei Endteilnehmern, also z. B. Ethernet-TCP/IP. Das Übertragungssystem beginnt und endet in den Kommunikationsbaugruppen des Systemanschlusses (siehe Kapitel 15.3).

2. Kommunikationsdienste, um einen Zugang von den Datenbereichen der CPU (E/A-Prozessabbild, Datenbausteine) zum TCP/IP-Übertragungssystem zu erhalten. Industrial Ethernet verwendet hierzu SEND/RECEIVE-Funktionen aus der Baustein-Bibliothek (AG_SEND, AG_RECV).

3. Eine Verbindungsstelle, in der das TCP/IP-Übertragungssystem mit den Kommunikationsdiensten zusammenkommt. Das ist die Socket-Schnittstelle von Industrial Ethernet.

### 18.1.7.3  Socket-Schnittstelle

Das Socket-Prinzip (siehe Kapitel 18.1.6.1) kann auch auf eine ausgewählte Industrial Ethernet Verbindung angewendet werden. Die IP-Adresse einer SPS-Station und eine projektierte Portnummer bilden zusammen einen „Socket", dem die Betriebsart SEND/RECEIVE zugewiesen ist (Default-Einstellung). Die Transport-ID der Verbindung und die Baugruppen-Anfangsadresse sind bei der Programmierung der SEND/RECEIVE-Bausteine zu verwenden, sie stellen den inneren Zusammenhang zwischen dem „Socket" und der S/R-Schnittstelle im Steuerungsprogramm her.

Die Projektierung der Socket-Schnittstelle verläuft in folgenden Schritten:

* Anlegen einer Kommunikationsverbindung unter Auswahl eines geeigneten Verbindungstyps (siehe Kapitel 18.2.4),

* Adressierung der Verbindungsendpunkte durch deren IP-Adressen und einer übereinstimmenden Port- bzw. TSAP-Nummmer,

* Bestätigung der Betriebsart SEND/RECEIVE und Beachtung der vergebenen Transport-ID und Baugruppen-Anfangsadresse für die Baustein-Programmierung. Die Betriebsart SEND/RECEIVE dient der Datenübertragung bei Datenpuffern wie E/A-Prozessabbild oder Datenbausteinen.

### 18.1.7.4  Verbindungstypen

Unter einer Verbindung (Kommunikationsverbindung) wird bei SimaticNET eine logische Zuordnung zweier Kommunikationspartner zur Ausführung von Kommunikationsdiensten auf der Grundlage eines vorhandenen Subnetzes verstanden.

Verbindungstypen für TCP/IP-Subnetze sind:

o   TCP/IP native, das ist Original TCP/IP.

o   ISO-on-TCP, das ist Original TCP/IP ergänzt mit RFC 1006 zur Übertragung von Datenblöcken variabler Länge. Anstelle von Port-Nummern sind TSAP-Nummern anzugeben (SAP = Service Access Point, T = TCP-Protokoll), RFC = Request For Comment.

o   UDP, das ist Original Datagrammdienst für schnelleren aber ungesicherten Datentransfer, anwendbar bei zyklischer Datenübertragung, bei der eventuelle Fehler sofort wieder überschrieben werden.

o   E-MAIL, nur zum Senden von E-Mails mit Prozess-Nachrichten an einen Mail-Server, nicht für Empfang. Das Versenden von E-Mails aus dem Steuerungsprogramm geschieht mit AG_LSEND Baustein und einem Datenbaustein als Datenquelle.

Bei der Projektierung einer Kommunikationsverbindung zwischen zwei Teilnehmern in getrennten Projekten muss für den fernen Teilnehmer zuerst ein „Stellvertreterobjekt" angelegt werden (so genannte „Andere Station" oder PC-Station). Danach ist ein Verbindungstyp auszuwählen und mit den Angaben zur Adressierung der Partnerstation zu ergänzen (IP-Adresse und Port-Nummer bei TCP/IP native bzw. IP-Adresse und TSAP bei ISO-on-TCP). Eine entsprechende Projektierung ist auch bei der Partnerstation durchzuführen und ins jeweilige Zielsystem zu laden. Es besteht dann zwischen den Partnerstationen eine logische (virtuelle) Verbindung, wie in Bild 18.13 eingezeichnet. In Wirklichkeit besteht die Verbindung natürlich über die Protokoll-Ausführung von TCP, IP und Ethernet sowie dem Signaltransport im Übertragungsmedium.

Die Verbindungen bei SimaticNET sind *statisch*, d. h., sie werden beim System-Hochlauf aufgebaut und bleiben dauerhaft bestehen, auch wenn zeitweilig keine Nutzdaten übertragen werden.

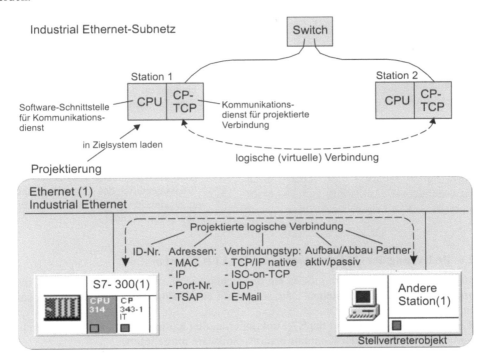

**Bild 18.13:** Projektieren einer Verbindung für Industrial Ethernet aus Sicht der Station 1

### 18.1.7.5 SEND-RECEIVE-Schnittstelle

Mit dieser Schnittstelle kann eine CPU-CPU-Verbindung zwischen zwei S7-SPSen zum Zwecke eines Datenaustausches über eine projektierte ISO-on-TCP-Verbindungen bei Industrial Ethernet hergestellt werden.

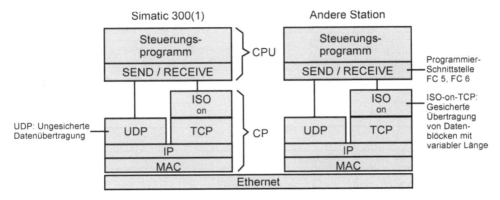

**Bild 18.14:** Zugang zum Ethernet-TCP/IP-Übertragungssystem über SEND/RECEIVE-Bausteine

Im nachfolgenden Bild werden Hinweise für den Einsatz der SEND/RECEIVE-Bausteine im Steuerungsprogramm gegeben. Als Datenziel- und Daten-Quellbereich kommen das E-A-Prozessabbild, ein Merkerbereich oder ein Datenbausteinbereich der SPS in Frage.

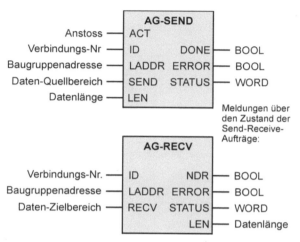

Im Sendebaustein AG-SEND kann mit einem Pointer ein Daten-Quellbereich angegeben werden, aus dem heraus Daten nach einem Auftragsanstoß über eine projektierte und durch ihre ID-Nr. aufgerufene Verbindung an den Sendepuffer des CPs zum Transfer übergeben werden.

Durch zyklische Bausteinaufrufe des AD-RECV kann veranlasst werden, dass über die projektierte und mit ihrer ID-Nr. aufgerufene Verbindung neue Daten aus dem Empfangspuffer des CPs geholt und dem angegebenen Daten-Zielbereich der SPS übergeben werden.

### 18.1.7.6 Bedeutung der S7-Funktionen im SIMATIC-System

Im gesamten SIMATIC-System gibt es ein durchgängiges Kommunikationsprotokoll, das alle Steuerungskomponenten „verstehen": die so genannten **S7-Funktionen** als Kommunikationsdienste.

Bei PC-Systemanschlüssen sind die S7-Funktionen in den Kommunikationsbaugruppen bereits integriert oder werden mit der Kommunikations-Software mitgeliefert.

Die S7-Funktionen sind **in allen Subnetz einsetzbar**: MPI, PROFIBUS, Industrial Ethernet, jedoch muss eine logische Verbindung zur Partnerstation projektiert werden.

Die S7-Funktionen sind zwar Siemens-spezifisch, bieten jedoch in den allermeisten Fällen die **einfachste Kommunikationslösung**.

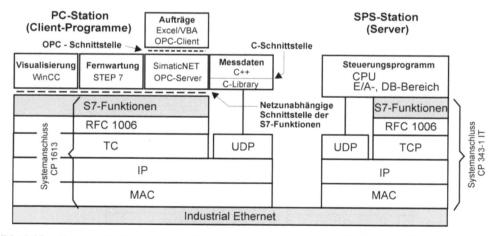

**Bild 18.15:**  Kommunikation zwischen PC-Anwenderprogrammen und S7-SPS über S7-Funktionen. Kommunikationsbaugruppen CP 1613 (PC-Karte mit eigenem Prozessor zur Abarbeitung der Protokolle), Kommunikationsbaugruppe CP 343-1 IT der SPS

## 18.2 Projektierung Industrial Ethernet

### 18.2.1 Übersicht

Im Prinzip erfordert die Projektierung eines Industrial Ethernet-Systems mit STEP 7 Arbeitsschritte, die sehr ähnlich sind wie eine Projektierung mit PROFIBUS-DP. Größere Unterschiede bestehen eigentlich nur darin, dass eine Transportverbindung aus mehreren möglichen auszuwählen ist und anstelle von Profibus-Adressen jetzt MAC- und IP-Adressen sowie TSAPs zu verwenden sind.

**Arbeitsschritte in der Übersicht:**

1. Hardware-Projektierung
   1.1 Station 1 mit CPU und CP projektieren
   1.2 Netzanschluss für „Andere Station" einrichten
2. Verbindungsprojektierung zur fernen Station
   2.1 ISO-on-TCP-Verbindung auswählen
   2.2 Eigenschaften der ISO-on-TCP-Verbindung festlegen
   2.3 Kommunikationsdienste Send/Receive auswählen
3. Datenschnittstelle im Anwenderprogramm einrichten
   3.1 AG-SEND-, AG_RECV-Bausteine projektieren
   3.2 Hinweise zur Inbetriebnahme

### 18.2.2 Aufgabenstellung: AG-AG-Kopplung in zwei STEP 7 Projekten

Es wird angenommen, dass ein Datenaustausch zwischen zwei selbstständigen Anlageteilen nachträglich eingerichtet werden soll. Jede Anlage verfüge über ein Profibus-Netz. Der Datentransfer soll über ein vorhandenes Ethernet-TC/IP Netz erfolgen. Zu diesem Zweck erhalten die beiden SPS-Stationen einen zusätzlichen Bussystemanschluss für Industrial Ethernet. Eingesetzt werden die Kommunikationsbaugruppen CP 343-1 TCP.

Zur Aufgabenlösung sollen getrennte Projekte angelegt werden, d. h. selbstständige Projekte für die „Station 1" und für die „Andere Station".

Die Aufgabenlösung wird nur für ein Projekt und ohne den Profibus-Anteil dargestellt. Zur Versuchsausführung ist auch das zweite Projekt erforderlich, dass sich im Prinzip nur in der überkreuzten Angabe der IP-Adressen vom ersten Projekt unterscheidet.

**Technologieschema:**

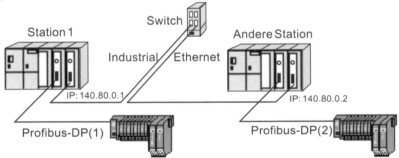

**Bild 18.16:** Datentransfer zwischen SPS-Stationen über Industrial Ethernet mit SEND-RECEIVE

### 18.2.3  Arbeitsschritt (1):  Hardware-Projektierung

Die Projektierung wird in zwei getrennten Projekten durchgeführt. Es wird nur die Projektierung der Ethernet-TCP/IP-Verbindung beschrieben.

#### 18.2.3.1 Station 1 mit CPU und CP projektieren

- **CPU 314**

Die S7-Station soll aus einer CPU 314 und 16 Bit zentralen Digitaleingängen sowie 16 Bit zentralen Digitalausgängen bestehen. Es wird eine externe 24 V DC-Stromversorgung eingesetzt, die in der Projektierung nicht erscheint.

- **Ethernet-CP 343-1 TCP**

Als Kommunikationsprozessor wird der CP 343-1 TCP verwendet. Zu seinen projektierbaren Objekteigenschaften gehören die 6-Byte-MAC-Adresse und die 4-stellige IP-Adresse.

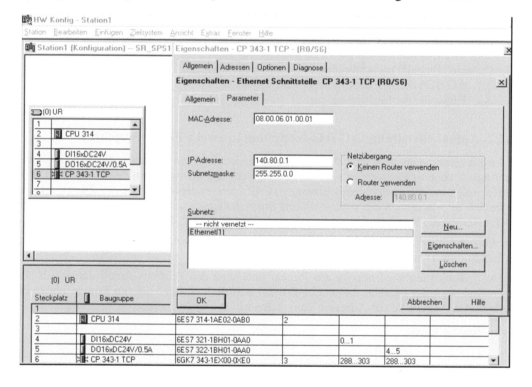

#### 18.2.3.2  Netzanschluss für „Andere Station"

Für die Partnerstation muss in das Projekt ein Stellvertreterobjekt als „Andere Station" (Station 2) eingefügt und ihre Schnittstelle als IP-Schnittstelle angegeben und bestätigt werden, wie im nachfolgenden Bild gezeigt. Der Eigenschaftsdialog wird dann in einem weiteren Bild fortgeführt. Hier ist die MAC-Adresse der Station 2 einzutragen und anzugeben, ob ein Router im Netzübergang liegt oder nicht. In diesem Dialogfenster muss ferner die IP-Adresse der Station 2 eingegeben werden. Die vorgeschlagene Subnetzmaske kann man bestätigen.

**Industrial Ethernet Anschluss für „Andere Station":**

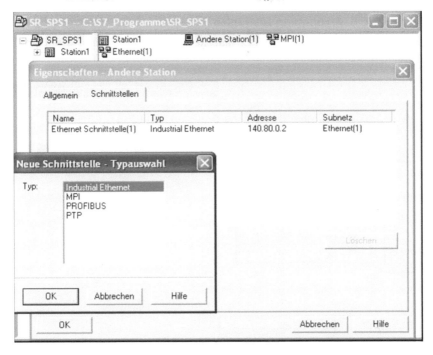

**Adressen für „Andere Station":**

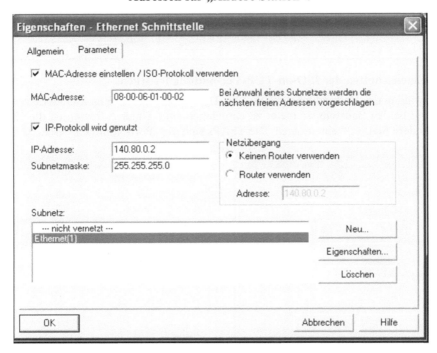

## 18.2.4  Arbeitsschritt (2): Verbindungsprojektierung zur fernen Station

### 18.2.4.1  ISO-on-TCP-Verbindung auswählen

Der gewählte Verbindungstyp ISO-on-TCP hat dieselben Eigenschaften wie TCP/IP, benutzt jedoch zusätzlich den Standard RFC1006 für eine Datenblockung.

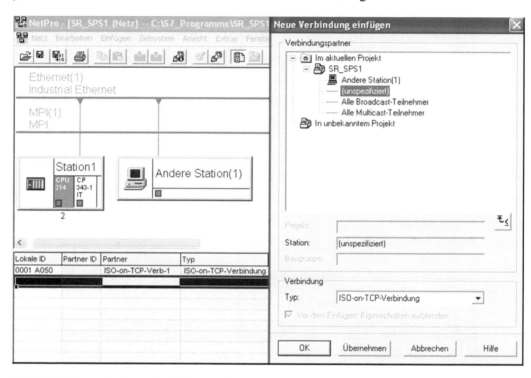

### 18.2.4.2  Eigenschaften der ISO-on-TCP-Verbindung festlegen

Nach Auswählen des Verbindungstyps ISO-on-TCP öffnet sich ein Eigenschaftsfenster (links), dem nur die beiden Bausteinparameter zu entnehmen sind. Unter Adressen ist die IP-Adresse für die „Andere Station)" einzutragen. Die TSAPs sind die „Port-Nummern" bei ISO-on-TCP.

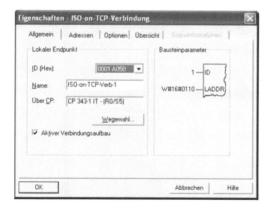

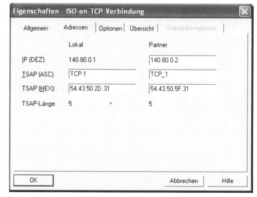

### 18.2.4.3 Kommunikationsdienste Send/Receive anmelden

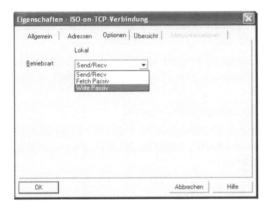

Es darf nicht übersehen werden, dass Ethernet-TCP/IP nur für die gesicherte Datenübertragung zwischen den beiden Endpunkten eines Kommunikationsweges sorgt. Im Anlagenbeispiel liegen diese Kommunikations-Endpunkte innerhalb der Kommunikationsbaugruppen CP 343-1 TCP der SPS-Stationen. Die zu überragenden Daten selbst befinden sich aber im E/A-Prozessabbild bzw. in Datenbausteinen der jeweiligen CPU. Es muss also noch ein Kommunikationsdienst in Anspruch genommen werden, der die Daten zu TCP/IP bringt oder dort abholt: Send/Receive wird mit FC-Bausteinen im Programm realisiert.

## 18.2.5 Arbeitsschritt (3): Datenschnittstelle im Anwenderprogramm einrichten

### 18.2.5.1 AG_SEND-, AG_RECV-Bausteine projektieren

Die Sendedaten stehen im Eingangsbyte EB 1 des AG-SEND bereit. Zur Aufnahme der Empfangsdaten ist bei AG_RECV das Ausgangsbyte AB 5 vorgesehen. Der Sendevorgang wird durch Signal E 0.0 angestoßen. Der Empfangsbaustein ist immer empfangsbereit. **Für den Kommunikationsbetrieb muss die „Andere Station" entsprechend eingerichtet sein.**

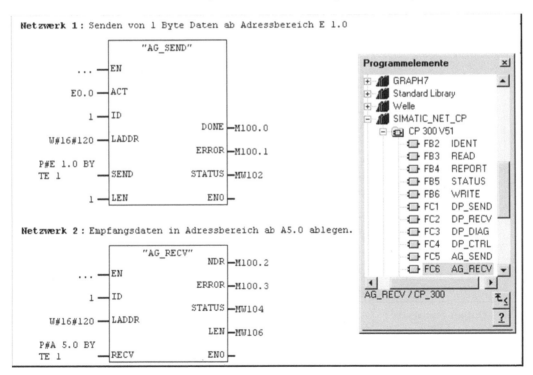

### 18.2.5.2  Hinweise zur Inbetriebnahme

Jede TCP/IP oder ISO-on-TCP-Verbindung stellt einen gesicherten bidirektionalen Software-kanal bereit, d. h., es muss nur eine Verbindung zwischen den beiden SPS-Stationen vorhanden sein, über die in beiden Richtungen gesendet und empfangen werden kann.

Die Projektierung der „Anderen Station" in einem eigenen Projekt kann auf dem gleichen PC erfolgen, auf dem sich das Projekt für „Station 1" befindet. Die Projektierung verläuft in den gleichen Schritten wie bei Station 1.

Die Projektierungen müssen in die SPS-Stationen heruntergeladen werden.

Die Formalparameter der Bausteine haben die in den nachfolgenden Tabellen angegebenen Bedeutungen. Die Überwachungs-Ausgangsparameter DONE, ERROR, STATUS werden hier nicht erläutert und der Einfachheit halber nicht ausgewertet.

**Erklärung der Baustein-Eingangs-Parameter:**

Tabelle für FC-SEND

| INPUT-Parameter | Bedeutung | Datentyp/Wertebereich |
|---|---|---|
| ACT | Bei ACT = 1 werden Daten-Byte aus dem unter SEND angegebenen Daten-bereich gesendet, und zwar solange in Wiederholung wie ACT = 1 ist. Der Eingang verfügt nicht über eine Flan-kenauswertung, diese muss im An-wenderprogramm für azyklische Da-tenübertragung ggf. selbst erzeugt werden. | BOOL // FALSE,TRUE |
| ID | Nummer der Transportverbindung (Siehe Bild bei TSAPs: Lokale ID war dort **0001** A050.) | INT // 1 bis z. B. 16 je nach CP-Ressourcen |
| LADDR | Baugruppen-Anfangsadresse | WORD // z. B.: W#16#120 |
| SEND | Angabe von Adresse und Länge des Sende-Datenbereichs | ANY//z. B.: P#A5.0 Byte 1 |
| LEN | Anzahl der Bytes aus dem angegebe-nen Datenbereich, die gesendet werden sollen | INT // z. B. 1, wenn von den bei SEND angegebenen Bytes nur das 1. Byte gesendet wer-den soll |

Tabelle für FC-RECEIVE (Auszug)

| INPUT-Paramter<br>RECV | Angabe von Adresse und Länge des Empfangs-Datenbereichs | ANY//z. B. P#E1.0 Byte 1 |
|---|---|---|
| Output-Parameter<br>LEN | Anzahl der Bytes, die in den angege-benen Datenbereich übernommen wurden | INT // z. B. in MW106 abge-legt, um ggf. ausgewertet zu werden |

# 19 PROFINET – Offener Industrial Ethernet Standard

Ethernet TCP/IP ist seit vielen Jahren ein etablierter Standard in der Leitebene der Automatisierungstechnik und hat hier die Anwendung der aus dem Bürobereich bekannten Informations-Technologien ermöglicht. Die Verlängerung von Ethernet TCP/IP bis hinunter in die Feldebene war lange Zeit wegen der fehlenden Echtzeitfähigkeit und eines anerkannten Kommunikationsprotokolls für Prozessdaten umstritten. Inzwischen hat die Entwicklung zu mehreren Ethernet-basierten Automatisierungssystemen geführt.

## 19.1 Grundlagen

### 19.1.1 Überblick

Die PROFIBUS Nutzerorganisation PNO hat unter dem Druck der vor Jahren aufgekommenen Feldbusdiskussion die Öffnung der PROFIBUS-Technologie für den Ethernet-Standard eingeleitet. Dabei wurde ein vollständig neues Automatisierungssystem mit dem Namen *PROFINET* (*Pro*cess *F*ield Ether*net*) geschaffen. Die neue Endung *NET* soll im Gegensatz zu *BUS* die Verwendung der Ethernet-Netzwerktechnologien zum Ausdruck bringen.

PROFINET will sich als ein offenes und durchgängiges Konzept für Automatisierungslösungen auf Ethernetbasis anbieten, im Bereich von Einzelmaschinen bis hin zu modular aufgebauten Anlagen mit verteilter Steuerungsintelligenz und dabei durch Einbinden von PROFIBUS DP einen Investitionsschutz gewährleisten. Die PNO ist nur verantwortlich für die PROFINET-Spezifikationen, die der PNO angeschlossenen Firmen leisten die technologische Umsetzung.

Das Grundkonzept besteht aus
- PROFINET IO (dezentrale Feldgeräte) und
- PROFINET CBA (verteilte Automatisierung)

und schließt folgenden Leistungsumfang ein:
- Industrial Ethernet-Netzwerke mit aktiven Netzwerkkomponenten (Switches, Router)
- Integration bestehender Feldbussysteme (PROFIBUS DP, INTERBUS, ...)
- Kommunikationskanäle für anforderungsabhängige Übertragungsleistung
- herstellerübergreifendes Engineeringkonzept (Programmerstellung, Anlagenprojektierung)
- Anwendung von IT-Technologien (Netzwerkadministration, Webserver, E-Mail, OPC, ...)
- Sicherheit nach EN 954-1 und IEC 61508 (siehe PROFISafe, Kapitel 25.6.3)

### 19.1.2 PROFINET IO

#### 19.1.2.1 Gegenüberstellung PROFINET IO und PROFIBUS DP

PROFINET IO ist die Kurzbezeichnung für das Steuerungskonzept „Dezentrale Feldgeräte", dass im Industrial Ethernet Netzwerk aus einem zentralen Steuerungsgerät, dem IO-Controller, und einem dezentralen Feldgerätebereich, den IO-Devices, besteht und somit vergleichbar mit PROFIBUS DP ist. Die Nutzdaten der Feldgeräte werden auch zyklisch in Echtzeit in das Prozessabbild des IO-Controllers übertragen oder in umgekehrter Richtung an die IO-Devices ausgegeben. Das verwendete Kommunikationsmodell heißt aber Provider-Consumer-Verfahren und nicht mehr Master-Slave-Verfahren, obwohl der Datenverkehr mit den Feldgeräten in beiden Systemen nach dem gleichen Prinzip abläuft. PROFIBUS regelt jedoch den Bus-zugriff über die Token-Weitergabe, von der die DP-Slaves ausgeschlossen sind. Im Ethernet-System ist das nicht möglich, weil alle Teilnehmer am Netz beim Buszugriff gleichberechtigt sind. Der Provider sendet seine Daten ohne Aufforderung des Kommunikationspartners. Bei der Hardware-Projektierung eines IO-Systems wird jedoch ein Buszyklus, z. B. 10 ms, einge-stellt, den der IO-Controller beim System-Hochlauf seinen IO-Devices mitteilt. Die Eigen-schaften der IO-Devices werden durch deren GSD-Datei (General Station Description auf XML-Basis) beschrieben, wie dieses auch von PROFIBUS DP her bekannt ist.

Die Steuerungsintelligenz in Form eines Anwenderprogramms befindet sich bei PROFINET IO oftmals nur im IO-Controller, kann aber auch teilweise in intelligenten IO-Devices (Feldgeräte mit eigener CPU) untergebracht sein, vergleichbar mit PROFIBUS DP.

Das nachfolgende Bild zeigt zusammen mit der anschließenden Gegenüberstellung der Grund-begriffe die Ähnlichkeit beider Systeme auf.

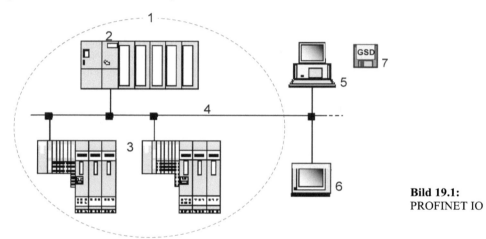

**Bild 19.1:**
PROFINET IO

| Ziffer | PROFINET IO | PROFIBUS DP | Bemerkung |
|---|---|---|---|
| 1 | IO-System | DP-Mastersystem | Alle Geräte (IO-Controller, IO-Devices) und Kommunikationsverbindungen |
| 2 | IO-Controller | DP-Master | Gerät, über das angeschlossene Feldgeräte angesprochen werden |
| 3 | IO-Device | DP-Slave | Dezentrale Feldgeräte z. T. mit eigener CPU |
| 4 | Industrial Ethernet | Profibus | Netzwerkinfrastruktur mit Switches (im Bild 19.1 nicht dargestellt) |
| 5 | IO-Supervisor | PG/PC DP-Master Klasse 2 | Programmieren, Inbetriebnahme/Diagnose |
| 6 | HMI = Human Machine Interface | HMI | Gerät zum Bedienen und Beobachten mit Zugriff auch auf IO-Devices über Ethernet! |
| 7 | GSD (XML-Datei) | GSD (ASCII-Datei) | Gerätebeschreibungsdatei für die IO-Devices und DP-Slaves |

### 19.1.2.2 Gerätemodell und Peripherieadressen

IO-Controller und IO-Devices können modular aufgebaut sein und haben Steckplätzen für Baugruppen/Module über deren Kanäle Prozesssignale eingelesen oder ausgegeben werden.

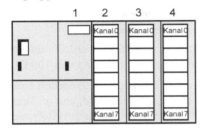

**Bild 19.2:** PROFINET-Gerätemodell
- Anschaltung (1)
- Steckplatz mit Baugruppe/Modul (2..4)
- Kanäle mit zugeordneter Peripherieadresse gemäß Adressübersicht wie bei PROFIBUS DP

### 19.1.2.3 Adressen

- **MAC-Adresse:**
  Jedes PROFINET-Gerät wird mit einer weltweit eindeutigen MAC-Adresse ausgeliefert, die aus 3-Byte-Herstellerkennung und 3-Byte-Gerätekennung (laufende Nummer) besteht.

- **IP-Adresse:**
  Jedes PROFINET-Gerät unterliegt dem TCP(UDT)/IP-Protokoll und benötigt daher für seinen Betrieb am Industrial Ethernet eine im Netz eindeutige IP-Adresse, die mit der hersteller-spezifischen Software (z. B. STEP 7) vergeben werden kann.
  Die Adressvergabe beginnt mit dem Konfigurieren des IO-Controllers. Die IP-Adressen der zugeordneten IO-Devices werden danach automatisch in aufsteigender Reihenfolge erzeugt und haben immer dieselbe Subnetzadresse wie der IO-Controller. Diese Adressen werden den IO-Devices aber erst bei Anlauf der CPU zugewiesen. Für ein IO-System ist also nur einmal eine IP-Adresse zu vergeben.

- **Subnetzmaske:**
  Die Eingabe einer Subnetzmaske (z. B. 255.255.255.0) bestimmt die Subnetzadresse, mit der feststellbar ist, welche anderen Netzteilnehmer sich im gleichen Subnetzes befinden.

- **Gerätenamen:**
  IO-Devices werden von ihrem IO-Controller über Gerätenamen angesprochen (vergleichbar mit PROFIBUS-Adressen). Im Auslieferungszustand haben die IO-Devices noch keinen Gerätenamen. Wichtig ist, dass die Gerätenamen direkt in die IO-Devices geladen werden und dort remanent zu speichern sind. Gerätenamen müssen der DNS-Konvention (DNS = Domain Name Service) entsprechen. Gerätenamen können auch als Geräteadresse in Ziffernform in Übereinstimmung mit dem Ziffereinsteller eines Feldgerätes eingegeben werden. Diese Methode erleichtert einen eventuell erforderlichen Gerätetausch. Bei fehlenden Gerätenamen findet der IO-Controller seine Devices nicht.

- **Default Router:**
  Der Default Router ist der Router, den der Datenabsender ansprechen muss, wenn er Daten zu einem Datenempfänger weiter leiten möchte, der sich nicht im selben Subnetz befindet wie er selbst. Dazu muss der Datenabsender die IP-Adresse seines Default Routers kennen und deshalb bei sich projektieren, durch Markieren „Router verwenden" und der Angabe einer Router-IP-Adresse. Die von STEP 7 vorgeschlagene IP-Adresse ist in der letzten Stelle entsprechend abzuändern.

- **Switches:** Einfache, nicht diagnosefähige Switches bekommen keine IP-Adresse.

### 19.1.3 Netzaufbau

#### 19.1.3.1 Leitungen und Steckverbinder

PROFINET spezifiziert eine Übertragungstechnik entsprechend dem Fast-Ethernet-Standard mit einer Datenrate von 100 MBit/s.

Bei Einsatz von Kupferkabeln sind diese 2-paarig, symmetrisch (erdfrei), verdrillt und geschirmt ausgeführt (Twisted Pair oder Stern Vierer) mit einem Wellenwiderstand von 100 Ω.

Twisted Pair-Verbindungen sind grundsätzlich Punkt-zu-Punkt-Verbindungen zwischen einem Sender- und einem Empfängerbaustein. Die Maximallänge zwischen einem Endgerät und einer Netzkomponenten (Switch, Router) oder zwischen zwei Netzkomponenten darf 100 m nicht überschreiten.

Netzkomponenten wie z. B. Switches, über die Verbindungen zwischen IO-Controllern und IO-Devices hergestellt werden, führen automatischen den Cross Over durch, sodass zur Verbindung grundsätzlich nur 1:1-Kabel mit beidseitigem Steckeranschluss verwendet werden. Lediglich in dem Ausnahmefall, dass kein Ethernet Netzwerk sondern nur eine einzelne Direktverbindung zwischen einem IO-Controller und einem IO-Device geschaltet werden soll, ist ein besonders zu kennzeichnendes Cross Over-Kabel zu verwenden.

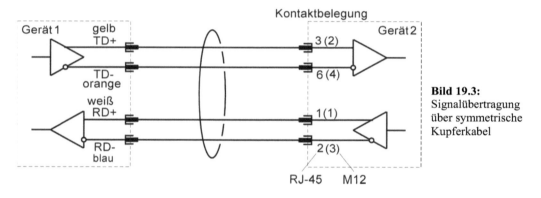

**Bild 19.3:**
Signalübertragung über symmetrische Kupferkabel

Beim Einsatz von Lichtwellenleitern LWL sind diese 2-fasrig auszuführen. Auch Lichtwellenleiter sind grundsätzlich Punkt-zu-Punkt-Verbindungen zwischen elektrisch aktiven Komponenten, wobei ein optischer Sender immer mit einem optischen Empfänger zu verbinden ist.

Die Maximallänge der Verbindung zwischen Endgerät und Netzkomponente bzw. zwischen zwei Netzkomponenten (z. B. Switchports) liegt je nach Herstellerangaben bei Multimode-LWL zwischen 2000 m bis 3000 m und bei Monomode-LWL zwischen 14 km bis 26 km. Ein wichtiger Vorteil der LWL ist ihre Unempfindlichkeit gegenüber elektromagnetischen Störfeldern.

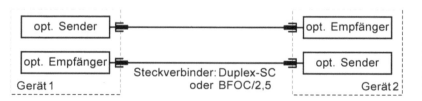

**Bild 19.4:**
Signalübertragung über Lichtwellenleiter

### 19.1.3.2 Switches

Zur Erinnerung: Profibus ist ein Bussystem und hat daher eine linienförmige Netzstruktur, auch wenn kurze Stichleitung zulässig sind und durch Repeater mehrere Buslinien angelegt werden können. Alle Busteilnehmer sind an der Busleitung parallel angeschlossen.

Im Gegensatz dazu besteht ein Industrial Ethernet Netz aus Punkt-zu-Punkt-Verbindungen zwischen Endgeräten und aktiven Netzkomponenten, den so genannten Switches, die über eine bestimmte Anzahl von Anschlüssen (Ports), verfügen. Switches prüfen und regenerieren die an einem Port ankommenden Datentelegramme und verteilen sie anhand der gelesenen Ziel-MAC-Adresse an einen anderen zutreffenden Port, mit Hilfe der im Selbstlernmodus beim Hochlauf angelegten MAC-Adressentabellen. Alle über Switches verbundenen Endgeräte befinden sich in ein und dem selben Netz, einem Subnetz. Ein Subnetz wird physikalisch durch einen Router begrenzt. Wenn Geräte über Subnetze hinaus kommunizieren sollen, muss ein Router projektiert werden.

PROFINET-Switches sind für Fast Ethernet (100 MBit/s) und Full Duplex-Übertragung ausgelegt, bei dem am selben Port gleichzeitig Daten empfangen und gesendet werden können. Bei Nutzung von Switches können keine Kollisionen auftreten. Hubs dürfen auf keinen Fall für den Netzaufbau verwendet werden, da sie die Daten an alle angeschlossenen Geräte weiterleiten. Weiterhin unterstützt ein PROFINET-Switch priorisierte Telegramme, was für die weiter hinten erläuterte Runtime-Kommunikation von großer Bedeutung ist.

### 19.1.3.3 Netztopologien

Switches dienen der Strukturierung von Netzwerken. Im Bürobereich haben sich stern- und baumförmige Strukturen durchgesetzt. Im Automatisierungsumfeld sind oftmals Linienanordnungen günstiger.

**Sterntopologie**

Durch den Anschluss der PROFINET-Geräte an **einem** Switch entsteht automatisch eine Sternstruktur.

**Linientopologie**

Alle Geräte werden in einer Linie hintereinander geschaltet. Bei PROFINET wird die Linienstruktur durch Switches realisiert, die in Endgeräte integriert sind.

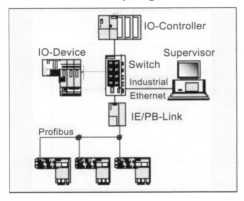
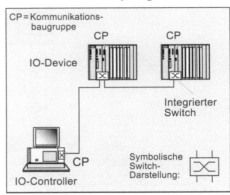

**Bild 19.5:** Netztopologien bei PROFINET

## 19.1.4 PROFINET CBA

### 19.1.4.1 Gegenüberstellung von PROFINET IO und PPROFINET CBA

**PROFINET IO** ist als Konzept eine Nachbildung von PROFIBUS DP auf Industrial Ethernet Basis und Switching-Technologie. In STEP 7 ist für PROFINET IO weitgehend alles so geblieben wie es von PROFIBUS DP her bekannt ist, bis auf die beiden neuen Adressen MAC und IP sowie dem Gerätenamen für die IO-Devices anstelle der Profibus-Stationsadresse. Somit treten auch keine Änderungen im Anwenderprogramm auf. Die Peripherieadressen für die zentralen und dezentralen Baugruppen werden in der Hardware-Konfiguration automatische vergeben und sind in der Adressübersicht einzusehen. Auch gibt es bei PROFINET IO keine Controller-Controller-Kommunikation, entsprechend der fehlenden Master-Master-Kommunikation bei PROFIBUS DP. Ersatzweise kann eine Send/Receive-Verbindung mit den Bausteinen PNIO_SEND und PNIO_RECV programmiert werden.

**PROFINET CBA** (Component Based Automation) dagegen ist ein vollständig anderes Konzept für verteilte Automatisierung auf der Basis gekapselter Softwareeinheiten, die mit Unterstützung der Windows-Betriebssystemerweiterung *COM/DCOM* oder zukünftig *.NET* interagieren können. Die Vorteile dieses aus der IT-Technolgie übernommenen Konzepts sind:

- **Modularität:** Modulare (wiederverwendbare oder leicht re-konfigurierbare) so genannte *technologische Komponenten* bestehen aus der Hardware-Konfiguration der Steuerung, dem Anwenderprogramm und einer technologischen Schnittstelle. PROFINET CBA gestattet durch den Einsatz eines herstellerspezifischen *Komponentengenerators* die Erzeugung von PROFINET Komponenten. Für jede Komponente wird eine Komponenten-Beschreibung PCD (PROFINET Component Description) im XML-Format erzeugt, deren Aufbau im PROFINET-Standard genau festgelegt ist. Bild 19.6 zeigt einen modularen Anlagenaufbau.

- **Grafische Kommunikations-Projektierung:** Die PROFINET-Komponenten werden durch Ziehen von grafischen Verbindungslinien zwischen den technologischen Schnittstellen zu einer Gesamtanlage zusammengefügt. Diese einfache grafische Kommunikations-Projektierung erfolgt bei PROFINET CBA durch den Einsatz eines herstellerübergreifenden *Verschaltungseditors*. Die Verbindungslinien repräsentieren die vom Verschaltungseditor angelegten Kommunikationsbeziehungen zwischen den Komponenten.

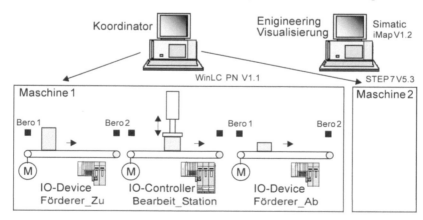

**Bild 19.6:** PROFINET CBA mit drei Komponenten: Förderer_Zu, Bearbeit_Station, Förderer_Ab

### 19.1.4.2 PROFINET-Komponente bilden

PROFINET-Komponenten werden mit *herstellerspezifischen* Projektierungswerkzeugen erzeugt. Das sind die bekannten SPS-Programmiersysteme, soweit sich diese Hersteller der PNO angeschlossen haben. Diese Projektierungstools müssen um einem so genannten *Komponentengenerator* erweitert sein, der die PCD-Dateien erzeugen kann. Alternativ kann aber auch der *hersteller-unabhängige PROFINET Component Editor* gegen Bezahlung genutzt werden, der auf der Website www.profibus.com angeboten wird.

Zum Erstellen einer PROFINET-Komponente in STEP 7 sind im Prinzip folgende Schritte erforderlich:

1. Vorbereitend: Aufteilen der Anlage in technologische Komponenten bestehend aus den Teilen: Mechanik + Elektrik/Elektronik + Software. Der Softwareteil für sich wird als PROFINET-Komponente bezeichnet. PROFINET-Komponenten werden von Geräten mit eigener CPU gebildet und bestehen aus einem Steuerungsprogramm und einer technologischen Schnittstelle mit verschaltbaren Eingängen und Ausgängen. Im Sonderfall kann eine PROFINET-Komponente auch von einem Gerät mit fester Funktionalität gebildet werden, also von einfachen IO-Devices mit ihren Ein-/Ausgängen. In diesem Fall besteht die PROFINET-Komponente nur aus einer technologischen Schnittstelle, wobei die Signaleingänge direkt auf die Schnittstellenausgänge und die Schnittstelleneingänge direkt auf die Signalausgänge führen.

2. Vorbereitend: Festlegen der technologischen Schnittstellen der PROFINET-Komponenten durch Bestimmung ihrer erforderlichen Eingänge und Ausgänge mit Name, Datentyp sowie Anfangswert und Kommentar.

3. Anlegen eines S7-Projekts zur Bildung einer PROFINET-Komponente bestehend aus:
   - Hardware-Konfiguration der Geräte,
   - Interface-DB (Global DB 100) als technologischer Schnittstelle, wobei unter Objekteigenschaften bei Attribut und Wert bestimmte Einträge zu machen sind, die diesen Datenbaustein als Interface-Schnittstelle kennzeichnen,
   - S7-Anwenderprogramm erstellen und mit Online-Hilfe zwei Bausteine PN_IN und PN_OUT zur Datenübergabe zwischen der CPU und dem Interface-DB anlegen.

4. PROFINET-Komponente bilden mit S7-Menübefehl *PROFINET Komponente erstellen*. Die Komponente enthält keine Adressen und ist nicht auf ein spezielles Projekt festgelegt.

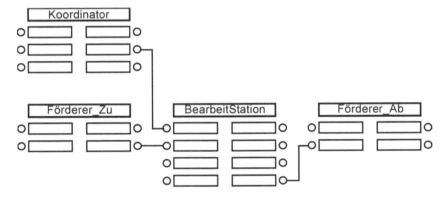

**Bild 19.7:** Die abstrakte Komponentensicht auf eine Anlage zeigt nur die technologischen Beziehungen.

### 19.1.4.3 PROFINET-Komponenten verschalten

Ein *Verschaltungseditor* muss nach PROFINET Vorgabe ein herstellerübergreifendes Software-Werkzeug sein, mit dem PROFINET-Komponenten zu einer Anlage zusammen geführt werden können. Der Verschaltungseditor muss über eine Anlagsicht und eine Netzsicht verfügen. In der *Anlagsicht* werden die Komponenten zu einer logischen Struktur verbunden, also welche Eingänge auf welche Ausgänge führen. In der *Netzsicht* wird die topologische Struktur der Komponenten gebildet, also wo die Geräte in welchen Netzwerksegmenten liegen und über welche Adressen sie anzusprechen sind.

SIMATIC iMap ist ein nach PROFINET-Spezifikationen entwickelter Verschaltungseditor der Firma Siemens. Ein entsprechendes Produkt bietet auch die Firma Hilscher an. Die PNO selbst hat nur die Spezifikation für den herstellerübergreifenden Verschaltungseditor erstellt.

Zum Verschalten der Komponenten in iMap sind im Prinzip folgende Schritte erforderlich:

1. Eine Bibliothek in iMap anlegen und die erstellten PROFINET-Komponenten importieren. Die Komponenten erscheinen in einem Bibliotheksfenster und können dort markiert werden, um über zwei Schaltflächen entweder als technologische Schnittstelle mit deren Eingängen und Ausgängen (Anlagsicht) oder als am Netz angeschlossenes Gerät (Netzsicht) im Vorschaufenster dargestellt zu werden.
2. PROFINET-Komponenten aus dem Bibliotheksfenster im Modus Netzsicht in das Projekt einfügen und Adressen zuweisen. Es müssen genau die IP-Adressen und Subnetzmasken eingetragen werden, die in der STEP 7 Projektierung vergeben wurden.
3. Verschalten der technologischen Schnittstellen der Komponenten in der Anlagsicht.
4. Verschaltungs-Projekt generieren.
5. Anlagenaufbau und Download der Programme und Verschaltungen in die Geräte.

### 19.1.4.4 Diagnose

Wenn iMap online mit der Anlage verbunden ist, kann im Diagnosefenster unter Anlagsicht oder Netzsicht der Status der PROFINET-Kommunikationsteilnehmer bzw. der Betriebszustand der Geräte (abhängig vom Gerätetyp) beobachtet werden. Eventuelle Störmeldungen, die im Verschaltungsbereich liegen, werden eingeblendet. Es wird keine STEP 7 Diagnose benötigt.

### 19.1.4.5 Prozessdaten über OPC visualisieren

In iMap können mit dem Menübefehl *Extras > OPC-Symboldatei erstellen* für das Projekt zwei OPC-Symboldatei (_TAGFILE_.SSD und _TAGFILE_.WSD) erzeugt werden, die Informationen über alle Prozessdaten enthalten.

Dann muss dem PN OPC-Server von SimaticNET die Symboldatei bekannt gemacht werden:

- Start > SIMATIC > SIMATIC NET > Einstellungen > PC-Station einstellen und
- dort unter *Applikationen > OPC-Einstellungen* den Ordner *Symbolik* öffnen und die OPC-Symboldatei _TAGFILE_.SSD suchen. Mit Hilfe einer weiteren speziellen Einstellung können auch nicht verschaltbaren Anschlüsse abgefragt werden.
- Ferner müssen noch unter *OPC Einstellungen > OPC-Protokolle* die Protokolle *S7* und *PROFINET* markiert werden, damit der auf einem PC laufende PN OPC-Server weiß, mit welchem Protokoll er auf die unterlagerte Steuerung zugreifen soll.

Mit einem OPC-Client Programm kann dann aus der Office-Welt heraus auf die Daten der PROFINET-Geräte zugegriffen werden, ebenso auch mit jeder OPC-fähigen Visualisierungs-Software. Auch steht mit dem OPC Scout ein fertiger OPC-Diagnose-Client zu Testzwecken zur Verfügung (Einführung in OPC siehe Kapitel 26).

### 19.1.5 Feldbusintegration

Das Einbinden von Profibus DP-Segmenten in das Ethernet-basierte PROFINET-System ist aus Gründen des Investitionsschutzes ein sehr wichtiger Aspekt. Es bestehen mehrere Kopplungsmöglichkeiten:

1. Verwendung einer SPS mit einer CPU und je einem separaten Kommunikationsprozessor für Industrial Ethernet und Profibus DP. Diese Möglichkeit hat auch schon vor PROFINET bestanden.
2. Verwendung einer neuen CPU mit integrierten Kommunikationsprozessoren für Industrial Ethernet und Profibus DP, z. B. CPU 315-2 PN/DP. Die CPU kann in diesem Fall sowohl IO-Controller und auch DP-Master sein.
3. Verwendung eines Industrial Ethernet/Profibus-Links mit Proxy-Funktionalität.

In den Varianten 1. und 2. bleibt das Profibus-Segment lokal und ist am Industrial Ethernet nicht sichtbar.

Neu ist Variante 3. mit dem IE/PB-Link. Ein Link ist ein intelligentes Gerät, das mit einem Dual-Port-RAM ausgerüstet ist und die beiden unterschiedlichen Netzsysteme mit ihren sehr verschiedenen Datenraten durch diesen Zwischenspeicher verbinden und eine Protokollumsetzung bei den Telegramme vornehmen kann. Ein Link mit Proxy-Funktionalität kann darüber hinaus noch eine Stellvertreter-Funktionalität für die Profibus DP-Slaves ausüben, d. h. die DP-Slaves im Industrial Ethernet Netz als IO-Devices erscheinen lassen. Für den IO-Controller ist nicht sichtbar, ob er in Wirklichkeit einen DP-Slave ansteuert. Das IE/PB-Link in Bild 19.8 ist zur Profibusseite hin der DP-Master und zur Ethernetseite der Stellvertreter der 3 DP-Slaves.

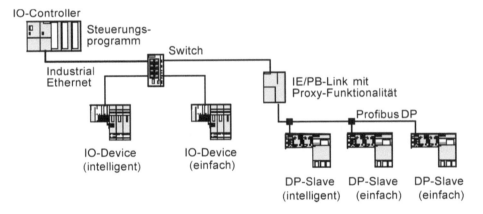

**Bild 19.8:** Ankopplung einer Profibus-Linie an PROFINET über ein PROFINET-Link (Proxy)

Das in Bild 19.8 gezeigte PROFINET IO-System kann auch in eine PROFINET-Komponente verwandelt werden, um mit anderen Komponenten über deren Interfaces zu kommunizieren.

Für das PROFINET-System ist vorgesehen, dass sich auch beliebige andere Feldbussysteme ankoppeln lassen. Wenn das mit einem Link als Koppelgerät geschehen soll, muss unterschieden werden, ob die Profibus-Slaves als Einzelgeräte oder als eine PROFINET-Komponente angeschlossen werden sollen. Für den Fall von Profibus DP stehen zwei unterschiedliche Varianten von IE/PB-Links zur Verfügung.

## 19.1.6 PROFINET-Kommunikationskanäle

Die PROFINET-Kommunikation findet über Industrial Ethernet statt und dabei werden die folgende *Übertragungsarten* unterstützt:

1. Zyklische Übertragung von zeitkritischen Daten (Nutzdaten).
2. Azyklische Übertragung von Engineering-Daten (Verschaltungsdaten) und zeitunkritische Parametrierungs-, Konfigurierungs- und Diagnose-Daten.

Für die genannten Übertragungsarten werden unterschiedliche *Transportprotokolle* verwendet, die man sich vereinfacht als Transportkanäle unterschiedlicher Leistungsstufen vorstellen kann:

- **TCP(UDP)/IP-Kanal** (Standard-Transportprotokoll der IT-Welt) für die Übertragung zeitunkritscher PROFINET-Daten. Dieser Transportkanal steht auch zur generellen Anbindung der Automatisierungssysteme an die übergeordneten Ethernet-Netze wie den firmeneigenen Intranets und dem öffentlichen Internet zur Verfügung.

- **SRT-Kanal** (Soft Real Time) für zeitkritische PROFINET-Daten. Hierbei handelt es sich um ein spezielles Transportprotokoll von PROFINET, um die im Feldbusbereich geforderte Echtzeitkommunikation zu ermöglichen. Werden Aktualisierungszeiten von ca. 10 ms bei zyklischer Datenübertragung gefordert, wird von „weicher" Echtzeitbedingung gesprochen. Das SRT-Transportprotokoll wird als Software auf Basis vorhandner Controller realisiert.

- **IRT-Kanal** (Isochrone Real Time) für ganz besonders anspruchsvolle Anforderungen an die Übertragung von PROFINET-Daten wie beispielsweise für Antriebssteuerungen. Hier sind „harte" Echtzeitbedingungen einzuhalten, d. h. Aktualisierungszeiten von ca. 1 ms bei einer garantierten Taktgenauigkeit bis auf 1µs. Die IRT-Kommunikation ist zeitschlitzgesteuert und setzt eine entsprechende Konfigurierung mit IRT-fähigen Geräten einschließlich der Switches voraus. IRT-fähige Switches schalten die Verbindungen zeitsynchronisiert (nicht adressgesteuert) bereits vor dem Eintreffen der Ethernet-Telegramme durch. Die Realisierung des IRT-Transportprotokolls erfolgt auf Hardware-Basis durch einen ASIC.

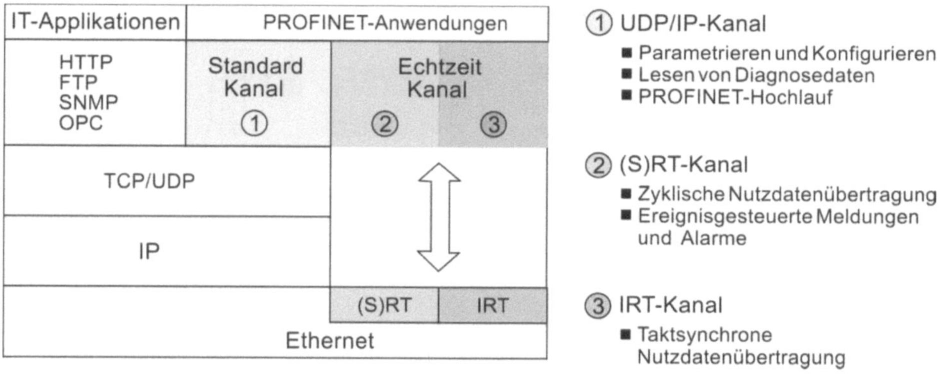

**Bild 19.9:** Kommunikationskanäle bei PROFINET
Nicht dargestellt ist die Objektkommunikation über Microsoft DCOM bei PROFINET CBA.

PROFINET nutzt auch das Prinzip der „Telegramm-Priorisierung", um die Übertragung der Daten durch das Ethernet-Netzwerk zu verbessern. Vordringlichere Telegramme sollen die weniger eiligen Telegramme überholen können. Netzwerkkomponenten wie Switches können den Datenfluss priorisierter Telegramme steuern, dazu verwenden sie ihre Zwischenspeicher.

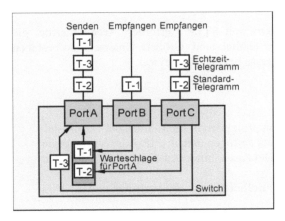

**Bild 19.10:**
Telegramm-Priorisierung
Echtzeit-Telegramm „überholt" Standard-
Telegramm. PROFINET-Switches unter-
stützen Telegramm-Priorisierung.

### 19.1.7 PROFINET-Web-Integration

Die Web-Integration wird bei PROFINET unter den Aspekten Ferndiagnose und Remote-Engineering gesehen. Mit der Webintegration sollen für PROFINET die aus dem IT-Bereich bekannten Vorteile wie die Nutzung von Browsern als einheitliche Bedienoberfläche, der ortsunabhängige Zugriff auf Informationen von einer beliebigen Anzahl von Clients und die Plattformunabhängigkeit der Clients (Hardware und Betriebssystem) nutzbar gemacht werden.

Die Web-Integration ist bei PROFINET **optional**. Die Basiskomponente der Web-Integration ist der Web-Server. Neu hinzu kommen so genannte Web Services für die maschinelle Weiterverarbeitung der abgerufenen Daten.

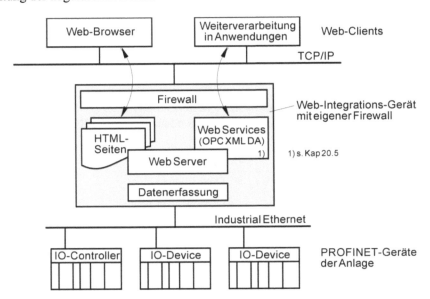

**Bild 19.11:**  Struktur der Web-Integration und Bestandteile eines Web-Integrations-Gerätes

## 19.2  Projektierung PROFINET IO

### 19.2.1  Übersicht

Die Projektierung eines PROFINET IO Systems mit STEP 7 erfordert Arbeitsschritte, die denen einer PROFIBUS DP Projektierung sehr ähnlich sind. Größere Unterschiede bestehen eigentlich nur in der Einstellung der Stationsadresse bei den IO-Devices.

**Arbeitsschritte in der Übersicht:**

1. Hardware-Projektierung
   1.1 Hardwarekonfiguration der SPS-Station projektieren. Im Rahmen der Schnittstellen-Parametrierung ein Ethernet-Subnetz einfügen und eine IP-Adresse zuweisen.
   1.2 An das IO-System alle benötigten IO-Devices anbinden und ggf. die Module der IO-Devices konfigurieren.
   1.3 Für jedes IO-Device: Gerätenamen kontrollieren bzw. neu vergeben und die Parameter einstellen.
2. Adressen den IO-Devices zuweisen und Projektierung laden.
   2.1 Jedem IO-Device wird der projektierte Gerätename zugewiesen.
   2.2 Im Betriebszustand STOP der CPU die Hardwarekonfiguration laden.
3. Software erstellen.
   3.1 Ermittlung der E/A-Adressen
   3.2 Anwender-Testprogramm
4. Inbetriebnahme Test und Diagnose

Im Anlauf überträgt die CPU über die PROFINET-Schnittstelle die Projektierung auf die jeweiligen IO-Devices. Diese werden anhand des Gerätenamens identifiziert und erhalten implizit die zugehörigen IP-Adressen. Wie bei PROFIBUS DP gelten auch hier parametrierbare Überwachungszeiten „Fertigmeldung durch Baugruppen" und „Übertragung der Parameter an Baugruppen".

Im Folgenden sind die grundlegenden Schritte beschrieben, wie ein PROFINET IO System projektiert und in Betrieb genommen wird.

### 19.2.2  Aufgabenstellung

Es ist das abgebildete PROFINET IO-System, bestehend aus einer S7-SPS-Station und zwei IO-Devices, zu projektieren. Die CPU der SPS-Station hat einen PROFINET CP integriert.

**Technologieschema:**

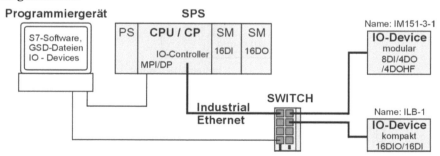

**Bild 19.12:**  Feldbussystem mit PROFINET IO

Die S7-Station besteht aus einer Stromversorgung PS, einem Steuerungsprozessor CPU315-2PN/DP und zwei Signalmodulen SM16DI sowie SM16DO.

Das IO-Device mit dem Namen IM151-3-1 ist ein modulares IO-Device (ET200S IM151-3). Folgende Module sind einzufügen:
1x Power-Modul PME,
1x Modul 4DI DC24V ST,
1x Modul 4DI DC24V HF,
1x Modul 4DO DC24V/0,5A ST und
2x Modul 2DO DC24V/0,5A HF　　　　　(ST = Standard; HF = High Feature).

Das IO-Device mit dem Namen ILB-1 (ILB PN 24 DI16 DIO16-2TX Firma PHOENIX CONTACT) ist kompakt mit 16 Digital-Eingängen und 16 Digital-Ein/Ausgängen (16 DIO) aufgebaut.

### 19.2.3 Arbeitsschritt (1): Hardware-Projektierung

Die Hardware-Projektierung kann in die Einzelschritte S7-Station projektieren, IO-Devices an das IO-System anbinden und Parametrierung untergliedert werden.

#### 19.2.3.1 Hardwarekonfiguration der S7-Station

Die S7-Station besteht aus einer CPU 315-2PN/DP, 16 Digitaleingänge DI und 16 Digitalaus-gängen DO. Beim Einbinden der CPU ist ein Ethernet-Subnetz neu zu erstellen.

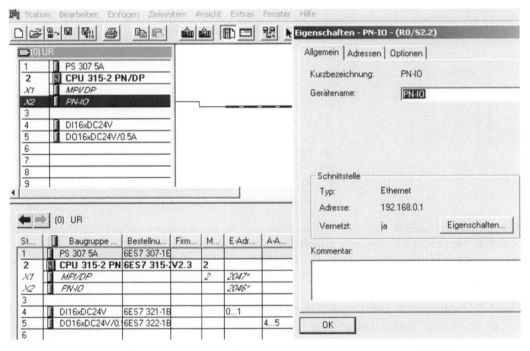

Die vorgeschlagenen Eigenschaften des Ethernet-Subnetzes sowie des PROFINET IO-Systems wurden unverändert übernommen. Auch die vorgeschlagene IP-Adresse 192.168.0.1 wurde beibehalten.

### 19.2.3.2 IO-Devices anbinden und Module konfigurieren

Das Auswählen und Anordnen von IO-Devices wird im Wesentlichen gehandhabt wie bei PROFIBUS DP.

Die IO-Devices müssen sich im Katalog-
Abschnitt „PROFINET IO" befinden oder die
entsprechende GSD-Datei ist zu importieren.
Sofern es sich um ein modulares IO-Device
handelt, sind die benötigten Baugruppen bzw.
Module noch zu projektieren.

Mit Drag & Drop werden die IO-Devices an
das IO-System angebunden. Im Stationsfenster werden dann die IO-Devices als Symbole
(ähnlich wie Slaves bei PROFIBUS DP) dargestellt.

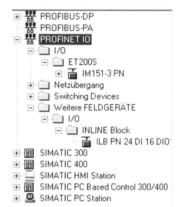

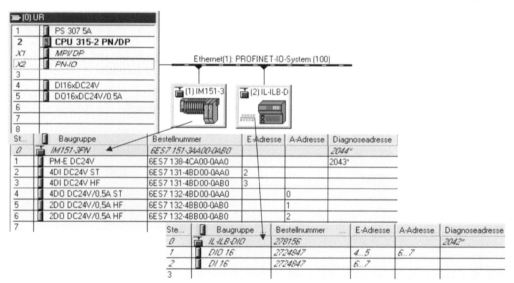

Beim Platzieren eines IO-Devices wird automatisch der Gerätename aus der GSD-Datei vergeben. Das Siemens ET200S-Gerät erhielt den Namen „IM151-3PN" und das Phönix-Contact
Inline Block IO Modul den Namen „IL-ILB-DIO". Werden weitere Geräte des gleichen Typs
eingebunden, so werden die Modulnamen durch eine Ziffer ergänzt (z. B. IM151-3PN-1).

### 19.2.3.3 Gerätenamen und Parameter einstellen

IO-Devices haben Eigenschaftsdialoge zur Abänderung der von STEP 7 automatisch beim
Einfügen vergebenen Adressierungsinformation (Gerätenummer und Gerätename) sowie der
Diagnoseadresse. Es sollen die Namen der beiden IO-Devices wie folgt geändert werden: statt
IM151-3PN neu IM151-3-1 und statt IL-ILB-DIO neu ILB-1. Durch Aktivieren des Moduls
und rechten Mausklick kann der Eigenschaftsdialog geöffnet werden.

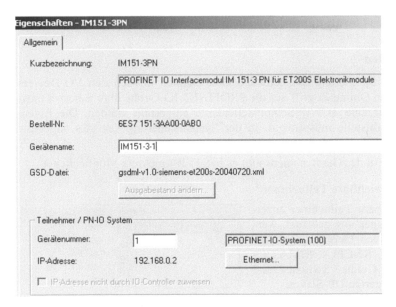

Über die Schaltfläche „Ethernet" kann der Dialog zur Änderung der Schnittstelle und der Subnetzeigenschaften geöffnet werden. Die angezeigte IP-Adresse lässt sich dann ebenfalls ändern.

Die Eigenschaften der Module können über Parameterwerte eingestellt werden. Bei dem ET200S-Modul 2DO DC24V/0.5A HF wird die Diagnose für Drahtbruch und Kurzschluss nach Masse eingeschaltet. Durch Aktivieren des Moduls und rechten Mausklick kann der Eigenschaftsdialog geöffnet werden.

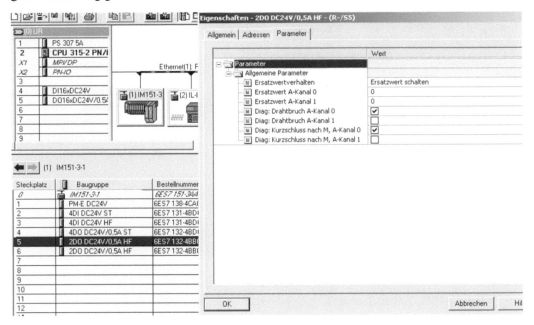

Auf diese Art und Weise können alle möglichen Parameter, wie beispielsweise Diagnosedaten oder Ersatzwerte der IO-Devices, geändert werden. Welche Parameter dabei vorhanden und einstellbar sind, ist abhängig von der Leistungsfähigkeit des jeweiligen Moduls.

### 19.2.4 Arbeitsschritt (2): Gerätenamen zuweisen und Projektierung laden

#### 19.2.4.1 Gerätenamen laden

Die bis jetzt nur in der Projektierung existierenden Gerätenamen müssen den I/O-Devices zugewiesen werden. Für den Online-Zugriff auf die PROFINET IO-Geräte über Ethernet muss die PG/PC-Schnittstelle auf eine TCP/IP-Schnittstellenkarte eingestellt werden. Die Eigenschaften der Ethernet-Schnittstelle müssen ggf. in der Systemsteuerung des PCs angepasst werden.

Zum Übertragen bzw. Ändern des Gerätenamens gibt es in STEP 7 mehrere Möglichkeiten.

- **Über das Fenster „Erreichbare Teilnehmer"**

Wird das Fenster „Erreichbare Teilnehmer anzeigen" vom SIMATIC Manager aus geöffnet, werden alle am Netz gefundenen Geräte aufgelistet. Angezeigt werden S7-CPs, S7-CPUs, SIMATIC-PC-Stationen, PROFINET-Geräte, Switches und IE/PB-Link mit den unterlagerten DP-Slaves.

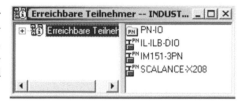

Über den Menübefehl **Zielsystem > Ethernetadresse vergeben** kann dann jedem IO-Device eine (andere) IP-Adresse und ein anderer Name zugewiesen werden.

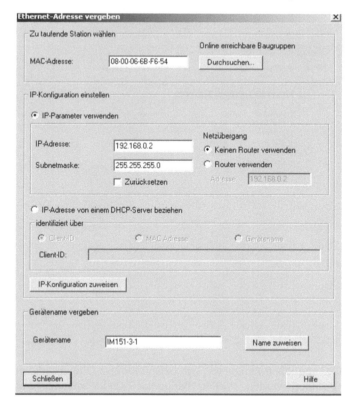

Mit der Schaltfläche „Durchsuchen" werden alle im Netz befindlichen IO-Geräte angezeigt. Aus dieser Liste kann dann das entsprechende IO-Device ausgewählt werden.

Durch Betätigen des Buttons „Name zuweisen" wird dem IO-Device der im zugehörigen Eingabefeld eingetragene Gerätename zugewiesen.

- **Über das Fenster „Hardware-Konfiguration"**

Im aktiven Fenster Hardware Konfiguration kann über den Menübefehl **Zielsystem > Ethernet > Gerätenamen vergeben** ein projektierter Gerätename ausgewählt und dem gewählten IO-Device zugewiesen werden.

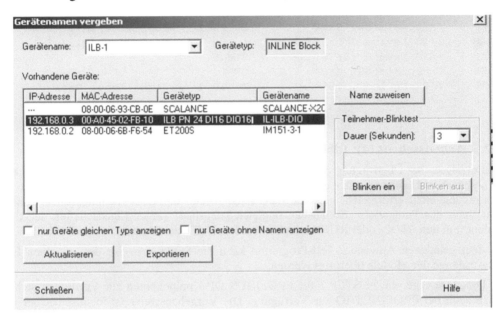

### 19.2.4.2 Hardwarekonfiguration laden

Vor dem Laden der Hardware-Konfiguration ist eine Konsistenzprüfung durchzuführen. Über den Menübefehl **Zielsystem > Laden in Baugruppe** wird die fehlerfreie Konfiguration in die CPU geladen. Als Schnittstelle kann entweder MPI oder Ethernet verwendet werden. Auf die entsprechende Einstellung der PG/PC-Schnittstelle ist dabei zu achten.

## 19.2.5 Arbeitsschritt (3): Software erstellen

### 19.2.5.1 Ermittlung der EA-Adressen

Die EA-Adressen der Baugruppen auf dem „RACK-300" und der IO-Devices können im Fenster „Hardware-Konfiguration" abgelesen und auch verändert werden. Die Systemvorgabe ergab dabei folgende Zuordnung:

| | | | |
|---|---|---|---|
| RACK-300 | Steckplatz 4: | DI16xDC24V | EB0; EB1 |
| RACK-300 | Steckplatz 5: | DO16xDC24V/0,5A | AB4; AB5 |
| IO-Device IM151-3-1 | Steckplatz 2: | 4DIDC24VST | EB2 |
| IO-Device IM151-3-1 | Steckplatz 3: | 4DIDC24VHF | EB3 |
| IO-Device IM151-3-1 | Steckplatz 4: | 4DODC24V/0.5AST | AB0 |
| IO-Device IM151-3-1 | Steckplatz 5: | 2DODC24V/0.5AHF | AB1 |
| IO-Device IM151-3-1 | Steckplatz 6: | 2DODC24V/0.5AHF | AB2 |
| IO-Device ILB-1 | Steckplatz 1: | DIO16 | EB4, EB5, AB6, AB7 |
| IO-Device ILB-1 | Steckplatz 2: | DI16 | EB6, EB7 |

#### 19.2.5.2  Anwender-Testprogramm

Da mit dem Testprogramm nur die Kommunikation überprüft werden soll, wird über Lade-
und Transferfunktionen eine Zuweisung der Digitaleingänge zu den Digitalausgängen unterschiedlicher Module programmiert.

```
OB1: Anwender-Testprogramm
L   EB  0   //Signalmodul Rack          L   EB  2   //IO-Device IM151-3-1
T   AB  0   //IO-Device IM151-3-1       L   EB  3   //IO-Device IM151-3-1
T   AB  6   //IO-Device ILB-1           SLW 4
L   EB  1   //Signalmodul Rack          OW
T   AB  1   //IO-Device IM151-3-1       T   AB  4   //Signalmodul Rack
T   AB  7   //7 IO-Device ILB-1         L   EB  6   //IO-Device ILB-1
                                        T   AB  2   //IO-Device IM151-3-1
```

### 19.2.6  Arbeitsschritt (4): Inbetriebnahme, Test und Diagnose

Nach erfolgreicher Übertragung der Adressen und Parameter gehen die PROFINET-Geräte in
den zyklischen Datenaustausch und zeigen dies durch eine gelbe Signalleuchte an. Ist die
Übertragung nicht erfolgreich, geht die CPU nach Ablauf der Überwachungszeiten je nach
Einstellung des Parameters „Sollausbau ungleich Istausbau" (unter Eigenschaften der CPU
„Anlauf") in den STOP- oder RUN-Zustand. In jedem Fall leuchtet aber die rote BF-LED.

Mit dem geladenen Anwender-Test-Programm kann die Funktionsweise der einzelnen Ein-
und Ausgänge der Module überprüft werden.

Die Diagnosewege, die in STEP 7 für PROFIBUS DP-Komponenten zur Verfügung stehen,
stehen auch bei PROFINET IO zur Verfügung. Die Vorgehensweise ist identisch. Über den
Menübefehl **Station > Online öffnen** im Fenster Hardware-Konfiguration können neben den
S7-Stationen auch PROFINET IO-Geräte diagnostiziert werden. Der nachfolgende Bildaus-
schnitt zeigt die Diagnosemeldung, wenn am angesteuerten Digitalausgang A 1.0 des
PROFINET I/O-Device IM151-3-1 ein Kurzschluss gegen Masse auftritt.

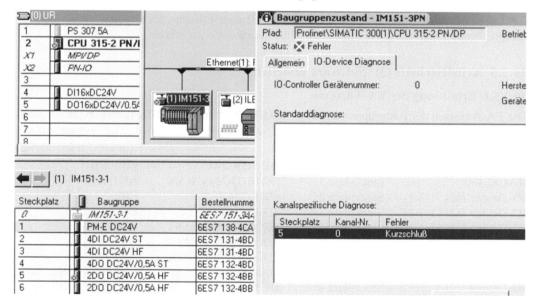

# 20 WLAN-Funknetztechnologie nach IEEE 802.11

## 20.1 Grundlagen

### 20.1.1 Einführung

Der in Kapitel 19 dargestellte offene Industrial Ethernet Standard *PROFINET* kann durch Einbindung von Funknetzstrecken erweitert werden. Da *PROFINET* die Einbindung bestehender *PROFIBUS*-Netze ermöglicht, können auch die mit Feldbus vernetzten Anlagenteile die Funknetztechnik ergänzend nutzen. Funknetze für die Automatisierungstechnik sind jedoch nicht dazu gedacht, Kabelnetze zu ersetzen. Es gibt auch nicht nur eine Funknetztechnologie, sondern deren viele, z. B. spezialisiert auf Heim- und Gebäudeautomatisierung, Prozessautomation und Sensor-Aktortechnik. Einen guten Überblick gibt hier eine kurz gefasste Schrift des ZVEI mit dem Titel „Koexistenz von Funksystemen in der Automatisierungstechnik". Im Folgenden wird nur auf die weit verbreiteten Funknetz-Standards der Serie IEEE 802.11 zur Anwendung in der Automatisierungstechnik näher eingegangen, mit der ursprünglich die drahtlose Vernetzung von räumlich nicht allzu weit entfernten PCs begann. Daher rührt auch die Kurzbezeichnung WLAN für *Wireless Local Area Network* oder die firmenspezifische Bezeichnung IWLAN für Industrial WLAN mit dem Hinweis auf die erhöhten Anforderungen im raueren industriellen Bereich unter Echtzeitbedingungen als Erweiterung des Standards IEEE 802.11. Nachfolgend wird der Begriff WLAN synonym für WLAN IEEE 802.11 verwendet.

WLAN-Funknetze werden vorzugsweise dort eingesetzt, wo eine durchgehend leitungsgebundene Ethernetvernetzung nicht oder nur schwer zu realisieren ist, wie z. B. bei mobilen Steuerungen in Transportsystemen und Einschienenhängebahnen in Montagelinien sowie in Anlagen in aggressiver Luft. Die Vorteile der drahtlosen gegenüber der kabelgebundenen Kommunikation liegen ganz allgemein in der möglichen *Mobilität* und erhöhten *Flexibilität* von Anlagenkomponenten sowie dem sogenannten *mobilen Bedienen, Beobachten und Warten* von Automatisierungssystemen.

WLAN-Funknetze arbeiten in den *lizenzfreien Mikrowellen-Frequenzbereichen* 2,4 GHz und 5 GHz und erzielen bei Sendeleistungen von 100 mW Reichweiten von ca. 30 m (Indoor) und ca. 100 m (Outdoor) und bieten Brutto-Datenraten von 1 bis 11 MBit/s bzw. 6 bis 54 MBit/s je nach verwendetem Funknetz-Standard und abhängig von der verwendeten Antennentechnik sowie den örtlichen Übertragungsverhältnissen des Funkgebietes.

Beim Einsatz von WLANs sind *IT-Sicherheitsaspekte* besonders zu beachten, da der freie Luftraum als Übertragungsstrecke ungeschützt gegen unberechtigte Zugriffe ist. Ein hohes Maß an Datenschutz lässt sich erreichen durch *Authentifizierung* der Netzteilnehmer, die fremdes Eindringen in das Funknetz verhindern soll, und durch *Daten-Verschlüsselung*. Gefährdungen können von mutwillig angebrachten breitbandigen Störsendern ausgehen.

### 20.1.2 WLAN-Realisierungen im Überblick

#### 20.1.2.1 WLAN-Stationen

Gerätetechnisch unterscheidet man *WLAN-Clients* und *WLAN-Access Points* (AP) für den Aufbau von WLAN-Funknetzen.

Ein **Client** kann z. B. ein Notebook mit standardmäßig eingebautem WLAN-Adapter und An-
tenne sein, als mobiles Endgerät zur Anlagenprojektierung, Inbetriebnahme und Diagnose.
Dann gibt es auch das Client Modul mit einer WLAN- und einer Ethernet-Schnittstelle zur
Anbindung eines dezentralen SPS-Peripheriegerätes an ein WLAN-Funknetz.

Ein **Access Point** ist eine Basisstation, die ein Funknetz aufspannt und den Funkbetrieb für die
Clients organisiert sowie deren Zugang zum Netz kontrolliert. Ferner ermöglicht ein Access
Point den Anschluss an ein vorhandenes LAN (Ethernet-TCP/IP-Netz), um deren kabelgebunde-
ne Teilnehmer für die mobilen Clients erreichbar zu machen. Es gibt auch multifunktionale
Access Points mit integriertem Router und DSL-Modem sowie einem DHCP(Dynamic Host
Configuration Protocol)-Server, der allen erreichbaren drahtlosen und kabelgebundenen End-
geräten eine IP-Adresse übergeben kann.

### 20.1.2.2 WLAN-Netzstrukturen

Der WLAN-Standard IEEE 802.11 geht bei seinen Bestimmungen für Aufbau und Wirkungsweise von Funknetzen von der Vorstellung einer Funkzelle aus, die in der Fachterminologie als
**Basic Service Set (BSS)** bezeichnet wird. Alle WLAN-Stationen, die auf dem gleichen Frequenzkanal Daten senden und empfangen, bilden zusammen einen Basic Service Set, dem ein
*Service-Set-Identifier* (SSID) als Funkzellenname mit einer Art Passwortfunktion zugeordnet
wird. Eine WLAN-Funkzelle kann entweder für die Betriebsform Ad-hoc-Modus oder Infrastruktur-Modus konfiguriert werden.

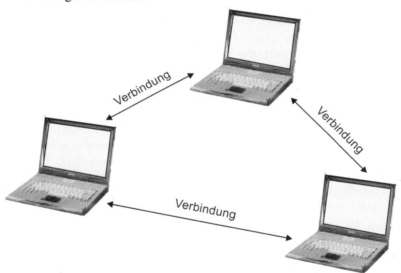

**Bild 20.1:** Ad-hoc-BSS (Funknetz)
Die gezeichneten Verbindungen können nicht gleichzeitig betrieben werden, da sie den selben Frequenzkanal beanspruchen.

Beim **Ad-hoc-Modus** gibt es in der Funkzelle (BSS) keinen Access Point, sondern nur gleich-
berechtigte WLAN-Clients. Ein Datenaustausch findet immer nur direkt zwischen zwei Clients
statt. Zwar „hören" alle anderen Stationen des Netzes mit, sie erkennen aber an der Zieladresse

des Telegramms, dass sie nicht betroffen sind. Das entspricht im Prinzip dem kabelgebundenen Ethernet, bei dem auch alle Stationen gleichberechtigt am Netz sind und immer eine Punkt-zu-Punkt-Verbindung besteht. Die räumliche Ausdehnung eines Ad-hoc-Funknetzes begrenzt sich automatisch dadurch, dass sich alle Clients noch in gegenseitiger Reichweite der Funksignale befinden müssen. Im Ad-hoc-Netz gibt es keine übergeordnete Verwaltungsinstanz für die Clients. Wirksam ist jedoch das für Standard-Clients vorgesehene dezentralistische Zugriffs-verfahren DCF ( Distribution Coordination Function) für die Belegung eines Frequenzkanals, das im Prinzip so wie das bekannte CSMA/CD-Verfahren bei Ethernet funktioniert, jedoch mit dem Unterschied, das jetzt nicht die Kollisionserkennung, sondern die Kollisionsvermeidung beabsichtigt ist. Ein Ad-hoc-Funknetz ist eine Punkt-zu-Punkt-Verbindung zweier Stationen ohne Access Point.

Beim **Infrastruktur-Modus** besteht eine Funkzelle (BSS) aus mehreren Clients und einem Access Point (AP). Der Access Point übernimmt die Organisations- und Verwaltungsaufgaben der Funkzelle und wirkt als Kommunikationsvermittlungsstelle durch Annahme und Weiterleitung der Client-Telegramme. Außerdem verfügt der Access Point über eine Ethernet-Schnittstelle für den Anschluss eines drahtgebundenen Verteilungsnetzes (LAN).

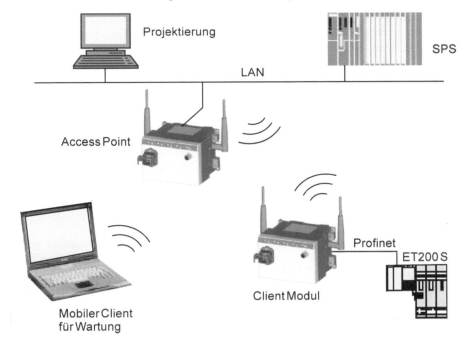

**Bild 20.2:** Infrastruktur-BSS (Funknetz)
Kopplung zwischen einem LAN und einem Wireless LAN. Das Client-Modul stellt hier die Schnittstelle zwischen dem Funknetz und einem Automatisierungsgeräts mit Ethernet-Anschluss bereit.

Access Points werden für den Funkverkehr erforderlich, wenn deterministische Abläufe oder Zugang zu einem Ethernet-LAN sowie zum Internet oder räumlich größere Funknetze zu realisieren sind. Die nachfolgend beschriebenen drei Hauptanwendungsfälle lassen erkennen, dass in der Automatisierungstechnik der WLAN-Infrastruktur-Modus der Regelfall ist.

- Deterministik:

Die Clients müssen sich beim Access Point anmelden, um Mitglieder des Funknetzes zu werden und können jetzt selbstständig keine direkte Verbindung untereinander mehr herstellen. Eine Verbindungsaufnahme erfolgt nun immer über den Access Point, der wie ein Switch die Datenpakete vom sendenden Client empfängt und nach Feststellen der Zieladresse zum empfangenden Client weiterleitet. Das ist zunächst einmal nachteilig, weil jetzt zur Datenübermittlung der Frequenzkanal zweimal belegt werden muss, was einer Halbierung der Datenrate entspricht. Vorteilhaft wirkt sich dafür aber das bei Access Points optional vorgesehene zentralistische Zugriffsverfahren PCF (Point Coordination Function) aus, das den dafür ausgerüsteten Clients mit einem Pollingverfahren eine vereinbarte Datenrate zusichert. PCF ist also ein Zugriffsverfahren zur Unterstützung zeitkritischer Dienste. Bei Industrial WLAN ist dieses Verfahren unter der Bezeichnung iPCF auch realisiert und ermöglicht den Echtzeitbetrieb eines Automatisierungssystem bei PROFINET.

- Zugang zu einem LAN:

Die Clients eines Infrastruktur-Funknetzes können über den Access Point drahtlos an ein vorhandenes lokales Netzwerk (LAN) angekoppelt werden. Der Access Point ist in dieser Hinsicht ein Schicht-2-Gerät, vergleichbar einer Bridge, die nach ISO/OSI-Referenzmodell die unterschiedlichen physikalischen Schichten der beiden Netztypen Wireless LAN und Ethernet-LAN verbinden kann. Die Schicht-2-Frameformate beider Netztypen sind verschieden, wie auch die Datenraten unterschiedlich sind. Bei Ethernet betragen die Datenraten 10 MBit/s bzw. 100 MBit/s und bei WLAN je nach verwendetem Funknetzstandard 11 MBit/s bzw. 54 MBit/s, wobei diese Datenraten auch noch automatisch nach unten abgesenkt werden, wenn die Übertragungsverhältnisse sich verschlechtern. Wegen der größeren Störanfälligkeit der Wireless-Netze wird deren Datenübertragung zusätzlich durch ein Telegramm-Bestätigungsverfahren abgesichert, dass es in Ethernet-Netzen nicht gibt. Der sendende Client erhält vom Access Point den fehlerfreien Empfang bestätigt und sendet die Daten an die Zielstation, die den erfolgreichen Frame-Empfang auch wieder mit einem Acknowledge-Frame bestätigt. Bleiben die Bestätigungstelegramme aus, müssen die Frames erneut gesendet werden, was insgesamt zu einer Reduzierung der Netto-Datenrate führt.

- Größere Netzausdehnung:

Eine größere Netzausdehnung kann erforderlich sein, weil eine mobile Station eine weiter entfernte Position erreichen muss, die außerhalb der Reichweite anderer Stationen liegt. Eine größere Netzausdehnung durch Erhöhen der Sendeleistung hat vorschriftenmäßige Grenzen. Ausgedehnte WLAN-Funknetze, die ein bestimmtes Gebiet lückenlos abdecken, lassen sich durch untereinander verbundene Access Points bilden, sodass ein aus mehreren Funkzellen bestehendes Funkzellennetz entsteht. Die Verbindung der Access Points kann kabelgebunden durch Koppelung der Etherent-Ausgänge an einem Switch oder drahtlos durch ein Extra-Funknetz erfolgen. Ein solches Funkzellennetz, das aus mehreren sich überlappenden Basis Service Sets (BSS) besteht, wird als **Extended Service Set (ESS)** bezeichnet. Bild 20.3 zeigt ein Beispiel für ein aus zwei Funkzellen bestehendes Wireless-LAN. Jeder Access Point spannt sein eigenes Funknetz auf. Damit es im Überlappungsbereich der Funkzellen nicht zu Empfangsstörungen kommt, sind für die Funkzellen unterschiedliche, sich nicht überlappende Frequenzkanäle vorzusehen. Alle Stationen, also die Clients und Access Points, sind auf denselben Service-Set-Identifier (SSID, Funknetzname) einzustellen. Dadurch kann ein mobiler Teilnehmer auch in die benachbarte Funkzelle wechseln. Die freie Bewegung von WLAN-Teilnehmern über die Grenzen der Funkzelle eines Access Points hinaus wird als **Roaming** bezeichnet. Beim Roaming können Unterbrechungszeiten von einigen Hundert Millisekunden entstehen. Bei Industrial WLAN wird der freie Funkzellenwechsel als „Rapid Roaming" mit verkürzten Unterbrechungszeiten unter dem erwähnten Zugriffsverfahren iPCF realisiert.

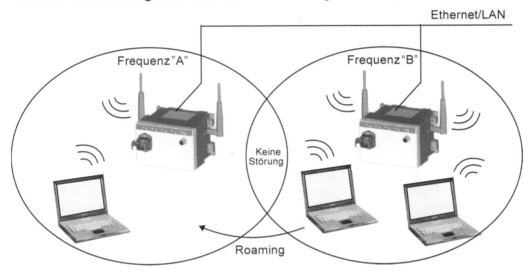

**Bild 20.3:** Roaming in einem ESS: Ein Client wechselt das Funknetz. Die benachbarten Funkzellen sind auf sich nicht überlappende Frequenzkanäle eingestellt (siehe auch Bild 20.4).

### 20.1.2.3 Projektierungsschritte

Die Projektierung wird in der Regel mit einem zu den Wireless-Geräten gehörenden Managementtool durchgeführt. Die wichtigsten Einstellungen sind:

- **IP-Adresse und Subnetzmaske**, mit der IP-Adresse werden die WLAN-Geräte im Netz identifiziert. Das gesamte WLAN muss innerhalb desselben Subnetzes betrieben werden.

- **Service-Set-Identifier SSID** (Funknetzname), maximal 32 alphanumerische Zeichen zur eindeutigen Identifizierung des Funknetzes und der zugehörigen WLAN-Stationen.

- **WLAN-Standard IEEE 802.11x**, „x" steht für den Kennbuchstaben des ausgewählten Standards, z. B. IEEE 802.11b im 2,4 GHz-Band mit maximalen Datenrate 11 MBit/s.

- **Funkfrequenzkanal**, Festlegung beim Access Point erforderlich. Clients können vorhandene Funkkanäle durch Scannen ermitteln

- **Sicherheit im WLAN**, Ausstrahlung der SSID in den Beacon-Frames unterdrücken, Sendeleistung soweit reduzieren wie zum „Ausleuchten" des Funknetzraumes notwendig, MAC-Filter zur Zugangskontrolle nutzen, Authentifizierungs- und Verschlüsselungsmöglichkeiten anwenden, möglichst WPA2/AES. Mit diesen Methoden lässt sich ein sehr hoher Sicherheitsgrad erzielen. Praktisch ungeschützt sind WLAN-Systeme gegen mutwillige Verhinderung des Funkbetriebs durch Einwirken eines breitbandigen Störsenders im Funknetzgebiet. Zwar können solche Störsender geortet, aufgefunden und beseitigt werden, jedoch können die so verursachten Betriebsstörungen zu erheblichen Schäden in der Anlage führen.

### 20.1.3 Funkkommunikation im Infrastruktur-Netz

Für die Automatisierungstechnik kommen hauptsächlich Funknetze im *Infrastruktur-Modus* in Frage, die nachfolgend näher betrachtet werden sollen. Voraussetzung für eine funktionierende Kommunikation ist, dass der Access Point weiß, welche Teilnehmer zu seiner Funknetzzelle gehören und die mobilen Stationen wiederum ihren Access Point kennen oder finden können.

#### 20.1.3.1 Clients suchen Funknetz

Access Points geben durch Aussenden eines Funksignals (engl.: beacon) in regelmäßigen Abständen von ca. 100 ms (Defaultwert) auf ihrem eingestellten Frequenzkanal bekannt, dass sie ihre Dienste anbieten und teilen zugleich wichtige Informationen mit, wie z. B. ihren Service Set Identifier (SSID) und die von ihnen unterstützten Datenraten. Clients, die auf den Infrastruktur-Modus eingestellt sind, versuchen nach dem Einschalten entweder durch einem passiven oder aktiven Scanning-Vorgang das passende Funknetz zu finden.

Beim passiven Scanning-Prozess sucht der Client alle Funkkanäle nach *Beacon–Frames* ab und zeigt das Ergebnis an. Der Benutzer eines mobilen Endgerätes (Laptop mit WLAN-Adapter) hat dann die Möglichkeit, das für ihn in Frage kommende Funknetz anhand der detaillierten Informationen über die gefundenen Access Points auszuwählen. Dieses Szenario trifft für solche Funknetze zu, die in der Öffentlichkeit gut sichtbar sein sollen, wie z. B. die von entsprechenden Providern betriebenen Hot Spots an Bahn- und Flughäfen für Reisende, die sich mit ihren Laptops ins Internet einwählen wollen. Findet ein Client mehrere Access Points auf unterschiedlichen Frequenzkanälen aber mit derselben SSID, so handelt es sich um ein erweitertes Funknetz ESS (Extended Service Set).

Beim aktiven Scanning-Prozess muss die Client-Station bereits den Funknetznamen und den Frequenzkanal eines Access Points kennen. Der Client sendet ein Probe-Request-Frame mit der SSID und den von ihm unterstützten Datenraten (Supported Rates) an den Access Point ab. Der Access Point entscheiden dann, ob der anfragende Client in die Funkzelle aufgenommen werden kann und teilt es ihm mit einem Probe-Response-Frame mit. Diese Szenario trifft eher auf Funknetze der Automatisierungstechnik zu, die ihre Funktion erfüllen und sich gleichzeitig vor unberechtigten Zugriffen schützen müssen. Eine erste Sicherheitsmaßnahme dazu ist die Unterdrückung des Service Set Identifiers (SSID) in den Beacon-Frames. Damit können nur solche Client-Stationen erfolgreich nach dem Access Point suchen, in deren Funknetzliste das gewünschte Funknetz mit der richtigen SSID bei der Netzkonfiguration bereits eingetragen wurde. Der Sicherheitsgewinn durch diese Art der Zugangsbeschränkung, in der die SSID als Quasi-Passwort verwendet wird, ist allerdings nicht besonders groß.

#### 20.1.3.2 WLAN-Zugangskontrolle: Authentifizierung und Assoziierung von Clients

Unter *Authentifizierung* versteht man im Allgemeinen das Erbringen eines Identitätsnachweises. Authentifizieren bedeutet für den Client, sich gegenüber dem Access Point als „echt" auszuweisen. Der Access Point muss prüfen, ob der Client wirklich der ist, als der er sich ausgibt. Prinzipiell gilt dies auch in umgekehrter Richtung, um zu verhindern, dass ein Angreifer einen „gefälschten" Access Point aufstellt und darauf wartet, bis ein Client sich bei ihm einbucht.

*Assoziieren* bedeutet für den Client, dass ihm die berechtigte Teilnahme am Funknetz vom Access Point bescheinigt wird. Es gibt einen Grund dafür, dass die Zugangskontrolle in zwei Stufen aufgeteilt ist. Es kann nämlich sein, dass ein Client authentifiziert ist, aber aus einem Funknetz durch Roaming ausscheidet, um in ein anderes Funknetz zu wechseln. Das soll möglichst schnell geschehen, also ohne Wiederholung des Authentifizierungsvorgangs. Der Client behält seinen Status als authentifiziert und muss nur die Ummeldung beantragen. Ursprünglich waren zwei Authentifizierungsmethoden für WLAN nach IEEE 802.11 vorgesehen:

**Open System-Authentification**, bei der „keine" Authentifizierung stattfindet, sodass das WLAN für alle Stationen offen ist, sofern deren SSID mit der des Access Points übereinstimmen. Diese Möglichkeit kann in der Automatisierungstechnik bei aller Vorsicht kurzzeitig für die Inbetriebnahmephase einer WLAN-gestützen SPS-Anlage genutzt werden.

**Shared Key-Authentification**, verwendet für den Access Point und den Client-Stationen einen zuvor zugeteilten gemeinsamen „geheimen" Schlüssel in Form eines festgelegten Passwortes. Beim Identitätsnachweis darf nicht der geheime Schlüssel, sondern nur ein Beweis für die Kenntnis um das Geheimnis übertragen werden. Dazu schickt der Access Point dem Client einen Zufallstext, den dieser mit dem vereinbarten Schlüssel chiffriert und an den Access Point zurücksendet, der ihn mit seinem Schlüssel dechiffriert. Stimmt das Resultat mit dem ursprünglichen Zufallstext überein, gilt das als erfolgreiche Authentifizierung.

Das Open System ist in Wirklichkeit keine und das Shared-Key-System nur eine schwache Authentifizierung. Für die Einführung stärkerer Identitätsnachweise in Verbindung mit einem Schlüsselmanagement sorgte eine von WLAN-Herstellern gegründete internationale Organisation mit dem Namen Wi-Fi Alliance (Wireless Fidelity), die zugleich die Interoperabilität von WLAN Produkten prüft und Wi-Fi-zertifiziert.

**WPA-Authentification**, WPA ist die Abkürzung für „Wi-Fi Protected Access" und ist ein erweiterter Authentifizierung - Standard. Aus Gründen der Kompatibilität mit älterer Wireless-Hardware muss WPA auf die für diese Geräte vorgesehene Authentifizierung und Assoziierung aufsetzen, was den Client-Stationen durch einen zusätzlichen WPA-Parameter im Beacon- Frame mitgeteilt wird. Bei WPA sind zwei Sicherheitstypen zu unterscheiden:

- **WPA-Personal** ist für kleinere WLANs geeignet, die ohne einen Authentifizierungsserver auskommen sollen. Bei der WPA-Personal-Authentifizierung wird das **PSK-Verfahren** (Pre-Shared-Key) eingesetzt, bei dem ein identisches WPA-Kennwort als Pre-Shared-Key in Form einer Passphrase von 8 bis 63 ASCII-Zeichen Länge sowohl für den Access Point als auch für dessen Clients verwendet wird. Der Begriff Passphrase soll andeuten, dass es sich hierbei um einen Nonsens-Ausdruck handeln sollte und nicht um ein leicht zu erratendes und zu merkendes Passwort. Der Access Point prüft die Identität eines sich anmeldenden Clients mit dem schon bei Shared Key beschriebenen Challenge-Response-Verfahren. Anschließend errechnet der Access Point aus der Passphrase und dem Funknetznamen (SSID) sowie einer vielfachen Vermischung derselben eine Prüfsumme mit der Länge von 246 Bits, die auch als Master-Secret bezeichnet wird, aus dem dann die geheimen und temporären Sitzungsschlüssel für die Nutzdaten-Verschlüsselung abgeleitet werden. Bei diesen Schlüsseln handelt es sich nicht mehr um feste Schlüssel, sondern um dynamische, in regelmäßigen Abständen automatisch veränderbare Sitzungsschlüssel, die allerdings den Clients, wiederum verschlüsselt mit deren Passphrase, zur Anwendung übergeben werden müssen. Das erwähnte kryptographische Prüfsummenverfahren ist Teil des Sicherheitskonzepts, weil mit der Prüfsumme die Integrität der zusammengefassten Informationen zweifelsfrei festgestellt werden kann.

- **WPA-Enterprise** ist für Firmen mit größeren WLANs gedacht, die in ihrem Netzwerk einen Authentifizierungsserver einsetzen können. Mit dem WPA-Enterprise-Verfahren lässt sich eine nochmals verbesserte Authentifizierung der Clients erreichen. Im Authentifizierungsserver sind die Passwörter der vorhandenen Access Points und Clients gespeichert. WPA-Enterprise ermöglicht es den Firmen für die Client-Stationen individuelle

Passphrasen zu vergeben, was bei WPA-Personal nicht möglich ist. Die Authentifizierung der Clients erfolgt beim Authentifizierungsserver unter dem Schutz eines sicheren EAP-Protokolls. (Extensible Authentication Protocol) ist dabei nur ein Sammelbegriff für verschiedene Methoden. Beim Protokoll EAP-TLS (EAP-Transport Layer Security) werden gegenseitig Zertifikate zur Beglaubigung der eigenen Identität vorgelegt. Der Authentifizierungsserver prüft das vom Client vorgelegte Zertifikat und informiert den Access Point, ob die Authentifizierung erfolgreich war oder nicht. Bei erfolgreicher Authentifizierung teilt der Access Point der Client-Station die Assoziierung mit. Das vom Authentifizierungsserver verwendete Protokoll heißt **RADIUS** (Remote Authentical Dial in User Service). Der RADIUS-Server besorgt auch die Verteilung der geheimen Sitzungsschlüssel, mit denen die zwischen Client und Access Point fließenden Nutzdatenströme verschlüsselt werden. Zur Übermittlung der geheimen Sitzungsschlüssel wird das Public-Key-Verfahren angewendet, das auf zwei korrespondierenden Schlüsseln basiert, einem öffentlichen und einem privaten. Jede Station ist im Besitz eines solchen Schlüsselpaares. Nur der öffentliche Schlüssel darf der Gegenstation durch das vorgezeigte Zertifikat mitgeteilt werden. Für die sichere Übertragung eines Sitzungsschlüssels muss der Authentifzierungsserver in den Besitz des öffentlichen Schlüssels des Clients kommen, um die Verschlüsselung so vornehmen zu können, dass der Client die verschlüsselte Nachricht mit seinem privaten Schlüssel wieder entschlüsseln kann.

- **WPA2:** Der Quasistandard WPA (Wi-Fi Protected Access) wurde nach dem Erscheinen des WLAN-Ergänzungs-Standards IEEE 802.11i von der Wi-Fi Alliance weiterentwickelt und als erhöter Sicherheitsstandard unter der Bezeichnung WPA2 eingeführt. Bei WPA2 gibt es auch die beiden Sicherheitstypen Personal (PSK) und Enterprise (RADIUS).

### 20.1.3.3 WLAN-Abhörsicherheit: Verschlüsselungsverfahren für die Nutzdaten

Neben der Authentifizierung der Clients ist auch eine Nutzdaten-Verschlüsselung vorgesehen.

- **WEP-Verschlüsselungstyp**, WEP ist das ursprünglich für das WLAN vorgesehene Verschlüsselungsverfahren und steht für „Wired Equivalent Privacy" und sollte bedeuten, dass eine dem kabelgebundenen Ethernet-Netzwerk vergleichbare Übertragungssicherheit erreichbar ist, was sich jedoch nicht bestätigt hat. WEB wird heute nur noch für ältere WLAN-Geräte eingesetzt, die neuere Verschlüsselungstypen noch nicht unterstützen. Zur Nutzdatenverschlüsselung wird ein sog. Keystream als Chiffrier-Bitfolge gebildet, die sich aus einem sog. Initialisierungsvektor (24 Bit) und dem geheimen aber statischen WEB-Schlüsseln mit 40 oder 104 Bit, die als Kennwörter in Form von 5 oder 13 ASCII-Zeichen einzugeben sind, errechnet. Dabei wird jedoch der Initialisierungsvektor für jedes zu übertragende Datenpaket geändert. Die Nutzdaten werden mit dem Keystream bitweise XOR-verknüpft. In den WLAN-Frames werden die Initialisierungsvektoren unverschlüsselt und nur die Nutzdaten sowie die Prüfsumme verschlüsselt übertragen.

- **TKIP-Verschlüsselungstyp**, TKIP steht für „Temporal Key Integrity Protocol" und ist das für WPA verwendete Verschlüsselungsverfahren für die Nutzdaten. TKIP ist eine Weiterentwicklung des WEB-Verschlüsselungstyps. Der Keystream wird nun mit einem auf 48 Bit verlängerten Initialisierungsvektor und einem dynamisierten Sitzungsschlüssel gebildet, der, wie bei WPA-Personal bereits beschrieben, aus dem Master Secret abgeleitet wird und etwa einmal pro Stunde wechselt, womit sich die Abhörsicherheit verbessert.

- **AES-Verschlüsselungstyp** ist ein noch stärkeres Verschlüsselungsverfahren für die Nutzdaten. Bei AES (Advanced Encryption Standard) hat der verwendete Schlüssel eine Länge von 128 Bit, bei dem die Daten immer blockweise verschlüsselt werden.

Für die Projektierung eines Funknetzes bedeutet das Angebot so vieler Authentifizierungs- und Verschlüsselungsverfahren, dass unterschiedliche WLAN-Sicherheitsstufen realisierbar sind.

| Sicherheitsstufe | Authentifizierung | Verschlüsselungsverfahren | Schlüsselherkunft |
|---|---|---|---|
| keine | Open System | ohne | 0150 |
| mittlere | Shared Key | WEB | lokal |
| hohe | WPA-PSK WPA2-PSK | TKIP AES | lokal |
| höchste | WPA2 RADIUS | AES | Server |

### 20.1.3.4 Datenadressierung in der WLAN-Kommunikation

Jeder Teilnehmer eines Netzwerks benötigt zu seiner Erreichbarkeit eine eindeutige Adresse. Bei einem Ethernet-Netzwerk ist das die bekannte MAC-Adresse des PCs. In einem Wireless Netzwerk brauchen die mobilen Endgeräte eine MAC-Adresse für ihren WLAN-Adapter. Die Access Points und Client Module benötigen mindestens zwei MAC-Adressen, davon eine für ihren WLAN-Adapter und eine für ihre Ethernet-Schnittstelle. Obwohl alle Ethernet- und WLAN-Teilnehmer eine IP-Adresse bekommen müssen, sind IP-Adressen im Ethernet und WLAN unbekannt. Im lokalen Netzwerkteil werden Netzteilnehmer nur durch ihre MAC-Adresse identifiziert.

**Client MAC-Adresse:** Zunächst meldet sich ein Client Modul mit seiner eigenen WLAN-MAC-Adresse bei seinem Access Point an und ist damit auch in dessen Learning Table zu finden. Eine Ummeldung erfolgt, wenn das Client Modul die MAC-Adresse des bei ihm angeschlossenen Ethernet-Gerätes adaptiert hat. In diesem Fall meldet sich das Client Modul mit der MAC-Adresse des hinter ihm angeschlossenen Gerätes beim Access Point an und übernimmt damit für spätere Sende- und Empfangstelegramme eine Art Stellvertreter-Identität. Alternativ zur automatischen Adaptierung der MAC-Adresse durch den Empfang des ersten an seiner Ethernet-Schnittstelle eintreffenden Telegramms kann diese auch im Client Modul fest eingeschrieben werden.

**MAC-Adressen basierte Kommunikation bei PROFINET:** Der in der SPS-Technologie so wichtige zyklische Datenaustausch zeitkritischer Prozessdaten erfolgt bei PROFINET im Realtime-Modus mit einem *optimierten Protokoll* unter Verzicht auf TCP/IP. Die Daten werden im modifizierten Ethernet-Telegrammformat unter Verwendung von drei MAC-Adressen übertragen: Empfänger-, Absender- und Funkzellen- (Access Point-) Adresse. Im Ethertype-Feld des Telegramms steht eine Typkennung, die daraufhin weist, dass die nachfolgenden Daten PROFINET-Daten sind und nicht als IP-Header interpretiert werden dürfen. Die Nutzdaten befinden sich im hinteren Telegrammabschnitt, gefolgt von der Prüfsumme. Die Datenrate der Nutzdaten wird in einem Signalfeld des PLCP Headers (Physical Layer Convergence Protocol) bekannt gegeben. PROFINET-Controller und PROFINET-Devices können beim zyklischen Datenaustausch sowohl als Provider (Datensender) oder auch als Consumer (Datenempfänger) arbeiten.

Die IP-Adressen von IO-Controller und IO-Device sind auch wichtig, werden aber nur im Systemhochlauf zur Einrichtung der für sie bestimmten Kommunikationsbeziehungen gebraucht, die als Kommunikationskanäle vorstellbar sind. Dieser Vorgang läuft bei PROFINET über die UDP/IP-Protokoll-Familie, die auf dem Ethernet- und WLAN-Protokoll aufsetzt. Eingerichtet werden der IO-Data-Kanal für den zyklischen Austausch von Prozessdaten, der Alarm-Kanal für die azyklische Übertragung von Alarmen innerhalb der Real-Time-Kommunikation und der Record-Data-Kanal für den azyklischen Datenaustausch über UDP/IP. Ein Routing der Nutzdaten ist bei PROFINET IO aber nicht möglich.

**UDP/IP-basierte Kommunikation bei PROFINET:** Die für die SPS ebenfalls wichtige azyklische Kommunikation zum Austausch zeitunkritischer Daten erfolgt bei PROFINET IO im Nicht-Realtime-Modus über das UDP/IP-Protokoll, z. B. beim azyklisches Lesen von IO-Daten oder Diagnosen sowie beim azyklisches Schreiben von IO-Daten und Parametern. Zum Einsatz kommen dabei die Dienste READ und WRITE. Bei diesen Anwendungen erscheint im Ethertyp-Feld des Ethernet-Telegramms die IP-Typkennung, damit die darauf folgenden Daten als IP-Header zu interpretieren sind zusammen mit der IP-Adresse des Empfangsgerätes. Mit dem Address Resolution Protokoll (ARP) erfolgt die Auflösung der IP-Adresse in die betreffende MAC-Adresse der Zielstation (wie schon im Kapitel 18.1.5.3, Seite 561 beschrieben).

**TCP/IP-basierte Kommunikation bei Standard-Applikationen:** Benötigt wird auch immer noch die offene Industrial Ethernet Kommunikation über TCP/IP mit SEND/RECEIVE-Bausteinen zur Datenübertragung zwischen SIMATIC S7-Steuerungen. Wichtig ist auch der Browser-Zugriff auf Web-Server, die auf Kommunikationsprozessoren und WLAN-Stationen zur Verfügung stehen. Diese Kommunikation läuft über die TCP/IP-Protokoll-Familie außerhalb von PROFINET und wie schon im Kapitel 18 näher beschrieben.

### 20.1.3.5 Zugriff der WLAN-Geräte auf den Übertragungskanal

Im WLAN-Funknetz ist im Gegensatz zum Ethernet-Netz der fehlerfreie Datenempfang durch ein Acknowledge Telegramm zu bestätigen. Bleibt das ACK-Telegramm aus, muss das Datenpaket erneut gesendet werden. Deshalb ist beim Zugriffsverfahren auch sicher zu stellen, dass kein anderes sendebereites WLAN-Gerät seine Datenpakete dazwischen schieben kann. Beim Zugriff der WLAN-Geräte auf den Übertragungskanal sind drei Verfahren zu unterscheiden:

1. Standardmäßig ist das *Distributed Coordination Function* (DCF) Verfahren vorgesehen, bei dem auf eine zentral gesteuerte Zugriffsverteilung verzichtet wird und alle am Netz gleichberechtigten Teilnehmer selbst entscheiden dürfen, wann sie ein Datenpaket senden wollen. Bei diesem dezentralistisch geregelten Zugriffsverfahren kann es auch zu den schon bei Ethernet beschrieben Kollisionen kommen. Da im WLAN-System nicht vorgesehen ist, dass ein Teilnehmer auf einem Frequenzkanal gleichzeitig senden und empfangen kann, lassen sich die Kollisionen nicht erkennen, außer vielleicht am ausbleibenden ACK-Frame, das aber auch durch eine anderweitige Störung verursacht sein kann. Die bei Ethernet geltende Regel der Kollisionserkennung CSMA/CD (Carrier Sense Multiple Access/Collision Detection) wird bei WLAN auf eine verbesserte Kollisionsvermeidung CA (Collision/Avoidance) umgestellt, bei dem der CSMA-Teil mit der Meldung eines entweder freien oder belegten Übertragungskanals unverändert bleibt.

Zur Kollisionsvermeidung trägt ein zusätzlich eingeführter *Network Allocation Vector* (NAV) bei. Dabei handelt es sich um einen Zeitwert, der die voraussichtliche Übertragungsdauer eines aktuellen Datentelegramms einschließlich des zugehörigen ACK-Frames im Duration/ID-Feld des MAC-Headers angibt. Diesen Zeitwert übernimmt jede mithörende Station in ihren Timer und wartet den Ablauf dieser Zeitspanne ab, um nach einer weiteren, vom Ethernet-Verfahren her bekannten, zufallsgesteuerten Wartezeit (Backoff-Strategie) einen neuen Zugriffsversuch zu starten.

2. Die zweite Zugriffsmethode ist die *Point Coordination Function* (PCF), die im WLAN-Standard nur optional vorgesehen ist, aber in der Automatisierungstechnik oftmals gefordert wird. Beim oben beschriebenen dezentralistischen DCF-Verfahren wird zwar die Kollisionsgefahr vermindert, aber Kollisionen nicht sicher ausgeschlossen. Das kann sich ungünstig auf das Echtzeitverhalten des Übertragungskanals auswirken. Beim PCF-Verfahren erfolgt der Zugriff auf den Funkkanal zentralistisch gesteuert. Angewendet wird ein Polling-Verfahren, bei dem der Access Point durch seine Beacon-Frames den im Funknetz vorhandenen Client-Modulen die Zugriffsberechtigung erteilt, womit Kollisionen ausgeschlossen sind. Der Access Point führt eine Polling-Liste, in der sich die betreffenden Clients bei ihrer Assoziierung eingetragen haben. Durch der Einführung eines PCF-Intervalls ist sicher gestellt, dass Clients, die das PCF-Verfahren nicht unterstützen, außerhalb des PCF-Intervalls auch auf den Funkkanal zugreifen können. Bei Industrial WLAN läuft dieses Zugriffsverfahren unter der Bezeichnung iPCF (Industrial PCF), wobei der Access Point etwa alle 5 ms das nächste Client Modul aufruft.

3. Es gibt auch noch einen optionalen Betriebsmodus zur Kollisionsvermeidung unter der Bezeichnung *RTS/CTS* (Request To Send/Clear To Send), der angewendet wird, wenn das Standard-DCF-Verfahren nicht funktionieren kann, weil zwei sendewillige Stationen sich außerhalb ihrer gegenseitigen Reichweite befinden und sich also nicht „hören" können, was auch als „*Hidden-Station-Problem*" bezeichnet wird. RTS/CTS ist ein Handshake-Verfahren, mit kurzen Steuer-Telegrammen, die einer sendebereiten Station den Übertragungskanal reserviert. Dazu schickt die sendebereite Station vor dem Daten-Paket einen kurzen RTS an den in der Funkzelle zentral positionierten Access Point und meldet sich unter Angabe der voraussichtlichen Kanalbelegungsdauer an. Der Access Point antwortet mit einem CTS und Wiederholung der beantragten Belegungsdauer, falls der Funkkanal frei ist. Diesen CTS können alle Funknetzteilnehmer mithören und so die Belegungsdauer erfahren und Kollisionen vermeiden. Voraussetzung für den Einsatz dieses Verfahrens ist, dass alle Stationen über diesen Betriebsmodus verfügen.

### 20.1.4 WLAN-Funktechnik

#### 20.1.4.1 ISM-Band und überlappungsfreie Funkkanäle

Funkfrequenzen werden als Allgemeingut angesehen und daher durch staatliche Regulierungsstellen unter Auflagen zugeteilt und international abgestimmt verwaltet; in Deutschland ist das die Bundesnetzagentur. Für die Bereiche Industrie, Wissenschaft und Medizin wurde für Funkanwendungen ein sog. ISM-Band (Industrial, Scientific, Medical) zur genehmigungs- und lizenz-freien Nutzung zugelassen, das im Frequenzbereich bei 2,4 GHz liegt. Zusätzlich zum 2,4 GHz ISM-Band wurde auch ein lizenzfreies 5 GHz-Band geschaffen:

2,4 GHz ISM-Band: 2400 – 2483,5 MHz
5 GHz-Band:           5150 – 5325 MHz  und 5470 – 5825 MHz

Im Sinne der Funktechnik versteht man unter dem Begriff „ISM-Band" genau abgegrenzte Frequenzbereiche, die nahezu weltweit oder auch nur länderspezifisch freigegeben sind. Die Frequenzbänder wiederum sind in Funkkanäle unterteilt, für die eine Mittenfrequenz und eine Bandbreite angegeben ist. Eine Bandbreite ist für Funkkanäle deshalb vorzusehen, damit man auf eine genügende Anzahl von Sendeplätzen kommt, die einen frequenzmäßigen Mindestabstand zu einander haben. Von der festgelegten ISM-Kanal-Bandbreite von 5 MHz zu unterscheiden ist die physikalisch tatsächlich belegte Bandbreite eines Senders. Bei der Einprägung der Daten in die Trägerfrequenz mittels Modulationsverfahren entstehen sogenannte Seitenfrequenzen, in denen der Informationsgehalt versteckt ist. Der Umfang der Seitenfrequenzen bestimmt die Bandbreite eines WLAN-Kanals, die auf maximal 22 MHz begrenzt und damit sehr viel größer als die Bandbreite der ISM-Kanäle im 2,4 GHz ISM-Band ist. Daher ist mit Störungen parallel betriebener Funksysteme zu rechnen, wenn die Sender am gleichen Ort und zur gleichen Zeit und auf dem gleichen oder einem direkt benachbarten Frequenzkanal senden. Ist mit einer solchen Betriebssituation zu rechnen, wählt man einen Frequenzkanal mit genügendem Abstand zu anderen aus. Aus diesem Grund ist auch der Begriff *überlappungsfreie Kanäle* eingeführt worden. Im nachfolgenden Bild 20.4 wird gezeigt, dass das 2,4 GHz ISM-Band in 13 Kanäle mit einer ISM-Kanal-Bandbreite von 5 MHz eingeteilt ist (errechnet sich aus dem Abstand benachbarter Mittenfrequenzen). Die von einem WLAN-Sender nutzbare Bandbreite ist auf 22 MHz begrenzt, sodass bei 13 vorhandenen ISM-Kanälen nur 3 überlappungsfreie Kanäle (z. B. 2, 7, 12) zur Verfügung stehen.

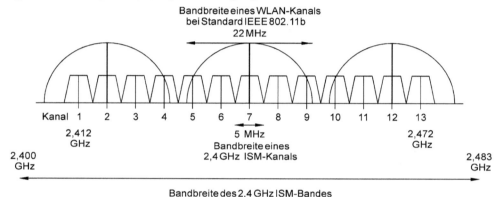

**Bild 20.4:** Drei überlappungsfreie WLAN-Kanäle im 2,4 GHz-Band für die Standards IEEE 802.11b/g

### 20.1.4.2 WLAN-Standards und ihre Übertragungsverfahren

Bei der Projektierung eines WLAN-Funknetzes muss ein für alle Teilnehmer (Access Points, Client-Module und mobile Stationen) einheitlicher WLAN-Standard festgelegt werden. Eine Auswahl häufig verwendeter Standards zeigt nachfolgende Tabelle, deren technische Angaben nur für Deutschland gelten, wobei noch auf zwei Besonderheiten ist hinzuweisen ist:

Der Standard IEEE 802.11g ist der Nachfolger des Standards IEEE 802.11b im 2,4 GHz-Band und zu diesem abwärts kompatibel. Beide Standards verwenden verschiedene Modulationsverfahren, auf die sich letztlich die unterschiedlichen Datenraten zurückführen lassen. Erkennt ein Access Point, dass ein langsamerer 802.11b-Client zum Funknetz gehört, informiert er die schnelleren 802.11g-Clients, die auf einen Koexistenzmodus umschalten. Erreicht werden muss, dass die Clients erkennen, ob der Funkkanal freigegeben oder belegt ist, um Kollisionen zu vermeiden. Dazu kann der 802.11g-Client auch das Modulationsverfahren des 802.11b-Clients nutzen und die Datenrate entsprechend vermindern (siehe nachfolgende Tabelle).

Beim IEEE 802.11h - Standard ist als Sonderbedingung die funktechnische Verträglichkeit mit anderen Teilnehmern der Frequenzkanäle vorgeschrieben. So muss eine automatische Leistungsverminderung und / oder der Wechsel des Frequenzkanals eingeleitet werden, um einen erkannten anderen Nutzer (z. B. militärisches Radarsystem) nicht zu stören.

| WLAN-Standards | 2,4 GHz | | 5 GHz | |
|---|---|---|---|---|
| | IEEE 802.11b | IEEE 802.11g | IEEE 802.11a | IEEE 802.11h |
| Übertragungsverfahren | HR/DSSS | DSSS/OFDM | OFDM | OFDM |
| Reichweite | Indoor: 30 m<br>Outdoor: 100 m | Indoor: 30 m<br>Outdoor: 100 m | Indoor: 10-15 m<br>Outdoor: n. zul. | Indoor: 30-50 m<br>Outdoor: 400 m |
| Sendeleistung | 100 mW | 100 mW | 30 mW | 200 mW (1 W) |
| Brutto-Datenrate | 1-11 MBit/s | 6-54 MBit/s | 6-54 MBit/s | 6-54 MBit/s |
| Bandbreite | 22 MHz | 20 MHz | 20 MHz | 20 MHz |
| Überlappungsfreie Kanäle | 3 | 3 | 4 | 19 |
| Störanfälligkeit | Größer | Mittel | Geringer | Geringer |
| Wanddurchdringung | Mittel | Mittel | Schlecht | Schlecht |

**Reichweite, Datenrate:** In einem Funksystem ist die Signaldämpfung frequenzabhängig, d. h. je höher die Frequenz, um so größer ist die Dämpfung und desto geringer wird die zu erzielende Reichweite sein, gleiche Sendeleistung vorausgesetzt. Neben der Frequenz beeinflusst auch die Wellenausbreitung selbst die erzielbare Reichweite, weil die Mehrwegausbreitung der Funksignale durch Reflexionen zu Interferenzen beim Empfänger führen können. Wenn nämlich beim Empfänger nicht nur das direkt empfangene Hauptsignal, sondern auch ein durch Reflexion an Wänden und Gegenständen verursachtes Umwegsignal zeitverzögert eintrifft, kann das zu Empfangsstörungen führen, wie eine kurze Rechnung zeigt: Bei einem Umweg von nur 6 m trifft das Reflektionssignal 20 ns später beim Empfänger ein. Ist dort zu diesem Zeitpunkt bereits das nächste Bit des Hauptsignals eingetroffen, entsteht eine störende Signalüberlagerung. Um eine Bit-Verfälschung auszuschließen, müsste das Signal-Bit viel länger sein als die Laufzeitdifferenz von 20 ns. Bei Annahme von 100 ns für das Signal-Bit ergäbe sich rechnerisch eine maximal erreichbare Datenrate von nur 10 MBit/s.

Damit ist jedoch noch nicht über die mögliche Datenrate entschieden. Für eine erreichbare Datenrate ist die zur Verfügung gestellte Bandbreite maßgebend: Bei höherer Datenrate sind die Signale kürzer und deshalb das darin enthaltene Frequenzspektrum umfangreicher. Bei einer vom IEEE-Standard vorgegebenen Bandbreite lässt sich die Datenrate dann nur noch durch verbesserte Übertragungsverfahren steigern.

**Übertragungsverfahren DSSS:** Bei DSSS (Direct Sequence Spread Spectrum) handelt es sich um ein Spreizcodeverfahren. Für eine Datenrate von 1 MBit/s bei 22 MHz Bandbreite wird ein Nutzdaten-Bit mit einem 11-Bit–Spreizcode (11-Chip Barker Code) Exclusiv-ODER-verknüpft, sodass aus einem Nutzdaten-Bit eine zugehörige Bitfolge entsteht, z. B.:

1 Bit mit Wert 0 = 1011 0111 000 (übertragene Bitfolge)
1 Bit mit Wert 1 = 0100 1000 111 (übertragene Bitfolge)

Die kodierten Nutzdaten werden einem Modulator zugeführt, der die Phasenlage der Trägerfrequenz in Abhängigkeit von der Bitfolge ändert. Das Modulationsverfahren wird als PSK-Verfahren (Phase Shift Keying) bezeichnet.

Empfangsseitig läuft der Dekodierungsvorgang rückwärts ab. Dabei wird die übertragene Bitfolge wieder mit dem Spreizcode Exclusiv-ODER-verknüpft, um das eigentliche Nutzsignal zurück zu gewinnen.

Die übertragende Bitfolge beansprucht eine größere Bandbreite, da mehr Bits pro Zeiteinheit zu übertragen sind. Gleichzeitig ist die Bitfolge aber redundant. Auch wenn schmalbandige Störsignale wenige Einzelbits verfälschen, kann der übertragene Nutzdaten-Wert noch erkannt werden. Um jedoch bei gleicher Bandbreite auch eine höhere Datenrate zu erreichen, wird anstelle des Chip Baker Code das informationsreichere CCK-Verfahren (Complementary Code Keying) angewendet, bei dem pro Zeiteinheit die Information mehrerer Bits codiert ist (sog. High Rate DSSS: HR/DSSS). Damit geht jedoch etwas Redundanz (Übertragungssicherheit) verloren. Durch die Methoden der Aufspreizung des Nutzdatensignals wird beim Standard IEEE 802.11b mit den DSSS-Verfahren eine Brutto-Datenrate von 1 bis 11 MBit/s bei einer Bandbreite von 22 MHz erreicht, wobei die Reichweite jedoch abhängig von der Datenrate ist, z. B. 30 m bei 11 MBit/s und 100 m bei 1 MBit/s. Typisch für das DSSS-Verfahren ist, dass die Datenrate in festgelegter Abstufung automatisch der Empfangsqualität angepasst wird. Es wird immer versucht die Nutzdaten mit größtmöglicher Datenrate zu übertragen.

**Übertragungsverfahren QFDM:** Bei QFDM (Orthogonal Frequency Division Multiplex) handelt es sich um ein spezielles Frequenzmultiplex-Verfahren, bei dem der Datenstrom nicht über einen seriellen Übertragungskanal mit großer Bandbreite, sondern über viele parallele Übertragungskanäle bei kleiner Bandbreite und eng beieinander liegenden sog. orthogonalen Trägerfrequenzen gebündelt übertragen wird. Mit dem Begriff der „Orthogonalität" wird in der Nachrichtentechnik die Unabhängigkeit der Komponenten zusammengesetzter Signale voneinander ausgedrückt. Orthogonal bedeutet hier also nicht „rechtwinklig auf", sondern „unabhängig voneinander". Damit wird die Eigenschaft beschrieben, ein Signalbündel bei der Demodulation wieder entbündeln zu können. Erreicht wird dies dadurch, dass die Subkanäle einen ganz bestimmten Frequenzabstand einhalten müssen, bei dem die Spektralanteile aller modulierten Subträger bei der Mittenfrequenz eines beliebig herausgegriffenen Nachbar-Subträgers gerade null sein müssen und auch deshalb nicht stören können. Bild 20.5 zeigt ein Schema des OFDM-Verfahrens. Die Subträger sind mit einem Quadratur-Amplituden-Modulationsverfahren (QAM) vektormoduliert, d. h. der Zeiger auf einen Elementpunkt enthält Informationen durch seinen Amplitudenwert und den Phasenwinkel.

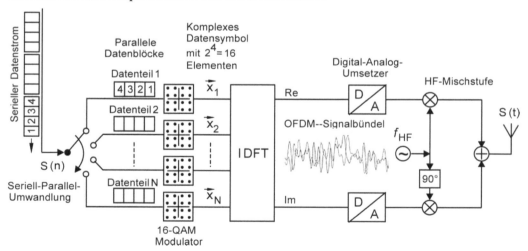

**Bild 20.5:** Schema einer Sendestufe nach dem QFDM-Verfahren
16- (64-) QAM = Quadratur-Amplituden-Modulation,  IDFT = Inverse Diskrete Fourier Transformation, DAC = Digital-Analog-Converter, $f_{HF}$ = Trägerfrequenz für das Signalbündel

Vereinfachtes Beispiel für 50 Subkanäle:

Einem seriellen Datenstrom mit der Datenrate 10 MBit/s stehe eine Bandbreite von 20 MHz zur Verfügung. Es erfolgt aber eine Aufteilung in 50 Subkanäle, deren Trägerfrequenzen einen genauen Frequenzabstand von 20 MHz Bandbreite : 50 Unterträger = 400 kHz haben müssen. Die 50 Teildatenströme können jetzt mit niedriger Datenrate 10 MHz : 50 = 200 kHz übertragen werden (Vergleich: Einspurige Autostraße, die mehrspurig weiter geführt wird. Bei gleich großem Fahrzeugdurchsatz könnte auf dem mehrspurigen Streckenabschnitt entsprechend langsamer gefahren werden). Die Subträgerfrequenzen werden je nach einzustellender Datenrate mit einem von vier digitalen Modulationsverfahren moduliert: BSPK (1 Bit / 2 Zustände), QPSK (2 Bit / 4 Zustände), 16-QAM (4 Bit / 16 Zustände) und 64-QAM (6 Bit / 64 Zustände). Die so entstandenen Paralleldaten werden dann senderseitig mit einem komplex rechnenden Verfahren (Inverse Diskrete Fourier Transfomation IDFT) in einem digitalen Signalprozessor zu einem QFDM-Signalbündel umgeformt und nach einer Digital-Analog-Umsetzung einem Hochfrequenzträger zur Funkabstrahlung aufmoduliert. Beim QFDM-Verfahren kann empfängerseitig die Kanaltrennung nicht durch selektive Filter erfolgen, sondern durch einen zu IDFT entgegen gesetzten Rechenvorgang, der DFT (Diskrete Fourier Transformation) genannt wird. Voraussetzung ist, dass die im QFDM-Signalbündel enthaltenen Subträgerfrequenzen orthogonal zu einander sind.

Ein Vorteil des QFDM-Verfahrens ist die hohe Unempfindlichkeit gegenüber einer möglichen Mehrwegausbreitung des Funksignals, da die informationsreichen QFDM-Signale sich in einem langsameren Zeittakt beim Empfänger aktualisieren, d. h. länger anstehen, sodass der weiter oben beschriebene Laufzeiteffekt der Umwegsignale weniger Störeinfluss ausüben kann. Ein weiterer Vorteil ist die größere Datenrate. Das OFDM-Übertragungsverfahren erreicht gegenüber dem HR/DSSS-Verfahren eine fast 5-fache Datenrate bei 10 % weniger Bandbreite (vgl. Tabelle Seite 605).

Es gibt neben dem bei WLAN eingesetzten OFDM-Verfahren noch weitere Varianten von Mehrträger-Modulationsverfahren, die in der Mobilfunktechnologie und beim kabelgebundenen ADSL-Standard (Asymmetric Digital Subscriber Line) Anwendung finden.

### 20.1.5 WLAN-Grundlagen im ISO/OSI-Netzwerkmodell

In einer zusammenfassenden Nachbetrachtung sollen abschließend die wichtigsten WLAN-Begriffe durch Einordnung in das bekannte ISO/OSI-Netzwerkmodell in Erinnerung gerufen werden. WLAN betrifft dort nur die beiden untersten Schichten:

**Schicht 2** wird im ISO/OSI-Netzwerkmodell als Sicherungschicht (Data Link Layer) bezeichnet, die sich nochmals in die obere 2b-Teilschicht LLC (Logical Link Control) und die untere 2a-Teilschicht MAC (Medium Access Control) aufteilt. WLAN hat eine gegenüber Ethernet veränderte MAC-Schicht. Es sind zusätzliche Management-Funktionen zum Organisieren des Funkzellenbetriebs erforderlich. Die verschiedenen Zugriffsverfahren auf den drahtlosen Übertragungskanal werden bei WLAN durch Kontroll-Funktionen geregelt. Deshalb gibt es auf der MAC-Layer-Ebene bei WLAN neben den Daten-Frames auch Kontroll- und Management-Frames. Diese verschiedenen MAC-Frames bestehen im Wesentlichen aus dem MAC-Header mit den MAC-Adressen der Sende-, Empfangs- und Access Point-Station sowie dem eigentlichen Datenteil.

**Schicht 1** ist im ISO/OSI-Netzwerkmodell die Bitübertragungschicht (Physical Layer, PHY). Die vom MAC-Layer an den PHY-Layer übergebenen Daten werden zusammen mit dem für den Datenaustausch zwischen Sender und Empfänger wichtigen PLCP-Header, in ein Frame verpackt. Inhalt ist z. B. die für den Empfänger wichtige Datenrate, mit der die Nutzdaten gesendet werden. Der PLCP-Header (Physical Layer Convergence Protocol) selbst wird mit der langsamsten Datenrate des betreffenden WLAN-Standards gesendet, um auch weiter entfernte Stationen noch zu erreichen. Für den PHY-Layer wurden nach dem Ur-Standard IEEE 802.11 weitere Standards für höhere Datenraten und Frequenzbereiche entwickelt.

Ausschnitt aus dem OSI-Netzwerkmodell mit Einordnung der wichtigsten WLAN-Begriffe:

| 4 | unverändert | UDP / TCP | (Transmission Control Protocol) |
|---|---|---|---|
| 3 | unverändert | IP | (Internet Protocol) |
| 2b | unverändert | LLC | (Logical Link Control) |

| | **MAC-Layer** (Media Access Control) |||
|---|---|---|---|
| 2a | WLAN-Netzformen<br><br>1) Ad_hoc-Netz<br><br>Ohne Access Point, Datenaustausch direkt zwischen Clients<br><br>2) Infrastruktur-Netz Datenaustausch der Clients über Access Point<br><br>3) Telegrammaufbau mit 3 MACAdressen, z. B.:<br><br>\| 1 \| 2 \| 3 \| Daten \|<br><br>1 = Access Point AP<br>2 = Sender<br>3 = Empfänger,<br>wenn 2 über 1 an 3 sendet und 3 im LAN hinter dem AP liegt. | Kontroll-Funktionen:<br><br>1) Zugriffsverfahren<br><br>• DCF (dezentralistisch) mit CSMA/CA (Kollisionsvermeidung)<br><br>• PCF (zentralistisch) Polling über Beacons vom Access Point<br><br>• RTS/CTS (Handshake)<br><br>2) Telegrammbestätigung<br><br>• ACK-Frames | Management-Funktionen<br><br>1) Beacon-Frames:<br><br>• SSID/Funknetzname<br>• Unterstütze Datenraten<br><br>2) Client An-/Abmeldung beim Access Point, allg.:<br><br>• Authentifizieren<br>• Assoziieren<br>• Roaming in Funkzellennetzen<br><br>3) WLAN-Sicherheit, spez.:<br><br>• nach IEEE 802.11<br>- Open System (keine)<br>- Shared Key / WEB<br><br>• nach IEEE 802.11i und Wi-Fi Alliance:<br>- WPA-PSK / TKIP<br>- WPA2-PSK /AES<br>-RADIUS/AES |

| | **PHY-Layer** ||||
|---|---|---|---|---|
| 1 | 2,4 GHz-Band<br>3 überlappungsfreie Funkkanäle<br>Lizenz- und genehmigungsfreie ISM-Bänder bei Beachtung technischer Vorschriften ||| 5 GHz-Band<br>19 überlappungsfreie Funkkanäle |
| | WLAN – Standards (Auswahl) ||||
| | IEEE 802.11b | IEEE 802.11g | IEEE 802.11a | IEEE 802.11h |
| | DSSS – Übertragung: Spreizcode-Verfahren | OFDM – Übertragung: Mehrträgerverfahren ||||
| | Automatische Anpassung der Datenrate an die Empfangsqualität ||||
| | Wichtige Inhalte der PLCP-Header bezüglich der zu übertragenden Nutzdaten:<br>1) Datenrate      2) Modulationsverfahren      3) Belegungsdauer des Funkkanals ||||

## 20.2 Projektierung WLAN-Funknetz

### 20.2.1 Aufgabenstellung

Es soll eine Kommunikation zwischen einer S7-SPS-Station mit der CPU 315-2PN/DP und dem PROFINET-Device ET 200S sowie den PROFIBUS DP-Slaves 16DI/16DO über ein WLAN-Funknetz hergestellt werden. Dessen Access Point spannt das Funknetz auf und die mobilen Clients ermöglichen den Anschluss der Peripheriebaugruppen. Der Access Point ist über seine Ethernet-Schnittstelle mit der SPS und dem Notebook durch den Switch verbunden.

**Technologieschema:**

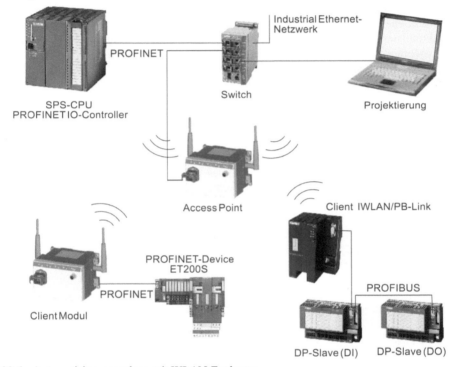

**Bild 20.6:** Automatisierungsanlage mit WLAN-Funknetz

### 20.2.2 Übersicht

Die Projektierung der abgebildeten Automatisierungsanlage mit Funknetzkopplung erfordert viele Arbeitsschritte, sodass sich eine schrittweise Inbetriebnahme empfiehlt:

**Basisprojekt** mit SPS, Switch, Access Point, Client Modul und PROFINET-Device ET200S in einem offenen WLAN-Netzwerk (die Inbetriebnahme soll noch nicht durch Sicherheitsmaßnahmen erschwert sein).
**Erweiterung des Basisprojekts** mit Client IWLAN/PB-Link und PROFIBUS DP-Teilnehmer im weiterhin offenen WLAN-Netzwerk.
**Sicherheitseinstellungen** für ein geschütztes WLAN-Netzwerk.

### 20.2.3 Basisprojekt

**Arbeitsschritte für das Basisprojekt in der Übersicht:**

1.1    Anlegen eines S7-Projekts, Konfigurieren einer S7-SPS-Station in der HW-Konfig
       und einfügen eines Ethernet-Subnetzes für das PROFINET-IO-System mit Vergabe
       einer IP-Adresse für die Schnittstelle.
       Geräte an das PROFINET-IO-System anbinden:
           Switch X208
           IO-Device ET 200S
           Die beiden für die Funkstrecke erforderlichen WLAN-Geräte Access Point und
           Client Modul erscheinen nicht in der HW-Konfig.
       Anlagenaufbau: SPS, Access Point und ET200S über Switch miteinander verbinden,
       anschließend Vergabe ihrer IP-Adressen und Gerätenamen in der HW-Konfig.
       Aktualisierungszeit des PROFINET-Systems auf 16 ms erhöhen.
       Projektierung speichern/übersetzen und in CPU-Baugruppe laden.

1.2    WLAN-Access Point SCALANCE W788-2RR konfigurieren,
       Browsen auf dessen Web-based-Management mit http://<IP-Adresse>
       Anmeldung als Admin
       Konfiguration mit Basic-Wizard
       Konfiguration mit Security-Wizard
       Restart durchführen

1.3    WLAN- Client SCALANCE W747-1RR konfigurieren:
       Notebook mit der Ethernet-Schnittstelle des W747-1RR per Patchkabel verbinden,
       danach Vergabe von IP-Adresse und Gerätename im Simatic-Manager
       Browsen auf das Web-based-Management mit http://<IP-Adresse>
       Anmeldung als Admin
       Konfiguration mit Basic-Wizard
       Konfiguration mit Security-Wizard
       Restart durchführen

1.4    Anlagenaufbau vollenden: ET200S mittels Patchkabel mit WLAN-Client W747-1RR
       verbinden. Erreichbarkeit der Teilnehmer im Simatic-Manager prüfen.

1.5    Kleines Steuerungsprogramm in den OB 1 schreiben und ausprobieren.

### 1.1  Hardware-Projektierung/-Aufbau

### IP-Adressen und Gerätenamen vergeben

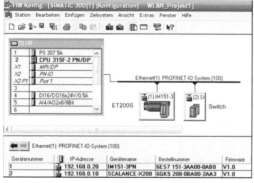

Objekteigenschaften > Aktualisierungszeit 16 ms

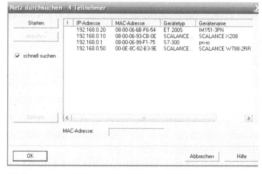

Zielsystem > Ethernet > Ethernet-Teilnehmer
bearbeiten > Durchsuchen

### 1.2 Access Point SCALANCE W788_2RR konfigurieren

- Browsen auf Web-based-Management mit http://<IP-Adresse>

- Anmeldung als Admin

- Starten des Basic-Wizards

- IP-Setting: IP-Adresse, Subnetzmaske sind bereits eingetragen, Änderungen sind möglich.
  Eintrag erfolgte unter 1.1, um den Webbrowser des Access Points überhaupt erreichbar zu
  machen, da das Gerät in der Werkseinstellung ohne IP-Adresse ausgeliefert wird.
  Würde der Access Point nicht in einer Simatic-Umgebung eingesetzt, hätte die erstmalige
  Vergabe einer IP-Adresse auch mit einem Primary Set Tool PST erfolgen können. Nach
  dem Start des Tools sucht dieses nach erreichbaren MAC-Adressen von Ethernet-Geräten.

- Systemname (Gerätename) ist bereits eingetragen, Änderung ist möglich.

- Countrycode: GERMANY
  Länderauswahl ist wichtig, da der Access Point länderspezifische gesetzliche Vorgaben
  für den Funkverkehr kennt und entsprechend berücksichtigt

- SSID, Wireless mode für WLAN 1

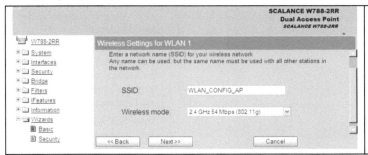

Service Set Identifier SSID
ist der Funknetzname bis zu
32-HEX-Zeichen Länge.

Wireless mode ist der aus-
gewählte Funkstandard, hier
IEEE 802.11g mit:
Frequenzbereich 2,4 GHz,
Brutto-Datenrate ist max.
Übertragungsgeschwindig-
keit 54 MBit/s

- Auswahl Sendekanal für WLAN 1: AUTO CHANNEL SELECT ist voreingestellt.
  Alternativ könnte auch ein bestimmter Sendekanal ausgewählt werden.

- SSID, Wireless mode für WLAN 2:
  Der Access Point verfügt über 2 Funkkarten (802.11b,g und 802.11a) und damit auch über
  2 WLAN-Schnittstellen. WLAN 2 wird für die derzeitige Aufgabenstellung nicht benötigt.
  Die Standard-Einstellungen können einfach übernommen werden.

- Auswahl Sendekanal für WLAN 2: AUTO CHANNEL SELECT ist voreingestellt

- Zusammenfassung:

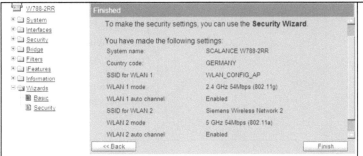

Zusammenfasssung dient als
Übersicht und Kontrolle der
gewählten Einstellung.

Der Basic-Wizard kann mit
Finish beendet werden oder
es kann direkt mit dem
Security-Wizard fortgesetzt
werden.

- Starten des Security-Wizards

- Konfigurations-Passwort

- Zugriffsrechte einstellen:

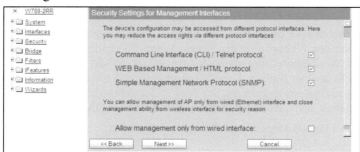

Alle schon voreingestellten Zugriffsrechte werden hier akzeptiert, da die Anlagenfunktion zunächst in einem offenen, also ungeschützten WLAN-Netz bei Inbetriebnahme einfacher zu erreichbar ist

- Community string: PRIVATE ist voreingestellt

- SSID für WLAN 1:

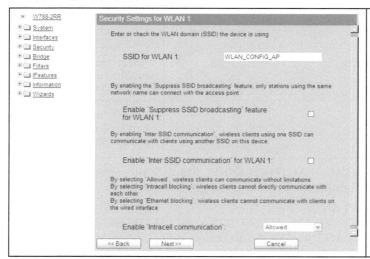

Die Voreinstellungen sollen unverändert bleiben.

SSID (Funknetzname) soll ausgesendet werden, wegen einfachem externen WLAN Zugang zum Basisprojekt zu Testzwecken.

Inter SSID Kommunikation soll nicht erlaubt sein.

Der Access Point hat zwei Funknetzkarten für zwei SSID-Funknetze zwischen denen die Kommunikation freigegeben werden kann oder nicht.

- Security level:

Voreinstellung kann übernommen werden, da ein zunächst offenes, d. h. ungeschütztes WLAN-Netz gewünscht ist.

Der WLAN-Client muss sich nicht authentifizieren, sondern wird vom Access Point akzeptiert, sofern die SSID übereinstimmt.

- Zusammenfassung:

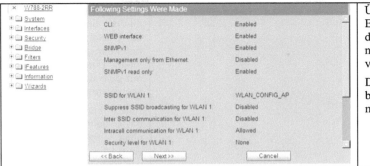

| | Übersicht zu den gewählten Einstellungen für WLAN 1, dto. für WLAN 2 im Bild nicht sichtbar, da hier nicht verwendet. |
| --- | --- |

Die Gerätebezeichnung2RR bedeutet zwei Funkkarten mit Rapid Roaming.

- Restart:

Mit Restart werden die gewählten Einstellungen in das Gerät (Access Point) übernommen.

Mit Menüpunkt Load&Save kann die Konfiguration in eine Datei übernommen werden.

### 1.3 WLAN-Client SCALANCE W747-1RR konfigurieren:

Der WLAN-Client muss für das Web-based-Management durch Vergabe einer IP-Adresse erreichbar gemacht werden. Verbindung zwischen Notebook und SCALANCE W747-1RR mittels Patchkabel herstellen und den Simatic Manager starten:

Das Symbol „Erreichbare Teilnehmer" in Funktionsleiste anklicken, dann unter Zielsystem > Ethernet Teilnehmer bearbeiten > Durchsuchen > IP-Adresse und Gerätenamen eingeben.

- Browsen auf Web-based.Management mit http://<IP-Adresse>
- Anmelden als Admin
- Starten des Basic-Wizards
- IP-Settings: IP-Adresse und Subnetzmaske sind bereits eingetragen
- Systemname (Gerätename) ist bereits eingetragen
- Country code: GERMANY

- SSID, wireless mode:

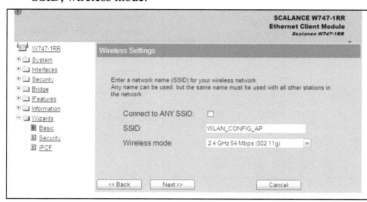

SSID (Funknetzname) muss mit der des Access Points übereinstimmen, ebenso muss der gewählte wireless mode (Funknetz-Standard) mit dem des Access Points übereinstimmen.

Eine Funkkanal-Nummer muss beim WLAN-Client nicht eingegeben werden, da er die Kanäle abscannt und nach dem Kanal mit der SSID sucht.

- MAC-Adress Settings:

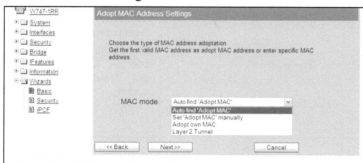

Ethernet-Schnittstelle des WLAN-Clients soll mit der ET200S verbunden werden.

Die Einstellung „Auto Find Adopt MAC" bewirkt, dass das Client-Modul die MAC-Adresse der ET200S über nimmt (adaptiert) und diese an die Stelle seiner eigenen MAC-Adresse in das WLAN - Netz einbindet.

- Exkurs: Kontrolle, ob „Auto Find Adopt MAC" auch wirklich funktioniert:

Unter „Erreichbare Teilnehmer" wird nach MAC-Adressen gesucht und der Gerätenamen der ET200S (IM151-3PN) gefunden. SCALANCE W747 hat den PROFINET-Teilnehmer mit dem WLAN-Netz verbunden.

- Zusammenfassung:

Übersicht zeigt die Basis-Einstellungen des Client-Moduls. Es kann mit den Security-Einstellungen fortgefahren werden.
Die iPCF-Betriebsart für zeitkritische Dienste wurde beim Access Point und Client Modul unter Features deaktiviert und muss hier nicht bearbeitet werden.

- Starten des Security-Wizards
- Konfigurations-Passwort
- Zugriffsrechte einstellen, vergleich bei Access Point
- Community string: PRIVATE ist voreingestellt
- Security level:

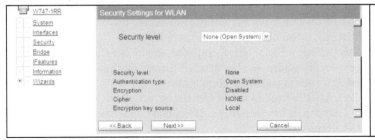

Voreinstellung akzeptieren für ungesicherten WLAN-Betrieb.

- Zusammenfassung;

Übersicht zu den gewählten Einstellungen.

- Restart, Load&Save:

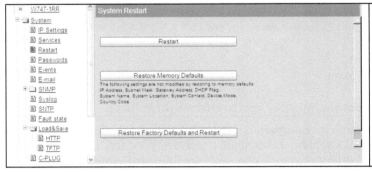

Mit Restart werden die gewählten Einstellungen in das Gerät (Client Modul) übernommen.

Mit Menüpunkt Load&Save kann die Konfiguration in eine Datei übernommen werden, siehe Menüleiste links unten.

TFTP=Trivial File Transfer Protocol, vereinfachtes FTP

## 1.4 Adressübersicht für ein eigenes Testprogramm im OB 1:

| Zentrale Baugruppen | Eingänge | Ausgänge |
|---|---|---|
| Digitale  DI 16/ DO 16 x 24 V/0,5 A | 0...1 | 0 ...1 |
| Analoge AI 4/A0 2x8/8Bit | 272...279 | 272...275 |
| Dezentrale Baugruppen (ET200S) | | |
| 4 DI DC 24 V  ST | 2 | |
| 4 DI DC 24 V  HF | 3 | |
| 4 DO DC 24 V ST | | 2 |
| 2 DO DC 24 V HF | | 3 |
| 2 DO DC 24 V HF | | 4 |

## 20.2.4  Erweiterung des Basisprojekts

**Arbeitsschritte für das erweiterte Basisprojekt in der Übersicht:**

2.1 IP-Adresse an IWLAN/PB-Link vom SIMATIC-Manager aus vergeben: in diesem Fall über den Access Point und die WLAN-Strecke, da der IWLAN/PB-Link keine Ethernet-Schnittstelle hat.

2.2 Erweiterung des S7-Projekts in der HW-Konfig.:
IWLAN/PB-Link an das PROFINET-IO-System mit bekannter IP-Adresse anbinden. Einfügen eines PROFIBUS DP-Subnetzes beim IWLAN/PB-Link
DP-Slaves 16 DI und 16 DO beim PROFIBUS einfügen, Profibusadressen und Netzparameter festlegen, Profibusadressen bei den DP-Slaves mechanisch einstellen. Anlagenaufbau mit den Erweiterungsgeräten komplementieren.
Gerätenamen an den IWLAN/PB-Link in der HW-Konfig. vergeben:
Zielsystem > Ethernet-Teilnehmer bearbeiten, anschließend Gerätenamen prüfen.

2.3 Inbetriebnahme der erweiterten Anlage
Projektierung speichern/übersetzen und in CPU-Baugruppe laden, Neustart der CPU. Steuerungsprogramm im OB 1 erweitern, um die DP-Slaves anzusprechen.

2.4 Werkseinstellung des IWLAN/PB-Link über die Eingabeaufforderung mit telnet <IP-Adresse> ansehen und um die Syntax des im IWLAN/PB-Link verwendeten Command Line Interface CLI kennen zu lernen (fakultativ).

### 2.1  IP-Adresse an IWLAN/PB-Link vergeben

Der IWLAN/PB-Link hat keine Ethernet-Schnittstelle, sodass sich die Frage stellt, wie das Gerät mit seiner festen MAC-Adresse überhaupt angesprochen werden kann, um ihm eine IP-Adresse zu erteilen. Vorbereitet ist der Weg über seine WLAN-Schnittstelle, die im Handbuch beschrieben ist und per RESET-Knopf-Betätigung auf die Werkseinstellung gesetzt werden kann. Mit der Kenntnis dieser Default-Parameter lässt sich der Access Point gleichermaßen konfigurieren und damit eine WLAN-Verbindung einrichten.

- Access Point W788-2RR mit Default-Parametern des IWLAN/PB-Link konfigurieren
- Modus IEEE 802.11g
- Country code: GERMANY
- SSID: WLAN_CONFIG_AP
- Security: Open-System
- Ohne iPCF (das ist das spezielle WLAN-Zugriffsverfahren per Polling)

Genau diese Konfiguration wurde im Basisprojekt verwendet, sodass sich die Einrichtung der WLAN-Verbindung auf einen Knopfdruck beschränkt und der Weg frei ist, um mit dem SIMATIC-Manager oder dem Primary Setup Tool erreichbare Ethernet-Geräten suchen.

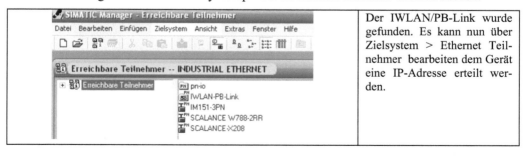

Der IWLAN/PB-Link wurde gefunden. Es kann nun über Zielsystem > Ethernet Teilnehmer bearbeiten dem Gerät eine IP-Adresse erteilt werden.

## 2.2 Erweiterung des Basisprojekts

- Erweiterung der Hardware-Projektierung

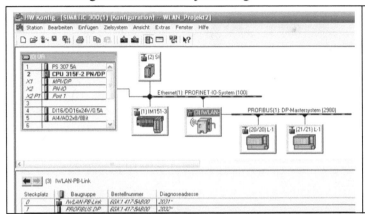

Im Hardware-Katalog findet sich unter PROFINET IO im Verzeichnis Gateway der IWLAN/PB-Link PN IO. Die dem Gerät bereits zugeteilte IP-Adresse ist unter Objekteigenschaften einzutragen. Danach lässt sich ein PROFIBUS DP-Subnetz einfügen, dem die beiden DP-Slaves mit 16DI (Eingänge) und mit 16DO (Ausgänge) mit ihrer eingestellten PROFIBUS-Adresse zugeordnet werden.

- Gerätenamen für IWLAN/PB-Link zuweisen und überprüfen:
  Zuvor Erweiterungsgeräte IWLAN/PB-Link und DP-Slaves anschließen.

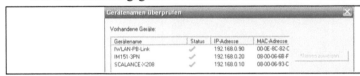

In der HW-Konfig lässt sich bei Zielsystem > Ethernet der Gerätenamen für den IWLAN/PB-Link vergeben und der Status überprüfen.

## 2.3 Inbetriebnahme der erweiterten Anlage

Hardware „Speichern und Übersetzen" anschließend „Laden in Baugruppe".
Neustart der CPU, Anlagen-Hochlauf, PROFIBUS geht rein (grüne LED für ON).
Steuerungsprogramm im OB 1 ergänzen, um die Funktion der DP-Slaves zu prüfen.

| Adressen der DP-Slaves | Eingänge | Ausgänge |
|---|---|---|
| 16 DI | 4  5 | |
| 16 DO | | 5  6 |

### Netzkonfiguration (NETPRO Übersicht)

Die WLAN-Geräte Access Point und Client Modul erscheinen nicht in der Netzkonfiguration, wie auch nicht in der HW-Konfig. Bei neueren Geräteausführungen ist dies jedoch symbolisch möglich. Es bringt aber keinen Vorteil, da man z. B. nicht die ET200S direkt an das Symbol des Client Moduls W747-1RR anhängen kann.

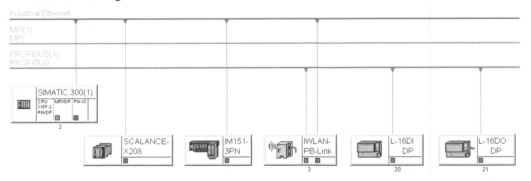

## 2.4  Werkseinstellung (Default-Parameter) des IWLAN/PB-Link ansehen:

- Zugang zum IWLA/PB-Link

| | |
|---|---|
| ```
CN Telnet 192.168.0.90                         - □ ×
SIMATIC NET - ECM Mode.

MAC Address       : 00-0E-8C-82-CF-76
Device type       : IWLAN/PB LINK
Device name       : 192.168.0.90
Firmware          : V 1.1.11 03.08.2005 (ECM mode)

Login: admin
Password: *****
/                     (Go to top menu tree)
?                     (Show menus/commands)
exit                  (Exit from CLI/TELNET session)
trace   [Mod] [+/-][Level]  (Switch On/Off traces)
restart               (Restart)

info                  (Show identification data)
SYSTEM                (Open SYSTEM menu)
SECURITY              (Open SECURITY menu)
IFEATURES             (Open IFEATURES menu)
INTERFACES            (Open INTERFACES menu)
INFORM                (Open INFORM menu)

CLI>_
``` | Der IWLAN/PB-Link kann nicht über ein Web-based-Management, sondern über ein Command Line Interface (CLI) konfiguriert werden. Der Aufruf erfolgt in dem Eingabeaufforderungsfenster mit Telnet <IP-Adresse>, Login als Administrator, Passwort: admin. Es folgt die Menü-Übersicht des CLI. |

- SSID

| | |
|---|---|
| ```
CLI\INTERFACES\WLAN1>SSID
/                     (Go to top menu tree)
?                     (Show menus/commands)
exit                  (Exit from CLI/TELNET session)
trace   [Mod] [+/-][Level]  (Switch On/Off traces)
restart               (Restart)

info                  (Show the SSIDs to connect list)
add    <SSID>         (Add new SSIDs to connect)
edit   <Index> <SSID> (Edit SSIDs to connect)
delete <Index>        (Delete SSID from list)
clearall              (Clear all list of SSIDs)

CLI\INTERFACES\WLAN1\SSID>info

Index : SSID
------+------
    1 : WLAN_CONFIG_AP
``` | Funknetzname (SSID): WLAN_CONFIG_AP |

- Wireless Modus.

| | |
|---|---|
| ```
CLI\INTERFACES>WLAN1
/                     (Go to top menu tree)
?                     (Show menus/commands)
exit                  (Exit from CLI/TELNET session)
trace   [Mod] [+/-][Level]  (Switch On/Off traces)
restart               (Restart)

info                  (Show Config Parameter)
mode   [A:B:G:T:X]    (Set WLAN Mode:
                      A=802.11a B=802.11b G=802.11g
                      T=802.11a Turbo X=802.11g Turbo)
channel [channel]     (Set the Channel)
anyssid <E : D>       (Enable/Disable connection to ANY SSID)
SSID                  (Open SSID menu)
802.11G               (Open 802.11G menu)
ADVANCED              (Open ADVANCED menu)

CLI\INTERFACES\WLAN1>mode
WLAN Mode             : 802.11g
``` | Funkstandard: 802.11g |

- Security:

| | |
|---|---|
| ```
CLI\SECURITY\BASIC\WLAN1>info
Authentication        : 0 (Open System)
Encryption            : disabled
Cipher                : AUTO
Default Encrypt Key Number: 1
WPA Pass Phrase       :
Dot1x User Name       :
Dot1x Password        :
Check Dot1x Server    : disabled

CLI\SECURITY\BASIC\WLAN1>
``` | Sicherheitseinstellung: Open System, keine Verschlüsselung |

Country code:

| | |
|---|---|
| ```
CLI\SYSTEM>COUNTRY
Country Code          : DE (GERMANY)
CLI\SYSTEM>
``` | Ländereinstellung: GERMANY |
```

### 20.2.5 Sicherheitseinstellungen für geschützten WLAN-Betrieb

**Arbeitsschritte in der Übersicht:**

| 3.1 | Verringern der Sendeleistung |
|---|---|
| 3.2 | Individueller Funknetzname und Unterdrücken der SSID-Ausstrahlung |
| 3.3 | Höchste Sicherheitsstufe für Authentifizierung und Verschlüsselung |
| 3.4 | Zugang beschränken |

#### 3.1 Verringern der Sendeleistung

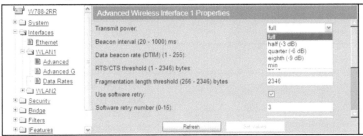

Eine Verminderung der Sendeleistung bewirkt eine beabsichtigte Verkleinerung der Funkzelle auf das notwendige Maß. Eine unnötig große Reichweite erhöht die Gefahr des unbefugten Ausspähens des Funknetzes.

#### 3.2 Individueller Funknetzname und Unterdrücken der SSID-Ausstrahlung

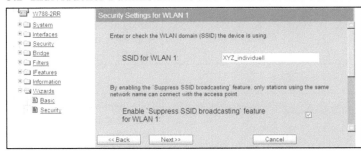

Die Werkseinstellung einer SSID sollte individuell abgeändert werden-
Das Markieren des Kontrollkästchens bewirkt, dass die SSID für andere Geräte nicht sichtbar ist. Nur solche Stationen, denen die SSID bekannt ist, können sich mit dem Access Point verbinden.

#### 3.3 Höchste Sicherheitsstufe für Authentifizierung und Verschlüsselung

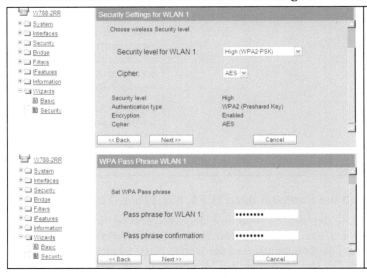

WPA2-PSK ist der höchste Sicherheitstyp für Anlagen ohne RADIUS-Server zum Authentifizieren von Clients. Zu WPA2-PSK gehört AES als Verschlüsselungstyp für die Nutzdatenübertragung.

Beim Access Point und bei jedem zugehörigen Client ist dieselbe Passphrase zu verwenden, die als Pre-Shared-Key PSK verwendet wird.

### 3.4  Zugang beschränken

- Management Access Point und Client Modul

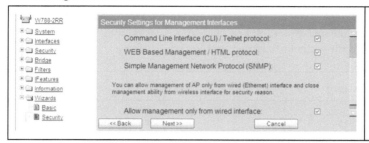

Beim Access Point und Client Modul kann der Zugang auf die drahtgebundene Ethernet-Schnittstelle beschränkt werden zum Schutz vor unerlaubten Konfigurationsabänderungen durch unberechtigte Zugriffe über das Funknetz.

- Access IP List

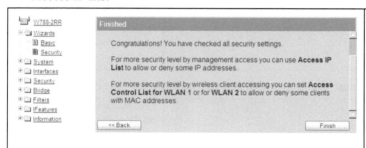

Unter dem Menüpunkt für **Access IP List** kann festgelegt werden, ob ein Management-Zugriff auf einen Access Point oder WLAN-Client über WBM, SNMP oder Telnet für die in der Liste angegebenen IP-Adressen freigegeben oder gesperrt ist.

- Access Control List (ACL)

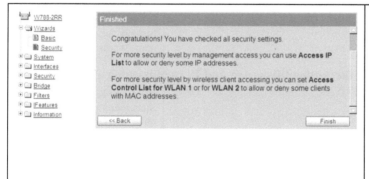

Unter dem Menüpunkt für **Access Control List** kann eine Zuordnung von Client-MAC-Adressen und Zugriffsrechten beim Access Point festgelegt werden.
Ist ACL aktiviert, prüft der Access Point AP vor einem Datentransfer, ob für den anhand seiner MAC-Adresse erkannten Client, die notwendigen Rechte vorliegen.

Da MAC-Adressen gefälscht werden können, bietet die ACL-Funktion nur einen sehr begrenzten zusätzlichen Schutz vor Fremdzugriffen.

## 20.2.6  WLAN-Mischbetrieb bei Funkstandard IEEE 802.11b/g: Test

Beim Client-Modul W747-1RR, der die ET200S mit dem WLAN verbindet, wurde der WLAN-Standard von 802.11g auf 802.11b abgeändert, sodass eine Mischkonfiguration mit 11g- und 11b-Geräten entstand. Die Kommunikation der Geräte blieb erhalten, d. h. die 11g-Geräte sind abwärts kompatibel. Die Datenrate sinkt bei Mischbetrieb jedoch unter 11 MBits/s.

# VI Technologische Funktionen

# 21 Prozessdiagnose mit Instandhaltungsbausteinen

## 21.1 Einführung

Die Instandhaltung von technischen Systemen, Bauelementen und Betriebsmittel umfasst gemäß DIN 31051 alle „Maßnahmen zur Bewahrung und Wiederherstellung des Soll-Zustandes sowie zur Feststellung und Beurteilung des Ist-Zustandes von technischen Mitteln eines Systems". Diese Maßnahmen werden seitens der DIN 31051 in vier Grundmaßnahmen untergliedert:

• **Wartung:**
Maßnahmen, welche der Kategorie Wartung zugeordnet werden, dienen zur Verzögerung des Abbaus des vorhandenen Abnutzungsvorrats

• **Inspektion:**
Inspektionsmaßnahmen helfen bei der Feststellung und Beurteilung des Ist-Zustandes einer Betrachtungseinheit inklusive der Bestimmung der Ursache der Abnutzung sowie dem Ableiten der notwendigen Konsequenz für eine künftige Nutzung.

• **Instandsetzung:**
Instandsetzungsmaßnahmen finden zur Erhaltung der geforderten Abnutzungsvorräte einer Betrachtungseinheit ohne technische Verbesserung ihren Einsatz.

• **Schwachstellenbeseitigung, Verbesserung:**
Maßnahmen der Schwachstellenbeseitigung unterstützen die technische Betrachtungseinheit in der Weise, dass das Erreichen einer festgelegten Abnutzungsgrenze nur noch mit einer Wahrscheinlichkeit zu erwarten ist, die im Rahmen der geforderten Verfügbarkeit liegt

## 21.2 Instandhaltungsmaßnahmen

In der unternehmerischen Praxis werden unterschiedliche Instandhaltungsstrategien für Anlagen genutzt. Dabei gilt es im Spannungsfeld „Wirtschaftlichkeit – Sicherheit – Verfügbarkeit" die richtigen Entscheidungen zu treffen, um einerseits eine Kostenminimierung und andererseits eine Verfügbarkeitsmaximierung der Anlage zu erreichen. Grundsätzlich ist eine Instandhaltung so zu konzipieren, dass mögliche technische Defekte die Sicherheit nicht gefährden. Mit der Instandhaltungsstrategie wird festgelegt, welche Maßnahmen inhaltlich, methodisch und zeitlich durchzuführen sind. Folgende Instandhaltungsmaßnahmen werden dabei unterschieden:

• **Reparatur nach Ausfall (Ereignisorientierte Instandhaltung)**
Eine Instandsetzung wird erst durchgeführt, wenn es zu Ausfällen oder Anlagenstillständen kommt. Anwendung findet diese Strategie bei Anlagen mit geringer Anforderung an die Ver-

fügbarkeit. Unvorhersehbare Störungen erfordern jedoch auch bei hochverfügbare Anlagen eine ereignisorientierte Wartung.

- **Präventive Wartung (Intervallabhängige Instandhaltung)**

Es werden vorbeugende Maßnahmen (wie Inspektionen und Wartungen) durchgeführt, um ggf. vor Auftritt eines Fehlers Maßnahmen zu ergreifen. Diese Aktivitäten können zeitbasiert oder nutzungsbasiert (z.B. Stückzahlen) sein. Als Nachteil dieser Strategie kann es zu erhöhtem Personalaufwand oder auch hohen Kosten für Ersatzteile kommen, da Komponenten mit geringer Abnutzung auch „präventiv" ausgetauscht werden. Die präventive Wartung ist jedoch erforderlich, wenn Bauteile auf keinen Fall versagen dürfen, wenn gesetzliche Vorschriften eine regelmäßige Inspektion erfordern und wenn durch den Ausfall von Geräten schwerwiegende Gefährdungen für Personen und Einrichtungen entstehen können.

- **Vorausschauende Wartung (Zustandsabhängige Instandhaltung)**

Es werden auf Basis von vorliegenden Informationen (z. B. Verschleiß) die notwendigen Zeitpunkte zur Durchführung von nötigen Wartungen bestimmt. Ein Teileaustausch erfolgt entweder kurz vor der Abnutzungsgrenze oder durch rechtzeitiges Erkennen einer unzulässigen Veränderung.

Ziel aller Instandhaltungsmaßnahmen ist eine höhere Anlagenverfügbarkeit. Dazu sind Informationen über den Zustand der Anlagenkomponenten erforderlich. Treten Störungen auf oder ist eine Wartung erforderlich, helfen Meldungen die erforderlichen Instandsetzungsmaßnahmen schnellst möglich zu erledigen. Viele der beschriebenen Instandsetzungs- oder Wartungsmaßnahmen können durch Meldungen veranlasst werden.

Für die Generierung von Informationen und Meldungen über den Zustand der Anlagenkomponenten kann das zur Steuerung des Prozesses eingesetzte Automatisierungssystem verwendet werden. Das Steuerungsprogramm liefert dann neben der Ansteuerung der Aktoren noch Störmeldungen beim Auftreten von anormalen Komponentenzuständen und Instandhaltungsmeldungen, die das Erreichen der geplanten Laufzeiten oder die Anzahl der Schaltspiele melden. Das folgende Bild zeigt den Zusammenhang zwischen Instandhaltungsmaßnahmen und Stör- bzw. Instandhaltungsmeldungen aus dem Steuerungsprogramm.

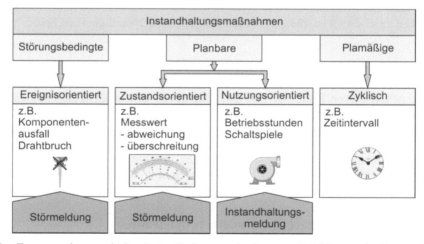

**Bild 21.1:**  Zusammenhang zwischen Instandhaltungsmaßnahmen und Meldungen der Prozessdiagnose

Zur Generierung von Stör- oder Instandhaltungsmeldungen sind Informationen von der Anlage die Voraussetzung. Die Bereitstellung der Informationen erfolgt durch Diagnosewerkzeuge. Dabei unterscheidet man zwei Arten der Diagnose:

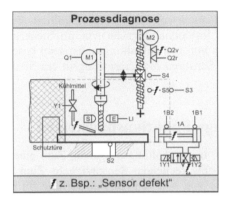 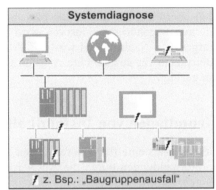

**Bild 21.2:** Diagnosearten

Die **Systemdiagnose** ist in den Automatisierungskomponenten und im Steuerungsprogramm verankert und ist unabhängig vom gesteuerten Prozess. Je nach Diagnosefähigkeit der Hardware werden Meldungen vom System generiert, die einen Baugruppenausfall, einen Drahtbruch, einen Kurzschluss, eine fehlende Geberversorgung usw. signalisieren. Folgende Diagnosemöglichkeiten sind dabei denkbar:

### Diagnose mittels LED
Mit Hilfe von roten LEDs werden Systemfehler angezeigt.

### Diagnose mittels Programmiergerät
Mit einem Programmiergerät kann der Betriebszustand erfasst und der Diagnosepuffer einer Baugruppe ausgelesen werden. Je nach Hersteller verfügt die CPU über die Möglichkeit, Störmeldungen zu generieren und in einem Meldefenster auf dem Programmiergerät darzustellen.

### Diagnose im Anwenderprogramm
Die Reaktion einer CPU auf einen Systemfehler wie z. B. Ausfall eines Slaves oder Drahtbruch kann innerhalb des Steuerungsprogramms bei Siemens mit Diagnose-Alarm-Organisationsbausteinen festgelegt werden. Darüber hinaus können bei der Hardware-Projektierung im Dialog „Systemfehler melden" Meldefunktionsbausteine erzeugt werden, welche einem HMI-System entsprechend hinterlegte Meldetexte zur Verfügung stellen.

### Remote-Diagnose
Baugruppen mit Ethernetanschluss besitzen in der Regel einen Web-Server auf den über einen beliebigen Web-Browser zugegriffen werden kann und Diagnoseinformationen aus der Baugruppe ausgelesen werden können.

Bei der Prozessdiagnose werden die sich in der Anlage befindlichen Aktoren und Sensoren durch Kontrolle des Prozessablaufs überwacht. Beispielsweise stellt die Firma Siemens dazu das Programmiertool „PDiag" zur Verfügung, mit dessen Hilfe im Steuerungsprogramm Fehler definiert und Überwachungsbausteine generiert werden.

In diesem Kapitel wird auf die herstellerspezifische Systemdiagnose nicht weiter eingegangen, sondern die **Prozessdiagnose** mittels Instandhaltungsbausteinen betrachtet, die zeigen, wie Prozess-Diagnosetools der Hersteller im Prinzip arbeiten.

Zur Bildung von Meldungen des Instandhaltungsbausteins werden Sensorsignale auf ihre Plausibilität hin überprüft und Laufzeiten bzw. Schaltspiele von Aktoren protokolliert. Für jeden Aktor mit den zugehörigen Sensoren wird ein Instandhaltungsbaustein im Steuerungsprogramm aufgerufen. Nachfolgend wird das Prinzip von Instandhaltungsbausteinen beschrieben und an Beispielen für ausgesuchte Aktoren und Sensoren die Umsetzung in ein Steuerungsprogramm gezeigt.

## 21.3 Grundlagen von Instandhaltungs-Funktionsbausteinen

Instandhaltungsbausteine für Aktoren haben zwei Instandhaltungsaufgaben. Zum einen generieren sie Störmeldungen durch die Auswertung entsprechender Sensorsignale. Zum anderen protokollieren sie die Laufzeiten und Schaltspiele von Aktoren zur Auswertung für die vorbeugende Instandhaltung.

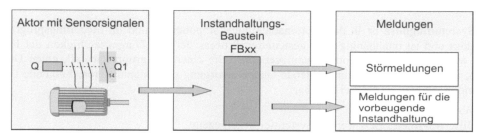

**Bild 21.3:**  Instandhaltungsaufgaben von IH-Funktionsbausteinen

### 21.3.1 Störmeldungen

Störmeldungen lassen sich durch die Auswertung von Sensorsignalen des Prozesses unter Berücksichtigung des durch die Aktoransteuerung erwarteten Zustands generieren. Bei der Überwachung von Sensorsignalen wird zwischen der Pegelüberwachung, der Flankenüberwachung und der Aktionsüberwachung unterschieden. Im Folgenden werden an Beispielen verschiedener Aktoren die Möglichkeiten von Sensorauswertungen zur Generierung von Störmeldungen dargestellt.

**Motor:**

**Auswertung Leistungsschütz-Hilfskontakt.** Mit dem Signalpegel des Leistungsschütz-Hilfskontakts kann überprüft werden, ob das Schütz anzieht. Wird Q durch eine Ausgabeaktion des SPS-Programms angesteuert, muss nach der zu berücksichtigenden Anzugszeit der Kontakt „1"-Signal melden.

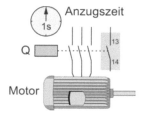

**Auswertung von Drehzahlwächtersignalen.** Ob und wie schnell der Motor dreht oder der aktuelle Schlupf ist, kann durch die Auswertung von Drehzahlwächter-Signalen bestimmt werden.

**Messung des Motorstroms, des CosPhi oder der Wirkleistung.** Aus den Messergebnissen lassen sich Rückschlüsse auf den aktuellen Zustand des Motors oder eventuell vorliegenden Störungen ziehen.

### Zylinder:

**Auswertung der Endlagengebersignale.** Bei pneumatischen oder hydraulischen Zylindern kann die Abfrage der beiden Endlagengeber B1 und B2 für eine Störungsmeldung herangezogen werden. Melden beide Endlagengeber oder gibt der entsprechende Endlagengeber nach Ansteuerung des Wege-Ventils und einer bestimmten Zeit kein Signal, so muss eine Störung vorliegen.

**Messung des aktuellen Drucks.** Mit einem Drucksensor kann kontrolliert werden, ob beispielsweise der richtige Pressdruck erreicht, unter- oder überschritten wird.

### Ventile, Schieber, Absperrklappen:

**Messung des Durchflusses.** Wird ein Ventil beispielsweise zur Befüllung eines Behälters aufgesteuert, so muss ein Durchflussmengengeber eine bestimmte Durchflussmenge anzeigen.

**Messung des Füllstandes.** Das Steigen des Füllstandes im Behälter kann durch einen Füllstandssensor kontrolliert werden. Bei geschlossenem Zulaufventil, darf sich der Füllstand nicht verändern, sofern keine Entnahme erfolgt. Liefern die Sensoren nicht die erwarteten Werte, muss eine Störung vorliegen.

### Heizung:

**Auswertung Leistungsschütz-Hilfskontakt.** Mit dem Signalpegel des Leistungsschütz-Hilfskontaktes wird überprüft, ob das Schütz anzieht. Wird Q durch eine Ausgabeaktion des SPS-Programms angesteuert, muss nach der zu berücksichtigenden Anzugszeit der Kontakt „1"-Signal melden.

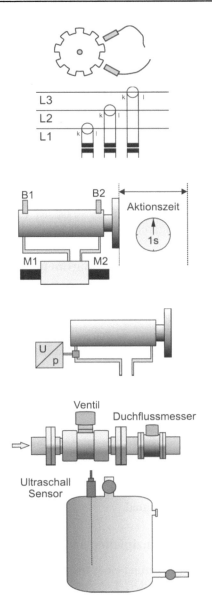

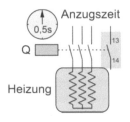

**Messung Temperatur oder Leistung.** Nach dem Einschalten einer Heizung gibt die Abfrage eines Temperatursensors Aufschluss darüber, ob die Heizung ihre Aufgabe erfüllt. Die Messung der Leistung oder der Temperatur-Änderungsgeschwindigkeit geben Informationen über den Zustand der Heizwendel.

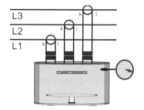

Mit den beschriebenen Auswertemöglichkeiten der zu einem Aktor gehörenden Sensorsignale lassen sich in einem Instandhaltungbaustein Störmeldungen generieren. Diese geben beim Auftreten eines Fehlers Aufschluss über mögliche Fehlerursachen und helfen so, die Zeit für die Fehlersuche erheblich zu verkürzen. Werden die beschriebenen Sensoren nur für die Generierung von Störmeldungen benötigt, erhöhen sich die Anlagenkosten. Die Anlagenstillstandszeiten können jedoch drastisch reduziert werden. Hier ist eine Kosten-Nutzen-Rechnung durchzuführen.

## 21.3.2 Instandhaltungsmeldungen

Für die Planung von Instandhaltungsmaßnahmen bei der nutzungsorientierten Instandhaltung wird die Zählung der Betriebsstunden bzw. Schaltspiele/Bearbeitungszyklen von Aktoren im Instandhaltungsbaustein durchgeführt (z. B.: Motor: Betriebsstunden; Zylinder: Schaltspiele).

Hersteller-Firmen führen für Ihre Komponenten Lebensdauertest als Grundlage für statistische Auswertungen durch. Die erreichten Lebensdauerwerte einer Lebensdauertestreihe werden in Diagramme eingetragen, aus denen die Überlebens-/Ausfallwahrscheinlichkeit (Ordinate) des Produkts in Abhängigkeit der Betriebsstunden bzw. geleisteten Schaltspiele ermittelt werden kann. Als zuverlässige Lebensdauer bezeichnet man den Wert, der von 90 % aller Testexemplare erreicht wird. Eine Instandhaltungsmeldung wird vom Instandhaltungsbaustein dann ausgegeben, wenn der Wert der zuverlässigen Lebensdauer abgelaufen ist. Damit ist ein Teiletausch vor Erreichen der Abnutzungsgrenzen möglich.

Grundsätzlich lassen sich die Betriebsstunden und die Schaltspiele bei der Abnutzungsmessung unterscheiden. Die Laufzeit spielt bei Motoren, Pumpen, Heizungen usw. die entscheidende Rolle. Schaltspiele geben bei Zylindern, Ventilen, Klappen usw. Aufschluss über den Abnutzungsgrad.

## 21.3.3 Prinzipieller Aufbau von Instandhaltungsbausteinen

Zur Realisierung eines Instandhaltungsbausteins ist wegen der erforderlichen Zustandsspeicherungen der POE-Typ Funktionsbaustein FB erforderlich. Für jeden Aktortyp einer Anlage ist ein Instandhaltungs-Funktionsbaustein zu entwerfen. Dabei sind die zum Aktor gehörenden Sensoren zu berücksichtigen. Die Ansteuerung der Aktoren erfolgt dann durch Aufruf des Funktionsbausteins. Die Ein- bzw. Ausgabevariablen des Funktionsbausteins sind dabei in der Struktur für alle Aktoren identisch und variieren nur in der Anzahl von aktorabhängigen Sensor- bzw. Stellgliedsignalen. Kernstück eines Instandhaltungs-Funktionsbausteins ist ein Zustandsgraph oder Ablauf-Funktionsplan, der den jeweiligen Zustand des Aktors abbildet. Der aktuelle Zustand wird dann am Ausgangs des Funktionsbausteins ausgegeben und ermöglicht somit eine Auswertung einer Störung. Damit nachvollziehbar ist, welcher Vor-Zustand des Aktors zu einer Störung führte, wird neben dem aktuellen Zustand auch der jeweiligen Vorzustand am Funktionsbaustein ausgegeben.

Übergabevariablen des Instandhaltungs-Funktionsbausteins:

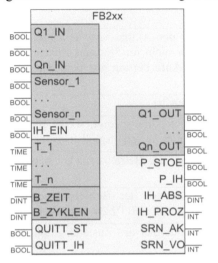

Hinweis:

Die dunkel hinterlegten IN bzw. OUT-Variablen des Funktionsbausteins sind vom jeweiligen Aktor abhängig.

Alle anderen Übergabevariablen sind bei unterschiedlichen Aktoren stets so beizubehalten.

Auf die Beschreibung dieser Variablen wird deshalb in den nachfolgenden Beispielen 21.1 und 21.2 verzichtet.

## IN-Variablen des Instandhaltungs-Funktionsbausteins

| Variable | Format | Beschreibung |
|---|---|---|
| Q1_IN<br>...<br>Qn_IN | BOOL | Ansteuerung der Stellglieder von Aktoren aufgrund des Prozessablaufs im Steuerungsprogramm. Bei einem Motor mit Rechts-Linkslauf sind dies beispielsweise die beiden Leistungsschütze Q1 (Rechtslauf) und Q2 (Linkslauf). Nur wenn keine Störung vorliegt werden die Eingangssignale Q1_IN und Q2_IN an die Ausgangssignale Q1_OUT bzw. Q2_OUT durchgeschaltet. |
| Sensor_1<br>...<br>Sensor_2 | BOOL | Die zum Aktor gehörenden Sensorsignale werden hier angelegt. Bei einem Zylinder sind dies beispielsweise die beiden Endlagengeber B1 und B2. |
| IH_EIN | BOOL | Mit einem „1"-Signal an IH_EIN wird die Instandhaltungsüberwachung eingeschaltet. Damit kann die Zählung der Betriebsstunden bzw. Schaltspiele und die Auswertung der Überwachungszeiten im Einrichtbetrieb ausgeschaltet werden. |
| T_1<br>...<br>T_n | TIME | Vorgabe der Überwachungszeiten.<br>Bei einem Zylinder sind dies die zulässige Aus- bzw. Einfahrzeit. Bei einem Motor kann das die Anzugszeit des Leistungsschützes, die Hochlaufzeit oder die Auslaufzeit des Motors sein. |
| B_ZEIT<br>B_ZYKLEN | DINT | Alternative Angabe der Anzahl der Betriebsstunden oder Bearbeitungszyklen bzw. Schaltspiele. |
| QUITT_ST | BOOL | Eingang zur Quittierung der Störung. |
| QUITT_IH | BOOL | Eingang zur Quittierung der Instandhaltungsmeldung. Die gespeicherte Anzahl der Betriebsstunden bzw. Schaltspiele wird dabei zurückgesetzt. |

**OUT-Variablen des Instandhaltungs-Funktionsbausteins**

| Variable | Format | Beschreibung |
|---|---|---|
| Q1_OUT ... Qn_OUT | BOOL | Ansteuerung der Stellglieder des Aktors vom Instandhaltungs-baustein, wenn sich der Aktor nicht im Störungs-Zustand befindet und eine entsprechende Anforderung aus dem Steuerungs-programm vorliegt. |
| P_STOE | BOOL | Ausgang für eine Störmeldeleuchte. |
| P_IH | BOOL | Ausgang für eine Meldeleuchte, die anzeigt, wenn 100 % der vorgegebenen Betriebsstunden bzw. Schaltspiele erreicht sind. |
| IH_ABS | DINT | Angabe des absoluten Standes der Betriebsstunden bzw. Bearbeitungszyklen. |
| IH_PROZ | INT | Angabe des prozentualen Standes der Betriebsstunden bzw. Bearbeitungszyklen bezogen auf B_ZEIT bzw. B_ZYKLEN. |
| SRN_AK | INT | Angabe der aktuellen Schrittnummer des Zustandsgraphen bzw. Ablauffunktionsplanes. |
| SRN_VO | INT | Angabe der vorhergehenden aktuellen Schrittnummer des Zustandsgraphen bzw. Ablauffunktionsplanes. |

Beim Konzipieren eines Instandhaltungs-Funktionsbausteins für einen Aktor spielt der Entwurf des Zustandsgraphen bzw. Ablauffunktionsplans die entscheidende Rolle. Mit diesem wird festgelegt, unter welchen Bedingungen entsprechende Störmeldungen ausgegeben werden und wann die Betriebsstunden/Schaltspiel-Zählung erfolgt.

Jeder Aktor kann sich in verschiedenen Zuständen befinden. Nachfolgend sind für einige ausgewählte Aktoren die möglichen Zustände aufgelistet.

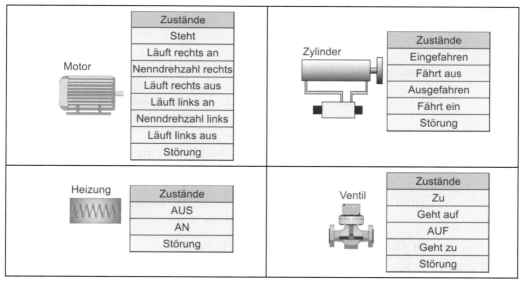

Mit dem Zustandsgraph bzw. Ablauf-Funktionsplan des Aktors wird innerhalb des Instandhaltungs-Funktionsbausteins festgelegt, unter welchen Bedingungen der Aktor in einen anderen

Zustand wechselt und welche Aktionen in den verschiedenen Zuständen veranlasst werden. Für den Aktor ist dabei das erwartete Verhalten innerhalb der Anlage zu berücksichtigen. Die zum Aktor gehörenden Signale bestimmen im Wesentlichen die Weiterschaltbedingungen für die Zustände.

Die prinzipielle Vorgehensweise beim Entwurf des Zustandsgraphen für einen Aktor ist nachfolgend allgemein beschrieben.

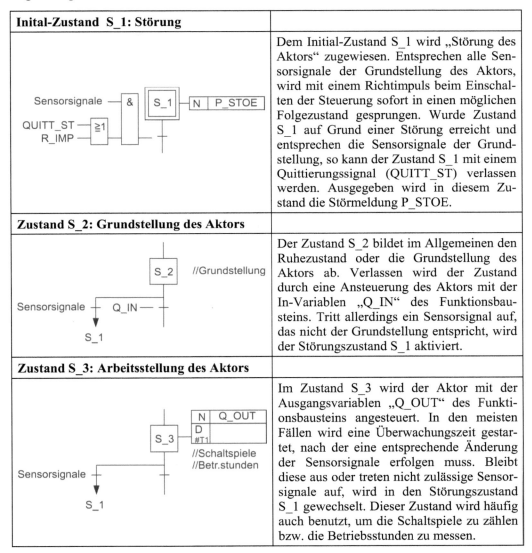

| **Inital-Zustand S_1: Störung** | |
|---|---|
| | Dem Initial-Zustand S_1 wird „Störung des Aktors" zugewiesen. Entsprechen alle Sensorsignale der Grundstellung des Aktors, wird mit einem Richtimpuls beim Einschalten der Steuerung sofort in einen möglichen Folgezustand gesprungen. Wurde Zustand S_1 auf Grund einer Störung erreicht und entsprechen die Sensorsignale der Grundstellung, so kann der Zustand S_1 mit einem Quittierungssignal (QUITT_ST) verlassen werden. Ausgegeben wird in diesem Zustand die Störmeldung P_STOE. |
| **Zustand S_2: Grundstellung des Aktors** | |
| | Der Zustand S_2 bildet im Allgemeinen den Ruhezustand oder die Grundstellung des Aktors ab. Verlassen wird der Zustand durch eine Ansteuerung des Aktors mit der In-Variablen „Q_IN" des Funktionsbausteins. Tritt allerdings ein Sensorsignal auf, das nicht der Grundstellung entspricht, wird der Störungszustand S_1 aktiviert. |
| **Zustand S_3: Arbeitsstellung des Aktors** | |
| | Im Zustand S_3 wird der Aktor mit der Ausgangsvariablen „Q_OUT" des Funktionsbausteins angesteuert. In den meisten Fällen wird eine Überwachungszeit gestartet, nach der eine entsprechende Änderung der Sensorsignale erfolgen muss. Bleibt diese aus oder treten nicht zulässige Sensorsignale auf, wird in den Störungszustand S_1 gewechselt. Dieser Zustand wird häufig auch benutzt, um die Schaltspiele zu zählen bzw. die Betriebsstunden zu messen. |

Die weiteren Zustände sind dann vom jeweiligen Aktor abhängig. Der entwickelte Zustandsgraph zeigt dabei allerdings nicht, wie die Bildung der Ausgangsvariablen P_IH, IH_ABS, IH_PROZ und Ausgabevariablen SRN_VO (Vorgängerschrittnummer) ausgeführt wird. Die Realisierung dieser Ansteuerungen im Steuerungsprogramm ist aus den folgenden Beispielen zu entnehmen.

# 21.4 Beispiele

■ **Beispiel 21.1: Instandhaltungsbaustein für einen doppeltwirkenden Zylinder**

Für einen doppeltwirkenden Zylinder mit den beiden Endlagengebern B1
und B2, der über ein 5/2-Wegeventil mit beidseitiger elektromagnetischer
Betätigung M1 und M2 angesteuert wird, ist ein Instandhaltungs-
Funktionsbaustein FB211 zu entwickeln.

Dabei sollen folgende Fehlermöglichkeiten berücksichtigt werden:
– Sensor B1 (B2) ist defekt oder Drahtbruch zum Sensor
– Magnetspule M1 (M2) ist defekt oder Drahtbruch zur Spule
– Ausfall der pneumatischen Luftzufuhr oder zu geringer Druck
– Zylinderkolben klemmt oder 5/2-Wegeventil defekt

Bei eingeschalteter Instandhaltungsüberwachung „IH_EIN" sollen für die vorbeugende Instandhaltung
die Schaltspiele gezählt werden.

**Zusammenstellung der Ein- und Ausgangsvariablen des IH-Funktionsbausteins:**

Aktor-spezifische Eingangsvariablen :

| | |
|---|---|
| M1_IN: | Anforderung Zylinder ausfahren |
| M2_IN: | Anforderung Zylinder einfahren |
| B1: | Sensor Zylinder eingefahren |
| B2: | Sensor Zylinder ausgefahren |
| T_AUSF: | Max. Zeit für den Zylinder zum Ausfahren |
| T_EINF: | Max. Zeit für den Zylinder zum Einfahren |
| B_Zyklen: | Zählung der Schaltspiele |

Aktor-spezifische Ausgangsvariablen:

| | |
|---|---|
| M1_OUT: | Ansteuerung Zylinder ausfahren |
| M2_OUT: | Ansteuerung Zylinder einfahren |

Zum Test des Instandhaltungsbausteins sind die Übergabevariablen des Funktionsbausteins FB211 im
OB 1 in der nachfolgenden Zuordnungstabelle angegeben.

**Zuordnungstabelle der Eingänge und Ausgänge:**

| Eingangsvariable | Symbol | Datentyp | Logische Zuordnung | Adresse |
|---|---|---|---|---|
| Signal Zylinder ausfahren | M1_IN | BOOL | Anforderung Zyl. ausf. M1_IN = 1 | E 0.1 |
| Signal Zylinder einfahren | M2_IN | BOOL | Anforderung Zyl. einf. M2_IN = 1 | E 0.2 |
| Sensor Zylinder hinten | B1 | BOOL | Zyl. ist eingefahren          B1 = 1 | E 0.3 |
| Sensor Zylinder vorne | B2 | BOOL | Zyl. ist ausgefahren          B1 = 1 | E 0.4 |
| Instandhaltung einschalten | IH_EIN | BOOL | Instandhaltung ein       IH_EIN = 1 | E 0.5 |
| Quittierung Störung | Q_ST | BOOL | Taste betätigt                Q_ST = 1 | E 0.6 |
| Quittierung Instandhaltung | Q_IH | BOOL | Taste betätigt                Q_IH = 1 | E 0.7 |
| **Ausgangsvariable** | | | | |
| Magnetventil Zyl. ausfahren | M1_OUT | BOOL | Zylinder ausfahren   M1_OUT = 1 | A 4.1 |
| Magnetventil Zyl. einfahren | M1_OUT | BOOL | Zylinder einfahren   M2_OUT = 1 | A 4.2 |
| Störungsanzeige | P_STOE | BOOL | Anzeige ein             P_STOE = 1 | A 4.3 |
| Instandhaltungsanzeige | P_IH | BOOL | Anzeige ein                 P_IH = 1 | A 4.4 |
| **Lokalvariable** | | | | |
| Bearbeitungszyklen absolut | IH_ABS | DINT | Bereich 0 bis 2 147 483 647 | MD 10 |
| Bearbeitungszyklen in % | IH_PRO | INT | Bereich 0 bis 32 767 | MW 14 |
| Zustand aktuell | SRN_AK | INT | Bereich 0 bis 32 767 | MW 16 |
| Zustand vorher | SRN_VO | INT | Bereich 0 bis 32 767 | MW 18 |

Folgenden Zustände können auftreten:          Bedingungen zum Erreichen von Zustand 1:

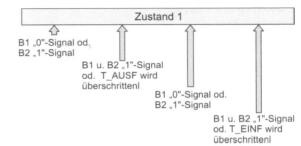

Damit sind die in der Aufgabenstellung beschriebenen Fehlermöglichkeiten erfasst. Der Übergang zu den anderen Zuständen ergibt sich aus den Bedingungen für das Aus- und Einfahren des Zylinders, sowie den zugehörigen Sensormeldungen.

**Ablauf-Funktionsplan des IH-Funktionsbausteins:**

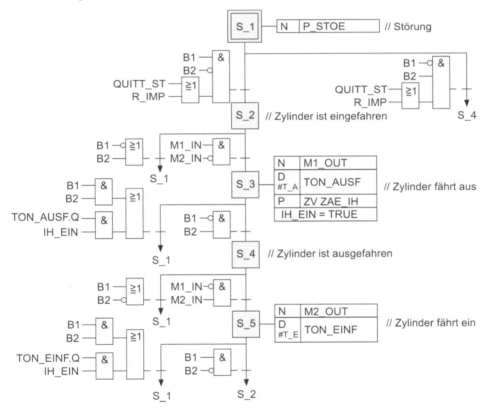

Der Zähler ZAE_IH wird der Ausgabevariablen IH_ABS zugewiesen. Überschreitet der Zählerstand die vorgegebene Anzahl der Bearbeitungszyklen, so wird die Instandhaltungsanzeige P_IH eingeschaltet. Die Ausgangsvariable IH_PROZ wird aus dem Zählerstand bezogen auf die vorgegebene Anzahl der Bearbeitungszyklen in Prozent berechnet. Die Vorgängerschrittnummer SRN_VO wird durch Speicherung des jeweiligen Vorgängerzustands gebildet (siehe nachfolgendes Steuerungsprogramm).

**Steuerungsprogramm des IH-Funktionsbausteins im FUP:**

**1. Umsetzung des Ablauf-Funktionsplans**

Initialzustand Schritt S_1:

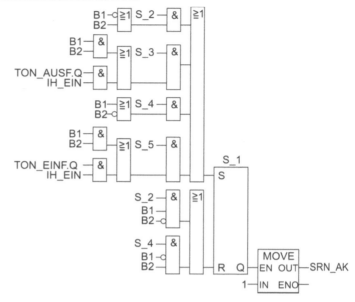

**Schritt S_2:**

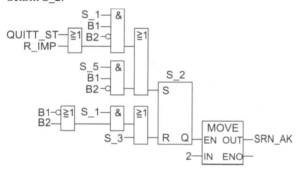

**Schritt S_3:**

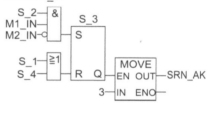

**Schritt S_4:**

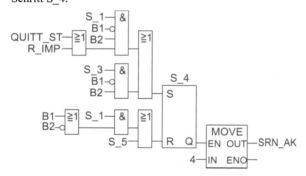

**Schritt S_5:**

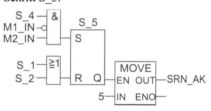

**Rücksetzen des Richtimpulses:**

R_IMP ———— [R]    R_IMP

## 2. Zeitfunktionen und Ansteuerung der binären Ausgangsvariablen des Bausteins

## 3. Zählung der Bearbeitungszyklen mit Bildung der Ausgangsvariablen P_IH, IH_ABS und IH_PROZ

Inkrementieren der lokalen stationären Zähl-variablen ZAE_IH im Zustand S_3

```
S_3 ─┐&  FO1    ┌─ADD_DI─┐
IH_EIN─┘ ┌─P─┐  ─EN
         ZAE_IH─IN1 OUT─ZAE_IH
         L#1 ──IN2 ENO─
```

Vergleich, ob die vorgegebenen Bearbeitungs-zyklen erreicht sind und Zuweisung P_IH

```
        ┌─CMP >=D─┐
ZAE_IH ─IN1        P_IH
B_ZYKLEN─IN2       =
```

Rücksetzen der Zählvariablen ZAE_IH auf den Wert 0

```
         ┌─MOVE──┐
QUITT_IH ─EN OUT─ ZAE_IH
L#0 ──────IN ENO─
```

Zuweisung der lokalen Zählvariablen ZAE_IH zur Ausgangsvariablen IH_ABS

```
        ┌─MOVE──┐
        ─EN OUT─ IH_ABS
ZAE_IH ─IN ENO─
```

Berechnung der Ausgabevariable IH_PROZ in der AWL:

```
L   ZAE_IH
L   L#100
*D
L   B_ZYKLEN
/D
T   IH_PROZ
```

## 4. Ausgabe der Vorgänger-Schrittnummer SRN_VOR

Zur Bildung der Vorgänger-Schrittnummer wird die loka-le stationäre Variable SRN_ALT eingeführt. Dieser wird die Schrittnummer des jeweils vorhergehenden Zustandes zugewiesen.

```
L   SRN_AK
L   SRN_ALT
==I
BEB
L   SRN_ALT
T   SRN_VO
L   SRN_AK
T   SRN_ALT
```

## Vollständige Deklarationstabelle des IH-Funktionsbausteins FB 211

```
VAR_INPUT                VAR_OUTPUT               VAR
M1_IN : BOOL ;           M1_OUT : BOOL ;          S_1 : BOOL := TRUE;
M2_IN : BOOL ;           M2_OUT : BOOL ;          S_2 : BOOL ;
B1 : BOOL ;              P_STOE : BOOL ;          S_3 : BOOL ;
B2 : BOOL ;              P_IH : BOOL ;            S_4 : BOOL ;
IH_EIN : BOOL ;          IH_ABS : DINT ;          S_5 : BOOL ;
T_AUSF : TIME ;          IH_PROZ : INT ;          R_IMP : BOOL := TRUE;
T_EINF : TIME ;          SRN_AK : INT ;           TON_AUSF : "TON";
B_ZYKLEN : DINT ;        SRN_VO : INT ;           TON_EINF : "TON";
QUITT_ST : BOOL ;        END_VAR                  FO1 : BOOL ;
QUITT_IH : BOOL ;                                 ZAE_IH: DINT ;
END_VAR                                           SRN_ALT : INT ;
                                                  END_VAR
```

Die Anweisungsliste AWL des Bausteins finden Sie auf der Web-Seite www.automatisieren-mit-sps.de.

■ **Beispiel 21.2: Instandhaltungsbaustein für einen Motor**

Für einen Motor, der mit dem Leistungsschütz Q1 angesteuert und einem elektronischen Überlastrelais K1 sowie einem Drehzahlüberwachungsrelais K2 betrieben wird, ist ein Instandhaltungsbaustein FB212 zu entwickeln.

Dabei sollen folgende Fehlermöglichkeiten berücksichtigt werden:
– Motor defekt
– Netzspannung oder eine Phase fehlt
– Motorbelastung zu groß
– Leistungsschütz defekt (klebt oder Drahtbruch)
– Anzugs- und Abfallzeit des Leistungsschützes zu groß
– Motor erreicht nicht vorgegebene Nenndrehzahl

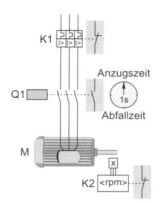

Bei eingeschalteter Instandhaltungsüberwachung „IH_EIN" soll für die vorbeugende Instandhaltung die Betriebszeit des Motors gemessen werden.

**Zusammenstellung der Ein- und Ausgangsvariablen des IH-Funktionsbausteins:**

Aktor-spezifische Eingangsvariablen :
Q1_IN: Anforderung Motor einschalten
Q1: Hilfskontakt Leistungsschütz Q1
K1: Öffner des Überlastrelais K1
K2: Öffner des Drehzahlüberwachungsrelais K2
T_ANL: Max. Zeit für das Erreichen der Drehzahl
T_AUSL: Max. Zeit für das Auslaufen des Motors
B_Zeit: Betriebszeit des Motors in Stunden
(Hinweis: zum Test in Sekunden)

Aktor-spezifische Ausgangsvariablen:
Q1_OUT: Ansteuerung des Leistungsschützes Q1

Zum Test des Instandhaltungsbausteins sind die Übergabevariablen des Funktionsbausteins FB212 im OB 1 in der nachfolgenden Zuordnungstabelle angegeben.

**Zuordnungstabelle der Eingänge und Ausgänge:**

| Eingangsvariable | Symbol | Datentyp | Logische Zuordnung | | Adresse |
|---|---|---|---|---|---|
| Signal Motor ein | Q1_IN | BOOL | Anforderung Motor ein Q1_IN = 1 | | E 0.1 |
| Hilfskontakt Leistungsschütz | Q1 | BOOL | Leistungsschütz angezogen Q1 = 1 | | E 0.2 |
| Überlastrelais | K1 | BOOL | Ausgelöst | K1 = 0 | E 0.3 |
| Drehzahlüberwachungsrelais | K2 | BOOL | Ausgelöst | K2 = 0 | E 0.4 |
| Instandhaltung einschalten | IH_EIN | BOOL | Instandhaltung ein IH_EIN = 1 | | E 0.5 |
| Quittierung Störung | Q_ST | BOOL | Taste betätigt | Q_ST = 1 | E 0.6 |
| Quittierung Instandhaltung | Q_IH | BOOL | Taste betätigt | Q_IH = 1 | E 0.7 |
| Ausgangsvariable | | | | | |
| Leistungsschütz | Q1_OUT | BOOL | Motor EIN | Q1_OUT = 1 | A 4.1 |
| Störungsanzeige | P_STOE | BOOL | Anzeige ein | P_STOE = 1 | A 4.2 |
| Instandhaltungsanzeige | P_IH | BOOL | Anzeige ein | P_IH = 1 | A 4.3 |
| Lokalvariable | | | | | |
| Bearbeitungszeit absolut | IH_ABS | DINT | Bereich 0 bis 2 147 483 647 | | MD 10 |
| Bearbeitungszeit in % | IH_PRO | INT | Bereich 0 bis 32 767 | | MW 14 |
| Zustand aktuell | SRN_AK | INT | Bereich 0 bis 32 767 | | MW 16 |
| Zustand vorher | SRN_VO | INT | Bereich 0 bis 32 767 | | MW 18 |

Der Funktionsbaustein FB212:

(Blockdarstellung)

```
        FB212
BOOL  Q1_IN
BOOL  Q1
BOOL  K1
BOOL  K2
BOOL  IH_EIN      Q1_OUT  BOOL
TIME  T_ANL       P_STOE  BOOL
TIME  T_AUSL       P_IH   BOOL
DINT  B_ZEIT      IH_ABS  DINT
BOOL  QUITT_ST   IH_PROZ  INT
BOOL  QUITT_IH    SRN_AK  INT
                  SRN_VO  INT
```

Folgende Zustände können auftreten:          Bedingungen zum Erreichen von Zustand 1:

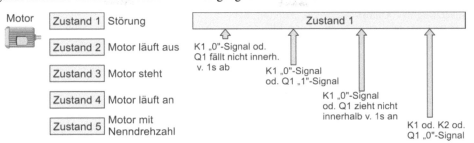

Damit sind die in der Aufgabenstellung beschriebenen Fehlermöglichkeiten erfasst. Der Übergang zu den anderen Zuständen ergibt sich aus den Bedingungen für das Ein- und Ausschalten des Motors.

**Ablauf-Funktionsplan des IH-Funktionsbausteins:**

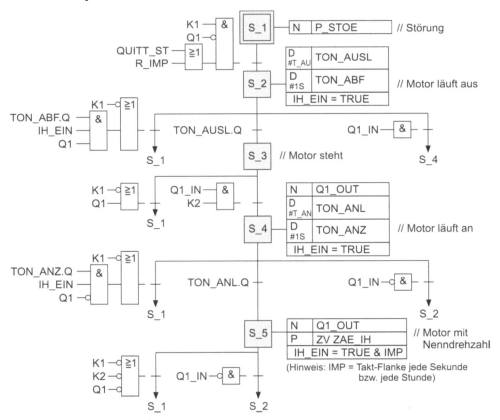

Der Zähler ZAE_IH wird der Ausgabevariablen IH_ABS zugewiesen. Überschreitet der Zählerstand die vorgegebene Betriebszeit, so wird die Instandhaltungsanzeige P_IH eingeschaltet. Die Ausgangsvariable IH_PROZ wird aus dem Zählerstand bezogen auf die vorgegebene Anzahl der Bearbeitungszyklen in Prozent berechnet. Die Vorgängerschrittnummer SRN_VO wird durch Speicherung des jeweiligen Vorgängerzustands gebildet (siehe nachfolgendes Steuerungsprogramm).

## Steuerungsprogramm des IH-Funktionsbausteins im FUP:

**1. Umsetzung des Ablauf-Funktionsplans**

Initialzustand Schritt S_1:

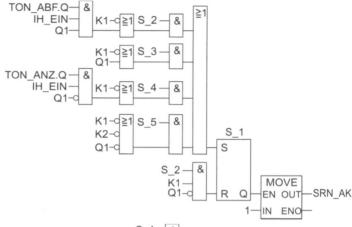

Schritt S_2:

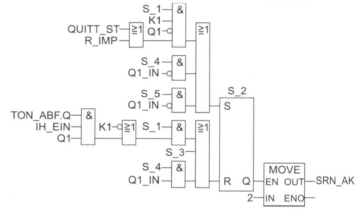

Schritt S_3:

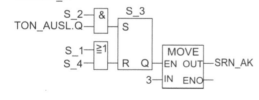

Schritt S_4:

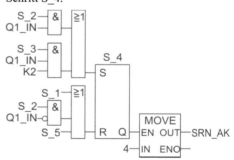

Schritt S_5:

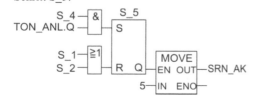

Rücksetzen des Richtimpulses:

## 2. Zeitfunktionen und Ansteuerung der binären Ausgangsvariablen des Bausteins

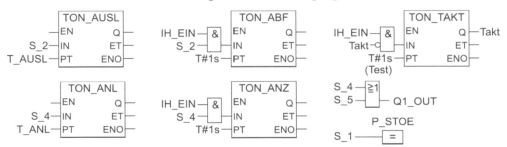

## 3. Zählung der Bearbeitungszyklen mit Bildung der Ausgangsvariablen P_IH, IH_ABS und IH_PROZ

Inkrementieren der lokalen stationären Zähl-variablen ZAE_IH im Zustand S_5

Vergleich, ob die vorgegebenen Bearbeitungszeit erreicht sind und Zuweisung P_IH

Rücksetzen der Zählvariablen ZAE_IH auf den Wert 0

Zuweisung der lokalen Zählvariablen ZAE_IH zur Ausgangsvariablen IH_ABS

Berechnung der Ausgabevariable IH_PROZ in der AWL:

```
L    ZAE_IH              L    B_ZEIT
L    L#100               /D
*D                       T    IH_PROZ
```

## 4. Ausgabe der Vorgänger-Schrittnummer SRN_VOR

Zur Bildung der Vorgänger-Schrittnummer wird die loka-le stationäre Variable SRN_ALT eingeführt. Dieser wird die Schrittnummer des jeweils vorhergehenden Zustandes zugewiesen.

```
L    SRN_AK              L    SRN_ALT
L    SRN_ALT             T    SRN_VO
==I                      L    SRN_AK
BEB                      T    SRN_ALT
```

## Vollständige Deklarationstabelle des IH-Funktionsbausteins FB 212

```
VAR_INPUT           VAR_OUTPUT          VAR
Q1_IN :BOOL;        Q1_OUT :BOOL;       S_1   :BOOL:=TRUE;    TON_ANZ : "TON";
Q1    :BOOL;        P_STOE :BOOL;       S_2   :BOOL;          TON_ABF : "TON";
K1    :BOOL;        P_IH   :BOOL;       S_3   :BOOL;          TON_TAKT:"TON";
K2    :BOOL;        IH_ABS :DINT;       S_4   :BOOL;          ZAE_IH  :DINT;
IH_EIN:BOOL;        IH_PROZ:INT;        S_5   :BOOL;          SRN_ALT :INT ;
T_ANL :TIME;        SRN_AK :INT;        R_IMP:BOOL:=TRUE;     TAKT    :BOOL;
T_AUSL:TIME;        SRN_VO :INT;        TON_AUSL:"TON";       END_VAR
B_ZEIT:DINT;        END_VAR             TON_ANL :"TON";
QUITT_ST:BOOL;
QUITT_IH:BOOL;
END_VAR
```

Die Anweisungsliste AWL des Bausteins finden Sie auf der Web-Seite www.automatisieren-mit-sps.de.

# 22 Regelungen mit Automatisierungsgeräten

In diesem Kapitel werden die Grundlagen des Regelns mit Automatisierungsgeräten behandelt sowie der Entwurf und die Realisierung von einfachen Regelungsprogrammen unterschiedlicher Reglerarten gezeigt. Für die einzelnen Reglerfunktionen werden Funktionsbausteine bzw. Funktionen entwickelt, die in die eigene Programmbibliothek aufgenommen werden. Die allgemeinen regelungstechnischen Grundlagen werden vorab nur insoweit beschrieben, wie sie für das Verständnis der dargestellten Regelungsprogramme erforderlich sind.

## 22.1 Regelung und regelungstechnische Größen

Der Unterschied zwischen einer Steuerung und einer Regelung wurde bereits im Kapitel 1 erläutert. Eine Regelung hat die Aufgabe, die Ausgangsgröße einer Regelstrecke, die so genannte Regelgröße, auf einen von der Führungsgröße vorbestimmten Wert zu bringen und sie gegen den Einfluss von Störgrößen auf diesem Wert zu halten. Dazu muss der tatsächliche Istwert der Regelgröße fortlaufend erfasst und mit dem durch die Führungsgröße vorgegebenen Sollwert verglichen werden.

Das nachfolgende Bild zeigt das vereinfachte Schema einer geregelten Heizeinrichtung, an dem die bei einer Regelung auftretenden Grundbegriffe näher erläutert werden.

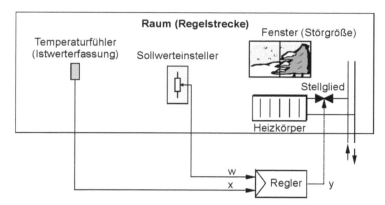

**Bild 22.1:**
Geregelte Raumheizung

Am Sollwerteinsteller wird die gewünschte Raumtemperatur, die aufgabenneutral als *Regelgröße* x bezeichnet wird, eingestellt. Die gewünschte Raumtemperatur ist der *Sollwert* $x_{Soll}$, welcher der Regelung als fest eingestellter Wert oder als *Führungsgröße* w vorgegeben wird. Der Temperaturfühler misst die Raumtemperatur. Ein Messwertumformer liefert dem *Regler* den *Istwert* $x_{Ist}$ durch die so genannte Rückführgröße r. Der Regler ermittelt durch Subtraktion aus Führungsgröße w und Istwert x die *Regeldifferenz* e = w − x. Nach einem bestimmten Regelalgorithmus wird aus der Regeldifferenz e die *Stellgröße* y gebildet. Die Stellgröße y wirkt auf das Stellglied, das die Regelgröße x im Sinne einer Angleichung an die Führungsgröße w verändert. Die Regelgröße (Temperatur) wird beispielsweise durch das Öffnen des Fensters beeinflusst. Eine solche unerwünschte Veränderung der Regelgröße wird als Einwirkung einer *Störgröße* z betrachtet.

Insgesamt muss gewährleistet sein, dass der *Wirkungssinn* der Regelung so ist, dass bei positiver Regeldifferenz e = w – x > 0 die Regelgröße x vergrößert und bei negativer Regeldifferenz e = w – x < 0 die Regelgröße x verringert wird.

Bei einer Regelung bilden die Regelstrecken und der Regler einen geschlossenen Wirkungskreislauf, den so genannten *Regelkreis*.

## 22.1.1 Funktionsschema einer Regelung

Die in Bild 22.1 dargestellte Heizungsregelung kann in eine funktionale Darstellung übertragen werden, die geeignet ist, die meisten Regelkreisarten funktional zu beschreiben.

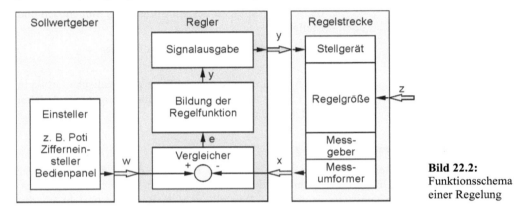

**Bild 22.2:**
Funktionsschema
einer Regelung

Die in dem Funktionsschema verwendeten regelungstechnischen Begriffe sind nachfolgend (auch mit den englischen Begriffen) aufgelistet und erläutert. Sofern vorhanden, ist das zugehörige Kurzzeichen angegeben.

| | | |
|---|---|---|
| Regelgröße (process variable) | x (PV) | Ausgangsgröße der Regelstrecke, die im Sinn der Regelung beeinflusst werden soll. |
| Istwert (actual value) | x (PV_A) | Der Momentanwert der Regelgröße heißt Istwert. |
| Führungsgröße (setpoint) | w (SP) | Die Führungsgröße ist die unabhängige Größe im Regelkreis, die den gewünschten Wert bzw. Verlauf der interessierenden Prozessgröße vorgibt. |
| Sollwert (setpoint value) | w (SV) | Der Momentanwert der Führungsgröße wird mit Sollwert bezeichnet. |
| Regeldifferenz (error signal) | e (ER) | Die Regeldifferenz wird aus dem Sollwert und dem Istwert gebildet: e = w – x. |
| Stellgröße (manipulated variable) | y (LMN) | Die Stellgröße ist die Ausgangsgröße des Reglers bzw. Eingangsgröße der Strecke. Das Stellsignal kann eine binäre Größe bei unstetigen Reglern oder analoge Größe bei stetigen Reglern sein. |
| Störgröße (disturbance variable) | z (DISV) | Alle Einflussgrößen auf die Regelgröße – mit Ausnahme der Stellgröße – werden als Störgrößen bezeichnet. |

| Sollwertgeber (setpoint value unit) | Als Sollwertgeber wird das Gerät bezeichnet, mit dem die Führungsgröße gebildet wird. |
|---|---|
| Regler (closed-loop controller) | Der Regler ist die Einrichtung, die aus der Regeldifferenz $e$ die Stellgröße $y$ bildet. |
| Regelstrecke (process unit) | Die Regelstrecke ist der Anlagenteilbereich, indem die Regelgröße von der Stellgröße durch Änderung der Stellenergie oder des Massestroms beeinflusst wird. |
| Stellgerät (process control unit) | Als Stellgerät wird der Teil des Regelkreises bezeichnet, der zum Beeinflussen der Regelgröße des Prozesses dient. Das Stellgerät besteht oftmals aus Stellantrieb und Stellglied. |
| Messgeber (measuring sensor) | Gerät, das den Wert der Regelgröße misst. |
| Messumformer (measuring transducer) | Ein Messumformer wandelt eine physikalische Größe in ein elektrisches Signal um. Übliche Signalpegel dabei sind 4 ... 20 mA oder 0 ... 10 V. |

## 22.1.2 Wirkungsplan einer Regelung

In der regelungstechnischen Norm DIN 19226 wird eine Regelung durch die sinnbildliche Darstellung der in einem Regelkreis unterscheidbaren Wirkungen in Form eines Wirkungsplans dargestellt. Der *Wirkungsplan* als abstrakte Darstellung einer Regelung besteht aus den Elementen Additionsstelle, Block, Wirkungslinie und Verzweigung.

- Die Additionsstelle wird mit einem Kreis gezeichnet. Bei ihr treffen zwei oder mehrere regelungstechnische Größen (Signale) pfeilgerichtet zusammen. Der Wirkungssinn der Größen wird durch ihr Vorzeichen angegeben. In der Darstellung von Regelkreisen dient die Additionsstelle meistens als Vergleichsstelle von Führungsgröße $w$ und Regelgröße $x$ (genauer: Rückführgröße $r$) zur Ermittlung der Regeldifferenz $e$. Additionsstellen können aber auch verwendet werden, um am Eingang der Regelstrecke die Stellgröße $y$ mit der Störgröße $z$ zusammenzuführen.

- Der Block wird als rechteckiger Kasten dargestellt und symbolisiert ein Regelkreisglied. Davon kann es mehrere geben, die in einer Reihen- oder Parallel- oder Kreisstruktur angeordnet sein können. Die Wirkung eines Regelkreisgliedes kann im Block symbolisch angegeben werden.

- Die Wirkungslinie stellt den Weg einer regelungstechnischen Größe dar, deren Richtung durch einen Pfeil angegeben wird.

- Die Verzweigung wird durch einen Punkt dargestellt. Damit kann ein und dieselbe Größe mehreren Blöcken oder Additionsstellen zugeführt werden.

Der Wirkungsplan findet in der Regelungstechnik eine vielseitige Verwendung. Er ist geeignet zur übersichtlichen Darstellung aller zu einem Regelkreis gehörenden Einrichtungen mit Eintrag der wichtigen Regelkreisgrößen aber auch für detailliert dargestellte Ersatzschaltungen bestimmter Regelstrecke, z. B. eines fremderregten Gleichstrommotors, mit Eintrag aller wichtigen physikalischen Größen wie z. B. Ankerstrom, induzierte Gegenspannung, Magnetfluss, elektrisches Moment, Trägheitsmoment, Lastmoment, Drehzahl usw. und dient als Hilfsmittel bei der mathematischen Analyse von Regelkreisen.

Im Bild 22.3 wird mit Hilfe des Wirkungsplans ein vollständiger Regelkreis mit den in der Norm angegebenen Elementen dargestellt. Der Wirkungsplan einer Regelung kann auch anders strukturiert werden. So werden in der DIN 19226 der Messumformer und der Messfühler zu einer Messeinrichtung außerhalb von Regeleinrichtung und Regelstrecke zusammengefasst. Auch kann die Störgröße z über eine weitere Additionsstelle zwischen Stellantrieb und Stellglied eingefügt werden, während sie hier als irgendwie auf die Regelstrecke einwirkend gezeigt wird. Auch entfällt die Unterscheidung zwischen einer Reglerausgangsgröße $y_R$ und der Stellgröße y bei nicht vorhandenem Stellantrieb.

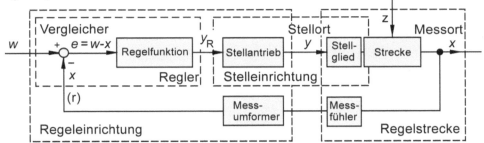

**Bild 22.3:**   Wirkungsplan einer Regelung

## 22.2 Regelstrecke

### 22.2.1 Begriff der Regelstrecke

Die Regelstrecke ist der aufgabengemäß zu beeinflussende Teil einer Anlage, sie beginnt am Stellort, d. h. dort, wo die Stellgröße y eingreift und endet am Messort, wo sich der Messfühler zur Aufnahme der Regelgröße x befindet. Im nachfolgenden Technologieschema einer Temperaturregelung ist zu erkennen, dass die Regelstrecke das Mischventil, die Umwälzpumpe, den Heizkörper, die Heizrohre und den Raum einschließlich Messfühler umfasst.

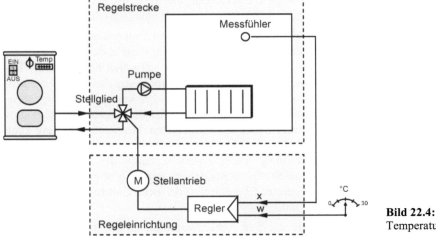

**Bild 22.4:**
Temperaturregelung

## 22.2.2 Bestimmung von Regelstreckenparametern

Um das Verhalten einer Regelstrecke, z. B. der in Bild 22.4 gezeigten Temperaturregelstrecke, zu bestimmen, wird zu einem bestimmten Zeitpunkt $t_0$ eine sprungartige Änderung der Stellgröße y vorgenommen. Die Reaktion der Regelgröße x wird in ihrem zeitlichen Verlauf aufgezeichnet und als Sprungantwort bezeichnet.

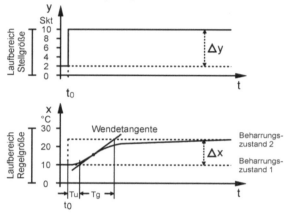

Regelstreckenparameter, die aus der Sprungantwort einer Regelstrecke höherer Ordnung mit Ausgleich bestimmt werden können:

Verzugszeit:       Tu

Ausgleichszeit:    Tg

Übertragungsbeiwert: $K_{PS} = \dfrac{\Delta x\,(\%)}{\Delta y\,(\%)}$

**Bild 22.5:**
Dynamisches Verhalten einer Regelstrecke

Die obige Temperatur-Regelstrecke zeigt ein träges Verhalten. Die Trägheit wird zurückgeführt auf das Zusammenwirken mehrerer unterschiedlich großer Energiespeicher wie Rohrleitungen, Heizkörper, Luftmassen und Messfühler.

Aus der Sprungantwort einer Regelstrecke höherer Ordnung lassen sich wichtige regelungstechnische Parameter ermitteln. Mit der Wendetangenten-Konstruktion wird die Sprungantwort in zwei Bereiche geteilt, aus denen sich die Kennwerte *Verzugszeit* $T_U$, *Ausgleichszeit* $T_g$ und *Übertragungsbeiwert* $K_{PS}$ der Regelstrecke ermitteln lassen. Verzugszeit $T_U$ und Ausgleichszeit $T_g$ sind direkt aus der Sprungantwort ablesbar. Der Übertragungsbeiwert $K_{PS}$ der Regelstrecke ist durch den Quotienten der prozentualen Änderungen der Regelgröße x und Stellgröße y bestimmt. Durch die Festlegung auf prozentuale Änderungen der Regelgröße und Stellgröße erhält man einen dimensionsfreien Übertragungsbeiwert. Im Wirkungsplan entspricht dies dem Verhältnis der Ausgangsgröße bezogen auf die Eingangsgröße.

Für den Übertragungsbeiwert bedarf es noch einer weitergehenden Untersuchung. Es ist nämlich noch unbestimmt, wie groß die Regelgrößenänderung $\Delta x$ bei einer anderen Stellgrößenänderung $\Delta y$ geworden wäre. Diese Frage lässt sich anhand der statischen Kennlinie der Regelstrecke beantworten. Die statische Kennlinie zeigt den Zusammenhang zwischen Regelgröße x und Stellgröße y innerhalb des Laufbereichs beider Größen bei konstantem Störgrößeneinfluss unabhängig von der Zeit. Zu jedem Stellgrößenwert y ist der zugehörige Regelgrößenwert x im Beharrungszustand aufgetragen. Bei der betrachteten Temperaturregelung kann das die Abhängigkeit der Temperatur T (Regelgröße x) von der Stellung $\alpha$ des Mischventils (Stellgröße y) sein. Damit bei der Ermittlung dieses Zusammenhangs der Zeitfaktor keine Einfluss hat, muss die Auswirkung einer Stellgrößenänderung geduldig abgewartet werden, und zwar solange, bis sich bei der Temperatur (Regelgröße) der neue Endwert eingestellt hat (Erreichen des neuen Beharrungszustandes).

Ist diese statische Kennlinie eine Gerade aus dem Achsenursprung, spricht man von einer P-Regelstrecke mit konstantem Übertragungsbeiwert $K_{PS}$ (Index P für proportional, Index S für

Strecke). Zur Berechnung von $K_{PS}$ darf man in diesem Fall auch den ganzen Regelbereich einsetzen:

$$K_{PS} = \frac{\Delta X_h}{\Delta Y_h} \text{ mit}$$

$X_h$ = Regelbereich der Strecke
$Y_h$ = Stellbereich des Reglers

Regelstrecke mit linearer Kennlinie          Regelstrecke mit nichtlinearer Kennlinie

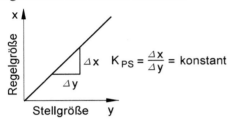 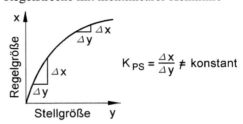

**Bild 22.6:** Statische Kennlinien von Regelstrecken mit Ausgleich

Häufig haben Regelstrecken jedoch nichtlinearer Kennlinien, d. h., sie sind gekrümmt, sodass der Übertragungsbeiwert $K_{PS}$ keine Konstante ist. Das möchte man vermeiden, weil solche Strecken viel schwieriger zu regeln sind. Abhilfe kann durch eine umgekehrt nichtlineare Kennlinie des Stellgliedes geschaffen werden.

Liegt durch Messung die Sprungantwort der Regelstrecke vor, so lassen sich die Streckenparameter Verzugszeit $T_U$ und Ausgleichszeit $T_g$ bei einer Strecke höherer Ordnung mit der Wendetangente-Methode ermitteln. Erfahrungen haben ergeben, dass das Verhältnis von Verzugszeit $T_U$ und Ausgleichszeit $T_g$ Auskunft über die Regelbarkeit der Strecke ergeben.

| Gut regelbar | Noch regelbar | Schlecht regelbar |
|:---:|:---:|:---:|
| $\dfrac{T_U}{T_g} < \dfrac{1}{10}$ | $\dfrac{T_U}{T_g} = \dfrac{1}{5}$ | $\dfrac{T_U}{T_g} > \dfrac{1}{3}$ |

Zur Einschätzung der beiden Zeitwerte sind in der folgenden Tabelle die ungefähren Größenordnungen für die Verzugszeit und Ausgleichzeit gebräuchlicher Regelstrecken angegeben.

| Regelgröße | Art der Regelstrecke | Verzugszeit $T_U$ | Ausgleichszeit $T_g$ |
|---|---|---|---|
| Temperatur | Elektrisch beheizter Ofen | 0,5 bis 1 min | 5 bis 15 min |
| | Destillationskolonne | 1 bis 7 min | 40 bis 60 min |
| | Raumheizung | 1 bis 5 min | 10 bis 60 min |
| Durchfluss | Rohrleitung mit Gas | 0 bis 5 s | 0,2 bis 10 s |
| Druck | Kessel mit Befeuerung | 0 | 150 s |
| Füllstand | Trommelkessel | 0,6 bis 1min | 0 |
| Drehzahl | Elektrischer Antrieb | 0 | 1 bis 40 s |

### 22.2.3 Typisierung der Regelstrecken

Es soll nun ein Ordnungsschema eingeführt werden, um sich besser in der unübersehbaren Vielfalt möglicher Regelstrecken zurecht zu finden.

**Erstes Ordnungskriterium:** Regelstrecken mit und ohne Ausgleich.

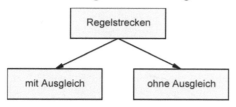

Ausgleich bedeutet, dass die Regelgröße einer Strecke nach sprungartiger Änderung der Stellgröße innerhalb einer Übergangszeit wieder einen stabilen Beharrungszustand annimmt.

Als Beispiel für eine *Regelstrecke mit Ausgleich* sei die Temperaturregelung des Bildes 22.4 genannt. Bei Veränderung der Mischventilstellung erreicht die Raumtemperatur auf verändertem Niveau wieder einen stabilen Wert.

Bei einer *Regelstrecke ohne Ausgleich* würde die Regelgröße x nach einer sprungartigen Änderung der Stellgröße y keinen neuen Beharrungszustand finden. Dies ist z. B. der Fall bei einem Behälter mit dem Füllstand als Regelgröße x, wenn die Ablaufmenge in m³/h durch eine Pumpe konstant gehalten wird. Jede Änderung der Zulaufmenge in m³/h führt dann entweder zum Überlaufen oder Leerlaufen des Behälters.

Regelstrecken mit Ausgleich und konstantem Übertragungsbeiwert $K_{PS}$ haben einen proportionalen Charakter und werden deshalb auch *P-Strecken* genannt. Regelstrecken ohne Ausgleich haben einen integralen Charakter und werden daher als *I-Strecken* bezeichnet.

**Zweites Ordnungskriterium:** Regelstrecken mit und ohne Verzögerung.

Energiespeicher verursachen Verzögerungen. Die Regelstrecken mit mehreren Speichereinflüssen werden auch als *Regelstrecken höherer Ordnung* bezeichnet.

Verzögerung bedeutet, dass die Regelgröße x einer sprungartigen Änderung der Stellgröße y nicht sprunghaft folgen kann, sondern erst nach einer bestimmten Zeit einen neuen stabilen Wert erreicht. Verzögerungen treten bei technischen Prozessen immer auf, wenn Energie zu- oder abgeführt oder Massen beschleunigt oder abgebremst werden müssen.

**Drittes Ordnungskriterium:** Regelstrecken mit und ohne Totzeit.

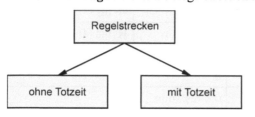

Totzeit bedeutet eine Wartezeit, bis eine Reaktion eintritt.

Ein bekanntes Beispiel für eine Regelstrecke mit Totzeit ist das Förderband. Durch eine Schieberöffnung (Stellgrößenänderung $\Delta y$) gelangt mehr Fördergut auf das Band. Die höhere Ausschüttmenge (Regelgrößenänderung $\Delta x$) wirkt sich am Bandende jedoch nicht sofort aus, sondern erst nach einer Totzeit, die von der Geschwindigkeit und der Länge des Bandes abhängt.

In der Praxis vorkommende Regelstrecken weisen zumeist Kombinationen von Eigenschaften auf. Die Kriterien Ausgleich, Verzögerung und Totzeit treten dann gemeinsam auf.

Die nachfolgende Tabelle zeigt Regelstreckenbeispiele mit den genannten Ordnungskriterien.

**Tabelle 22.1:** Regelstrecken

| Art der Strecke<br>Beispiel | Sprungantwort | Strecken-<br>parameter | Wirkungsplan-<br>Darstellung |
|---|---|---|---|
| $P_0$-Strecke<br>P-Strecke ohne Verzögerung<br><br>Druck und Durchfluss in Flüssigkeitsrohrnetzen | | $K_S$: | |
| PT1-Strecke<br>P-Strecke mit Verzögerung<br><br>Drehzahl | | $K_S$,<br>$T_S$ | |
| PT2-Strecke<br><br>Ofentemperatur | | $K_S$,<br>$T_U$,<br>$T_g$ | |
| P-Strecke mit Totzeit<br><br>Fördermenge | | $K_S$<br>$T_t$ | |
| I-Strecke 0. Ordnung<br><br>Füllstand | | $K_{IS}$ | |

## 22.3  Regler

Der Regler ist der Teil des Regelkreises, in dem aus der Führungsgröße w und Regelgröße x durch die Regelfunktion die Reglerausgangsgröße $y_R$ gebildet wird. Über eine Signalausgabe wird die ermittelte Reglerausgangsgröße $y_R$ an die Stelleinrichtung weitergegeben, in der sie als Stellgröße y ein Stellglied ansteuert.

### 22.3.1  Realisierbare Reglerarten

Bei modernen elektronischen Reglern sind Soll-Ist-Vergleich und Regelfunktion software-mäßig realisiert. Das Ergebnis der ausgeführten Regelfunktion ist ein binärer oder digitaler Zahlenwert. Erst in einer nachgeschalteten Signalausgabe wird aus dem Zahlenwert ein elektrisches Stellsignal gebildet, das entweder an einer Binärausgabe- oder Analogausgabe-Baugruppe ausgegeben wird. Mit den beiden Funktionseinheiten „Bildung der Regelfunktion" und „Signalausgabe" lassen sich mehrere Reglerkonfigurationen bilden. So kann z. B. ein digitaler Zahlenwert in einen proportionalen Spannungswert umgesetzt und an einer Analogausgabe-baugruppe als kontinuierliches Stellsignal ausgegeben werden. Möglich ist es jedoch auch, den digitalen Zahlenwert in ein pulsweitenmoduliertes Spannungssignal umzusetzen und an einem Binärausgang als Stellsignal auszugeben, bei dem der Stellgrößenwert in der prozentualen Impulslänge bezogen auf eine konstante Periodendauer enthalten ist. In beiden Fällen kommt es darauf an, dass am Reglerausgang eine zum Stellsignal passende Stelleinrichtung angeschlossen ist.

Die möglichen Reglerarten (Reglerkonfigurationen) ergeben sich aus den beiden Merkmalen:

• Art der Regelfunktion: Zweipunkt-, Dreipunkt-, PID-Funktion und Fuzzy-Algorithmus.

• Art des Stellsignals: Zweipunkt/Dreipunkt, Kontinuierlich, Schritt und Impuls.

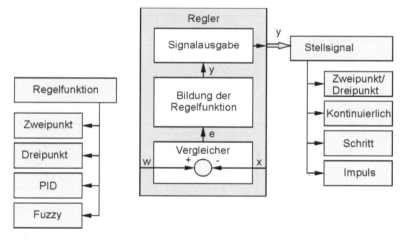

**Bild 22.7:**  Reglerarten

Wichtiger Grundsatz bei der Auswahl des Reglers:

> **Reglerart und Stelleinrichtung bzw. Stellglied müssen zusammen passen.**

## 22.3.2 Bildung der Regelfunktion

### 22.3.2.1 Zweipunkt-Regelfunktion

Bei der Bildung der Zweipunkt-Regelfunktion wird davon ausgegangen, das die Stellgröße die zwei Zustände „EIN" und „AUS" annehmen kann. „EIN" entspricht dabei 100 % Leistungszuführung und „AUS" 0 %.

Das nebenstehende Bild zeigt die Zweipunkt-Funktion in der Wirkungsplan-Darstellung. Eingangsgröße ist die Regeldifferenz e und Ausgangsgröße die Stellgröße y, die zwei unterschiedliche Werte annehmen kann.

Kennlinie der Zweipunkt-Regelfunktion:

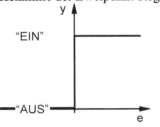

Ist die Regeldifferenz e kleiner null (e < 0) bedeutet dies, dass der Istwert x größer als der Sollwert ist (x > w). Die Leistungszuführung wird also abgeschaltet. Bei positiver Regeldifferenz (e > 0) ist der Sollwert w größer als der Istwert x (w > x). Die Leistungszuführung wird deshalb eingeschaltet.

Die Zweipunkt-Regelfunktion hat eine Dauerschwingung der Regelgröße x um den Sollwert w zur Folge. Die Amplitude und Schwingungsdauer wächst mit dem Verhältnis von Verzugszeit $T_U$ zur Ausgleichszeit $T_g$ der Regelstrecke. Ist die Verzugszeit $T_U$ sehr klein oder gleich null (PT1-Strecke), muss eine Schalthysterese eingeführt werden, um Stellgliedschwingungen zu verhindern.

Kennlinie der Zweipunkt-Regelfunktion mit Schalthysterese SH:

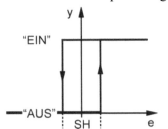

Die Größe SH gibt den Wert der Schalthysterese an. Ist die Regeldifferenz e kleiner als die negative halbe Hysterese SH (e < −SH/2) wird die Leistungszuführung abgeschaltet. Zugeschaltet wird die Leistungszuführung wieder, wenn die Regeldifferenz e größer als die positive halbe Hysterese SH (e > +SH/2) ist.

Charakteristisch für die Zweipunkt-Regelfunktion ist, dass sich kein Beharrungszustand im Regelkreis einstellen kann. Die Stellgröße pendelt ständig in einer Art Arbeitsbewegung um einen Mittelwert und zwingt der Regelgröße diese Schwingung auf.

### 22.3.2.2 Dreipunkt-Regelfunktion

Bei der Bildung der Dreipunkt-Regelfunktion wird davon ausgegangen, das die Stellgröße die drei Zustände „EIN1", „AUS" und „EIN2" annehmen kann. „EIN1" entspricht dabei 100 % Leistungszuführung für beispielsweise Heizen und „EIN2" einer 100 % Leistungszuführung für Kühlen. Beim Zustand „AUS" sind die beiden Leistungszuführungen abgeschaltet. Einsatzgebiete für derartige Dreipunkt-Funktionen sind Wärme-, Kälte- und Klimakammern.

Das nebenstehende Bild zeigt die Dreipunkt-Funktion in der Wirkungsplan-Darstellung. Eingangsgröße ist die Regeldifferenz e und Ausgangsgröße die Stellgröße y mit ihren drei möglichen Schaltzuständen.

Kennlinie der Dreipunkt-Regelfunktion:

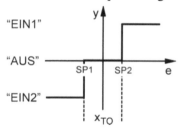

Ist die Regeldifferenz e kleiner als der Schaltpunkt SP1 wird „EIN2" (z. B. die Kühlung zu 100 %) eingeschaltet. Ist die Regeldifferenz e größer als der Schaltpunkt SP2, wird „EIN1" (z. B. die Heizung zu 100 %) eingeschaltet. Zwischen den beiden Schaltpunkten ist die so genannte „tote Zone" $x_{TO}$. Je größer diese Schaltlücke gewählt wird, umso unempfindlicher ist der Regler.

Zur Herabsetzung der Schalthäufigkeit der Stellglieder kann der Dreipunkt-Regelfunktion noch eine Schalthysterese gegeben werden.

Kennlinie der Dreipunkt-Regelfunktion mit Schalthysterese SH:

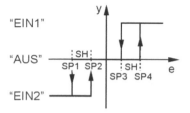

Durch die Einführung einer Schalthysterese wird wie bei der Zweipunkt-Funktion das so genannte „Flattern" der Stellgröße an einem bestimmten Punkt verhindert.

Dreipunktregler sind gut geeignet, um motorische Stellglieder zu betätigen, und zwar für die Schaltstellungen Rechtslauf, Stillstand, Linkslauf, um z. B. eine Ventilverstellung auszuführen.

### 22.3.2.3 PID-Regelfunktionen (P, I, PI, PI-Schritt, PD, PID)

Die PID-Regelfunktion setzt sich aus den drei elementaren Übertragungsfunktionen P-Funktion, I-Funktion und D-Funktion zusammen. Diese Funktionen können allein (Ausnahme: D-Funktion) oder in Kombinationen zur Bildung der Regelfunktion herangezogen werden. Im Folgenden werden die realisierbaren Regelfunktionen P, I, PI, PD und PID dargestellt.

### a) P-Regelfunktion

Bei der *P-Regelfunktion* ist die Ausgangsgröße (Stellgröße y) proportional zur Eingangsgröße (Regeldifferenz e). Ein Faktor $K_{PR}$ gibt an, um welchen Betrag sich die Stellgröße ändert, wenn sich die Regeldifferenz um den Betrag 1 ändert.

Das nebenstehende Bild zeigt die Wirkungsplan-Darstellung der P-Regelfunktion. Eingangsgröße ist die Regeldifferenz e und Ausgangsgröße die Stellgröße y. Die Symbolik zeigt den typischen Verlauf der Sprungantwort des P-Reglers.

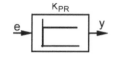

Das Verhalten der P-Funktion ist aus der Kennlinie zu ersehen. Es besteht innerhalb des Arbeitsbereichs ein linearer Zusammenhang zwischen Ausgangsgröße und Eingangsgröße.

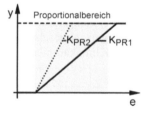

Mit zunehmender Verstärkung $K_{PR}$ verläuft die Kennlinie steiler ($K_{PR2} > K_{PR1}$). Oberhalb des Proportionalbereichs geht die Funktion in den Sättigungsbereich über. Im Sättigungsbereich ist dann keine Erhöhung der Stellgröße y bei weiter zunehmender Regeldifferenz e möglich.

Der Proportionalbeiwert $K_{PR}$ (Index P = proportional, R = Regler) wird auch als Verstärkung bezeichnet. Je größer die Verstärkung desto kleiner kann die Regeldifferenz e sein, um eine bestimmte Stellgröße y zu erreichen. Die Verstärkung kann jedoch nicht beliebig erhöht werden, da bei zu großer Verstärkung Stabilitätsprobleme im Regelkreis auftreten. Der mathematische Zusammenhang zwischen Ausgangsgröße y und Eingangsgröße e ist durch folgende Gleichung gegeben:

P-Regelfunktion:     $$y = K_{PR} \cdot e$$

Das Zeitverhalten der P-Regelfunktion kann aus der Sprungantwort abgelesen werden.

Einheitssprung:

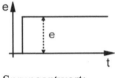

Sprungantwort:

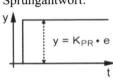

Die Ausgangsgröße ist zu jedem Zeitpunkt proportional der Eingangsgröße. Da die Eingangsgröße unmittelbar auf die Ausgangsgröße reagiert, wirkt die P-Regelfunktion sehr schnell auf die Strecke.

Das Erreichen einer bestimmten Stellgröße y setzt aber bei Strecken mit Ausgleich eine entsprechende Regeldifferenz e voraus. Aus dem mathematischen Zusammenhang $y = K_{PR} \cdot e$ wird dies deutlich. Das heißt mit einem P-Regler kann das eigentliche Ziel der Regelung, nämlich die Angleichung der Regelgröße x an die Führungsgröße w nur annäherungsweise erreicht werden.

Die P-Regelfunktion benötigt für eine Verstellung immer eine Regeldifferenz e. Eine Störgröße oder Führungsgröße, die in einer Regelstrecke mit PTn-Verhalten eine Regeldifferenz hervorruft, kann mit der P-Regelfunktion nie vollständig beseitigt werden. Diese so genannte bleibende Regeldifferenz kann bei bekanntem Proportionalbeiwert $K_{PS}$ der Regelstrecke und $K_{PR}$ des Reglers berechnet werden.

Mit: $y = K_{PR} \cdot e = K_{PR} \cdot (w - x)$ und $x = K_{PS} \cdot y$ ergibt sich aufgelöst nach der Regelgröße:

$$x = \frac{K_{PR} \cdot K_{PS}}{1 + K_{PR} \cdot K_{PS}} \cdot w$$

(gezeigt ist, dass x nicht gleich w werden kann, d.h. eine bleibende Regeldifferenz e bestehen bleibt)

Die bleibende Regeldifferenz ist der Nachteil der P-Regelfunktion. Zwar nähert sich die Regelgröße x bei großen Proportionalbeiwerten $K_{PR}$ der Führungsgröße w an (siehe Formel), jedoch kann $K_{PR}$ nicht beliebig erhöht werden, da sonst der Regler instabil wird, d. h. schon bei sehr kleinen Regeldifferenzen den Reglerausgang übersteuert, also den Proportionalbereich verlässt.

### b) I-Regelfunktion

Bei einer *I-Regelfunktion* ist die Ausgangsgröße (Stellgröße y) proportional zum Zeitintegral der Eingangsgröße (Regeldifferenz e). Das Zeitintegral $\int e \cdot dt$ entspricht der Fläche, welche die Regeldifferenz e in einer bestimmten Zeitspanne $\Delta t$ bildet. Der Integrierbeiwert $K_{IR}$ gibt an, um welchen Betrag sich die Stellgröße y in einer Zeiteinheit ändert, wenn die Regeldifferenz von null auf den Betrag 1 geändert wird.

Das nebenstehende Bild zeigt die Wirkungsplan-Darstellung der I-Funktion. Die Symbolik zeigt den typischen Verlauf der Sprungantwort eines I-Reglers.

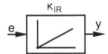

Da sich die Ausgangsgröße y der I-Regelfunktion mit der Zeit ständig ändert, kann das Verhalten nicht mit einer Kennlinie beschrieben werden. Der mathematische Zusammenhang zwischen Ausgangsgröße y und Eingangsgröße x ist durch folgende Gleichung gegeben:

I-Regelfunktion:         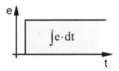 $y = K_{IR} \int e \cdot dt$

Das Zeitverhalten der I-Regelfunktion kann aus der Sprungantwort abgelesen werden.

Einheitssprung:

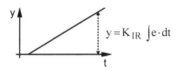

Sprungantwort:

Aus der Sprungantwort ist zu erkennen, dass die Stellgrößenänderung $\Delta y$ proportional zur Regeldifferenz e und zur Zeitspanne $\Delta t$ ist. Der Übertragungsfaktor $K_{IR}$, die Zeitdifferenz $\Delta t$ und die konstante Eingangsgröße e bestimmen die Stellgröße y.

Der Kennwert $K_{IR}$ gibt das Verhältnis der Ausgangsgröße y zur Eingangsgröße e nach der Zeit t = 1 s an.

$$K_{IR} = \frac{y}{e \cdot \Delta t}$$

Einheit des Kennwertes $K_{IR}$: 1/s.

Eine I-Regelfunktion kann eine Änderung der Regelgröße nach Ablauf einer bestimmten Zeit ausgleichen. Die Reaktion auf eine Sollwert- oder Störgrößenänderung verläuft deshalb langsamer als bei der P-Regelfunktion. Je größer der Kennwert $K_{IR}$ ist, umso schneller ändert sich jedoch die Stellgröße in Abhängigkeit von der Regeldifferenz. I-Regelfunktionen sind nur bei P-Strecken ohne oder mit geringer Zeitverzögerung einsetzbar. An I-Strecken kann die I-Regelfunktion nicht verwendet werden.

## c) PI-Regelfunktion

Bei der *PI-Regelfunktion* entspricht die Ausgangsgröße (Stellgröße) y einer Addition der Ausgangsgrößen einer P- und einer I-Regelfunktion.

Das nebenstehende Bild zeigt die Wirkungsplan-Darstellung der PI-Regelfunktion.

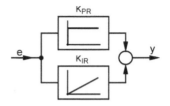

Der mathematische Zusammenhang zwischen Ausgangsgröße y und Eingangsgröße e ergibt sich aus der Addition der P- und I-Regelfunktion.

PI-Regelfunktion:        $y = K_{PR} \cdot e + K_{IR} \int e \cdot dt = K_{PR}\left(e + \dfrac{1}{T_n} \cdot \int e \cdot dt\right)$

Aus der Gleichung ist zu ersehen, dass mit $T_n = \dfrac{K_{PR}}{K_{IR}}$ ein neuer Parameter durch Ausklammern des Proportionalbeiwerts $K_{PR}$ eingeführt wurde. Der Parameter $T_n$ wird als Nachstellzeit bezeichnet. Die *Nachstellzeit* $T_n$ ist die Zeit, die bei der Verwendung eines PI-Reglers gegenüber der Verwendung eines reinen I-Reglers eingespart wird, um bei einer Änderung der Regeldifferenz den gleichen Stellgrößenwert zu erreichen.

Das Zeitverhalten der PI-Funktion kann aus der Sprungantwort abgelesen werden.

Einheitssprung:

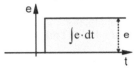

Sprungantwort:

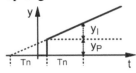

Verlängert man die Gerade der I-Verstellung in der Sprungantwort nach links bis zum Schnittpunkt mit der Zeitachse, so ergibt sich ein Zeitabschnitt, der der Nachstellzeit $T_n$ entspricht. $T_n$ gibt somit die Zeit an, um die eine PI-Regelfunktion schneller wirkt als eine reine I-Regelfunktion. Die Stellgröße ergibt sich aus der Addition von P- und I-Anteil:

$$y = y_P + y_I = K_{PR} \cdot e + \frac{K_{PR}}{T_n} \int e \, dt$$

Die PI-Regelfunktion hat den Vorteil, dass nach der schnellen P-Verstellung in der nachfolgenden durch den Wert $T_n$ bestimmten Zeit die bleibende Regelabweichung vollständig kompensiert wird. Die Einstellwerte sind der Übertragungsfaktor $K_{PR}$ und die Nachstellzeit Tn. Gegenüber der P-Regelfunktion erfordert die Einstellung des Beharrungszustandes eine längere Zeit, wodurch die Stabilität des Regelkreises herabgesetzt wird. Aus diesem Grund darf der Übertragungsfaktor $K_{PR}$ nicht zu groß und die Nachstellzeit $T_n$ nicht zu klein gewählt werden.

### d) PI-Schritt-Regelfunktion

Der PI-Schrittregler ist ein Sonderfall für eine PI-Regelfunktion, die sich erst aus dem Zusammenwirken einer Dreipunkt-Regelfunktion mit einem integrierenden Stellantrieb (Stellmotor) ergibt. Der PI-Schrittregler liefert binäre Stellsignale für Rechtslauf und Linkslauf bzw. Halt des Motors. Das Getriebe des Motors dient der Drehzahlübersetzung und der Drehmomentwandlung. Der durch Stellimpulse gesteuerte Motor läuft mit seiner Nenndrehzahl.

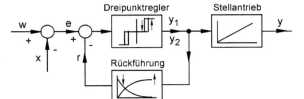

**Bild 22.8:**
Dreipunktregler mit integrierendem Stellantrieb (I-Verhalten)

Der PI-Schrittregler soll an seinen Stellausgängen Stellimpulse und nicht nur drei Schaltzustände zur Verfügung stellen. Das kann dadurch erreicht werden, dass ein Dreipunktregler mit einer verzögernden Rückführung beschaltet wird. Die Rückführgröße r wird auf Grund der Verzögerung nur allmählich größer und täuscht dem Dreipunktregler eine geringer werdende Regeldifferenz e vor, die zur Ausgabe von kürzeren Impulsen führt. Die Impulspausen entstehen durch die Wirkung der Schalthysterese des Dreipunktreglers.

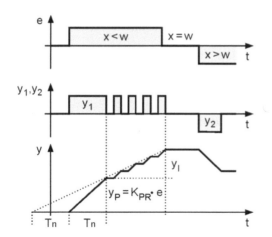

**Bild 22.9:**

Impulsverhalten eines PI-Schrittreglers :

Stellgröße y (Stellweg eines motorisch angetriebenen Ventils oder Schiebers) bei einer vorgegebenen sprungförmigen Regeldifferenz e.
Stellweg $y_P$ ausgelöst durch das P-Verhalten.
Stellweg $y_I$ ausgelöst durch das I-Verhalten.
$y_1$ und $y_2$ sind die Stellimpulse für den Motor für Rechtslauf – Halt – Linkslauf.

Auf eine sprungförmige Änderung der Regeldifferenz e reagiert der PI-Schrittregler sofort mit einem „langen" Schritt. Das Stellsignal gibt dazu einen Impuls aus, der durch den P-Anteil des Reglers verursacht wird. Die darauffolgenden kürzeren Impulse werden durch den I-Anteil des Reglers gebildet. Der PI-Schrittregler wirkt solange, bis keine Regeldifferenz mehr besteht und der Stellantrieb stillstehen kann.

In Bild 22.9 ist ersichtlich, dass der PI-Schrittregler auch über einen Proportionalbeiwert $K_{PR}$ und eine Nachstellzeit $T_n$ verfügt, wie vom richtigen PI-Regler her bekannt. Mit diesen Parametern wird der Schrittregler an das dynamische Verhalten der Regelstrecke angepasst.

Bei der digitalen Realisierung dieses Reglertyps wird die Dreipunktregelfunktion durch einen PID-Geschwindigkeitsalgorithmus (siehe Kapitel 22.5.4) ersetzt.

### e) PD-Regelfunktion

Eine *PD-Regelfunktion* besteht aus einer P-Funktion mit zusätzlicher D-Aufschaltung (D = Differenzial). Durch die D-Aufschaltung wird erreicht, dass bei einer schnellen Änderung der Regeldifferenz e die Stellgröße y gleich am Anfang kräftig verstellt wird. Wie bei der PI-Regelfunktion besteht die PD-Regelfunktion aus zwei Anteilen, dem P- und dem D-Anteil.

Das nebenstehende Bild zeigt die Wirkungsplan-Darstellung der PD-Regelfunktion.

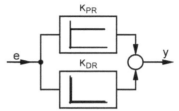

Der Übertragungsbeiwert der D-Funktion ist $K_{DR}$. Je größer dieser Übertragungsbeiwert ist, umso heftiger ist die Reaktion der Stellgröße auf eine Regeldifferenzänderung.

Der mathematische Zusammenhang zwischen Ausgangsgröße y und Eingangsgröße e ergibt sich aus der Addition der P- und D-Regelfunktion.

PD-Regelfunktion:
$$y = K_{PR} \cdot e + K_{DR} \cdot \frac{de}{dt} = K_{PR}\left(e + T_v \cdot \frac{de}{dt}\right)$$

Aus der Gleichung ist zu ersehen, dass mit $T_V = \dfrac{K_{DR}}{K_{PR}}$ ein neuer Parameter durch Ausklammern des Proportionalbeiwerts $K_{PR}$ eingeführt wurde. Der Parameter $T_V$ wird als Vorhaltzeit bezeichnet. Die *Vorhaltzeit* $T_V$ gibt die Zeit an, um die der Wirkungsbeginn eines reinen P-Reglers vorverlegt werden müsste, um die gleiche Stellgrößenänderung zu erreichen, die der PD-Regler sofort auslöst.

Das Zeitverhalten der PD-Funktion kann aus der Sprungantwort abgelesen werden. In der nachfolgenden Darstellung ist die Vorhaltzeit $T_V$ jedoch nicht sichtbar, dafür aber die sprunghafte Stellgrößenänderung.

Einheitssprung:

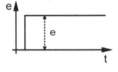

Sprungantwort:

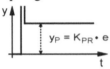

Der D-Anteil ist der Änderungsgeschwindigkeit der Regeldifferenz de/dt proportional. Bei der idealen Regelfunktion ergibt der Differenzialquotient de/dt eine Nadelfunktion mit $y \rightarrow \infty$; bei der realen Regelfunktion wird die Größe durch den Aussteuerbereich begrenzt.

Die Stellgröße ergibt sich aus der Addition von P- und D-Anteil:

$$y = y_P + y_D = K_{PR} \cdot e + K_{PR} \cdot T_V \cdot \dfrac{de}{dt}$$

Die PD-Regelfunktion ist eine schnelle Funktion, die um die Vorhaltzeit $T_V$ schneller wirkt als eine P-Funktion. Im Beharrungszustand ist der D-Anteil ohne Einfluss. Die PD-Regelfunktion hat also das gleiche statische Verhalten wie die P-Regelfunktion. Die Einstellwerte sind $K_{PR}$ und $T_V$. Bei Verwendung des D-Anteils ist jedoch Vorsicht geboten. Störsignale, die der Regelgröße überlagert sein können, werden durch die differenzierende Wirkung des D-Anteils verstärkt und führen unter Umständen zu kräftigen Änderungen der Stellgröße y. Bei richtiger Anwendung hat der D-Anteil eine stabilisierende Wirkung, da Übergangsvorgänge schneller abklingen.

### f) PID-Regelfunktion

In der PID-Regelfunktion sind die drei grundsätzlichen Übertragungseigenschaften – proportional, integral und differenziell – zusammengefasst. Gebildet wird die PID-Regelfunktion durch parallele Ausführung der drei Funktionen P, I, D und Addition ihrer Stellgrößenanteile. Diese Regelfunktion vereint somit sämtliche Eigenschaften der Regelfunktionen dieses Abschnitts.

Das nebenstehende Bild zeigt die Wirkungsplan-Darstellung der PID-Regelfunktion.

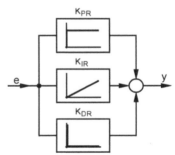

Der mathematische Zusammenhang zwischen Ausgangsgröße y und Eingangsgröße e ergibt sich aus der Addition der P-, I- und D-Regelfunktion.

PID-Regelfunktion:
$$y = K_{PR}\left(e + \frac{1}{T_n}\cdot\int e\cdot dt + T_v\cdot\frac{de}{dt}\right)$$

In der PID-Regelfunktion sind die beiden schon bekannten Regelparameter für die

Nachstellzeit $T_n = \dfrac{K_{PR}}{K_{IR}}$ und Vorhaltzeit $T_v = \dfrac{K_{DR}}{K_{PR}}$ enthalten.

Das Zeitverhalten der PID-Funktion kann aus der Sprungantwort abgelesen werden.

Einheitssprung:

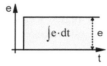

Der D-Anteil in der Stellgröße ist von der Änderungsgeschwindigkeit der Regeldifferenz abhängig. Bei einer sprunghaften Änderung der Regeldifferenz müsste die Stellgröße theoretisch unendlich groß werden, das jedoch ist nicht möglich.

Sprungantwort eines idealen PID-Reglers:

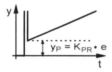

Der P-Anteil verhindert einen sofortigen Rückgang der Stellgröße auf null nach dem erfolgten Regeldifferenzsprung. Damit hat der P-Anteil seinen Beitrag schon geleistet.

Der I-Anteil überlagert sich dem P-Anteil in der Stellgröße und steigt entsprechend der Nachstellzeit $T_n$ an.

Die PID-Regelfunktion zeichnet sich sowohl durch ein gutes statisches Verhalten (keine bleibende Regeldifferenz) als auch durch eine gute Anpassbarkeit an die dynamischen Forderungen einer Regelstrecke aus. Durch die drei Einstellparameter $K_{PR}$, $T_n$ und $T_v$ ist die PID-Funktion geeignet, auch komplizierte Regler-Anforderungen zu erfüllen.

Zusammenfassend kann für alle beschriebenen Regelfunktionen festgestellt werden, dass der P-Regler durch eine Kenngröße, die PI-sowie PD-Regler durch zwei und der PID-Regler durch drei Kenngrößen charakterisiert sind. Zu erwähnen ist auch, dass die vier typischen Sprungantworten der Regler nicht den zeitlichen Verlauf der Stellgröße bei geschlossenem Regelkreis beschreiben. Im geschlossenen Regelkreis wird ja durch die Wirkung der Stellgröße die Regeldifferenz verringert oder sogar auf null gebracht, während sie bei der Sprungantwort als konstant bleibend angenommen wird.

### 22.3.2.4 Fuzzy-Regelfunktion

Die Grundlage beim Entwurf einer Fuzzy-Regelfunktion ist die Fuzzy-Logik. Fuzzy als Regelwerk mit unscharfer Logik hat gegenüber der Boole'schen Logik mit eindeutigen Zugehörigkeitsaussagen den Vorteil, dass sie dem menschlichen Verständnis von den Vorgängen in Anlagen und Prozessen sehr entgegen kommt. Wie im täglichen Leben genügt es völlig, die Objekte und Teilvorgänge qualitativ mit Worten der Umgangssprache wie groß, etwas, klein, wenig usw. zu charakterisieren ohne den Zwang der Festlegung auf konkrete Zahlenwerte. Die Boole'sche Logik zwingt dagegen dazu, relativ willkürlich Grenzen zu definieren und eine unscharfe Entweder-Oder-Logik zu entwerfen.

Wird beispielsweise in einem verfahrenstechnischen Prozess eine Temperatur beschrieben, die „heiß" ist, so kann die Aussage zutreffen, dass eine Temperatur über 90 °C mit Sicherheit der Kategorie „heiß" zuzuordnen ist. Bei einer Temperatur von 80 °C gehen die Meinungen auseinander, aber eine Temperatur von 70 °C wird eindeutig nicht mehr als „heiß" eingeordnet. In der Boole'schen Logik nimmt eine Zuordnung nur die Werte 0 oder 1 an. In der Fuzzy-Logik kann die Zuordnung von unscharfen Aussagen mit einer Zugehörigkeitsfunktion beschrieben werden. Dabei sind Zuordnungswerte zwischen 0 und 1 möglich.

Boole'sche Logik:

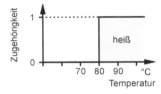

Fuzzy-Logik:

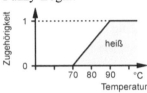

Für jede Prozessgröße lässt sich nach der Fuzzy-Logik ein Wertebereich bestimmen, in dem diese Größe variieren kann. Eine *Zugehörigkeitsfunktion* legt die Zuordnung zu einem bestimmten Prozesszustand innerhalb des angegebenen Wertebereiches fest. Beispiele von möglichen Zuordnungsfunktionen sind:

Gauß-Kurve:          Trapez          Dreieck          Singleton

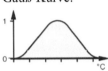  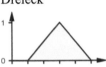 

Bei der Realisierung von Fuzzy-Regelfunktionen mit Automatisierungsgeräten werden hauptsächlich lineare Zuordnungsfunktionen verwendet.

Die verschiedenen Aussagen über eine Prozessgröße (kalt, warm, heiß, sehr heiß etc.) werden als *linguistische Werte* der Größe bezeichnet. Mit linguistischen Werten werden somit nicht eindeutig abgrenzbare Bereiche (d. h. unscharfe Mengen) der Prozess- oder Regelgröße festgelegt. Für die Regeldifferenz e können z. B. folgende linguistischen Werte bestimmt werden: Negativ_groß; Negativ_klein, NULL, Positiv_klein und Positiv_groß. Die verschiedenen linguistischen Werte werden in einem Diagramm der Kenngröße (linguistische Variable) mit den entsprechenden Zugehörigkeitsfunktionen aufgetragen.

**Beispiel: Satz von linguistischen Termen für die linguistische Variable-Regeldifferenz**

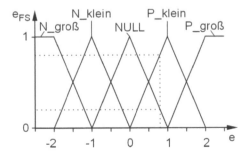

Ist der Signalwert der Regeldifferenz beispielsweise 0,8, so ist dieser Wert dem linguistischen Term „NULL" mit dem Faktor 0,2 und dem linguistischen Term „P_klein" mit dem Faktor 0,8 zugeordnet. Der scharfe Signalwert

$e$ = 0,8 ergibt den Fuzzy-Signalwert $e_{FS}$

$e_{FS}$ = 0,2 „NULL"; 0,8 „P_klein";

$e_{FS}$ = (0; 0; 0,2; 0,8; 0)

Der Übergang vom scharfen Signalwert auf den zugehörigen Fuzzy-Signalwert wird als *Fuzzifizierung* bezeichnet.

Sind alle Eingangs- und Ausgangsgrößen einer Fuzzy-Regelfunktion fuzzifiziert, werden die Ausgangsgrößen durch *Fuzzy-Regeln* mit den Eingangsgrößen verknüpft. Die Regeln werden wie in der Umgangssprache durch Verknüpfung der linguistischen Terme mit WENN ... DANN-Relationen gebildet. Aufbau einer Fuzzy-Regel:

> WENN <Vorbedingung>,  DANN <Folgerung>

Solche WENN-DANN-Regeln entsprechen der einfachsten Art menschlichen Entscheidungsvermögens. Vorbedingung und Folgerung sind unscharfe Aussagen wie:

WENN <der Druck hoch ist> DANN <Ventil etwas öffnen> oder die verknüpfte Aussage wie:

WENN <der Druck hoch ist UND die Temperatur groß ist> DANN <Ventil weit öffnen>.

Die linguistischen Terme lassen sich umgangssprachlich mit UND oder ODER verknüpfen. Die UND-Verknüpfung entspricht der Schnittmenge (Minimum oder MIN-Operator) und die ODER- Verknüpfung er Vereinigungsmenge (Maximum bzw. Max-Operator).
Jede dieser Fuzzy-Regeln beschreibt eine Strategie, das Verhalten der Fuzzy-Regelfunktion zu bestimmen. Zur mathematischen Verarbeitung der WENN-DANN-Regeln muss eine Operation zwischen den unscharfen Werten des WENN-Teils und denen des DANN-Teils gefunden werden. Die Verarbeitungsvorschrift für die WENN-DANN-Regeln wird als *Fuzzy-Inferenz* bezeichnet. Eine gebräuchliche Art einer Auswertung der Fuzzy-Regeln in der Automatisierungstechnik ist die MAX-MIN-Methode. Wie diese Methode die Fuzzy-Regeln abarbeitet, ist im folgenden Beispiel dargestellt.

**Beispiel: Fuzzifizierung, Aufstellen der Fuzzy-Regeln und MAX-MIN-Methode**

Die Stellung eines Entlüftungsventils soll in Abhängigkeit von der Temperatur T und dem Druck P verändert werden.

1. *Fuzzifizierung*: Für die drei Größen werden linguistische Terme eingeführt und Zuordnungsfunktionen gebildet.

Temperatur

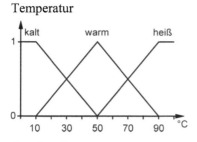

Druck

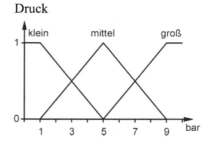

Ventilstellung

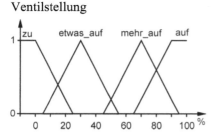

## 2. *Aufstellen der Fuzzy-Regeln*

Mit den linguistischen Termen der Temperatur und des Drucks lassen sich folgende sinnvolle Regeln aufstellen:

Regel 1: WENN die Temperatur kalt und der Druck klein, DANN Ventil zu.

Regel 2: WENN die Temperatur kalt und der Druck mittel, DANN Ventil zu.

Regel 3: WENN die Temperatur warm und der Druck klein, DANN Ventil zu.

Regel 4: WENN die Temperatur warm und der Druck mittel, DANN Ventil etwas_auf.

Regel 5: WENN die Temperatur heiß und der Druck mittel, DANN Ventil mehr_auf.

Regel 6: WENN die Temperatur warm und der Druck groß, DANN Ventil mehr_auf.

Regel 7: WENN die Temperatur heiß und der Druck groß, DANN Ventil auf.

## 3. *Auswertung nach der MAX-MIN-Methode*

Das Inferenzschema soll für die scharfen Eingangswerte T = 60 °C und P = 9 bar ausgewertet werden.

Aus der Fuzzifizierung der Eingangsgrößen Temperatur und Druck sind folgende Zugehörigkeiten ablesbar: Temperatur T: 0 – kalt; 0,75 – warm und 0,25 – heiß. Druck P: 0 – klein, 0 – mittel, 1 – groß. Damit greifen nur die Regel 6 und Regel 7.

Regel 6: MIN(0,75 und 1) = 0,75;           Regel 7: MIN(0,25 und 1) = 0,25.

Ergebnis der Auswertung:

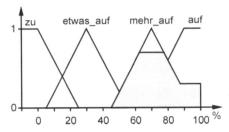

Die schraffierte Fläche bestimmt das Ergebnis der Auswertung der Regeln nach der MAX-MIN-Methode und ergibt sich aus dem in der Höhe H = 0,75 abgeschnittenen Fuzzy-Term „mehr_auf" vereint mit dem in der Höhe H = 0,25 abgeschnittenen Fuzzy-Term „auf".

Das Ergebnis der Auswertung der Regeln nach der MAX-MIN-Methode ist wiederum eine unscharfe Ausgangsgröße. Für die Fuzzy-Regelfunktion muss diese unscharfe Information in einen repräsentativen (scharfen) Zahlenwert umgesetzt werden, damit der Wert von einem analogen Stellglied verarbeitbar ist. Dieser Vorgang wird als *Defuzzifizierung* bezeichnet.

Für die Defuzzifizierung (Bildung des scharfen Ausgabewertes) werden in der Fuzzy-Theorie mehrere Methoden angeboten. Eine Auswahl der existierenden Methoden sind: die Maximum-Methode, die Akkumulationsmethode, die Schwerpunktmethode, die Singleton-Schwerpunktmethode und die lineare Defuzzifizierung. Im Folgenden wird nur die Singleton-Schwerpunktmethode näher dargestellt, da diese Methode sich für die Realisierung der Fuzzy-Regelfunktion für Automatisierungsgeräte am besten eignet.

Die Anwendung der Singleton-Schwerpunktmethode setzt voraus, dass die Fuzzy-Terme der Ausgangsgröße Singletons (Strichfunktionen) sind. Es wird dann für jede Regel der Erfüllungsgrad $\mu$ mit dem Wert des Singleton y multipliziert. Die Produkte $\mu_i \, y_i$ werden über alle Regeln aufsummiert und durch die Summe der Erfüllungsgrade $\mu_i$ dividiert.

Damit ergibt sich die „scharfe" Ausgangsgröße durch:

$$y = \frac{\mu_1 \cdot y_1 + \mu_2 \cdot y_2 + \mu_3 \cdot y_3 + \ldots}{\mu_1 + \mu_2 + \mu_3} = \frac{\sum \mu_i \cdot y_i}{\sum \mu_i} \ .$$

Im vorangegangenen Beispiel würde die Fuzzifizierung der Ausgangsgröße (Ventilstellung in %) wie folgt aussehen:

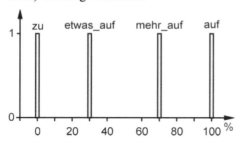

Die Ventilstellung ist nun durch vier Fuzzy-Terme mit Singleton-Zuordnungs-Funktionen beschrieben.

Die Auswertung der Regeln bei einer Temperatur von 60 °C und einem Druck von 9 bar ergab folgende Erfüllungsgrade: Regel 6: 0,75 mehr_auf; Regel 7: 0,25 auf.

Damit ergibt sich die „scharfe" Ausgangsgröße: $y = \dfrac{0,75 \cdot 70\,\% + 0,25 \cdot 100\,\%}{0,75 + 0,25} = 77,5\,\%$ .

Zusammenfassend kann die logische Struktur eines Fuzzy-Reglers in die nachfolgend angegebenen Komponenten unterteilt werden.

Fuzzifizierung:       Überführung der Momentanwerte eines Eingangs in Wahrheitsgrade

Inferenz:             Bearbeitung des Regelwerks durch Verknüpfung der Eingangswahrheitsgrade mit Hilfe des Minimumoperators (WENN-Teil) und Ermittlung des Wahrheitswertes für den betroffenen Ausgang (DANN-Teil)

Defuzzifizierung:     Berechnung der numerischen Ausgangswerte durch Wichtung der resultierenden Zugehörigkeitsfunktionen durch Bildung des Singleton-Schwerpunktes

Der Einsatz eines Fuzzy-Reglers ist dann sinnvoll, wenn konventionelle Verfahren häufig korrigierende Eingriffe eines Anlagenfahrers erfordern oder wenn der Prozess überhaupt nur manuell gefahren werden kann. Das ist besonders dann der Fall, wenn mehrere betrieblich stark schwankende Prozessparameter das Regelungsergebnis beeinflussen. Konventionell schwer zu beherrschende technische Prozesse sind allgemein durch Mehrgrößen-Abhängigkeit oder nichtlineare und zeitvariante Prozesseigenschaften gekennzeichnet. Sie sind mit mathematischen Modellen nur unzureichend zu beschreiben. Der Einsatz einer Fuzzy-Anwendung ist in diesen Fällen zusätzlich oder auch allein anstelle einer konventionellen Lösung möglich. Beispiele für erfolgversprechende Fuzzy-Anwendungen sind:

- Regelung von nichtlinearen Ein- und vor allem Mehrgrößensystemen,
- Zeitvariante Reglerparametrierung oder Stellgrößenkorrektur,
- Prozessführung mit Koordination unterlagerter Regelungen,
- Qualitätsregelung mehrerer Eigenschaften eines Produkts,
- Realisierung von Logik-Strukturen in Steuerungsprozessen.

Die Verwendung der Fuzzy-Regelfunktion anstelle der PID-Regelfunktion bei einem Eingrö-ßen-Regelsystem kann dann sinnvoll sein, wenn für die vorliegende Regelstrecke keine erfolg-versprechende Parameter $K_{PR}$, $T_n$ und $T_v$ gefunden werden können.

Die Eingangsgröße der Regelfunktion ist die Regeldifferenz e. Wird nur diese Größe zur Bil-dung der Ausgangsgröße mit dem Fuzzy-Algorithmus herangezogen, weist die Fuzzy-Regelfunktion gleiches Verhalten wie ein P-Regler auf. Man spricht deshalb auch von einem Fuzzy-P-Regler.

Durch Hinzunahme des Zeitintegrals $\int e \cdot dt$ zur Bildung der Ausgangsgrößen weist die Fuzzy-Regelfunktion PI-Verhalten auf.

Wird die Regeldifferenzänderung de/dt ebenfalls noch fuzzifiziert und bei der Bildung der WENN-DANN-Regeln hinzugenommen, ergibt sich das PID-Regelverhalten für den Fuzzy-Regelalgorithmus.

Je nach erzeugter Ausgangsgröße y oder dy ergeben sich somit folgende Zusammenhänge:

- Fuzzy-PID-Stellungsalgorithmus: $\qquad y = F\left(e, \int e \cdot dt, \dot{e}\right)$

- Fuzzy-PID-Geschwindigkeitsalgorithmus: $\qquad \dot{y} = F\left(e, \dot{e}, \ddot{e}\right)$

Das nachfolgende Bild zeigt die Struktur einer Fuzzy-PID-Regelfunktion.

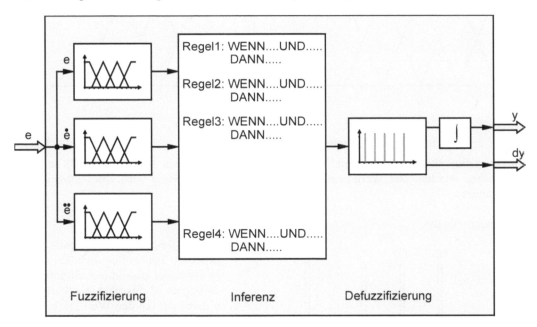

**Bild 22.10:** Struktur einer Fuzzy-Regelfunktion

Nachfolgend wird für eine Fuzzy-PI-Regelfunktion gezeigt, wie für diese Funktion die Eingangsgrößen und die Ausgangsgröße fuzzifiziert und die WENN-DANN-Regeln aufgestellt werden können.

Es sind folgende Projektierungsschritte für den Entwurf einer Fuzzy-PI-Regelfunktion ($\dot{y}=F(e,\dot{e})$) durchzuführen.

**Schritt 1:** Fuzzifizierung

Für die Regeldifferenz e und die Änderung der Regeldifferenz de werden fünf linguistische Terme eingeführt:

| NB | NS | ZO | PS | PB |
|---|---|---|---|---|
| stark negativ | schwach negativ | ungefähr Null | schwach positiv | stark positiv |

Bei der Aufstellung der Zugehörigkeitsfunktionen wird davon ausgegangen, dass sich die Regeldifferenz e in einem Bereich von −10.0 bis +10.0 ändern kann, während der Zahlenbereich für die Regeldifferenzänderung de nur −1.0 bis +1.0 beträgt.

Regeldifferenz e                                      Regeldifferenzänderung de

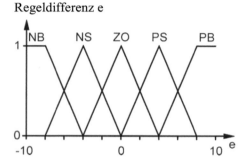 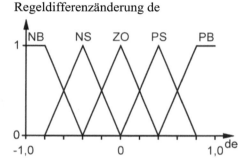

**Schritt 2:** Singletons für die Ausgabegröße dy

Die Ausgabegröße dy kann ebenfalls mit den fünf Fuzzy-Termen NB, NS, ZO, PS und PB beschrieben werden. Der Wertebereich für die Stellgrößenänderung wird von −3.0 bis +3.0 angenommen.

Ausgangsgröße dy

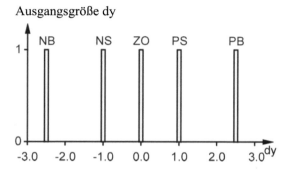

Der Singleton bei −2.5 (negativ groß) bedeutet bei voller Erfüllung beispielsweise, dass die Stellgrößenänderung de −2.5 beträgt, die Stellgröße y demnach um den Wert 2.5 verkleinert wird.

**Schritt 3:** Aufstellen der WENN-DANN-Regeln

Mit den Fuzzy-Termen der beiden Eingabevariablen e und de lassen sich bei jeweils fünf linguistischen Termen insgesamt 25 verschiedene Regeln aufstellen. Nicht alle davon sind jedoch auch sinnvoll. Je kleiner und übersichtlicher die Regelbasis angelegt wird, umso besser können Auswirkungen bei Änderungen der Fuzzifizierung beobachtet werden. Bei diesem Beispiel wurden insgesamt 9 Regeln gewählt, die zu einem guten Regelergebnis geführt haben.

| Regel 1: | WENN | e = NB | UND | de = ZO | DANN | dy = NB |
|----------|------|--------|-----|---------|------|---------|
| Regel 2: | WENN | e = NS | UND | de = ZO | DANN | dy = NS |
| Regel 3: | WENN | e = ZO | UND | de = ZO | DANN | dy = ZO |
| Regel 4: | WENN | e = PS | UND | de = ZO | DANN | dy = PS |
| Regel 5: | WENN | e = PB | UND | de = ZO | DANN | dy = PB |
| Regel 6: | WENN | e = ZO | UND | de = NB | DANN | dy = NB |
| Regel 7: | WENN | e = ZO | UND | de = NS | DANN | dy = NS |
| Regel 8: | WENN | e = ZO | UND | de = PS | DANN | dy = PS |
| Regel 9: | WENN | e = ZO | UND | de = PB | DANN | dy = PB |

Die Projektierung der Fuzzy-PI-Regelfunktion ist damit abgeschlossen. Die Auswertung der Regeln und anschließende Defuzzifizierung erfolgt nach der beschriebenen MAX-MIN-Methode und dem Singleton-Schwerpunktverfahren. Soll die Regelfunktion mit einem Automatisierungsgerät realisiert werden, so muss die Auswertung der Regeln und die Defuzzifizierung in Steueranweisungen übertragen werden. Die Firma SIEMENS bietet mit der Software „Fuzzy-Control" ein Projektierungswerkzeug an, mit dem die beschriebenen Schritte sehr leicht ausgeführt werden können. Das Ergebnis der Projektierung ist dann ein Funktionsbaustein FB mit zugehörigem Instanz-Datenbaustein DB bzw. zugehöriger Instanz, der alle erforderlichen Berechnungsschritte zur Bildung der Ausgabegröße ausführt.

### 22.3.3 Stellsignaltypen

Die Stellsignale werden in der Signalausgabe der Regler erzeugt und sind die physikalischen Repräsentanten der Stellgrößen. Die Bildung der Stellgrößen erfolgt gesetzmäßig durch die bereits beschriebenen Regelfunktionen mit deren Zweipunkt-, Dreipunkt-, PID- und Fuzzy-Regelalgorithmen. Die Stellsignale bedürfen einer gesonderten Betrachtung, da sie zu den Stellantrieben und Stellgliedern funktionsmäßig passen müssen.

Stellantriebe haben die Aufgabe, die kontinuierlichen oder quasi-kontinuierlichen Stellsignale von Reglern in entsprechende Hub- oder Drehbewegungen zur Betätigung von Stellgliedern umzusetzen. Dazu benötigen sie eine elektrische oder pneumatische bzw. hydraulische Hilfsenergie.

Stellglieder sind im Prinzip steuerbare „Widerstände" (Drosselelemente) zur Beeinflussung von Energie- oder Massenströmen. Typische Stellglieder für elektrische Energieflüsse sind Transistoren und Thyristoren, für Massenströme (Gase, Flüssigkeiten, Feststoffe) werden Ventile, Klappen und Schieber verwendet.

### 22.3.3.1 Unstetige Stellsignale (Zweipunkt, Dreipunkt)

Das Stellsignal eines Reglers steht mit der Ausgangsgröße oder Stellgröße des Reglers in einer engen Beziehung. Ein elektrisches Stellsignal liefert einen Spannungswert und repräsentiert einen Stellgrößenwert, der in modernen Reglern im Prinzip ein abstraktes Zahlenergebnis der Regelfunktion ist. Man unterscheidet zur Beschreibung ihrer besonderen Eigenschaften stetige und unstetige Stellsignale.

Ein Stellsignal wird als unstetig bezeichnet, wenn es schaltet, d. h. sich sprunghaft ändert, und dabei die Stellgröße des Reglers keine beliebigen Zwischenwerte innerhalb des Stellbereichs annehmen kann. Es wird noch gezeigt werden, dass Schritt-Stellsignale und pulsweitenmodulierte Impuls-Stellsignale auch geschaltet werden und sich sprunghaft ändern und doch keine unstetigen Stellsignale sind, da die Stellgrößen fast alle Zwischenwerte innerhalb des Stellbereichs annehmen können. Es kommt also nicht auf die Stufigkeit der Signalform an, sondern auf den Informationsgehalt des Stellsignals. Wenn das unstetige Stellsignal nur zwei oder drei Stellgrößenwerte repräsentieren kann, spricht man von einem 2- oder 3-Punkt-Stellsignal.

**Zweipunkt-Stellsignal**

Bei einer Zweipunktregelung besteht das Stellglied aus einem Schalter, der die Schaltzustände „EIN" oder „AUS" annehmen kann. Das von der Signalausgabe des Zweipunktreglers ausgegebene unstetige Stellsignal ist binär und kann immer nur einen von zwei möglichen Stellgrößenwerten (1 oder 0) repräsentieren, die von den Schaltpunkten der Zweipunktregelfunktion abhängig sind. Beim Erreichen des oberen Abschaltpunktes $x_O$ wird das Stellsignal ausgeschaltet und beim Erreichen des unteren Abschaltpunktes $x_U$ eingeschaltet.

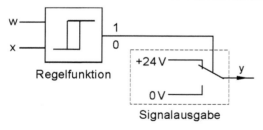

**Bild 22.11:**
Unstetiges Zweipunkt-Stellsignal

Regelgröße und Stellsignal eines Zweipunktreglers:

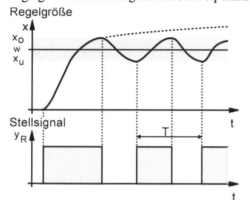

Der Regelvorgang funktioniert nur, wenn der Endwert der Regelgröße x im eingeschalteten Zustand größer als der obere Abschaltpunkt und der Endwert im ausgeschalteten Zustand kleiner als der untere Abschaltpunkt werden kann. Es muss also im eingeschalteten Zustand mit einem Leistungsüberschuss gearbeitet werden, der in der Regel etwa 100 % beträgt. Bedingt durch Trägheiten der Regelstrecke kann es zu einem Überschreiten bzw. Unterschreiten der Regelgrößen-Schaltpunkte kommen (im Bild nicht eingezeichnet).

**Dreipunkt-Stellsignal**

Bei einem Dreipunkt-Stellsignal muss das Stellglied über zwei Schaltkontakte verfügen, mit denen die drei Schaltzuständen EIN1 – AUS – EIN2 realisiert werden können. Die beiden vom Dreipunktregler ausgegebenen unstetigen Stellsignale sind durch die von der Regelfunktion vorgegebenen Schaltpunkte bestimmt.

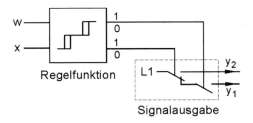

**Bild 22.12:**
Unstetiges Dreipunkt-Stellsignal

Regelgröße und Stellsignal eines Dreipunktreglers:

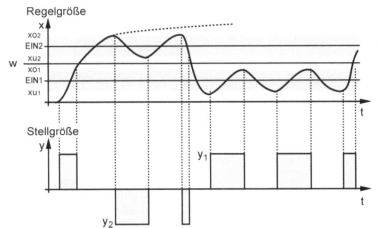

Zum Beispiel Temperaturregelung eines Lagerraums. Dann ist:

x = Temperatur,

$y_1$ = 100 % heizen,

$y_2$ = 100 % kühlen.

(w und x können im positiven oder negativen Temperaturbereich liegen)

Dreipunkt-Stellsignale sind besonders zur Ansteuerung motorischer Stellglieder geeignet, und zwar für die Schaltstellungen Rechtslauf, Aus, Linkslauf des Stellmotors. Weitere Einsatzgebiete sind Wärme-, Kälte-, Klimakammern sowie Werkzeugbeheizungen für kunststoffverarbeitende Maschinen.

## 22.3.3.2 Kontinuierliche (stetige) Stellsignale

Ein kontinuierliches Stellsignal ist dadurch gekennzeichnet, dass die Stellgröße y jeden Wert innerhalb des Stellbereichs annehmen kann. Damit können Stellglieder mit analogem Eingang angesteuert werden, die dann proportional zur Stellgröße Klappenöffnungen, Drehwinkel oder Schieberpositionen einstellen. Die Stellgröße wird dabei als normiertes Stromsignal 0 ... 20 mA oder 4 ... 20 mA oder auch als normiertes Spannungssignal 0 ... 10 V von SPS-Analogausgabe-Baugruppen ausgegeben. Regler mit kontinuierlichem Stellgrößensignal werden als K-Regler bezeichnet. Das kontinuierliche Stellsignal wird überall dort verwendet, wo das Stellglied ein ununterbrochenes Stellsignal erfordert. Das Hauptanwendungsgebiet ist die Ansteuerung von pneumatischen oder hydraulischen Stellgliedern über zwischen geschaltete Signalumformer.

Beispiel einer kontinuierlichen Signalausgabe ist die nach einem PID-Algorithmus gebildete Stellgröße y, die an ein pneumatisches Stellglied gelegt wird. Bei x = w muss die Stellgröße y den richtigen Wert ununterbrochen aufweisen.

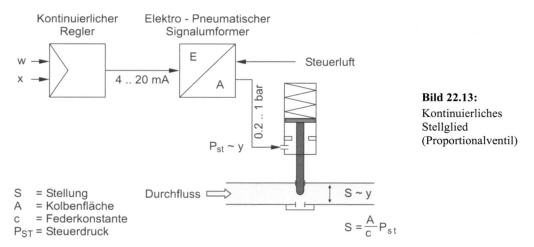

**Bild 22.13:**
Kontinuierliches Stellglied (Proportionalventil)

S   = Stellung
A   = Kolbenfläche
c   = Federkonstante
$P_{ST}$ = Steuerdruck

$$S = \frac{A}{c} P_{st}$$

Der mögliche zeitliche Verlauf der Regelgröße x und der Stellgröße y bei einer PID-Regelfunktion mit kontinuierlichem Stellsignal für die Stellgröße y ist in den beiden folgenden Zeitdiagramme für eine sprungartige Verstellung des Sollwertes w dargestellt.

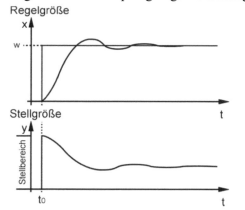

Der Verlauf der Regelgröße zeigt, dass nach einem kurzen Einschwingvorgang die Regelgröße keine Abweichung mehr zum Sollwert w zeigt.

Die Stellgröße y nimmt zunächst den größten Wert innerhalb des Stellbereichs an und pendelt sich dann auf den Wert ein, bei dem die Regelgröße x den Sollwert w erreicht.

### 22.3.3.3 Quasi-kontinuierliche Schritt-Stellsignale

Das Schritt-Stellsignal besteht aus zwei binären Ansteuersignalen $y_1$ und $y_2$, die auf Stellglieder wirken, welche die drei Schaltzustände RECHTS, AUS, LINKS annehmen können. Während der Impulsdauer der Ansteuersignale läuft der Motor mit Nenndrehzahl und verstellt über das Getriebe und die Gewindespindel den Schieber. In den Impulspausen bleibt der Motor stehen. Der motorische Stellantrieb integriert die Stellimpulse und bildet so die Stellgröße y. Der Stellmotor erhält sowohl in der einen Richtung ($y_1$ = RECHTS bei e > 0) wie auch in der anderen Richtung ($y_2$ = LINKS bei e < 0) nur solange Stellsignale, bis der Istwert x nicht mehr vom Sollwert w abweicht. Bei x = w hat der Schieber die richtige Position erreicht und der Motor steht still. Das Getriebe dient der Drehzahlübersetzung und Drehmomentwandlung.

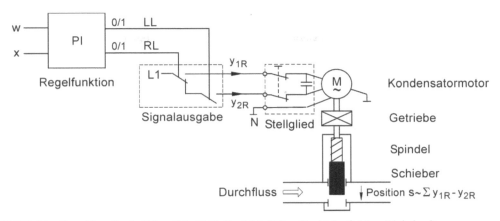

**Bild 22.14:**  Quasi-kontinuierlicher Schritt-Stellantrieb (RL = Rechtslauf, LL = Linkslauf)

Dreipunkt-Schrittregler mit verzögerter Rückführung weisen in Verbindung mit einem motorischen Stellantrieb ein *quasistetiges Stellverhalten* auf, da jeder Wert des Stellbereichs erreichbar ist. Die nachfolgenden Zeitfunktionen zeigen die Schritt-Stellsignale in Abhängigkeit von der Regeldifferenz e und dem zurückgelegten Stellweg.

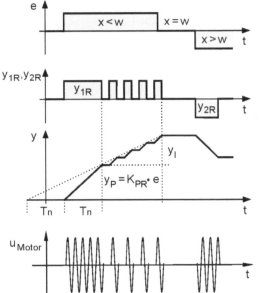

Impulsverhalten des PI-Schrittreglers:

$e$ = Regeldifferenz $e = w - x$

$y_{1R}, y_{2R}$ = Ansteuersignale für Stellmotor

$y$ = Stellsignal zur Positionierung

Auf eine sprungförmige Änderung der Regeldifferenz e reagiert der PI-Schrittregler sofort durch einen langen „Schritt". Das Stellsignal $y_{1R}$ gibt dazu einen langen Impuls aus. Dieser Impuls wird durch den P-Anteil der Regelfunktion verursacht. Die darauffolgenden kürzeren Impulse werden durch den I-Anteil der Regelfunktion gebildet.

Der Stellmotor wird impulsweise mit Nennspannung angesteuert. Als Stellglied eignet sich ein Triac, auf dessen Gate die Ansteuerimpulse $y_{1R}$, $y_{2R}$ geführt werden.

**Bild 22.15:**  Quasi-kontinuierliches Schrittsignal

### 22.3.3.4 Quasi-kontinuierliche Impuls-Stellsignale (pulsweitenmoduliert)

Ein pulsweitenmoduliertes-Stellsignal entsteht durch Umwandlung der kontinuierlichen Ausgangsgröße einer PID-Regelfunktion in ein Signal bestimmter Impulslänge bei konstanter Periodendauer. Bei größer werdender Impulszeit verringert sich die Pausenzeit entsprechend. Die Reglerausgangsgröße $y_R$ bestimmt das Impuls-Pausen-Verhältnis des Stellsignals.

Die nachfolgenden Zeitfunktionen zeigen das Impuls-Stellsignal, das bei einer sprunghaften Änderung der Regeldifferenz e bei einer PID-Regelfunktion entsteht.

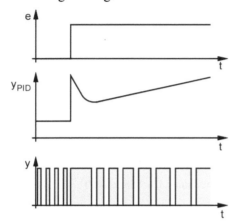

**Bild 22.16:**
Quasi-kontinuierliches Impuls-Stellsignal

$y_{PID}$ = Ausgangsgröße Sprungantwort der PID-Regelfunktion

y = Impuls-Stellsignal
Aus dem Zeitverhalten des Stellsignals y ist zu erkennen, dass die Impulsbreite abhängig von der Ausgangsgröße $y_{PID}$ der Regelfunktion ist.

Impuls-Stellsignale werden zur Realisierung von PID-Reglern mit Impulsausgang zur Ansteuerung proportionaler Stellglieder benötigt. Zur Signalausgabe stehen zwei Binärausgänge mit den Bezeichnungen Imp_pos und Imp_neg zur Verfügung.

- Zweipunktstellglied mit
a) bipolarem Stellbereich (−100 % ... +100 %)
b) unipolarem Stellbereich (0 ... +100 %)

- Dreipunktstellglied

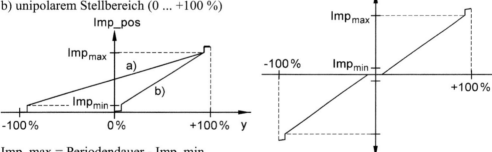

Imp_max = Periodendauer - Imp_min
Imp_min = Mindestimpulsdauer

Die voranstehenden Kennlinien zeigen, dass die Ansteuerung proportionaler Stellglieder mit Impuls-Stellsignalen zu einem quasikontinuierlichen Stellverhalten führt.

Ein zum Impuls-Stellsignal passendes Stellglied ist z. B. ein Transistorsteller (IGBT), der einen Gleichstrommotor mit parallel geschalteter Freilaufdiode ansteuert und über die Impulsbreite dessen Drehzahl n beeinflusst.

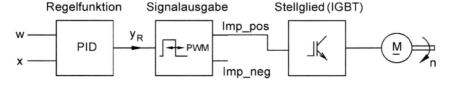

**Bild 22.17:** Quasi-kontinuierlicher Impuls-Stellantrieb (für nur eine Drehrichtung des Motors)

## 22.4 Stellglieder

Das Stellglied bestimmt die Art des Stellsignals, das im Regler gebildet wird. In sehr vielen Fällen werden Ventile oder Klappen zur Verstellung von Stoff- oder Energieströmen eingesetzt. Je nach Antrieb dieser Drosselorgane sind unterschiedliche Stellsignale erforderlich.

- **Schaltende Stellglieder:**
  Schaltenden Stellgliedern können mit unstetigen oder Impuls-Stellsignalen angesteuert werden. Schaltende Stellglieder sind Schütze, Magnetventile, Thyristoren oder Leistungstransistoren. Ein schaltendes Stellglied kann nur die Zustände EIN oder AUS annehmen.

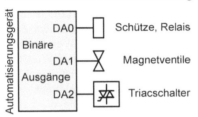

- **Proportionale Stellglieder:**
  Proportional zum Wert der Stellgröße y werden Drehwinkel oder Positionen eingenommen, d. h. innerhalb des Stellbereiches wirkt die Stellgröße in analoger Weise auf den Prozess ein. Zu dieser Gruppe von Stellgliedern gehören federbelastete pneumatische Antriebe aber auch motorische Antriebe mit Stellungsrückmeldung.

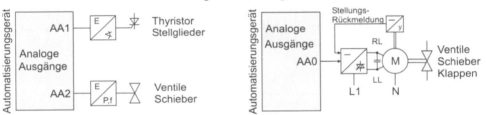

- **Integrierende Stellglieder:**
  Motorische Stellantriebe haben eine integrierende Wirkung. Ein großer Vorteil elektrischer Stellantriebe gegenüber pneumatischen Stellantrieben liegt darin, dass im Beharrungszustand keine Stellgröße $y_R$ mehr erforderlich ist. Der Motor bleibt stehen und hat durch das Getriebe eine ausreichende Hemmung.

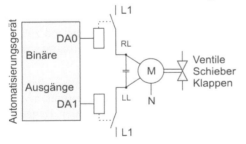

**Reglerart und Stelleinrichtung bzw. Stellglied müssen zusammen passen.**

## 22.5  Grundlagen der digitalen Regelung

### 22.5.1  Wirkungsplan digitaler Regelkreise

Bei der Realisierung eines Reglers mit einem Automatisierungssystem wird die Regelfunktion durch einen Algorithmus dargestellt, der zyklisch aufgerufen wird, um aus dem aktuellen Wert der Regeldifferenz e den neuen Wert der Stellgröße y zu bilden. Die Verarbeitung der gemessenen Signale und die Bestimmung der Stellgröße erfolgt zeitlich getaktet und nicht kontinuierlich. Man spricht von zeitdiskreten Regelungssystemen bzw. digitalen Reglern.

Im Unterschied zu einem kontinuierlichen Regler (Analogregler) wird bei einem digitalen Regler der Istwert x abgetastet und durch einen Analog-Digital-Umsetzer (A/D-Umsetzer) in ein digitales Signal überführt. Wird der Führungswert w nicht wie üblich mit einem Zahleneinsteller, sondern als analoge Spannung vorgegeben, dann muss auch dieser Wert über einen A/D-Umsetzer eingelesen werden. Der von der Regelfunktion berechnete digitale Wert für die Stellgröße $y_R(kT_A)$ wird, falls ein kontinuierliches Stellsignal erforderlich ist, durch einen Digital-Analog-Wandler in ein analoges Stellsignal überführt und an die Regelstrecke ausgegeben. Die Schreibweise $y_R(kT_A)$ für das Stellsignal bedeutet, dass der aktuelle Wert als eine diskrete Folge von Ausgangswerten im zeitlichen Abstand $T_A$ ausgegeben wird.

Alle zur digitalen Regelung erforderlichen Funktionen werden vom Automatisierungsgerät bereitgestellt. In Bild 22.18 bedeuten AE = Analogeingang und AA = Analogausgang der entsprechenden Analogbaugruppen, Zeichen # = digital, Zeichen ∩ = analog.

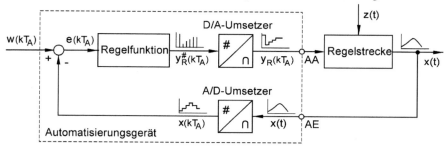

**Bild 22.18:**  Digitaler Regelkreis

### 22.5.2  Abtastung, Abtastzeit

Ein wesentliches Merkmal eines digitalen Reglers ist die *Abtastung*, die dazu führt, dass der Regler nur zu bestimmten Zeitpunkten auf die Veränderungen der Regelgröße reagieren kann und das Stellsignal ebenfalls nur zu bestimmten Zeiten verändert wird. Der Abstand zwischen den Zeitpunkten wird mit *Abtastzeit* $T_A$ bezeichnet. Während eines Abtastzeitraumes werden Eingangs- und Ausgangswerte des digitalen Reglers konstant gehalten.

Die Abtastzeit $T_A$ bestimmt die Stichprobenhäufigkeit und ist somit ein wichtiger Parameter eines digitalen Reglers. Sie stellt die Zeitspanne dar, die zwischen zwei Bearbeitungen des Regelungsprogramms liegt. Der Unterschied von kontinuierlichen und digitalen Regelsystemen besteht darin, dass aufgrund der Abtastzeit weniger Informationen von der Regelstrecke zum Regler und umgekehrt übertragen werden. Bei der Wahl der Abtastzeit sind mehrere Faktoren zu berücksichtigen.

- Die Abtastzeitpunkte müssen einen äquidistanten (gleichen) Zeitabstand haben, d. h., die Abtastzeit $T_A$ muss konstant sein. Die Abtastung sorgt dafür, dass die Regeldifferenz $e(kT_A)$ stets zu gleichen diskreten Zeitpunkten vorliegt, was den Regelalgorithmus vereinfacht. Die Abtastzeit beeinflusst auch die Regelparameter des digitalen Reglers.

- Aus regelungstechnischer Sicht sollte die Abtastzeit so klein wie möglich sein, damit das zeitdiskrete System dieselben Eigenschaften hat wie das kontinuierliche. Als kleinster Wert der Abtastzeit bei Automatisierungsgeräten ist die Zykluszeit denkbar. Diese kann aber nur dann verwendet werden, wenn eine konstante Zykluszeit gewährleistet ist.

- Abtastzeiten, die kleiner als die Wandlungszeiten der Analog-Digital-Umsetzer sind, machen keinen Sinn. Bei langsam aber störsicher arbeitenden Umsetzern wird erst nach der Verschlüsselungszeit z. B. von 60 ms ein Analogwert aktualisiert. Ist die Abtastzeit kleiner als die Verschlüsselungszeit, würde mit unverändert gebliebenen aufeinanderfolgenden Signalwerten gerechnet.

- Wesentlich für die Wahl der Abtastzeit ist die Ersatzzeitkonstante $T_E$ der Regelstrecke, die sich aus der Sprungantwort durch Addition der Einzelzeitkonstanten $T_t$ (Totzeit), $T_u$ (Verzugszeit) und $T_g$ (Ausgleichszeit) ergibt. Um ein zu Analogreglern vergleichbares Regelergebnis zu erzielen, hat die Erfahrung gezeigt, dass die Abtastzeit kleiner als 1/10 der Ersatzzeitkonstanten $T_E$ der Regelstrecke sein muss.

Das Prinzip der Abtastung eines Istwertes x sowie die Ausgabe der Stellgröße y verdeutlichen die nachfolgend abgebildeten Zeitfunktionen.

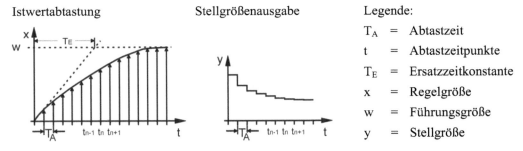

Zusammenfassend ist festzustellen, dass die Abtastzeit $T_A$ bestimmte Mindestzeitwerte wie Programmlaufzeit und Verschlüsselungszeiten nicht unterschreiten und 1/10 der Ersatzzeitkonstanten $T_E$ der Strecke nicht überschreiten sollte.

Faustformel:

$$\text{Programmlaufzeit, Verschlüsselungszeit} < T_A < 1/10 \cdot \text{Ersatzzeitkonstante } T_E$$

### 22.5.3 Auflösung

Unter *Auflösung* versteht man die Anzahl der unterscheidbaren Amplitudenstufen bei den Signalen, sie wird durch die Anzahl der Bits angegeben, die zur digitalen Darstellung von Zahlen verwendet werden. Bei einer A/D-Umsetzung mit 12 Bit + 1 VZ-Bit ergibt sich für den Messbereich von 0 ... 10 V die kleinste noch unterscheidbare Eingangsspannungsänderung aus

$$1\,\text{LSB} = \frac{FS}{2^n} = \frac{10\,\text{V}}{2^{12}} = 2{,}44\,\text{mV}. \quad (FS = \text{Full Scale})$$

Die Auflösung des Analogeingangs, dem die Regelgröße x zugeführt wird, muss in der Regel größer sein als die des Analogausgangs, mit dem das Stellglied angesteuert wird.

Weiterführende Einzelheiten zum Thema Auflösung und A/D-(D/A)-Umsetzer sind im Kapitel Analogwertverarbeitung verfügbar.

### 22.5.4 Digitaler PID-Algorithmus

Auch bei digitalen Reglern haben die in Abschnitt 22.3.2 beschriebenen Regelfunktionen eine weite Verbreitung gefunden. Es hat sich gezeigt, dass die Regelfunktionen auch bei digitalen Reglern zu entsprechend guten Regelergebnissen führen. Wird die Abtastzeit $T_A$ richtig gewählt, so unterscheidet sich die Wirkung des digitalen Reglers nicht wesentlich vom Analogregler.

Die Regelfunktionen ohne I- und D-Anteil können unverändert übernommen und mit entsprechenden Anweisungen in ein Regelungsprogramm übersetzt werden. Bei Regelfunktionen mit I- und D-Anteil muss das Integral durch eine Summe und der Differenzialquotient durch einen Differenzenquotienten ersetzt werden. Für die Zeitspanne dt wird die Abtastzeit $T_A$ eingesetzt. Damit ergibt sich eine Formel, mit der die Stellgröße y in jedem Abtastzeitpunkt k berechnet werden kann.

Stellgröße y(k) zum Abtastzeitpunkt k:

$$y(k) = K_{PR} \cdot \left( e(k) + \frac{1}{T_n} \sum_{i=1}^{k} e(i) \cdot T_A + T_v \frac{e(k) - e(k-1)}{T_A} \right)$$

Da die Formel die Stellgröße y(k) zu einem bestimmten Zeitpunkt k berechnet, wird dieser Algorithmus als *Stellungsalgorithmus* bezeichnet. Mit einem rekursiven Algorithmus kann die Summenbildung so ausgeführt werden, dass eine Speicherung aller Regeldifferenzen e nicht erforderlich ist. Mit $\sum_{i=1}^{k} e(i) = e_{SUM(k)} = e_{SUM(k-1)} + e_k$ ergibt sich:

$$y(k) = K_{PR} \cdot \left( e(k) + \frac{T_A}{T_n} e_{SUM(k)} + T_v \frac{e(k) - e(k-1)}{T_A} \right)$$

Wird für die Bildung eines Schritt-Stellsignals die Berechnung der Stellungsgrößenänderung $\Delta y$ erforderlich, kann die Änderung der Stellgröße $\Delta y$ aus der Differenz von y(k) – y(k–1) berechnet werden.

Stellgröße y(k–1) zum Abtastzeitpunkt k–1:

$$y(k-1) = K_{PR} \cdot \left( e(k-1) + \frac{T_A}{T_n} e_{SUM(k-1)} + T_v \frac{e(k-1) - e(k-2)}{T_A} \right)$$

Stellgrößenänderung $\Delta y$:

$$\Delta y = K_{PR} \cdot \left( e(k) - e(k-1) + \frac{T_A}{T_n} \cdot e(k) + \frac{T_v}{T_A} \left( e(k) - 2e(k-1) + e(k-2) \right) \right)$$

Die gefundene Formel wird auch als *Geschwindigkeits-Algorithmus* bezeichnet, da die Stellgrößenänderung $\Delta y$ pro Abtastzeit $T_A$ berechnet wird. Die Stellgrößenänderung $\Delta y$ kann bei der Bildung des Schritt-Stellsignals für einen Schrittregler direkt für die Bestimmung der jeweiligen Schrittweite herangezogen werden.

## 22.6 Regler-Programmierung

In diesem Abschnitt wird der Entwurf von Regelungs-Programmierbausteinen für unterschiedliche Reglerarten dargestellt. STEP 7 bietet in der Standard-Bibliothek zwar umfangreiche Regler-Funktionsbausteine an, auf die aber aus didaktischen Gründen nicht zurückgegriffen wird. Vielmehr soll gezeigt werden, dass man Reglerprogramme auch selber schreiben kann, um sie dann in Anwendungsbeispielen als verfügbare Bibliotheksbausteine zur Erprobung einzusetzen. Es wird dann auch möglich sein, die komplexeren industriellen Regler-Funktionen als „Black-box"-Bausteine mit Verständnis in eigene Programme zu integrieren.

### 22.6.1 Prinzipieller Aufbau eines Regelungsprogramms

Mit Speicherprogrammierbaren Steuerungen können auch Regelungen relativ einfach realisiert werden, wenn man weiß, wie ein Regelungsprogramm prinzipiell aufgebaut ist. Bild 22.19 zeigt eine Struktur, die auf alle Regelungsprogramme angewendet werden kann und die aus den Elementen Einlesen des Istwertes der Regelgröße, Sollwert-Istwert-Vergleich, Regelalgorithmus mit Berücksichtigung von Einstellparametern und Stellsignalausgabe besteht.

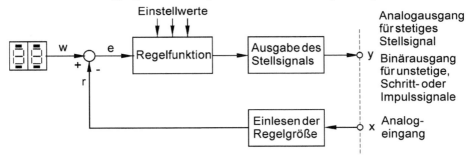

**Bild 22.19:**
Prinzipieller Aufbau eines Regelungsprogramms mit Bausteinen aus der eigenen Bausteinbibliothek

Anzustreben ist, Regelungsprogramme einfach durch Verschalten fertiger Bausteine aus der eigenen Bausteinbibliothek zu konfigurieren. Für das Einlesen und Ausgeben von Analogwerten stehen bereits Bausteine der Analogwertverarbeitung zur Verfügung. Für die Stellsignale der unstetigen Regler, Schrittregler und Impulsregler genügen Binärausgänge der SPS. Die noch fehlenden Bausteine mit den wichtigsten Regelfunktionen werden in den nachfolgenden Abschnitten entworfen und in anschließenden Beispielen getestet.

### 22.6.2 Reglereinstellungen

Für die Gruppe der kontinuierlichen und quasi-kontinuierlichen Regler benötigt man zur Versuchsdurchführung Einstellwerte für $K_{PR}$ (Proportionalbeiwert), $T_n$ (Nachstellzeit) und $T_v$ (Vorhaltzeit). Einen Anhaltspunkt geben die Einstellregeln nach Ziegler und Nichols für Regelstrecken mit Ausgleich, Verzögerung 1. Ordnung und Totzeit, die auf die in Bild 22.20 (Seite 689) gezeigte Füllstandsstrecke anwendbar sind.

| Reglertyp | $K_{PR}$ | $T_n$ | $T_v$ |
|-----------|----------|-------|-------|
| P- | $0,5\ K_{PRkr}$ | - | - |
| PI- | $0,4\ K_{PRkr}$ | $0,83\ T_{kr}$ | - |
| PID- | $0,6\ K_{PRkr}$ | $0,5\ T_{kr}$ | $0,12\ T_{kr}$ |

Diese Reglereinstellungen sind Näherungswerte und durch Ausprobieren noch zu verbessern.

Für den Fall unbekannter Streckenparameter betreibt man den Regler zuerst als P-Regler (nur mit $K_{PR}$) und steigert diesen Einstellwert solange, bis im Regelkreis Dauerschwingungen auftreten und bestimme Schwingungszeit $T_{kr}$ und Proportionalbeiwert $K_{PRkr}$. Es gelten dann nebenstehende Werte.

### 22.6.3 Zweipunkt-Reglerbausteine

Zweipunktregelungen gehören zu den unstetigen Regelungen, bei denen der Regler einen Schalter nachbildet, der abhängig vom Wert der Regeldifferenz e die Stellgröße „EIN" oder „AUS" schaltet. Die Grundlagen der Zweipunktregler wurden bereits in den Kapiteln 22.3.2.1 und 22.3.3.1 dargestellt. Es gibt Zweipunkt-Regelfunktionen ohne und mit Schalthysterese.

- **Regelungsbaustein FC 72: Zweipunktregler ohne Schalthysterese (ZWP)**

Aus der nebenstehenden Kennlinie des Reglers kann die Aufgabe der Zweipunkt-Regelfunktion abgelesen werden. Überschreitet die Regelgröße x den Sollwert w (e < 0), dann schaltet der Regler die Stellgröße y auf „0"-Signal. Unterschreitet hingegen die Regelgröße x den Sollwert w (e > 0), so schaltet der Regler die Stellgröße y auf „1"-Signal.

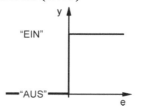

Das Funktionsschema der Zweipunktregelung ohne Schalthysterese zeigt die an der Bildung der Reglerfunktion beteiligten Größen.

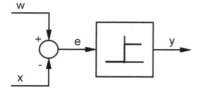

Legende:

w = Sollwert            x = Istwert (Regelgröße)
e = Regeldifferenz      y = Stellgröße

Da die Zweipunktregelfunktion keine Speichereigenschaften besitzt, kann der Reglerbaustein mit der Funktion FC 72 (ZWP) realisiert werden. Über den Funktionsparameter EIN kann die Regelfunktion ein- oder ausgeschaltet werden. Weitere Eingangsparameter der Funktion FC 72 sind die Führungsgröße w (SW) und die Regelgröße x (IW). Es wird angenommen, dass beide Werte als Gleitpunktzahlen im Bereich von 0.0 bis 100.0 vorliegen. Die Ausgangsgröße STG der Funktion FC 72 (ZWP) ist die binäre Stellgröße y. Im ausgeschalteten Zustand soll der Ausgang STG „0"-Signal erhalten.

<table>
<tr><td colspan="4" align="center">FC 72 (ZWP)<br>Zweipunktregler ohne Schaltdifferenz</td><td colspan="3"></td></tr>
<tr><td colspan="3">Eingangsparameter</td><td></td><td colspan="3">Ausgangsparameter</td></tr>
<tr><td>Name</td><td>Typ</td><td>Bereich</td><td></td><td>Name</td><td>Typ</td><td>Bereich</td></tr>
<tr><td>EIN</td><td>BOOL</td><td></td><td></td><td></td><td></td><td></td></tr>
<tr><td>SW</td><td>REAL</td><td>0..100.0</td><td></td><td></td><td></td><td></td></tr>
<tr><td>IW</td><td>REAL</td><td>0..100.0</td><td></td><td>STG</td><td>BOOL</td><td></td></tr>
</table>

Legende:

EIN = Einschalten der Funktion

SW = Sollwert

IW = Istwert

STG = Stellgröße

**Programmdarstellung der Funktion FC 72 (ZWP) im Struktogramm**

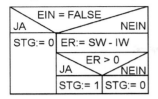

Die Differenz SW – IW (Regeldifferenz e) wird der lokalen Variablen ER (Error) zugewiesen. Ist die Variable ER positiv, wird der Funktionsausgang STG auf „1"-Signal gesetzt. Ist die Variable ER negativ, wird dem Funktionsausgang STG „0"-Signal zugewiesen.

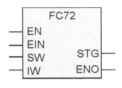

Das Programm der Funktion FC 72 kann sowohl in der Programmiersprache AWL wie auch in SCL sehr einfach in entsprechende Anweisungen umgesetzt werden.

| STEP 7 Programm (Quelle) | | CoDeSys Programm | |
|---|---|---|---|

```
FUNCTION FC72 : VOID                    FUNCTION FC72 :BOOL
VAR_INPUT        VAR_OUTPUT             VAR_INPUT         VAR
  EIN: BOOL ;      STG : BOOL ;           EIN:BOOL;         ER:REAL;
  SW : REAL ;    END_VAR                  SW:REAL;        END_VAR
  IW : REAL ;    VAR_TEMP                 IW:REAL;
END_VAR            ER : REAL ;          END_VAR
                 END_VAR
```

| **AWL-Quelle** | **SCL** | **AWL** | **ST** |
|---|---|---|---|

```
BEGIN            IF EIN = FALSE       LDN  EIN      IF EIN = FALSE
  UN #EIN;       THEN                 R    FC72     THEN
  R  #STG;         STG:=FALSE;        RETC            FC72:=FALSE;
  BEB;             RETURN;            LD   SW         RETURN;
  L  #SW;        END_IF;              SUB  IW       END_IF;
  L  #IW;          ER:= SW - IW;      ST   ER         ER:= SW - IW;
  -R ;            IF ER > 0 THEN                      IF ER >0 THEN
  T  #ER;           STG:=TRUE;        LD   ER           FC72:=TRUE;
  L  0.00e+00;    ELSE               GT   0.0        ELSE
  >R ;              STG:=FALSE;       ST   FC72         FC72:=FALSE;
  =  #STG;        END_IF;                            END_IF;
END_FUNCTION     END_FUNCTION
```

- **Regelungsbaustein FC 74: Zweipunktregler mit Schalthysterese (ZWPH)**

Aus der Kennlinie des Zweipunktreglers mit Schalthysterese geht hervor, dass sich die Schaltpunkte um die Hysterese H verschieben. Unterschreitet die Regeldifferenz e die negative halbe Hysterese H (e < -H/2), so schaltet der Regler die Stellgröße y auf „0"-Signal. Überschreitet hingegen die Regeldifferenz e den Wert der halben Hysterese H (e > H/2), dann schaltet der Regler die Stellgröße y auf „1"-Signal.

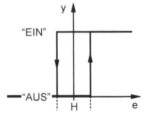

Das Funktionsschema der Zweipunktregelung mit Schalthysterese zeigt die an der Bildung der Reglerfunktion beteiligten Größen.

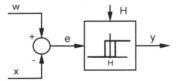

Legende:

w = Sollwert      x = Istwert (Regelgröße)
e = Regeldifferenz    y = Stellgröße
H = Schalthysterese

Der Reglerbaustein für die Zweipunktreglerfunktion mit Schalthysterese wird mit der Funktion FC 74 (ZWPH) realisiert. Über den Funktionsparameter EIN kann die Regelfunktion ein- oder ausgeschaltet werden. Weitere Eingangsparameter der Funktion FC 74 sind die Führungsgröße w (SW), die Regelgröße x (IW) und die Schalthysterese H (SH). Es wird angenommen, dass die Werte als Gleitpunktzahlen im Bereich von 0.0 bis 100.0 vorliegen. Ein vorgegebener Wert von 20.0 für die Schalthysterese SH soll so verrechnet werden, dass sich dabei eine Schalthysterese von 20 % der Führungsgröße w ergibt. Die Ausgangsgröße STG der Funktion FC 74 (ZWPH) ist die binäre Stellgröße y. Im ausgeschalteten Zustand soll der Ausgang STG „0"-Signal erhalten.

### Reglerbaustein FC 74 (ZWPH)

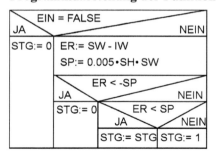

Legende:
EIN  =  Einschalten der
                 Funktion
SW  =  Sollwert
IW  =  Istwert
SH  =  Schalthysterese
STG  =  Stellgröße

### Programmdarstellung der Funktion FC 74 (ZWPH) im Struktogramm

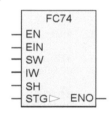

Nach Berechnung der Regeldifferenz (ER) und des Schaltpunktes (SP) wird der Stellgröße STG ein „0"-Signal zugewiesen, wenn ER < -SP ist. Ist ER > SP, wird der Stellgröße ein „1"-Signal zugewiesen. Dazwischen behält die Stellgröße ihren Wert (STG:=STG).

Das Programm der Funktion FC 74 kann sowohl in der Programmiersprache AWL wie auch in SCL sehr einfach in entsprechende Anweisungen umgesetzt werden. Damit der Ausgang STG seinen Wert behält, wenn sich die Regeldifferenz e im Bereich der Hysterese SH befindet, muss die Variable STG als IN_OUT_Variable deklariert werden.

### STEP 7 Programm (Quelle)

```
FUNCTION FC74 : VOID
VAR_INPUT                 VAR_TEMP
 EIN: BOOL ;               ER : REAL ;
 SW : REAL ;               SP : REAL ;
 IW : REAL ;              END_VAR
 SH : REAL ;
END_VAR

VAR_IN_OUT
 STG : BOOL ;
END_VAR
```

### CoDeSys Programm

```
FUNCTION FC74 :BOOL
VAR_INPUT                 VAR
 EIN:BOOL;                 ER:REAL;
 SW:REAL;                  SP:REAL;
 IW:REAL;                 END_VAR
 SH:REAL;
END_VAR

VAR_IN_OUT
 STG : BOOL;
END_VAR
```

| STEP7 AWL-Quelle | STEP 7 SCL | CoDeSys AWL | CoDeSys ST |
|---|---|---|---|
| `BEGIN` | `IF EIN = FALSE` | `LDN EIN` | `IF EIN = FALSE` |
| `UN #EIN;` | `THEN` | `R   STG` | `THEN` |
| `R  #STG;` | `  STG:=FALSE;` | `RETC` | `  STG:=FALSE;` |
| `BEB;` | `  RETURN;` | | `  RETURN;` |
| `L  #SW;` | `END_IF;` | `LD  SW` | `END_IF;` |
| `L  #IW;` | | `SUB IW` | |
| `-R ;` | `ER:= SW - IW;` | `ST  ER` | `ER:= SW - IW;` |
| `T  #ER;` | `SP:=0.005*SH*SW;` | `LD  0.005` | `SP:=0.005*SH*SW;` |
| `L  5.00e-03;` | | `MUL SH` | |
| `L  #SH;` | `IF ER < (-1)*SP` | `MUL SW` | `IF ER < -1*SP` |
| `*R;` | `THEN` | `ST  SP` | `THEN` |
| `L  #SW;` | `  STG:= FALSE;` | | `  STG:=FALSE;` |
| `*R ;` | `ELSIF ER > SP` | `LD  ER` | `ELSIF ER > SP` |
| `T  #SP;` | `THEN` | `LT( SP` | `THEN` |
| `L  #SP;` | `  STG:= TRUE;` | `MUL -1.0` | `  STG:=TRUE;` |
| `L  -1.00e+00;` | `ELSE` | `)` | `END_IF;` |
| `*R ;` | `  STG:=STG;` | `R   STG` | |
| `L  #ER;` | `END_IF;` | `RETC` | |
| `TAK ;` | | | |
| `<R ;` | `END_FUNCTION` | `LD  ER` | |
| `R  #STG;` | | `GT  SP` | |
| `BEB` | | `S   STG` | |
| `L  #ER;` | | | |
| `L  #SP;` | | | |
| `>R ;` | | | |
| `S  #STG;` | | | |
| `END FUNCTION` | | | |

### 22.6.4 Dreipunkt-Reglerbausteine

Besitzt das Stellglied einer Regelstrecke zwei binäre Eingänge z. B. für Heizen und Kühlen, wird eine Dreipunkt-Regelfunktion eingesetzt. In den Abschnitten 22.3.2 (Bildung der Regelfunktion) und 22.3.3 (Stellsignaltypen) wurden die Grundlagen des Dreipunktreglers bereits dargestellt. Die Dreipunkt-Regelfunktion kann wieder in eine Regelfunktion mit und ohne Schalthysterese unterteilt werden.

- **Regelungsbaustein FC 73: Dreipunktregler ohne Schalthysterese (DRP)**

Die nebenstehende Kennlinie gibt das Verhalten einer Dreipunktregelfunktion wieder. Die Differenz der beiden Schaltpunkte $S_{h1}$ und $S_{h2}$ wird mit Totzone $X_{TO}$ bezeichnet. Unterschreitet die Regeldifferenz e den Schaltpunkt Sh1, dann schaltet der Regler die Stellgröße $y_2$ auf „1"-Signal. Überschreitet dagegen die Regeldifferenz e den Schaltpunkt Sh2, dann schaltet der Regler die Stellgröße $y_1$ auf „1"-Signal. Liegt die Regeldifferenz im Bereich der Totzone, haben die beiden Stellgrößenausgänge $y_1$ und $y_2$ „0"-Signal.

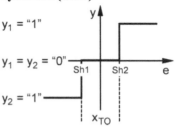

#### Funktionsschema der Dreipunktregelung ohne Schalthysterese

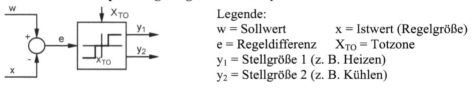

Legende:
w = Sollwert          x = Istwert (Regelgröße)
e = Regeldifferenz    $X_{TO}$ = Totzone
$y_1$ = Stellgröße 1 (z. B. Heizen)
$y_2$ = Stellgröße 2 (z. B. Kühlen)

Da die Dreipunkt-Regelfunktion keine Speichereigenschaften besitzt, kann der Reglerbaustein mit der Funktion FC 73 (DRP) realisiert werden. Über den Funktionsparameter EIN kann die Regelfunktion ein- oder ausgeschaltet werden. Weitere Eingangsparameter der Funktion FC 73 sind die Führungsgröße w (SW), die Regelgröße x (IW) und die Totzone $X_{TO}$ (XTO). Es wird angenommen, dass die Werte als Gleitpunktzahlen im Bereich von 0.0 bis 100.0 vorliegen. Einer Vorgabe von beispielsweise 2.0 für die Totzone $X_{TO}$ würde dabei einem Wert von 2 % des Regelgrößenbereichs entsprechen. Der Regelgrößenbereich ergibt sich aus der Differenz der maximalen und minimalen Regelgröße x.

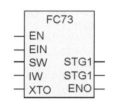

**Zahlenbeispiel zur Berechnung der Totzone:**

> Die Regelgröße Temperatur in einem Lagerraum wird in einem Bereich von –10 °C bis 40 °C erfasst und in das Normsignal 0 ... 10 V umgesetzt. Der interne Zahlenbereich für den Regelgrößenbereich beträgt 0 ... 100. Ein Vorgabewert von XTO = 2.0 für die Totzone würde dann bedeuten, dass die Temperatur in einem „toten" Bereich von (40 °C – (–10 °C)) · (XTO/100) = 50 °C · 0,02 = 1 °C um den Sollwert schwanken darf, ohne dass ein Eingriff des Reglers erfolgt.

Die Ausgangsgrößen STG1 und STG2 der Dreipunkt-Reglerfunktion FC 73 (DRP) sind die binären Stellgrößen y1 und y2. Im ausgeschalteten Zustand sollen beide Ausgänge STG1 und STG2 „0"-Signal erhalten.

**Reglerbaustein FC 73 (DPR)**

| FC 73  (DRP) Dreipunktregler ohne Schaltdifferenz | | | | | | |
|---|---|---|---|---|---|---|
| Eingangsparameter | | | | Ausgangsparameter | | |
| Name | Typ | Bereich | | Name | Typ | Bereich |
| EIN | BOOL | 0..100.0 | | | | |
| SW | REAL | 0..100.0 | | STG1 | BOOL | |
| IW | REAL | 0..100.0 | | STG2 | BOOL | |
| XTO | REAL | 0..100.0 | | | | |

Legende:
EIN = Einschalten der
       Funktion
SW = Sollwert w
IW = Istwert x
XTO = Totzone
STG1 = Stellgröße $y_1$
STG2 = Stellgröße $y_2$

**Programmdarstellung der Funktion FC 73 (DRP) im Struktogramm**

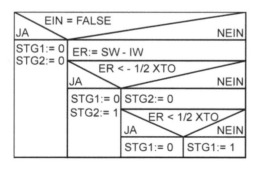

Die Regeldifferenz e wird berechnet und der temporären Variable ER zugewiesen. Ist die Regeldifferenz e kleiner als der negative Wert der halben Totzone XTO, wird dem Funktionsausgang STG2 „1"-Signalzustand und STG1 „0"-Signalzustand zugewiesen. Ist die Regeldifferenz e kleiner als der positive Wert der halben Totzone, wird den beiden Ausgängen STG1 und STG2 „0"-Signal zugewiesen. Im anderen Fall wird dem Ausgang STG2 „0"-Signal und dem Ausgang STG1 „1"-Signal zugewiesen.

Der angegebene Wert von XTO kann direkt zur Abfrage übernommen werden, da der Bereich von 0.0 ... 100.0 für den Sollwert gewählt wurde.

**Programm der Funktion FC 73 in den Programmiersprachen AWL und SCL:**

**STEP 7 Programm (Quelle)**          **CoDeSys Programm**

```
FUNCTION FC73 : VOID                   FUNCTION FC73 :BOOL
VAR_INPUT            VAR_OUTPUT         VAR_INPUT          VAR
  EIN: BOOL ;          STG1 : BOOL ;      EIN:BOOL;          ER:REAL;
  SW : REAL ;          STG2 : BOOL ;      SW:REAL;           END_VAR
  IW : REAL ;        END_VAR              IW:REAL;
  XTO: REAL ;        VAR_TEMP           END_VAR
END_VAR               ER : REAL ;
                    END VAR
```

**AWL-Quelle**       **SCL**              **AWL**              **ST**

```
BEGIN                 IF EIN = FALSE     LDN  EIN            IF EIN = FALSE
UN #EIN;              THEN               R    FC73.STG1      THEN
R  #STG1;              STG1:=FALSE;      R    FC73.STG2        FC73.STG1:=FALSE;
R  #STG2;              STG2:=FALSE;      RETC                 FC73.STG1:=FALSE;
BEB;                  RETURN;            LD   SW             RETURN;
L  #SW;              END_IF;             SUB  IW            END_IF;
L  #IW;                                  ST   ER
-R ;                 ER:= SW - IW;                          ER:= SW - IW;
T  #ER;              IF ER < -0.5*XTO    LD   ER            IF ER < -0.5*XTO
L-5.00e-01;          THEN               LT(  XTO            THEN
L  #XTO;              STG1:=FALSE;      MUL  -0.5            FC73.STG1:=FALSE;
*R ;                  STG2:=TRUE;       )                    FC73.STG2:=TRUE;
L  #ER;             ELSIF ER<0.5*XTO    R    FC73.STG1     ELSIF ER<0.5*XTO
TAK;                 THEN               S    FC73.STG2      THEN
<R ;                  STG1:=FALSE;      RETC                 FC73.STG1:=FALSE;
S  #STG2;             STG2:=FALSE;                           FC73.STG2:=FALSE;
R  #STG1;            ELSE               LD   TRUE           ELSE
BEB;                  STG1:=TRUE;       R    FC73.STG2       FC73.STG1:=TRUE;
SET ;                 STG2:=FALSE;                           FC73.STG2:=FALSE;
R  #STG2;           END_IF;             LD   ER            END_IF;
L  5.00e-01;                           LT(  XTO
L  #XTO;            END_FUNCTION        MUL  0.5
*R ;                                    )
L  #ER;                                 R    FC73.STG1
TAK;                                    RETC
<R ;
R  #STG1;                               LD   TRUE
BEB;                                    S    FC73.STG1
SET ;
S  #STG1;
END FUNCTION
```

- **Regelungsbaustein FC 75: Dreipunktregler mit Schalthysterese (DRPH)**

Aus der Kennlinie des Dreipunktreglers mit Schalthysterese geht hervor, dass durch das Auftreten einer Schalthysterese H vier Schaltpunkte SP1 bis SP4 entstehen, die

sich aus der Beziehung $\pm\left(\dfrac{1}{2}\cdot X_{TO}\pm\dfrac{1}{2}\cdot H\right)$ errechnen.

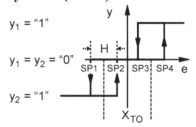

Überschreitet die Regeldifferenz e den Schaltpunkt SP4 erhält die Stellgröße $y_1$ ein 1-Signal. Unterschreitet dagegen die Regeldifferenz e den Schaltpunkt SP3, wird die Stellgröße $y_1$ auf 0-Signal geschaltet. Für die Stellgröße $y_2$ gilt Entsprechendes.

Im weiteren Verlauf wird davon ausgegangen, dass die Schalthysterese H an beiden Seiten der Totzone $X_{TO}$ gleich groß ist.

Der Kennlinie des Dreipunktreglers mit Schalthysterese ist zu entnehmen, dass die Hysterese H kleiner als die Totzone $X_{TO}$ sein muss, damit sich die Schaltpunkte SP2 und SP3 nicht überlappen. Gibt man die Schalthysterese H als Prozentwert der Totzone $X_{TO}$ in einem Bereich von 0.0 bis 100.0 an, so ist dies gewährleistet.

Das Funktionsschema der Dreipunktregelung mit Schalthysterese zeigt die an der Bildung der Reglerfunktion beteiligten Größen.

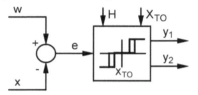

Legende:  w  = Sollwert
          x  = Istwert (Regelgröße)
          e  = Regeldifferenz
          $X_{TO}$ = Totzone
          H  = Schalthysterese
          $y_1$ = Stellgröße 1
          $y_2$ = Stellgröße 2

Der Reglerbaustein für die Dreipunktreglerfunktion mit Schalthysterese wird mit der Funktion FC 75 (DRPH) realisiert. Über den Funktionsparameter EIN kann die Regelfunktion ein- oder ausgeschaltet werden. Weitere Eingangsparameter der Funktion FC 75 sind die Führungsgröße w (SW), die Regelgröße x (IW), die Totzone $X_{TO}$ (XTO) und die Schalthysterese H (SH). Es wird angenommen, dass die Werte als Gleitpunktzahlen im Bereich von 0.0 bis 100.0 vorliegen. Wie bei der Dreipunkt-Reglerfunktion ohne Schalthysterese würde der vorgegebene Wert von beispielsweise 2.0 für die Totzone $X_{TO}$ 2 % des gesamten Regelbereichs x entsprechen. Die Schalthysterese wird als Prozentwert der Totzone $X_{TO}$ angegeben. Der Wert von 50.0 bedeutet dabei eine Schalthysterese von 50 % der Totzone $X_{TO}$.

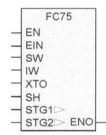

### Zahlenbeispiel zur Berechnung der Schalthysterese:

Die Regelgröße Temperatur in einem Lagerraum wird in einem Bereich von –10 °C bis 40 °C erfasst und in das Normsignal 0..10 V umgesetzt. Für die Totzone wird der Wert $X_{TO}$ = 2 % und für die Schalthysterese der Wert H = 50 % bei einem vorgegebenen Sollwert von w = 10 °C eingestellt. Diese

absolute Sollwertvorgabe entspricht in Prozent: $SW = \dfrac{100\%}{50\,°C} \cdot (w + 10\,°C) = 40\%$. Es sind für die vier

Schaltpunkte die Temperatur, die zugehörige Spannung und die Regeldifferenz e in % zu bestimmen.

**Lösung:**

Totzone in K:          $X_{TO}$ = (40 °C – (–10 °C)) (2/100) = 1 K

Schalthysterese in K:  H = (50/100) $X_{TO}$ = 0,5 K

Regeldifferenz in %:   e = ± 0,5 $X_{TO}$ (1±H/100)      Hinweis: $X_{TO}$ und H in %

Damit ergeben sich die Werte für die vier Schaltpunkte wie folgt:

| | Temperatur | Spannung | Regeldifferenz |
|---|---|---|---|
| SP1 | 10,75 °C | 4,15 V | - 1,5 % |
| SP2 | 10,25 °C | 4,05 V | - 0,5 % |
| SP3 | 9,75 °C | 3,95 V | 0,5 % |
| SP4 | 9,25 °C | 3,85 V | 1,5 % |

Temperatur in °C: 10,75 10,25 9,75 9,25
Spannung in V:    4,15  4,05 3,95 3,85
Regeldifferenz in %:  -1,5  -0,5 0,5  1,5

Die Ausgangsgrößen STG1 und STG2 der Dreipunkt-Reglerfunktion FC 75 (DRPH) sind die binären Stellgrößen $y_1$ und $y_2$. Im ausgeschalteten Zustand sollen beide Ausgänge STG1 und STG2 „0"-Signal erhalten.

### Reglerbaustein FC 75 (DRPH)

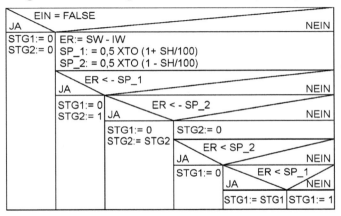

| FC 75 (DRPH) Dreipunktregler mit Schaltdifferenz | | | | | | |
|---|---|---|---|---|---|---|
| Eingangsparameter | | | | Ausgangsparameter | | |
| Name | Typ | Bereich | | Name | Typ | Bereich |
| EIN | BOOL | | | | | |
| SW | REAL | 0..100.0 | | STG1 | BOOL | |
| IW | REAL | 0..100.0 | | STG2 | BOOL | |
| XTO | REAL | 0..100.0 | | | | |
| SH | REAL | 0..100.0 | | | | |

Legende:
EIN = Einschalten der Funktion
SW = Sollwert
IW = Istwert
XTO = Totzone
SH = Schalthysterese
STG1= Stellgröße $y_1$
STG2= Stellgröße $y_2$

### Programmdarstellung der Funktion FC 75 (DRPH) im Struktogramm

| EIN = FALSE | |
|---|---|
| JA | NEIN |
| STG1:= 0 STG2:= 0 | ER:= SW - IW / SP_1 : = 0,5 XTO (1+ SH/100) / SP_2: = 0,5 XTO (1 - SH/100) |

ER < - SP_1
JA / NEIN
STG1:= 0 STG2:= 1

ER < - SP_2
JA / NEIN
STG1:= 0 STG2:= STG2 / STG2:= 0

ER < SP_2
JA / NEIN
STG1:= 0

ER < SP_1
JA / NEIN
STG1:= STG1 / STG1:= 1

Die Regeldifferenz e wird berechnet und der temporären Variable ER zugewiesen. Da jeweils zwei der vier Schaltpunkte SP1 bis SP4 symmetrisch zum Nullpunkt liegen, wird nur der Betrag der beiden Schaltpunkte berechnet und den lokalen Variablen SP_1 und SP_2 zugewiesen. Mit den Abfragen der Regeldifferenz ER wird dann der Bereich von links nach rechts durchlaufen.

Das Programm der Funktion FC 75 kann sowohl in der Programmiersprache AWL wie auch in SCL sehr einfach in entsprechende Anweisungen umgesetzt werden. Damit STG1 bzw. STG2 den jeweiligen Wert behält, wenn sich die Regeldifferenz e in einem Bereich der Hysterese H befindet, müssen die Variablen STG1 und STG2 als IN_OUT_Variable deklariert werden.

### STEP 7 Programm (Quelle)

```
FUNCTION FC75 : VOID
VAR_INPUT           VAR_TEMP
  EIN: BOOL ;         ER : REAL ;
  SW : REAL ;         SP_1: REAL ;
  IW : REAL ;         SP_2: REAL ;
  XTO : REAL ;      END_VAR
  SH : REAL ;
END_VAR


VAR_IN_OUT
  STG1 : BOOL ;
  STG2 : BOOL ;
END_VAR
```

### CoDeSys Programm

```
FUNCTION FC75 :BOOL
VAR_INPUT           VAR
  EIN:BOOL;           ER:REAL;
  SW:REAL;            SP_1: REAL ;
  IW:REAL;            SP_2: REAL ;
  SH:REAL;          END_VAR
END_VAR


VAR_IN_OUT
  STG1 : BOOL ;
  STG2 : BOOL ;
END_VAR
```

| STEP7 AWL | STEP 7 SCL | CoDeSys AWL | CoDeSys ST |
|---|---|---|---|

```
STEP7 AWL          STEP 7 SCL                CoDeSys AWL    CoDeSys ST
BEGIN              IF EIN = FALSE THEN       LDN EIN        IF EIN = FALSE THEN
UN #EIN;             STG1:=FALSE;            R   STG1         STG1:=FALSE;
R  #STG1;            STG2:=FALSE;            R   STG2         STG1:=FALSE;
R  #STG2;            RETURN;                 RETC            RETURN;
BEB;               END_IF;                                  END_IF;
L  #SW;                                      LD  SW
L  #IW;            ER:= SW - IW;             SUB IW         ER:= SW - IW;
-R ;                                         ST  ER
T  #ER;           SP_1:=                     LD  SH         SP_1:=
L  #SH;           0.5*XTO*(1+SH/100);        DIV 100.0      0.5*XTO*(1+SH/100);
L  1.00e+02;                                 ADD 1.0
/R ;              SP_2:=                      MUL XTO
L  1.00e+00;      0.5*XTO*(1-SH/100);        MUL 0.5        SP_2:=
+R ;                                         ST  SP_1       0.5*XTO*(1-SH/100);
L  #XTO;          IF ER < -1.0*SP_1
*R ;              THEN                       LD  1.0        IF ER < -SP_1 THEN
L  5.00e-01;        STG1:=FALSE;             SUB( SH          STG1:=FALSE;
*R ;                STG2:=TRUE;              DIV 100.0        STG2:=TRUE;
T  #SP_1;                                    )
L  #SH;           ELSIF ER <-1.0*SP_2        MUL XTO        ELSIF ER < -SP_2 THEN
L  1.00e+02;      THEN                       MUL 0.5          STG1:=FALSE;
/R ;                STG1:=FALSE;             ST  SP_2
L  1.00e+00;                                                ELSIF ER < SP_2 THEN
TAK ;             ELSIF ER < SP_2           LD  ER            STG1:=FALSE;
-R ;              THEN                       LT( SP_1          STG2:=FALSE;
L  #XTO;            STG1:=FALSE;             MUL -1.0
*R ;               STG2:=FALSE;             )               ELSIF ER < SP_1 THEN
L  5.00e-01;                                 R   STG1          STG2:=FALSE;
*R ;              ELSIF ER < SP_1           S   STG2
T  #SP_2;         THEN                       RETC           ELSE
L  #ER;             STG2:=FALSE;                              STG1:=TRUE;
L  #SP_1;                                    LD  ER            STG2:=FALSE;
NEGR;             ELSE                       LT( SP_2       END_IF
<R ;               STG1:=TRUE;              MUL -1.0
R  #STG1;          STG2:=FALSE;             )
S  #STG2;         END_IF;                    R   STG1
BEB;                                         RETC
L  #ER;           END_FUNCTION
L  #SP_2;                                    LD  TRUE
NEGR;                                        R   STG2
<R ;
R  #STG1;                                    LD  ER
BEB ;                                        LT( SP_2
SET;                                         R   STG1
R  #STG2;                                    RETC
L  #ER;                                      LD  ER
L  #SP_2;                                    LT  SP_1
<R ;                                         RETC
R  #STG1;
BEB;                                         LD  TRUE
L  #ER;                                      S   STG1
L  #SP_1;
<R ;
BEB;
SET;
S  #STG1;
END FUNCTION
```

### 22.6.5 PID-Reglerbaustein

Mit Hilfe des PID-Reglerbausteins kann eine kontinuierliche Regelung mit den verschiedenen PID-Regelfunktionen wie P, PI, PD oder PID ausgeführt werden. Dazu sind der P-Anteil, I-Anteil bzw. D-Anteil über Parametereingänge an dem Baustein einzeln zu- und abschaltbar.

- **Regelungsbaustein FB 70: PID-Regler (PID)**

Grundlage des PID-Reglerbausteins ist die in Abschnitt 22.5.4 dargestellte Formel für die Stellgröße y(k) zu einem beliebigen Abtastzeitpunkt k:

$$y(k) = K_{PR} \cdot \left( e(k) + \frac{T_A}{T_n} e_{SUM} + T_V \frac{e(k) - e(k-1)}{T_A} \right)$$

Das nachfolgende Funktionsschema des PID-Reglerbausteins zeigt sowohl die an der Bildung der Reglerfunktion beteiligten Größen bzw. Parameter als auch das Zustandekommen der Stellgröße y.

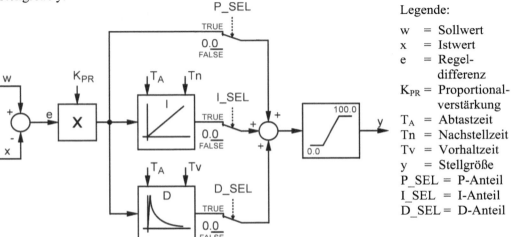

Legende:

| | | |
|---|---|---|
| w | = | Sollwert |
| x | = | Istwert |
| e | = | Regel-differenz |
| $K_{PR}$ | = | Proportional-verstärkung |
| $T_A$ | = | Abtastzeit |
| Tn | = | Nachstellzeit |
| Tv | = | Vorhaltzeit |
| y | = | Stellgröße |
| P_SEL | = | P-Anteil |
| I_SEL | = | I-Anteil |
| D_SEL | = | D-Anteil |

Da die PID-Reglerfunktion über Speichereigenschaften verfügt, wird das Programm mit einem Funktionsbaustein (FB 70) realisiert. Über den Eingangsparameter EIN kann die Regelfunktion ein- oder ausgeschaltet werden. Im ausgeschalteten Zustand werden alle gespeicherten Werte zurückgesetzt. Weitere Eingangsparameter des Funktionsbausteins FB 70 sind die Führungsgröße w (SW), die Regelgröße x (IW) sowie die Einstellwerte Proportionalbeiwert $K_{PR}$ (KP), Nachstellzeit Tn (TN), Vorhaltzeit Tv (TV) und die Abtastzeit $T_A$ (TA).

Es wird angenommen, dass die Führungsgröße w und die Regelgröße x als Gleitpunktzahlen im Bereich von 0.0 bis 100.0 vorliegen. Die Proportionalverstärkung KP und die Zeitwerte TN, TV und TA sind ebenfalls als Gleitpunktzahlen anzugeben. Bei den Zeitwerten TN, TV und TA entspricht dabei der Zahlenwert einem Zeitwert in Sekunden.

Mit den binären Eingangsparametern P_SEL, I_SEL und D_SEL können die einzelnen Anteile mit einem „1"-Signal zugeschaltet und mit einem „0"-Signal abgeschaltet werden.

Die Ausgangsgröße STG der PID-Reglerfunktion FB 70 (PID) ist die kontinuierliche Stellgröße y in einem Gleitpunktzahlenbereich von 0.0 ... 100.0.

## Reglerbaustein FB 70 (PID)

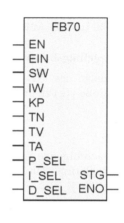

| FB 70 (PID) PID-Regler | | | | | | |
|---|---|---|---|---|---|---|
| Eingangsparameter | | | | Ausgangsparameter | | |
| Name | Typ | Bereich/ Vorbel. | | Name | Typ | Bereich/ Vorbel. |
| EIN | BOOL | | | | | |
| SW | REAL | 0..100.0 | | STG | REAL | 0..100.0 |
| IW | REAL | 0..100.0 | | | | |
| KP | REAL | 1.0 | | | | |
| TN | REAL | 1.0 | | | | |
| TV | REAL | 1.0 | | | | |
| TA | REAL | 0.1 | | | | |
| P_SEL | BOOL | | | | | |
| I_SEL | BOOL | | | | | |
| D_SEL | BOOL | | | | | |

Legende: EIN = Einschalten der Funktion; SW = Sollwert w; IW = Istwert x; KP = Proportionalbeiwert; TN = Nachstellzeit; TV = Vorhaltzeit; TA = Abtastzeit; P_SEL = Auswahl P-Anteil; I_SEL = Auswahl I-Anteil; D_SEL = Auswahl D-Anteil; STG = Stellgröße y

## Programmdarstellung der Funktion FB 70 (PID) im Struktogramm

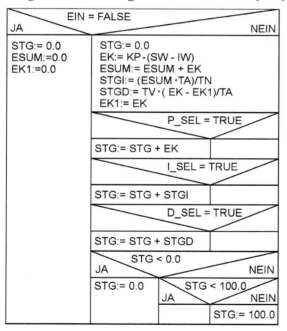

Lokale stationäre Variablen des Funktionsbausteins:

EK1 = Regeldifferenz des vorhergehenden Abtastzeitpunktes mit dem Proportionalbeiwert KP multipliziert

ESUM = Summe aller Regeldifferenzen, die mit dem Proportionalbeiwert KP multipliziert sind

EK = Regeldifferenz mit dem Proportionalbeiwert KP multipliziert. Der Wert entspricht dem P-Anteil.

STGI = Berechneter I-Anteil der Stellgröße STG

STGD = Berechneter D-Anteil der Stellgröße STG

Nachfolgend ist das Steuerungsprogramm des Funktionsblocks FB 70 nur in der Programmiersprache SCL bzw. ST dargestellt.

**STEP 7 Programm (SCL-Quelle)**

```
FUNCTION_BLOCK FB70
VAR_INPUT                        VAR_OUTPUT              VAR_TEMP
 EIN: BOOL ;                      STG: REAL ;             EK: REAL ;
 SW,IW: REAL ;                   END_VAR                  STGI: REAL ;
 KP: REAL:= 1.0; TN: REAL := 1.0; VAR                     STGD: REAL ;
 TV: REAL:=1.0; TA: REAL:= 1.0;   EK1: REAL ;            END_VAR
 P_SEL, I_SEL, D_SEL: BOOL ;      ESUM: REAL;
END_VAR                          END_VAR

IF EIN = FALSE THEN              IF P_SEL = TRUE THEN
 STG:=0.0; EK1:=0.0; ESUM:=0.0;   STG:=STG+EK;   END_IF;
 RETURN;                         IF I_SEL = TRUE THEN
END_IF;                           STG:=STG+STGI; END_IF;
STG:= 0.0;                       IF D_SEL = TRUE THEN
EK:= KP*(SW-IW);                  STG:=STG+STGD; END_IF;
ESUM:= ESUM + EK;                IF STG < 0.0 THEN STG:= 0.0;
STGI:= (ESUM*TA)/TN;              ELSIF STG > 100.0 THEN
STGD:= TV*(EK-EK1)/TA;                          STG:= 100.0;
EK1:=EK;                         END_IF;
                                END_FUNCTION_BLOCK
```

**CoDeSys Programm (ST)**

```
FUNCTION_BLOCK FB70
VAR_INPUT                        VAR_OUTPUT              EK: REAL;
 EIN: BOOL;                       STG : REAL ;            STGI: REAL;
 SW, IW:REAL;                    END_VAR                  STGD: REAL;
 KP, TN, TV:REAL:=1.0;                                   END_VAR
 TA:REAL:=0.1;                   VAR
 P_SEL, I_SEL, D_SEL:BOOL;        EK1 : REAL;
END_VAR                          ESUM:REAL;

IF EIN = FALSE THEN              IF P_SEL = TRUE THEN
 STG:=0.0; EK1:=0.0; ESUM:=0.0;   STG:=STG+EK; END_IF;
 RETURN;                         IF I_SEL = TRUE THEN
END_IF;                           STG:=STG+STGI; END_IF;
STG:= 0.0;                       IF D_SEL = TRUE THEN
EK:= KP*(SW-IW);                  STG:=STG+STGD; END_IF;
ESUM:= ESUM + EK;                IF STG < 0.0 THEN  STG:= 0.0;
STGI:= (ESUM*TA)/TN;              ELSIF STG > 100.0 THEN
STGD:= TV*(EK-EK1)/TA;            STG:= 100.0;
EK1:=EK;                         END IF;
```

Der PID-Reglerfunktionsbaustein FB 70 muss der Abtastzeit entsprechend in gleichen zeitlichen Abständen aufgerufen werden. Bei STEP 7 bietet das Betriebssystem der Automatisierungssysteme dazu so genannte Weckalarm-Organisationsbausteine (z. B. OB 35) an. Der Weckalarmzeittakt ist bei diesen Bausteinen von 1 ms bis 1 min konfigurierbar.

Eine andere Möglichkeit, den Aufruf des Reglerbausteins FB 70 in gleichen Zeitabständen zu realisieren, ist die Verwendung eines Taktgenerators. Nur beim Auftreten einer Taktflanke erfolgt der Aufruf des Funktionsbausteins. Da die Werte für die Abtastzeit nachfolgend mindestens 100 ms betragen, wird die Gleichheit der zeitlichen Abstände als hinreichend genau angenommen.

*Hinweis:* Auf der WEB-Seite www.automatisieren-mit-sps.de kann der Funktionsbaustein FB 70 für STEP 7 und CoDeSys auch in der AWL-Ausführung herunter geladen werden.

### 22.6.6 PI-Schrittreglerbaustein (Dreipunkt-Schrittregler mit PI-Verhalten)

Der PI-Schrittreglerbaustein (S-Regler) soll die Funktion eines Dreipunkt-Schrittreglers mit PI-Verhalten realisieren und zum Regeln von technischen Prozessen mit zwei binären Stellsignalen für integrierende Stellglieder verwendet werden. Das Stellsignal des Schrittreglers wurde bereits in Abschnitt 22.3.3.3 beschrieben.

• **Regelungsbaustein FB 72: PI-Schrittregler (PSR)**

Das nachfolgende Funktionsschema des PI-Schrittreglerbausteins zeigt sowohl die an der Bildung der Reglerfunktion beteiligten Größen bzw. Parameter als auch das Zustandekommen der Stellgrößen y_AUF (STGA) und y_ZU (STGZ).

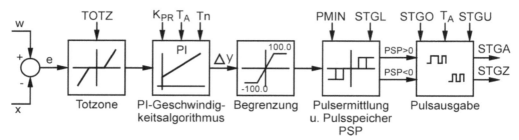

| | |
|---|---|
| w = Sollwert | x = Istwert (Regelgröße) |
| e = Regeldifferenz | TOTZ = Wert des Totzonenbereichs |
| $K_{PR}$ = Proportionalverstärkung | $T_A$ = Abtastzeit |
| $T_n$ = Nachstellzeit | $\Delta y$ = Stellgrößenänderung |
| PMIN = Mindestpulsdauer | STGL = Stellglied-Laufzeit |
| PSP = Pulsspeicher mit der Anzahl der auszugebenden Pulsen | STGO = Stellgliedgrenze Oben |
| | STGU = Stellgliedgrenze Unten |
| STGA = Stellgliedeingang AUF | STGZ = Stellgliedeingang ZU |

Die Funktionseinheit *Totzone* hat die Aufgabe, die Empfindlichkeit des S-Reglers zu begrenzen. Sehr kleine Regeldifferenzen e, die unterhalb der vorgegebenen Totzone TOTZ liegen, sollen zu keinen Regleraktivitäten führen. Es gilt:

e < | TOTZ | → S-Regler bleibt passiv;          e > | TOTZ | → S-Regler wird aktiv.

Die Funktionseinheit *PI-Geschwindigkeitsalgorithmus* berechnet aus der Regeldifferenz e zum Zeitpunkt k und k – 1 die Stellgrößenänderung $\Delta y$ nach der Formel (siehe Kapitel 22.5.4):

$$\Delta y = K_{PR} \cdot \left( e(k) - e(k-1) + \frac{T_A}{T_n} \cdot e(k) \right)$$

In der Funktionseinheit *Begrenzung* werden außerhalb des Bereichs von –100.0 bis +100.0 liegende Werte durch die Grenzen des Bereichs ersetzt, damit das berechnete Stellinkrement $\Delta y$ innerhalb des vorgegebenen Wertebereichs liegt.

Die Funktionseinheit *Pulsermittlung und Pulsspeicherung* berechnet aus dem Zahlenwert des Stellinkrements $\Delta y$ die entsprechende Pulszahl PZ und speichert diese im Pulszahlenspeicher PSP. Zur Berechnung der Pulszahl werden die Parameter Mindestpulsdauer PMIN und Stellgliedlaufzeit STGL benötigt.

Berechnungsformel:     $PZ = \dfrac{STGL}{PMIN \cdot 100{,}0} \cdot \Delta y$

Die Mindestimpulsdauer gibt die Zeit an, die das Stellglied mindesten eingeschaltet sein muss. Der Wert der Mindestimpulsdauer muss ein ganzes Vielfaches von der Abtastzeit $T_A$ sein.

$$PMIN = n \cdot T_A$$

Die Stellgliedlaufzeit STGL (Motorstellzeit) ist die Laufzeit des Stellgliedes von Anschlag zu Anschlag.

**Zahlenbeispiel zur Berechnung der Pulszahl:**

Gegeben: STGL = 20,0 s; PMIN = 0,1 s; $\Delta y$ = 10,0.         Gesucht: PZ (Pulszahl).

Lösung:   $PZ = \dfrac{STGL}{PMIN \cdot 100,0} \cdot \Delta y = \dfrac{20\,s}{0,1\,s \cdot 100,0} \cdot 10,0 = 20$

Im Beispiel muss zum Inhalt des Pulsspeichers PSP die Zahl PZ = 20 addiert werden, um das neue Stellinkrement $\Delta y$ zu berücksichtigen. Das entspricht einer Ansteuerung des Ausgangs STGA von 2 s. Der Zahleninhalt des Impulsspeichers wird bei jedem Abtastvorgang um das vom PI-Regelalgorithmus jeweils berechnete Stellinkrement $\Delta y$ aktualisiert.

Die Funktionseinheit *Pulsausgabe* hat die Aufgabe, die im Pulsspeicher PSP gespeicherten Zahlenwerte an den Ausgängen STGA bzw. STGZ in Form von Pulsen auszugeben. Positive Zahlen erzeugen dabei Pulse am Ausgang STGA und negative Zahlen am Ausgang STGZ. Damit die Mindesteinschaltzeit PMIN eingehalten wird, wird die Pulsausgabe nur bei jedem n-ten (n = PMIN/TA) Abtastzyklus bearbeitet. Der Pulsspeicher PSP wird bei jeder Bearbeitung um den Betrag 1 vermindert. Zahlen, deren Betrag kleiner als 1 ist, werden nicht als Pulse ausgegeben, sondern bis zum nächsten Abtastzyklus gespeichert.

Da der PI-Schrittreglerfunktion über Speichereigenschaften verfügt, wird der Schrittreglerbaustein mit einem Funktionsbaustein (FB 72) realisiert. Über den Eingangsparameter EIN wird die Regelfunktion ein- oder ausgeschaltet. Im ausgeschalteten Zustand werden alle gespeicherten Werte zurückgesetzt. Weitere Eingangsparameter des Funktionsbausteins FB 72 sind die Führungsgröße w (SW), die Regelgröße x (IW) sowie die Einstellwerte Proportionalbeiwert $K_{PR}$ (KP), Nachstellzeit Tn (TN), Abtastzeit $T_A$ (TA) und die Totzone $X_{TOT}$ (TOTZ).

Es wird angenommen, dass die Führungsgröße w und die Regelgröße x als Gleitpunktzahlen im Bereich von 0.0 bis 100.0 vorliegen. Die Proportionalverstärkung KP und die Zeitwerte TN, TA und TOTZ sind ebenfalls als Gleitpunktzahlen anzugeben. Bei den Zeitwerten TN, TA und TOTZ entspricht dabei der Zahlenwert einem Zeitwert in Sekunden.

Weitere Eingabeparameter des PI-Schrittreglerbausteins sind Stellgliedeigenschaften wie *Oberer Anschlag erreicht* STGO (BOOL), *unterer Anschlag erreicht* STGU (BOOL), Stellgliedlaufzeit STGL (REAL) und Mindestimpulsdauer (PMIN). Die bei STGL und PMIN angegebene Gleitpunktzahl entsprechen einem Zeitwert in Sekunden.

Die Ausgangsgrößen STGA und STGZ der PI-Schrittregler-funktion FB 72 (PISR) sind die beiden Stellgrößen für *Stellglied auf* (z. B. Motor rechts) und *Stellglied zu* (z. B. Motor links). Der an die Ausgänge angeschlossene Stellmotor hat integrierendes Zeitverhalten. Je nach Länge der Pulse wird der Stellbereich schrittweise durchfahren. Die Aufgabe der Pulse besteht darin, das Stellglied soweit zu verstellen, wie es zur Ausregelung einer Störung oder einer Führungsgröße erforderlich ist.

Motorstellglied:

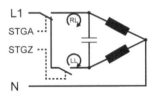

**Reglerbaustein FB 72 (PISR):**

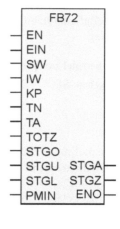

| FB 72 (PISR) PI-Schrittregler | | | | | | | |
|---|---|---|---|---|---|---|---|
| **Eingangsparameter** | | | | **Ausgangsparameter** | | | |
| Name | Typ | Bereich/ Vorbel. | | Name | Typ | Bereich/ Vorbel. | |
| EIN | BOOL | | | | | | |
| SW | REAL | 0..100.0 | | STGA | BOOL | | |
| IW | REAL | 0..100.0 | | STGZ | BOOL | | |
| KP | REAL | 1.0 | | | | | |
| TN | REAL | 1.0 | | | | | |
| TA | REAL | 0.1 | | | | | |
| TOTZ | REAL | 0.1 | | | | | |
| STGO | BOOL | | | | | | |
| STGU | BOOL | | | | | | |
| STGL | REAL | 0.0 | | | | | |
| PMIN | REAL | 0.1 | | | | | |

Legende: EIN = Einschalten; SW = Sollwert w; IW = Istwert x; KP = Proportionalbeiwert; TN = Nachstellzeit; TA = Abtastzeit; TOTZ = Totzone; STGO = Anschlag oben; STGU = Anschlag unten; STGL = Stellgliedlaufzeit; PMIN = Mindestpulsdauer; STGA = Stellgröße $y_{AUF}$; STGZ = Stellgröße $y_{ZU}$

Zur Erstellung der erforderlichen Anweisungsfolge für den Funktionsbaustein FB 72 (PISR) werden die auszuführenden Datenoperationen in einem Struktogramm dargestellt. Da das komplette Struktogramm für den Funktionsbaustein sehr komplex ist, werden zunächst Struktogramme dargestellt, welche die Aufgaben der einzelnen Programmabschnitte wiedergeben.

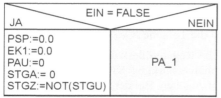

Ist der Reglerbaustein ausgeschaltet (EIN = FALSE) werden alle stationäre Lokalvariablen gelöscht (Wert 0). Der Stellgliedausgang STGA erhält „0"-Signal und der Ausgang STGZ solange „1"-Signal, bis das Stellglied den unteren Anschlag STGU erreicht hat.

Programmabschnitt PA_1:

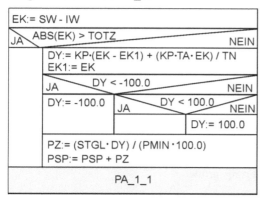

Mit dem nebenstehenden Struktogramm werden die Funktionseinheiten Totzone, PI-Geschwindigkeitsalgorithmus, Begrenzung sowie Pulsermittlung und Speicherung ausgeführt.
Zur Berechnung des Stellinkrements wird die temporäre Variable DY eingeführt. Nach der angegebenen Formel wird aus dem Stellinkrement die Pulszahl PZ (temporäre Variable) ermittelt und zum Pulsspeicher PSP (stationäre Variable) dazu addiert.

Programmabschnitt PA_1_1:

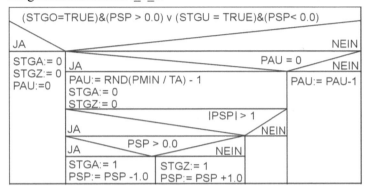

Mit dem nebenstehenden Struktogramm wird die Funktionseinheit Pulsausgabe ausgeführt. Nur wenn der Betrag des Pulsspeichers größer als 1 ist und die Endlagen des Stellgliedes nicht erreicht sind, werden Pulse ausgegeben.

Mit der ersten Abfrage wird geprüft, ob das Stellglied den oberen oder den unteren Anschlag erreicht hat und noch Pulse zur Ausgabe im Pulsspeicher PSP stehen. Die Ausgabe der Pulse und damit die Ansteuerung der beiden Stellgliedausgänge STGA und STGZ wird nur bearbeitet, wenn die stationäre Variable PAU (INTEGER) den Wert 0 hat. Gebildet wird die Variable durch den Quotient PMIN/TA – 1. Damit ist gewährleistet, dass die Mindesteinschaltzeit eines Pulses PMIN eingehalten wird. Hat PAU den Wert 0 und ist der Betrag des Pulsspeichers PSP größer 1, erhält der Stellgliedausgang STGA „1"-Signal und der Pulsspeicher PSP wird um Eins vermindert. Bei negativem Inhalt des Pulsspeichers PSP gilt Entsprechendes.

**Komplettes Struktogramm für die Reglerfunktion FB 72:**

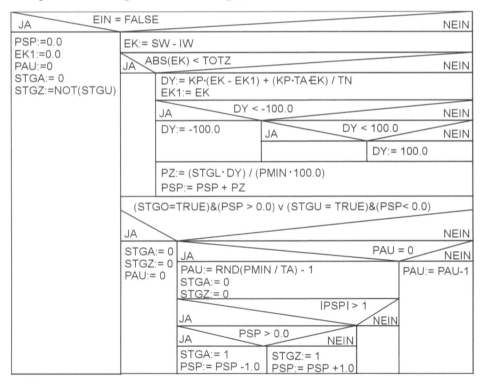

Legende aller verwendeten lokalen Variablen:

| | | |
|---|---|---|
| EK1: | REAL | Regeldifferenz des vorhergehenden Abtastzeitpunktes; |
| PSP: | REAL | Summe der berechneten Pulszahlen; |
| PAU: | INT | Pulsausgabezähler zur Einhaltung der Mindesteinschaltzeit PMIN. |
| EK: | REAL | Regeldifferenz, |
| DY: | REAL | Stellinkrement, |
| PZ: | REAL | Pulszahl. |

Das Programm des Funktionsbausteins FB 72 ist nachfolgend nur in der Programmiersprache SCL bzw. ST angegeben. In STEP 7 und CoDeSys sind dabei alle Anweisungen bis auf „END_FUNCTION_BLOCK" am Ende des Anweisungsteils identisch.

**SCL/ST Programm**

```
FUNCTION_BLOCK FB72
VAR_INPUT                                  VAR_OUTPUT            VAR
 EIN: BOOL ;                                STGA : BOOL ;         EK1 : REAL ;
 SW, IW: REAL ;                             STGZ : BOOL ;         PSP : REAL ;
 KP: REAL:=1.0; TN: REAL:= 1.0;            END_VAR               PAU : INT ;
 TA: REAL:=0.1; TOTZ: REAL:= 0.1;                                EK : REAL ;
 STGO, STGU: BOOL ;                                              DY : REAL ;
 STGL: REAL ;                                                    PZ : REAL ;
 PMIN: REAL:= 1.0;                                              END_VAR
END_VAR

IF EIN = FALSE THEN                        IF (STGO = TRUE)AND(PSP>0.0) OR
 STGA:=FALSE;                                 (STGU = TRUE)AND(PSP<0.0) THEN
 STGZ:= NOT STGU;                           STGA:=FALSE; STGZ:=FALSE; PAU:=0;
 EK1:=0.0;                                 ELSE
 PSP:=0.0;                                  IF PAU = 0 THEN
 RETURN;                                     PAU:=REAL_TO_INT(PMIN/TA)-1;
END_IF;                                      STGA:=FALSE; STGZ:=FALSE;
EK:= SW - IW;                               IF ABS(PSP)>1 THEN
IF ABS(EK) > TOTZ THEN                       IF PSP>0 THEN
 DY:= KP*(EK-EK1)+(KP*TA*EK)/TN;              STGA:=TRUE; PSP:=PSP-1.0;
 EK1:=EK;                                    ELSE
 IF DY < -100.0 THEN DY:=-100.0;             STGZ:=TRUE; PSP:=PSP+1.0;
 ELSIF DY > 100.0 THEN DY:= 100.0;          END_IF;
 END_IF;                                    END_IF;
 PZ:=(STGL*DY)/(PMIN*100.0);               ELSE PAU:=PAU-1;
 PSP:=PSP + PZ;                            END_IF;
END_IF;                                    END_IF;
                                           END_FUNCTION_BLOCK
```

Der PI-Schrittreglerbaustein FB 72 muss unbedingt mit einer konstanten Abtastzeit $T_A$ in gleichen zeitlichen Abständen aufgerufen werden. Die Abtastzeit spielt dabei nicht nur beim Regelungsparameter Tn eine Rolle, sondern auch bei der Ausgabe der Pulse.

Der zeitgesteuerte Aufruf kann von einem Weckalarm-Organisationsbausteine (z. B. OB 35) aus erfolgen oder mit Hilfe eines Impulsgenerators ausgeführt werden. Nur beim Auftreten eines Impulses erfolgt der Aufruf des Funktionsbausteins. Die Werte für die Abtastzeit sollten mindestens 100 ms betragen sollten.

*Hinweis:* Auf der Web-Seite www.automatisieren-mit-sps.de kann der Funktionsbaustein FB 70 für STEP 7 und CoDeSys auch in der AWL-Darstellung heruntergeladen werden.

## 22.7 Beispiele

### Beschreibung der Füllstandsstrecke als Regelstrecke

Als Regelstrecke für die nachfolgenden Beispiele wird, mit Ausnahme der Dreipunktregelung, jeweils ein Behälter verwendet, dessen Füllstand die Regelgröße x ist. Aufgabe der Regelung ist es, den Füllstand auf einem vorgegebenen Niveau konstant zu halten, wobei der Einfluss nicht vorhersehbarer Störgrößen ausgeglichen werden soll. Als nicht vorhersehbare Störeinflüsse können Veränderungen der Entnahmemenge angesehen werden. Das Verhalten der verwendeten Füllstandsstrecke entspricht einer Proportionalstrecke mit Verzögerung erster Ordnung (PT1), da die Auslaufmenge von der Füllhöhe abhängig ist, siehe Bild 22.20.

Der Regler soll die Aufgabe dadurch lösen, dass er eine Stellgröße y ausgibt, die ein Zulaufventil V1 in passender Weise ansteuert. Je nach verwendeter Reglerart wird bei einem kontinuierlichen Stellsignal $y_1$ das Zulaufventil V1 mit einer analogen Spannung von 0 ... 10 V oder bei einem binären Stellsignal $y_2$ mit einer Spannung von 0 V bzw. 24 V angesteuert. Im ersten Fall ist das Zulaufventil V1 ein Proportionalventil im zweiten Fall ein Sperrventil.

Zur Vorgabe der Führungsgröße w wird in den meisten Fällen ein vierstelliger BCD-Zifferneinsteller zur Sollwertvorgabe von 00,00 bis 99,99 % verwendet.

**Technologieschema:**

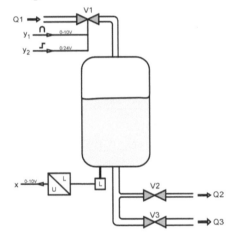

Legende:

Q1      = Zulaufmenge
Q2/Q3  = Ablaufmenge
V1      = Zulaufventil
V2/V3  = Ablaufventile
L       = Füllstandsmessung
$y_1$   = Analoge Stellgröße
$y_2$   = Binäre Stellgröße
x       = Füllstand als Spannungssignal
          von 0 ... 10 V

**Bild 22.20:** Füllstandsstrecke

Die Streckeneigenschaften der Füllstandsstrecke können durch Vorschalten eines Totzeit-Gliedes oder eines PT1-Gliedes oder eines I-Gliedes zusätzlich verändert werden.

*Hinweis:*

Da bezüglich der Art des zu regelnden Prozesses keine Einschränkungen bei den Reglerbausteinen bestehen, können zur Erprobung der Reglerprogramme auch andere vorhandene Regelstrecken eingesetzt werden.

■ **Beispiel 22.1: Zweipunktregelung eines Behälterfüllstandes**

Für die beschriebene Füllstands-Regelstrecke soll eine Zweipunktregelung mit einem Automatisierungsgerät ausgeführt werden.

**Technologieschema:**

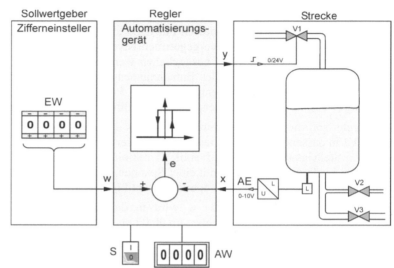

**Bild 22.21:**
Zweipunktregelung

Die Regelung wird mit dem Schalter S ein- bzw. ausgeschaltet. An der Ziffernanzeige soll der jeweils aktuelle Istwert x angezeigt werden. Die Schalthysterese SH wird im Programm fest mit 25 % des Sollwertes w vorgegeben.

**Zuordnungstabelle der Eingänge und Ausgänge:**

| Eingangsvariable | Symbol | Datentyp | Logische Zuordnung | | Adresse |
|---|---|---|---|---|---|
| Regelung Ein/AUS | S | BOOL | Betätigt | S = 1 | E 0.0 |
| Sollwertgeber | EW | WORD | BCD-Code | | EW 8 |
| Füllstandsgeber | AE | WORD | Analogeingang 0..10V | | PEW 320 |
| Ausgangsvariable | | | | | |
| Stellgröße | y | BOOL | Leuchtet | y = 1 | A 4.1 |
| Ziffernanzeige | AW | WORD | BCD-Code | | AW 12 |

Zur Lösung der Regelungsaufgabe sind folgende Schritte auszuführen:

**Schritt 1: Sollwert w einlesen und normieren**
Umwandlung von BCD nach REAL und Normierung auf den Bereich von 0.0 ... 100.0 mit der Funktion FC 705 (BCD_REALN).

**Schritt 2: Istwert x einlesen und normieren**
Analogwert einlesen und auf den Bereich von 0.0 bis 100.0 normieren mit der Funktion FC 48 (AE_REALN).

**Schritt 3: Berechnung der Stellgröße y**
Aufruf und Parametrierung der Zweipunktregler-Funktion FC 74 (ZWPH).

**Schritt 4: Stellgröße y ausgeben**
Der binäre Ausgang für das Stellsignal y wird mit dem Funktionsausgang STG der Zweipunktregelfunktion FC 74 verschaltet.

**Schritt 5: Istwert x anzeigen**
Umwandlung von REAL in BCD und Bereichsanpassung mit der Funktion FC 706 (REALN_BCD).

**STEP 7: Verschaltung der Bausteine im OB 1 in freigrafischer Funktionsplandarstellung**

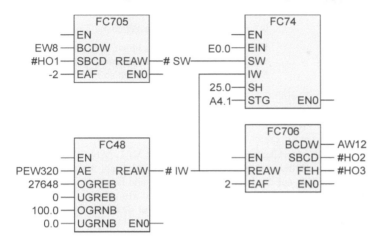

*Hinweise:*

Die mit # gekennzeichneten Variablen sind als lokale Variablen des OB 1 zu deklarieren.

Der Wert –2 am Eingang EFA der Funktion FC 705 bedeutet, dass ein am Ziffereinsteller eingestellter Wert durch 100 dividiert wird.

Beispiel: Die Einstellung 4000 entspricht einer Sollwertvorgabe von 40,00 %.

Entsprechendes gilt für den Wert 2 am Eingang EAFK der Funktion FC 706.

**CoDeSys: Aufruf der Bausteine im PLC_PRG in CFC**

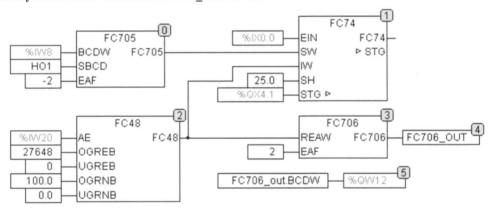

---

■ **Beispiel 22.2:  Temperaturregelung eines Lagerraums**

Die Temperaturregelung eines Lagerraums umfasst sowohl die Möglichkeit der Lufterwärmung durch einen Lufterhitzer LE als auch der Luftkühlung durch einen Luftkühler LK. Dem Lufterhitzer kann durch Einschalten des Ventils M1 Heißwasser und dem Luftkühler durch Einschalten des Ventils M2 Kältemittel zugeführt werden. Der Umluftventilator führt die zu erwärmende oder abzukühlende Umluft heran.

Die Führungsgröße für die Temperatur kann mit einem analogen Sollwertgeber im Bereich von 5 ... 15 °C stufenlos eingestellt werden. Diesem Einstellbereich ist das Normsignal 0 ... 10 V zugeordnet. Die Lagertemperatur wird durch einen Temperaturfühler erfasst, der den Temperaturbereich von –10 °C ... 40 °C in das Normsignal 0 ... 10 V umsetzt.

Der Temperaturregelung soll die nachfolgende Regelsequenz von „Heizen – AUS – Kühlen" zugrunde gelegt werden:

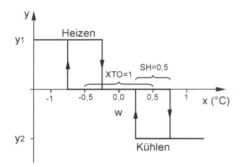

Legende:

x  =  Regelgröße (Temperatur)

w  =  Führungsgröße (vorgegebene Temperatur)

Der Kennlinie ist zu entnehmen, dass eine Totzone von XTO = 1 °C und eine Hysterese H von SH = 0,5 °C eingestellt werden soll.

Der Lagerraum sei zwangsbelüftet, d. h., die Ventilatoren VZL (Zuluft) und VAL (Abluft) sorgen für eine ausreichende Luftqualität. Die Zwangsbelüftung ist jedoch nicht Gegenstand dieser Aufgabe, sie hat jedoch je nach Außentemperatur einen Einfluss auf die Lagerraumtemperatur und ist somit als mögliche Störgröße zu betrachten, deren Auswirkung ausgeregelt werden soll. Andere klimatische Details, wie z. B. die Luftfeuchte, sollen unberücksichtigt bleiben. Die aktuelle Temperatur des Lagerraums soll an einer Ziffernanzeige mit zwei Kommastellen angezeigt werden.

**Technologieschema:**

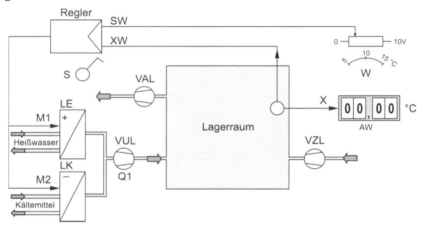

**Bild 22.22:**   Temperaturregelung eines Lagerraums mit Dreipunktregler

Legende:   LE = Lufterhitzer; LK = Luftkühler; VUL = Ventilator Umluft; VZL = Ventilator Zuluft; VAL = Ventilator Abluft

**Zuordnungstabelle der Eingänge und Ausgänge:**

| Eingangsvariable | Symbol | Datentyp | Logische Zuordnung | | Adresse |
|---|---|---|---|---|---|
| Regelung Ein/AUS | S | BOOL | Betätigt | S = 0 | E 0.0 |
| Sollwertgeber | SW | WORD | Analogeingang 0..10V | | PEW 320 |
| Temperaturfühler | XW | WORD | Analogeingang 0..10V | | PEW 322 |
| Ausgangsvariable | | | | | |
| Magnetventil LE | M1 | BOOL | Magnetventil auf | M1 = 1 | A 4.1 |
| Magnetventil LK | M2 | BOOL | Magnetventil auf | M2 = 1 | A 4.2 |
| Ventilator Umluft VUL | Q1 | BOOL | Ventilator ein | Q1 = 1 | A..4.3 |
| Ziffernanzeige | AW | WORD | BCD-Code | | AW 12 |

Die Berechnungen innerhalb der Dreipunktreglerfunktion FC 75 können im Prozentbereich von 0 ... 100 % oder im physikalischen Zahlenbereich (hier Temperatur von –10 °C bis 40 °C) durchgeführt werden. Die Werte an den Eingängen der Funktion FC 75 müssen dabei auf den verwendeten Bereich angepasst werden. Für die nachfolgenden Angaben wird der Temperaturbereich zu Grunde gelegt.

Das Programm zur Lösung der Regelungsaufgabe kann in folgende Schritte eingeteilt werden:

### Schritt 1: Sollwert einlesen und normieren

Der analoge Sollwert wird mit der Analogeingabe-Normierungsfunktion FC 48 (AE_REALN) in das Programm eingelesen. Der Bereich des Sollwertgebers von 5 °C (0 V) bis +15 °C (10 V) kann unverändert übernommen werden. Der normierte Wert wird der temporären Variablen „SW" zugewiesen.

### Schritt 2: Istwert einlesen und normieren

Der analoge Istwert wird mit der Analogeingabe-Normierungsfunktion FC 48 (AE_REALN) in das Programm eingelesen. Der Regelbereich von –10 °C (0 V) bis +40 °C (10 V) kann unverändert übernommen werden. Der normierte Wert wird der temporären Variablen „IW" zugewiesen.

### Schritt 3: Aufruf Dreipunktreglerfunktion FC 75 (DRPH)

Aus der Aufgabenstellung geht hervor, dass eine Totzone von $X_{TO}$ = 1,0 °C und eine Schalthysterese SH von 0,5 °C einzustellen sind. Die Schalthysterese entspricht demnach einem Wert von 50 % der Totzone XTO. An den Parametereingang XTO der Funktion FC 75 muss der Prozentwert des Bereiches angegeben werden. $X_{TO}$ = 1,0 °C entsprechen dabei 2% des gesamten Bereichs. Deshalb wird der Wert 2.0 an den Eingang XTO gelegt. An den Parametereingang SH wird der Wert 50.0 gelegt.

### Schritt 4: Anzeigen der Temperatur

Mit Hilfe der Funktion FC 706 (REALN_BCD) wird der jeweils aktuelle Istwert angezeigt. Dazu werden an den Funktionseingang REAW der Istwert IW und an den Eingang EAF der Wert 2 gelegt. Die möglichen Istwerte von –10 °C bis +40 °C werden demnach mit 100 multipliziert und somit mit zwei Kommastellen angezeigt.

### Schritt 5: Ansteuerung Ventilator Umluft VUL

Der Umluftventilator wird immer dann eingeschaltet, wenn die Stellsignale $y_1$ oder $y_2$ ein 1-Signal melden.

### STEP 7: Verschaltung der Bausteine im OB 1 in freigrafischer Funktionsplandarstellung

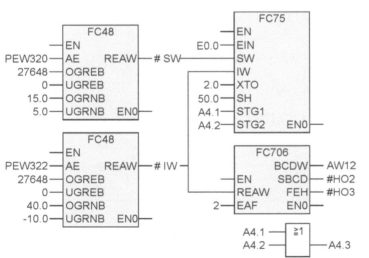

Hinweise:

Die mit # gekennzeichneten Variablen sind als lokale Variablen des OB 1 zu deklarieren.

**CoDeSys: Aufruf der Bausteine im PLC_PRG in CFC**

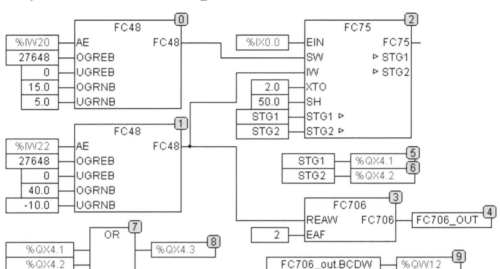

■ **Beispiel 22.3: Behälterfüllstand mit kontinuierlichem Regler**

Die Zulaufmenge pro Zeit Qzu wird über das Proportionalventil V1 beeinflusst. Angesteuert wird das Proportionalventil durch das Stellsignal y des Reglers, das im Bereich von 0 ... 10 V liegt. Bei 0 V sei das Ventil gesperrt, bei 10 V voll geöffnet. Die Ablaufmenge pro Zeit kann durch die beiden handbetätigten Ventile Y2 und Y3 beeinflusst werden. Bedingt durch den statischen Druck der Flüssigkeitssäule sei die Ablaufmenge pro Zeit Qab abhängig vom Flüssigkeitsstand, sodass der Behälter als eine PT1-Strecke angesehen werden kann.

**Technologieschema:**

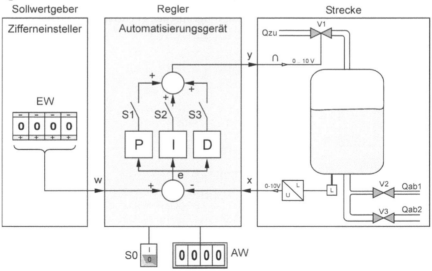

**Bild 22.23:** Kontinuierliche Regelung

Der Übertragungsbeiwert der Regelstrecke ist konstant und wurde mit $K_{PS} = 1{,}5$ gemessen. Aus dem Zeitverhalten der Strecke wurde die Streckenzeitkonstante $T_S = 30$ s ermittelt.

Der PID-Regler wird mit dem Schalter S0 ein- bzw. ausgeschaltet. Durch Kombinationen der Schalter S1 (P-Anteil), S2 (I-Anteil) und S3 (D-Anteil) lassen sich verschiedene Regelfunktionen (P, PI, PD, PID) für den Reglerbaustein einstellen und somit ein unterschiedliches Regelverhalten erzielen. An einer vierstelligen Ziffernanzeige soll der jeweils aktuelle Wert der Regelgröße mit zwei Kommastellen angezeigt werden.

**Zuordnungstabelle der Eingänge und Ausgänge:**

| Eingangsvariable | Symbol | Datentyp | Logische Zuordnung | | Adresse |
|---|---|---|---|---|---|
| Regelung Ein/AUS | S0 | BOOL | Betätigt | S0 = 1 | E 0.0 |
| Sollwertgeber | w | WORD | BCD-Code | | EW 8 |
| Füllstandsgeber | x | WORD | Analogeingang 0..10 V | | PEW 320 |
| Schalter P-Anteil | S1 | BOOL | Betätigt | S1 = 1 | E 0.1 |
| Schalter I-Anteil | S2 | BOOL | Betätigt | S2 = 1 | E 0.2 |
| Schalter D-Anteil | S3 | BOOL | Betätigt | S3 = 1 | E 0.3 |
| Ausgangsvariable | | | | | |
| Stellgröße | y | WORD | Analogausgang 0 ..10 V | | PAW 336 |
| Ziffernanzeige | AW | WORD | BCD-Code | | AW 12 |

Das PID-Reglerprogramm setzt sich im Wesentlichen aus Aufrufen von Bibliotheksbausteinen zusammen. Die Aufrufe mit den entsprechenden Parameterangaben sind in den nachfolgenden Schritten beschrieben.

**Schritt 1: Sollwert w einlesen und normieren**

Umwandlung von BCD nach REAL und Normierung auf den Bereich von 0.0 ... 100.0 mit der Funktion FC 705 (BCD_REALN). An den Eingang EAF wird –2 gelegt. Damit entspricht der Wert 4000 am Zifferneinsteller einem Sollwert von 40,00 %.

**Schritt 2: Istwert x einlesen und normieren**

Analogwert einlesen und auf den Bereich von 0.0 bis 100.0 normieren mit der Funktion FC 48 (AE_REALN).

**Schritt 3: Bildung der Zeitabstände für den Aufruf des Reglerbausteins**

Der Aufruf des Regelungs-Funktionsbausteines FB 70 in gleichen Zeitabständen wird mit dem Taktbaustein FC 100 bzw. FB 100 der Bausteinbibliothek gebildet. Der Ausgang Takt wird über eine Flankenauswertung an den EN-Eingang des Funktionsbausteins FB 70 gelegt.

**Schritt 4: PID-Reglerbaustein aufrufen und parametrieren**

Der PID-Reglerfunktionsbaustein FB 70 (PID) wird abhängig von den Impulsen des Taktgenerators zur Berechnung der Stellgröße y aufgerufen. Zum Testen des Regelungsprogramms werden folgende Regelparameter eingesetzt: KP = 5.0; TN = 10.0 (10 s), TV = 1.0 (1 s) und TA = 0.1 (0,1 s).

**Schritt 5: Stellgröße y ausgeben**

Das kontinuierliche Stellsignal y des Funktionsausgangs STG der PID-Reglerfunktion wird mit der Funktion FC 49 (REALN_AA) an den Analogausgang gelegt.

**Schritt 6: Istwert x anzeigen**

Umwandlung von REAL in BCD mit der Funktion FC 706 (REALN_BCD) und Bereichsanpassung. Damit die Anzeige nicht zu unruhig ist, wird vor der Umwandlung eine Totzone von 0.1 mit der Funktion FC 804 (TOTZ) gebildet.

**STEP 7: Verschaltung der Bausteine im OB 1 in freigrafischer Funktionsplandarstellung**

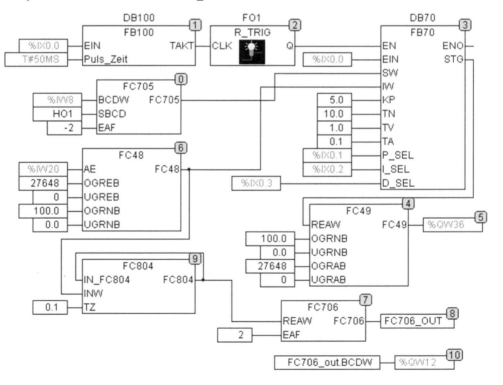

Die verwendeten lokalen Variablen im OB 1 für die Übergabeparameter sind:
SW (Sollwertübergabe), IW (Istwertübergabe), STG (Übergabewert Stellgröße), ANZW (Übergabewert für die Anzeige), HO1, HO2, HO3 (Hilfsoperanden) und IMP für den Impulsgeber.

**CoDeSys: Aufruf der Bausteine im PLC_PRG in CFC**

■  **Beispiel 22.4: Behälterfüllstand mit einem Dreipunkt-Schrittregler mit PI-Verhalten**

Die Zulaufmenge pro Zeit Qzu wird mit einem motorisch angetriebenen Stellglied Y durch die Stellsignale eines S-Reglers mit PI-Verhalten beeinflusst.

Die Stellgliedlaufzeit beträgt $T_{STGL}$ = 20 s. Als Mindestpulsdauer für das Einschalten des Stellmotors wird $T_{PMIN}$ = 0,5 s vorgegeben. Die Abtastzeit ist mit $T_A$ = 0,1 s so gewählt, dass genügend viele Stichproben während der Stellzeit $T_{STGL}$ genommen werden.

Die Ablaufmenge pro Zeit kann durch die beiden handbetätigten Ventile Y2 und Y3 beeinflusst werden. Bedingt durch den statischen Druck der Flüssigkeitssäule sei die Ablaufmenge pro Zeit Qab abhängig vom Flüssigkeitsstand, sodass der Behälter als eine PT1-Strecke angesehen werden kann. Der Übertragungsbeiwert der Regelstrecke ist konstant und wurde mit $K_{PS}$ = 1,5 gemessen. Aus dem Zeitverhalten der Strecke wurde die Streckenzeitkonstante $T_S$ = 30 s ermittelt.

Der S-Regler wird mit dem Schalter S0 ein- bzw. ausgeschaltet. An einer vierstelligen Ziffernanzeige soll der jeweils aktuelle Wert der Regelgröße mit zwei Kommastellen angezeigt werden.

**Zuordnungstabelle der Eingänge und Ausgänge:**

| Eingangsvariable | Symbol | Datentyp | Logische Zuordnung | | Adresse |
|---|---|---|---|---|---|
| Regelung Ein/AUS | S0 | BOOL | Betätigt | S0 = 1 | E 0.0 |
| Stellgerät-Endschalter oben | S1 | BOOL | Betätigt | S1 = 1 | E 0.1 |
| Stellgerät-Endschalter unten | S2 | BOOL | Betätigt | S2 = 1 | E 0.2 |
| Sollwertgeber | w | WORD | BCD-Code | | EW 8 |
| Füllstandsgeber | x | WORD | Analogeingang 0..10 V | | PEW 320 |
| Ausgangsvariable | | | | | |
| Stellgröße Ventil AUF | YA | BOOL | Ventil geht auf | YA = 1 | A 4.1 |
| Stellgröße Ventil ZU | YZ | BOOL | Ventil geht auf | YZ = 1 | A 4.2 |
| Ziffernanzeige | AW | WORD | BCD-Code | | AW 12 |

**Technologieschema:**

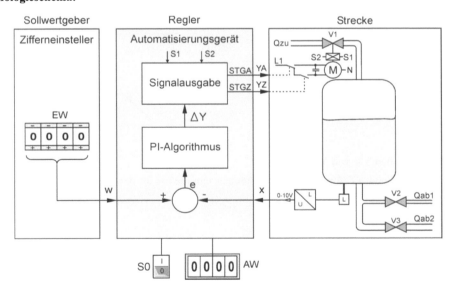

**Bild 22.24:** Dreipunkt-Schrittregelung mit PI-Verhalten

Das PI-Schrittreglerprogramm setzt sich im Wesentlichen aus Aufrufen von Bibliotheksbausteinen zusammen. Die Aufrufe mit entsprechender Parameterangabe sind in den nachfolgenden Schritten beschrieben.

### Schritt 1: Sollwert w einlesen und normieren

Umwandlung von BCD nach REAL und Normierung auf den Bereich von 0.0 ... 100.0 mit der Funktion FC 705 (BCD_REALN). An den Eingang EAF wird der -2 gelegt. Damit entspricht der Wert 4000 am Zifferneinsteller einem Sollwert von 40,00 %.

### Schritt 2: Istwert x einlesen und normieren

Analogwert einlesen und auf den Bereich von 0.0 bis 100.0 normieren mit der Funktion FC 48 (AE_REALN).

### Schritt 3: Bildung der Zeitabstände für den Aufruf des Reglerbausteins

Der Aufruf des Regelungs-Funktionsbausteines FB 70 in gleichen Zeitabständen wird mit dem Taktbaustein FC 100 bzw. FB 100 der Bausteinbibliothek gebildet. Der Ausgang Takt wird über eine Flankenauswertung an den EN-Eingang des Funktionsbausteins FB 70 gelegt.

### Schritt 4: PI-Schrittreglerbaustein aufrufen und parametrieren

Der PI-Reglerfunktionsbaustein FB 72 (PISR) wird abhängig von den Zeitimpulsen IMP zur Bestimmung der Stellgrößen YA und YZ aufgerufen. An den Eingang EIN des Funktionsbausteins ist der Schalter S0 zu legen. Die Endschalter S1 und S2 des Stellgliedes werden an die Eingänge STGO bzw. STGU des Funktionsbausteins gelegt. Als Stellgliedparameter werden folgende Werte angegeben: TOTZ = 0.5; STGL = 20.0 (20 s) und PMIN = 0.5 (0,5 s).

Zum Testen des Regelungsprogramms werden folgende Regelparameter eingesetzt: KP = 1.0; TN = 10.0 (10 s) und TA = 0.1 (0,1 s). Bei günstig eingestellten Regelparametern sollte der zeitliche Verlauf der Pulse für das Stellglied den nebenstehenden Verlauf haben:

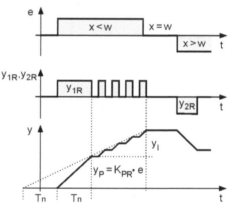

### Schritt 5: Stellgrößen YA und YZ ausgeben

Die Ausgänge YA und YZ für das Stellglied können unmittelbar an den Funktionsbausteinausgängen STGA und STGZ abgegriffen werden.

### Schritt 6: Istwert x anzeigen

Umwandlung von REAL in BCD mit der Funktion FC 706 (REALN_BCD) und Bereichsanpassung. Damit die Anzeige nicht zu unruhig ist, wird vor der Umwandlung eine Totzone von 0.1 mit der Funktion FC 804 (TOTZ) gebildet.

**STEP 7: Verschaltung der Bausteine im OB 1 in freigrafischer Funktionsplandarstellung**

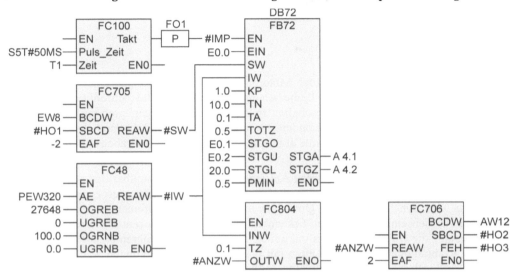

Die verwendeten lokalen Variablen im OB 1 für die Übergabeparameter sind:

SW (Sollwertübergabe), IW (Istwertübergabe), ANZW (Übergabewert für die Anzeige), HO1, HO2, HO3 (Hilfsoperanden) und IMP für den Impulsgeber.

**CoDeSys: Aufruf der Bausteine im PLC_PRG in CFC**

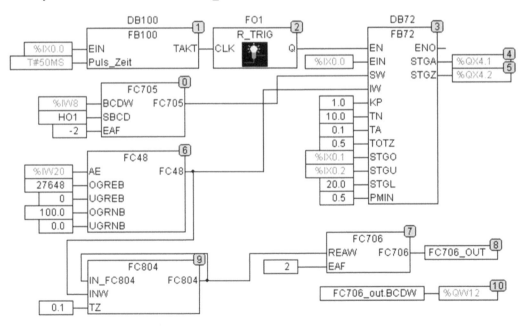

# 23 Antriebe in der Automatisierungstechnik

## 23.1 Übersicht

In den voranstehenden Kapiteln wurden Motoren in binären Steuerungen unter vorgegebenen logischen Bedingungen sowie unter Einbeziehung von Speicher- und Zeitfunktionen ein- und aus- oder in der Drehrichtung umgeschaltet. In diesen Beispielen genügten einfache Schalter und Taster als Befehlsgeber. Auf besondere Motorenkenntnisse und die Berücksichtigung der angetriebenen Arbeitsmaschinen konnte auf Grund der begrenzten Aufgabenstellung noch verzichtet werden.

In diesem Kapitel geht es um elektrische Antriebe, die drehzahlverstellbar und energiesparend arbeiten sollen. Im industriellen Bereich sind dies derzeit die umrichtergespeisten Drehstrom-Asynchron- und Synchronmotoren. Umrichter und Motor sind aufeinander abgestimmt und werden als Antriebseinheit betrachtet. Erkennbar ist der Trend zu dezentralisierten „intelligenten Antrieben", die Automatisierungsfunktionen und Regelungsverfahren eigenständig ausführen sowie Kommunikationsmöglichkeiten mit übergeordneten Steuerungen wahrnehmen können. Dies lässt sich durch einen modularen Aufbau der Antriebe aus Einzelkomponenten nach dem Baukastenprinzip erreichen. Für die Projektierung und Inbetriebnahme elektrischer Antriebe stehen Softwaretools zur Verfügung, deren Nutzung bestimmte Grundlagenkenntnisse voraussetzen über die Motoren, über die Umrichterkomponenten für den modularen Geräteaufbau, über die wählbaren Steuerungs- und Regelungsverfahren des Umrichters und über die Kommunikation zwischen dem Umrichter und einer übergeordneten SPS-Steuerung über ein Feldbussystem. Benötigt werden ferner einige Berechnungsgrundlagen zur Auslegung des Antriebssystems mit angekuppelter Arbeitsmaschine.

Ermöglicht wird dieser Standard der Antriebstechnik auf Grund der bedeutenden Entwicklungsfortschritte auf den Gebieten der Leistungselektronik mit ihren ein- und ausschaltbaren elektronischen Leistungsschaltern für hohe Schaltfrequenzen und der Mikroelektronik mit ihren schnellen Prozessoren zur Bewältigung der umfangreichen regelungstechnischen Berechnungsaufgaben sowie der Informationstechnologie mit ihren sicher arbeitenden Bussystemen, die dezentrale Antriebslösungen ermöglichen.

## 23.2 Energie- und Kostensparen durch elektrische Antriebstechnik

Der industrielle Verbrauch an elektrischer Energie in Deutschland betrug im Jahre 2004 ca. 248 TWh (248 Milliarden kWh), dabei wurden ca. 152 Millionen Tonnen Kohlendioxyd ($CO_2$) erzeugt. Davon machte der Anteil für die industrielle elektrische Antriebstechnik allein ca. 165 TWh (165 Milliarden kWh) mit ca. 101 Millionen Tonnen $CO_2$ aus (Quelle: ZVEI, 2006). Der Energieverbrauch elektrischer Antriebe lässt sich durch Einsatz drehzahlveränderbarer Antriebslösungen und Einsatz von Energiesparmotoren erheblich senken.

### 23.2.1 Energiesparmotoren

Niederspannungsmotoren im Leistungsbereich von 1,1 bis 90 kW in 2- und 4-poliger Ausführung werden nach einer Abmachung zwischen der EU (Europäischen Union) und der CEMEP (European Commmitee of Manufacturers of Electrical Machines an Power Electronics) in drei Wirkungsgradklassen EFF1 (hocheffizient), EFF2 (Wirkungsgrad-verbessert) und EFF3

(Standard) unterteilt. Zur Wirkungsgradermittlung wurde eigens die Norm EN 60034-2 geschaffen. Andere Industriestaaten haben entsprechende Vorschriften erlassen und erteilen keine Einfuhrgenehmigungen für Standardmotoren mit EFF3. Subventioniert durch die Motorhersteller wurden die Marktanteile der Energiesparmotoren gegenüber Standardmotoren von 18 % in 1998 auf 90 % in 2003 erhöht.

Um die Anforderungen der Wirkungsgradklassen EFF1 und EFF2 zu erreichen, müssen die Motoraktivteile optimiert werden. Die möglichen Maßnahmen zur Reduzierung der Verluste sind im folgenden Bild zusammengefasst dargestellt

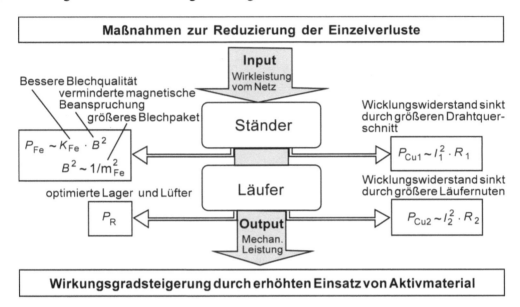

**Bild 23.1:** Leistungsverluste im Asynchronmotor (Quelle: Siemens CD Sinamics)
$P_{Fe}$ = sog. Eisenverluste (Erwärmung des Eisens) , $P_{Cu}$ = sog. Kupferverluste (Erwärmung des Kupfers)
Einsparpotenzial durch Energiesparmotoren ca. 2 %

## 23.2.2 Wirkungsgradverbesserung durch drehzahlveränderbare Antriebe

Nicht immer ist die Motordrehzahl bei einer Maschine oder Anlage zugleich die Regelgröße des Systems. So ist bei einer Warmwasserheizung oder einer Behälterbatterie eine Mengenregulierung erforderlich. Die Fördermenge kann bei Festdrehzahl eines Pumpenmotors durch Verstellung eines Drosselventils reguliert werden. Ein Nachteil dieses Konzepts ist es, dass bei geringer Fördermenge der Pumpenmotor gegen ein nur wenig geöffnetes Ventil arbeitet. In diesem Fall muss die Pumpenleistung zum größten Teil als Verlustleistung verbucht werden. In einer Anlage ohne Drosselventil lässt sich mit einem drehzahlgeregelten Pumpenmotor eine Mengenregulierung bei besserem Wirkungsgrad erreichen.

Beim konventionellen Festdrehzahlantrieb mit Fördermengenregelung über ein Drosselventil muss das 2,85-fache der Förderleistung in Form von Elektroenergie eingespeist werden (siehe Bild 23.2, links). Die Energiebilanz einer mit konstanter Drehzahl betriebenen Pumpe wird immer ungünstiger, je kleiner die benötigte Fördermenge ist. Bei elektronischer Drehzahlregelung beträgt die Einspeiseleistung nur das 1,6-fache der Förderleistung und die Gesamtverluste werden auf ein Drittel reduziert (siehe Bild 23.2, rechts).

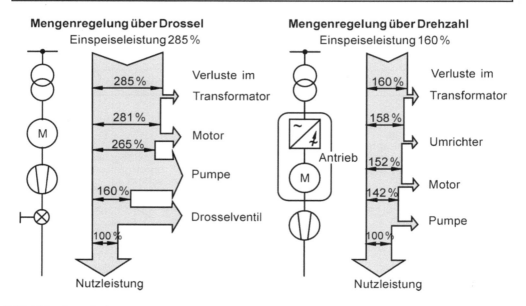

**Bild 23.2:**  Energieeinsparung durch Drehzahlregelung eines umrichtergespeisten Antriebs
               Einsparpotenzial durch Drehzahlregelung ca. 9 % (Quelle: ZVEI, 2006)

Ein Fernziel der Automatisierungstechnik ist es daher, alle in Frage kommenden Motoren drehzahlvariabel gesteuert oder geregelt zu betreiben. Die dazu erforderlichen Steuergeräte werden in der Praxis Umrichter oder Frequenzumrichter genannt, weil die Motordrehzahl über eine Frequenzsteuerung erfolgt. Umrichter und Motor bilden eine Einheit, die als Antrieb bezeichnet wird. Die Mehrkosten für die zur Drehzahlsteuerung erforderlichen Umrichter müssen mit den Einsparungen bei den Energiekosten über die Lebensdauer der Anlage verrechnet werden.

### 23.2.3 Kosteneinsparung durch intelligente Antriebe

Im Maschinenbau werden aus Gründen der Kosteneinsparung und verbesserter Flexibilität bei Neuentwicklungen modulare Konstruktionskonzepte bevorzugt. Der Grundgedanke ist dabei, unterschiedliche Maschinenvarianten entsprechend den kundenspezifischen Anforderungen rationell und schnell aus unabhängigen Maschinenmodulen nach dem Baukastenprinzip zusammen zu setzen. Für die in Maschinenmodulen zu integrierende Antriebstechnik bedeutet dies, dass nur solche Komponenten einzusetzen sind, die der Aufgabenstellung entsprechen, um eine kostenoptimale Antriebslösung zu bekommen. Die Zusammenstellung der Komponenten entscheidet über die Leistungsfähigkeit der Antriebslösungen, die zwischen einfacher Drehzahlsteuerung und hoch dynamischer Servoregelung bei Einachs- oder Mehrachsanwendungen liegen kann.

Im industriellen Anwendungsbereich unterscheidet man:

- *Einfachantriebe*, z. B. für Pumpen und Lüfter,

- *anspruchsvolle Einzelantriebe*, z. B. Aufzüge und Bahnantriebe,

- *koordinierte Antriebe*, z. B. Walzenstraßen und Hafenkräne,

- *Servoantriebe* in Motion Control-Anwendungen, wie z. B. Verpackungsmaschinen und Druckmaschinen.

Der Begriff *Motion Control* wird in der Antriebstechnik als übergeordneter Sammelbegriff für umrichtergespeiste Antriebe zur Ausführung komplexer Bewegungsvorgänge verwendet.

Zu den Motion Control Funktionen zählen z. B.:

- Lagegeregeltes Positionieren von Antriebsachsen wie Anfahren absoluter Positionen oder relatives Verfahren, um eine Last in kürzester Zeit oder auf einer besonderen Bahn in eine bestimmte vorgegebene Position, die als Lage bezeichnet wird, zu bringen.

- Gleichlaufbewegungen auf mehreren Antriebsachsen wie z. B. Getriebegleichlauf, bei dem die Geschwindigkeit eines Folgeantriebs mit einem bestimmten Übersetzungsverhältnis in Abhängigkeit von einem Leitantrieb geregelt wird, oder Kurvenscheibengleichlauf, bei dem ein beliebiger Zusammenhang zwischen einer Master- und Slavebewegung über eine Tabelle definiert wird, oder Winkelgleichlauf, bei dem die Slaveachsen mit einem definierten Positionsbezug zur Leitachse winkelsynchron bewegt werden.

- Fahren auf Festanschlag zur Erzeugung einer bestimmten Andruckkraft. Am Anschlagspunkt wird die Geschwindigkeit auf null gesetzt und das Moment auf einem bestimmten Wert konstant gehalten.

Für die Motion Control Funktionen gibt es parametrierbare von der PLCopen[1] standardisierte Funktionsbausteine, die sich in das Anwenderprogramm eines Motion Controllers einfügen lassen. Motion Controller sind Steuerungsbaugruppen für modular gestaltete Umrichter, die sowohl die Automatisierungsfunktionen und die Antriebsregelung ausführen und somit auch Teilprozesse innerhalb von Maschinen selbstständig führen können. Ein mit einem Motion Controller ausgerüsteter Umrichter bildet zusammen mit dem Drehstrommotor eine Antriebseinheit, die man daher auch als *intelligenten Antrieb* bezeichnet. Solche Motion Control Antriebe bieten sich für den Einsatz in modularen mechatronischen Maschinenbaukonzepten an. Werden die Motion Control Funktionen in einer übergeordneten PC- oder SPS-Steuerung ausgeführt, bedarf es einer taktsynchronen Feldbusverbindung zum Umrichter.

## 23.3 Grundlagen der Umrichtertechnik für Drehstrommotoren

### 23.3.1 Prinzip des kontinuierlich drehzahlverstellbaren AC-Antriebs

Aus Sicht einer Arbeitsmaschine besteht ein kontinuierlich drehzahlverstellbarer *elektrischer AC-Antrieb* (AC = Alternate Current, Wechselstrom) im Prinzip aus einem Drehstrommotor und einem Wechselstrom-Umrichter als Stellglied. Der Motor führt die elektromechanische Energieumwandlung aus und der Wechselstrom-Umrichter erzeugt aus einem 50-Hz-Festnetz

---

[1] PLCopen ist eine internationale hersteller- und produktunabhängige Interessengemeinschaft von Steuerungsherstellern, Softwarehäusern und Instituten zur Standardisierung, z. B. Spezifikation von Funktionsbausteinen auf Basis der IEC 61131-3, um die Schnittstelle zwischen SPS und Motion Control Architektur zu vereinheitlichen und für programmierbare Sicherheitssteuerungen auf Grundlage der IEC 61508.

elektronisch ein neues frequenz- und spannungsvariables Drehstromnetz in gesteuerter oder geregelter Betriebsweise zur Ausführung der gewünschten Motordrehzahl sowie des erforderlichen Drehmoments. Dazu muss der Umrichter den Motor in jedem Augenblick mit der richtigen Werten der Spannung und Frequenz versorgen.

Bild 23.3 zeigt die Gerätekombination in schematischer Darstellung mit dem spannungs- und frequenzfesten Drehstromnetz L1, L2, L3 für die Energieeinspeisung, dem spannungs- und frequenzvariablen Umrichternetz U, V, W für den Drehstrommotor, der je nach Motortyp und Regelungsaufgabe über ein Gebersystem zur Drehzahl- und Lageerfassung verfügt. Bei einer ausführlicheren Darstellung kommt später noch die Messwerterfassung der Motorströme hinzu. Der Umrichter selbst kann in einen Leistungs- und Steuerteil untergliedert werden, die ebenfalls noch ausführlicher darstellt werden.

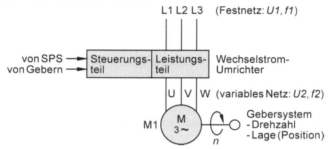

**Bild 23.3:**  Prinzip eines umrichtergespeisten Drehstrommotors

Bei industriellen Anwendungen überwiegen im Leistungsbereich von ca. 100 W bis 100 kW die Drehstrommotoren, die sich in Asynchron- und Synchronmotoren unterscheiden lassen. Aufbau und Wirkungsweise dieser Motoren soll hier nicht näher dargestellt werden. Es genügt zu wissen, dass der Stator dieser Motortypen aus drei um räumlich 120° versetzten, feststehenden Wicklungen besteht, die bei Anschluss an ein 3-Phasen-Drehstromnetz ein umlaufendes magnetisches Drehfeld mit einer Synchrondrehzahl $n_{Stator}$ erzeugt:

$$n_{Stator} = \frac{f}{p} \quad \text{mit } f = \text{Netzfrequenz, p = Polpaarzahl}$$

Der Unterschied beider Motortypen liegt in den verschiedenen Bauweisen der Rotoren und wie der Rotor in Bezug zum Stator-Drehfeld bewegt wird. Beim Asynchronmotor dreht der Rotor in Drehfeldrichtung, jedoch langsamer als die Synchrondrehzahl ($n_{Rotor} < n_{Stator}$). Der relative Unterschied zwischen Motor- und Drehfelddrehzahl wird als Schlupf $s$ bezeichnet.

$$s = \frac{n_{Stator} - n_{Rotor}}{n_{Stator}}$$

Beim Synchronmotor läuft der Rotor mit der exakt gleichen Drehzahl wie das Stator-Drehfeld ($n_{Rotor} = n_{Stator}$). Allerdings kann ein Synchronmotor am 50-Hz-Festnetz beim Einschalten aus dem Stillstand nicht hochlaufen. Dieses Problem lässt sich jedoch mit dem Umrichter durch Vorgabe einer entsprechenden Hochlauframpe lösen, sodass der Rotor immer synchronisiert zur Drehfelddrehzahl läuft. Bei Überlastung durch ein zu großes Lastmoment an der Motorwelle fällt der Synchronmotor jedoch außer Tritt und bleibt stehen.

Bei der Bauweise der Rotoren der Drehstrommotoren genügt es zu wissen, dass auch Rotoren ein Magnetfeld haben müssen. Im Betrieb wirken dann zwei Magnetfelder (Stator- und Rotorfeld) aufeinander und erzeugen im Zusammenwirken das Drehmoment des Motors. Im konstruktiv einfachsten Fall haben beide Drehstrommotortypen einen Rotor, der keinen eigenen Stromanschluss benötigt. Beim Synchronmotor wird das Magnetfeld des Rotors durch einen Permanentmagneten erregt, beim Asynchronmotor werden Ströme in den kurzgeschlossenen Wicklungsstäben des Rotors induziert, die das Rotormagnetfeld erzeugen.

Drehstrommotoren

Asynchronmotor     Synchronmotor
(Kurzschlussrotor)   (permanenterregter Rotor)

Sowohl beim Drehstrom-Asynchronmotor als auch beim Drehstrom-Synchronmotor gibt es eine besondere Bauweise, die als AC-Servomotor bezeichnet wird. In diesen speziellen Motoren ist bereits ein Drehzahlgeber und beim Synchron-Servomotor zusätzlich auch ein Rotorlagegeber integriert. Dadurch sind sie für ihren Einsatz als Positionierantriebe vorbereitet. Solche Motoren benötigen immer einen Umrichter, sie können nicht am öffentlichen Drehstromnetz laufen.

Zur Gruppe der Synchronmotoren zählen noch einige Spezialtypen wie Linearmotore, Schrittmotore, Torquemotore (franz.: torque = Drehmoment) mit Hohlwelle.

### 23.3.2  Umrichter als Stromrichterstellglied

Zunächst sollen einige in der Antriebstechnik häufig verwendete Begriffe für den weiteren Gebrauch inhaltlich festgelegt werden:

**Stellglied** ist ein aus der Regelungstechnik entliehener Fachbegriff und bedeutet dort eine Funktionseinheit, die steuernd in einen Energie- oder Massenfluss eingreift. Die technische Ausführung des Stellgliedes ist dort unbestimmt.

**Stromrichter** ist ein aus der Leistungselektronik entnommener Fachbegriff und bedeutet dort eine Einrichtung (Schaltung) zum Umformen und Steuern elektrischer Energie unter Verwendung von Halbleiterschaltern wie z. B. Netzdioden, IGBTs (Insulated Gate Bipolar Transistor) und Thyristoren oder auch IGCTs (Integrated Gate Commutated Thyristor). Durch die schaltende Betriebsweise (Ein, Aus, Pulsung) werden die Verluste in den Stellgliedern klein gehalten. Bei den Energieumformungen mittels Stromrichtern unterscheidet man die Grundfunktionen, Gleichrichten, Wechselrichten und Umrichten:

*Gleichrichten* ist die Umformung von einphasiger oder mehrphasiger Wechselspannung in Gleichspannung, wobei man ungesteuertes und gesteuertes Gleichrichten unterscheiden muss, je nach dem, ob eine Gleichspannung mit festem oder stellbarem Spannungswert erzielt werden soll. Der für die Funktion erforderliche Stromrichter heißt *Gleichrichter*.

*Wechselrichten* ist die Umformung von Gleichspannung in einphasige oder mehrphasige Wechselspannung. Der für die Funktion erforderliche Stromrichter heißt *Wechselrichter*.

*Umrichten* ist die Umformung elektrischer Energie, wobei die ursprüngliche Stromart – Gleichstrom oder Wechselstrom – erhalten bleibt. Demzufolge unterscheidet man Gleichstrom-Umrichter (DC-DC-Umrichter), bei denen der Spannungswert und/oder die Polarität beeinflusst werden sowie Wechselstrom-Umrichter (AC-AC-Umrichter), bei denen der Spannungswert, die Frequenz und Phasenanzahl umgewandelt werden können. In der Praxis wird anstelle von AC-AC-Umrichtern meist nur von *Frequenzumrichtern* oder *Umrichtern* gesprochen. Dabei sind Frequenzumrichter Geräte, die überwiegend steuerungstechnisch nach dem Prinzip der *U/f*-Kennliniensteuerung zur Drehzahlverstellung von Asynchronmotoren arbeiten. Dagegen verfügen Umrichter zusätzlich über hochdynamische Drehzahl- und Drehmoment-Regelungsfunktionen zum universellen Betrieb von Asynchron- und Synchronmotoren.

**Stromrichterstellglied:** Fasst man die Begriffe Stellglied und Stromrichter zusammen, so ergibt sich der Begriff Stromrichterstellglied. Der Umrichter ist also ein Stromrichterstellglied für Drehstrommotoren, allerdings beschränkt sich die Funktionalität des Umrichters nicht nur auf das Steuern der Motorleistung, wie schon unter 23.2.3 ausgeführt wurde.

*Exkurs: Drehstromsteller als Sanftanlaufgerät für Drehstrom-Asynchronmotore*

Der Vollständigkeit halber sei hier noch erwähnt, dass es für einfachere Anwendungen auch noch eine andere Methode der Drehzahlverstellung für Asynchronmotoren am Festnetz durch Einsatz so genannter *Wechselstromsteller* bzw. *Drehstromsteller* gibt, die mit dem Prinzip der Phasenanschnittssteuerung arbeiten und dem Asynchronmotor einen verstellbaren Spannungswert bei gleichbleibender Frequenz der Grundschwingung (50 Hz) zuführen. Der Drehstromsteller steuert das Drehmoment des Motors über den Effektivwert der Motorspannung bei sich selbstständig einstellender Drehzahl in Abhängigkeit von Motormoment und Lastmoment. Ist das Motormoment größer als das Lastmoment, steigt die Drehzahl und umgekehrt. Die Drehstromsteller haben sich als so genannte *Sanftanlaufgeräte* mit einstellbaren Drehzahlrampen für Anlauf und Abbremsen als preisgünstige Antriebssteuerungslösung eingeführt.

### 23.3.3 Aufbau und Funktion von Umrichtern mit Spannungszwischenkreis

Generell unterscheidet man bei Aufbau und Funktion der Umrichter die Zwischenkreisumrichter und Direktumrichter.

Auf die Direktumrichter, deren Bezeichnung auf die direkte Kopplung des Ausgangsnetzes mit dem Versorgungsnetz zurückgeht, soll nachfolgend nicht weiter eingegangen werden, weil deren Ausgangsfrequenz auf etwa 40 % der Eingangsfrequenz begrenzt ist und dadurch nur bei langsam laufenden Antrieben sehr hoher Motorleistung, wie z. B. bei Walzen- und Mühlenantrieben, Anwendung findet.

Bei den Zwischenkreisumrichtern sind die beiden Netze durch einen zwischengeschalteten Energiespeicher entkoppelt. Das bringt u. a. den Vorteil, dass die Ausgangsfrequenz auch größer als die Eingangsfrequenz sein kann, sodass sich ein größerer Drehzahlstellbereich für den Motor erzielen lässt.

Zwischenkreisumrichter für die Antriebstechnik sind kompakt oder modular aufgebaute Steuergeräte, die in vier Hauptteile untergliedert werden können, wie Bild 23.4 zeigt. Im anschließenden Text werden diese Bestandteile und ihre Aufgaben kurz erläutert.

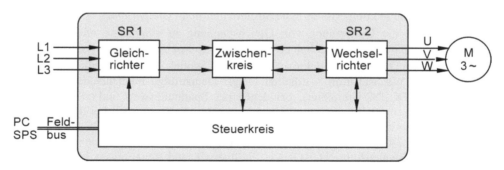

**Bild 23.4:**   Vereinfachte Darstellung der Zwischenkreisumrichter, bestehend aus einer Reihenschaltung zweier Einzelstromrichter SR 1 und SR 2

Der *Gleichrichter*, auch *Einspeisemodul* genannt, wird an ein vorhandenes Wechselstrom-oder Drehstromnetz angeschlossen und erzeugt im Zwischenkreis eine Gleichspannung oder einen Gleichstrom.

Der *Zwischenkreis* ist ein Energiespeicher, der nach der Art der Speichergröße ausgeführt ist, und zwar meistens als Spannungszwischenkreis mit Speicherung einer Gleichspannung in einem Kondensator oder seltener als Stromzwischenkreis mit Speicherung eines vom Gleichstrom verursachten magnetischen Feldes in einer Spule. Umrichter mit Spannungszwischenkreis, auch U-Umrichter genannt, sind die hauptsächlich verwendeten Gerätetypen in drehzahlvariabler Antrieben

Der *Wechselrichter*, auch *Motormodul* genannt, erzeugt im Fall eines Spannungszwischenkreises aus dessen Gleichspannung das für den Drehstrommotor bestimmte neue Drehstromnetz mit stufenlos veränderbarer Spannung und Frequenz.

Der *Steuerkreis*, auch *Control Unit* genannt, ist die zentrale Baugruppe für alle Steuer- und Regelungs- sowie Überwachungsfunktionen, die das Motormodul, den Zwischenkreis und das Einspeisemodul betreffen. Im Fall von modular aufgebauten Umrichtern kann eine Control Unit auch mehrere Motormodule und damit angeschlossene Motoren steuern. Die Control Unit hat einen Feldbusanschluss zur Verbindung mit einer übergeordneten Steuerung (PC oder SPS), sie kann aber auch eigenständig arbeiten und verfügt dazu über alle erforderlichen digitalen und analogen Ein-/Ausgänge zur Antriebssteuerung.

Eine ausführlichere Darstellung der Umrichterfunktionen ist für den Anwender an sich nicht erforderlich. Da später noch der Frage nachgegangen werden soll, wie der Wechselrichter aus einer Gleichspannung ein neues Drehstromnetz mit variabler Spannung und Frequenz erzeugt, soll hier wenigsten ein Prinzipschaltbild eines Wechselstrom-Umrichters gezeigt werden.

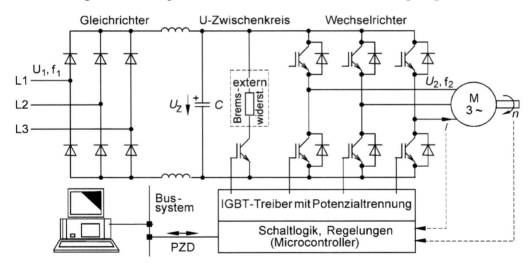

**Bild 23.5:** Vereinfachte Schaltungsdarstellung eines AC-AC-Umrichters mit Spannungszwischenkreis: PZD sind Prozessdaten des Umrichters, die in Form von Steuerworten und Sollwerten sowie Zustandsworten und Istwerten zwischen PC und Umrichter übertragen werden. Hier nicht dargestellt sind Schaltungsvarianten für geregelte Energieeinspeisung (mehr Robustheit gegenüber Netzspannungsschwankungen) und Energierückspeisung in das Festnetz (Energierückführung in Bremsbetriebsphasen).

Kurze Funktionsbeschreibung in 3 Schritten:

1. Der Gleichrichter SR 1 ist als ungesteuerte B6-Brückenschaltung ausgeführt und erzeugt die Zwischenkreis-Gleichspannung $U_Z$.

2. Der Wechselrichter SR 2 ist ebenfalls eine Brückenschaltung, in der die Schalttransistoren gepulst angesteuert werden, sodass für die Wicklungen des Drehstrommotors geschlossene Stromwege entstehen. Aufgabe des Wechselrichters ist es, dem Drehstrommotor ein spannungs- und frequenzvariables Drehstromnetz zu liefern. Die Energiequelle dafür ist der Zwischenkreis mit seiner Gleichspannung $U_Z$.

3. Der Bremswiderstand im Zwischenkreis hat mehrere Funktionen. Er dient dem gezielten Abbremsen des Motors durch Entladen des Zwischenkreises, z. B. bei Netzausfall. Der Bremswiderstand kann auch dazu dienen, eine zu hoch ansteigende Zwischenkreisspannung abzusenken. Dieser Fall kann in einer generatorischen Phase des Antriebs z. B. beim Abbremsen der Schwungmasse der mit dem Motor verbundenen Arbeitsmaschine entstehen. Dabei wird über den Wechselrichter rückwärts Energie in den Zwischenkreis geladen. Da eine Rückspeisung in das Versorgungsnetz bei einer einfachen Gleichrichterschaltung (SR 1) nicht möglich ist, besteht die Gefahr, dass die Zwischenkreisspannung am Kondensator den zulässigen Maximalwert übersteigt. Es kann dann der Bremswiderstand zugeschaltet werden, der einen Teil der zu großen elektrischen Energie in Wärme umwandelt.

### 23.3.4 Drehspannungserzeugung im Wechselrichter

In Bild 23.6 ist das Funktionsprinzip des Wechselrichters, der aus der Zwischenkreis-Gleichspannung $U_Z$ ein 3-phasiges Wechselspannungssystem mit veränderbaren Frequenz- und Spannungswerten erzeugt, mit einem Schaltermodell veranschaulicht. Die Schalter V1 bis V6 symbolisieren die IGBT-Transistorschalter in Bild 23.5.

Wechselrichter:

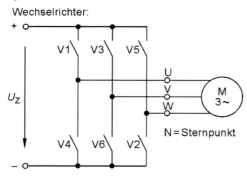

Schaltfolgetabelle für 1 Periode:

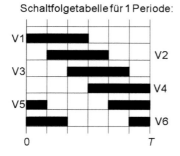

Strangspannungen: $U_{UN}$; $U_{VN}$; $U_{WN}$

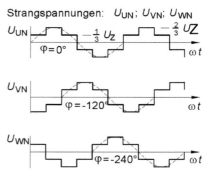

Beispiel einer Außenleiterspannung: $U_{WU}$
$U_{WU} + U_{UN} - U_{WN} = 0$

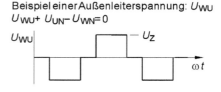

**Bild 23.6**

Prinzip eines Spannungswechselrichters zur Erzeugung eines 3-phasigen Drehstromsystems aus einer Zwischenkreis-Gleichspannung

Die Schalter werden nach dem in der Schaltfolgetabelle angegebenen Schema geschaltet. Geschwärzte Zeitblöcke bedeuten jeweils geschlossene, weiße Zeitblöcke offene Schalter. Die sechs Schalter werden so gesteuert, dass weder ein Kurzschluss der Zwischenkreisspannung noch ein offen bleibender Wechselrichterausgang auftreten kann, sodass immer geschlossene Stromkreise mit der Zwischenkreisspannung und den Statorwicklungen entstehen. Die am Wechselrichterausgang entstehenden Spannungen treiben Motorströme, die im Stator des angeschlossenen Drehstrommotors gemeinsam das Drehfeld mit der gewünschten Frequenz erzeugen.

Die stufigen Ausgangs-Strangspannungen sind um 120° phasenverschoben. Bei Sternschaltung des Drehstrommotors entstehen die Strangspannungswerte $1/3 \cdot U_Z$ durch Spannungsteilung in den Wicklungssträngen, bei denen jeweils zwei Stränge parallel liegen und die dritte Wicklung dazu in Reihe. Die drei Außenleiterspannungen mit den Spannungswerten $+U_Z$, 0, $-U_Z$ ergeben sich aus der Differenz zweier Strangspannungen und zeigen sich als grobe Spannungsblöcke, siehe Bild 23.6. Der Blockbetrieb erlaubt nur die Veränderung der Grundfrequenz nicht aber die der Spannungshöhe der Drehspannung. Um auch diesen Anspruch zu erfüllen, muss die blockförmige Schalteransteuerung auf eine Pulsansteuerung umgestellt werden.

Im Folgenden werden zwei verschiedene Verfahren erläutert, die man nicht mehr als Steuerungsverfahren, sondern als Modulationsverfahren bezeichnet. Dabei bleibt die Wechselrichterschaltung unverändert, nur die Pulsung der Transistoren richtet sich nach dem gewählten Modulationsverfahren.

### 23.3.4.1 Sinusbewertete Pulsweitenmodulation

Die vom Wechselrichter erzeugten Außenleiterspannungen sind jetzt Pulsfolgen mit unterschiedlichen Puls-Pausen-Zeiten, deren arithmetische Mittelwerte sich zu einem sinusförmigen Verlauf zusammensetzen. Die Außenleiterspannungen sind nach wie vor Spannungspulse, die aber durch ihre unterschiedliche Breite auf der Zeitachse eine Sinusbewertung enthalten. Man bezeichnet diese Spannungsverläufe als *sinusbewertete Ausgangsspannung* des Pulswechselrichters und das Modulationsverfahren als *sinusbewertete Pulsweitenmodulation (PWM)*.

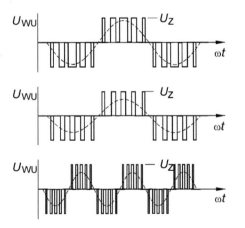

Die gestrichelte Linie deutet die Grundschwingung an, die in der gepulsten Spannung enthalten ist, deren Impulsbreite sinusförmig moduliert ist.

Durch Variation der Impulsbreiten bei gleichem Impulsrhythmus lässt sich die Amplitude verändern.

Durch Variation der Taktzeiten bei gleichem Impulsrhythmus lässt sich die Frequenz verändern.

**Bild 23.7:** Prinzip der Pulsweitenmodulation für sinusbewertete Ausgangsspannungen

Während die drei Spannungen pulsförmig bleiben und nur sinusbewertet sind, sollen die zugehörigen drei Ströme in den Außenleitern kontinuierlich sinusförmig (ohne Lücken) fließen. Kontinuierliche Stromflüsse setzen geschlossene Stromkreise voraus. Es ist die Aufgabe der antiparallel zu den Schalttransistoren liegenden Dioden, die Freilaufstromwege zu schalten, wenn betreffende Schalttransistoren gerade sperren, vgl. Bild 23.5. Durch die Induktionswirkung der Motorinduktivitäten werden die Ströme während der Freilaufphasen aufrecht erhalten. Je höher die Pulsfrequenz, desto mehr nähern sich die Stromverläufe der Sinusform an. Den drei Sinusströmen in den Statorwicklungen sind nur geringe Reste von Schaltfrequenzen überlagert, siehe Bild 23.8. Zur Drehfelderzeugung sind drei so erzeugte Ströme erforderlich, die gegeneinander um 120° elektrisch phasenverschoben sind und in räumlich um 120° versetzten Spulenwicklungen fließen.

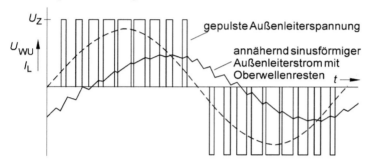

**Bild 23.8:**
Darstellung einer Außenleiterspannung und eines Außenleiterstromes. Die Stromglättung wird durch die Wirkung der Motorinduktivitäten erzwungen. Im Bild sind die Grundfrequenz $f_S$ und die Pulsfrequenz $f_P$ erkennbar.

Die technische Ausführung der Pulsweitenmodulation, also die Erzeugung der Pulsmuster zur Ansteuerung der Wechselrichtertransistoren, erfolgt programmgesteuert im Mikrocontroller des Umrichter-Steuerkreises durch eine firmenspezifische Softwarelösung.

### 23.3.4.2 Raumzeigermodulation

Raumzeiger werden zur anschaulichen Darstellung von Drehfeldern bei Drehstrommotoren verwendet und benötigen nur eine Zeigerlänge für den aktuellen Betrag und einen Winkel für die aktuelle Lage des Magnetflusses gegenüber einer Bezugsachse im räumlich feststehenden Stator-Koordinatorsystem des Motors. Der Raumzeiger läuft mit der Winkelgeschwindigkeit des Drehfeldes im Kreis um. Ein Drehfeld-Raumzeiger, dargestellt durch seinen magnetischen Fluss, entsteht durch die geometrische Addition der drei um räumlich 120° versetzten sinusförmigen magnetischen Wechselfelder, die von den drei um elektrisch 120° phasenverschoben sinusförmigen Strangströmen erzeugt werden.

Die Raumzeiger-Darstellung kann auch auf Spannungen angewendet werden. Ein Spannungsraumzeiger ist dabei eine fiktive Größe, die durch Angabe eines aktuellen Betrags $U_{Soll}$ und eines aktuellen Raumwinkels $\alpha_{Soll}$ dargestellt wird. Dieser Sollwert-Spannungsraumzeiger lässt sich durch Schaltersteuerung auf eine geometrische Addition von drei gepulsten Spannungskomponenten zurückführen. Wird die Ansteuerung der Wechselrichterschalter tatsächlich realisiert, ergeben sich im Motor Ständerströme, deren Strang-Magnetflüsse sich zu einem Drehfeld zusammensetzen, dass den Vorgaben des Sollwert-Spannungsraumzeigers im Abstand von 90° Phasenverschiebung nachfolgt, siehe auch Bild 23.13.

Mit einer einfachen Wechselrichteransteuerung wie sie in der Schaltfolgetabelle des Bildes 23.6 angegeben ist, ließe sich der Drehspannungs-Raumzeiger nur in sechs Schritten von je 60° vorwärts takten. Den sechs Schaltzustände des Wechselrichters entsprechen sechs Positionen des Drehspannungs-Raumzeigers in einem Raumzeiger-Zustandsdiagramm. In jeder Position verharrt der Raumzeiger 1/6 der Periodendauerzeit. Ein solches „Drehfeld" hätte eine sechseckige Kurvenform und führt im Drehstrommotor noch nicht zu einem guten Rundlauf. Eine Verbesserung soll die *Raumzeigermodulation* bringen. Diese muss nicht nur die Anzahl der Positionsschritte erhöhen, um einen guten Rundlauf des Drehfeldes zu erreichen, sondern auch den Betrag des Spannungs-Raumzeigers verändern können, um den unterschiedlichen Belastungsanforderungen des Motors zu entsprechen.

Im Bild 23.9 wird dargestellt, wie die Raumzeigermodulation funktionieren soll. Rechts im Bild ist der Wechselrichter in vereinfachter Form dargestellt. Die drei Umschalter S1, S2 und S3 bilden die Transistorschalter V1 bis V6 nach, wie sie in der Wechselrichterschaltung des Bildes 23.6 gezeigt sind. Die Darstellung mit Umschaltern soll hier nur der einfacheren Lesart des angegebenen Schalter-Diagramms dienen und verdeutlichen, dass kein Wechselrichterzweig beim Schalterbetrieb kurzgeschlossen werden kann. Links im Bild ist das Raumzeiger-Zustandsdiagramm dargestellt. Es werden immer drei Raumzeiger verwendet, um einen Spannungswert $U$ zu bilden, und zwar jeweils zwei benachbarte Zeiger, z. B. $\underline{U}_1$ und $\underline{U}_2$ oder $\underline{U}_2$ und $\underline{U}_3$ usw. und dazu immer der Nullzeiger $\underline{U}_0$. Durch abwechselndes Einschalten des Nullzeigers $\underline{U}_0$ wird die Motorspannung während eines Zeitraums $t_0$ kurzzeitig null, sodass sich im Mittel die Spannungshöhe durch entsprechende Pulsung beeinflussen lässt. Durch Hin- und Herpulsen zwischen den Raumzeigern $\underline{U}_1$ und $\underline{U}_2$ mit unterschiedlichen Verweilzeiten $t/T_P$ lässt sich jeder Raumwinkel α zwischen den beiden Raumzeigern einstellen und bei hinreichend hoher Pulsfrequenz sogar eine gleichmäßige Winkelgeschwindigkeit $\omega_S$ des umlaufenden Raumspannungszeigers $\underline{U}$ erreichen. $U_a$ und $U_b$ sind Spannungskomponenten für die Sollwert-Vorgabe.

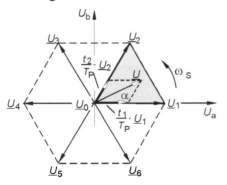

Schaltermodell des Wechselrichters

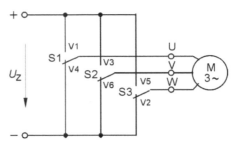

$T_P$ = Pulsperiode
    (Reziprokwert der Pulsfrequenz)
$t_1, t_2$ = Einschaltdauer der
    Zustände $\underline{U}_1$ und $\underline{U}_2$
$\underline{U}_0$ = Nullzeiger, sein Zuschalten
    ermöglicht das Einstellen
    der Spannungswerte
    zwischen maximal und null.
$\underline{U}$ = durch Pulsen zwischen
    $\underline{U}_1$, $\underline{U}_2$ und $\underline{U}_0$ entstandener
    Zwischenwert

Schalter-Diagramm:

| Schalterstellung | | | Raumzeiger |
|:---:|:---:|:---:|:---:|
| S1 | S2 | S3 | |
| − | − | − | $\underline{U}_0$ |
| + | − | − | $\underline{U}_1$ |
| + | + | − | $\underline{U}_2$ |
| − | + | − | $\underline{U}_3$ |
| − | + | + | $\underline{U}_4$ |
| − | − | + | $\underline{U}_5$ |
| + | − | + | $\underline{U}_6$ |

**Bild 23.9:** Prinzip der Raumzeigermodulation
Die Zeichen Minus (−) und Plus (+) im Schalterdiagramm zeigen die Schalterlage an. Dreimal (−) bedeutet, alle drei Schalter sind zum Minuspol der Zwischenkreisspannung geschaltet. In diesem Zeitraum ist der Motor spannungslos. Nicht dargestellt ist die wirkungsgleiche 8. Schalterkombination dreimal (+).

## 23.3.5 Motorführungsverfahren der Umrichter

### 23.3.5.1 Übersicht

Bei Umrichterantrieben mit Asynchron- und Synchron-Drehstrommotoren stehen verschiedene Verfahren der Motorführung zur Verfügung, die bei der Antriebsprojektierung sachgerecht ausgewählt werden müssen. Die Verfahren, die auch als *Betriebsarten* der Umrichter bezeichnet werden, unterscheiden sich bezüglich ihrer Leistungsfähigkeit und ihrer Zuordnung zu den Motortypen und werden in den Umrichtern softwaremäßig realisiert. Sie liefern die Steuersignale für die Drehspannungserzeugung im Wechselrichter. Zu unterscheiden sind folgende steuernde und regelnde *Motorführungsverfahren*:

- Die *U/f-Steuerung* mit linearer Kennlinie für Drehstrom-Asynchronmotoren in einfacheren drehzahlvariablen Anwendungen ohne Drehzahlregelung mit dem Kennzeichen des konstant gehaltenen Magnetflusses im Motor, in dem die Ständerspannung proportional zur Ständerfrequenz nachgeführt wird.

- Die *Feldorientierte Vektorregelung* für Drehstrom-Asynchronmotoren in anspruchsvollen drehzahlvariablen Anwendungen mit dem Kennzeichen der getrennten Regelung des Magnetflusses und des Drehmoments sowie der Einbeziehung eines Motormodells in den Regelkreis. Dabei sind zwei Varianten zu unterscheiden:
  - Die Vektorregelung mit Drehzahlregelung aber ohne Drehzahlrückführung wird als geberlose Vektorregelung oder als Frequenzregelung bezeichnet. Der Drehzahlistwert wird in einem Motormodell künstlich gebildet. Bei sehr kleinen Drehzahlen erfolgt allerdings eine Umschaltung auf die *U/f*-Steuerung.
  - Die Vektorregelung mit Drehzahlregelung und Drehzahlrückführung wird als Vektorregelung mit Geber bezeichnet und ist für drehzahlgenaue Anwendungen im gesamten Drehzahlbereich geeignet.

- Die *Servoregelung* für Asynchron-Servomotore und Synchron-Servomotore mit permanenterregtem Läufer, die beide nur am Umrichter und nicht am Drehstrom-Festnetz laufen können. Die Servoregelung ist eine spezielle Ausprägung der feldorientierten Vektorregelung für genaue und hochdynamische Positionier-Anwendungen mit entsprechend höheren Rechengeschwindigkeiten für die Regelkreise. Die Servomotoren verfügen bereits über ein integriertes Gebersystem für die Drehzahl- und Lageerfassung, die bei Synchron-Servomotoren auch die aktuelle Rotorlage mit einschließt.

### 23.3.5.2 *U/f*-Kennliniensteuerung für Drehstrom-Asynchronmotore

Die einfachste Lösung einer Drehzahlsteuerung des Drehstrom-Asynchronmotors ist die bekannte Spannungs-Frequenz-Steuerung über die so genannte *U/f*-Kennlinie.

Die Drehzahl *n* des Asynchronmotors ist annähernd proportional zur Frequenz *f* des speisenden Umrichter-Drehstromsystems:

$$n \sim \frac{f}{\mathrm{p}} \qquad \mathrm{p} = \text{Polpaarzahl des Motors (p = 1 für 2-polig, p = 2 für 4-polig)}$$

Bei einer Drehzahlsteuerung durch Frequenzänderung ist der magnetische Fluss $\Phi$ im Motor zu beachten, der vom Magnetisierungsstrom $I_\mu$ bzw. vom Verhältnis aus Speisespannung *U* und der Frequenz *f* abhängig ist:

$$\Phi \sim I_\mu \sim \frac{U}{f}$$

Das Ziel der *U/f*-Steuerung ist es, den Magnetfluss $\Phi$ im Motor auf seinem konstruktiv vorgesehen optimalen Wert konstant zu halten. Bei einer zu vermeidenden Übermagnetisierung kommt das Eisen in die Sättigung und lässt den Magnetisierungsstrom ansteigen, bei zu geringer Magnetisierung würde der Motor nur weniger Drehmoment erzeugen. Daraus folgt für den steuernden Umrichter, dass bei Änderung der Frequenz *f* auch die Spannung *U* angepasst werden muss. Wie der genaue Zusammenhang auszusehen hat, zeigt die *U/f*-Kennlinie an, für die es je Art der Drehzahl-Drehmoment-Kennlinie der anzutreibenden Arbeitsmaschine verschiedene Ausprägungen gibt.

*U/f*-**Steuerung mit linearer Kennlinie:** Verlangt die Arbeitsmaschine ein über den Drehzahlbereich konstant bleibendes Drehmoment wie es z. B. bei Hebezeugen und Förderbändern der Fall ist, wird eine *U/f*-Steuerung mit linearer Kennlinie ausgewählt. Bei diesem *U/f*-Kennlinienverlauf wird bei einer Frequenzänderung die Spannung proportional nachgeführt. Für den magnetischen Fluss bedeutet dies, dass er im so genannten Spannungsstellbereich konstant, d. h. frequenzunabhängig, bleibt. Lediglich im Bereich kleiner Frequenzen ($f_1 < 5$ Hz) ist eine Spannungsanhebung erforderlich, um den strombegrenzenden Einfluss der Wicklungswiderstände auszugleichen. Bei höheren Frequenzen fallen diese Wirkwiderstände gegenüber den frequenzabhängigen induktiven Widerständen dagegen nicht ins Gewicht.

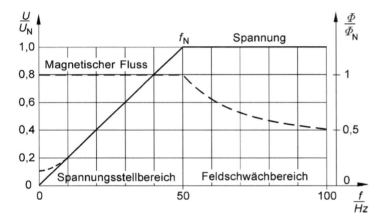

**Bild 23.10:**
*U/f*-Kennlinie

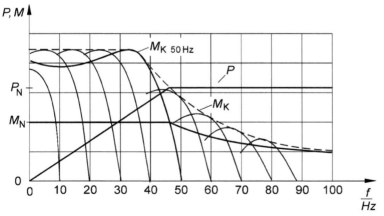

**Bild 23.11:**
Betriebskennlinien bei
*U/f*-Steuerung

Die *U/f*-Kennlinie in Bild 23.10 weist einen Eckpunkt auf, der auf der Spannungsachse durch die größtmögliche Ausgangsspannung des Umrichters bestimmt ist, die nicht größer als die Zwischenkreisspannung sein kann. Auf der Frequenzachse wird dieser Punkt Eckfrequenz genannt.

- Bei der Konfigurierung der Umrichterparameter muss die Lage des Eckpunkts festgelegt werden. Meistens werden hier die Bemessungsfrequenz (Nennfrequenz) $f_N$ und Bemessungsspannung (Nennspannung)$U_N$ des Motors gemäß Leistungsschild eingetragen.

Der Umrichter kann zwar die Frequenz noch über die Bemessungsfrequenz $f_N$ hinaus erhöhen, nicht aber die Spannung entsprechend steigern, wodurch sich für diesen Bereich eine Schwächung des Magnetfeldes ergibt. Im Bild 23.10 ist entsprechend dargestellt, dass der Umrichter den magnetischen Fluss $\Phi$ des Motors im Spannungsstellbereich konstant hält und im Feldstellbereich bei zunehmender Frequenz verringert. Das hat Auswirkungen auf das erreichbare Drehmoment $M$ des umrichtergespeisten Asynchronmotors, das proportional zum vektoriellen Produkt von Magnetfluss $\Phi$ und Motorstrom $I$ ist:

$$M \sim \Phi \times I$$

Deutung dieser Beziehung und Darstellung in Bild 23.11:

- Im Spannungsstellbereich ist das verfügbare Drehmoment unabhängig von der Frequenz und hat einen konstanten Verlauf. Im Feldschwächbereich nimmt das Drehmoment umgekehrt proportional zur Frequenz ab.

- Der Betrag des aufzubringenden Drehmoments ist lastabhängig. Bei stärkerer Belastung an der Motorwelle durch die Arbeitsmaschine tritt ein größerer Motorstrom $I$ auf und erhöht das Drehmoment $M$. Da der Umrichter die Drehzahl des Motors durch seine Ausgangsfrequenz unabhängig von der Belastung steuert, können Strom- und Drehmoment-Grenzwerte des Umrichters erreicht werden. Bei zu starker Belastung begrenzt der Umrichter den Motorstrom, in dem er die Frequenz und Spannung reduziert. Die Strombegrenzung ist einstellbar und wird meistens auf 1,5 $I_N$ für kurzzeitige Überlast festgelegt, wodurch auch eine entsprechende Drehmomentbegrenzung auftritt.

Bei einer Antriebsprojektierung wird in der Regel aus den Bedingungen der Arbeitsmaschine das auftretende Lastmoment berechnet. Aus dem Lastmoment $M$ und der Drehzahl $n$ errechnet sich die für die Auswahl eines passenden Motors wichtige Leistung $P$:

$$P = M \cdot 2\pi \cdot n$$

Aus dieser Beziehung ist zu ersehen, dass die Leistung im Spannungsstellbereich bei konstantem Drehmoment proportional zur Drehzahl (Frequenz) ansteigt. Im Feldschwächbereich bleibt die Leistung konstant, weil das Drehmoment in dem Maße abnimmt wie die Drehzahl zunimmt. Wird die Arbeitsmaschine über ein Getriebe mit dem Motor verbunden, so ist zu beachten, dass Getriebe nicht nur Drehzahl-, sondern auch Drehmomentwandler sind. Bei der Motorauswahl nach Spannung, Leistung und Drehzahl ergibt sich auch dessen Bemessungsstrom. Die Auswahl des Umrichters richtet sich dann nach dem Motorstrom-Bemessungswert.

Aus den voranstehenden Schaubildern darf nicht geschlossen werden, dass der Umrichter die Frequenz und damit die Drehzahl des Drehstrom-Asynchronmotors beliebig erhöhen darf. Motoren haben eine in Datenblättern angegebene mechanische Grenzdrehzahl, die nicht überschritten werden darf. Hinzu kommt, dass im Feldschwächbereich das Motor-Kippmoment mit dem Quadrat der Drehzahl abnimmt und nicht überschritten werden darf. Das Kippmoment des Motors ist das größte Moment, dass er bei Bemessungsspannung und Bemessungsfrequenz leisten kann, es beträgt etwa das 2- bis 2,5-fache des Motor-Bemessungsmoments.

Bei Festfrequenz 50 Hz hat der Asynchronmotor nur eine Drehmoment-Drehzahl-Kennlinie, die in Bild 23.11 als stärker gezeichnete $M$-$n$-Kennlinie hervorgehoben ist, wobei man sich die Drehzahl $n$ aus der Frequenz $f$ und Polpaarzahl p des Motors umgerechnet vorstellen kann. Durch Änderung der Frequenz und Spannung kann der Umrichter diese Motorkennlinie auf der Frequenzachse verschieben, was durch die eingezeichnete $M$-$n$-Kennlinienschar dargestellt sein soll.

*U/f*-**Steuerung mit quadratischer Kennlinie:** Dieser Verlauf berücksichtigt die Drehzahl-Drehmoment-Kennlinie von Arbeitsmaschinen wie sie typischerweise bei Lüftern und Pumpen vorkommen, deren Drehmomentbedarf quadratisch mit der Drehzahl ansteigt: $M \sim n^2$

### Funktionsschema der *U/f*-Steuerungen:

Bild 23.12 zeigt schematisch wie die *U/f*-Steuerung ihre beiden jeweils aktuellen Ausgangsgrößen $U_{Soll}$ und $\alpha_{Soll}$ des Spannungsraumzeigers zur Ansteuerung des Wechselrichters bildet. Die Umrechnung der Frequenz $f$ in den Raumzeigerwinkel $\alpha_{Soll}$ erfolgt durch die bekannte allgemeine Drehwinkelbeziehung $\alpha = \omega \cdot t$ mit der Winkelgeschwindigkeit $\omega = 2\pi \cdot f$

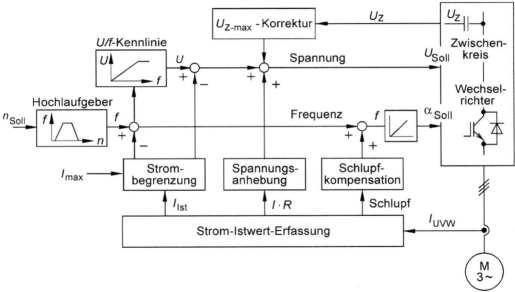

**Bild 23.12:** Prinzip der *U/f*-Kennliniensteuerung

Hochlaufgeber: Die Solldrehzahl $n_{Soll}$ wirkt auf den Hochlaufgeber HLG, der zur Beschleunigungsbegrenzung bei sprunghaften Änderungen des Sollwertes dient. Die Frequenz wird entlang einer Rampenfunktion auf den gewünschten Wert gebracht. Die zur Frequenz $f$ zugehörige Spannung $U$ wird aus der *U/f*-Kennlinie ermittelt.

Strombegrenzung: Die Motorströme werden gemessen und ausgewertet. Erkennt die Strombegrenzung einen für den Umrichter zu großen Motorstrom z. B. beim Anfahren unter Last, so werden Ausgangsspannung $U$ und Frequenz $f$ soweit reduziert, bis die Stromgrenze erreicht wird. Ist das für Dauerbetrieb nicht möglich, schaltet der Umrichter ab.

Schlupfkompensation: Die Schlupfkompensation passt die Ausgangsfrequenz des Umrichters dynamisch so an, dass die Motordrehzahl unabhängig von der Belastung durch die Arbeitsmaschine fast konstant gehalten wird. Erhöht sich die Motorlast, so wird der abfallenden Drehzahl durch eine passende Frequenzerhöhung entgegen gewirkt.

Spannungsanhebung: Die lineare $U/f$-Kennlinie liefert für sehr kleinen Ausgangsfrequenzen nur sehr kleine Spannungswerte. Die ohmschen Widerstände der Statorwicklungen sind bei kleinen Frequenzen nicht mehr vernachlässigbar gering gegenüber ihren induktiven Widerständen, sodass der Motorstrom nicht mehr für die konstante Magnetisierung ausreicht. Die projektierte Spannungsanhebung im Bereich kleiner Frequenzen wirkt dem entgegen.

$U_{Z\text{-max}}$-Korrektur: Begrenzung der Zwischenkreisspannung auf zulässige Werte, indem die Kondensatorspannung in einem bestimmten Puls-Pausenverhältnis zur Entladung auf einen externen Bremswiderstand geschaltet wird. Die Überspannung entsteht durch generatorische Spannungserzeugung im Motor beim Abbremsen der Arbeitsmaschine. Die überschüssige Energie wird im Bremswiderstand in Wärme umgewandelt. Es gibt auch eine energiesparende Variante mit Rückspeisung der vom Motor generatorisch erzeugten Energie in das Netz.

Einsatzmöglichkeiten der $U/f$-Steuerung:

- Insgesamt gesehen ist die $U/f$-Kennliniensteuerung gut geeignet für einfachere Antriebsanwendungen mit Drehstrom-Asynchronmotoren z. B. für Transportbänder, Pumpen und Lüfter, wenn auf eine Drehzahlregelung verzichtet werden kann. Im Prinzip kann einer $U/f$-Kennliniensteuerung auch eine Drehzahlregelung übergeordnet werden. Es ist dann jedoch einfacher, eine Vektorregelung ohne Drehzahlgeber einzusetzen, wie nachfolgend dargestellt wird.

### 23.3.5.3 Feldorientierte Vektorregelung für Drehstrom-Asynchronmotore

Die feldorientierte Vektorregelung ist eine hochwertige Regelungsart moderner Umrichter, die gut zu der bereits darstellten Raumzeigermodulation des Wechselrichters passt.

Als Vorlage für die feldorientierte Vektorregelung des Drehstrom-Asynchronmotors diente das Regelungskonzept des fremderregten Gleichstrom-Nebenschlussmotors, das sich durch folgende Merkmale auszeichnet:

- Das Erregerfeld und das Ankerfeld sind in Bezug auf den Maschinenstator räumlich fest angeordnet und stehen im Motor senkrecht aufeinander. Dadurch erreicht das erzielbare Drehmoment $M$, das dem Vektorprodukt von Magnetfluss $\Phi$ und Ankerstrom $I_A$ proportional ist, den größtmöglichen Betrag $M \sim \Phi \times I_A$.
- Der Magnetfluss $\Phi$ und der Ankerstrom $I_A$ sind unabhängig voneinander regelbar, und zwar der Magnetfluss $\Phi$ durch den Erregerstrom $I_E$ in der Feldwicklung des Stators und der Ankerstrom $I_A$ durch die Klemmenspannung $U$ des Ankerstromkreises.
- Die Drehzahl $n$ ist über die Ankerspannung mit $n \sim U_A$ oder über den Magnetfluss mit $n \sim 1/\Phi$ regelbar. Bei Feldschwächung muss sich der Motor schneller drehen, um im Ankerkreis eine der Ankerspannung $U_A$ entsprechende Gegenspannung $U_q$ zu induzieren.
- Die Kaskadenregelung als zweischleifige Regelungsstruktur ist typisch für die Antriebstechnik und besteht aus einem übergeordneten Drehzahlregelkreis und einem unterlagerten Stromregelkreis zur Begrenzung des zulässigen Ankerstroms.

Während beim fremderregten Gleichstromnebenschlussmotor zwei getrennte Stromkreise zur Regelung der Motormagnetisierung und des Drehmoments bereit stehen, sind beim Drehstrom-Asynchronmotor mit Kurzschlussläufer nur die drei Statorströme zugänglich, die sowohl für die Motormagnetisierung als auch für das Drehmoment in zusammenhängender Weise zuständig und zu dem noch Wechselströme sind. Die das Drehmoment eigentlich beeinflussenden Läuferströme in den Kurzschlusswicklungen sind leider nicht direkt messbar. Die regelungstechnischen Voraussetzungen erweisen sich daher beim Drehstrom-Asynchronmotor erheblich komplizierter als beim fremderregten Gleichstrom-Nebenschlussmotor.

Die feldorientierte Vektorregelung soll im Umrichter fiktive Gleichstrommotorverhältnisse für den Drehstrom-Asynchronmotor nachbilden. Das erfordert die Einführung regelbarer Stromvektoren sowie der Errechnung des Läuferflusses nach Betrag und Winkellage in einem Motormodell und die Struktur einer Gleichgrößenregelung, wie nachfolgend zu zeigen ist.

**Einführung regelbarer Stromvektoren**:

Der Grundgedanke der feldorientierten Vektorregelung ist die Aufspaltung des Statorstroms $\underline{I}_S$ in eine flussbildende und eine drehmomentbildende Stromkomponente, die sich unabhängig voneinander regeln lassen. Die Aufspaltung des Statorstroms, der ein Wechselstrom ist, muss dabei so gelöst werden, dass die entstehenden Stromkomponenten im stationären Betriebsfall regelungstechnisch verwertbare Gleichstromgrößen sind. In Bild 23.13 ist dargestellt, wie das im Prinzip möglich gemacht werden kann.

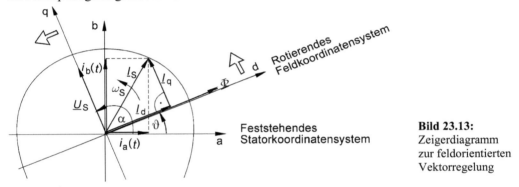

**Bild 23.13:**
Zeigerdiagramm
zur feldorientierten
Vektorregelung

Das Bild zeigt ein Zeiger-(Vektor-) Diagramm mit den Raumzeigern von Statorstrom $\underline{I}_S$, Magnetfluss $\underline{\Phi}$ und Statorspannung $\underline{U}_S$. Die Größen sind durch Unterstrich als Raumzeiger (Vektoren) gekennzeichnet. Zusätzlich eingezeichnet sind zwei zu unterscheidende Bezugssysteme.

Die Zerlegung des Statorstroms $\underline{I}_S$ im feststehenden a/b-Statorkoordinatensystem ergibt die Stromkomponenten $i_b(t)$ und $i_a(t)$, die sich bei Drehung des Raumzeiger in Betrag und Lage verändern. Wird die Zerlegung jedoch in dem künstlich eingeführten d/q-Feldkoordinatensystem durchgeführt, werden im stationären Betriebsfall die Stromkomponenten $\underline{I}_q$ und $\underline{I}_d$ tatsächlich zu Gleichgrößen, weil das Feldkoordinatensystem mit gleicher Winkelgeschwindigkeit $\omega_S$ rotiert wie der Statorstromraumzeiger $\underline{I}_S$. Dabei ist die Magnetisierungsstromkomponente $\underline{I}_d$ mit dem Magnetfluss $\underline{\Phi}$ phasengleich. Die Wirkstromkomponente $\underline{I}_q$ dagegen verläuft senkrecht zum Magnetfluss $\underline{\Phi}$ und ist das statorseitige Abbild des drehmomentbildenden aber nicht direkt messbaren Läuferstroms. Der Winkel $\vartheta$ ist der momentane Läuferdrehwinkel, der die aktuelle Lage des rotierenden Feldkoordinatensystems bezogen auf das ruhende Statorkoordinatensystem beschreibt. Der Winkel $\alpha$ ist der aktuelle Drehwinkel des Spannungsraumzeigers $\underline{U}_S$ bezogen auf das feststehende Statorkoordinatensystem. Damit sind ähnliche Stromverhältnisse wie beim fremderregten Gleichstrommotor hergestellt, jedoch mit dem Unterschied, dass beim Gleichstrommotor das Magnetfeld ruht und beim Drehstrommotor rotiert.

**Magnetfluss-Berechnung im Motormodell:**

Die feldorientierte Regelung benötigt zur einwandfreien Funktion die Raumzeiger-Istwerte des Magnetflusses und den Drehzahl-Istwert. Zugleich ist es das Ziel der feldorientierten Vektorregelung, dass Drehstrommotore auch ohne ein zusätzliches Gebersystem am Umrichter geregelt betrieben werden können. Die erforderlichen Istwerte werden deshalb in einem mathematischen Motormodell des Umrichters allein aus gemessenen Motorströmen und -spannungen fortlaufend aktuell errechnet. Dieses Motormodell umfasst die grundlegenden Beziehungen über Strom, Spannung, Fluss und Drehmoment des Asynchronmotors. Die dafür erforderlichen Motorparameter erhält der Umrichter durch Eingabe der Leistungsschilddaten bei der Umrichter-Konfigurierung sowie durch eine Motoridentifikation aus der Stillstandsmessung des Motors bei seiner Inbetriebnahme, siehe auch Bild 23.14.

**Regelstruktur:**

Bild 23.14 zeigt das komplizierte Regelungsmodell der feldorientierten Vektorregelung in vereinfachter Darstellung. Die Drehzahlvorgabe kommt von einer übergeordneten Steuerung. Der Drehzahlregler liefert an seinem Ausgang den Wirkstrom-Sollwert $I_{\text{Soll,q}}$ für den nachfolgenden Wirk-Stromregler, der in der Praxis auch als Drehmomentregler bezeichnet wird, weil die Wirkstromkomponente drehmomentbildend ist. Zur Einstellung der Motormagnetisierung wird der Fluss-Sollwert $\Phi_{\text{Soll}}$ aus der Feldschwächkennlinie entsprechend der Istdrehzahl $n_{\text{Ist}}$ ermittelt und dem Flussregler zugeführt, dessen Ausgangsgröße als Vorgabe für die Magnetisierungsstrom-Regelung verwendet wird. Die für die Regler erforderlichen Istwerte von Drehzahl, Magnetfluss und Stromkomponenten werden vom Motormodell in Echtzeit zur Verfügung gestellt. Das Regelungsergebnis ist der aktuelle Spannungs-Raumzeiger mit Betrag $U_{\text{Soll}}$ und Drehwinkel $\alpha_{\text{Soll}}$ zur Ansteuerung des Wechselrichters. Mit der feldorientierter Vektorregelung erreicht der Asynchronmotor eine vergleichbar gute Regelqualität für vorgegebene Drehzahlen und benötigte Drehmomente wie der fremderregte Gleichstrom-Nebenschlussmotor.

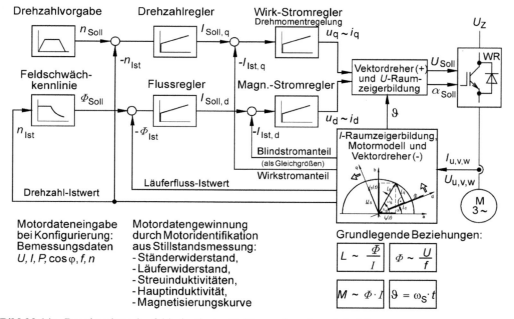

**Bild 23.14:** Regelstruktur der feldorientierten Vektorregelung (vereinfacht)

**Vorteile der feldorientierten Vektorregelung gegenüber der *U/f*-Steuerung:**

Gegenüber der *U/f*-Steuerung, die nur eine Drehzahlsteuerung ermöglicht, bieten die Vektor-regelung eine Drehzahl-Drehmoment-Regelung mit folgenden Eigenschaften:

- Die feldorientierte Vektorregelung verfügt über eine unterlagerte Drehmomentregelung (Wirkstromregelung), sodass sich Antriebs- und Bremsmomente unabhängig von der Dreh-zahl regeln lassen.

- Volles Drehmoment auch bei Drehzahl 0 (null) möglich. Wenn der Motor lageregelt mit Drehzahl 0 (null) still steht, heißt dies entweder, dass er die Last z. B. bei einem Hubwerk hält bzw. dass er, falls ein Moment auf den Motor einwirkt, ein adäquates Gegenmoment aufbaut, um die Position zu halten. Versucht man den stillstehenden lagegeregelten Motor an der Welle zu drehen, wirkt er wie mechanischen festgebremst. Ohne Last ist bei Dreh-zahl 0 (null) natürlich auch das Motordrehmoment gleich null.

- Kurze Anregelzeiten (< 10 ms bei *n*-Regelung, < 2 ms bei *M*-Regelung). Die Anregelzeit ist die Zeit, die bis zum erstmaligen Erreichen des Sollwertes vergeht.

### 23.3.5.4 Servorregelung für permanenterregte Synchron-Servomotore

Die Servoregelung ist eine spezielle Ausprägung der feldorientierten Vektorregelung, die auf Antriebe mit hochdynamischer Bewegungsführung auf einer oder mehreren Achsen bei erhöh-ten Genauigkeitsanforderungen abgestimmt ist. Die hauptsächlichsten Unterschiede liegen im weniger rechenintensiven Motormodell und den kürzeren Abtastzeiten der Drehzahl- und Stromregler sowie beim Geberaufwand wegen der erforderlichen Rotorlageerfassung. Bevor auf die Motorführung und das Regelungskonzept der Servoregelung näher eingegangen wird, soll ein knapp gefasster Überblick zu Servomotoren eingeschoben werden.

**Überblick: Servomotore**

Servomotore sind spezielle Elektromotore für Vorschub- oder Positionierantriebe. Gebräuch-lich ist auch die Bezeichnung Stellmotor. Kennzeichen von Servomotoren ist ihr Betrieb in-nerhalb von Regelkreisen mit Ausnahme von Schrittmotoren. Durch eine Lageregelung lässt sich ein Betrieb mit hoher Positioniergenauigkeit erreichen. Die Servomotoren sind meist nur für kurze Zeit in Aktion und haben eine hohe kurzzeitige Überlastbarkeit, die extrem hohe Beschleunigungsvorgänge (hohe Dynamik) ermöglichen.

Als Servomotore werden hauptsächlich eingesetzt:

- *Drehstrom-Synchronmotore mit permanenterregtem Rotor*. Die Statorwicklung ist als Drehstromwicklung in Sternschaltung ausgeführt. Gerät der Rotor mit seinen aufgeklebten Dauermagneten unter den Einfluss des Stator-Drehfeldes, wird er magnetisch mitgezogen.

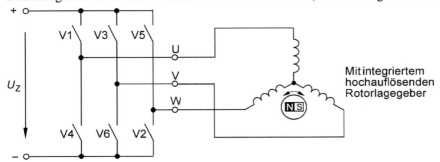

**Bild 23.15:** Schema eines 3-strängigen permanenterregten 2-poligen Synchron-Servomotors

- *Bürstenlose Gleichstrommotore*, auch als Elektronikmotore (EK-Motor = Elektronisch kommutierter Gleichstrommotor) bezeichnet, haben praktisch den gleichen Aufbau wie die Drehstrom-Synchron-Servomotore, unterscheiden sich aber in ihrer Funktion von diesen. Während beim Synchron-Servomotor alle drei Statorwicklungen gleichzeitig von sinusförmigen Strömen durchflossen werden und deshalb ein kreisförmiges Drehfeld entsteht, wird der EK-Motor so angesteuert, dass immer nur zwei Wicklungen gleichzeitig stromdurchflossen sind. Dadurch entsteht auch ein Statorfeld, das bei einer 3-strängigen 2-poligen Ausführung immer um 60° weiter gedreht wird, aber dann die Lage solange ruhend beibehält, bis die Wicklungen erneut umgeschaltet werden. Um dieser „ruckweisen" Weiterschaltung des Statorfeldes eine engere Schrittweite zu geben, wird der EK-Motor mit sechs Magnetpolen ausgeführt. Es sind dann vom Rotorlagegeber 18 Schaltpunkte pro Umdrehungen zu liefern. Der EK-Motor entwickelt dabei ein konstant bleibendes Drehmoment über dem elektrischen Winkel von $2\pi$ und damit auch einen guten Rundlauf der Welle. Der Rotorlagegeber des EK-Motors hat ein einfaches Konstruktionsprinzip. Er besteht aus einer auf der Rotorwelle befestigten Weicheisenscheibe mit drei abgebogenen Segmenten und drei Magnetsensoren, die in fester Zuordnung zur Lage der Statorwicklung montiert sein müssen. Die Rotorlage-Signale steuern die Transistorschalter in der Brückenschaltung. Eine Drehzahländerung wird durch Veränderung des Motormoments gegenüber dem Lastmoment herbeigeführt.

  Verglichen mit dem EK-Motor ist der Synchron-Servomotor die aufwändigere Lösung mit dem hochauflösenden Rotorlagegeber für die sinusmodulierte Spannungspulsung der Statorwicklungen, damit nahezu sinusförmige Wicklungsströme zustande kommen. Dagegen zeigen die Wicklungsströme des EK-Motors idealisiert einen rechteckigen Verlauf mit positiven und negativen Werten.

- *Drehstrom-Asynchronmotore spezieller Konstruktion*, deren Vorteil ihre robuste und kostengünstige Bauweise ist (keine Permanentmagnete, kein Rotorlagegeber erforderlich).

- *Torquemotore* als Hohlwellen-Einbaumotore für Vorschubanwendungen. Für den Einbau der rotierenden Komponenten muss der Anwender selbst sorgen, entsprechende Hohlwellengeber für Drehzahl und Lage stehen zur Verfügung. Torquemotore sind auf kleine Drehzahlen und hohe Drehmomente (franz. torque = Drehmoment) ausgelegt. Der Vorteil dieser Antriebslösung ist der getriebefreie Direktantrieb ohne zusätzliche mechanische Übertragungsglieder im Kraftfluss zwischen Motor und Maschine.

- *Linearmotore* sind Direktantriebe, die elektrische Energie direkt in eine lineare Bewegung umsetzen können. Der Linearmotor beruht auf dem Prinzip des aufgeschnitten und abgewickelt Drehstrom-Asynchron- oder Synchronmotors. Durch die gestreckte Anordnung des stromversorgten, feststehenden Primärteils (Stator) wird das Drehfeld in ein Wanderfeld umgeformt. Beim asynchronen Prinzip kann der bewegliche Sekundärteil also der Läufer als Aluminiumschiene ausgeführt sein. Das Wanderfeld induziert in der Läuferschiene Ströme, die im Zusammenwirken eine Vortriebskraft entwickeln. Die Bewegungsgeschwindigkeit liegt unterhalb der Wanderfeldgeschwindigkeit (Schlupf).

**Servoregelung**

Bild 23.16 zeigt die Übersichtsdarstellung einer Servoregelung. Darin enthalten ist eine mehrschleifige Reglerstruktur bestehend aus dem Stromregler (innerer Regelkreis) und Drehzahlregler (Führungsregler für den Stromregelkreis) sowie dem Wegregler (Führungsregler für den Drehzahlregelkreis). Alle drei Regler sind Softwareregler des Umrichters. Die Stromregelung für den Wirkstromanteil $I_q$ erfolgt im rotierenden Feldkoordinatensystem. Die Stromregelung für den Magnetisierungsstrom $I_d$ wird beim permanenterregten Synchronmotor nicht benötigt. Insofern ist die Servoregelung eine etwas vereinfachte Ausprägung der Vektorregelung.

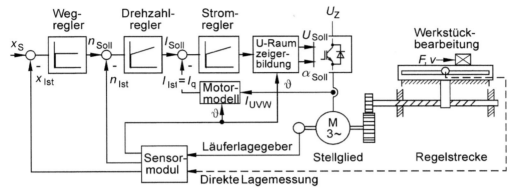

**Bild 23.16:** Servoregelung mit Synchron-Servomotor (vereinfacht)

### Reglerstruktur

Der *Wegregler* erhält seinen Weg-Sollwert von einer übergeordneten Steuerung (z. B. SPS) und den Weg-Istwert vom einem Sensormodul. Der Wegregler ist ein P-Reglertyp, d. h., er reagieret sofort auf Änderungen der Führungsgröße, die den Weg-Sollwert vorgibt. Das Proportionalverhalten verursacht jedoch einen kleinen bleibenden Wegfehler, der aber in den meisten Fällen so klein gehalten werden kann, dass die dynamischen Vorteile im Führungsverhalten überwiegen. Die Regelstrecke hat ein integrierendes Verhalten, weil die Vorschubgeschwindigkeit $v$ zusammen mit der Vorschubzeit den zurückgelegten Weg ergibt. Die Ausgangsgröße des Wegreglers ist die Stellgeschwindigkeit des Motors, im Bild 23.16 angegeben als Drehzahl-Sollwert für den nachfolgenden Drehzahlregler.

Der *Drehzahlregler* erhält seinen Drehzahl-Sollwert von seinem Führungsregler und den Drehzahl-Istwert vom erwähnten Sensormodul. Der Drehzahlregler ist als PI-Regler ausgeführt, d. h., er lässt keine bleibende Regeldifferenz (Regelabweichung) zu. Der Drehzahlregler wird bei der Motoridentifikation mit drehender Messung mit optimierten Regelparametern voreingestellt. Zum Erreichen der vollen Regeldynamik unter Lastbedingungen müssen Proportionalverstärkung $K_P$ und Nachstellzeit $T_n$ in ihrem Einfluss nachjustiert werden:

- Wird $K_P$ vergrößert, so wird der Regler schneller und das Überschwingen verkleinert.
- Wird $T_n$ verkleinert, so wird der Regler auch schneller aber das Überschwingen verstärkt. Zur Optimierung wird zuerst die mögliche Dynamik über $K_P$ festgelegt und danach die Nachstellzeit $T_n$ soweit wie möglich verringert.

Der *Stromregler* ist dem Drehzahlregler unterlagert. Dieser bildet aus dem Drehzahl-Sollwert zusammen mit dem Drehzahl-Istwert die Ausgangsgröße für das Drehmoment des Motors. Da das Drehmoment proportional zum Wirkstromanteil des Motors ist, kann anstelle des Drehmoments der Strom-Sollwert $I_{Soll}$ für die unterlagerte Stromregelung eingetragen werden. Im Motormodell für den permanenterregten Synchron-Servomotor muss keine Auftrennung in die beiden Stromkomponenten $I_q$ und $I_d$ errechnet werden, da der Magnetisierungsstrom $I_d$ wegen der vorhandenen Magnetisierung auf null geregelt werden müsste. Das Motormodell benötigt aber den Rotorlagewinkel $\vartheta$, um den Wirkstromanteil in den Gleichgrößenwert $I_q$ umzusetzen. Die Wirkstromkomponente $I_q$ wird als Strom-Istwert $I_{Ist}$ im Stromregler verwendet. Der Stromregler wird bei der Inbetriebnahme des Umrichters voreingestellt und ist für die meisten Anwendungen hinreichend optimiert.

Die drei Regler im Umrichter sind digitale Abtastregler. Als typische Abtastzeitwerte werden angegeben: Stromregler: 125 µs, Drehzahlregler: 250 µs, Lageregler: 2 ms bei einer Wechselrichter-Pulsfrequenz von 4 kHz.

**Drehspannungserzeugung**

Beim umrichtergespeisten Synchron-Servomotor muss dafür gesorgt werden, dass das Drehfeld zu jedem Zeitpunkt senkrecht ($\hat{=}$ 90° elektrisch) auf dem permanenterregten Rotorfeld steht, damit das Drehmoment maximal wird. Anders als beim normalen Synchronmotor am Drehstromnetz muss sich der Synchron-Servomotor die 90°-Lage des Drehfeldes im Stator gegenüber dem Rotorfeld selbst erzeugen, um die Magnetflussverhältnisse und das Drehzahl-Drehmoment-Verhalten des fremderregten Gleichstrom-Nebenschlussmotors nachzubilden. Damit die Spannungsansteuerung des Wechselrichters auch rotorlageabhängig erfolgen kann, muss der *U*-Raumzeigerbildung der aktuelle Rotorlagewinkel $\vartheta$ von einem hochauflösenden Messwertgeber zugeführt werden.

**Signale des Läuferlagegebers**

Ein Läuferlagegeber, auch Motorgeber genannt, ist ein im Servomotor integriertes Messsystem mit einer analogen oder digitalen Messwerterfassung, auf die erst später eingegangen wird. Die Gebersignale werden in einer Auswerteelektronik (Sensormodul) zu den Istwerten von Drehzahl, Rotorlage und Lageposition eines Stellgeräts verarbeitet und von dort an die Steuereinheit des Umrichters übertragen. Der Läuferlagegeber in Bild 23.16 ermittelt die Wegposition der Maschine nur indirekt aus gemessenen Signalen an der Motorwelle. Der richtige Messort befindet sich jedoch in der Maschine. Wird das Lagesignal dort ermittelt, nennt man das eine direkte Lagemessung.

### 23.3.6 Gebersysteme

Geber sind Messsysteme zur Erfassung der Drehzahl, der Rotorlage bei Synchronmotoren und des Lage-Istwertes. In einer Auswerteelektronik werden die Gebersignale zu Istwerten verarbeitet. Ob ein Gebersystem erforderlich ist, hängt vom Motortyp, von der Betriebsart und der Antriebsaufgabe ab, siehe nachfolgende Übersicht. Nicht zu den Gebern zählen die Messaufnehmer für Motorströme und Spannungen.

| Motortyp | *U/f*-Steuerung | Vektorregelung | Servoregelung |
|---|---|---|---|
| Standard-Asynchronmotor | Geberlos, wenn nur gesteuerter Betrieb | a) Drehzahlgeber für hohe Drehzahlgenauigkeit<br>b) Geberlos, aber geregelter Betrieb möglich | — |
| Asynchron-Servomotor | — | — | Geber für Drehzahl und Weg-/Winkelposition |
| Synchron-Servomotor | — | — | Geber für Drehzahl und Weg-/Winkelposition sowie Rotorlage |

Bei den Motorgebern ist zwischen digitalen und analogen Messverfahren zu unterscheiden. Die digitalen Messverfahren arbeiten entweder als Absolutwertgeber oder Inkrementalgeber. jeweils mit einer opto-elektronischen Abtastung. Bei den analogen Messverfahren ist das mit induktiver Abtastung arbeitende Resolververfahren zu nennen.

1. **Absolutwertgeber** stellen nach dem Einschalten der Versorgungsspannung die Position des Antriebs als absoluten Istwert zur Verfügung. Eine Referenzpunktfahrt ist nicht nötig.

Bei Absolutwertgebern wird ein Weg oder Winkel wie mit einem Maßstab direkt gemessen und als Zahlenwert ausgegeben. Um eine hohe Auflösung zu erreichen, sind mehrere Lesespuren auf einer Codescheibe vorgesehen. Bei n = 13 Spuren ergeben sich $2^{13}$ = 8192 unterscheidbare Schritte für 1 Umdrehung = 360° der Codescheibe. Das Codemuster, das beim opto-elektronischen Ablesen die Hell-Dunkel-Modulation erzeugt, ist im Gray-Code ausgeführt. Dieser 1-schrittige Binärcode vermeidet unentdeckt bleibende Ablesefehler, siehe Bild 23.17a). Die Datenübertragung zur Auswerteelektronik (Sensormodul) erfolgt seriell unter den Prozessdatenprotokollen EnDat[1]) oder SSI[2]).

*Singleturngeber* lösen 1 Umdrehung (360°) der Codescheibe in $2^{13}$ = 8192 Schritte auf. Jedem Schritt ist ein eindeutiges Codewort zugeordnet. Nach 360° wiederholen sich die Positionswerte. Die Auflösung des Singleturngebers beträgt 13 Bit = 8192 Schritte.

*Multiturngeber* erfassen zusätzlich zur absoluten Lage innerhalb einer Umdrehung auch die Anzahl der Umdrehungen. Dies erreicht man durch ein System getriebegekoppelter Codescheiben für typischerweise $2^{12}$ = 4096 Umdrehungen. Die Auflösung des Multiturngebers beträgt dann 25 Bit = (8192 · 4096) Schritte.

2. **Inkrementalgeber** als Lagegeber liefern nach dem Einschalten der Versorgungsspannung keinen Positionswert, eine Referenzpunktfahrt ist daher erforderlich.

Bei den Inkrementalverfahren werden nur Inkremente, d. h. Zuwachswerte von Wegstrecken oder Winkeln, gemessen. Da die Inkremente bei der verwendeten Strichrasterscheibe voneinander nicht unterscheidbar sind, weiß die Auswerteelektronik anfänglich nicht, in welcher Weg- oder Winkelposition sich das Stellgerät befindet, siehe Bild 23.17b). Deshalb ist eine Referenzpunktfahrt erforderlich, um den Schrittzähler bei Erreichen des Referenzpunkts auf den Zahlenwert zu setzen, der dem Referenzpunkt absolut entspricht. Es gibt Inkrementalgeber mit verschiedenen Ausgangssignalformen: sin/cos 1 $V_{PP}$ oder TTL-/HTL-Pegel.

*Inkrementalgeber sin/cos* 1 $V_{PP}$ sind hochauflösende Sinus-Cosinus-Geber mit zwei um 90° versetzten A/B-Spuren mit je 2048 sinusförmigen Signalperioden pro Umdrehung und einer R-Spur mit einem Nullimpuls je Umdrehung sowie zwei um 90° versetzte C/D- Spuren mit einen sinusförmigen Signal je Umdrehung. Die Auswertung der A/B-Spuren ergibt 8192 Nulldurchgänge. Aus den Analogwerten der C/D-Spuren können noch weitere Werte errechnet werden, sodass sich über 1 000 000 Inkremente je Umdrehung ergeben, siehe Bild 23.17c).

3. **Resolver**, auch *Drehmelder* genannt, sind robuste und preiswerte Motorgeber, die mit zwei räumlich um 90° versetzten Spulen 1 und 2 arbeiten. Die an der Erregerspule 3 angelegte Wechselspannung wird in zwei Komponenten zerlegt, in eine sinusförmig modulierte an Spule 1 und eine cosinusförmig modulierte an Spule 2. Die Spannungsübertragung erfolgt nach dem Drehtransformatorprinzip, siehe Bild 23.17d). Die Rotorlage wird absolut ermittelt.

---

[1])  EnDat = Encoder Data Interface (Encoder = Kodierer oder Verschlüssler)
[2])  SSI = Synchron Serielles Interface

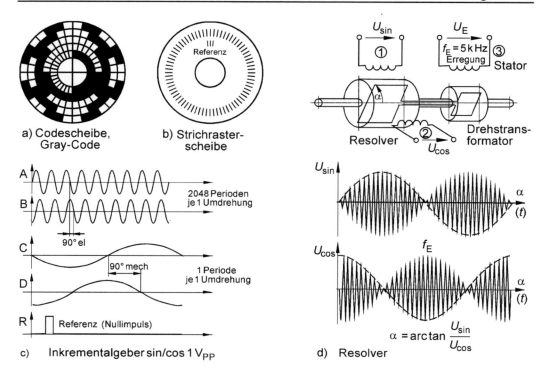

a) Codescheibe, Gray-Code

b) Strichrasterscheibe

Resolver

Drehstransformator

2048 Perioden je 1 Umdrehung

90° el

90° mech

1 Periode je 1 Umdrehung

R    Referenz (Nullimpuls)

c)    Inkrementalgeber sin/cos 1 V$_{PP}$

$$\alpha = \arctan \frac{U_{\sin}}{U_{\cos}}$$

d)    Resolver

**Bild 23.17:**  Läuferlagegeber (Auswahl)
Digitale Messverfahren:    a) Absolutwertgeberscheibe, b) Inkrementalgeberscheibe
                           c) Ausgangssignale aus b) erzeugt durch speziellen Spuren-Lesekopf
Analoges Messverfahren:   d) Resolver

## 23.3.7  Kommunikation und Antriebsvernetzung

### 23.3.7.1  Anlagenbeschreibung

Umrichter sind eigenständige Automatisierungsgeräte und bedürfen an sich keiner übergeordneten Steuerung. Sie verfügen über einen Bedienteil mit Display und Tastern zur Inbetriebnahme oder Beobachtung und über eine Steuerklemmleiste mit digitalen und analogen Ein-/Ausgängen sowie einen begrenzten Vorrat an SPS-Funktionalität oder bei hochwertigen Konfigurationen sogar über einen eigenen Motion-Controller zur selbstständigen Bewältigung kompliziertester Antriebsaufgaben. Nachfolgend soll jedoch der allgemeinere Fall der Anbindung des Umrichters an ein übergeordnetes Steuerungssystem am Beispiel von PROFIBUS bzw. PROFINET unter dem Antriebsprofil PROFIdrive betrachtet werden.

Bild 23.18 zeigt ein solches Steuerungssystem, bestehend aus

- einer SPS zur Ausführung des Steuerungsprogramms,

- einem Bedien- und Beobachtungsgerät (HMI),

- einer Inbetriebnahmestation (IBN) zur Konfiguration und Inbetriebnahme des Umrichterantriebs und zur Erstellung der SPS-Projektierung sowie des SPS-Programms,

- einem modular aufgebauten Umrichter mit einer Steuereinheit (Control Unit) und einem AC/AC-Leistungsteil (Gleichrichter, Spannungs-Zwischenkreis, Wechselrichter),

- einem Sensormodul zur Auswertung der Motorgebersignale und Bildung der Istwerte für die Lageposition und Drehzahl einer Maschine sowie die Rotorlage bei Einsatz eines Synchron-Servomotors und

- einem Feldbus (PROFIBUS bzw. PROFINET), bei dem die Steuereinheit des Umrichters ein PROFIBUS-Slave bzw. PROFINET-Device ist. Der zugehörige Master bzw. Controller befindet sich in der SPS. Die Inbetriebnahmestation (IBN) nutzt PROFIBUS oder PROFINET (Ethernet) als Transportkanal.

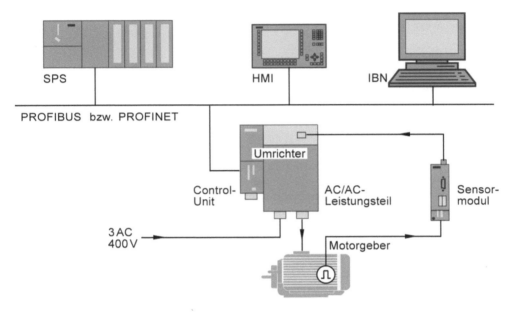

**Bild 23.18:** Umrichter im Kommunikationssystem, Anlage ohne Arbeitsmaschine

### 23.3.7.2 Umrichterparameter und Prozessdaten

Die Kommunikation mit dem Umrichter betrifft den Zugriff auf Parameter und Prozessdaten.

**Parameter** sind veränderliche Größen in einem Umrichter, die sich in Einstellparameter und Beobachtungsparameter unterscheiden lassen und die bei der Inbetriebnahme oder auch sporadisch im laufenden Betrieb bedient werden müssen. Einstellparameter sind schreib- und lesbar, sie beeinflussen direkt das Verhalten einer betreffenden Umrichterfunktion, z. B. den Verlauf der $U/f$-Steuerkennlinie oder die Rampenzeiten eines Hochlaufgebers. Beobachtungsparameter sind nur lesbar, sie dienen der Anzeige interner Größen des Umrichters, wie z. B. des Motorstroms oder dem Auslesen von Stör- und Diagnosewerten.

Durch die Parameter lässt sich der Umrichter in seiner Funktion beeinflussen und an die Antriebsaufgabe anpassen. Umrichter können je nach Leistungsklasse über Tausend und mehr Parameter verfügen. Die Funktionalität eines Umrichters ist durch den Umfang seiner Parameter bestimmt.

Das Lesen und Schreiben von Parametern erfolgt im azyklischen Datentransfer durch eine entsprechende Anforderung überwiegend bei der Inbetriebnahme des Umrichters vom Inbetriebnahmetool (IBN) aus. Um den Antriebsprozess auch testen zu können, muss das Inbetriebnahmetool auch auf die Prozessdaten PZD über den azyklischen Kanal zugreifen können.

**Bild 23.19:**  Azyklisches Lesen und Schreiben von Parametern und Prozessdaten mit einem Inbetrieb-nahmetool (IBN)

**Prozessdaten** werden zwischen der SPS und dem Umrichter übertragen. Die Prozessdaten-Kommunikation besteht auf Seiten der SPS in der permanenten Vorgabe von Steuerbits und Sollwerten für den Umrichter und dem ständigen Lesen von Zustandsbits und Istwerten vom Umrichter. Übertragen werden **Prozessdaten PZD** durch Prozessdatenworte in Telegrammen im zyklischen Datenaustausch.

Bei der Unterscheidung zwischen Prozessdaten und Parametern des Umrichters kommt es auf die Sichtweise an. So ist das Steuerbit „Betrieb freigeben" ein Parameter des Umrichters und wird in dessen Parameterliste unter einer Nummer als Einstellparameter geführt. Gleichzeitig zählt dieses Steuerbit als Teil eines Steuerwortes zu den Prozessdaten. Ebenso verhält es sich mit dem Hauptsollwert für die Motordrehzahl. Alle sind Parameter des Umrichters. Diejenigen Parameter, die zyklisch in Prozessdatenworten übertragen werden, weil sie für die Prozessführung stets aktuell sein müssen, bezeichnet man als Prozessdaten.

**Bild 23.20:**  Zyklische Prozessdaten-Kommunikation zwischen SPS und Umrichter

### 23.3.7.3 Telegrammtypen, Prozessdaten und Verschaltung

Die zeitkritischen Prozessdaten sollen in zyklischer Kommunikation zwischen Steuerung und Umrichter z. B. über PROFIBUS unter dem Profil PROFIdrive ausgetauscht werden. PROFI-drive spezifiziert das Geräteverhalten und die Zugriffsverfahren auf Daten für drehzahlverän-derbare elektrische Antriebe in Form von leistungsmäßig abgestuften Anwendungsklassen, beginnend mit dem einfachen Standardantrieb mit einem Drehzahl-Sollwert und der Antriebs-regelung im Umrichter bis hin zur hochdynamischen Motion Control Anwendung. Zum Profil PROFIdrive gehören viele Vereinbarungen unter anderem die Definition von Standardtele-grammen.

Die Einrichtung der Kommunikation zwischen SPS und Umrichter ist eine Teilaufgabe der Inbetriebnahme und verläuft in vier Schritten:

**Schritt 1: Auswahl eines Telegrammtyps**

Durch die Auswahl eines Telegrammtyps werden die Prozessdaten auf Seiten des Umrichters festgelegt, die er erwartet. Aus Sicht des Umrichters stellen die empfangenen Prozessdaten die Empfangsworte und die zu sendenden Prozessdaten die Sendeworte dar, die aus folgenden Elementen bestehen:

- Empfangsworte des Umrichters: Steuerworte und Sollwerte,
- Sendeworte des Umrichters: Zustandsworte und Istwerte.

Das Inbetriebnahme-Handbuch enthält eine Übersicht mit den wählbaren Telegrammtypen und zeigt den genauen Telegrammaufbau mit Steuerworten und Sollwerten bzw. Zustandsworten und Istwerten und erklärt deren Bedeutung.

Zur Auswahl stehen in der Regel folgende Telegrammtypen:

- Standardtelegramme entsprechend dem PROFIdrive Profil,
- Herstellerspezifische Telegramme,
- Freie Telegramme.

Die auswählbaren Telegrammtypen unterscheiden sich in der Anzahl der Empfangs- und der Sende-Prozessdatenworte, die gemeinsam genannt werden, z. B. Standardtelegramm 3, PZD-5/9 mit fünf PZD-Worte für Empfangen und neun PZD-Worte für Senden (aus Sicht des Umrichters), wobei 1 PZD die Wortlänge 16 Bit = 1 Wort umfasst. Es können auch 2 PZDs zu einem Doppelwort zusammengefasste werden. Die Telegrammauswahl richtet sich u. a. danach, wie viel Empfangsworte der Umrichter auf Grund der Antriebsaufgabe erhalten muss.

Bild 23.21 zeigt ein einfaches Telegramm für Empfangen und Senden mit einem Standardtelegramm, bestehend aus 2 Empfangs- und 2 Sendeworte (PZD-2/2). An den Umrichter wird das Steuerwort STW1 und ein Drehzahl-Sollwert N-Soll geschickt. Der Umrichter sendet das Zustandswort ZSW1 und den Drehzahl-Istwert N-Ist, der zur Anzeige gebracht werden soll.

Die Speicherung der Telegrammworte kann auf Seiten der SPS in Datenworten eines Datenbausteins erfolgen, die dem festgelegten Profibus-Adressbereich für Senden und Empfangen entsprechend zuzuordnen sind.

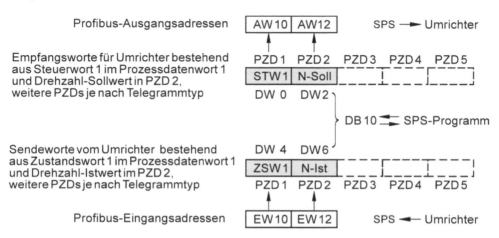

**Bild 23.21:** Telegrammschema für Empfangen und Senden aus Sicht des Umrichters

## Schritt 2: Schreiben des Steuerwortes STW1

Das Steuerwort STW1 wird von der SPS gesendet und vom Umrichter empfangen, es ist also gemäß obiger Festlegung das PZD-Empfangswort 1. Auf der Seite der SPS kann das Steuerwort STW1 in einem Datenwort eines Datenbausteins schematisch angelegt und mit Nullen vorbesetzt werden. Das Steuerwort STW1 besteht aus 16 Bits, die je eine eigene Bedeutung haben, zusammengefasst bilden sie ein Datenwort mit dem Datentyp WORD. Im laufenden SPS-Programm müssen die Steuerbits mit aktuellen Werten (0 oder 1) versorgt werden.

**Tabelle 23.1:**  Beschreibung STW 1 (Steuerwort 1), Bits 0 bis 10 gemäß PROFIdrive-Profil,
Bits 11-15 spezifisch für SINAMICS G120

- In Klammern die später im Programm verwendeten Merkerbits für MW 10 als STW 1

| Bit | Bedeutung | | Bemerkungen | Einstell-parameter |
|---|---|---|---|---|
| 0<br><br>(M 11.0) | ON/OFF1<br>(Betriebsbereitschalten des Antriebs, gesteuerter Halt) | 1<br><br>0 | ON, bringt Umrichter in den Zustand <Betriebsbereit>, Drehrichtung muss mit Bit 11 festgelegt sein.<br>OFF1, Abschaltung, Geschwindigkeitsabnahme nach Hochlaufgeber-Rampe, Impulsabschaltung, wenn $f < f$min. | BI: p0840 |
| 1<br><br>(M 11.1) | OFF2<br>(Austrudeln des Antriebs) | 1<br><br>0 | Nicht zum Stillstand auslaufen, Rücknahme eines OFF2-Befehls.<br>Sofortige Impulslöschung, Antrieb läuft zum Stillstand aus. | BI: p0844 |
| 2<br><br>(M 11.2) | OFF3<br>(Schnellhalt des Antriebs) | 1<br><br>0 | Kein schneller Stillstand, Rücknahme eines OFF2-Befehls.<br>Schneller Stillstand mit größtmöglicher Verzögerungsrate. | BI: p0848 |
| 3<br><br>(M 11.3) | Impulsfreigabe<br>(Antriebs-Start) | 1<br><br>0 | Betrieb freigeben, Umrichterimpulse und Regelung sind freigegeben.<br>Betrieb sperren, Regelung und Umrichterimpulse sind gesperrt. | BI: p0852 |
| 4<br><br>(M 11.4) | Hochlaufgeber-Freigabe | 1<br>0 | Hochlaufgeber-Freigabe möglich.<br>Hochlaufgeberausgang ist auf 0 gesetzt (schnellstmöglicher Bremsvorgang), Umrichter bleibt im Zustand ON. | BI: p1140 |
| 5<br><br>(M 11.5) | Hochlaufgeber Start/Halt („einfrieren") | 1<br>0 | Hochlaufgeber-Freigabe möglich.<br>Hochlaufgeber „einfrieren", der momentan vom Hochlaufgeber gelieferte Sollwert wird „eingefroren". | BI: p1141 |
| 6<br><br>(M 11.6) | Sollwert-Freigabe | 1<br><br>0 | Sollwert freigeben, der am Hochlaufgebereingang gewählte Wert wird freigegeben.<br>Sollwert sperren, der am Hochlaufgebereingang gewählte Wert wird auf 0 gesetzt. | BI: p1142 |
| 7<br><br>(M 11.7) | Fehler-Quittierung | 0<br><br>0 | Fehler quittieren, Fehler wird mit positiver Flanke quittiert, Umrichter schaltet in Zustand „Verriegelung beginnen" um.<br>Keine Bedeutung. | BI: p2104 |

| 8 (M 10.0) | JOG rechts (Tippen rechts) | 1 | ON, Antrieb läuft so schnell wie möglich zum Sollwert für Tippbetrieb hoch, Drehrichtung: im Uhrzeigersinn. | BI: p1055 |
| | | 0 | OFF, Antrieb bremst möglichst schnell. | |
| 9 (M 10.1) | JOG links (Tippen links) | 1 | ON, Antrieb läuft so schnell wie möglich zum Sollwert für Tippbetrieb hoch, Drehrichtung: gegen den Uhrzeigersinn. | BI: p1056 |
| | | 0 | OFF, Antrieb bremst möglichst schnell. | |
| 10 (M 10.2) | Steuerung durch PLC | 1 | Steuerung durch PLC (SPS), das Signal muss gesetzt werden, damit die über die Schnittstelle gesendeten Prozessdaten angenommen und wirksam werden. | BI:p0854 |
| | | 0 | Keine Steuerung durch PLC, Prozessdaten ungültig, außer „Lebenszeichen". | |
| 11 (M 10.3) | Reversieren (Sollwertumkehung) | 1 | Motor läuft gegen den Uhrzeigersinn als Reaktion auf einen positiven Sollwert. | BI: p1113 |
| | | 0 | Motor läuft im Uhrzeigersinn, als Reaktion auf einen positiven Sollwert. | |
| 12 | Nicht verwendet | – | | – |
| 13 (M 10.5) | Motorpotenziometer höher (Sollwert höher) | 1 | Motorpotenziometer Sollwert höher. | BI: p1035 |
| | | 0 | Motorpotenziometer Sollwert höher nicht angewählt. | |
| 14 (M 10.6) | Motorpotenziometer tiefer (Sollwert tiefer) | 1 | Motorpotenziometer Sollwert tiefer. | BI: p1036 |
| | | 0 | Motorpotenziometer Sollwert tiefer nicht angewählt. | |
| 15 (M 10.7) | CDS Bit 0 (Hand/Auto) | | Dient der Umschaltung von Fernbetrieb (Profibus) auf Vor-Ort-Bedienung, Befehlsdatensatz 0 für Handbetrieb, Befehlsdatensatz 1 für Fernbetrieb. | – |

## Schritt 3: Lesen des Zustandswortes ZSW1

Das Zustandswort ZSW 1 wird vom Umrichter gesendet und von der SPS empfangen, es ist gemäß obiger Festlegung das PZD-Sendewort 1. Das Zustandswort ZSW1 besteht aus 16 Bits, die je eine eigene Bedeutung haben, zusammengefasst bilden sie ein Datenwort mit dem Datentyp WORD. Das Zustandswort ZSW 1 kann in einem Datenwort des Datenbausteins abgelegt werden, um es im laufenden SPS-Programm entsprechend auszuwerten.

**Tabelle 23.2:** Beschreibung ZSW1 (Zustandswort 1), Bits 0 bis 10 gemäß PROFIdrive-Profil, Bits 11-15 spezifisch für SINAMICS G120

| Bit | Beschreibung | | Bemerkungen | Beobachtungs-parameter |
|---|---|---|---|---|
| 0 | Einschaltbereit | 1 | Einschaltbereit, Stromversorgung ist eingeschaltet, Elektronik ist initialisiert, Impulse sind gesperrt. | BO: r0052.0 |
| | | 0 | Nicht einschaltbereit. | |

| 1 | Betriebsbereit | 1 | Betriebsbereit, Umrichter ist eingeschaltet (ON-Befehl steht an), keine Störung ist aktiv, Umrichter kann anlaufen sobald der Befehl „Betrieb freigeben" gegeben wird, siehe Steuerwort 1 Bit 0. | BO: r0052.1 |
| | | 0 | Nicht betriebsbereit, fehlender EIN-Befehl. | |
| 2 | Betrieb | 1 | Betrieb freigegeben, Antrieb folgt Sollwert, siehe Steuerwort 1 Bit 3. | BO: r0052.2 |
| | | 0 | Betrieb gesperrt. | |
| 3 | Fehler aktiv | 1 | Störung wirksam. Der Antrieb ist gestört und dadurch außer Betrieb. Nach Quittierung und erfolgreicher Behebung der Ursache geht der Antrieb in Zustand „Startverriegelung beginnen". | BO: r0052.3 |
| | | 0 | Keine Störung wirksam. | |
| 4 | Austrudeln aktiv (OFF2) | 1 | Kein OFF2 aktiv. | BO: r0052.4 |
| | | 0 | Austrudeln aktiv (OFF2), ein OFF2-Befehl steht an. | |
| 5 | Schnellhalt aktiv (OFF3) | 1 | Kein OFF3 aktiv. | BO: r0052.5 |
| | | 0 | Schnellhaltaktiv (OFF3), ein OFF3-Befehl steht an. | |
| 6 | Einschaltsperre | 1 | Einschaltsperre, ein Wiedereinschalten ist nur durch OFF1 und anschließendes ON möglich. | BO: r0052.6 |
| | | 0 | Keine Einschaltsperre, ein Einschalten ist möglich. | |
| 7 | Warnung aktiv | 1 | Warnung wirksam, der Antrieb ist weiter in Betrieb, keine Quittierung erforderlich. Die anstehenden Warnungen stehen im Warnpuffer. | BO: r0052.7 |
| | | 0 | Keine Warnung wirksam. | |
| 8 | Abweichung Soll-/Istwert | 1 | Soll-Ist-Abweichung innerhalb des Toleranzbereichs. | BO: r0052.7 |
| | | 0 | Soll-Ist-Abweichnung außerhalb des Toleranzbereichs. | |
| 9 | Steuerung durch PLC angefordert | 1 | Steuerung angefordert. Das Automatisierungssystem wird aufgefordert, die Steuerung zu übernehmen. | BO: r0052.9 |
| | | 0 | Betrieb vor Ort, PLC ist nicht die derzeitige Steuerung. | |
| 10 | Maximalfrequenz erreicht oder überschritten | 1 | Umrichter-Ausgangsfrequenz ist größer oder gleich der Maximalfrequenz. | BO: r0052.1 |
| | | 0 | Höchste Frequenz ist nicht erreicht. | |
| 11 | Warnung: Motorstrom-/ Drehmomentbegrenzung | 1 | $I$-, $M$-Grenze nicht erreicht. | BO: r0052.7 |
| | | 0 | $I$-, $M$-Grenze erreicht oder | |
| 12 | Motorhaltebremse aktiv | 1 | Motorhaltebremse aktiv. | BO: r0052.12 |
| | | 0 | – | |

| 13 | Motorüberlast | 1 | Motordaten zeigen Überlastzustand an. | BO: r0052.13 |
|----|---------------|---|----------------------------------------|--------------|
|    |               | 0 | –                                      |              |
| 14 | Drehrichtung  | 1 | Drehung im Uhrzeigersinn.              | BO: r0052.14 |
|    |               | 0 | Drehung entgegen dem Uhrzeigersinn.    |              |
| 15 | Umrichterüberlast | 1 | –                                  | BO: r0052.15 |
|    |               | 0 | Umrichterüberlastung, z. B. Strom oder Temperatur. | |

**Schritt 4: Verschaltungen**

In Bild 23.22 ist schematisch dargestellt, wie der Telegrammverkehr zwischen der SPS und dem Umrichter zyklisch abläuft. Durch die Auswahl eines Telegrammtyps ist bereits die Festlegung auf die Anzahl der in beiden Richtungen zu übertragenden Prozessdatenworte erfolgt, im Bild sind dies jeweils zwei Prozessdatenworte PZD 1 und PZD 2 bei Telegrammtyp 1 für den Umrichter G120.

Offen ist auf Seiten des Umrichters, wie die einzelnen Steuerbits des Steuerwortes STW 1 ihre in der Tabelle 23.1 angegebenen Empfangsparameter BI erreichen. Ebenso müssen in umgekehrter Richtung die in Tabelle 23.2 ausgewiesenen Beobachtungsparameter BO irgendwo zu einem Zustandswort ZSW 1 zusammengefasst werden. Entsprechendes gilt auch für den Drehzahl-Sollwert im Empfangs-PZD 2, der den Parameter Hauptsollwert des Umrichters finden muss. In umgekehrter Richtung sucht der Drehzahl-Istwert seinen Weg zum Sende-PZD 2. Die erforderlichen umrichterinternen Verbindungswege werden durch so genannte *Verschaltungen* eingerichtet, die sich am einfachsten mit dem Inbetriebnahmetool ausführen lassen.

Beim Umrichter G120 werden die Verschaltungen, wie sie in den beiden Tabellen 23.1 und 23.2 für das Steuerwort 1 und das Zustandswort 1 angegeben sind, automatisch durch das Inbetriebnahmetool STARTER vorgenommen, und zwar an der Stelle, wo in der Konfigurierung des Antriebsgerätes die Befehlsquelle und die Sollwertquelle eingegeben werden. Als Quelle kommen das Operatorpanel, die Klemmenleiste oder ein Feldbus (Profibus) in Frage.

Das Verschaltungsprinzip verlangt, dass jedem Einstellparameter BI (Binektor IN, bitorientiert) oder CI (Konnektor IN, wortorientiert) ein Beobachtungsparameter BO oder CO (O = OUT) als Signalquelle zugeordnet werden muss.

Bild 23.22 zeigt, wie die Verschaltungen für zwei empfangene Prozessdatenworte im Prinzip anzulegen sind.

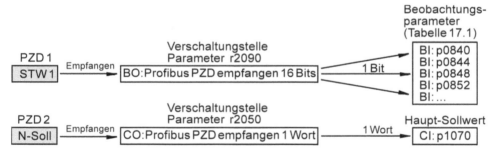

**Bild 23.22:**  Verschaltung zweier Empfangsworte (Parameternummern für SINAMICS G120)

## 23.4 Inbetriebnahmemöglichkeiten eines Umrichterantriebs

Inbetriebnahme bedeutet, dass dem Umrichter eine passende Parametereinstellung gegeben wird. Man unterscheidet verschiedene Inbetriebnahmevarianten.

### 23.4.1 Serieninbetriebnahme

Bei der Serieninbetriebnahme sind gleichartige Umrichterantriebe in Betrieb zu nehmen, wobei ein funktionierender Antrieb als Vorlage zur Verfügung steht. Dessen Parametersatz wird mit Hilfe eines PC-Inbetriebnahmetools oder eines Operatorpanels OP mit Datenspeicherfähigkeit bzw. nach Möglichkeit mit einer Multi-Media-Card kopiert (eingelesen) und in diesem gespeichert. Danach ist ein Download in einen weiteren gleichartigen Umrichter durchzuführen, der damit bereits betriebsbereit wird. Während des Downloads kann es bei dem Umrichter zu einem kurzzeitigen Setzen und Rücksetzen der Digitalausgänge kommen. Deshalb muss zuvor sichergestellt sein, dass es nicht zu gefährlichen Anlagenzuständen kommen kann, z. B. Durchsacken von hängenden Lasten. Das Kopieren und Downloaden eines Parametersatzes werden auch dann angewendet, wenn ein Umrichterantrieb plötzlich nicht mehr läuft, z. B. durch Verlust seines Parametersatzes.

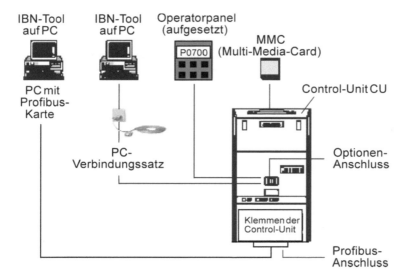

**Bild 23.23:** Schnittstellen einer Control-Unit CU für die Inbetriebnahme, CU = Steuer- und Regelungsbaugruppe des Umrichters

### 23.4.2 Schnellinbetriebnahme mittels Operatorpanel

Das Ziel der Schnellinbetriebnahme ist die einfache Motoransteuerung mit Start, Stopp, Rechts-Links-Lauf und veränderbarer Drehzahl als erster Testlauf ohne Berücksichtigung technologischer Gegebenheiten einer später anzukuppelnde Arbeitsmaschine. Im Prinzip ist bei der Schnellinbetriebnahme nur die Anpassung des Umrichters an den Motor vorzunehmen, daher sind nur wenige Parameter-Einstellungen erforderlich.

Vor Beginn der Schnellinbetriebnahme wurde der Motor nach den Anforderungen der Arbeitsmaschine hinsichtlich Drehmoment, Leistung und Drehzahl ausgewählt. Der zum Motor passende Umrichter wird dann im einfachsten Fall über den Motor-Bemessungsstromwert und das zur Verfügung stehende Spannungsnetz bestimmt. Die Schnellinbetriebnahme mit Hilfe eines zum Umrichter gehörenden Operatorpanels beginnt mit den Schritten „Setzen der Werkseinstellung" des Umrichters und Umstellen auf „Schnellinbetriebnahme".

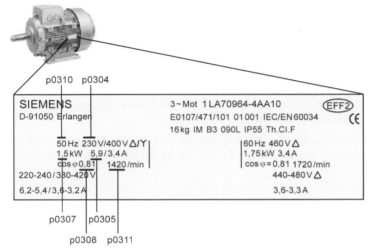

**Bild 23.24:**
Beispiel eines Motor-Leistungsschildes:
p = Einstellparameter
für Umrichter G 120
(Siemens),
Spannungs- und Stromwerte für Dreieckschaltung des Motors

Zur Durchführung einer Schnellinbetriebnahme muss nur eine kleine Anzahl von Einstellparametern bedient werden, z. B.:

| | |
|---|---|
| Motorfrequenz | P0100 = 0 (Europa: 50 Hz, Leistung in kW) |
| Typenschilddaten (siehe oben) | P0304, P0305, P0307, P0308, P0309, P0310, P0311 |
| Befehlsquelle | P0700 = 2 (Klemmenleiste) |
| Sollwertquelle | P1000 = 2 (Analogwert) |
| Frequenz: minimale und maximale | P1080, P1082 |
| Rampenzeiten: Hoch- und Rücklauf | P1120, P1121 |
| Steuerungs-/Regelungsart | P1300 = 0 (U/f-Kennliniensteuerung, linear) |
| Motordatenerfassung | P1900 = 3 (Stillstandsmessung mit Sättigungskurve) |

Durch die Parameter P0700 und P1000 ist die Klemmenleiste als Befehls- und Sollwertquelle gewählt. Dort lassen sich die Bedienelemente Schalter und Sollwertpotenziometer anschließen.

### 23.4.3 Applikationsinbetriebnahme mittels Inbetriebnahmetool

Eine Applikationsinbetriebnahme dient der Anpassung des Umrichters an den Motor unter Berücksichtigung der technologischen Erfordernisse der Antriebsaufgabe. Auch wenn dabei längst nicht alle der sehr vielen Umrichterparameter beachtet werden müssen, so wird doch der Einsatz eines Inbetriebnahmetools (IBN) mit lösungsorientierter Dialogführung und grafischen Parametriermasken erforderlich, um die Einstellung der Parameter und deren Verschaltung verdeckt im Hintergrund geschehen zu lassen. Der Konfigurations-Assistent des IBN-Tools unterstützt dabei die erforderliche Gerätezusammenstellung bei einem modular aufgebauten Umrichter und kann eine Motordatenberechnung für das Motormodell veranlassen sowie eine Motoridentifikation als Stillstandsmessung durchführen. Das Inbetriebnahmetool kann auch die so genannte Steuerungshoheit übernehmen, um den Motor in einem Test drehen zu lassen.

Die Funktionsweise eines Inbetriebnahmetools wird am Beispiel des IBN-STARTER von Siemens im Rahmen des nachfolgenden Projektierungs- und Inbetriebnahmebeispiels ausschnittsweise gezeigt. Das Tool ist weitaus mächtiger, als in der Anwendung dargestellt.

## 23.5 Projektierung und Inbetriebnahme eines Umrichterantriebs

### 23.5.1 Aufgabenstellung

Ein Antriebssystem bestehend aus einem Drehstrom-Asynchronmotor mit Inkrementalgeber und dem Umrichter G120 mit der Control Unit CU240S DP-F und dem AC/AC-Motormodul der Baugröße 0,37 kW soll von einer übergeordnete SPS mit der CPU 315-2 PN/DP über PROFIBUS angesteuert werden. Zur Verfügung steht ein kompletter Geräteaufbau der Firma Siemens, wie im Bild 23.25 ohne SPS gezeigt. Benötigt wird neben der STEP 7 Software die kostenfreie Antriebs-/Inbetriebnahme-Software STARTER als integrierte Version für STEP 7 bei Drive ES Basic für eine gemeinsame Datenhaltung im Projekt.

Es soll eine mögliche Vorgehensweise bei der Projektierung und Inbetriebnahme dokumentiert und das erforderliche SPS-Programm zur Ausführung einfacher Motorfunktionen angegebenen werden.

**Technologieschema:**

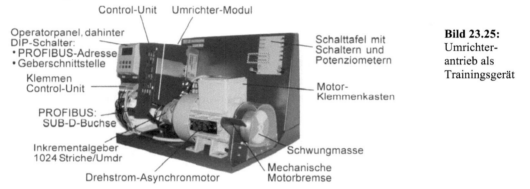

**Bild 23.25:** Umrichter-antrieb als Trainingsgerät

### 23.5.2 Anlagenstruktur

Das nebenstehende Bild zeigt die Anlagenstruktur mit der Vernetzung der Teilnehmer in der NetPro-Darstellung im SIMATIC-Manager nach Projektierung der Hardware, die eine Kommunikation aller Geräte untereinander ermöglicht. Im Zentrum der Vernetzung steht die CPU 315-2 PN/DP mit ihren zwei Schnittstellen MPI/DP und PN-IO, mit denen sich die zwei Subnetze PROFIBUS und Ethernet bilden und koppeln lassen.

Dem übergeordneten PC stehen an der SPS zwei (drei) Schnittstellen zur Verfügung, der bekannte MPI-Anschluss, der intern auf den PROFIBUS geroutet wird, sodass der PC auch Profibus-Teilnehmer ist, und der PROFINET-Anschluss.

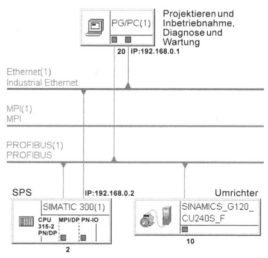

**Bild 23.26:** NetPro-Bild mit Textergänzungen

### 23.5.3 Projektierungsschritte für SPS- Hardware und Umrichter

Die Hardware-Projektierung beginnt im Simatic-Manager mit dem Anlegen eines Projekts (Projektname) und dem Einfügen einer SIMATIC 300-Station sowie dem Öffnen der HW-Konfig wie bisher geübt.

- Nach dem Einfügen der CPU 315-2 PN/DP auf Platz 2 der Profilschiene lässt sich die Schnittstelle *MPI/DP* über Objekteigenschaften auf den Typ PROFIBUS einstellen. Im Untermenü Eigenschaften kann die vorgeschlagene Profibusadresse 2 belassen und bei Subnetz <Neu> das angezeigte PROFIBUS(1)-Netz markiert werden. Ein PROFIBUS(1)-Mastersystem wird automatisch eingefügt.

- Die zweite CPU-Schnittstelle *PN-IO* lässt sich wieder über Objekteigenschaften einstellen, und zwar auf die IP-Adresse 192.168.0.2 und die Subnetzmaske 255.255.255.0 sowie unter Netzübergang auf <keinen Router verwenden>. Nach Subnetz <Neu> wird das angezeigte Ethernet(1)-Netz markiert.

Damit ist die CPU mit den Subnetzen PROFIBUS(1) und Ethernet(1) verbunden. Es müssen jetzt die jeweiligen Partnerstationen in den Netzen hinzugefügt werden, also der Umrichter als DP-Slave im Profibus-Netz und eine PG/PC-Station im Ethernet-Netz für den Projektierungs- und Inbetriebnahme PC.

- Aus dem Katalog der Hardware-Konfiguration kann unter DP-Stationen/SINAMICS der Umrichtertyp SINAMICS G120 CU240S-F markiert und dem DP-Mastersystem angehängt werden. Im aufgehenden Eigenschaften-Fenster lässt sich die Profibus-Adresse in Übereinstimmung mit den DIP-Schaltern am Trainingsgerät auf 10 einstellen und das Profibus-Subnetz bestätigen. Im nächsten Fenster wird die Einstellung der Umrichtergeräteversion verlangt. Es muss in Übereinstimmung mit dem Trainingsgerät hier die Version 2.1 gewählt werden. Im nachfolgend automatisch aufgehenden Fenster kommt es zu der sehr wichtigen Auswahl eines Telegrammtyps. Das vorgeschlagene Standard Telegramm 1, PZD-2/2 für den Prozessdatenverkehr zwischen SPS und Umrichter mit je zwei Prozessdatenworten in beiden Richtungen, also Steuerwort und Sollwert bzw. Zustandswort und Istwert, kann für den vorgesehenen einfachen Anwendungsfall übernommen werden.

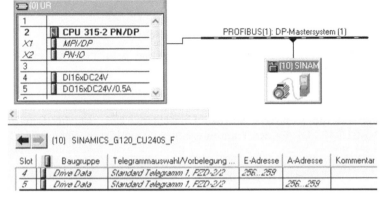

**Bild 23.27:**
Telegrammtyp und Adressbereiche des Umrichters

- Die Hardware-Konfiguration, wie in Bild 23.27 gezeigt, wird mit „Speichern und Übersetzen" abgeschlossen und beendet, sodass die Projektierung im SIMATIC Manager mit Einfügen einer PG/PC-Station fortgesetzt werden kann. Über Objekteigenschaften lässt sich unter Schnittstellen <Neu> ein Industrial Ethernet auswählen und mit OK bestätigen. Im aufgehenden Eigenschaftsfenster werden vom PC dessen MAC-Adresse und die eingestellte IP-Adresse 192.168.0.1 sowie die Subnetzmaske 255.255.255.0 übernommen. Bei Netzübergang ist „keinen Router verwenden" auszuwählen. Anschließend muss die Schnittstelle des PCs der projektierten Schnittstelle PG/PC zugeordnet werden.

**Bild 23.28:**
Simatic-Manager:
SINAMICS G120,
PG/PC(1) eingefügt

## 23.5.4 Offline-Konfigurierung des Umrichters

Der Einstieg zur Umrichter-Konfiguration geht vom SPS-Projekt aus. In der Hardware-Konfig., wie in Bild 23.27 gezeigt, wird der Umrichter markiert und im Menü Bearbeiten unter <Objekt öffnen mit STARTER> begonnen. Das Inbetriebnahmetool STARTER zeigt sich, wie in Bild 23.29 dargestellt. Der linke Bereich ist der so genannte *Projektnavigator*, der die Projektstruktur je nach dem Projektstand in einem übersichtlich Verzeichnisbaum darstellt. Der dunkle Teil ist ein kleiner Ausschnitt des Arbeitsbereichs, in dem die Konfigurierung des Antriebsgerätes stattfindet.

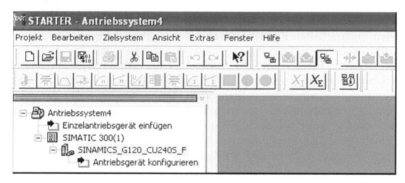

**Bild 23.29:**
Anfangsbild
STARTER
(Bildausschnitt)

### 23.5.4.1 Hardware-Konfiguration des Antriebsgeräts (Umrichter)

Mit Doppelklick auf <Antriebsgerät konfigurieren> im Projektnavigator beginnt die Zusammenstellung des Umrichters in Baugruppenform.

• **Regelungsbaugruppe des Umrichters auswählen**

Die Regelungsbaugruppe ist die Control Unit des Umrichters. Hier ist die Baugruppe <6SL3244-0BA21-1PA0-CU240S DP-F> des Trainingsgerätes zu markieren, siehe Bild 23.30.

**Bild 23.30:**
Auswahl des
Regelungsmoduls
für den Umrichter
(Bildausschnitt)

- **Leistungsteil des Umrichters auswählen**

Der Leistungsteil des Umrichters besteht aus der Einspeisung, dem Zwischenkreis und dem Wechselrichtermodul. Im Trainingsgerät ist das die Baugruppe mit der Leistung 0,37 kW.

**Bild 23.31:**
Auswahl des Leistungsmoduls für den Umrichter (Bildausschnitt)

Nach der Bestätigung mit <Weiter> wird eine Zusammenfassung gezeigt, die man mit <Fertigstellen> beendet, wodurch es zu einer erweiterten Darstellung im Projektnavigator kommt, siehe Bild 23.32.

*Hinweis:* Alternativ hätte man die Hardware-Konfiguration des Umrichters auch in das angelegte Projekt laden können. Dazu wäre über den in der oberen Taskleiste zu findenden Schalter <Mit Zielsystem verbinden> eine Online-Verbindung mit dem Umrichter herzustellen. Im anschließenden Online-/Offline-Vergleich würden Unterschiede erkannt werden. Mit <HW-Konfiguration ins PG laden> erfolgt die Auffüllung des Offline-Projekts mit der Hardware-Konfiguration des Umrichters. Voraussetzung ist, dass man den Umrichter bereits komplett aufgebaut zur Verfügung hat, was bei der Offline-Konfiguration nicht gegeben sein muss.

### 23.5.4.2 Durchführung der Applikationsinbetriebnahme unter Assistentenführung

Die Applikationsinbetriebnahme ist die Erstinbetriebnahme des Umrichters und wird im Projektnavigator bedauerlicherweise auch wieder als Konfiguration bezeichnet, die sich durch Anklicken starten lässt. Im sich öffnenden Fenster kann der Button <Assistent> betätigt werden, der danach die Führung durch die Konfiguration übernimmt, siehe Bild 23.32.

**Bild 23.32:** Inbetriebnahmetool STARTER zu Beginn der Konfiguration des Antriebsgerätes (Bildausschnitt)

- **Regelungsstruktur**

Unter Regelungsstruktur oder Regelungsart ist die Motorführung des Umrichters zu verstehen. Hier wird passend zum Trainingsgerät <Vektorregelung mit Sensor> ausgewählt. Die Auswahl ist unter verschiedenen Angeboten wie <U/f-Steuerung >, <Vektorregelung ohne Sensor> und anderen zu treffen.

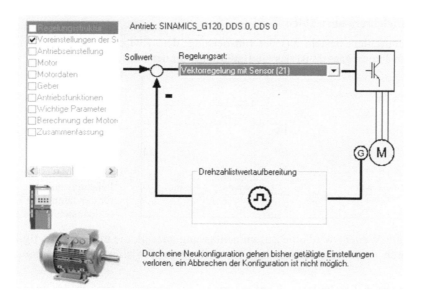

**Bild 23.33:**
Betriebsart
Vektorregelung
(Bildausschnitt)

- **Voreinstellung der Sollwertquellen**

Hier geht es um die Angaben, woher der Umrichter Steuerbefehle und Sollwerte bezieht. Da der Umrichterantrieb unter einer übergeordneten SPS betrieben werden soll, erhält er das Steuerwort STW1 und den Drehzahl-Sollwert durch die Prozessdatenworte PZD1 und PZD2 über den Profibus im zyklischen Datenverkehr vom DP-Master in der SPS-CPU. Daher sind als Befehls- und Drehzahl-Sollwertquellen jeweils <Feldbus> aus dem Angebot auszuwählen.

Unter Ein/Aus/Revers steht eine Liste der verschiednen Ansteuerungsarten zur Auswahl. Bei Auswahl von <Siemens [start/dir]> ist dies die einfache Ansteuermethode EIN/AUS1 und REV (Drehrichtungsumkehr). Andere zur Auswahl stehende Ansteuerfunktionen sind in der Betriebsanleitung beschrieben.

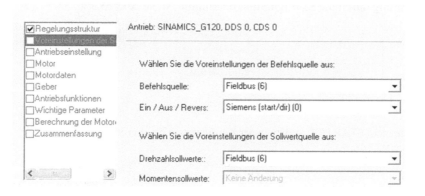

**Bild 23.34:**
Feldbus als
Befehls- und
Sollwertquelle
(Bildausschnitt)

- **Antriebseinstellung**

Hier geht es um die Festlegung, in welcher Einheit die Leistung gemessen wird und welche Standardfrequenz gelten soll. Es wäre auch eine Einstellung auf den Raum Nordamerika möglich.

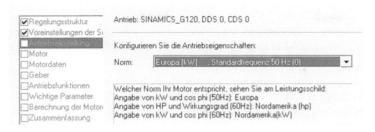

Bild 23.35:
Einheitenauswahl
und Netzfrequenz
(Bildausschnitt)

- **Motortypauswahl**

Ausgewählt werden kann zwischen Asynchron- und Synchronmotor. Da nachfolgend genaue Motordaten eingegeben werden sollen, ist auch <beibehalten/eingeben> zu markieren.

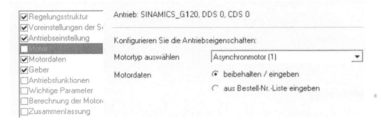

Bild 23.36:
Motorauswahl
(Bildausschnitt)

- **Motordaten**

Hier müssen die Motordaten entsprechend dem Leistungsschild eingegeben werden. Diese Eingaben werden nicht abgefragt, wenn zuvor für den Motor eine Bestellnummer zur automatischen Datenübername eingegeben werden konnte.

Sonderfall 87-Hz-Berechnung: Im Getriebebau wird die 87-Hz-Kennlinie verwendet, sodass der Motor eine Wurzel 3-mal höhere Leistung hat und das Drehmoment über einen größeren Frequenzbereich voll zur Verfügung steht. Der Betriebspunkt eines 230/400-V-Motors liegt dann bei 400 V, 87 Hz. Dazu ist dieser Motor in Dreieck zu schalten. Diese 87-Hz-Berechnung kann nur ausgewählt werden, wenn die Bemessungsfrequenz 50 Hz eingestellt ist. Die 87-Hz-Berechnung kommt für den Motor des Traininggeräts jedoch nicht in Frage.

Bild 23.37:
Eingabe der
Motordaten
(Bildausschnitt)

- **Geber**

Der eingesetzte Motor ist mit einem zweispurigen Inkrementalgeber mit um 90° phasenver-schobenen Spuren zur Rechts-/Links-Lauf-Erkennung ausgerüstet. Alternativ ist ein Geber mit Nullimpuls wählbar.

*Hinweis:* Aus der am Geber aufgedruckten Nummer und der Betriebsanleitung lässt sich er-kennen, dass ein Geber mit HTL-Pegel (24 V) eingebaut ist. Der Geber ist durch die Einstel-lung der DIP-Schalter am Umrichter (siehe Bild 23.25) freizuschalten (ON). Entsprechendes gilt für Geber mit TTL-Pegel (5 V).

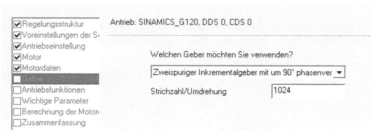

**Bild 23.38:** Auswahl des Drehzahlgebers (Bildausschnitt)

- **Motoridentifikation (Anmeldung)**

Nach Abschluss der Umrichter-Konfiguration ist eine Motoridentifikation durch eine stehende Messung durchzuführen, die hier nur angemeldet wird. Die Motoridentifikation ermittelt wei-tere Motordaten für das Motormodell des Umrichters.

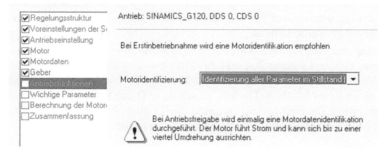

**Bild 23.39:** Anmeldung zur Motoridentifikation (Bildausschnitt)

- **Wichtige Parameter**

Der Motorüberlastfaktor bestimmt den Grenzwert des maximalen Ausgangsstroms in % vom Motor-Bemessungsstrom. Die Hoch- und Rücklaufzeit(en) beziehen sich auf Motorstillstand und eingestellter Maximalfrequenz.

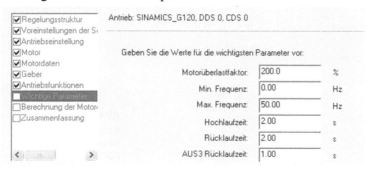

**Bild 23.40:** Wichtige Parameter (Bildausschnitt)

- **Berechnung der Motordaten**

Für die später durchzuführende Motoridentifikation müssen Startwerte der Motordaten berechnet werden. Wird auf eine Berechnung verzichtet, werden nur Schätzwerte verwendet.

**Bild 23.41:**
Berechnung der Motordaten für das Motormodell (Bildausschnitt)

- **Zusammenfassung**

Der Konfigurationsassistent schließt die Konfiguration mit einer Zusammenfassung aller Daten ab, die mit <Fertigstellen> zu quittieren ist. Danach sollte das Projekt mit <alles Übersetzen und Speichern> gesichert werden.

- **Motoridentifikation (Durchführung)**

Im Anschluss an die Offline-Konfiguration ist die vorgesehene Motoridentifikation im Rahmen der Erstinbetriebnahme durchzuführen.

–   Zu Beginn ist in den Online-Modus umzuschalten. Mit <Laden in Zielgerät> wird die Offline-Konfiguration in den Umrichter geladen. Nun kann im Projektnavigator unter <Inbetriebnahme> die <Steuertafel> geöffnet werden, die sich im unteren Bildteil darstellt. Danach ist die Schaltfläche <Steuerungshoheit holen> zu betätigen und nach Akzeptieren eines Sicherheitshinweises das Häkchen bei <Freigaben> zu setzen. Dadurch werden die Schaltflächen für <I = Antrieb ein> und <0 = Antrieb aus> aktiviert. *Steuerungshoheit* bedeutet den Zugriff des Inbetriebnahmetools vom PC aus direkt auf den Umrichter. Die Motorfrequenz sollte auf $f = 0$ Hz eingestellt bleiben, da es sich bei der Motoridentifikation um eine Stillstandmessung handelt.

–   Im Verzeichnisbaum des Projektnavigator ist bei Inbetriebnahme die Position <Identifikation> anzuklicken. Im aufgehenden Dialogfenster wird bei Messart <Motoridentifkation> ausgewählt und mit <Messung aktivieren> die Motoridentifikation gestartet. Nach einem weiteren Sicherheitshinweis kann in der Steuertafel die Schaltfläche <I = =Antrieb ein> betätigt werden. Die Messung beginnt bei Motorstillstand, aber deutlichem Ventilator-/Umrichtergeräusch bei stehendem Motor und beendet sich nach ca. 1 min von alleine. Die gemessenen Motordaten werden im Dialogfenster angezeigt. Abschließend ist <Freigaben> zu deaktivieren und <Steuerungshoheit abgeben> auszuführen.

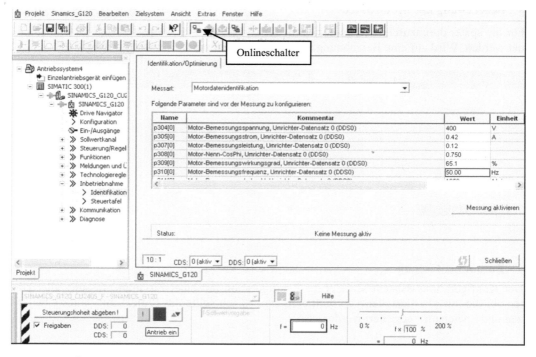

**Bild 23.42:** Übersicht zur Durchführung der Motoridentifikation

## 23.5.5 Antriebsprojekt starten, Motor drehen lassen

Die Konfigurierung des Umrichters soll auf Funktion überprüft werden, d. h. getestet werden, ob der Umrichter richtig auf den Motor angepasst ist. Ein SPS-Steuerungsprogramm ist dazu nicht erforderlich. Der Test erfolgt vom PC aus über das Inbetriebnahmetool und prüft, ob sich der Motor vom Umrichter ansteuern (drehen) lässt. Dabei wird der Asynchronmotor vom künstlich erzeugten Drehfeld des Umrichters angetrieben. Der Test umfasst die Motorfunktionen Start, Stop, Drehzahländerung sowie die Drehrichtungsumkehr und verläuft in folgenden Schritten:

– Zur Durchführung des Funktionstests muss das Inbetriebnahmetool in den Online-Modus geschaltet, d. h. mit dem Umrichter verbunden sein, wie bereits bei der Motoridentifikation beschrieben.

– Der Zugang zum Test kann entweder über den Projektnavigator erfolgen, in dem man, wie schon in Bild 23.42 dargestellt, unter Inbetriebnahme die <Steuertafel> anklickt, oder über den so genannten Drive Navigator, der im Objektbaum gleich unterhalb des Umrichtergerätes SINAMICS G120 zu finden ist. Beide Wege führen zum gleichen Ziel, nämlich zu der im unteren Bildbereich geöffneten Steuertafel. Nachfolgend wird der Weg über den Drive Navigator gezeigt, um zugleich auf andere mögliche Aktivitäten einer geführten Inbetriebnahme aufmerksam zu machen.

- **Drive Navigator**

Durch Anklicken des Drive Navigators öffnet sich das in Bild 23.43 gezeigte Dialogfenster. Er zeigt in einer Übersicht das projektierte Antriebsgerät für die konfigurierte Drehzahl-/Stromregelung des vorgesehenen Motors mit Drehzahlgeber in Regelkreisdarstellung, die im Motorbetrieb mit aktuellen Messwerten ergänzt wird.

Durch Anklicken der dreieckförmigen Symbole im Drive Navigator gelangt man zu weiteren Detaildarstellungen des Antriebssystems.

Der Drive Navigator bietet nicht nur Informationen über das Antriebssystem, sondern hilft auch durch eine geführte Inbetriebnahme, wenn man die Inbetriebnahme-Schaltfläche im unteren Teil des Fensters betätigt.

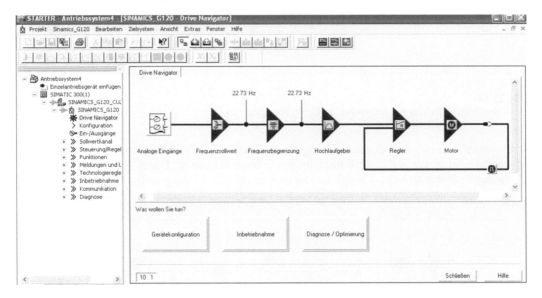

**Bild 23.43:**
Bedienoberfläche des Drive Navigators (Bildausschnitt)

Als Beispiel für eine Detaildarstellung wird das Reglersymbol im Drive Navigator ausgewählt. Das Bild 23.44 zeigt die aufgeblendete Regelkreisdarstellung mit einem PI-Regler und veränderbaren Regelparametern sowie Messstellen, die im Betrieb des Umrichters aktuelle Messwerte anzeigen.

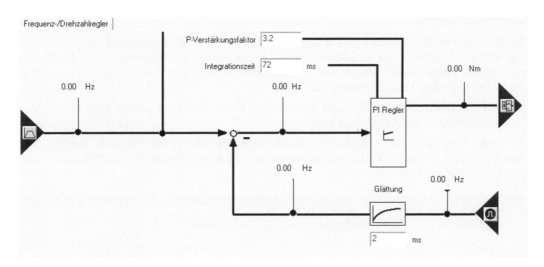

**Bild 23.44:**
Detaildarstellung für das Reglersymbol im Drive Navigator

Auf weitere interessante Detaildarstellung für Symbole im Drive Navigator muss hier verzichtet werden, um in der geführten Inbetriebnahme voranzukommen. Durch Anklicken bei <Inbetriebnahme> öffnet sich ein Auswahlfenster, wie in Bild 23.45 dargestellt.

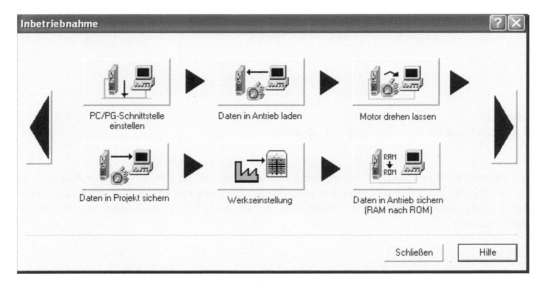

**Bild 23.45:**
Inbetriebnahmefunktionen

Nach Auswahl der Funktion <Motor drehen lassen> wird <Steuerungshoheit holen> angeboten.

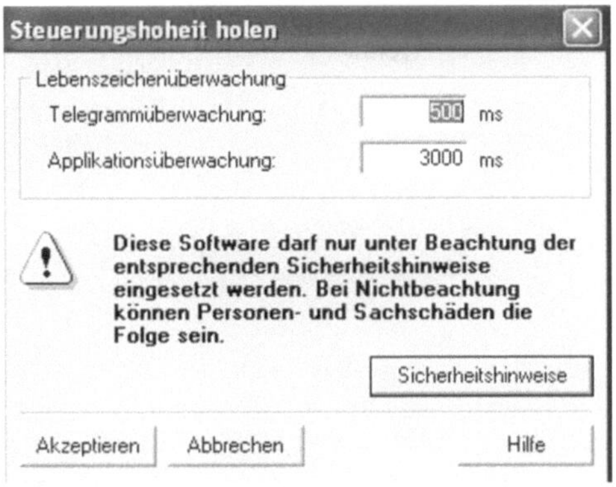

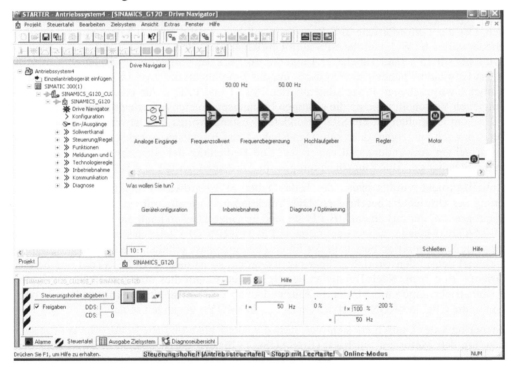

**Bild 23.46:**
Sicherheitshinweis vor
Steuerungshoheit holen

Nach Akzeptieren des Sicherheitshinweises öffnet sich ein Dialogfenster mit dem Drive Navigator und der Steuertafel im Bild unten. Dort wird für den Umrichter die Ausgangsfrequenz $f = 50$ Hz eingestellt und danach die Schaltfläche <I = Antrieb ein> betätigt. Der Motor läuft an und seine Frequenz wird im Drive Navigator angezeigt. Der Motor kann wieder gestoppt werden durch Betätigen der Schaltfläche <0 = Antrieb aus>.

**Bild 23.47:** Inbetriebnahme mit <Motor drehen lassen>

In der Steuertafel lässt sich auch der Diagnosebereich aufblenden. Der Schalter dafür ist oben links neben <Hilfe> zu finden. Die Diagnose zeigt, welche Bits des Steuerwortes für den Motorlauf aktiviert sein müssen, vgl. Tabelle 23.1, Seite 728. Der Test des Motorlaufs wird beendet durch Löschen der Freigaben und Abgeben der Steuerungshoheit.

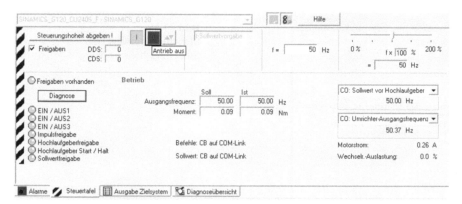

**Bild 23.48:**
Motor dreht,
Diagnose ein-
geschaltet

### 23.5.6 Steuerungsprogramm

Die Inbetriebnahmefunktion <Motor drehen lassen> beruht auf einem azyklischen Dienst des auf dem PG/PC laufenden Inbetriebnahmetools. In der betrieblichen Anwendung muss der Umrichter jedoch von der ihm übergeordneten SPS im zyklischen Datenverkehr gesteuert werden. Das dazu erforderliche SPS-Programm soll hier der Einfachheit halber nur das Senden des Steuerwortes STW 1 von der SPS zum Umrichter umfassen, um die Wirkung der Steuerbits Bit 0 bis Bit 15 gemäß Tabelle 23.1 und die Vorgabe des Sollwertes testen zu können. Aus Sicht des Umrichters handelt es sich dabei um das Empfangen der zwei im vereinbarten Telegrammtyp 1 vorgesehenen Prozessdatenworten PZD 1 und PZD 2, die er über die selbst vorgenommenen Verschaltungen an die richtigen Emfangsparameter weiterleitet. Auf die Auswertung des vom Umrichter an die SPS gesendeten Zustandswortes und Istwertes wird hier verzichtet, um auch zu zeigen, dass kein Handshake-Betrieb realisiert werden muss, obwohl das in einem echten Anwendungsfall ratsam ist. Die Bedienung der Steuerbits 0 bis 15 erfolgt durch die Schalter der SPS-Eingabebaugruppe im Adressbereich EW 0 = EB 0 + EB 1.

Im Antriebsprojekt wurden bisher die Teilaufgaben SPS-Hardware-Projektierung und Konfigurierung des Umrichters beschrieben. Die Projektierung wird nun mit einem minimalen Steuerungsprogramm, nur aus einem OB 1 bestehend, ergänzt. Danach kann die SPS-Projektierung vom SIMATIC-Manager in die Baugruppe (CPU 315-2PN/DP) geladen werden. Der Umrichter hat seine Konfiguration bereits in der Inbetriebnahmephase erhalten. Soll die Konfiguration noch einmal neu in den Umrichter übertragen werden, so ist das STARTER-Tool wie bereits beschrieben zu öffnen. Nach Herstellen des Onlinestatus kann dies über den Drive Navigator unter <Inbetriebnahme> mit <Daten in Antrieb laden> geschehen. Nach erfolgreichem Download muss die CPU in <RUN> und der Umrichter in <RDY> gegangen sein.

Die Steuerlogik des Umrichters sieht vor, dass die Bits 1 bis 6 und Bit 10 auf <1> gesetzt sein müssen, um den Motorlauf mit Bit 0 (EIN/AUS= 1) für den vorgegebenen Sollwert über den Feldbus zu starten. Durch Bit 10 = 1 übernimmt die SPS die Führung des Umrichters, was eventuell durch Betätigen der Funktionstaste Fn am Operatorpane noch einmal zu quittieren ist.

Für die Berechnung der Ausgangsfrequenz aus dem vorgegebenen Sollwert im HEX-Zahlenformat gilt die Beziehung, dass die Zahl 4000 hex = 16384 dez = 100 % Sollwert (50 Hz) entspricht.

**STEP 7 Programm: OB 1**

// Ausgabe Steuerwort STW 1 über das Merkerwort MW10 an das Prozessausgangswort PAW 256 und Ausgabe eines Sollwertes an das Prozessausgangswort PAW 258.

// *Hinweis:* Das Merkerwort MW 10 benennt sich nach dem niederwertigen Merkerbyte MB 10, das im Akkumulator linksbündig steht. Deshalb müssen die Bits 0 bis Bit 7 dem Merkerbyte MB 11 und Bits 8 bis 15 dem Merkerbyte MB 10 zugeordnet sein (siehe Eintrag in der Tabelle 23.1, Seite 728).

```
U     E      0.0            // EIN/AUS1
=     M     11.0
U     E      0.1            // AUS2: Elektr. Halt (Austrudeln)
=     M     11.1
U     E      0.2            // AUS3: Schnellhalt
=     M     11.2
U     E      0.3            // Impulsfreigabe
=     M     11.3
U     E      0.4            // Hochlaufgeber Freigabe
=     M     11.4
U     E      0.5            // Hochlaufgeber Start
=     M     11.5
U     E      0.6            // Sollwert-Freigabe
=     M     11.6
U     E      0.7            // Fehler-Quittierung
=     M     11.7


U     E      1.0            // JOG rechts
=     M     10.0
U     E      1.1            // JOG links
=     M     10.1
U     E      1.2            // Steuerung durch AG
=     M     10.2
U     E      1.3            // Reversieren, Sollwert-Umkehrung
=     M     10.3            // für Drehrichtungsumkehr
U     E      1.4            // -
=     M     10.4
U     E      1.5            // Motorpotenziometer höher
=     M     10.5
U     E      1.6            // Motorpotenziometer tiefer
=     M     10.6
U     E      1.7            // CDS Bit 0 (Hand/Auto)
=     M     10.7


L     MW    10             // Steuerwort STW 1
T     AW    10             // Adressbereich für PZD 1

L     W#16#2000            // Sollwert:2000hex=8192dez=>25 Hz
T     AW    12             // Adressbereich für PZD 2
```

**Steuerworte:**

| | M | 10.7 | 10.6 | 10.5 | 10.4 | 10.3 | 10.2 | 10.1 | 10.0 | 11.7 | 11.6 | 11.5 | 11.4 | 11.3 | 11.2 | 11.1 | 11.0 |
|---|---|---|---|---|---|---|---|---|---|---|---|---|---|---|---|---|---|
| Rechtslaufvorbereiten: | 047E | 0 | 0 | 0 | 0 | 0 | 1 | 0 | 0 | 0 | 1 | 1 | 1 | 1 | 1 | 1 | 0 |
| Rechtslaufstarten: | 047F | 0 | 0 | 0 | 0 | 0 | 1 | 0 | 0 | 0 | 1 | 1 | 1 | 1 | 1 | 1 | 1 |
| Linkslaufstarten: | 0C7F | 0 | 0 | 0 | 0 | 1 | 1 | 0 | 0 | 0 | 1 | 1 | 1 | 1 | 1 | 1 | 1 |
| Fehler zurücksetzen: | 04FE | 0 | 0 | 0 | 0 | 0 | 1 | 0 | 0 | 1 | 1 | 1 | 1 | 1 | 1 | 1 | 0 |

**Bild 23.49:** Aufbau der Steuerworte

# VII Informationstechnologien zur Integration von Betriebsführungs- und Fertigungsabläufen

## 24 Industrielle Kommunikation – Überblick

### 24.1 Informationsstrukturen moderner Automatisierungssysteme

Büro- und Fertigungsabteilungen waren ursprünglich getrennt arbeitende Unternehmensbereiche, deren Kommunikation über Auftragszettel oder andere schriftliche Mitteilungen ablief. Was früher getrennt war, muss jetzt zusammenwachsen. Die neuen Möglichkeiten dazu liefern Ethernet-TCP/IP-Netze und Informationstechnologien wie Internetdienste und OPC-Schnittstellen.

Nach derzeitigem Stand der Entwicklung ist ein hierarchisch gegliedertes, leistungsmäßig abgestuftes Kommunikationssystem mit Datendurchlässigkeit im Bereich der Fertigungs-/Prozesstechnik üblich. Das hat technische und wirtschaftliche Gründe. Es gibt jedoch auch Bestrebungen, das in der Bürowelt etablierte Ethernet-TCP/IP-Bussystem auf den Automationsbereich auszudehnen, wie das schon am Beispiel PROFINET in Kapitel 18 dargestellt wurde. Das entscheidende Kriterium ist aber die geforderte Verfügbarkeit der Informationen.

Das folgende Bild zeigt Informationsstrukturen, wie sie in einem modernen Automatisierungssystem vorkommen können.

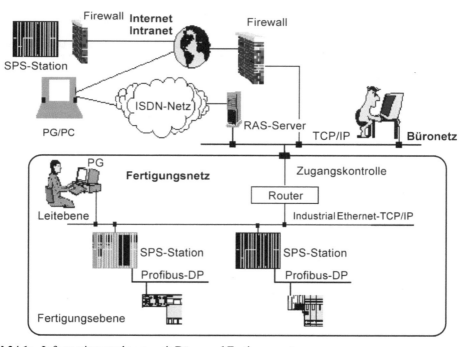

**Bild 24.1:** Informationsstrukturen mit Büro- und Fertigungsnetz

Als Aufgaben der in Bild 24.1 gezeigten Fertigungs-Leitebene seinen beispielhaft genannt:

- Bedienen und Beobachten des Fertigungsprozesses,
- Störungserkennung durch Auswerten von Meldungen und Alarmen,
- Auswertung von Mess- und Produktionsdaten sowie deren Archivierung,
- Optimieren von Prozessabläufen.

Die Aufgaben der im Bürobereich angesiedelten Betriebsleitebene können mit dem Begriff der „integrierten Betriebsführung" umschrieben werden:

- Auftragswesen,
- Qualitätskontrolle,
- Instandhaltungsplanung,
- Materialverwaltung,
- Produktionsplanung.

## 24.2 Horizontale Kommunikation in der Fertigungsebene

Komplexere Automatisierungssysteme sind gekennzeichnet durch eine verteilte Steuerungs-Intelligenz. Mehrere SPS-Stationen erledigen eigenständig Teilaufträge des Anlagenprozesses. Die Aktoren und Sensoren in den Anlagenteilen oder Maschinen sind über einen Feldbus mit einer SPS-Station verbunden. Klassische elektromechanische Bedienfelder mit Schalter und Leuchten befinden sich unmittelbar an den Maschinen. Werden moderne Bedienpanels eingesetzt, so sind auch diese am Feldbus angeschlossen.

Der übergeordnete Datenaustausch zwischen den SPS-Stationen betrifft die gelegentliche Übertragung größerer Datensätzen und erfolgt daher in der Regel asynchron im Gegensatz zu dem zyklischen Datenverkehr auf Feldbusebene. Das trifft auch zu für die Programmierung und Diagnose der SPS-Stationen vom PC der Fertigungs-Leitebene aus. Diese übergeordneten Datentransfers werden über ein Industrial-Ethernet Netz abgewickelt, das auch den Anschluss dieses Fabriknetzes an das Büronetz ermöglicht.

Als Transport-Protokoll für die gesicherte Datenübertragung zwischen Kommunikations-Endpunkten stehen zwei Systeme zur Verfügung. Erstens das klassische TCP/IP-System (siehe Kapitel 17) und das neue PROFINET-System mit TCP/IP und Realtime-Übertragung (siehe Kapitel 18).

Aus Sicht der Kommunikation zwischen den Geräten fehlt noch die Erklärung, wodurch sich die Geräte tatsächlich „verstehen", denn Ethernet-TCP/IP sorgt nur für den sicheren Datentransport zwischen Kommunikations-Endpunkten. Die nachfolgende Zusammenstellung zeigt die bereits in den Kapiteln 17 und 18 vorgestellten Protokolle als „Verständigungssprachen" für Industrial Ethernet-Netze:

- Send-Receive-Kommunikation zwischen S7-CPUen bei Industrial Ethernet,
- S7-Kommunikation (S7-Funktionen) mit den Diensten Read und Write,
- Send-Receive-Kommunikation zwischen IO-Controllern bei PRORFINET IO,
- DCOM-Kommunikation zwischen PROFINET-Komponenten bei PROFINET CBA.

Das gemeinsame Merkmal dieser Datentransfers ist es, dass im Prinzip gleichartige „Gesprächspartner" miteinander Daten austauschen, weshalb man dies auch als *horizontale Kommunikation* bezeichnet. Dabei ist es gleichgültig, ob sich die Kommunikationspartner in demselben oder in verschiedenen Subnetzen befinden. Nicht zur horizontalen Kommunikation zählt man jedoch die Feldbus-Kommunikation auf der Basis Master-Slave bei PROFIBUS DP bzw. Controller-Device bei PROFINET IO.

## 24.3  Vertikale Kommunikation für betriebliche Abläufe

Eine vollkommen andere Betrachtungsweise liegt bei der so genannten *vertikalen Kommunikation* vor. Hier handelt es sich um das Problem der Verständigung zwischen Anwenderprogrammen der Betriebsleitebene (z. B. Excel) mit Anwenderprogrammen der Fertigungsebene (SPS), oder anders ausgedrückt: Wie kommen SPS-Prozessdaten in eine Excel-Tabelle? Zwar hat die vertikale Kommunikation auch etwas mit der Datenübertragung zu tun, eventuell sogar durch heterogene Netze, aber das Hauptproblem liegt auf der Software-Ebene: Es gibt so viele verschiedene SPS-Systeme und Netzzugänge zu deren CPU, wie es Anbieter von Automatisierungssystemen gibt. Hinzu kommt, dass SPS-Systeme üblicherweise nicht unter dem Betriebssystem Windows arbeiten. Das Problem wurde klassisch gelöst durch herstellerspezifische Treiberprogramme oder seit einigen Jahren auch durch eine standardisierte OPC-Schnittstelle (siehe Kapitel 26).

## 24.4  Dienste im ISO-OSI-Kommunikationsmodell

Von der „Internationalen Standardisierungsorganisation" (ISO) wurde ein Modell für die Beschreibung von Kommunikationsvorgängen zwischen Rechnern herausgegeben. Dieses Modell heißt „Open Systems Interconnection" (OSI). Sinn war es, die bei der Rechnerkommunikation über LAN-Grenzen hinaus auftretenden Probleme in Problembereiche, so genannte Schichten oder Layer, zusammenzufassen. Jede der insgesamt sieben Schichten beschreibt einen Problem-bereich, für den verschiedene technische Realisierungen möglich sind. Die Schichten sind so gedacht, dass eine andere technische Lösung einer „niedrigeren" Schicht keine Änderung in einer „höheren" Schicht nach sich ziehen darf.

Im Sinne des ISO-OSI-Kommunikationsmodells (ISO-OSI-Schichtenmodells) bietet jede Schicht einen bestimmten Dienst an, den die darüber liegende Schicht nutzen kann, sodass der höchsten Schicht der volle Dienstumfang zur Verfügung steht.

Das Modell beschreibt nicht einen neuen Kommunikations-Standard, sondern legt nur fest, was ein Standard definieren muss, damit er OSI-konform ist. Es ist nicht vorgeschrieben, dass ein realisiertes Kommunikationssystem über alle Schichten verfügen muss. Schichten, die nicht benötigt werden, können entfallen.

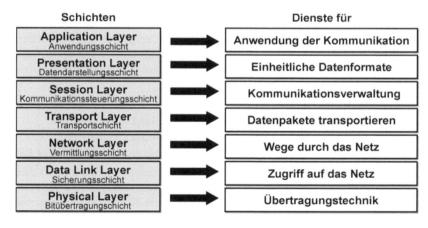

**Bild 24.2:**  Leistungsangebot der Schichten im ISO-OSI-Kommunikationsmodell

Die Schichten 1–4 bezeichnet man als transportorientiert und die Schichten 5–7 als verarbeitungsorientiert. Die bisher in den Kapiteln 17 und 18 beschriebenen technischen Realisierungen der Datenübertragung lassen sich den Schichten 1–4 im ISO-OSI-Modell zuordnen.

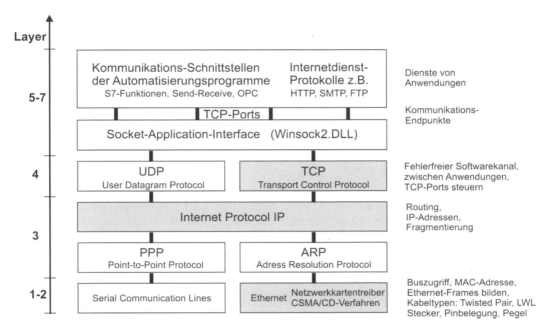

**Bild 24.3:**  Auffüllen des (leeren) ISO-OSI-Schichtenmodells mit Ethernet-TCP/IP in Schicht 1–4 und Schnittstellen von Anwenderprogrammen sowie Internetdienst-Protokollen in Schicht 5–7

Internetdienste sind Leistungsangebote im Internet. Diese werden grundsätzlich von einem Server angeboten und von einem Client genutzt. Client- und Server-Programme sind die Akteure im Internet. Damit die Akteure ihre Rollen auch „spielen" können, muss ein bestimmtes Regelwerk existieren, dass den genauen Ablauf festlegt. Dieses Regelwerk heißt Protokoll, dessen Ausführung nennt man eine Prozedur, erbracht wird ein Dienst.

Jeder Internetdienst beruht nach dem ISO-OSI-Kommunikationsmodell auf einem speziellen Schicht-7-Protokoll (unter Einschluss von Dienstmerkmalen der Schichten 5 und 6). Genau genommen ist zwischen einem Internetdienst und dem Protokoll zur Durchführung des Dienstes zu unterscheiden, siehe nachfolgende Auswahl:

| **Internetdienst** | WWW | E-Mail | Dateitransfer |
|---|---|---|---|
| **Protokolle** | HTTP<br>Hyper Text Transfer Protokoll | SMTP<br>Simple Mail Transfer Protokoll<br>POP3<br>Post Office Protokoll 3 | FTP<br>File Transfer Protokoll |
| **Beschreibung** | Dokumentenaufruf und Präsentation (Webseiten) mit Verweisen (Links) | Elektronische Post, Versenden und Empfangen von Nachrichten | Kopieren (Übertragen) von Dateien zwischen Rechnern |

## 24.5 Netzkomponenten im ISO-OSI-Kommunikationsmodell

Für Netzkopplungen werden Switches, Router und Gateways benötigt auf Grund von Unterschiedlichkeiten der zu verbindenden Teilnetze.

### 24.5.1 Switches

Switches werden verwendet, um Datenendgeräte sternförmig zu verbinden. Dabei findet eine Filterung des Datenverkehrs anhand der Adressen statt. Lokaler Datenverkehr bleibt lokal. In diesem Sonderfall entsteht ein *kollisionsfreies Ethernet-Netz*, da jedes Netzsegment zu einer Punkt-zu-Punkt-Verbindung zwischen einem Teilnehmer und einem Switch-Port zusammenschrumpft. Die Teilnehmerstation hat dann volle Verfügung über ihr Segment.

Ein Switch „lernt" die Ethernet-Adresse des an einem Port angeschlossenen Teilnehmers und leitet dorthin nur die Datenpakete, die an ihn adressiert sind. Broadcast-Telegramme werden jedoch an alle Ports weitergegeben.

Switches arbeiten auf der ISO-OSI-Schicht 2. Somit können sie Netzwerksegmente koppeln, bei denen die Schicht 1 unterschiedlich ist, beispielsweise in der Übertragungsgeschwindigkeit der Daten. Der Switch hat in jedem Eingangsport einen Pufferspeicher zur Aufnahme empfangener Frames. Beim Durchschalten von Datenpaketen nützt der Switch die Speicherung der Empfangsdaten und kann so Netzsegmente mit unterschiedlicher Datenrate koppeln, ohne Rückstufung des gesamten Netzes auf die niedrigere Datenrate.

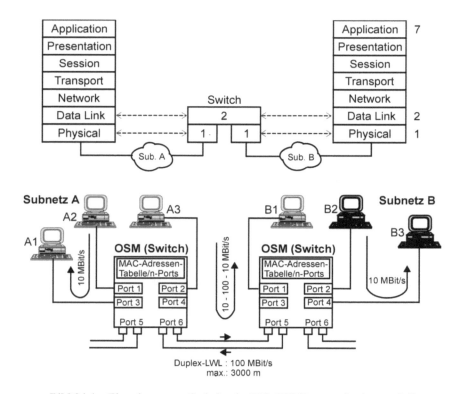

**Bild 24.4:**  Einordnung von Switches im ISO-OSI-Kommunikationsmodell

### 24.5.2 Router

Router dienen zur Verbindung von Subnetzen, die sich in den Schichten 1 und 2 unterscheiden können, was bei einem Ethernet-ISDN-Router am stärksten deutlich wird. Router entscheiden in Abhängigkeit von IP-Adresse, welche Datenpakete in ein anderes Subnetz weiterzuleiten sind. Routing ist die Wegesteuerung einer Nachricht durch das Netzwerk. Router arbeiten protokollspezifisch auf der Schicht 3 (Netzwerkschicht) des ISO-OSI-Kommunikationsmodells, sie können auch so genannte Multiprotokoll-Router sein, die nicht auf ein einziges Schicht 3-Protokoll festgelegt sind.

Die Router-Adressen-Tabellen müssen so aufgebaut sein, dass der Router aus der IP-Zieladresse im Datenpaket seine Entscheidung treffen kann. Dazu gehören die IP-Zielsubnetz-Adressen, die IP-Adresse und zugehörige MAC-Adresse des nächsten Netzknotens, an den das Datenpaket weiterzuleiten ist, sowie eine Default-Adresse für „unlösbare Fälle". Broadcast-Telegramme werden von Routern nicht in andere Subnetze weiter geleitet.

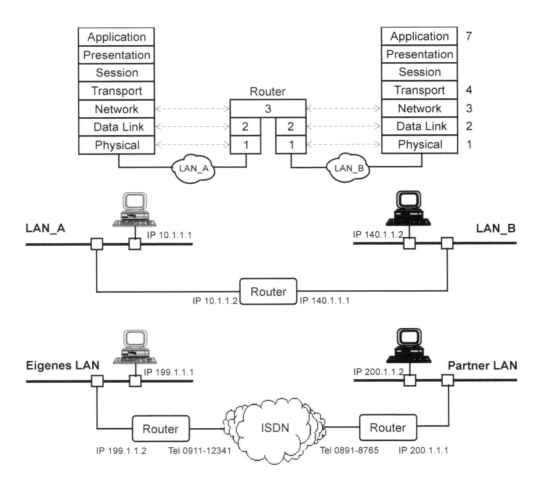

**Bild 24.5:** Einordnung von Routern im ISO-OSI-Kommunikationsmodell und Einsatz verschiedener Routertypen

### 24.5.3 Gateway

Gateways werden zur Kopplung von Subnetzen mit unterschiedlicher Protokoll-Architektur verwendet, d. h., durch sie können zwei beliebige, sich in allen Schichten unterscheidende Subnetze verbunden werden.

Es gibt Anwendungsfälle, in denen eine Gateway-Funktionalität erforderlich ist. Will der Besucher eines Internet-Cafés sich seine E-Mails auf den dortigen Computer laden, ist technisch gesehen ein so genanntes HTTP-POP3-Gateway erforderlich (HTTP = Übertragungsprotokoll für Webseiten im Internet, POP3 = Post Office Protocol, um E-Mails vom E-Mail-Server abzuholen). Das Gateway muss hier zwei unterschiedliche Protokolle übersetzen.

Auch in der Automatisierungstechnik müssen manchmal Gateways eingesetzt werden. Im PROFINET-System werden zum Zwecke der Integration von PROFIBUS-DP-Netzen so genannte Industrial Ethernet/PROFIBUS-DP-Links eingesetzt. Das sind Gateways, die protokollfremde Netze miteinander verbinden können.

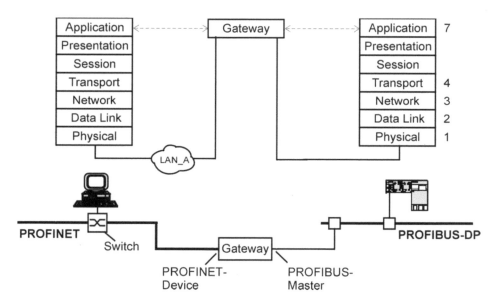

**Bild 24.6:** IE/PB-Gateway im ISO-OSI-Kommunikationsmodell

**Achtung:** Wenn bei Netzwerkkonfigurationen unter Windows-Betriebssystemen die Angabe eines „Standard-Gateways" gefordert wird, ist in Wirklichkeit ein Router gemeint, der das Netzwerk abschließt.

# 25 Web-Technologien in der Automatisierungstechnik

Die Anwendung von Web-Technologien ist auch für die Automatisierungstechnik von Bedeutung. Dabei geht es weniger um die Einbeziehung des Internets sondern um die Nutzung der Standards. Web-Technologien sind nicht auf eine bestimmte Computer-Hardware oder ein Betriebssystem festgelegt. Vorteilhaft für Anwender ist auch die weitgehende Einheitlichkeit der Benutzerinterfaces.

Anwendungsgebiete für Web-Technologien in der Automatisierungstechnik sind z. B.:

- Webbasierte Bedien- und Beobachtungsgeräte,
- Web-Server in SPS-Kommunikationsbaugruppen für Diagnose/Wartung von Anlagen,
- SMS-gestützte Meldesysteme,
- WebCam-Anlagenüberwachungen,
- Web-Server als Informationspool in der Anlage.

## 25.1 Grundlagen

### 25.1.1 Technologien

Was sind nun Web-Technologien? Im Allgemeinen wird unter einer Technologie ein Verfahren verstanden, mit dem aus Rohstoffen Fertigprodukte erzeugt werden. Bezüglich des World Wide Webs sind Technologien Verfahren, mit denen Informationen jeder Art (Wissens-Ressourcen) effizient zugänglich gemacht werden können. In diesem Kapitel werden die folgenden Web-Technologien genutzt:

- **HTTP**, das Übertragungsprotokoll für den Dienst World Wide Web,
- **HTML**, die Beschreibungssprache zur Erzeugung von Hypertext-Dokumenten,
- **Java Applets**, externe Programmkomponenten für Interaktionen in HTML-Dokumenten,
- **JavaScript**, eine Skriptsprache zur Erzeugung von Interaktionen in HTML-Dokumenten.

### 25.1.2 Akteure im Netz: Client und Server

Die Akteure in einem Netzwerk (Internet) werden als Client und Server bezeichnet. Ein Client ist der Nutzer eines vom Server erbrachten Dienstes. Bekannt sind die Beziehungen Web-Client und Web-Server, E-Mail-Client und E-Mail-Server, FTP-Client und FTP-Server, OPC-Client und OPC-Server.

Die Kommunikation zwischen Client und Server wird grundsätzlich von Client initiiert. Er erzeugt eine Anfrage und wartet auf die Lieferung der angeforderten Ressource. Client und Server sind *Prozesse* in Rechnern, die wartend, bereit, aktiv oder beendet sein können. Die Prozesse konkurrieren um die Betriebsmittel des Rechners, der zu einem Zeitpunkt immer nur einen Prozess ausführen kann. Wenn von einem Web-Server gefordert wird, dass er „gleichzeitig" mehrere Web-Browser bedienen soll, die unterschiedliche Webseiten bei ihm anfordern, kann das Problem dadurch gelöst werden, dass für jeden Auftrag ein eigener *Prozess* mit einem eigenen Prozessstatusblock erzeugt wird, der Speicherplatz beansprucht. Das Betriebssystem des Rechners muss für eine gute Verteilung der Prozessorzeit auf alle Prozesse sorgen. Jeder Prozessstatusblock kann im Prinzip als ein *virtueller Prozessor* angesehen werden.

Web-Browser sind interaktive Anwenderprogramme zur Präsentation von Webseiten und ermöglichen dem Benutzer das „Blättern" in Informationsbestände.

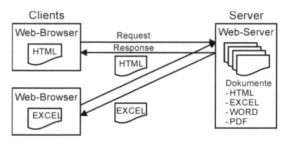

**Bild 25.1:**   Client-Server-Beziehung

### 25.1.3 Netz-Infrastruktur und Protokolle

Die wichtigste Voraussetzung für den Aufbau einer Client-Server-Beziehung ist, dass die Rechner am Netz (LAN, Intranet, Internet) angeschlossen sind. Die Kommunikation zwischen Client und Server erfolgt über Protokolle, das sind vor allem die für die Übertragung wichtigen TCP/IP-Protokolle der Netz-Infrastruktur und die darauf aufsetzenden Dienst-Protokolle.

Anfangs- und Endpunkte des Übertragungsweges sind die TCP-Ports. Die IP-Adresse kennzeichnet den Rechner im Netz und die Port-Nummer ein bestimmtes Protokoll, bei dessen Inanspruchnahme ein entsprechender Dienst zur Nutzung angeboten wird. Die Kennzeichnung ist weltweit eindeutig. Einige Port-Nummern sind als *well known Portnumbers* standardisiert.

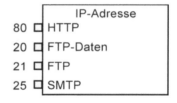

Anstelle einer genauen Verlaufsdarstellung der Übertragung von Datenpakete zwischen Client und Server zur Ausführung von Diensten im Netz verwendet man die abstraktere Beschreibungsform des ISO-OSI-Schichtenmodells. Die Grundidee der Schichtung ist, dass ausgehend von der untersten Schicht jede höhere Schicht neue Dienste hinzufügt. Eine Anwendung, die auf die Dienste der obersten Schicht zugreift, verfügt damit indirekt über den vollen Dienstumfang.

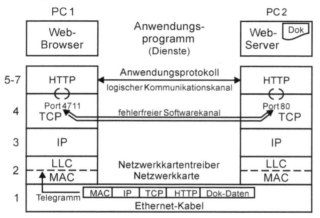

**Bild 25.2:**
Das Anwendungsprotokoll HTTP im ISO-OSI-Schichtenmodell

Zwischen den Teilnehmern besteht ein scheinbar vorhandener, d. h. logischer Kommunikationskanal, weil die Teilnehmer die verwendeten Kommandos kennen und in vorgeschriebener Weise reagieren. Ausgeführt wird unter dem HTTP-Protokoll der WWW-Dienst (Webseiten).

## 25.1.4 HTTP

**HTTP ist die Abkürzung für *HyperText Transfer Protocol*,** es ist das Anwendungsprotokoll des Word Wide Web. HTTP legt die gemeinsame „Sprache" zur Verständigung zwischen einem Web-Client und einem Web-Server für den Austausch von Daten beliebiger Formate fest. Der Datentransfer erfolgt in vier Schritten, wie in Bild 25.3 gezeigt wird:

1. Der Web-Client baut eine TCP-Verbindung zum Web-Server auf: **Open**
2. Der Web-Client schickt einen HTTP-Request zum Web-Server: **Send**
3. Der Web-Server sendet einen HTTP-Response zum Web-Client: **Receive**
4. Der Web-Server baut die TCP-Verbindung wieder ab: **Close**

Punkt 4 kann jedoch auch anders geregelt sein. Die meisten Web-Browser beantragen beim Server, die Verbindung für mehrere Anforderungen offen zu halten. Dies wird als „HTTP-Keep-Alive" bezeichnet. Es handelt sich dabei um eine HTTP-Spezifikation, die eine deutlich verbesserte Serverleistung ermöglicht. Ohne Keep-Alive würde ein Browser für ein Dokument mit mehreren Elementen, wie z. B. Grafiken, zahlreiche Verbindungsanforderungen stellen müssen. Jedes Element könnte eine separate Verbindung erfordern. Bei der Web-Server-Konfiguration wird HTTP-Keep-Alive standardmäßig aktiviert. Darüber hinaus gibt es auch noch ein so genanntes „Verbindungs-Timeout", das ist die Zeitspanne, nach deren Ablauf der Server einen inaktiven Browser automatisch trennt.

Im nachfolgenden Bild sind die Vorgänge ausführlicher dargestellt. In der Adressleiste des Browser-Programms wird http://142.1.5.2/index.htm eingegeben.

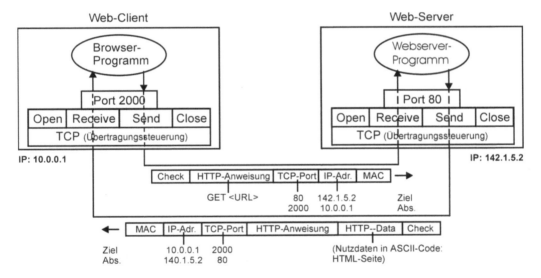

**Bild 25.3:** Softwarekanal zwischen zwei Programmen. Das Browser-Programm setzt automatisch die Portnummer 80 ein und verwendet den GET-Befehl. Der Web-Server liefert die Daten der Webseite an Port 2000 an, die der Browser willkürlich festgelegt und für Antwortzwecke mitgeliefert hat.

HTTP verwendet das Request-Response-Verfahren. Der Web-Server liefert nur dann die gewünschte Webseite mit seinem Response, wenn der Web-Client (Browser) diese mit einem Request angefordert hat. Der Web-Client muss die Information „ziehen".

Mit dem HTTP-Protokoll können nicht nur HTML-Dokumente sondern auch solche mit Word-, PDF- oder Excel-Dateien und multimediale Daten wie Bilder, Musik, Videosequenzen in bestimmten Dateiformaten übertragen werden. Der Browser, der ein empfangenes Dokument präsentieren soll, stellt zunächst einmal den Ressourcentyp fest. Im HTTP-Header hat der Web-Server eine „MIME"-Information mitgeliefert, die Aufschluss darüber gibt, um welchen Dateityp es sich bei dem betreffenden Dokument handelt. Danach kann der Browser entscheiden, ob er das Dokument selber in einem Fenster präsentiert, weil es sich um ein echtes HTML-Dokument handelt oder ob er dazu ein Hilfsprogramm startet oder als letzten Ausweg, wenn beide Varianten nicht möglich sind, die Datei einfach abspeichert. Als Hilfsprogramme stehen dem Browser die auf dem Rechner installierten Programme wie z. B. MS Word oder MS Excel oder der Acrobat Reader zur Verfügung. Dem Betrachter erscheint die Präsentation des auf einem entfernten Rechner liegenden Dokuments genauso, als wenn er das Dokument auf seinem lokalen Rechner mit dem entsprechenden Programm geöffnet hätte.

*MIME* ist ein Internet-Standard zum Senden von Multimediadaten und steht für *Multipurpose Internet Mail Extension* bezüglich des E-Mail-Dienstes oder für *Multipurpose Internet Message Extension* bei anderen Internetdiensten. Die MIME-Typen dienen der Beschreibung des Inhalts einer Datei, sodass der Client zwischen den verschiedenen Arten von Daten unterscheiden kann. Für die Übertragung von Dokumenten mit dem HTTP-Protokoll mussten MIME-Typen vereinbart werden, weil es zu bestimmten Dateitypen bei verschiedenen Rechnern/Betriebssystemen unterschiedliche Dateinamen-Extensionen gibt, z. B. JPEG, JPG, JIF für JPEG Images (Bilder).

Wird von einem Server ein Bild im JPEG-Format geladen, liefert er auch den MIME-Typ mit, in diesem Fall „image/jpeg". Der Browser kennt diesen MIME-Typ und kann seine Präsentation darauf abstellen.

Bei einer PDF-Datei (**P**ortable **D**ocument **F**ormat) heißt die Datei-Extension immer PDF und der MIME-Typ dazu wird mit „application/pdf" notiert, damit weiß der Browser, dass er ein Hilfsprogramm starten muss, in diesem Fall das PlugIn des Acrobat-Readers.

Der MIME-Typ zur Inhaltsbeschreibung einer HTML-Datei lautet „text/html". Der Browser kann ein solches Dokument mit Hilfe seines HTML-Interpreters anzeigen.

Besonders wichtig werden MIME-Typen bezüglich der multimedialen Daten, die in Dokumenten eingelagert sein können und die der Browser zur Übertragung beim Server anfordert. Multimedia-Hersteller bieten PlugIns zur Präsentation ihrer spezifischen Formate an und erweitern so die Browser-Fähigkeiten.

## 25.1.5  HTML

Eines der Probleme für das World Wide Web war zunächst die Vielzahl unterschiedlicher Rechner und Betriebssysteme. Es gab keine einheitliche Software-Schnittstelle auf Anwenderebene. So entstand die Notwendigkeit, eine auch für Laien einfach zu bedienende Oberfläche zu schaffen, mit der sich Dokumente auf verschiedenen Rechnern in einheitlicher Weise darstellen lassen. Das führte zur Entwicklung von HTML und von Browsern mit HTML-Interpreter.

**HTML ist die Abkürzung für *Hyper Text Markup Language*.** Dabei bedeutet *Markup*, dass es sich um eine Markierungs- oder Auszeichnungssprache handelt, die als solche die Aufgabe hat, Strukturen eines Dokuments zu beschreiben. Dazu gehören strukturelle Elemente wie z. B. Überschriften, Absätze, Tabellen, Aufzählungen und Querverweise (Links) zu anderen Dokumenten. Für diese strukturellen Elemente stehen so genannte *Tags* zur Verfügung in Form von spitzen Klammern „<" und „>", in denen die HTML-Befehle eingeschlossen sind. Die Web-Browser interpretieren die Tags und erzeugen damit die vorgegebene Dokumentenstruktur.

**Für HTML-Tags gilt ein bestimmtes Schema:**

- Einzelne Tags sind in spitzen Klammern eingeschlossen.
- Das Tag kann durch Angabe von Attributen erweitert werden: <HTML-Tag=„...">.
- Zu jedem HTML-Tag gibt es ein entsprechendes Ende-Tag mit vorangestelltem Schrägstrich: </HTML-Tag>.
- Die durch ein Tag festgelegten Eigenschaften gelten für alles, was zwischen dem Tag und dem Ende-Tag steht: <HTML-Tag> Gültigkeitsbereich </HTML-Tag>.
- Bei HTML-Tags wird nicht zwischen Groß- und Kleinschreibung unterschieden.

**Grundsätzlicher Aufbau einer HTML-Datei:**

Jede HTML-Seite besteht prinzipiell immer aus dem nachfolgend gezeigten einfachen Grundgerüst, welches nach Bedarf ausgebaut werden kann.

**Allgemeine Form eines HTML-Dokuments:**

```
<html>
 <head>
  <title>Visualisierung einer Anlage</title>
 </head>
<body>
 Eigentlicher Inhalt der Seite
</body>
</html>
```

- Der gesamte Inhalt einer HTML-Seite wird in die Tags **<html>** und **</html>** eingeschlossen. Das html-Element wird auch als **Wurzelelement** einer HTML-Datei bezeichnet.
- Hinter dem einleitenden HTML-Tag folgt das einleitende Tag für den Kopf **<head>**. Zwischen diesem Tag und seinem Gegenstück **</head>** werden die Kopfdaten notiert.
- Die wichtigste Angabe in den Kopfdaten ist der Titel der HTML-Datei, markiert durch **<title>** und **</title>**.
- Es folgt der Textkörper, markiert durch **<body>** und **</body>**. Dazwischen wird dann der eigentliche Inhalt der Datei notiert, also das, was im Anzeigfenster des Web-Browsers angezeigt werden soll.

**Bedeutung von Hyper Text**

*Hyper Text* bedeutet, dass ein Verweis in einem Dokument zu einem anderen Dokument hinführt. Das hat den Vorteil, dass der Empfänger des Dokuments den Inhalt des anderen Dokuments in Erfahrung bringen kann, ohne dass dieser Inhalt im ersten Dokument mit übertragen werden musste. Klickt der Anwender auf ein „verlinktes" Inhaltselement, so wird er auf eine andere Webseite geleitet. Das Pfadattribut des Tags *<a href=„Pfadangabe">* kann die Pfadangabe entweder in absoluter Form durch den kompletten *URL* (siehe nachfolgendes Kapitel) oder in relativer Form durch einfache Angabe des Dateinamen enthalten. Die Datei wird dann im gleichen Verzeichnis gesucht, in dem sich auch die HTML-Datei befindet.

## Einbinden von Bildern

Ein HTML-Dokument kann außer Text auch Bilder enthalten, jedoch sind diese nicht direkt Bestandteil des HTML-Dokuments. Im Dokument wird nur festgelegt, woher die Bilder geladen werden (Verweis), an welcher Stelle sie darzustellen sind (Position) und welche Abmessungen sie haben sollen (Größe). Die Bilder werden durch separate Anfragen der Web-Clients bei dem betreffenden Web-Server geladen. Zum Einbinden von Bilddateien stellt HTML das *<img>* Tag (img steht für image) zur Verfügung, wobei über das Attribut *scr* (scr steht für source) der Name und die Quelle der Bilddatei angegeben werden.

## Eingabe von Informationen

Die Interpretation eines HTML-Dokuments im Browser führt zu einer statischen Anzeige im Bildschirm und zu der Frage, ob der Anwender auch Informationen an den Web-Server zurückgeben kann? Als Lösung bietet HTML die Möglichkeit an, Formulare anzuzeigen, die vom Anwender ausgefüllt werden können. Die so eingegebenen Daten können durch Anklicken eines „Submit-Buttons" vom Browser zum Server gesendet werden. Sämtliche zum Formular gehörenden Elemente sind zwischen dem einleitenden *<form>* Tag und dem abschließenden *</form>* Tag durch die Attribute *method* , *action* und *name* anzugeben. Das funktioniert jedoch nur, wenn der Web-Server auf ein entsprechendes Bearbeitungsprogramm für die im Formular eingegebenen Daten zurückgreifen kann. Die Eingabeelemente werden über das *<input>* Tag festgelegt, welches wiederum Attribute hat wie z. B. *text* (Texteingabefeld) und *submit* (Button zum Abschicken und Zurücksetzen des Formulars).

## Beispiele für Gestaltungselemente von HTML-Seiten

Die folgende Auflistung gibt einen kurzen Überblick über einfache HTML-Tags zur Gestaltung und Formatierung einer HTML-Seite. Zum Erlernen der Beschreibungssprache sei auf die Online-Dokumentation SelfHTML von Stefan Münz verwiesen (www.teamone.de).

| Tag | Beschreibung |
|---|---|
| <br/> | Zeilenumbruch im Text |
| <p>...</p> | Textabsatz |
| <i>...</i> | Kursivschrift |
| ... | Fettschrift |
| <u>...</u> | Text unterstreichen |
| <h1>...</h1> | Überschrift der Größe 1 (1= groß, 6 = klein) |
| <font face="Arial">...</font> | Auswahl der Schriftart, weitere Attribute möglich: size, color |
| <body bgcolor= »red > | Hintergrundfarbe der HTML-Seite |
| <img src="logo.gif"> | Einbinden des Bildes "logo.gif" (img src von image source) |
| <hr size="2"/> | Horizontale Linie mit 2 Pixel Stärke |
| <a href="Seite.html">...</a> | Link auf eine andere HTML-Seite |

## HTML-Editoren

Rein äußerlich betrachtet besteht ein HTML-Dokument aus reinem Text in Form von ASCII-Zeichen. Dadurch sind HTML-Dateien unabhängig vom benutzten Betriebssystem des Rechners. Plattformabhängig ist dagegen die Präsentations-Software (Web-Browser). Um eine HTML-Datei zu erstellen, reicht ein einfacher ASCII-Texteditor aus. Komfortabler sind spezielle HTML-Editoren wie z. B. das Freeware-Programm „htmledit".

### 25.1.6 Ressourcenadresse: URL

Ressourcen sind hier die zur Nutzung angebotenen „Informationsbestände" wie z. B. Web seiten, die an einen anfragenden Client geliefert werden können, aber auch serverseitige Programme, die vom Client gestartet und als Resultat meistens mit einer HTML-Seite beant-wortet werden.

Ressourcen stehen im Netz bereit und müssen gefunden werden. Die Adressierung jeder Art von Internet-Ressourcen erfolgt durch einen so genannten *URL (Uniform Resource Locator)*, der folgende Angaben beinhaltet:

1. das Übertragungsprotokoll für den Zugriff auf die Ressource:
   http://
2. den Namen des Servers:
   hostname oder IP-Adresse des Servers
3. die Position der Ressource auf dem Web-Server:
   /pfadname/filename?weitere parameter

Die allgemeine Syntax für einen URL lautet:

    http://hostname[:port][/pfadname][/filename][?weitere parameter]

**Beispiel:**

Die Syntax für den obigen URL ohne Ressourcenangabe lautet

    http://www.schule-bw.de

und führt auf ein voreingestelltes oberstes Verzeichnis des Web-Servers.

Für eine Webseite auf dem Web-Server einer SPS-Kommunikationsbausgruppe kann der URL beispielsweise lauten:

    http://192.168.0.10/user/visu.htm

Darin ist /user ein Verzeichnis im Dateisystem der Kommunikationsbaugruppe und /visu.htm das HTML-Dokument (Webseite). Die IP-Adresse 192.168.0.10 wurde bei der Projektierung der Kommunikationsbaugruppe vergeben. Die Portnummer 80 wird vom Browser eingefügt.

### 25.1.7  Web-Server

#### Was ist ein Web-Server?

Umgangssprachlich versteht am unter einem *Webserver* (Zusammenschreibung) einen Computer, der von einem Systemadministrator oder Internetdienstanbieter verwaltet wird und auf Anforderung eines Browsers mit einem HTTP-Dienst reagiert.

Im engeren Sinne ist ein *Web-Server* (Getrenntschreibung) ein Server-Dienst, der Daten in Form von Dateien (Webseiten) über das HTTP-Protokoll zur Verfügung stellt, die sich über eine HTTP-URL adressieren lassen. Der Web-Server liefert die Datei zusammen mit dem MIME-Typ an den Web-Browser.

#### Die Funktion eines Web-Server in vereinfachter Sicht

In der Programmausführung, gesteuert durch ein Multitasking-Betriebssystem, läuft ein Web-Server-Prozess, der zunächst nur ein *Master-Server-Prozess* ist, mit der Aufgabe, den TCP-Port 80 zu beobachten. Bei Eintreffen einer Web-Client-Anfrage erzeugt der Master-Server-Prozess einen *Child-Prozess*. Der Child-Prozess kommuniziert fortan mit dem Browser und bedient dessen Auftrag, während der Master-Prozess am Port 80 auf weitere Anfragen wartet. Hat der Child-Prozess die Browser-Anfrage durch Ausliefern der Webseite abgearbeitet, beendet er sich selbst und damit die HTTP-Verbindung.

Erheblich komplizierter ist die Dienstausführung, wenn nicht eine statische (fertige) Webseite sondern eine interaktive Webseite mit aktualisierbaren Daten zu erstellen ist. In diesem Fall ist zunächst zu unterscheiden, wer die Aufgabe der aktuellen Datenbeschaffung zu übernehmen hat.

1.  Ist dies der Web-Browser selbst, so müssen ihm neben dem statischen Teil einer Webseite auch die Mittel zur Datenbeschaffung zugeliefert werden. Hierfür gibt es zwei Methoden.

    –   Der Web-Server übergibt eine Webseite, die mit Programmcode angereichert ist, wie z. B. JavaScript. Die Ausführung des Programmcode erfolgt durch einen im Web-Browser integrierten Java-Interpreter.

    –   Der Web-Server liefert zusammen mit der Webseite so genannte Java Applets im Sinne von ausführbaren Programm-Komponenten (mobiler Code), die im Browser laufen und auf Datenquellen über den Web-Server zugreifen können. Am Schluss werden die Java-Applets wieder aus dem Web-Browser entfernt.

2.  Muss jedoch der Web-Server für die aktuelle Datenbeschaffung sorgen, so kann er das nur durch Inanspruchnahme anderweitiger Programme erledigen. Dazu muss der Web-Server aus der Browser-Anfrage erkennen, welches Programm er auffordern muss. Gegenüber diesem Programm kommt der Web-Server in die Rolle eines Clients, der um Datenlieferung nachfragt, um sie in die Webseite zu integrieren. Die Anmeldung in Frage kommender serverseitiger Hilfsprogramme erfolgt an einer spezifischen Schnittstelle des Web-Servers, beim Microsoft Internet Information Server ist das die ISAPI-Schnittstelle.

#### Web-Server einer SPS-Kommunikationsbaugruppe

Im SIMATIC-System werden auch so genannte IT-Kommunikationsbaugruppen angeboten wie z. B. der CP 343-1 IT (IT = Internet Technologie). Leistungsmerkmale dieser Baugruppe sind:

1.   Web-Server für den HTTP-Dienst,
2.   S7-Applet-Archiv,
3.   Speicherplatz zur Ablage von HTML-Seiten,

4. FTP-Server (FTP = File Transfer Protokoll). FTP ist ein weiterer wichtiger Dienst im Internet, welcher die Möglichkeit bietet, Daten in Form von Dateien zu übertragen. So kann z. B. die auf einem PC erstellte Webseite zum Web-Server einer SPS-Kommunikationsbaugruppe übertragen werden. Auf der PC-Seite benutzt man dazu einen FTP-Client, z. B. die kostenfreien Programme „WS-FTP" oder „WISE-FTP".

## HTML-Prozesskontrolle

Das folgende Bild 25.4 zeigt einen Anwendungsfall für eine Web-Server-Applikation in der SPS-Technik. Wichtige Prozessdaten aus einer SPS-gesteuerten Anlage sollen mit einem fernen Rechner (PC 2) überwacht werden.

Vorausgesetzt ist, dass sich die beiden PCs und die Kommunikationsbaugruppe der SPS im gleichen Subnetz befinden, also entsprechende IP-Adressen und Subnetzmasken bei der Projektierung vergeben wurden. Anderenfalls müssten Router zwischengeschaltet sein.

- Auf dem PC 1 wird mit Hilfe eines HTML-Editors eine Webseite mit Referenzen zu S7-Applets angelegt. Diese befinden sich jedoch im Dateiverzeichnis „Applets" der Kommunikationsbaugruppe. Das HTML-Programm wird unter dem Dateinamen „visu5.html" auf dem PC 1 abgespeichert.

- Die Datei „visu5.html" kann mit dem FTP-Dienst in das Verzeichnis „user" der Kommunikationsbaugruppe kopiert werden. Der CP 343-1 IT habe bei der Hardware-Projektierung der SPS die IP-Adresse 192.168.0.10 und die Subnetzmaske 255.255.255.0 erhalten.

- Will man mit einem Web-Browser des PC 2 die Webseite ansehen, so ist in seiner Adressleiste der URL http://192.168.0.10/user/visu5.html einzugeben.

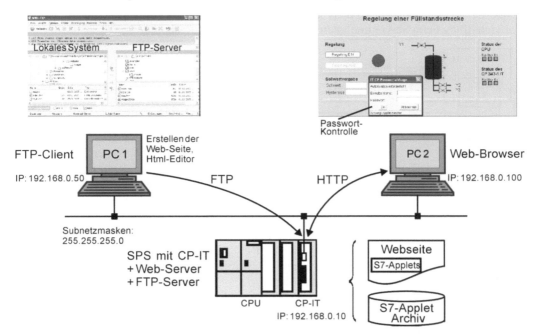

**Bild 25.4:** HTML-Prozesskontrolle

### 25.1.8 Java Applets/S7-Applets

**Mobile Programm-Komponenten**

Java ist eine prozessor- und betriebssystem-unabhängige Programmiersprache. Diese Eigenschaft hat den Vorteil, dass ein Java-Programm auch auf jedem anderen Rechnertyp (anderer Prozessor, anderes Betriebssystem) ausgeführt werden kann und nicht nur auf dem Systemtyp, auf dem es entwickelt und kompiliert wurde. Vorausgesetzt wird jedoch, dass auf dem beliebigen Rechner ein so genannter virtueller Prozessor installiert ist, der „Java Virtual Machine" (JVM) genannt wird. JVM ist auf den meisten Web-Browser vorhanden und ermöglicht so das Ausführen von Java-Befehlen.

Die Plattformunabhängigkeit wird dadurch erreicht, dass Java-Programmcode beim Kompilieren in einen neutralen Zwischencode (Bytecode) übersetzt wird. Der Bytecode ist auf keinem Prozessor bzw. Betriebssystem direkt ausführbar, sondern nur in dem erwähnten virtuellen Prozessor, der den Java-Bytecode für einen betreffenden Rechner interpretiert.

Java Applets[1] sind Programm-Komponenten, die für den Einsatz in Internet ausgelegt sind, um interaktive (dynamische) HTML-Seiten bilden zu können. Dazu liegen die Java Applets analog zu Bildern in Dateiform auf einem Web-Server bereit. In den HTML-Dokumenten (Webseiten) werden die Java Applets nur „erwähnt" durch Angabe ihrer URL (Ort, woher sie zu beziehen sind) sowie Bestimmung ihrer Position und Größe im Dokument, ansonsten sind sie völlig unabhängig von HTML.

Fordert ein Web-Browser ein HTML-Dokument mit Java-Applet-Bezug an, so wird die HTML-Seiten als Datei übertragen und separat dazu auch die Java-Applet-Datei. Die anschließende Kommunikation zwischen Web-Browser und Web-Server erfolgt durch HTTP-Requests, die von den Java Applets initiiert werden. Die Applets sorgen für die aktuelle Datenbeschaffung beim Server und interpretieren dessen HTTP-Response.

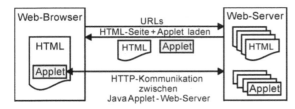

**Bild 25.5:** HTML-Seite mit Java Applets

Java Applets sind Komponenten, die in einer Browser-Umgebung zur Ausführung gebracht und dabei einem Lebenszyklus unterliegen, der mit ihrer Entfernung aus dem Browser endet.

Der Vorteil von Java Applets besteht für den Nutzer darin, dass er deren Funktionalität nutzen kann, ohne eine spezielle Installation im Browser vornehmen zu müssen. Applet-Updates werden zentral auf dem Server vorgenommen und stehen dann allen Browsern aktualisiert zur Verfügung.

Da Java Applets über das Netz geladen und in Browsern ausgeführt werden, gelten für sie besondere Sicherheitsvorschriften, dazu zählen:

- Kommunikation ist nur zulässig mit dem Web-Server, von dem das Applet geladen wurde.
- Kein Aufbau anderweitiger Netzwerkverbindungen.
- Nur Zugriff auf Elemente und Funktionen des Browsers, nicht auf dessen Dateien.

---

[1]  „Applet" steht für „Application snippel" (Anwendungsschnipsel).

## Einbinden von Java Applets in HTML-Seiten

Ein Java Applet wird durch einen speziellen HTML-Tag in ein HTML-Dokument eingefügt:
   <applet> ... </applet>
Java Applets haben normalerweise die Datei-Extension **.class**, davor der Name des Applets, z. B. hello.class
Das <applet>-Tag benötigt noch weitere Attribute, einige seien hier erwähnt:

- code = "..."   . Verweis auf einzubindendes Applet z. B. hello.class
  Es darf nur der Dateiname mit der Extension genannt werden, auch wenn sich das Applet in einem anderen Verzeichnis als die Webseite befindet.
- codebase = "..."  Falls die class-Datei in einem anderen Verzeichnis oder Rechner liegt, kann hier der URL des Verzeichnisses angegeben werden, z. B.:
  http://192.168.0.100/applets
- width = "..."   Attribut für die Anzeigebreite des Java Applets, z. B. 100
- heigth = "..."   Attribut für die Anzeigehöhe des Java Applets, z. B. 60

**Beispiel: HTML-Dokument**

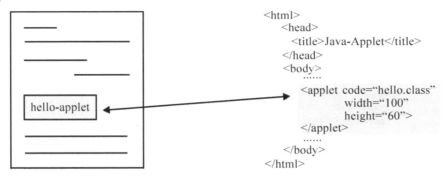

```
<html>
  <head>
    <title>Java-Applet</title>
  </head>
  <body>
    ......
    <applet code="hello.class"
            width="100"
            height="60">
    </applet>
    ......
  </body>
</html>
```

## S7-Java Applets

S7-Applets (Siemens) sind spezielle Applets, die über die Kommunikationsbaugruppe CP-IT lesende bzw. schreibende Zugriffe auf eine S7-CPU der SPS ermöglichen.

Die folgende Tabelle zeigt die vier verfügbaren S7-Applets und wie diese in eine HTML-Seite eingebunden werden können zusammen mit Beispielen, wie S7-Applets zwecks Zuweisung von Attributen mit dem Schema **<param name=**"..." **value=**"..."> parametriert werden.

| S7-Applet | Leistungsbeschreibung |
|---|---|
| **StatusApplet** | Den Status von S7-Baugruppen wie z. B. Run/Stop anzeigen.<br><br>**Beispiel:** Run/Stop-Anzeige der Kommunikationsbaugruppe anzeigen<br>`<applet code="de.siemens.simaticnet.itcp.applets.S7StatusApplet.class"`<br>`  codebase="/applets/"`<br>`  archive="s7applets.jar,s7api.jar" width="70" heigth="40" name="StateCP">`<br>`  <param name="RACK" value="0">`                 (Rack=Baugruppenträger-Nr.)<br>`  <param name="SLOT" value="6">`                 (SLOT=Steckplatz des CP-IT)<br>`  <param name="CYCLETIME" value="5000">`         (Zykluszeit für Leseauftrag)<br>`  <param name="BACKGROUNDCOLOR" value="#C0C0C0">`            (hellgrau)<br>`</applet>` |

| GetApplet | Prozessdaten zyklisch lesen; z. B. Datenwort aus Datenbaustein. Die Prozessdaten |
|---|---|
| | • werden symbolisch oder absolut adressiert; |
| | • können grafisch dargestellt werden durch Java Beans (Hinweis nach der Tabelle) |

**Beispiel:** Lesen von Byte 0 in DB10, Applet unsichtbar, Wert geht an „name" und soll mit clientseitigem JavaScript-Code ausgewertet werden

```
<applet code="de.siemens.simaticnet.itcp.applets.S7GetApplet.class"
   codebase="/applets/"
   archive="s7applets.jar,s7api.jar"width="0"heigth="0" name="GetBits">
   <param name="RACK" value="0">
   <param name="SLOT" value="2">
   <param name="CYCLETIME" value="1000">
   <param name="VARTYPE" value="0x02">        (0x02 für Datentyp BYTE)
   <param name="VARCNT" value="1">            (Anzahl zu lesender Variablen)
   <param name="VARAREA" value="0x84">        (0x84 für Speicherbereich: DB)
   <param name="VARSUBAREA" value="10">       (Datenbaustein-Nummer)
   <param name="VAROFFSET" value="0">         (Angabe der Byte-Nummer)
   <param name="FORMAT" value="\S">           (S = Bit-String-Format)
</applet>
```

Adressierung der SPS-Daten über ANY-Zeiger:

P#DB10
  DBX0.0
  BYTE 1

---

| PutApplet | Prozessdaten in HTML-Seite eingeben und in die Steuerung übertragen/schreiben; z. B. Datenwort in Datenbaustein. Die Prozessdaten werden symbolisch oder absolut adressiert. |
|---|---|

**Beispiel:** Eingabe einer Dezimalzahl für eine symbolische Variable in der SPS

```
<applet code="de.siemens.simaticnet.itcp.applets.S7PutApplet.class"
   codebase="/applets/"
   archive="s7applets.jar,s7api.jar"width="0"height="0"name="PutSollwert"
   <param name="RACK" value="0">
   <param name="SLOT" value="2">
   <param name="BACKGROUNDCOLOR" value="#C0C0C0">
   <param name="SYMBOLNUM" value="1">                (Variablenanzahl)
   <param name="SYMBOL1" value="Regler.Sollwert_W(0/2)"> (symbol.Variable)
   <param name="SYMFORMAT1" value="F">               (F = Floating Point-Format)
</applet>
```

Adressierung der SPS-Daten über die symbolische Variable, die im CP343-1 IT vereinbart wurde:

Regler-
Sollwert
_W(0/2)

---

| IdentApplet | Bestellnummer einer angesprochenen Baugruppe durch Eingabe ihrer Steckplatz-Nr. im Rack zusammen mit dem Ausgabestand identifizieren. |
|---|---|

**Beispiel:**

```
<applet code="de.siemens.simaticnet.itcp.applets.S7IdentApplet.class"
   codebase="/applets/"
   archive="s7applets.jar,s7api.jar" ...
</applet>
```

*Hinweise:* Jedes Applet benötigt einen Namen (siehe obige Beispiele). Wird ein Applet mehrmals im Programm benötigt, müssen verschiedene Namen vergeben werden.

Es gibt für das S7GetApplet auch drei bildliche Darstellungen, um einen Wert anzuzeigen:

1. Analog-Anzeige (Zeigerinstrument):  `<param name="CLTacho"`
2. Analog-Anzeige (Behälter-Füllstand): `<param name="CLLevel"`
3. Analog-Anzeige (Temperaturwert):  `<param name="CLThermo"`

Die Skalierung der Anzeigen erfolgt mit den Parametern "MINVAL" und "MAXVAL".

Die in der voranstehenden Tabelle gezeigten Parametrierungen sind nur beispielhaft und beziehen sich auf das nachfolgende Projektierungsbeispiel. Es ist im Rahmen dieses Buches leider nicht möglich, die umfangreiche Beschreibungsliste der vorhandenen Applet-Attribute darzustellen. Die Anwendung der Applets für ein eigenes Programm ist jedoch ohne den Zugriff auf diese Informationen nicht möglich. Im Projektierungsbeispiel werden noch einige Erklärungen beigesteuert, jedoch nur soweit, wie es zum Verständnis des Beispiels erforderlich ist. Für ausführliche Beschreibungen der S7-Java Applets siehe Siemens-Handbuch „Programmierhilfe für S7Beans / Applets für IT-CPs".

## 25.1.9 JavaScript

JavaScript ist eine objektbasierte Programmiersprache zur Ergänzung von HTML, deren Programmzeilen direkt in ein HTML-Dokument eingeben werden. Die Code-Ausführung erfolgt durch einen im Browser vorhandenen Interpreter.

Mit JavaScript kann bei entsprechenden Kenntnissen des Dokumenten-Erstellers die Funktion von HTML-Seiten und darin die Interaktion mit dem Benutzer erweitert werden. So lässt sich z. B. eine sofortige Eingabeüberprüfung nach Ausfüllen eines Formulars realisieren oder die Anzeige eines Dialog-Fensters mit interaktiven Abfragen nutzen. Ferner können die Java Applets eines HTML-Dokuments mit JavaScript in Verbindung gebracht werden.

Da HTML lediglich eine Beschreibungssprache ist und somit auch nicht über Kontrollstrukturen verfügt, kann bei anstehenden Logik-Entscheidungen JavaScript-Code in das HTML-Dokument eingefügt werden, dabei muss das spezielle S7-Applet über seinen Namen ausgewählt werden.

Die Aufgabe dieses kleinen Abschnitts soll nur darin bestehen, den Einbau von JavaScript in eine HTML-Seite in Verbindung mit dem Zugriff auf die Daten eines S7-Java Applets insoweit zu zeigen, wie es für das Verständnis des nachfolgenden Projektierungsbeispiels erforderlich ist. Zur Einarbeitung in JavaScript muss auf die spezielle Literatur verwiesen werden.

Erläuterungen:

1. Da JavaScript-Code Bestandteil eines HTML-Dokuments ist, muss für den Browser die Unterscheidung von HTML-Code und JavaScript-Code erkenntlich gemacht werden durch das Script-Tag mit einem Attribut zur Bestimmung der zu verwendenden Skriptsprache:

   ```
   <script language="javascript">
   ......
   </script>
   ```

2. Die Kommentar-Tags bewirken, dass ein Browser, der Script-Tags nicht verarbeiten kann, den eingeschlossenen Code einfach anzeigt:

   ```
   <!- -
   ......
   //- ->
   ```

3. Die Definition einer Funktion wird mit dem Schlüsselwort *function* eingeleitet, gefolgt von einem Bezeichner der Funktion und einem runden Klammerpaar. Das Klammerpaar kann formale Parameter enthalten, die beim Funktionsaufruf mit den Werten initialisiert werden. Eine allgemeine Funktion ist nicht an ein bestimmtes Formular gebunden und kann deshalb im HEAD-Abschnitt der HTML-Seite stehen:

   ```
   function AndereLeuchte()
   ```

4. Der Funktionskörper enthält in einem geschweiften Klammerpaar die auszuführende Anweisungsfolge:

```
{
.......
}
```

5. Eine lokale Variable innerhalb der Funktion muss mit dem Schlüsselwort *var* vereinbart werden und ihr Gültigkeitsbereich ist an die Funktion gebunden. Im Beispiel liest getValue über das S7GetApplet mit dem Namen GetBits 1 Byte und übergibt dieses an die Variable valueBits:

```
var valueBits = document.GetBits.getValue ();
```

6. Bei den Kontrollstrukturen stehen für Verzweigungen die *if-Anweisung* und die *switch-Anweisung* zur Verfügung. Im Beispiel wird die *if-Anweisung* angewendet, um einen Bildaustausch für eine Anzeigeleuchte H1 als Farbumschlag von „grün" auf „rot" in Abhängigkeit vom Zustand eines Bits im empfangenen Datenbyte zu steuern. Das in den Anweisungen vorkommende vordefinierte JavaScript-Objekt „*document*" ermöglicht die Abfrage einzelner Elemente in einer HTML-Seite und ihrer Darstellung im Browser-Fenster.

| allgemein | Beispiel für LED H1 grün/rot |
|---|---|
| if (boolescher Ausdruck) | if (valueBits & 0x02) |
|     Anweisung |     document.H1.scr = "./images/LEDgruen.gif"; |
| else | else |
|     Anweisung |     document.H1.scr = "./images/LEDrot.gif"; |

7. Mit der Methode *setTimeout ()* kann eine zeitverzögerte Ausführung einer Anweisung vorgegeben werden, z. B. ein Funktionsaufruf:

```
setTimeout ('AndereLeuchte()',1000 );
```

**Beispiel: JavaScriptfunktion im <head> eines HTML-Dokuments**

```
<script language ="javascript">
<!-- Eingangskommentar
function AndereLeuchte()

    {
    var valueBits = document.GetBits.getValue();

    // LED H1 grün/rot

    if( valueBits & 0x02 )

       document.H1.src = "./images/LEDgruen.gif";

    else

       document.H1.src = "./images/LEDrot.gif";


    setTimeout( 'AndereLeuchte()', 1000 );
    }
//--> Ausgangskommentar
</script>
```

getValue liest 1 Byte über S7GetApplet GetBits

Bit 1 (DBX0.1) ausmaskieren

wenn Bit 1 gesetzt, dann rote Leuchte im <img> H1 anzeigen

Funktion AndereLeuchte() ruft sich nun selbstständig alle 1000 ms auf.

## 25.2 Projektierung einer SPS-Webseite

### 25.2.1 Aufgabenstellung

Auf dem Web-Server einer SPS-Kommunikationsbaugruppe soll eine Webseite zur Verfügung stehen, die es berechtigten Mitarbeitern nach einer Passwortkontrolle erlaubt, den CPU-Status und einen wichtigen Prozesswert der SPS-gesteuerten Anlage zu beobachten und auf eine Störmeldung hin mit verschiedenen Maßnahmen zu reagieren:

- Umschalten zum Anlagenschema, dass den aktuellen Zustand der Anlage zeigt,
- Veränderung von Sollwertvorgaben,
- Abschalten der Anlage.

Der Zugang erfolgt über einen Web-Browser unter URL http://192.168.0.10/user/visu5.html.

Das Beispiel hat für das Lehrbuch nur den Zweck, den Aufbau einer HTML-Seite unter Einschluss von Java Applets und JavaScript zu zeigen. Die Java Applets „S7StatusApplet", „S7GetApplet" und „S7PutApplet" sind auf der Kommunikationsbaugruppe verfügbar und in Kapitel 25.1.8 erläutert. Auf die benötigten JavaScript-Befehle wird in Kapitel 25.1.9 eingegangen.

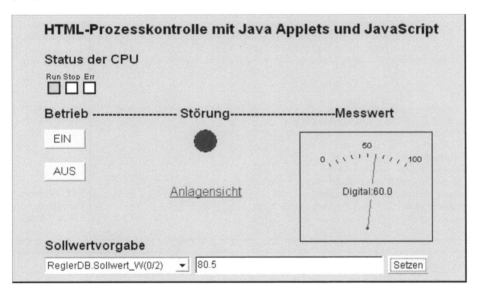

### 25.2.2 Quelltext

Nachfolgend ist der Quelltext der Webseite (Datei „visu5.html") dargestellt, der im Web-Browser als Benutzeroberfläche, wie im voranstehenden Bild gezeigt, präsentiert wird. Der Messwert wird in grafischer und textlicher Darstellung angezeigt, um die beiden Ausgabemöglichkeiten des S7GetApplets zu demonstrieren. Durch Anklicken des Zeigerinstrumentbildes öffnet sich ein Dialogfenster, dass Einzelheiten der Parametrierung zeigt und z. B. für die Einstellung andere Skalenendwerte genutzt werden kann. Bei der Sollwertvorgabe kann auch auf die ReglerDB.Hysterese_H(0/2) umgeschaltet werden. Die Klammerangaben (0/2) sind erforderlich und bedeutet bei der eingesetzten S7-SPS, dass sich die CPU im Rack 0 und Slot 2 befindet.

| HTML-Programm | Hinweise |
|---|---|

```
<html>
<head>
 <title>Regelung einer Füllstandsstrecke</title>
 <link rel="stylesheet" type="text/css" href="style.css">
 <script language="javascript">
 <!--JavaScript
 function AndereLeuchte()
  {
  var valueBits = document.GetBits.getValue();

  // LED H1 grün/rot
  if( valueBits & 0x02 )
    document.H1.src = "./images/LEDgruen.gif";
  else
    document.H1.src = "./images/LEDrot.gif";

  setTimeout( 'AndereLeuchte()', 1000 );
  }
 //-->
 </script>
</head>
```

| Hinweise |
|---|
| Kopfdaten: |
| -Titel |
| -Stildefinition |
| -Scriptsprache |
| |
| Scriptfunktion |
| |
| Script-Variable |
| |
| Auswertung |
| eines Einzel- |
| bits zur Farb- |
| umschaltung |
| der Melde- |
| leuchte |
| |
| Zyklischer |
| Aufruf der |
| Funktion alle |
| 1000 ms |

```
<body bgcolor="#C0C0C0" onload="AndereLeuchte()">

 <div style="position:absolute; top:10px; left:50px;">
 <h3>HTML-Prozesskontrolle mit Java Applets und JavaScript</h3>
 </div>
 <!-- Verstecktes Put-Applet, das mit JavaScript angesprochen wird -->
 <!-- Betrieb EIN/AUS -->
 <applet code="de.siemens.simaticnet.itcp.applets.S7PutApplet.class"
  codebase=http://192.168.0.10/applets
  archive="s7applets.jar, s7api.jar" width="0" height="0"
  name="PutCtrl">
   <param name="RACK" value="0">
   <param name="SLOT" value="2">
   <param name="BACKGROUNDCOLOR" value="0xC0C0C0">
   <param name="SYMBOLNUM" value="1">
   <param name="SYMBOL1" value="ReglerDB.Regelung_E_A(0/2)">
   <param name="SYMFORMAT1" value="S">
 </applet>
```

| Hinweise |
|---|
| Hintergrund, |
| Scriptfunktion |
| Ausrichtung |
| der Überschrift |
| |
| |
| Put-Applet mit |
| Name PutCtrl |
| und seine URL |
| |
| |
| 1 SPS-Variable |
| Variablenname |
| 1 Byte (String) |

```
 <!-- Verstecktes Get-Applet, das mit JavaScript angesprochen wird -->
 <!-- Lese Bitwerte mit Störmelde-Bit 1 -->
 <applet code="de.siemens.simaticnet.itcp.applets.S7GetApplet.class"
  codebase=http://192.168.0.10/applets
  archive="s7applets.jar, s7api.jar" width="0" height="0"
  name="GetBits">
   <param name="RACK" value="0">
   <param name="SLOT" value="2">
   <param name="CYCLETIME" value="1000">
   <param name="VARTYPE" value="0x02">
   <param name="VARCNT" value="1">
   <param name="VARAREA" value="0x84">
   <param name="VARSUBAREA" value="10">
   <param name="VAROFFSET" value="0">
   <param name="FORMAT" value="\S">
 </applet>
```

| Hinweise |
|---|
| Get-Applet mit |
| Name GetBits |
| und seine URL |
| |
| |
| Datentyp: Byte |
| 1 SPS-Variable |
| Datenbaustein |
| Nr. 10 (DB 10) |
| Byte 0 |
| 1 Byte (String) |

| HTML-Programm (Fortsetzung) | Hinweise |
|---|---|
| ```html<br></applet><br><!-- Aufbau der Seite --><br><!-- Status der CPU --><br><div style="position:absolute; top:50px; left:50px;"><br><p><br><strong>Status der CPU</strong><br /><br><applet<br>  code="de.siemens.simaticnet.itcp.applets.S7StatusApplet.class"<br>  codebase=http://192.168.0.10/applets<br>  archive="s7applets.jar, s7api.jar" width="68" height="40"<br>  name="StateCP"><br>    <param name="RACK" value="0"><br>    <param name="SLOT" value="2"><br>    <param name="CYCLETIME" value="5000"><br>    <param name="BACKGROUNDCOLOR" value="#C0C0C0"><br></applet><br></p><br></div><br>``` | Position von Status der CPU<br><br>Status-Applet und seine URL |

| | |
|---|---|
| ```html<br><!-- Betrieb EIN/AUS --><br><div style="position:absolute; top:120px; left:50px;"><br><p><br><b>Betrieb ---------------------<br>    Störung-------------------------Messwert</b><br /></p><br></div><br><div style="position:absolute; top:150px; left:50px;"><br><input type="button" value=" EIN    "<br>onClick="document.PutCtrl.setValue( '1' )"><br><br /><br /><br><input type="button" value=" AUS "<br>onClick="document.PutCtrl.setValue( '0' )"><br></p><br>``` | Positionen:<br><br>Textzeile<br><br><br><br>EIN-Button<br><br><br>AUS-Button |

| | |
|---|---|
| ```html<br><!-- Sollwertvorgabe --><br><p><br><br><br><br><br><b>Sollwertvorgabe</b><br /><br><applet code="de.siemens.simaticnet.itcp.applets.S7PutApplet.class"<br>  codebase=http://192.168.0.10/applets<br>  archive="s7applets.jar, s7api.jar" width="475" height="30"<br>  name="PutSollwert"><br>    <param name="RACK" value="0"><br>    <param name="SLOT" value="2"><br>    <param name="BACKGROUNDCOLOR" value="0xC0C0C0"><br>    <param name="SYMBOLNUM" value="2"><br>    <param name="SYMBOL1" value="ReglerDB.Sollwert_W(0/2)"><br>    <param name="SYMFORMAT1" value="F"><br>    <param name="SYMBOL2" value="ReglerDB.Hysterese_H(0/2)"><br>    <param name="SYMFORMAT2" value="F"><br></applet><br></p><br></div><br>``` | Textabsatz-Anf.<br>Zeilenumbruch<br><br>Put Applet mit Name Put-Sollwert und URL<br><br><br><br>2 SPS-Variable Symbolname 1 Floating Point, Symbolname 2 Floating Point<br><br>Textabsatz-Ende |

| HTML-Programm (Fortsetzung) | Hinweise |
|---|---|

```
<!-- Messwertanzeige/analog -->
<div style="position:absolute; top:-12px; left:305px;">
<P ALIGN=Center></P>
<applet code="de.siemens.simaticnet.itcp.applets.S7GetApplet.class"
 codebase=http://192.168.0.10/applets
 archive="s7applets.jar, s7api.jar" width="200" height="160"
 name="GetIstwert1">
  <param name="RACK" value="0">
  <param name="SLOT" value="2">
  <param name="CYCLETIME" value="1000">
  <param name="BACKGROUNDCOLOR" value="0xC0C0C0">
  <param name="DISPLAY" value="CLTacho">
  <param name="MINVAL" value="0">
  <param name="MAXVAL" value="100">
  <param name="Edit" value="true">
  <param name="DIMENSION" value="%">
  <param name="SYMBOL" value="ReglerDB.Istwert_X(0/2)">
  <param name="FORMAT" value="\F">
</applet>
</div>
```

Position
GetApplet mit
Name GetIst-
wert1 und
URL

Applet in grafi-
scher Ausgabe
Skalierung
0 ... 100,
Parametrierbar
durch Anklick,
Symbolname
der Variablen

```
<!-- Messwertanzeige/digital -->
<div style="position:absolute; top:70px; left:355px;">
<applet code="de.siemens.simaticnet.itcp.applets.S7GetApplet.class"
 codebase=http://192.168.0.10/applets
 archive="s7applets.jar, s7api.jar" width="100" height="20"
 name="GetIstwert2">
  <param name="RACK" value="0">
  <param name="SLOT" value="2">
  <param name="CYCLETIME" value="1000">
  <param name="BACKGROUNDCOLOR" value="0xC0C0C0">
  <param name="MINVAL" value="0">
  <param name="MAXVAL" value="100">
  <param name="Edit" value="true">
  <param name="DIMENSION" value="%">
  <param name="SYMBOL" value="ReglerDB.Istwert_X(0/2)">
  <param name="FORMAT" value="Digital:\F">
</applet>
</div>
```

Position
GetApplet mit
Name GetIst-
wert2 und
URL

Applet in
Text-Ausgabe
Skalierung
0 ... 100,
parametrierbar
durch Anklick,
Symbolname
der Variablen

```
<!-- Störmeldeanzeige -->
<div style="position:absolute; top:150px; left:235px;">
   <img name="H1" src="./images/LEDgruen.gif" width="29" height="29"
   border="0">
</div>

<div style="position:absolute; top:220px; left:205px;">
<a href="Anlage.htm"> Anlagensicht</a>
</div>
</body>
</html>
```

Image benötigt
Namen Y1 für
if ... else
Scriptabfrage.

Hyperlink
"Anlagensicht"
führt zur Seite
"Anlage.htm".

## 25.2.3  Projektierung der S7-Steuerung

Zum Austesten der Web-Server-Funktion benötigt man die SPS mit Kommunikationsbaugruppe CP sowie Ein-Ausgabe-Baugruppen zur Werteeingabe und Werteausgabe. Auf die
E-/A-Baugruppen könnte verzichtet werden, wenn man dafür Signale mit PLCSIM simuliert.

## Hardwarekonfiguration

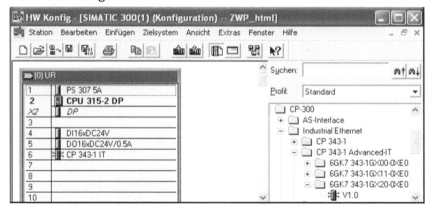

## IP-Adresse, Subnetzmaske

**Bild 25.7:**
Die Kommunikationsbau-
gruppe CP 343-1 IT ist für
den Anschluss an das
Industrial-Ethernet-Netz
vorzubereiten. Es wird eine
Netzkonfiguration ange-
nommen, wie in Abschnitt
25.1.7 und dort in Bild
25.4 dargestellt. Auf dem
PC 1 wird die Webseite
programmiert und mit FTP
auf den Web-Server des
CP 343-1 IT kopiert. Mit
dem Web-Browser des PC
2 wird die Webseite dargestellt.

## Benutzerrechte

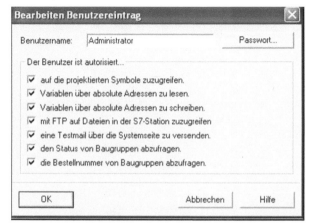

**Bild 25.8:**
7 Benutzerrechte für den
Administrator

So sieht die Abfrage des
Passwortes aus im Web-
Browser, nach Eingabe der
Webseiten-URL und vor
dem Laden der Applets:

## Datenbaustein DB 10

| Adres: | Name | Typ | Anfangswert | Kommentar |
|---|---|---|---|---|
| 0.0 | | STRUCT | | |
| +0.0 | Regelung_E_A | BOOL | FALSE | Regelung EIN/AUS |
| +0.1 | Stoerung_Y1 | BOOL | FALSE | Stoerung Y1 |
| +2.0 | Sollwert_W | REAL | 0.000000e+000 | Sollwert |
| +6.0 | Istwert_X | REAL | 4.000000e+001 | Istwert |
| +10.0 | Hysterese_H | REAL | 2.500000e+000 | Hysterese |
| =14.0 | | END_STRUCT | | |

**Bild 25.9:**
Die Eingabe der Variablen in den Datenbaustein DB muss vor der Eingabe von Symbolnamen im CP 343-1 IT erfolgen.

## Symboleditor

### S7-Programm(1) (Symbole) -- ZWP_html\SIMATIC 300(1)\CPU 315-2 DP

| | Status | Symbol / | Adresse | Datentyp | Kommentar |
|---|---|---|---|---|---|
| 1 | | ReglerDB | DB  10 | DB  10 | |
| 2 | | | | | |

**Bild 25.10:**
Symbolischer Name für DB 10

## Symbole im CP 343-1 IT

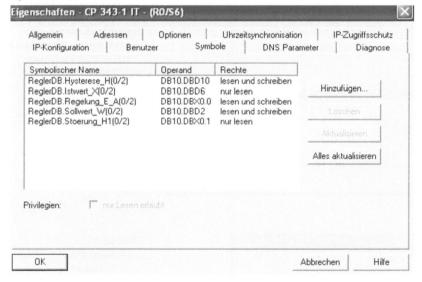

**Bild 25.11:**
Im Register Symbole sind die gezeigten 5 Symbole zu definieren.
Die Symbole im HTML-Programm und im CP343-1-IT müssen übereinstimmen und den Anhang (0/2) für Rack = 0 und CPU-Slot = 2 bekommen. Die Symbole im Datenbaustein sind ohne Anhang.

## Programm

### OB 1

```
Netzwerk 1: Von Web-Browser an SPS   Netzwerk 2: Von SPS an Web-Browser
   L  "ReglerDB".Sollwert_W            L  EB  0
   RND          // REAL in DINT        ITD          // INT in DINT
   T  MD 100                           DTR          // DINT in REAL
   T  AB 4                             T  "ReglerDB".Istwert_X
   U  "ReglerDB".Regelung_E_A          U  E  1.0
   =  A 5.0                            =  "ReglerDB".Stoerung_H1
```

# 26 OPC-Kommunikation – Zugang zu Prozessdaten

## 26.1 Grundlagen

### 26.1.1 Der Nutzen von OPC

OPC bietet eine standardisierte, offene und herstellerunabhängige Software-Schnittstelle an zur durchgängigen Datenkommunikation zwischen Komponenten der Automatisierungstechnik (SPS) und OPC-fähigen Windows-Applikationen wie z. B. von Excel und Visual Basic.

Für die OPC-Schnittstelle gibt es verschiedene Spezifikationen, deren grundlegendste näher betrachtet werden soll:

➢ *OPC Data Access*, die Schnittstellen-Spezifikation für den Prozessdatenaustausch zum Zugriff auf Prozessdaten über Variablen, deren Werte gelesen, geändert oder überwacht werden können. Die Quellen der Prozesswerte sind herstellerspezifisch.

*OPC* ist die Kurzbezeichnung für *OLE for Process Control*, wobei *OLE* wiederum für *Object Linking and Embedding* steht.

Näher betrachtet ist OPC ein Kommunikationsstandard zur Anbindung von Automatisierungssystemen unterschiedlicher Hersteller an übergeordnete Programme der Betriebsleitebene für

- Prozessvisualisierung (Überwachung einzelner Produktionslinien mit Datenquerverkehr),
- integrierte Betriebsführung (Auftragswesen, Qualitätskontrolle, Instandhaltung, Materialverwaltung, Produktionsplanung).

Aus Sicht der in höheren Programmiersprachen wie C++ und Visual Basic erstellten Anwenderprogramme ist OPC eine Brücke zu Prozess- und Gerätedaten der Automatisierungssysteme. Auf Seiten der Gerätehersteller ist die Entwicklung eines OPC-Servers erforderlich anstelle von speziellen Treibern. Für den Softwareentwickler besteht der Vorteil, geräteunabhängige Applikationen schreiben zu können. Anwender wiederum haben mehr Freiheit bei der Auswahl von Geräten und Softwareprodukten.

Bild 26.1 zeigt in einem Übersichtsbild die Grundlagen von OPC Data Access, die nachfolgend erklärt werden.

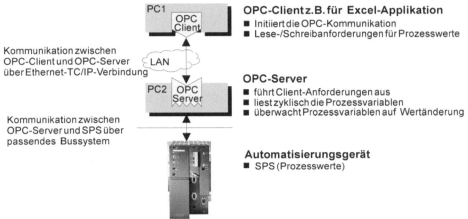

**Bild 26.1:** Grundlagen von OPC Data Access

## 26.1.2 Client-Server-Prinzip

Die OPC-Kommunikation beruht auf der Anwendung des Client-Server-Prinzips. Dabei handelt es sich um die klassische Arbeitsteilung bei Softwarevorgängen. Der Client (Kunde) ergreift die Initiative und stellt eine Anforderung an den Server (Anbieter von Diensten). Das Prinzip ist einfach: Der Client fragt an und verlangt etwas, der Server antwortet, führt aus oder liefert. Der dazu erforderliche Verbindungsaufbau geht immer vom OPC-Client aus. Der OPC-Server verfügt über eine Zugriffmöglichkeit auf die Prozessdaten des Automatisierungssystems.

Normalerweise befindet sich das Anwenderprogramm mit dem OPC-Client nicht auf demselben PC wie der OPC-Server mit seinem Zugang zu den Automatisierungsgeräten über das unterlagerte industrielle Kommunikationsnetz. Das nachfolgende Bild zeigt die typische Konfiguration mit zwei PCs. Der untere PC verfügt über den OPC-Server und die Ankopplung an das industrielle Kommunikationsnetz mit den angeschlossenen Automatisierungsgeräten. Auf dem oberen PC läuft das Anwenderprogramm, welches die Prozessdaten verarbeitet oder darstellt. Die beiden PCs sind über das firmeneigene Intranet verbunden.

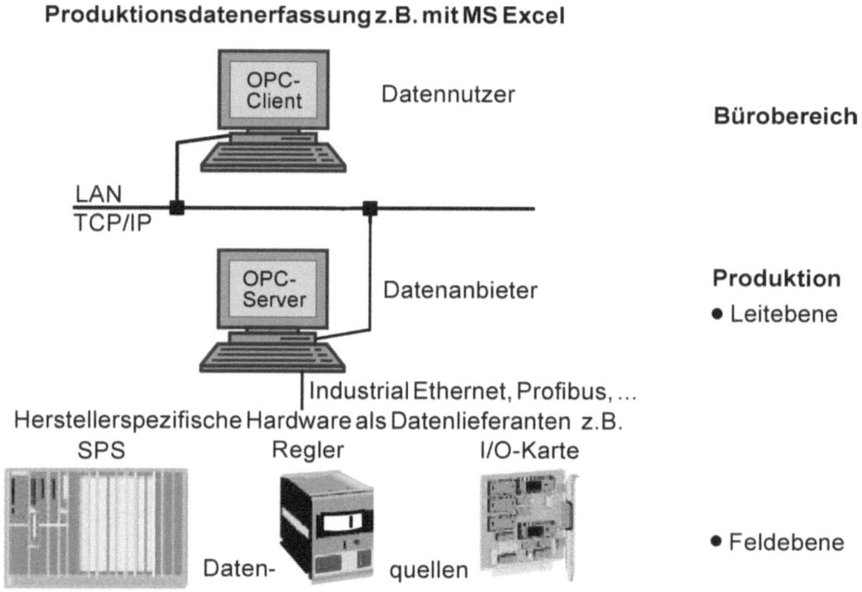

**Bild 26.2:** Ein OPC-Client greift auf Prozessdaten des OPC-Servers zu.

## 26.1.3 OPC-Server

Eine OPC-Software-Komponente, die auf Veranlassung eines OPC-Clients Daten anbieten kann, heißt *OPC-Server* und muss wie richtige Anwenderprogramme auf dem PC installiert werden, da OPC-spezifische Einträge in der Windows-Registry erforderlich sind. Nach „oben" unterstützt der OPC-Server die Schnittstellen-Spezifikation Data Access und nach „unten" ist er durch ein unterlagertes Kommunikationsnetz mit dem angeschlossenen Automatisierungssystem als eigentlicher Datenquelle verbunden.

## Server-Name und Servertypen

OPC-Server werden von den Geräteherstellern angeboten und haben einen lesbaren Namen, den so genannten ProgrammIdentifier (ProgID), z. B. „OPC.SimaticNET" sowie eine aus 32 Ziffern bestehende HEX-Zahl als so genannte ClassID zur eindeutigen Identifizierung. Aus Sicht eines OPC-Clients unterscheiden sich die OPC-Server durch ihre Positionierung im verbindenden Netzwerk (Intranet), und zwar als lokal oder remote (entfernt) befindlich. Die OPC-Server selbst unterscheiden sich nicht. Für den Betrieb als Remote-Server muss der PC vom Anwender (Netzwerkbetreuer) entsprechend konfiguriert werden.

## Namensraum und Objekthierarchie

Dem OPC-Server muss mitgeteilt werden, auf welche SPS-Variablen er zugreifen soll. Im Normalfall ist dies nicht der gesamte Adressbereich der SPS, sondern nur ein ausgewählter Teil, der als Namensraum bezeichnet wird.

Für den OPC-Server (Data Access) ist ein *Namensraum* festzulegen:

- Die Variablenauswahl erfolgt mit Hilfe eines Projektierungstools (bei SimaticNET ist dies der Symboldatei-Konfigurator).

Für den OPC-Server (Data Access) ist eine *Objekthierarchie* zu spezifizieren:

- In der untersten Ebene befinden sich die so genannten *OPC-Item*-Objekte. Den OPC-Items sind die Variablen des Namensraumes zuzuordnen. Die OPC-Items unterscheiden sich durch ihre *ItemID*, das ist eine genaue Namensangabe zur Identifizierung der dahinter stehenden Prozessvariablen. Beim OPC-Server von SimaticNET lautet die Syntax:
  ItemID = Protokoll-ID:[Verbindungsname]Variablenname
        Beispiel: Merkerbyte 40 über S7-Verbindung:  S7:[S7-Verbindung_1]MB40, 1
- Die den OPC-Items übergeordneten OPC-Objekte heißen *OPC-Group*, sie dienen der Strukturierung der OPC-Items zu Gruppen.
- Das oberste OPC-Objekt ist das Objekt *OPCServer* (ohne Bindestrich geschrieben). Dies ist nicht die auf dem PC installierte Software-Komponente OPC-Server (mit Bindestrich geschrieben) sondern das oberste OPC-Objekt. Eine Aufgabe des Objekts OPCServer ist die Verwaltung der OPC-Group-Objekte. Des weiteren ermöglicht das Objekt OPCServer das Durchsuchen (Browsen) des Namensraumes nach erreichbaren Prozessvariablen.

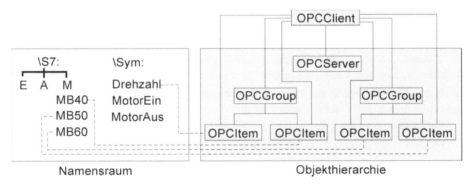

**Bild 26.3:** Namensraum und Objekthierarchie eines OPC-Servers. Die Verbindungslinien in der Objekthierarchie deuten die Zugriffswege des OPC-Clients auf lesbare oder beschreibbare Objekte an und gelten nur für die später beschriebene so genannte Automation-Schnittstelle.

**Lesen, Schreiben und Überwachen von Werten**

Der OPC-Server unterstützt OPC-Clients beim

- Variablenwerte lesen (Methode Read),
- Variablenwerte ändern (Methode Write),
- Variablenwerte überwachen, hierbei hat der Client die Beobachtung einer Variablen auf den Server übertragen. Der Server prüft, ob sich der Wert von Variablen geändert hat. Wenn ein neuer Wert vorliegt, meldet das der Server an den Client. Mit dieser änderungsgetriggerten Datenübertragung kann die gleiche Performance erzielt werden wie beim Einsatz herstellerspezifischer Treiber.

Mit der vom Client vorgegebenen *UpdateRate* wird bestimmt in welchen Zeitabständen der Server die Variablenwerte zu aktualisieren hat. Der Server hält die aktuellen Werte in einem Zwischenspeicher zur Verfügung.

Bei den Leseaufrufen, die sich auf den Zwischenspeicher oder direkt auf das Automatisierungsgerät beziehen können, ist zu unterscheiden:

- Synchrones Lesen: Das Clientprogramm hält solange an, bis der Server den angeforderten Wert geliefert hat.
- Asynchrones Lesen: Das Clientprogramm erhält sofort eine Eingangsbestätigung des Leseauftrags und kann weiterarbeiten. Der neue Variablenwert wird durch eine Ereignismeldung vom Server an den Client nachgeliefert.

Beim Datenaustausch zwischen Client und Server wird für jedes gelesene oder geschriebene Item neben dem Datenwert (Value) vom Server auch noch eine Statusinformation (Quality) und ein Zeitstempel (TimeStamp) geliefert.

## 26.1.4 OPC-Client

OPC-Komponenten, die einen OPC-Server als Datenquelle nutzen, heißen OPC-Clients. Ein OPC-Client ist in der Regel ein erst zu konfigurierender Bestandteil eines Anwenderprogramms. Für den Anwender stellt sich somit die Frage nach der geeigneten OPC-Schnittstelle.

**OPC-Schnittstellen für Hochsprachen-Clients**

Der OPC-Server soll mit einer Programmiersprache angesprochen werden. Es stehen zwei OPC-Schnittstellen (Interfaces) zur Verfügung, wie das nachstehende Bild zeigt.

- Das *Custom-Interface* (kundenspezifisches Interface) für Programmiersprachen, die Schnittstellen mit dem Funktionszeiger-Prinzip ansprechen wie z. B. C/C++.
- Das *Automation-Interface* für Programmiersprachen, die Schnittstellen mit Objektnamen ansprechen wie z. B. Visual Basic. Um die Automation[1]-Schnittstelle nutzen zu können, muss zuvor eine von den OPC-Server-Herstellern mitgelieferte DLL, die auch Automation-Wrapper genannt wird, in das Programmiersystem eingebunden werden.

---

[1] Der Begriff *Automation* in der Schnittstellenbezeichnung hat nichts mit Automatisierung im Sinne von SPS-Technik zu tun, sondern entstammt der Microsoft-Terminologie OLE-Automation, die ausdrückte, dass eine Anwendung (OLE-Automation-Client) auf eine andere Anwendung (OLE-Automation-Server) programmiert zugreifen kann.

Das nachfolgende Bild zeigt die beiden OPC-Hochsprachen-Schnittstellen. Die Interaktion zwischen OPC-Client und OPC-Server findet innerhalb des Betriebssystems Windows statt. Das so genannte *Component Object Model (COM)* von Microsoft ist ein Standard für die Zusammenarbeit von Software-Komponenten innerhalb eines Rechners. Befinden sich OPC-Client und OPC-Server auf verschiedenen Rechnern, die einem Intranet angehören, sorgt der Standard *Distributed Component Objekt Model (DCOM)* für die Interoperabilität.

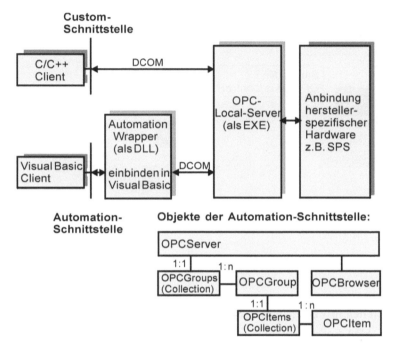

**Bild 26.4:** OPC-Schnittstellen für Hochsprachen-Clients

### OPC-Schnittstelle mit OPC Data Control

*OPC Data Controls* sind OPC-Clients mit vordefinierter OPC-Schnittstelle. Bei dieser Lösung ist dem Anwender die Schnittstellen-Programmierung weitgehend abgenommen, da das OPC Data Control das Starten des OPC-Servers, das Anlegen der OPC-Objekte sowie das Empfangen und Schreiben von Daten selbstständig abwickelt. Übrig bleibt im wesentlichen nur noch die Konfigurierung des OPC Data Controls und die Verschaltung mit den Bedien- und Anzeige-Controls, die für die Benutzeroberfläche der Client-Applikation benötigt werden. Diese Controls sind Programmiersprachen-unabhängige Software-Komponenten, denen gemeinsam ist, dass sie nicht eigenständig ablaufen können, sondern zur Ausführung einen Container wie z. B. Visual Basic oder Visual C++ benötigen. Dazu müssen diese Controls zunächst in die Werkzeugsammlung z. B. von Excel-VBA oder Visual Basic als Ergänzung der dort schon vorhanden Steuerelemente eingefügt werden. Die im Bild 26.5 angedeutete Verschaltung der Bedien- und Anzeige-Controls mit dem OPC Data Control zeigt an, dass die Bedien- und Anzeige-Controls selbst keinen direkten Kontakt zu den Prozessvariablen des Automatisierungssystems haben, sondern auf die Verschaltung mit einem OPC Data Control angewiesen sind.

OPC Data Controls sind firmenspezifische, OPC-kompatible Softwarekomponenten, die auf das Custom-Interface von OPC-Servern zugreifen.

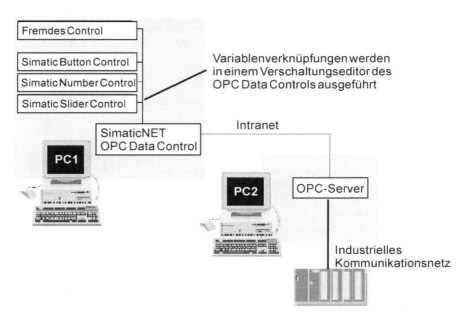

**Bild 26.5:**   OPC Data Control als OPC-Client

## OPC-Schnittstellen in Visualisierungssoftware

Industrielle SCADA-Softwareprodukte (Supervision, Control And Data Acquisition) verfügen neben speziellen Kommunikationskanälen zu firmeneigenen Steuerung und zu Steuerungen von Fremdanbietern auch über integrierte OPC-Clients und OPC-Server, um in heterogen vernetzten Automatisierungslösungen einsetzbar zu sein. Solche Visualisierungsprogramme können nebenher sowohl OPC-Server als auch OPC-Client sein und somit Prozessdaten aus einem Automatisierungsbereich mit dem Server für andere Clients bereitstellen, wie auch umgekehrt in der Funktion als Client, Prozessdaten aus anderen Automatisierungsbereichen abrufen. In diesem Visualisierungskonzept ermöglicht die OPC-Kommunikation eine sonst nur schwer zu realisierende *horizontale und vertikale Integration* verschiedener selbstständig arbeitender Automatisierungsinseln.

In Bild 26.6 wird ein Beispiel für horizontale und vertikale Integration gezeigt. Der Datenaustausch zwischen den beiden Visualisierungsapplikationen ist die horizontale Integration. Der Zugriff des Excel-Programms auf die beiden Visualisierungsanwendungen ist die vertikale Integration. Eine solche Konfiguration ist möglich, weil ein OPC-Server mehreren OPC-Clients den Datenzugriff ermöglicht und ein OPC-Client auch auf mehrere OPC-Server zugreifen kann.

Bild 26.6 zeigt auch zwei Beispiele wie eine Visualisierungsapplikation mit einer unterlagerten Steuerung verbunden sein kann. Die Fremd-SPS ist mit der auf dem PC2 laufenden WinCC-Applikation über die standardisierte OPC-Schnittstelle gekoppelt, während die S7-SPS mit der auf dem PC1 laufenden WinCC-Anwendung über einen firmenspezifischen S7-TCP/IP-Kanal der Simatic S7-Protocol Suite kommuniziert. Eine solche spezielle SPS-Treiber-Lösung wird auch heute noch dann bevorzugt verwendet, wenn es sich um firmengleiche Hard- und Software-Produkte handelt. Auf die OPC-Kopplung wird dann zurückgegriffen, wenn Fremdprodukte zu verbinden sind.

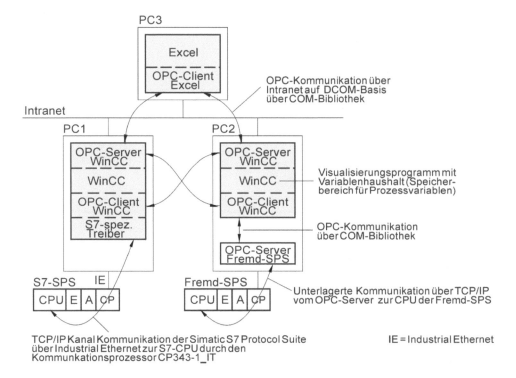

**Bild 26.6:** Horizontale und vertikale Integration durch OPC-Kommunikation

Die Einrichtung eines OPC-Clients in einem Prozessvisualisierungsprogramm umfasst im Prinzip nur drei Schritte:

1. Auswählen des gewünschten OPC-Server; angezeigt werden alle erkannten Lokal- und Remote-Server,
2. Festlegen der OPC-Items unter Verwendung der Browsing-Funktionalität,
3. Verbinden der OPC-Items mit den Gerätesymbolen der Visualisierung.

**Test-Clients mit Browser-Funktionalität**

Hardware-Hersteller, die für ihre Automatisierungsprodukte auch OPC-Server anbieten, stellen zusätzlich OPC-Clients für Testzwecke zur Verfügung. Diese Komponenten sind sehr nützlich, denn beim Einrichten einer OPC-Kommunikation möchte man schrittweise vorgehen und zuerst prüfen, ob die Ankopplung einer Hardware-SPS an den auf einem PC eingerichteten OPC-Server funktioniert. Dazu benötigt man einen funktionsfertigen OPC-Client, mit dem man den Namensraum des OPC-Servers untersuchen (browsen) und einzelne Variablen auch lesen oder ändern (schreiben) kann.

Test-Clients werden durch Öffnen ihrer Datei gestartet. Im Gegensatz zu den OPC-Servern müssen OPC-Clients nicht in der Windows-Registrierung angemeldet sein.

• Im SimaticNET-System gibt es den so genannten OPC-Scout, mit dem man beliebige OPC-Server ansprechen kann, die das OPC Automation Interface unterstützen.

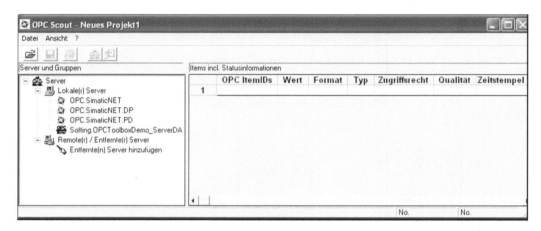

**Bild 26.7:**  OPC-Scout von SimaticNET

Bild 26.7 zeigt die Oberfläche des OPC-Scout nach dem Öffnen der Datei. Der OPC-Scout hat vier lokale OPC-Server auf dem PC gefunden hat. Die weitere Vorgehensweise ist vielschrittig und soll hier nur prinzipiell angesprochen werden:

1. Auswahl eines OPC-Servers, z. B. OPC.SimaticNET mit rechter Maustaste anklicken. Im Kontextmenü „Verbinden" anklicken. Es erscheint die Aufforderung, eine „OPC-Gruppe" mit einem Gruppennamen einzuführen.

2. Doppelklick auf Gruppennamen öffnet den „OPC-Navigator", der die Auswahl der Prozessvariablen ermöglicht, deren Werte gelesen oder geändert werden sollen.

## 26.1.5  OPC XML – Internettauglich und betriebssystemunabhängig

Zur Erinnerung: *OPC Data Access* spezifiziert OPC-Schnittstellen für den Prozessdatenaustausch innerhalb lokaler Netze und zwischen Windows-basierten Anwendungen auf Grundlage der COM/DCOM-Technologie von Microsoft. Diesen Schnittstellen wird jetzt eine weitere, jedoch internettaugliche und betriebssystemunabhänge Schnittstelle zur Seite gestellt mit der Bezeichnung *OPC XML Data Access* auf Grundlage der XML Web Service-Technologie.

**Web Services** sind Softwarekomponenten, die eine Dienstleistung anbieten und durch ihre URL-Adresse (Uniform Resource Locator) im Internet eindeutig identifizierbar sind. Namhafte Softwarefirmen wie IBM, Microsoft und Sun propagieren derzeit eine neue dienstorientierte Architektur von Komponenten-Software, in denen mächtige Applikationen nach dem Baukastenprinzip durch interagierende Web Services entstehen könnten. Web Services stellen Informationen zur automatischen Weiterverarbeitung in anderen Anwendungen zur Verfügung und liefern eine Beschreibungsdatei zur Nutzung der Dienste mit. Dagegen dienen HTML-Websites der Informationsvermittlung und Interaktion mit Menschen unter Einsatz von Web-Browsern.

Das nachfolgende Bild 26.8 zeigt das Prinzip der Dienst-orientierten Software-Architektur mit einem allgemein zugänglichen Service-Verzeichnis, in dem nach geeigneten Dienstangeboten gesucht werden kann.

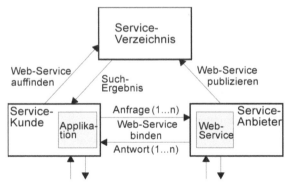

**Bild 26.8:** Service-orientierte Architektur (SOA) von Komponenten-Software

Die der Dienst-orientierten Architektur zu Grunde liegende Netzwerktechnologie für die Kommunikation zwischen Anwenderprogrammen basiert auf den Internetprotokollen SOAP, XML, HTTP und WSDL und wird durch das W3C (World Wide Web Consortium) standardisiert. Diese Netzwerktechnologie ist internettüchtig sowie unabhängig von Programmiersprachen, Betriebssystemen und Hardware-Plattformen. In den XML Web Services hat OPC eine neue Basistechnologie für den Datenaustausch gefunden.

Das nachfolgende Bild 26.9 soll einen Überblick geben, wie OPC-Kommunikation über das Internet möglich gemacht wird:

*   Mit *SOAP* als Interaktionsmechanismus wird ein *XML-Dokument* verpackt und über einen *HTTP-Kanal* zum *Web Service* übertragen, der sich auf dem Computer hinter der Firewall befindet. Die Firewall kann gegen unberechtigte Zugriffe administriert werden, um das sonst beträchtliche Sicherheitsrisiko für die Automatisierungsanlage zu verringern. Der Web-Service antwortet mit einer XML-Nachricht, die in einem SOAP-Telegramm verpackt an den OPC XML-Client gesendet wird.

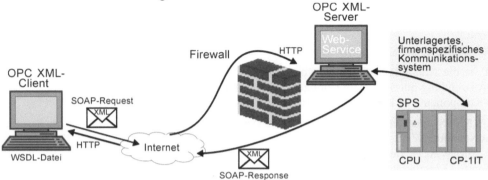

**Bild 26.9:** Prinzip der Internet-Erweiterung für OPC

Nachfolgend sind einige kurzgefasste Hinweise zu den angewendeten Internet-Protokollen und den ersten industriellen Anwendungen von OPC XML aufgeführt:

**XML** (eXensible Markup Language) ist wie HTML eine Auszeichnungssprache. Beide Sprachen verwenden so genannte Tags als Strukturierungsinformationen (also das, was zwischen den spitzen Klammern steht). Bei HTML sollen die Tags dem Browser mitteilen, wie die Informationen zu präsentieren sind, z. B. als Überschrift. Bei XML werden die Tags nicht zu Layout-Zwecken verwendet, sondern zur Beschreibung dessen, was die Informationen bedeuten. XML gestattet, eigene Tags zu definieren. Der Informationsaustausch zwischen zwei Softwarekomponenten erfolgt durch solche selbst-beschreibenden, (maschinen-)lesbaren XML-Dokumente.

➤  Bei OPC XML DA bietet ein Web Service den Zugriff auf ein unterlagertes Kommunikationssystem an, indem es XML-Nachrichten als Funktionsaufrufe empfängt und Ergebnisse in Form von XML-Nachrichten zurücksendet.

**WSDL** (Web Service Definition Language) ist eine Auszeichnungssprache im XML-Format zur Beschreibung der vom Web Service angebotenen Dienste. Für die neue OPC-Schnittstelle gibt es eine spezielle WSDL-Dienste-Beschreibung. Diese Datei muss jedem OPC XML-Client durch Installation oder Anforderung beim OPC XML Server bekannt sein, um die SOAP-Telegramme zu ergänzen.

**SOAP** (Simple Object Access Protocol, jetzt nur noch Akronym: SOAP) ist ein plattformunabhängiges Protokoll und hat die Aufgabe, die XML-Nachrichten für den Datenaustausch zu verpacken und die Aufrufreihenfolge zwischen den Kommunikationspartnern zu regeln. Das wichtigste Transportprotokoll für SOAP ist das weit verbreitete HTTP, sodass auch durch Firewalls hindurch kommuniziert werden kann. Der HTTP-Dienst verwendet den URL des Web Service als Internet-Adresse.

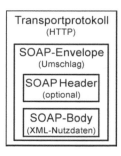

**Bild 26.10:**
SOAP-
Telegramm

**Webdienste** der Spezifikation OPC XML DA haben einen an OPC Data Access angelehnten Funktionsumfang. Der wichtigste Unterschied ist, dass es noch nicht die Möglichkeit der automatischen Prozesswert-Überwachung gibt. Vorgesehen sind folgende Webdienste:

• GetStatus, um zu erfahren, ob der Web Service funktioniert,
• Browse, um den Namensraum zu durchsuchen,
• Read,
• Write,
• Subscribe, Ersatz für automatisches Überwachen mit änderungsgesteuerter Rückmeldung.

**.NET** ist die Nachfolgetechnologie von Windows **DCOM**. Zur Ausführung einer Web-Service-Anwendung muss auf dem Computer ein .NET-Framework installiert werden. Diese Software-Komponente ist kostenfrei bei Microsoft erhältlich.

**OPC XML-Server** sind nötig, wenn Automatisierungsgeräte mit OPC-Schnittstelle nicht unter einem Standard Windows-Betriebssystem laufen, wie z. B. das Multi Panel MP 370 von Siemens mit WinCC flexible unter dem Betriebssystem Windows CE (spezielle Windows-Version für Kleingeräte).

**OPC XML-Clients** sind noch eine Seltenheit, werden aber schon verwendet wie z. B. bei WinCC V6.0 SP2 von Siemens. Häufiger eingesetzt wird die Lösung mit einem OPC DA-Client mit nachgesetztem OPC Gateway für die Protokollumsetzung von DCOM nach XML.

## 26.2 Projektierung einer Excel-SPS-Verbindung über OPC

### 26.2.1 OPC-Server mit unterlagerter SPS einrichten

Jedes Beispiel für OPC-Kommunikation setzt einen Anlagenaufbau voraus, der aus einem OPC-Server mit einer unterlagerten Datenquelle besteht. Der OPC-Server ist auf einem PC unter Windows-Betriebssystem zu installieren. Eine S7-SPS ist die Datenquelle. Um den Geräteaufwand zu begrenzen, soll der PC gleich mehrere Aufgaben übernehmen:

- Die Programmiergerätefunktion zur Erstellung der SPS- und PC-Projektierung. Dazu muss auf dem PC die STEP7-Software installiert sein. Im SIMATIC-Manager wird ein unten näher beschriebenes S7-Projekt angelegt.

- Die OPC-Serverfunktion mit Kommunikationsverbindung zur SPS. Dazu muss auf dem PC die OPC-Serverkomponente und die Protokollsoftware zur Verbindung mit der Netzwerkkarte installiert sein.

- Die Applikation mit OPC-Client (wird erst im OPC-Projekt, Teil 2 ausgeführt).

Bild 26.11 zeigt die Struktur der Anlage und die dazu verwendeten Software- und Hardware-Komponenten.

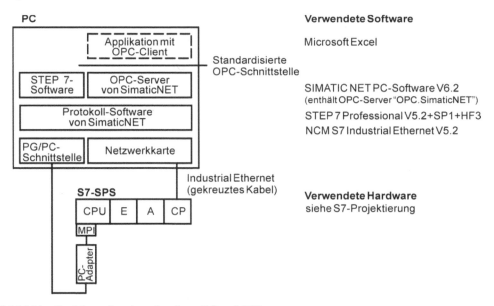

**Bild 26.11:** Projektstruktur bestehend aus PC und SPS

Bild 26.12 zeigt die wichtigsten Einzelheiten des anzulegenden **Projekts**, bestehend aus einer

- **SPS-Projektierung**, die bei Einstellung der PG/PC-Schnittstelle auf „PC Adapter (MPI)" über den zwischengeschalteten PC-Adapter in die SPS-CPU zu laden ist, und einer

- **PC-Projektierung**, für deren Download (PCStation > Konfiguration öffnen > Speichern und Übersetzen > Laden in Baugruppe) die PG/PC-Schnittstelle auf „PC internal (local)" umgestellt werden muss. Beim Download der PCStation-Konfiguration werden die Daten der Baugruppen „IE Allgemein (Index 1)", „OPC Server (Index 2)" und des so genannten „Stationsmanagers (Index 125)" übertragen.

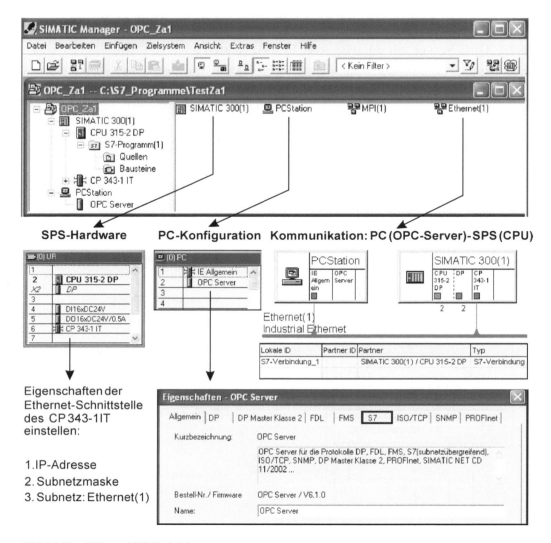

**Bild 26.12:**  SPS- und PC-Projektierung

Für den Kommunikationsprozessor der SPS und für die Netzwerkkarte des PC müssen die erforderlichen IP-Adressen und Subnetzmasken vergeben werden, z. B.:

| Gerät | IP-Adresse | Subnetzmaske |
|---|---|---|
| CP 343-1IT (SPS) | 192.168.0.10 | 255.255.255.0 |
| Netzwerkkarte (PC) | 192.168.0.100 | 255.255.255.0 |

**Hinweis zur PCStation-Projektierung:**

Die PC-Projektierung beginnt mit dem Einfügen einer SIMATIC PC-Station in das S7-Projekt und Umbenennen von SIMATIC PC Station (1) in **PCStation** (siehe Bild 26.12). Anschließend ist durch Doppelklick auf das Symbol [img] in der Taskleiste der Komponenten-Konfigurator zu öffnen. Der Komponenten-Konfigurator ist die Benutzeroberfläche des Stationsmanagers und ermöglicht den Zugriff auf die Komponentenverwaltung der PCStation. Unter Index 1 ist die Netzwerkkarte „IE Allgemein" und unter Index 2 der „OPC Server" über Button „Hinzufügen..." anzumelden. Der im Komponenten-Konfigurator verwendete Stationsname muss mit **PCStation** aus dem SPS-Projekt übereinstimmen.

Danach im Projekt die PC-Station markieren und durch Doppelklick auf die erschienene Komponente „Konfiguration" den HWKonfig-Editor öffnen. Im Rack sind in Übereinstimmung mit den Einträgen im Komponenten-Konfigurator die Netzwerkkarte „IE Allgemein" und der „OPC Server" zu konfigurieren. Beide Komponenten findet man im Hardwarekatalog unter SIMATIC PC Station. Die „IE Allgemein" muss auf die IP-Adresse der Netzwerkkarte eingestellt werden. Unter Objekteigenschaften des OPC-Servers wird die firmenspezifische S7-Kommunikation (S7-Protokoll) ausgewählt, über die der OPC-Server mit der S7-CPU die Prozessdaten austauscht.

Nach den beiden bereits beschriebenen Download-Vorgängen (zur SPS-Station und PC-Station, siehe Text vor Bild 26.12) muss dem OPC-Server noch bekannt gemacht werden, mit welchem Transport-Protokoll er über die unterlagerte Kommunikationsverbindung auf die Prozessdaten der SPS-CPU zugreifen soll. Dazu ist die Konfigurationskonsole „PC-Station einstellen" zu öffnen:

Start > SIMATIC > SIMATIC NET > Einstellungen > PC-Station einstellen

Unter Applikationen > OPC-Einstellungen wird bei „OPC-Protokollauswahl" das Protokoll „S7" markiert, in Übereinstimmung mit der Projektierung für die PCStation (siehe Bild 26.12).

### 26.2.2 Auftragssteuerung unter Excel mit OPC-Automation-Schnittstelle

Es ist eine Auftragssteuerung als Excel-Applikation auszuführen: Farbmischungen sollen nach Eingabe der Auftragsnummer gemäß festgelegter Rezeptur in bestimmter Menge produziert werden.

**Schritt 1: Auftragsblatt und Steuerungsblatt in Excel anlegen**

Bild 26.13 zeigt das Excel-Auftragsblatt mit drei Aufträgen, wobei Auftrag 1 bereits ausgeführt wurde. Die Aufträge sind durch AuftragsNr, Kunde, Eingangsdatum, RezeptNr und Soll-Menge beschrieben. Unter Ist-Menge und Produktdatum sind die produzierten Mengen und der Produktionstermin eingetragen.

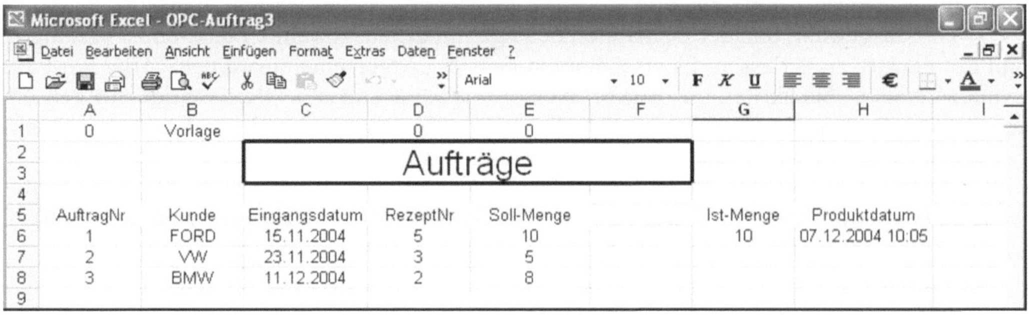

**Bild 26.13:** Aufträge im Excel-Auftragsblatt

Bild 26.14 zeigt die Bedienoberfläche der eigentlichen Auftragssteuerung. Durch Eingabe der Auftragsnummer in Zelle C8 werden Rezeptnummer und Soll-Menge automatisch aus dem Auftragsblatt geholt und in die Zellen C10 und C12 eingetragen. Die Übergabe der Auftragsdaten an die unterlagerte Steuerung erfolgt durch Betätigung des Buttons „Auftrag starten". Die Steuerung meldet Zwischenstände der produzierten Ist-Menge und ein Produktdatum fortlaufend an die Auftragssteuerung zurück. Ist die Soll-Menge erreicht oder wird die Produktion von der übergeordneten Auftragssteuerung vorzeitig beendet, kann der Auftrag quittiert werden, dabei muss die Ist-Menge zusammen mit dem Produktionsdatum in das Auftragsblatt übertragen und der Auftrag gelöscht werden.

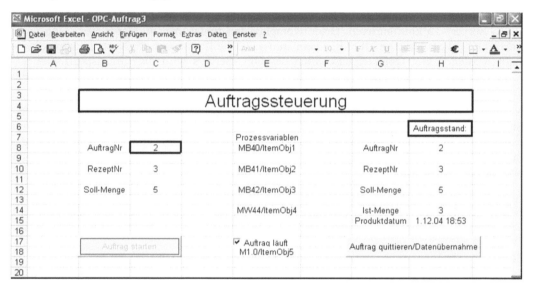

**Bild 26.14:**  Excel-Steuerungsblatt nach Ausführung des Auftrags (linker Button „Auftrag starten" ist noch deaktiviert und erscheint deshalb blass, da der Auftrag noch nicht quittiert ist)

Für das automatische Einfügen von Werten in Excel-Zellen mit Hilfe einer Funktion wird im Steuerungsblatt die Zelle C10 markiert, in der die Rezeptnummer durch Wirkung der Funktion eingetragen werden soll. Dann wird unter dem Menüpunkt „Einfügen" der Unterpunkt „Funktion ..." gewählt. Es erscheint ein Fenster „Funktion einfügen". Dort wird unter der Kategorie „Funktionskategorie" die Kategorie „Matrix" und unter „Name der Funktion" die Funktion „Verweis" ausgewählt und der OK-Button betätigt, um die ausgewählte Funktion zu bestätigen und das Fenster zu verlassen. Es erscheint ein Fenster „Argumente auswählen". Hier wird die Syntax-Version „Suchkriterium; Ergebnisvektor" gewählt und mit OK bestätigt. Im neu erscheinenden Fenster sind für die Übernahme der Rezeptnummer folgende Einträge zu machen:
  Suchkriterium: C8 (dort ist die Auftragsnummer eingetragen)
  Suchvektor: Aufträge!A:A ? (dort wird in der Spalte A nach der Auftragsnummer gesucht)
  Ergebnisvektor: Aufträge!D:D ? (dort wird in der Spalte D die Rezeptnummer gefunden)

Entsprechende Wiederholung für die Übernahme der Soll-Menge nach Zelle C12:
  Suchkriterium: C8
  Suchvektor: Aufträge!A:A
  Ergebnisvektor: Aufträge!E:E

**Schritt 2: OPC-Client-Programm für Automation Interface**

Zuerst muss die Automation-Wrapper DLL in Visual Basic (VBA) bekannt gemacht werden, sie enthält die OPC-Objektklassen, aus denen die OPC-Objekte für das Schnittstellen-Programm abgeleitet werden. Man findet diese DLL durch Umschalten von Excel zu Visual Basic über *Extras/Makro/VisualBasic-Editor* und dort unter *Extras/Verweise*. Im sich öffnen-den Fenster *Verfügbare Verweise* markiert man die „OPC Siemens DAAutomation".

Nachfolgend ist das vollständige Programm der Auftragssteuerung angegeben. Die mit dem seitlichen Strich versehenen Programmteile beinhalten die eigentlichen OPC-Client-Funktionen.

```
'OPC Automation 2.0
'-----------------------------------------------------------------------
Option Explicit
Option Base 1
'-----------------------------------------------------------------------
'Interface Objects
'-----------------------------------------------------------------------
Private ServerObj As OPCServer
Private WithEvents GroupObj As OPCGroup
Private GroupColl As OPCGroups
Private ItemObj1 As OPCItem
Private ItemObj2 As OPCItem
Private ItemObj3 As OPCItem
Private ItemObj4 As OPCItem
Private ItemObj5 As OPCItem
Private ItemColl As OPCItems
'-----------------------------------------------------------------------
Private Auftragsmerker As Boolean


Private Sub AuftragStarten_Click()

    Set ServerObj = New OPCServer
    ServerObj.Connect ("OPC.SimaticNet")
    Set GroupColl = ServerObj.OPCGroups
    Set GroupObj = GroupColl.Add("MyGroup")
    GroupObj.IsSubscribed = True
    GroupObj.UpdateRate = CLng(Cells(23, 5))

    Set ItemColl = GroupObj.OPCItems

    Set ItemObj1 = ItemColl.AddItem("S7:[S7-Verbindung_1]MB40", 8)
    ItemObj1.Write CLng(Cells(8, 3))
    Set ItemObj2 = ItemColl.AddItem("S7:[S7-Verbindung_1]MB41", 10)
    ItemObj2.Write CLng(Cells(10, 3))
    Set ItemObj3 = ItemColl.AddItem("S7:[S7-Verbindung_1]MB42", 12)
    ItemObj3.Write CLng(Cells(12, 3))
    Set ItemObj4 = ItemColl.AddItem("S7:[S7-Verbindung_1]MW44", 14)
    Set ItemObj5 = ItemColl.AddItem("S7:[S7-Verbindung_1]M1.0", 17)
    Auftragsmerker = True
    ItemObj5.Write Auftragsmerker
    CheckBox1 = Auftragsmerker

    AuftragStarten.Enabled = False
    AuftragQuittieren_Datenübernahme.Enabled = True

End Sub
```

```
Private Sub AuftragQuittieren_Datenübernahme_Click()

    Dim IstMenge As Variant
    Dim IstDatum As Variant
    Dim AuftragNr As Variant

    If Not ItemObj5 Is Nothing Then
        Auftragsmerker = False
        ItemObj5.Write Auftragsmerker
        CheckBox1 = Auftragsmerker
    End If

    AuftragNr = ThisWorkbook.Sheets("Steuerung").Cells(8, 8)
    IstMenge = ThisWorkbook.Sheets("Steuerung").Cells(14, 8)
    IstDatum = ThisWorkbook.Sheets("Steuerung").Cells(15, 8)
    ThisWorkbook.Sheets("Aufträge").Cells(AuftragNr + 5, 7).Value = IstMenge
    ThisWorkbook.Sheets("Aufträge").Cells(AuftragNr + 5, 8).Value = IstDatum
    ThisWorkbook.Sheets("Steuerung").Cells(8, 8) = ""
    ThisWorkbook.Sheets("Steuerung").Cells(10, 8) = ""
    ThisWorkbook.Sheets("Steuerung").Cells(12, 8) = ""
    ThisWorkbook.Sheets("Steuerung").Cells(14, 8) = ""
    ThisWorkbook.Sheets("Steuerung").Cells(15, 8) = ""

    AuftragStarten.Enabled = True
    AuftragQuittieren_Datenübernahme.Enabled = True


If Not ServerObj Is Nothing Then
        ServerObj.OPCGroups.RemoveAll
        ServerObj.Disconnect
        Set ServerObj = Nothing
End If

End Sub
```

```
Private Sub GroupObj_DataChange(ByVal TransactionID As Long,
                                ByVal NumItems As Long,
                                ClientHandles() As Long,
                                ItemValues() As Variant,
                                Qualities() As Long,
                                TimeStamp() As Date)

    Dim Item As OPCItem

    Set ItemColl = GroupObj.OPCItems
        For Each Item In ItemColl
            Cells(Item.ClientHandle, 8) = Item.Value
        Next Item

    Cells(15, 8) = TimeStamp()

End Sub
```

Die Einarbeitung in das vorstehende OPC-Client-Programm erscheint wegen der vielen Details als ein mühsames Unterfangen. Zu bedenken ist jedoch, dass nur die mit dem seitlichen Strich gekennzeichneten Teile zur eigentlichen Schnittstellen-Programmierung gehören, zu der nachfolgend einige Erläuterungen gegeben werden.

**Schritt 3:  Erläuterungen zur Programmierung der OPC-Objekte**

- **Zu Strich 1:  Deklaration von Objektvariablen, Beispiele**

*Private ServerObj As OPCServer*
ServerObj ist als Objektvariable deklariert mit der Objektklasse OPCServer als Datentyp.

*Private WithEvents GroupObj As OPCGroup*
GroupObj ist eine Objektvariable mit der Objektklasse OPCGroup als Datentyp. Objekte in Visual Basic, die Ereignisse empfangen sollen, müssen mit WithEvents deklariert werden. Bei OPC betrifft dies das automatische Einlesen nach Werteänderungen bei beobachteten Variablen.

- **Zu Strich 2:  Automation-Objekte erzeugen, Beispiele**

*Set ServerObj = New OPCServer*
Die Set-Anweisung weist der Objektvariablen ein Objekt zu. Das Objekt selbst wird durch die Verwendung des Schlüsselwortes *New* aus der Objektklasse OPCServer erzeugt. Die Objektvariable ServerObj kann genauso behandelt werden wie das Objekt OPCServer selbst.

*ServerObj.Connect ("OPC.SimaticNET")*
Am ServerObj wird die Methode Connec*t* aufgerufen, um eine Verbindung mit dem richtigen OPC-Server von SimaticNET aufzubauen. Der OPC-Server von SimaticNET ist eine vom Hersteller gelieferte Software-Komponente, die mit dem unterlagerten Automatisierungssystem als der eigentlichen Datenquelle verbunden ist.
Durch Ausführung dieses Befehls wird der OPC-Server von SimaticNET gestartet. Das ist im Simatic-System in der Konfigurationskonsole *PC-Station einstellen* unter *OPC-Einstellungen* und dort bei *OPC-Server beenden* nachprüfbar. Dort wird angezeigt: OPC-Server läuft.

*Set GroupColl = ServerObj.OPCGroups*
Mit der Set-Anweisung wird der Objektvariablen GroupColl das Collection-Objekt OPC-Groups zugewiesen, das der Erzeugung und Verwaltung von OPC-Gruppen dient. Das Collection-Objekt OPCGroups selbst wird vom OPC-Server-Objekt beim erfolgreichen Connect-Aufruf automatisch erzeugt.

*Set GroupObj = GroupColl.Add("MyGroup")*
Die Set-Anweisung weist der Objektvariablen GroupObj ein Group-Objekt zu, das durch Aufruf der Methode „ADD" am Collection-Objekt OPCGroups erzeugt und der Collection zugewiesen wird. Der Name der Gruppe soll „MyGroup" heißen. Group-Objekte dienen der Strukturierung der noch anzulegender Item-Objekte zu sinnvollen Einheiten.

*Set ItemColl = GroupObj.OPCItems*
Mit der Set-Anweisung wird der Objektvariablen ItemColl das Collection-Objekt OPCItems zugewiesen, das der Erzeugung und Verwaltung von OPCItem-Objekten dient. Das Collection-Objekt OPCItems wird bei der Erzeugung eines Group-Objekts automatisch angelegt.

*Set ItemObj1 = ItemColl.AddItem("S7:[S7-Verbindung_1]MB40", 8)*
Die Set-Anweisung weist der Objektvariablen ItemObj1 ein Item-Objekt zu. Das Item-Objekt selbst wird durch den Aufruf der Methode ADD am Collection-Objekt OPCItem erzeugt und der Collection hinzugefügt. Dem ItemObj wird die ItemID (die genaue Angabe, über welche Verbindung die Prozessvariablen MB40 zu finden ist) und der ClientHandle (in welche Spalte des Excel-Steuerungsblattes der Prozesswert einzutragen ist, hier Spalte 8) übergeben. Die Festlegung der Excel-Zelle erfolgt erst beim Lesen des Prozesswertes durch Angabe der Zeile.

- **Zu Strich 2+3: Überschreiben von Prozessdaten, Beispiele**

*ItemObj1.Write CLng(Cells(8, 3))*
Die Methode „Write" bedeutet „Synchrones Schreiben", d. h., der Server gibt die Kontrolle erst nach Ausführung der Anweisung im Automatisierungsgerät wieder an das Client-Programm zurück. Das ItemObj1 (Repräsentant des Merkerbyte MB 40) erhält den Zahlenwert der Excel-Zelle C8. *CLng*( ) bedeutet Umwandlung in den Datentyp *Long* (4-Byte-INTEGER).

*ItemObj5.Write Auftragsmerker*
Das ItemObj5 (Repräsentant des Merkers M 1.0) erhält den logischen Wert *False* durch die Variable *Auftragsmerker*.

- **Zu Strich 4: Automation-Objekte löschen**

*ServerObj.OPCGroups.RemoveAll*
Der OPC-Client muss die Automation-Objekte, die er erzeugt hat, auch wieder löschen.

Der Aufruf der Methode RemoveAll am Collection-Objekt OPCGroups löscht alle Objekte der Klassen OPCGroup und OPCItem, um das Herunterfahren des OPC-Servers vorzubereiten.

*ServerObj.Disconnect*
Der Aufruf der Methode Disconnect am Objekt OPCServer baut die Verbindung zum OPC-Server ab, um das Server-Objekt anschließend löschen zu können.

*Set ServerObj = Nothing*
Das Server-Objekt wird durch Verwendung des Schlüsselwortes *Nothing* gelöscht.

- **Zu Strich 5: Automatisches Einlesen bei Wertänderung**

*Private Sub GroupObj_DataChange(ByVal Transaction As Long, ByVal NumItems As Long, ClientHandles() As Long, ItemValues() As Variant, Qualities() As Long, TimeStamps() As Date)*
Eingelesen wird nur auf Grund von Werte- oder Zustandsänderungen. Der DataAccess-Server übermittelt die neuen Werte an den OPC-Client durch einen Methodenaufruf mit Übergabe verschiedener Parameter für alle OPCItems der beobachteten OPCGroup. Der Automation-Wrapper löst daraufhin das Ereignis *DataChange* aus und teilt damit dem Client mit, dass sich bei einem oder mehreren OPCItems der Wert oder der Zustand (good, bad) geändert hat. Die Objektvariable *GroupObj* ist durch die Deklaration mit dem Schlüsselwort *WithEvents* für die Aufnahme von Ereignissen eingerichtet:

ByVal : Soll ein Parameter in Form eines Wertes (einer Kopie) an eine Funktion oder Prozedur übergeben werden, ist in Visual Basic das Schlüsselwort ByVal voran-zustellen.

NumItems: Anzahl der OPCItems in der Group

ClientHandle: Objekteigenschaft des Objekts OPCGroup. Mit dieser Eigenschaft kann ein Client schnell die Lokalisierung der Daten z. B. auf einem Excel-Tabellenblatt bestimmen.
Bei der Instanziierung eines OPCItems wird bereits angegeben, in welcher Zei-leein einzulesender Wert später eingetragen werden soll. Die entsprechende Spalte wird erst beim Vorgang des Daten-Einlesens festgelegt. Der ClientHandle bringt dann einen Vorteil, wenn eine Gruppe viele Items verwaltet und deren Werte in Tabellenform in einer Spalte untereinander einzutragen sind. Einge-spart wird die sonst erforderliche (umständlichere) Koordinatenangabe.

Item: Steuervariable der For Each … Next-Schleife, um alle Item-Werte einzulesen.

### Schritt 4: SPS-Simulationsprogramm

Um die Auftragssteuerung testen zu können, muss die unterlagerte SPS ein entsprechendes Steuerungsprogramm ausführen. Es genügt hier ein simulierter Fertigungsprozess: Eine Zählersteuerung übernimmt den Wert der Soll-Menge und zählt mit einem Zeittakt die „gefertigte" Ist-Menge hoch. Der Auftragsmerker startet und stoppt die „Fertigung".

### STEP 7 Programm

### FC 10

*Deklarationstabelle*

| Name | Datentyp |
|------|----------|
| **IN** | |
| Takt | BOOL |
| Auftragsmerker | BOOL |
| Soll-Menge | BYTE |

| Name | Datentyp |
|------|----------|
| **OUT** | |
| Ist-Menge | WORD |

| Name | Datentyp |
|------|----------|
| **TEMP** | |
| Ist-Menge_Dual | WORD |
| Ist-Menge_Int | INT |
| Soll-Menge_Int | INT |
| Stopp | BOOL |

*Funktionsplan*

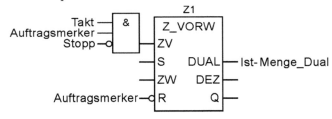

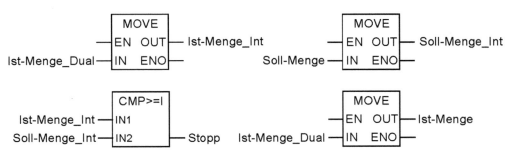

### OB 1

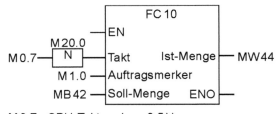

M 0.7 = CPU-Taktmerker: 0,5 Hz

### 26.2.3  Auftragssteuerung unter Excel mit OPC-Data Control

In Kapitel 26.1.4 wurden bereits so genannte OPC-Data Controls erwähnt, die als Software-Komponenten erhältlich sind und in die Werkzeugsammlung von Visual Basic als Steuerelemente mit visueller Erscheinung aufgenommen werden können. Diese Controls können die OPC-Schnittstellen-Programmierung ersetzen. Nachfolgend wird gezeigt, wie eine alternative Lösung der Auftrags-Steuerungsaufgabe aussehen könnte und welche Einschränkungen und Abänderungen gegenüber der ursprünglichen Lösung dabei eventuell hingenommen werden müssen.

Bild 26.15 zeigt die Bedienoberfläche der Auftragssteuerung, die nun auf einer UserForm unter Excel-VBA angelegt wurde. Links oben ist das SimaticNET OPC Data Control zu erkennen, das die Ausführung der OPC-Kommunikation mit einem OPC-Server übernimmt. Darunter befindet sich ein S7Number Control für die Eingabe der Auftragsnummer, die durch Betätigung des Häckchens übernommen wird und automatisch die zum Auftrag gehörende Rezeptnummer und Soll-Menge in die darunter liegenden Textfelder einfügt. Durch Betätigen der Schaltfläche „Auftrag starten" werden die Angaben auf die rechte Seite zum Auftragsstand übernommen und der unterlagerte „Produktionsprozess" in der SPS angestoßen. In der Check-Box erscheint ein Häkchen und zeigt an, dass der Auftrag läuft. Gleichzeitig wird die linke Schaltfläche deaktiviert und die rechte Schaltfläche mit einer dann erscheinenden Beschriftung „Auftrag quittieren/Datenübernahme" zur Betätigung freigegeben. Die produzierte Ist-Menge wird zusammen mit dem Produktionsdatum aktuell angezeigt. Wird der Auftrag durch Quittieren abgeschlossen, erfolgt die Datenübernahme in das Auftragsblatt, wie bereits vorne beschrieben, mit anschließendem Löschen der Einträge in der Bedienoberfläche.

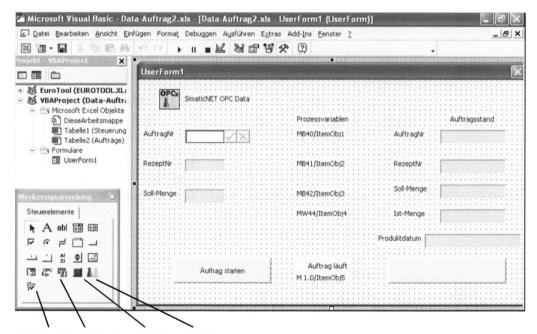

**Bild 26.15:**  Auftragssteuerung mit dem Steuerelement SimaticNET OPC Data als OPC-Client

An die Stelle der OPC-Client-Programmierung, wie unter 26.2.2 gezeigt, tritt jetzt eine rein grafische Eigenschaften-Einstellung für das OPC Data Control:

Anklicken des Data Controls mit der rechten Maustaste und Aufrufen des Eigenschaftsdialogs. Im sich öffnenden Fenster kann über den Button „Suchen" der gewünschte OPC-Server ausgewählt werden, hier: OPC.SimaticNET.

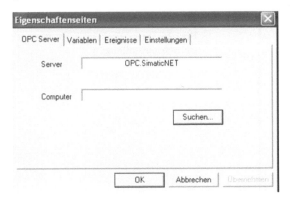

**Bild 26.16:**
Auswahl OPC-Server

In einem weiteren Schritt muss die Variablenzuordnung der Bedien- und Anzeige-Elemente vorgenommen werden. Im Bild 26.17 wird gezeigt, wie das S7Number Bedienelement mit dem Merkerbyte MB 40, 1 Byte, über die S7-Verbindung_1 verknüpft wird. Entsprechende Verknüpfungen sind für alle anderen Bedien- und Anzeigeelemente vorzunehmen.

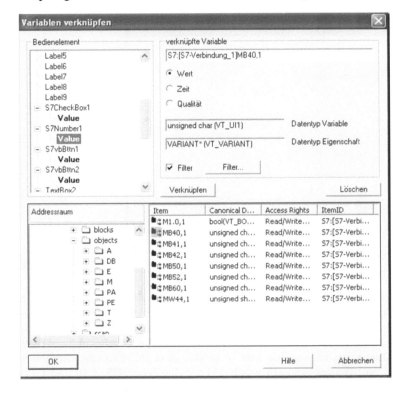

**Bild 26.17:**
Verschaltungseditor

Dem OPC Data Control wird in einer weiteren Einstellung vorgegeben, das es sich automatisch mit dem OPC-Server verbinden soll. Neue Werte sollen unter der Bedingung einer Werteänderung von mindestens 5 % automatisch eingelesen werden, also arbeitet das OPC Data Control im Beobachtungsmodus, der auch bei der Automation-Schnittstelle angewendet wurde. Die Werteüberwachung wurde, wie im nachfolgenden Bild gezeigt, auf 100 ms Abtastzeit eingestellt.

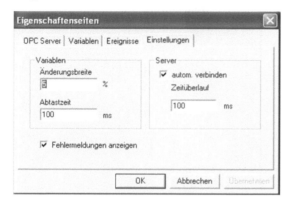

**Bild 26.18:**
Betriebseinstellungen
für den OPC-Client

Visual Basic kann über „Sub/UserForm ausführen" in den Run-Modus zur Programm-Ausführung versetzt werden. In der Bedienoberfläche verschwindet dann das OPC Data Control. Im nachfolgenden Bild wird auch gezeigt, dass der Auftrag läuft und bereits 7 Einheiten „produziert" wurden.

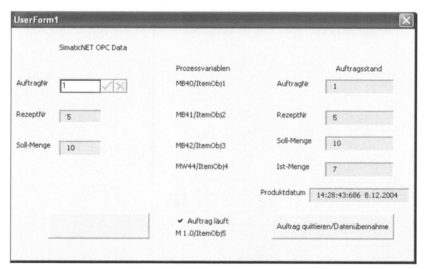

**Bild 26.19:**
Auftragsausführung

Die Kommuikation zwischen Excel-VBA und der S7-CPU läuft, ohne dass eine einzige Zeile OPC-Programmierung nötig war. Nach wie vor erforderlich ist jedoch eine Hintergrund-Programmierung der reinen Bedienfunktionen z. B. für das automatische Einlesen der Auftragsdaten nach Eingabe der Auftragsnummer, denn man verfügt auf der UserForm nicht über die Excel-Funktionalität. Dieses Problem wurde hier so gelöst, dass auf dem ursprünglichen Steuerungsblatt (siehe Bild 26.14) alles gelöscht wurde bis auf die Zellen C8, C10 und C12.

Ebenfalls gelöscht wurde die hinter diesem Blatt stehende gesamte Programmierung, wie sie voranstehend gezeigt wurde. Vom S7Number-Element wird die Auftragsnummer an die Zelle C8 verwiesen und deren Ergebnisse aus den Zellen C10 und C12 an die Textfelder der Userform übertragen. Das eigentliche Auftragsblatt (siehe Bild 26.13) bleibt unverändert.

Die noch erforderliche Hintergrund-Programmierung ist nachfolgend abgebildet.

```
Private Sub S7Number1_Change()
Cells(8, 3) = S7Number1.Text
TextBox7.Text = ThisWorkbook.Sheets("Steuerung").Cells(10, 3)
TextBox8.Text = ThisWorkbook.Sheets("Steuerung").Cells(12, 3)
End Sub
```

```
Private Sub S7vbBttn1_Click(Value As Boolean)
S7vbBttn1.Enabled = False
S7vbBttn2.Enabled = True
End Sub
```

```
Private Sub S7vbBttn2_Click(Value As Boolean)
Dim AuftragNr As Variant
Dim IstDatum As Variant
Dim IstMenge As Variant

AuftragNr = TextBox2.Text
IstMenge = TextBox5.Text
IstDatum = TextBox6.Text
ThisWorkbook.Sheets("Aufträge").Cells(AuftragNr + 5, 7).Value = IstMenge
ThisWorkbook.Sheets("Aufträge").Cells(AuftragNr + 5, 8).Value = IstDatum
TextBox2.Text = 0  'ebenso für die anderen Textfelder
S7Number1.Value = 0

S7vbBttn1.Enabled = True
S7vbBttn2.Enabled = False
End Sub
```

Erwähnt werden muss noch, dass man bei Verwendung der OPC Data Controls keine allgemein gültige Lösung bekommt. Die OPC Data Controls verschiedener Anbieter sind firmenspezifische, aber OPC-kompatible Lösungen. Das OPC Data Control der Firma Softing ist abgestellt auf die Verwendung von Visual Basic 6.0 und kann unter Excel-VBA im grafischen Modus nicht genutzt werden. Beim SimaticNET OPC Data Control ist man angewiesen auf die Siemens Steuerelemente, wie z. B. das S7Number Control. Es können nur solche Steuerelemente im Verschaltungseditor mit den Prozessvariablen verknüpft werden, die über die Value-Eigenschaft oder bei Textfeldern über die Text-Eigenschaft verfügen. Bei der obigen Lösung mussten für die ursprünglich verwendeten Microsoft Command-Button (Taster) das Siemens Steuerelement S7vbBtn (Umschalter) verwendet werden, weil der Command-Button nicht mit dem OPC Data Control verschaltbar ist. Um die Tasterfunktion nachzubilden, wurde eine gegenseitige Verriegelung erforderlich.

Beachtet werden muss eventuell auch die etwas andere Betriebsweise der OPC Data Controls. Wird die UserForm in den Run-Modus geschaltet, wird die OPC-Kommunikation sofort aufgenommen, wobei unter Umständen Altdaten eingelesen werden, die man gar nicht sehen will.

Die Anbieter von OPC Data Controls empfehlen den Einsatz ihrer Komponenten für kleinere OPC-Anwendungen.

# VIII  Sicherheit von Steuerungen

Jede Maschinensteuerung ist mit einem Fehlerrisiko behaftet, das sich durch besondere Maßnahmen bei der Entwicklung, Fertigung, Inbetriebnahme und Bedienung verringern, aber nicht völlig ausschließen lässt. Fehlerursachen sind technisches oder menschliches Versagen.

Sicherheitsrelevante Maßnahmen sind nicht allein unter dem Aspekt der technischen Funktion (Wie funktioniert die Sicherheitsmaßnahme?), sondern besonders auch unter rechtlichen Gesichtspunkten (Welche Sicherheitsvorschriften gelten?) zu sehen. Hinter allem aber steht eine soziale Verantwortung des Geräteherstellers und Betreibers, der sich bewusst sein sollte, dass der Werker an einer Maschine davon ausgeht, dass diese sicher ist.

# 27  Aufbau des sicherheitstechnischen Regelwerkes

Für die Sicherheitstechnik von Maschinensteuerungen sind europäische Richtlinien (RL) und Normen (EN), internationale Normen (IEC) und das VDE-Vorschriftenwerk zutreffend. Hinzu kommen noch staatliche Arbeitsvorschriften sowie die Unfallverhütungsvorschriften der Berufsgenossenschaften, die die Betriebe als Betreiber von Maschinen einzuhalten haben. Maßgebend sind hier zumindest Betriebssicherheitsverordnung (BetrSichV), BGV A1 (Allgemeine Vorschriften, bisherige VBG 1) und BGV A3 (Elektrische Anlagen und Betriebsmittel, bisherige VBG 4).

## 27.1  Europäische Richtlinien

Mit Schaffung des europäischen Wirtschaftsraumes durch die EWG-Verträge muss der Leitgedanke der europäischen Gemeinschaften „Freier Warenverkehr im Binnenmarkt ohne nationale Sonderbestimmungen" realisiert werden. Diesem Zweck dienen die europäischen Binnenmarkt-Richtlinien, die gemäß Art 95 (bisher 100a) des EG-Vertrages erlassen wurden. Die EG-Richtlinien dienen in erster Linie dazu, eine einheitliche und verbindliche Rechtsgrundlage zu schaffen. Sie enthalten als „Rahmengesetze" nur relativ allgemein gehaltene Schutzziele („grundlegende Sicherheits- und Gesundheitsanforderungen") und legen nur wenige technische Details fest. Sie müssen von den Mitgliedstaaten in nationales Recht umgesetzt werden. Damit hierbei keine neuen Handelsbarrieren aufgebaut werden, dürfen im Rahmen der Umsetzung keine abweichenden Anforderungen gestellt werden. Drei für die Steuerungstechnik wichtige EG-Richtlinien seien hier besonders erwähnt:

- Niederspannungsrichtlinie 73/23/EWG: Schutz vor Gefahren durch elektrischen Strom bei Niederspannungsgeräten im Spannungsbereich 50 ... 1000 VAC, 75 ... 1500 VDC, CE-Kennzeichnungspflicht seit 1997.

- Maschinenrichtlinie 89/392/EG, letzte Fassung 98/37 EG: Grundlegende Anforderungen an die Sicherheit der Maschinen zum Schutz der Gesundheit des Betreibers. Inzwischen gilt diese Richtlinie auch für Sicherheitsbauteile, CE-Kennzeichnungspflicht seit 1995.

- EMV-Richtlinie 89/336/EWG (Elektromagnetische Verträglichkeit): Zwei grundlegende Anforderungen an die Geräte sind die sehr allgemein gehaltenen Grenzen für Störaussendung und Störfestigkeit bei Einstrahlung, CE-Kennzeichnungspflicht seit 1996.

## 27.2  Europäisches Normenwerk zur Sicherheit von Maschinen

Die nationalstaatliche Normung in Bezug zur Sicherheit von Maschinen ist in der europäischen Union (EG) eingestellt worden. Auf diesem Gebiet lösen europäische Normen die bisherigen nationalen Normen ab. EG-Normen werden in die nationalen Normenwerke der Mitgliedstaaten übernommen, und zwar inhaltlich unverändert. Nationale Normen mit Inhalten, die den EG-Normen entgegenstehen oder mit diesen konkurrieren, werden zurückgezogen. Zunehmend werden Sicherheitsnormen auf ISO-Ebene, also weltweit erarbeitet. Diese Normen werden in Deutschland mit der Bezeichnung DIN EN ISO ... veröffentlicht.

Die europäische Normungsorganisation für den Bereich der Elektrotechnik ist das „Europäische Komitee für elektrotechnische Normung (CENELEC). Es erarbeitet keine neuen Bestimmungen, sondern übernimmt fast unverändert die weltweit geltenden Publikationen der „International Electrotechnical Commission" (IEC). Dadurch wird erreicht, dass der europäische Binnenmarkt auch offen für den Weltmarkt ist und umgekehrt, dass europäische Produkte weltweit akzeptiert werden.

**EG-Richtlinien:**

Definieren die Schutzziele, sind selbst aber kein geltendes Recht.

**Gesetze:**

Umsetzung der EG-Richtlinien in national geltendes Recht.

Die Umsetzung der EU-Richtlinien zur Maschinen- und Gerätesicherheit erfolgt in Deutschland über das *Geräte- und Produktsicherheitsgesetz* (*GPSG*, vormals Gerätesicherheitsgesetz GSG), das die gesetzliche Grundlage für den Erlass von *Verordnungen* bietet, z. B.:

- Niederspannungs-Verordnung,
- Maschinen-Verordnung:
  Die Vorschriften der einzelnen Verordnungen sind inhaltsgleich von den Festlegungen der zugeordneten europäischen Richtlinien abgeleitet. Damit wird für den „Inverkehrbringer technischer Arbeitsmittel" (Gerätehersteller) definiert, welche technischen Anforderungen einzuhalten sind.
- Eine Sonderstellung nimmt die EMV-Richtlinie ein, die sowohl Beschaffenheitsanforderungen als auch Betriebsbestimmungen beschreibt und die in Deutschland in Form eines eigenständigen Gesetzes (Gesetz über die elektromagnetische Verträglichkeit von Geräten – EMVG) umgesetzt worden ist.

**Normen:**

Die Einhaltung bestimmter Normen ist vom Gesetzgeber nicht vorgeschrieben. Manchmal wird in Verträgen zwischen Käufer und Hersteller einer Maschine oder Anlage festgelegt, welche Normen anzuwenden sind. Bei Einhaltung bestimmter Normen „darf vermutet werden", dass die betreffenden Schutzziele der EG-Richtlinien erfüllt sind.

- Normen konkretisieren die abstrakt formulierten Schutzziele.
- Normen werden benötigt, um die Konformität mit den Richtlinien nachweisen zu können.
- Für Normen besteht kein Anwendungszwang! Normen sind aber so auszuwählen, dass die Schutzziele und Anforderungen der EG-Richtlinien dem technischen Stand entsprechend erfüllt werden.

## Klassifizierung der Normen

Um die Sicherheitsanforderungen und Schutzziele zu konkretisieren, aber auch um Wettbe-
werbsverzerrungen im internationalen Handel wegen unterschiedlicher Sicherheitsstandards zu
begegnen, sind in den EG-Normen prüfbare und damit nachweisbare Anforderungen festge-
schrieben.

Die europäischen Normen zur Sicherheit von Maschinen weisen eine dreigeteilte hierarchische
Struktur auf:

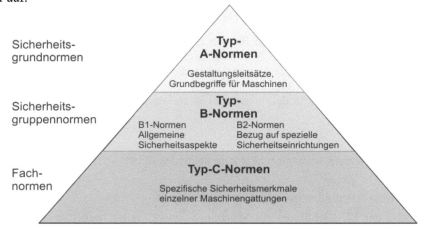

**Bild 27.1:** Hierarchie des europäischen Normenwerkes für Sicherheit von Maschinen

## Typ-C-Normen

Europäische Fachnormen, bei deren vollständiger und zutreffender vermutet wird, dass die
erforderlichen Sicherheitsanforderungen und Schutzziele bei den betreffenden Maschinen
konstruktiv eingehalten sind (Vermutungsprinzip).

- DIN EN 692, DIN EN 693 Pressen und Scheren
- DIN EN 81-3 Aufzüge

## Typ-B-Normen

Europäische Gruppennormen, die auf unterschiedliche Maschinengruppen anwendbar sind.
Liegt für eine Maschine noch keine Produktnorm vor, so können Typ-B-Normen herangezo-
gen werden, die sich in Typ-B1-Normen für übergeordnete Sicherheitsaspekte und Typ-B2-
Normen für Sicherheitseinrichtungen unterscheiden.

Wenn noch keine C-Norm für eine einzelne Maschinenart vorliegt, muss der Maschinenkonstrukteur selbst auf Grund einer *Gefahrenanalyse* die Höhe des Risikos abschätzen und Maßnahmen zur Risikoverminderung ergreifen, prüfen und dokumentieren. Dazu werden ihm mit
der Typ-A-Norm DIN EN 1050 Leitsätze zur Risikobeurteilung und ein Schema an die Hand
gegeben.

- DIN EN 60204-1 Elektrische Ausrüstung von Maschinen (B1-Norm)
- DIN EN 62061 (VDE 0113-50) Sicherheit von Maschinen – Funktionale Sicherheit sicherheitsbezogener elektrischer, elektronischer und programmierbarer elektronischer Steuerungssysteme (B1-Norm)

- EN 418 Not-Halt-Einrichtung, Not-Halt-Befehlsgerät mit verrastendem Schaltelement, das über zwangsöffende Kontakte verfügt und überlistungssicher ist für Stillsetzen in Notfall (B2-Norm)

- *Hinweis:* Not-Halt darf nicht mit Not-Aus verwechselt werden. Not-Aus ist eine Handlung im Notfall, die dazu bestimmt ist, die Versorgung mit elektrischer Energie in einer Installation abzuschalten

- DIN EN 574  Zweihandschaltung (B2-Norm)

**Typ-A-Normen**

Bei diesen Normen handelt es sich um Sicherheitsgrundnormen, die sich in erster Linie an Normensetzer von B- und C-Normen richten, aber auch für Hersteller von Maschinen hilfreich sein können, wenn keine C-Normen vorliegen. Typ-A-Normen enthalten Gestaltungsgrundsätze, die für alle Maschinen gelten wie z. B.:

- DIN EN 1050: Sicherheit von Maschinen, Leitsätze der Risikobeurteilung

- DIN EN ISO 12100-1 und DIN EN 12100-2 Sicherheit von Maschinen, Grundbegriffe, allgemeine Gestaltungsgrundsätze

## 27.3  Rechtliche Bedeutung von VDE-Bestimmungen

Bisher war eine DIN-VDE-Norm eine DIN-Norm, die zugleich VDE-Bestimmung ist. VDE-Bestimmungen enthalten sicherheitstechnische Festlegungen für das Errichten (Herstellen) und Betreiben elektrischer Anlagen (Betriebsmittel) und können Festlegungen darüber enthalten, wie ein einwandfreies und zuverlässiges Betriebsverhalten elektrischer Anlagen und Betriebsmittel erreicht werden kann. VDE-Bestimmungen bilden zurzeit ihrer Aufstellung einen Maßstab für einwandfreies technisches Handeln und gelten auch nach dem Geräte- und Produktsicherheitsgesetzes (GPSG) als „allgemein anerkannte Regeln der Technik". Bei Einhaltung der VDE-Bestimmungen wird somit auch im Sinne des Geräte- und Produktsicherheitsgesetzes (GPSG) grundsätzlich die „ordnungsgemäße Beschaffenheit" eines technischen Arbeitsmittels angenommen (siehe VDE 0022).

Im Zuge der europäischen Normen-Harmonisierung besteht die Verpflichtung EG-Normen sowie so genannte Harmonisierungsdokumente (HD) inhaltlich unverändert zu übernehmen. Dadurch ergeben sich einige Bezeichnungsvarianten für entsprechende harmonisierte DIN-Normen, in denen auch „nationale Vorworte und Anhänge" von Bedeutung sein können, z. B.:

- DIN EN 60204-1 (VDE 0113 Teil 1): 1998-11 bedeutet: Diese Norm enthält die deutschsprachige Fassung der europäischen Norm EN 60204-1: 1997, die im November 1998 den Status einer deutschen Norm erhalten hat und zugleich die aktuelle VDE-Bestimmung VDE 0113 Teil 1 und somit Teil des VDE-Vorschriftenwerks geworden ist.

- DIN VDE 0100-510 (VDE 0100 Teil 510): 1997-01 bedeutet: Diese Norm enthält die deutsche Fassung des europäischen Harmonisierungsdokuments HD 384.5.51 S2:1996 und ist zugleich die aktuelle VDE-Bestimmung VDE 0100 Teil 510 und somit Teil des VDE-Vorschriftenwerkes.

  Diese Norm enthält ein „Nationales Vorwort", das auf Bestimmungen im abgedruckten Harmonisierungsdokument hinweist, die in Deutschland jedoch für unzulässig erklärt werden, z. B. die durchgehend hellblaue Kennzeichnung mit zusätzlicher grün-gelber Markierung für PEN-Leiter. In Deutschland ist die Farbe des PEN-Leiters durchgehend grün-gelb mit zusätzlicher hellblauer Markierung an den Leiterenden.

# 27.4 Bedeutung von Symbolen

## 27.4.1 CE-Kennzeichen (Konformitätszeichen)

Die Kennzeichnung eines Produkts mit dem CE-Symbol (CE = Communauté Européene = Europäische Gemeinschaft) muss in Selbstverantwortung oder nach Baumusterprüfung vom Hersteller angebracht werden. Er bestätigt damit, dass aus seiner Sicht die Sicherheits- und Gesundheitsanforderungen der jeweils zutreffenden EG-Richtlinien erfüllt sind. Durch Ausstellen einer EG-Konformitätserklärung muss dies dokumentiert werden. Inhaltlich enthält die Konformitätserklärung typischerweise das Fabrikat mit Typenbezeichnung und Hersteller sowie die Aufzählung der betroffenen EG-Richtlinien und angewendeten europäischen und nationalen Normen.

Die CE-Kennzeichnung gilt nicht für jedes Produkt, sondern nur für solche, die in den Anwendungsbereich einer EG-Richtlinie fallen. Ohne CE-Kennzeichen dürfen entsprechende Produkte, Bauteile, Geräte und Anlagen nicht in den Verkehr gebracht werden, das gilt auch für Importwaren. Dabei ist das CE-Kennzeichen jedoch kein Qualitäts- oder Gütezeichen, mit dem geworben werden kann, da es für alle entsprechenden Waren Pflicht ist.

Im Grunde ist die CE-Kennzeichnung eine haftungsbegründende Aussage, mit der vom Gesetzgeber die Sicherheit am Arbeitsplatz und im privaten Bereich verbessert werden soll. Das angebrachte CE-Kennzeichen selbst beweist nicht, dass eine Konformität vorliegt.

| CE-Kennzeichen (Konformitätszeichen) | VDE-Prüfzeichen (Gütezeichen) |
|---|---|
| $C\epsilon$ |  |

## 27.4.2 VDE-Prüfzeichen (Gütezeichen)

Der Verband Deutscher Elektrotechniker (VDE) hat ein Prüf- und Zertifizierungswesen entwickelt. Dieses umfasst:

- die Prüfung elektrotechnischer Erzeugnisse auf der Grundlage der VDE-Bestimmungen oder von anderen allgemein anerkannten Regeln der Technik, zu denen auch die europäischen Normen und Harmonisierungsdokumente (HD) des CENELEC (Europäisches Komitee für Elektrotechnische Normung) gehören;

- die Zertifizierung durch VDE-Prüfzeichen und VDE-Gutachten und anderen Konformitätsnachweisen bei Übereinstimmung mit VDE-Bestimmungen oder mit anderen allgemein anerkannten Regeln der Technik,

- die Überwachung der Fertigung und Überprüfung von Erzeugnissen, für die Genehmigungen zum Verwenden eines VDE-Prüfzeichens erteilt worden sind, auf Einhalten der Prüfbestimmungen.

VDE-Prüfzeichen dürfen nur mit Genehmigung der VDE-Prüfstelle benutzt werden. Bei Geräten als technische Arbeitsmittel im Sinn des Geräte- und Produktsicherheitsgesetzes (GPSG) kann das VDE-Verbandszeichen auch in Verbindung mit dem GS-Zeichen (geprüfte Sicherheit) verwendet werden. Das VDE-Prüfzeichen ist ein Gütezeichen, beruht aber auf Freiwilligkeit, die Prüfung erfolgt im Rahmen der Festlegungen der VDE 0024 (Satzung).

# 28 Grundsätze der Maschinensicherheit

## 28.1 Maschinenbegriff

Im Sinne der EG-Maschinenrichtlinie gilt als „Maschine" eine Gesamtheit von miteinander verbundenen Teilen oder Vorrichtungen, von denen mindestens eines beweglich ist. Die für die elektrische Ausrüstung von Maschinen wichtige DIN EN 60204-1 (VDE 0113 Teil 1) enthält im Anhang A (informativ) eine Auflistung von Maschinen, die durch diese Norm abgedeckt sind. Trotzdem gibt es immer wieder Grenzfälle, bei denen zwischen einer Maschine und einer Anlage nach VDE 0100 zu unterscheiden ist. Bestehen hierbei Zweifel, so wird in den „Technischen Informationen" von Firmen dazu geraten, trotzdem auch die DIN EN 60204-1 (VDE 0113) anzuwenden. Der zusätzliche Aufwand gegenüber der VDE 0100 umfasst u. a.:

- Hauptschalter,
- Steuertransformatoren,
- Risikobewertung,
- definierte Leiterfarben,
- Schutz gegen automatischen Anlauf und
- spezifische Anforderungen an „Handlungen im Notfall".

Die Sicherheit einer Maschine ist nicht nur im Hinblick auf die verwendete Steuerung (z. B. SPS) zu sehen, sondern sie ergibt sich aus der Gesamtheit aller Betriebsmittel an und außerhalb der Maschine. Jede Maschine ist als eine Funktionseinheit zu betrachten.

## 28.2 Sicherheitsbegriff

Der Begriff *Sicherheit eines Steuerungssystems* ist auf die möglichen Folgen von auftretenden Fehlern bezogen, die Personen und Sachen betreffen. Davon zu unterscheiden ist der Begriff der *Verfügbarkeit* eines technischen Systems, die zwischen 0 und 100 % liegen kann, unabhängig von der Bedeutung der möglichen Folgen eines Ausfalls.

Sicherheit ist ein relativer Begriff. Sicherheit ist möglichst so zu realisieren, dass nichts passieren kann, jedoch ist eine „Null-Risiko-Garantie" nicht erreichbar. Es bleibt ein *Restrisiko* trotz Ausführung aller Schutzmaßnahmen zur Risikominderung bestehen. Dieses Restrisiko muss jedoch geringer sein als das *„tolerierbare Risiko"*.

Die Durchsetzung des Sicherheitsgedankens wird mit den Mitteln der Normen-Setzung angegangen.

- DIN EN ISO 12100, Sicherheit von Maschinen, Grundbegriffe, allgemeine Gestaltungsleitsätze

Diese Grundnorm beschreibt die Sicherheit von Maschinen als deren Fähigkeit, vorgesehene Funktionen während ihrer gesamten Lebensdauer auszuführen, wobei das Risiko hinreichend verringert wird und bildet die Grundlage für die Klassifizierung der Normen nach Typ A, Typ B und Typ C.

- DIN EN 1050, Sicherheit von Maschinen, Leitsätze zur Risikobeurteilung

Diese Grundnorm geht den Sicherheitsbegriff mit einem Verfahren der Risikobeurteilung an. Die Risikoquellen werden hier weiträumig erfasst und sind noch nicht auf Steuerungssysteme ausgerichtet. Die nachfolgende Darstellung vermittelt einen Eindruck und zeigt das Verfahren.

**DIN EN 1050:  Leitsätze zur Risikobeurteilung**

Das Wichtigste in Kürze:

Schritt 1: Gefährdungsanalyse z. B. über Checkliste

| Gefährdung | Ereignis | Ja | Nein |
|---|---|---|---|
| mechanisch | Quetsche<br>Scheren/Schneiden<br>Erfassen/Einziehen<br>Stoßen/Stechen<br>Reiben<br>Hochdruckspritzen<br>Wegschleudern von Teilen<br>Rutschen/Stolpern/Stürzen | | |
| elektrisch | direktes Berühren<br>indirektes Berühren<br>Elektrostatik<br>Thermische/chemische Vorgänge<br>bei Kurzschluss/Überlastung | | |
| thermisch | Verbrennungen/Verbrühungen<br>Kälte/Hitze in der Umgebung | | |
| Lärm | Gehörschädigung<br>Stress/Müdigkeit<br>Beeinträchtigung der Kommunikation (Warnsignale) | | |
| Vibration | Nerven- und Gefäßstörungen<br>Durchblutungsstörungen<br>Knochengelenkschäden | | |
| Strahlung | Lichtbogen<br>IR/UV-Strahlung<br>Laser<br>elektromagnetische Strahlung<br>hochfrequente Magnetfelder (Mikrowellen)<br>ionisierende Strahlung | | |
| Stoffe | durch Kontakt oder Einatmen<br>Explosion/Feuer<br>biologisch/mikrobiologisch | | |
| Vernachlässigung der Ergonomie | physiologische Überlastung<br>mentale Überlastung<br>Fehlverhalten (z. B. Umgehen) | | |
| Ausfall Fehlfunktion | Ausfall der Energieversorgung<br>Bauteilausfall (Steuerungsausfall)<br>Immission | | |

Schritt 2: Risikoeinschätzung, wie z. B. Risikobewusstsein, Ausbildungsstand und Zeitdruck der Arbeitskräfte

Schritt 3: Risikoverminderung, wie z. B. durch strukturelle Maßnahmen oder sicherheitsrelevante Steuerungsfunktionen, für deren Realisierung besondere Anforderungen nach DIN EN 954-1 oder DIN EN 62061 zu beachten sind (siehe Bild 28.2)

Schritt 4: Risikobewertung, z. B., hier muss entschieden werden, ob eine weitere Risikominderung erforderlich ist

Eine Vertiefung des Sicherheitsaspekts wird mit der Einführung des Begriffs der *„funktionalen Sicherheit"* erreicht. Funktionale Sicherheit ist ein Teil der Gesamtsicherheit, bezogen auf die sicherheitsbezogenen Teile des Steuerungssystems, deren Ausfall zu einer Reduzierung oder zu einem gefährlichen Versagen der Sicherheitsfunktion führen kann. Die einführende Norm für den Bereich der funktionalen Sicherheit ist die

- DIN EN 61508-1/-4) (VDE 0803-1/-4), Funktionale Sicherheit sicherheitsbezogener elekrischer/elektronischer/programmierbarer elektronischer Systeme, Teil 1: Allgemeine Anforderungen, Teil 2: Begriffe und Abkürzungen

Bei der funktionalen Sicherheit entscheidet die verwendete Steuerungstechnologie über die Auswahl der anzuwendenden Normen. Vereinfacht gesagt gilt:

- Bei elektrischen, mechanischen, pneumatischen Steuerungen ist die DIN EN 954-1 und in deren Nachfolge die ISO 13849-1 anzuwenden. Die Anforderungen für Komponenten, die Software enthalten, sind in der DIN EN 954-1 von 1996 nicht ausreichend beschrieben.

  DIN ISO 14849-1/-2: Sicherheit von Maschinen – Sicherheitsbezogene Teile von Steuerungen – Teil 1: Allgemeine Gestaltungsgrundsätze, Teil 2: Validierung

- Sobald komplexe elektrische oder elektronische Steuerungsteile oder Anwenderprogramme zur Realisierung von Sicherheitsfunktionen zum Einsatz kommen ist anzuwenden: DIN EN 62061 Sicherheit von Maschinen – Funktionale Sicherheit sicherheitsbezogener elektrischer, elektronischer und programmierbarer elektronischer Steuerungssysteme.

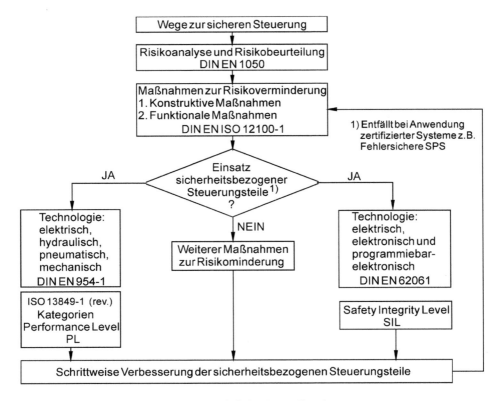

**Bild 28.1:** Wege zur sicheren Steuerung (vereinfachte Darstellung)

## 28.3  Risikograf und Kategorien

Die Maschinenrichtlinie verlangt für jede Maschine eine Risikobeurteilung und ggf. eine Risikominderung bis das Restrisiko kleiner als das tolerierbare Risiko ist. Mit einem so genannten *Risikograf* kann der Anwender die erreichten Ergebnisse seiner Risikoanalyse und Risikobeurteilung durch Einstufung in ein System qualitativer Sicherheitskategorien überführen, um dann mit Hilfe einer zum Risikograf gehörenden Spezifikationstabelle eine geeignete Steuerungsausführung zu entwickeln. Die sicherheitstechnischen Anforderungen für die sicherheitsbezogenen Teile der Steuerung sind in der nachfolgend genannten Norm unabhängig von der Art der verwendeten Energie allgemein beschrieben.

- DIN EN 954-1, Sicherheitsbezogene Teile von Steuerungen – Teil 1: Allgemeine Gestaltungsleitsätze

Die Bestimmung der Kategorien, die mit B, 1, 2, 3 ,4 benannt sind, erfolgt mit dem Risikograf, wie er nachfolgend abgebildet ist. Darin sind S, F und P beschriebene Risiko-Parameter. Die Handhabung des Risikograf beginnt am bezeichneten Ausgangspunkt mit dem anschließenden Durchlaufen von möglichen Verzweigungsstellen und endet in einem allerdings mehrdeutigen Feld von Sicherheitskategorien, die zur Auswahl stehen. Welche Qualität die fünf Sicherheitskategorien haben, kann der Spezifikationstabelle entnommen werden. Die Kategorien unterscheiden sich hauptsächlich darin, ob bei einem auftretenden Fehler die Sicherheitsfunktion verloren geht oder erhalten bleibt bzw. ob durch eine zusätzliche Maßnahme wie z. B. einer periodisch durchzuführenden Testung der drohende Verlust der Sicherheitsfunktion rechtzeitig erkannt werden kann.

**Risikograf:**

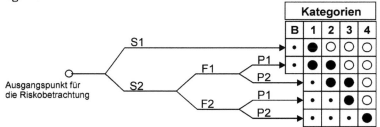

S = Schwere der Verletzung
S1 = Leichte (üblicherweise reversible Verletzung)
S2 = Schwere (üblicherweise irreversible Verletzung, Tod)

F = Häufigkeit und Aufenthaltsdauer der Gefährdungsaussetzung
F1 = Selten bis öfter und/oder kurze Dauer der Gefährdungsaussetzung
F2 = Häufig bis dauernd und/oder lange Dauer der Gefährdungsaussetzung

P = Möglichkeit zur Vermeidung der Gefährdung oder Begrenzung des Schadens
P1 = Möglich unter bestimmten Bedingungen
P2 = Kaum möglich

● = Bevorzugte Kategorie

• = Mögliche Kategorien, die zusätzliche Maßnahmen erforderlich machen.

○ = Überdimensionierte Kategorie

**Bild 28.2:**  Risikograf: Bestimmung der Kategorien für sicherheitsbezogene Teile von Steuerungen

**Tabelle 28.1**: Beschreibung der Anforderungen und des Systemverhaltens der Kategorien nach DIN EN 954-1

| Kategorie | Kurzfassung der Anforderungen | Systemverhalten | Maßnahmen |
|---|---|---|---|
| B | • Sicherheitsbezogene Teile von Steuerungen nach dem Stand der Technik.<br>• Bauteile müssen den zu erwartenden Einflüssen standhalten. | Das Auftreten eines Fehlers kann zum Verlust der Sicherheitsfunktion führen. | z. B. 1-kanaliger Sicherheitskreis, Erdung des Steuerstromkreises |
| 1 | • Anforderungen von „B" müssen erfüllt sein.<br>• Einsatz bewährter Bauteile und Sicherheitsprinzipien. | Das Auftreten eines Fehlers kann zum Verlust der Sicherheitsfunktion führen, aber höhere Zuverlässigkeit als in Kategorie B. | zusätzlich z. B.: zwangsöffnende und zwangsgeführte Kontakte |
| 2 | • Anforderungen von „B" müssen erfüllt sein. Einsatz bewährter Bauteile und Sicherheitsprinzipien.<br>• Testung der Sicherheitsfunktion in angemessenen Zeitabständen durch die Steuerung. | Das Auftreten eines Fehlers kann zum Verlust der Sicherheitsfunktion zwischen den Prüfungsabständen führen. Der Verlust der Sicherheitsfunktion wird durch die Prüfung erkannt. | zusätzlich z. B.: Funktions-/ Anlauftestung |
| 3 | • Anforderungen von „B" sind zu erfüllen, Einsatz bewährter Bauteile und Sicherheitsprinzipien.<br>• Einfehler-Sicherheit: Ein einzelner Fehler führt nicht zum Verlust der Sicherheitsfunktion.<br>• Der einzelne Fehler wird erkannt mit der Einschränkung „wann immer und in angemessener Weise durchführbar". | Wenn der einzelne Fehler auftritt, bleibt die Sicherheitsfunktion immer erhalten. Einige aber nicht alle Fehler werden erkannt. Eine Anhäufung unerkannter Fehler kann zum Verlust der Sicherheitsfunktion führen. | zusätzlich z. B.: 2-kanalige Ausführung von Sicherheitskreisen |
| 4 | • Anforderungen von „B" sind zu erfüllen, Anwendung bewährter Prinzipien.<br>• 1-Fehlersicherheit ist gewährleistet.<br>• Erkennung des einzelnen Fehlers vor oder bei nächster Anforderung an die Sicherheitsfunktion (Selbstüberwachung).<br>• Falls die Erkennung des einzelnen Fehlers nicht möglich ist, darf eine Anhäufung von Fehlern nicht zum Verlust der Sicherheitsfunktion führen. | Wenn Fehler auftreten, bleibt die Sicherheitsfunktion immer erhalten. Die Fehler werden rechtzeitig erkannt, um einen Verlust der Sicherheitsfunktion zu verhindern. | zusätzlich z. B.: Selbstüberwachung der Sicherheitskreise, Querschlusserkennung |

Im Prinzip beruht die Risikominderung bei den Kategorien B und 1 auf der Auswahl besserer Bauelemente und bei den Kategorien 2, 3 und 4 auf dem Einsatz aufwendigerer Steuerungsstrukturen. Ein Nachteil der DIN EN 954 – Kategorien ist, dass sie nur qualitativ beschrieben sind. Ein Vergleich der Kategorien untereinander im Sinne einer gestuften Sicherheitsreihenfolge ist nur bei Vorliegen sonst gleicher Bedingungen zulässig. So könnte z. B. der größere strukturelle Aufwand einer höheren Kategorie durch den Einsatz von minderzuverlässigen Bauelementen unterminiert werden. Im Endeffekt fehlt den EN 954-Kategorien eine quantitative Bemessungsgröße, mit der sich die Zuverlässigkeit auch in Hierarchiestufen kennzeichnen lässt. Dieser Schritt wird mit der Nachfolgenorm ISO 13849-1 (rev.) vollzogen.

Der Idee, unabhängig vom Risiko grundsätzlich die höchste erreichbare Sicherheit zu realisieren und den Normungsaufwand zu begrenzen, steht der höhere Kostenaufwand entgegen.

## 28.4 Performance Level PL

Die Nachfolgenorm der DIN EN 954-1 von 1996 ist die ISO 13849-1 (rev.), die Ende 2009 in Kraft treten soll. Sie ist anwendbar bei sicherheitsbezogenen Teilen von Steuerungen und Maschinen mit elektromechanischer, hydraulischer, pneumatischer Technologie, nicht jedoch für programmierbare elektronische Steuerungssysteme. In dieser Norm wird mit dem so genannten *Performance Level PL* eine neue Bemessungsgröße eingeführt, die eine eindeutige hierarchische Abstufung bezüglich der Widerstandsfähigkeit gegenüber Fehlern zulässt. In den Performance Level PL fließen ein die bisherigen Kategorien B, 1, 2, 3, 4 nach DIN EN 954-1, die also weiterhin bestehen bleiben, und drei neue, mathematisch formulierte Faktoren zur Erfassung von Ausfallwahrscheinlichkeiten:

- CCF (Common Cause Failure), d. h.
  Ausfall in Folge gemeinsamer Ursachen (z. B. Kurzschluss).

- DC (Diagnostic Covarage), d. h.
  Diagnosedeckungsgrad berücksichtigt die Abnahme der Wahrscheinlichkeit von gefahrbringenden Hardwareausfällen auf Grund automatisch durchgeführter Diagnosetests.

- $MTTF_d$ (Mean Time To Failure dangerous), d. h.
  mittlere Zeit bis zum gefahrbringenden Ausfall als statistischer Mittelwert.

Als neue Sicherheitsgröße beschreibt der Performance Level PL die Fähigkeit von sicherheitsbezogenen Steuerungsteilen, eine Sicherheitsfunktion unter vorhersehbaren Bedingungen ausführen zu können, anschaulich in fünf Stufen von PL a bis PL e oder als nummerischer PL durch die Wahrscheinlichkeit eines gefahrbringenden Ausfalls pro Stunde. Dabei ist PL a die höchste und PL e die niedrigste durchschnittliche Wahrscheinlichkeit eines gefahrbringenden Ausfalls gemessen in $h^{-1}$. In einer Tabelle der Norm werden dazu Zahlenangaben veröffentlicht, die offenbar auf statistischen Angaben von Herstellern beruhen. So wird z. B. für den Performance Level PL d die durchschnittliche Wahrscheinlichkeit eines gefahrbringenden Ausfalls mit $< 10^{-6}$ $h^{-1}$ angegeben. Das bedeutet durchschnittlich 1 Ausfall in 1 Million Stunden oder alle 114 Jahre, ohne zu wissen, zu welchem Zeitpunkt der Ausfall stattfinden wird.

Das folgende Bild zeigt das vereinfachte Schema einer PL-Bestimmung unter Einbeziehung der Kategorien B, 1, 2, 3, 4 und des durchschnittlichen Diagnosedeckungsgrades $DC_{avg}$ sowie des durchschnittlichen Ausfallzeitfaktor $MTTF_d$. Die tatsächliche Ermittlung des PL-Wertes erfolgt jedoch in Tabellen.

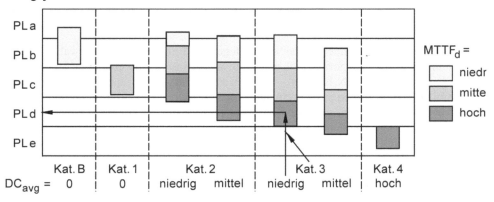

**Bild 28.3:** Veranschaulichung einer Performance-Level-Bestimmung

Der neue Risikograf ist ein Hilfsmittel zur Risikoabschätzung und dient der Ermittlung eines Performance Level PL, der dann im Verfahren der schrittweisen Risikominderung bis hin zum noch tolerierbaren Restrisiko realisiert werden muss.

**Neuer Risikograf:**

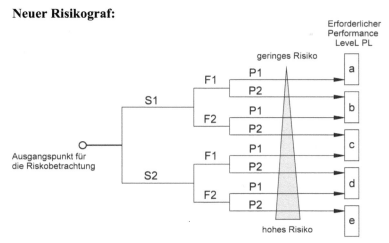

Risiko-Parameter S, F, P wie bisher

a, b, c, d, e = Ziele des sicherheitsgerichteten Performance Level PL

**Bild 28.4:** Neuer Risikograf nach ISO 13849-1 (rev.)

# 28.5 Sicherheits-Integritäts-Level SIL

In der Automatisierungstechnik ist ein verstärkter Einsatz komplexer elektronischer Technologien durch programmierbare Steuerungssysteme zu verzeichnen. Zur Gewährleistung der funktionalen Sicherheit solcher Systeme ist die sektorspezifische Norm DIN EN 62061 als Anwendernorm der Sicherheits-Grundnorm IEC 61508 geschaffen worden. Für diese Steuerungen, deren ausführlich-umständliche Bezeichnung „sicherheitsbezogene elektrische, elektronische und programmierbar elektronische Steuerungssysteme" lautet, wird das Fachkürzel SRECS (**S**afety-**R**elated **E**lectrical **C**ontrol **S**ystems) verwendet.

Die Anforderungen an die Sicherheitsintegrität (Sicherheits-Widerstandsfähigkeit gegenüber Fehlern) müssen bei sicherheitsbezogenen Steuerungsfunktionen aus einer Risikobeurteilung abgeleitet werden, damit die notwendige Risikominderung erreicht werden kann. Die Sicherheitsintegrität wird mit einem *Ausfallgrenzwert* $PFH_D$ (Probability of dangerous failure per hour), d. h. einer Wahrscheinlichkeit eines gefahrbringenden Ausfalls pro Stunde, beschrieben. In der Norm werden Bereiche des Ausfallgrenzwertes $PFH_D$ in einen Sicherheits-Integritäts-Level SIL gemäß folgender Tabelle übersetzt:

| Sicherheits-Integritäts-Level SIL | Wahrscheinlichkeit eines gefahrbringenden Ausfalls pro Stunde |
|:---:|:---:|
| 1 | $10^{-6} \leq PFH_D < 10^{-5}$ |
| 2 | $10^{-7} \leq PFH_D < 10^{-6}$ |
| 3 | $10^{-8} \leq PFH_D < 10^{-7}$ |

Die Anwendung der DIN EN 62061 beginnt mit einer Risikoabschätzung zur Ermittlung des erforderlichen SIL. Das Werkzeug dazu wird als SIL-Zuordnung bezeichnet und entspricht in der Zielsetzung dem Risikograf der ISO 13849-1 (rev.).

Die Bestimmung des erforderlichen SIL ergibt sich aus dem Schnittpunkt der Schwere des Schadens S und einer Klasse K, die durch eine Summenbildung aus den drei Risikoelementen F, W, P gebildet wird.

- F = Häufigkeit und/oder Gefährungsdauer
- W = Eintrittswahrscheinlichkeit der Gefährung
- P = Möglichkeit der Vermeidung der Gefährung oder Begrenzung des Schadens

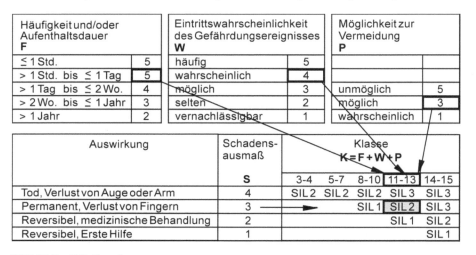

**Bild 28.5:** SIL-Zuordnung

**Beispiel: Sicherheitsfunktion einer Schutztürüberwachung**

Ein Antrieb soll abgeschaltet werden, wenn die Schutztür geöffnet wird. Gefordert: SIL 3

Lösung: Das Schutztürüberwachungssystem besteht aus drei Teilsystemen, siehe Bild 28.6.

Teilsystem 1: Schutztür

        Zwei Positionsschalter mit zwangsöffnenden Kontakten (Redundanz)
        T1 = 87600 h = 10 Jahre Gebrauchsdauer (Herstellerangabe)
        B10 = 1 000 000 Schaltspiele bei 10 % Geräteausfällen (Herstellerangabe)
        Ausfallart: 20 % gefahrbringende Ausfälle (Herstellerangabe)
        Betätigungszyklen: C = 4-mal pro Stunde
        Ausfall in Folge gemeinsamer Ursache CCF = 0,1 (Annahme)
        Diagnosedeckungsgrad DC ≥ 99 % (Annahme)

        Die Berechnung der Ausfallrate für elektromechanische Komponenten unter Berücksichtigung der Redundanz des Teilsystems (1 Fehlersicherheit, 2 Positionsschalter) sowie der obigen Annahmen und Herstellangaben ergibt mit den speziellen Formeln der Norm die für Teilsystem 1 gesuchte Wahrscheinlichkeit eines gefahrbringenden Ausfalls pro Stunde:

$$PFH_D \approx 8 \cdot 10^{-9}.$$

Teilsystem 2: Fehlersicher SPS

CPU 315-F, SIL 3, $PFH_D < 10^{-10}$ (Herstellerangabe)

Fehlersichere Eingangsbaugruppe, SIL 3, $PFH_D < 10^{-10}$ (Herstellerangabe)

Fehlersichere Ausgangsbaugruppe, SIL 3, $PFH_D < 10^{-10}$ (Herstellerangabe)

Teilsystem 3: Lastschütze

Zwei Lastschütze mit zwangsgeführten Überwachungskontakten zur Schalt-Überwachung sowie Reihenschaltung der Kontaktsätze im Hauptstromkreis.

T1= 87600 h = 10 Jahre Gebrauchsdauer (Herstellerangabe)

B10 = 1 000 000 Schaltspiele bei 10 % Geräteausfälle (Herstellerangabe)

Ausfallart: 75 % gefahrbringende Ausfälle (Herstellangabe)

Betätigungszyklen: C = 4-mal pro Stunde

Ausfall in Folge gemeinsamer Ursache CCF = 0,1 (Annahme)

Die Berechnung der Ausfallrate für elektromechanische Komponenten unter Berücksichtigung der Redundanz (1 Fehlersicherheit, 2 Schütze) sowie der obigen Annahmen und Herstellangaben ergibt mit speziellen Formeln der Norm die für Teilsystem 3 gesuchte Wahrscheinlichkeit eines gefahrbringenden Ausfalls pro Stunde:

$$PFH_D \approx 3 \cdot 10^{-8}$$

Bestimmung des erreichten SIL:

Die Sicherheitsintegrität der Hardware berechnet sich aus der Summe der Einzelwahrscheinlichkeiten für gefahrbringende Ausfälle:

$$PFH_{\cdot} \approx 8 \cdot 10^{\cdot} + (10^{\cdot} + 10^{\cdot} + 10^{\cdot}) + 3 \cdot 10^{\cdot} + 1 \cdot 10^{\cdot} \approx 3,9 \cdot 10^{\cdot}$$

$PFH_{\cdot} \approx 3,9 \cdot 10^{\cdot}$ einschließlich $P_{TE} = 1 \cdot 10^{\cdot}$ für Datenübertragungsfehler

Die Ausfallwahrscheinlichkeit ist kleiner als $10^{-7}$, sodass SIL 3 erreicht ist.

Ergänzung: Der Sicherheits-Integritäts-Level SIL der DIN EN 61061 ist nicht identisch mit dem hier im Beispiel berechneten SIL für die Hardware-Ausfälle. Es werden noch weiter Faktoren berücksichtigt, wie die Einschätzung des Anteils der so genannten „sicheren Ausfälle" und physikalische Einflüsse (Temperatur, Feuchte, Vibration u.a.m.) sowie Gefährdungen durch Unter- oder Überspannungen.

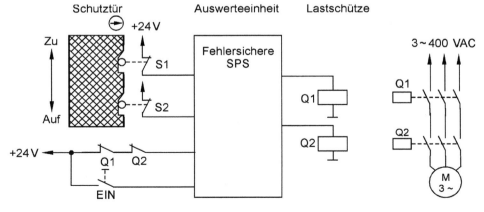

**Bild 28.6:** Beispiel Schutztürüberwachung, hier: so genannter Architekturentwurf

# 29 Elektrische Ausrüstung von Maschinen nach DIN EN 60204-1

Im Sinne der harmonisierten europäischen Normen ist die vormalige VDE 0113 T1 eine Typ B1-Sicherheitsgruppennorm, die inhaltlich identisch ist mit der IEC 204-1. Daraus folgt, dass eine nach DIN EN 60204-1(VDE 0113 T1) ausgerüstete Maschine weltweit Akzeptanz finden kann.

Die Anwendung dieser Norm dient der Erreichung der Schutzziele der EG-Maschinenrichtlinie und der EG-Niederspannungsrichtlinie und ist damit Voraussetzung, um bei entsprechenden Maschinen das CE-Konformitätszeichen anbringen zu dürfen.

Diese Norm berücksichtigt nicht alle Anforderungen, die in anderen Normen enthalten und die auch zur Einhaltung der Schutzziele anzuwenden sind.

## 29.1 Netzanschlüsse und Einrichtungen zum Trennen undAusschalten

### 29.1.1 Einspeisung

Die Ausrüstung, die von dieser Norm abgedeckt ist, beginnt an der Netzanschlussstelle. Die Speiseleitung sollte direkt an den Eingangsklemmen des Hauptschalters angeschlossen sein.

- Anzustreben ist nur **eine** Netzeinspeisung, andere Spannungen sollten aus dieser erzeugt werden.
- Ein Neutralleiter darf nur mit Zustimmung des Betreibers benutzt werden. Daraus ergeben sich folgende Konsequenzen:
  - Die Benutzung des N-Leiters sollte vermieden werden.
  - Wenn der N-Leiter verwendet wird, muss eine getrennte, isolierte und mit „N" bezeichnete Klemme vorgesehen werden.
  - Innerhalb der elektrischen Ausrüstung der Maschine darf weder eine Verbindung zwischen dem Neutralleiter und dem Schutzleitersystem noch eine PEN-Klemme innerhalb des Gehäuses verwendet werden.
- Hilfsspannungen, z. B. für Steckdosen und Beleuchtung in Schaltschränken sollten zweckmäßigerweise über Transformatoren erzeugt werden.
- An jeder Netzanschlussstelle muss in der Nähe der zugehörigen Außenleiterklemmen eine Klemme für den Anschluss der Maschine an den externen Schutzleiter vorgesehen und mit „PE" gekennzeichnet werden. Jeder Schutzleiter-Anschlusspunkt eines Maschinenteils ist durch Verwendung des grafischen „Erdesymbol" oder mit „PE" oder mit den Farben „GRÜN-GELB" zu kennzeichnen.

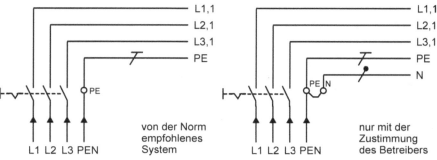

### 29.1.2  Netz-Trenneinrichtung

Für die elektrische Ausrüstung von Maschinen ist ein Hauptschalter zum Freischalten der elektrischen Ausrüstung vorgeschrieben; in bestimmten Fällen (z. B. Kleinmaschinen) sind aber auch Steckvorrichtungen zulässig.

Die wichtigsten Eigenschaften der Hauptschalter sind:

- nur eine AUS- und eine EIN-Stellung, die mit den Symbolen „O" und „I" gekennzeichnet sind; eine „AUSGELÖST"-Stellung" gilt nicht als Schaltstellung.
- abschließbar in AUS-Stellung,
- das Ausschaltvermögen ist so ausreichend, dass der Strom des größten Motors im blockierten Zustand zusammen mit der Summe der üblichen Betriebsströme aller anderen Motoren/Verbraucher abschaltbar ist,
- alle aktiven Leiter werden vom Netz getrennt.

Zweck des Hauptschalters ist an sich die komplette Abschaltung der elektrischen Ausrüstung. Durch den Hauptschalter nicht abzuschaltende Stromkreise können sein: Licht- und Steckdosenkreise, die ausschließlich für Instandhaltungsarbeiten an der Maschine benötigt werden. Ebenso Unterspannungsauslöser, die nur der automatischen Ausschaltung bei Netzausfall dienen.

## 29.2  Schutz der Ausrüstung

### 29.2.1  Überstromschutz

Überstromschutz muss vorgesehen werden, wo der Strom den Bemessungswert eines Bauteils oder die Strombelastbarkeit der Leiter übersteigen kann, und ist vorzusehen in:

- allen aktiven Leitern von Hauptstromkreisen,
- den Zuleitungen der direkt oder über Steuertransformatoren angeschlossenen Steuerstromkreise. Im Sekundärstromkreis geerdeter Steuertransformatoren muss nur der nicht geerdete Anschluss abgesichert werden,
- Steckdosenkreisen für allgemeine Anwendungen und zur Versorgung der Instandhaltungsausrüstung,
- allen ungeerdeten Leitern von Beleuchtungsstromkreisen mit Überstromschutz im Sekundärkreis und bei
- Transformatoren, um Erhöhungen der Wicklungstemperatur bei sekundärseitigem Kurzschluss zur vermeiden.

Überstromschutz ist ein Sammelbegriff für Kurzschluss- und Überlastschutz. Die klassische Überstromschutzeinrichtung ist die Sicherung. Sicherungen können vermieden werden durch Einsatz von Motorschutzschalter oder Leistungsschaltern, die zudem noch weitere Vorteile bieten:

- allpoliges Freischalten,
- schnelle Wiederbereitschaft,
- Verhinderung von Einphasenlauf.

Der Einstellstrom einer Überstromschutzeinrichtung wird durch die Strombelastbarkeit der zu schützenden Leiter festgelegt. Überstromschutzeinrichtungen werden dort angebracht, wo die zu schützenden Leitungen an die Versorgung angeschlossen werden.

### 29.2.2 Überlastschutz von Motoren

Jeder Motor mit einer Bemessungsleistung über 0,5 kW muss gegen Überlast geschützt sein. Überlastschutz von Motoren kann durch Verwendung von Überlastschutzeinrichtungen, Temperaturfühlern oder Strombegrenzern erzielt werden.

### 29.2.3 Spannungsunterbrechung und Spannungswiederkehr

Veränderungen in der Energiezufuhr dürfen nicht zu Gefahr bringenden Zuständen werden:

| Fehler | Maßnahme |
|---|---|
| Selbsttätiger Wiederanlauf nach Spannungsunterbrechung und Spannungswiederkehr bzw. bei Wiedereinschalten | Unterspannungsauslöser vorsehen, um die Maschine abzuschalten |

## 29.3 Steuerstromkreise und Steuerfunktionen

### 29.3.1 Versorgung von Steuerstromkreisen

Zur Versorgung von Steuerstromkreisen müssen Transformatoren mit getrennten Wicklungen verwendet werden. Transformatoren sind nicht vorgeschrieben für Maschinen mit einem einzigen Motoranlasser und höchstens zwei Steuergeräten (z. B. Start-Stopp-Bedienstation).

### 29.3.2 Steuerspannung

Schützspulen benötigen für den Anzug eine bestimmte zugeführte Leistung. Je höher die Spannung, desto kleiner der erforderliche Strom und damit wiederum der Spannungsabfall an einem eventuell vorhandenen Kontaktwiderstand, mit welchem die Schützspule geschaltet werden soll. Die Schaltsicherheit nimmt im Quadrat der Spannungshöhe zu. Die Nennspannung darf nach Norm jedoch 277 V nicht übersteigen. Industrielle Sicherheitsschaltgeräte arbeiten häufig mit Betriebsspannung von 24 VDC, 24 VAC, 230 VAC.

### 29.3.3 Anschluss von Steuergeräten

Ist eine Seite des Steuerstromkreises mit dem Schutzleitersystem verbunden, muss ein Anschluss der Betätigungsspule jedes elektromagnetisch betätigten Gerätes oder eines anderen elektrischen Gerätes direkt mit dieser Seite des Steuerstromkreises verbunden sein mit einer näher beschriebenen Ausnahme.

### 29.3.4 Überstromschutz

Steuerstromkreise müssen mit einem Überstromschutz ausgerüstet werden.

### 29.3.5 Maßnahmen zur Risikoverminderung im Fehlerfall

- Verwendung von erprobten Schaltungstechniken und Komponenten, wie z. B.:
  1. Funktionserdung des Steuerstromkreises
  2. Stillsetzen durch Entregung
  3. Schalten aller aktiven Leiter beim Verbrauchergerät im Hauptstromkreis
  4. Verwendung von zwangsläufig öffnenden Kontakten
  5. Selbstüberwachende Schaltungstechniken

- Vorsehen von Redundanz, d. h. Anwendung von mehr als einem Gerät, um sicherzustellen, dass bei Ausfall eines Gerätes ein anderes verfügbar ist, um die Funktion zu erfüllen.
- Anwendung von Diversität, d. h. Verwendung unterschiedlicher Gerätetypen oder verschiedener Funktionsprinzipien für dieselbe Aufgabe.
- Vorsehen von Funktionsprüfungen, d. h. entweder automatisch oder von Hand durchzuführen beim Anlauf oder in festgelegten Zeitabständen.
- Schutz gegen fehlerhaften Betrieb durch Erdschlüsse, Spannungsunterbrechungen und Verlust der elektrischen Durchlässigkeit:
  1. Erdschluss im Steuerstromkreis darf nicht zum unbeabsichtigten Anlauf führen oder das Stillsetzen einer Maschine verhindern. Gegenmaßnahmen sind Funktionserdung oder Einsatz einer Isolationsüberwachungseinrichtung.
  2. Kurzzeitige Spannungsunterbrechungen dürfen in Steuersystemen nicht zum Verlust von Speicherinhalt führen (Pufferung).
  3. Ein Verlust der elektrischen Durchgängigkeit von sicherheitsbezogenen Steuerstromkreisen, die Schleifkontakte enthalten, kann z. B. durch Verdopplung der Kontakte vermindert werden.

### 29.3.6 Schutzverriegelungen

- Das (Wieder-)Schließen oder Rückstellen einer verriegelten Schutzeinrichtung darf keine Gefahr bringenden Maschinenbewegungen oder Zustände auslösen.
- Das Überfahren von Endstellungen muss mit Positionsmelder oder Endschalter verhindert werden, die geeignete Steuerfunktionen auslösen.
- Verriegelung zwischen verschiedenen Betriebsfunktionen und gegenläufigen Bewegungen sind vorzusehen. Wendeschütze müssen so verriegelt sein, dass beim Schalten kein Kurzschluss entstehen kann. Bei Motoren mit mechanischer Bremseinrichtung muss beim Aktivieren der Bremse der Antrieb ausgeschaltet werden.
- Bei Gegenstrombremsungen eines Motors muss verhindert werden, dass der Motor am Ende der Bremsung in der Gegenrichtung anläuft. Für diesen Zweck ist die Verwendung eines Gerätes, das rein zeitabhängig arbeitet, nicht zulässig.

### 29.3.7 Start-Funktionen

- Start-Funktionen müssen durch Erregen des entsprechenden Kreises erfolgen. Alle Schutzvorrichtungen müssen angebracht und funktionsbereit sein, bevor der Betriebsstart möglich ist. Einrichtbetrieb fällt nicht hierunter.
- Bei Maschinen mit mehreren Steuerstellen sind besondere Schutzmaßnahmen erforderlich. Jede Steuerstelle muss eine manuell zu betätigende Starteinrichtung haben; alle Starteinrichtungen müssen in Ruhestelle sein, bevor ein Start möglich ist; alle Starteinrichtungen müssen gemeinsam betätigt sein; die Bedingungen für den Maschinenbetrieb müssen erfüllt sein.

### 29.3.8 Stopp-Funktionen

Stopp-Funktionen müssen durch Entregen des Kreises erfolgen und haben Vorrang vor zugeordneten Start-Funktionen. Das Rücksetzen der Stopp-Funktion darf keinen Gefahr bringenden Zustand einleiten. Bei den Stopp-Funktionen werden die Kategorien 0, 1 und 2 unterschieden. Stopp-Funktionen der Kategorien 0 ... 2 müssen dort vorgesehen werden, wo sie auf Grund einer Risikoanalyse erforderlich sind. Falls Schutzeinrichtungen oder Verriegelungen ein Anhalten der Maschine verursachen (z. B. Öffnen einer Schutztür), kann es nötig sein, dies der Steuerungslogik zu signalisieren.

Anforderungen der Stopp-Kategorien:

1. **Kategorie 0** ist ein Stillsetzen durch sofortiges Abschalten der Energiezufuhr zu den Antrieben, d. h. ein *ungesteuertes Stillsetzen*, z. B. durch Betätigung des Motor-Leistungsschalters und aller Bremsen (mechanischer Stillsetzeinrichtungen).

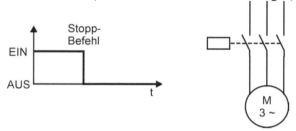

2. **Kategorie 1** ist ein *gesteuertes Stillsetzen*, bei dem die Energiezufuhr zu den Maschinenantrieben beibehalten wird, um das gesteuerte Stillsetzen ausführen zu können. Die Energiezufuhr wird erst dann unterbrochen, wenn der Stillstand erreicht ist, z. B. Gegenstrombremsung von Drehstrommotoren.

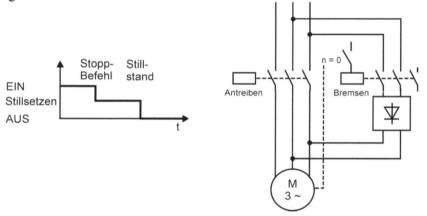

3. **Kategorie 2** ist ein *gesteuertes Stillsetzen*, bei dem die Energiezufuhr zu den Maschinenantrieben erhalten bleibt, z. B. Anhalten durch Vorgabe von Sollwert „0".

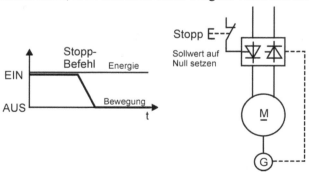

### 29.3.9  Betriebsarten

Jede Maschine kann eine oder mehrere Betriebsarten haben. Der Zugang zur Betriebsartenwahl muss durch geeignete Mittel verhindert werden (Schlüsselschalter, Zugangscode), sofern durch die Betriebsartenwahl eine Gefahr bringende Situation entstehen kann.

Die Betriebsartenwahl allein darf den Maschinenbetrieb nicht auslösen. Hierzu muss eine getrennte Handlung durch den Bediener erforderlich sein. Eine Anzeige der gewählten Betriebsart muss vorgesehen sein.

### 29.3.10  Handlungen im Notfall

Der von der DIN EN 60204-1 eingeführte Begriff *Handlungen im Notfall* ist Teil eines Sicherheitskonzepts mit einer differenzierten Betrachtung der Handlungen, die im einem Notfall auszuführen sind. Eine Handlung im Notfall schließt einzeln oder in Kombination ein:

1. Stillsetzen im Notfall (Not-Halt) ist eine Handlung, die dazu bestimmt ist, einen Prozessablauf oder eine Bewegung anzuhalten, wenn von ihnen eine Gefahr ausgeht. Ein Not-Halt-Befehlsgerät stellt im Sinne der in Kapitel 28 behandelten Sicherheitsnormen keine Risikominderung dar, sondern gilt als ergänzende Schutzmaßnahme.

2. Ausschalten im Notfall (Not-Aus) ist eine Handlung, die dazu bestimmt ist, die Versorgung mit elektrischer Energie in einer Installation abzuschalten, falls ein Risiko für elektrischen Schlag oder ein anderes Risiko elektrischen Ursprungs besteht.

Es besteht eine enge Anbindung der Notfallsignale an die Stoppkategorien:

*Stillsetzen im Notfall* muss entweder als Stopp der Kategorie 0 oder 1 wirken und über die Risikoanalyse bestimmt werden.

Für das Stillsetzen im Notfall der Kategorie 0 dürfen nur festverdrahtete, elektromechanische Betriebsmittel verwendet werden. Zusätzlich darf die Funktion nicht von einer elektronischen Schaltlogik (Hardware oder Software) oder von der Übertragung von Befehlen über ein Kommunikationsnetzwerk oder eine Datenverbindung abhängen.

Bei der Stopp-Funktion der Kategorie 1 für die Stillsetz-Funktion im Notfall muss die endgültige Abschaltung der Energie der Maschinen-Antriebselemente sichergestellt sein und auch durch Verwendung von elektromechanischen Betriebsmitteln erfolgen.

**Anmerkung der Norm:** Die Norm weist in ihrem deutschen Vorwort daraufhin, dass in Fällen, in denen andere Normen andere technische Lösungen zulassen als in DIN EN 60204-1 festgelegt ist, diese anderen technischen Lösungen zur Anwendung gelangen dürfen! Dazu wird auf die im europäischen Vorwort abdruckte Tabelle hingewiesen, wo zu einer Reihe von Themen, u. a. auch „Handlungen im Notfall", andere Normen genannt werden, die zutreffen können. Damit ist ausgesagt, dass auch programmierbare elektronische Betriebsmittel für Not-Aus-Einrichtungen eingesetzt werden dürfen, wenn diese unter Anwendung betreffender Normen, z. B. DIN EN 62061 (siehe Kapitel 28.5), die gleiche Sicherheit erfüllen, wie nach DIN EN 60204-1 gefordert wird.

Ein Ausschalten im Notfall (Not-Aus) führt bei einer Maschine zum Abschalten der elektrischen Versorgung mit der Folge eines Stopps der Kategorie 0. Wenn für die Maschine der Stopp der Kategorie 0 nicht zulässig ist, kann es notwendig sein, einen anderen Schutz gegen direktes Berühren (elektrischer Schlag) vorzusehen, sodass ein Ausschalten im Notfall (Not-Aus) nicht notwendig ist.

Befehlsgeräte für Not-Halt und Not-Aus müssen bei Betätigung zwangsweise verrasten.

# 30 Sicherheitstechnologien

Grundsätzlich ist ein Maschinenhersteller verpflichtet sich mit der Maschinenrichtlinie und den einschlägigen Normen gründlich zu beschäftigen, um die funktionale Sicherheit seiner Maschine auf Grund der verpflichtend vorgeschriebenen Gefährdungsanalyse (siehe Kapitel 28.2) planen zu können. Die Kenntnis der Normen und Vorschriften ist dabei die eine Sache, die gerätetechnische Umsetzung eine andere.

Schwerpunktmäßig lässt sich das Angebot an sicherheitsgerichteten Geräten für den Personen- und Maschinenschutz für die Steuerungstechnik (ohne Antriebssysteme und CNC-Steuerungen) in fünf Bereiche gliedern:

- klassische Relais- und Schütz-Sicherheitstechnik,
- Sicherheitsschaltgeräte zur Überwachung von Schutztüren und Pressen,
- Auswertegeräte für berührungslose wirkende Schutzeinrichtungen, z. B. Lichtvorhänge,
- programmierbare Sicherheitssteuerungen,
- sichere Bussysteme.

Bei Einsatz solcher baumustergeprüften Geräte geht zumindest ein Teil der Verantwortung auf den Ausrüster über, was ein nicht zu unterschätzender rechtlicher Aspekt ist. Denn die Verantwortung für die sicherheitstechnischen Anforderungen liegt auf Grund des Geräte- und Produktsicherheitsgesetzes (GPSG) beim Maschinenhersteller:

Ein Produkt, das einer Rechtsverordnung (z. B. zur Umsetzung von EU-Richtlinien) unterliegt, darf nur in den Verkehr gebracht werden, wenn es u. a. den dort vorgesehenen Anforderungen an Sicherheit und Gesundheit entspricht und Sicherheit und Gesundheit der Verwender oder Dritter (oder sonstige Rechtsgüter) bei bestimmungsgemäßer Verwendung oder vorhersehbarer Fehlanwendung nicht gefährdet werden (§ 4 Abs. 1 GPSG).

## 30.1 Bewährte Prinzipien elektromechanischer Sicherheitstechnik

### 30.1.1 Zwangsöffnende Schaltkontakte

Zwangsöffnung ist eine Öffnungsbewegung, die sicherstellt, dass die Hauptkontakte eines Schaltgerätes die Offenstellung auch erreicht haben, wenn das Bedienteil in AUS-Stellung steht, ohne dass die Kontakttrennung z. B. von Federbewegungen abhängt. Zwangsöffnung von Schaltgliedern wird von DIN EN 1088 in allen Sicherheitskreisen gefordert. Die Notwendigkeit der Zwangsöffnung der Öffner-Schaltkontakte in Notfall-Situationen ist bei Not-Halt-Befehlsgeräten zwingend vorgeschrieben. Voraussetzung ist, dass der Abschaltbefehl stets den Sicherheitskreis durch Entregung unterbrechen muss (siehe auch Ruhestromprinzip).

### 30.1.2 Zwangsgeführte Kontakte

Eine Zwangsführung von Kontakten ist dann gegeben, wenn alle Kontakte eines Schaltgerätes mechanisch so miteinander verbunden sind, dass stets Öffner und Schließer nicht gleichzeitig geschlossen sein können. (Zwangsführung nicht verwechseln mit Zwangsöffnung.)

### 30.1.3 Freigabekontakte

Freigabekontakte sind Sicherheitskontakte einer Sicherheitsschaltung, die immer als zwangs-geführte Schließer ausgeführt sind. Die Freigabekontakte liegen direkt im Hauptstromkreis von Maschinen oder schalten in Sonderfälle redundante Schütze. Falls eine Sicherheitsschaltung aktiviert (freigeschaltet) ist, müssen die Freigabekontakte geschlossen sein.

### 30.1.4 Rückführkreis

Ein Rückführkreis dient der Überwachung nachgeschalteter Hauptschütze mit zwangsgeführ-ten Kontakten. Diese Schütze sollen Verbraucher schalten. Als Rückführkreis bezeichnet man eine Reihenschaltung von Öffnerkontakten der zu überwachenden Schütze mit dem Bereit-schafts-EIN-Taster der Steuerung. Verschweißt z. B. ein Schließer-Hauptkontakt, so kann, wegen der Konstruktion der zwangsgeführten Kontakte, der im Überwachungskreis liegende Öffnerkontakt des Schützes nicht geschlossen sein. Damit ist sichergestellt, dass ein erneutes Aktivieren der Sicherheitsschaltung nicht mehr möglich ist, da dies nur bei geschlossenem Rückführkreis geht.

### 30.1.5 Ruhestromprinzip, Drahtbrucherkennung

Überwachungsprinzip in einem Sicherheitskreis. Solange der Ruhestrom fließen kann, ist kein gefährdender Eingriff erfolgt (z. B. Schutztür ist geschlossen). Die Unterbrechung des Ruhe-stromes signalisiert eine Betätigung eines Schaltkontaktes, z. B. eines Endschalters oder einen Drahtbruch (Drahtbrucherkennung!).

### 30.1.6 Verriegelung gegensinnig wirkender Signale

Gegensinnig wirkende Eingangsbefehle werden über den Öffner des Gegenschaltgerätes ver-riegelt. Dabei hat jeder Taster einen Öffner- und einen Schließerkontakt. Bei Betätigung öffnet zuerst der Öffner bevor der Schließerkontakt schließt.

Gegensinnig wirkende Ausgangsbefehle werden über den Öffner des Gegenschützes verrie-gelt. Damit wird verhindert, dass z. B. bei einer Wendesteuerung gleichzeitig das Rechtslauf- und Linkslaufschütz angezogen sein können. Diese Art der Verriegelung ist in der SPS-Technik zwingend vorgeschrieben, da das „Klebenbleiben" von Schützen und Programmier-fehler nicht ausgeschlossen werden können.

### 30.1.7 Zweikanaligkeit

Das Prinzip besagt, dass noch ein weiterer Sicherheitskreis vorhanden ist. Ein zweikanaliger Not-Aus-Taster versagt nicht, wenn ein Kanal durch einen äußeren Einfluss ausfällt. Zweika-naligkeit für Not-Halt-Schaltungen ist bei Pressen der Metallbearbeitung vorgeschrieben.

### 30.1.8 Redundanz und Diversität

Redundanz ist vorhanden, wenn mehr Steuer- oder Antriebsstränge vorhanden sind als zur Erfüllung einer Funktion benötigt wird. Durch Redundanz ist es möglich, die Wahrscheinlich-keit zu verringern, dass ein einziger Fehler zum Verlust der funktionalen Sicherheit führt. Diversität bedeutet die Verwendung verschiedener Funktionsprinzipien, um die Wahrschein-lichkeit von Fehlern zu verringern, z. B. Verwenden von Kombinationen aus Öffner- und Schließerkontakten.

# 30.2 Relais- und Schütz-Sicherheitstechnik

## Beispiel: Stellungsüberwachung einer Schutztür (DIN EN 954-1-Kategorie 1)

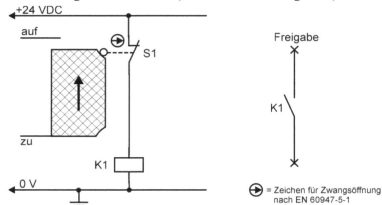

**Schutzziele und Grenzen der erreichbaren Sicherheit:**
1. Gefahrbringende Bewegungen oder Zustände bei der durch eine Schutztür gesicherten Maschine werden bei Türöffnung durch das Hilfsschütz K1 unterbrochen.
2. Verlust der Sicherheitsfunktion bei Bauteilausfall (z.B. K1-Kontakt öffnet nicht bei Entregung des Hilfsschützes). Nur bauteilbedingte Zuverlässigkeit.
3. Das Entfernen der Schutzeinrichtung wird nicht erkannt.
4. Keine Maßnahmen zur Fehlererkennung vorgesehen.

**Konstruktive Sicherheitsmerkmale:**
1. Ruhestromprinzip (Drahtbruchsicherheit), Erdung des Steuerstromkreises (Erdschluss vor K1 führt zum Kurzschluss, Abschalten durch Sicherung).
2. Schalter S1 ist ein zwangsöffnender Positionsschalter nach EN 1088. Vorgeschrieben für alle Sicherheitskreise.
3. Betätigungselement und Positionsschalter sind gegen Lageänderung zu sichern.

## Beispiel: Stellungsüberwachung einer Schutztür (EN 954-1-Kategorie 3)

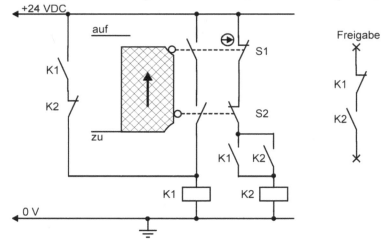

**Schutzziele und Grenzen der erreichbaren Sicherheit:**
1. Gefahrbringende Bewegungen oder Zustände werden bei geöffnetem Schutzgitter durch Öffner - Schließer-Kombinationen unterbrochen bzw. verhindert.
2. Bei Ausfall eines Bauteils bleibt die Sicherheitsfunktion erhalten (z.B. K1-Kontakt öffnet nicht bei Entregung von Hilfsschütz K1). Eine Anhäufung mehrerer Fehler kann zum Verlust der Sicherheitsfunktion führen.
3. Entfernen der Schutzeinrichtung wird durch S2 erkannt.
4. Freigabe erfolgt nur, wenn Schutztür geöffnet und dann wieder geschlossen wird (Fehlererkennungsmaßnahme).

**Konstruktive Sicherheitsmerkmale:**
1. Ruhestromprinzip (K2), Erdung des Steuerstromstromkreises. Redundanz (2 Öffner im Sicherheitskreis K2).
2. Schalter S1 ist ein zwangsöffnender Positionsschalter nach EN 1088.
3. Schalter S2 und Steuerschütze K1 und K2 haben zwangsgeführte Kontakte (Öffner und Schliesser können nicht gleichzeitig geschlossen sein..
4. Getrennte Verlegung der Zuleitungen zu Positionsschaltern

## 30.3  Sicherheitsschaltgeräte für Not-Halt-Überwachung

Unter dem Begriff *Sicherheitsschaltgeräte* oder *Sicherheitskombinationen* versteht man einsatzfertige steuerungstechnische Komponenten, die nicht der betriebsmäßigen Steuerung einer Maschine, sondern vorwiegend der Realisierung der durch eine Risikoanalyse ermittelten Sicherheitsfunktionen dienen. Dazu gehört die Überwachung von Befehlsgeräten des Sicherheitskreises und das zur Verfügung stellen von potenzialfreien Freigabekontakten, die als fehlersichere Ausgänge in den Hauptstromkreis eingeschleift werden, um dort so zu wirken, dass die gefährliche Maschine in einen sicheren Zustand gebracht wird. Der Einsatz solcher Sicherheitsschaltgeräte legt eine entsprechende Strukturierung der Steuerungsaufgabe nahe. So können z. B. die nicht sicherheitsgerichteten Betriebsabläufe durch eine einkanalig arbeitende Standard-SPS ausgeführt und die kritischen Sicherheitsfunktionen einem geeigneten Sicherheitsschaltgerät übertragen werden.

Sicherheitskreise sind solche Stromkreise, in denen hauptsächlich Befehlsgeräte wie Not-Halt-Schalter und Positionsschalter von Schutztüren betrieben werden. Das Ziel ist die sichere Ausführung der geplanten Schutzmaßnahme.

Sicherheitsschaltgeräte ersetzen heute weitgehend den diskreten Aufbau bekannter Schütz-Sicherheitsschaltungen, die man auch als Sicherheitsketten bezeichnet hat. Die prinzipielle Wirkungsweise solcher Sicherheitsschaltgeräte wird im nachfolgenden Bild gezeigt.

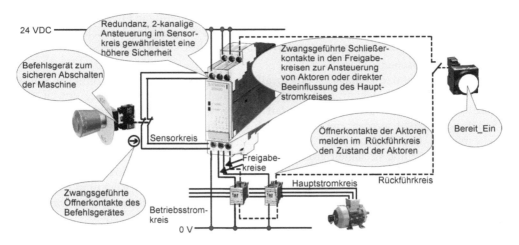

**Bild 30.1:**  Wirkungsprinzip eines Sicherheitsschaltgerätes

Die Sicherheitsschaltgeräte weisen eine Fülle von Beschaltungsmöglichkeiten auf, die jedoch nicht alle bei jedem Gerät vorhanden sein müssen.

* 1-und 2-kanalige Eingangsbedingungen:
  Die 1-kanalige Beschaltung mit nur einem Überwachungs-Öffnerkontakt für den Not-Halt oder die Schutztüre erfüllt die Forderung der DIN EN 60204-1 (VDE 0113). Die 2-kanalige Ansteuerung mit zwei getrennten Öffnerkontakten kann so ausführt werden, dass es bei Ausfall eines Kontaktes zu keinem Verlust der Sicherheitsfunktion führt. Die einkanalige Beschaltung führt nur zu den Sicherheits-Kategorien 1 bis 2, die zweikanalige Variante ist Voraussetzung für die Kategorien 3 bis 4 nach DIN EN 954-1.

- Freigabevarianten:
Es handelt sich hier um das Signal „Bereit-Ein", das dem eigentlichen „Start" der Maschine bzw. Anlage vorausgehen muss/kann. Freigegeben werden die Freigabekontakte, die in den Hauptstromkreis der Maschine eingeschleift werden oder die auf ein der Schaltverstärkung dienendes externes Schütz führen, dessen zwangsgeführte Kontakte im Hauptstromkreis der Maschine liegen, um diese im Notfall stillsetzen zu können. Man unterscheidet:

1.  Manuelle Bereitschaft
Die Freigabe der Sicherheitskombination wird erst nach Erfüllung der Eingangsbedingungen für 1- oder 2-kanaligen Betrieb und zusätzlicher Betätigung eines Bereit-Ein-Tasters aktiviert. Diese Beschaltung wird normalerweise bei Not-Halt-Funktionen oder Schutztür-Überwachungen als zusätzliche Handlung vor dem „Start" angewendet.

2.  Überwachte Freigabe
Der Ausgang wird erst nach Erfüllung der Eingangsbedingungen und nach Schließen sowie anschließendem Öffnen des Bereit-Ein-Tasters aktiviert. Durch diese Beschaltungsweise wird im Zusammenhang mit der Innenschaltung des Sicherheitsschaltgerätes eine Überbrückungsmanipulation am Bereit-Ein-Taster verhindert (Überlistungssicherheit). Bei vorhandenem Bereitschaftstaster entspricht diese Beschaltung in der Wirkung der manuellen Freigabe.

- Anlauftestung
Werden Sicherheitsschaltgeräte mit Anlauftest-Funktion bei geschlossener Schutztür an die Betriebsspannung gelegt, z. B. durch den Hauptschalter, so wird die Freigabe auch nach Betätigung des Bereit-Ein-Tasters nicht erteilt. Erst muss die geschlossene Schutztür geöffnet und dann wieder geschlossen werden, bevor die Freigabekontakte durchgeschaltet werden.

- Kontaktvervielfachung
Die Freigabekontakte können als potenzialfreie Ausgangskontakte zum direkten Schalten von sicherheitsüberwachten Lasten im Hauptstromkreis benutzt werde, soweit deren Schaltvermögen dies erlaubt. Bei Bedarf können in diese Freigabekreise auch externe Schütze geschaltet werden, die dann jedoch mit zwangsgeführten Kontakten ausgestattet sein müssen. Man benutzt diese Möglichkeit zur Kontaktvervielfachung oder zur Schaltleistungsverstärkung (Schalten größerer Lasten). Zur Funktionsüberwachung dieser externen Schütze werden Öffnerkontakte der Schütze in den Rückführkreis der Sicherheitsschaltgeräte eingebunden. Durch die überwachende Funktion des Rückführkreises bleibt die Sicherheitsstufe erhalten, denn ein Versagen des externen Schützes wird erkannt.

- Querschluss-Erkennung
Ein Querschluss hebt die Wirksamkeit eines 2-kanaligen Sensoranschlusses auf und kann nicht erkannt werden, wenn die beiden Schadensstellen auf gleichem elektrischen Potenzial liegen, da zwischen Punkten gleichen Potenzials kein Strom fließt. Erlaubt die Beschaltung des Sicherheitsschaltgerätes eine Reihenfolgenvertauschung von Öffnerkontakt und Schütz, so ergibt sich im Querschlussfall ein auswertbarer Kurzschluss.

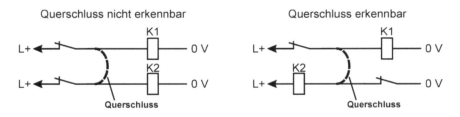

### Beispiel: 1-kanalige Not-Halt-Schaltung mit Sicherheitsschaltgerät, EN 954-1, KAT 2

Das Beispiel zeigt den Einsatz eines Sicherheits-Schaltgerätes mit Rückführkreis zur Überwachung der externen Schütze und einer überwachten Freigabe mit einem Bereit-Ein-Taster.

Zur Beachtung: Das Beispiel dient nur der Veranschaulichung einiger Grundsätze der DIN EN 60204-1 (VDE 0113 Teil 1) sowie der Einsatzmöglichkeit von Sicherheitsschaltgeräten und erhebt nicht den Anspruch einer vollständigen und geprüften Lösung!

**Bild 30.2**

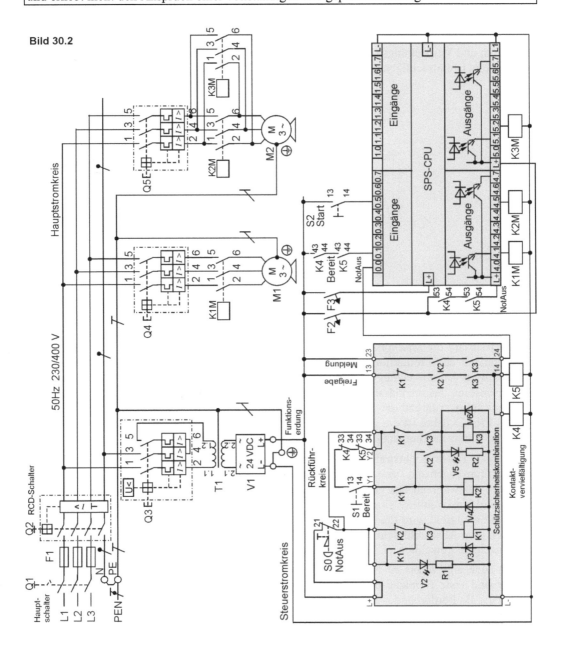

## 30.4  Auswertegeräte für Lichtvorhänge

Als Beispiel für berührungslos wirkende Schutzeinrichtungen seien so genannte Lichtvorhänge genannt. Lichtvorhänge sind berührungslos wirkende fotoelektronische Schutzeinrichtungen und als Alternative zu trennenden Schutzeinrichtungen (Gitter mit Schutztür) einsetzbar. Bei korrekter Montage entsprechend den gültigen Vorschriften (EN 61496-1, -2) nimmt das Lichtsystem, das aus dem Lichtvorhang und dem Auswertegerät besteht, eine Person (Finger, Hand, Körperteil) bei Eintritt in die Gefahrenzone einer Maschinen wahr und gibt den Stopp-Befehl für den gefährlichen Bewegungsablauf der Maschine. Typische Einsatzgebiete für Lichtvorhänge sind (Abkant-)Pressen, Stanzen, Schweiß- und Montagelinien (Roboter), Bestückungsautomaten und Verpackungsmaschinen. Störende Einflüsse anderer Lichtquellen, auch in Form von Funken, beeinträchtigen den fehlersicheren Betrieb nicht.

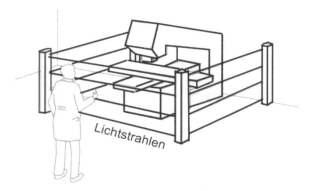

**Bild 30.3:**  Lichtvorhang

Eine Betriebsart, die *Mutingbetrieb* genannt wird, gestattet das Hineinbringen von Gütern oder Gegenständen des Produktionsablaufs in den Gefahrenbereich, ohne dass die Maschine angehalten wird. Voraussetzung ist, dass durch zusätzliche Anbringung von im Allgemeinen vier Mutingsensoren das unzulässige Eintreten einer Person erkannt wird und zur Abschaltung der Maschine führt, während der Lichtvorhang im Zeitraum einer Materialeinbringung überbrückt ist. Das Prinzip dabei ist die gleichzeitige Erkennung „langer Teile" in der Lichtschranke und damit die Unterscheidungsfähigkeit gegenüber einer Person.

Der unterste (erste) Lichtstrahl eines Lichtvorhangs dient zur Synchronisation zwischen Sender und Empfänger und versieht beim erstmaligen Einschalten den Empfänger mit einem Zufallscode, der während des gesamten Betriebes überwacht wird. Zwischen Sender und Empfänger wird ein zweidimensionales Schutzfeld aus Infrarotlichtstrahlen erzeugt. Bei Eindringen in dieses Schutzfeld wird die Abschaltung der Maschine veranlasst. Die Verzögerungszeit, die zwischen dem Abschaltbefehl und dem Stillsetzen der Maschine einzukalkulieren ist, muss mit einem geeignet gewählten Sicherheitsabstand vereinbar sein.

Es gibt auch eine *Blanking-Funktion*, d. h. das Ausblenden von Lichtstrahlen. Im Blanking-Betrieb sind feste Bereiche des Schutzfeldes unterbrochen, ohne dass der Lichtvorhang abschaltet (z. B. Förderbänder zur Zuführung von Materialien). Ausgenommen von der Blanking-Funktion ist der unterste (erste) Lichtstrahl.

Zur sicheren Weiterverarbeitung der Ausgangssignale von Lichtvorhängen ist ein *Auswerte-gerät* erforderlich. Dieses realisiert die Funktionen wie Wiederanlaufsperre und Schützkontrol-le, automatische Testung der Lichtvorhänge und Muting. Eine integrierte Diagnose-Schnitt-stelle (RS232) erlaubt zusammen mit einer Diagnose-Software die Visualisierung und das Aufzeichnen der Ein- und Ausgangssignale der Auswertegeräte. Zur Einrichtung der Blan-king-Funktion werden ein Programmiergerät und Software sowie weiteres Zubehör benötigt.

**Beispiel: Anschluss eines Lichtvorhangs an ein Auswertegerät, EN 954-1-Kategorie 4**

Das Beispiel zeigt den 2-kanaligen Anschluss eines Lichtvorhangs an ein Auswertegerät mit überwachter Freigabe des Bereit-Ein-Tasters und einer Schützkontrolle durch den Rückführ-kreis. Man erkennt die Ähnlichkeit mit dem bereits beschriebenen Verfahren der Sicherheits-schaltgeräte für Not-Halt und Schutztüren.

---

Zur Beachtung: Das Beispiel dient nur der Veranschaulichung einiger Grundsätze der DIN EN 60204-1 (VDE 0113 Teil 1) sowie der Einsatzmöglichkeit von Sicherheitsschaltgeräten und erhebt nicht den Anspruch einer vollständigen und geprüften Lösung!

---

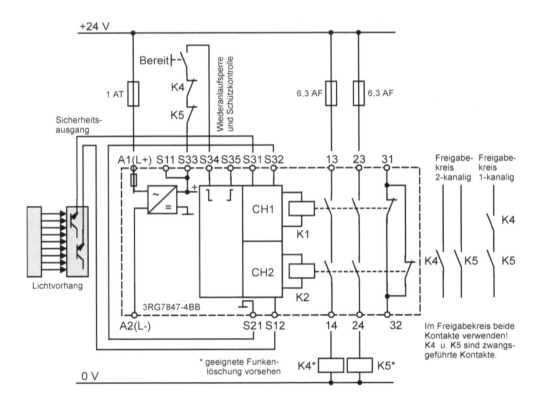

**Bild 30.4:** Zweikanaliger Anschluss eines Lichtvorhangs oder -gitters an ein Auswertegerät (Siemens)

## 30.5 Fehlersichere Kommunikation über Standard-Bussysteme

### 30.5.1 Überblick

In sicherheitstechnischer Betrachtung ist beispielsweise ein Buskabel selbst nicht sicher und eine absolute Vermeidung von Fehlern sogar unmöglich. Es lässt sich deshalb fragen, wie mit Netzkomponenten und Geräten, die trotz hoher Qualitätsansprüche versagen können, Sicherheit in Feldbussystemen überhaupt erzeugt werden kann. Die Antwort liegt darin, dass unter Sicherheit letzten Endes nur das Erkennen und Beherrschen von auftretenden Fehlern zu verstehen ist.

Die klassische und von den Sicherheitsvorschriften geforderte Lösung zur Ausführung sicherheitsgerichteter Maßnahmen wie z. B. den Not-Halt-Schaltungen beruhte anfänglich nur auf dem Einsatz von Sicherheits-Schützschaltungen, die später von anschlussfertigen Sicherheits-Schaltgeräten abgelöst wurden. Mit dem Aufkommen der dezentralen Feldbustechnik wurden auch neue Lösungen für die sicherheitsgerichteten Schaltmaßnahmen entwickelt. Seitdem gibt es in der Feldbustechnik zwei unterschiedliche Sicherheitsansätze:

- **Sicherheitsbus:**

  Einsatz eines Sicherheitsbussystems nur für die sicherheitsgerichteten Funktionen als Ersatz für elektromechanische Sicherheits-Schaltgeräte. Daneben werden die eigentlichen Steuerungsfunktionen der Anlage über einen Standard-Feldbus ausgeführt.

  Das Sicherheits-Bussystem verwendet spezielle Sicherheitssteuerungen (Sicherheits-SPS) mit einer mehrkanalige Signalverarbeitung, z. B. durch drei unterschiedliche Prozessorsysteme verschiedener Hersteller, die parallel arbeitend zum gleichen Ergebnis kommen müssen. Erst dann wird das Ausgabesignal an die Feldgeräte weitergeleitet, anderenfalls wird der Anlagenteil in einen sicheren Zustand gesteuert. Für das Sicherheits-Steuerungsprogramm sind nur geprüfte Funktionsbausteine zugelassen, um Programmierfehler auszuschließen.

  Als Beispiel für einen echten Sicherheitsbus, der hier nicht näher behandelt werden soll, sei auf den SafetyBUS p der Firma PILZ verwiesen.

- **Fehlersichere Kommunikation über Standardbus:**

  Einsatz eines Standardbussystems mit zusätzlicher Sicherheitsfunktionalität sowohl für die Standard-Kommunikation als auch für die Sicherheits-Kommunikation.

  Lange Zeit musste die dezentrale Feldbustechnik mit der Einschränkung auskommen, dass alle sicherheitsrelevanten Funktionen nur mit elektromechanischen Betriebsmitteln wie den Sicherheits-Schaltgeräten oder mit echten Sicherheits-Bussystemen vorschriftsmäßig zu realisieren waren. Aus Sicht der Feldbusse war das ein Nachteil, weil eine Zusatzkosten verursachende Parallel-Installation erforderlich war. Unter dem Einfluss neuerer Sicherheitsnormen wie der DIN EN 62061 und IEC 61508 eröffneten sich die Möglichkeiten, den „Systembruch" in der Feldbustechnik zu überwinden und dabei die Sicherheits-Kommunikation und die Standard-Kommunikation über eine Busleitung laufen zu lassen.

In den beiden nachfolgenden Kapiteln werden Beispiele für Standardfeldbussysteme mit zusätzlicher Sicherheit dargestellt. Beim AS-Interface Saftey at Work wird die Sicherheit durch zusätzliche Sicherheitskomponenten erzeugt, während bei PROFIBUS und PROFINET das zusätzliche Anwendungsprofil PROFISafe zu einer integrierten Sicherheitslösung führt.

### 30.5.2 AS-Interface Safety at Work

Zu den bekannten AS-i-Bus-Komponenten wie Master, Slaves, Netzteil und Repeater kommen nun noch zwei Sicherheits-Komponenten hinzu, die *Sicherheitsmonitor* und *Sicherheits-Slaves* genannt werden und die an demselben AS-i-Netzwerk betrieben werden können. Damit bleibt der AS-i-Bus als Standardbus unverändert, er kann jedoch bei Bedarf sicherheitsgerichtet aufgerüstet werden.

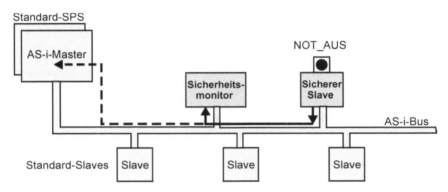

**Bild 30.5:** Der Sicherheitsmonitor und sichere Slaves machen das AS-Interface „sicher".

Der AS-i-Master betrachtet die neuen Sicherheits-Slaves wie alle übrigen Slaves und bindet sie wie die konventionellen Slaves in das Netzwerk ein. Die notwendige Sicherheit wird durch eine zusätzliche Signalübertragung zwischen dem Sicherheitsmonitor und den Sicherheits-Slaves erreicht. Der Sicherheitsmonitor überwacht nicht nur die Schaltsignale der Sicherheitssensoren, sondern prüft auch ständig die korrekte Funktion der Datenübertragung. Dazu erwartet er von jedem Sicherheits-Slave pro Zyklus ein spezifisches Telegramm, das sich nach einem definierten Algorithmus kontinuierlich ändert. Trifft durch eine Störung oder durch einen Alarmfall das erwartete Telegramm nicht ein, so schaltet der Sicherheitsmonitor nach spätestens 35 ms über seinen 2-kanalig ausgeführten Freischaltkreis die sicherheitsgerichteten Ausgänge ab. Die Anlage wird sicher stillgesetzt und eine Alarmmeldung an den Master ausgegeben, die jedoch lediglich der Information dient. Damit wird deutlich, dass der Sicherheitsmonitor im Prinzip ein busfähig gemachtes Sicherheitsschaltgerät ist, wie es im Kapitel 30.3 dargestellt wurde.

Die Sicherheits-Slaves sind mit zwei „sicheren" Eingängen ausgestattet. Im Betrieb bis Schutzkategorie 2 können beide Eingänge separat belegt werden. Ist Sicherheitskategorie 4 erforderlich, kann nur ein 2-kanaliger Sensor angeschlossen werden. Sicherheits-Slaves für den Direktanschluss an den AS-i-Bus stehen ebenfalls zur Verfügung in Form von Not-Halt-Taster, Positionsschalter für Schutztür-Überwachung und Lichtvorhänge.

Der Sicherheitsmonitor ist das entscheidende Gerät von *Safety at Work* (Bezeichnung für den Sicherheitszusatz des AS-i-Systems). Die Konfiguration des Sicherheitsmonitors erfolgt mit einem PC und einer speziellen Software. Dabei muss angegeben werden, welche Slaves „sichere Slaves" sind und welche Codetabelle sie enthalten. Die Codetabellen wurden vom BIA (Berufsgenossenschaftliches Institut für Arbeitssicherheit) festgelegt. Eine Codetabelle besteht aus einer Folge von 4 Bit-Zeichen und wird bei der Herstellung der sicheren Slaves nach einem Zufallsverfahren fest eingegeben. Weitere Konfigurationsschritte können die Not-Halt-

Funktion oder die Zweihandbedienung sowie die Auswahl von Stopp-Kategorie 0 oder 1 betreffen. Dem Sicherheitsmonitor kann wahlweise eine AS-i-Adresse (1-31) zugeordnet werden oder nicht. Die Adressenvergabe ist erforderlich, wenn die Diagnosemöglichkeiten für den Sicherheitsmonitor beansprucht werden sollen.

Der AS-i-Bus ist also kein echter Sicherheitsbus, sondern ein um Sicherheitsfunktionen erweiterter Standardbus, der jedoch die Sicherheitskategorie 4 gemäß DIN EN 954-1 erfüllt und von TÜV und BIA zertifiziert ist. Bestehende AS-i-Bussysteme können sicherheitstechnisch hochgerüstet werden.

### 30.5.3 PROFISafe auf PROFIBUS DP-Protokoll

Für die sicherheitsgerichtete Kommunikation über PROFIBUS wird das so genannte Protokollprofil PROFISafe der Profibus Nutzerorganisation verwendet. Die PROFISafe-Protokollschicht setzt auf der PROFIBUS DP-Schicht auf. Zur Realisierung von PROFISafe sind die Sicherheitsmaßnahmen in den fehlersicheren Endgeräten zu kapseln.

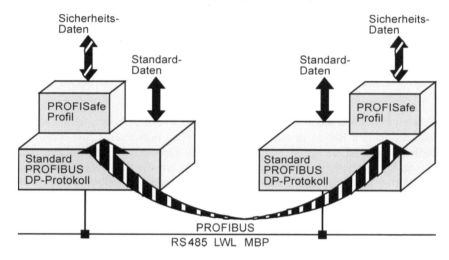

**Bild 30.6:** Die PROFISafe-Funktionalität ist in den Endmodulen gekapselt. Das PROFIsafe-Konzept ist Busmedium unabhängig und soll auch bei PROFINET auf Industrial Ethernet angewendet werden.

Das wichtigste Ziel bei der Definition des PROFISafe-Profils war die Koexistenz der neu zu schaffenden sicherheitsgerichteten Kommunikation mit der bewährten Standardkommunikation auf ein und demselben Buskabel. Diese Forderung bedeutet, dass fehlersichere Busteilnehmer wie Steuerungen mit einer F-CPU und Feldgeräte wie Laserscanner, Lichtgitter, Motorstarter und I/O-Geräte mit F-Peripherie in Koexistenz mit der PROFIBUS-Standardtechnik betrieben werden können, also unter Verwendung der PROFIBUS-Übertragungstechnik RS 485/LWL bei PROFIBUS DP und MBP für PROFIBUS PA einschließlich der Kabel und Stecker.

Da auch PROFISafe nicht verhindern kann, dass die Kommunikation über den Bus versagt, so muss zumindest der Ausfall oder die Störung der Nachrichtenübermittlung sofort erkannt werden.

Zu den Sicherheitsmaßnahmen von PROFISafe zählen:

- die fortlaufende Durchnummerierung der Sicherheitstelegramme (Lebenszeichen),
- eine Zeitüberwachung für Quittierungssignale (Time-out),
- eine Kennung zwischen Sender und Empfänger (Losungswort) und
- eine zusätzliche Datensicherung (CRC) über die F-Nutzdaten und F-Parameter.

Alle genannten Sicherheitsmaßnahmen müssen in den fehlersicheren Busteilnehmern realisiert werden. PROFISafe sorgt nur dafür, dass sich der zusätzliche Telegrammverkehr der fehlersicheren Busteilnehmer untereinander nicht störend auf den Standard-Telegrammverkehr auswirkt bzw. nicht zu Verwechselungen führen kann. Dies wird dadurch erreicht, dass die PROFISafe-Telegramme in der „Data-unit" der Standardtelegramme verpackt werden. Ein Standard-Telegramm enthält in der „Data-unit" nur Standard-Nutzdaten (vgl. Kapitel 17.1.7). Ein Sicherheits-Telegramm enthält in der „Data-unit" die fehlersicher zu übertragenden Nutzdaten (F-Nutzdaten) und zusätzliche Sicherheitsheitsinformationen sowie auch nichtsicherheitsrelevante Standard-Nutzdaten, z. B. für Diagnose.

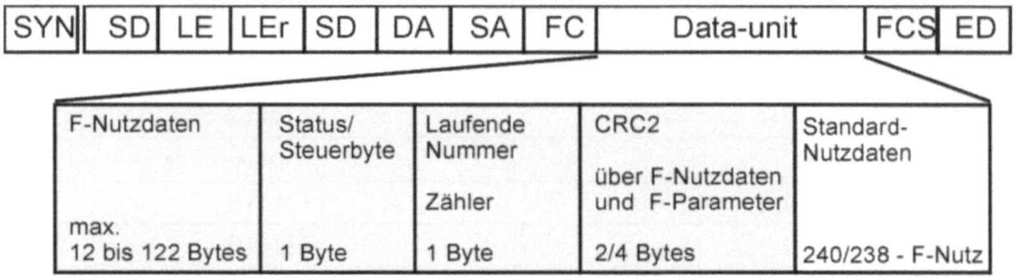

| SYN | SD | LE | LEr | SD | DA | SA | FC | Data-unit | FCS | ED |

| F-Nutzdaten | Status/ Steuerbyte | Laufende Nummer Zähler | CRC2 über F-Nutzdaten und F-Parameter | Standard-Nutzdaten |
|---|---|---|---|---|
| max. 12 bis 122 Bytes | 1 Byte | 1 Byte | 2/4 Bytes | 240/238 - F-Nutz |

**Bild 30.7:** PROFISafe-Telegramme sind in Standard-Telegrammen verpackt.

Die bei PROFIBUS DP angewendete Master-Slave-Kommunikation findet auch zwischen dem F-Master und seinen F-Slaves mit zyklischen Polling statt. Dies wird als zusätzlicher Sicherheitsfaktor gewertet, da ein ausgefallener Teilnehmer sofort erkannt wird (vergleichbar dem „Ruhestromprinzip" der Sicherheitstechnik).

Eine sicherheitstechnische Nachrüstung einer bestehenden PROFIBUS-Anlage erfordert den gezielten Austausch von aktiven Komponenten. Im SIMATIC-S7 System sind Komponenten für Sicherheitsanwendungen mit dem Kennbuchstaben F (F = Fehlersicher) versehen:

CPU 315-2DP    >    CPU 315F-2DP
IM151-7 CPU    >    IM151-F CPU    (Anschaltbaugruppen für DP-Slave ET 200S)

Aus der Sicht des ISO/OSI-Kommunikationsmodells (siehe Kapitel 24.4) befinden sich die Sicherheitsmaßnahmen oberhalb der Schicht 7 im PROFISafe-Layer. Das PROFISafe-Konzept wurde nach der neuen Richtlinie IEC 61508 entworfen und muss die erreichte Sicherheitsstufe durch Ausfall-Wahrscheinlichkeiten nachweisen. Um dies nicht für jede Netzkonfiguration einzeln tun zu müssen, wurde ein so genannter SIL-Monitor softwaremäßig realisiert. Er berücksichtigt alle vorstellbaren Fehlereinflüsse und löst eine Reaktion aus, wenn die Anzahl der Störungen oder Fehler ein bestimmtes Maß pro Zeiteinheit übersteigt. Die Zahl der zulässigen Fehler pro Zeiteinheit ist abhängig von der SIL-Sicherheitsstufe.

Mit PROFISafe wird eine Kommunikationssicherheit bis SIL 3 nach IEC 61508 oder KAT 4 nach DIN EN 954-1 erreicht. SIL 3 ist die höchste Sicherheitsstufe, die für die Prozess- und Fertigungstechnik als erforderlich angesehen wird (SIL 4 für Atomkraftwerkstechnik).

# Anhang

## I Zusammenstellung der Beispiele mit Bibliotheksbausteinen für STEP 7 und CoDeSys

| Kapitel 4.3.7 | | Verwendete Bausteine | Seite |
|---|---|---|---|
| 4.11 | Gefahrenmelder | FC411 | 90 |
| 4.12 | Auffangbecken | FC412 | 91 |
| Kapitel 4.4.7 | | Verwendete Bausteine | Seite |
| 4.13 | Selektive Bandweiche | FC413 | 102 |
| 4.14 | Behälter-Füllanlage | FC414 | 104 |
| 4.15 | Kiesförderanlage | FC415 | 106 |
| Kapitel 4.5.3 | | Verwendete Bausteine | Seite |
| 4.16 | Behälterfüllanlage II | FB416 | 110 |
| 4.17 | Hebestation | FB417 | 113 |
| Kapitel 4.6.8 | | Verwendete Bausteine | Seite |
| 4.18 | Drehrichtungserkennung | FB418 | 124 |
| 4.19 | Richtungserkennung | FB419 | 126 |
| 4.20 | Blindstromkompensation | FB420 | 128 |
| 4.21 | Stempelautomat | FB421 | 131 |
| Kapitel 4.7.4 | | Verwendete Bausteine | Seite |
| 4.22 | Zweihandverriegelung | FC422 | 148 |
| 4.23 | Trockenlaufschutz einer Kreiselpumpe | FC423/FB423 | 150 |
| 4.24 | Ofentürsteuerung | FB424 | 153 |
| 4.25 | Reinigungsbad | FB425 | 156 |
| 4.26 | Förderbandanlage | FB426 | 160 |
| Kapitel 4.8.4 | | Verwendete Bausteine | Seite |
| 4.27 | Tiefgaragentor | FC100/FB100; FB427 | 171 |
| 4.28 | Drehrichtungsanzeige | FC100/FB100; FC428 | 174 |
| Kapitel 4.9.4 | | Verwendete Bausteine | Seite |
| 4.29 | Drehzahlmessung | FB429 | 187 |
| 4.30 | Reinigungsanlage | FB430 | 189 |
| 4.31 | Pufferspeicher | FB431 | 192 |
| Kapitel 5.1.4 | | Verwendete Bausteine | Seite |
| 5.1 | Füllstandsanzeige bei einer Tankanlage | FC501 | 203 |
| 5.2 | 7-Segment-Anzeige | FC502 | 205 |

| Kapitel 5.2.4 | | Verwendete Bausteine | Seite |
|---|---|---|---|
| 5.3 | Auswahl Zähler-Anzeigewert | FC100/FB100; FC503 | 221 |
| 5.4 | Automatischer Übergang von Tippbetrieb in Dauerbetrieb | FC504/FB504 | 223 |
| 5.5 | 6-Stufen-Taktgenerator | FC505 | 224 |
| 5.6 | Verpackung von Konservendosen | FC506 | 226 |
| 5.7 | Einstellbarer Frequenzteiler bis Teilerverhältnis 8 | FC100/FB100; FB507 | 229 |
| Kapitel 6.1.4 | | Verwendete Bausteine | Seite |
| 6.1 | Wertbegrenzung | FC601 | 233 |
| 6.2 | Maximalwertbestimmung | FC602 | 235 |
| Kapitel 6.2.7 | | Verwendete Bausteine | Seite |
| 6.3 | S5TIME-Zeitvorgabe mit dreistelligem BCD-Zifferneinst. | FC603 | 240 |
| 6.4 | Melde-Funktionsbaustein | FB604 | 242 |
| Kapitel 6.3.4 | | Verwendete Bausteine | Seite |
| 6.5 | BCD-Check | FC605 | 249 |
| 6.6 | Bit-Auswertung von BYTE-Variablen | FC606 | 250 |
| 6.7 | Variables Lauflicht | FC607 | 252 |
| 6.8 | Durchflussmengenmessung | FC608 | 255 |
| Kapitel 6.4.4 | | Verwendete Bausteine | Seite |
| 6.9 | Umwandlung BCD_TO_INT für 4 Dekaden | FC609 | 268 |
| 6.10 | Umwandlung INT_TO_BCD für 4 Dekaden | FC610 | 269 |
| 6.11 | Umwandlung BOOL_TO_BYTE | FC611 | 271 |
| 6.12 | Umwandlung BYTE_TO_BOOL | FC612 | 273 |
| Kapitel 7.5 | | Verwendete Bausteine | Seite |
| 7.1 | Bedingte Variablenauswahl | FC701 | 286 |
| 7.2 | Stufenschalter | FC702 | 287 |
| 7.3 | Vergleicher mit Dreipunktverhalten | FC703 | 288 |
| 7.4 | Multiplex-Ziffernanzeige | FB704 | 290 |
| 7.5 | Umwandlung BCD_TO_REAL für 4 Ziffern | FC705 | 294 |
| 7.6 | Umwandlung REAL_TO_BCD für 4 Ziffern | FC706 | 296 |
| Kapitel 8.1.4 | | Verwendete Bausteine | Seite |
| 8.1 | Parametrierbarer AUF-AB-Zähler | FC100, FC801, FC609, FC610 | 307 |
| 8.2 | Schlupfkontrolle | FC100, FC802, FC610 | 309 |
| 8.3 | Puls-Generator | FB803 | 311 |
| Kapitel 8.2.4 | | Verwendete Bausteine | Seite |
| 8.4 | Funktion Totzone | FC705, FC706, FC804 | 320 |
| 8.5 | Blindleistungsanzeige | FC805, | 321 |
| 8.6 | Füllmengenüberwachung bei Tankfahrzeugen | FB806 | 324 |

| Kapitel 9.6 | | Verwendete Bausteine | Seite |
|---|---|---|---|
| 9.1 | Messwert in einen DB an vorgebbare Stelle schreiben | FC901 | 336 |
| 9.2 | Byte-Bereich in einem DB auf einen Wert setzen | FC902 | 337 |
| 9.3 | Bestimmung von MIN, MAX und AMW in einem DB | FC903 | 338 |
| 9.4 | Sortieren von Messwerten in einem DB | FC904 | 340 |
| 9.5 | Einlesen und Suchen von Materialnummern | FC905; FC906 | 342 |
| 9.6 | Rezeptwerte einschreiben und auslesen | FC907; FC908 | 346 |
| Kapitel 10.4 | | Verwendete Bausteine | Seite |
| 10.1 | Pegelschalter | FC1001 | 363 |
| 10.2 | Ultraschall-Überwachungssystem | FC1002 | 364 |
| 10.3 | Lineare Bereichsabbildung | FC1003 | 366 |
| 10.4 | Bitwert setzen in einer DWORD-Variablen | FC1004 | 367 |
| 10.5 | Qualitätsprüfung von Keramikplatten | FB1005 | 368 |
| 10.6 | Funktionsgenerator | FB1006 | 370 |
| 10.7 | Bestimmung v. MIN, MAX und AMW in einem Datenfeld | FC1007 | 372 |
| 10.8 | Betriebsstunden erfassen und auswerten | FB1008 | 374 |
| Kapitel 11.3.3 | | Verwendete Bausteine | Seite |
| 11.1 | Reaktionsprozess | FB11001 | 388 |
| Kapitel 11.4.4 | | Verwendete Bausteine | Seite |
| 11.2 | Prägemaschine | FB15; FC16 | 395 |
| Kapitel 11.5.8 | | Verwendete Bausteine | Seite |
| 11.3 | Biegemaschine | FB24; FB25; FC26 | 411 |
| Kapitel 11.6.4 | | Verwendete Bausteine | Seite |
| 11.4 | Mischbehälter mit wählbaren Rezeptwerten | FB24; FB25; FC26; FB27 | 421 |
| 11.5 | Chargenprozess | FB24; FB25; FC26; | 431 |
| 11.6 | Bedarfsampel | FB1106 | 438 |
| Kapitel 12.5 | | Verwendete Bausteine | Seite |
| 12.1 | Torsteuerung | FB1001 | 452 |
| 12.2 | Pufferspeicher FIFO | FB1002 | 457 |
| 12.3 | Pumpensteuerung | FB1003; FB1204 | 462 |
| 12.4 | Speisenaufzug | FB1205; FB1206; FB1207 | 467 |
| Kapitel 13.4 | | Verwendete Bausteine | Seite |
| 13.1 | Rauchgastemperaturanzeige | FC1301 | 486 |
| 13.2 | BCD-Zifferneinsteller steuert Analogwertausgabe | FC705; FC1302 | 489 |
| Kapitel 14.3 | | Verwendete Bausteine | Seite |
| 14.1 | Universelle Normierungsfunktion Analogwerteingabe | FC48; FC706 | 494 |
| 14.2 | Drosselklappe mit 0 .. 10-V-Stellungsgeber | FC1401 | 496 |
| 14.3 | Universelle Normierungsfunktion Analogwertausgabe | FC49 | 499 |
| 14.4 | Lackiererei | FC1402 | 501 |
| Kapitel 21.4 | | Verwendete Bausteine | Seite |
| 21.1 | Instandhaltungsbaustein für einen doppeltwirk. Zylinder | FB211 | 630 |
| 21.2 | Instandhaltungsbaustein für einen Motor | FB212 | 634 |

| Kapitel 22.7 | | Verwendete Bausteine | Seite |
|---|---|---|---|
| 22.1 | Zweipunktregelung eines Behälterfüllstandes | FC48; FC74; FC705; FC706 | 690 |
| 22.2 | Temperaturregelung eines Lagerraums | FC48; FC75; FC706 | 691 |
| 22.3 | Behälterfüllstand mit kontinuierlichem Regler | FC48; FC49; FB70; FC100; FC705;FC706 FC804 | 694 |
| 22.4 | Behälterfüllstand mit einem Dreipunkt-Schrittregler mit PI-Verhalten | FC48; FB72; FC100; FC705; FC706;FC804 | 697 |

# II  Zusammenstellung der mehrfach verwendeten Bibliotheksbausteine für STEP 7 und CoDeSys

## 1. Umwandlung, Normierung

**FC 609:**   (BCD4_INT) Umwandlung BCD-Wert in INTEGER-Wert                    Seite 268

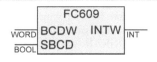

Der vierstellige BCD-Wert am Eingang BCDW von 0 bis + 9999 wird in eine INTEGER-Zahl unter Berücksichtigung des am Eingang SBCD liegenden Vorzeichens („0" = positiv) gewandelt und an den Ausgang INTW gelegt.

**FC 610:**   (INT_BCD4) Umwandlung INTEGER-Wert in vierstelligen BCD-Wert      Seite 269

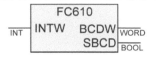

Die am Eingang INTW liegende INTEGER-Zahl von -9999 bis + 9999 wird in einen vierstelligen BCD-Wert gewandelt und an den Ausgang BCDW gelegt. Am Ausgang SBCD wird das Vorzeichen der INTEGER-Zahl angezeigt. („0" = positiv)

**FC 705:**   (BCD_REALN) Umwandlung BCD-Wert in Gleitpunktzahl                  Seite 294
       mit wählbarem Bereich

Der vierstellige BCD-Wert am Eingang BCDW wird unter Berücksichtigung des am Eingang SBCD liegenden Vorzeichens („0" = positiv) und des Ausgabefaktors EAF in eine Gleitpunktzahl gewandelt. Liegt am Eingang EAF beispielsweise der Wert –2, wird der an BCDW liegende Wert von 0000 bis 9999 mit $10^{-2}$ multipliziert.

**FC 706:** (REALN_BCD) Umwandlung einer Gleitpunktzahl in einen     Seite 296
vierstelligen BCD-Wert mit wählbarem Bereich

Die am Eingang REAW liegende Gleitpunktzahl wird unter Berücksichtigung des Ausgabefaktors EAF in eine vierstellige BCD-Zahl gewandelt. Liegt am Eingang EAF beispielsweise der Wert 2, wird der an REAW liegende Wert mit $10^2$ multipliziert. Der Ausgang SBCD gibt das Vorzeichen an. (Gleitpunktzahl positiv: SBCD = „0"). Der Ausgang FEH (=1) zeigt an, wenn durch ungünstige Wahl des Bereichs der BCD-Wert 0000, die Gleitpunktzahl jedoch verschieden von 0.0 ist.

**FC 48:** (AE_REALN) Universelle Normierungsfunktion Analogeingabe     Seite 494

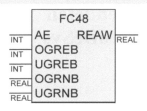

Der Eingabewert in Zweierkomplementdarstellung am Eingang AE wird in eine Gleitpunktzahl gewandelt und an den Ausgang REAW gelegt. Der Bereich der Eingabewerte wird durch die Eingangs-Parameter OGREB und UGREB vorgegeben. Der Bereich, in den gewandelt werden soll (Normierungsbereich), wird durch die Eingangs-Parameter OGRNB und UGRNB angegeben.

**FC 49:** (REALN_AA) Universelle Ausgabefunktion für Analogwerte     Seite 499

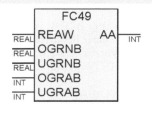

Eine Gleitpunktzahl am Eingang REAW mit einem durch OGRNB und UGRNB bestimmten Bereich wird für eine Analogausgabe in einen von der Analogausgabebaugruppe abhängigen Bereich, der durch OGRAB und UGRAB bestimmt ist, gewandelt und an den Ausgang AA der Funktion gelegt.

## 2. Taktbausteine

**FC 100:** (TAKT) Takt-Funktion mit STEP 7 Zeitfunktion     Seite 168

Der am Funktionseingang Puls_Zeit liegende Wert im Datenformat S5TIME bestimmt die halbe Periodendauer der Rechteckimpulse am Funktionsausgang Takt. An dem zweiten Funktionseingang Zeit ist ein Zeitoperand anzugeben.

**FC 100:** (TAKT) Takt-Funktion mit einstellbarem Puls-Pause-Verhältnis     Seite 168
und STEP 7 Zeitfunktion

Am Funktionsausgang Takt ergeben sich bei 1-Signal am Eingang EIN_AUS Rechteckimpulse mit einstellbaren Puls- und Pausezeiten, welche über die Funktionseingänge Puls_Zeit und Pause_Zeit im Datenformat S5TIME bestimmt werden. An die Funktionseingänge Zeit1 und Zeit2 sind Zeitoperanden anzugeben

**FB 100:**   (TAKT) Takt-Funktion mit Standardzeitfunktionen                    Seite 169

Der am Funktionseingang Puls_Zeit liegende Wert im Datenformat TIME bestimmt die halbe Periodendauer der
Rechteckimpulse am Funktionsausgang Takt.

**FB 101:**   (TAKT) Takt-Funktion mit einstellbarem Puls-Pause-Verhältnis      Seite 169
und den Standardzeitfunktionen

Am Funktionsausgang Takt ergeben sich bei 1-Signal am
Eingang EIN_AUS Recheckimpulse mit einstellbaren Puls-
und Pausezeiten, welche über die Funktionseingänge
Puls_Zeit und Pause_Zeit im Datenformat TIME bestimmt
werden.

# 3. Ablaufsteuerungen

**FB 15**   (KoB_10) Ablaufkette ohne Betriebsartenwahl                        Seite 392

```
          FB15
BOOL ─┤ T1_2
BOOL ─┤ T2_3
BOOL ─┤ T3_4
BOOL ─┤ T4_5
BOOL ─┤ T5_6
BOOL ─┤ T6_7
BOOL ─┤ T7_8
BOOL ─┤ T8_9
BOOL ─┤ T9_10
BOOL ─┤ T10_1
BOOL ─┤ RESET  SCHRITT ├─ INT
```

Im Funktionsbaustein FB 15 (KoB_10) ist das Programm
einer Schrittkette ohne Betriebsartenwahl mit 10 Schritten
realisiert. Werden weniger Schritte benötigt, so müssen die
entsprechenden Bausteineingänge für die Weiterschaltbedingungen nicht beschaltet werden. Die Weiterschaltung
über die nicht benötigten Schritte erfolgt automatisch.

Die Bedeutung der Eingangs- und Ausgangs-Parameter ist
der Beschreibung in Kapitel 11.4 zu entnehmen.

**FB 25:**   (KET_10) Ablaufkette mit Betriebsartenwahl                         Seite 405

```
          FB25
BOOL ─┤ RESET
BOOL ─┤ WEITER_mB
BOOL ─┤ WEITER_oB
BOOL ─┤ T1_2
BOOL ─┤ T2_3
BOOL ─┤ T3_4
BOOL ─┤ T4_5
BOOL ─┤ T5_6
BOOL ─┤ T6_7
BOOL ─┤ T7_8
BOOL ─┤ T8_9
BOOL ─┤ T9_10
BOOL ─┤ T10_1  SCHRITT ├─ INT
```

In dem Funktionsbaustein FB 25 (KET_10) ist wie beim
Schrittkettenbaustein FB15 das Programm einer Schrittkette
mit 10 Schritten realisiert. Für den Ablauf der Schrittkette in
verschiedenen Betriebsarten, sind zusätzlich die Parametereingänge „Weiter_mB" und „Weiter_oB" vorhanden.

Die Bedeutung der Eingangs- und Ausgangs-Parameter ist
der Beschreibung in Kapitel 11.5 zu entnehmen.

**FB 24:**    (BETR) Betriebsartenteil                            Seite 403

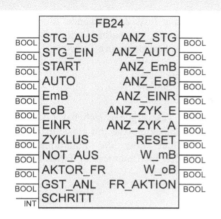

Im Funktionsbaustein FB 24 (BETR) ist das Programm des Betriebsartenteils für das Bedienfeld mit vier wählbaren Betriebsarten realisiert.

Die Funktionsweise des Betriebsartenteils und die Bedeutung der Eingangs- und Ausgangs- Parameter ist der Beschreibung in Kapitel 11.5 zu entnehmen.

## 4. Reglerbausteine

**FC 72:**    (ZWP) Zweipunktregler                               Seite 672

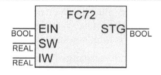

Über den Funktionseingang EIN wird die Zweipunktregler-funktion ohne Schalthysterese eingeschaltet. An den Eingang SW ist der Sollwert und an den Eingang IW ist der Istwert im Bereich 0.0 bis 100.0 anzulegen. Die Stellgröße liegt am Funktionsausgang STG. Ist die Reglerfunktion ausgeschaltet, hat STG „0"-Signal.

**FC 73:**    (DRP) Dreipunktregler                               Seite 676

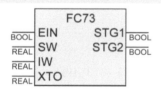

Über den Funktionseingang EIN wird die Dreipunktregler-funktion ohne Schalthysterese eingeschaltet. An den Eingang SW ist der Sollwert und an den Eingang IW ist der Istwert im Bereich 0.0 bis 100.0 anzulegen. Der Funktionseingang XTO bestimmt die Totzone des Dreipunktreglers. An den Funktionsausgängen STG1 und STG2 sind die beiden Stellgrößen abzugreifen.

**FC 74:**    (ZWPH) Zweipunktregler mit Schalthysterese             Seite 674

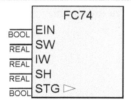

Über den Funktionseingang EIN wird die Zweipunktregler-funktion mit Schalthysterese eingeschaltet. An den Eingang SW ist der Sollwert und an den Eingang IW ist der Istwert im Bereich 0.0 bis 100.0 anzulegen. Über den Eingang SH wird die Schalthysterese vorgegeben. Die Stellgröße ist an der IN_OUT-Variablen STG abzugreifen. Ist die Reglerfunktion ausgeschaltet, hat der Funktionsausgang „0"-Signal.

**FC 75:**     (DRPH) Dreipunktregler mit Schalthysterese                                    Seite 679

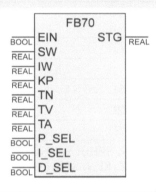

Über den Funktionseingang EIN wird die Dreipunktregler-funktion mit Schalthysterese eingeschaltet. An den Eingang SW ist der Sollwert und an den Eingang IW ist der Istwert im Bereich 0.0 bis 100.0 anzulegen. Der Funktionseingang XTO bestimmt die Totzone und der Funktionseingang SH die Schalthysterese des Dreipunktreglers. An den IN_OUT-Variablen der Funktion STG1 und STG2 sind die beiden Stellgrößen abzugreifen.

**FB 70:**     (PID) PID-Reglerbaustein                                                      Seite 682

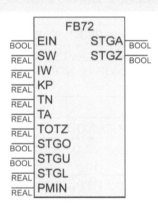

Über den Funktionseingang EIN wird der PID Reglerbau-stein eingeschaltet. An den Eingang SW ist der Sollwert und an den Eingang IW ist der Istwert im Bereich von 0.0 bis 100.0 anzulegen. Die Regelparameter Proportionalverstär-kung, Nachstellzeit, Vorhaltezeit und Abtastzeit sind an die Funktionseingänge KP, TN, TV und TA zu legen. Über die binären Eingänge P_SEL, I_SEL und D_SEL können der P-Anteil, I-Anteil und D-Anteil der PID-Regelfunktion einzeln zu- oder abgeschaltet werden. Das Ergebnis der PID-Regelfunktion liegt am Ausgang STG. Ist die Reglerfunkti-on ausgeschaltet, hat der Ausgang STG den Wert 0.0 und alle internen Speicher werden zurückgesetzt.

**FB 72:**     (PISR) PI-Schrittreglerbaustein                                               Seite 686

Über den Funktionseingang EIN wird der Schrittregler-baustein eingeschaltet. An den Eingang SW ist der Sollwert und an den Eingang IW ist der Istwert im Bereich von 0.0 bis 100.0 anzulegen. Die Regelparameter Proportionalver-stärkung, Nachstellzeit, und Abtastzeit sind an die Funkti-onseingänge KP, TN und TA zu legen. An die beiden binä-ren Eingänge STGO und STGU sind die Geber für den oberen und unteren Anschlag des Stellgliedes anzulegen. Das Ergebnis der PI-Schrittreglerfunktion liegt in Form von Pulsen an den Ausgängen STGA (Stellglied AUF) bzw. STGZ (Stellglied ZU) vor. Wird die Reglerfunktion ausge-schaltet, hat der Ausgang STGZ solange „1"-Signal, bis das Stellglied an den unteren Endanschlag gefahren ist (Mel-dung des Gebers an STGU).

# III Operationslisten der Steuerungssprache STEP 7

## 1. AWL-Operationen

### 1.1 Nach Art bzw. Funktion sortiert (nähere Beschreibung siehe unter 1.2)

| Art/Funktion | Operationen |
|---|---|
| Binäre Abfragen und Verknüpfungen | U; UN; O; ON; X; XN; = |
| Zusammengesetzte logische Grundverknüpfungen | U(; UN(; O(; ON(; X(; XN(; ) |
| Speicherfunktionen | R; S |
| Flankenauswertung | FN; FP |
| Zeiten | FR; L; LC, R; SI; SV; SE; SS; SA |
| Zähler | FR; L; LC; R; S; ZV; ZR |
| Veränderung des VKE | NOT; SET; CLR; SAVE |
| Sprungoperationen | SPA; SPL; SPB; SPBN; SPBB; SPBNB; SPBI; SPBIN; SPO; SPS; SPZ; SPN; SPP; LOOP |
| Programmsteuerungsoperationen | BE; BEB; BEA; CALL; CC; UC |
| Datenbausteinoperationen | AUF; TDB; L DBLG; L DBNO; L DILG; L DINO |
| Lade- und Transferfunktionen | L; LAR1; LAR2; T; TAR; TAR1; TAR2 |
| Akkumulatorfunktionen | TAK; PUSH; POP; ENT; LEAVE; INC; DEC; +AR1; +AR2; BLD; NOP 0; NOP 1; TAW; TAD |
| Vergleichsfunktionen | ==; <>; >; <; >=; <= |
| Digitale Verknüpfungen | UW; OW; XOW; UD; OD; XOD |
| Schiebe- und Rotierfunktionen | SSI; SSD; SLW; SRW; SLD; SRD; RLD; RRD; RLDA; RRDA |
| Umwandlungsfunktionen | BTI; ITB; BTD; ITD; DTB; DTR; INVI; INVD; NEGI; NEGD; NEGR; TAW; TAD; RND; TRUNC; RND+; RND_ |
| Arithmetische Funktionen | +; +I; +D; +R; -I; -D; -R; *I; *D; *R; /I; /D; /R; MOD |
| Nummerische Funktionen | ABS; SQR; SQRT; EXP; LN; SIN; COS; TAN; ASIN; ACOS; ATAN |

## 1.2 Alphabetisch sortiert

| Operation | Beschreibung | Art/Funktion |
|---|---|---|
| = | Zuweisung | Bitverknüpfung |
| ) | Verzweigung schließen | Bitverknüpfung |
| *D | Multipliziere AKKU 1 und AKKU 2 | Festpunkt-Funktion (32 Bit) |
| *I | Multipliziere AKKU 1 und AKKU 2 | Festpunkt-Funktion (16 Bit) |
| *R | Multipliziere AKKU 1 und AKKU 2 | Gleitpunkt-Funktion (32 Bit) |
| /D | Dividiere AKKU 2 durch AKKU 1 | Festpunkt-Funktion (32 Bit) |
| /I | Dividiere AKKU 2 durch AKKU 1 | Festpunkt-Funktion |
| /R | Dividiere AKKU 2 durch AKKU 1 | Gleitpunkt-Funktion (32 Bit) |
| ==D | AKKU 2 gleich AKKU 1 | Vergleicher Festpunktzahl (32 Bit) |
| <>D | AKKU 2 ungleich AKKU 1 | Vergleicher Festpunktzahl (32 Bit) |
| >D | AKKU 2 größer AKKU 1 | Vergleicher Festpunktzahl (32 Bit) |
| <D | AKKU 2 kleiner AKKU 1 | Vergleicher Festpunktzahl (32 Bit) |
| >=D | AKKU 2 größer gleich AKKU 1 | Vergleicher Festpunktzahl (32 Bit) |
| <=D | AKKU 2 kleiner gleich AKKU 1 | Vergleicher Festpunktzahl (32 Bit) |
| ==I | AKKU 2 gleich AKKU 1 | Vergleicher Festpunktzahl (16 Bit) |
| <>I | AKKU 2 ungleich AKKU 1 | Vergleicher Festpunktzahl (16 Bit) |
| >I | AKKU 2 größer AKKU 1 | Vergleicher Festpunktzahl (16 Bit) |
| <I | AKKU 2 kleiner AKKU 1 | Vergleicher Festpunktzahl (16 Bit) |
| >=I | AKKU 2 größer gleich AKKU 1 | Vergleicher Festpunktzahl (16 Bit) |
| <=I | AKKU 2 kleiner gleich AKKU 1 | Vergleicher Festpunktzahl (16 Bit) |
| ==R | AKKU 2 gleich AKKU 1 | Vergleicher Gleitpunktzahl (32 Bit) |
| <>R | AKKU 2 ungleich AKKU 1 | Vergleicher Gleitpunktzahl (32 Bit) |
| >R | AKKU 2 größer AKKU 1 | Vergleicher Gleitpunktzahl (32 Bit) |
| <R | AKKU 2 kleiner AKKU 1 | Vergleicher Gleitpunktzahl (32 Bit) |
| >=R | AKKU 2 größer gleich AKKU 1 | Vergleicher Gleitpunktzahl (32 Bit) |
| <=R | AKKU 2 kleiner gleich AKKU 1 | Vergleicher Gleitpunktzahl (32 Bit) |
| + | Addiere Ganzzahlkonstante | Festpunkt-Funktion (16, 32 Bit) |
| +AR1 | Addiere AKKU 1 zum Adressregister 1 | Akkumulator |
| +AR2 | Addiere AKKU 1 zum Adressregister 2 | Akkumulator |
| +D | Addiere AKKU 1 und AKKU 2 | Festpunkt-Funktion (32 Bit) |
| +I | Addiere AKKU 1 und AKKU 2 | Festpunkt-Funktion (16 Bit) |
| +R | Addiere AKKU 1 und AKKU 2 | Gleitpunkt-Funktion (32 Bit) |

| –D | Subtrahiere AKKU 1 und AKKU 2 | Festpunkt-Funktion (32 Bit) |
|---|---|---|
| –I | Subtrahiere AKKU 1 und AKKU 2 | Festpunkt-Funktion (16 Bit) |
| –R | Subtrahiere AKKU 1 und AKKU 2 | Gleitpunkt-Funktion (32 Bit) |
| ABS | Absolutwert der in AKKU 1 stehenden Gleitpunktzahl nach IEEE-FP | Gleitpunkt-Funktion (32 Bit) |
| ACOS | Bilden des Arcuscosinus | Gleitpunkt-Funktion (32 Bit) |
| ASIN | Bilden des Arcussinus | Gleitpunkt-Funktion (32 Bit) |
| ATAN | Bilden des Arcustangens | Gleitpunkt-Funktion (32 Bit) |
| AUF | Aufschlage Datenbaustein | Datenbaustein |
| BE | Bausteinende | Programmsteuerung |
| BEA | Bausteinende absolut | Programmsteuerung |
| BEB | Bausteinende bedingt | Programmsteuerung |
| BLD | Bildbefehl (Nulloperation) | Akkumulator |
| BTD | BCD wandeln in Ganzzahl (7 St.; VZ) | Umwandler (32 Bit) |
| BTI | BCD wandeln in Ganzzahl (3 St.; VZ) | Umwandler (16 Bit) |
| CALL | Bausteinaufruf | Programmsteuerung |
| CC | Bedingter Bausteinaufruf | Programmsteuerung |
| CLR | Rücksetze VKE (= 0) | Bitverknüpfung |
| COS | Bilden des Cosinus eines Winkels | Gleitpunkt-Funktion (32 Bit) |
| DEC | Dekrementiere AKKU 1 | Akkumulator |
| DTB | Ganzzahl in BCD wandeln (7 St.; VZ) | Umwandler (32 Bit) |
| DTR | Ganzzahl wandeln in Gleitpunktzahl | Umwandler (32 Bit) |
| ENT | Enter AKKU-Stack | Akkumulator |
| EXP | Bilden des Exponentialwerts | Gleitpunkt-Funktion (32 Bit) |
| FN | Flanke Negativ | Bitverknüpfung |
| FP | Flanke Positiv | Bitverknüpfung |
| FR | Freigabe Timer, Zähler | Zeiten/Zähler |
| INC | Inkrementiere AKKU 1 | Akkumulator |
| INVD | 1-Komplement-Ganzzahl | Umwandler (32 Bit) |
| INVI | 1-Komplement-Ganzzahl | Umwandler (16 Bit) |
| ITB | Ganzzahl wandeln in BCD (3 St.; VZ) | Umwandler (16 Bit) |
| ITD | Ganzzahl wandeln in Ganzzahl | Umwandler (16 Bit/32 Bit) |
| L DBLG | Lade Länge Global-DB in AKKU 1 | Datenbaustein |
| L DBNO | Lade Nummer Global-DB in AKKU 1 | Datenbaustein |
| L DILG | Lade Länge Instanz-DB in AKKU 1 | Datenbaustein |

| L DINO | Lade Nummer Instanz-DB in AKKU 1 | Datenbaustein |
|--------|----------------------------------|---------------|
| L | Lade<br>Lade aktuellen Zeit-/Zählerwert als Ganzzahl in AKKU 1 | Laden/Transferieren<br>Zeiten/Zähler |
| L STW | Lade Statuswort in AKKU 1 | Laden/Transferieren |
| LAR1 | Lade Adressregister 1 | Laden/Transferieren |
| LAR2 | Lade Adressregister 2 | Laden/Transferieren |
| LC | Lade aktuellen Zeit-/Zählerwert als BCD-Wert in AKKU 1 | Zeiten/Zähler |
| LEAVE | Leave AKKU-Stack | Akkumulator |
| LN | Bilden des natürlichen Logarithmus | Gleitpunkt-Funktion (32 Bit) |
| LOOP | Programmschleife | Sprünge |
| MCR( | Sichere VKE im MCR-Stack, Beginn MCR-Bereich | Programmsteuerung |
| )MCR | Beende MCR-Bereich | Programmsteuerung |
| MCRA | Aktiviere MCR-Bereich | Programmsteuerung |
| MCRD | Deaktiviere MCR-Bereich | Programmsteuerung |
| MOD | Divisionsrest Ganzzahl | Festpunkt-Funktion (32 Bit) |
| NEGD | 2-Komplement-Ganzzahl | Umwandler (32 Bit) |
| NEGI | 2-Komplement-Ganzzahl | Umwandler (16 Bit) |
| NEGR | Vorzeichenwechsel einer Gleitpunktzahl | Umwandler (32 Bit) |
| NOP 0 | Nulloperation 0 | Akkumulator |
| NOP 1 | Nulloperation 1 | Akkumulator |
| NOT | Negiere VKE | Bitverknüpfung |
| O | ODER bzw. UND vor ODER | Bitverknüpfung |
| O( | ODER mit Verzweigung | Bitverknüpfung |
| OD | ODER-Doppelwort | Wortverknüpfung (32 Bit) |
| ON | ODER NICHT | Bitverknüpfung |
| ON( | ODER NICHT mit Verzweigung | Bitverknüpfung |
| OW | ODER-Wort | Wortverknüpfung (16 Bit) |
| POP | Akkumulatoren nach unten schieben | Akkumulator |
| PUSH | Akkumulatoren nach oben schieben | Akkumulator |
| R | Rücksetze | Bitverknüpfung |
| R | Rücksetze Timer/Zähler | Zeiten/Zähler |
| RLD | Rotiere links Doppelwort | Schieben/Rotieren (32 Bit) |
| RLDA | Rotiere Akku 1 links über A1-Anzeige | Schieben/Rotieren (32 Bit) |

| RND | Runden einer Gleitpunktzahl zur Ganz-zahl | Umwandler |
|---|---|---|
| RND– | Runden einer Gleitpunktzahl zur nächst-niederen Ganzzahl | Umwandler |
| RND+ | Runden einer Gleitpunktzahl zur nächst-höheren Ganzzahl | Umwandler |
| RRD | Rotiere rechts Doppelwort | Schieben/Rotieren (32 Bit) |
| RRDA | Rotiere Akku 1 links über A1-Anzeige | Schieben/Rotieren (32 Bit) |
| S | Setzen | Bitverknüpfung |
| S | Setze Zählerstartwert | Zähler |
| SA | Starten Zeit als Ausschaltverzögerung | Zeiten |
| SAVE | Sichere VKE im BIE-Bit | Bitverknüpfung |
| SE | Starten Zeit als Einschaltverzögerung | Zeiten |
| SET | Setze VKE (=1) | Bitverknüpfung |
| SI | Starten Zeit als Impuls | Zeiten |
| SIN | Bilden des Sinus eines Winkels als Gleit-punktzahlen | Gleitpunkt-Funktion (32 Bit) |
| SLD | Schiebe links Doppelwort | Schieben/Rotieren (32 Bit) |
| SLW | Schiebe links Wort | Schieben/Rotieren (16 Bit) |
| SPA | Springe absolut | Sprünge |
| SPB | Springe, wenn VKE = 1 | Sprünge |
| SPBB | Springe, wenn VKE = 1 und rette VKE ins BIE | Sprünge |
| SPBI | Springe, wenn BIE = 1 | Sprünge |
| SPBIN | Springe, wenn BIE = 0 | Sprünge |
| SPBN | Springe, wenn VKE = 0 | Sprünge |
| SPBNB | Springe, wenn VKE = 0 und rette VKE ins BIE | Sprünge |
| SPL | Sprungleiste | Sprünge |
| SPM | Springe, wenn Ergebnis < 0 | Sprünge |
| SPMZ | Springe, wenn Ergebnis <= 0 | Sprünge |
| SPN | Springe, wenn Ergebnis <> 0 | Sprünge |
| SPO | Springe, wenn OV = 1 | Sprünge |
| SPP | Springe, wenn Ergebnis > 0 | Sprünge |
| SPPZ | Springe, wenn Ergebnis >= 0 | Sprünge |
| SPS | Springe, wenn OS = 1 | Sprünge |

| SPU | Springe, wenn Ergebnis ungültig | Sprünge |
|-----|----------------------------------|---------|
| SPZ | Springe, wenn Ergebnis = 0 | Sprünge |
| SQR | Bilden des Quadrats einer Gleitpunktzahl | Gleitpunkt-Funktion (32 Bit) |
| SQRT | Bilden der Quadratwurzel einer Gleit-punktzahl | Gleitpunkt-Funktion (32 Bit) |
| SRD | Schiebe rechts Doppelwort | Schieben/Rotieren (32 Bit) |
| SRW | Schiebe rechts Wort | Schieben/Rotieren (16 Bit) |
| SS | Starten Zeit als speichernde Einschaltver-zögerung | Zeiten |
| SSD | Schiebe Vorzeichen rechts Ganzzahl | Schieben/Rotieren (32 Bit) |
| SSI | Schiebe Vorzeichen rechts Ganzzahl | Schieben/Rotieren (16 Bit) |
| SV | Starten Zeit als Zeit als verlängerter Im-puls | Zeiten |
| T | Transferiere | Laden/Transferieren |
| TAD | Tausche Reihenfolge der Byte im AKKU 1 | Umwandler (32 Bit) |
| TAK | Tausche AKKU 1 mit AKKU 2 | Akkumulator |
| TAN | Bilden des Tangens eines Winkels als Gleitpunktzahlen | Gleitpunkt-Funktion (32 Bit) |
| TAR | Tausche Adressregister 1 mit 2 | Laden/Transferieren |
| TAR1 | Transferiere Adressregister 1 | Laden/Transferieren |
| TAR2 | Transferiere Adressregister 2 | Laden/Transferieren |
| TAW | Tausche Reihenfolge der Byte im AKKU 1-L | Umwandler (16 Bit) |
| TDB | Tausche Global-DB und Instanz-DB | Datenbaustein |
| TRUNC | Runden einer Gleitpunktzahl durch Abschneiden | Umwandler |
| U | UND | Bitverknüpfung |
| U( | UND mit Verzweigung | Bitverknüpfung |
| UC | Unbedingter Bausteinaufruf | Programmsteuerung |
| UD | UND-Doppelwort | Wortverknüpfung (32 Bit) |
| UN | UND NICHT | Bitverknüpfung |
| UN( | UND NICHT mit Verzweigung | Bitverknüpfung |
| UW | UND-Wort | Wortverknüpfung (16 Bit) |
| X | Exklusiv-ODER | Bitverknüpfung |
| X( | Exklusiv-ODER mit Verzweigung | Bitverknüpfung |
| XN | Exklusiv-ODER-NICHT | Bitverknüpfung |

| XN( | Exklusiv-ODER-NICHT mit Verzweigung | Bitverknüpfung |
|-----|-------------------------------------|----------------|
| XOD | Exklusiv-ODER-Doppelwort | Wortverknüpfung (32 Bit) |
| XOW | Exklusiv-ODER-Wort | Wortverknüpfung (16 Bit) |
| ZR | Zählen rückwärts | Zähler |
| ZV | Zählen vorwärts | Zähler |

## 2. FUP-Operationen alphabetisch sortiert

| Operation | Beschreibung | Art/Funktion |
|-----------|--------------|--------------|
| & | UND-Verknüpfung | Bitverknüpfung |
| >= | ODER-Verknüpfung | Bitverknüpfung |
| = | Zuweisung | Bitverknüpfung |
| # | Konnektor | Bitverknüpfung |
| --\| | Binärer Eingang | Bitverknüpfung |
| --o\| | Binärer Eingang negiert | Bitverknüpfung |
| ==0 | Ergebnisbitabfrage auf gleich 0 | Statusbit |
| <>0 | Ergebnisbitabfrage auf ungleich 0 | Statusbit |
| >0 | Ergebnisbitabfrage auf größer 0 | Statusbit |
| <0 | Ergebnisbitabfrage auf kleiner 0 | Statusbit |
| >=0 | Ergebnisbitabfrage auf größer gleich 0 | Statusbit |
| <=0 | Ergebnisbitabfrage auf kleiner gleich 0 | Statusbit |
| ABS | Bilden des Absolutwertes | Gleitpunkt-Funktion (32 Bit) |
| ACOS | Bilden des Arcuscosinus | Gleitpunkt-Funktion (32 Bit) |
| ADD_DI | Ganzzahlen addieren | Festpunkt-Funktion (32 Bit) |
| ADD_I | Ganzzahlen addieren | Festpunkt-Funktion (16 Bit) |
| ADD_R | Gleitpunktzahlen addieren | Gleitpunkt-Funktion (32 Bit) |
| ASIN | Bilden des Arcussinus | Gleitpunkt-Funktion (32 Bit) |
| ATAN | Bilden des Arcustangens | Gleitpunkt-Funktion (32 Bit) |
| BCD_DI | BCD wandeln in Ganzzahl (7 St.; VZ) | Umwandler (32 Bit) |
| BCD_I | BCD wandeln in Ganzzahl (3 St.; VZ) | Umwandler (16 Bit) |
| BIE | Störungsbitabfrage des BIE-Registers | Statusbit |
| CALL | Bausteinaufruf | Programmsteuerung |
| CEIL | Gleitpunktzahl in nächsthöhere Ganzzahl wandeln | Umwandler |

| CMP==D | IN1 gleich IN2 | Vergleicher Festpunktzahl (32 Bit) |
|---|---|---|
| CMP<>D | IN1 ungleich IN2 | Vergleicher Festpunktzahl (32 Bit) |
| CMP>D | IN1 größer IN2 | Vergleicher Festpunktzahl (32 Bit) |
| CMP <D | IN1 kleiner IN2 | Vergleicher Festpunktzahl (32 Bit) |
| CMP >=D | IN1 größer gleich IN2 | Vergleicher Festpunktzahl (32 Bit) |
| CMP <=D | IN1 kleiner gleich IN2 | Vergleicher Festpunktzahl (32 Bit) |
| CMP ==I | IN1 gleich IN2 | Vergleicher Festpunktzahl (16 Bit) |
| CMP <>I | IN1 ungleich IN2 | Vergleicher Festpunktzahl (16 Bit) |
| CMP >I | IN1 größer IN2 | Vergleicher Festpunktzahl (16 Bit) |
| CMP <I | IN1 kleiner IN2 | Vergleicher Festpunktzahl (16 Bit) |
| CMP >=I | IN1 größer gleich IN2 | Vergleicher Festpunktzahl (16 Bit) |
| CMP <=I | IN1 kleiner gleich IN2 | Vergleicher Festpunktzahl (16 Bit) |
| CMP ==R | IN1 gleich IN2 | Vergleicher Gleitpunktzahl (32 Bit) |
| CMP <>R | IN1 ungleich IN2 | Vergleicher Gleitpunktzahl (32 Bit) |
| CMP >R | IN1 größer IN2 | Vergleicher Gleitpunktzahl (32 Bit) |
| CMP <R | IN1 kleiner IN2 | Vergleicher Gleitpunktzahl (32 Bit) |
| CMP >=R | IN1 größer gleich IN2 | Vergleicher Gleitpunktzahl (32 Bit) |
| CMP <=R | IN1 kleiner gleich IN2 | Vergleicher Gleitpunktzahl (32 Bit) |
| COS | Bilden des Cosinus eines Winkels | Gleitpunkt-Funktion (32 Bit) |
| DI_BCD | Ganzzahl in BCD wandeln (7 St.; VZ) | Umwandler (32 Bit) |
| DI_R | Ganzzahl wandeln in Gleitpunktzahl | Umwandler (32 Bit) |
| DIV_DI | Dividiere IN1 durch IN2 | Festpunkt-Funktion (32 Bit) |
| DIV_I | Dividiere IN1 durch IN2 | Festpunkt-Funktion |
| DIV_R | Dividiere IN1 durch IN2 | Gleitpunkt-Funktion (32 Bit) |
| EXP | Bilden des Exponentialwerts | Gleitpunkt-Funktion (32 Bit) |
| FLOOR | Gleitpunktzahl in nächstniedrigere Ganzzahl wandeln | Umwandler |
| I_BCD | Ganzzahl wandeln in BCD (3 St.; VZ) | Umwandler (16 Bit) |
| I_DI | Ganzzahl wandeln in Ganzzahl | Umwandler (16 Bit/32 Bit) |
| INV_DI | 1-Komplement-Ganzzahl | Umwandler (32 Bit) |
| INV_I | 1-Komplement-Ganzzahl | Umwandler (16 Bit) |
| JMP | Springe im Baustein | Sprünge |
| JMPN | Springe im Baustein wenn 0 | Sprünge |
| LABEL | Sprungmarke | Sprünge |
| LN | Bilden des natürlichen Logarithmus | Gleitpunkt-Funktion (32 Bit) |

| MCR> | MCR ausschalten | Programmsteuerung |
|---|---|---|
| MCR< | MCR einschalten | Programmsteuerung |
| MCRA | MCR Anfang | Programmsteuerung |
| MCRD | MCR Ende | Programmsteuerung |
| MOD_DI | Divisionsrest Ganzzahl | Festpunkt-Funktion (32 Bit) |
| MOVE | Wert übertragen | Laden/Transferieren |
| MUL_DI | Multipliziere IN1 und IN2 | Festpunkt-Funktion (32 Bit) |
| MUL_I | Multipliziere IN1 und IN2 | Festpunkt-Funktion (16 Bit) |
| MUL_R | Multipliziere IN1 und IN2 | Gleitpunkt-Funktion (32 Bit) |
| N | Flanke 1→0 abfragen | Bitverknüpfung |
| NEG | Signalflanke 1→0 abfragen | Bitverknüpfung |
| NEG_DI | 2-Komplement-Ganzzahl | Umwandler (32 Bit) |
| NEG_I | 2-Komplement-Ganzzahl | Umwandler (16 Bit) |
| NEG_R | Vorzeichenwechsel einer Gleitpunkt-zahl | Umwandler (32 Bit) |
| OPN | Datenbaustein öffnen | DB-Aufruf |
| OS | Störungsbit Überlauf gespeichert | Statusbits |
| OV | Störungsbit Überlauf | Statusbits |
| P | Flanke 0→1 abfragen | Bitverknüpfung |
| POS | Signalflanke 0→1 abfragen | Bitverknüpfung |
| R | Rücksetzen | Bitverknüpfung |
| RET | Springe zurück | Programmsteuerung |
| ROL_DW | Rotiere links Doppelwort | Schieben/Rotieren (32 Bit) |
| ROR_DW | Rotiere rechts Doppelwort | Schieben/Rotieren (32 Bit) |
| ROUND | Runden einer Gleitpunktzahl zur Ganzzahl | Umwandler |
| RS | Speicher rücksetzdominant | Bitverknüpfung |
| S | Setzen | Bitverknüpfung |
| SA | Zeit als Ausschaltverzögerung starten | Zeiten |
| SAVE | Sichere VKE im BIE-Bit | Bitverknüpfung |
| S_AVERZ | Zeit als Ausschaltverzögerung para-metrieren und starten | Zeiten |

| SE | Zeit als Einschaltverzögerung starten | Zeiten |
|---|---|---|
| S_EVERZ | Zeit als Einschaltverzögerung parametrieren und starten | Zeiten |
| SHL_DW | Schiebe links Doppelwort | Schieben/Rotieren (32 Bit) |
| SHL_W | Schiebe links Wort | Schieben/Rotieren (16 Bit) |
| SHR_DI | Schiebe rechts Ganzzahl | Schieben/Rotieren (32 Bit) |
| SHR_DW | Schiebe rechts Doppelwort | Schieben/Rotieren (32 Bit) |
| SHR_I | Schiebe rechts Ganzzahl | Schieben/Rotieren (16 Bit) |
| SHR_W | Schiebe rechts Wort | Schieben/Rotieren (16 Bit) |
| SI | Zeit als Impuls starten | Zeiten |
| S_IMPULS | Zeit als Impuls parametrieren und starten | Zeiten |
| SIN | Bilden des Sinus eines Winkels als Gleitpunktzahlen | Gleitpunkt-Funktion (32 Bit) |
| SQR | Bilden des Quadrats einer Gleitpunktzahl | Gleitpunkt-Funktion (32 Bit) |
| SQRT | Bilden der Quadratwurzel einer Gleitpunktzahl | Gleitpunkt-Funktion (32 Bit) |
| SR | Speicher setzdominant | Bitverknüpfung |
| SS | Zeit als speichernde Einschaltverzögerung starten | Zeiten |
| S_SEVERZ | Zeit als speichernde Einschaltverzögerung parametrieren und starten | Zeiten |
| SUB_DI | Subtrahiere IN1 und IN2 | Festpunkt-Funktion (32 Bit) |
| SUB_I | Subtrahiere IN1 und IN2 | Festpunkt-Funktion (16 Bit) |
| SUB_R | Subtrahiere IN1 und IN2 | Gleitpunkt-Funktion (32 Bit) |
| SV | Zeit als Zeit als verlängerter Impuls starten | Zeiten |
| S_VIMP | Zeit als Zeit als verlängerter Impuls parametrieren und starten | Zeiten |
| SZ | Zähleranfangswert setzen | Zähler |
| TAN | Bilden des Tangens eines Winkels als Gleitpunktzahlen | Gleitpunkt-Funktion (32 Bit) |
| TRUNC | Runden einer Gleitpunktzahl durch Abschneiden | Umwandler |
| UO | Störungsbit ungültige Operation | Statusbit |
| WAND_DW | UND-Doppelwort | Wortverknüpfung (32 Bit) |
| WAND_W | UND-Wort | Wortverknüpfung (16 Bit) |

| WOR_DW | ODER-Doppelwort | Wortverknüpfung (32 Bit) |
| WOR_W | ODER-Wort | Wortverknüpfung (16 Bit) |
| WXOR_DW | Exclusiv-ODER-Doppelwort | Wortverknüpfung (32 Bit) |
| WXOR_W | Exclusiv-ODER-Wort | Wortverknüpfung (16 Bit) |
| XOR | Exklusiv-ODER | Bitverknüpfung |
| ZAEHLER | Parametrieren und vorwärts-/ rückwärtszählen | Zähler |
| ZR | Rückwärtszählen | Zähler |
| Z_RUECK | Parametrieren und rückwärtszählen | Zähler |
| ZV | Vorwärtszählen | Zähler |
| Z_VORW | Parametrieren und vorwärtszählen | Zähler |

# 3. SCL-Anweisungs- und Funktionsübersicht

## 3.1 Operatoren

| Darstellung | Operator | Klasse | Priorität |
|---|---|---|---|
| := | Zuweisung | Zuweisung | 11 |
| ** | Potenz | Arithmetik | 2 |
| + | unäres Plus (Vorzeichen) | Arithmetik | 3 |
| − | unäres Minus (Vorzeichen) | Arithmetik | 3 |
| * | Multiplikation | Arithmetik | 4 |
| / | Division | Arithmetik | 4 |
| MOD | Modulo-Funktion | Arithmetik | 4 |
| DIV | Ganzzahlige Division | Arithmetik | 4 |
| + | Addition | Arithmetik | 5 |
| − | Subtraktion | Arithmetik | 5 |
| < | Kleiner | Vergleich | 6 |
| > | Größer | Vergleich | 6 |
| <= | Kleiner gleich | Vergleich | 6 |
| >= | Größer gleich | Vergleich | 6 |
| = | Gleichheit | Vergleich | 7 |
| <> | Ungleichheit | Vergleich | 7 |

| NOT | Negation | Logisch | 3 |
|-----|----------|---------|---|
| AND; & | UND | Logisch | 8 |
| XOR | Exclusiv-ODER | Logisch | 9 |
| OR | ODER | Logisch | 10 |
| ( ) | Klammerung | Klammerung | 1 |

## 3.2 Kontrollanweisungen

| Name | Beschreibung |
|------|--------------|
| IF | Die IF-Anweisung ist eine bedingte Anweisung (BOOL-Wert). |
| CASE | Die CASE-Anweisung dient der 1 aus n Auswahl eines Programmteils. Diese Auswahl beruht auf dem laufenden Wert eines Auswahl-Ausdrucks (INT-Wert). |
| FOR | Eine FOR-Anweisung dient zur Wiederholung einer Anweisungsfolge, solange eine Laufvariable innerhalb des angegebenen Wertebereichs liegt. Die Laufvariable muss der Bezeichner einer lokalen Variable vom Typ INT oder DINT sein. |
| WHILE | Die WHILE-Anweisung erlaubt die wiederholte Ausführung einer Anweisungsfolge unter der Kontrolle einer Durchführungsbedingung (Logischer Ausdruck). |
| REPEAT | Eine REPEAT-Anweisung bewirkt die wiederholte Ausführung einer zwischen REPEAT und UNTIL stehenden Anweisungsfolge bis zum Eintreten einer Abbruchbedingung (Logischer Ausdruck). |
| CONTINUE | Eine CONTINUE-Anweisung dient zum Abbruch der Ausführung des momentanen Schleifendurchlaufes einer Wiederholungsanweisung (FOR, WHILE oder REPEAT) und zum Wiederaufsetzen innerhalb der Schleife. |
| EXIT | Eine EXIT-Anweisung dient zum Verlassen einer Schleife (FOR, WHILE oder REPEAT) an beliebiger Stelle und unabhängig von Gültigkeit der Abbruchbedingung. |
| GOTO | Mit einer GOTO-Anweisung können Programmsprünge innerhalb desselben Bausteins realisiert werden. |
| RETURN | Eine RETURN-Anweisung bewirkt das Verlassen des aktuell bearbeiteten Bausteins (OB, FB, FC) und die Rückkehr zum aufrufenden Baustein bzw. zum Betriebssystem, wenn ein OB verlassen wird. |

## 3.3 Bausteinaufrufe

| Bausteinart: | Funktion |
|---|---|
| Beschreibung: | Der Aufruf einer Funktion erfolgt unter Angabe des Funktionsnamens (FC-, SFC-BEZEICHNUNG oder BEZEICHNER), sowie der Parameterliste. Der Funktionsname, der den Rückgabewert bezeichnet, kann absolut oder symbolisch angegeben werden. |
| Beispiele: | FC31 (X1:=5, Q1:=Quersumme) ; // Absolut<br>ABST (X1:=5, Q1:=Quersumme) ; // Symbolisch<br>LAENGE:= ABST (X1:=-3, Y1:=2); // Zuweisung des Rückgabewertes |

| Bausteinart: | Funktionsbaustein |
|---|---|
| Beschreibung: | Beim Aufruf eines Funktionsbausteins können sowohl globale Instanz-Datenbausteine als auch lokale Instanzbereiche des aktuellen Instanz-Datenbausteins benutzt werden.<br>Der Aufruf eines FB als lokale Instanz unterscheidet sich vom Aufruf als globale Instanz in der Speicherung der Daten. Die Daten werden hier nicht in einem gesonderten DB abgelegt, sondern in dem Instanz-Datenbaustein des aufrufenden FB. |
| Beispiele: | // Aufruf als lokale Instanz<br>MOTOR(X1:=5, X2:=78);<br>// Aufruf als globale Instanz (Aufruf FB10 mit Instanz-Datenbaustein DB20)<br>FB10.DB20(X1:=5, X2:=78.....) ; // absolut<br>ANTRIEB.EIN(X1:=5, X2:=78.....) ; // symbolisch |

## 3.4 Zählfunktionen

| Name | Funktion | Aufruf | Datentyp |
|---|---|---|---|
| S_CUD | Vor-Rückwärtszähler | BCD_ZAEHLW :=<br>S_CUD (<br>C_NO:= Zähloperand,<br>CU:= Vorwärtszählen,<br>CD:= Rückwärstzählen,<br>S:= Setzeingang,<br>PV:= Zählwert,<br>R:= Rücksetzen,<br>CV:= Zählwert_dual,<br>Q:= Status Zähloperand); | WORD<br><br>COUNTER<br>BOOL<br>BOOL<br>BOOL<br>WORD<br>BOOL<br>WORD<br>BOOL |
| S_CU | Vorwärtszähler | ... := S_CU (... Ohne CD:= .. ) | |
| S_CD | Rückwärtszähler | ... := S_CD (... Ohne CU:= .. ) | |

## 3.5  Zeitfunktionen

| Name | Funktion | Aufruf | Datentyp |
|------|----------|--------|----------|
| S_PULSE | Zeit als Impuls starten | BCD_ZEITW := <br> S_PULSE ( <br> T_NO:= Zeitoperand, <br> S:= Starteingang, <br> PT:= Zeitdauer, <br> R:= Rücksetzen , <br> BI:= Zeitwert_dual , <br> Q:= Status Zeitoperand); | WORD <br><br> TIMER <br> BOOL <br> S5TIME <br> BOOL <br> WORD <br> BOOL |
| S_PEXT | Zeit als verlängerter Impuls starten | ... := S_PTEXT (... ) | |
| S_ODT | Zeit als Einschaltverzögerung starten | ... := S_ODT (... ) | |
| S_ODTS | Zeit als speichernde Einschaltverzögerung starten | ... := S_ODTS (... ) | |
| S_OFFDT | Zeit als Ausschaltverzögerung starten | ... := S_OFFDT (... ) | |

## 3.6  Konvertierungsfunktionen

| Funktionsname | Konvertierungsregel |
|---------------|---------------------|
| BOOL_TO_BYTE | Ergänzung führender Nullen |
| BOOL_TO_DWORD | Ergänzung führender Nullen |
| BOOL_TO_WORD | Ergänzung führender Nullen |
| BYTE_TO_DWORD | Ergänzung führender Nullen |
| BYTE_TO_WORD | Ergänzung führender Nullen |
| CHAR_TO_STRING | Transformation in einen String (der Länge 1), der das gleiche Zeichen enthält. |
| DINT_TO_REAL | Transformation in REAL entsprechend IEEE-Norm. Der Wert kann sich – wegen der anderen Genauigkeit bei REAL – ändern. |
| INT_TO_DINT | Das höherwertige Wort des Funktionswertes wird bei einem negativen Eingangsparameter mit 16#FFFF, sonst mit Nullen aufgefüllt. Der Wert bleibt gleich. |
| INT_TO_REAL | Transformation in REAL entsprechend IEEE-Norm. Der Wert bleibt gleich. |
| WORD_TO_DWORD | Ergänzung führender Nullen |
| BYTE_TO_BOOL | Kopieren des niedrigstwertigen Bits |
| BYTE_TO_CHAR | Übernahme des Bitstrings |

| CHAR_TO_BYTE | Übernahme des Bitstrings |
| --- | --- |
| CHAR_TO_INT | Der im Eingangsparameter vorhandene Bitstring wird in das niedrigerwertige Byte des Funktionswertes eingetragen. Das höherwertige Byte wird mit Nullen aufgefüllt. |
| DATE_TO_DINT | Übernahme des Bitstrings |
| DINT_TO_DATE | Übernahme des Bitstrings |
| DINT_TO_DWORD | Übernahme des Bitstrings |
| DINT_TO_INT | Der im Eingangsparameter stehende Wert wird als Datentyp INT interpretiert. Das Vorzeichen bleibt erhalten. |
| DINT_TO_TIME | Übernahme des Bitstrings |
| DINT_TO_TOD | Übernahme des Bitstrings |
| DWORD_TO_BOOL | Kopieren des niedrigstwertigen Bits |
| DWORD_TO_BYTE | Kopieren der 8 niedrigstwertigen Bits |
| DWORD_TO_DINT | Übernahme des Bitstrings |
| DWORD_TO_REAL | Übernahme des Bitstrings |
| DWORD_TO_WORD | Kopieren der 16 niedrigstwertigen Bits |
| INT_TO_CHAR | Übernahme des Bitstrings |
| INT_TO_WORD | Übernahme des Bitstrings |
| REAL_TO_DINT | Runden des IEEE-REAL-Wertes auf DINT |
| REAL_TO_DWORD | Übernahme des Bitstrings |
| REAL_TO_INT | Runden des IEEE-REAL-Wertes auf INT |
| STRING_TO_CHAR | Kopieren des ersten Zeichens des Strings |
| TIME_TO_DINT | Übernahme des Bitstrings |
| TOD_TO_DINT | Übernahme des Bitstrings |
| WORD_TO_BOOL | Kopieren des niedrigstwertigen Bits |
| WORD_TO_BYTE | Kopieren der niedrigstwertigen 8 Bits |
| WORD_TO_INT | Übernahme des Bitstrings |
| WORD_TO_BLOCK_DB | Das Bitmuster von WORD wird als Datenbausteinnummer interpretiert. |
| BLOCK_DB_TO_WORD | Die Datenbausteinnummer wird als Bitmuster von WORD interpretiert. |
| ROUND | Runden einer REAL-Zahl (Bilden einer DINT-Zahl) |
| TRUNC | Abschneiden einer REAL-Zahl (Bilden einer DINT-Zahl) |

## 3.7 Mathematische Funktionen

| Funktionsname | Datentyp | | Beschreibung |
|---|---|---|---|
| | Eingangs-Parameter | Funktionswert | |
| ABS | ANY_NUM | ANY_NUM | Betrag |
| SQR | ANY_NUM | REAL | Quadrat |
| SQRT | ANY_NUM | REAL | Wurzel |
| EXP | ANY_NUM | REAL | e hoch IN |
| EXPD | ANY_NUM | REAL | 10 hoch IN |
| LN | ANY_NUM | REAL | Natürlicher Logarithmus |
| LOG | ANY_NUM | REAL | Dekadischer Logarithmus |
| ACOS | ANY_NUM | REAL | Arcus-Cosinus |
| ASIN | ANY_NUM | REAL | Arcus-Sinus |
| ATAN | ANY_NUM | REAL | Arcus-Tangens |
| COS | ANY_NUM | REAL | Cosinus |
| SIN | ANY_NUM | REAL | Sinus |
| TAN | ANY_NUM | REAL | Tangens |

ANY-NUM ist ein allgemeiner Datentyp, für den konkret INT, DINT oder REAL verwendet werden kann.

## 3.8 Schieben und Rotieren

| Aufruf | Datentyp | Beschreibung |
|---|---|---|
| Ergebnis:= SHL( IN := Eing_Wert N := Schiebezahl) | BOOL, BYTE, WORD; DWORD  BOOL, BYTE, WORD; DWORD INT | Das im Parameter IN vorhandene Bitmuster wird um so viele Stellen nach links geschoben, wie der Inhalt des Parameters N angibt. |
| Ergebnis:= SHR( IN := Eing_Wert N := Schiebezahl) | BOOL, BYTE, WORD; DWORD  BOOL, BYTE, WORD; DWORD INT | Das im Parameter IN vorhandene Bitmuster wird um so viele Stellen nach rechts geschoben, wie der Inhalt des Parameters N angibt. |
| Ergebnis:= ROL( IN := Eing_Wert N := Schiebezahl) | BOOL, BYTE, WORD; DWORD  BOOL, BYTE, WORD; DWORD INT | Der im Parameter IN vorhandene Wert wird um so viele Bitstellen nach links rotiert, wie der Inhalt des Parameters N angibt. |
| Ergebnis:= ROR( IN := Eing_Wert N := Schiebezahl) | BOOL, BYTE, WORD; DWORD  BOOL, BYTE, WORD; DWORD INT | Der im Parameter IN vorhandene Wert wird um so viele Bitstellen nach rechts rotiert, wie der Inhalt des Parameters N angibt. |

# IV Operationsliste der Steuerungssprache CoDeSys

## 1. IEC Operatoren und zusätzliche normerweiternde Funktionen

| Art/Funktion | Operationen |
|---|---|
| Arithmetische Operatoren | ADD; MUL; SUB; DIV; MOD; MOVE; INDEXOF; SIZEOF |
| Bitstring Operatoren | AND; OR; XOR; NOT |
| Bit-Shift Operatoren | SHL; SHR; ROL; ROR |
| Auswahloperatoren | SEL; MAX; MIN; LIMIT; MUX |
| Vergleichsoperatoren | GT; LT; LE; GE; EQ; NE |
| Adressoperatoren | ADR; ADRINST; BITADR; Inhaltsoperator |
| Aufrufoperatoren | CAL |
| Typkonvertierungen | BOOL_TO_.; BYTE_TO_.; DATE_TO_.; DINT_TO_.; DT_TO_.; DWORD_TO_.; INT_TO_.; LREAL_TO_.; REAL_TO_.; SINT_TO_.; STRING_TO_.; TIME_TO_.; TOD_TO_.; UDINT_TO_.; UINT_TO_ ; USINT_TO_.; WORD_TO_…; |
| Nummerische Operatoren | ABS; SQRT; LN; LOG; EXP; SIN; COS; TAN; ASIN; ACOS; ATAN; EXPT |
| Initialisierungs-Operator | INI |

## 2. Übersicht zusätzlicher Modifikatoren und Operatoren in der AWL

| | | |
|---|---|---|
| *C | bei JMP; CAL; RET | Die Anweisung wird nur ausgeführt, wenn das Ergebnis des vorhergehenden Ausdrucks TRUE ist. |
| *N | bei JMP; CAL; RET | Die Anweisung wird nur ausgeführt, wenn das Ergebnis des vorhergehenden Ausdrucks FALSE ist. |
| *N | Sonst | Negation des Operanden (nicht des Akku). |

| Operator | Modifikator | Bedeutung |
|---|---|---|
| LD | N | Setze aktuelles Ergebnis gleich dem Operanden. |
| ST | N | Speichere aktuelles Ergebnis an die Operandenstelle. |
| S | | Setze den BOOL-Operand genau dann auf TRUE, wenn das aktuelle Ergebnis TRUE ist. |
| R | | Setze den BOOL-Operand genau dann auf FALSE, wenn das aktuelle Ergebnis TRUE ist. |
| AND; OR; XOR | N,( | Bitweise AND, OR bzw. XOR. |
| ) | | Wertet die zurückgestellte Operation aus. |

# Weiterführende Literatur

**Zu Kapitel 2 – 14**

*Berger, H.*: Automatisieren mit STEP 7 in AWL und SCL, Siemens AG, Verlag Publicis Publishing, Erlangen 2009

*3S – Smart Software Solutions GmbH*: Handbuch für SPS Programmierung mit CoDeSys 2.3, Download des kostenlosen CoDeSys - Programmiersystems unter www.3s-software.com

*Seitz, M.*: Speicherprogrammierbare Steuerungen, Carl Hanser Verlag, München 2008

**Zu Kapitel 15 – 19**

*Pigan, R., Metter, M.*: Automatisieren mit PROFINET: Industrielle Kommunikation auf Basis von Industrial Ethernet, Siemens AG, Verlag Publicis Publishing, Erlangen 2005

*Popp, M.*: Das PROFINET IO-Buch: Grundlagen und Tipps für Anwender, Hüthig Verlag, Heidelberg 2005

*Schnell, G., Wiedemann, B.(Hrsg.)*: Bussysteme in der Automatisierungs- und Prozesstechnik, Vieweg+Teubner Verlag, Wiesbaden 2008

**Zu Kapitel 20**

*Rech, J.*: Wireless LANs: 802.11-WLAN-Technologie und praktische Umsetzung im Detail, Heise Zeitschriften Verlag, Hannover 2006

*Sauter, M.*: Grundkurs Mobile Kommunikationssysteme, Vieweg Verlag, Wiesbaden 2008

**Zu Kapitel 22**

*Schleicher, M.*: Regelungstechnik für Praktiker, Firma JUMO GmbH & Co. KG, Fulda 2006

**Kapitel 23**

*Brosch, Peter*: Moderne Stromrichterantriebe: Leistungselektronik und Maschinen, Arbeitsweise drehzahlveränderbarer Antriebe mit Stromrichtern und Antriebsvernetzung, Vogel Verlag, Würzburg 2002

*Groß, H., Hamann, J., Wiegärtner, G.*: Technik elektrischer Vorschubantriebe in der Fertigungs- und Automatisierungstechnik, Siemens AG, Verlag Publicis Publishing, Erlangen 2006

*Meins, J., Riefenstahl, U., Scheithauer, R., Weidenfeller, H.*: Elektrische Antriebssysteme, Teubner Verlag, Wiesbaden 2006

**Zu Kapitel 25 – 26**

*Iwanitz, F., Lange, J.*: OPC: Grundlagen, Implementierung und Anwendung, Hüthig Verlag, Heidelberg 2005

*Wöhr, H.*: Web-Technologien: Konzepte, Programmiermodelle, Architekturen, dpunkt.verlag, Heidelberg 2004

**Zu Kapitel 27 – 30**

*BGIA-Report 2/2008*: Funktionale Sicherheit von Maschinensteuerungen: Anwendung der DIN EN ISO 13849, Deutsche Gesetzliche Unfallversicherung (DGUV), Sankt Augustin 2008

*Gehlen, P.*: Funktionale Sicherheit von Maschinen und Anlagen: Umsetzung der europäischen Maschinenrichtlinie, Siemens AG, Verlag Publicis Publishing, Erlangen 2007

# Sachwortverzeichnis

**0 ... 100**

2-aus-3-Auswahl  82
2-Draht-Messumformer  482
2-Leiter-Anschluss  485
4-Draht-Messumformer  482
4-Leiter-Anschluss  485
5/2-Wegeventil  102 f., 113 f., 123 ff.
5/3-Wegeventil  153
7-Segment-Code  205
8421-BCD-Code  54 f.
87-Hz-Kennlinie, Umrichter  739
10 BASE-T nach IEEE802.3  550
100 BASE-TX/FX  551

**A**

Ablauf-Funktionsplan  378
Ablaufsprache AS  19, 378, 383 f.
Ablaufsteuerung
– , Ablaufkette, Grundformen  380 f.
– , Ablaufkette, standardisierte  404 f.
– , Aktionen, Aktionsblock  383
– , Aktionsfreigabesignal  402
– , Automatikbetrieb  400
– , Bedien-/Anzeigefeld  399 ff.
– , Befehlsausgabe  389 f., 407 ff.
– , Bestimmungszeichen für Aktionen
   384
– , Betriebsartensignale  402 f.
– , Betriebsartenteil  402 f.
– , Darstellung von Schritten  379
– , Einrichtbetrieb  399 f., 410 f.
– , Einzelschrittbetrieb  400
– , Grundstellung  386, 396, 406
– , Initialisierung  402
– , Initialschritt  405 f.
– , Schrittumsetzung, SR-Speicher
   386 f., 392
– , Signalvorverarbeitung  418
– , Transitionen  379
– , Weiterschaltbedingungen mit und ohne
   Bedingungen  402
Abnutzungsvorrat  621
Abtastung  475
Access Point, WLAN  594
Addition, s. Arithmetische Funktionen

Adressen
– , AS-i-Slaves  514, 521 f.
– , Ethernet, MAC  556
– , Internet Protokoll IP  557 f.
– , PROFIBUS-Baugruppe, Steckplätze
   542
– , PROFIBUS DP, E/A-Adressen  547
– , PROFIBUS-Teilnehmer  536, 544
– , SPS-E/A-Adressen, absolute  17
Adressierung
– , absolute (direkte)  32 f.
– , Feldindex für ARRAY  328
– , indirekte  328 f.
– , Multielement-Variable  328
– , registerindirekte  329, 334 ff.
– , speicherindirekte  329, 331 ff.
– , Strukturvariable  328
– , symbolische  24
Adressoperand  329, 331 f.
Adressregister
– , AR1 bzw. AR2  334 f.
Address Resolution Protocol (ARP)  561
AES-Verschlüsselungstyp, WLAN  601
Akkumulatoren, STEP 7  13, 196
Akkumulatorfunktionen  201
Aktionen
– , Ablaufsprache (DIN EN 61131-3)
   383 f.
– , GRAFCET (DIN EN 60848)  385
Aktoren (Feldebene)  506
Aktor-Sensor-Interface, s. AS-Interface
Alternative Verzweigung, Schrittkette
   381
Alternierende Puls Modulation, AS-i
   512
Analogausgabebaugruppen SPS  17
– , Spannungsausgang mit Kurzschluss-
   prüfung  480
– , Stromausgang, Drahtbruchprüfung
   480
Analogausgänge, Messbereiche
– , Spannung  479 f.
– , Strom  479 f.
Analog-Digital-Umsetzung
– , Abtastung  475

– , Auflösung  475
– , Codierung  475
– , Dual-Slope-Verfahren  474
– , Least Significant Bit, LSB  475
– , Quantisierung  475
– , Quantisierungsfehler  475
Analogeingabebaugruppen SPS  17
Analogeingänge, Messbereiche
– , Spannung  477
– , Strom  477 f.
– , Temperatur  479
– , Widerstand  478
Analoge Signale  16, 473
– , Spannungsbetrag  473
– , Strombetrag  473
Analoge Signalgeber  474
Analogwertdarstellung
– , Auflösung  476
– , Bitmuster  476
Analogwertverarbeitung  473
– , Anschluss von Lasten  484
– , Anschluss von Messwertgebern
    481 ff.
– , normierte Ausgabe  492 f.
– , normierte Eingabe  491f.
Anweisungsliste AWL  19
Anwenderprogramm-Schnittstellen SPS
– , bei Industrial Ethernet, AG-Send und
    AG-Receive  573
– , bei PROFIBUS: DP_SEND und
    DP_RECV  546
ANY_, allgemeiner Datentyp  231,245
ANY, S7-Parametertyp, Zeiger  40
Antrieb, intelligenter  701
Antriebstechnik  4, 700 ff.
ARRAY, Datentyp für Felder  25
Arbeitsspeicher, CPU, S7-SPS  12
Arithmetische Funktionen
– , Übersicht, CoDeSys  305
– , Übersicht, DIN EN 61131-3  299
– , Übersicht, STEP 7  300 ff.
AS-Interface, AS-i
– , AS-i-Betriebsmodi  515
– , AS-i-Bus  510 ff., 518 ff.
– , AS-i-Bustopologie  511
– , AS-i-Buszugriffsverfahren  513
– , AS-i-E/A-Konfig. und ID-Code  521
– , AS-i, geschützter Betriebsmodus  515
– , AS-i-Konfiguration  510

– , AS-i-Leitung  512
– , AS-i-Listen, aktivierte, erkannte und
    projektierte Slaves  514 f.
– , AS-i-Master  510, 514
– , AS-i-Masteranschaltung  511
– , AS-i-Masteraufruf, Slaveantwort  514
– , AS-i-Modulationsverfahren AMP
    512
– , AS-i-Nachricht  514
– , AS-i-Netzteil  510
– , AS-i-Parameterbits  521f.
– , AS-i-Repeater  516
– , AS-i-Slave-Adressen  520 ff.
– , AS-i-Spezifikationen  517 f.
– , AS-i-System  510
– , AS-i-Telegrammaufbau  514
– , AS-Interface Safety at Work  829 f.
Auflösung, ADU  475 f.
Ausdruck, Strukturierter Text ST  352,
    354
Ausschaltverzögerung  134 f., 142
Auswahlanweisungen in ST-Sprache
– , CASE-Anweisung  355
– , IF-Anweisung  355
Automatikbetrieb, s. Ablaufsteuerung
Automatisieren: Steuern, Regeln,
    Visualisieren, Kommunikation  1 f.
Automatisierungsgeräte  9
AWL-Quelle, STEP 7  34, 149
Azyklischer Datenaustausch
– , PROFIBUS DP (DP-V1)  538 f.


**B**
Bausteinarten
– , in CoDeSys  42
– , in STEP 7  35
Bausteinaufruf, Funktion
– , formaler  32
– , nichtformaler  32
Bausteinaufruf, Funktionsbaustein
– , CAL, IEC 61131-3, CoDeSys  31
– , CALL, STEP 7  37
Bausteinauswahl, Kriterien für FB, FC  38
Bausteinbibliotheken in CoDeSys  43, 46
Bausteine in CoDeSys  42
Bausteinfunktionen, s. Programmsteuer-
    funktionen
BCD (Binär Codierte Dezimalzahl)
– , Anzeige  55, 221

– , Zahlen  28, 54 f.
– , Zifferneinsteller  18, 240, 489
Bedien-/Anzeigefeld, s. Ablaufsteuerung
Befehlsausgabe, s. Ablaufsteuerung
Beharrungszustand, Regelung  642
Beschreibungsmittel, Steuerungs-
    entwurf  3
– , Ablauf-Funktionsplan  378 ff.
– , freigrafischer Funktionsplan  249,
    253, 307, 693, 696, 699
– , Funktionstabellen  80 ff.
– , Programmablaufplan  276 ff.
– , RS-Tabelle  109 ff.
– , Struktogramm  278 ff.
– , Zustandsgraph, S7-HiGraph  442 ff.
Betriebsartenteil, s. Ablaufsteuerung
Bibliotheks-Bausteine, Verzeichnis  830
Binäre Signale  15
Binärer Signalgeber  474
Binäruntersetzer  121 f.
Bistabile Elemente, DIN EN 61131-3  97
– , Standardfunktionsbausteine  97
Bit  15 f.
BLOCK, S7-Parametertyp  40
BSS, WLAN  594
Bürde (Widerstand), Analogausgang  485
Busabschlusswiderstand, PROFIBUS  532
Busanschluss
– , PC  509 f.
– , SPS  505 f.
Bussysteme  5
– , AS-i  510 ff., 518 ff.
– , Ethernet-TCP/IP  549 ff., 569 ff.
– , PROFIBUS DP  527, 540 ff.
– , PROFINET IO  575, 586
Buszugriffsverfahren
– , AS-i-Bus  513
– , Ethernet, TCP/IP  554
– , PROFIBUS DP  535
Byte  15 f.

**C**
CE-Kennzeichen (Konformität)  802
CFC (Continuous Function Chart)  417,
    488, 504, 525, 691, 694, 696, 699
Client, WLAN  594
Client-Server  732 f.
– , bei Ethernet-TCP/IP  564
– , bei OPC  775 f.

– , bei Web-Technologie  756
– , im Internet  751
CoDeSys  42 ff.
– , Alles Übersetzen  47
– , AWL-Operatoren  44
– , Bibliotheksverwalter  44
– , FUP-Operatoren  44
– , Simulation  48
– , Standardfunktionen  44
– , Standard Lib  44
– , ST-Operatoren  44
COM (Component Object Model)  779
COUNTER, S7-Parametertyp  40
CPU, SPS  9, 11
CRC-Checksumme  556 f.
CSMA/CA-Verfahren, WLAN  602
CSMA/CD-Verfahren, Ethernet  554

**D**
Datagramm-Dienst, Ethernet  562
Daten, Begriff  27
Datentypen und Variablenkonzept  2
Datenbausteine
– , Globale-DB  37
– , Instanz-DB  37
Datenkommunikation  506
Datentypen  2, 27
– , abgeleitete  23, 27 f.
– , elementare  23, 27 f.
– , konvertieren, CoDeSys  46
DCF-Authentifizierung, WLAN  602
DCOM (Distributed Object Model)  779
Deklaration
– , Beispiele FC, FB  39, 40
– , Funktion  21
– , Funktionsbaustein  22
– , Schlüsselwörter  21
– , Schnittstelle in STEP 7  38
– , Variablen  21
Deklarationstabelle  39
Dekrementieren  301
De Morgan'sche Theoreme  85
Dezentrale Peripherie, PROFIBUS  527
Dienst
– , Dienstmodell, ISO-OSI  750 f.
– , Internetdienste  751
– , verbindungsloser (IP, UDP)  559, 565
– , verbindungsorientierter (TCP)  563 f.
– , Zugangspunkte, PROFIBUS DP  537

Digital-Analog-Umsetzer DAU   476
Digitalausgabebaugruppe   16
Digitaleingabebaugruppe   16
Digitaler Regler
– , Abtastung   668
– , Abtastzeit   669
– , Auflösung   669
– , prinzipieller Aufbau   671
Digitale Signale   15
Digitale Verknüpfungen (Wort)
– , Ergänzen von Bitmustern   239
– , Maskieren von Binärstellen   239
– , Signalwechsel erkennen   239
– , Übersicht, CoDeSys   238
– , Übersicht, DIN EN 61131-3   236
– , Übersicht, STEP 7   237
DIN EN 61131-3 (dt. SPS-Norm)   2, 19 f.
Disjunktive Normalform DNF   71, 82
– , minimierte DNF   89
Division, s. Arithmetische Funktionen
DP-Master, PROFIBUS   528, 535,
    537 ff.
DP-Mastersystem, PROFIBUS   544
DP-Slaves, PROFIBUS   528, 535, 540
DP-Zykluszeit, PROFIBUS   535
Drahtbruch-Erkennung, Ruhestrom   819
Drahtbruchprüfung   315
– , Analogausgang   485
– , Diagnose, PROFINET IO-Device   589
Drehspannungserzeugung
– , Drehstrom-Brückenschaltung   708
– , Pulsweitenmodulation   709 f.
– , Raumzeigermodulation   710 f.
– , speziell für Synchronservomotor   722
– , Wechselrichter   708
Drehzahlsteuerung, U/f, Umrichter
    713 f.
DSSS-Übertragungsverfahren   605
Dualzahlensystem   49
DX, Datenquerverkehr PROFIBUS   539

E
E/A-Konfiguration, AS-i   515, 521
Echtzeit   6, 505, 528
Eigensicherheit   528
Einerkomplement   50 f.
Einfache Ablaufkette   380
Einlesen/Normieren von Messwerten   491
Einrichtbetrieb   399 f., 410

Einschaltverzögerung   134 f., 140, 142
Einzelschrittbetrieb   400
Elektrische Ausrüstung, Maschinen,
    DIN EN 60204-1
– , Kurzschlussschutz   812
– , Netzeinspeisung   813
– , Netztrenneinrichtung   813
– , Steuerstromkreis   814
ELM (Electrical Link Modul)   553
E-Mail Dienst   751
EMV-Richtlinie   89/336/EWG   798
EN/ENO-Mechanismus   217, 220
Energiesparmotor   700 f.
EPROM Memory Card   12
Ergänzen von Bitmustern   239
Erstabfrage   65
ESS, WLAN   596
Ethernet
– , Buszugriffsverfahren   554 f.
– , Kollisionsdomäne   555
– , Netzaufbau (EN 50173)   552
– , Shared LAN   555
– , Switched LAN   555
Ethernet-Frames   556
Ethernet-TCP/IP
– , Kommunikation   560 ff.
– , Konzept, Header/Nutzdaten   564
Excel-OPC-Client   785, 788 ff.
Exclusiv-ODER-Verknüpfung   62 f., 73 ff.

F
Fachsprachenkonzept, SPS-Norm   2
Fast Ethernet   551
Feldbusverbindung
– , PROFIBUS   725, 734
– , PROFINET   725
– , taktsynchrone   703
Feldbussysteme   6, 510 ff., 526 ff.
Felder, Multielement-Variable   25
FIFO-Pufferspeicher   457 ff.
FISCO-Modell, bei PROFIBUS PA   534
Flankenauswertung
– , CoDeSys   119
– , negative Flanke   117
– , positive Flanke   116 f., 118
Flankenoperand   116
– , F_TRIG   117 f.
– , Impulsoperand   116
– , R_TRIG   117 f.

Freigabeausgang EN, Baustein  217, 220
Freigabeeingang ENO, Baustein  217, 220
Freigabekontakte, Sicherheitskette  821
Freigrafischer Funktionsplan  230
Frequenzumrichter  705, s. a. Umrichter
FTP-Server  763
Führungsgröße, Regelung  639
Funknetz  593 f.
Funktion, FC-Baustein  20, 36
– , RET_VAL  36
– , VOID  36
Funktionsaufruf, CoDeSys
– , CAL  47
– , nichtformaler  47
Funktionsbaustein FB  20
Funktionsbausteinsprache FBS (FUP)  19
Funktionsmodell einer SPS  14
Funktionsplan  58
Funktionsplandarstellung für Sprünge
      212
Funktionstabelle  58, 67 ff., 71 f.
– , Regeln zum Erstellen  82
Funktionswert, RET_VAL (STEP 7)  37
Führungsgröße, Regelung  638 f.
Fuzzy
– , Defuzzifizierung  657
– , Fuzzy-Inferenz  656
– , Fuzzifizierung  656
– , Fuzzy-Regelfunktion  659 f.
– , linguistische Variable  655
– , linguistische Werte  655
– , Logik  654
– , MAX-MIN-Methode  656
– , Regelfunktion  654
– , unscharfe Aussagen  655
– , Zugehörigkeitsfunktion  655


**G**
Gateway  754
Geberart
– , Öffner  15
– , Schließer  15
Gebersysteme
– , Absolutwertgeber, Multiturn  723
– , Absolutwertgeber, Singleturn  723
– , Inbetriebnahme  739
– , Inkrementalgeber, sin/cos 1Vpp  723 f.
– , Inkrementalgeber, TTL/HTL  723
– , Resolver  723 f.

Gegenseitiges Verriegeln  101
Geräte-Stammdaten-Datei GSD  537, 576
GRAFCET (DIN EN 60848)  378, 385
Graphen
– , S7-GRAPH  379
– , S7-HiGraph  442 ff.


**H**
Handlungen im Notfall (VDE 0113)
– , Not-Aus  817
– , Not-Halt  817
Hexadezimalzahlen  28, 56 f.
HiGraph, Zustandsgraph  442 ff.
– , Austrittaktion  445
– , Eintrittsaktion  445
– , Externe Nachricht  450
– , Funktionsebene  451
– , Graphengruppe  450, 471
– , IN-Message  450
– , interne Nachricht  450
– , Koordinierungsebene  451, 468
– , normale Transition  444
– , OUT-Message  450
– , Return-Transition  444, 447
– , Subkoordinationsebene  451, 468
– , Transitionen  443
– , Wartezeit  445
– , Zentralebene  450
– , zyklische Aktion  445
Hilfsoperand  167
HTML (Hypertext Markup Language)
      756, 758 f.
HTML-Datei, Aufbau  757
HTML-Tags, Auswahl  760
HTTP (Hypertext Transfer Protocol)  757
Hub, Sternverteiler  551, 555, 567


**I**
IEC 61131-3, SPS-Programmiernorm  31
IEC-Zähler, STEP 7  41
IEC-Zeitglieder, STEP 7  41
Impulsoperand  116
Impuls, STEP 7
– , SI-Zeitfunktion  135, 139
– , verlängerter, Zeitfunktion SV  135, 139
Inbetriebnahme, Umrichter
– , Applikationsinbetriebnahme  733 ff.
– , Schnellinbetriebnahme  732 f.
– , Serieninbetriebnahme  732

Indirekte Adressierung   328 ff.
– , bereichsinterner Zeiger   330
– , bereichsübergreifender Zeiger   330
– , indizierter Zugriff in Sprache SCL   355
– , registerindirekte   333
– , speicherindirekte   331
Induktiver Näherungsschalter   473
Industrial-Twisted-Pair-Leitung ITP   552
Industrielle Kommunikation   748 ff.
Informationstechnologien IT, Begriff   506
Initialisierung (Vorbelegung), FB   28
Initialschritt, Ablaufkette   405 f.
Inkrementieren   301
Instanz-Aufruf   30
Instanz-Datenbaustein , STEP 7   36, 40
Instanziierung   19
Internet, Begriff   748
Intranet, Begriff   506
Instandhaltung
– , Abnutzungsvorrat   621
– , Inspektion   621
– , Instandsetzung   621
– , Schwachsatellenbeseitigung   621
– , Wartung   621
Instandhaltungs-Diagnosearten
– , Prozessdiagnose   624
– , Systemdiagnose   623
Instandhaltungs-Funktionsbausteine
– , Darstellung mit Ablauffunktionsplan
       628, 631, 634
– , Darstellung von Fehlermöglichkeiten
       bei Aktoren   630, 634
– , Instandhaltungsmeldungen   624, 626
– , prinzipieller Aufbau   626 f., 630, 634
– , Störmeldungen   624 f.
Instandhaltungsmaßnahmen
– , ereignisorientierte   621
– , intervallabhängige   622
– , zustandsabhängige   622
IP-Adressen   557 f.
IP-Standard (IP = Internet Protocol)   557
ISDN, Begriff   550
I-Slaves, PROFIBUS DP   539
ISM-Band, WLAN   603
ISO/OSI-Referenzmodell   750, 752 f.
ISO-on-TCP-Verbindung   569 f.
Istwert, Regelung   638 f.
IT-Kommunikation, Definition   506
IWLAN/PB-Link   617

J
Java Applets (S7-Applets)   764 ff.

K
Karnaugh-Veitch-Symmetrie-Diagramm
       (KVS)   86 ff.
Kennlinie, statische, Regelung
– , lineare   509
– , nichtlineare   509
Ketten-Schleife   382
Kollisionsdomäne, Ethernet   555
Komplementbildung
– , Einerkomplement   50
– , Zweierkomplement   50
Kommunikation   748
– , horizontale   749
– , vertikale   750
Kommunikationssysteme   5
Kommunikationsbaugruppen (CP)   507
Kommunikationsverbindungen
– , Industrial Ethernet   567
Konjunktive Normalform (KNF)   72, 83
Kontaktplan KOP   19
Kontaktabfrage
– , Öffner   59
– , Schließer   59
Kontrollanweisungen, ST-Sprache
– , CASE   355
– , CONTINUE   359
– , EXIT   359
– , FOR   356
– , GOTO   360
– , IF   355
– , REPEAT   356
– , RETURN   355
– , WHILE   356
Konvertierung von Datentypen   257 ff.
Konstanten, s. Literale
Kurzschlussprüfung
– , Analogausgang   485
– , Diagnose PROFINET IO-Device   589

L
Ladespeicher, in CPU, S7-SPS   12
Lade- und Transfer-Funktionen,
       s. Übertragungsfunktionen
Lichtvorhang   824
– , Blanking Funktion   824
– , Mutingbetrieb   824

Lichtwellenleiter   530 f., 534, 553, 578
Lineares Programm   22, 29
Linien-Topologie   531, 554
Liste der aktivierten AS-Slaves (LAS)   514
Liste der erkannten AS-Slaves (LES)   514
Liste der projektierten Slaves (LPS)   514
Literale   27
Logischer Tokenring, PROFIBUS   535
Logische Verknüpfungen   58
– , Exklusive-ODER   62 f.
– , NAND   63
– , NICHT   59
– , NOR   64
– , ODER   64
– , UND   59 f.
Lokaldaten (Variablen), STEP 7
– , statische   38
– , temporäre   38, 75
Lokales Netz LAN   549
LOOP-Anweisung   210, 214, 504

**M**
MAC-Adresse, Ethernet   556
Manchester-II-Codierung   512
Maschinenrichtlinie 89/392/EG   798
Maskieren von Binärstellen   239
Master
– , AS-i   510, 514, 518
– , PROFIBUS DP   527, 535, 540
Masteraufruf, s. AS-Interface
Master-Slave-Kommunikation   535
Master-Slave-Verfahren   535
Mathematische Funktionen, s. Arithmeti-
    sche und Nummerische Funktionen
Memory-Card   12
Merker   75 f.
– , remanente   76
Messarten, Analogeingänge für *U, I, R ,T*
    477
Messbereich, Analog
– , Nennbereich   477
– , Übersteuerungsbereich   477
– , Untersteuerungsbereich   477
Messbereiche, Analogeingänge
– , Spannungssignalgeber   477
– , Stromsignalgeber   478
– , Temperaturgeber   479
– , Widerstandsgeber   478

Messbereichsmodule   477
– , Analogbaugruppen   482
Messgeber   640
Messumformer   640
Messwertgeber
– , 2-Draht-Messumformer   481 f.
– , 4-Draht-Messumformer   481 f.
– , Spannungsgeber   481 f.
– , Stromgeber   481
– , Widerstand   481
Messwert-Normierung   491
MIME-Typen   758
Modulo-Division   306
Motoridentifikation, Umrichter   718,
    740 f.
Motormodell, Umrichter   718
Motorstarter   452
MOVE-Box   199, 202
Motion Control   703
MPI-Schnittstelle, S7-SPS   527, 541
Multielement-Variablen   25
Multiinstanz   31, 152
Multiplex-Ziffernanzeige   290 ff.
Multiplikation, s. Arithmetische
    Funktionen
Mutingbetrieb, Lichtvorhänge   824

**N**
Nachstellzeit, Regler   651
Näherungsschalter, induktiver   474
NAV, Network Allocation Vector   602
Negation
– , einer booleschen Variablen   58
– , einer Verknüpfung   63
Netztopologien
– , AS-i   511
– , Industrial Ethernet   552 f.
– , PROFIBUS   529
Netzübergänge, Gateways
– , PROFIBUS-AS-i   516
– , PROFINET-PROFIBUS   583
Netzwerk
– , AS-i   516
– , Ethernet TCP/IP   553
– , Industrial Ethernet   553
– , PROFIBUS DP   526
– , PROFINET   579
Neustart, S7-SPS (OB 100)   36

Niederspannungsrichtlinie 73/23/EWG 798
Normierung 491
– , Analogausgangsbereich 492 f.
– , Analogeingangsbereich 491 f.
Normierungsbausteine
– , FC 48, Analogeingabe 492
– , FC 49, Analogausgabe 494
Normierungsformeln 495, 500
NOT-AUS (HALT)-Befehle 819
Nummerische Funktionen
– , Übersicht, CoDeSys 317 ff.
– , Übersicht, DIN EN 61131-3 313
– , Übersicht, STEP 7 313 ff.
Nutzdaten 514, 536, 556 f.

**O**

ODER-Verknüpfung 61
ODER-vor-UND-Verknüpfung 72
OFDM-Übertragungsverfahren 606 f.
Offenes System, OSI 750
Offenheit, Kommunikationsbegriff 505
OLE, Object Linking and Embedding
  775
OLM (Optical Link Modul) 530, 554
OPC (OLE for Process Control) 775
– , Browser 779, 781
– , Clients 775, 778 f.
– , Data Access 775
– , Namensraum 777
– , Objekte (Server, Group, Item) 777
– , Server, Software-Komponente 776
– , Technologie 7
– , Test-Clients 781
– , XML Data Access 782
OPC-Client-Server-Prinzip 776
OPC-Group Objekt 777, 789
OPC-ItemID 777
OPC-Item Objekt 777, 789
OPC-Navigator 775
OPC-Schnittstellen
– , Automation-Interface 778 f.
– , Custom-Interface 778
– , Data Control 779 f.
– , in Visualisierungs-Software 780 f.
OPC-Server
– , konfigurieren 777, 786 f.
– , Objekt 777
Organisationsbausteine, STEP 7 36
OSI-7-Schichtenmodell 750

**P**

Paketvermittelte Kommunikation 562
Parameter, formale S7-Bausteinparameter
– , Ausgangsparameter/Variable 38 f.
– , Durchgangsparameter/Variable 38 f.
– , Eingangsparameter/Variable 38 f.
Parametertypen, in STEP 7
– , ANY (ANY-Zeiger) 40
– , BLOCK_DB/FB/FC 40
– , COUNTER 40
– , POINTER (Bereichszeiger) 40
– , TIMER 40
PC-Anwender-Schnittstellen 568
PC-basierte Steuerungen 10
PCF-Authentifizierung, WLAN 603
PDF, Portable Document Format 758
Performance Level PL 8, 808 f.
PID-Regelalogrithmus
– , Geschwindigkeitsalgorithmus 670
– , Stellungsalgorithmus 670
Ping-Kommando 562
PLCSIM, STEP 7-Simulation 41
Polling 513, 535, 538
Port-Nummern 563, 756
Ports, auch TCP-Nummern 566, 573
Präfix, Speicherort u. Operandengröße 24
Prioritätenklassen, OB 36
PROFIBUS DP 527, 540 ff.
PROFIBUS PA 528
PROFIBUS-Profile 526
PROFIBUS-Leitung 532
PROFIBUS-Slave, Umrichter 725, 734
PROFIBUS-Systemanschluss PC 509
PROFIBUS-Telegramm 536
PROFIdrive Profil 727
PROFINET 6
– , CBA, Konzept 575
– , IO, Konzept 575
– , IO-Controller 576
– , IO-Device, Gerätename 577, 587, 590
– , IRT-fähig 584
– , IRT-Kanal 581
– , Komponenten 581
– , Komponentengenerator 580
– , Link zu PROFIBUS (IE/PB) 583
– , PN OPC-Server 582
– , Provider-Consumer-Verfahren 575 f.
– , SRT-Kanal 584
– , Switch 577, 579

– , Telegramm-Priorisierung   584 f.
– , Verschaltungseditor   580, 582
– , Web-Integration   585
PROFISafe, Sicherheit   828 f.
Programmablaufplan PAP, DIN 66001
– , Konstrukte   275 ff.
– , Programmierung in AWL   282 f.
Programmiersprachen, SPS   19
Programm-Organisationseinheit (POE)   20
Programmorganisationskonzept   2
Programm PRG, CoDeSys   20
Programmsteuerfunktionen, CoDeSys
– , Bausteinaufrufe   219
– , Baustein-Ende-Funktionen   220
– , EN/ENO-Mechanismus   220
– , Operatoren für AWL   218
– , Operatoren für FUP   218
Programmsteuerfunktionen, DIN EN61131
– , Aufruf   208 f.
– , Modifizierer   208 f.
– , Rücksprung   208 f.
– , Sprung   208 f.
– , Sprung, bedingter   209
– , Sprung, unbedingter   209
– , Zentralebene, S7-HiGraph   450
Programmsteuerfunktionen, STEP 7
– , abhängig von Akku-Funktionen   210
– , abhängig von VKE- und BIE-Bit   210
– , Bausteinaufrufe, Übersicht   215 f.
– , Baustein-Ende-Funktionen, AWL   216
– , EN/ENO-Mechanismus   217
– , Rückwärtssprung   212
– , Schleifensprung, LOOP   210, 214
– , Sprungleiste SPL   213 f., 284
– , Sprungmarken, AWL   211
– , Übersicht   210
– , Vorwärtssprung   212
Programmstrukturen
– , lineare   29
– , strukturierte   30
Projektierungsmodi, AS-i   515
Projektierungssystem
– , CoDeSys   42 ff.
– , STEP 7   34 ff.
Projektstruktur
– , CoDeSys   42 f.
– , STEP 7   34
Proportionalventil   474
Protokoll, Begriff   561, 753, 758

Provider-Consumer-Verfahren   575
Prozessabbild, SPS   11, 13
Prozessdatenwort PZDW, Umrichter
      727, 731
Prozessdiagnose   624
Prozess- oder Feldkommunikation   506
Pseudotetraden
– , BCD   54
– , BCD-Check   249
PSK-Verfahren, WLAN   599
Pt 100   479
Pulsweitenmodulation   711 f.

**Q**
Quantisierungsfehler   475
Quellen, STEP 7
– , AWL-Quelle   34 f.
– , generieren   34
Querschluss-Erkennung   822

**R**
RADIUS-Protokoll, WLAN 600
Raumzeigermodulation   710 f.
Regelfunktionen   646
– , Dreipunkt-Regelfunktion   647 f.
– , Fuzzy-Regelfunktion   654 ff.
– , I-Regelfunktion   649 ff.
– , P-Regelfunktion   648 f.
– , PI-Regelfunktion   650
– , PID-Regelfunktion   653
– , PI-Schrittregelfunktion   651
- , Zweipunktregelfunktion   647
Repeater, Bussysteme   516
Redundanz und Diversität   819
Regelbereich   643
Regeldifferenz   638 f., 649
– , bleibende   649
Regelgröße   638 f.
Regelkreis   2, 639, 641
– , Additionsstelle   640
– , Block   640
– , Verzweigung   640
– , Wirkungslinie   640
Regelstrecke   640
– , mit Ausgleich   644
– , mit Totzeit   644
– , mit Verzögerung   644
– , ohne Ausgleich   644
– , Regelbarkeit   643

Regelstreckenparameter
– , Ausgleichszeit 642 f.
– , Übertragungsbeiwert 642
– , Verzugszeit 642 f.
Regelstreckenuntersuchung
– , dynamisches Verhalten (Zeitverhalten)
  642, 651
– , statisches Verhalten (Beharrungszustand)
  642
Regelung, Definition 1 f., 638
Regelungstechnik 4
Regelungstechnische Grundbegriffe
  638 f.
Registerindirekte Adressierung 333 f.
Regler
– , analoger 668
– , digitaler 672
Regler, Reglerbausteine
– , Dreipunkt mit Hysterese 677 f.
– , Dreipunkt ohne Hysterese 675 f.
– , PID-Regler 681 f.
– , PI-Schrittregler 684 f.
– , Zweipunkt mit Hysterese 673 f.
– , Zweipunkt ohne Hysterese 672
Reglerarten 646
Reglerparameter, einstellbare
– , Nachstellzeit 651
– , Proportionalbeiwert 649, 653
– , Vorhaltzeit 653
Reglerstruktur, Servoregler, Antrieb
– , Drehzahlregler 721
– , Stromregler 721
– , Wegregler 721
Reihenfolgeverriegelung 102
Remanente Merker 76
Repeater, für Bussysteme 529
Ring-Topologie 531
Risiko-Beurteilung, Sicherheit 804 ff.
Risikograf, s. Sicherheitsbegriff
Roaming, WLAN 596 f.
Rotieren, Akkuinhalt
– links 247
– rechts 247
Router 560, 753
Routing 560 ff.
RS-Speicher 96 f., 99
RS-Tabelle 109 f.
RTC/CTS-Verfahren, WLAN 603
Rückführkreis, Sicherheit 819

Rückwärtszähler 177 f., 179
Ruhestromprinzip, Drahtbruch-
  erkennung 819
Rückführgröße, Regelung 638

S
S7Data Control (OPC) 779, 794 ff.
S7-Funktionen (S7-Protokoll) 568
S7Number Control (OPC) 794
Safety Integrity Level SIL 8, 809 f.
Sanftanlaufgerät 706
SCADA (Supervision Control And Data
  Acquisition) 780
Schaltalgebraischer Ausdruck 58
Schaltnetze 81
Schaltwerke 82
Schaltfolgetabelle 122 f.
Schaltfunktionsvereinfachung
– , algebraisches Verfahren 84
– , KVS-Diagramm 86 ff.
Schichten, OSI 750
Schiebefunktionen
– , Übersicht, CoDeSys 248
– , Übersicht, DIN EN 61131-3 245
– , Übersicht, STEP 7 245 ff.
Schleife, in Ablaufkette 382
Schleifenanweisungen, ST-Sprache
– , FOR-Zählschleife 357
– , REPEAT-Schleife (fußgesteuerte)
  358
– , WHILE-Schleife (kopfgesteuerte)
  358
Schleifensprung LOOP 214 f.
Schlupfkompensation, DSAM 716
Schlüsselwörter, für Deklarationen 21, 24
Schnittstellen, Anwenderprogramm
– , OPC 778 ff.
– , PROFIBUS DP 546
– , SEND-RECEIVE 567, 576
Schrittkette, s. Ablaufsteuerung
Schutztürüberwachung 820
Segmente, TCP 564
Segmentkoppler, PROFIBUS DP/PA 528
Selbsthaltung , Speicherfunktion 95
SEND-RECEIVE-Schnittstelle 567 f., 573
Sensoren in Feldebene 506
Servomotor, Typen
– , Asynchronservomotor, spezieller 650
– , EK-Motor 710

– , Synchronservomotor, permanent-
   erregter  710
Servoregelung, Umrichter  720
– , für permanenterregten Synchron-
   Servomotor  719
Shared LAN  555
Sichere Bussysteme  8, 802
Sicherheit von Steuerungen  803 f., 818 f.
Sicherheitsbegriff  803
– , Funktionale Sicherheit  805
– , Kategorien  807
– , Leitsätze zur Risikobeurteilung  794 f.
– , Performance Level PL  808
– , Risikograf  806, 809
– , Sicherheits-Integritäts-Level SIL
   809 ff.
Sicherheitsbussysteme  826
Sicherheitsschaltgerät  821
Sicherheitssteuerung  8, 826
Sicherheitsmonitor, AS-i  827
Sicherheitsnormen, EG  8
– , Fachnormen, Typ C  800
– , Gruppennormen, Typ B  800
– , Grundnormen, Typ A  800
– , Normen, allgemeine  799
Sicherheits-Slaves  827
Sicherheitstechniken
– , Diversität  815, 819
– , Erdschlussprüfung  815
– , Funktionsprüfung  815
– , Redundanz  815, 819
– , Schutzverriegelung  815
– , Wendeschütz  815
Sicherheitstechnologien
– , Diversität  819
– , Drahtbrucherkennung  819
– , Freigabekontakt  819
– , Querschlusserkennung  821
– , Redundanz  819
– , Ruhestromprinzip  819
– , Rückführkreis  819
– , Verriegelungen  819
– , zwangsgeführte Kontakte  818
– , zwangsöffnende Schaltkontakte  818
– , Zweikanaligkeit  819
Signalgeber
– , analoger  474
– , digitaler  474
SIL-Monitor, PROFISafe  829

Simultanverzweigung, Schrittkette  381
Signale
– , analoge  16
– , binäre  15
– , digitale  15
Signalwechsel von Binärstellen erkennen
   239 f.
SimaticNET-Verbindungen, statische  567
Simultanverzweigung, Schrittkette  381
Simulation, Programmtest  41
Sinnbilder PAP, STG  281
Slaveadresse, s. AS-Interface
Slaveantwort, s. AS-Interface
Slot-SPS  10
SOAP (Akronym)  783 f.
Soft-SPS  10
Socket-Schnittstelle  563, 566
Sollwert, Regelung  638 f.
Sollwertgeber  640
Setzen-Box  99,100
Speicherbox  99, 100
Speicherfunktion  69
– , in CoDeSys  97
– , in DIN EN 61131-3  97
– , in STEP 7  97
– , Rücksetzen-Box  99, 100
– , Setzen-Box  99, 100
– , vorrangig Rücksetzen (RS)  98
– , vorrangig Setzen (SR)  98 f.
Speichern, Begriff  69
Speicherindirekte Adressierung  331 f.
Speichernde Einschaltverzögerung  141
Speicherprogrammierbare Steuerung  5, 9 ff.
– , Adressregister  13
– , Akkumulator  13
– , Anwenderprogramm 12
– , Arbeitsspeicher  12 f.
– , Aufbau  9
– , Funktionsmodell  14
– , Kommunikationsbus  13
– , Ladespeicher  11 f.
– , Memory Card  11
– , Merker  12
– , Peripheriebus  13
– , Prozessabbild  12 f.
– , RAM-Speicher  11
– , Steuerwerk  12
– , Zähler  12
– , Zeitglieder  12

– , Zyklische Programmbearbeitung  14
– , Zykluszeit  14
Sprungantwort, Regelung  645, 649, 651
Sprunganweisungen, in ST-Sprache
– , CONTINUE (nur STEP 7)  356, 359
– , EXIT  356, 359
– , GOTO (nur STEP 7)  356, 360
– , RETURN  356, 359
Sprungdarstellung in FBS  209
Sprungfunktionen, s. Programmsteuer-
    funktionen
SPS-Norm, DIN EN 61131-3  2
Steuerung  1
Steuerungssicherheit  7
Steuerwort STW1, Umrichter  728 f., 747
Sprungoperationen, s. Programmsteuer-
    funktionen
Sprungleiste SPL  213 f.
Sprungmarke, bei AWL  210 f.
SPS-Programmiernorm (IEC61131)  2, 19 ff.
SSID, WLAN  594
Standard Gateway (Router)  562, 754
Standardisierte, offene Bussysteme  505
Startfunktionen, Sicherheitsanforderungen
    nach DIN EN 60204-1  815
Stellantrieb  640
– , kontinuierlicher  664 f.
– , quasi-kontinuierlicher  664 f.
Stellgerät  640
Stellglied  638, 640, 661
Stellglieder
– , integrierende  667
– , proportionale  667
– , schaltende  667
Stellgröße, Regelung  638 f.
Stellsignaltypen
– , stetige  662
– , unstetige  662
Stern-Topologie  553
Steuerstromkreise, DIN EN 60204-1  814 f.
Steuerung, Definition  1
Steuerungshoheit, Umrichter
– , bei Inbetriebnahme holen  744
Steuerungssicherheit  803 f.
Stoppfunktionen, drei Kategorien nach
    DIN EN 60204-1  790 f.
– , gesteuertes Stillsetzen Kat 1  816
– , gesteuertes Stillsetzen Kat 2  816
– , ungesteuertes Stillsetzen Kat 0  816

Störgröße, Regelung  639
Stromlaufplan  58
Stromrichterfunktionen
– , Gleichrichter  705
– , Stromrichterstellglied  706
– , Umrichter  705
– , Wechselrichter  705
STRUCT, Datentyp für Strukturen  26
Struktogramm STG, DIN 66261
– , Konstrukte  278 ff.
Strukturierter Text ST  19
– , Anweisungen  351 f.
– , Bausteine in CoDeSys  350
– , Bausteine in STEP 7  350
– , Deklaration  351
– , Operanden  353
– , Operatoren  352
Strukturiertes Programm  30
Strukturierte Variable  26
Strukturierte Verkabelung  552 f.
Subnetzmaske, zu IP-Adresse  559
Subtraktion, s. Arithmetische Funktionen
Switch  551, 535, 752
Symbolische Variable  24
Symmetrische Zweidraht-Verbindung  532
Systemarchitektur einer S7-SPS  13
Symboltabelle, STEP 7  37
Systemdiagnose  623
Systemfunktionen, S7-SPS  11
– , SFB  37
– , SFC  37
Systemspeicher, CPU, S7-SPS  12

T
Taktgeber, 165
– , CoDeSys  169
– , einstellbares Impuls-Pausen-Verhältnis
    168
– , festes Impuls-Pausen-Verhältnis  168
Taktmerker, STEP 7  166
Task, Ausführungssteuerung  3
TCP/IP-Verbindung  564
TCP-Port-Nummer  563, 758
TCP-Standard (Transmission Control
    Protocol)  563
Telegrammaufbau, Frames
– , AS-i-Bus  514
– , Ethernet  556
– , PROFIBUS  536

Telegrammtypen, Umrichter
– , freie  727
– , herstellerspezifische  727
– , Standard, PROFIDrive-Profil  727
Terminierung, Busabschluss  529, 532
Thermoelement Typ K  479
Timer, s. Zeitglieder
TIMER, S7-Parametertyp  40
TKIP-Verschlüsselungstyp, WLAN  600
Token, für Buszugriff  535
Token Passing, Master-Slave, Buszugriff
      PROFIBUS  535
Topologie
– , AS-i-Bus  511
– , Ethernet  553 f.
– , PROFIBUS  529
– , PROFINET  579
Transferfunktion und Ladefunktion,
      s. Übertragungsfunktionen
Transitionen
– , in Ablaufsteuerungen  379 ff.
– , in HiGraph  442
Transportverbindungen, Ethernet  567
Tri-State-Technologie  532

U
UART-Zeichen  533
Übertragungsbeiwert, Regelstrecke 642,
      649, 651 f.
Übertragungsfunktionen , CoDeSys
– , Laden, AWL  202
– , MOVE, FUP  202
– , Selektions-Operator  202 f.
– , Speichern, AWL  202
Übertragungsfunktionen, DIN EN 61131-3
– , Laden  195
– , Speichern  195
Übetragungsfunktionen, STEP 7
– , Ladebefehle, AWL, Übersicht  197
– , Laden  197 f.
– , MOVE-Box, FUP  199
– , MOVE-Box, Regeln  200
– , Transferbefehle, AWL, Übersicht  199
– , Transferieren  198
Übertragungsrate, Bit/s bei AS-i  513
UDP-Verbindung  565 f.
UDT-Datenstruktur, STEP 7  29
U/f-Steuerung
– , Feldschwächbereich  713 f.

– , Funktionsschema  715
– , mit linearer Kennlinie  713 ff.
– , mit quadratischer Kennlinie  715
– , Spannungsstellbereich  713 f.
Umsetzung des Ablauf-Funktionsplans
      mit RS-Speicher  386 f.
Umrichter, s. a. Frequenzumrichter
– , Antriebstechnik  4, 700, 705
– , Direktumrichter  706
– , Zwischenkreisumrichter  706 f.
Umrichter, Betriebsarten (Motorführung),
      Servoregelung, Synchronmotor  712
– , U/f-Steuerung  712 ff.
– , Vektorregelung, Asynchrommotor  712
Umrichtergespeister Drehstrommotor
– , Asynchronmotor  704 f.
– , Prinzip  703 f.
– , Synchronmotor  704 f.
Umrichter-Inbetriebnahme  732 ff., 737 ff.
Umrichter-Konfiguration  736 ff.
Umrichter-Parameter
– , Beobachtungsparameter  725 f.
– , Einstellparameter  725 f.
UND-Verknüpfung  59 f.
UND-vor-ODER-Verknüpfung  71
URL (Uniform Resource Locator)  760
Urlöschen, S7-SPS  541

V
VAR  21 f.
VAR_GLOBAL  23
VAR_INPUT  21 f.
VAR_IN_OUT  21 f.
VAR_OUT  21 f.
VAR_TEMP  22 f.
Variablen, Begriff  23
– , direkte  24 f.
– , Einzelelement  23
– , globale  23
– , lokale  23
– , Multielement  25
– , symbolische  24
Variablendarstellung
– , direkte  24
– , Multielement-Variable  25 f.
– , Strukturvariable  26
– , symbolische  24
Variablendeklaration  2, 23
VKE-Bit  60

VDE-Bestimmungen
– , rechtliche Bedeutung  801
VDE-Prüfzeichen (Gütezeichen)  802
Vektorregelung, feldorientierte
– , geberlose Drehzahlregelung  712
– , mit Drehzahlgeber  712
Vektorregelung, Funktionsweise
– , feldbildende Stromkomponente  717
– , Feldkoordinatensystem, rotierendes
     717
– , drehmomentbildende Strom-
     komponente  717
– , Regelstruktur  718
– , Statorkoordinatensystem, ruhendes  717
Vektorregelung, Umrichter  4
Verbindung, logische (virtuelle)  567
Verbindungsorientierter Dienst  564
Vergleichsfunktionen
– , Übersicht, CoDeSys  233
– , Übersicht, DIN EN 61131-3  231
– , Übersicht, STEP 7  232
Verknüpfungsergebnis VKE  60, 65
Verknüpfungsoperationen
– , binäre  58 ff.
– , digitale  236 ff.
Verknüpfungssteuerung
– , mit Speicherverhalten  81
– , ohne Speicherverhalten  81
Verlängerter Impuls, SV-Zeitglied,
     STEP 7  139 f.
Verriegelung gegensinnig wirkender
     Signale  819
Verriegelung von Speichergliedern
– , gegensinnig  101
– , Reihenfolge  102
Verschlüsselungsverfahren, s. WLAN
Verzugszeit, Regelstrecke  642
Verzweigte Ablaufkette  381
Vorhaltzeit, Regler  653
Vorwärtszähler  177 f., 179

**W**

Wahrheitstabelle, s. Funktionstabelle
Web-Browser  756
Web-Server  762
Weiterschaltsignal, s. Ablaufsteuerung
Well-known Portnumbers, TCP  756
Wendetangentenmethode  643
WEP-Verschlüsselungstyp, WLAN  600

Wertübergabe, Bausteine  33
Wertzuweisung, ST-Sprache  354
Widerstandsthermometer Pt100  479
Wiederverwendbarkeit, Bausteine  30
Wi-Fi, WLAN  600
Wireless LAN, s. WLAN
Wirkungsplan, Regelung  641, 645
Wirkungssinn, Regelung  639
WLAN-Funknetz
– , Access Point  594, 614 f.
– , Ad-hoc-Modus  594
– , Basic Service Set  594
– , Client  594, 610, 613
– , Extended Service Set  596
– , Funknetzsuche  598
– , Infrastruktur-Modus  595
– , ISM-Band  603 f.
– , Roaming  596 f.
– , Service Set Identifier  594
WLAN-Kanalzugriff
– , Hidden-Station-Problem  603
– , Kollisionsvermeidung  602
– , Zugriffsverfahren
     – , Distributed Coordination Function
          602
     – , Point Coordination Function  603
     – , RTS/CTS-Betriebsmodus  603
WLAN-Standards IEEE 802.11
– , Übersicht  605
WLAN-Übertragungsverfahren
– , Direct Sequence Spread Spectrum  605 f.
– , Orthogonal Frequency Division
     Multiplex 606 f.
WLAN-Verschlüsselungsverfahren
– , Advanced Encryption Standard  601
– , Temporal Key Integrity Protocol  600
– , Wired Equivalent Privacy  600
WLAN-Zugangskontrolle
– , Assoziierung  598
– , Authentifizierung  598
– , Open-System-Authentifizierung  599
– , Shared-Key-Authentifizierung  599
– , WPA-Authentifizierung  599
– , WPA-Enterprise  599 f.
– , WPA-Personal  599
– , WPA2  600
Wortverknüpfung, digitale  236 ff.
WPA, WLAN  599
WPA2, WLAN  600

**X**

XML (eXtensible Markup Language) 783

**Z**

Zahlendarstellung
– , BCD-Zahlen   54 f.
– , Dualzahlen   49
– , Festpunktzahlen   52
– , Ganzzahlen   52, 301
– , Gleitpunktzahlen   53, 304
– , Hexadezimalzahlen   28, 56
– , Oktalzahlen   70
Zahleneinsteller   55
Zahlenformate   52 ff.
Zählerfunktionen, CoDeSys
– , Abwärtszähler CTD   185
– , Auf-Abwärtszähler CTUD   185
– , Aufwärtszähler CTU   178
Zählerfunktionen, DIN EN 61131-3
– , Abwärtszähler CTD   177
– , Aufwärtszähler CTU   177
– , Auf-Abwärtszähler CTUD   178
Zählerfunktionen, STEP 7
– , Abwärtszähler   178
– , Auf-Abwärtszähler   178
– , Aufwärtszähler   178
– , IEC-Standard-Funktionsbausteine 182 f.
Zählfunktionen, STEP 7
– , Abfrage Zähleroperand   180
– , Abfrage Zählerwert   180
– , Rücksetzen   180
– , Zahlenwertvorgabe   180
Zeiger, indirekte Adressierung
– , ANY-Zeiger   330
– , Bereichszeiger   330
    –, bereichsinterner   330, 333
    –, bereichsübergreifender   330, 333
– , DB-Zeiger   330
Zeigersteuerung   448 f., 458
Zeitdiagramm   58
Zeitfunktionen
– , Abfragen Restzeitwert   138
– , Abfragen Zeitoperand   138
– , Rücksetzen   138

– , Starten   136 f.
– , Zeitdauervorgabe   136 f.
Zeitgeber, CoDeSys
– , Echtzeituhr RTC   148
– , TOF   147
– , TON   147
– , TP   147
Zeitgeber, DIN EN 61131-3
– , Ausschaltverzögerung   134
– , Einschaltverzögerung   134
– , Echtzeituhr   134
– , Impulserzeugung   134
Zeitgeber, STEP 7
– , Ausschaltverzögerung   135, 142
– , Einschaltverzögerung   135, 140
– , IEC-Standardfunktionsbausteine 142 f.
– , Impuls   135, 139
– , Speichernde Einschaltverzögerung 135, 141
– , Uhrzeitfunktion   145
– , Verlängerter Impuls   135, 139
Zeitglieder, s. Zeitgeber
Zentraleinheit (CPU)   11
Ziffernanzeige   18, 203
Zugriffssteuerung bei AS-i-Bus   513
Zustände, Schritte   420 f.
Zustandsgraph, s. a. HiGraph
Zustandsvariable Q,
    in Funktionstabelle   94
Zustandswort ZSW1, Umrichter   729 f.
Zwangsgeführte Kontakte   818
Zwangsöffnende Schaltkontakte   818
Zweierkomplement   50 f.
Zweihandverriegelung   148
Zweikanaligkeit, Sicherheit   817
Zweipunktregler   647 f
Zwischenkreisumrichter   706
– , Aufbau   706
– , Bremswiderstand   708
– , Gleichrichter   706 ff.
– , Schaltungsprinzip   707
– , Steuerkreis   706 f.
– , Wechselrichter   706 ff.
– , Zwischenkreis   706 f.
Zyklische Programmbearbeitung   14
Zykluszeit, SPS   14